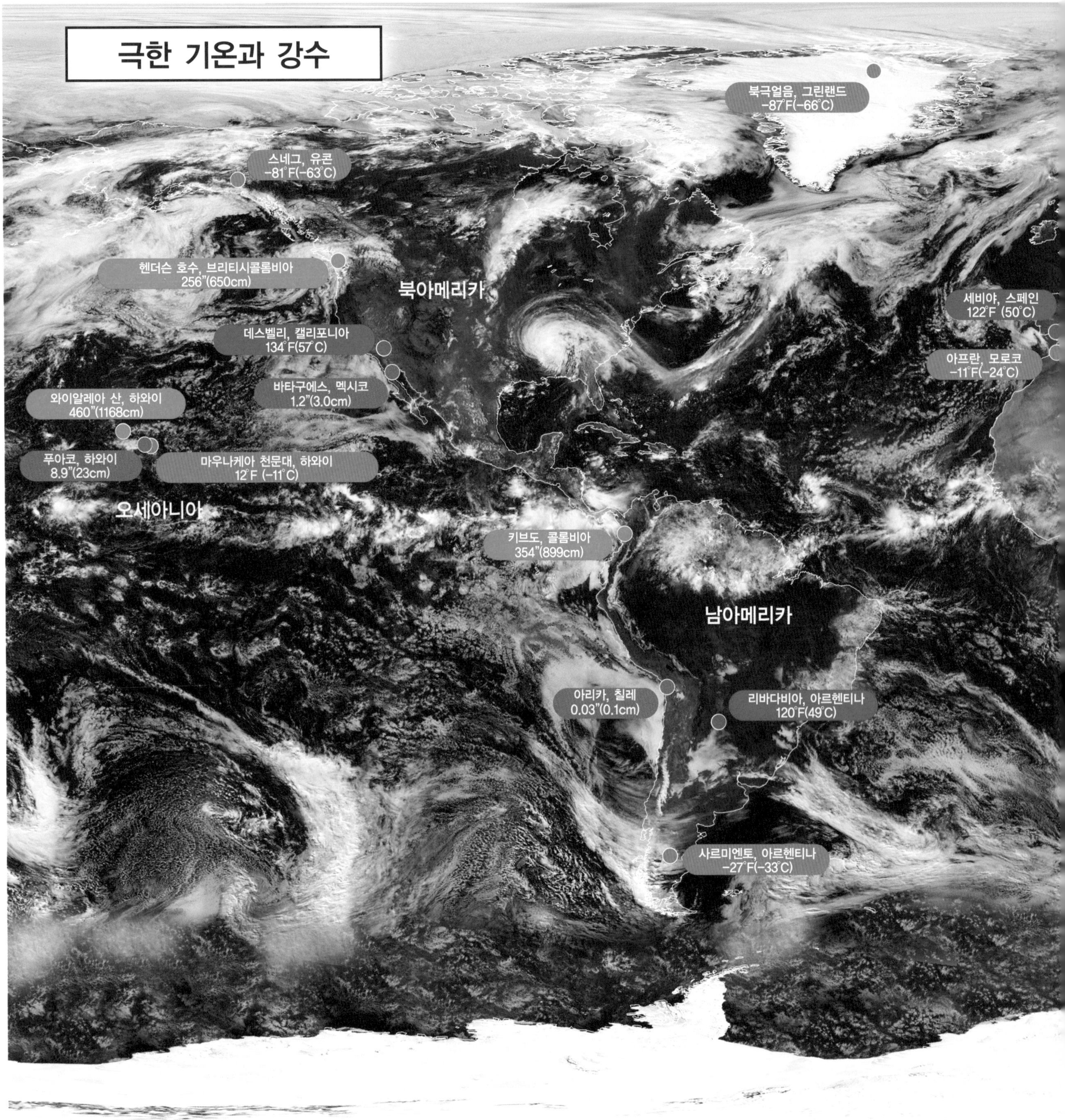

이 사진은 NASA 테라 위성에 탑재된 MODIS(Moderate Resolution Imaging Spectroradiometer)로부터 관측된 풍경이다.

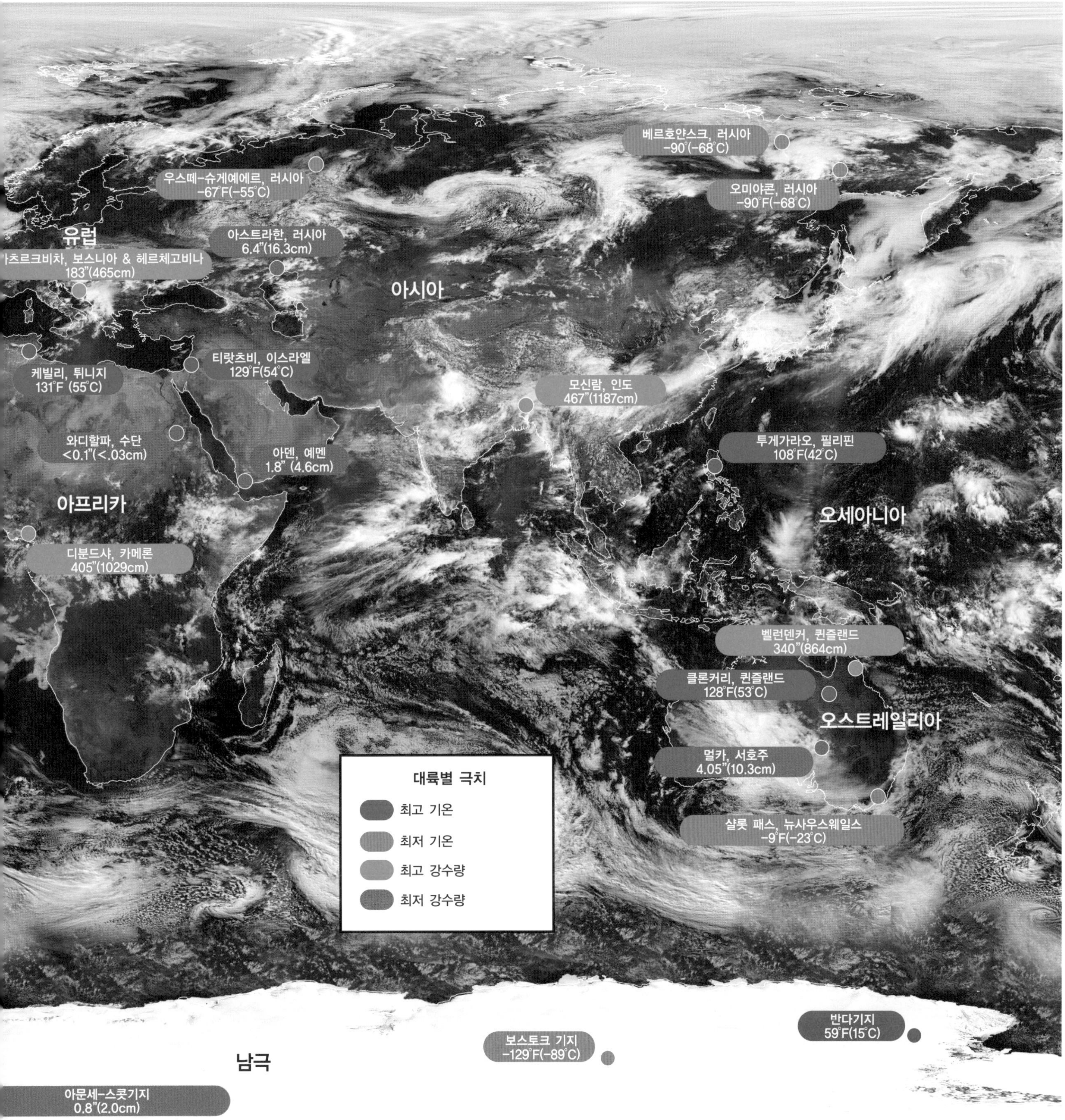

베르호얀스크, 러시아
-90°(-68°C)
우스떼-슈게예에르, 러시아
-67°F(-55°C)
오미야콘, 러시아
-90°F(-68°C)
유럽
아스트라한, 러시아
6.4"(16.3cm)
츠르크비차, 보스니아 & 헤르체고비나
183"(465cm)
아시아
케빌리, 튀니지
131°F (55°C)
티랏츠비, 이스라엘
129°F(54°C)
모신람, 인도
467"(1187cm)
와디할파, 수단
<0.1"(<.03cm)
아덴, 예멘
1.8" (4.6cm)
투게가라오, 필리핀
108°F(42°C)
아프리카
오세아니아
디분드샤, 카메룬
405"(1029cm)
벨런덴커, 퀸즐랜드
340"(864cm)
클론커리, 퀸즐랜드
128°F(53°C)
오스트레일리아
멀카, 서호주
4.05"(10.3cm)
살롯 패스, 뉴사우스웨일스
-9°F(-23°C)
대륙별 극치
최고 기온
최저 기온
최고 강수량
최저 강수량
반다기지
59°F(15°C)
보스토크 기지
-129°F(-89°C)
남극
아문센-스콧기지
0.8"(2.0cm)

대기과학 제13판

Frederick K. Lutgens, Edward J. Tarbuck 지음 Dennis G. Tasa 일러스트
안중배, 김 준, 류찬수, 박선기, 서명석, 이화운, 정일웅, 정형빈 옮김

Σ 시그마프레스

대기과학, 제13판

발행일 | 2016년 8월 25일 1쇄 발행
2022년 1월 20일 2쇄 발행

저자 | Frederick K. Lutgens, Edward J. Tarbuck
일러스트레이터 | Dennis G. Tasa
역자 | 안중배, 김 준, 류찬수, 박선기, 서명석, 이화운, 정일웅, 정형빈
발행인 | 강학경
발행처 | (주)시그마프레스
디자인 | 우주연
편집 | 이호선

등록번호 | 제10-2642호
주소 | 서울시 영등포구 양평로 22길 21 선유도코오롱디지털타워 A401~403호
전자우편 | sigma@spress.co.kr
홈페이지 | http://www.sigmapress.co.kr
전화 | (02)323-4845, (02)2062-5184~8
팩스 | (02)323-4197

ISBN | 978-89-6866-771-8

The Atmosphere : An Introduction to Meteorology, 13th Edition

Authorized translation from the English language edition, entitled THE ATMOSPHERE: AN INTRODUCTION TO METEOROLOGY, 13th Edition, 9780321984623 by LUTGENS, FREDERICK K.; TARBUCK, EDWARD J.; TASA, DENNIS G., published by Pearson Education, Inc, publishing as Prentice Hall, Copyright © 2016 Pearson Education, Inc.

* 책값은 책 뒤표지에 있습니다.

이 도서의 국립중앙도서관 출판예정도서목록(CIP)은 서지정보유통지원시스템 홈페이지(http://seoji.nl.go.kr)와 국가자료공동목록시스템(http://www.nl.go.kr/kolisnet)에서 이용하실 수 있습니다.(CIP제어번호: CIP2016019410)

역자 서문

21세기에 인간이 해결해야 할 가장 긴박한 문제는 지구환경 문제이다. 지구환경 변화의 심각성은 정부 간 기후변화 패널(IPCC)의 2013년도 5차 보고서에 잘 나타나 있다. 지구온난화로 촉발된 지구 기후시스템의 최근 변화는 단순한 과학적인 흥미를 넘어서 인류 생존과 지속 가능한 지구시스템의 유지 가능성에 대한 심각한 우려로 받아들여지고 있다.

일반적으로 기후를 하루하루 우리가 경험하는 기상의 평균적 상태라고 본다면, 21세기를 살아가는 우리에게 기상과 기후에 대한 기본적인 과학적 이해는 필수적이라 할 수 있다. 우리의 삶은 직간접적으로 날씨와 관련 있고 마찬가지로 인류의 모든 문화와 문명도 그러하다. 따라서 우리가 기상과 기후에 대한 이해가 많으면 많을수록 그만큼 우리의 일상생활과 삶의 질 그리고 우리가 매일 간여하는 각종 산업 활동은 보다 더 윤택해지고 예측 가능해질 수 있다.

F. K. Lutgens와 E. J. Tarbuck가 쓴 *The Atmosphere*는 1979년 초판이 발간된 이래 12판에 이르기까지 대기과학 입문서로서 훌륭히 자리매김을 해 왔다. 그러던 중 지난 2014년 새롭게 개정된 13판이 전 세계 독자에게 선보이게 되었다.

이에 전국의 각 대학, 즉 강릉대학교, 공주대학교, 부경대학교, 부산대학교, 연세대학교, 이화여자대학교, 조선대학교 등 7개 대학에서 대기과학의 교육을 책임지고 있는 교수들을 중심으로 13판을 번역하게 되었다.

저자가 서론에서 밝히고 있듯이 이 책은 기단과 날씨 패턴 그리고 각종 기상현상과 같은 대기과학 전반에 대한 기초적인 지식부터 대기오염이나 기후변화에 관한 다양한 내용을 그림이나 도표를 이용하여 쉽고 재미있게 전달하고 있다. 따라서 이 책을 충분히 이해할 수 있다면, 누구든 대기과학을 전공하는 대학생 1~2학년에 해당하는 정도의 지식을 갖게 되리라 본다.

역자들은 가급적 원서에 충실하게 번역하고자 노력하였다. 따라서 원서에 있는 그림과 표, 부록 등을 모두 성실하게 번역하였다.

이 책을 번역하여 발간하는 데 도움을 준 부산대학교 기후예측연구실의 많은 연구원과 인턴과정의 서가영, 변효진 양에게 감사한다.

또한 본 번역서가 출간되기까지 관심을 가져준 (주)시그마프레스의 강학경 사장님과 문정현 부장님에게 감사하며, 특히 뛰어난 감각으로 본 번역서를 훌륭하게 편집해 준 편집부 여러분들에게도 감사한다.

이 책을 통해 대기과학에 관심이 있는 많은 사람이 대기의 환경을 보다 더 잘 이해하고 악기상과 기후변화, 대기오염 등 각종 자연 재앙으로부터 우리를 보호할 수 있는 지혜를 얻게 되기를 기원한다.

역자를 대표하여,
부산대학교 교수 안중배

저자 서문

대기과학, 제13판은 처음 기상학을 배우는 학생들을 위한 대학 수준의 책이다. 이 책은 학생들이 그들의 일상생활에 영향을 주는 대기과학 분야를 이해하는 데 도움을 주기 위해서, 대기 현상 및 날씨 예보와 관련된 내용을 비전문인도 이해할 수 있게 효과적으로 담을 생각이다. 이 책의 목표는 읽기 쉽고 유익한 최신 기상학 정보를 학생들에게 제공하고, 기상학의 기본 원리와 개념을 배우는 데 필요한 매력적이고 유용한 도구로서 이 책을 제공하는 것이다.

이 판의 새로운 점

제13판은 이 책의 역사상 가장 광범위하고 완벽하게 개정되었다.

- **당신의 예보는?** 새로운 능동학습 기능으로, 학생들에게 직접 예보해 보는 활동들을 제공해 준다. 기상학 및 기후학의 서로 다른 분야의 전문가들에 의해 준비된 **당신의 예보는?**이라는 파트는 학생들에게 실제 자료를 바탕으로 예보를 하도록 함으로써 현대 사회에서 기상학의 필요성을 강조시킨다. 주제들의 예로는 지도를 사용해서 강수패턴을 확인하는 내용(5장)과, 지상일기도를 구성하고 분석하는 내용(9장), 강한 폭풍의 발생 가능성을 예측하는 내용(10장)이 있다. 비판적 사고 능력은 학생들이 단원의 개념들을 적용할 때 보강된다.
- **스마트그림** 본문 내 그림으로 표현된 개념들을 검토하고 설명해 주는 간단한 동영상 강의(내레이션 포함)이다. 학생들은 모바일 장치를 이용하여 사진 옆에 위치한 QR 코드를 스캔하면 스마트그림에 접속할 수 있다.
- **통합된 모바일 미디어** QR 링크된 모바일 지원 동영상과 지구과학 애니메니션은 전체 장에 걸쳐서 통합되어 있으며, 이는 학생들에게 주요 물리 과정 애니메이션과 실제 사례 연구 비디오, 자료의 시각화를 적당한 때에 제공한다.
- **새롭고 넓어진 능동학습 경로** 이 책은 학습을 위해 디자인되었다. 모든 단원은 번호가 부여된 학습목표인 **핵심개념**으로 시작하며, 이는 각 단원들의 주요 부분과 상응한다. 또한 그 항목들은 학생들이 단원이 끝날 때마다 터득해야 하는 지식과 기술들을 인지시켜 주며, 이는 학생들이 **핵심개념**의 우선순위를 정하는 데도 도움을 준다. 각 섹션은 **개념 체크**로 마무리되며, 이는 학생들이 다음 단원으로 넘어가기 전에 그들이 이해한 부분, 주요 아이디어 및 용어들을 체크할 수 있게 해 준다. 단원 마지막의 개념 복습은 단원 첫 부분의 **핵심개념** 부분 및 번호가 매겨진 단원별 섹션들과 부합된다. **스마트그림**은 중요 요점에 대한 읽기 쉬운 간결한 개요이자 그림, 도표, 질문들을 포함하는 용어이기도 하다. 즉, 이는 학생들이 중요 아이디어에 집중할 수 있고 그들이 이해한 주요 개념들을 테스트 할 수 있게 도와준다. 각각의 단원들은 **생각해 보기** 및 삽화가 포함된 일련의 질문들로 마무리되며, 이러한 질문들은 학습자에게 응용, 분석, 자료 종합과 같은 고차원적 사고 능력을 요구한다.
- **비교할 수 없는 시각 프로그램** 다수의 새로운 고품질 사진 및 위성사진(이 중 대부분은 최근의 기상현상을 강조)에 덧붙여, 수십 개의 사진은 유명한 지구과학 삽화가 데니스 타사(Dennis Tasa)에 의해 새롭게 그려졌다. 지도와 도표들은 보다 큰 시각적 효과를 위해 사진들과 짝을 이루는 경우가 많다. 뿐만 아니라, 몇 개의 새로운 표에는 중요 현상들을 요약하였고 수많은 새로운 그림 및 개정된 그림에는 가이드가 될 설명이 덧붙여져 시각적 프로그램이 명확하고 이해

하기 쉽도록 하였고, 학생들이 이를 분석하기 쉽도록 하였다.

- **중요 업데이트와 내용 개정** 대학교에서 다뤄지는 과학 교재의 기본 역할은 학생들에게 명확하고, 이해 가능하고, 정확하고, 매력 있고, 최신의 업데이트 된 설명을 제공하는 것이다. 우리의 우선적인 목표는 이 책이 대기과학을 처음 시작하는 학생들에게 읽기 쉽고, 적절하고, 최신의 업데이트 된 정보를 제공하는 것이다. 많은 논의 거리와 사례연구 및 예시들은 아래의 내용을 토대로 업데이트 되고 개정되었다.
  - 2장에서 온실가스에 대한 논의 확대
  - 7장에서 엘니뇨/라니냐에 대한 최신 논의
  - 8장에서 2013/2014 미국 중서부 겨울의 혹독한 추위(새로운 그림과 함께)와 이와 관련된 기단의 이동에 대한 논의
  - 10장에서 천둥 번개와 기후변화의 연결 소개
  - 11장에서 새로운 몇 개의 그림과 기상재해 글상자를 통해 2013 슈퍼 태풍 하이옌 내용을 추가
  - 12장은 최근의 예보기술, "예보자의 역할" 부분 및 "열역학선도"를 추가해 다시 작성
  - 14장에는 IPCC 5차 평가보고서 기후변화 2013 : 물리적 과학 근거(Climate Change 2013 : The Physical Science Basis)에서 가져온 중요 발견 제시
  - 기후변화에 대한 논의와 그것이 날씨와 기후에 미치는 영향들은 책 전반에 걸쳐 발견할 수 있음.

특징적인 내용

가독성

이 책의 언어는 간단하고 이해하기 쉽게 쓰였다. 또한 이 책은 최소한의 전문용어를 사용하여 명확하고 읽기 쉽게 써 나가고자 하였다. 각 장마다 빈번하게 있는 제목과 부제목은 학생들이 중요한 내용을 확인할 수 있을 뿐만 아니라 논의를 따를 수 있도록 도와준다. 13판에서는 각 장의 구성과 흐름을 조사하여, 내용을 읽기 편한 이야기 스타일로 기술함으로써 가독성을 높였다. 여러 장에서는 각 장의 중요 부분들에 대한 이해력을 높이고자 상당 부분을 다시 작성하였다. 예를 들어, 1장은 내용의 흐름을 개선할 뿐만 아니라, 핵심 주제에 좀 더 집중하고자 본문의 내용을 줄이고 이를 재구성하였다(3, 4, 6 장의 메인 섹션은 적지만, 학생들이 현상들 사이의 관계를 더 잘 이해할 수 있도록 세부 항목에 좀 더 자세한 부제목을 포함시켰다). 9, 12장은 핵심개념을 더 잘 설명하기 위해 주요 부분의 순서를 바꾸었고 12장은 날씨예보의 새로운 기술을 반영하기 위해 완전히 업데이트 하고 새롭게 썼다.

기초 원리와 강의 유연성에 집중

비록 많은 중요 이슈가 제10판에서 다뤄졌지만, 이 판의 주요 포커스는 대기과학의 기본적인 이해를 증진시키기 위하여 이전 판들과 변함이 없어야 한다. 이에 따라 제10판 본문의 큰 틀은 그대로 남아 있다. 우리는 가능한 한 독자들에게 관측 기술 및 기상과학의 추론 과정에 대한 감각을 제공하기 위해 노력해 왔다.

추가적 학습 도구

제13판은 새롭고 확장된 학습의 경로뿐만 아니라, 지속해서 다음의 중요한 학습 지원을 포함시켰다.

- **대기를 바라보는 눈**은 실제 이미지를 능동학습 질문과 연결시킨 것으로, 학생들이 이를 읽을 때 시각적 분석 작업을 연습할 기회를 제공한다. 강사는 이를 수업에서 논의할 수 있고 학생들에게 책으로부터 질문을 할당할 수 있다. 이들 중의 대다수는 최신 사진으로 업데이트 되었고 몇몇 장은 새로운 항목을 포함시켰다.
- 모든 단원에는 학생들이 **자주 하는 질문**이 포함되어 있다. 강사와 학생들이 흥미를 가지고 반응하며, 각 단원에 흩어진 질문과 답변들이 논의에 타당성과 흥미를 더해 준다.
- 새롭게 출판되는 제13판은 기상재해를 강조하였다. 악기상은 전 세계 수백만의 사람들에게 매일 악영향을 끼친다. 악천후 현상은 일반적인 기상현상에 비해 흥미롭고 중요하다. 이런 주제들을 다룬 2개의 장(10장 뇌우와 토네이도, 11장 허리케인)뿐만 아니라, 본문에서는 15개의 **기상재해** 글상자를 통해 폭염, 겨울 폭풍, 홍수, 대기오염, 가뭄, 산불, 한파 등 넓고 다양한 주제를 다루었다. 각각의 글상자는 한두 개의 능동학습 질문을 포함하며, 이는 학생들이 이해한 것을 테스트하고 각 사건들을 단원의 중요 개념들에 연결시킬 수 있게 도와준다.
- 대부분의 장에 많은 **연습문제**가 포함되어 있다. 다수의 문제는 기본적인 수학적 지식을 요구하며, 이는 학생들이 각 장에 설명된 원리를 문제에 적용하도록 함으로써, 그들의 이해를 돕는다.

실세계 적용

대폭 개정된 *대기과학, 제13판*은 최신의 과학, 새로운 능동학습적 접근, 통합된 모바일 미디어, 가장 완벽하고 용이한 사용, 마음을 사로잡는 사용지침서, 미디어 그리고 이용 가능한 평가 플랫폼을 포함한다.

당신의 예보는?

우주-근거의 강수 측정

J. 마셜 세퍼드(J. Marshall Shepherd), 조지아대학교 대기과학프로그램 학과장, 전 GPM 부프로젝트 과학자, 미국기상학회 2013년 회장

지구의 물순환, 기상 및 기후를 이해하는 것은 종종 지면 근거 관측으로는 가능하지 않은 전 지구적 전망을 요구한다. 강수는 시간과 지리적 위치에 따라 변하기 때문에 매우 복잡한 기상 변수이다. 그럼에도 일기예보의 향상, 기후 경향 파악, 산사태 재해에 대한 경고, 잠재적 벡터매개 질병의 평가, 또는 농업 생산성 예측 등과 같은 다양한 이유로 전 지구 강수의 적절한 관측과 연구는 중요하다.

관측

많은 응용 분야에서 우량계나 기상 레이더 산출을 이용해 강수를 측정하는 것은 적합하다. 그러나 NASA는 전 지구 응용이나 지면 관측이 불가능한 지역(예를 들어, 해양, 산악, 사막)을 위해 차세대 우주 근거 강수 측정 기술을 선도해 오고 있다. 나는 운좋게도 그러한 임무를 도우면서 12년을 보냈다. 2014년 2월에 NASA는 전지구강수측정(Global Precipitation Measurement, GPM) 위성을 발사했다. 나는 이 임무에 부프로젝트과학자로 봉사했고, 그것은 정말 근사한 일이라고 믿어도 좋다. GPM은 우주 기상 레이더와 비나 눈을 측정하는 적외선(열) 또는 마이크로파를 이용하는 일련의 기구들을 나르는 핵심 위성(그림 5.C)을 이용한다. 특히 흥미를 자아내는 GPM의 기능은 기상 시스템에 대해 일반적인 2차원 분석도와 그림 5.B에 보인 것과 같은 3차원 CAT 스캔 유형의 영상을 생산할 수 있다는 것이다.

강수의 거의 전 지구 분석도를 생산하기 위해서는 현존하거나 미래의 위성들에 국제적 함대로부터 측정 자료를 합성한다. GPM은 열대강수측정임무(Tropical Rainfall Measuring Mission, TRMM) 위성으로부터 진화했는데, TRMM은 우리 행성의 열대 지역의 강우를 측정하고 지구의 대순환과 그에 연관된 잠열에 대한 지식을 증진시키기 위해 1997년에 발사했다. 그림 5.B는 TRMM 위성의 기여로 측정된 월별 강우의 예를 보여 준다. 열대수렴대(ITCZ, 7장 참조)가 2011년 7월에 매우 뚜렷하다. TRMM은 아직도 궤도에 있으며, GPM 배열의 결정적인 부분이 될 것이다.

▲ 그림 5.B GPM 레이더를 이용한 일본 연안 밖의 중위도저기압의 3D 영상

▲ 그림 5.C 코어 위성

모델링과 분석

NASA의 지구과학자들처럼 당신도 자신만의 분석을 할 수 있다. NASA 지구관측소(Earth Observatory)는 실제 위성 자료를 이용해 우리의 행성을 탐험하기에 탁월한 웹사이트이다.

- http://earthobservatory.nasa.gov/GlobalMaps/로 가서 "Total Rainfall"로 스크롤 다운해 보자.
- 지구 아래의 재생 버튼을 눌러 수년에 걸친 전 지구 강우 총량을 보자.

질문

1. 직접 만든 분석도를 이용해 강우에서 어떤 패턴을 인지할 수 있는가? 왜 그런 패턴이 존재하는가?(예를 들면, 산악, ITCZ, 빈번한 허리케인)
2. 온난해지는 기후에서 과학자들은 종종 '가속화된 물순환'에 대해 말한다. http://climate.gov, http://earthobservatory.nasa.gov 또는 http://ipcc.ch와 같은 웹근거 자원을 이용해 가속화된 물순환의 개념과 그것이 의미하는 바에 대한 유용한 정보를 찾아보자. 친구에게 단순한 용어로 그것을 어떻게 설명할 수 있을까?

Video
지구 관측소
http://goo.gl/n71c

GPM이나 TRMM 임무에 대한 더 많은 정보를 위해서는 http://pmm.nasa.gov의 NASA 강수 측정 임무(Precipitation Measurement Mission) 페이지를 방문해 보자.

◀ New! 당신의 예보는?

전문가들에 의해 공인받은 "당신의 예보는?"에서는 단원의 내용과 관련된 능동학습적 예보를 포함하며, 학생들이 실제 시나리오와 자료를 근거로 예측하도록 한다.

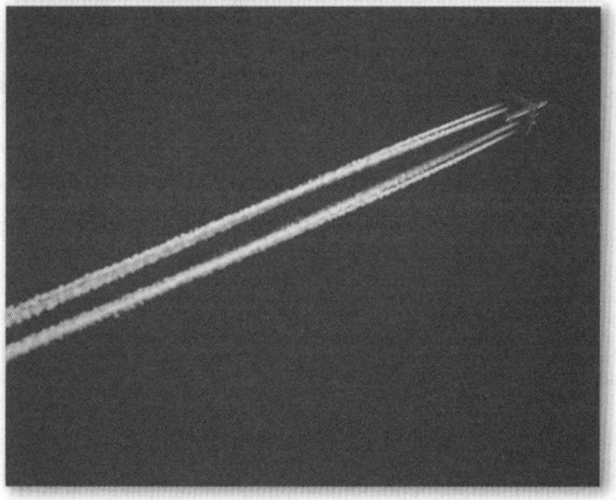

대기를 바라보는 눈 1.1

이 제트기는 10km의 고도에서 순항하고 있다.

질문

1. 그림 1.21의 그래프를 참고하시오. 제트기가 비행하고 있는 곳의 대략적인 기압은 무엇인가?
2. 대기의 몇 퍼센트가 제트기보다 아래에 있는가?(지면에서의 압력은 1000mb라고 가정)

대기를 바라보는 눈 4.1

물은 바다, 빙하, 강, 호수, 대기 그리고 생명체 등 지구상의 모든 곳에 있다. 그리고 물은 지구상에서 경험하는 온도와 압력에서 하나의 상태에서 다른 상태로 상변화를 할 수 있다. 와이오밍 주 그랜드티턴 상공에서 찍은 이 영상을 기초해서 다음 질문들에 답하시오.

질문

1. 이 사진에서 어떠한 현상이 액체 상태의 물로 구성되었는가?
2. 얼음이 고체 상태에서 직접 기체 상태로 변화하는 과정을 무엇이라 하는가?
3. 이 영상에서 수증기가 있는 곳은 어디인가?

Update! 대기를 바라보는 눈 ▶

학생들의 능동적 학습을 유도하며, 관찰을 통해 비판적인 시각으로 분석하도록 하고, 이러한 과정의 핵심적인 행동 목표인 예보를 하도록 한다.

학생의 참여와 향상

기상재해 ▶

본문에는 열파, 겨울 폭풍, 홍수, 대기오염, 가뭄, 산불, 한파 등 폭넓은 주제를 다루는 15가지 기상재해가 포함되어 있다.

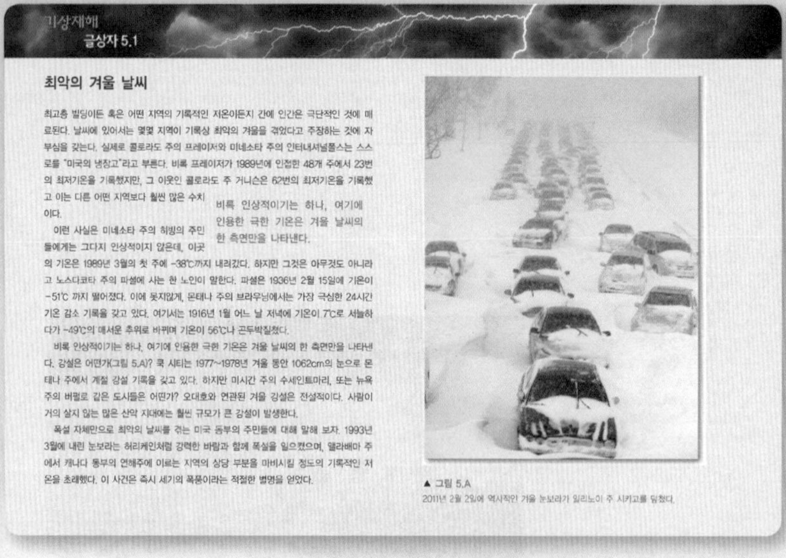

기상재해
글상자 5.1
최악의 겨울 날씨
▲ 그림 5.A
2011년 2월 2일에 역사적인 겨울 눈보라가 일리노이 주 시카고를 덮쳤다.

글상자 3.1
북미 대륙에서 가장 더운 곳과 가장 추운 곳
최고기온 기록
최저기온 기록
FURNACE CREEK
129°F
▲ 그림 3.A 기록에 근접!

글상자 ▲

뛰어난 연구 사례를 제시하거나 더 나아가 논의된 흥미로운 개념을 분명하게 보여 준다.

자주 나오는 질문 ▼

흥미진진한 주제와 보통의 학생들이 자주 오해하는 개념 등을 포함한다.

자주 나오는 질문…

만일 지구의 대기가 온실가스를 전혀 가지고 있지 않다면, 지표 기온은 어떻게 되나요?

춥다! 지구의 평균 지표 온도는 비교적 온화한 현재의 14.5°C 대신 매우 추운 −18°C가 될 것이다.

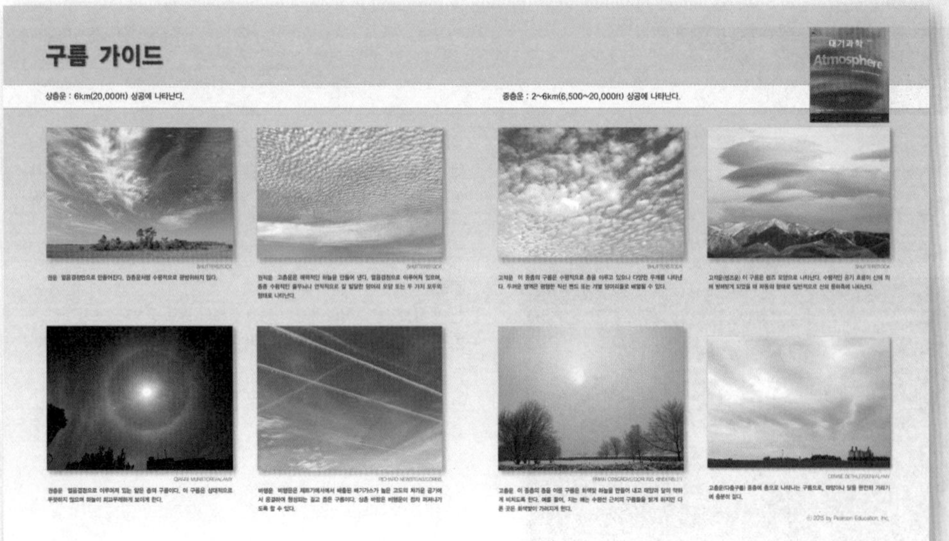

◀ 구름 가이드
상층운 : 6km(20,000ft) 상공에 나타난다.
중층운 : 2~6km(6,500~20,000ft) 상공에 나타난다.

책의 뒤쪽에 첨부된 구름 가이드는 학생들에게 실제 관측을 위한 도구와 참고사항을 제공한다.

세계 기후변화

이 개정판에서는 세계 기후변화에 관한 내용이 추가되었고 IPCC's 5차 평가보고서 결과가 포함되었다.

◀ 변화하는 기후

세계 기후변화에 관한 종합적인 정보를 제공하기 위해 이번 개정판에는 최신의 자료와 적용을 실었다.

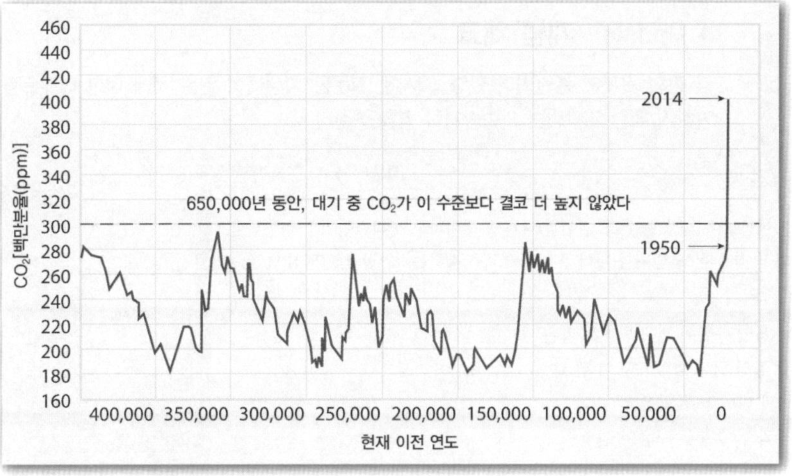

▲ 그림 14.22 과거 400,000년 동안의 CO_2 농도
이 자료의 대부분은 얼음 코어에 갇혀 있는 공기 방울의 분석을 통해 얻은 것이다. 1958년 이후의 기록은 하와이 마우나로아 관측소에서의 직접적인 측정을 통해 얻은 것이다. 산업혁명이 시작된 이후 CO_2 농도가 급속도로 증가한 것은 확실하다(NOAA).

▲ 기후변화의 영향 예측

2013~2014 IPCC 평가보고서 결과와 자료를 정리하였는데, 여기에는 미래 지구 기후의 가능한 시나리오의 논의를 포함한다.

뇌우와 기후변화

바로 전의 토론에서 뇌우의 발생이 계절별, 지역별로 다르다는 것을 알았다. 뇌우 활동은 전 지구 기후변화로 인해 향후 수년간 증가될 가능성이 있다. 지난 수십 년간 주로 대기의 조성을 변화시키는 인간 활동에 의해 지구온난화가 진행되어 왔다. 이러한 경향은 가까운 미래에 지속될 것으로 예상된다. 이 현상에 대한 전적인 논의는 14장에 나타난다.

Video
천둥진눈깨비와 뇌설
http://goo.gl/GOm7IV

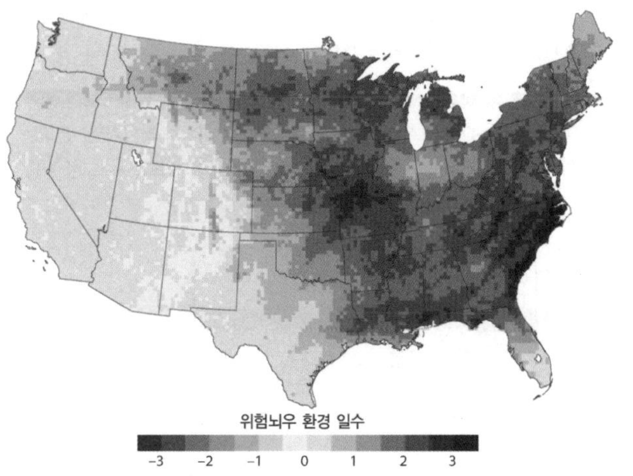

▲ 그림 10.4 미래의 뇌우 활동
이 분석도는 위험뇌우 활동을 조장하는 환경 조건이 되는 연간 일수의 변화를 나타낸다. 이는 2072~2099년과 1962~1989년의 여름 기후를 비교하는 기후 모형에 근거한 것이다. 로키 산맥의 동쪽 대부분의 지역에서는 이러한 환경 조건이 증가할 것으로 추정된다.

체계화된 학습

이 개정판은 주요 기상학적 개념들을 습득하도록 학생들을 인도하는 데 도움이 되는 능동적으로 체계화된 학습을 제공한다.

핵심개념

다음의 각 항목은 이 장에서 다루는 주요 주제에 대한 기본 학습 목표를 나타낸다. 이 장을 학습하고 나면 여러분은 다음 항목을 이해할 수 있다.

3.1 흔히 쓰이는 온도 자료의 다섯 가지 형태를 계산하고 등온선으로 그린 온도 자료 지도를 해석한다.

3.2 주요한 온도 제어를 말하고 그것의 효과를 예를 들어 설명한다.

3.3 세계 기온 분포 지도에 나타난 패턴을 해석한다.

3.4 기본적인 기온의 일주기와 연주기에 대하여 논한다.

3.5 다양한 온도계들이 어떻게 작동하는지 설명하고 온도계를 설치할 때 정확한 측정을 위해 설치 장소가 중요한 이유를 설명한다. 화씨, 섭씨, 켈빈 온도 눈금을 구별하여 설명한다.

3.6 몇몇 온도 자료의 응용에 대하여 요약한다.

◀ Update! **핵심개념**

학습 목표는 각 장의 앞부분에 나열되어 있으며 학생들이 그 장에서 우선적으로 그리고 집중해서 배워야 할 학습 목표를 '개념체크'와 '생각해 보기'와 연관시키도록 도와준다.

✓ 개념 체크 14.3

❶ 왜 대기의 CO_2 농도 수준이 지난 200년 동안 증가해 왔는가?

❷ 증가하는 CO_2 농도 수준에 대기는 어떻게 반응해 왔는가?

❸ CO_2 농도 수준이 지속적으로 증가함에 따라 하층 대기의 기온은 어떻게 변할 가능성이 높은가? CO_2 외에 어떤 미량 기체가 전 지구 온도변화에 기여하고 있는가?

❹ 인간에 의해 생성된 에어로졸들의 주요 발생원을 열거하고 대기의 온도에 미치는 그들의 순 효과를 설명하시오.

▼ Update! **생각해 보기**

각 장의 마지막에 있고 학생들에게 고도의 사고를 사용하도록 요구한다. 제시된 질문은 학생들이 장 전체의 개념을 적용하고 종합하는 데 도움을 준다.

▲ Update! **개념 체크**

각 장의 곳곳에 종합되어 있다. 제시된 질문은 학생들이 읽은 것에 대한 이해도를 평가하기 위한 개념적인 과속방지턱 역할을 한다.

생각해 보기

1. 만약 미국에서 가장 추운 도시가 어디인가라는 질문을 받는다면(또는 다른 지정된 지역), 무슨 통계를 사용할 수 있는가? 가장 추운 도시를 선택하기 위한 다른 방법들을 적어도 세 가지 이상 말할 수 있는가?

2. 다음 그래프는 일리노이의 어배너와 캘리포니아의 샌프란시스코의 월간 고온을 나타낸 것이다. 두 도시는 같은 위도상에 위치하고 있지만, 온도는 꽤 다르게 나타난다. 그래프상의 어떤 선이 어배너와 샌프란시스코를 나타내는가? 어떻게 알아냈는가?

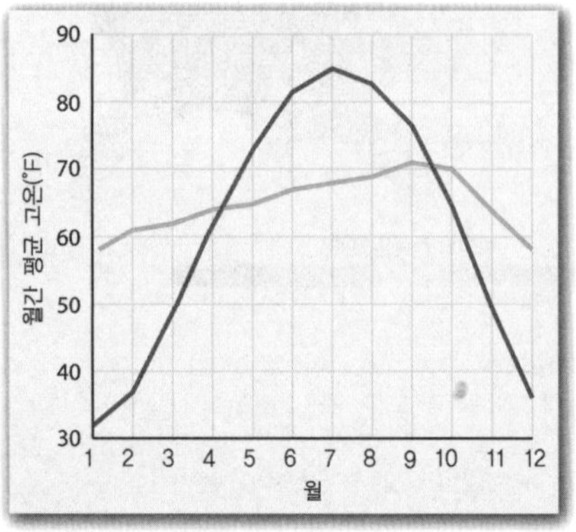

3. 어떤 여름날이 가장 큰 온도 범위를 나타낼 것이라고 생각하는가? 어떤 날이 가장 작은 온도 범위를 나타낼 것이라고 생각하는가? 답을 선택하고 설명하시오.

a. 낮 동안 구름이 끼고 밤에는 맑은 날

b. 낮 동안 맑고 밤에 구름이 낀 날

c. 낮과 밤이 모두 맑은 날

d. 낮과 밤에 모두 구름이 낀 날

4. 다음 그림은 적도 근처에 위치한 인도양의 섬의 풍경이다. 이곳의 기후에 위도와 경도, 땅과 물의 부등가열이 어떠한 영향을 주는지 설명하시오.

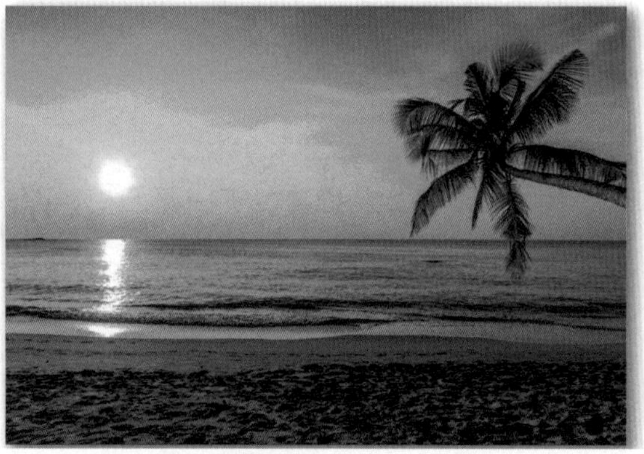

요약 차례

차례

1 대기에 대한 소개

2 지표와 대기의 가열

3 기온

5 응결 및 강수의 형태

6 기압과 바람

9 중위도저기압

10 뇌우와 토네이도

13 대기오염

14 변화하는 기후

15 세계의 기후

1 대기에 대한 소개

핵심개념

다음의 각 항목은 이 장에서 다루는 주요 주제에 대한 기본 학습 목표를 나타낸다. 이 장을 학습하고 나면 여러분은 다음 항목을 이해할 수 있다.

1.1 날씨와 기후의 차이를 구분하고 날씨와 기후의 기본 요소들의 이름과 여러 가지 중요한 기상재해를 이해한다.

1.2 가설을 세우고 이론을 정립하는 것을 포함한 과학적 탐구의 본성을 논한다.

1.3 지구를 구성하는 4개의 주요 권을 나열하고 설명한다. 시스템을 정의하고 왜 지구가 시스템으로 구성되었는지를 설명한다.

1.4 지구 대기를 구성하는 주요 기체들을 나열하고 기상학적으로 가장 중요한 성분들을 알아본다. 오존 감소가 왜 세계적으로 중요한 쟁점인지 설명한다.

1.5 지구의 지표면에서부터 대기 꼭대기까지의 기압 변화를 보여 주는 그래프를 설명한다. 그래프를 통해 대기의 열적 구조를 살펴본다.

지구의 대기는 특별하다. 우리 태양계의 다른 행성은 생명을 유지하는 데 필요한 우리가 알고 있는 정확한 양의 혼합물로 이루어진 대기나 열, 수분을 가지고 있지 않다. 지구 대기를 구성하고 지배하고 있는 가스들은 우리 존재에 필수적이다. 이 장에서는 우리가 살아가는 데 꼭 필요한 공기에 대하여 살펴본다.

2012년 10월 말, 미국 동부 해안에 상륙한 허리케인 샌디의 위성사진. 이 사진에는 캐나다의 서쪽에 위치한 폭풍의 모습이 보인다. 플로리다는 사진의 상단에 위치한다.

1.1 대기에 대한 포커스

날씨와 기후의 차이를 구분하고 날씨와 기후의 기본 요소들의 이름과 여러 가지 중요한 기상재해를 이해한다.

날씨는 우리의 일상생활, 일 그리고 건강과 안위 등에 영향을 미친다. 날씨로 인해 불편해지거나 야외 활동에 지장을 받지 않는다면, 사람들은 날씨에 별로 신경 쓰지 않는다. 그럼에도 날씨만큼 우리 삶에 영향을 미치는 물리적 환경은 없다.

미국의 날씨

미국은 열대부터 북극권(Arctic Circle)에 이르는 영역에 걸쳐 놓여 있다. 이 안에는 수천 마일의 해안선도 있고 해양의 영향과는 거리가 먼 넓은 지역도 있다. 어떤 곳은 산악 지역이며 또 어떤 곳은 평원이다. 서부 해안에는 태평양의 폭풍이 몰아치고, 동부 해안은 때때로 대서양과 멕시코만에서 일어나는 여러 가지 기상 변화에 영향을 받기도 한다. 미국의 중부지방에서는 캐나다 남쪽의 차가운 공기와 멕시코만으로부터 북쪽으로 이동하는 적도의 따뜻한 공기가 만나서 다양한 기상현상이 일상적으로 일어난다.

날씨는 매일의 뉴스에 나오는 일상의 한 부분이다. 우리는 더위, 추위, 홍수, 가뭄, 안개, 눈, 얼음, 강한 바람 등의 영향에 관한 각종 기사들을 흔히 접한다(그림 1.1). 기록적인 기상현상은 우리 지구의 곳곳에서 발생하고 있다. 미국은 세계의 어느 나라보다도 다양한 기상현상이 잘 나타나는 곳이다. 이런 기록적인 사건들을 통해 미국이 다른 나라보다 날씨 변동성이 아주 크다는 것을 알 수 있다. 태풍이나 심한 눈보라(blizzard)는 물론이고 토네이도나 돌발홍수 그리고 강력한 뇌우(thunderstorms) 등과 같은 극한 날씨가 세계의 어느 나라보다도 미국에서 더 자주 그리고 더 큰 피해를 주고 있다. 날씨는 개인에게 직접적으로 영향을 미치기도 하지만, 농업, 에너지 사용, 수자원, 수송, 산업에 영향을 미쳐 세계 경제에도 커다란 영향을 준다.

날씨는 확실히 우리 생활에 커다란 영향을 미친다. 그러나 대기가

▲ **그림 1.2 인간은 대기에 영향을 준다**
2008년 6월, 인도의 뉴델리에 있는 석탄을 이용한 화력발전소로부터 뿜어져 나오는 짙은 연기. 연기와 더불어 이러한 발전소는 아황산가스, 이산화탄소와 같이 대기를 오염시키고 지구온난화를 일으키는 가스를 방출한다.

▼ **그림 1.1 비정상적인 겨울**
2013~2014년 겨울은 미국 동부의 거의 대부분 지역에 기록적인 한파와 폭설에 시달렸다. 반면에 알래스카를 비롯한 대부분의 서부 지역은 평년보다 따뜻하고 건조했다.

인간에게 영향을 미치는 만큼 인간도 대기에 영향을 미친다는 사실을 알아야 한다(그림 1.2). 이러한 영향을 고려하여 중요한 정책적, 과학적 결정들이 이루어졌고, 앞으로도 이루어질 것이다. 대기오염과 오염의 조절, 다양한 가스의 방출이 전 지구 기후와 대기의 오존층에 미치는 영향에 관한 해답들이 그에 대한 예이다. 따라서 대기와 대기의 움직임에 대한 인식과 이해가 더욱 필요하다.

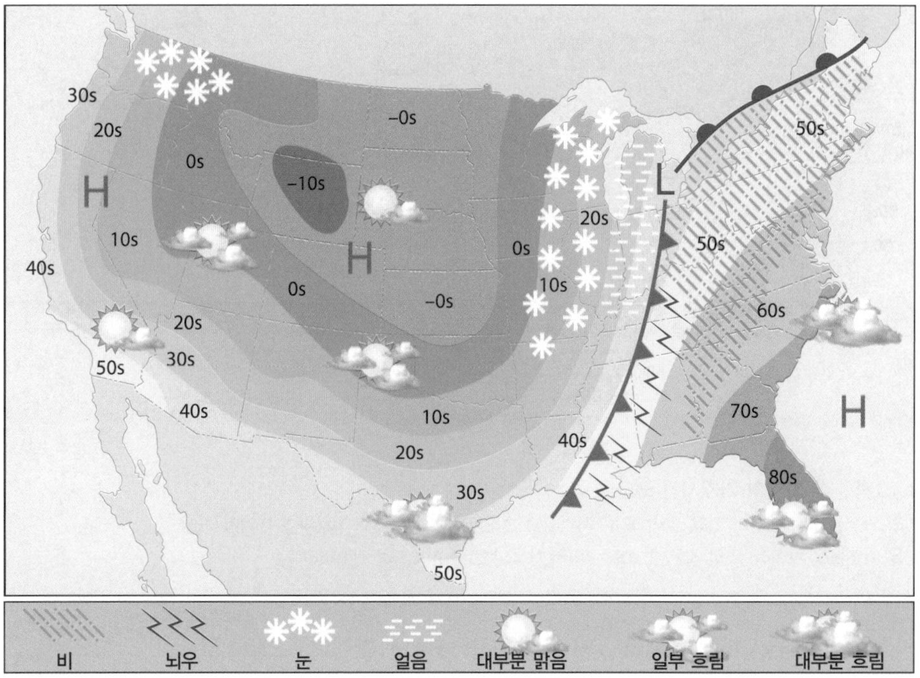

▲ **그림 1.3 신문지상의 일기도**
12월 말 어느 날의 신문 지면상의 전형적인 일기도이다. 일 최고온도 예보치가 나타나 있다.

기상학, 날씨, 기후

원서의 부제에는 기상학이라는 말이 들어가 있다. **기상학**(meteorology)은 대기와 우리가 일반적으로 날씨라고 부르는 현상에 대해 과학적으로 연구하는 학문이다. 지질학, 해양학, 천문학, 기상학은 하나의 **지구과학**(earth science) ─ 우리 행성에 대해 이해하기 위한 과학 ─ 으로 간주된다. 지구과학 사이에는 뚜렷한 경계가 존재하지 않아서 겹치는 부분이 많이 있다. 더 나아가 모든 지구과학은 물리, 화학, 생물학에서 나온 지식과 법칙들을 가지고 이해하고 적용한다. 기상학을 공부하다 보면 이런 점을 발견할 수 있을 것이다.

지구의 운동과 태양에너지의 영향을 받아, 형태도 없고 보이지 않는 지구의 공기 담요는 무한히 변화하는 날씨를 만들어 낸다. 이 날씨는 차례로 전 지구의 기본적인 기후 패턴을 만들어 낸다. 동일하지는 않지만, 날씨와 기후는 많은 유사점을 가지고 있다.

날씨(weather)는 계속적으로 변화하며, 때때로 시간마다 또는 날마다 변한다. 날씨는 주어진 시간과 공간에서의 대기 상태를 나타내는 말이다. 비록 날씨의 변동이 연속적이고, 어떤 때는 변덕스럽게도 보이지만, 이러한 변동들은 일반화될 수 있다. 이러한 날씨 상태들이 모이면 **기후**(climate)가 된다. 기후는 수십 년에 걸쳐 누적된 관측으로 부터 얻는다. 기후를 때로는 '평균 날씨'라고 간단하게 정의하지만, 이것은 적절하지 않은 정의이다. 지역의 특성을 더 정확하게 표현하려면, 변동(variation)과 극값(extreme)뿐만 아니라 예외적 현상이 일어날 가능성도 포함되어야 한다. 예를 들면, 작물의 생육 시기에는 평균 강수량뿐 아니라, 매우 습한 해와 매우 건조한 해의 빈도 또한 농부들에게는 중요한 정보이다. 따라서 기후는 어떤 장소나 지역을 설명할 수 있는 모든 통계적인 날씨 정보의 조합이라고 할 수 있다.

아침 신문이나 지역 텔레비전 방송국의 일기예보를 보면 그림 1.3과 유사한 지도를 볼 수 있을 것이다. 그날의 최고기온 예보를 보여 주고 이에 덧붙여 운량이나 강수, 전선에 대한 기본적인 날씨 정보를 보여 준다.

우리가 휴가 기간 동안 익숙하지 않은 곳으로 여행을 떠날 계획을 하고 있다고 가정하자. 우리는 그곳의 날씨가 어떨지 알고 싶어 할 것이다. 옷을 골라 짐을 꾸리고, 머무르는 동안 무엇을 할 것인지 예약하는 결정을 할 때에도 날씨 정보는 중요하다. 하지만 며칠의 한계를 넘어가면 날씨예보는 신뢰성이 떨어진다. 따라서 휴가 기간 동안 실제로 맞닥뜨리게 될 날씨 상태에 대한 믿을 만한 예보는 얻기 힘들다.

그 대신, 그 지역을 잘 아는 사람에게 날씨가 어떠할지는 물어볼 수 있다. "천둥 번개가 자주 치나요?", "밤에는 추운가요?", " 오후에는 맑은가요?" 등 우리가 찾고 있는 정보는 기후, 즉 그곳의 일반적인 상태에 대한 정보이다. 다양한 종류의 기후표, 지도, 그래프에서도 이러한 정보를 얻을 수 있다. 예를 들어, 그림 1.4의 지도는 11월 평균 미국

자주 나오는 질문…

기상학(meteorology)과 유성(meteors)이라는 용어는 서로 관련이 있나요?

물론, 서로 연관이 있다. 대부분의 사람들은 유성을 '우주에서 지구 대기로 들어오면서 대기 중 공기와의 마찰에 의해 타오르는 고체 덩어리'를 일컫는 말로 사용한다. 기상학은 BC 340년 그리스의 철학자 아리스토텔레스가 대기와 우주의 현상을 설명하는 그의 저서 제목으로 *Meteorlogica*를 사용하면서 만들어진 용어이다. 당시 하늘에서 떨어지는 어떤 물체를 'meteor'라고 불렀다. 오늘날 우리는 대기 중의 얼음이나 물입자(소위 hydrometeors)와 지구 외부로부터 들어오는 'meteoroids' 또는 'meteors'를 구분하여 부른다.

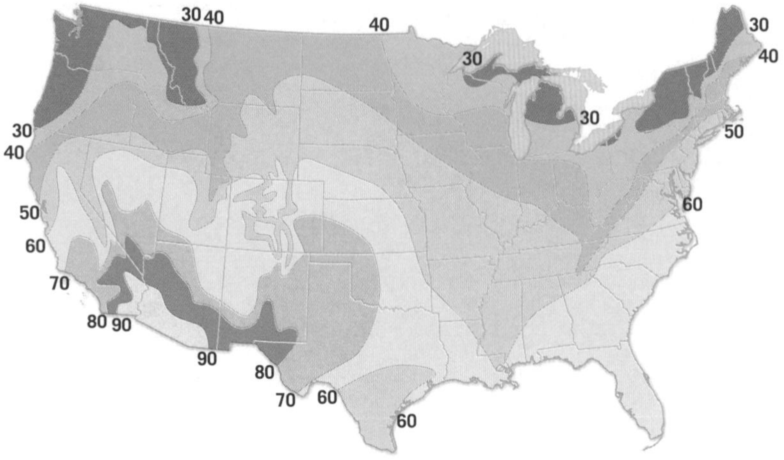

▲ **그림 1.4 11월의 가조시간 평균율**
애리조나 남부는 햇빛이 가장 많이 드는 지역이다. 반면에 태평양 북서 지역의 일부에서 가장 낮은 가조율을 보인다. 이와 같은 기후도는 여러 해의 자료를 기초하여 만들어진다.

의 가조시간(possible sunshine)의 백분율을 나타낸 것이며, 그림 1.5는 뉴욕의 월평균 일 최고기온과 일 최저기온, 그리고 각각의 월별 극값을 나타내고 있다.

이러한 정보는 분명히 우리의 여행에 도움을 줄 수 있다. 하지만 중요한 사실은 **기후 정보로는 날씨를 예측할 수 없다는** 점이다. 비록 그곳이 여행할 기간 동안 대체로(기후학적으로) 따뜻하고, 맑고, 건조하다 하더라도, 실제로는 춥고, 흐리며, 비 오는 날씨를 경험할 수 있다. 이것을 한마디로 요약할 수 있다. "당신은 기후를 기대하지만, 얻는 것은 날씨이다."

날씨와 기후 모두 그 특성은 동일한 기본 기후 **요소**(element)들로 표현된다. 이 요소들은 정기적으로 관측되는 양(quantity)이나 성질(property)들이다. 가장 중요한 요소는 (1) 기온, (2) 공기의 습도, (3) 구름의 종류와 양, (4) 강수의 종류와 양, (5) 기압, (6) 바람의 세기와 방향이다. 이 기후 요소들은 날씨 패턴이나 기후 종류를 설명할 수 있는 변수들로 구성되어 있다. 처음에는 이 요소들을 각각 공부하겠지만, 각 요소들이 매우 긴밀하게 연결되어 있음을 기억하자. 대체로 한 기후 요소가 변화하면 다른 요소들도 변화를 일으킨다.

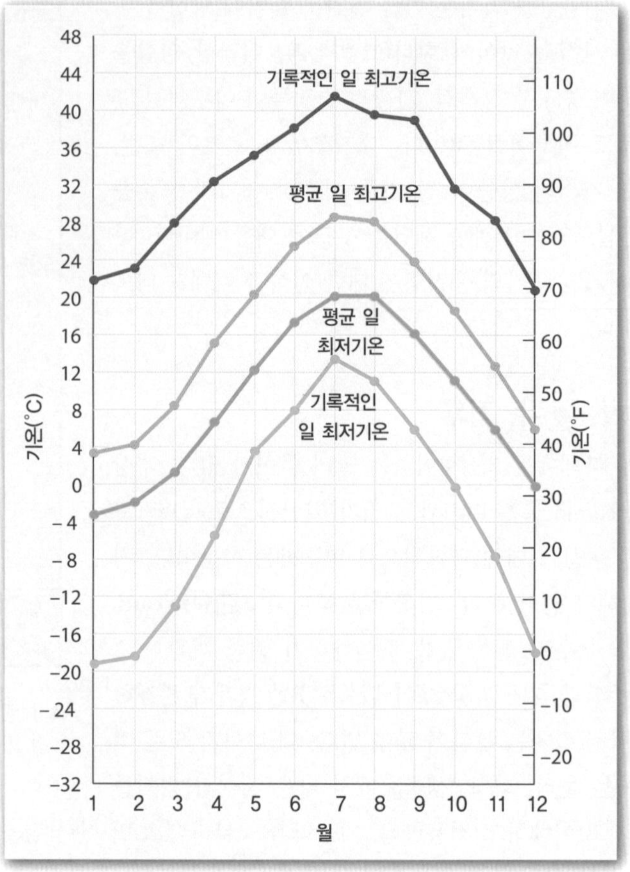

▲ **그림 1.5 뉴욕 시 온도**
각 달의 월평균 일최고, 최저기온과 더불어 월별 극값을 보여 준다. 이 그래프는 30년간의 자료를 평균하여 만들었다. 그래프에 나타나듯이, 개개의 값들은 평균과 상당한 차이가 보인다.

기상재해 : 기상 요소의 습격

자연재해는 지구상에서 피할 수 없는 요소이다. 자연재해는 매일 전 세계 수백만 명의 사람들에게 문자 그대로 '악영향'을 미치며, 엄청난 손해를 입힌다. 지진이나 화산활동 같은 경우는 지질학적인 자연재해이다. 하지만 그보다 훨씬 많은 경우, 자연재해는 대기와 관련되어 있다.

악기상(severe weather)은 일반적인 기상현상에서는 발견할 수 없는 매력이 있다. 강한 뇌우가 만드는 현란한 번개는 경외심과 공포를 일으

▼ **그림 1.6 때늦은 토네이도**
일리노이 중부지방의 토네이도 계절은 봄과 여름이지만 2013년 11월 17일에 일리노이 워싱턴을 강력한 토네이도가 강타했다. 시속 306km(190mile)의 속도로 건물들을 완전히 초토화시켰다.

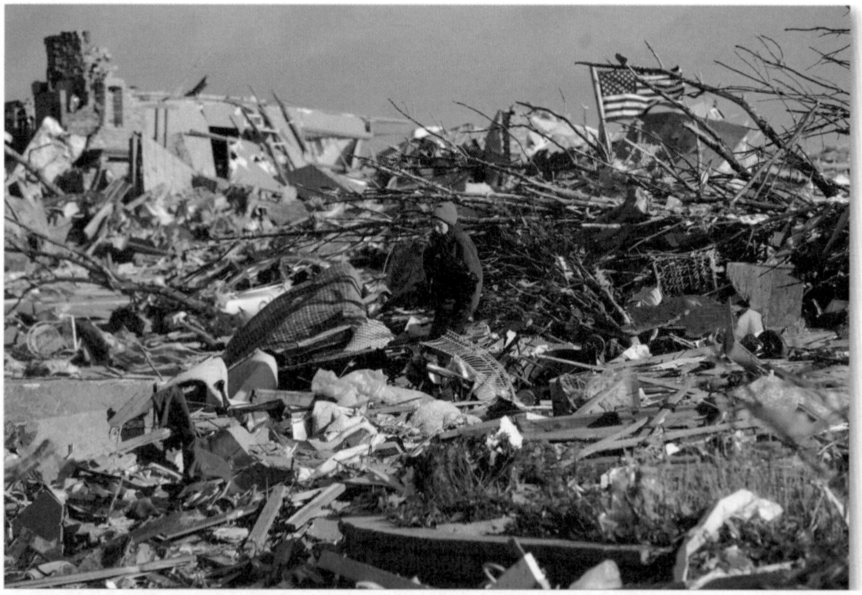

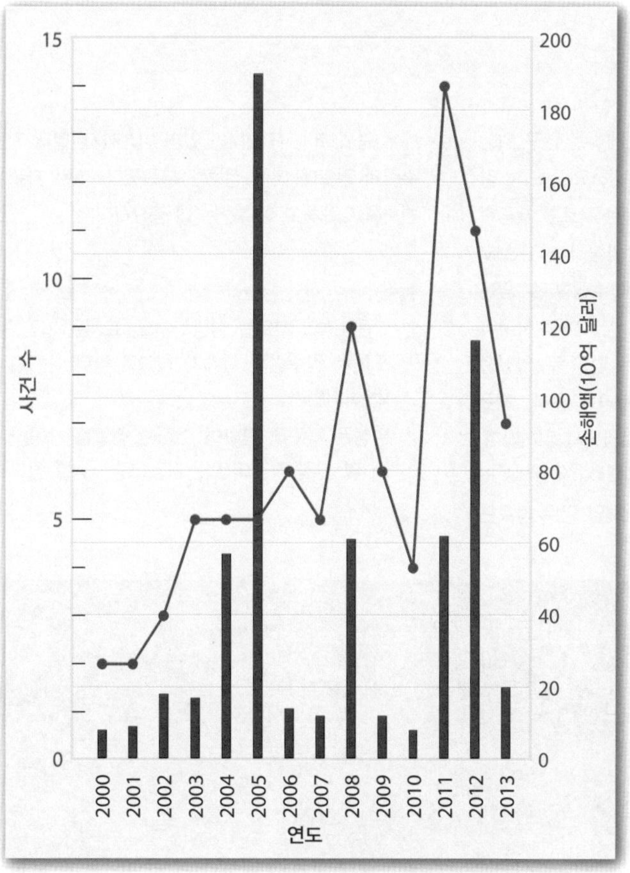

▲ **그림 1.7 10억 달러 이상의 피해를 준 기상 사례**
2000년에서 2013년 사이 미국에서 날씨 관련 재해로 인해 10억 달러 이상의 손실이 일어난 것은 총 84번이다. 이 막대그래프는 각 해에 발생한 사건의 수와 손실을 10억 달러 단위로 보여 준다(2013년 달러 가치로 표준화되었다). 84번에 걸친 사건의 총 손실은 6,000억 달러를 초과한다! (자료 : NOAA 제공)

킨다. 물론 허리케인과 토네이도도 매우 흥미롭다. 토네이도 혹은 허리케인 한 건이 발생하면, 물질적으로 수십억의 손실이 일어나고, 사람들은 재난에 빠지며, 많은 사람들이 죽는다. 이 장의 표지의 태풍 샌디와 그림 1.6의 토네이도 피해가 좋은 예이다.

물론, 악영향을 미치는 또 다른 기상재해들도 있다. 심한 눈보라, 우박, 언 비(freezing rain) 등은 폭풍과 관련된 재해들이다. 또 폭풍의 직접적인 결과가 아닌 기상재해들도 있다. 그 예로 열파(heat waves), 한파(cold waves), 가뭄(drought) 등이 있다. 어떤 해에는 열파나 한파에 다른 날씨 사건이 결합되어 사람들이 죽는 경우도 있다. 비록 강한 폭풍과 홍수보다 관심을 덜 받지만, 가뭄 또한 파괴적이고 경제적 손실도 더 크다.

2000년에서 2013년 사이 미국에서는 날씨와 관련한 재해로 인해 10억 달러 이상의 손실이 일어난 사례가 총 84번이다(그림 1.7). 4,200명의 인명 손실과 더불어 기상재해에 의한 총 손실은 6,000억 달러를 초과했다!

이 책의 곳곳에서 기상재해에 대해 배울 기회가 있을 것이다. 그중 두 장은 전체에 걸쳐 기상재해에 관한 내용을 다룰 것이다(10장 뇌우와 토네이도, 11장 허리케인). 덧붙여 열파, 겨울 폭풍, 홍수, 모래 폭풍, 가뭄, 토사류(mudslides), 번개 등 다양한 종류의 기상재해들에 관해 책 속의 글상자에서 다룰 것이다. 매일 우리 지구는 대기에 의해서 수많은 공격을 당한다. 따라서 이들 기상현상에 대해서 잘 이해하고 대처하는 것은 중요하다.

✓ 개념 체크 1.1

❶ 무엇이 대부분의 지구상 물의 저수지(저장고)로 작용하는가?

❷ 날씨와 기후의 기본 요소들을 나열하시오.

❸ 폭풍우와 관련된 기상재해 적어도 5개를 나열하고 그렇지 않은 기상재해도 3개 정도 나열해 보시오.

1.2 과학적 탐구의 본성

가설을 세우고 이론을 정립하는 것을 포함한 과학적 탐구의 본성을 논한다.

현대사회의 구성원으로서 우리는 과학으로부터 얻어진 이익을 생각하게 된다. 그러나 무엇이 과학적 탐구의 본성인가? 과학은 지식을 만들어 내는 과정이다. 이 과정은 현상에 대한 주의 깊은 관찰과 그 관찰에 대한 이해를 설명하는 것이다. 어떻게 과학이 만들어졌고 어떻게 과학자가 작업하는가에 대한 이해를 도모하는 것은 이 책에서 중요한 주제이다. 독자들은 자료를 수집하는 어려움을 탐구하고 이러한 어려움을 극복하기 위해서 개발된 창의적인 방법의 일부를 배우게 될 것이다. 또한 어떻게 가설이 만들어지고 검증되는가와 몇 가지 중요한 과학적 이론이 정립되는가를 예를 통해 배우게 될 것이다.

모든 과학의 바탕이 되는 자연은 일관성이 있고 예측 가능하기 때문에, 주의 깊고 체계적으로 연구한다면 이해할 수 있다는 가정이 깔려 있다. 과학의 최종적인 목적은 자연의 패턴을 발견해 내고, 이 지식을

글상자 1.1 우주에서의 지구 감시

과학적 사실은 실험실에서의 실험과 야외에서의 관찰, 측정 등 많은 방법에 의해 모아진다. 인공위성 또한 중요한 자료 제공 역할을 한다. 위성사진은 전통적인 방법에 의해서는 얻기 어려웠던 시각적 영상을 제공한다. 이 장의 첫 사진인 허리케인 샌디가 좋은 예이다. 게다가 외국의 많은 위성들이 장착한 최신의 장비들은 과학자들이 관측 자료가 드문 원거리 지역의 정보를 수집할 수 있도록 해 준다.

그림 1.A는 NASA의 **열대강수측정임무**(Tropical Rainfall Measuring Mission, TRMM)에 의해 제공된 사진이다. TRMM은 물의 순환과 기후 시스템 속에서 그것의 역할에 대한 이해를 넓히기 위해 제작된 연구 위성이다. TRMM은 남 · 북위 36°사이를 감시하고 있으며, 강수 및 그것과 관련된 열 방출에 대한 많은 자료를 제공한다. 다양한 형태의 측정과 사진 촬영이 가능하다. TRMM 위성에 탑재된 장비는 강수량 데이터를 수집할 수 있는 우리의 능력을 크게 확장시켰다. 지상 자료뿐만 아니라 전형적인 육지 중심의 측정 방식으로는 얻을 수 없었던 매우 가치 있는 해양 강수 자료까지 제공해 준다. 지구 전체 강수의 상당 부분이 열대 해양 지역에서 일어나며, 이 과정에서 지구의 날씨를 조절하는 에너지를 발생시키는 열 교환이 일어난다. 그러므로 이런 해양 강수 자료는 매우 중요하다. TRMM이 있기 이전까지, 열대 지역의 강수량과 강도에 대한 정보는 부족했다. 그런 자료는 기후 변화를 이해하고 예측하는 데 중요하다.

질문

1. 그림 1.A의 지도를 설명하시오. 표시된 기간 동안, 지도에서 강수량의 합계가 최고로 나타나는 지역은 대략 어디인가?
2. 위성은 지구에 관하여 수집한 정보를 제공하는 점에서 몇 가지 장점이 있는가? 그림 1.A를 참고하여 답하시오.

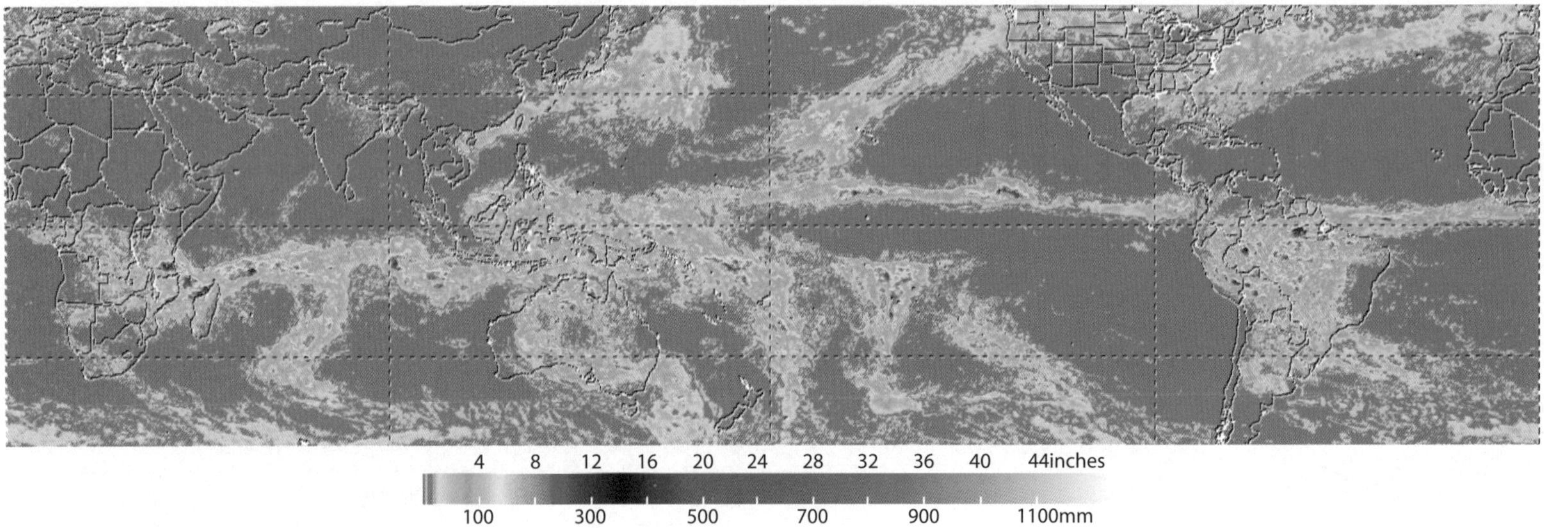

▲ **그림 1.A 강수 모니터링** TRMM 자료를 이용하여 만든 2014년 2월 7일 동안의 강수 지도이다.

주어진 사실이나 상황에 대입해 어떤 것이 일어나고, 일어나지 않을지에 대한 예측을 하는 것이다. 예를 들어, 어떤 종류의 구름이 만들어지는 과정과 상태를 알고 있다면, 기상학자들은 그 구름이 생성된 시간과 장소를 대략적으로 예측할 수 있다.

새로운 과학적 지식을 발달시킨다는 것은 보편적으로 인정된 어떤 기본적인 논리적인 과정도 포함한다. 무엇이 자연 세계에서 일어날 것인지 정하기 위해 과학자들은 관측이나 측정을 통해 과학적인 사실들을 수집한다. 그러나 피할 수 없는 오류가 존재하는 경우가 있으므로 특정한 관측이나 측량은 항상 정확도에 있어 의심의 소지가 있다. 그럼에도 이러한 자료들은 과학에 있어서 필수적이고, 과학 이론을 발전시키는 도약판 역할을 한다(글상자 1.1).

가설

어떤 사실을 추측하고, 자연 현상을 설명하기 위해 법칙들이 세워지면, 연구자들은 관측에서 어떻게, 왜 현상이 일어나는지 설명하려고 한다. 연구자들은 시험적인(혹은 검증되지 않은) 설명, 즉 과학적인 **가설**(hypothesis)로 이런 설명 작업을 한다. 주어진 관측에 대해 하나 이상의 가설을 세우는 것이 좋다. 한 과학자가 가설들을 세우지 못한다면, 다른 과학자들이 대안적인 가설들을 세울 것이다. 고무된 의견들이 여기저기에서 나타날 것이다. 그 결과, 새로운 가설을 고안해 내는 사람들에 의해 광범위한 연구가 진행되고, 연구 결과물은 과학 잡지에 발표되어 모든 과학자들이 널리 사용할 수 있게 되는 것이다.

가설은 과학적인 지식으로 받아들여지기 전에 반드시 객관적인 검증이나 분석을 거쳐야만 한다. 가설이 검증되지 않으면, 아무리 흥미로운 주제라 하더라도 과학적으로 쓸모가 없다. 검증 과정에서는 가설에 의한 예측(prediction)이 필요하다. 이 예측은 객관적인 관측과 비교하여 검증된다. 바꿔 말하면, 가설은 가설을 세울 때 썼던 관측에 들어맞아야 한다. 엄격한 검증 단계에서 실패한 가설은 최종적으로 버려진다. 과학의 역사는 버려진 가설들로 어질러져 있다. 가장 잘 알려진 예로 지구가 우주의 중심에 위치한다는 가설이 있다. 지구 주변의 해와 달, 별이 일주기 운동을 하는 것처럼 보여 이 가설을 뒷받침했다.

이론

엄격한 검증 과정을 통해 가설이 검증되었을 때, 그리고 반대하는 가설이 제거되었을 때, 그 가설은 과학적 **이론**(theory)의 자리로 승격된다. "그것은 단지 이론일 뿐이야."라고 말들을 하지만, 과학적 이론은 어떤 관측된 사실에 대해 가장 잘 설명하고 있는, 과학자들 사이에서 잘 검증되고 널리 받아들여진 관점이다.

광범위하게 잘 정리되고 뒷받침에 충분한 일부 이론은 적용 범위가 넓다. 지구과학의 분야에서 판구조론(theory of plate tectonics)이 그러한 예이다. 이러한 이론은 산맥의 형성과 지진, 화산활동 등을 이해하는 데 있어서 기틀이 된다. 이 이론은 또한 오랜 시간에 걸친 대륙과 해양분지(ocean basin)의 진화를 이해하는 데도 중요하다. 14장에서 보게 되듯이 이 이론은 지질학적인 시간대에 걸친 오랜 기후변화를 이해하는 데도 중요하다.

과학적 방법

과학자들이 관측 자료로 사실에 대한 정보를 모아 과학적인 가설과 이론을 만드는 이제까지 설명했던 과정을 **과학적 방법**이라고 한다. 일반적으로 생각하는 바와 달리, 과학적인 방법은 자연 세계의 비밀을 풀기 위해 과학자들이 적용해야 하는 판에 박힌 과정을 뜻하는 것이 아니다. 오히려 과학적인 방법은 독창성과 통찰력을 포함한 노력이라 할 수 있다. 러더퍼드와 올그런은 이것을 다음과 같이 말했다. "우주가 어떻게 돌아가는지 설명하기 위해 가설이나 이론을 창안해 내는 것은, 그리고 실제에서 어떻게 검증될지 생각해 보는 것은 시를 쓰거나, 곡을 쓰거나, 고층건물을 설계하는 것과 같은 창조적인 작업이다."*

과학자들이 과학적 지식을 정확하게 끌어내는 '고정된 방식'이란 존재하지 않는다. 그러나 많은 과학적 연구는 다음의 절차를 따른다.

- 자연현상에 대한 질문

이 자동기상관측시스템(Automated Surface Observing System, ASOS)은 자료 수집을 위한 미국의 주요 지표 관측망이다. 이것은 약 900여 개가 설치되어 있다

▲ **그림 1.8 관측과 측정**
자료 수집과 주의 깊은 관찰은 과학적 방법에서 기초적인 부분이다.

- 그 질문과 관련한 관측이나 측정을 통해 과학적 자료 모으기(그림 1.8)
- 그 자료와 관련한 질문을 던지고, 이 질문을 설명할 수 있는 한 가지 이상의 적절한 가설 세우기
- 가설을 검증할 수 있는 관측, 실험, 모형 등을 세우기
- 엄격한 검증 과정을 바탕으로 가설을 받아들이거나, 수정하거나, 기각하기
- 자료나 결과들을 비판적 의견과 추가적인 실험을 위해 과학계와 공유하기

다른 과학적 발견들은 엄격한 검증을 세우기 위해 생각해 낸, 순수한 이론적인 아이디어로부터 나온 경우도 있다. 어떤 연구자들은 '실

자주 나오는 질문…

가설(hypothesis)과 이론(theory)은 과학적인 법칙과 어떻게 다른가?

과학적 법칙은 일반적으로 제한된 영역에서 간단하게 서술될 수 있는(가끔 간단한 수치 방정식으로 표현될 수 있는) 특정한 자연 현상을 설명하는 기본적인 원리를 일컫는다. 과학적 법칙은 일관된 관측과 측정의 반복으로 성립되기 때문에 좀처럼 버려지지 않는다. 그러나 법칙들은 새로운 현상들의 발견에 따라 적합하게 수정이 필요하기도 하다. 예로서, 뉴턴의 운동법칙은 오늘날에도 유용하게 사용된다(NASA에서는 그것을 인공위성 궤적 계산에 이용한다). 그러나 그것은 어떤 물체가 빛의 속도에 도달했을 때는 유용하지 못하다. 이런 경우, 그것은 아인슈타인의 상대성 이론에 의해 대체된다.

* F. James Rutherford and Andrew Ahlgren, *Science for All Americans*(New York: Oxford University Press, 1990), p. 7.

자주 나오는 질문…

날씨예보를 위해 필요한 모든 자료는 누가 제공하는가?

정확한 날씨예보를 위해서는 전 지구적인 자료가 필요하다. WMO(World Meteorological Organization)는 날씨 및 기후와 관련된 과학적 활동을 조정하기 위해 UN에 의해 설립되었다. WMO는 지구 모든 지역에 분포되어 있는 187개 국가와 영역으로 구성되어 있다. 여기서 실시 중인 지구 대기 감시(World Weather Watch)는 회원국들의 관측 시스템에 의해 관측된 최신의 표준화된 자료를 제공한다. 전 지구적인 이 시스템은 수백 개의 자동 관측 부이(buoy)들과 수천 대의 비행기뿐만 아니라 최소한 15개의 인공위성, 1만여 곳의 지상 관측, 7,300여 대의 선박들에 의해 이루어진다.

제' 세계에서 무슨 일이 일어나는지 모의실험을 하기 위해 고속 컴퓨터를 사용하기도 한다. 이 모형들은 장기간 동안 일어나는 자연 과정들을 다룰 때나, 극지방 혹은 접근하기 불가능한 곳을 다룰 때 유용하다. 완전히 기대하지 않았던 일이 실험하는 동안 일어날 때, 과학적인 발전이 일어나는 경우도 있다. "관측의 장(field)에서, 기회는 오직 준비된 자들에게만 친절을 베푼다."라고 루이 파스퇴르가 말한 것처럼, 순전히 행운 때문에 이런 우연한 발견을 할 수 있었던 것은 아니다.**

과학적 지식은 여러 경로를 통해 익힐 수 있다. 따라서 하나의 과학적 방법이 아닌, 여러 가지 과학적 방법들로서 과학적 연구를 설명할 수 있다. 덧붙여, 가장 억지스러운 과학 이론조차도 자연 세계에 대한 간단한 설명이라는 것을 기억하자.

✓ 개념 체크 1.2

❶ 과학적 가설과 과학적 이론은 어떻게 다른가?

❷ 많은 과학적 탐구에 따르는 기본적인 과정을 요약하시오.

1.3 시스템으로서의 지구

지구를 구성하는 4개의 주요 권을 나열하고 설명한다. 시스템을 정의하고 왜 지구가 시스템으로 구성되었는지를 설명한다.

지구에 대해 공부하다 보면, 우리 지구는 많은 부분으로 나누어져 있는 매우 역동적인 곳이며 또 동시에 상호작용이 매우 활발하게 일어나는 권(sphere)으로 이루어진 곳이라는 것을 알게 된다. 대기권, 수권, 생물권, 지권과 그 속의 모든 구성요소들은 따로따로 연구될 수 있지만 각 부분은 독립적이지 않다. 각각은 다른 권와 어떤 방식으로 결합되어, 지구 시스템이라고 불리는 복잡하고 연속적으로 상호작용하는 전체를 구성한다.

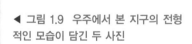

1968년 12월 아폴로 8호 우주선이 달 후면으로부터 나오는 순간 비행사가 촬영한 '지구 돋이' 사진. 지금까지와는 다른 지구를 사람들에게 보여 주는 전형적인 사진이다.

1972년 12월 아폴로 17호 우주선이 촬영한 '푸른 구슬(Blue Marble)' 사진. 짙은 파란색의 해양과 소용돌이 형태의 구름은 해양과 대기의 중요성을 상기시켜 준다.

지구의 네 가지 권

그림 1.9는 인류가 지금까지와는 다르게 지구를 바라볼 수 있게 하는 전형적인 사진이다. 이러한 모습은 지구에 대한 우리의 개념을 크게 바꿔 놓았으며, 이 사진은 찍힌 후 수십 년간 우리의 마음속에 강력한 이미지로 남아 있다. 우주에서 바라본 지구는 숨이 막히도록 아름답고, 깜짝 놀랄 만큼 고독한 곳이다. 이 그림을 보면 지구는 작고, 홀로 갇혀 있으며, 어떤 면에서는

◀ **그림 1.9 우주에서 본 지구의 전형적인 모습이 담긴 두 사진**

** Louis Pasteur quoted in "Science, History and Social Activism" by Everett Mendelsohn, Garland E. Allen, Roy M. MacLeod, Springer 2001.

▲ **그림 1.10 지구권의 상호작용**
해안선은 한 시스템의 다른 부분이 서로 만나는 공통 경계라는 것을 보여 주는 좋은 예이다. 이 사진에서 이동하는 공기(대기권)에 의해 만들어진 파도(수권)가 캘리포니아 해안(지권)에 부딪혀 부서진다.

연약하기도 한 행성이다. 아폴로 8호 조종사인 빌 앤더스는 지구 돋이(earthrise) 사진을 찍었고, 이와 같이 표현하였다. "우리는 달을 탐사하기 위해 모든 방법을 동원하여 왔지만, 정작 가장 중요한 것은 우리가 지구를 발견한 것이다."

우주에서 지구를 자세히 들여다볼수록, 지구는 바위와 흙으로만 된 것이 아님을 볼 수 있다. 사실, 그림 1.9에서 가장 뚜렷하게 보이는 것은 육지가 아닌, 넓은 바다 위에 떠 있는 소용돌이 모양의 구름들이다. 이 그림은 우리 지구에서 물의 중요성을 강조하고 있다.

그림 1.9에서 보이는 바와 같이 더 가까이 들여다보면, 왜 일반적으로 지구를 세 부분으로 나누는지 알 수 있다. 여기서 세 부분이란 육지(solid Earth 또는 지권), 물로 뒤덮인 부분(water portion 또는 수권), 기체로 싸인 부분(gaseous envelope 또는 대기권)이다.

지구는 바위나 물, 혹은 공기만으로 이루어진 것이 아니라 아주 종합적인 행성이다. 그 대신 공기–바위, 바위–물, 물–공기 사이에서 연속적인 상호작용이 일어나는 것이 지구의 특성이다. 더불어 다양한 종류의 생물군으로 이루어진 생물권은 세 가지 물리적 영역에 각각 깊이 관련되어 있고, 다른 세 부분과 동일하게 행성에서 없어서는 안 될 부분이다.

지구의 권 간의 상호작용은 헤아릴 수 없을 만큼 많다. 그림 1.10은 이러한 예를 보기 쉽게 제시하고 있다. 해안선은 바위, 물, 공기가 한곳에서 만나는 장소이다. 이 사진은 물 위를 지나가는 공기의 마찰로 인해 파도가 생기고, 파도는 암석으로 된 해안을 부수고 있는 모습을 보여 준다. 물의 힘은 엄청나기 때문에 침식 작용이 크게 일어날 수 있다.

지권 대기권과 바다의 아래에 존재하는 것이 지각, 즉 **지권**(geosphere)이다. 지권은 지표에서부터 지구 중심 6,400km 깊이까지를 가리키며 지구 4개 권역 중 가장 큰 부분을 이루고 있다.

구성 성분의 차이에 따라 지권을 세 부분으로 나눌 수 있다. 밀도가 높은 안쪽을 **핵**(core), 밀도가 낮은 곳을 **맨틀**(mantle), 지구 바깥의 가볍고 얇은 표면을 **지각**(crust)이라고 한다.

지구 표면을 얇게 덮고 있는 물질로 식물의 생장을 돕는 토양(soil)은 네 가지 권 모두의 일부로 생각한다. 육지(고체 부분)는 풍화된 바위 파편들(지권)과 썩은 식물과 동물로부터 나온 유기체(생물권)가 뒤섞여 있다. 분해되고 붕괴된 바위 파편들은 공기(대기권)와 물(수권)이 작용한 풍화작용의 산물이다. 공기와 물은 또한 고체 입자 사이에서 자리를 차지하기도 한다.

대기권 지구는 생명을 주는 기체로 둘러싸여 있는데, 이를 **대기권**(atmosphere)이라고 한다(그림 1.11). 지표에서 대기를 보았을 때, 매우 깊은 것처럼 보인다. 그러나 지권의 두께(반경 약 6,400km)와 비교한다면, 대기권은 매우 얇은 층이다. 대기권의 99% 이상이 지표 30km 내에 존재한다. 그러나 이러한 얇은 공기 담요는 지구에서 없어서는 안 될 부분이다. 대기권은 우리가 숨 쉴 수 있는 공기를 공급해 줄 뿐만 아

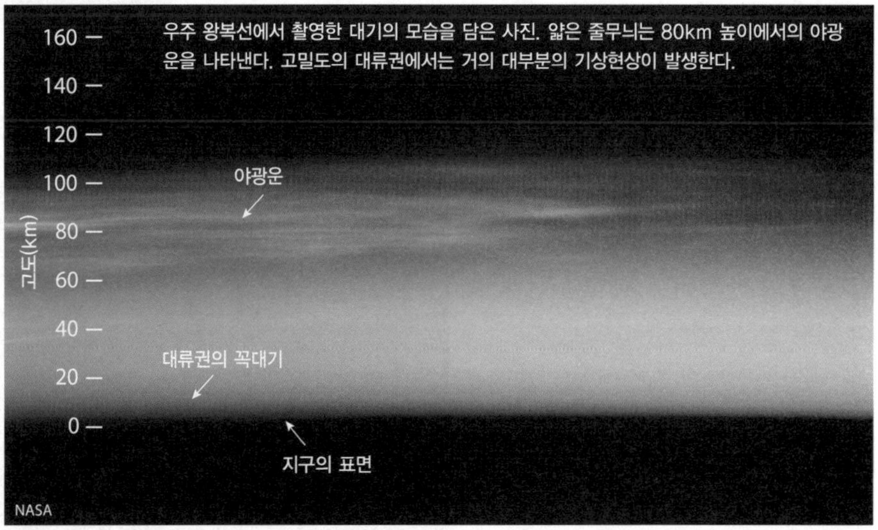

▲ **그림 1.11 얇은 층** 대기는 행성의 필수적인 부분이다.

니라 태양이 방출하는 유해한 복사를 차단하는 역할도 한다. 대기권과 지표 사이, 대기권과 우주 사이에 지속적으로 일어나는 에너지의 교환은 우리가 '날씨(weather)'라고 하는 현상을 만들어 낸다. 지구가 달처럼 대기권이 없다면, 생명체가 살 수도 없으며, 지표를 역동적인 곳으로 만드는 과정들과 상호작용할 수 없을 것이다.

수권 지구를 '푸른 행성(blue planet)'이라고 부르기도 한다. 물은 다른 어떤 성분보다 지구를 특별하게 만든다. **수권**(hydrosphere)은 계속적으로 움직이고, 바다에서 대기로 증발하고, 육지로 비가 되어 내리고, 다시 바다로 흘러가는 역동적인 물질 덩어리이다. 대양은 수권의 가장 잘 드러난 부분으로, 지표의 약 71%를 덮고 있으며 그 깊이는 평균 3,800m이다. 바다는 지구 물의 약 97%를 차지하고 있다(그림 1.12). 그러나 수권은 구름의 수분, 하천, 호수, 빙하, 지하수도 포함하고 있다.

구름의 수분, 하천, 호수, 빙하, 지하수는 전체 물중에서 차지하는 비율은 아주 적지만, 하는 역할은 훨씬 더 중요하다. 역시 구름은 많은 날씨와 기후 과정에서 중요한 역할을 한다. 하천, 빙하, 지하수는 지표 생물들에게 매우 중요한 신선한 물을 공급해 주고, 또 지구의 다양한 지형을 조각하고 만들어 내기도 한다.

▲ **그림 1.12 물의 행성** 수권 내 물의 분포

생물권 **생물권**(biosphere)은 지구상의 모든 생물체를 포함한다(그림 1.13). 해양생물들은 햇볕이 드는 바다 표면 부근에 집중되어 생활한다. 나무뿌리나 땅굴을 파는 동물들은 땅속 수 미터 그리고 하늘을 나는 곤충이나 새들도 지상 1km 정도를 생활 반경으로 하는 등, 대부분의 육지 생물들이 지표 근처에 집중되어 살고 있다. 놀랍도록 다양한 생물들이 극한 환경에 적응하며 살고 있다. 예를 들면, 기압이 극도로 높고 빛도 들지 않는 해저의 뜨겁고 미네랄이 풍부한 가스를 내뿜는 분화구 근처에 매우 특

바다는 지구의 생물권을 일부 포함한다. 오늘날의 산호초는 특별하고 복잡하며 해양 생물 종 25%의 서식처이다. 이런 다양성 때문에 사람들은 때로 산호초를 바다의 열대우림이라 한다.

열대우림은 제곱킬로미터마다 수백 가지의 다양한 종으로 생존하는 곳이다.

▶ **그림 1.13 생물권**
지구의 4개의 권 중 하나인 생물권은 모든 생물들을 포함한다.

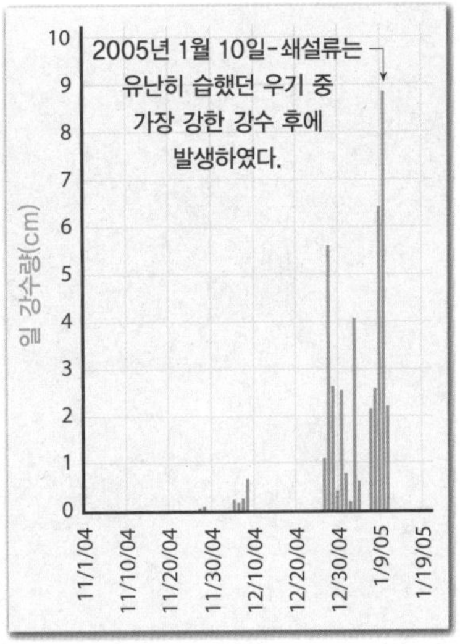

◀ **그림 1.14 큰 비로 인한 많은 쇄설류** 이 사진은 지구 시스템에서 다른 부분 사이의 상호작용을 나타내는 예이다. 2005년 1월 10일, 캘리포니아 남부인 라 콘치타 지역은 많은 쇄설류(debris flow)에 휩쓸렸다. 이 기간 동안 많은 양의 강수가 기록되었다.

Video
식물에 의한 전반적인 탄소 흡수
http://goo.gl/ECLZLM

이한 생명체 군집이 살기도 한다. 육지에서 어떤 박테리아는 4km 정도 깊이의 바위 속이나 끓는 온천에서 번성하기도 한다. 또한 기류는 미생물들을 대기권 속 수 킬로미터 거리로 운반시킬 수도 있다. 그러나 이러한 극한 경우를 생각할 때에도 여전히 생명체는 지표에 아주 가까이, 얇은 층에 존재한다고 생각해야 한다.

식물과 동물은 생명체의 기본이 되는 물리적 환경에 의존한다. 그러나 유기체들은 물리적 환경에 단지 반응하는 것 이상이다. 수많은 상호작용을 통해 생명체들은 자신을 유지하고, 주변의 물리적 환경을 바꾸기도 한다. 생명체가 없다면 지권, 수권, 대기권의 구성과 성질이 아주 달라졌을 것이다.

지구 시스템 과학

지구 시스템에서 서로 다른 부분 간의 상호작용을 보여 주는 간단한 사례로서 대부분의 겨울철에 태평양에서 증발한 수증기가 캘리포니아 남부의 산악 지역에 강수로 내린 후 종종 파괴적인 쇄설류를 발생시키는 것을 들 수 있다(그림 1.14). 수권에서 대기권과 지권으로의 물이 이동하는 과정은 물리적 환경과 식물, 동물(사람을 포함한)이 서식하는 지역에 큰 영향을 준다.

과학자들은 지구를 더 완전히 이해하기 위해서는 지구의 독립적인 요소들(땅, 물, 공기, 생명체)이 어떻게 서로 연결되어 있는지 배워야 함을 깨달았다. 이것을 '지구 시스템 과학'이라고 한다. **지구 시스템 과학**(Earth system science)은 지구를 서로 상호작용하는 다양한 부분, 즉 아시스템(subsystem)들이 결합된 시스템으로 생각하고 연구하는 학문이다. 지구 시스템 과학을 연구하는 사람들은 이렇게 서로 다른 부분들을 종합해서 접근하는 방식을 통해 전 지구적인 환경 문제들을 이해하고 해결해 나갈 수 있도록 노력한다.

서로 상호작용하며 상호의존적인 부분들이 모여 하나의 거대하고 복잡한 **시스템**(system)이 만들어진다. 우리 대부분은 **시스템**이라는 말을 자주 쓰기도 하고 듣기도 한다. 차의 냉각 **시스템**을 수리하기도 하고, 교통 **시스템**을 이용하기도 하며, 정치 **시스템**에 참여하기도 한다. 뉴스는 다가오는 날씨 **시스템**에 대한 정보를 제공해 준다. 더 나아가 지구는 태양계의 작은 아시스템의 하나이고, 또한 태양계는 이보다 더 큰 우리 은하(Milky Way Galaxy)의 아시스템이기도 하다.

지구 시스템

지구 시스템에는 아시스템들이 무한히 배열되어 있고 아시스템들 간에

▼ **그림 1.15 물순환** 물은 지구의 온도와 압력에 따라 쉽게 액체에서 가스(증기), 고체로 상태를 변화시킨다. 이 사진은 지구 네 가지 권 간의 물순환을 나타낸다. 수권은 지구의 여러 아시스템 중의 하나이다.

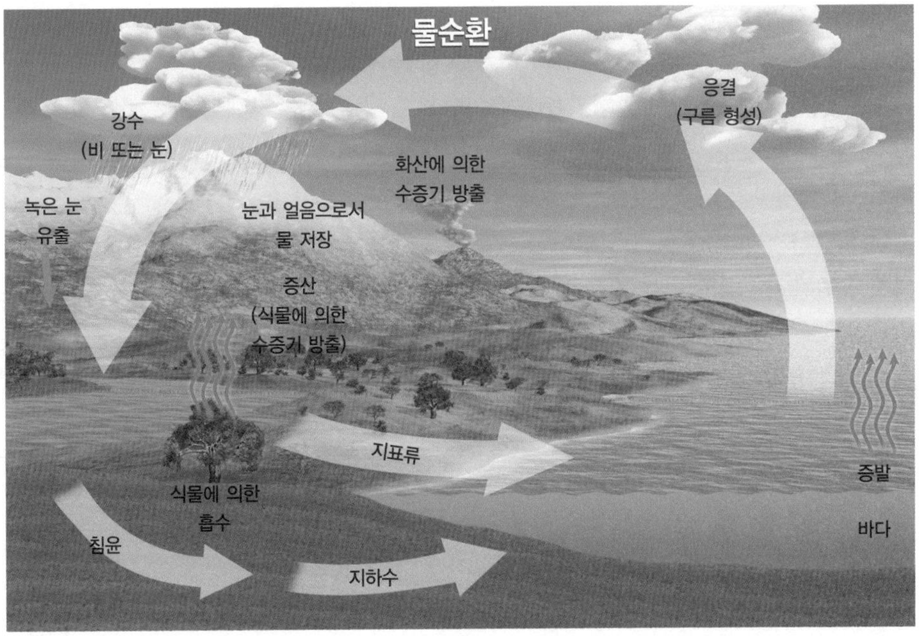

▲ **그림 1.16 변화는 계속된다** 1980년 5월 세인트헬렌스 화산이 폭발했을 때 사진에 보이는 지역은 화산 분출물로 인해 모든 것이 묻혔다. 지금은 식물들이 다시 자라나고 새로운 토양이 형성되고 있다.

는 끝없이 물질이 재순환된다. 잘 알려진 아시스템으로 앞에서 간단히 살펴보았던 **물순환**(hydrologic cycle)(그림 1.15)이 있다. 이 순환은 수권, 대기권, 생물권, 지권 사이에서 물이 끊임없이 돌고 있음을 보여 준다. 대기권에서는 지표에서 증발이 일어나거나, 식물의 증산에 의해 물이 대기권 안으로 들어오게 된다. 이 대기권의 물(water vapor, 수증기)은 응결하여 구름을 만들고, 비가 내려 물은 다시 지구 표면으로 내려오게 된다. 비로 내린 물은 땅으로 스며들어 식물에 흡수되거나 지하수가 되기도 하고, 지표를 흘러 바다로 가기도 한다.

지구 시스템의 각 부분들은 서로 연결되어 있어서, 어떤 한 부분에 변화가 생기면 일부 혹은 전체에 변화를 일으킬 수 있다. 화산이 폭발할 때의 경우를 예로 들어 보자. 화산이 폭발하면 지구 내부의 용암이 지표에 흘러 나와 근처의 골짜기를 메울 것이다. 새로 생긴 장애물은 그 지역의 배수 시스템에 영향을 주게 된다. 이로 인해 호수가 생기거나, 개울의 경로가 바뀌는 등의 변화가 일어날 수 있다. 많은 양의 화산재와 화산가스가 화산 폭발이 일어나는 동안 방출되어 대기권 높은 곳까지 올라갈 수 있다. 이는 지표에 도달하는 태양에너지의 양에 영향을 미친다. 그 결과 전체 반구(hemisphere)에 걸쳐 기온이 떨어질 수 있다.

표면이 용암이나 화산재로 덮인 곳에서 원래 존재하던 토양은 파묻히게 된다. 이로 인해 새로운 표면 물질을 다시 토양으로 바꾸는 토양 생성 과정이 일어난다(그림 1.16). 최종적으로 만들어지는 토양은 화산 활동 기원 물질, 기후, 생명활동의 영향 등, 지구 시스템의 많은 부분들 사이의 상호작용을 잘 나타낸다. 생태계에서도 커다란 변화가 일어난다. 일부 유기체들과 유기체의 서식지는 용암과 화산재에 묻혀 사라지고 만다. 그 반면에 호수와 같은 새로운 생명체의 보금자리가 생겨난다. 기후의 잠재적 변동 또한 민감한 생명체들에게 영향을 미친다.

지구 시스템에는 수 밀리미터에서부터 수천 킬로미터까지 매우 다양한 공간 규모들이 속해 있다. 또한 지구 시스템에서 일어나는 과정들의 시간 규모 범위는 수십 분의 1초에서 수십 억 년 정도에 이른다. 지구에 대해서 배운 바와 같이 거리나 시간에 있어서 뚜렷하게 분리되어 있음에도 불구하고, 수많은 과정들이 연결되어 있으며, 한 부분에서의 변화가 전체 시스템에 영향을 줄 수도 있다.

지구 시스템에는 두 가지 에너지원이 있다. 태양은 대기권, 수권, 지구 표면에서 발생하는 외부 과정들을 운영한다. 날씨와 기후, 해양 순환, 풍화 작용들은 태양에서 온 에너지로 일어나는 현상들이다. 두 번째 에너지원은 지구 내부이다. 지구가 생성될 때의 열이 남아 있고 또한 방사성 원소가 붕괴되면서 열이 계속 발생하여 지구의 내부 과정들에 에너지를 공급한다. 지구 내부 에너지에 의해 화산과 지진이 일어나고, 산맥이 형성되기도 한다.

인간은 지구 시스템의 '일부'이며, 생명이 있는 요소와 생명이 없는 요소들과 뒤섞여 연결되어 있다. 따라서 인간의 활동은 다른 모든 부분에 변화를 일으킨다. 인간이 휘발유와 석탄을 태우고, 쓰레기를 처리하고, 지표를 청소할 때 시스템의 다른 부분의 반응을 야기시킨다. 이 반응은 대체로 예상치 못했던 것이다. 이 책을 통해 물순환계와 기후계 등 지구의 아시스템에 대해 배울 것이다. 이 요소들과 우리 인간들은 모두 우리가 지구 시스템라고 부르는, 서로 복잡하게 상호작용하는 전체 속의 일부분임을 기억하자.

✓ 개념 체크 1.3

❶ 지구 시스템을 구성하는 네 가지 권을 나열하고, 간략히 정리하시오.

❷ 대기의 높이와 지권의 두께를 비교하시오.

❸ 지구의 표면 중 바다가 덮고 있는 양은 얼마인가? 지구의 전체 물 공급량 중 바다가 차지하는 양은?

❹ 시스템이란 무엇인가? 세 가지 예를 나열하시오.

❺ 지구 시스템에 대한 두 가지 에너지원은 무엇인가?

1.4 대기의 구성

지구 대기를 구성하는 주요 기체들을 나열하고 기상학적으로 가장 중요한 성분들을 알아본다. 오존 감소가 왜 세계적으로 중요한 쟁점인지 설명한다.

오늘날에도 공기를 단일 기체(specific gas)인 것처럼 취급하기도 하지만, 당연히 공기는 단일 기체가 아니다. **공기**(air)는 수많은 기체 종류의 혼합체이고, 각각의 기체는 고유의 물리적 특성을 지니고 있으며, 양은 변하지만 가벼운 고체 입자와 액체 입자도 공기 속에 떠다닌다(글상자 1.2).

공기의 구성 성분은 일정하지 않다. 구성 성분은 시간에 따라, 장소에 따라 다르다(글상자 1.2). 그러나 수증기와 먼지 그리고 다른 변동성 있는 구성 요소들을 제거하면, 공기는 고도 80km까지 매우 안정한 구성을 보이게 된다.

그림 1.17에서 본 것과 같이, 깨끗한 건조 공기 속에는 질소와 산소가 99%를 이루고 있다. 질소와 산소는 대기 구성 성분 중에서 양도 많고, 지구의 생명체들에게 매우 중요하지만, 기상현상에서는 중요하지 않다. 건조 공기의 나머지 1%에는 대부분 비활성 기체 아르곤(argon, 0.93%)과 수많은 미소 기체들이 포함되어 있다.

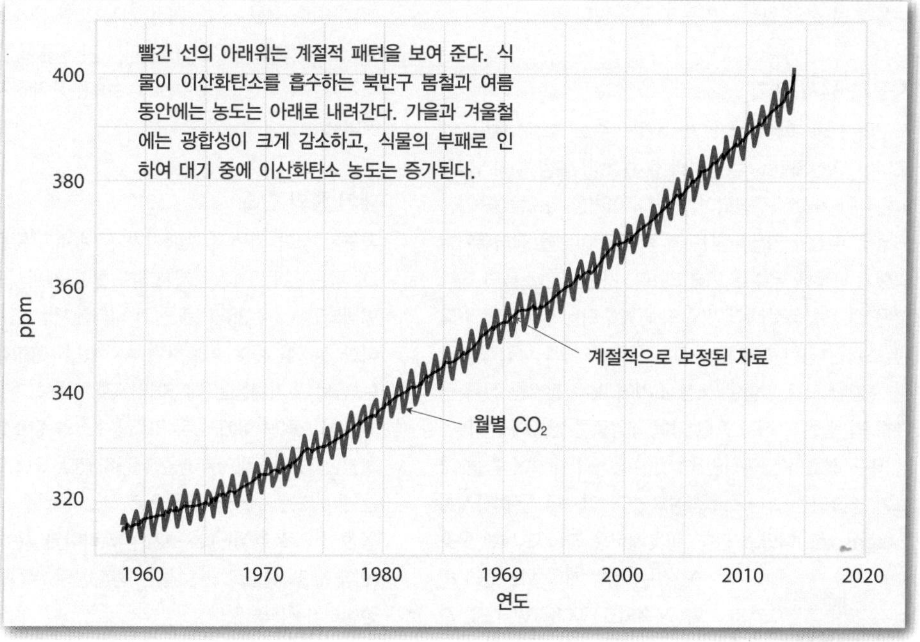

▲ **스마트그림 1.18 월별 CO_2 농도**
하와이의 마우나로아 관측소에서 측정한 대기의 이산화탄소 농도 변화이다. 그래프의 상하 변동은 북반구에서 식물의 성장과 소멸에 따른 계절적 변화를 보여 준다.

http://goo.gl/xcXbL

이산화탄소

이산화탄소는 비록 양은 적지만(0.0400%, 또는 400ppm), 기상학적으로 중요한 기체 성분이다. 이산화탄소는 지구가 방출하는 에너지를 효과적으로 흡수하여 대기를 데우는 역할을 하기 때문에, 기상학자들에게 큰 관심을 받는다. 대기 중 이산화탄소의 비율은 상대적으로 일정하며 한 세기 이상에 걸쳐 서서히 그 비율이 증가해 왔다. 그림 1.18은 1958년 이후로 대기 중에 이산화탄소 농도가 증가하는 것을 보여 준다. 이러한 이산화탄소 비율의 상승은 석탄이나 석유와 같이 사용이 지속적으로 증가하는 화석연료를 연소시키는 데서 기인한다. 이산화탄소 중 일부는 바다로 흡수되거나 식물에 쓰인다. 하지만 거의 반 정도는 공기 중에 남아 있게 된다. 예측에 의하면 21세기 후반에는 이산화탄소 수준이 21세기 전반부의 두 배가 될 것으로 본다.

▼ **그림 1.17 대기의 구성**
건조 공기를 구성하는 가스의 구성비. 질소와 산소가 가장 많은 부분을 차지한다.

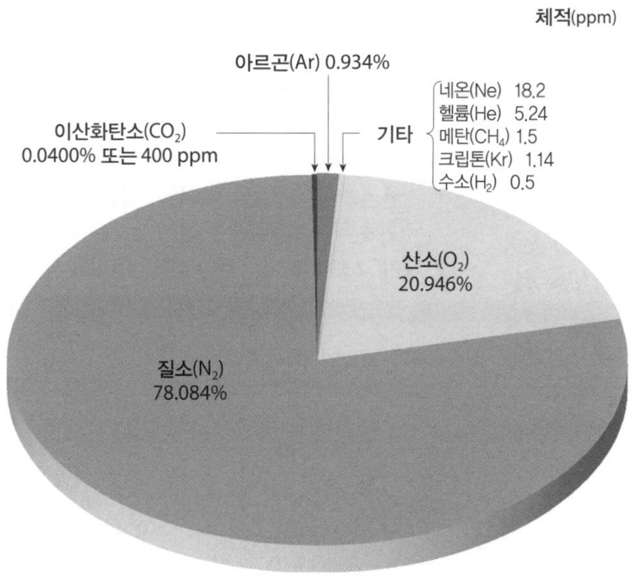

증가된 이산화탄소가 미치는 정확한 영향은 예측하기 어렵지만 이산화탄소의 증가가 하층 대기를 온난화시키고, 따라서 전 지구적인 기후 변화를 일으킬 것이라는 데에 대부분의 대기과학자들이 동의하고 있다. 대기 중의 이산화탄소의 역할과 기후에 미치는 영향은 2장과 14장에서 좀 더 자세히 살펴보겠다.

글상자 1.2 지구 대기의 진화

현재 우리가 숨 쉬고 있는 대기는 78%의 질소와 약 21%의 산소 그리고 1%의 아르곤(불활성 기체) 및 이산화탄소, 수증기와 같은 소량 가스들로 구성되어 있다. 그러나 수십억 년 전의 원시 대기는 지금과 많이 달랐다.

지구의 원시 대기

지구의 형성 과정에서 초기 대기는 수소, 헬륨, 메탄, 암모니아, 이산화탄소, 수증기와 같이 초기 태양계 시스템의 일반적인 가스로 구성되어 있었다. 이러한 가스들 중 가장 가벼운 수소와 헬륨은 지구의 중력이 이들을 잡아두기에 약했기 때문에 우주로 방출되었다. 나머지 가스들의 대부분은 젊고 활동적인 태양에 의해 방출되는 입자들의 거대한 흐름인 강한 **태양풍**에 의해 우주로 쓸려 나갔다(태양을 포함한 모든 별들은 생성 초기에 매우 활발한 진화 단계를 겪는데, 이 기간 동안 강한 태양풍을 만들어 낸다).

지구 최초의 영구적인 대기는 행성의 내부에 갇힌 가스가 방출되는 과정으로 형성되었다. 이 과정을 **아웃개싱**(outgassing)이라고 한다. 아웃개싱은 지금도 세계 곳곳에 있는 수백 개의 화산들에 의해 계속되고 있다(그림 1.B). 하지만 초기 지구에서는 거대한 열과 유체와 같은 운동이 지구 내부에서 발생되어 엄청난 양의 가스가 방출되었다. 화산 폭발을 연구함으로써 지구의 원시 대기는 대부분의 수증기와 이산화탄소, 이산화황, 아주 작은 질소, 여러 가지 소량 가스들로 구성되어 있을 것으로 추정된다. 여기서 가장 중요한 점은 원시 대기에는 유리산소(free oxygen)가 존재하지 않았다는 것이다.

Video
화산재의 영향
http://goo.gl/oYEzbE

▼ 그림 1.B 아웃개싱
지구 영구적인 대기는 오늘날에도 세계 곳곳에 있는 수백 개의 화산들에 의해 지속되는 과정인 **아웃개싱**에 의해 형성되었다.

대기 중의 산소

지구가 식어 가면서 수증기가 모여서 구름을 형성하였고, 많은 강수가 내려 저지대에 물이 채워지면서 바다가 형성되었다. 약 35억 년 전의 바다에서는 광합성 박테리아가 산소를 물에 방출하기 시작했다. 광합성이 진행되는 동안 유기체들은 태양에너지를 이용하여 이산화탄소(CO_2)와 물(H_2O)에서 유기물질[수소와 탄소를 포함하는 활발한 당(sugar) 분자]을 생산하였다. 최초의 박테리아는 물보다는 수소를 원천으로 하는 황화수소(H_2S)를 사용한 것으로 추정된다. 초기 박테리아와 **시아노박테리아**(한때 남조 식물로 불림)들은 광합성의 부산물로 산소를 생성하기 시작하였다.

처음에는 새롭게 방출된 산소가 바다에서 다른 원자 및 분자(특히 철)와 화학 반응을 하여 쉽게 소비되었다(그림 1.C). 한때 이러한 철 분자들은 생성되는 산소들을 다 소비할 수 있었지만, 산소를 발생시키는 유기체의 수가 증가됨에 따라서 산소가 대기 중에도 나타나기 시작하였다. 바위의 화학 분석을 통해 살펴보면, 대략 22억 년 전의 대기에 상당한 양의 산소가 나타났으며 그 이후 산소의 양이 안정적인 수준까지 도달한 약 15억 년 전까지 꾸준히 증가되었다. 사용 가능한 유리산소의 양은 생명의 태동에 중요한 영향을 미친다. 그러므로 지구의 대기 성분이 산소가 존재하지 않는 환경에서부터 산소가 풍부한 환경으로 변화함에 따라 생명체도 함께 진화를 하였다.

▲ 그림 1.C 바위에 기록된 대기의 변화
줄무늬 모양의 **철광층**이 나타나는 철분이 풍부한 바위는 선캄브리아로 알려진 지질학적 기간 동안에 퇴적되었다. 광합성의 부산물로서 생산된 산소는 철과 화학 반응을 하여 이러한 바위를 생성하였다.

산소의 폭발적 증가의 또 다른 중요한 이점은 산소 분자(O_2)가 자외선을 흡수하여 쉽게 **오존**(O_3)을 형성하는 것이다. 오늘날 오존은 대기 중 산소 분자가 태양의 자외선을 많이 흡수할 수 있는 **성층권**에 집중되어 있다. 이렇게 생성된 오존층으로 인해 지구의 표면은 DNA에 해로운 태양복사로부터 보호를 받았다. 해양 생물은 바다로 인해 항상 자외선으로부터 보호받을 수 있었으나, 육지의 생물은 대기의 오존층이 발달함에 따라 점차 자외선으로부터 보호받을 수 있게 되었다.

질문

1. 지구 최초의 영구적인 대기를 구성하는 기체는 어떤 과정에 의해 생성되었나?
2. 대기 최초의 유리산소는 어떻게 생성되었나?

변동성이 있는 구성 요소

공기에는 시간과 장소에 따라 변동이 심한 많은 종류의 기체들과 입자들이 포함되어 있다. 그 중요한 예로 수증기, 에어로졸, 오존을 들 수 있다. 대부분 이런 요소들은 차지하는 비율은 적지만 날씨와 기후에 중요한 영향을 줄 수 있다.

수증기 우리는 아마 TV에서 일기예보 시청을 통해 **습도**란 용어로 친숙해져 있을 것이다. 습도는 공기 중의 수증기가 포함된 정도를 나타낸다. 습도를 표현하는 방법에는 여러 가지가 있으며, 자세한 설명은 4장에서 다루었다. 공기 중 수증기의 양은 전혀 없는 곳부터 공기 체적의 4%까지 있는 곳까지 그 변동성이 매우 크다. 대기 중에서 적은 양을 차지하는 수증기가 왜 이렇게 중요할까? 수증기가 모든 구름과 강수의 근원이기 때문이다. 또 수증기는 다른 역할도 한다. 이산화탄소와 같이 수증기도 지구에서 방출되는 열과 태양에너지를 흡수하는 능력이 있다. 따라서 대기의 가열량을 고려할 때 수증기가 중요하다.

물은 다른 상태로 변화할 때(그림 4.3 참조), 열을 흡수하거나 방출한다. 이 에너지를 숨어 있는 열이라는 뜻에서 **잠열**(latent heat)이라고 부른다. 다음 장에서 살펴보겠지만, 대기 중의 수증기는 한곳에서 다른 곳으로 잠열을 수송하여, 많은 폭풍에 에너지를 공급해 준다.

자주 나오는 질문…

그림 1.18의 그래프가 큰 폭으로 '상승과 하강'을 하는 이유에 대해서 조금 더 설명해 줄 수 있나요?

물론이다. 이산화탄소는 녹색식물이 태양빛을 화학 에너지로 전환하는 과정인 광합성에 의해 공기에서 제거된다. 봄과 여름에 활발한 식물의 성장은 대기 중의 이산화탄소를 제거한다. 그래프에서 급강하하는 부분이 이에 해당한다. 겨울이 다가옴에 따라 식물은 죽고 잎은 떨어진다. 유기물의 부패는 이산화탄소를 발생시켜 공기 중으로 내보낸다. 그 기간이 그래프에서 급상승하는 기간이다.

에어로졸 대기의 운동은 많은 양의 고체와 액체 입자를 대기 속에 충분히 떠다닐 수 있도록 한다. 때때로 눈에 보이는 먼지가 하늘을 가릴 때도 있지만, 이렇게 상대적으로 큰 입자들은 무거워서 공기 중에 오래 떠다닐 수 없다. 그러나 많은 입자는 아주 미세하여 공기 중에 오랜 기간 동안 떠다닌다. 입자는 자연과 인간이 만들어 내는 수많은 원천으로부터 나온다. 그 종류에는 부서지는 파도에서 나온 해염(sea salts), 바람에 의해 공기 중으로 날려 온 고운 흙(fine soil), 화재가 난 곳에

▼ 그림 1.19 에어로졸

A. 이 위성사진은 에어로졸의 두 가지 예를 보여 준다. 첫 번째, 대규모 먼지폭풍이 북동 중국에서 한반도로 불고 있다. 두 번째, 남쪽(아래 중앙)을 향하는 짙은 연무는 인위적인 대기오염에 의해 발생된 것이다. **B.** 오른쪽에 사진은 대기의 먼지가 태양이 질 때 특정한 색을 띠고 있음을 보여 준다.

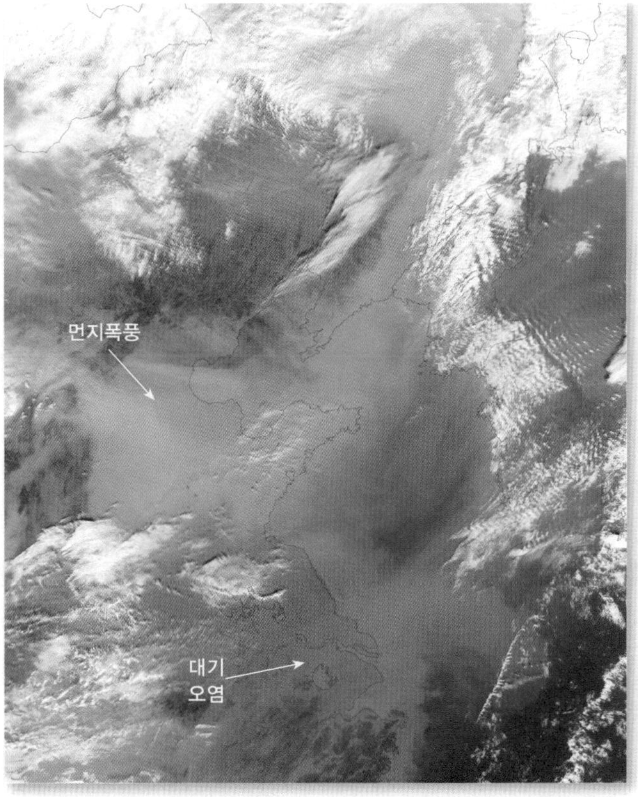

A.

B.

서 발생한 연기와 그을음, 바람에 날리는 꽃가루와 미생물, 화산이 폭발할 때 나오는 재와 먼지 등등이 있다(그림 1.19). 이러한 작은 고체와 액체 입자들을 모두 **에어로졸**(aerosols)이라고 부른다.

에어로졸은 대부분 근원지, 지구 표면 근처인 대기 하층에 많이 있다. 그렇다고 대기 상층에 에어로졸이 전혀 없는 것은 아니다. 기류에 의해 먼지가 높은 고도까지 운반되기도 하고, 유성이 대기권을 통과하면서 분해되어 그 잔해 입자가 대기 상층에 남는 경우도 있다.

기상학적 관점에서는 이러한 작고 보이지 않는 입자들은 중요하다. 첫 번째, 입자들은 수증기가 응결할 수 있는 표면의 역할을 한다. 이것은 구름과 안개 형성에 아주 중요한 역할을 한다. 두 번째, 에어로졸은 입사된 태양복사를 흡수하거나 반사할 수 있다. 따라서 대기오염 에피소드가 발생했을 때나 화산 폭발로 화산재가 하늘을 뒤덮을 때, 지구 표면에 도달하는 햇빛의 양은 눈에 띄게 줄어든다. 마지막으로, 에어로졸은 우리가 모두 관측했던 광학적 현상(일몰과 일출에 나타나는 붉은색과 오렌지색의 다양한 색상)을 일으키는 데 기여한다. 그림 1.19의 오른쪽 사진은 이러한 현상을 잘 설명하고 있다.

2013년 9월 16일의 오존홀 크기는 24,000,000km²(9,300,000mi²)으로 북미 대륙의 영역과 비슷하다.

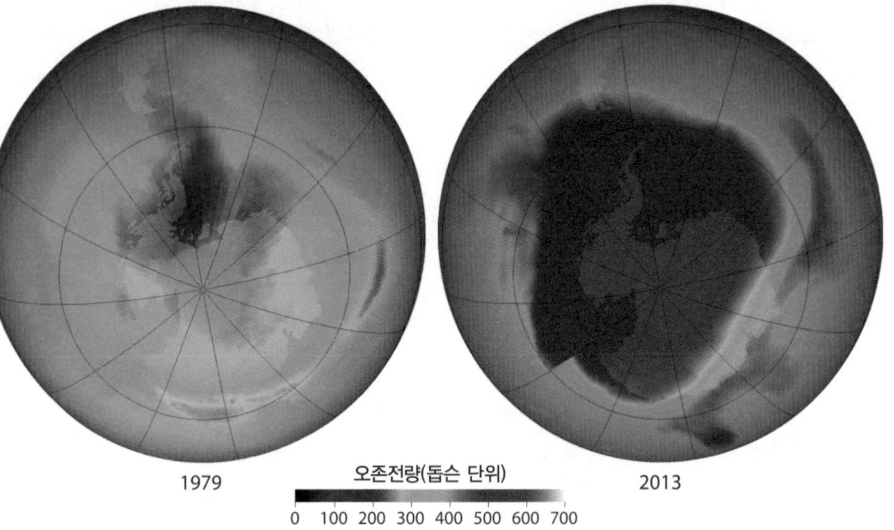

▲ 스마트그림 1.20 남극의 오존홀
두 위성영상은 남반구의 오존 분포를 나타내는 그림으로, 오존홀이 가장 크게 나타난 1979년과 2013년 9월 그림이다. 남극대륙 위에 짙은 파란색은 오존이 희박한 영역에 해당된다. 오존홀은 엄밀히 말하면 오존이 없는 '구멍'은 아니지만, 남극의 성층권에서 봄철에 오존의 감소가 예외적으로 일어나는 지역이다.

http://goo.gl/qH9Hy

Animation
오존의 감소
http://goo.gl/llKhez

Animation
오존홀
http://goo.gl/Z9LsBX

오존 대기에서 또 다른 중요한 구성 성분은 **오존**(ozone)이다. 이것은 한 오존 분자에 3개의 산소 원자로 구성되어 있는 형태이다. 오존은 우리가 숨 쉬는 이원자 분자인 산소와 다르다. 대기 중에 오존이 차지하는 양은 매우 적다. 전체적으로 1,000만 개의 분자 중 3개 정도가 오존 분자이다. 게다가 오존은 그 분포가 일정하지 않다. 대기의 하층에서 오존은 1억분의 1 이하로 나타난다. 10~50km에(6~31mi) 위치한 성층권에 오존이 집중되어 있다.

이 고도에서 산소 분자(O_2)들은 태양이 방출한 자외선을 흡수하면 산소 원자(O)로 쪼개진다. 이 단원자 산소(O)와 산소 분자(O_2)가 충돌하면 오존이 만들어지는 것이다. 이러한 현상은 3원자이고 중성인 분자가 자신은 소비되지 않고서 반응이 일어나도록 돕는 촉매로 작용하였을 때 일어날 수 있다. 오존은 10~50km 고도에 집중되어 있는데, 이 고도에서 중요한 균형이 나타나기 때문이다. 이 고도에서 단일 산소 원자를 만들 수 있는 태양으로부터의 자외선 복사가 충분하고, 충돌이 일어나는 데 필요한 기체 분자들이 충분하게 존재한다.

대기에 오존층이 존재하는 것은 지구에 사는 우리에게 아주 중요하다. 오존이 태양으로부터 오는 잠재적으로 유해한 자외선(UV) 복사를 흡수하기 때문이다. 오존이 많은 양의 자외선 복사를 걸러 내지 않고, 태양의 자외선이 지구에 그대로 도달한다면, 지구는 대부분의 생명체가 살 수 없는 곳이 될 것이다. 따라서 대기 중의 오존 양을 줄이는 것이 있다면, 그것은 지구 생명체의 생존에 영향을 미칠 수 있다. 다음 절에 이러한 문제와 그에 대한 설명이 나올 것이다.

오존의 감소 : 전 지구적 문제

비록 성층권 오존은 지표면에서부터 10~15km(6~31mi) 위에 집중되어 있지만, 인간 활동에 의해 영향을 받기 쉽다. 사람들에 의해 제조된 화학 물질이 성층권의 오존 분자를 파괴하여 자외선에 대한 우리의 방패막이 약화되었다. 이러한 오존의 손실은 전 지구적 규모의 심각한 환경 문제이다. 지난 30년 동안 오존을 측정해 본 결과, 오존의 감소가 전 세계적으로 발생하고 있으며 특히 이러한 현상은 지구의 극지방에서 확연하게 나타났다. 그림 1.20에서는 남극에 발생한 오존 감소를 보여 주고 있다.

지난 75년 동안 인간은 대기를 오염시켜, 알지 못하는 사이에 오존층을 위험에 빠트리게 되었다. 오존층에 유해한 화학 성분은 바로 CFC(chlorofluorocarbons, 클로로플루오로카본)이다. CFC는 화학적으로 안정하고, 무취, 무독성이고 부식되지 않으며, 만들기에 비싸지 않은 다재다능한 성분이다. 수십 년 동안 에어컨과 냉장고 부품의 냉각제, 전자 부품의 세척 용매제, 스프레이의 압축불활성 가스, 플라스틱 제품의 생산 등, CFC의 용도는 매우 다양해졌다.

실제로 CFC가 하층 대기에서 비활성(화학적으로 활발하지 않음)이므로, 이 기체는 점점 오존층으로 올라간다. 오존층에서는 햇빛이 CFC를 각 구성 원소로 분리시킨다. 염소 원자는 이러한 방법으로 방출되어, 연속적인 복잡한 반응들을 통해 결과적으로 오존 일부를 제거한다.

햇빛 중 대부분의 UV 복사를 오존이 걸러 내기 때문에, 오존 농도가 감소하면 유해한 자외선이 지구 표면으로 도달하게 된다. 유해한 자외선은 피부암을 유발하는 등, 인체의 건강에 심각한 영향을 미친다. 또한 유해한 자외선 증가는 인간의 면역 체계에 부정적인 영향을 미칠 뿐만 아니라 수정체가 흐려져 시력이 저하되고, 치료하지 않으면 실명까지 될 수 있는 녹내장도 일으킬 수 있다.

이 문제에 대응하여, **몬트리올 의정서**로 알려진 국제 협정은 CFC의 생산과 사용을 없애기 위해 UN의 도움 아래 1987년에 체결되었다. 최종적으로 190여 개 이상의 나라가 이 조약을 승인하였다. 비록 상대적으로 강력한 조치가 수행되었지만, 대기 중의 CFC 농도는 급격하게 줄어들지 않았다. 한 번 CFC 분자가 대기 중에 방출되면, 오존층에 도달하기 위하여 몇 년이 걸리고, 그 이후 그들은 몇 십년 동안 활성 (화학적으로 활발함) 상태로 유지될 수 있다. 그래서 이러한 국제 협정은 오존층을 위해 단기간에 끝낼 수는 없다. 2060~2075년 사이에 많은 오존층 파괴 가스들이 1980년부터 시작되었던 오존홀 이전의 양만큼 감소할 것으로 추정된다.

자주 나오는 질문…

오존도 대기오염 물질인가요?

물론이다. 성층권에서 자연적으로 생성된 오존은 지구의 생명체가 살아가는 데 매우 중요하지만, 지상에서 생성된 오존은 식물에게 피해를 주고 인간의 건강에 유해하기 때문에 오염 물질로 간주된다. 오존은 광화학 스모그라 부르는 유해한 가스와 입자들의 혼합물의 주요 성분이다. 그것은 자동차나 공장에서 배출되는 오염 물질들의 광화학 반응에 의해 발생된다. 13장에서는 이와 관련된 내용을 보다 자세히 설명하고 있다.

✓ 개념 체크 1.4

❶ 공기는 단일 기체(specific gas)인가? 설명하시오.

❷ 깨끗한 건조 공기의 두 가지 주요 구성요소는 무엇인가? 각각의 비율은 얼마인가?

❸ 왜 이산화탄소는 지구 대기의 중요한 구성요소인가? 또한 왜 수증기와 에어로졸도 대기의 중요한 구성요소인가?

❹ 오존은 무엇인가? 왜 오존은 지구상의 생명체에게 중요한가? CFC는 무엇이며, 오존 파괴와는 어떻게 관련되어 있는가?

1.5 대기의 연직 구조

지구의 지표면에서부터 대기 꼭대기까지의 기압 변화를 보여 주는 그래프를 설명한다. 그래프를 통해 대기의 열적 구조를 살펴본다.

대기권이 지표에서 시작해서 높은 상층까지 이른다는 것은 명백하다. 하지만 어디까지가 대기권의 끝이고 어디서부터 우주 공간이 시작되는 것일까? 사실 이 사이에 뚜렷한 경계는 없다. 대기권은 지구에서부터 출발해 지구 바깥으로 나가면서 기체 분자들이 거의 없는 곳까지가 그 두께이다.

기압의 변화

대기권의 연직적인 구조를 이해하기 위해, 고도에 따른 기압의 변화를 살펴보자. 기압은 간단히 말하자면 표면 위에 놓인 공기의 무게이다. 해수면에서 평균적인 기압은 약 1,000mb 이상이다. 이는 $1m^2$당 약 1kg의 무게를 뜻한다($1in^2$에서는 약 14.7lb의 무게를 뜻한다). 더 고도가 높은 곳은 당연히 기압이 더 낮다(그림 1.21).

절반 정도의 대기가 5.6km 고도 아래에 존재한다. 약 16km 안에 대기의 90%가 존재하며, 100km 위에는 겨우 대기 구성 기체의 0.00003%만이 존재한다.

대기는 100km의 고도에서, 지표에서 만든 가장 완벽한 인공적인 진공 상태보다 더 낮은 밀도를 나타낸다. 그러나 대기는 더 높은 고도까지 계속된다. 대기권 바깥쪽에서 기체가 희박하게 나타나는 상태에 대해 리처드 크레이그가 잘 묘사하였다.

> 지구 대기의 가장 바깥 부분은 두께가 수백 킬로미터이며, 매우 밀도가 낮은 곳이다. 해수면 가까이의 공기에는 cm^3당 2×10^{19}개의 원자와 분자가 들어 있고, 600km 근처에는 2×10^{7}개로, 해수면에서의 분자 수의 10~12배이다. 해수면에서는, 원자나 분자가 다른 입자와 충돌을 일으키기 전까지 평균적으로 7×10^{-6}cm의 거리를 움직이지만, 600km 고도에서는 이 '평균 자유 행로'가 약 10km 정도이다. 해수면에서는 평균적으로 원자나 분자가 초당 7×10^{9}회 충돌하는 반면, 600km 고도에서는

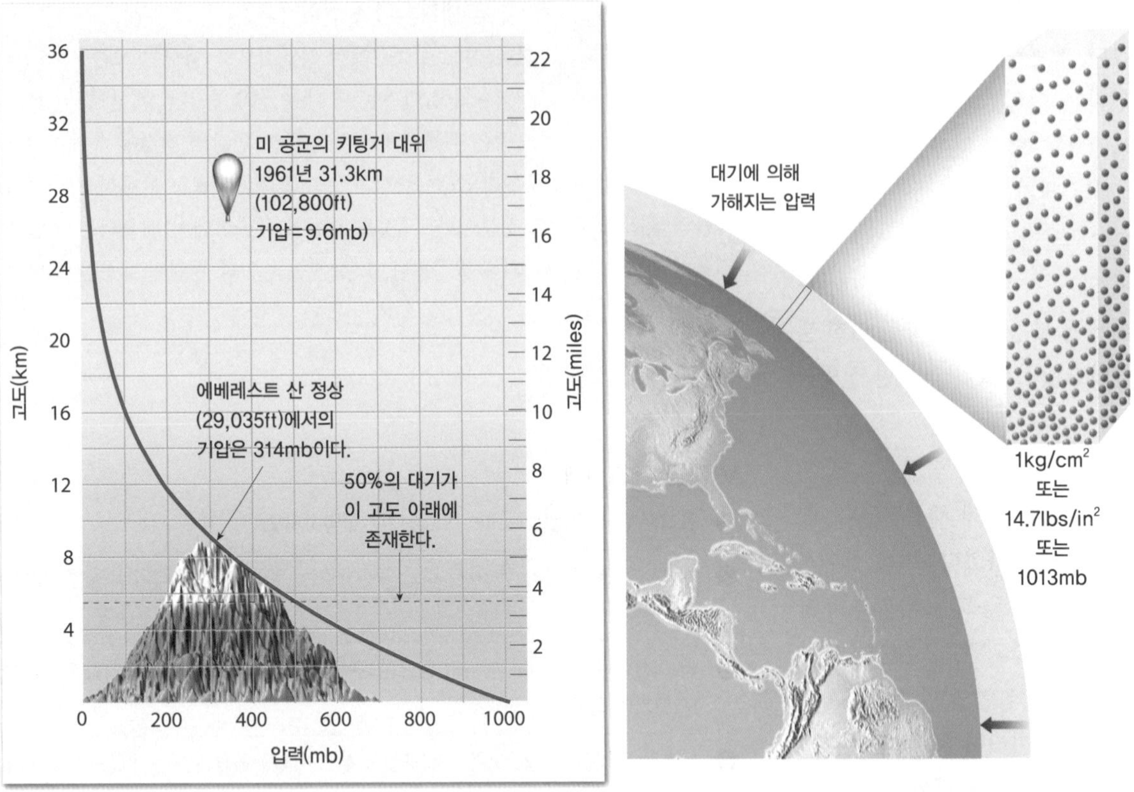

▲ 그림 1.21 고도에 따른 기압 변화

대기의 압력은 고도에 따라 변한다. 고도에 따른 압력의 변화율은 일정하지 않다. 압력은 지표 부근에서 빠르게 감소하고 높아질수록 서서히 감소한다. 다른 관점에서 그림을 보면, 대기를 구성하고 있는 기체 대부분은 지구 표면 근처에 있으며, 고도가 높아짐에 따라 기체들이 서서히 진공 상태의 우주와 합쳐지는 것을 보여 준다.

분당 1회로 줄어든다.*

기압 자료를 그린 그림(그림 1.21)을 보면 기압의 감소율이 일정하지 않음을 알 수 있다. 고도가 상승하면서 기압 감소율이 점점 감소하다가, 35km 고도를 넘으면 아주 적게 감소한다.

다른 관점에서 그림을 보면, 공기는 매우 압축성임을 알 수 있다. 공기는 기압이 낮은 상태에서는 팽창하고, 기압이 높은 상태에서는 압축된다. 그 결과 대기의 범위는 지표에서부터 수천 킬로미터에 달한다. 따라서 어디까지가 대기이고 어디서부터 우주 공간인지는 임의적인 것이어서, 어떤 현상을 연구하느냐에 따라 그 범위를 다양하게 잡을 수 있다. 대기권과 우주 공간 사이에는 명확한 경계가 없는 것처럼 보인다.

요약하면, 연직 기압 변화 자료를 통해 대기는 엄청난 양의 기체로 이루어져 있으며, 이 기체들은 지구 표면 근처에 존재하고, 우주의 빈 공간으로 서서히 합류된다. 지구의 크기와 비교했을 때, 지구를 둘러싼 공기층은 매우 얇다.

* Richard Craig, *The Edge of Space: Exploring the Upper Atmosphere*(New York: Doubleday & Company, Inc., 1968), p. 130.

대기를 바라보는 눈 1.1

이 제트기는 10km의 고도에서 순항하고 있다.

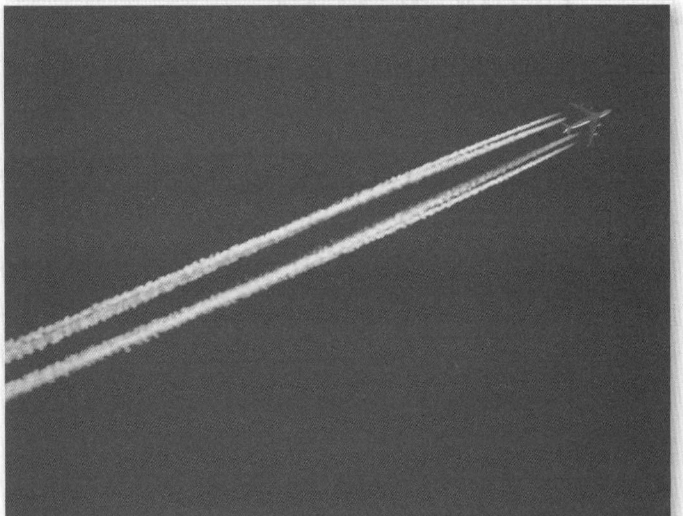

질문

1. 그림 1.21의 그래프를 참고하시오. 제트기가 비행하고 있는 곳의 대략적인 기압은 무엇인가?
2. 대기의 몇 퍼센트가 제트기보다 아래에 있는가?(지면에서의 압력은 1000mb 라고 가정)

기온의 변화

20세기 초반에는 하층 대기에 대해 많이 알게 되었다. 그러나 상층 대기에 대해서는 간접적인 방법으로 부분적으로만 알려져 있었다. 풍선과 연으로 관측한 자료는 고도가 증가함에 따라 기온이 감소함을 보여 주었다. 이러한 고도에 따른 기온 감소는 높은 산에 오르면 누구나 느낄 수 있고, 저지대에는 눈이 없지만, 산꼭대기에는 눈이 쌓인 사진만 보아도 그렇다는 것을 확실하게 알 수 있다(그림 1.22).

고도 10km 이상에 대한 관측은 이루어진 적이 없었지만, 과학자들은 온도가 대기의 가장 바깥

▲ **그림 1.22 대류권에서의 기온 변화**
대류권에서는 고도의 증가에 따라 기온이 감소한다. 그러므로 산꼭대기는 눈으로 덮일 수 있고 저지대는 따뜻하고 눈이 없을 수 있다.

쪽 경계에서 절대영도(−273°C)까지 계속적으로 내려갈 것이라고 믿었다. 그러나 1902년에 프랑스 과학자 레옹 필리프 테스랑 드보르(Leon Philippe Teisserence de Bort)가 고도가 올라갈수록 온도는 내려간다는 주장을 반박했다. 200회 이상의 풍선 관측 결과, 테스랑 드보르는 고도 8~12km에서 온도 감소가 멈추고, 일정하게 됨을 발견하였다. 처음에는 이 놀라운 발견을 의심하였으나, 차츰 모아진 자료들이 그의 발견을 확인시켜 주었다. 그 이후 라디오존데와 로켓과 고층 기상 관측 기술을 통해, 높은 고도까지의 온도 구조를 명확히 알 수 있게 되었다. 오늘날 대기는 온도를 기준으로 하여 볼 때 연직적으로 네 층으로 나누어진다(그림 1.23).

▼ **그림 1.23 대기의 열적 구조**
지구의 대기는 온도를 기준으로 하여 볼 때 연직적으로 4개 층으로 나누어진다.

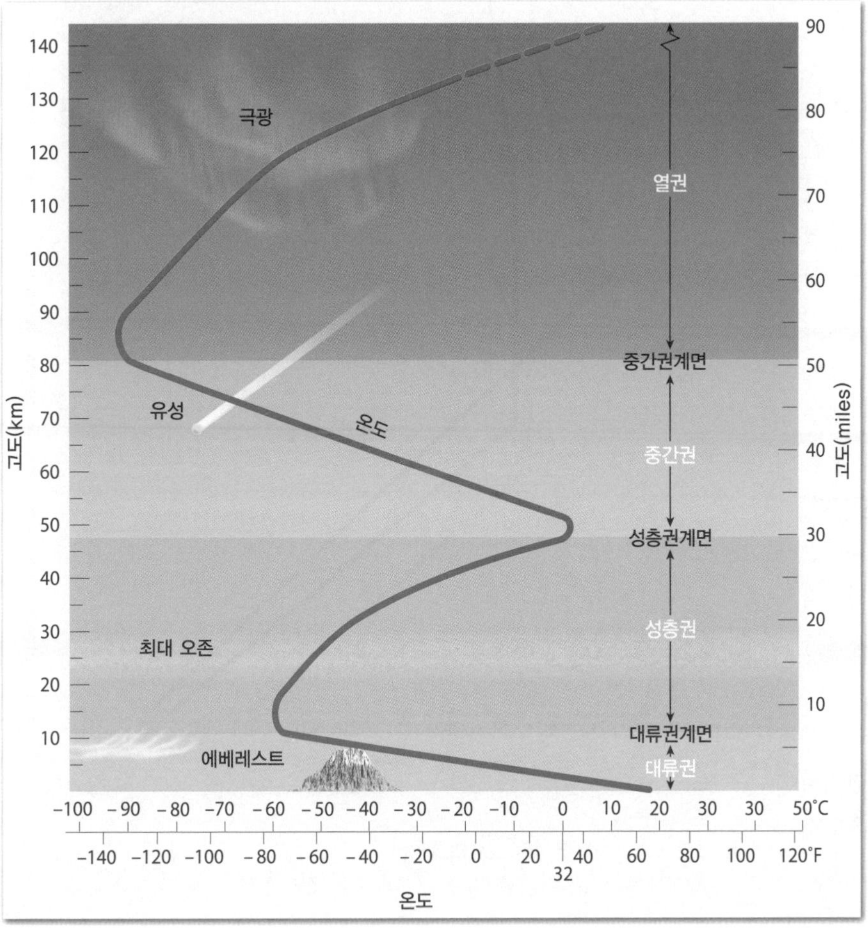

대류권 우리가 살고 있는 제일 아래층은 고도가 증가할수록 온도가 감소하는 **대류권**(troposphere)이다. 이 용어는 1908년 테스랑 드보르가 만들었으며, 문자적으로는 공기가 '뒤섞이는' 곳이라는 뜻이다. 최하층에서 공기의 연직적인 혼합이 일어나는 것에 기인하여 지어진 이름이다.

대류권에서의 온도 감소를 **환경감률**(environmental lapse rate)이라고 한다. 대기의 온도는 평균적으로 1km당 6.5°C(1,000ft당 3.6°F) 감소하는데, 이를 **평균 기온감률**이라고 한다. 그러나 기온감률은 일정하지 않고 큰 변동성이 있을 수도 있어서 정기적으로 관측을 해야 한다. 라디오존를 이용하여 관측을 하면, 실제 환경감률을 측정할 수 있을 뿐만 아니라 기압, 바람, 습도의 연직적 변화에 대한 정보도 모을 수 있다. **라디오존데**(radiosonde)는 풍선과 무선 데이터 송신기를 부착한 기기이다(그림 1.24). 기온감률은 날씨의 변화에 의해 하루 중에도 변할 수 있고, 계절이나 장소에 따라서도 변할 수 있다. 어떤 때는 온도가 고도에 따라 증가하는 얇은 층이 대류권에서 관측되기도 한다. 이런 현상이 일어나면 **기온역전**이 일어났다고 말한다. 기온역전에 대한 자세한 내용은 13장에서 다룬다.

기온은 평균적으로 약 12km까지 계속해서 감소한다. 그러나 대류권 두께가 어디서나 같은 것은 아니다. 적도 지방에서는 대류권 높이가 16km에 달하지만, 극지방에서는 낮아져서 그 높이가 9km 이하이다(그림 1.25). 따뜻한 지표 온도와 높게 발달된 열적 혼합층으로 인해 적도 주변의 대류권이 가장 두껍다. 그 결과 환경감률이 높은 곳까지 적용되어 대류권 최저온도는 극이 아니라 지표 온도가 상대적으로 높음에도 불구하고 적도 상공에서 나타난다.

대류권은 기상학자들에게 가장 중요한 관심사이다. 모든 중요한 기상현상이 대류권 내에서 일어나기 때문이다. 대부분의 구름, 모든 강수, 심한 폭풍 모두 대기의 최하층인 대류권에서 나타난다. 때때로 대류권을 '날씨권(weather sphere)'이라고 부르는 이유를 알 수 있는 대목이다.

▲ **그림 1.24 라디오존데**

가벼운 기기들은 작은 기상 관측 풍선에 의하여 하늘로 날아간다. 이 기기들은 대류권 내의 기온, 기압, 습도의 연직 변화 자료를 전송한다. 거의 모든 기상현상이 발생하는 곳은 대류권이므로 자주 측정하는 것이 매우 중요하다.

성층권 대류권 위에는 **성층권**(stratosphere)이 있다. 성층권과 대류권 사이의 경계를 **대류권계면**(tropopause)이라고 한다(그림 1.23 참조). 성층권 아래에서는 대기 성질들이 대규모 난류나 혼합에 의해 쉽게 수송될 수 있지만, 성층권에서는 그렇게 하지 못한다. 성층권에서는 약 20km까지 온도가 거의 일정하다가, 고도 50km **성층권계면**(stratopause)까지 계속 온도가 급격하게 증가한다. 성층권에서 높은 온도가 나타나는 것은 대기의 오존이 성층권에 집중되어 있기 때문이다. 오존이 태양으로부터 자외선 복사를 흡수한다는 사실을 기억하자. 결과적으로, 성층권은 가열된다. 오존은 15~30km에 가장 많이 존재하지만, 오존이 좀 적은 이 고도위에서도 높은 온도를 일으키기에는 충분한 양의 UV 에너지가 흡수된다.

중간권 세 번째 층은 **중간권**(mesosphere)이다. 중간권에서는 **중간권계면**(mesopause)까지 온도가 감소한다. 고도 80km에서는 평균 온도가 −90℃(−130°F)에 달하기도 한다. 대기권에서 가장 낮은 온도가 중간권에 나타난다. 중간권 바닥에서의 압력은 해면에서의 기압의 약 천분의 일에 불과하다. 중간권계면에서의 기압은 해면기압의 약 백만분의 일로 떨어진다. 중간권에 접근하기가 어려우므로, 중간권은 대기권 중에서 가장 적게 조사된 곳 중 하나이다. 연구용 풍선이 가장 높이 올라간다 해도 또한 위성이 가장 낮은 궤도로 접근한다 해도 중간권에 접근하기는 어렵기 때문이다. 최근에는 기술이 발달하여 이러한 지식의 공백을 메우고 있다.

열권 네 번째 층은 중간권계면에서부터 제대로 정의되지 않은 상한까지의 가장 바깥에 존재하는 층인 **열권**(thermosphere)이다. 열권은 대기 질량의 미소량만을 포함하고 있다. 공기가 매우 희박한 가장 바깥층에서 온도는 다시 상승한다. 초단파이며, 에너지가 높은 태양복사를 산소와 질소 원자들이 흡수하기 때문이다.

열권에서 온도는 1,00°C(1,800°F) 이상까지 매우 높게 올라간다. 하지만 이런 온도는 지표 온도와 비교할 수 없다. 온도는 분자들이 움직이는 평균 속도로 정의하기 때문이다. 열권의 기체들이 매우 빠르게

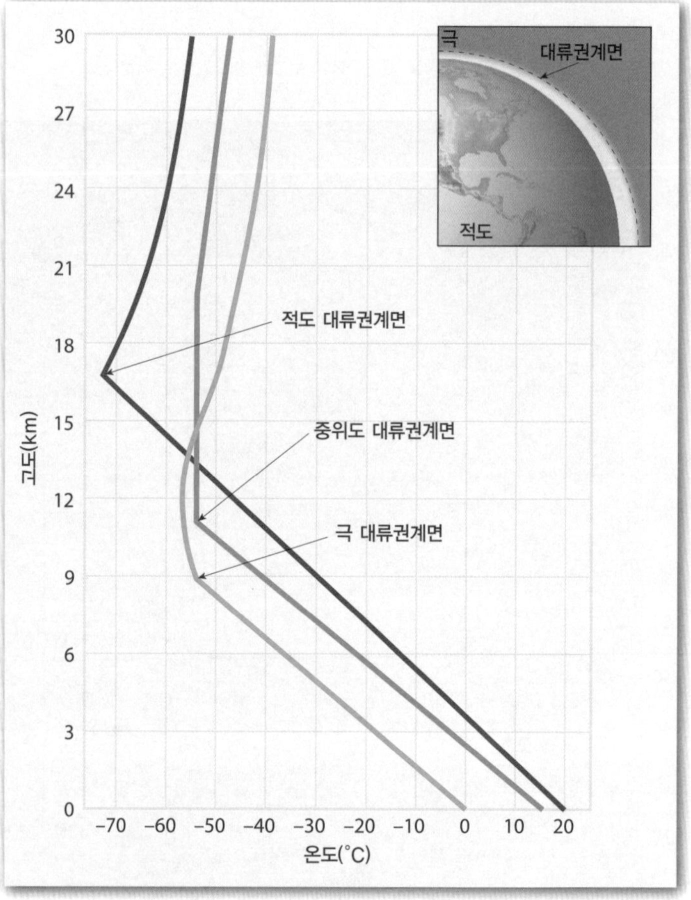

▲ **그림 1.25 대류권계면 고도의 차이**

작은 다이어그램에 도식된 대류권계면 높이의 변화는 매우 과장하여 그린 것이다.

대기를 바라보는 눈 1.2

관측용 풍선을 띄웠을 때, 지표면 온도는 17°C였다. 현재 이 풍선은 1km 상공에 있다.

질문

1. 풍선과 함께 올라간 측정 장비를 무엇이라고 하는가?
2. 이 풍선은 대기의 어느 층에 있는가?
3. 평균적인 상황을 가정한다면, 측정 장비에 기록된 온도는 얼마인가? 이를 어떻게 알 수 있는가?
4. 풍선이 상승함에 따라 풍선의 크기가 변한다면 어떻게 변할 것인가?

움직이기 때문에, 온도도 매우 높다. 하지만 기체의 양이 너무 적기 때문에 전체적으로는 적은 양의 열을 가질 뿐이다. 이러한 이유로 지구를 도는 위성은 열권의 온도를 희박한 주변 공기의 높은 온도로 결정하지 않고, 대개 열권이 흡수한 태양복사의 양으로 결정한다. 우주인이 손을 바깥으로 내놓는다고 해서, 열권의 공기를 뜨겁게 느끼지 않을 것이다.

전리권

대기에는 온도의 연직적 구조에 의해 정의되는 층 외에 또 다른 층이 있다. 고도 80~400km에 위치하여 열권의 아래층과 일치하는 곳으로, 전기적으로 대전된 층을 **전리권**(ionosphere)이라고 한다. 전리권에서 질소 분자와 산소 원자들은 에너지가 높은 태양 단파 에너지를 흡수하여 쉽게 이온화된다. 이 과정에서 각 분자와 원자는 하나 이상의 전자를 잃고 양으로 대전된 이온이 되고, 전자는 전류처럼 자유롭게 돌아다니게 된다.

이온화가 일어나는 고도는 최고 1,000km에서 최저 50km까지이지만, 고도 80~400km에 양으로 대전된 이온과 전자가 가장 많다. 여기서는 이온의 농도는 그리 중요하지 않다. 이온화에 필요한 단파 복사 대부분이 이미 소진되었기 때문이다. 또한 대기의 밀도 때문에 많은 자유 전자가 양으로 대전된 이온들로 빠르게 흡수된다. 전리권의 상층 경계인 400km를 넘어가면 공기 밀도가 아주 낮기 때문에 이온의 농도도 매우 낮다. 아주 적은 분자와 원자들이 존재하기 때문에 상대적으로 적은 이온과 자유 전자가 생성될 수밖에 없다.

전리권은 매일의 날씨에 큰 영향을 주지 않는다고 말할 수 있다. 그러나 전리권에서는 자연의 가장 흥미로운 광경 중 하나인 극광(auroros, 그림 1.26)을 볼 수 있다. **북극광**(aurora borealis, 북쪽 빛)과 남반구의 **남극광**(aurora australis, 남쪽 빛)은 매우 다양한 형태로 나타난다. 어떤 때는 연직적인 유광(streamers)을 나타내어 움직임이 있는 것처럼 보이기도 한다. 또 다른 때는 빛이 연속적으로 확장하거나 안개와 같이 조용하게 타오르는 모습으로도 나타난다.

극광이 발생하는 것은 시간적으로는 태양의 플레어(flare) 활동 시간, 위치적으로는 지질학적으로 지구의 자기적인 극위치와 매우 밀접하게 관련되어 있다. 태양 플레어는 태양의 거대한 자기 폭풍이다. 이 자기

▼ 그림 1.26 극광
알래스카에서 본 북극광. 이 같은 현상은 남극에서도 일어나고, 이를 남극광이라고 한다.

폭풍은 엄청난 양의 에너지와 빠르게 움직이는 원자 입자들을 방출한다. 양자와 전자 무리가 태양 폭풍으로부터 지구에 도착하면 지구자기장에 붙잡히게 되고, 이는 양자와 전자 무리를 자극(magnetic pole) 방향으로 흐르게 한다. 이때 이온들이 전리권에 작용하여 산소 원자와 질소 분자에 전류를 흐르게 함으로써 빛을 발산하게 만드는 것이다. 이것이 극광이다. 태양 플레어가 발생하는 것이 흑점 활동과 밀접하게 관련되어 있기 때문에 흑점이 가장 많아질 때 극광도 눈에 띄게 많이 나타난다.

✓ 개념 체크 1.5

❶ 공기의 압력은 높이가 증가함에 따라 증가하는가 또는 감소하는가? 그 변화율은 일정한가 또는 변화하는가? 설명하시오.

❷ 대기의 가장 바깥쪽 경계는 분명하게 정의되는가? 설명하시오.

❸ 대기는 온도에 근거하여 연직적으로 4개의 층으로 나누어진다. 이 층들을 낮은 층에서 높은 층 순서대로 열거하시오. 실질적으로 다양한 날씨 변화가 발생하는 층은 어느 층인가?

❹ 성층권에서는 왜 온도가 증가하는가?

❺ 열권에서의 온도는 지구 표면 근처에서 느끼는 온도와 왜 절대적으로 비교되지 않는가?

❻ 전리층은 무엇인가? 전리층은 극광과 어떻게 관련되어 있는가?

1 요약

1.1 대기에 대한 포커스

▶ 날씨와 기후의 차이를 구분하고 날씨와 기후의 기본 요소들의 이름과 여러 가지 중요한 기상재해를 이해한다.

주요 용어 기상학, 날씨, 기후, (날씨와 기후의) 요소

- 기상학(meteorology)은 대기권에 대한 과학적 연구이다. 날씨는 주어진 시간과 장소에서의 대기의 상태를 말한다. 날씨는 연속적으로 변화하며, 때로는 시간마다 매일매일 변한다. 기후는 날씨 상태의 집합이며, 어떤 장소나 지역에 대해 설명할 수 있는 모든 통계적인 날씨 정보를 합한 것이다.
- 날씨와 기후는 모두 같은 기본적인 요소로 표현된다. 이 요소들은 정기적으로 관측되는 양이나 성질을 뜻한다. 가장 중요한 기후 요소는 (1) 기온, (2) 습도, (3) 구름의 종류와 양, (4) 강수의 종류와 양, (5) 기압, (6) 바람의 세기와 방향이다.
- 어떤 기상재해들은 폭풍과 관련된 번개와 눈보라, 우박 등이다. 폭풍과 관련되어 있지 않은 것들에는 안개와 열파, 가뭄 등이 있다.

Q. 사진은 신밧드 나라라고 불리는 유타 주 남부 어느 곳에서의 여름날의 모습이다. 그림의 중앙에 헤베스 산이 있다. 이 장소의 날씨에 관한 것과 기후에 대한 설명의 일부가 될 수 있는 것에 대하여 간단히 설명해 보시오.

1.2 과학적 탐구의 본성

▶ 가설을 세우고 이론을 정립하는 것을 포함한 과학적 탐구의 본성을 논한다.

주요 용어 가설, 이론

- 모든 과학은 자연 세계가 일관되고 예측 가능한 상태로 움직인다는 가정을 기본으로 하고 있다. 과학자는 주의 깊은 관측을 하고 그 관찰에 대한 잠정적인 설명(가설)을 세우고, 현장 조사와 실험실에서의 실험을 통해 이 가설을 시험한다.
- 과학 이론은 관측 가능한 임의 사실을 설명하는 가장 잘 적합한 것으로 과학계가 동의하고, 잘 검증되고 널리 받아들여지는 것이다.
- 실패한 가설은 버려지기 때문에 우리의 과학 지식은 올바른 이해에 점차 더 가까워진다. 그러나 우리는 우리가 모든 해답을 알고 있다고 확신할 수 없다. 과학자는 세상에 대한 우리의 개념을 변화시킬 새로운 정보에 대해 항상 열린 마음을 가져야 한다.

1.3 시스템으로서의 지구

▶ 지구를 구성하는 4개의 주요 권을 나열하고 설명한다. 시스템을 정의하고 왜 지구가 시스템으로 구성되었는지를 설명한다.

주요 용어 지권, 대기권, 수권, 생물권, 지구 시스템 과학, 시스템

- 지구의 물리적 환경은 일반적으로 3개의 주요 부분으로 나눠어지는데, 이들은 각각 지권(육지), 수권(물로 덮인 부분), 대기(기체로 싸인 부분)이다.
- 지구의 네 번째 권은 생물권으로, 지구상의 모든 생명체를 포함한다. 생물권은 수권과 지권의 수 킬로미터와 대기의 수 킬로미터를 포함하는 상대적으로 얇은 층에 집중되어 있다.
- 대양은 지구 전체 물의 96%를 차지하고 지표면의 약 71%를 덮고 있다.
- 지구의 네 권역을 각각 나누어서 배울 수 있더라도, 이들은 모두 복잡하게 관련되어 있고 지구 시스템이라고 부르는 전체와 연속적으로 상호작용하고 있다.
- 지구 시스템 과학은 지구에 관한 여러 학문 분야의 지식을 종합하기 위해 여러 분야를 넘나드는 접근법(학제 간 또는 다제 간 접근법)을 사용한다.
- 지구 시스템에 에너지를 공급하는 2개의 에너지원이 있는데 바로 (1) 대기권, 수권, 지표면에서 일어나는 외부 과정을 일으키는 태양과 (2) 화산, 지진, 조산 활동을 생성시키는 내부 과정에 에너지를 공급하는 지구 내부 열이다.

Q. 빙하는 지권의 일부인가 아니면 수권에 속하는가? 답을 설명하시오.

1.4 대기의 구성

▶ 지구 대기를 구성하는 주요 기체들을 나열하고 기상학적으로 가장 중요한 성분들을 알아본다. 오존 감소가 왜 세계적으로 중요한 쟁점인지 설명한다.

주요 용어 공기, 에어로졸, 오존

- 공기에는 수많은 종류의 기체들이 혼합되어 있으며, 공기의 구성 성분은 시간과 장소에 따라 변화한다. 수증기와 먼지, 그 외 다양한 구성 성분들이 제거되면 질소와 산소 두 기체만 남게 된다. 이 두 기체는 깨끗하고 건조한 대기의 체적 중 99%를 차지한다. 이산화탄소(CO_2)는 비록 그 양이 적지만 (0.0400% 또는 400ppm) 지구가 방출하는 에너지를 효과적으로 흡수하여 대기를 가열하는 효과를 낸다.
- 공기의 여러 구성 성분들 중에 수증기는 모든 구름과 강수의 근원이기 때문에 중요하다. 수증기는 이산화탄소처럼 지구가 방출한 에너지와 태양에너지를 흡수할 수 있다. 수증기의 상태가 다른 상태로 변화할 때는 열을 흡수하거나 방출한다. 대기에서 수증기는 잠열('숨은' 열)을 다른 곳으로 수송하기도 하고, 또 수많은 폭풍에 에너지를 공급하기도 한다.
- 에어로졸은 작은 고체와 액체 입자들로 물이 응결할 수 있는 표면으로 작

용하기도 하고, 들어오는 태양복사를 반사하기도 하기 때문에 기상학적으로 매우 중요하다.

- 오존은 3개의 원자가 하나의 분자로 결합된 형태(O_3)이며, 대기권에서 고도 10~50km에 집중되어 있는 기체이다. 오존은 태양으로부터 오는 잠재적으로 유해한 자외선(UV) 복사를 흡수하기 때문에 삶에 있어 중요하다. 지난 75년 동안, 사람들은 오존을 제거하는 가스인 CFCs를 대기 중에 방출하여 대기를 오염시키고 지구의 오존층을 위험에 빠트렸다. 오존 농도는 남반구 봄철(9월과 10월) 동안 남극에서 급격하게 감소한다. 몬트리올 의정서는 오존 문제에 대한 국제 사회의 긍정적인 반응을 보여 주었다.

Q. 이 그래프는 2011년부터 2014년 초까지의 어떤 대기 가스의 변화를 보여 준다. 이는 어떤 기체이고 왜 그렇게 생각하는가? 이 선은 왜 물결 모양인가?

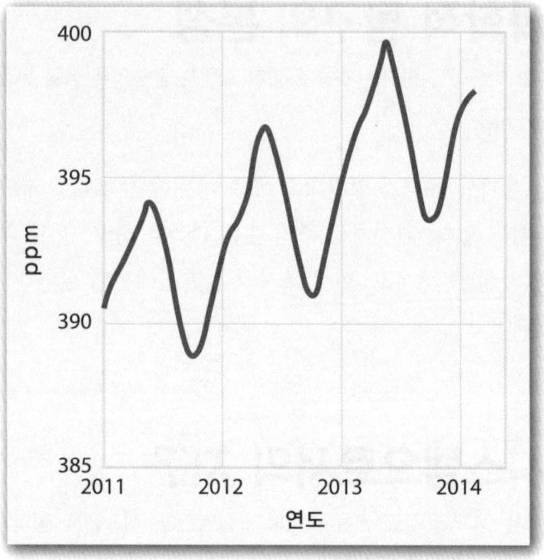

1.5 대기의 연직 구조

▶ 지구의 지표면에서부터 대기 꼭대기까지의 기압 변화를 보여 주는 그래프를 설명한다. 그래프를 통해 대기의 열적 구조를 살펴본다.

주요 용어 대류권, 환경감률, 라디오존데, 성층권, 대류권계면, 성층권계면, 중간권, 중간권계면, 열권, 전리권, 북극광, 남극광

- 대기는 고도가 증가할수록 서서히 얇아지기 때문에 대기권의 꼭대기와 우주 공간 간에는 명확한 경계가 없다.
- 온도를 기준으로 대기는 연직적으로 4개의 층으로 나누어진다. 대류권은 가장 낮은 층이다. 대류권에서 온도는 고도가 증가함에 따라 감소하고 그 감소율을 환경감률이라 한다. 기온감률은 변동하지만 평균적으로 1km당 약 6.5°C이다. 특히, 모든 주요 날씨 현상은 대류권에서 발생한다.
- 대류권 위에 있는 성층권은 오존이 UV를 흡수하기 때문에 온도가 증가하고 중간권에서 온도는 다시 감소한다. 중간권 위에 있는 열권의 위쪽 경계는 뚜렷하지 않으며 공기가 매우 희박하다.
- 지구 표면 위로 80~400km 사이는 전리권이라는 전기적으로 대전된 층이 있다. 전리권에서는 질소 분자와 산소 원자는 에너지가 높은 태양 단파복사를 흡수하여 쉽게 이온화된다. 극광(북극광과 남반구의 남극광) 현상은 전리권에서 나타난다. 극광은 태양에서 플레어 활동이 일어날 때 태양이 뿜어내는 광자와 전자들의 무리가 지구 자기극 주변의 대기에 들어와 산소 원자와 질소 원자들에 전류를 흐르게 하여 빛이 발산되는 현상이다.

생각해 보기

1. 다음의 설명은 '날씨' 또는 '기후'를 의미한다. 어떠한 설명이 각각 날씨와 기후를 의미하는지 결정하시오(**참조** : 진술들 중 하나는 날씨와 기후 모두를 포함한다).

a. 오늘 야구 경기는 비로 중단되었다.
b. 1월은 오마하에서 가장 추운 달이다.
c. 북아프리카는 사막 지대이다.
d. 오늘 오후 최고 기온은 25°C이다.
e. 지난밤 토네이도는 오클라호마 중심부를 강타했다.
f. 나는 따뜻하고 맑은 남부 애리조나로 가고 있다.
g. 목요일에 기록된 영하 20°C는 그 도시에서 기록된 최저기온이다.
h. 부분적으로 흐리다.

2. 그림 1.4에서의 지도를 참고하여 다음 질문에 답하시오.

a. 이 지도는 '날씨'와 '기후' 중 무엇과 더 연관되어 있는가?
b. 당신이 11월 어느 날에 애리조나 주의 유마 시를 방문한다면 그날은 맑을까 아니면 흐릴까?
c. 당신이 방문하여 실제로 경험한 것이 기대했던 것과 다를 수 있을까? 이에 대해 설명하시오.

3. 당신이 어두운 방에 들어가서 벽 스위치를 켰으나 불이 들어오지 않았다. 이 현상을 설명할 수 있는 가설을 3개 이상 제시하시오.

4. 정확한 측정과 관측을 하는 것은 과학적 탐구의 기본이다. 다음의 레이더 사진은 폭풍과 연관된 강수의 분포와 강도를 보여 주는 한 예이다. 과학적인 자료를 수집하는 방법을 보여 주는 3개의 추가적인 이미지를 이 장에서 찾으시오. 각 예와 연관될 수 있는 장점이 있다면 제안하시오.

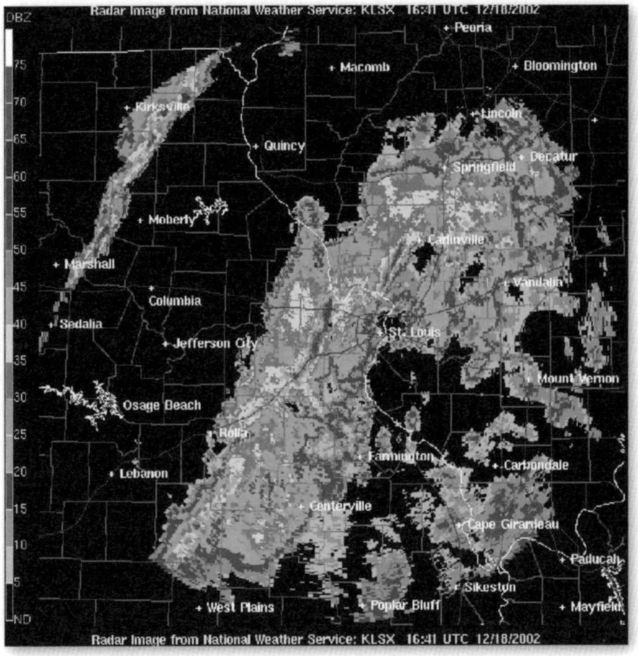

5. 그림 1.21을 참고하여 다음 질문에 답하시오.
   a. 당신이 에베레스트 산 꼭대기에서 해수면에서의 한 숨과 동일한 양의 공기를 마시려면 얼마만큼의 공기를 마셔야 할까?
   b. 당신이 12km 고도에서 상용 제트기를 타고 있다면 당신 아래의 대기 질량은 몇 퍼센트인가?

6. 만약 당신이 지표면으로부터 대기 꼭대기까지 올라가고 있었다면, 다음의 측정 장치들 중에 어떤 것이 당신이 어떤 대기층에 있었는지 알아보는 데 가장 유용할까? 설명하시오.
   a. 습도계(습도)
   b. 기압계(기압)
   c. 온도계(온도)

7. 하와이와 알래스카 중 어느 지역의 대류권 두께(지표면에서 대류권계면까지의 거리)가 더 클 거라고 예상하는가? 왜 그렇게 생각하는가? 알래스카에서의 대류권 두께는 1월과 7월에 서로 다를 거라고 생각하는가? 만약 그렇다면 왜 그렇게 생각하는가?

8. 이 사진은 지구 시스템을 구성하는 부분들 간에 일어나는 상호작용의 예로서, 2014년 3월의 보기 드문 폭우에 의해 발생한 산사태를 보여 준다. 이로 인해 워싱턴 오소(Oso)지역 인근의 1제곱마일 농촌 지역이 묻히고 40명 이상이 사망하였다. 지구의 4개 권역 중 어느 것이 이러한 자연재해에 관련되었는가? 그리고 어떻게 이류(mudflow)에 기여하였는지 설명하시오.

복습문제

1. 그림 1.3의 신문지상의 일기도를 참고하여 다음의 질문에 답하시오.
   a. 뉴욕 주 중부와 애리조나 주의 북서부에서의 최고기온은 얼마로 예측되는가?
   b. 일기도에서 가장 추운 지역은 어디인가? 가장 따뜻한 지역은 어디인가?
   c. 이 일기도에서 H는 고기압의 중심을 나타낸다. 고기압이 강수나 맑은 날씨와 관련되어 있는 것처럼 보이는가?
   d. 텍사스 주 중부와 메인 주 중부 중에 어느 곳이 더 따뜻한가? 일반적으로 그럴 것이라고 예상하는가?

2. 그림 1.5의 그래프를 참조하여 뉴욕 시 온도에 관한 다음 질문에 답하시오.
   a. 1월과 7월의 일 평균 최고기온과 최저기온은 대략 얼마인가?
   b. 가장 높은 기온과 가장 낮은 기온은 대략 얼마인가?

3. 그림 1.7의 그래프에서 가장 많은(10억 달러 이상) 자연재해 사례가 발생한 해는 언제인가? 그 해에는 얼마나 많은 사례가 발생하였는가? 가장 많은 손실이 발생한 해는 언제인가?

4. 그림 1.21의 그래프를 참조하여 다음 질문에 답하시오.
   a. 고도 4km에서의 기압은 지표면보다 얼마나 떨어지는가?(지표면 압력은 1,000mb이다.)
   b. 고도 8km에서의 기압은 고도 8km에서의 기압보다 얼마나 떨어지는가?
   c. a와 b의 답을 바탕으로, 맞는 답을 선택하시오. 고도가 증가함에 따라 기압은 (일정률, 감소율, 증가율)로 감소한다.

5. 해면에서의 온도가 23°C라면 고도 2km에서의 기온은 평균 조건에서 얼마인가?

6. 대기의 열적 구조(그림 1.23) 그림을 보고 다음 질문에 답하시오.

a. 성층권의 대략적인 높이와 온도는 얼마인가?

b. 어느 고도에서 온도는 가장 낮은가? 그 높이에서의 온도는 얼마인가?

7. 그림 1.25의 그래프를 보고 다음 질문에 답하시오.

a. 지표면에서 온도가 가장 낮은 곳은 열대지역과 중위도지역, 극지역 중 어디인가?

b. 대류권계면이 위치한 고도가 가장 낮은 지역은 어디이고 가장 높은 지역은 어디인가? 이들 지역에서의 대류권계면에서의 고도와 온도는 얼마인가?

8. a. 봄날, 중위도에 위치한 한 도시(약 북위 40°)의 지표면(해면) 온도는 10°C 이었다. 연직 탐측(vertical sounding)을 통한 이 지역에서의 평균 기온감률이 약 6.5°C/km이고 대류권계면에서의 온도가 −55°C일 때, 대류권계면의 높이는 얼마인가?

b. **a**와 같은 날에 적도 한 지점에서의 온도가 25°C일 때, **a**에서 언급한 도시보다 15°C 높은 곳은 어느 고도인가? 이 지점의 기온감률은 6.5°/km 이고 대류권계면은 16km이다. 이 지점에서의 대류권계면에서 온도는 얼마인가?

2 지표와 대기의 가열

핵심개념

다음의 각 항목은 이 장에서 다루는 주요 주제에 대한 기본 학습 목표를 나타낸다. 이 장을 학습하고 나면 여러분은 다음 항목을 이해할 수 있다.

2.1 태양각과 낮의 길이가 1년 내내 변화하는 이유와 이러한 변화가 어떻게 온도의 계절 변화를 가져오는지 설명한다.

2.2 잠열과 현열의 같고 다른 점을 비교한다.

2.3 열 전달 기구 세 가지를 쓰고 설명한다.

2.4 그림 2.15를 참조하여, 입사 태양복사가 어떻게 되는지를 설명한다.

2.5 "대기는 지표에서부터 위로 가열된다."라는 말의 의미를 설명한다.

2.6 지구의 연간 에너지 수지의 주요 성분을 설명한다.

우리는 일상의 경험을 통해 흐린 날보다는 맑은 날의 햇볕이 더 뜨겁게 느껴짐을 알고 있다. 햇볕이 좋은 날 맨발로 걸어 보면 녹색의 가로수 길보다 포장된 도로가 훨씬 더 뜨겁다는 것도 알게 된다. 눈 덮인 산의 경치는 고도가 높아지면 기온이 낮아진다는 것을 깨우쳐 준다. 그리고 맹렬했던 겨울도 언제나 새봄으로 바뀌기 마련이다. 그러나 위에 열거한 일들과 동일한 이유로 인해 하늘이 푸른색을 띠고 찬란한 석양이 붉은색을 나타낸다는 것을 여러분은 아마도 모를 것이다. 이렇듯 모든 일상의 평범한 일들은 태양복사와 지구의 대기와 육지-해양과의 상호작용의 결과로 나타난다.

날씨는 태양복사와 지구의 대기와 육지-해양과의 상호작용의 결과이다.

2.1 지구와 태양의 관계

태양각과 낮의 길이가 1년 내내 변화하는 이유와 이러한 변화가 어떻게 온도의 계절 변화를 가져오는지 설명한다.

어느 장소에서 받는 태양에너지의 양은 위도, 시간, 계절에 따라 달라진다. 떠다니는 얼음 위의 북극곰과 외딴 열대 해변에 늘어선 야자수와 같이 대조되는 모습들이 그 극단의 예를 보여 준다. 이러한 지표의 불균등한 가열로 인해 바람과 해류가 생긴다. 이와 같은 운동들은 다시 열대지방의 열을 극지방으로 이동시킴으로써 끊임없이 에너지의 불균형을 해소하고자 한다.

이러한 과정의 결과가 우리가 날씨라 부르는 현상이다. 만약 태양이 '꺼진다면' 바람과 해류는 바로 멈추어 버릴 것이다. 그러나 태양이 빛나는 한 바람은 불 것이고 날씨 현상은 계속될 것이다. 따라서 대기의 역동적인 날씨 기구가 어떻게 작동하는가를 이해하려면, 왜 다른 위도에서 각기 다른 양의 태양에너지를 받는지, 그리고 왜 태양에너지의 변화가 계절을 만들어 내는지를 먼저 알아야 한다(그림 2.1).

지구의 운동

지구는 자전과 공전이라는 두 가지 중요한 운동을 한다. **자전**(rotation)은 지구가 자전축을 중심으로 도는 것으로, 24시간(하루)이 걸리며, 낮과 밤의 순환을 만들어 낸다.

또 다른 운동인 **공전**(revolution)은 지구가 태양 주위를 약간의 타원형 궤도를 따라 대략 $365^1/_4$일(1년)을 걸려서 도는 것을 말한다. 지구와 태양 간의 평균 거리는 1억5,000만km(9,300만mile)에 이른다. 그러나 지구의 궤도는 완벽한 원형이 아니기 때문에 태양과 지구 간의 거리는 연중 내내 변화한다(그림 2.2). 해마다 1월 3일경에는 지구와 태양 간의 거리가 약 1억4,700만km로 연중 가장 가깝고, 이 지점을 **근일점**(perihelion)이라고 부른다. 약 6개월 후인 7월 4일경에는 연중 가장 멀리 떨어져 있어 그 거리가 약 1억5,200만km 정도이며 이 지점을 **원일점**(aphelion)이라고 부른다.

지구와 태양 간의 거리가 가장 가까운 1월에 7월보다 더 많은 태양에너지를 받지만 이러한 차이는 계절별 온도 변동에는 별 영향을 미치지 못한다. 그 증거로 북반구의 계절이 겨울일 때 지구와 태양의 거리가 가장 가깝다는 것을 생각해 보자.

계절의 원인은 무엇인가

태양과 지구 간의 거리 변동이 기온의 계절 변화에 영향을 주지 않는다면 과연 무엇이 이유일까? 우리는 연중 낮의 길이가 지속적으로 변화하고 있음을 알고 있다. 이런 것이 여름과 겨울에 느끼는 온도의 차이를 부분적으로 설명해 준다. 즉, 낮 시간이 길어질수록 날이 더 따뜻해진다.

또 다른 이유는, 수평선 위의 태양의 각도(고도)가 지표에 도달하는 태양에너지의 양에 영향을 미치기 때문이다. 태양이 바로 머리 위(90° 각도)에 있을 때에

Video
지구 적설 분포의
계절 변화
http://goo.gl/A8D8Ay

▼ **그림 2.1 지구와 태양의 관계를 이해하는 것은 계절을 이해하는 기본이다** A. 일리노이 시카고의 맑고 따뜻한 여름날 B. 일리노이 시카고의 추운 겨울 전경

A.

B.

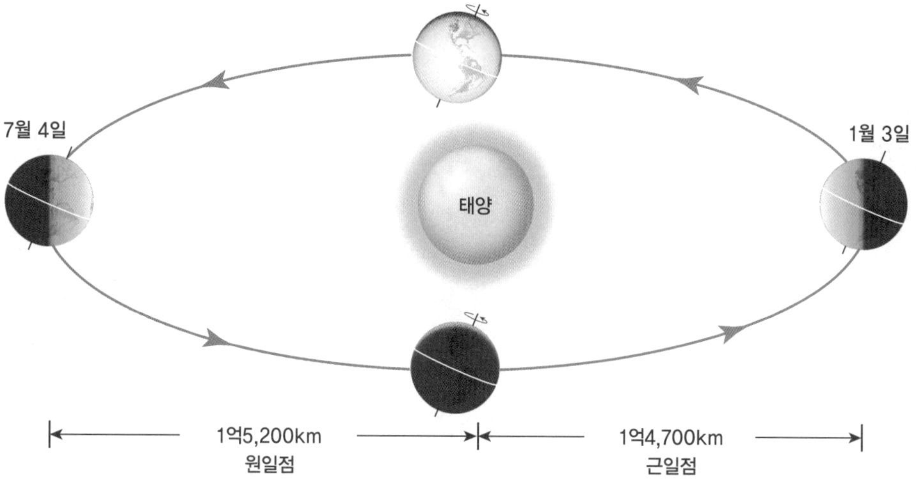

▲ **그림 2.2 태양 주변을 도는 지구의 약간 타원형의 궤도**
지구가 7월 4일에 태양으로부터 가장 멀리 있고(원일점), 1월 3일에 태양에 가장 가까움(근일점)을 주목할 것.

태양광선이 가장 집중되고 따라서 가장 강하다. 낮은 태양 각도에서는 광선이 더 퍼지게 되어 덜 강하다. 1년 내내 지속적으로 높은 태양각을 경험하는 열대지방이 태양 각도가 낮은 극지방보다 훨씬 더 따뜻한 이유가 바로 이 때문이다(그림 2.3A). 손전등을 사용할 때 이러한 경험을 해 보았을 것이다(그림 2.3B). 90° 각도로 손전등을 비추었을 때 작고 강한 점으로 불빛의 상이 맺히지만, 비스듬히 비추게 되면 그 상의 면적은 넓어지지만 빛은 주목할 만큼 희미해진다.

태양이 특정한 장소를 비추는 각도는 계절에 따라 변한다. 예를 들어 일리노이 시카고에 사는 사람의 경우에는, 6월 21~22일 정오에 태양이 가장 높다(태양각의 계절 변화를 비교할 때에는, 정오의 태양 시간을 사용하는데, 그 이유는 이때가 태양이 가장 높기 때문이다). 그러나 여름에서 가을로 바뀌면서 정오의 태양은 날이 갈수록 점차 낮아지고 일몰시간이 매일 빨라지게 된다. 시카고에서는 가장 낮은 태양각과 가장 빠른 일몰 시간은 12월 21~22일에 일어난다.

Video
7월 전구 영화
http://goo.gl/wjjusN

Video
1월 전구 영화
http://goo.gl/zlDgr2

시카고와 북반구의 다른 중위도 도시들이 가장 짧은 낮과 가장 낮은 태양각을 12월 하순에 경험하게 되지만, 가장 낮은 평균온도는 그로부터 여러 주 후인 1월에 경험하게 된다. 이렇게 온도의 지연이 일어나는 이유에 대해서는 3장에서 논의하게 된다.

태양각은 또한 태양광선이 대기를 통과하면서 지나는 경로를 결정한다(그림 2.4). 태양이 바로 머리 위에 있을 때에 빛이 대기를 90° 각도로 들어와 가장 짧은 경로를 통해 지표에 도달한다. 30°의 각도로 대기로 들어 온 빛은 지표에 도달하기 위해 이보다 두 배의 거리를 통과해야 하는 반면, 5° 각도의 빛은 대기의 두께의 대략 11배에 해당하는 거리를 통과하게 된다. 경로가 길어질수록 태양빛이 지구 대기에 의해 더 많이 분산되고 흡수되어 지표에 도달하는 햇빛의 강도를 감소시킨다. 우리가 한낮의 태양을 직접 볼 수는 없지만 일몰에는 태양을 감상하며 쳐다볼 수 있는 것도 같은 이유로 설명할 수 있다.

요약하면, 특정 위치에 도달하는 태양에너지의 양이 변화하는 가장 중요한 이유는 햇빛이 지표를 비추는 각도의 계절 변화와 낮 길이의 변화이다.

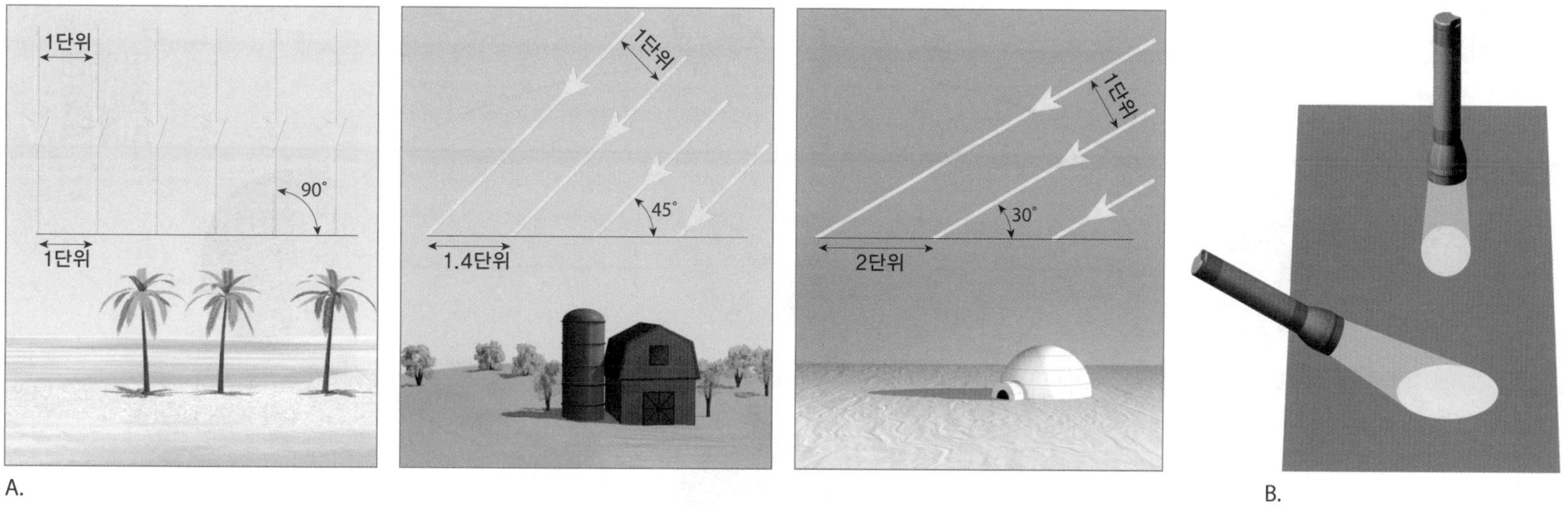

▲ **그림 2.3 태양각의 변화는 지표에 도달하는 태양에너지의 양의 변화를 가져온다**
A. 각이 높을수록 지표에 도달하는 태양복사가 더 강해진다. **B.** 손전등을 90° 각도로 비추었을 때 작고 강한 점으로 나타나지만, 비스듬히 비추게 되면 비춘 면적은 넓어지지만 빛은 주목할 만큼 희미해진다.

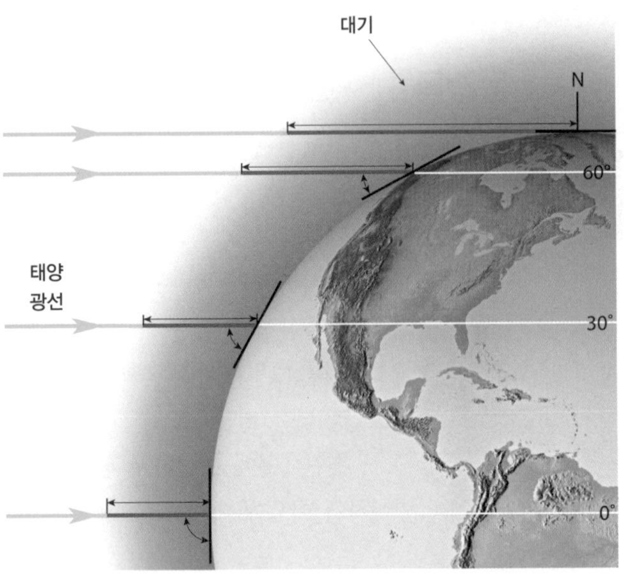

▲ **그림 2.4 햇빛이 지표에 도달하기 전까지 통과해야 하는 대기의 양이 빛의 강도에 영향을 준다.**
낮은 각도(극에 가깝게)로 지구로 들어오는 광선은 높은 각도(적도 주변)로 들어오는 광선보다 더 많은 대기를 통과해야 한다. 따라서 반사와 산란과 흡수에 의해 더 많이 감소된다.

지구의 방향

무엇이 1년 내내 태양각과 낮 길이의 변동을 일으키는 것일까? 이는 지구가 궤도를 따라 태양의 주위를 돌 때 지구의 위치가 계속적으로 변하기 때문이다. 자전축(양극을 통과하는 가상적인 축)과 **황도면**(plane of the ecliptic)이라 부르는 태양을 도는 공적면은 수직이 아니다. 대신, 수직면으로부터 23.5° 기울어져 있는데 이를 **자전축의 경사**(inclination of the axis)라 한다. 만약 자전축이 기울어져 있지 않다면 계절의 변화는 없을 것이다. 지구가 태양 주위를 돌 때 자전축이 같은 방향(북극성 방향)을 향하기 때문에 태양광선에 대한 자전축의 위치는 항상 변하게 된다(그림 2.5).

예를 들면, 매년 6월의 어느 날이 되면 지구는 북반구가 태양 쪽으로 23.5° 기울어진 위치가 된다(그림 2.5의 왼쪽). 6개월 후 12월이 되면 지구는 궤도의 반대편에 위치하게 되며 북반구는 태양의 반대편으로 23.5° 기울어져 위치한다(그림 2.5의 오른쪽). 이 두 반대 위치들 사이에서 자전축은 태양광선에 대해 23.5° 이하의 각을 이루게 된다. 이러한 위치의 변화가 태양광선이 수직으로 비추는 지역을 매년 북위 23.5°에서 남위 23.5°로 이동시킨다. 다음에는 이러한 이동이 23.5°이상의 고위도 지역의 1년 동안의 정오의 태양각을 47°(23.5°+23.5°)만큼 변화시킨다. 예를 들면, 중위도에 위치한 뉴욕(약 북위 40°)의 경우 6월에 태양의 연직 광선이 가장 북쪽을 비출 때 정오의 태양각은 73.5°

자주 나오는 질문…

태양이 미국의 어디에서 남중하나요?

단지 하와이 주에서만 그렇다. 북위 21°에 위치한 오아후섬의 호놀룰루에서 1년에 두 번, 5월 27일경과 7월 20일경의 정오, 90°의 태양각을 경험할 수 있다. 다른 모든 주들은 북회귀선의 북쪽에 위치하고 있으므로 태양의 연직 광선을 체험할 수가 없다.

Video
연간 일사의 전구 변화
http://goo.gl/2VT9ka

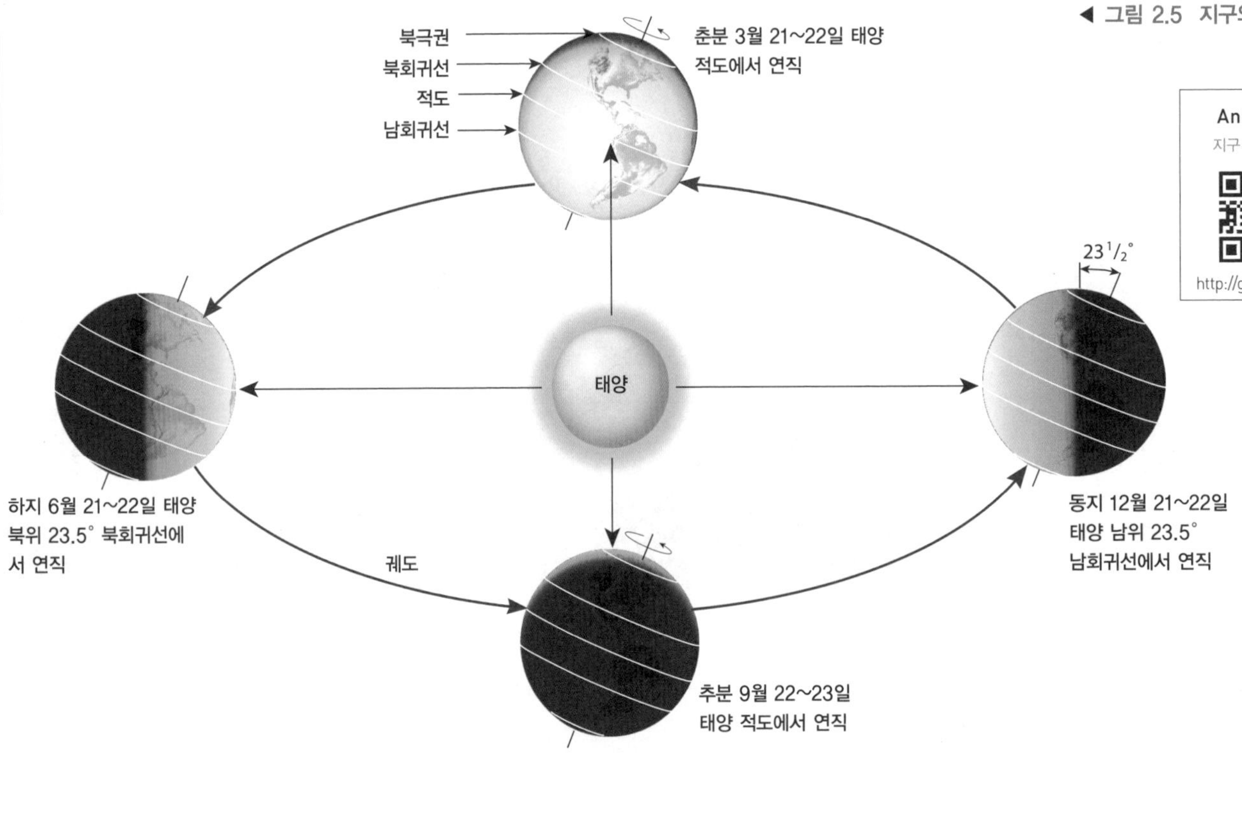

◀ **그림 2.5 지구와 태양의 관계**

Animation
지구–태양 관계
http://goo.gl/HXefff

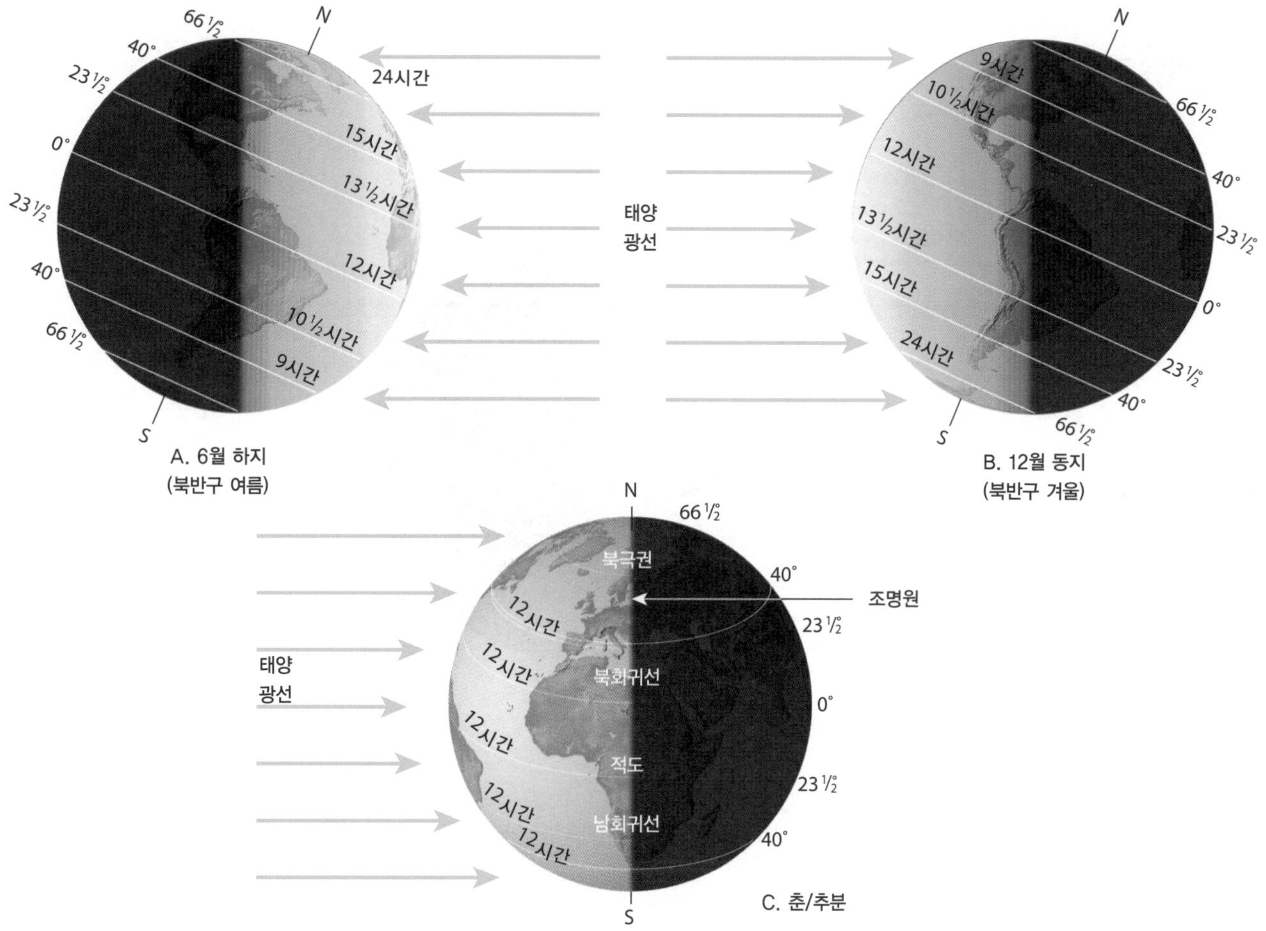

◀ **스마트그림 2.6**
지점과 분점의 특성

http://goo.gl/tV8T5

로 최대가 되고, 6개월 후에는 26.5°의 최소 정오 태양각을 갖는다(그림 2.6). 반대로, 적도에 있는 도시는 그 양의 반인 23.5°의 연간 이동을 경험하게 될 것이다. 글상자 2.1은 주어진 위도에서의 정오의 태양각을 계산하는 방법을 설명한다.

지점(하지, 동지)과 분점(춘분, 추분)

태양 직사광선의 연 변화에 따르면, 1년 중 4일은 특별한 의미를 갖는다. 6월 21일 혹은 22일에 태양의 연직 광선은 **북회귀선**(Tropic of Cancer)(그림 2.5) 이라고 알려진 위도선, 북위 23.5°(적도의 23.5° 북쪽)를 비춘다. 북반구에서 사는 사람들은 이 날이 여름의 공식적인 첫날인 **하지**(summer solstice)로 알려져 있다(글상자 2.2 참조).

6개월 후 12월 21일 또는 22일에는 지구가 반대 방향으로 기울어져서, 태양의 연직 광선은 남위 23.5°를 비춘다(지구의 축은 항상 같은 방향을 가리킴을 기억할 것, 태양에 대해 상대적으로 변하는 지구의 위치가 기울기의 겉보기 변화의 원인임). 남위 23.5°에 위치한 위도선은 **남회귀선**(Tropic of Capricorn)이라 한다. 북반구에 사는 사람들에게 12월 21일 또는 22일은 **동지**(winter solstice)로서 겨울의 첫날이다. 그러나 같은 날, 남반구의 사람들은 하지를 경험하게 된다.

지점 중간에 **분점**이 일어난다. 9월 22일 또는 23일은 북반구의 **추분**[fall (autumnal) equinox] 날이며, 3월 21일 또는 22일은 **춘분**[spring (vernal) equinox] 날이다. 이 두 날에는 지구의 축이 태양으로부터 어느 쪽으로도 기울어지지 않기 때문에 태양의 연직 광선이 적도(위도 0°)를 비추게 된다.

낮과 밤의 길이는 또한 태양광선에 대한 지구의 위치에 따라 결정된다. 북반구의 하지인 6월 21일에는 낮의 길이가 밤의 길이보다 훨씬 길다. 이 사실은 지구의 어두운 반쪽과 밝은 반쪽을 구분하는 경계를 나타내는 그림 2.6의 **조명원**(circle of illumination)을 살펴봄으로써 알 수 있다. 낮의 길이는 조명원의 '낮'인 부분과 '밤'인 부분이 차지하는 위도선을 비교함으로써 설정된다. 6월 21일에는 북반구의 모든 지역에서 밤보다 낮이 긴 것에 주목하자(표 2.1). 이와 반대로 동지에는 북반구 전 지역에서 밤이 낮보다 훨씬 길게 된다. 예를 들어, 뉴욕(약 북위 40°)의 경우, 6월 21일에는 낮의 길이가 15시간이지만 12월 21일에는 9시간밖에 되지 않는다.

또한 표 2.1에서, 6월 21일에 적도를 기준으로 북쪽으로 갈수록 낮의 길이가 더 길어짐에 주목하자. 이 날 북극권(북위 66.5°)에 도달하면 낮의 길이가 24시간이다. 북극권이나 그 북쪽에서는 '심야태양'을

글상자 2.1 정오의 태양각 계산하기

자료 :

위치 : 북위 40°

날짜 : 12월 22일

90° 태양의 위치 : 남위 23.5°

계산 :

1단계 :

남위 23.5°와 북위 40°(=63.5°) 사이의 각도 거리

2단계 :

90
−63.5°
26.5°=12월 22일 북위 40°에서의 정오의 태양각

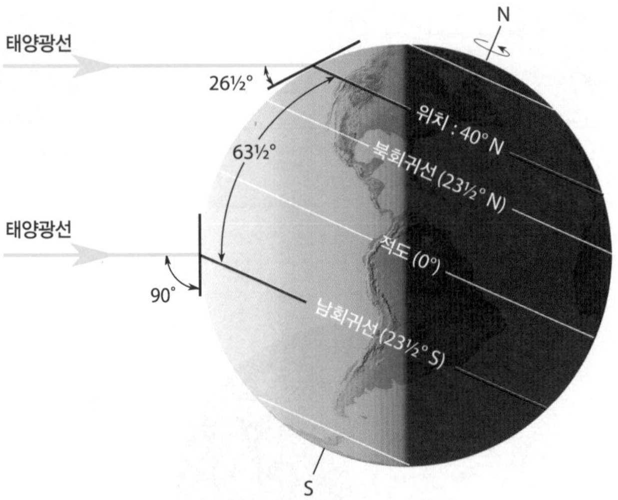

▲ **그림 2.A 정오의 태양각 계산하기**
어떤 일정한 날에, 단 한 위도만이 태양의 연직 광선(90°)을 받는다는 것을 상기하자. 북쪽 혹은 남쪽으로 1° 떨어진 곳은 89°의 각, 2° 떨어진 곳은 88°의 각을 받는다. 정오의 태양각을 계산하려면, 태양의 연직 광선을 받고 있는 위도와 당신이 알아보고자 하는 장소의 위도의 차이를 구한다. 그리고 그 값을 90°에서 뺀다. 12월 22일(동지)에 북위 40°에 위치한 도시의 정오의 태양각을 계산하는 방법을 이 그림의 예에서 알 수 있다.

지구는 거의 구형이기 때문에, 태양으로부터 연직 광선(90°)을 받는 유일한 장소들은 주어진 날의 **특정 위도선**을 따라 위치한다. 우리가 이 위치에서 북쪽이나 남쪽으로 움직이면 태양광선은 감소하는 각도로 받게 된다. 따라서 태양의 연직 광선을 받는 위도에 위치한 장소에 가까워질수록 정오의 태양이 더 높고 받는 복사가 더 집중되게 된다.

장소가 1°(북쪽 또는 남쪽) 떨어진 곳은 89°의 각도로 받고, 2° 떨어진 곳은 88° 각도로 받는다. 정오의 태양각을 계산하려면, 태양의 연직 광선을 받고 있는 위도와 당신이 알아보고자 하는 장소의 위도의 차이를 구한다. 그리고 그 값을 90°에서 뺀다. 그림 2.A는 12월 22일(동지)에 북위 40°에 위치한 도시의 정오의 태양각을 계산하는 방법을 보여 준다.

질문

1. 6월 21일(하지) 당신이 위치한 곳의 정오의 태양각을 계산하시오.

경험하게 되는데, 북극권에서는 하루, 극에서는 약 6개월 동안 해가 지지 않는다(그림 2.7).

낮의 길이와 햇볕의 강도의 계절 변화는 적도 바깥의 대부분의 지역에서 관측되는 온도의 월 변화의 주요 원인이 된다. 그림 2.8A, B, C는 계절에 따른 북위 40° 지역에서의 태양의 하루 경로를 보여 준다. 하지

표 2.1 낮의 길이

위도	하지	동지	분(춘분, 추분)
0°	12시간	12시간	12시간
10°	12시간 35분	11시간 25분	12시간
20°	13시간 12분	10시간 48분	12시간
30°	13시간 56분	10시간 04분	12시간
40°	14시간 52분	9시간 08분	12시간
50°	16시간 18분	7시간 42분	12시간
60°	18시간 27분	5시간 33분	12시간
70°	2달	0시간 00분	12시간
80°	4달	0시간 00분	12시간
90°	6달	0시간 00분	12시간

동안 낮의 길이가 가장 길고 태양각이 가장 높은 반면에, 동지에는 그 반대임에 주목하자. 그림 2.8D는 하지 동안 북위 80° 지역에서의 심야 태양의 경로를 보여 준다.

그림 2.9에 북반구의 위치에 대한 지점들과 분점들의 특징을 요약하였다. 그림 2.9를 살펴보면 낮이 가장 길고 태양각이 가장 높은 여름에 왜 중위도 위치가 가장 따뜻한지가 명백해진다. 동지는 그 반대, 즉 낮이 가장 짧고, 태양각은 가장 낮다. 춘분이나 추분(분은 '같은 밤'을 의미)에는 조명원이 직접 극을 통과하기 때문에 위도선을 반으로 나누게 되어, 지구상의 모든 곳에서 낮의 길이가 12시간이다.

같은 위도에 위치한 장소들은 모두 동일한 태양각과 낮의 길이를 갖는다. 만약 지구-태양 관계만이 온도를 조절하는 것이라면, 모든 장소가 동일한 온도를 가질 것이다. 물론 그런 경우는 없다. 수평선 위의 태양각과 낮의 길이가 온도를 조절하는 주요 인자이지만, 다른 요인들도 고려해야 하기 때문에 이를 3장에서 다룰 것이다.

요약하면, 지표의 다양한 장소에 도달하는 태양에너지 양의 계절 변동은 이주하는 태양광선과 이로 인한 태양각과 낮의 길이의 변동에 기인한다.

▲ **그림 2.7 심야 태양**
고위도 지역의 한여름을 대표하는 심야 태양(같은 날에 찍은) 다중 노출. 이 사진은 노르웨이의 심야 태양을 보여 준다.

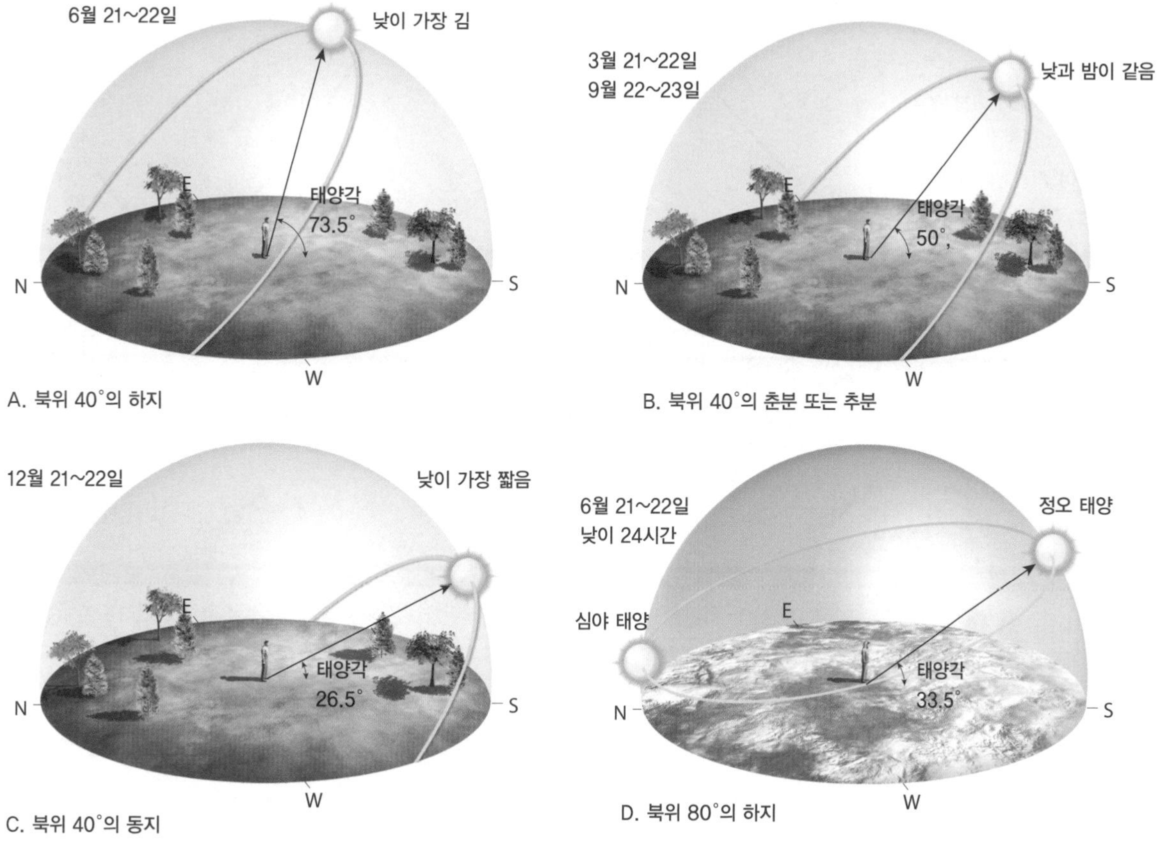

◀ **그림 2.8 태양의 하루 경로**
A~C까지는 1년 중 각기 다른 시간에 북위 40° 지역에서의 태양의 경로를 나타낸다. D는 하지에 북위 80° 지역에서의 태양의 경로를 나타낸다.

Video
대기 상부에서의 순복사
http://goo.gl/E9I2G0

Video
일식
http://goo.gl/BfxU6Q

특징	하지	동지	분점
발생 날짜	6월 21~22일	12월 21~22일	봄: 3월 21~22일 가을: 9월 22~23일
태양의 연직 광선	북회귀선 (23.5°N)	남회귀선 (23.5°S)	적도
낮의 길이	가장 긴 기간	가장 짧은 기간	낮과 밤이 같음
정오의 태양각	지평선 위의 가장 높은 지점에	지평선 위의 가장 낮은 지점에	지평선 위의 중간 지점에

▲ 그림 2.9 북반구의 지점(하지, 동지)과 분점(춘분, 추분)의 특징

✔ 개념 체크 2.1

❶ 지구-태양 거리의 연간 변화가 온도의 계절 변화의 충분한 원인이 되는가? 설명하시오.

❷ 지표를 비추는 태양광선의 강도가 태양각이 변화함에 따라 변하는 이유를 보이는 간단한 그림을 그려 보시오.

❸ 계절의 주요 원인을 간단히 설명하시오.

❹ 북회귀선과 남회귀선의 의미는 무엇인가?

❺ 표 2.1을 살펴본 후, 계절과 위도와 낮의 길이의 연계성을 말로 써 보시오.

글상자 2.2 계절은 언제인가?

겨울은 12월 21일 이후에 시작되는데도 불구하고, 추수감사절 즈음에 눈보라에 갇혀 본 경험이 있는가? 혹은 여름이 '공식적으로' 시작도 되지 않았는데 이미 여러 날 계속해서 38°C에 달하는 더위를 견뎌내야 했던 적이 있는가? 1년을 확실하게 사계절로 나누는 착상은 이 장(표 2.A)에서 논했던 지구와 태양과의 관계에서 비롯되었다. 계절의 천문학적 정의에 따르면, 북반구의 겨울은 동지(12월 21~22일)로부터 춘분(3월 21~22일)까지의 기간으로 정의한다. 이것은 뉴스 미디어에서도 가장 널리 쓰이는 정의이다. 그러나 미국과 캐나다 일부 지역에서는 '공식적인' 겨울이 시작되기 몇 주 전부터 이미 많은 양의 눈이 내리는 것이 드문 일이 아니다(표 2.A).

우리가 일반적으로 계절과 연관시키는 날씨 현상들은 천문학적 계절과 잘 일치하지 않기 때문에, 기상학자들은 기본적인 주로 온도에 기초하여 1년을 세 달씩 넷으로 나누는 것을 선호한다. 따라서 겨울은 북반구에서 가장 추운 세 달(12월, 1월, 2월)로 정의한다(그림 2.B). 여름은 가장 따뜻한 세 달(6월, 7월, 8월)로 정의한다. 봄과 가을은 이 두 계절 간의 전이 기간이다. 이렇게 세 달씩 넷으로 구분하는 것이 각 계절의 온도나 날씨를 더 잘 반영하기 때문에 계절에 대한 이러한 정의는 기상학적 논의에 더 유용하다.

표 2.A 북반구에서의 계절의 발생

계절	천문학적 계절	기후학적 계절
봄	3월 21일 또는 22일에서 6월 21일 또는 22일까지	3월, 4월, 5월
여름	6월 21일 또는 22일에서 9월 22일 또는 23일까지	6월, 7월, 8월
가을	9월 22일 또는 23일에서 12월 21일 또는 22일까지	9월, 10월, 11월
겨울	12월 21일 또는 22일에서 3월 21일 또는 22일까지	12월, 1월, 2월

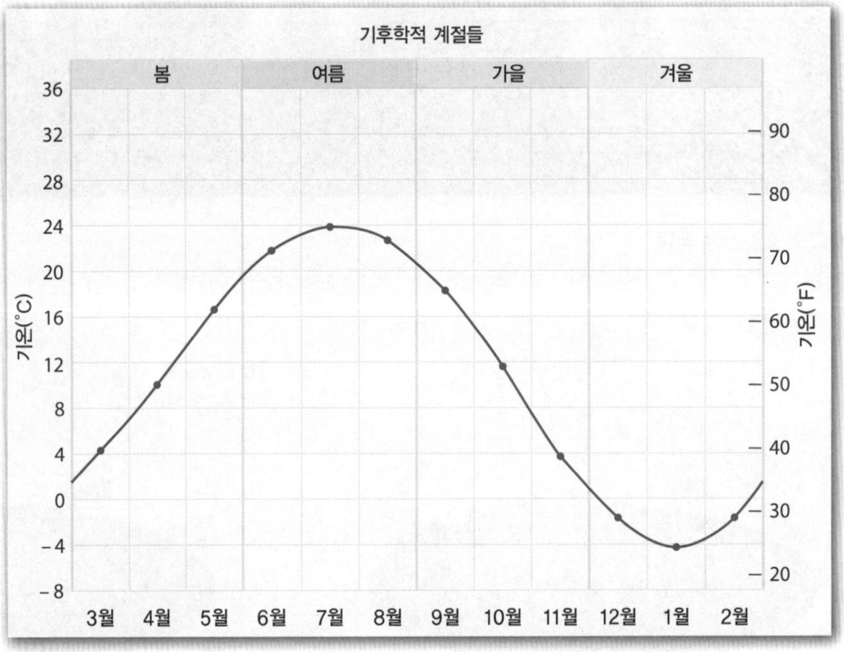

▲ 그림 2.B 미국 중부의 중위도 도시의 월평균 기온
가장 따뜻한 세 달과 가장 추운 세 달이 각각 여름철과 겨울철 시기와 얼마나 서로 잘 맞는지 주목하자. 천문학적 계절은 기후학적 계절보다 21일 후에 시작되었다. 그 결과, 천문학적 계절의 경우에는 겨울 같은 상태가 지정된 '겨울의 첫날'보다 훨씬 일찍 발생할 수 있다.

질문

1. 기상학자들이 천문학적 계절보다는 기후학적 계절을 가장 자주 언급하는 이유를 설명하시오.

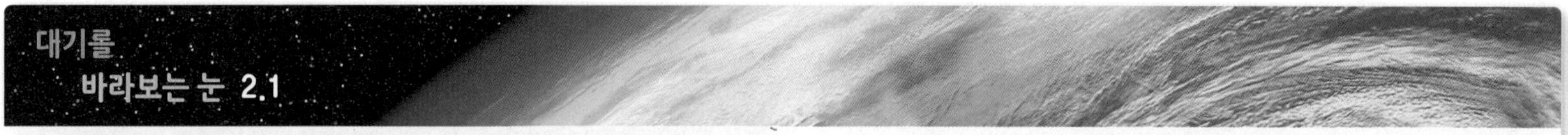

2008년 남극에서의 **첫 해돋이**를 보여 주는 이 사진은 미국의 아문센-스코트 기지에서 촬영한 것이다. 해가 막 지평선으로 떠올랐을 때, 지리적인 남극의 위치를 나타내는 표시 위로 부는 바람에 휘날리는 미국 성조기가 보인다.

질문

1. 이 사진이 찍힌 대략적인 날짜는 언제일까?
2. 남극에서 사진을 찍은 후로 해가 질 때까지 얼마나 걸렸을까?
3. 1년을 통틀어, 남극에서 태양이 도달할 수 있는 가장 높은(각도로 측정된) 위치는 무엇일까? 이것은 언제 일어날까?

2.2 에너지, 온도 그리고 열

잠열과 현열의 같고 다른 점을 비교한다.

우주는 물질과 에너지의 조합으로 만들어져 있다. 물질의 개념은 우리가 보고, 냄새 맡고, 만질 수 있는 '재료'이므로 이해하기 쉬운 반면에, 에너지는 추상적이어서 설명하기가 더 어렵다. 에너지는 우리가 빛으로 보고 열로 느끼는 전자기복사의 형태로 태양으로부터 지구로 온다. 에너지는 셀 수 없는 많은 곳에 존재한다. 우리가 먹는 음식, 폭포 꼭대기의 물 그리고 해변의 부서지는 파도에서도 찾을 수 있다.

에너지의 형태

에너지(energy)는 일을 하기 위한, 예를 들어 물체를 움직이게 만드는, 역량을 가진 것으로 간주될 수 있다. 일은 물질이 이동될 때 생기는 것으로 간주한다. 보편적인 예로는 자동차를 움직이는 휘발유에서 나오는 화학에너지, 물 분자를 들뜨게 하는(물을 끓게 하는) 난로에서 나오는 열에너지, 눈사태를 유발하는 중력에너지 등이 포함된다. 이렇듯 에너지는 많은 형태를 취할 뿐 아니라 한 형태에서 다른 형태로 변화할 수도 있다. 예를 들면, 휘발유의 화학에너지는 처음에는 자동차 엔진 안에서 열에너지(우리가 보통 열이라고 하는)로 바뀌고, 그다음에는 자동차를 움직이는 운동에너지로 바뀐다.

여러분은 열, 화학, 핵, 방사(선), 중력 에너지와 같은 일반적인 형태의 에너지에 익숙하다. 에너지는 또한 두 가지의 중요한 범주인 운동에너지와 위치에너지 중의 하나로 분류될 수 있다.

운동에너지 물체의 운동과 관련한 에너지를 **운동에너지**(kinetic energy)라 한다. 간단한 예로 못을 박을 때 망치의 운동을 들 수 있다. 망치의 운동으로 인해 망치는 다른 물체를 움직일 수 있다(일을 하게 한다). 망치질이 빨라질수록 운동에너지가 커진다. 마찬가지로 같은 속도로 망치질 할 때 작은 망치보다 커다란(질량이 더 큰) 망치가 더 많은 운동에너지를 갖게 된다. 같은 예로, 허리케인과 연관된 바람이 가벼운 국지풍보다 훨씬 더 많은 에너지를 가지는데, 그 이유는 둘 다 규모가 커서 더 넓은 면적을 더 빠른 속도로 이동하기 때문이다.

운동에너지는 원자 수준에서도 중요한 의미가 있다. 모든 물질은 끊임없이 진동하고 있는 원자들과 분자들로 구성되어 있다. 따라서 이 진동으로 인해 물질 속의 원자들이나 분자들은 운동에너지를 갖는다. 예를 들어, 물 냄비를 불 위에 놓고 가열하면 물 분자들이 보다 빠르게 진동하기 시작한다. 따라서 고체, 액체 또는 기체가 가열되면 그 안의 원자들이나 분자들이 더 빨리 운동하게 되고 그 물질은 더 많은 운동에너지를 갖게 된다.

위치에너지 **위치에너지**(potential energy)는 용어가 의미하는 바와 같이 일을 할 수 있는 역량을 가지고 있다. 예를 들면, 기류의 상승으로 인해 치솟은 구름 속에 일시 정지된 커다란 우박덩이들은 그 위치 때문에 위치에너지를 가진다. 상승기류가 가라앉으면 이 우박덩이들은 지면으로 떨어져 지붕과 자동차를 상하게 한다. 나무, 휘발유, 우리가 먹는 음식을 포함하여 많은 물질에는 적절한 상황이 주어지면 일을 할 수 있는 위치에너지가 포함되어 있다.

온도

일상생활에서 온도는 표준 척도를 사용하여 물체가 얼마나 따뜻한가 또는 차가운가를 나타내는 데에 사용된다. 미국에서는 온도를 표현할 때 화씨(Fahrenheit) 스케일을 사용한다. 예를 들면, 날씨 채널에서 내일의 최고온도가 88°F가 될 것으로 예보한다. 그러나 과학자들과 대부분의 나라들은 섭씨(Celsius)와 켈빈(Kelvin) 온도 스케일을 사용한다. 이 세 가지 스케일에 관해서는 3장에서 논의할 것이다.

온도(temperature)는 **물질 안에 있는 원자나 분자의 평균 운동에너지의 척도**로도 정의할 수도 있다. 물질이 가열되면 그 분자들은 더욱 빠르게 움직이고 온도는 상승한다. 반대로 물체가 식으면 원자와 분자는 더 느리게 진동하고 온도는 하강한다.

온도가 물체의 총 운동에너지의 척도가 아님을 주목하는 것이 중요하다. 예를 들면, 욕조 안의 미지근한 물보다 한 컵의 끓는 물의 온도가 훨씬 더 높다. 그러나 컵 안의 물의 양은 적어서 욕조 안의 물보다 훨씬 적은 총 운동에너지를 가진다. 끓는 물 한 컵보다 욕조 안의 미지근한 물에서 더 많은 양의 얼음이 녹는다. 원자와 분자의 빠른 진동으로 인해 컵 속의 물의 온도는 높지만 상대적으로 적은 양의 입자들이므로 운동에너지의 총량(열 또는 열에너지로도 불림)은 훨씬 더 적다.

열

열(heat)은 **물체와 주변 환경과의 온도 차이로 인한 물체 안팎으로 수송되는 에너지**로 정의된다. 뜨거운 커피 잔을 잡으면 손이 따뜻해지고 심지어는 뜨거움을 느끼기 시작한다. 반대로 얼음 조각을 손에 쥐고 있을 때 열은 손에서 얼음으로 옮겨 간다. 열은 온도가 더 높은 쪽에서 낮은 쪽으로 흘러가고, 양쪽의 온도가 같아질 때 열의 흐름은 멈추게 된다.

물체의 온도로 인해 그 물체가 갖는 에너지인 **열에너지**를 표현하기 위해 열이라는 말을 일반적으로 사용한다. 질량과 구성이 같은 경우 뜨거운 물체가 차가운 물체보다 더 많은 열에너지 또는 열을 갖는다. 기상학자들은 열을 잠열과 현열 두 가지로 나눈다.

잠열 **물이 한 물질 상태에서 다른 상태로 변화할 때, 즉 상변화라 불리는 과정을 거칠 때에 열이 방출되거나 흡수된다.** 예를 들면, 액체의 물이 증발해서 수증기가 될 때 상변화가 일어난다. 증발 과정 동안 주변 환경으로부터의 열은 액체인 물에 의해 흡수되어 분자들이 더 빠르게 진동한다. 물 분자들을 함께 붙들고 있는 수소 결합의 힘을 극복할 만큼 충분히 진동 속도가 커지게 되면, 일부 분자들이 탈출하여(증발하여) 수증기가 된다. 가장 활동적인(빠르게 움직이는) 분자가 탈출하기 때문에, 남은 액체 물의 평균 운동에너지(온도)는 감소하게 된다. 주변 환경으로부터 열을 제거하기 때문에 **증발은 냉각 과정으로 간주된다.** 증발의 냉각 효과는 수영장이나 샤워 후에 젖은 채로 나왔을 때 가장 확실하게 경험해 보았을 것이다.

증발이 일어나는 동안 탈출하는 수증기 분자에 의해 흡수된 에너지를 **잠열**(latent heat, 잠=감추어져 있는)이라 한다. 물을 증발시키는 데에 필요한 열에너지(열)가 탈출하는 수증기 안에 저장되거나 '숨겨지기'때문에 이런 현상을 표현하기 위해 잠이라는 용어가 사용된다. 수증기에 저장된 잠열은 궁극적으로는 구름 형성 시 수증기가 액체 상태로 돌아가는 응결 과정에서 대기로 방출된다. 따라서 **응결은 증발의 반대로서, 주변 환경으로 에너지를 돌려보내게 되어 가열 과정으로 간주된다.**

증발과 냉각의 복합적인 과정을 통해서 잠열은 지면-해수면, 주로 해양으로부터 대기로 많은 양의 에너지를 수송한다. 대기 과정에서의 잠열의 중요성은 4장에서 다룰 것이다.

물이 상변화를 거칠 때마다 물 분자들과 주변 환경 사이에 잠열의 교

▼ 그림 2.10 잠열은 상변화의 각 과정에 의해 흡수되거나 방출된다

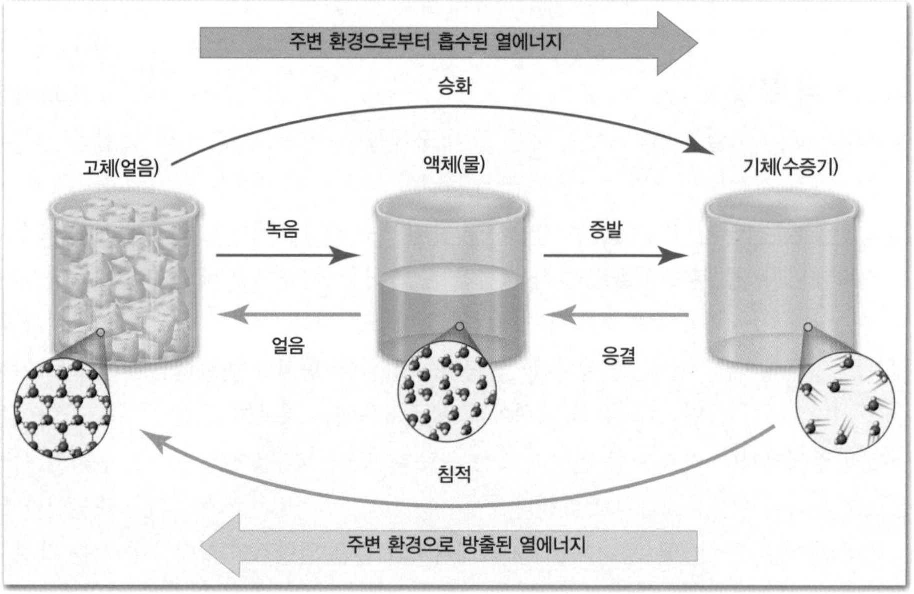

환이 일어남을 명심하자. 그림 2.10은 물이 겪는 상변화를 보여 준다. 일부는 잠열의 흡수와 저장에 관여하는 반면에, 반대 과정은 잠열을 주변 환경으로 다시 방출한다. 예를 들면, 수증기가 응결해서 대기로 열을 방출하게 되는데, 이것을 응결잠열이라 한다.

현열 잠열과는 반대로, **현열**(sensible heat)은 우리가 느낄 수 있는 열로서 온도계로 측정하지만 상변화에 관여하지는 않는다. "느낄" 수 있기 때문에 현열이라고 한다. 맑은 여름날에는 대기에 의해서 흡수된 햇빛, 또는 노출된 피부가 온도의 증가를 가져온다. 잠열과 같이, 현열은 한 장소에서 다른 장소로 수송될 수 있다. 멕시코만에서 유래된 따뜻한 기단과 겨울의 대고원 지대(Great Plains)로의 유입이 한 예이다.

✓ 개념 체크 2.2

1. 운동에너지를 정의하시오.
2. 잠열이 어떻게 지표-해수면에서 대기로 전달되는지를 간략히 설명하시오.
3. 잠열과 현열을 비교하시오.

2.3 열 전달의 기구

열 전달 기구 세 가지를 쓰고 설명한다.

에너지의 흐름은 전도, 대류, 복사의 세 가지 방법으로 일어날 수 있다(그림 2.11). 비록 분리해서 소개하지만, 열 전달의 세 가지 기구는 동시에 작용할 수 있다. 또한 이러한 과정들은 협력하여 태양과 지구, 지표와 대기와 우주 사이의 열을 이동시킨다.

전도

누구든지 뜨거운 국 냄비 속에 두었던 숟가락을 잡으려고 하는 사람은 열이 숟가락의 전체 길이에 따라 전달되어 있음을 알 수 있다. 이와 같은 열의 전달을 전도라고 한다. 뜨거운 국은 숟가락 아래쪽에 있는 분자들을 더욱 빠르게 진동하게 만든다. 이 분자들과 자유전자들이 그 주변과 더욱 격렬하게 서로 충돌하면서 숟가락의 손잡이까지 이르게 된다. 따라서 **전도**(conduction)는 한 분자에서 또 다른 분자로 전자와 분자가 충돌하면서 열이 전달되는 것이며, 열의 전도율은 물질마다 각기 다르다. 뜨거운 숟가락을 만져 보면 금방 알 수 있듯이 금속은 좋은 전도체이다. 반면에 공기는 열을 잘 전도하지 못한다. 따라서 전도는 지표와 지표에 맞닿아 있는 공기 사이에서만 중요한 역할을 한다. 그러므로 대기 전체의 열 수송 측면에서 볼 때 전도는 그리 중요하지 않으며, 대부분의 기상 현상들을 고려할 때 무시될 수 있다.

공기와 같이 전도율이 낮은 물체는 절연체라고 부른다. 코르크, 플라스틱 제품, 그리고 거위털 같은 좋은 절연체들은 대부분 그 안에 수많은 작은 공기층을 가지고 있다. 갇혀 있는 공기의 낮은 전도율이 바로 이러한 물체들의 절연 가치를 결정한다. 눈 역시 낮은 전도체(좋은 절연체)이다. 다른 절연체와 마찬가지로, 막 내린 눈은 열의 흐름을 지체시키는 수많은 공기층을 가지고 있다. 그런 이유로 야생동물들은 종종 '추위'를 피하려고 눈 더미 속으로 파고든다. 눈은 거위털 이불같이 열을 주지는 않고 단지 동물의 체온이 떨어지는 것을 지연시킨다.

대류

지구의 대기와 해양의 열 수송의 많은 부분이 대류에 의해서 일어난다. **대류**(convection)는 물체의 실제 운동 혹은 순환을 수반하는 열의 이동이다. 대류는 공기나 물같이, 즉 기체나 액체같이 흐르는 유체들에서 발생한다. 고체 속의 원자나 분자들은 일정한 접촉점에서 진동하기 때문에 고체 안에서의 열전달은 전도에 의해서 일어난다.

그림 2.11의 모닥불 위에서 데워지는 물 냄비는 간단한 대류 순환의 특성을 설명해 준다. 모닥불은 냄비 바닥을 데워 안에 있는 물속으로 열을 전도한다. 물은 상대적으로 전도율이 낮으므로 냄비 바닥 쪽에

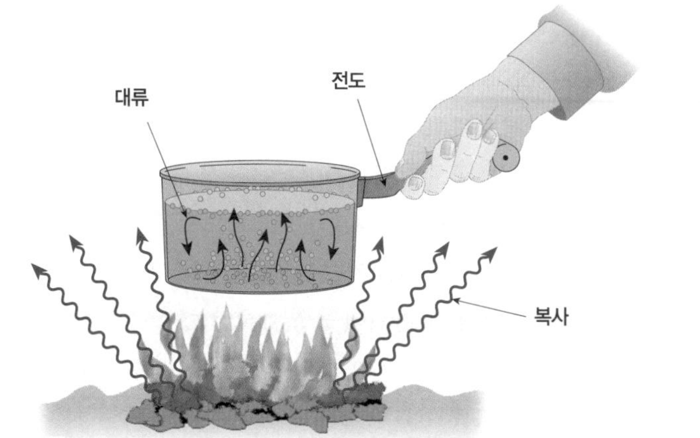

▲ 스마트그림 2.11 열 전달의 세 기구 : 전도, 대류, 그리고 복사

http://goo.gl/7sSdC

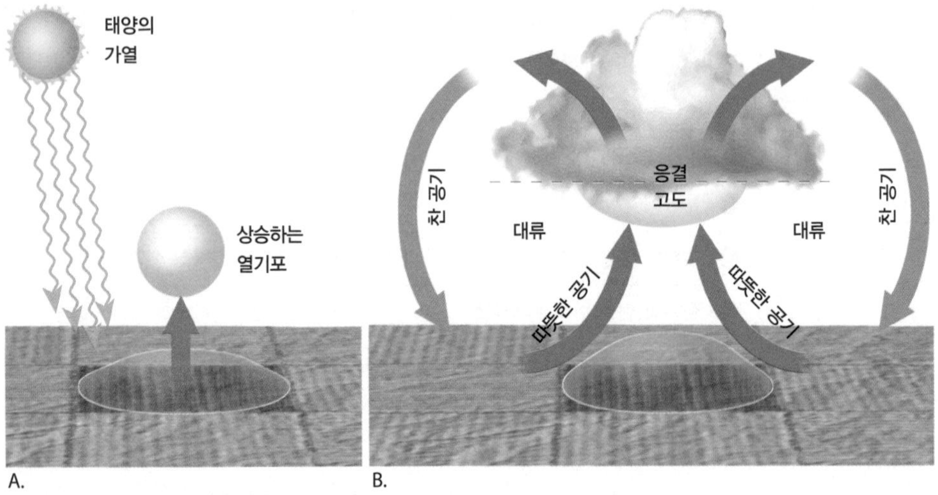

▲ **그림 2.12 상승하는 따뜻한 공기와 하강하는 찬 공기는 대류 순환의 예**
A. 지표의 가열은 열과 수분을 높은 곳으로 수송하는 열기포를 생성한다. **B.** 상승하는 공기는 차가워지고, 응결고도에 도달하면 구름을 형성한다.

있는 물만이 전도에 의해서 데워진다. 가열은 물을 팽창하게 하고 밀도를 떨어뜨린다. 냄비 바닥의 물은 위로 올라가고 위쪽의 차갑고 밀도가 높은 물은 가라앉는다. 물이 바닥에서부터 가열되고 위쪽에서 식는 한, **대류 순환**을 만들어 내는 이러한 회전이 계속될 것이다.

같은 방법으로 복사나 전도에 의해 대기 최하층이 받는 열의 상당 부분이 대류에 의해서 더 높은 대기층으로 수송된다. 예를 들면, 맑고 더운 여름날 주변의 농경지보다 갈아서 일군 땅 위의 공기가 더 많이 가열된다. 따뜻하고 밀도가 낮은 갈아 일군 땅 위의 공기가 위로 뜨면서 농경지 위의 더 차가운 공기가 이를 대신하게 된다(그림 2.12). 이러한 방법으로 대류 흐름이 발달한다. 상승기류의 따뜻한 덩어리를 **열기포**(thermals)라고 부르며, 행글라이더 조종사들이 비행기를 계속 상공으로 날 수 있도록 한다. 이러한 형태의 대류는 열을 전달할 뿐만 아니라 수증기를 높이 수송한다. 그 결과 더운 여름날 오후에 구름이 많이 끼는 것을 종종 보게 된다.

거대한 규모의 대기의 전 지구적 순환은 지표면의 불균등한 가열로 인해 유도된다. 이렇게 복잡한 운동들은 더운 적도 지방과 혹한의 극지방 사이의 열의 재분배를 담당한다(7장에서 상세하게 논의될 것임).

대기 순환은 연직 및 수평 성분을 포함하므로 열 수송도 연직 및 수평 방향으로 일어난다. 기상학자들은 상향 및 하향 열수송을 포함하는 대기 순환 부분을 설명하기 위해 종종 대류라는 용어를 사용한다. 대조적으로, **이류**(advection)라는 용어는 대류의 수평적 이동을 표현하는 데 사용된다. 이류의 통상적인 용어인 **바람**으로 이 책의 뒷부분에서 자세히 고찰할 것이다. 중위도지방에 사는 사람들은 이류에 의한 열 전달 효과를 종종 경험하게 된다. 예를 들면, 1월의 캐나다의 찬 공기가 중서부 지방을 강타할 때 혹한의 겨울 날씨를 몰고 온다.

복사

세 번째 열 전달 방법은 복사이다. 전도나 대류와는 다르게 열을 전달하는 매개체가 필요 없으며, 복사에너지는 진공 속에서도 쉽게 전달된다. 따라서 복사는 태양에너지를 지구에 도달하게 하는 열 전달 기구이다.

태양복사 태양은 날씨를 움직이는 에너지의 궁극적인 원천이다. 우리는 태양이 가시광선, 적외선 그리고 자외선을 포함한 다양한 에너지를 가진 빛을 방출함을 알고 있다. 이와 같은 형태의 에너지들이 태양복사 에너지의 대부분을 차지하지만, 이들은 **복사**(radiation) 또는 **전자기복사**(electromagnetic radiation)라 불리는 거대한 에너지 배열의 일부이다. 이 배열 또는 전자기 에너지의 스펙트럼이 그림 2.13에 제시되어 있다.

X선, 마이크로파 또는 열파를 포함한 모든 종류의 복사는 빛의 속도로 알려진 초속 30만km의 속도로 진공을 통과한다. 복사에너지를 생생하게 그려 보기 위해, 조약돌을 던졌을 때 잔잔한 연못에 생기는 물결 모양을 생각해 보자. 연못에 생기는 물결같이, 전자기파들은 다양한 크기 또는 **파장**(wavelengths, 마루와 다음 마루 사이의 거리)을 갖는다(그림 2.13). 라디오파는 수십 킬로미터나 되는 가장 긴 파장을 가지고 있는 반면, 감마파는 10억분의 1cm보다도 작은 가장 짧은 파장을 가지고 있다. 단파복사는 대개 백만분의 1m인 **마이크로미터**(micrometers, 줄여서 μm)로 관측된다.

복사는 종종 물체와 상호작용할 때 생기는 효과로 구분된다. 예를 들면, 우리 눈의 망막은 **가시광선**(visible light)이라 부르는 파장의 범위에 민감하다. 우리는 종종 광선의 색깔이 흰색으로 보여서 가시광선을 하얀빛이라고 한다. 그러나 하얀색은 실제로는 각각의 특별한 파장에 해당하는 색깔들의 배열임을 쉽게 알 수 있다. 분광기를 사용하면 하얀빛을 가장 짧은 0.4μm 파장의 보라색부터 가장 긴 0.7μm의 빨간색까지 복사 무지개의 색깔로 분리할 수 있다(그림 2.13).

빨간색과 인접하고 있는 더 긴 파장의 영역을 **적외선복사**(infrared

자주 나오는 질문…

추운 날 아침, 화장실의 타일 바닥이 같은 온도임에도 불구하고 침실의 카펫보다 더 차갑게 느껴지는 이유는?

우리가 느끼는 차이는 대부분 카펫보다 타일이 더 좋은 전도체이기 때문이다. 따라서 카펫 위에서보다 타일 위에 있을 때 맨발로부터 열이 더 빠르게 전도된다. 20°C의 실내 온도에서조차 좋은 전도체인 물체를 만지면 차갑게 느껴질 수 있다(체온이 약 37°C임을 기억할 것).

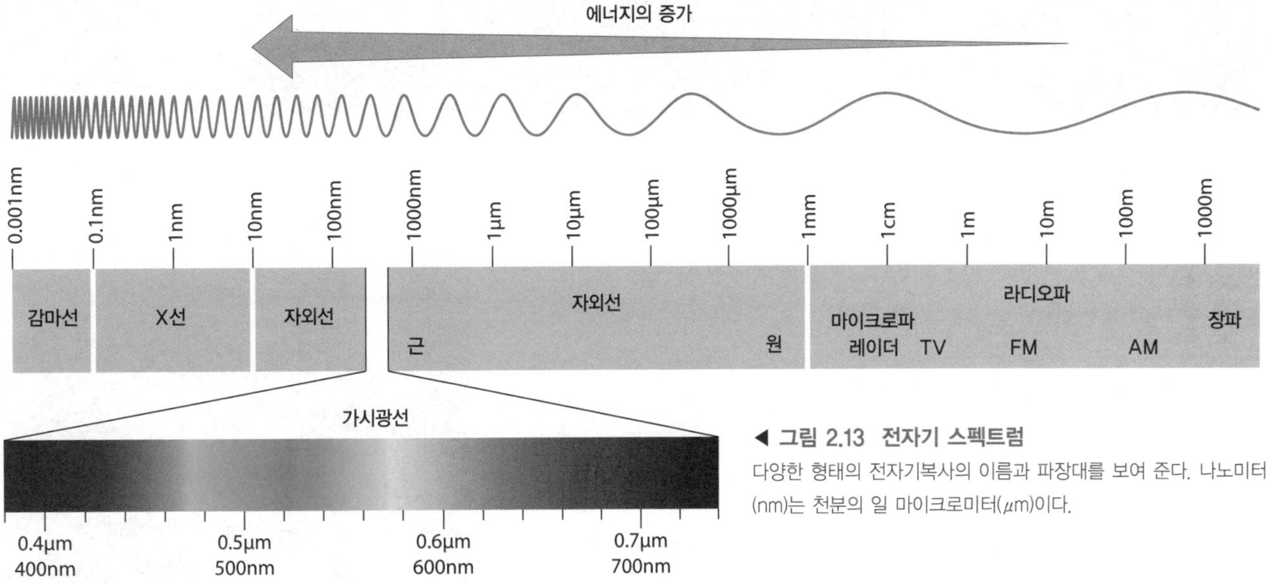

◀ **그림 2.13 전자기 스펙트럼**
다양한 형태의 전자기복사의 이름과 파장대를 보여 준다. 나노미터(nm)는 천분의 일 마이크로미터(μm)이다.

Video
전자기 스펙트럼 여행
http://goo.gl/q1q6Gq

radiation, IR)라 하며, 우리가 볼 수는 없지만 피부가 열의 형태로 감지할 수 있다. 스펙트럼의 가시광선 영역에 가장 가까운 적외선 에너지만이 열로 감지할 수 있을 만큼 강하고 **근적외선**이라고 부른다. 가시영역의 반대쪽인 보라색 옆에 위치한 눈에 보이지 않는 파를 **자외선복사** [ultraviolet(UV) radiation]라고 하는데, 피부를 햇볕에 타게 하는 더 짧은 파장으로 이루어져 있다(글상자 2.3).

비록 우리가 감지할 수 있음을 근거로 복사에너지를 구분하였지만, 복사의 모든 파장들은 비슷하게 작용한다. 물체가 한 형태의 전자기에너지를 흡수하면, 아원자 분자(전자)를 들뜨게 한다. 그 결과 분자운동이 활발해져서 온도가 상승하게 된다. 이와 같이 태양으로부터의 전자기파는 우주를 통과하여 흡수되면서 대기, 지표-해수면 그리고 우리 몸을 구성하고 있는 분자들을 포함한 다른 분자들의 운동을 증가시킨다.

복사에너지의 다양한 파장들 간의 중요한 한 가지 차이점은 **파장이 짧을수록 에너지가 더 강하다**는 것이다. 이러한 점은 같은 시간 동안 노출되었을 때 긴 파장의 복사보다 상대적으로 짧은(고에너지) 자외선이 피부 조직에 더 쉽게 피해를 줄 수 있음을 설명해 준다. 이러한 손상은 피부암과 백내장을 초래할 수 있다(글상자 2.3 참조).

태양이 모든 형태의 복사를 방출하지만 그 양이 각기 다름에 주목하는 것이 중요하다. 모든 태양복사의 95% 이상이 0.1~2.5μm 스펙트

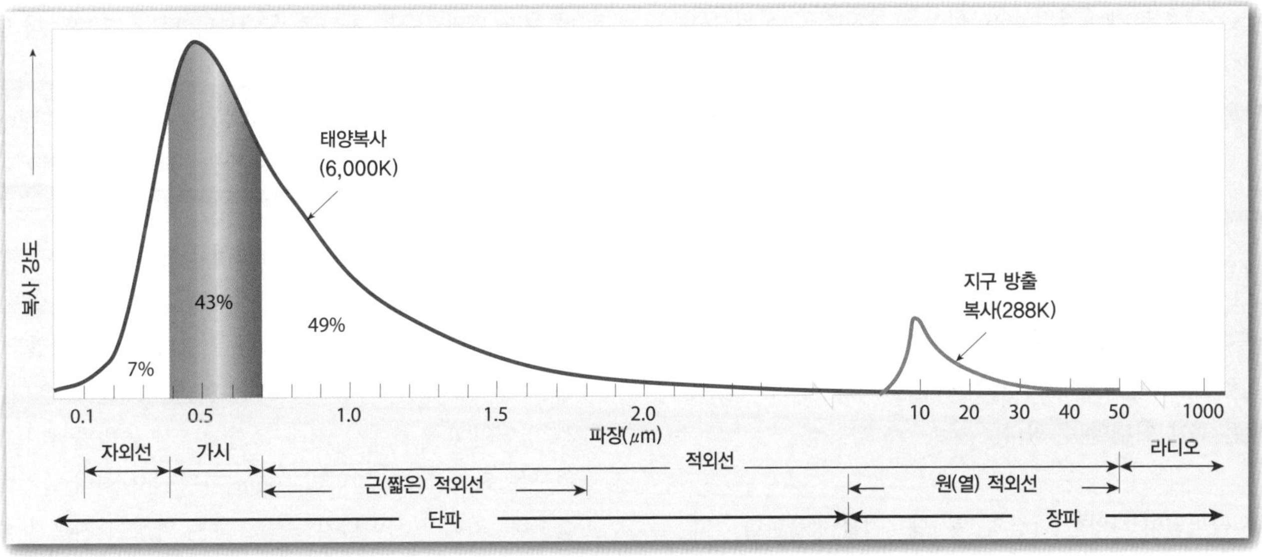

▲ **그림 2.14 태양복사와 지구에서 방출된 복사의 비교**
태양 표면의 높은 온도로 인하여 태양에너지의 대부분이 2.5μm 보다 짧은 파장에서 복사된다. 태양복사의 최대 강도는 전자기 스펙트럼의 가시 영역에 있다. 반면에 지구는 대부분의 에너지를 2.5μm보다 긴 파장, 주로 적외선 영역의 맨 끝(에너지가 적은) 부분에서 복사된다. 따라서 태양복사는 **단파**, 지구복사는 **장파**라고 부른다.

기상재해

글상자 2.3

자외선 지수*

대부분의 사람들이 맑은 날씨를 좋아한다. 따뜻하고 구름 한 점 없이 맑을 때에 많은 사람들은 햇빛에 '흠뻑 취해' 많은 시간을 야외에서 보낸다(그림 2.C). 대부분의 목표는 일광욕을 하는 사람들이 건강해 보인다고 종종 표현하는 것, 즉 햇볕에 검게 태우는 것이다. 공교롭게도, 과도한 햇빛(특히 과도한 자외선)은 주로 피부암이나 백내장 같은 심각한 건강 문제를 야기할 수 있다.

1994년 6월 이후 NWS(National Weather Service)는 햇빛 노출에 대한 건강 위험의 가능성을 국민들에게 경고하기 위해 자외선 지수(UVI) 예보를 발표해 왔다(그림 2.D). 자외선 지수는 각 예보 지역의 구름 예측량과 지표 반사율뿐만 아니라 태양각과 대기의 깊이를 고려하여 결정된다. 대기 중의 오존이 자외선을 강력하게 흡수하므로 오존층의 크기도 감안된다. UV 지수값은 0에서 11+의 스케일을 갖는데, 값이 클수록 더 큰 위험을 나타낸다.

미국 환경청은 자외선 지수 값을 기준으로 낮음, 중간, 높음, 매우 높음, 최대의 5단계 노출 범주를 세웠다(표 2.B). 각 범주별로 예방 조치도 개발되었다. 햇빛에 나갈 때에는 햇빛차단지수(SPF)가 30이나 그 이상인 선크림을 노출된 모든 피부에 사용할 것을 추천한다. 자외선 지수가 낮은 흐린 날이라도, 수영을 한 후에나 일광욕을 할 때에도 반드시 선크림을 사용하는 것이 중요하다. 국민들은 자외선 지수가 높거나 최고일 때에는 야외 활동을 최소화도록 권고된다.

> 미국 환경청은 자외선 지수 값을 기준으로 낮음, 중간, 높음, 매우 높음, 최대의 5단계 노출 범주를 세웠다.

▲ 그림 2.C 민감한 피부를 너무 많은 태양 자외선복사에 노출하는 것은 건강상 위험할 수 있다

Video
자외선 속의 태양
http://goo.gl/ZdFhEG

표 2.B는 각 노출 범주에 대해 가장 민감한 피부 타입(옅은 또는 젓빛 백색)이 햇볕에 타는 시간(분)의 범위를 보여 준다. 햇볕에 타게 하는 노출은 낮은 범주의 60분에서 최대

* 노스리지 캘리포니아주립대학교 지리학과 학부 멤버인 공유 린 교수의 자료에 근거함.

럼의 좁은 영역 내에서 방출되며, 이 에너지의 상당 부분이 전자기, 주로 가시 및 근가시 영역에 집중되어 있다(그림 2.14). 0.4~0.7μm에 놓여 있는 가시광선은 방출된 에너지의 43% 이상을 차지하고, 적외선은 49%, 자외선은 7%를 차지한다. 태양복사의 1%보다 적은 양이 X선, 감마선 그리고 라디오파로 방출된다.

복사의 법칙

태양의 복사에너지가 지구의 대기와 지표-해수면과 어떻게 상호작용을 하는지를 더 잘 이해하기 위해서는 기본적인 복사 법칙들을 이해할 필요가 있다. 다음의 법칙들은 1800년대 말과 1900년대 초 물리학자들에 의해서 발표되었다. 이 법칙들의 수학적 계산은 이 책의 목적을 벗어나지만 그 개념은 쉽게 이해할 수 있다.

1. **모든 물체는 끊임없이 다양한 파장의 복사에너지를 방출한다.*** 따라서 태양과 같이 뜨거운 물체뿐만 아니라 지구도 에너지를 방출(지구복사)하고, 심지어는 극지방의 얼음모자도 방출한다.
2. **물체가 뜨거울수록 차가운 물체보다 단위 면적당 더 많은 에너지를 방출한다.** 표면 온도가 6,000K에 달하는 태양은 표면 온도가 288K인 지구보다 16만 배 더 많은 에너지를 방출한다.
3. **뜨거운 물체일수록 더 많은 에너지를 차가운 물체보다 더 짧은 파장의 복사 형태로 방출한다.** 이 법칙은 대장간에서 충분히 달구어진 철이 백열광을 발하는 것을 상상해 보면 알 수 있다. 철이 식으면서 더 긴 파장대에서 더 많은 에너지를 방출하고 빛을 붉은 빛으로 바뀐다. 나중에는 더 이상 빛은 발하지 않을지라도 손을 가까이 대면 아직도 긴 파장의 적외선 열을 감지할 수 있다. 태양은 가시 영역인 0.5μm에서 최대 복사에너지를 방출하며(그림 2.14), 지구는 적외선(열) 영역인 10μm 파장에서 최대 복사에너지를 방출한다. 최대 복사에너지를 방출하는 파장이 지구가 태양보다 약

* 복사에너지를 방출하기 위해서는 물체의 온도가 절대영도(−273℃)라 부르는 이론적인 값보다 높아야 한다. 문자 K가 켈빈(절대)온도 눈금의 값을 나타내는 데 사용된다. 설명이 더 필요하면 3장의 "온도 눈금" 소단원을 참고한다.

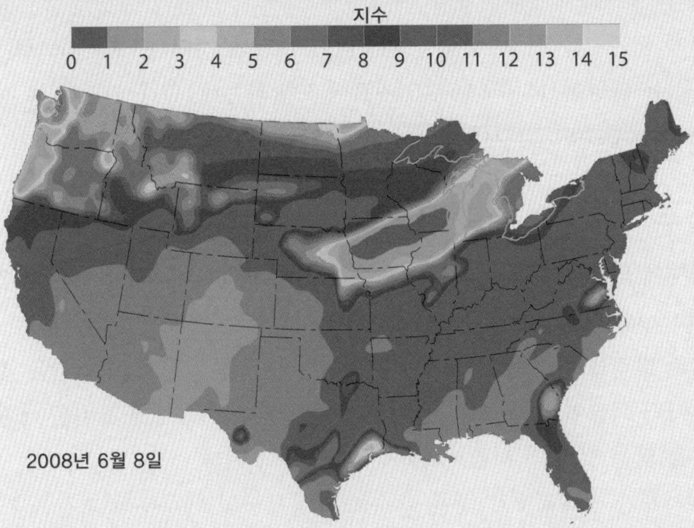

▲ **그림 2.D 2008년 6월 8일의 자외선 지수 예보**
현재의 자외선 지수 예보를 보려면 www.epa.gov/sunwise/uvindex.html 참조

범주의 10분 미만까지 달라진다. 가장 덜 민감한 피부 타입인 갈색에서 검은색의 피부가 햇볕에 타려면 대략 다섯 배나 더 긴 시간이 걸린다. 가장 민감한 피부 타입이 지나치게 노출될 경우, 붉게 화상을 입고 고통스럽게 부풀어올라 피부가 벗겨진다. 대조적으로 가장 덜 민감한 피부 타입은 거의 타지 않고 매우 빠르게 그을게 하는 반응을 보인다.

질문

1. 한 장소에서 UV 지수를 결정하는 데 사용되는 인자들을 써 보자.

표 2.B UV 지수 : 가장 민감한 피부 타입이 햇볕에 타는 시간

UV 지수 값	노출 범주	특징	햇볕에 타는 시간(분)
0~2	낮음	보통 사람들의 경우 자외선의 낮은 위험도	>60
3~5	중간	무방비 노출로 인한 중간 정도 위험도 태양빛이 강할 때는 낮 동안에 주의를 요함	40~60
6~7	높음	볕에 타지 않도록 보호가 요구됨 모자, 선글라스, 선크림 사용	25~40
8~10	매우 높음	오전 11시~오후 4시에는 햇볕을 피할 것 몸을 가리고 선크림을 바를 것	10~25
11~12	최대	각별히 조심할 것. 무방비 상태의 피부는 몇 분 안에 화상을 입을 것임. 가능하면 야외 활동을 자제할 것. 야외에 나갈 때는 2시간마다 선크림을 충분히 바를 것	<10

20배나 길기 때문에 지구복사를 **장파복사**(longwave radiation), 그리고 태양복사를 **단파복사**(shortwave radiation)라 부른다.

4. **좋은 복사 흡수체인 물체는 또한 좋은 방출체이다.** 지면과 태양은 각각의 온도에 대해서 거의 100%에 가깝게 흡수하고 방출하기 때문에 완전한 복사체에 가깝다. 한편, 대기를 구성하고 있는 기체들은 선택적으로 흡수하고 방출한다. 따라서 대기는 어떤 파장들에 대해서는 거의 투명하다(에너지의 대부분을 통과시킨다). 그러나 다른 파장들에 대해서는 거의 불투명하다(복사를 대부분 흡수한다). 우리의 경험상, 태양으로부터 방출된 가시광선은 지표면까지 잘 도달하므로, 대기가 가시광선에 상당히 투명함을 알 수 있다.

요약하면, 태양이 복사에너지의 근본적인 원천이지만, 모든 물체들은 끊임없이 다양한 파장의 에너지를 방출한다. 태양과 같이 뜨거운 물체는 대부분 단파(고에너지)복사를 방출하는 반면, 지구와 같은 온도가 낮은 물체들은 장파(저에너지)복사를 방출한다. 지구 표면과 같이 복사에 좋은 흡수체는 또한 좋은 방출체이다. 반면에 대부분의 기체들은 특정한 파장에서만 좋은 흡수체(방출체)이고 다른 파장에서는 열등한 흡수체(방출체)이다.

✔ 개념 체크 2.3

❶ 에너지 전달의 세 가지 기본 기구를 설명하시오. 어떤 기구가 기상학적으로 가장 중요하지 않을까?

❷ 대류와 이류의 차이는 무엇인가?

❸ 가시, 적외선, 자외선복사를 파장이 가장 긴 것부터 가장 짧은 순서로 또한 에너지가 가장 많은 것부터 가정 적은 순서로 나열하시오.

❹ 전자기 스펙트럼의 어느 파장에서 태양이 최대 에너지를 방출할까? 지구와 어떻게 비교되는가?

❺ 복사체의 온도와 방출하는 파장 간의 관계를 설명해 보시오.

2.4 입사 태양복사는 어떻게 되는가

그림 2.15를 참조하여, 입사 태양복사가 어떻게 되는지를 설명한다.

입사 태양복사가 대기에 도달하면, 세 가지 일이 동시에 일어날 수 있다. 첫째, 복사의 특정 파장에 대해 투명한 공기는 에너지를 단순히 투과시켜서 복사가 방향을 바꾸거나 흡수되지 않고 통과할 수 있도록 한다. 둘째, 에너지의 일부는 물체에 흡수된다. 복사에너지가 흡수되면 분자들은 더 빠르게 진동하여 온도의 상승을 가져옴을 기억하자. 셋째, 어떤 복사는 흡수되지도 투과되지도 않고 기체 분자나 먼지 입자로부터 튕겨 나온다.

무엇이 태양복사가 지표-해수면으로 투과되거나, 대기 중의 기체나 입자들에 의해 흡수되거나, 또는 이들 기체나 입자들에 의해 산란 또는 반사되는지를 결정할까? 앞으로 보게 되겠지만, 이 모든 것이 복사의 파장에 따라 크게 좌우될 뿐 아니라, 간섭 물질의 크기나 성질에 따라서도 달라진다.

투과

투과(transmission)는 단파 및 장파 에너지가 대기 중의 기체나 다른 입자들과의 상호작용 없이 대기(또는 어떤 투명한 매체)를 통과하는 과정이다. 지표에 도달한 입사 태양에너지의 약 반 정도가 대기에 의해서 투과된다. 그 나머지는 대기 중에서 기체 분자들과 입자들에 의해 방향이 바뀌어 산란광으로 도달한다. 그림 2.15는 입사하는 태양복사가 어떻게 되는지를 전 세계 값을 평균하여 나타낸 것이다. 평균적으로, 입사하는 태양복사의 약 55%가 지표에 도달하는데, 그중 약 50%는 지표에 의해 흡수되고, 나머지 5%는 반사되어 우주로 돌아간다.

흡수

물체에 의해 흡수된 에너지의 양은 복사의 파장(강도)과 물체의 **흡수율**(absorptivity)에 따라 달라진다. 가시 영역에서는, 흡수율의 정도가 물체의 밝기를 결정한다. 표면이 가시광선의 모든 파장에 대해 좋은 흡수체이면 색깔이 검게 보인다. 이것이 바로 맑은 여름날에 가벼운 색깔의 옷을 입는 것이 더 시원하게 하는 데 도움이 된다.

지표가 상대적으로 좋은 흡수체(태양복사의 대부분의 파장들을 효과적으로 흡수)이기는 하나, 대기는 그렇지 않다. 그 결과, 지표에 도달한 태양복사의 20%만이 대기에서 기체에 의해 흡수된다(그림 2.15). 기체는 복사를 선택적으로 흡수(또 방출)하기 때문에 대기는 덜 효과적인 흡수체이다.

금방 내린 눈은 선택적 흡수체의 또 다른 예이다. 눈은 가시광선을 잘 흡수하지 않는 흡수체(90%까지 반사함)라서, 그 결과 입사된 복사의 대부분을 반사시키기 때문에 눈으로 덮인 곳 바로 위의 온도는 그렇지 않은 경우보다 더 차갑다. 반대로, 눈은 지표로부터 방출되는 적외

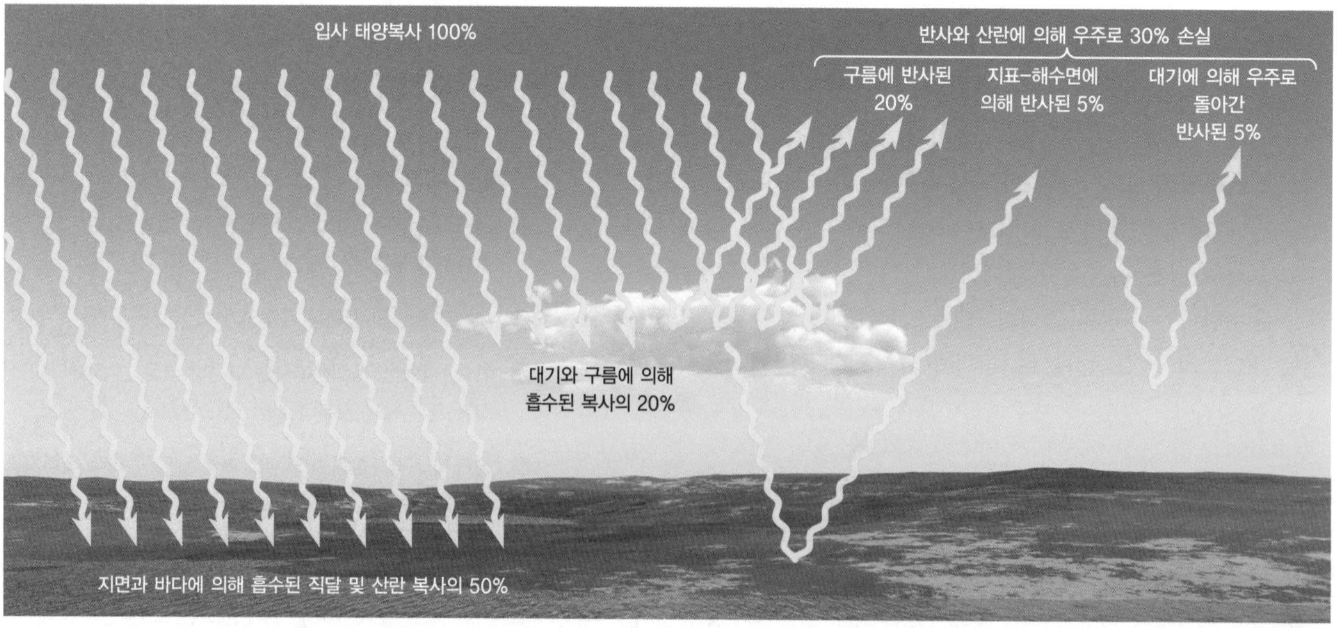

http://goo.gl/NtE7Z

▲ **스마트그림 2.15 입사 태양복사의 평균 분포** 대기보다 지표에 의해서 더 많은 태양복사가 흡수된다.

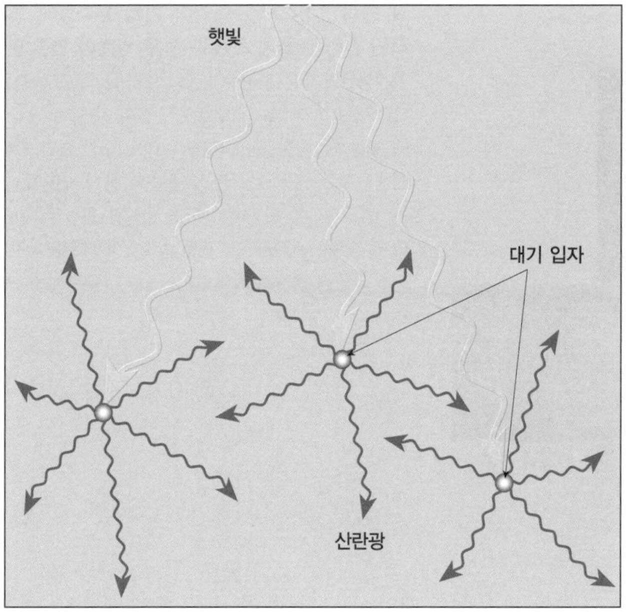

▲ **그림 2.16 대기 입자들에 의한 산란**
빛이 산란될 때, 광선들이 각기 다른 방향으로 나가게 된다. 대개 후방산란보다는 전방으로 더 많은 에너지가 산란된다.

선(열) 복사에 아주 좋은(95%까지 흡수하는) 흡수체이다. 지표가 열을 위로 방출하면 눈의 하층이 이 에너지를 흡수하고, 이에 따라 다시 에너지의 대부분을 아래로 방출하게 된다. 그러므로 "땅이 눈으로 담요를 덮고 있다."라는 말 그대로, 겨울에 서리가 땅속으로 침투할 수 있는 깊이는 똑같이 추운 지역에서 눈이 없는 경우보다는 눈으로 덮여 있는 경우가 훨씬 얕다. 겨울 밀을 심는 농부들은 눈이 많이 쌓여서 매서운 겨울 온도로부터 작물을 절연시켜 주기를 바란다.

반사와 산란

반사(reflection)는 빛이 물체의 표면과 만나는 각도와 같은 각도에서 같은 강도로 반사되어 나가는 과정을 말한다. 반면에 **산란**(scattering)은 복사가 직선 궤도로부터 벗어나게 하는 일반적인 과정이다. 광선이 대기 중의 원자나 분자, 또는 작은 입자와 부딪치면 모든 방향으로 퍼져 나갈 수 있다(그림 2.16). 산란은 빛을 전방향이나 후방향[**후방산란**(backscattering)이라 부르는 과정]으로 분산시킨다. 태양복사가 반사되는지 또는 산란되는지는 간섭하는 입자의 크기와 빛의 파장에 따라 크게 좌우된다.

반사와 지구의 알베도 물체에 의해 반사되는 복사의 비율을 **알베도**(albedo)라 한다. 그림 2.17은 다양한 표면의 알베도를 보여 준다. 금방 내린 눈과 두꺼운 구름은 높은 알베도(즉, 좋은 반사체)를 가진다. 반면에, 어두운 색깔의 흙과 주차장은 알베도가 낮아서 받은 복사의 대부분을 흡수한다. 호수나 바다의 경우, 태양광선이 물 표면에 입사하는 각도가 알베도에 크게 영향을 준다.

행성 알베도라 불리는 지구의 전체 알베도는 30%이다(그림 2.15 참조). 이 에너지는 지구가 잃어버리는 것이고 대기나 지표를 가열하는 데에 아무런 역할을 하지 않는다. 지표-해수면으로부터 반사된 빛의 양은 전체 행성 알베도의 아주 작은 부분을 대표한다. 놀랄 것도 없이, 우주에서 본대로 지구의 '밝음(brightness)'은 대부분 높은 알베도를 가진 두꺼운 구름 때문이다.

구름이나 대기가 없는 달의 평균 알베도는 (지구의 30%와 비교할 때) 겨우 7%이다. 보름달은 밝아 보이지만, 비교해 보면, 훨씬 더 밝고 큰 지구가 달에서 밤에 '지구빛 어린' 보행을 하는 우주인에게 훨씬 더 많은 빛을 제공한다.

산란 및 확산광 입사 태양복사는 일직선으로 이동하지만, 대기 중의 미립자 먼지나 기체 분자들이 이 에너지의 일부를 다른 방향으로 산란시킨다. 그 결과, **확산광**(diffused light)으로 인해 태양이 비추지 않는 방 안이나 그늘진 나무 밑에도 빛이 도달하게 되는 것이다. 대조적으로 달이나 수성같이 대기가 존재하지 않는 물체들은 낮 동안에도 컴컴한 하늘과 검붉은 그림자를 갖게 된다. 전체적으로 지표에서 흡수되는 태양복사의 약 반 정도가 확산(산란)광으로 도달한다.

푸른 하늘과 붉은 해질녘 지구의 푸른 하늘과 붉은 일몰을 만들어 내는 두 가지 요인은 대기의 기체들에 의한 태양복사의 산란과 태양광선

▼ **그림 2.17 다양한 표면의 알베도(반사도)**
일반적으로, 밝은 색의 표면은 어두운 색의 표면보다 더 잘 반사해서 더 높은 알베도를 가진다.

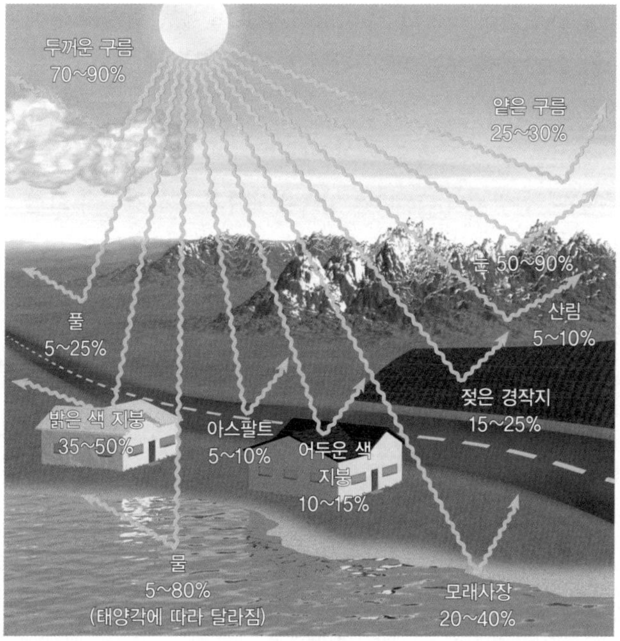

◀ **그림 2.18 지구 대기의 기체 분자들에 의한 우선적인 산란은 푸른 하늘과 붉은 일몰을 만들어 낸다**
가시광선의 짧은 파장들(파랑과 보라)은 더 긴 파장들(빨강과 오렌지)보다 더 효과적으로 산란된다. 따라서 해가 머리 위에 있을 때, 관찰자는 어디를 보아도 대기 중의 기체에 의해 선택적으로 산란되는 푸른빛을 보게 된다. 반대로, 해질녘에는 빛이 대기를 통과해야 하는 경로가 훨씬 더 길다. 그 결과 푸른빛은 관찰자에게 도달하기 전에 대부분 산란된다. 따라서 태양이 붉게 보이게 된다.

이 지구에 도달하기 전에 통과하는 대기의 양이다. 햇빛은 하얗지만 모든 무지개 색깔들로 구성되어 있음을 기억하자. 대기의 기체들은 긴 파장(빨강/오렌지)의 빛보다는 짧은 파장(파랑/자주) 빛을 더 효과적으로 산란시킨다. 짧은 파장이 더 쉽게 산란되기 때문에, 태양이 남중하면 직달일사를 피해서 어느 방향을 보든지 짧은 파장(파란색)의 빛을 보게 된다(그림 2.18).

일출이나 일몰 때에 수평선 가까이에서 보면 태양이 붉게 보이게 되는데, 그 이유는 우리 눈에 도달하기 전까지 태양복사가 아주 두터운 대기를 거쳐야 하기 때문이다. 그 결과 대부분의 푸른빛과 보랏빛은 우선적으로 흩어져 버리고, 우리 눈에는 붉은색과 오렌지색의 빛만이 도달하게 된다. 다시 말하면, 하늘과 구름은 푸른색이 우선적으로 산란되어 빠져버린 빛으로 비춰진다.

반대로, 화성은 대기층이 매우 얇고 큰 먼지 입자들이 많이 있다. 이 큰 입자들이 우선적으로 더 긴 파장의 붉은 빛을 산란시키기 때문에 화성은 그림 2.19에서 보는 바와 같이 낮에는 하늘이 붉고, 일몰은 푸른 경향을 보인다.

가장 화려한 일몰은 많은 양의 미세먼지와 연기 입자들이 성층권으로 침투할 때 연출된다. 1883년 인도네시아의 크라카타우 화산 대폭발 이후 3년 동안 화려한 일몰들이 전 세계적으로 발생했다. 후방산란으로 인한 복사의 손실이 컸기 때문에, 이 거대한 폭발 이후에 이어진 유럽의 여름은 평소보다 서늘했다.

부채살빛 안개, 연무, 스모그 등과 관련된 큰 입자들은 모든 파장에서 고르게 빛을 산란시킨다. 주도권을 갖는 색깔이 없기 때문에, 큰 입자들이 많은 날의 하늘은 흰색이나 회색빛을 띄게 된다. 안개, 물방울, 먼지 입자들에 의한 햇빛의 산란은 **부채살빛**(crepuscular rays)이라 불리는 태양광선을 볼 수 있게 한다. 그림 2.20에서 볼 수 있듯이 이러한 밝은 부채살 모양의 광선들은 태양이 구름 속의 틈을 통해서 빛날 때 나타난다. 또한 솟아오르는 구름이 더 밝고 더 어두운 빛을 번갈아 만들며 하늘에 줄무늬를 넣는 박명 주변에서도 부채살빛을 볼 수 있다.

요약하면, 하늘의 색깔은 수많은 크고 작은 입자들이 있음을 나타낸다. 무수히 많은 작은 입자들은 붉은 저녁노을을 만들어 내는 반면에

▼ **그림 2.19 화성의 푸른 일몰**
이 사진은 NASA의 화성탐사유람선(Mars Exploration Rover Spirit)이 전송한 것이다. 푸른 색조는 더 긴 파장의 붉은 빛을 우선적으로 산란시키는 고층의 먼지 분자에 의해 생성된다. 이것은 지구 대기에서 작은 기체 분자들이 푸른빛과 보랏빛을 산란시켜 붉은 일몰을 만들어 내는 것과는 반대이다.

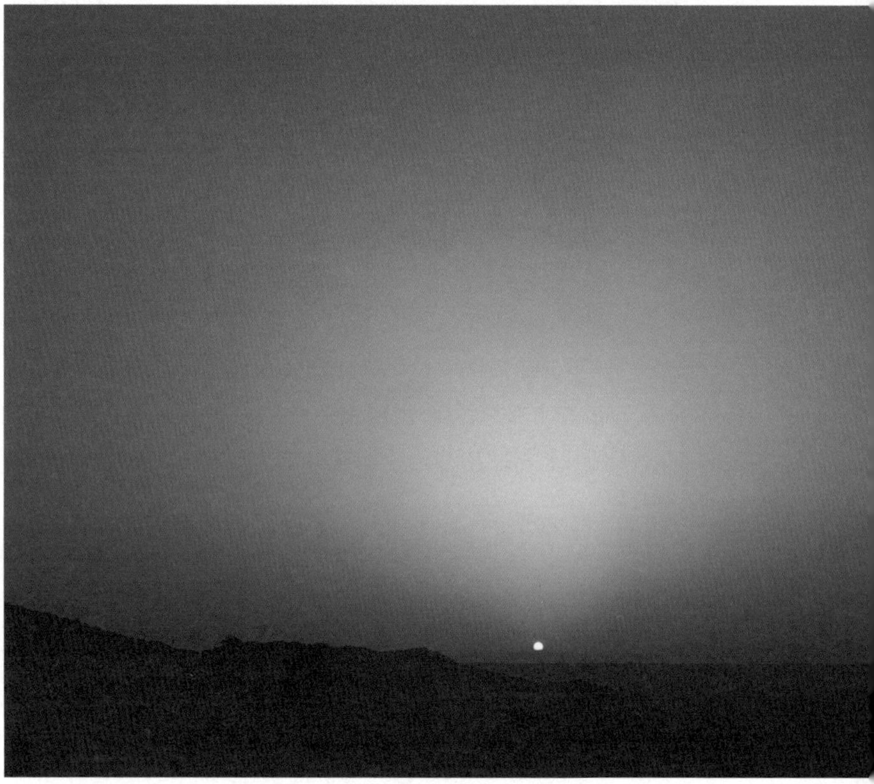

▲ **그림 2.20 연무가 빛을 산란할 때 부채살빛이 생긴다**
부채살빛은 태양이 구름 속의 틈을 통해서 빛날 때, 가장 흔히 나타난다.

큰 입자들은 하얀(회색) 하늘을 연출한다. 그래서 하늘이 푸르면 푸를수록 공기는 덜 오염되어 있고 더 건조하다.

✔ 개념 체크 2.4

❶ 입사 태양복사에 무슨 일이 일어나는지를 보이는 간단한 스케치를 준비하고, 명칭을 붙여 분리해 보자.

❷ 태양복사가 일직선으로 이동함을 고려해서 사과나무 밑 그늘진 땅의 사과를 왜 볼 수 있는지를 설명하시오.

❸ 만약 하늘이 맑다면, 왜 낮에 하늘이 푸르게 보이는가?

❹ 일출이나 일몰 때에 왜 하늘이 붉은색 또는 오렌지색인가?

대기를 바라보는 눈 2.2

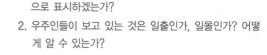

이것은 남미 서해안 위를 지나가는 국제 우주 정거장 바깥에서 우주인들이 찍은 사진이다. 24시간의 궤도 기간 동안에 이 우주인들은 평균 16번의 일출과 일몰을 경험한다. 낮과 밤의 분리는 **명암경계선**(terminator)이라고 불리는 선으로 표시된다.

질문

1. 이 사진에 명암경계선을 표시하시오. 윤곽이 뚜렷한 선으로 표시하겠는가?
2. 우주인들이 보고 있는 것은 일출인가, 일몰인가? 어떻게 알 수 있는가?

2.5 대기 중 기체의 역할

"대기는 지표에서부터 위로 가열된다."라는 말의 의미를 설명한다.

대기가 어떻게 가열되는지를 이해하려면 대기 중의 기체들이 단파로 들어오는 태양복사, 장파로 나가는 지구복사와 어떻게 상호작용하는 지를 먼저 이해해야 한다. 그림 2.21은 태양복사의 대부분이 2.5μm보다 짧은 파장–단파복사로 방출됨을 보여 준다. 대조적으로, 지구복사의 대부분은 전자기 스펙트럼의 적외선 영역의 맨 끝(장파)인 2.5~30μm 사이에서 방출된다.

대기를 가열하기

기체 분자가 복사를 흡수하면 에너지가 내부 분자운동으로 변환되며, 이것은 온도의 상승(현열)으로 탐지가 가능하다. 예를 들면, 성층권의 산소 분자에 의한 UV 에너지의 흡수는 그곳에서 경험하는 높은 온도의 원인이 된다.

그림 2.21의 아래 부분은 주요 대기 중 기체들의 흡수율을 나타낸다(그림 1.17 참조). 대기 중의 가장 풍부한 구성원(약 78%)인 질소는 입사하는 태양복사에 대해 상대적으로 좋지 않은 흡수체임에 주목하자. 입사하는 태양복사의 중요한 흡수체는 수증기, 산소 및 오존으로서, 대기에 의해 직접 흡수되는 태양복사의 대부분을 설명한다. 산소와 오존은 고에너지 단파복사의 효과적인 흡수체이다. 산소는 상층 대기에서 더 짧은 파장의 UV 복사의 대부분을 제거하며, 10~50km 사이의 성층권에서의 UV선을 흡수한다. UV복사의 대부분이 제거되지 않으면, UV 에너지가 유전자 정보를 파괴하기 때문에 인류 생존은 불가능하다.

그림 2.21의 아래 부분을 보면, 대기 전반에 걸쳐 0.3~0.7μm 파장의 가시광선에 대해 어떤 기체도 효과적인 흡수체가 되지 못함을 알 수 있다. 이 가시광선 영역이 태양이 방출하는 에너지의 약 43%를 차지한다. 대기는 가시복사를 잘 흡수하지 못하기 때문에 이 에너지의 대부분이 지표로 투과된다. 따라서 우리는 대기는 입사 태양복사에 대해 거의 투명하며, 직달 태양에너지는 지구의 대기를 가열하는 데에 효과적이지 않다고 말한다.

대기는 일반적으로 지구에 의해서 방출된 긴 파장의 (적외선) 복사

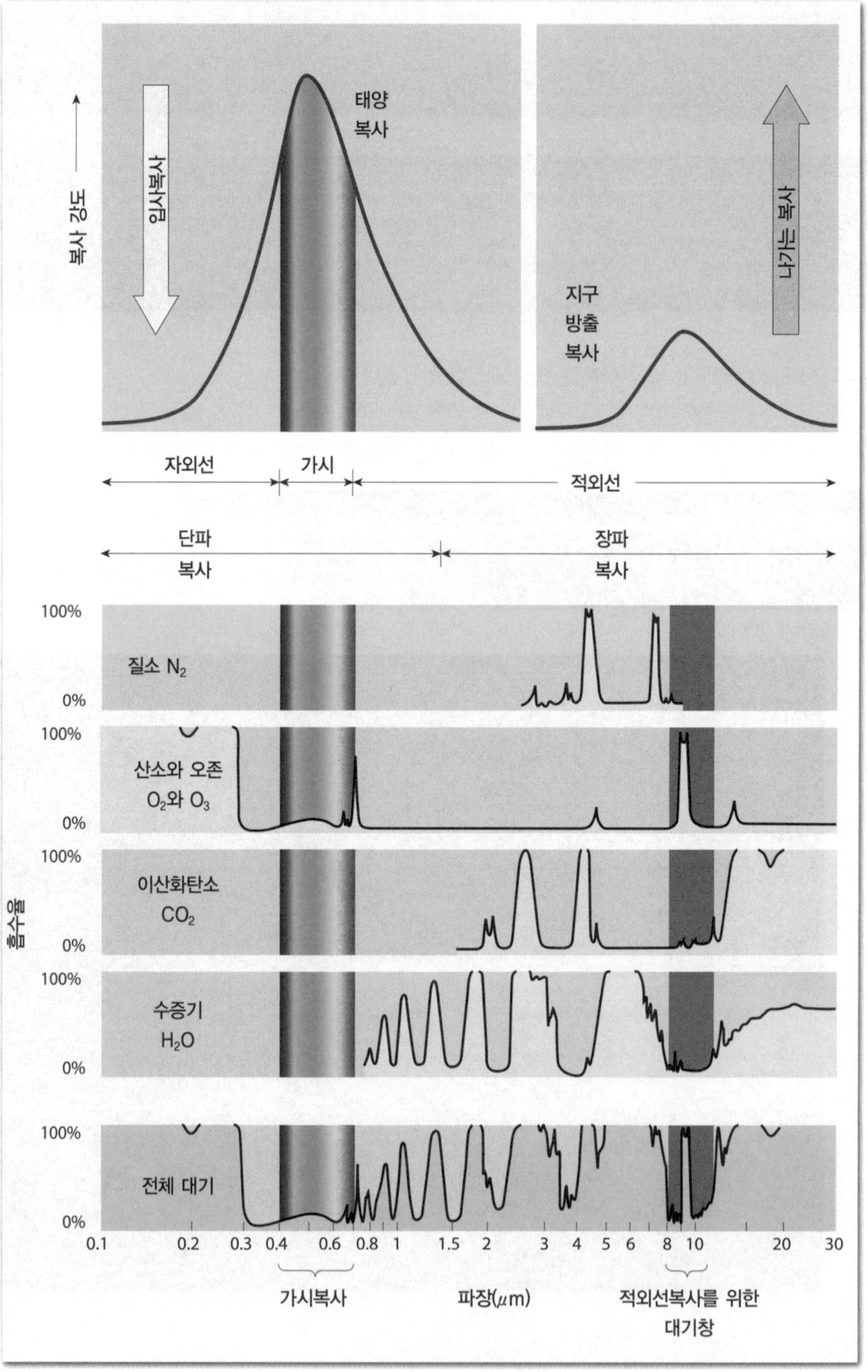

▶ **그림 2.21 대기 중 기체들에 의한 태양 및 지구복사의 흡수**
입사하는 단파복사(그림의 왼쪽)와 나가는 장파 지구복사(오른쪽)에 대한 대기 중 선별된 기체들의 유효성. 파란 부분은 다양한 기체들에 의해 흡수된 복사의 백분율을 나타낸다. 대기는 가시광선 영역을 포함하는 0.3~0.7 사이의 태양복사를 대부분 투과시킨다. 대부분의 태양복사가 이 범위에 속하므로, 왜 많은 양의 태양복사가 대기를 투과하여 지표에 도달하는지를 설명해 준다. 또한, 8~12 사이의 적외선 영역에서의 장파 적외선복사는 아주 쉽게 대기로부터 벗어날 수 있음을 주목해야 한다. 이 영역을 대기창이라고 부른다.

자주 나오는 질문…

매해 가을이 되면 활엽수 잎에 단풍이 드는 이유는 무엇인가요?

모든 활엽수 잎에는 색소 엽록소가 있어서 초록색을 띈다. 다른 나뭇잎들은 색소 카로틴도 포함하고 있어서 노랗고, 또 다른 잎들은 적색 계통의 색소를 생성한다. 잎들은 여름에는 엽록소에 도달하는 빛과 이산화탄소와 물을 가지고 당을 만드는 공장이다. 엽록소는 지배적인 색소로 인해 대부분의 나뭇잎들이 초록색으로 보이게 한다. 낮이 짧아지고 차가워지는 가을밤은 활엽수의 잎들의 변화를 가져온다. 엽록소 생산이 감소하면서 잎들의 초록색은 점차 사라지면서 다른 색소들이 보이게 된다. 카로틴을 가진 잎들은 밝은 노란색을 띄게 된다. 빨간 단풍나무나 옻나무 등의 잎들은 가을 전경을 가장 밝은 적색과 자주색으로 물들게 한다.

에 대해 상대적으로 효과적인 흡수체이다(그림 2.21의 오른쪽 하단 참조). 수증기와 이산화탄소가 주요 흡수 기체들이며, 수증기는 지구에 의해서 방출된 복사의 약 60% 정도를 흡수한다. 따라서 수증기가 가장 많이 집중해 있는 대류권 하부의 따뜻한 기온은 어떤 기체보다도 수증기가 그 원인이 된다.

대기가 지표면에서 방출된 복사를 잘 흡수한다고 해도 8~12μm 사이의 파장 대의 복사는 꽤 많이 통과시킨다. 그림 2.21(오른쪽 아래)을 보면, 대기 중 기체들(N_2, CO_2, H_2O)은 이 파장 영역에서 최소의 에너지를 흡수한다. 유리창이 가시광선에 투명하듯이, 대기는 8~12μm 사이의 복사에 투명하기 때문에 이 영역을 **대기창**(atmospheric window)이라 부른다. 다른 '대기창'도 존재하지만 8~12μm 사이에 위치한 대기창이 가장 중요한 이유는 이 파장 영역에서 지구복사가 가장 강하기 때문이다.

반면에, 수증기가 아닌 작은 물방울로 구성된 구름은 대기창 내의 에너지를 월등히 잘 흡수한다. 구름은 나가는 장파복사를 흡수하고 다시 이 에너지의 상당 부분을 지표로 방출한다. 따라서 구름은 대기창을 효과적으로 닫아버리는 유리 차양과 같은 역할을 하고, 지표가 냉각되는 속도를 낮춘다. 맑은 밤보다 구름 낀 밤에 야간 온도가 더 높게 유지되는 이유가 여기에 있다.

대기는 태양(단파) 복사를 대부분 투과시키지만 지구에서 방출된 장파복사는 더 잘 흡수하기 때문에, 대기는 지표부터 위로 가열된다. 이러한 이유로 대류권에서는 고도가 높아질수록 기온이 내려간다. '난로'(지표)로부터 멀어질수록 추워지는 것이다. 고도가 1km 상승할 때마다 평균적으로 기온이 6.5°C씩 감소하는데, 이는 **정상감률**(normal lapse rate)로 알려져 있다(1장 참조). 대기가 대부분의 에너지를 태양으로부터 직접 얻는 것이 아니라, 지표에 의해서 가열된다는 사실은 날씨 기구의 역학에서 가장 중요한 점이다.

온실효과

달과 같이 '공기가 없는' 행성체에 대한 연구를 통해 과학자들은 지구에 대기가 없다면 평균 지표 온도는 빙점보다 낮아진다고 산정했다. 다행스럽게도, 지구의 대기는 나가는 복사의 일부를 막아서 지구를 살 수 있는 곳으로 만든다. 지표-해수면을 가열하는 데 있어서 대기가 담당하는 지극히 중요한 이 역할이 **온실효과**(greenhouse effect)이다.

앞에서 본 바와 같이, 구름 없는 대기는 입사 단파의 태양복사를 대부분 투과시켜 그 대부분을 지표에 전달하고, 거기서 흡수될 수 있고 또 궁극적으로 대기로 재방출된다. 대기 중의 두 기체, **수증기**와 **이산화탄소**가 지표가 방출한 장파복사의 상당 부분을 흡수하기 때문에 기상학적으로 중요하다. 지구복사가 이들 흡수 기체들을 가열시키면 대기의 온도가 증가한다. 그러면 대기는 이 에너지의 일부를 **우주로 방출**하나, 더 중요하게도 비슷한 양을 다시 **지표로 방출**한다. 이 복잡한 '뜨거운 감자 주고받기' 게임이 없었더라면, 지구의 평균온도는 지금의 15°C가 아니라 -18°C가 되었을 것이다(그림 2.22). 그 결과, 지구에 인류와 다른 생명체들을 살 수 있도록 만드는 수증기와 이산화탄소를 **온실기체**(greenhouse gases)라고 부른다.

온실이 같은 방법으로 가열되기 때문에 이러한 현상을 온실효과라고 명명하였다. 온실의 유리는 단파인 태양복사는 통과시켜서 내부의 물체가 흡수하지만, 이 물체에서 장파로 방출되는 에너지는 거의 통과시키지 않는다. 열은 이렇게 해서 온실 안에 '갇히게' 된다. 이러한 비유가 많이 시용되고 있으나, 온실 안의 공기가 바깥보다 높은 온도를 유지하는 이유는 온실이 내부의 공기가 밖의 찬 공기와 섞이지 않도록 하기 때문이다. 그럼에도 **온실효과**라는 용어는 아직도 대기의 가열을 표현하는 데 사용된다.

매체들은 자주 지구온난화 문제의 '주범'으로 온실효과를 잘못 지목한다. 그러나 지구온난화와 온실효과는 **다른 개념**들이다. 온실효과가 없다면 지구는 살 수 없는 곳이 된다. 과학자들은 인간 활동(특별히 이산화탄소를 대기로 방출하는 것)이 지구 온도의 상승에 책임이 있다는 많은 증거들을 가지고 있다(14장 참조). 따라서 인류가 아니었더라면 자연적이었을 과정(온실효과)의 효과를 더 심하게 만들고 있다. 그럼에도 생명을 가능케 하는 온실효과를 우리 대기에 바람직하지 않은 변화와 관련된, 인간의 활동으로 인해 야기되는 지구온난화와 동일시하는 것은 잘못된 것이다.

A. 달과 같이 공기가 없는 행성 모든 입사 태양복사가 지표에 도달한다. 일부는 우주로 반사된다. 나머지는 지표에 흡수되고 우주로 직접 복사 방출된다. 그 결과 달 표면은 지구보다 훨씬 낮은 평균온도를 갖는다

B. 지구와 같이 온실기체를 어느 정도 가지고 있는 행성 대기는 지표에 의해 방출된 장파복사의 일부를 흡수한다. 이 에너지의 일부가 지표로 다시 방출되어 온실효과가 없을 때보다 지표를 33°C 더 따뜻하게 해 준다.

C. 금성과 같이 온실기체가 아주 많은 행성 금성은 엄청난 온실 온난화를 겪게 되는데, 표면 온도가 523°C까지 상승하는 것으로 어림된다.

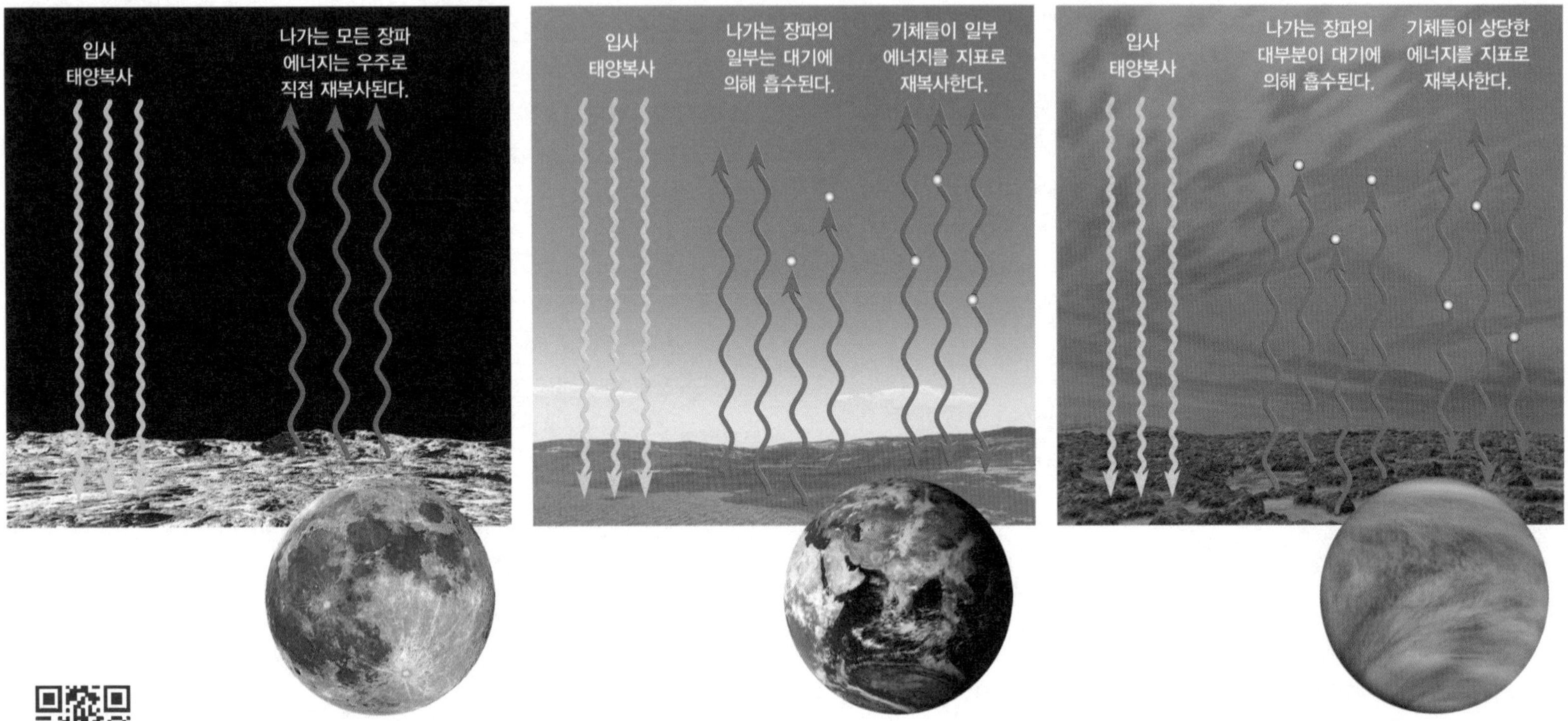

http://goo.gl/uC6OV

▲ **스마트그림 2.22 온실효과** **A.** 달과 같이 공기가 없는 행성은 온실효과가 없다. **B.** 온실기체를 어느 정도 가지고 있는 행성은, 지구와 같이 온실효과가 없을 때보다 지표를 33°C 더 따뜻하게 해 준다. **C.** 온실기체가 아주 많은 행성의 경우, 금성과 같이 엄청난 온실 온난화를 겪게 되는데, 표면 온도가 523°C까지 상승하는 것으로 어림된다.

✔ 개념 체크 2.5

❶ 대기가 왜 직달 태양복사에 의해서가 아니라 지표로부터의 복사에 의해서 가열되는지 그 이유를 설명하시오.

❷ 어떤 기체들이 하층 대기에서 주로 열을 흡수하는가?

❸ 대기창이란 무엇인가? 어떻게 '닫혀' 있는가?

❹ 지구의 대기는 어떻게 온실과 같은 역할을 하는가?

❺ 지구온난화 문제에서 무엇이 '주범'인가?

2.6 지구의 에너지 수지

지구의 연간 에너지 수지의 주요 성분을 설명한다.

계절에 따른 한랭기간과 열파에도 불구하고, 전지구적으로 지구의 평균온도는 상대적으로 일정하다. 이러한 안정성은 입사 태양복사의 양과 우주로 방출된 복사의 양이 평형을 이루고 있음을 나타낸다. 그렇지 않다면 지구는 점점 더 추워지거나 따뜻해질 것이다. 또한 지표와 대기 사이에 교환된 에너지 역시 안정하게 유지되어야 한다. 이러한 지표-대기 간 평형은 전도, 대류 그리고 지표와 대기 간의 장파복사의 투과뿐만 아니라 잠열 수송을 통해 이루어진다. 지표와 대기 간에 존재하는 에너지 수지뿐 아니라 입사하고 방출되는 복사의 연간 수지를 일반적으로 지구의 **연간 에너지 수지**(annual energy budget)라고 한다. 지구의 변화하는 기후에 대한 추가적인 논의는 14장에서 찾을 수 있다.

연간 에너지 수지

그림 2.23은 지구의 연간 에너지 수지를 나타낸다. 간단히 설명하기 위해, 대기의 최상단에 도달한 태양복사를 100단위로 한다. 앞서 그

림 2.15에서 본 바와 같이, 지구에 도달하는 총 복사 중에서 약 30단위(30%)가 반사되어 우주로 다시 돌아간다. 남아 있는 70단위는 대기에 의해 20단위가, 그리고 지구의 지표-해수면에 의해 50단위가 흡수된다. 지구는 이 에너지를 어떻게 다시 우주로 수송할까?

만일 대기, 육지, 바다에 의해서 흡수된 모든 에너지가 바로 복사되어 즉시 우주로 되돌아간다면, 지구의 열수지는 간단할 것이다. 즉, 100단위의 복사를 받고 100단위의 복사를 우주로 돌려보낸다. 실제로, (생물자원으로 축적되어 궁극적으로 화석연료가 되는 소량의 에너지를 제외하고는) 이러한 열수지가 시간에 걸쳐 일어난다. 열수지를 복잡하게 만드는 것은 수증기와 이산화탄소와 같은 특정한 온실기체들의 작용이다. 배운 바와 같이, 이 온실기체들은 지구에서 방출되는 적외선복사의 많은 부분을 흡수하고 흡수한 에너지의 많은 부분을 다시 지구로 복사시킨다. 이렇게 '재순환된' 에너지는 지표가 받는 복사를 현저하게 증가시킨다. 태양으로부터 직접 50단위를 받고 대기로부터 하향 장파복사(94단위)를 더 받는다.

지표에 의해서 흡수된 모든 에너지는 대기로 돌아가고 또 궁극적으로 우주로 복사되기 때문에 수지가 유지된다. 지표는 장파복사의 방출, 전도와 대류, 잠열-증발 과정을 통한 지표로의 에너지 손실의 다양한 과정을 통해 에너지를 잃는다(그림 2.23). 대기 쪽으로 방출된 대부분의 장파복사는 대기에 의해서 다시 흡수된다. 대류는 지표 가까이의 따뜻한 공기를 열기포로 수송(7 단위)하고 전도는 지표와 바로 위의 공기 간의 에너지를 수송한다.

Video
태양에너지
http://goo.gl/9GvFmT

지표는 또한 증발을 통해서 많은 양의 에너지(23단위)를 잃는다. 이것은 물 표면을 떠나는 액체 물 분자들이 기체 형태인 수증기로 변화되기 위해 에너지가 필요하기 때문이다. 물을 증발시키는 데 사용되는 열은 온도변화를 가져오지 않아서 **잠열**(숨겨진 열)이라고 함을 기억하자. 수증기가 구름 물방울을 형성하기 위해 응결한다면, 응결에 의해 방출되는 에너지는 **현열**(우리가 느낄 수 있고 온도계로 관측할 수 있는 열)로서 탐지가 가능할 것이다. 따라서 증발 과정을 통해서 기체 형태의 물 분자들은 잠열을 대기로 수송하고 거기서 궁극적으로 에너지를 방출한다.

요약하면, 입사 태양복사의 양은 시간이 지나면 복사되어 우주로 되돌아가는 장파복사의 양과 균형을 이룬다.

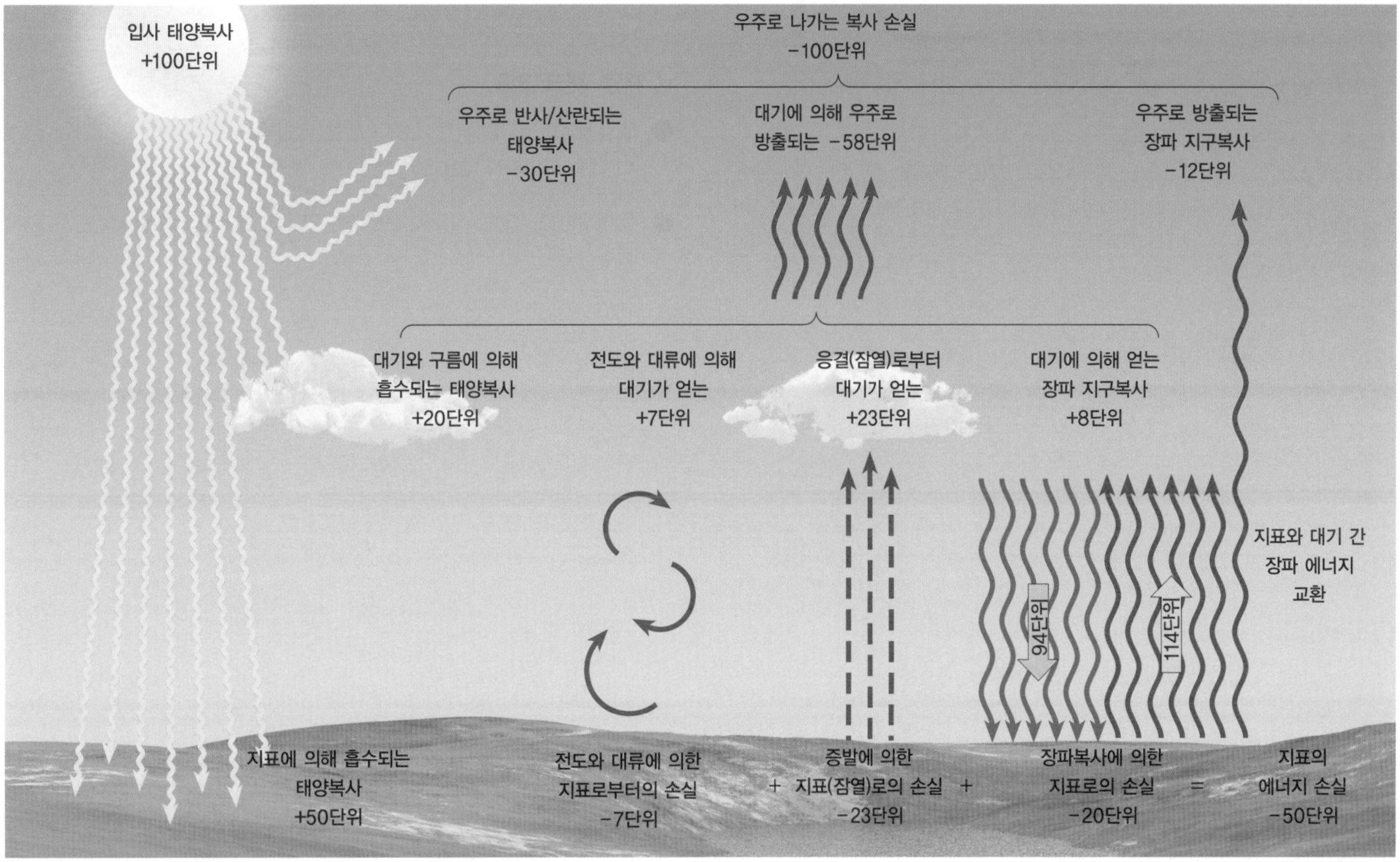

▲ **그림 2.23 지구의 에너지 수지** 전 지구 평균한 이 에너지 수지 값들은 위성 관측과 복사 연구로부터 산정된 것이다. 더 많은 자료가 축적되면 이 값들은 수정될 것이다.

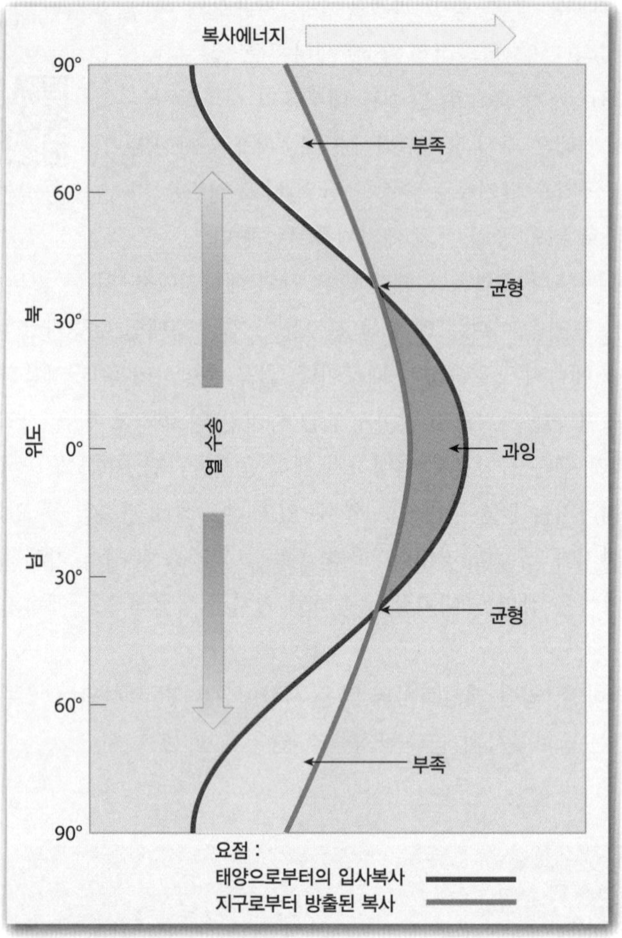

▲ **그림 2.24 연 평균된 위도별 열수지**
적도 양쪽으로 38°까지는 지구 방출복사로 인한 손실보다 입사 태양복사의 양이 더 많다. 반대로 중위도와 극지방에서는 입사 태양복사로부터의 수익보다 지구 방출복사로 인한 손실이 더 크다. 지구의 전 지구 바람계와 이보다는 덜하지만 해양이 적도지방으로부터 과잉 열을 극지방으로 이동시키는 거대한 열 엔진으로 작용한다.

위도 에너지 수지

입사 태양복사의 양과 지구 방출복사의 양이 대략 같기 때문에 평균적인 전 세계의 온도는 거의 일정하게 유지된다. 그러나 지구 전체에 적용되는 입사복사와 방출복사의 평형이 각 위도에서는 유지되지 않는다. 연평균을 하면, 북위 38°와 남위 38° 사이의 지구의 지역은 우주로 잃어버리는 것보다 더 많은 태양복사를 받는다(그림 2.24). 고위도 지방은 그 반대로서 태양으로부터 받는 열보다 지구에 의해 방출되는 복사를 통해 더 많은 열을 잃는다.

우리는 열대지방은 더 더워지고 극지방은 더 추워질 거라고 결론지을 수도 있다. 그러나 실제로는 그렇지 않다. 대신에 지구의 바람계와 이보다는 덜하지만 해양이 적도로부터 누적된 열을 극지방으로 이동시키는 거대한 열 엔진으로 작용한다. 사실상, 에너지의 불균형이 바람과 해류를 움직인다.

북위 30°의 뉴올리언스에서 북위 50°의 매니토바 위니펙까지 북반구 중위도 지방에 사는 사람들에게는 대부분의 열 수송이 이 지역을 가로질러 일어난다는 것이 흥미로울 것이다. 결과적으로, 중위도 지방에서 나타나는 험악한 날씨의 대부분은 적도에서 극지방으로의 끊임없는 열의 수송 때문에 발생하는 것이다. 이 과정에 대해서는 뒷장에서 자세히 논의할 것이다.

✓ 개념 체크 2.6

❶ 열대지방은 잃어버리는 것보다 받는 태양복사가 더 많다. 그렇다면 왜 열대지방이 계속 더워지지 않는가?

❷ 열대지방과 극지방 사이에 존재하는 가열의 불균형으로 일어나는 두 가지 현상은 무엇인가?

2 요약

2.1 지구와 태양의 관계

▶ 태양각과 낮의 길이가 1년 내내 변화하는 이유와 이러한 변화가 어떻게 온도의 계절 변화를 가져오는지 설명한다.

주요 용어 자전, 공전, 근일점, 원일점, 황도면, 자전축의 경사, 북회귀선, 남회귀선, 동지, 하지, 춘분, 추분, 조명원

- 계절은 각 위도에서 지표를 비추는 태양광선의 각의 변화와 낮의 길이의 변화에 의해서 일어난다. 이러한 계절 변화는 태양을 중심으로 공전하는 지구의 축의 기울어짐 때문에 일어난다.
- 태양이 바로 위(지표에 90° 각도)에 있을 때, 태양광선이 가장 집중되어 가장 강하다. 낮은 태양각에서는 광선이 퍼져서 덜 강하다.

Q. 지구의 축이 궤도면으로 기울지 않고(그림을 볼 것) 대신 수직이었다면 계절은 어떻게 영향을 받을까?

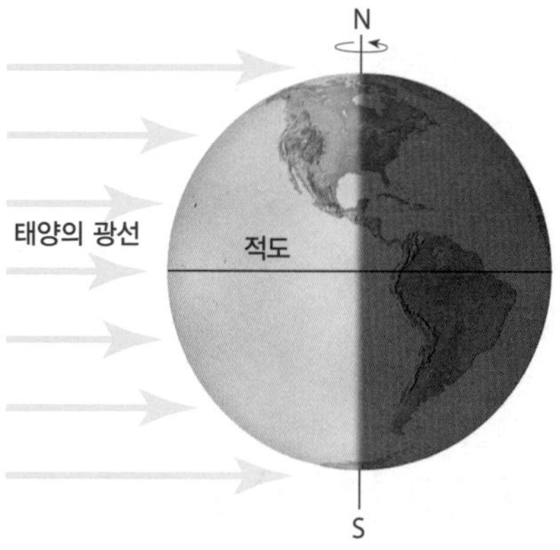

2.2 에너지, 온도 그리고 열

▶ 잠열과 현열의 같고 다른 점을 비교한다.

주요 용어 에너지, 운동에너지, 위치에너지, 온도, 열, 잠열, 현열

- 에너지는 일을 할 수 있는 역량이다. 에너지의 두 가지 주요 범주는 (1) 운동의 에너지라 생각할 수 있는 운동에너지, (2) 일을 할 수 있는 역량을 가진 에너지인 위치에너지이다.
- 온도는 물체 내의 원자나 분자들의 평균 운동에너지의 척도이다.
- 열은 물체와 주변 환경과의 온도 차이 때문에 물체 안팎으로 일어나는 에너지의 수송이다. 열은 온도가 높은 지역에서 낮은 지역으로 흐른다.
- 잠열은 물이 한 물질 상태에서 다른 상태로 변화하는 데 관여된 에너지이다. 예를 들어 증발이 일어날 때, 에너지는 탈출하는 수증기 분자들 속에 축적되고, 또는 '숨겨지고', 이 에너지는 궁극적으로 수증기가 응결하여 구름 물방울을 형성할 때 방출된다.
- 잠열과는 대조적으로, 현열은 우리가 느낄 수 있고 온도계로 관측할 수 있는 열이며, 상변화를 포함하지 않는다. 우리가 감지할 수 있기 때문에 현열이라고 부른다.

2.3 열 전달의 기구

▶ 열 전달 기구 세 가지를 쓰고 설명한다.

주요 용어 전도, 대류, 열기포, 이류, 복사(전자기복사), 파장, 마이크로미터, 가시광선, 적외선복사(IR), 자외선복사(UV), 장파복사, 단파복사

- 전도는 분자 간의 전자와 분자의 충돌에 의해 물질을 따라 열이 이동하는 것이다. 공기는 좋은 전도체가 아니기 때문에, 전도는 지표와 그 지표와 바로 접촉하고 있는 공기 사이에서만 중요하다.
- 대류는 물체 안에서의 실제 이동 또는 순환과 관련된 열 전달이다. 대류는 따뜻한 공기는 상승하고 차가운 공기는 가라앉는 대기에서 중요한 열 전달 기구이다.
- 복사 또는 전자기복사는 다양한 크기의 파로 이동하는 X선, 가시광선, 열파, 라디오파 등을 포함하는 광범위한 배열의 에너지로 이루어져 있다. 짧은 파장의 복사일수록 더 강한 에너지를 갖는다.
- 복사의 네 가지 기본 법칙은 다음과 같다. (1) 모든 물체는 복사에너지를 방출한다. (2) 뜨거운 물체일수록 차가운 물체보다 단위 면적당 더 많은 에너지를 방출한다. (3) 복사체가 뜨거울수록 최대 복사의 파장은 짧아진다. (4) 복사를 잘 흡수하는 물체가 역시 복사를 잘 방출한다.

Q. 다음 사진에 세 가지 열 전달 기구가 어떻게 나타나 있는지 설명하시오.

2.4 입사 태양복사는 어떻게 되는가

▶ 그림 2.15를 참조하여, 입사 태양복사가 어떻게 되는지를 설명한다.

주요 용어 투과, 흡수율, 반사, 산란, 후방산란, 알베도, 확산광

- 대기를 비추는 태양복사의 약 50%가 지표에 도달한다. 약 30%가 반사되어 우주로 돌아간다. 지표에 의해서 반사되는 복사의 비율을 알베도라고 한다. 구름과 대기의 기체들은 입사 태양복사의 나머지 20%를 흡수한다.

2.5 대기 중 기체의 역할

▶ "대기는 지표에서부터 위로 가열된다."라는 말의 의미를 설명한다.

주요 용어 대기창, 온실효과, 온실기체

- 지표에서 흡수된 복사에너지는 궁극적으로 하늘로 복사된다. 지구는 태양보다 훨씬 낮은 지표 온도를 가지기 때문에 그 복사는 장파 적외선복사의 형태이다. 대기의 기체들, 주로 수증기와 이산화탄소는 지구(장파)복사의 효과적인 흡수체이기 때문에 대기는 주로 지표로부터 위로 가열된다.
- 온실효과는 대기의 기체, 주로 수증기와 이산화탄소에 의한 선택적인 지구복사의 흡수로 인해 지구의 평균온도가 그렇지 않은 경우보다 따뜻해지는 것을 말한다.
- 온실효과는 지구를 살 수 있는 곳으로 만드는 자연적인 현상이다. 온실효과는 종종 부정확하게도 지구온난화의 '주범'으로 묘사되나, 실제 주범은 온실기체(주로 이산화탄소)를 방출하는 인간의 활동이다.

2.6 지구의 에너지 수지

▶ 지구의 연간 에너지 수지의 주요 성분을 설명한다.

주요 용어 연간 에너지 수지

- 입사 및 방출 복사의 연간 수지는 지표와 대기 간에 존재하는 에너지의 균형으로 일반적으로 지구의 연간 에너지 수지를 말한다.
- 1년 전체를 평균할 경우, 북위 38°~남위 38° 사이의 지역은 우주로 잃어버리는 양보다 더 많은 태양복사를 받는다. 극지방으로 갈수록 그 반대가 되어, 받는 양보다 더 많은 양을 장파 지구복사로 잃는다. 저위도와 고위도 지역 사이의 이러한 에너지의 불균형이 날씨계를 움직이며, 이로 인해 적도지방에서 극지방으로 잉여 열을 수송한다.

생각해 보기

1. 지구의 축이 현재의 상태와 같이 23.5°가 아니라 40° 기울었더라면, 계절은 어떻게 되었을지 설명하시오. 북회귀선과 남회귀선은 어디에 위치할까? 북극권과 남극권은 어디에 위치할까?

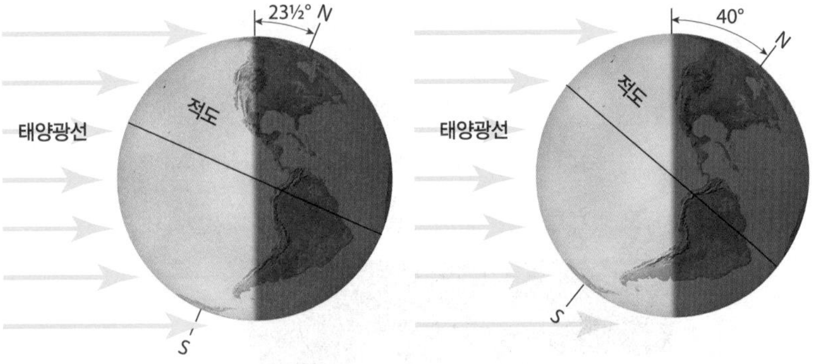

2. 먼 곳으로의 낚시 여행에서 점심을 하는 동안, 낚시 안내자가 때때로 그림에 보이는 것과 같이 호숫물 한 동이를 요리하는 불 옆에 놓을 것이다. 물이 끓기 시작하면 안내자는 한 손으로 물동이를 불에서 들어 올리고 다른 한손을 바닥에 놓음으로써 손님들을 감동시킨다. 열전도의 세 기구에 대해서 배운 것을 사용하여, 왜 물동이 밑을 만져도 안내자의 손이 화상을 입지 않는지 그 이유를 설명하시오.

3. 어느 날에 지구가 태양에 가장 가까운가? 북반구에서 그날은 어느 계절에 속하는가? 이 명백한 모순을 설명하시오.

4. 다음의 각 상황에서는 세 열 전달 기구 중의 어느 것이 가장 중요한가?

a. 좌석의 열선 히터를 켜고 자동차 운전하기

b. 야외에 설치된 뜨거운 목욕탕 안에 앉아 있기

c. 일광욕용 침대 안에 누워 있기

d. 에어컨을 틀어 놓고 자동차 운전하기

5. 다음의 네 그림(A~D로 표시)은 계절을 생성하는 지구-태양 간의 관계를 나타내기 위함이다.

a. 어느 그림이 이러한 관계를 가장 정확하게 보여 주는가?

b. 다른 세 그림에서 각각 무엇이 잘못되었는지를 밝히시오.

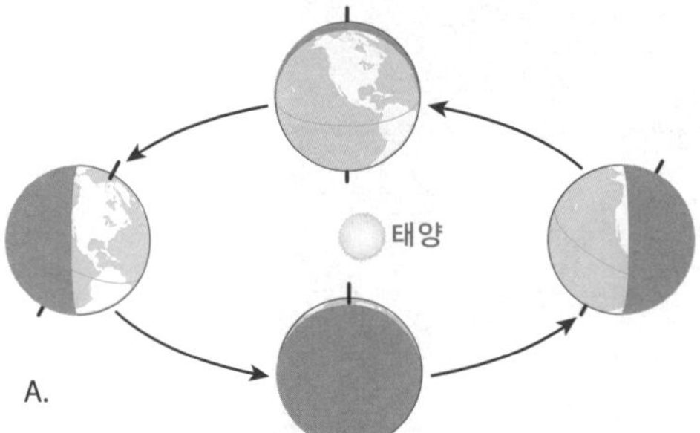

A.

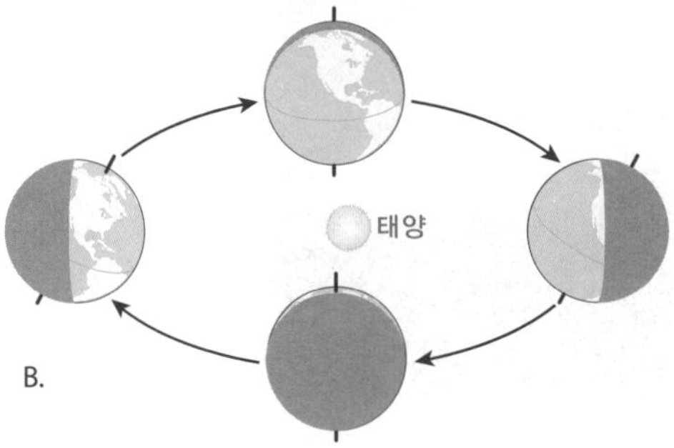

B.

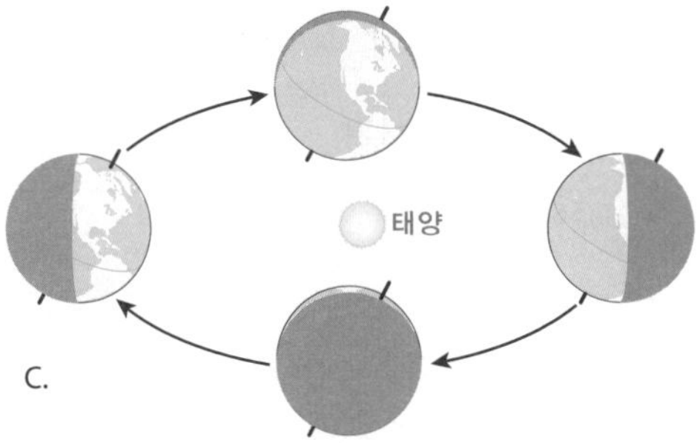

C.

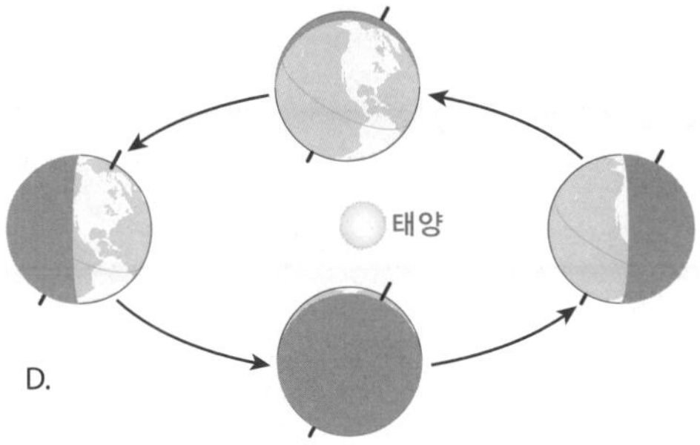

D.

6. 북극에서는 태양이 춘분부터 추분까지 6개월간 계속해서 비추지만, 온도는 결코 그리 따뜻해지지 않는다. 왜 그러한지를 설명하시오.

7. 다음의 그림은 태양보다 더 뜨거운 표면 온도를 가진 별들이 최근에 형성된 우리 은하계의 지역을 보여 준다. 이 별들 중 하나의 주변에 지구와 같은 행성이 형성되었다고 상상해 보자. 복사 법칙을 사용하여 이 행성이 아마도 인간이 살 수 있는 환경을 제공하지는 못할 이유를 설명하시오.

8. 각각이 방출하는 복사에너지의 파장에 따라 다음의 것들을 가장 짧은 파장에서부터 가장 긴 파장 순으로 정렬하시오.

a. 4000°C에서 백열광을 발하는 필라멘트 전구

b. 실내 온도의 바위

c. 140°C의 자동차 엔진

9. 그림 2.15는 태양에너지의 약 30%가 반사되거나 산란되어 우주로 돌아감을 보여 준다. 지구의 알베도가 50% 증가한다면, 지구의 평균 표면 온도가 어떻게 변화되리라 기대하는가?

10. 지구의 적도지방이 우주로 복사되어 돌아가는 양보다 더 많은 입사 태양복사를 받음에도 불구하고 더 따뜻해지지 않는 이유를 설명하시오.

11. 다음 사진은 필리핀의 피나투보 산의 화산폭발을 보여 준다. 이 화산이 대기 상층으로 분출한 화산재와 파편들에 대해 지구의 온도가 어떻게 반응할 것이라고 기대하는가?

복습문제

1. 글상자 2.1의 그림 2.A를 참조하여, 6월 21일과 12월 21일의 북위 50°, 적도(0°), 남위 20°의 정오 태양각을 계산하시오. 여름과 겨울의 정오 태양각의 변화가 가장 큰 위도는 어느 것인가?

2. 문제 1에 열거한 위도들의 6월 21일과 12월 21일의 낮과 밤의 길이를 구하시오(표 2.1 참조). 이 위도들 중에서 계절에 따른 낮의 길이 변동이 가장 큰 위도는 어느 것인가? 어느 위도가 가장 변화가 작은가?

3. 당신이 있는 위치에서 춘분, 하지, 추분, 동지 때의 정오 태양각을 계산하시오.

4. 다음 그림과 기본 삼각법을 이용하여 태양복사의 강도를 계산할 수 있다. 간단하게 하기 위해, 1단위 너비의 태양광선을 고려하시오. 빛이 확산되는 표면적은 다음과 같이 태양각과 함께 변화한다.

$$\text{표면적} = \frac{1\text{단위}}{\sin(\text{태양각})}$$

따라서 만일 남중 태양각이 56°라면 태양복사의 강도는 다음과 같다.

$$\text{표면적} = \frac{1\text{단위}}{\sin 56^\circ} = \frac{1\text{단위}}{0.829} = 1.260\text{단위}$$

이 방법과 문제 3에 대한 답변을 이용하여, 당신이 있는 지역의 하지와 동지의 정오의 태양복사 강도(표면적)를 계산하시오(참조 : 넓은 표면적은 낮은 태양 강도와 같다고 생각한다).

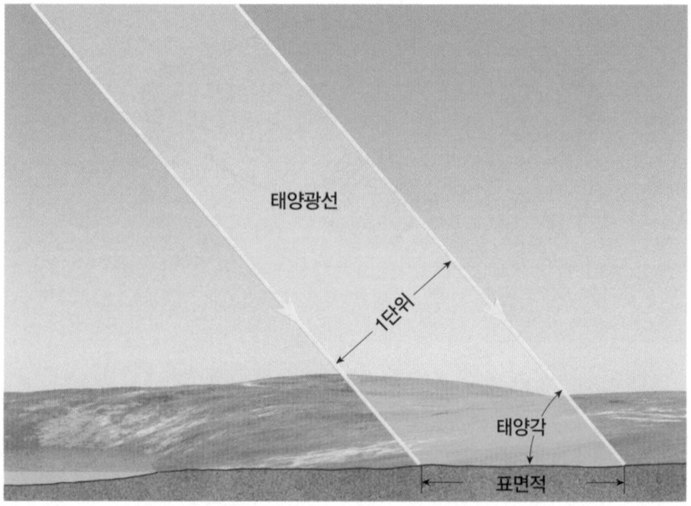

5. 그림에 보이는 아날렘마(analemma)는 연중 태양이 남중하는 날의 위도를 결정하는 데 사용하는 그래프이다. 아날렘마로부터 태양이 남중하는 위도를 계산하려면, 그래프에서 원하는 날짜를 찾은 후 왼쪽 축을 따라 해당하는 위도를 읽는다. 다음의 날들에 대해 태양이 남중하는 위도를 결정하시오. 북위(N) 또는 남위(S)인지를 표시하시오.

a. 3월 21일

b. 6월 5일

c. 12월 10일

6. 그림 2.A와 위의 문제 5에서 사용된 아날렘마를 사용하여, 당신이 위치한 곳(위도)에서 다음의 날짜에 해당하는 태양의 남중고도를 계산하시오.

a. 9월 7일

b. 7월 5일

c. 1월 1일

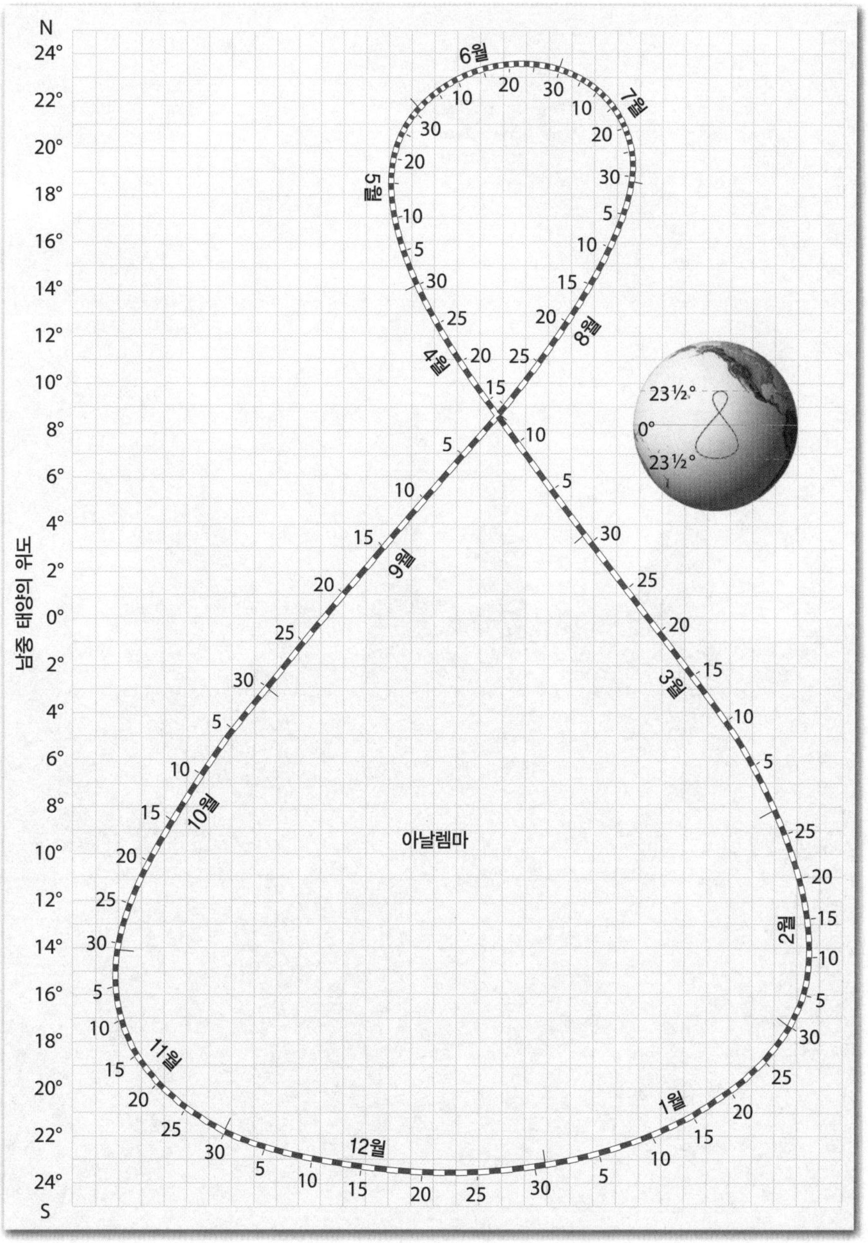

3 기온

핵심개념

다음의 각 항목은 이 장에서 다루는 주요 주제에 대한 기본 학습 목표를 나타낸다. 이 장을 학습하고 나면 여러분은 다음 항목을 이해할 수 있다.

3.1 흔히 쓰이는 온도 자료의 다섯 가지 형태를 계산하고 등온선으로 그린 온도 자료 지도를 해석한다.

3.2 주요한 온도 제어를 말하고 그것의 효과를 예를 들어 설명한다.

3.3 세계 기온 분포 지도에 나타난 패턴을 해석한다.

3.4 기본적인 기온의 일주기와 연주기에 대하여 논한다.

3.5 다양한 온도계들이 어떻게 작동하는지 설명하고 온도계를 설치할 때 정확한 측정을 위해 설치 장소가 중요한 이유를 설명한다. 화씨, 섭씨, 켈빈 온도 눈금을 구별하여 설명한다.

3.6 몇몇 온도 자료의 응용에 대하여 요약한다.

기온은 날씨와 기후의 기본적인 요소 중 하나이다. 누군가 바깥의 날씨에 대해 물었을 때 가장 먼저 언급하는 것이 기온이다. 매일 경험하면서 기온은 다양한 시간 규모, 즉 계절, 매일, 매시간에 따라 달라짐을 알 수 있다. 또한 장소에 따라 상당한 기온 차이가 나타나기도 한다. 2장에서는 공기가 어떻게 가열되는가에 대해 살펴보았고, 계절과 위도에 따라 온도 변화를 일으키는 지구와 태양의 관계에 대해 설명하였다. 3장에서는 기온을 제어하는 요인으로 지구와 태양의 관계 이외의 것들을 포함하여 매우 중요한 대기의 다른 특성에 초점을 맞추어 살펴볼 것이다. 또한 기온이 어떻게 측정·표현되는지 살펴보고, 기온 자료가 어떻게 가치 있는 자료로 사용되는가도 살펴볼 것이다. 그리고 에너지 소비 평가에 유용한 계산, 농작물의 성장, 인간의 안락함을 포함한 내용도 살펴볼 것이다.

이 눈으로 덮인 산은 대륙권 내에서 고도가 증가할수록 기온이 감소한다는 것을 상기시켜 준다. 고도는 온도에 영향을 주는 여러 요소 중 하나이다.

3.1 기록 : 기온 자료

흔히 쓰이는 온도 자료의 다섯 가지 형태를 계산하고 등온선으로 그린 온도 자료 지도를 해석한다.

세계적으로 수천 개의 기상 관측소에서 매일 기록되는 기온은 기상학자들과 기후학자들에 의하여 편집된 기온 자료로 제공된다(그림 3.1). 매시간의 기온은 관측자로부터 기록되거나 지속적으로 대기를 감시하는 자동화된 관측 시스템으로부터 얻어진다. 그리고 많은 관측 지점에서는 단지 최고온도와 최저온도만을 구할 수 있다(글상자 3.1).

기본 계산

일평균 기온(daily mean temperature)은 24시간 동안 시간별로 얻어진 자료를 평균하거나 24시간 동안의 최고 · 최저기온을 더하여 2로 나누어서 구한다. 최고기온과 최저기온의 차이로 **(기온의) 일교차**(daily temperature range)를 구한다. 더 긴 기간을 포함하는 자료 역시 계산할 수 있다.

- **월평균 기온**(monthly mean temperature)은 한 달의 일평균 기온값을 모두 더하여 그 달의 날수로 나누어 구한다.
- **연평균 기온**(annual mean temperature)는 열두 달의 월평균 기온값의 평균값이다.
- **(기온의) 연교차**(annual temperature range)는 가장 더운 달과 가장 추운 달의 월평균 기온의 차이로 계산한다.

평균기온은 일별, 월별, 연별 비교를 하는 데 있어서 특히 유용하다. 일반적으로 일기예보를 통해 다음의 말들을 많이 들어 보았을 것이다. "지난달은 관측 사상 가장 따뜻한 2월이었다.", "오늘 오마하는 시카고보다 10°C 더 더웠다." 기온 교차 역시 한 장소나 지역의 날씨와 기후를 이해하는 데 있어서 필요한 부분이므로 유용한 통계 자료이다.

등온선

넓은 지역에 걸쳐서 온도의 분포를 설명하기 위해 등온선이 흔히 사용된다. **등온선**(isotherm)이란 지도상에 같은 온도를 연결한 선을 말한다(*iso* = equal, *therm* = temperature). 그러므로 등온선을 통과하는 모든 점은 일정 시간에 대한 똑같은 온도를 가진다. 일반적으로 등온선을 나타낼 때, 5°나 10° 간격으로 나타내지만 어떠한 간격을 선택해도 된다. 그림 3.2는 등온선을 지도에 어떻게 그리는지 보여 준다. 관측 지점에서 관측한 값이 등온선에서의 값과 정확히 일치하지는 않기 때문에 대부분의 등온선은 관측 지점을 정확히 통과하지 않는다는 것을 명심해야 한다. 단지 일부 특별한 경우에 관측 지점의 온도가 등온선의 온도

▼ **그림 3.1 중위도의 온도변화**
중위도에 사는 사람들은 한 해 동안 다양한 온도를 겪을 수 있다. **A.** 2011년 2월 눈이 50cm (약 20in)가 넘게 내렸던 눈보라가 왔을 당시, 한 보행자가 시카고 인근의 길을 가고 있다. **B.** 몇 달 후, 더운 여름날에 사람들이 시카고의 노스애비뉴 해변에서 더위를 이겨내고 있다.

A.

B.

글상자 3.1 북미 대륙에서 가장 더운 곳과 가장 추운 곳

미국에 살고 있는 대부분의 사람들은 38°C나 그 이상의 온도를 겪어 봤을 것이다. 50개 주에서 과거 100년 또는 그 이상의 기간 동안의 통계 자료를 살펴보면, 모든 주에서 최고기온이 38°C 또는 그 이상을 기록한 것을 볼 수 있다. 심지어 알래스카에서도 이런 높은 온도를 기록했는데, 이는 1915년 6월 27일 알래스카 주 안에 있는 북극권에 있는 마을인 포트유콘에서 기록되었다.

최고기온 기록

알래스카에 필적하는 가장 낮은 최고기온을 가진 주는 놀랍게도 하와이이다. 하와이 섬의 남쪽 해안에 위치한 파날라는 1931년 4월 27일에 38°C를 기록하였다. 비록 하와이와 같은 다습한 열대 그리고 아열대 장소가 연중 온난하다고 알려져 있지만 드물게 30°C 중반의 최고기온이 나타나기도 한다.

미국뿐만 아니라 전 세계에서 기록된 가장 높은 기온은 57°C(134°F)이다. 오래 지속된 이 기록은 1913년 7월 10일 데스밸리(캘리포니아)에서 세워졌다. 데스밸리에서의 여름 온도는 서반구에서 항상 가장 높은 온도를 기록한다. 6, 7, 8월 동안 49°C를 넘는 온도가 예상되는데, 다행히 여름철 데스밸리에는 거주자들이 거의 없다(그림 3.A).

데스밸리에서의 여름 온도는 왜 그렇게 높은 것인가? 서반구에서 가장 낮은 고도(해면 고도 아래로 53m)를 가지고 있을 뿐 아니라, 데스밸리는 사막이다. 비록 태평양으로부터 단지 300km밖에 떨어져 있지 않지만, 주위의 산은 해양의 영향력과 습기 유입을 단절시킨다. 맑은 하늘은 강한 햇빛으로 하여금 지표면을 메마르게 한다. 습윤 지역처럼 수증기가 증발하는 데 쓰이는 에너지가 필요 없기 때문에, 모든 에너지는 지표면을 데우는 데 사용된다. 게다가 하강 기류에 의한 단열 압축은 공기를 데우고, 이 지역의 최고기온을 형성하는 데 기여한다.

최저기온 기록

최저기온을 만드는 온도 제어는 예측할 수 있고, 그리 놀라운 것이 아니다. 고위도 지역에서 해양의 영향을 덜 받는 지역은 겨울 동안 몹시 낮은 온도를 보인다. 게다가 빙상이나 빙하에 위치한 관측소는 산의 높은 곳에 위치하기 때문에 특히 춥다. 이러한 모든 것에 부합하는 곳이 그린란드의 노스 아이스 관측소이다(해발고도 2,307m). 1954년 1월 9일에 이 관측소의 온도는 −66°C로 급락하였다. 그린란드를 제외하면, 캐나다의 유콘 지역의 스내그가 북아메리카의 최저기온 기록을 가지고 있다. 이 자동 관측 지점은 1947년 2월 3일 −63°C를 기록하였다. 오직 미국 내 기록만 고려하면, 알래스카 엔디콧 산맥 안에 있는 북극권의 북쪽에 위치한 프로스펙크리크의 기록은 1971년 1월 23일에 −62°C로, 북아메리카의 기록에 근접했다. 최저기온 −57°C를 기록한 48개의 주보다 더 낮은 온도가 1954년 1월 20일 몬태나 주 로저패스에 있는 산에서 기록되었다. 그 외의 많은 곳에서 동등하거나 심지어 더 낮은 온도가 나타나는 것은 분명하지만, 단지 기록되지 않는 것뿐이라는 것을 명심하자.

▲ **그림 3.A 기록에 근접!**
2013년 6월 30일, 데스밸리는 100년 후에 그동안의 가장 높은 온도를 기록했고, 거의 기록에 필적했다. 그날, 데스밸리의 온도는 54℃를 기록했다.

질문

1. 데스밸리는 시원한 태평양에서 멀리 떨어져 있지 않지만 최고기온을 기록했다. 왜 데스밸리는 해양의 영향을 받지 않았는가?

와 정확히 일치할 것이다. 그래서 관측 지점 사이의 적당한 위치를 계산해서 등온선을 그려야 한다.

눈으로 보았을 때 온도 분포를 명확하게 알 수 있기 때문에 등온선 지도는 유용한 도구이다. 등온선 지도를 통해 낮은 온도와 높은 온도의 지역을 쉽게 알 수 있다. 단위 거리에 따른 온도변화의 정도를 나타내는 것을 **온도경도**(temperature gradient)라고 하며, 이것은 온도의 변화를 쉽게 눈으로 볼 수 있도록 한다. 등온선의 간격이 가까우면 급격한 온도변화를 나타내며, 반면에 선의 간격이 넓으면 완만한 온도변화를 나타낸다. 예를 들어 그림 3.2를 살펴보자. 콜로라도와 유타의 등온선은 가까우며[급격한 온도경도(steeper temperature gradient)] 텍사스에서는 등온선이 더 넓게 분포되어 있다[완만한 온도경도(gentler temperature gradient)]. 등온선이 없다면 지도에는 수십 수백 개의 지점에 온도가 숫자로 표시될 것이며 그것은 패턴을 보기에 어려울 것이다.

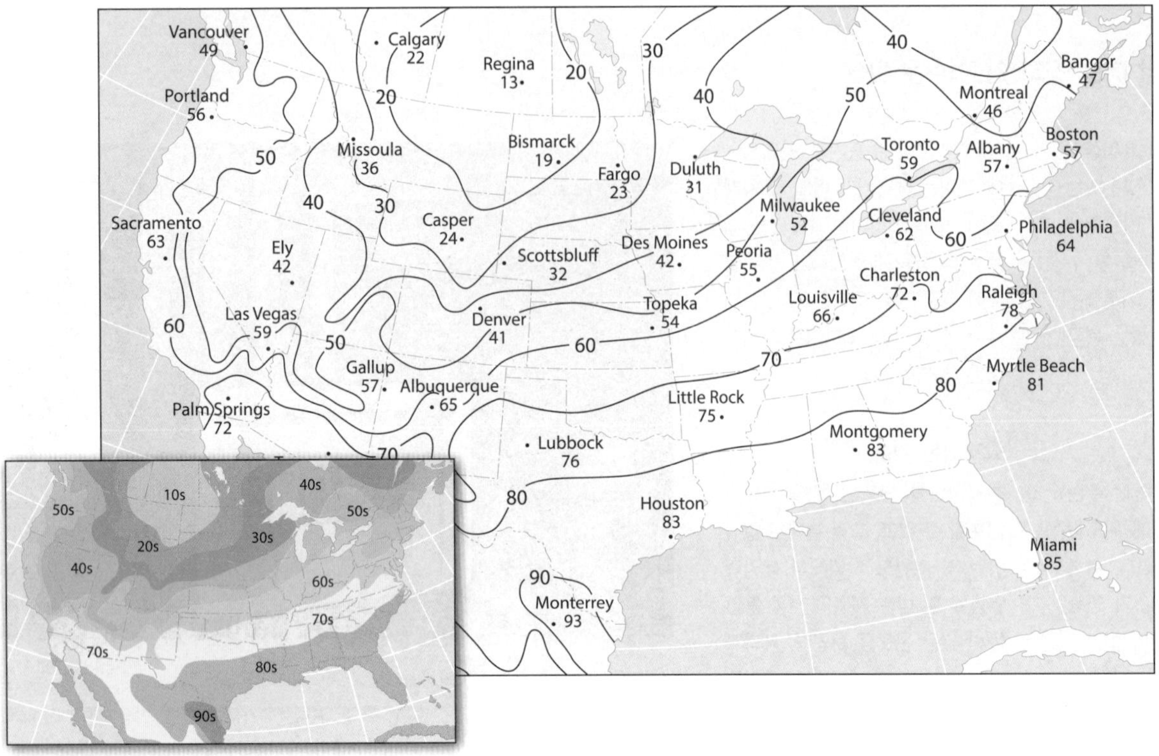

◀ **스마트그림 3.2 등온선**

봄철 등온선으로 나타낸 지도. 등온선이란 같은 온도인 지점을 연결한 선이다. 등온선을 사용하면 온도 분포의 패턴을 더 쉽게 볼 수 있다. 대부분의 등온선은 관측 지점을 바로 지나가지 않는다. 일반적으로 관측 지점 간의 적절한 위치를 추정해 가며 등온선을 그린다. TV나 많은 신문에서의 온도 지도는 그림에서 볼 수 있듯이 색으로 칠해져 있다. 온도를 등온선 위에 표시하기보다는 등온선 사이의 구역에 표시한다. 예를 들어 60°와 70° 사이에는 "60s"라고 표시한다.

http://goo.gl/a3dHr

✓ 개념 체크 3.1

❶ 다음의 기온 자료들은 어떻게 계산하는가? 일평균 기온, (기온의) 일교차, 월평균 기온, 연평균 기온, (기온의) 연교차?

❷ 등온선은 무엇이며, 그것의 목적은 무엇인가?

자주 나오는 질문…

미국에서 가장 더운 도시는 어디인가요?

이것은 '가장 더운(hottest)'의 정의를 어떻게 하느냐에 따라 달라진다. 만약 연평균 기온을 통해 정의한다면 플로리다의 키웨스트가 1981~2010년까지의 30년간 연평균 25.6°C로 가장 더운 도시가 될 것이다. 하지만 1981~2010년 동안의 가장 더운 7월 평균기온에 따라 정의한다면 애리조나의 불헤드시티에 있는 사막 지역이 가장 더운 곳이 될 것이다. 이곳의 7월 평균기온은 지독히 더운 44.6°C이다!

3.2 온도는 왜 변화하는가 : 온도의 제어

주요한 온도 제어를 말하고 그것의 효과를 예를 들어 설명한다.

온도 제어(temperature control)란 시간과 장소에 따라 온도를 변화시키는 요인을 말한다. 2장에서 온도의 변동을 일으키는 가장 중요한 원인을 설명하였다. 그것은 태양복사의 입사량 차이에 기인한다. 위도에 따라 태양각과 낮의 길이가 다르기 때문에 적도에서는 따뜻한 온도를 나타내고 극에서는 차가운 온도를 나타낸다. 물론 주어진 위도에서 계절적 온도의 변동은 태양 적위의 연중 변화에 의하여 발생한다. 그림 3.3은 온도 제어로서 위도의 중요성을 보여 주고 있다.

그러나 위도만이 온도를 제어하는 것은 아니다. 만약 위도만이 온도를 제어한다면 같은 위도선상의 모든 지역의 온도는 동일하다고 생각할 수 있다. 그러나 그것은 분명히 아니다. 예를 들어 캘리포니아주의 유레카와 뉴욕은 같은 위도에 있는 연안 도시이고 연평균 기온이 11°C이다. 그러나 뉴욕이 유레카보다 7월에는 9.4°C 정도 더 따뜻하며, 1월에는 9.4°C 정도 온도가 더 낮다. 다른 예로 에콰도르의 키토와 과야킬은 상대적으로 가까운 지역이지만 연평균 기온은 12.2°C의 차이를 나타낸다. 이러한 사실과 수많은 예시들을 설명하기 위해서는 기온에 영향을 미치는 위도 외의 다른 요인들을 알아보아야 한다. 다음 단락부터는 다음에 있는 다른 제어 요인들에 대해 설명할 것이다.

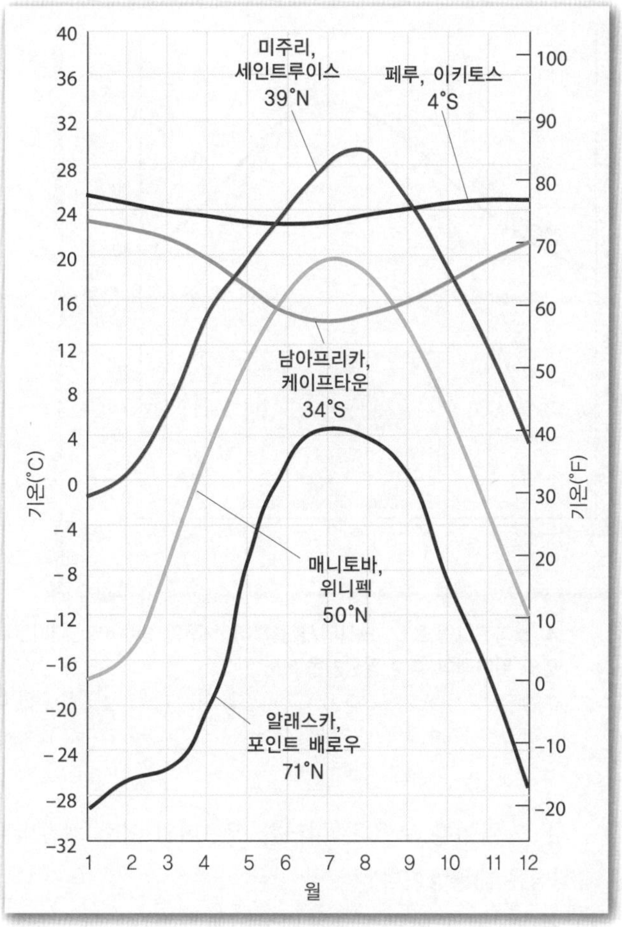

▲ **그림 3.3 위도는 주요한 온도 제어 요인**
5개 도시의 자료들은 위도(지구와 태양의 관계)가 온도에 영향을 미치는 중요한 요소라는 것을 보여 준다.

- 육지와 물의 차등가열
- 해류
- 고도
- 지리적 위치
- 알베도 변화

육지와 물의 차등가열

2장에서는 지표면의 가열이 공기의 가열을 제어한다는 것을 살펴보았다. 그러므로 온도의 변동을 이해하기 위해서는 서로 다른 표면(토양, 물, 나무, 빙하 등)이 가열되는 정도의 차이를 이해해야 한다. 서로 다른 육시의 표면들은 입사하는 태양에너지를 다양하게 흡수하고 반사하며, 이것은 대기의 온도변화에 영향을 준다. 그러나 가장 큰 차이는 서로 다른 육지의 표면에 의해 생기는 것이 아니라 육지와 물의 차이에 기인한다. **그림 3.4**는 이와 같은 사실을 잘 보여 준다. 이 위성사진은 봄철 열파가 있는 동안인 2004년 5월 2일 낮에 캘리포니아 주와 네바다 주 그리고 태평양에 인접한 지역의 표면 온도를 나타내고 있다. 지표면의 온도는 해수면의 온도보다 분명히 훨씬 높다. 남부 캘리포니아와 네바다 주의 높은 지표 온도는 진한 빨간색으로 나타났다. 태평양 연안의 해수면 온도는 매우 낮다. 시에라네바다 산맥의 꼭대기는 눈으로 덮여 있기 때문에 캘리포니아 주의 동쪽 면을 따라 아래로 차가운 파란색을 보이고 있다.

그림 3.4와 같이 육지와 물의 영역이 나란히 있는 곳에서 **육지는 물보다 더 빨리 가열되어 높은 온도를 나타내며, 또한 빠르게 식기 때문에 물보다 낮은 온도를 나타낸다.** 그러므로 온도의 변동은 육지로 덮여 있는 지역이 물로 덮여 있는 지역보다 훨씬 크다. 왜 육지와 물의 가열과 냉각이 다르게 일어나는가? 다음의 요인들로 설명할 수 있다.

1. 수면이 지표면보다 더 천천히 가열되고 냉각되는 가장 중요한 원인은 **물의 큰 유동성** 때문이다. 물이 가열되면, 대류에 의해 상당히 넓은 범위에 열을 분배한다. 물의 일온도 변화는 수면 아래 깊이 6m(20ft) 정도까지 일어난다. 그리고 연온도 변화의 경우, 해양이나 깊은 호수에서는 200~600m(650~2,000ft) 깊이까지 온도변화가 일어난다. 그에 비해 토양이나 암석에는 열이 깊게 침투

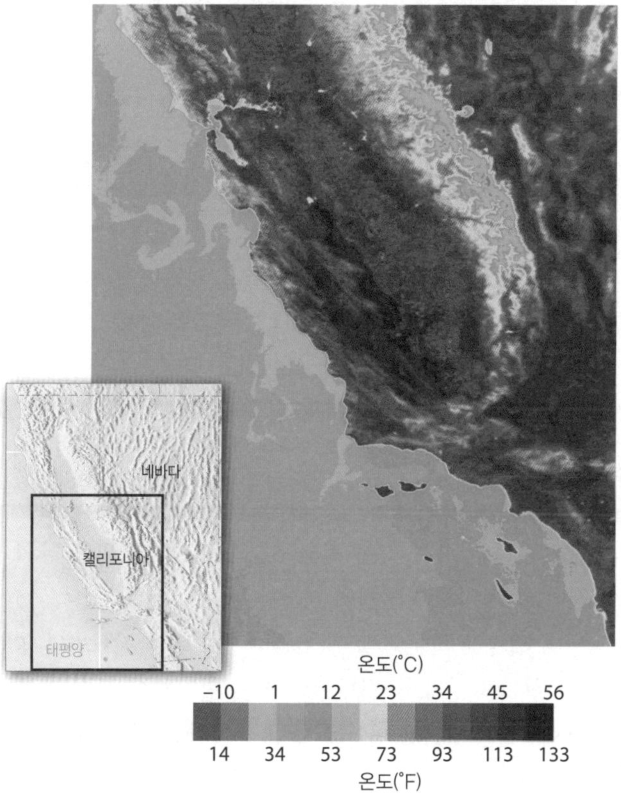

▲ **그림 3.4 육지와 물의 차등가열**
이 위성사진은 2004년 5월 2일 오후의 지표면과 해수면의 온도를 보여 준다. 태평양의 해수면 온도는 캘리포니아와 네바다에서의 지표면의 온도보다 매우 낮다. 사진의 상단에 있는 저온역의 좁은 띠는 눈으로 덮인 산 때문이다. 해안가 바로 앞의 더 차가운 수온은 캘리포니아 해류와 그와 관련된 깊은 수심의 차가운 물의 용승에 기인한 것이다(그림 3.8 참조).

하지 못한다. 땅은 유체가 아니기 때문에 혼합이 일어나지 않는다. 대신에 열은 땅속에서 상대적으로 느린 전도를 통하여 전달된다. 따라서 비록 1m 깊이까지는 약간의 변화가 일어날 수 있을지라도, 일온도 변화는 일반적으로 10cm보다 얕은 곳까지 일어난다. 연온도 변화는 대체로 15m 혹은 그 이하의 깊이까지 일어난다. 이와 같이 땅과 물의 유동성 차이 때문에 여름철 상대적으로 깊은 깊이의 물이 가열되고, 반면 육지에서는 얇은 층이 가열되어 더 높은 온도가 나타난다.

여름 동안 가열되었던 바위와 토양으로 이루어진 얇은 층은 겨울에 급속하게 식는다. 그에 비해 물은 저장된 열을 보존하면서 천천히 식게 된다. 수면이 차가워지면, 연직운동이 일어나게 된다. 밀도가 높아진 차가운 표면 근처의 물은 가라앉고 아래쪽의 상대적으로 밀도가 낮은 따뜻한 물이 올라와서 대체한다. 결론적으로 물 전체의 온도가 내려가야만 표면 근처의 온도도 비로소 떨어지게 된다.

2. 지표면은 불투명하기 때문에, 열은 오직 표면에서만 흡수된다. 이 사실은 무더운 여름철 오후 해변에서 모래의 표면 온도를 그 표면 아래쪽에 있는 모래의 온도와 비교하면 쉽게 증명할 수 있다. 반면 더 투과를 잘 시키는 물은 태양복사의 일부를 수 미터의 깊이까지 전달한다.
3. 물의 **비열**(specific heat) : 1g의 물을 1°C 올리는 데 필요한 열량)은 땅보다 3배 이상 크다. 이와 같이 물의 온도를 올리기 위해서는 같은 부피의 육지의 온도를 올리는 것보다 더 많은 열을 필요로 한다.
4. 수면에서의 증발(열을 식히는 과정)은 지표면에서의 증발보다 더 많은 에너지를 필요로 한다. 에너지는 물을 증발시키는 데 필요하다. 물에서 에너지가 증발에 사용되고 나면, 물을 가열시키는 데에는 쓰일 수 없다(증발에 대해서는 4장 "물의 상태 변화"에서 자세히 논의될 것이다).

앞의 요인들로 인하여 물이 천천히 가열되며, 더 많은 양의 열에너지를 저장하고, 지면보다 천천히 식는다는 것을 알 수 있다.

두 도시의 월평균 기온 자료를 이용하여 수면과 지표면의 영향을 파악할 수 있다(그림 3.5). 캐나다 브리티시 콜롬비아 주의 밴쿠버는 바람이 불어오는 쪽, 태평양 연안을 따라 위치한 해양 도시이고, 반면 매니토바 주의 위니펙은 바다의 영향에서 벗어난 내륙에 위치해 있다. 두 도시는 같은 위도에 위치하여 유사한 태양고도각과 낮의 길이를 갖고 있다. 그러나 위니펙의 1월 평균기온은 밴쿠버보다 20°C 더 낮다. 반대로 위니펙의 7월의 평균기온은 밴쿠버보다 2.6°C 더 높다. 비록 두 지역의 위도는 거의 같을지라도, 바다의 영향을 받지 않는 위니펙은 밴쿠버보다 더 큰 온도 차이를 보인다. 이러한 밴쿠버의 연중 계속되는 온화한 기후의 핵심은 태평양이다.

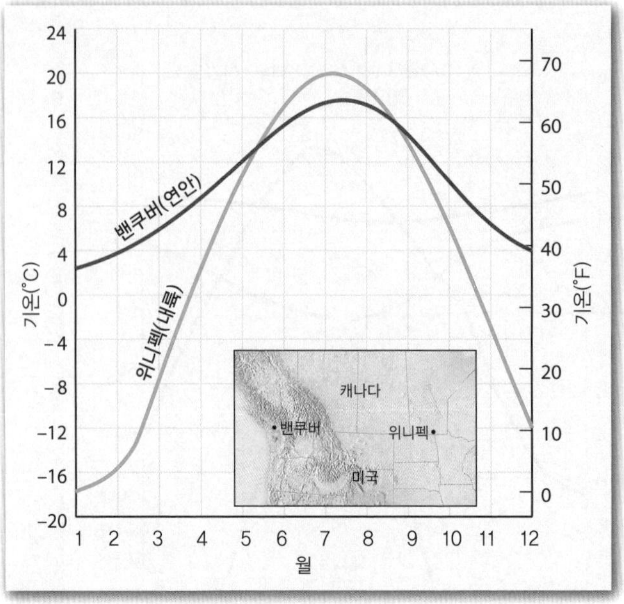

http://goo.gl/JHy33

▲ 스마트그림 3.5 브리티시 콜롬비아 주의 밴쿠버와 매니토바 주의 위니펙의 월별 평균기온
밴쿠버는 더 작은 기온 연교차를 가지는데, 이는 태평양의 강한 영향 때문이다. 위니펙은 내륙에 위치하여 더 극단적인 그래프를 보이고 있다.

다른 규모로, 북반구와 남반구의 온도변화를 비교해 볼 때, 해양의 영향을 또 다시 증명할 수 있다. 그림 3.6의 지구의 모습을 보면 지구상에 육지와 바다가 불균일하게 분포되어 있는 것을 볼 수 있다. 북반구에서는 바다가 61%를 차지하고 있고 육지가 나머지 39%를 차지한다. 그러나 남반구의 분포를 보면(81% 해양, 19% 육지), 왜 남반구를 물의 반구라고 불리는지를 말해 준다. 북위 45°와 79° 사이에는 바다보다 육지가 더 많은 반면 남위 40°와 65° 사이에는 해양과 대기의 순환을 방해할 육지가 거의 없다. 표 3.1은 북반구와 비교해서 해양이 지배적인 남반구에서 상당히 작은 기온 연교차가 나타남을 보여 준다.

표 3.1 위도에 따른 평균 기온 연교차의 변화

위도	북반구	남반구
0	0	0
15	3	4
30	13	7
45	23	6
60	30	11
75	32	26
90	40	31

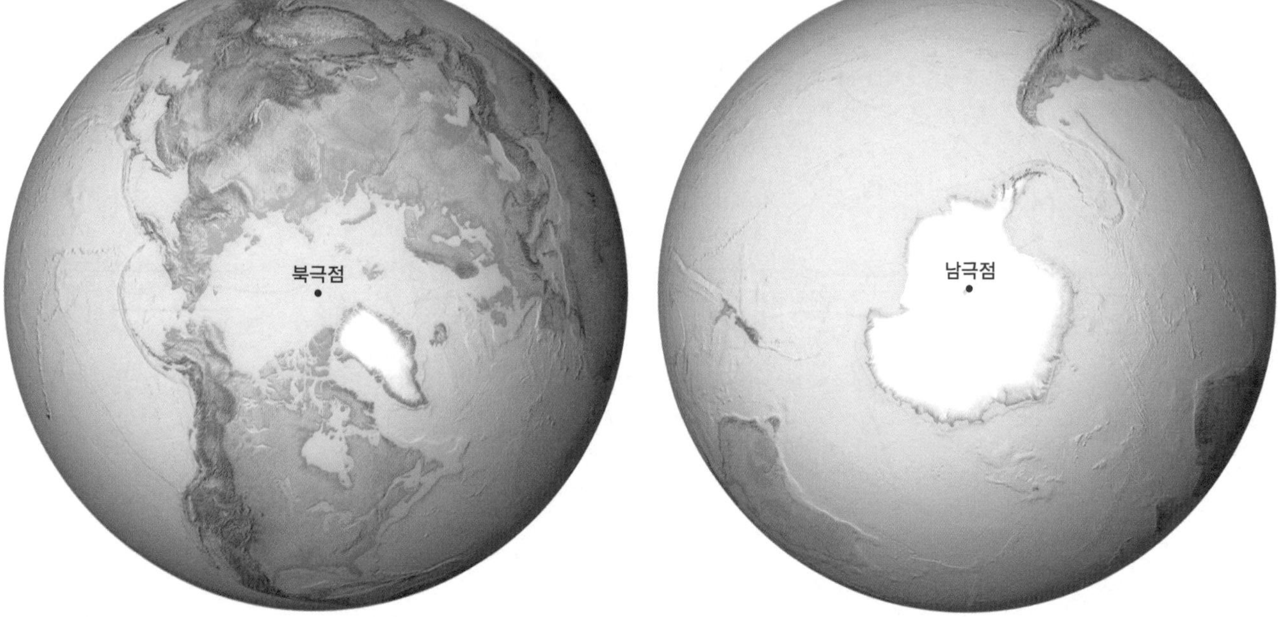

◀ 그림 3.6 북반구와 남반구
A. 북반구와 B. 남반구 간의 육지와 해양의 불균일한 분포를 나타낸다. 남반구는 북반구보다 20% 더 많은 81%가 해양으로 이루어져 있다.

해류

미국의 동쪽 연안을 따라 북쪽으로 흐르는 대서양의 중요한 표층 해류인 멕시코만류(Gulf Stream)에 대해서 들어보았을 것이다(그림 3.7). 이와 같은 표층 해류는 바람에 의해 움직인다. 대기와 해양이 만나는 해수면에서 마찰을 통해 에너지가 공기에서 물로 전해진다. 따라서 대양을 가로질러 꾸준히 부는 바람은 물의 표층을 움직인다. 따라서 해수면의 주된 수평 움직임은 대기의 순환과 밀접한 관련이 있으며, 대기의 순환은 태양에 의한 지구의 차등가열에 의해 일어난다(그림 3.8). 전 세계의 바람과 표층 해류 간의 관계는 7장에서 논의될 것이다.

표층 해류는 기후에 중요한 영향을 미친다. 전 지구에 대해서 태양 에너지의 입사량은 표면으로부터 복사된 열이 우주 공간으로 빠져 나가는 양과 같다. 그러나 대부분의 위도를 독립적으로 고려하면 이것은 2장에서 배웠듯이 적합하지 않다. 저위도에서는 에너지가 남고 고위도에서는 에너지가 부족하다. 그러나 실제로는 적도지방이 점점 따뜻해지지 않고 극지방도 계속 추워지지 않기 때문에, 열이 남는 지역에서 부족한 지역으로의 큰 규모의 수송이 있어야 한다. 바람과 해양에 의한 열의 이동은 이러한 에너지의 불균형을 해소시킨다. 해수의 이동이 열 수송의 4분의 1을 차지하고, 바람이 나머지 4분의 3을 차지한다.

극으로 향하는 난류의 난방 효과는 잘 알려져 있다. 북대서양해류, 온난한 멕시코만류의 확장은 영국과 많은 서유럽의 겨울 온도를 같은 위도의 다른 도시보다 더 따뜻하게 한다. 우세한 서풍으로 인해 난방 효과는 내륙 멀리까지 영향을 미친다. 예를 들어, 베를린(북위 52°)은 위도가 남쪽으로 12° 떨어진 곳에 있는 뉴욕의 1월 평균온도와 비슷하다. 런던(북위 51°)의 1월 평균온도는 뉴욕보다 4.5°C(8.1°F) 높다.

멕시코만류와 같은 온난한 해류의 효과는 대부분 겨울에 느낄 수 있으며, 반대로 한류는 열대지방이나 중위도지방의 여름에 가장 큰 영향을 미친다. 예를 들어 남아프리카의 서쪽 해안에서 분리된 차가운 벵겔라해류는 이 해안을 따라 열대지방의 열을 완화한다. 벵겔라해류와 접

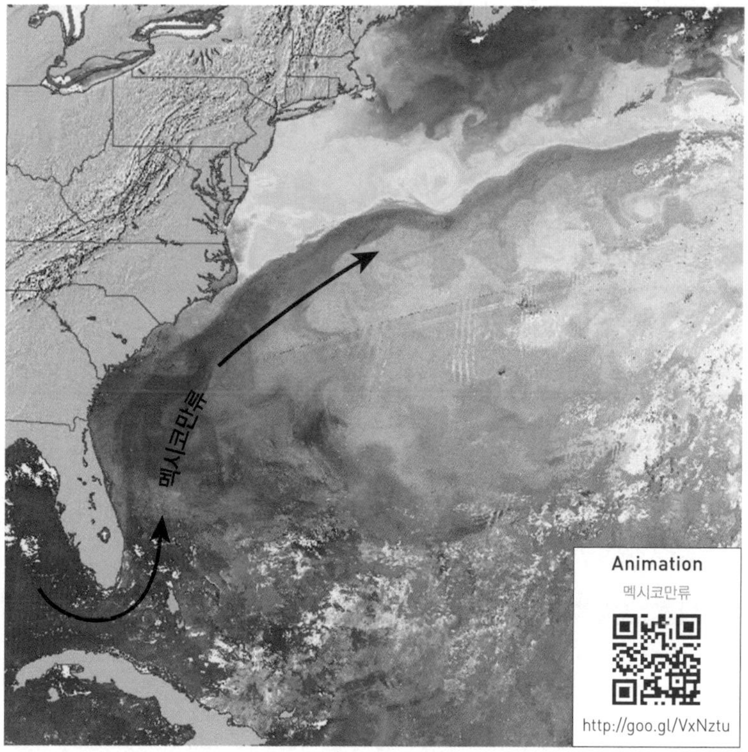

▲ 그림 3.7 멕시코만류
미국의 동쪽 연안의 위성사진에서, 빨간색은 높은 수온을 나타내고 파란색은 낮은 수온을 나타낸다. 이 해류는 적도에서 북대서양으로 열을 수송한다.

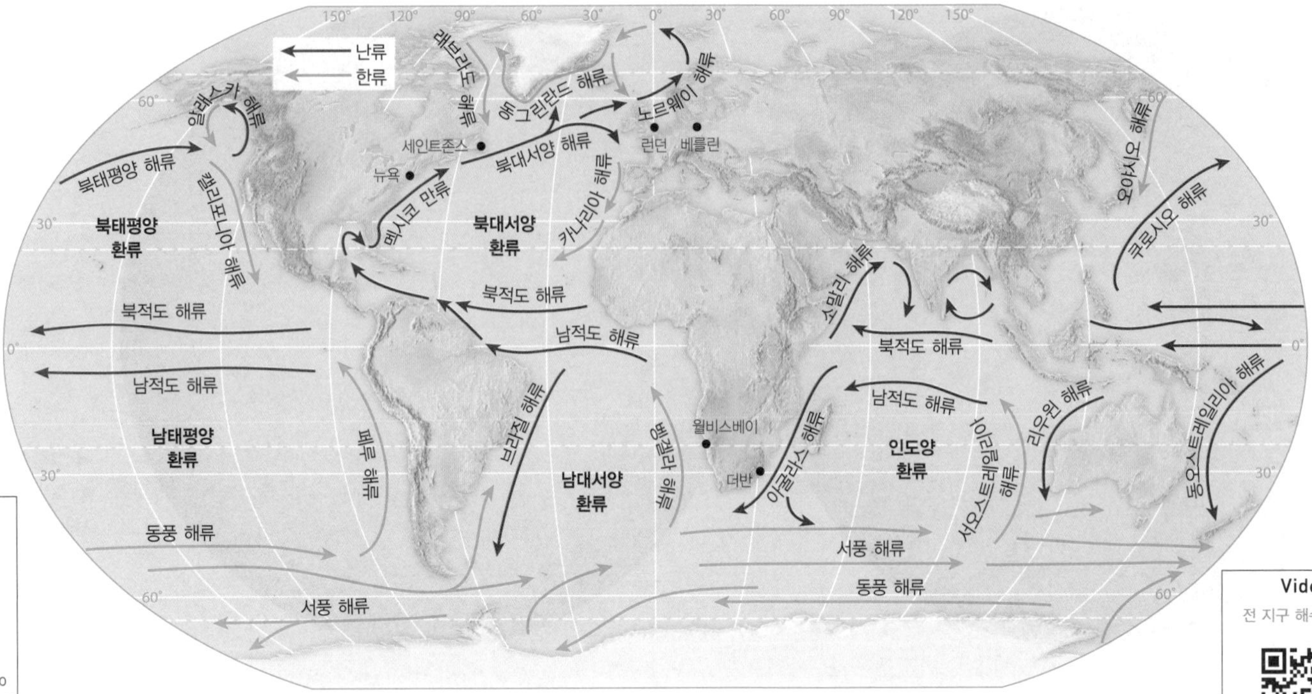

Animation
해류 순환 패턴
http://goo.gl/QIYk8o

Video
전 지구 해수면 온도
http://goo.gl/VF3k7T

▲ **그림 3.8 주요 표층 해류** 극으로 향하는 해류는 따뜻하고 적도로 향하는 해류는 차갑다. 표층 해류는 전 지구적인 바람에 의해 일어나며 열을 전 지구로 재분배하는 중요한 역할을 한다. 본문에서 언급되었던 도시들이 이 지도에 나타나 있다.

해 있는 월비스베이라는 마을은(남위 23°) 극 방향으로 6° 더 떨어져 있으며 남아프리카의 동쪽면에 있어 벵겔라해류의 영향을 받지 않는 더반보다 여름철에 5°C(9°F) 정도 더 서늘하다. 남아메리카의 동쪽과 서쪽 해안은 또 다른 예를 제공한다. **그림 3.9**는 온난한 브라질해류의 영향을 받는 브라질 리우데자네이루와 한랭한 페루 해류와 접해 있는 칠레 아리카의 월평균 온도를 나타내고 있다. 아열대 지역인 캘리포니아 남쪽 해안의 여름철 온도는 한랭한 캘리포니아해류 때문에 동쪽 해안의 지점과 비교했을 때 6°C(10.8°F) 혹은 그 이상 낮다.

고도

1장에서 대류권에서는 고도가 증가할수록 온도가 감소한다는 것을 확인했다. 따라서 몇몇 산은 만년설로 덮여 있다. 이는 산이 충분히 높을 때, 심지어 적도 지역에서도 발생할 수 있다(**그림 3.10**).

앞서 언급된 에콰도르의 두 도시인 키토와 과야킬의 평균기온을 고도의 영향으로 설명할 수 있다. 두 도시는 적도 부근에 위치하고 있으며, 서로 상대적으로 가까운 곳에 위치하고 있으나, 13.3°C인 키토 지역의 연평균 기온에 반해서 과야킬의 연평균 기온은 25.5°C(77.9°F)이다. 두 도시의 고도를 보면 이런 차이를 이해할 수 있다. 과야킬은 해발고도 12m(39ft)에 위치하고 있는 반면, 키토는 2800m(9200ft)의 안데스산맥 위에 위치하고 있다. **그림 3.11**은 다른 예시를 보여 준다.

1장에서 대류권 내에서는 고도가 1km 올라갈수록 온도가 평균 6.5°C씩 하강하는 것을 설명했다. 이러한 계산을 사용하면 키토는 과야킬보다 18.2°C(32.7°F) 정도 추울 것으로 기대되지만 실제 차이는 오직 12.2°C(22°F)이다. 키토와 같이 높은 고도의 장소는 지면에 의한 태양

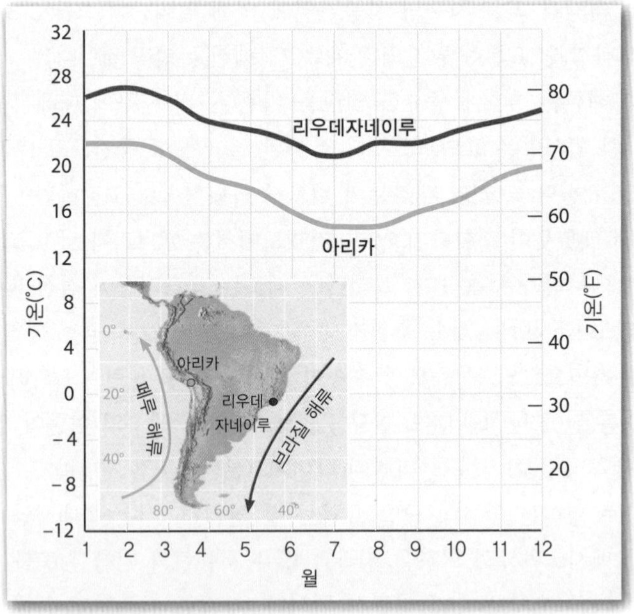

▲ **그림 3.9 한류의 냉각 효과**
브라질 리우데자네이루와 칠레 아리카의 월평균 온도. 두 도시는 해수면 정도 고도의 연안 도시이다. 아리카가 리우데자네이루보다 적도에 더 가깝지만 온도는 더 낮다. 아리카는 한랭한 페루 해류의 영향을 받는 한편, 리우데자네이루는 온난한 브라질해류에 인접해 있다.

▲ **그림 3.10 차가운 산 정상**
대류권에서 고도가 증가할수록 온도는 감소한다. 그래서 몇몇 산들은 만년설로 덮여 있다. 이는 심지어 적도 지역에서도 발생할 수 있다. 탄자니아의 킬리만자로 산(남위 약 3°)은 실제로 정상에 작은 빙하가 존재한다.

복사의 재복사와 흡수 때문에 보통 기온감률을 사용하여 계산한 값보다 더 따뜻하다.

평균기온에 대한 고도의 효과와 더불어 고도에 따라 기온 일교차 또한 변한다. 고도가 증가함에 따라 기온이 감소할 뿐만 아니라 대기의 압력과 밀도 또한 감소한다. 높은 고도에서는 밀도가 감소하기 때문에 그 위에 있는 대기는 들어오는 태양복사 중 적은 양만을 흡수하고, 반사하고, 산란시킨다. 즉, 고도가 증가하면 주간에 태양복사의 강도가 증가하여 상대적으로 빠르고 강한 가열이 이루어진다. 반대로 높은 산 위에서는 야간에 급속하게 냉각이 이루어진다. 따라서 보통 높은 산에 위치한 지점들은 고도가 낮은 지점보다 더 큰 기온 일교차를 가진다.

지리적 위치

특정 장소에서 겪는 기온은 지리적인 위치에 큰 영향을 받는다. 바다에서 육지로 부는 바람이 우세한 연안 지점(a windward

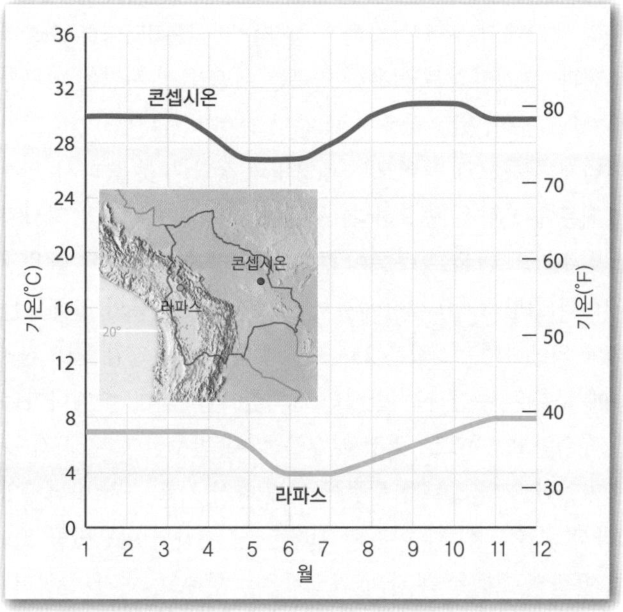

▲ **그림 3.11 볼리비아의 콘셉시온과 라파스의 월평균 온도**
두 도시는 거의 같은 위도상에 있다(남위 약 16°). 하지만 라파스는 안데스 산맥의 4,103m(13,461ft)에 높이 위치하기 때문에, 고도가 490m(1,608ft)인 콘셉시온보다 훨씬 더 온도가 낮다.

대기를 바라보는 눈 3.1

따뜻하고 화창한 여름날의 오후에 이 해변에 있다고 상상해 보자.

질문

1. 당신이 해변의 지표면과 12in 깊이에서 온도를 관측한다고 할 때 예상하는 바를 설명하시오.
2. 당신이 물속에 들어가서 수면과 12in 깊이에서 온도를 관측한다고 할 때, 해변에서 관측한 것들과 어떻게 다를 것인가?

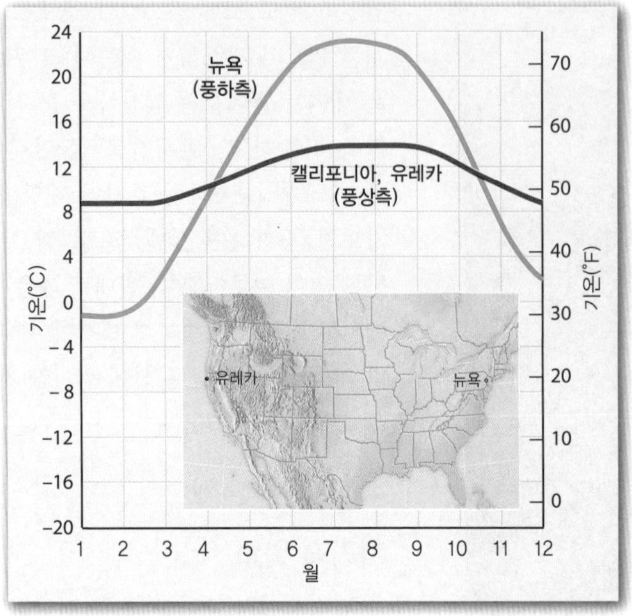

▲ **그림 3.12 캘리포니아 주의 유레카와 뉴욕의 월평균 기온**
두 도시는 거의 같은 위도의 연안에 위치하고 있다. 편서풍에 대해서 유레카는 해양으로부터 불어오는 영향을 크게 받지만 뉴욕은 그렇지 않기 때문에 유레카에서의 기온 연교차는 훨씬 작다.

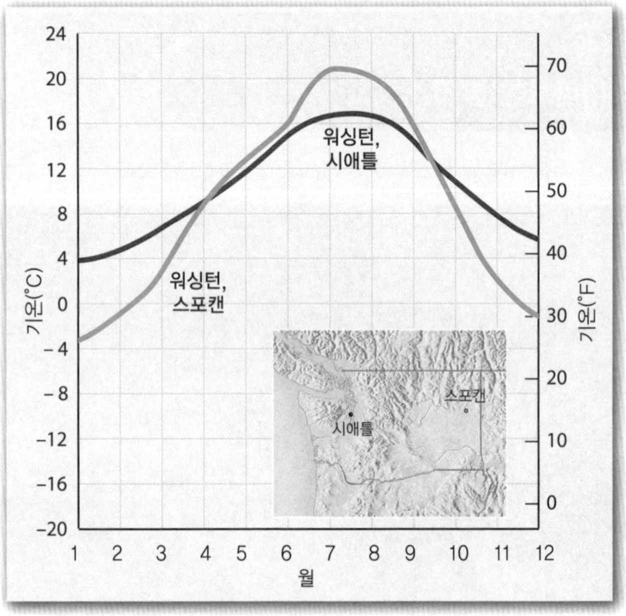

▲ **그림 3.13 워싱턴 주의 시애틀과 스포캔의 월평균 기온**
캐스케이드 산맥이 태평양의 온화한 영향으로부터 스포캔을 차단시키기 때문에, 스포캔의 기온 연교차는 시애틀보다 더 크다.

coast : 풍상측)은 육지에서 바다로 불어나가는 바람이 우세한 연안 지점(a leeward coast : 풍하측)과 상당히 다른 기온이 나타난다. 바다로부터 바람이 불어오는 연안의 경우, 같은 위도에 위치한 내륙의 지점과는 달리, 해양의 영향을 많이 받아, 시원한 여름과 따뜻한 겨울을 겪을 것이다.

그러나 육지로부터 바람이 불어나가는 연안의 경우는 바람이 해양의 영향을 받지 않기 때문에 보다 대륙적인 온도를 갖는 지역이다. 앞서 언급된 두 도시인 캘리포니아 주의 유레카와 뉴욕은 이러한 지리적 위치의 영향을 설명한다(그림 3.12). 뉴욕에서의 기온 연교차는 19°C(34°F)로 유레카보다 크다.

워싱턴 주의 시애틀과 스포캔은 지리적 위치의 장애물로서 산의 역할을 설명한다. 스포캔은 시애틀의 동쪽으로 불과 360km 정도 떨어져 있지만 매우 높은 캐스케이드 산맥이 두 도시를 분리한다. 결론적으로 시애틀의 온도는 바다의 영향을 나타내지만 스포캔은 전형적으로 대륙의 영향이다(그림 3.13). 1월에 스포캔은 시애틀보다 7°C(12.6°F) 정도 춥고, 7월에는 4°C(7.2°F) 정도 따뜻하다. 스포캔의 기온 연교차는 시애틀보다 11°C(약 20°F) 정도 크다. 캐스케이드 산맥은 태평양의 온화 영향으로부터 스포캔을 효과적으로 차단한다.

알베도 변화

알베도가 물체에 의해 복사가 반사되는 비율이라고 2장에서 배웠다. 우주로 반사되어 되돌아가는 태양복사는 지구에서 손실되고 지구의 표면과 대기를 가열하는 역할을 하지 못한다. 알베도의 어떠한 증가라도 대기를 가열할 수 있는 에너지량을 감소시킨다. 반대로, 알베도의 감소는 지구의 표면에 흡수되고 대기를 가열할 수 있는 에너지량을 증가시킨다.

운량은 기온의 일교차 영향을 미친다 종종 맑은 날의 낮이 구름이 낀 날의 낮보다 따뜻하고, 맑은 날의 밤은 구름이 낀 날의 밤보다 춥다. 이는 하층의 대기에서 운량이 기온에 영향을 미치는 또 다른 요소라는 것을 나타낸다. 위성사진을 이용한 연구는 어떤 특정 시간에 지구가 구름으로 반 정도 덮여 있는 것을 보여 준다. 운량이 많으면 알베도가 높아지며 따라서 구름으로 들어오는 태양빛의 상당 부분을 다시 우주로 반사하기 때문에 운량은 중요하다. 구름에 의해 태양복사의 입사량을 줄임으로써 주간의 기온은 구름이 존재하지 않거나 하늘이 맑을 때보다 낮을 것이다(그림 3.14). 2장에서 살펴보았듯이 구름의 알베도는 구름의 두께에 의존하며, 그 값은 25~90%로 다양하다(그림 2.17 참조).

야간에 구름은 주간과는 반대의 효과를 나타낸다. 빠져나가는 지구복사를 흡수하고, 지표로 일정 부분을 다시 방출한다. 결과적으로, 지표면이 잃었던 열의 일부가 구름에 의해 다시 지표 근처에 남아있게 된다. 따라서 구름이 낀 날 야간의 기온은 맑은 날의 야간만큼 떨어지지 않는다. 운량의 효과는 주간의 최고기온을 낮추고, 야간의 최저기온을 높임으로써 기온의 일교차를 줄이는 것이다. 이는 그림 3.14의 그래프에 잘 나타나 있다.

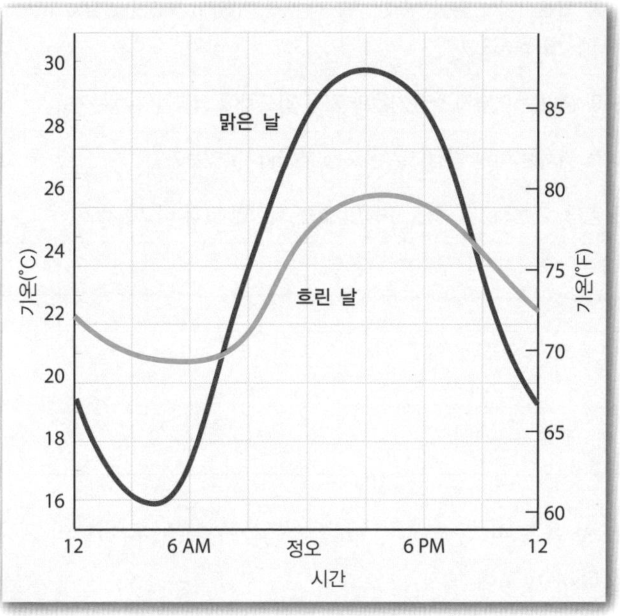

http://goo.gl/6CQrL

▲ 스마트그림 3.14 일리노이 주 피오리아의 7월 중 맑은 날과 흐린 날의 온도 일주기

구름은 일교차를 감소시킨다. 주간에 구름은 태양복사를 우주로 다시 반사시킨다. 따라서 최고기온은 하늘이 맑을 때보다 구름이 끼었을 때 더 낮다. 야간에 최저기온은 열의 손실을 막는 구름 때문에 덜 낮아진다.

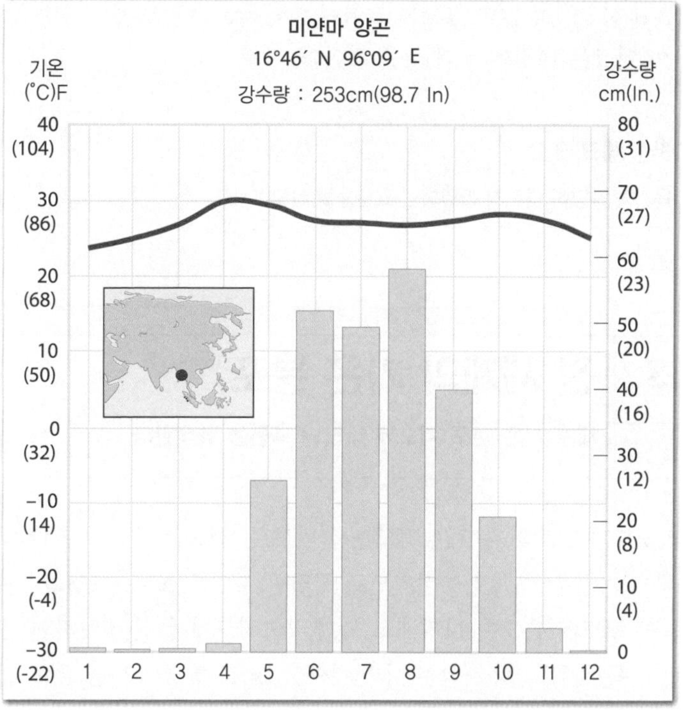

▲ 그림 3.15 몬순형 구름의 영향

미얀마 양곤의 월평균 기온(선그래프)과 월평균 강수량(막대그래프). 가장 높은 월평균 기온은 여름철의 강한 강수가 시작되기 바로 전인 4월에 발생한다. 우기의 아주 많은 운량은 태양복사를 우주로 다시 반사시킨다. 그렇지 않으면 태양복사는 지면에 도달해서 여름철 기온을 높이게 된다.

운량은 월평균 기온에 영향을 미친다 운량이 최고기온을 감소시키는 효과는 어떤 지점에서 수행된 월평균 기온의 측정에서도 잘 나타난다. 예를 들어 매년 많은 남아시아 지역에서는 태양 고도가 낮은 기간 동안 길어진 건기를 경험한다. 그것은 이후에 강한 몬순형 호우를 동반한다. 이런 패턴은 몬순 순환과 관련되어 있고, 7장에서 논의된다. 미얀마 양곤의 그래프는 이러한 패턴을 잘 나타내고 있다(**그림 3.15**). 일반적으로 북반구 대부분의 지점에서 가장 높은 월평균 기온은 7월에서 8월보다 하지가 되기 전인 4월과 5월에 발생한다. 왜일까? 보통 여름 동안 기온이 상승할 것으로 생각하지만, 넓게 퍼져 있는 구름은 그 지역의 알베도를 증가시켜 지표면에 입사하는 태양복사를 감소시킨다. 그 결과, 가장 높은 월평균 기온은 하늘이 상대적으로 맑은 늦은 봄에 발생한다.

눈과 얼음의 영향 구름은 알베도를 증가시키지만 이것이 온도를 낮추는 유일한 현상은 아니다. 눈과 얼음으로 덮여 있는 지표도 또한 높은 알베도를 가진다. 산의 빙하가 여름에 녹지 않는 것과 따뜻한 봄날에도 눈이 존재하는 이유이다. 게다가 겨울철 화창한 날에 지표면이 눈으로 덮여 있을 때, 일 최고기온이 다른 날의 최고기온보다 낮게 나타난다. 이것은 땅이 공기를 가열하기 위해 흡수하고 사용하는 에너지가 반사되거나 손실되기 때문이다.

줄어드는 해빙 북극해의 많은 부분은 해빙(액체인 물보다 밀도가 낮기 때문에 물에 떠 있는 얼어붙은 해수)으로 덮여 있다. 예상하듯이 해빙으로 덮인 면적은 계절마다 바뀌며 겨울에는 확장하고 여름에는 줄어든다. 1970년대 후반부터 이루어진 감시는 해가 갈수록 해빙으로 덮인 면적이 줄어들고 있다는 것을 보여 준다. 높은 반사율을 가지는 얼음으로 덮힌 넓은 구역들이 반사율이 더 작아서 흡수를 많이 하는 어두운 해수면으로 대체되고 있다. 이것은 **그림 3.16**에 나타나 있다. 이렇

▼ 그림 3.16 대조되는 알베도

눈과 얼음으로 덮인 표면은 높은 알베도를 가지고 따라서 그렇지 않은 표면보다 기온을 낮게 유지시킨다. 이 사진은 알래스카 주의 배로 근처 해빙(얼어붙은 해수)을 보여 주고 있다. 사진의 왼쪽에 발생한 것처럼 해빙이 녹게 되면 밝고 반사율이 높았던 표면이 입사하는 태양복사의 더 많은 비율을 흡수하는 어두운 표면으로 바뀐다.

게 점점 낮아지고 있는 알베도는 북극의 온도를 높이는 데 기여하고 있다. 이 현상은 14장에서 더 나올 것이다.

✓ 개념 체크 3.2

❶ 육지와 해양이 다르게 가열되는 요인들을 나열하시오.

❷ 해류를 발생시키는 힘은 무엇인가? 해류가 어떻게 기온에 영향을 미치는가? 세 가지 예시를 쓰시오.

❸ 고도의 증가는 어떻게 평균기온과 기온 일교차에 영향을 미치는가?

❹ 지리적 위치는 어떤 방식으로 온도를 제어할 수 있는가?

❺ 흐린 날의 기온의 일교차를 구름이 없는 화창한 날과 비교하시오.

3.3 전 세계의 기온 분포

세계 기온 분포 지도에 나타난 패턴을 해석한다.

그림 3.17과 3.18의 두 세계지도를 살펴보자. 적도 부근의 뜨거운 색부터 극의 차가운 색까지 계절적으로 극명한 차이를 보이는 1월과 7월에 해수면 고도의 온도를 나타내고 있다. 이 지도에서 전 지구적인 온도 패턴과 특히 위도, 육지와 바다의 분포, 그리고 해류에 따른 온도 제어 효과를 배울 수 있다. 대부분의 광범위한 등온 지도처럼 이 지도 위의 전 세계 모든 온도 값들이 서로 다른 고도로 인해 생기는 복잡성을 제거하기 위해 해수면 온도로 재생산되었다.

두 지도 모두 등온선 분포는 일반적으로 동서 방향으로 평행한 패턴을 보이고 적도에서 극으로 향할수록 온도는 감소한다. 이러한 특징은 전 세계 온도 분포의 가장 중요한 기본 요소를 잘 설명하고 있다. 즉, 지표와 그 위의 대기를 가열시키는 태양복사의 효과는 전적으로 위도의 함수라는 사실이다. 태양 연직광선의 계절적 위치 변화에 따른 온도의 위도 변화 또한 나타난다. 이를 확인하기 위해 두 지도의 색 분포를 위도에 따라 비교해 보자.

만약 온도 분포가 위도에 의해서만 결정된다면 분석은 여기서 끝나겠지만 그렇지 않다. 1월과 7월의 온도 분포도에는 육지와 해양의 차등 가열에 따른 효과가 잘 반영되어 있다. 가장 온도가 높은 곳과 낮은 곳은 육지에서 찾을 수 있다—가장 추운 지역은 보라색으로 칠해진 시베리아이며 가장 더운 지역은 타원 모양의 진한 주황색으로 칠해진 부분임을 주목해라. 결론적으로 해양의 기온은 육지에서의 기온 변화만큼 크지 않기 때문에 등온선의 남북으로의 이동은 해양에서보다 대륙에서 더 크게 나타난다. 또한 육지가 작고 해양이 대부분인 남반구의 등온선은 북반구에 비해 7월에 더 북쪽으로, 1월에는 더 남쪽으로 향하는 것을 확인할 수 있다.

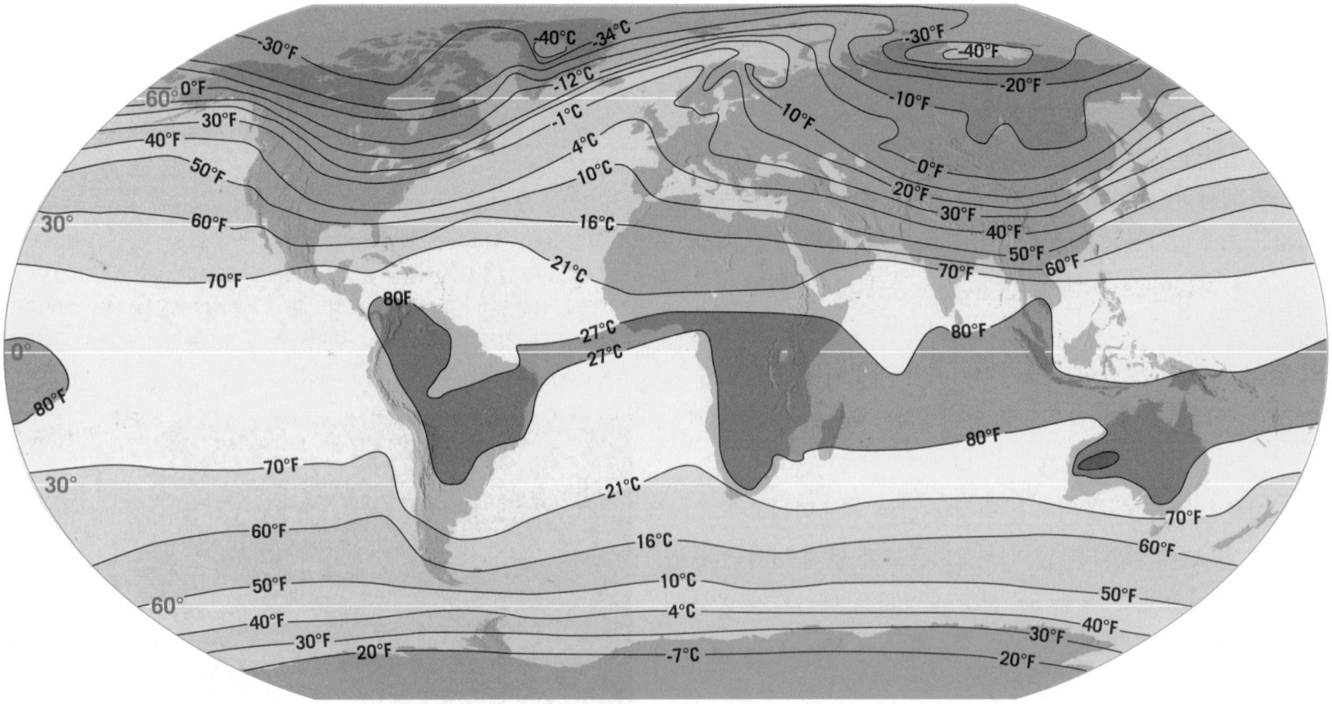

▲ 그림 3.17 섭씨온도(°C)와 화씨온도(°F)로 나타낸 1월의 전 세계 평균 해수면 온도

등온선은 또한 해류의 존재를 나타낸다. 난류는 등온선이 극 쪽으로 굽어지게 하며 반면에 한류는 적도 쪽으로 굽어지게 한다. 극으로 향하는 해수의 수송은 주변의 공기를 가열시키고 그 결과 그 위도에서 예상되는 것보다 더 높은 기온이 나타날 수 있다. 반대로 적도로 향하는 해류는 주변 기온을 더 낮게 만든다.

그림 3.17과 3.18은 계절에 따른 극한의 온도를 나타내고 있어서 이를 비교함으로써 지역에 따른 온도의 연교차를 확인할 수 있다. 두 분포도를 비교해 보면 적도와 가까운 지역은 낮의 길이가 거의 일정하고 상대적으로 높은 태양각을 가지므로 연교차가 아주 작다. 그러나 태양각과 낮의 길이가 크게 변하는 중위도에서는 온도의 변화도 크다. 그러므로 우리는 위도가 증가하면 기온 연교차가 증가한다고 말할 수 있다(글상자 3.2 참조).

더욱이 육지와 해양은 특히 열대지방 이외의 지역에서 계절에 따른 온도변화에도 영향을 준다. 육지는 연안 지역에 비해 더운 여름과 추운 겨울이 더 오래 지속된다. 결과적으로 열대지방 이외의 지역에서는 대륙도가 증가할수록 연교차도 증가할 것이다.

앞의 두 그림을 요약하기 위해 그림 3.19에 기온 연교차의 전 지구적 분포를 나타내었다. 이 분포도를 살펴봄으로써 온도 통계자료에서 위도와 대륙도의 영향을 보다 쉽게 알 수 있다. 적도는 명백하게 작은 연교차를 보인다. 예상했듯이, 가장 차이가 큰 곳은 아한대 지방의 대륙이다. 또한 해양이 더 넓은 남반구에서는 대륙이 많은 북반구에 비해 기온 연교차가 훨씬 작게 나타난다.

대기를 바라보는 눈 3.2

이 사진은 늦겨울 맑은 날 어느 중위도의 눈 덮인 지역을 나타낸다. 1주일 후의 사진을 찍는다고 가정하면 눈이 사라진 것을 제외하고는 모든 조건이 동일하다.

질문

1. 두 날의 기온이 서로 다르다고 예상할 수 있는가? 만약 그렇다면 언제가 더 따뜻한가?
2. 다른 온도가 나타나는 이유를 설명하시오.

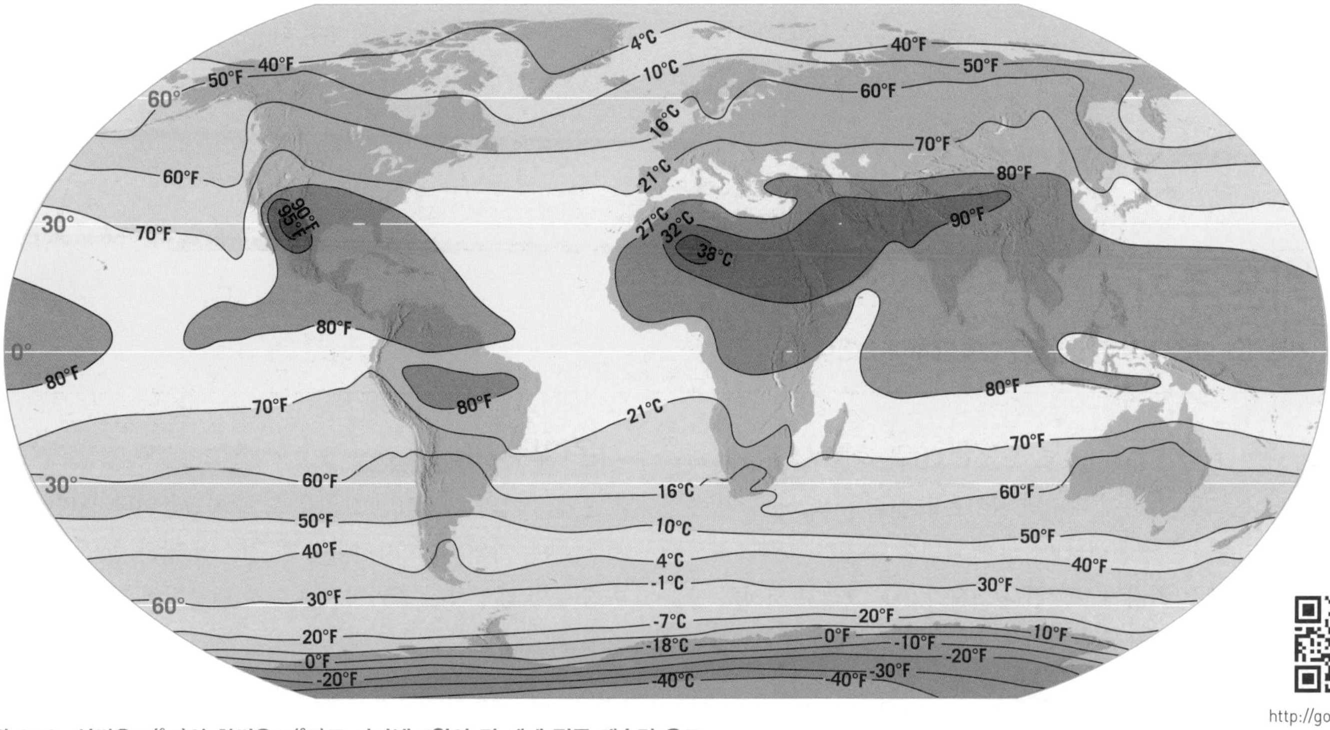

http://goo.gl/cRM01

▲ **스마트그림 3.18 섭씨온도(°C)와 화씨온도(°F)로 나타낸 7월의 전 세계 평균 해수면 온도**

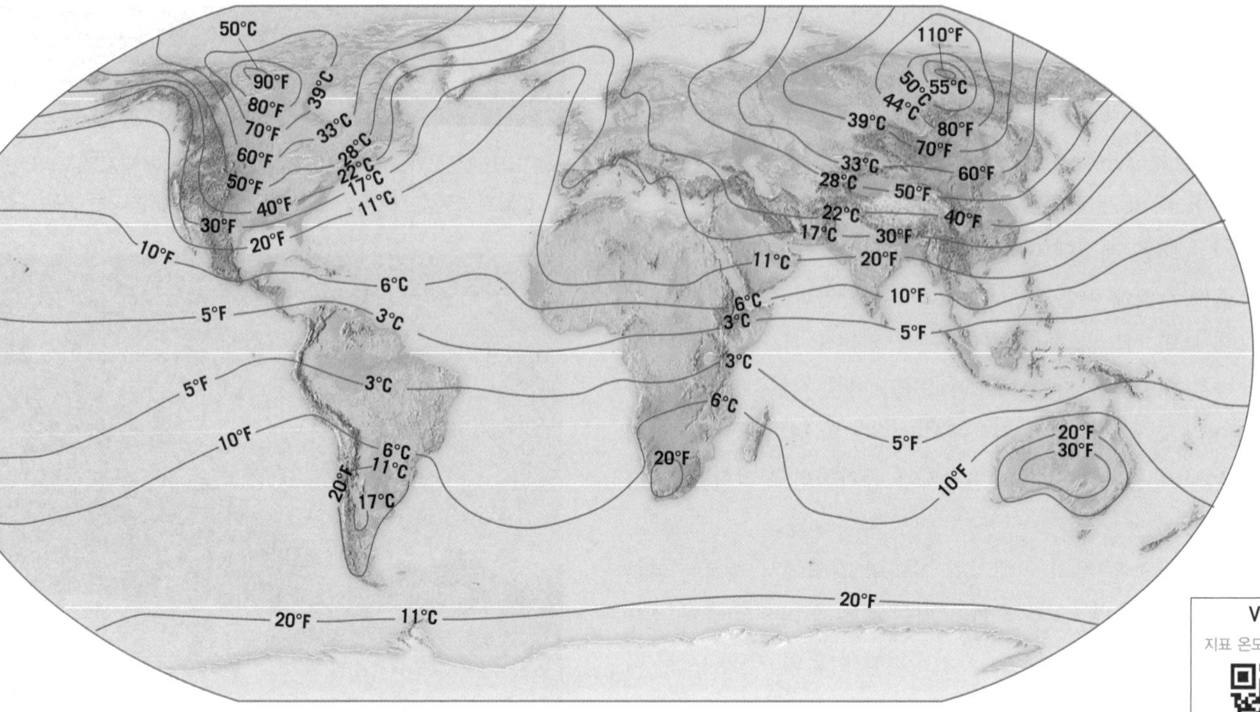

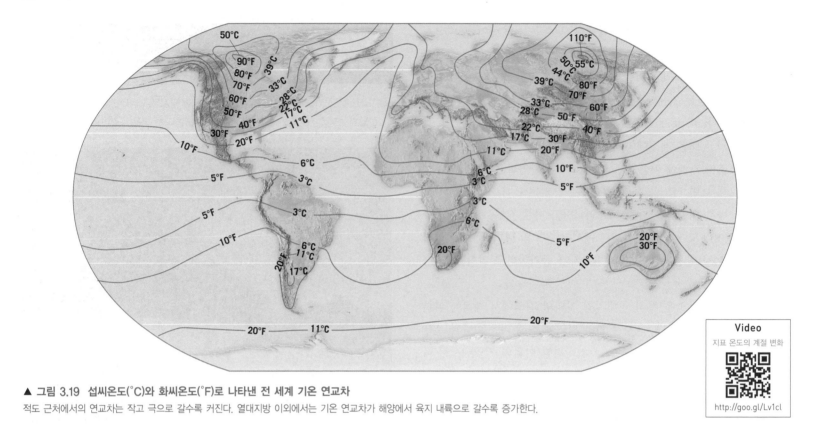

▲ **그림 3.19 섭씨온도(°C)와 화씨온도(°F)로 나타낸 전 세계 기온 연교차**

적도 근처에서의 연교차는 작고 극으로 갈수록 커진다. 열대지방 이외에서는 기온 연교차가 해양에서 육지 내륙으로 갈수록 증가한다.

Video
지표 온도의 계절 변화
http://goo.gl/Lv1cl

✓ 개념 체크 3.3

❶ 1월과 7월의 온도분포도에서 왜 등온선은 일반적으로 동-서 경향을 보이는가?

❷ 7월 분포도의 북미에서 등온선이 북쪽으로 굽어지는 이유를 설명하시오(그림 3.18).

❸ 그림 3.19를 이용해서 전 지구적으로 기온 연교차가 가장 큰 지역을 찾으시오. 그 지역의 연교차는 왜 그렇게 높은가?

자주 나오는 질문…

전 세계 어느 곳에서 여름과 겨울의 가장 큰 온도 차를 경험할 수 있나요?

관측값이 있는 곳 중에서는 시베리아의 중심부인 야쿠츠크가 최고의 후보지이다. 야쿠츠크는 북위 62°에 위치하고 있으며, 북극권의 남쪽으로 불과 몇 도 정도의 거리이고 또한 해양의 영향으로부터 멀다. 1월의 평균기온은 −43°C(−45°F)로 매우 추운 반면 7월의 평균기온은 쾌적한 20°C(68°F)이다. 지구에서 기온의 연교차가 가장 높은 곳들의 평균기온 연교차는 63°C(113°F)이다.

3.4 기온 주기

기본적인 기온의 일주기와 연주기에 대하여 논한다.

우리는 거의 매일 기온이 규칙적으로 오르고 내리는 것을 경험을 통해 알고 있다. 그것은 그림 3.20에 나타낸 자기온도계(thermograph : 연속적으로 온도를 기록하는 장치이다)에 의해 확인할 수 있다. 온도 곡선은 일출 시간 부근에서 최저에 도달한다(그림 3.21). 그리고 서서히 상승하면서 오후 2시와 5시 사이에 최고에 도달한다. 그 후 다음 날 일출 시간까지 감소한다.

기온 일주기

기온 일주기의 근본적인 요인은 그 주기만큼이나 분명하다. 그것은 바로 하루 주기의 지구 자전이며 한 장소의 낮과 밤의 변화를 야기한다. 아침 동안 태양각이 증가함으로 인해 태양빛의 강도 또한 증가하며, 정오에 최고점에 도달하고 오후에 점차 줄어든다.

그림 3.22는 입사되는 태양에너지와 방출되는 지구복사의 일 변화와

글상자 3.2 위도와 온도 교차

그레고리 J. 카본(Gregory J. Carbone)

카본 교수는 사우스캐롤라이나대학의 지리학부 소속이다.

태양각의 영향 때문에 위도는 온도 제어에 가장 중요한 요소이다. 그림 3.17과 3.18은 명백하게 열대지방에서 높은 온도를 나타내며, 극지방에서 낮은 온도를 보인다. 저위도보다 고위도 지역에서 기온의 연교차가 크며, 아열대와 극 사이의 온도경도는 겨울에 가장 크다. 아열대와 극 사이의 온도경도가 겨울에 가장 크다는 것에 주목하라. 텍사스 주 샌안토니오와 매니토바 주 위니펙의 두 도시를 대상으로 태양각과 낮의 길이에 따라 온도 패턴이 어떻게 계산되는지를 나타내었다. **그림 3.B**는 두 도시의 한 해 기온 변화를 보여 주고 **그림 3.C**는 하지와 동지 때 정오의 태양각을 나타낸다. 샌안토니오와 위니펙은 대략 20.5°의 위도 차를 가지고 있으며, 두 도시에서의 태양각의 차이는 연중 비슷하다. 그러나 12월에 직접 닿는 태양 광선이 가장 적을 때 이러한 위도 차이는 지표면이 받는 태양복사량에 크게 영향을 준다. 그러므로 두 지역의 온도 차이는 여름보다 겨울이 클 것으로 기대할 수 있다. 게다가 위니펙에서 입사 에너지 강도의 계절적 차이는 샌안토니오보다 상당히 크다. 이는 보다 북쪽에 위치한 지역은 온도의 연교차가 더 크다는 것을 설명하는 데 도움을 줄 수 있다. 표 2.1은 낮 길이의 계절적 차이 또한 두 지역의 다른 온도 패턴에 기여함을 보여 준다.

질문

1. 그림 3.C를 사용해서 샌안토니오와 위니펙에서의 온도 차이가 여름보다 겨울에 더 큰 이유를 설명하시오.

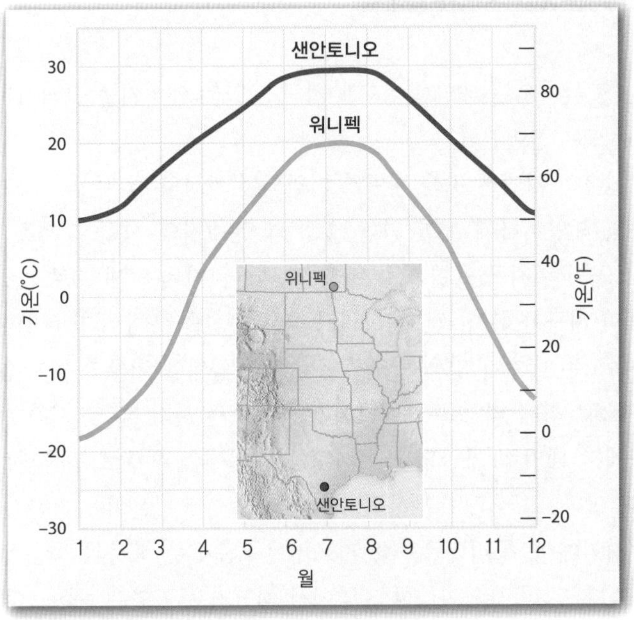

▲ **그림 3.B 기온 비교**

위니펙의 기온 연교차는 샌안토니오보다 훨씬 크다.

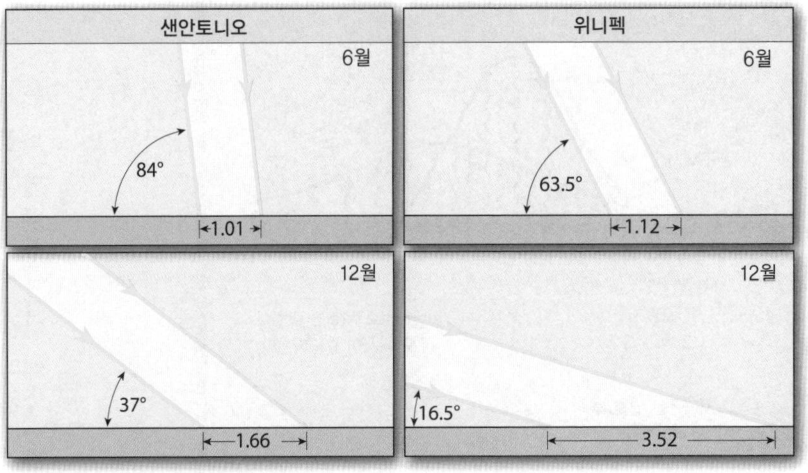

▲ **그림 3.C 정오 태양각 비교**

샌안토니오와 위니펙에서의 하지와 동지의 태양각 비교. 태양각 90°로 덮인 면적을 1로 산정한다.

그 결과 나타나는 춘(추)분 시기의 중위도 지역의 전형적인 기온 곡선이다. 밤 동안 대기와 지구 표면은 들어오는 태양에너지가 없으며, 지표면이 열을 발산하기 때문에 차가워진다. 그러므로 최저기온은 일출 시간 부근에서 발생하며, 이후 태양은 지표와 대기를 가열시킨다.

일반적으로 최고기온이 나타나는 시간과 최고 복사가 나타나는 시간은 일치하지 않는다는 것을 확인할 수 있다. 그림 3.20과 3.22

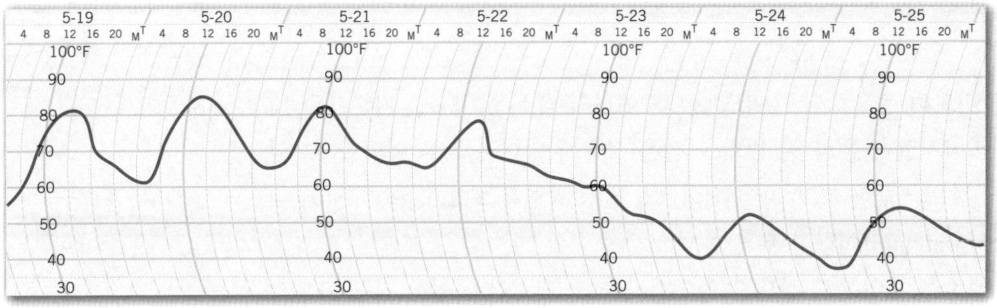

▲ **그림 3.20 자기온도계 기록**

5월의 7일 동안 일리노이 주 피오리아에서의 기온. 일출 부근에서 최저, 정오와 늦은 오후 사이에 최고기온을 기록하는 전형적인 일주기는 거의 모든 날에 일어난다. 5월 23일에 분명한 예외가 발생했으며, 최고기온은 한밤중에 나타났고 하루 내내 기온이 감소했다.

A.

B.

◀ **그림 3.21 이른 아침에 일어나는 현상**
보통 일 최저기온은 일출 시간 부근에 발생한다. 밤 시간 동안 지면과 공기가 차가워져 사진에 나타난 서리(A)와 땅 안개(B)같이 잘 알려진 현상이 이른 아침에 나타날 것이다.

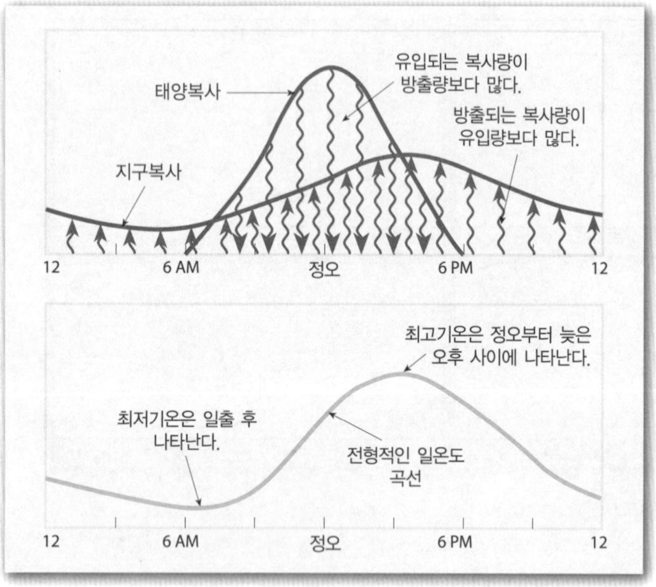

▲ **그림 3.22 태양복사와 지구복사의 일주기, 그리고 그 결과로 인한 온도 주기**
춘(추)분 부근 중위도의 한 지점을 예로 들었다. 얻은 태양에너지가 지구로부터 방출되는 에너지를 초과하는 한 온도는 상승한다. 지구로부터 나가는 에너지가 들어오는 태양에너지를 초과할 때 온도는 떨어진다. 온도 일주기는 들어오는 태양복사 후로 몇 시간의 지연을 가진다는 것에 주목하자.

를 비교해 봄으로써 들어오는 태양에너지 곡선은 정오를 기준으로 대칭적이지만 기온의 일 변화 곡선은 그렇지 않다는 것을 확인할 수 있다. 정오와 늦은 오후 사이의 최고점 발생 지연은 **최고기온의 지연**(lag of the maximum)이라고 부른다.

오후에 태양복사 강도가 떨어질지라도 그 시간 동안은 지구 표면으로부터 나가는 에너지를 초과한다. 이러한 현상으로 오후의 몇 시간 동안 과잉 에너지가 발생하며 온도의 최곳값은 상당히 지연된다. 다시 말해, 얻는 태양에너지가 잃는 지구복사의 비를 초과하는 한 기온의 상승은 계속된다. 들어오는 태양에너지가 지구가 잃는 에너지를 초과하지 않는다면 온도는 떨어진다.

일 최고기온의 지연은 또한 대기가 가열되는 과정의 결과이다. 공기는 대부분의 태양복사에 대한 약한 흡수체라는 2장의 사실을 떠올려 보면, 결국 공기는 지구 표면으로부터의 복사에너지에 의해 주로 가열된다. 그러나 지구가 복사, 전도, 그리고 다른 방법을 통해 대기로 열을 공급하는 속도는 대기가 열을 방출하는 속도와 균형을 이루고 있지 않다. 일반적으로 최대 태양복사 에너지가 들어오는 시각 후 몇 시간 동안은 지표에서 대기로 공급되는 에너지가 대기에서 우주로 방출되는 에너지보다 크다. 그 결과 대부분의 지역에서 오후에 기온이 증가한다.

건조한 지역에서, 특히 맑은 날, 지표면에 흡수되는 복사의 양은 일반적으로 높다. 그러므로 이러한 지역에서 최고기온 지연은 종종 오후에 늦게 발생한다. 반대로, 습한 지역은 최고기온 지연 시간이 짧아지는 것을 경험할 수 있다.

기온 일교차의 변화

기온의 일변화 규모는 일정하지 않고 지역적 요소, 국지적 일기 조건, 또는 두 가지 모두에 의해 영향을 받는다(**글상자 3.3 참조**). 여기서는 일반적인 네 가지의 예를 설명한다. 처음 두 가지는 지역적인 요소와 관련된 것이며 다음 두 가지는 국지적 일기 조건에 해당한다.

Video
플로리다의 강한 대류 현상
http://goo.gl/PHJb7i

1. 태양 고도각의 변화는 중위도와 저위도에서 낮 동안 상대적으로 크다. 그러나 극에 가까운 지점은 하루 종일 낮은 태양 고도각을 나타낸다. 그 결과 고위도의 기온 일교차는 작다.
2. 바람이 불어오는 쪽 해안은 온도의 일주기

대기를 바라보는 눈 3.3

수십 년 동안 과학자들은 전 지구의 지표면 온도 자료를 얻기 위해 NASA의 아쿠아와 테라 위성으로부터 MODIS(Moderate Resolution Imaging Spectroradiometer)를 사용해 오고 있다. 이 그림은 10년간(2001~2010) 2월의 평균 지표면 온도를 보여 준다.

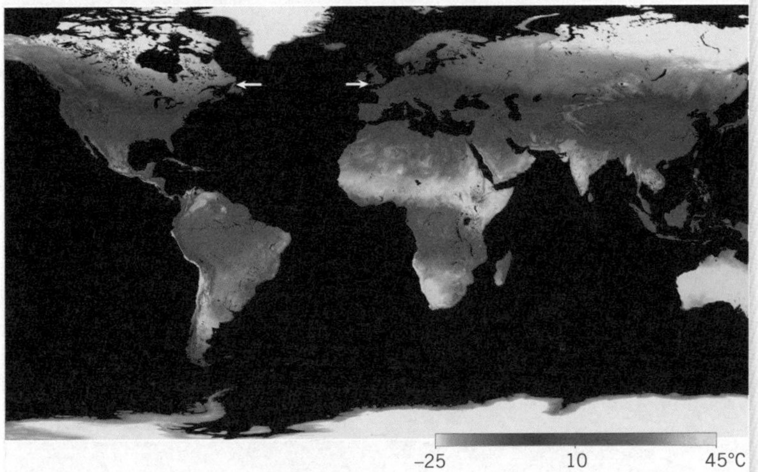

질문

1. 대브리튼섬 남부와 뉴펀들랜드 주(흰색 화살표)의 대략적인 온도는 얼마인가?
2. 두 곳 모두 동일 위도상의 연안 지역이지만 2월의 온도는 꽤 많이 다르다. 이 차이에 대한 이유를 설명하시오.

가 그다지 크지 않다. 전형적인 24시간 주기 동안 해양의 승온은 1°C보다 작다. 즉, 해양 표면 위의 기온 변화 역시 매우 작게 나타난다. 예를 들어, 캘리포니아 주 유레카의 풍상측 해안 근처 관측소에서 측정한 기온은 같은 위도에서 아이오와 주 디모인의 내륙관측소보다 작은 일교차를 가진다. 디모인과 유레카의 일교차의 연평균(값)은 10.9°C(19.6°F)와 6.1°C(11°F)로 4.8°(8.6°F)의 차이를 보인다.

3. 앞서 언급했듯이, 흐린 날은 온도변화가 크지 않다(그림 3.14). 낮에는 구름이 태양복사를 막기 때문에 낮 동안 가열이 감소되고, 밤에는 구름이 지면과 대기에 의한 복사 손실을 막기 때문이다. 그러므로 구름 낀 날의 야간 기온은 다른 날보다 높게 나타난다.
4. 수증기가 대기의 중요한 열 에너지 흡수 물질이기 때문에 대기에서 수증기의 양은 일교차에 영향을 준다. 대기가 맑고 건조한 날의 야간에 열은 빠르게 탈출하고 온도는 급격히 감소한다. 대기가 습할 경우 방출된 장파복사를 수증기가 흡수하여 야간 냉각이 천천히 진행되며, 기온은 낮은 값으로 떨어지지 않는다. 그러므로 건조한 조건에서 강한 야간 냉각에 의해 더 큰 일교차가 나타난다.

보통 일 기온의 증가와 감소가 입사하는 태양복사의 일반적인 증가와 감소를 반영한다 할지라도 항상 그런 것은 아니다. 예를 들어, 그림 3.20에서 5월 23일에 최고기온은 자정에 나타났으며 그 후 온도는 하루 동안 하강하였음을 보여 준다. 만약 관측소 기록을 몇 주에 걸쳐서 분석하면, 분명 불규칙한 기온의 변화가 보인다. 명백하게 이러한 것들은 태양에 의해 조절되지 않는다. 이러한 불규칙성은 주로 대기요란(일기 시스템)에 의해 발생한다. 대기요란은 보통 변덕스러운 흐린 날씨와 대조적인 온도의 공기를 수송하는 바람을 동반하기도 한다. 이러한 환경 아래 최고, 최저기온은 낮 또는 밤의 어느 시간에 나타날 것이다.

연간 온도변화

대부분의 해에 최고, 최저 평균기온을 나타내는 달들은 입사하는 태양복사의 최고, 최저의 기간과 일치하지 않는다. 회귀선의 북쪽에서 태양복사의 가장 큰 강도는 6월 하지에 발생하지만, 일반적으로 북반구에서 일 년 중 가장 더운 때는 7월과 8월이다. 이와는 반대로 태양에너지의 최솟값은 동지인 12월에 나타나지만 1월과 2월이 더 춥다.

연 최고, 최저 복사 발생이 최고, 최저기온이 나타나는 때와 일치하지 않는다는 사실은 태양복사의 양이 특정한 위치에서 온도를 결정하는 유일한 요소가 아니라는 것이다. 2장을 돌이켜 보면 38°N와 38°S에서 적도 방향으로의 지역은 외계로 손실되는 것보다 더 많은 태양복사를 받으며 극으로 향하는 지역에서는 반대가 된다. 입사와 방출 복사의 불균형에 근거하여 예를 들면, 미국 남부의 어느 지점에서나 늦은 가을로 접어들 때까지 계속 더워져야만 한다.

그러나 보다 극 쪽 지역은 하지가 지난 즉시 음의 복사 균형이 시작되기 때문에 이러한 현상이 나타나지 않는다. 온도 차이가 더 크게 남에 따라 대기와 해양은 저위도에서 극으로 향하는 열 수송이 더 많아지게 된다.

✓ 개념 체크 3.4

1. 입사되는 태양복사의 강도가 지역적으로 정오에 가장 강할지라도 하루 중 가장 따뜻한 시간은 거의 대부분 오후 중반이다. 왜 그러한가? 그림 3.22를 이용해 설명하시오.
2. 일교차의 크기는 장소에 따라, 그리고 시간에 따라 상당히 변할 수 있다. 이러한 변화를 유발하는 요인을 적어도 세 가지 이상 기술하시오.

글상자 3.3 도시가 온도에 미치는 영향 : 도시 열섬

기후에 있어서 가장 명백한 인간의 영향은 도시의 건물에 의한 대기환경의 변화이다. 모든 공장의 건설과 도로, 사무실, 주택은 미기후를 파괴하고 새롭고도 매우 복잡한 특징들을 만들어 낸다. 가장 많이 연구되었고 잘 기록된 도시 기후 효과는 **도시 열섬**(urban heat island)이다. 이 용어는 도시 내 온도가 일반적으로 외곽 지역보다 더 높다는 것을 의미한다.

그림 3.D는 워싱턴 DC에서 5년 동안 겨울철(12~2월) 3개월간 시내 중심 지역의 평균 최저기온의 분포를 보여 주고 있으며, 또한 매우 잘 발달된 도시 열섬을 나타내고 있다. 가장 따뜻한 겨울 온도는 도시의 중심에서 나타나고, 반면에 교외와 주변 시골 지역은 3.3°C(6°F)만큼 더 낮은 평균 최저기온을 나타냈다. 이 기온은 평균기온임을 기억하자. 대부분 맑고 조용한 밤의 도시 중심과 외곽 지역 간의 차이가 종종 11°C(20°F) 또는 그 이상으로 나타난다. 이와는 반대로 대부분 구름이 끼거나 바람이 부는 날 밤, 온도 차이는 0°C에 도달하였다.

도시 열섬의 영향으로 길어진 성장 주기가 생물권에 영향을 주기도 한다. 미국 동부의 70개 도시에서 실험한 자료에 의하면, 도시에서의 성장주기는 외곽 지역보다 약 15일 정도 더 길다.

식물은 봄에 평균 7일 일찍 성장 주기를 시작하였고, 가을에는 평균 8일 길게 성장을 지속하였다.

Video
도시 열섬
http://goo.gl/M701Ba

왜 도시가 시골보다 더 따뜻한가? 시골에서 도시로 변화할 때 지면의 급격한 변화가 도시 열섬의 중요한 원인이다(그림 3.E). 우선, 도시의 높은 건물과 콘크리트, 아스팔트는 일반적인 시골 지역의 식생과 토양이 태양복사를 흡수, 저장하는 것보다 더 많은 양의 태양복

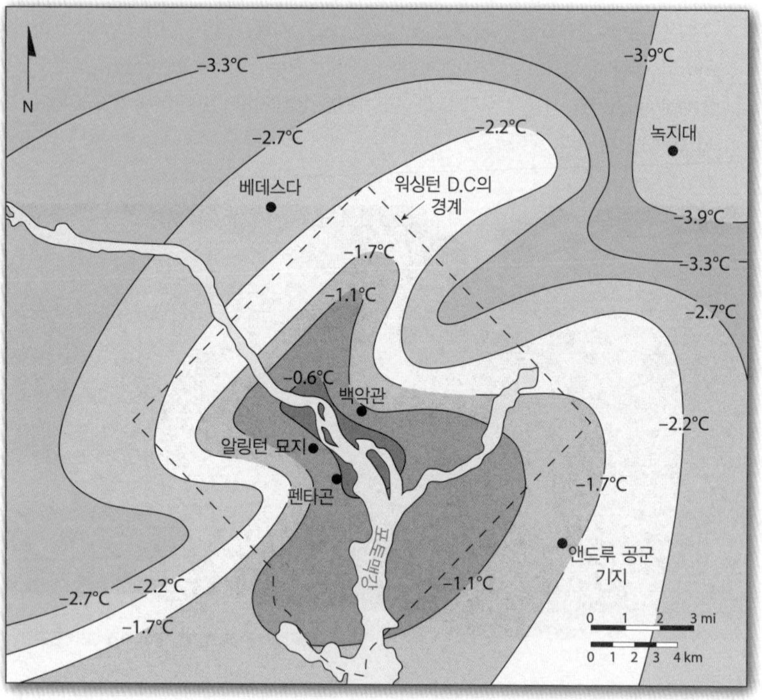

▲ 그림 3.D 열섬 지도
겨울철(12~2월) 동안 워싱턴 D.C의 평균 최저기온(°C)을 보여 주고 있다. 도시 중심은 외곽 지역보다 3°C 이상 높은 평균 최저기온을 가진다.

3.5 온도 측정

다양한 온도계들이 어떻게 작동하는지 설명하고 온도계를 설치할 때 정확한 측정을 위해 설치 장소가 중요한 이유를 설명한다. 화씨, 섭씨, 켈빈 온도 눈금을 구별하여 설명한다.

하루 동안 많은 사람들이 현재 기온을 체크하거나 접한다. 라디오 방송국은 사람들에게 현재 온도를 자주 전달해 주고 우리는 은행이나 회사 바깥의 시간과 온도를 디지털 영상을 통해 볼 것이다. 많은 자동차들이 계기판을 통해 기온을 보여 주기도 한다. 이 자료들은 모두 정확할까?

온도계

온도계(thermometers)는 '열의 척도'이다. 이것은 온도를 측정한다(그림 3.23). 온도계는 기계적으로 또는 전기적으로 온도를 측정한다.

기계적 온도계 대부분의 물질은 가열되었을 때 팽창하고 차가워졌을 때 수축하므로 일반적인 온도계는 이러한 성질에 근거해서 작동한다. 좀 더 정확하게 말하면, 온도계는 물질에 따라 온도변화에 다르게 반응한다는 사실을 바탕으로 한다.

그림 3.24의 **액체온도계**(liquid-in-glass the-rmometer)는 넓은 온도 범위를 상대적으로 정확하게 측정하는 간단한 장비이다. 액체온도계의 디자인은 1600년대 말에 개발된 이후 본질적으로 변화하지 않고 유지되고 있다. 온도가 상승할 때 유체의 분자는 점점 더 활동적이며 확산한다(유체도 팽창한다). 수은구에서의 유체의 팽창은 유리로 싸인 면적보다 훨씬 크다. 결과적으로 유체는 가느다란 줄기처럼 모세관을 따라 상승하게 된다. 이와 반대로 온도가 하강하면 액체는 수축하

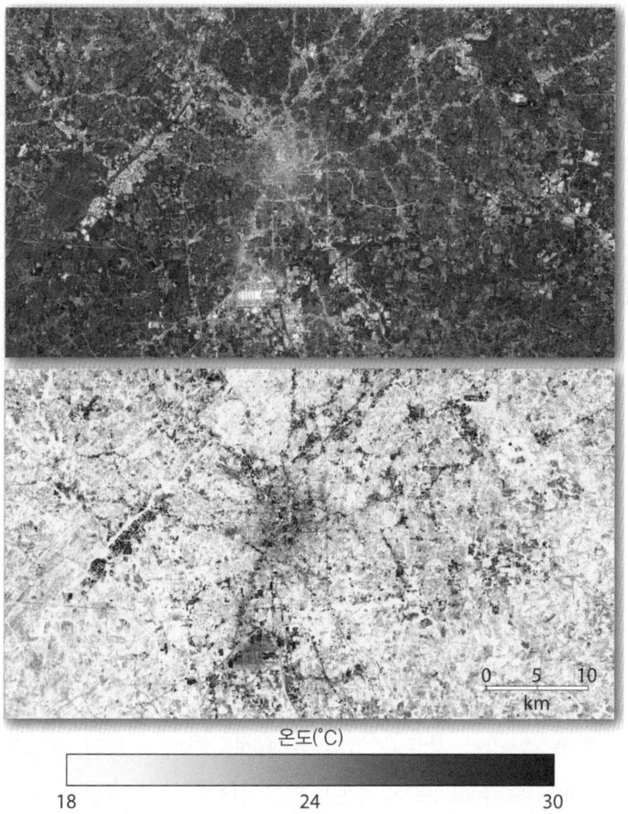

◀ 그림 3.E 애틀랜타의 열섬

이 두 가지 위성사진은 2000년 9월 28일 애틀랜타 주 조지아를 보여 준다. 도시 중심부는 영상의 중앙이다. 위의 영상에서 녹색 부분은 식생이고 도로, 개발 밀집 지역은 회색, 나지는 황갈색 또는 갈색이다. 아래 영상은 지표면 온도 영상이며 온도가 낮은 지역은 노란색, 높은 지역은 빨간색이다. 밀집 지역일수록 지표면 온도가 높은 것은 명백하다.

사를 흡수하고 저장한다. 게다가 불침투성의 도시 지표면은 강수 후 땅 위의 빗물을 빠른 속도로 흐르게 하고 그 결과 수분 증발량의 현저한 감소를 초래한다. 이런 이유로 액체 상태인 물을 수증기로 증발시키는데 쓰이던 열이 지표면 온도를 더 증가시키게 된다. 밤에 도시와 시골 지역 모두 복사 손실에 의해 냉각이 발생하지만 도시의 딱딱한 지표면은 낮 동안 축적되었던 열을 점차적으로 방출하기 때문에 외곽 지역보다 더 따뜻함을 유지한다.

도시의 온도 상승에 또한 가정의 난방, 에어컨, 발전소, 산업 그리고 수송에서의 열 소비 또한 그 원인이 된다. 게다가 도시를 덮고 있는 오염 물질들이 지표면에서 방출되는 장파 복사의 대부분을 흡수하고 또 그것을 다시 지표로 재방출함으로써 도시 열섬 효과에 영향을 미친다.

질문

1. 도시 열섬 현상에 기여하는 요인 세 가지를 기술하시오.

◀ 그림 3.23 갈릴레이 온도측정기

이 온도계의 형태는 1500년대 후반 갈릴레이에 의해 발명된 온도측정기라고 불리는 장치에 기반하고 있다. 오늘날 이러한 장치들은 꽤 정확한데 대부분 장식용으로 사용된다. 이 장치는 맑은 액체를 포함한 유리관과 그 속에 뜨고 가라앉을 수 있는 서로 다른 밀도의 유리구슬로 만들어졌다.

고 유체의 가느다란 선은 수은구를 향해 아래로 내려간다. 이 가느다란 선 끝자락의 움직임[메니스커스(meniscus)]이 가리키는 눈금이 온도가 된다.

하루 중 최고, 최저기온은 상당히 중요하며 특별히 설계된 액체온도계를 사용하여 측정된다. 수은은 **최고온도계**(maximum thermometer)에서 사용되는 액체인데, 이 온도계는 구부 위에 제어관(constriction)이라고 불리는 좁은 유리관으로 이루어져 있다(그림 3.25). 온도가 상승함에 따라 제어관을 통해 팽창한다. 온도가 하강할 때 제어관은 수은구로 수은이 내려오는 것을 방해한다. 결과적으로 수은 기둥의 가장 윗부분은 온도계의 가장 높은 지점에 있게 된다(최고기온은 측정 기간 동안 얻어졌다). 온도계는 흔들거나 빙빙 돌림으로써 일어나는 수은의 수축을 통해 수은구로 되돌아가게 된다. 초기화되면 온도계는 현재 기온을 가리킨다.

수은을 담은 최고온도계와는 달리 **최저온도계**(minimum thermometer)는 알코올과 같은 낮은 밀도의 액체를 포함한다. 알코올 기둥의 꼭대기에 남아 있는 것은 덤벨 모양의 표식이다(그림 3.25). 온도가 떨어짐에 따라 기둥은 짧아지고 표식은 메니스커스의 표면장력 효과에 의해 구부 쪽으로 당겨진다. 온도가 올라가면 알코올은 온도가 가장 낮았을 때 도달해 있던 표식을 통과하여 올라간다. 알코올 기둥의 가장 윗부분으로 표식을 되돌리기 위해서는 온도계를 약간 기울이면 된다. 왜냐하면 표식이 쉽게 움직이고 최저온도계는 수평으로 설치되기 때문이다. 그렇지 않으면 표식은 바닥으로 떨어질 것이다.

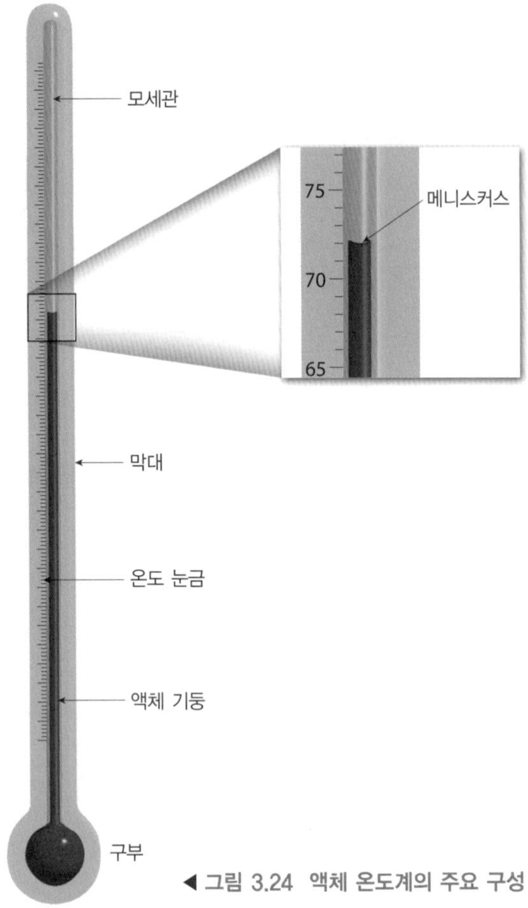

◀ **그림 3.24 액체 온도계의 주요 구성 요소**

일반적으로 쓰이는 또 다른 기계적 온도계는 **바이메탈 판**(bimetal strip)이다. 이름에서 알 수 있듯이 이 온도계는 팽창률이 다른 두 가지 얇은 금속판이 서로 묶여 있는 형태로 구성되어 있다. 온도가 변할 때 두 금속은 팽창 또는 수축하지만 서로 그 정도가 다르기 때문에 금속판은 굽어진다. 이 차이는 온도변화와 일치한다.

▼ **그림 3.25 최고 온도계와 최저 온도계**
두 가지 모두 액체 온도계이다.

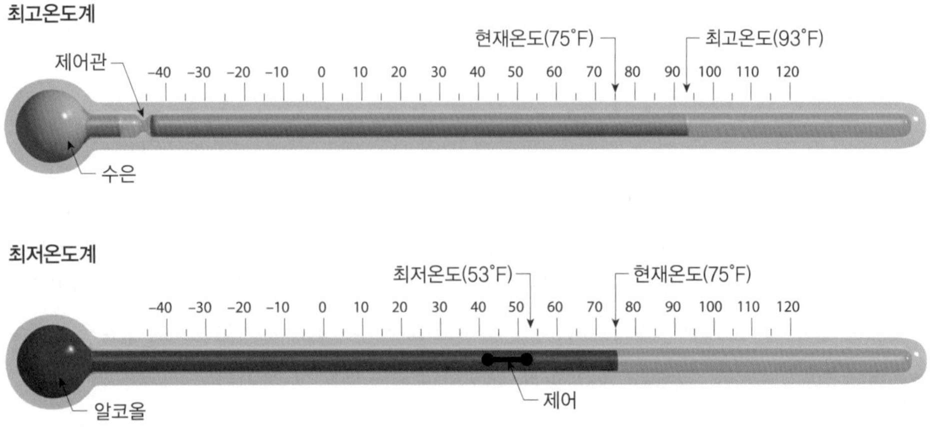

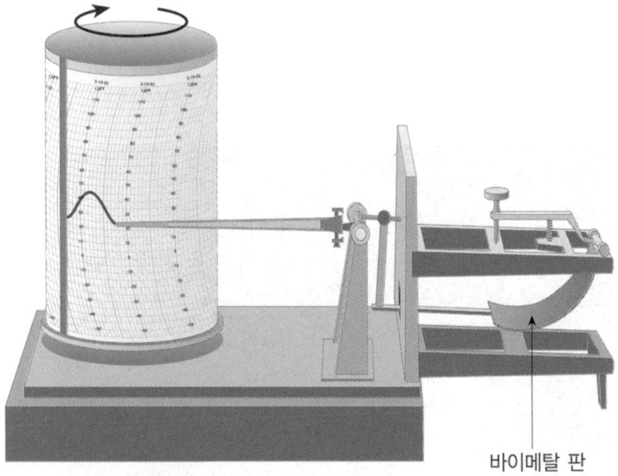

▲ **그림 3.26 자기온도계**
일반적으로 쓰이는 바이메탈 판은 온도를 연속적으로 기록하는 장비인 자기온도계의 구성요소이다.

바이메탈 판의 기상학적인 주된 용도는 온도를 지속적으로 기록하는 **자기온도계**(thermography)에 사용되는 것이다. 판의 곡률 변화는 시계식 회전 장치인 회전통에 부착된 눈금표에 온도를 기록하는 펜 축을 움직이는 데 사용된다(그림 3.26). 아주 편리한 관측 기기임에도 불구하고 자기온도계 기록 자료는 일반적으로 수은 액체 온도계보다 덜 정확하다. 가장 믿을 수 있는 자료를 얻기 위해 정확하며 노출된 온도계와의 비교를 통하여 주기적으로 자기온도계를 점검하고 수정할 필요가 있다.

전기적 온도계 일부 온도계는 액체나 금속의 팽창에 의존하지 않는 대신, 온도를 전기적으로 측정한다. 저항기는 전류를 방해하는 작은 전기적 부분이다. **서미스터**(thermistor, 온도 저항기)는 비슷하지만 전기적인 저항은 온도에 따라 바뀐다. 온도가 올라갈수록 열전대의 저항에 의하여 전류는 감소한다. 반대로 온도가 감소하면 전류는 증가하게 된다. 전류는 온도를 측정하는 미터기 또는 디지털기를 작동시키므로 서미스터는 온도 센서(전기온도계)로서 사용된다.

서미스터는 온도변화에 빠르게 반응하는 기구이다. 그러므로 서미스터는 일반적으로 급격한 온

자주 나오는 질문…

지금까지 기록된 지구 표면의 가장 낮은 온도는 무엇인가요?

가장 낮게 기록된 온도는 −89℃(−129°F)이다. 이 놀라울 정도로 낮은 온도는 1983년 7월 21일, 러시아 보스토크의 남극 대륙에서 기록되었다.

▲ **그림 3.27 전기적으로 온도 측정하기**
이 현대적인 백엽상은 서미스터라고 불리는 전기적 온도계를 포함한다.

도변화를 측정해야 하는 라디오존데에 이용된다. 또한 NWS(National Weather Service)는 지상 기온 관측에 서미스터 시스템을 사용한다. 감지기는 플라스틱의 원형 방패막 안에 설치되며, 디지털 해독기는 실내에 설치된다(그림 3.27).

백엽상

온도계는 얼마나 정확하게 측정할까? 그것은 관측기기의 디자인과 정확도뿐 아니라 그들이 어디에 설치되어 있느냐에도 관계가 있다. 직접적으로 태양광선을 받는 곳에 설치된 온도계는 과도하게 온도를 높게 측정하는데, 이는 온도계가 대기보다 태양에너지를 더 많이 흡수하기 때문이다. 또한 빌딩이나 지표면같이 열을 복사시키는 곳 근처에 설치된 온도계는 부정확하게 온도를 측정한다. 정확하지 않은 기록이 나타나는 또 다른 원인은 온도계 주위의 공기가 자유롭게 이동하지 못하는 것이다.

온도계가 기온을 정확하게 측정할 수 있는 곳은 어디인가? 이상적인 장소는 백엽상이다(그림 3.28). 백엽상은 지상으로부터 열과 강수, 직접적인 일사로부터 기계를 보호하고, 공기의 자유로운 이동을 가능하게 하는 지붕창으로 된 하얀 상자이다. 또한 백엽상은 풀밭 위에 설치되어야 하며, 공기 순환을 방해하는 빌딩으로부터 가능한 멀리 떨어져 있어야 한다. 마지막으로, 백엽상은 기준 높이인 지상으로부터 1.5m(ft) 위에 설치되어야 한다.

온도 눈금

미국의 TV 기상캐스터는 화씨 눈금으로 온도를 전달한다. 그러나 과학자들과 미국 외의 다른 모든 사람들은 섭씨 눈금을 사용한다. 과학자들은 때때로 켈빈 눈금 또는 절대 눈금을 사용한다. 이 세 가지 온도 눈금들은 어떻게 다른가? 온도 측정을 위해서는 눈금을 정하는 것이 필수적이다. 이러한 온도 눈금들은 **고정점**(fixed points)이라고 불리는 기준점을 사용한다. 그림 3.29에서는 흔히 쓰이는 세 가지 온도 눈금들을 비교하였다.

화씨 눈금 1714년, 독일 물리학자인 다니엘 가브리엘 파렌하이트(Gabriel Daniel Fahrenheit)는 **화씨 눈금**(Fahrenheit scale)을 고안하였다. 그는 물과 얼음, 소금이 섞여져 얻을 수 있는 가장 낮은 온도를 영점으로 하는 수은 유리 온도계를 만들었다. 또한 그는 두 번째 고정점으로 인간 체온을 96°로 인위적으로 선택하였다. 이 눈금에서, 그는 녹는점[**빙점**(ice point)]을 32°로, 끓는점[**증기점**(steam point)]을 212°로 결정하였다. 파렌하이트가 제시한 기준점을 현재 정확하게 재현하기 어렵기 때문에 그의 눈금은 현재 빙점과 끓는점을 사용하여 정의된다. 온도계가 향상됨에 따라 평균 인간 체온은 98.6°F*로 바뀌었다.

▲ **그림 3.28 표준 백엽상**
전통적인 백엽상은 흰색이고(높은 알베도를 위해) 지붕창이 있다(통풍을 위해). 이것은 직접적인 일사로부터 기계를 보호하고 대기의 자유로운 흐름을 가능하도록 한다.

* 체온을 위한 이 전통적인 값은 1868년에 정해졌다. 최근에는 4.8°F의 범위를 가진 98.2°F값으로 정의되었다.

섭씨 눈금 파렌하이트 화씨 눈금을 발명한 지 28년 후인 1742년에 스웨덴 천문학자인 안데루스 셀시우스(Anders Celsius)는 얼음의 녹는점이 0°이고, 물의 끓는점이 100°인 10진법의 단위를 고안하였다.** 수년 동안 이것은 **백분위 단위**(centigrade scale)라고 불리어졌으나 현재 이것은 발명가 이름을 따서 **섭씨 눈금**(Celsius scale)으로 알려져 있다.

얼음의 녹는점과 물의 끓는점의 구간이 섭씨 눈금에서 100°이고 화씨 눈금에서 180°이기 때문에 섭씨 온도(°C)는 화씨 온도(°F)보다 180/100 또는 1.8배 크다. 따라서 하나의 단위에서 다른 단위로 변환하기 위해 각 온도에 이 환산 인자를 고려해야 한다. 또한 녹는점 또한 섭씨 눈금에서는 0°, 화씨 눈금에서는 32°이므로 단위 환산의 조정이 필요하다. 이 관계는 그림 3.29에서 도식으로 나타내었다.

섭씨-화씨 관계는 다음과 같은 공식으로 표현된다.

$$°F = (1.8 \times °C) + 32$$

$$°C = \frac{(°F - 32)}{1.8}$$

변환 공식이 1.8의 인자로 등급 크기가 조정되고 0°점은 ±32인자로 조정된다는 것을 알 수 있다.

켈빈 눈금 과학적 목적으로, 세 번째 온도 눈금으로 **켈빈**(Kelvin) 또는 **절대 눈금**(absolute scale)을 사용한다. 이 눈금의 켈빈 등급은 *Kelvins*(간략화된 K)라 불려진다. 이 눈금은 섭씨 눈금과 비슷한데 이는 온도 분할이 정확하게 같기 때문이다. 얼음의 녹는점과 물의 끓는점이 100° 단위로 나뉘어져 있다. 그러나 켈빈 눈금에서는 녹는점이 273K, 끓는점이 373K로 정해져 있다(그림 3.29). 이 이유는 영점을 모든 분자 운동이 멈춘다고 추정되는 온도[**절대영도**(absolute zero)]로 나타내기 때문이다. 그러므로 섭씨와 화씨 눈금과는 다르게 켈빈 눈금에서 음의 값을 가지는 것은 불가능하다. 절대영도보다 낮은 온도는 없다. 켈빈과 섭씨 크기 사이의 관계는 다음과 같이 나타낼 수 있다.

$$°C = K - 273 \quad \text{또는} \quad K = °C + 273$$

자주 나오는 질문…

화씨 눈금을 사용하는 나라들은 어디인가요?

미국과 벨리즈(중앙아메리카의 작은 나라)는 화씨 눈금을 모든 기준에 적용하고 있으며, 반면 세계의 다른 나라들은 섭씨 눈금을 사용하고 있다. 과학계에서는 보편적으로 섭씨와 켈빈 눈금을 사용한다.

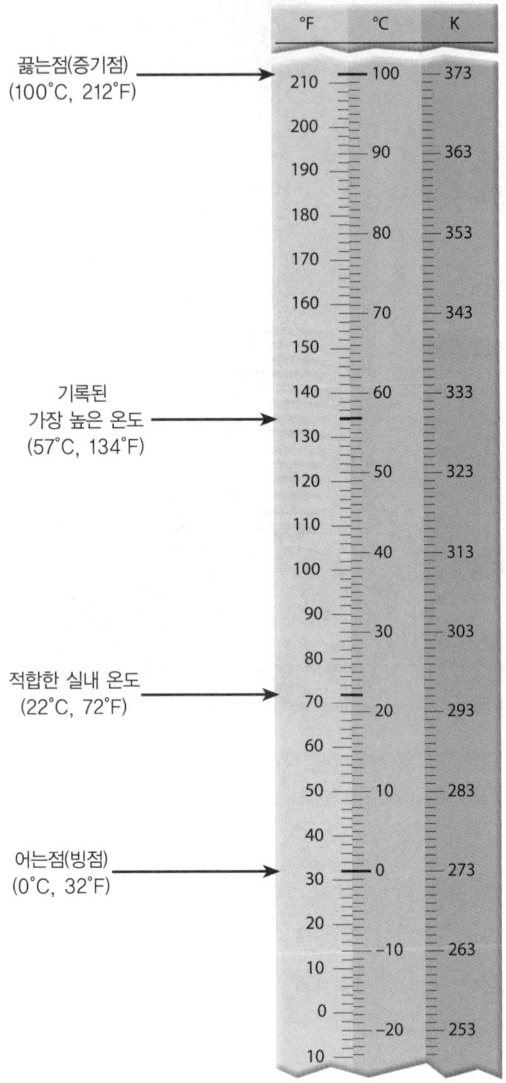

▲ 그림 3.29 세 가지 온도 눈금 비교

✓ 개념 체크 3.5

❶ 다음 온도계들이 어떻게 작동하는지 설명하시오. 액체온도계, 최대 · 최소 온도계 바이메탈 판, 서미스터

❷ 자기온도계란 무엇인가? 자기온도계를 만드는 데는 어떠한 유형의 기계적 온도계가 주로 사용되는가?

❸ 정확한 온도계를 위해서 어떠한 다른 요소들을 고려해야 하는가?

❹ 증기점(steam point)과 빙점(ice point)의 의미는 무엇인가? 본문에 나와 있는 세 가지 온도 눈금으로 나타내시오.

** 끓는점은 표준 해수면 기압에서 순수 물로 관계한 섭씨 눈금과 화씨 눈금의 크기로 정의되었다. 물의 끓는점은 고도에 따라 급격하게 감소하므로 이 기준은 중요하다.

3.6 온도 자료의 응용

몇몇 온도 자료의 응용에 대하여 요약한다.

온도 자료는 유용하고 실제적으로 많이 응용되어 왔다. 이번 절에서 우리는 에너지 사용, 농업, 그리고 인간의 안락에 연관되는 간단하지만 중요한 항목들에 대하여 배우게 될 것이다.

도일

난방도일, 냉방도일, 생육도일의 한 부분으로서 도일(degree days)이라는 용어를 가진 세 가지 지수들에 대해 살펴볼 것이다. 첫 번째와 두 번째는 난방과 냉방의 필요성과 비용에 대해 산출할 수 있도록 날씨를 평가해 주는 상대적 지수이며, 세 번째는 농작물의 성숙을 측정하기 위해 농부들이 사용하는 간단한 지수이다.

난방도일 에너지 수요와 소비를 측정하는 데 흔히 사용되는 방법은 **난방도일**(heating degree days)이다. 이 지수는 야외의 일평균 온도가 65°F (18.3°C)이거나 더 높을 때 난방이 건물에 더 이상 필요하지 않다는 가설로부터 시작된다. 미국 NWS와 미국 뉴스매체는 여전히 화씨 온도로 온도 자료를 계산하고 보도하기 때문에 우리는 여전히 화씨 눈금을 사용해야만 한다. 간단히 말해서, 65°F 아래 각각의 온도는 1일 난방 도일로 산출된다. 따라서 난방도일은 일평균 온도가 65°F 이하인 날을 제외함으로써 결정된다. 평균온도 50°F인 날은 15 난방도일을 가지고(65 − 60 = 15), 65°F 이상인 날은 난방도일이 없다.

표 3.2 선택된 도시들에서의 연간 평균 난방도일과 냉방도일

도시	난방도일	냉방도일
앵커리지, 알래스카 주	10,470	3
볼티모어, 메릴랜드 주	3807	1774
보스턴, 매사추세츠 주	5630	777
시카고, 일리노이 주	6498	830
덴버, 콜로라도 주	6128	695
디트로이트, 미시간 주	6422	736
그레이트폴스, 몬타나 주	7828	288
인터내셔널폴스, 미네소타 주	10,269	233
라스베이거스, 네바다 주	2239	3214
로스엔젤레스, 캘리포니아 주	1274	679
마이애미, 플로리다 주	149	4361
뉴욕시티, 뉴욕 주	4754	1151
피닉스, 애리조나 주	1125	4189
샌안토니오, 텍사스 주	1573	3038
시애틀, 워싱턴 주	4797	173

출처 : NOAA, National Climate Data Center.

건물에서 어떤 특정한 온도를 유지하기 위해 필요한 열의 양은 전체 난방도일에 비례한다. 이 선형 관계는 두 배의 난방도일이 보통 연료 소비가 두 배라는 것을 의미한다. 그 결과 500 난방도일을 나타내는 달보다 1000 난방도일을 나타내는 달에는 연료 청구비가 두 배가 될 것이다. 계절적 총량을 다른 장소와 비교해 보았을 때, 계절적 연료 소비의 차이를 평가할 수 있다(표 3.2). 예를 들어, 건물 구조와 생활 습관이 비슷하다고 가정한다면 시카고(거의 총 난방도일 6500)에서 건물을 가열시키기 위해서는 로스엔젤레스(거의 1300 난방도일)보다 거의 5배 더 많은 연료가 필요하다.

난방 일 수의 합은 각 계절의 합계로 보고되었다. 따라서 난방 계절(heating season)은 7월 1일부터 다음 해 6월 30일까지로 정의된다. 이러한 보고들은 작년 이 날짜까지 전체 양의 비교 또는 이 날짜 동안의 긴 기간의 평균 또는 이 둘 다의 비교를 종종 포함하고, 그로 인해 그 계절이 여기까지 이상인지, 그 이하인지, 아니면 정상에 가까운지에 대해 판단하는 데 상대적으로 편리하다.

냉방도일 난방에 필요한 연료가 추정될 수 있을 때 난방도일을 사용하는 것과 유사하게, 한 건물을 냉각시키기 위해 필요한 동력의 양은 **냉방도일**(cooling degree days)이라고 불리는 유사한 지수를 사용하여 추정할 수 있다. 또한 65°F의 기본 온도가 이 항목을 계산하기 위해 사용되기 때문에, 냉방도일은 하루 평균 온도에서 65°F를 뺀 값으로서 각각의 날마다 결정된다. 따라서 만약 평균 온도가 80°F로 주어지면, 15일의 냉방도일이 축적될 것이다. 선택된 도시들의 냉방도일의 연간 평균값들을 표 3.2에 나타내었다. 볼티모어와 마이애미에서 그 총합을 비교해 보면, 마이애미에서 한 건물을 냉각시키기 위한 연료의 필요조건은 볼티모어에서의 유사한 건물에 드는 연료의 필요조건의 거의 2.5배 더 많다. '냉방 계절'은 1월 1일부터 12월 31일까지로 정의된다. 그러므로 냉방도일의 총합은 그 연도의 1월 1일부터의 축적 값을 나타낸다.

비록 난방도일과 냉방도일보다 더 복잡한 지수들이 풍속, 태양복사, 습도의 효과를 고려하여 제안되었지만, 도일은 여전히 널리 계속 사용되고 있다.

생육도일 또 다른 실제적으로 도움이 되는 온도 자료는 농작물이 수확

기상재해
글상자 3.4

열파

열파(heat wave)는 비정상적으로 덥고, 습한 날씨가 일반적으로 며칠에서 몇 주까지 지속되는 기간이다. 각각의 사람마다 열파가 미치는 영향은 크게 다르다. 노인들은 특히 열파에 취약한데, 이 이유는 열이 심장이나 몸이 약한 사람들에게 부담을 주기 때문이다. 에어컨을 사기 어려운 가난한 사람들 또한 큰 어려움을 겪는다.

열파에 관한 연구들은 도시별로 사망률이 증가하는 온도가 다른 것을 나타내었다. 텍사스의 댈러스에서는 39℃(65℉)에서 사망률이 증가하였으나, 샌프란시스코에서는 단지 29℃(84℉)에서도 사망률이 증가하였다.

열파는 토네이도, 허리케인, 급작스러운 홍수만큼의 위기 의식을 주지 못한다. 이 이유 중 하나는 숨 막힐 듯한 온도에 도달하기까지는 몇 분이나 몇 시간이 아니라 수일이 걸리기 때문이며, 또한 다른 극심한 기상 악화 사태보다 재산상에 위해를 덜 가하기 때문이다. 그럼에도 열파는 많은 생명을 앗아갈 뿐만 아니라, 많은 피해를 준다.

1936년 여름

1936년 북아메리카의 열파는 근대사에서 가장 극심했던 것으로 기록되었다. 이 사건은 경제 대공황으로 인해 경제적으로 힘든 기간임과 동시에 대평원과 미국 중서부의 많은 지역에서 심각한 가뭄이 있던 시기에 발생하였다. 이 열파는 6월 말에 시작하였으며 9월까지 지속되었다. 사망자는 약 5,000명으로 추정되며, 많은 농업 지역의 피해도 상당하였다. 1936년의 여름에 이례적으로 높은 온도가 기록되었고, 이 기록은 여전히 깨지지 않고 있다. 미국 13개 주의 높은 온도 기록들은 1936년의 7월부터 8월까지 발생한 것이다(표 3.A). 다른 놀라운 기록들 또한 존재한다. 예를 들면 일리노이 주의 마운트버넌에서는 연속적으로 18일 동안 열파가 지속되었으며(8월 12~29일), 온도는 38°C(100°F)를 능가하였다.

열파는 보통 도시에서 가장 심각하게 나타난다.

치명적인 영향

더 최근의 열파는 2003년 여름에 발생하였으며, 대부분의 유럽 국가들은 한 세기 중 가장 심각한 열파를 겪었다. 그림 3.F는 이 사건과 연관된다. 정부 기록에 의하면 사망자 수는 20,000~35,000명으로 추정되고 있으며, 대부분은 가장 극심하게 더웠던 기간인 8월의 첫째, 둘째 주에 사망하였다. 프랑스는 가장 큰 폭염 관련 사망자 수를 기록하였으며, 거의 14,000명에 달한다.

열파로 인한 위험한 영향은 그림 3.G에서도 나타나며, 이 그림은 2004년부터 2013년까지의 10년 동안의 미국의 날씨로 인한 사망자의 연평균 값을 나타낸 것이다. 각 값들을 비교하면 열파로 인한 사망자 수가 가장 높게 나타난다.

열파는 보통 도시에서 **도시 열섬**으로 인해 가장 심각하게 나타난다(글상자 3.3 참조). 큰 도시는 열파 기간 동안에 교외 지역만큼 밤에 냉각되지 않으며, 이것은 도심 지역에서의 열 스트레스 양의 결정적인 차이를 유발한다. 게다가 열파로 인하여 침체된 대기 상태는 도시 지역의 오염 물질을 가두고 높은 온도로 인해 이미 위험한 열 스트레스를 더 가중시킨다.

표 3.A 1936년 이후의 각 주의 온도(°F)기록들

주	온도	날짜
아칸소	120	8월 10일
인디애나	116	7월 14일
캔자스	121	7월 24일
루이지애나	114	8월 10일
메릴랜드	109	7월 10일
미시간	112	7월 13일
미네소타	114	7월 13일
네브래스카	118	7월 24일
뉴저지	110	7월 10일
노스다코타	121	7월 6일
펜실베이니아	111	7월 10일
웨스트버지니아	112	7월 10일
위스콘신	114	7월 13일

1995년 여름, 짧지만 강한 열파가 미국 중부 지역에서

될 수 있는 대략적인 날짜를 결정하는 데 적용된다. 이러한 간단한 지수를 **생육도일**(growing degree days)이라고 부른다. 어떤 날에 특정한 농작물을 위한 생육도일의 수는 농작물의 매일 평균 온도와 기본 온도 간의 차이이며, 이것은 농작물이 생장하기 위해 필요한 최저 평균 온도이다. 예를 들어, 사탕수수의 기본 온도가 50°F이고 완두콩의 기본 온도는 40°F이다. 이에 따라, 평균 온도가 75°F가 된 날의 사탕수수의 생육도일의 수는 25이고 완두콩은 35이다.

Video
온도와 농업
http://goo.gl/H0y00

생육 계절의 시작과 함께, 하루 생육도일 값은 증가된다. 그에 따라, 만약 2000의 생육도일이 농작물이 무르익기 위해 필요하다면, 반드시 생육도일의 축적이 2000에 도달할 때 수확 준비를 해야 한다. 비록 습기 조건과 일사와 같은 식물 성장에 중요한 많은 요인들이 이 지수에는 포함되어 있지 않지만, 이 시스템은 농작물 성숙기의 대략적인 날짜를 결정하는 데 간단하고 널리 사용되는 도구로서 사용된다.

인간 불편 지수

여름철의 일기예보는 종종 높은 습도와 기온으로 인한 잠재적인 해로운 영향을 알려준다(글상자 3.4 참조). 또한 우리는 겨울에 강한 바람이 낮은 온도와 동시에 발생했을 때 더 춥다는 것을 알고 있다.

우선 열 스트레스와 열사병 그리고 풍속냉각과 동상에 주의해야 한다. 이러한 지수들은 인간이 실제로 느끼는 온도인 **겉보기 온도**(apparent temperature)로 표현된다. 열 스트레스와 풍속냉각은 우리가 실제로 느끼는 온도는 온도계에 기록되는 것과 다르다는 것을 기본으

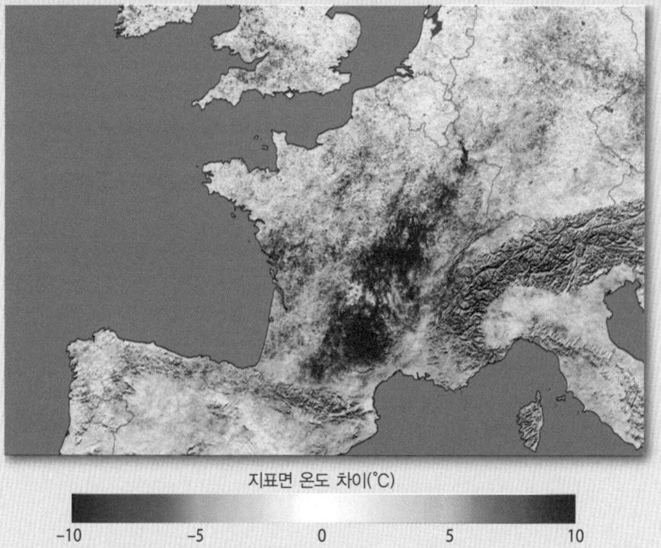

▲ **그림 3.F 프랑스의 열파**

이 그림은 위성 자료에서 추출되었으며 2003년 유럽 열파(7월 20일~8월 20일) 동안의 낮 시간의 지표 온도와 2000, 2001, 2002, 2004의 지표 온도와의 차이를 나타낸다. 진한 빨간색으로 나타나는 지역은 다른 해들보다 10℃(18℉) 더 더웠다. 프랑스는 가장 피해가 심각하였다.

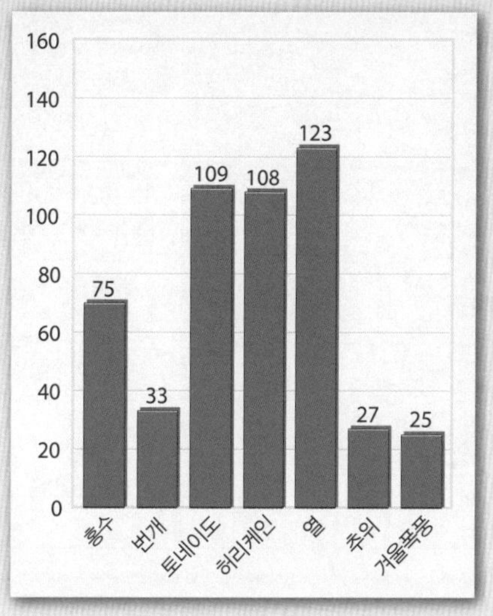

▲ **그림 3.G 10년간(2004~2013년)의 연평균 날씨 관련 사망자수**

이 그림에서 나타난 허리케인으로 인한 사망자수는 2005년에 카트리나에 의해 많이 발생하였다. 카트리나는 10년간 허리케인으로 발생한 사망자수 1079명 중 1016명의 사망자를 발생시켰다.

발달되었다. 이 심각했던 5일간의 사건 동안 830명의 사망자가 발생하였으며, 이는 중서부의 북부 지역에서 50년간 가장 최악의 사건으로 기록되었다. 가장 많은 사망자는 시카고에서 발생되었으며 거의 525명이 사망하였다. 이 사건은 특히 열 스트레스가 가장 큰 도심 지역에 효과적인 경보와 대응 대책들에 대한 필요성에 관심을 가지게 하였다.

열파와 기후변화

인간 활동에 관련된 지구온난화의 결과 중 하나는 열파의 빈도와 심각성의 증대이다. IPCC(Intergovernmental Panel on Climate Change)의 2013년 보고서에 따르면 20세기 중반 이후로 인간 활동은 온도 최대치에 매우 크게 영향을 받는다고 하였다. 이는 21세기가 지나오면서 대부분의 지역에서 더 높고 (또는) 더 잦은 고온 현상의 발생으로 더 심화된 것이 확실하며, 따라서 열파는 더욱더 잦고 긴 기간 동안 발생할 것이다.*

IPCC에 대한 것과 지구 기후변화에 대한 실현 가능한 결과들은 14장에서 더 다루도록 하겠다.

질문

1. 열파와 관련된 사망자 수와 다른 기상 현상에 의한 사망자 수를 비교해 보자.

* IPCC, 2013~2014 : Summary for Policymakers. In *Climate Change 2013 : Physical Science Basis. Con-tribution of Working Group I to the Fifth Assessment Report of the Intergovernmental panel on Climate Change.* Cambridge and New York : Cambridge University Press.

로 한다.

인간의 몸은 지속적으로 열을 방출한다. 몸의 열 손실률에 어떠한 요인이 영향을 미친다면, 우리가 편안함을 느끼는 온도 감각 또한 영향을 받을 것이다. 인간의 신체의 편안함에 영향을 미치는 온도 조절 인자에는 여러 가지가 있으며, 기온은 그중에서도 주요한 인자이다. 상대습도, 바람, 햇빛 같은 다른 환경적 조건들 또한 중요하다.

열 스트레스 높은 습도는 열파 동안에 사람들이 불편함을 느끼는 데 많은 영향을 준다. 후덥지근한 날씨는 왜 불쾌할까? 다른 포유류와 같이 인간은 외부 온도에 상관없이 특정 신체 온도를 유지하는 온혈 동물이다. 체온이 급격하게 높아지는 것을 막는 방법 중 하나는 땀을 흘리는 것이다. 그러나 후덥지근한 날씨에는 땀이 증발하더라도 체온을 충분히 낮추지 못한다. 땀이 증발하면서 체온을 떨어뜨리지만, 높은 습도가 땀 증발을 억제시키기 때문에 사람들은 덥고 건조한 날씨보다 덥고 습한 날씨에 더 불쾌감을 느낀다.

일반적으로, 온도와 습도는 여름철 인간의 안락에 가장 많은 영향을 주는 요소이다. 미국 NWS에서 널리 쓰이는 **열 스트레스 지수**(heat stress index) 또는 간단히 말해 열 지수(heat index)는 이러한 요소들을 결합하여 불쾌함과 안락함의 정도를 나타내는 것이다. 그림 3.30에서는, 상대습도가 증가함에 따라 겉보기 온도와 열 스트레스가 증가하는 것을 볼 수 있다. 더 나아가 상대습도가 낮을 때는, 겉보기 온도는 실제 기온보다 낮은 값을 나타낼 수 있다.

직사광선과 풍속에 노출되는 시간과 일반적인 개인의 건강 같은 요소들이 한 사람이 느낄 수 있는 스트레스 정도에 영향을 준다는 것 또

열 지수

상대습도(%)

기온(°F)	40	45	50	55	60	65	70	75	80	85	90	95	100
110	136												
108	130	137											
106	124	130	137										
104	119	124	131	137									
102	114	119	124	130	137								
100	109	114	118	124	129	136							
98	105	109	113	117	123	128	134						
96	101	104	108	112	116	121	126	132					
94	97	100	102	106	110	114	119	124	129	135			
92	94	96	99	101	105	108	112	116	121	126	131		
90	91	93	95	97	100	103	106	109	113	117	122	127	132
88	88	89	91	93	95	98	100	103	106	110	113	117	121
86	85	87	88	89	91	93	95	97	100	102	105	108	112
84	83	84	85	86	88	89	90	92	94	96	98	100	103
82	81	82	83	84	84	85	86	88	89	90	91	93	95
80	80	80	81	81	82	82	83	84	84	85	86	86	87

지속적인 노출과(또는) 신체활동이 있을 때
매우 위험함 열사병 또는 일사병의 가능성이 매우 높음
위험함 일사병, 근육 경련 그리고/또는 탈진의 가능성이 매우 높음
매우 주의 일사병, 근육 경련 그리고/또는 탈진이 발생할 수 있음
주의 피로할 수 있음

▲ **그림 3.30 겉보기 온도를 나타내는 열 지수**
상대습도가 증가할수록, 겉보기 온도 또한 증가한다. 예를 들면, 기온이 90°F이고 상대습도가 65%일 때, 사람들은 103°F로 느낄 수 있다.

한 중요한 사실이다. 덧붙여서, 뉴올리언스의 덥고 습한 날씨는 주민들이 견딜 만한 정도이지만, 미니애폴리스 같은 북쪽에 있는 도시의 비슷한 날씨는 견디기 힘들다. 이 이유는 덥고 습한 날씨가 이러한 날씨 조건이 흔하지 않은 곳에 사는 사람들에게는 더 부담이 되기 때문이다.

풍속냉각 대부분 모든 사람들은 겨울철 공기의 냉각 효과를 잘 알고 있다. 추운 날에 바람이 불 때, 우리는 만약 그 바람이 멈추면 조금 더 따뜻할 것이라고 생각한다. 강한 바람이 입은 옷을 관통하고 몸을 냉기에 노출시키며, 몸의 열을 유지시키는 데 필요한 능력을 감소시킨다. 이 상황에서 더 많은 증발이 발생함에 따라 냉각 효과가 심화되며, 바람 또한 열을 몸으로부터 빼앗는다.

미국의 NWS와 캐나다의 MSC(Meteorological Service Center)는 새로운 **풍속냉각 온도**(Wind-chill Temperature, WCT) 지수를 사용하는데, 이 지수는 인간의 피부에서 바람과 추위를 얼마나 느끼는지 더 정확하게 계산하기 위해 설계되었다(그림 3.31). 이 지수는 표면의 바람 효과와 몸의 열 손실 추정치를 고려한다. 차가워진 풍동에서 인체를 대상으로 이 지수를 실험해 보았다. 이러한 시도의 결과들은 유의미하였으며, 식의 정확성을 향상시켰다. 새로운 풍속냉각표는 동상 척도를 포함하고, 인간이 동상을 입을 수 있는 온도, 풍속, 노출 시간의 지점을 보여 주고 있다(그림 3.31).

춥고 바람이 부는 날과 달리, 겨울에 바람이 없고 맑은 날은 온도계 기록보다 더 따뜻하게 느껴진다. 이것은 직달 태양복사가 몸에 의해서 흡수됨에 의해 유발되는 것이다. 이 지수는 태양복사 때문에 풍속냉각이 줄어드는 효과를 반영하지 않는다. 이러한 요인은 훗날 추가될 것이다.

풍속냉각 온도가 단지 인간의 불편함의 추정 값에 불과하다는 것은 중요하다. 서로 다른 사람들이 느끼는 불편함의 정도는 다르며, 그 이유는 많은 요인들에 의해 영향을 받기 때문이다. 심지어 옷차림이 같아도 나이, 물리적 조건, 건강 상태, 행동 수준과 같은 요인들 때문에 개인의 반응은 매우 다르다. 그럼에도 상대적인 측정에서, WCT 지수는 사람들이 바람과 추위의 잠재적인 해로운 효과를 고려하여 더욱 근거 있는 판단을 할 수 있게 하므로 중요하다.

✓ 개념 체크 3.6

❶ 세 가지 도일들을 구분하여 설명하시오.

❷ 겉보기 온도란 무엇인가?

❸ 높은 습도는 여름철 어떻게 불쾌함을 유발하는가?

❹ 왜 겨울철 강한 바람은 온도계 측정값보다 더 낮은 온도를 유발하는가?

▼ **그림 3.31 풍속냉각표**
미국 내에 NWS와 뉴스 매체에서 일상적으로 풍속냉각 정보를 보고할 때 화씨 온도를 사용하기 때문에, 이 표 또한 화씨 온도로 표시되었다. 그늘진 부분은 동상에 걸릴 위험을 가리킨다. 각각 그늘진 부분이 보여 주는 것은 한 사람이 동상이 발달되기 전까지 얼마나 오래 노출될 수 있는가를 나타낸다. 예를 들면, 온도가 0°F이고, 풍속이 시간당 15mile로 불 때, 풍속냉각 온도는 −19°F라 된다. 이러한 조건에서 추위에 피부가 노출되면 30분 이내에 얼 수 있다.

온도(°F)

바람(mph) \ 바람 없음	40	35	30	25	20	15	10	5	0	−5	−10	−15	−20	−25	−30	−35	−40	−45
5	36	31	25	19	13	7	1	−5	−11	−16	−22	−28	−34	−40	−46	−52	−57	−63
10	34	27	21	15	9	3	−4	−10	−16	−22	−28	−35	−41	−47	−53	−59	−66	−72
15	32	25	19	13	6	0	−7	−13	−19	−26	−32	−39	−45	−51	−58	−64	−71	−77
20	30	24	17	11	4	−2	−9	−15	−22	−29	−35	−42	−48	−55	−61	−68	−74	−81
25	29	23	16	9	3	−4	−11	−17	−24	−31	−37	−44	−51	−58	−64	−71	−78	−84
30	28	22	15	8	1	−5	−12	−19	−26	−33	−39	−46	−53	−60	−67	−73	−80	−87
35	28	21	14	7	0	−7	−14	−21	−27	−34	−41	−48	−55	−62	−69	−76	−82	−89
40	27	20	13	6	−1	−8	−15	−22	−29	−36	−43	−50	−57	−64	−71	−78	−84	−91
45	26	19	12	5	−2	−9	−16	−23	−30	−37	−44	−51	−58	−65	−72	−79	−86	−93
50	26	19	12	4	−3	−10	−17	−24	−31	−38	−45	−52	−60	−67	−74	−81	−88	−95
55	25	18	11	4	−3	−11	−18	−25	−32	−39	−46	−54	−61	−68	−75	−82	−89	−97
60	25	17	10	3	−4	−11	−19	−26	−33	−40	−48	−55	−62	−69	−76	−84	−91	−98

동상 시간: 30분 / 10분 / 5분

3 요약

3.1 기록 : 기온 자료

▶ 흔히 쓰이는 온도 자료의 다섯 가지 형태를 계산하고 등온선으로 그린 온도 자료 지도를 해석한다.

주요 용어 일평균 기온, 일교차, 월평균 기온, 연평균 기온, 연교차, 등온선, 온도경도

- 일평균 기온은 일 최고와 일 최저기온의 평균이고, 일교차는 일 최고기온과 최저기온의 차이이다. 월평균은 특정한 달의 일 평균값의 평균으로 결정된다. 연평균은 월 평균값 12개의 평균이며, 연교차는 월평균의 최곳값과 최젓값의 차이이다.
- 온도 분포는 같은 온도를 나타내는 선인 등온선을 이용한 지도로 나타낼 수 있다. 온도경도는 단위 거리당 온도변화의 양이다. 가까이 위치한 등온선은 온도의 급격한 변화를 나타낸다.

3.2 온도는 왜 변화하는가 : 온도의 제어

▶ 주요한 온도 제어를 말하고 그것의 효과를 예를 들어 설명한다.

주요 용어 온도 제어, 비열

- 온도 제어는 온도를 장소와 시간에 따라 변화하게 한다. 위도(지구-태양의 관계)는 매우 중요한 예시이며, 2장에서 깊이 다루었다.
- 물과 육지의 부등가열은 온도 제어에 주요한 역할을 한다. 육지와 물은 데워지고 식는 정도가 다르며, 육지 지역은 물이 많은 지역보다 온도 최댓값이 매우 높다.
- 극 방향으로 움직이는 따뜻한 해류는 중위도 지역 겨울의 저온을 완화시키는 역할을 한다. 한류는 중위도 지역에 여름 동안 가장 큰 영향을 미치는 한편, 극지방은 연중 지속적으로 영향을 받는다.
- 고도가 증가할수록 추워진다. 따라서 산은 인접한 낮은 지표면보다 온도가 낮다.
- 지리적 위치는 해양의 영향을 가로막는 장벽의 역할을 하는 산맥이나 해안의 바람이 드나드는 것처럼 온도 제어 요인으로 작용한다.

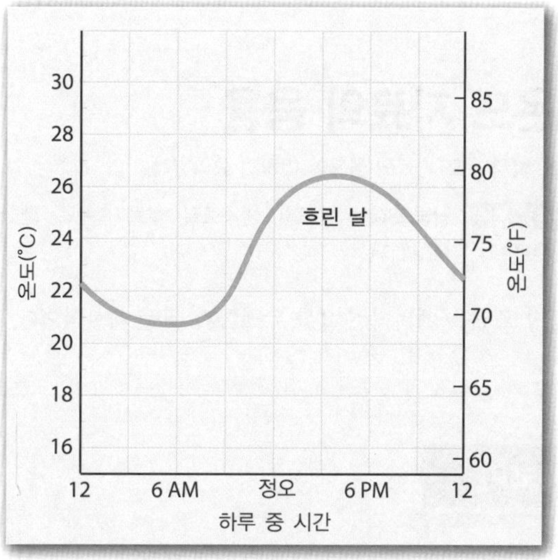

Q. 이 그래프는 흐린 날씨의 매시간 온도변화를 나타낸 것이다. 만약 맑은 날씨라면, 이 그래프는 어떻게 변화하겠는가? 설명하시오.

3.3 전 세계의 기온 분포

▶ 세계 기온 분포 지도에 나타난 패턴을 해석한다.

- 1월과 7월의 평균온도를 나타낸 지도를 보면, 등온선은 일반적으로 동서방향의 추세를 보이고 열대지방에서 극 쪽으로 갈수록 온도가 떨어진다. 두 지도를 비교해 보면, 온도가 위도에 따라서 쉽게 변하는 것을 볼 수 있다. 굽은 등온선은 해류의 방향을 나타낸다.
- 연교차는 적도에서는 작으며, 위도가 증가할수록 증가한다. 극지방을 제외하고, 연교차는 해양의 영향이 줄어들수록 증가한다.

Q. 무엇이 북대서양의 등온선을 구부러지게 하는가(그림 3.17 참조)?

3.4 기온 주기

▶ 기본적인 기온의 일주기와 연주기에 대하여 논한다.

- 지구 자전은 기온의 일주기에 가장 주요하게 영향을 미치며, 최고기온이 나타나는 시간은 태양복사의 세기의 최댓값이 나타나는 시간과 다르다. 이것은 최고온도의 지연(the lag of the maximum)이라고 부른다.
- 일교차는 그 장소의 위도나 해안이 접하는지와 같은 지리적 요인들에 영향을 받는다. 또한 운량과 습도에 의해서도 영향을 받는다.
- 지구 대기가 가열되는 메커니즘에 따라서, 월주기 평균기온의 최곳값과 최젓값이 나타나는 시기는 태양복사 유입의 최대 시기와 최저 시기에 일치하지 않는다.

3.5 온도 측정

▶ 다양한 온도계들이 어떻게 작동하는지 설명하고 온도계를 설치할 때 정확한 측정을 위해 설치 장소가 중요한 이유를 설명한다. 화씨, 섭씨, 켈빈 온도 눈금을 구별하여 설명한다.

주요 용어 온도계, 액체온도계, 최고온도계, 최저온도계, 바이메탈 판, 자기 온도계, 서미스터, 고정점, 화씨 눈금, 빙점, 증기점, 섭씨 눈금, 켈빈(절대) 눈금, 절대영도

- 온도계는 기계적 또는 전기적으로 온도를 측정한다. 대부분의 기계적 온도계는 금속이 뜨거울 때 팽창하고 차가울 때 수축하는 것을 기본 원리로 한다. 전기적 온도계는 온도 측정에 서미스터(온도 저항기)를 이용한다.
- 정확한 기온을 측정하기 위해서는 온도계 설치 장소가 매우 중요하다. 가장 이상적인 장소는 백엽상이다.
- 온도 눈금들은 고정점이라고 불리는 기준점을 이용해서 정의되었다. 가장 많이 쓰이는 세 가지 온도 눈금에는 화씨 눈금, 섭씨 눈금, 켈빈 또는 절대 눈금이 있다.

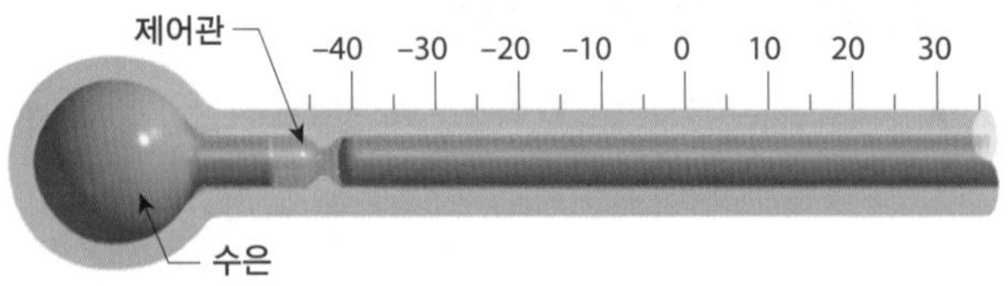

Q. 위의 그림은 특정 기능을 갖는 온도계를 나타낸 것이다. 이 온도계의 기능은 무엇이며 어떻게 알 수 있는가?

3.6 온도 자료의 응용

▶ 몇몇 온도 자료의 응용에 대하여 요약한다.

주요 용어 난방도일, 냉방도일, 생육도일, 겉보기 온도, 열 스트레스 지수, 풍속냉각 온도(WCT)

- 난방 · 냉방 도일은 에너지 수요를 추정하기 위한 계산식이다. 빌딩에서 특정 온도를 유지하기 위해서 필요한 에너지양은 난방 · 냉방도일의 총합에 비례한다.
- 생육도일은 농작물을 수확할 수 있는 날짜를 추정하는 데 쓰이는 실제적인 응용이다.
- 열 스트레스와 풍속냉각은 사람들이 인식하는 겉보기 온도와 연관 있는 비슷한 온도 자료이다.

생각해 보기

1. 만약 미국에서 가장 추운 도시가 어디인가라는 질문을 받는다면(또는 다른 지정된 지역), 무슨 통계를 사용할 수 있는가? 가장 추운 도시를 선택하기 위한 다른 방법들을 적어도 세 가지 이상 말할 수 있는가?
2. 다음 그래프는 일리노이의 어배너와 캘리포니아의 샌프란시스코의 월간 고온을 나타낸 것이다. 두 도시는 같은 위도상에 위치하고 있지만, 온도는 꽤 다르게 나타난다. 그래프상의 어떤 선이 어배너와 샌프란시스코를 나타내는가? 어떻게 알아냈는가?

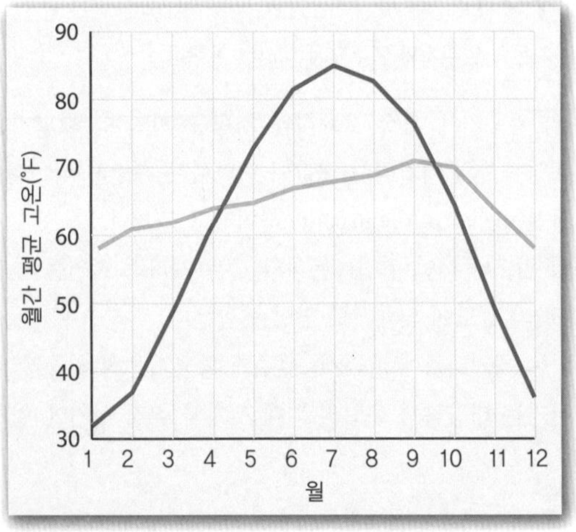

3. 어떤 여름날이 가장 큰 온도 범위를 나타낼 것이라고 생각하는가? 어떤 날이 가장 작은 온도 범위를 나타낼 것이라고 생각하는가? 답을 선택하고 설명하시오.
   a. 낮 동안 구름이 끼고 밤에는 맑은 날
   b. 낮 동안 맑고 밤에 구름이 낀 날
   c. 낮과 밤이 모두 맑은 날
   d. 낮과 밤에 모두 구름이 낀 날
4. 다음 그림은 적도 근처에 위치한 인도양의 섬의 풍경이다. 이곳의 기후에 위도와 경도, 땅과 물의 부등가열이 어떠한 영향을 주는지 설명하시오.

5. 다음 지도는 북반구의 가상적인 대륙을 나타낸 것이다. 하나의 등온선이 지도에 나타나 있다.

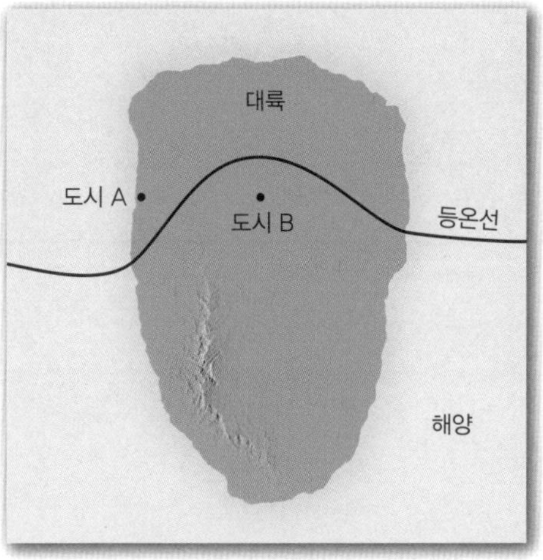

a. 도시 A와 B 중 어느 곳이 온도가 높겠는가? 이유를 설명하시오.
b. 계절은 겨울, 여름 중 무엇이겠는가? 이유를 설명하시오.
c. 6개월 후의 등온선의 위치를 그려 보시오.

6. 다음의 자료는 해양의 영향이 없는 내륙의 월평균 기온(°C)을 나타낸 것이다. 이 기온 연교차(the annual temperature range)를 기초로 하였을 때, 이 지역의 위도를 추정해 보시오. 이 온도 값들은 그 위도에 적합하게 나타났는가? 아니라면, 이 온도 값들에 무엇이 영향을 주었을까?

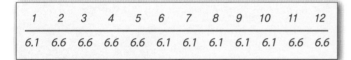

1	2	3	4	5	6	7	8	9	10	11	12
6.1	6.6	6.6	6.6	6.6	6.1	6.1	6.1	6.1	6.1	6.6	6.6

7. 1850년대와 1860대에 정원사들은 스코틀랜드 서부 해안 지역에 야자나무를 재배하였다. 그림상의 위도는 57°로서, 대서양 건너의 캐나다 래브라도의 북부 지역과 같다. 놀랍게도, 이러한 이국적인 식물들은 잘 자랐다. 어떻게 이러한 야자수들이 이 높은 위도에서 자랄 수 있었는지에 대해 가능한 이유를 제시해 보시오.

복습문제

1. 그림 3.G의 허리케인으로 인한 사망자 수를 보고 전체 캡션을 읽어 보시오. 만약 카트리나 허리케인이 발생하지 않았다면 허리케인으로 인한 사망자수의 그래프는 어떻게 그려졌겠는가?

2. 그림 3.20의 자기온도계를 참조하시오. 그 주의 각 날에 최고기온과 최저기온을 결정하시오. 각 날의 일평균 기온과 일교차를 계산하기 위해 자료들을 사용하시오.

3. 1월과 7월의 온도 분포를 나타낸 세계 지도를 참고하여(그림 3.17과 그림 3.18), 대략적인 1월 평균, 7월 평균, 그리고 북위 60°와 동경 80°의 일교차, 남위 60°와 동경 80°의 연교차를 구하시오.

4. 부록 G에 나타난 3개의 도시에 대한 연교차를 구하시오. 서로 다른 범위의 도시를 선택해 보고, 온도의 제어에 관한 이러한 차이점을 설명하시오.

5. 그림 3.31을 참조하여, 다음과 같은 조건에서의 풍속냉각 온도를 구하시오.
a. 온도=5°F, 풍속=15 mph
b. 온도=5°F, 풍속=30 mph

6. 어느 날에 평균온도가 55°F으나, 다음날 45°F로 떨어졌다. 각 날의 난방도일의 수를 계산하시오. 첫째 날과 둘째 날 중, 건물을 가열시키는 데 필요한 연료가 더 많이 필요한 날은 언제인가?

7. 적절한 식을 사용하여 다음 온도를 변환하시오.

20°C= _______°F

−25°C= _______K

59°F= _______℃

4 수증기와 대기안정도

핵심개념

다음의 각 항목은 이 장에서 다루는 주요 주제에 대한 기본 학습 목표를 나타낸다. 이 장을 학습하고 나면 여러분은 다음 항목을 이해할 수 있다.

4.1 물순환을 통환 물의 이동을 설명한다. 물의 고유한 속성을 제시하고 설명한다.

4.2 물의 상이 한 상태에서 다른 상태로 변화하는 여섯 가지 과정을 요약한다. 각 과정에서 에너지가 흡수되는지 방출되는지를 제시한다.

4.3 공기를 포화시키기 위해 필요한 수증기량과 기온과의 관계를 일반화시킨다.

4.4 자연 상태에서 상대습도가 변화하는 방법들을 제시하고 설명한다. 상대습도와 노점온도를 비교한다.

4.5 단열과정에 의한 온도변화를 설명하고 습윤단열감률이 건조단열감률보다 작은 이유를 설명한다.

4.6 공기덩이를 상승시키는 네 가지 메커니즘을 제시하고 설명한다.

4.7 환경감률과 안정도와의 관계를 설명한다.

4.8 공기의 안정도에 영향을 주는 주요 인자들을 제시한다.

수증기는 대기의 다른 기체들과 자유롭게 혼합되는 무향, 무색의 기체이다. 대기에서 가장 많은 두 기체인 산소 및 질소와 달리 물(수증기)은 지구에서 일상적으로 경험하는 온도와 압력에서 물질의 한 상태로부터 다른 상태(고체, 액체, 또는 기체)로 변화될 수 있다. [비교를 위해, 대기 중 질소는 만약 그것의 온도가 −196℃(−371℉) 이하로 낮아지지 않는다면 액체로 응결되지 못한다.] 이런 독특한 특성 때문에 물은 기체로 해양을 자유롭게 떠나고 액체로 다시 돌아온다.

애리조나 주 모뉴먼트 밸리에 위치한 미튼 뷰트에서의 소나기

4.1 지구상의 물

물순환을 통한 물의 이동을 설명한다. 물의 고유한 속성을 제시하고 설명한다.

물은 바다, 빙하, 강, 호수, 대기, 토양, 그리고 살아 있는 조직 등, 지구상의 어디에나 존재한다. 지구 표면 또는 지구상 물의 대부분(97% 이상)은 바다에서 발견되는 염수이다. 남은 3%의 대부분은 남극과 그린란드에 위치한 빙상에 저장되어 있다. 단지 0.001%만이 대기권에 존재하며 이 중 대부분은 수증기 형태로 존재한다.

대기권을 통한 물의 이동

바다, 대기 그리고 대륙 사이의 연속적인 물 교환을 **물순환**(hydrologic cycle)이라 한다(그림 4.1). 바다 그리고 적은 양이지만 대륙으로부터 물이 증발해서 대기권으로 유입된다. 바람이 수증기가 포함된 이 공기덩이를 수송하는 데, 수증기가 아주 작은 액상의 수적으로 응결되는 구름 생성 과정이 시작되기 전까지 때로는 아주 먼 거리까지 수송한다.

구름 형성 과정은 강수를 유발할 수도 있다. 바다로 내린 강수는 그것으로 순환이 종료되며 또 다른 순환을 시작할 수 있다. 남은 강수는 육지에 내린다. 육지에 내린 비의 일부는 땅속으로 스며들고[침투(infiltration)], 이들의 일부는 아래로 이동하다가 결국에는 호수나 하천으로 유입된다. 나머지는 지표면을 따라 흐르게 되는데, 이를 유출(runoff)이라 한다.

지하수와 유출의 대부분은 결국 증발을 통해 대기로 되돌아온다. 또한 땅으로 침투된 물의 일부는 식물의 뿌리를 통하여 흡수되는데, 그것은 증발산(evapotranspiration)이라는 과정을 통해 대기 중으로 방출된다.

전 지구 대기에 분포하는 수증기의 총량은 거의 일정하기 때문에, 전 지구상에 내리는 연평균 강수량은 증발산을 통해 대기로 유입된 물의 양과 같아야 한다. 그러나 대륙에서는 강수가 증발산보다 많다. 전체적으로 물순환의 평형이 유지되고 있음은 전 세계 해수면의 고도가 낮아지거나 높아지지 않는다는 점에서 확인된다.

물순환을 통한 끊임없는 물의 이동이 우리 행성 표면에서의 수분의 분포를 결정하며, 모든 대기현상과 복잡하게 관계되고 있다.

물 : 독특한 물질

물은 독특한 속성을 갖고 있어 대부분의 다른 물질들과 구분된다. 예를 들어 (1) 물은 지구 표면에서 대량으로 발견되는 유일한 액체이고, (2) 물은 언제든지 한 상에서 다른 상(고체, 액체, 기체)으로 변화될 수 있으며, (3) 물의 고체 상태인 얼음은 액체보다 밀도가 작다. 그리고 (4) 물은 높은 비열을 갖고 있어 온도를 변화시키기 위해서는 많은 에너지가 요구된다. 우리가 알고 있듯이 물의 이 모든 속성이 지구의 날씨와 기후에 영향을 미치며 생명체에 유리하게 작용한다.

이들 독특한 속성은 대부분 물이 수소결합을 하는 특성에서 유래되는 결과이다. **수소결합**(hydrogen bonds)이란 하나의 물분자에 있는 수소 원자와 다른 물분자의 산소 원자 사이에 작용하는 인력이다. 수소결합의 특성을 좀 더 잘 이해하기 위해 물분자를 조사해 보자. 물분자(H_2O)는 하나의 산소 원자와 강하게 결합된 2개의 수소 원자들로 이루어져 있다(그림 4.2A). 산소 원자는 결합된 전자(음전기로 대전된 소입자)에 대해 수소 원자보다 더 강한 친화성을 가지기 때문에, 물분자 끝의 산소 원자는 부분적으로 음전하를 얻는다. 같은 이유로 물분자의 두 수소 원자들은 부분적인 양전하를(양전하의 일부를) 얻는다. 반대로 대전된 입자들은 서로 잡아당기기 때문에, 물분자 중 수소 원자는 다른 물분자의 산소 원자에 끌어 당겨진다(그림 4.2B).

수소결합은 물분자들을 결합시켜 우리가 얼음이라 부르는 고체를 형성시킨다. 얼음에서 수소결합은 단단한 육각형의 그물 구조(network)를 만든다(그림 4.2C). 결과적으로 분자 구성이 매우 성글다(많은 빈 공간). 얼음은 충분히 가열되면 녹는다. 녹음은 수소결합의 전부가 아닌 일부를 끊어지게 한다. 그 결과 액체 속의 물분자들은 좀 더

Video
물순환
http://goo.gl/h7pTt6

Animation
지구의 물과 물순환
http://goo.gl/a10BWC

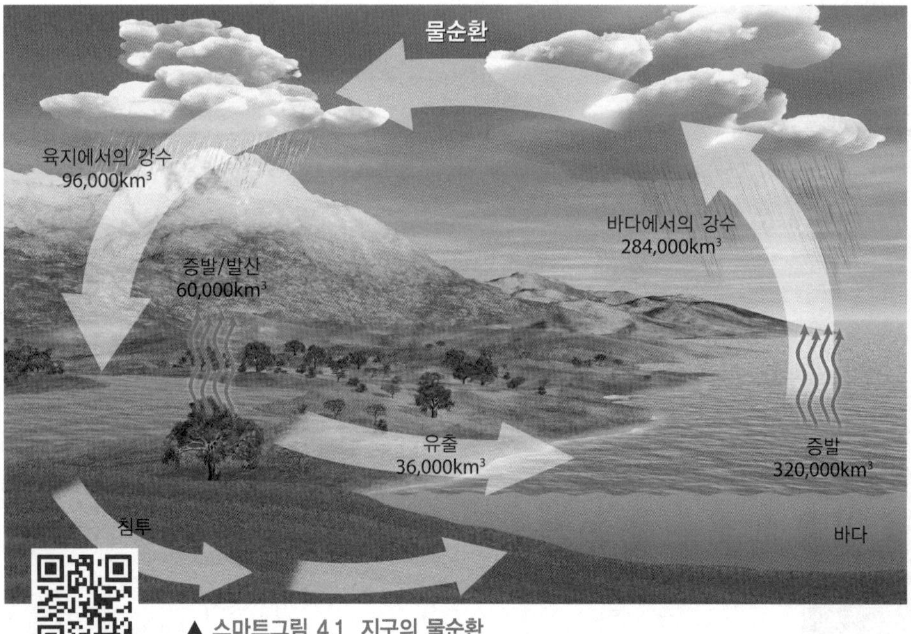

▲ 스마트그림 4.1 지구의 물순환

http://goo.gl/F4cdm

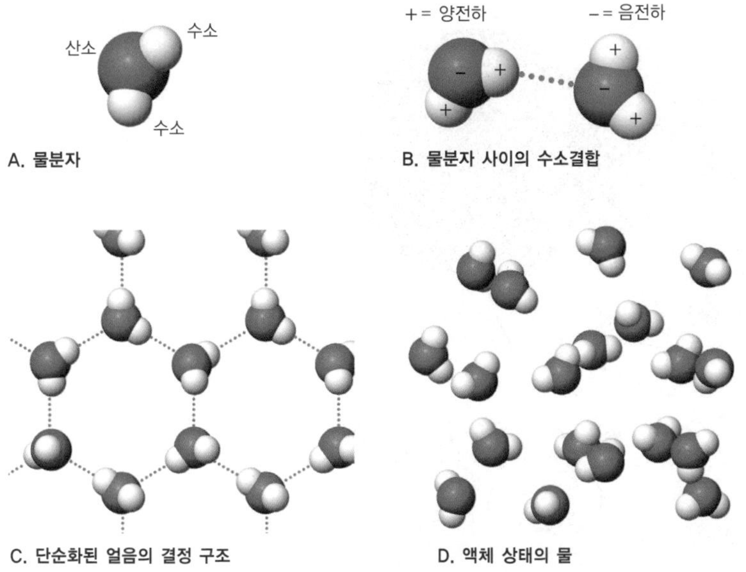

▲ **그림 4.2 물의 수소결합** A. 물분자는 1개의 산소 원자와 2개의 수소원자로 구성된다. B. 물분자들은 한 분자에 있는 수소 원자와 다른 분자에 있는 산소 원자 사이의 약한 수소결합으로 함께 결합된다. C. 얼음의 결정질 구조. 실제는 3차원 구조인데 단순화하기 위해 2차원으로 도시하였다. D. 액체 상태의 물은 수소결합으로 묶어진 물분자들의 덩어리들로 구성된다. 액체 상태의 물에서는 수소결합이 끊임없이 분리됨과 동시에 새로운 결합으로 대체되는데, 이러한 특성이 액체 상태의 물이 유체의 특성을 갖게 한다.

Animation
물의 상변화
http://goo.gl/ZChN5n

압축된(빽빽한) 배열을 갖게 된다(그림 4.2D). 이것으로 액체상의 물이 고체상의 물보다 밀도가 더 높음을 설명할 수 있다.

얼음은 밑의 물보다 밀도가 작기 때문에 물 표면부터 얼음이 얼게 된다. 이것은 우리의 매일 일기와 수상 생활에 광범위한 영향을 미친다. 얼음이 물 표면에서부터 얼기 시작하면, 이것이 밑에 있는 물을 단열시켜 깊은 곳의 결빙율을 늦출 것이다. 만약 물이 바닥부터 언다면, 그 결과를 상상해 보라. 많은 호수가 겨울 동안 고체로 얼게 될 것이고, 수상생물들은 대부분 죽을 것이다. 또한 북극해와 같이 깊은 물은 절대로 얼음으로 덮여 있지 않을 것이다. 결국 이것은 지구의 열수지를 변화시키고 나아가 대기와 해양 순환을 변화시킬 것이다.

물의 열용량 또한 수소결합에 관계된다. 물이 가열될 때, 에너지의 일부는 분자의 움직임을 증가시키는 것보다 수소결합을 끊는 데 사용된다(분자들의 평균 운동의 증가는 온도의 증가와 같다는 것을 생각하라). 따라서 비슷한 조건하에서 물은 대부분 보통의 물질들보다 좀 더 천천히 따뜻해지고 차가워진다. 그 결과 거대한 수역은 겨울에는 인접한 대륙보다 따뜻하고, 여름에는 시원하여 주위 온도를 조절하는 경향이 있다.

✓ 개념 체크 4.1

❶ 무엇이 대부분의 지구상 물의 저수지(저장고)로 작용하는가?

❷ 물순환을 간략하게 설명하시오.

❸ 물의 고체상인 얼음은 액체상인 물보다 밀도가 작다. 물의 이 고유한 속성이 왜 중요한가?

❹ 얼음이 녹아 액체상의 물이 될 때 무슨 일이 일어나는지 설명하시오.

❺ 물의 어떤 속성이 거대한 수역이 겨울에는 인접한 대륙보다 따뜻하고, 여름에는 시원하게 하는가?

4.2 물의 상태변화

물의 상이 한 상태에서 다른 상태로 변화하는 여섯 가지 과정을 요약한다. 각 과정에서 에너지가 흡수되는지 방출되는지를 제시한다.

물은 지구의 자연 상태에서 고체(얼음), 액체, 그리고 기체(수증기)로서 존재하는 유일한 물질이다. 모든 형태의 물은 물분자(H_2O)를 형성하기 위해 결합된 수소와 산소 원자로 구성되기 때문에 액체 상태의 물, 얼음, 그리고 수증기 사이에 주된 차이점은 물분자들의 배열이다.

얼음, 액체 물, 수증기

얼음은 낮은 운동에너지(움직임)를 가진 물분자로 구성되어 있으며 상호 간의 분자 인력에 의해 결합된다(수소결합). 그림 4.2C에 보인 것처럼 물분자들은 강하게 구조화된 그물 구조를 형성하며 이러한 이유로 얼음의 물분자들은 상대적으로 움직임이 자유롭지는 않고 고정된 장소에서 약간씩 진동한다. 얼음이 가열되면, 분자들은 좀 더 빠르게 진동한다. 분자들의 움직임 비율이 충분히 증가하게 되면, 몇몇 물분자들 사이의 결합이 끊어지게 되고 결과적으로 녹게(melting) 된다.

액체 상태에서, 물분자들은 여전히 강하게 결합되어 있으나 그들의 움직임이 충분히 빨라서 분자 간에 상대적으로 쉽게 이동할 수 있다. 그 결과 액체 물은 유동성이 있고, 용기에 담기면 그 용기의 모양이 된다.

액체 물이 주위로부터 가열되면, 일부 분자들은 그들 간의 수소결합을 끊기에 충분한 에너지를 얻을 것이고 그 결과 표면으로부터 달아나 수증기가 될 것이다. 수증기 분자들은 물과 비교할 때 서로 멀리 떨어져 분포하며, 매우 활동적이면서 자유롭게 움직인다.

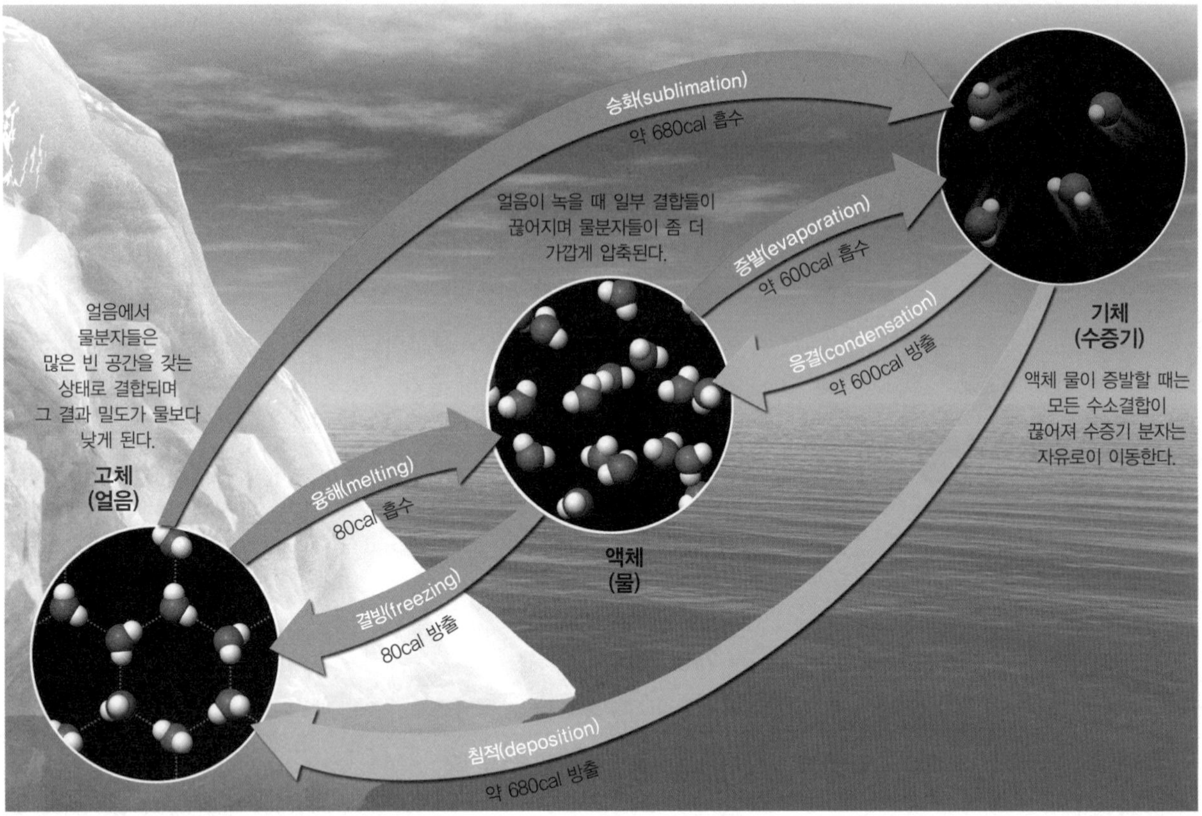

◀ **스마트그림 4.3 상태변화는 에너지의 교환을 포함한다**
여기서 보인 숫자는 1g의 물이 하나의 상태에서 다른 상태로 상변화할 때 흡수하거나 방출하는 칼로리의 근사값을 나타낸다.

http://goo.gl/eCqeY

Animation
전 지구 증발률

http://goo.gl/bBKAbl

수증기가 액체로 되거나 물이 결빙될 때 이 모든 과정이 역으로 진행된다. 즉, 물이 상변화를 할 때는 수소결합이 이루어지거나 끊어진다.

잠열

물이 상변화를 할 때는 언제든지 물과 주위 환경 사이에 열이 교환된다. 물이 증발할 때, 열은 흡수된다(그림 4.3). 예를 들어, 물을 증발시키기 위해서는 열이 필요하다. 물이 상변화할 때 동반되는 열은 **칼로리**(calorie, cal) 단위로 측정된다. 1cal는 물 1g을 1°C(1.8°F) 올리는 데 요구되는 열의 양이다. 그러므로 10cal의 열이 물 1g에 의해 흡수되면, 분자들이 더 빠르게 진동하여 현재보다 10°C(18°F)의 온도가 상승된다[국제표준단위(SI)계에서는 에너지를 표시하기 위해 줄(J)을 사용하며 1cal는 4.2J이다].

어떠한 조건에서는, 열이 물체에 더해져도 온도 상승이 없을 수 있다. 예를 들면, 얼음물 한잔이 가열될 때, 얼음-물 혼합 상태인 물의 온도는 얼음이 전부 녹을 때까지 일정하게 0°C(32°F)가 된다. 더해진 열이 얼음물의 온도를 올리지 못한다면, 이 에너지는 어디로 가는가? 이 경우, 더해진 열에너지는 물분자들을 결정체 구조로 묶는 분자들의 인력을 끊는 데 사용된다.

얼음을 녹이는 데 사용된 열이 온도변화를 일으키지 않기 때문에, 그것은 **잠열**(latent heat)이라 한다['잠(latent)'은 범죄 현장에서의 숨겨진 지문처럼 '숨은'을 의미한다]. 액체 물에 저장된 에너지는 액체가 고체 상태로 다시 돌아갈 때 주위에 방출된다.

얼음 1g을 녹이는 데 80cal(334J)가 필요하며 이것을 **융해열**(latent heat of melting)이라 한다. 결빙(freezing), 즉 역 과정은 이 80cal/g을 주위에 **융해잠열**(latent heat of fusion)로서 방출한다. 우리는 5장의 서리 방지 절에서 융해잠열의 중요성에 대해 학습할 것이다.

증발과 응결 열은 또한 액체가 기체(증기)로 상태변화가 되는 과정 즉, **증발**(evaporation)하는 동안에도 포함된다. 증발하는 동안 물분자들에 의해 흡수된 에너지는 그들이 액체의 표면을 달아나 기체로 되는 데 필요한 이동성을 준다. 이 에너지는 **기화잠열**(heat of vaporization)이라 하며 이것은 온도에 따라 변하는데, 0°C의 물에서는 약 600cal(2,500J)/g이고 100°C의 물에서는 540cal(2,260J)/g이다(그림 4.3에서 같은 양의 얼음이 녹는 데 필요한 양보다 물 1g이 증발되는 데 훨씬 많은 에너지가 필요하다는 것을 주목하시오). 증발 과정에서는 더 빠른 움직임을 갖는 분자들이 표면을 떠난다. 그 결과, 남아 있는 물의 평균 분자운동(온도)은 감소되며 그래서 '증발은 냉각 과정'이라 한다. 여러분은 틀림없이 수영장이나 욕조에서 몸이 젖었을 때 떨어지는 물방울들의 냉각 효과를 경험해 왔다. 이 상황에서 물을 증발시키기 위해 사용된 에너지는 여러분의 피부로부터 온 것이어서 여러분은 시원하게 느낀다.

응결(condensation), 즉 역 과정은 수증기가 액체 상태로 변화할 때 발생한다. 응결하는 동안, 수증기 분자들은 증발하는 동안에 흡수된 것

물의 응결은 이슬, 구름과 안개와 같은 현상을 만들어 낸다.

A.

B.

◀ 그림 4.4 응결과 침적의 예

과 같은 양의 에너지(**응결잠열**)를 방출한다. 대기 중에서 응결이 발생할 때, 안개나 구름이 형성된다(그림 4.4A).

잠열은 많은 대기 과정에서 중요한 역할을 한다. 특히, 수증기가 응결해서 구름방울을 형성할 때, 응결잠열이 방출되고 그 열이 주위 공기를 가열하여 공기덩이에 부력을 준다. 공기의 수분 함유량이 많을 때, 이 과정은 탑폭풍우 구름의 성장에 박차를 가할 수 있다. 또한 열대 해양에서 증발된 물이 추후 고위도에서 응결됨으로써 결과적으로 상당한 에너지를 적도에서 극지방으로 이동시킨다.

승화와 침적 아마도 여러분은 그림 4.3에 삽화된 마지막 두 과정인 승화와 침적 과정에 익숙하지 않을 것이다. **승화**(sublimation)란 액체 상태를 거치지 않고 바로 고체가 기체로 변환되는 것이다. 여러분이 관찰해 보았음직한 예로 냉장고에서 사용하지 않은 각 얼음이 점차적으로 사라지는 것과 드라이아이스(언 이산화탄소)가 바로 사라지는 작은 구름으로의 빠른 변환 등이 있다.

침적(deposition)이란 수증기가 고체로 바로 변환되는 역 과정이다. 예를 들면, 수증기가 잔디 또는 창문 같은 고체 물질에 얼음으로 침적되는 것이다(그림 4.4B). 이들 침적은 흰서리 또는 단순히 서리라 한다. 그림 4.3에서 보는 것처럼 침적은 응결과 결빙에 의해 방출되는 전체 양과 같은 에너지를 주위에 방출한다.

✓ 개념 체크 4.2

1. 물이 한 상태에서 다른 상태로 변화되는 여섯 가지 과정을 요약하시오. 그리고 각 과정에서 열이 흡수되는지 방출되는지를 제시하시오.
2. 왜 증발 과정이 냉각 과정이라 불리는가?
3. 잠열을 정의하고 탑 구름의 성장에서 잠열의 역할을 설명하시오.
4. 다른 상변화와 비교할 때, 왜 승화(또는 침적) 과정이 더 많은 잠열을 포함하는가?

자주 나오는 질문…

'냉동동상'이 무엇인가?

서림 방지 냉장고에 서투르게 포장한 음식을 오랫동안 보관하면 '냉동동상(freezer burn)'이 될 수 있다. 왜냐하면 최근의 서림 방지 냉장고는 냉각기 칸막이에서 수분을 제거하도록 설계되었기 때문에, 그들 내부의 공기는 상대적으로 건조하다. 그 결과, 얼음에서 수증기로 승화하는 것과 같이 음식의 수분이 승화하여 달아난다. 그러므로 음식이 실제로 타는 것이 아니고 단지 말라 버리는 것이다.

4.3 습도 : 공기 중의 수증기

공기를 포화시키기 위해 필요한 수증기량과 기온과의 관계를 일반화시킨다.

습도(humidity)는 대기 중의 수증기 양을 설명하는 데 사용되는 일반적인 용어이다(그림 4.5). 수증기는 대기에서 체적비로 0.1%에서부터 약 4%까지 변화하며 대기의 단지 아주 작은 부분을 구성한다. 그러나 대기에서 물의 중요성은 이들 작은 퍼센트가 나타내는 것보다 훨씬 더 크

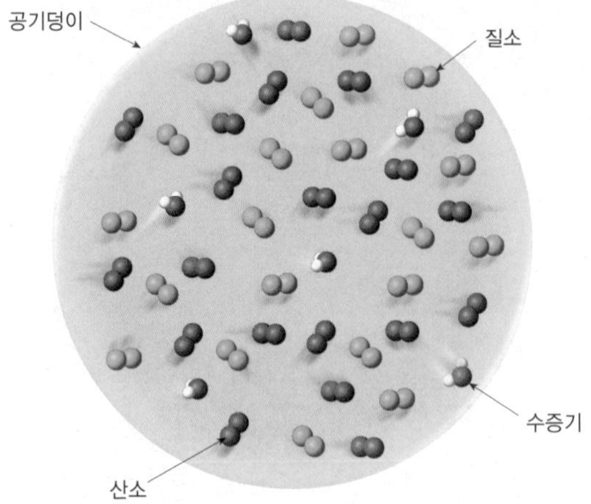

▲ 그림 4.5 기상학자들은 대기 중의 수증기량을 표현하기 위해 여러 방법들을 사용한다

다. 사실, 수증기가 기상 과정에 포함될 때 수증기는 대기에서 가장 중요한 기체이다.

습도는 어떻게 나타내는가

기상학자들은 대기 중의 수증기량을 표현하기 위해 (1) 절대습도, (2) 혼합비, (3) 수증기압, (4) 상대습도, 그리고 (5) 이슬점을 포함하여 여러 방법을 사용한다. 이들 방법 중 두 가지, **절대습도**와 **혼합비**는 둘 다 특정한 양의 공기덩이에 포함된 수증기량으로 표현되므로 비슷하다.

절대습도 **절대습도**(absolute humidity)는 주어진 부피의 공기덩이에 함유된 수증기의 질량이다(보통 g/m^3로서).

$$절대습도 = \frac{수증기\ 질량(g)}{공기\ 부피(m^3)}$$

공기는 한 장소에서 다른 장소로 끊임없이 움직이기 때문에, 압력과 온도의 변화는 공기덩이의 부피를 변화시킨다. 공기덩이의 부피가 변화하면, 비록 수증기가 더해지지 않거나 제거되지 않더라도 절대습도는 변한다. 결과적으로 절대습도 지수를 사용하면 움직이는 공기덩이의 수분 함유량을 감시하기가 어렵다. 그래서 기상학자들은 일반적으로 공기 중의 수증기 함량을 표현하기 위해 혼합비를 사용한다.

혼합비 **혼합비**(mixing ratio)는 단위 질량의 혼합 공기에서 건조공기 질량과 수증기 질량의 비이다.

$$혼합비 = \frac{수증기\ 질량(g)}{건조공기\ 질량(kg)}$$

이것은 질량 단위(보통 g/kg)로 측정되기 때문에 혼합비는 압력이나 온도변화에 영향을 받지 않는다(그림 4.6).*

절대습도나 혼합비는 직접 측정하기가 어렵다. 그러므로 기상통보에서는 공기의 수분 함유량을 표현하기 위해 주로 상대습도와 이슬점을 사용하며, 이들에 대해서는 다음 절에서 논의된다.

수증기압과 포화

우리는 공기 중 수분 함유량을 수증기에 의해 가해진 압력으로도 나타낼 수 있다. 수증기가 어떻게 압력을 가하는지를 이해하기 위해 그림 4.7A에 보인 것과 같이 일부는 깨끗한 물로 채워지고 그 위에 건조공기가 들어있는 밀폐 용기를 생각해 보자. 이 상황에서는 바로 일부의 물분자들이 물 표면을 떠나 위의 건조공기로 증발하기 시작할 것이다. 공기 중으로 수증기들이 더해진 것은 압력에서의 작은 증가로 검출될 수 있다(그림 4.7B). 압력의 증가는 증발을 통해 공기로 유입된 수증기 분자들의 움직임의 결과이다. 대기과학에서는 이 압력을 **수증기압**(vapor pressure)이라 부르고 그것은 **전체 대기 압력에서 수증기가 기여한 압력**으로 정의된다.

처음에는 물 표면으로 돌아오는 분자들보다(응결) 더 많은 분자들이 물 표면을 떠날 것이다(증발). 그렇지만 물 표면으로부터 더 많은 수증

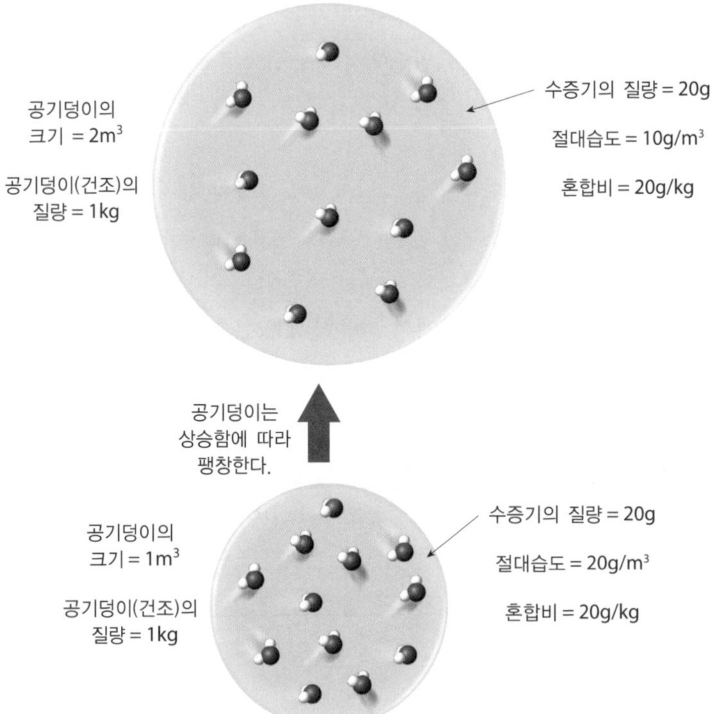

▲ 그림 4.6 상승하는 공기덩이에서의 절대습도와 혼합비의 비교
혼합비는 공기덩이가 상승하고 팽창함에 따라 압력이 변하여도 영향을 받지 않는다.

* 일반적으로 사용되는 또 다른 표현은 수증기를 포함한 단위 질량의 공기에 대한 수증기 질량의 비인 **비습**(specific humidity)이다. 전 지구적으로 전체 공기에 포함된 수증기량이 수 퍼센트를 거의 넘지 않기 때문에 비습은 모든 실제 사용에 있어서 혼합비와 거의 같다.

기들이 증발함에 따라 위쪽 공기에서 증가된 수증기압이 더 많은 수증기 분자들을 액체로 돌아가도록 밀어붙일 것이다. 결국 물 표면으로 돌아오는 물분자 수와 물 표면을 떠나는 수가 같게 되면 평형상태에 도달한다. 그 시점에서 공기는 **포화**(saturation)라 불리는 평형에 도달하였다고 한다(그림 4.7C). 공기가 포화되었을 때 수증기 분자들의 운동에 의해 가해진 압력을 **포화수증기압**(saturation vapor pressure)이라 한다.

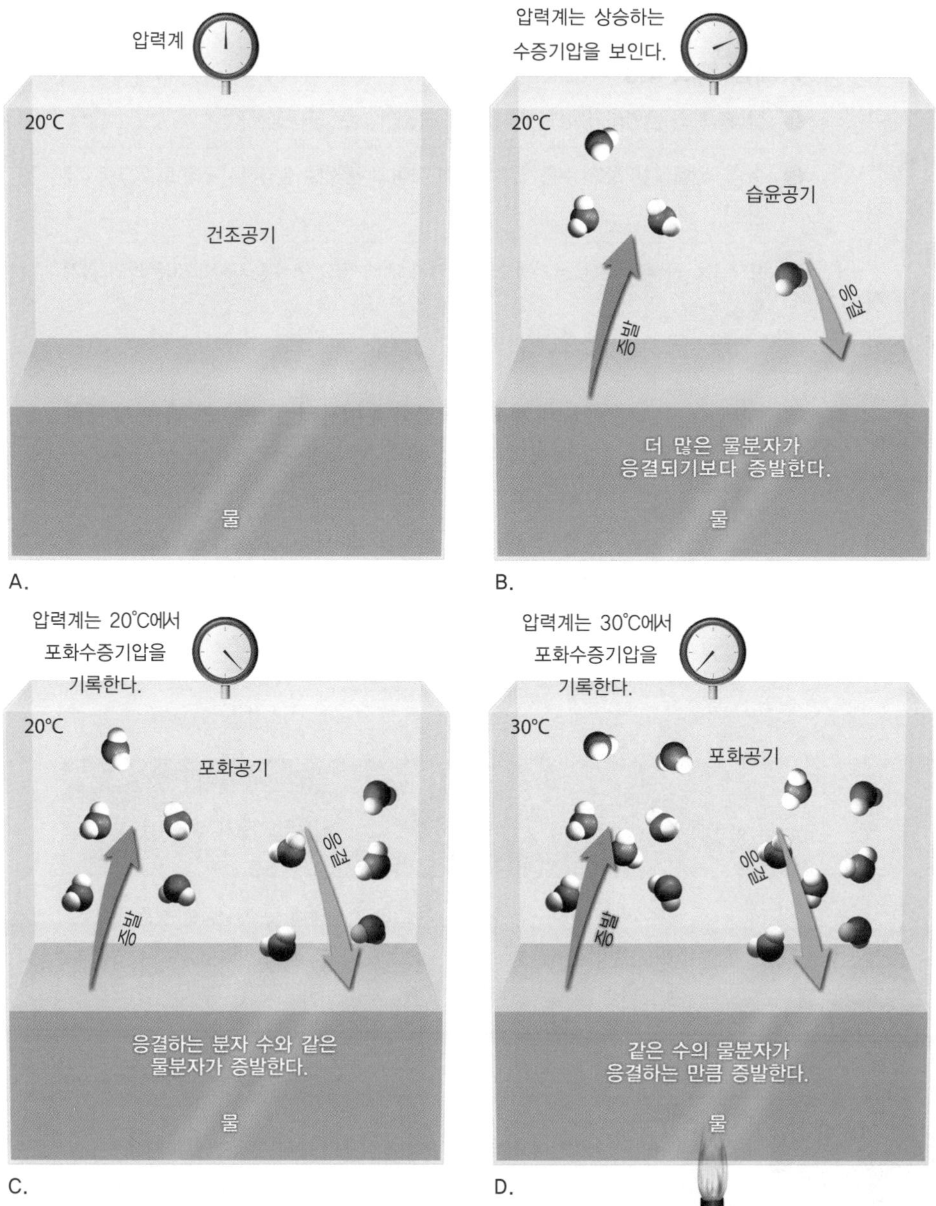

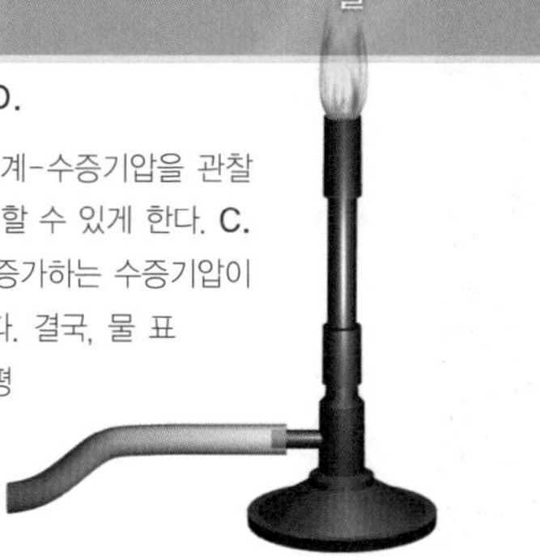

▲ 그림 4.7 수증기압과 포화의 관계 A. 초기 단계-수증기압을 관찰할 수 없는 20℃의 건조공기 B. 증발이 수증기압을 측정할 수 있게 한다. C. 더 많은 물분자들이 물 표면을 달아남에 따라 계속해서 증가하는 수증기압이 더 많은 수증기 분자들을 액체로 돌아가도록 밀어 붙인다. 결국, 물 표면으로 되돌아오는 수증기 분자들의 수가 떠나는 수와 평형을 이루게 될 것이다. 그 시점에서 공기는 포화되었다고 말한다. D. 밀폐된 용기가 20℃에서 30℃로 가열되면, 증발율이 증가해서 새로운 평형이 이루어질 때까지 수증기압이 증가되게 한다.

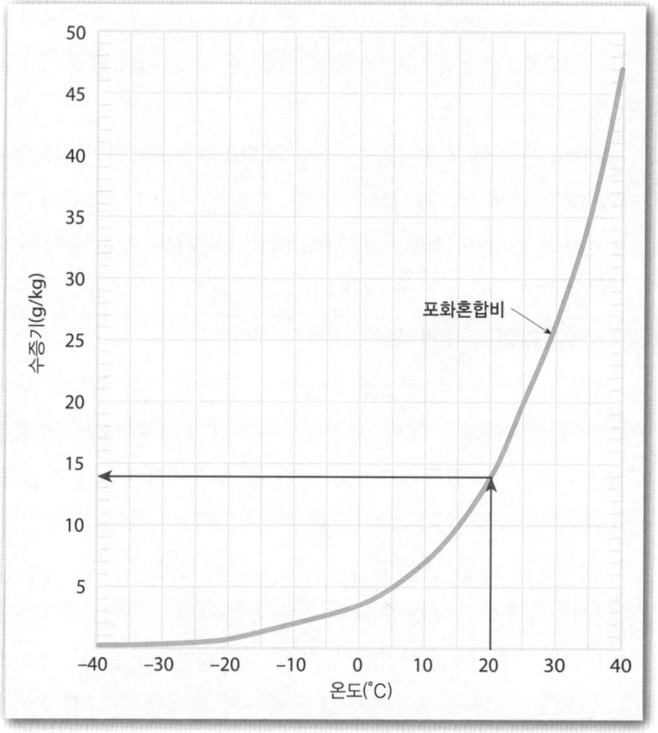

▲ 그림 4.8 다양한 온도 범위에서 건조공기 1kg을 포화시키는 데 필요한 수증기의 양을 설명하는 그래프 예를 들어 붉은색 화살표는 20℃의 건조공기 1kg을 포화시키기 위해서는 14g의 수증기가 필요함을 보여 준다.

밀폐된 용기 속의 물이 가열되면, 증발과 응결 사이의 평형은 그림 4.7D에 보인 것처럼 교란될 것이다. 더해진 에너지는 물분자들이 표면으로부터 증발하는 비율을 증가시켜 증발과 응결 사이에 새로운 평형이 이루어질 때까지 위쪽 공기의 수증기압을 증가시키게 될 것이다. 그

표 4.1 포화혼합비(해면 기압에서)

온도, °C(°F)	포화혼합비, g/kg
−40(−40)	0.1
−30(−22)	0.3
−20(−4)	0.75
−10(14)	2
0(32)	3.5
5(41)	5
10(50)	7
15(59)	10
20(68)	14
25(77)	20
30(86)	26.5
35(95)	35
40(104)	47

러므로 우리는 높은 온도의 공기를 포화시키기 위해서는 더 많은 수증기가 필요한 것처럼, 포화수증기압은 온도에 관계되는 것으로 결론지을 수 있다(그림 4.8).

다양한 온도에서 건조공기 1kg(2.2lb)을 포화시키는 데 필요한 수증기의 양이 표 4.1에 제시되어 있다. 온도가 매 10°C(18°F) 상승할 때마다 포화에 필요한 수증기의 양이 거의 2배라는 것을 주목하자. 따라서 30°C(86°F) 건조공기가 포화되기 위해서는 10°C(50°F) 건조공기에서보다 약 4배의 수증기가 필요하다.

대기는 우리의 밀폐된 용기에서와 매우 유사한 방법으로 거동한다. 자연에서는 뚜껑이 아닌 중력이 수증기(다른 기체들)가 공간으로 나가는 것을 막는 역할을 한다. 또한 용기에서처럼 물분자들은 액체 표면(호수나 구름 방울 같은)으로부터 끊임없이 증발하고 있고 다른 기체 분자들은 물로 돌아오고 있다. 그러나 현실에서는 평형이 항상 이루어지지는 않는다. 종종 돌아오는 물분자들보다 물 표면을 떠나는 것이 더 많은데, 이것을 기상학자들은 순증발(net evaporation)이라 한다. 반대로 안개가 형성되는 동안에는 물분자들이 작은 안개 입자로부터 증발되는 것보다 더 많은 분자들이 응결하여 결과적으로 순응결(net condensation)이 된다.

증발률이 응결률을 초과하거나(순증발) 그 역의 현상이 일어나는 것을 무엇이 결정하는가? 중요한 요인 중의 하나가 물 표면의 온도인데, 이것은 물분자들이 어느 정도의 이동성(운동에너지)을 가질지를 결정한다. 높은 온도에서는 분자들이 더 많은 에너지를 가져서 더 쉽게 달아날 수 있다.

증발 또는 응결 중 어느 것이 우세한 과정일지를 결정하는 또 다른 중요한 요인은 수증기압이다. 밀폐된 용기의 예에서 수증기압은 물분자들이 표면을 떠나는 비율(증발)은 물론이고 되돌아오는(응결) 비율에도 영향을 미침을 기억하자. 공기가 건조할 때(낮은 수증기압)는, 물분자들이 수면으로부터 달아나는 비율이 높다. 수증기압이 증가함에 따라 수증기가 수면으로 되돌아오는 비율도 역시 증가할 것이다.

✓ 개념 체크 4.3

❶ 절대습도와 혼합비가 어떻게 다른가? 그들이 갖는 공통점은?

❷ 수증기압을 정의하고 수증기압과 포화 사이의 관계를 설명하시오(힌트 : 그림 4.7 참조).

❸ 표 4.1을 공부한 후에 공기를 포화시키기 위해 필요한 수증기량과 기온과의 관계를 요약하시오.

자주 나오는 질문…

온도가 계속해서 영하에 머물러 있는데도, 왜 눈이 내리고 며칠 후에는 눈의 두께가 줄어든 것처럼 보이나요?

눈이 내린 후 이어지는 맑고 추운 날에는 공기가 매우 건조할 수 있다. 이 사실은 태양복사에 의한 가열과 함께 얼음 고체가 승화(고체가 기체로 바뀌게)하는 원인이 된다. 따라서 어떤 감지할 만큼의 눈 녹음이 없이도 이들 눈의 두께는 서서히 작아진다.

대기를 바라보는 눈 4.1

물은 바다, 빙하, 강, 호수, 대기 그리고 생명체 등 지구상의 모든 곳에 있다. 그리고 물은 지구상에서 경험하는 온도와 압력에서 하나의 상태에서 다른 상태로 상변화를 할 수 있다. 와이오밍 주 그랜드티턴 상공에서 찍은 이 영상을 기초해서 다음 질문들에 답하시오.

질문

1. 이 사진에서 어떠한 현상이 액체 상태의 물로 구성되었는가?
2. 얼음이 고체 상태에서 직접 기체 상태로 변화하는 과정을 무엇이라 하는가?
3. 이 영상에서 수증기가 있는 곳은 어디인가?

4.4 상대습도와 노점온도

자연 상태에서 상대습도가 변화하는 방법들을 제시하고 설명한다. 상대습도와 노점온도를 비교한다.

공기 중의 수분 함유량을 설명하는 데 사용되는 용어 중 가장 익숙하지만, 불행하게도 가장 오해하고 있는 용어가 상대습도이다. **상대습도**(relative humidity)란 어떤 온도(그리고 압력)에서 공기가 포화되기 위해 필요한 수증기의 양에 대한 공기 중의 실제 수증기량의 비율이다. 따라서 상대습도는 공기 중의 실제 수증기량을 나타내기보다는 공기가 포화에 얼마나 근접한가를 나타낸다(글상자 4.1 참조). 상대습도는 다음과 같이 결정될 수 있다.

$$\text{상대습도(RH, \%)} = \frac{\text{혼합비(공기 중 수증기량, g/kg)}}{\text{포화혼합비(g/kg)}} \times 100$$

예를 들면, 우리는 표 4.1에서 25°C의 공기는 수증기 20g/kg을 포함할 때 포화되는 것을 볼 수 있다(포화혼합비). 그러므로 만약 공기가 25°C인 날 수증기 10g/kg을 포함(혼합비)한다면 상대습도는 10/20이나 50%로 나타낸다. 나아가 25°C의 공기가 20g/kg의 수증기를 포함한다면 상대습도는 20/20이나 100%이다. 우리는 종종 상대습도가 100%에 도달하였을 때 공기가 포화되었다고 말한다.

상대습도는 어떻게 변하는가

상대습도는 포화에 필요한 수증기량과 함께 공기의 실제 수증기 함량에 기초하기 때문에, 이것은 두 방법으로 변화될 수 있다. 첫째로 상대습도는 수증기의 유입(addition)이나 제거(removal)에 의해 변화될 수 있다. 둘째로 포화에 필요한 수증기의 양이 기온의 함수이기 때문에 상대습도는 온도에 따라 변화한다.

수분의 변화가 어떻게 상대습도에 영향을 주는가 그림 4.9에서 증발에 의해 공기덩이에 수증기가 더해지면, 공기의 상대습도는 포화가 일어날 때까지(상대습도 100%) 증가하는 점을 주목하자. 이미 포화된 공기덩이에 수분이 계속 더해지면 무슨 일이 일어날까? 상대습도가 100%를 초과할까? 일반적으로 이런 상황은 발생하지 않는다. 그 대신 과잉 수증기는 액체 물을 형성하기 위해 응결한다.

여러분은 뜨거운 물로 샤워하는 동안 그러한 상황을 경험했을 것이다. 샤워기에서 나오는 물은 매우 활동적인(뜨거운) 분자들이며, 이것은 증발률이 크다는 것을 의미한다. 샤워를 하는 동안 계속해서 증발하는 수증기들이 욕실의 불포화된 공기에 수증기를 더한다. 그러므로 만약 여러분이 충분히 오랫동안 따뜻한 물로 샤워를 한다면, 공기는 결국 포화되고 남은 수증기는 욕실의 거울, 창문, 타일 그리고 다른 표면에 응결할 것이다.

자연에서 수분은 주로 바다에서의 증발을 통해 공기로 유입된다. 그렇지만 식물, 토양 그리고 물속의 작은 생물들 또한 상당한 기여를 한다. 그러나 여러분이 샤워할 때와는 다르게 공기에 수증기가 더해지는 과정은 일반적으로 바로 포화가 발생하도록 충분히 빠른 속도로 발생하지 않는다. 한 가지 예외는 여러분이 추운 겨울에 숨을 내쉴 때 "여러분의 숨을 보라." 그것은 매우 낮은 포화수증기압을 가진 찬 바깥 공기와 여러분의 폐에서 나온 온난 습윤한 공기의 혼합의 결과이다. 여러분의 호흡은 아주 작은 양으로도 포화가 되는 바깥의 찬 공기를 포화시키기에 충분한 수분을 가졌고 그 결과 소형의 '구름'이 만들어진 것이다. 대부분 '구름'처럼 이 구름도 빠르게 형성되고, 더 많은 건조한 바깥 공기와 혼합되면서 빠르게 증발한다.

▼ 그림 4.9 일정한 온도(예 : 25℃)에서 상대습도는 수증기가 공기에 더해질 때 증가할 것이다
25℃의 공기덩이에 대한 포화혼합비는 20g/kg(표 4.1 참조)이다. 플라스크 내 수증기가 증가함에 따라 상대습도는 25%에서 100%로 증가될 것이다.

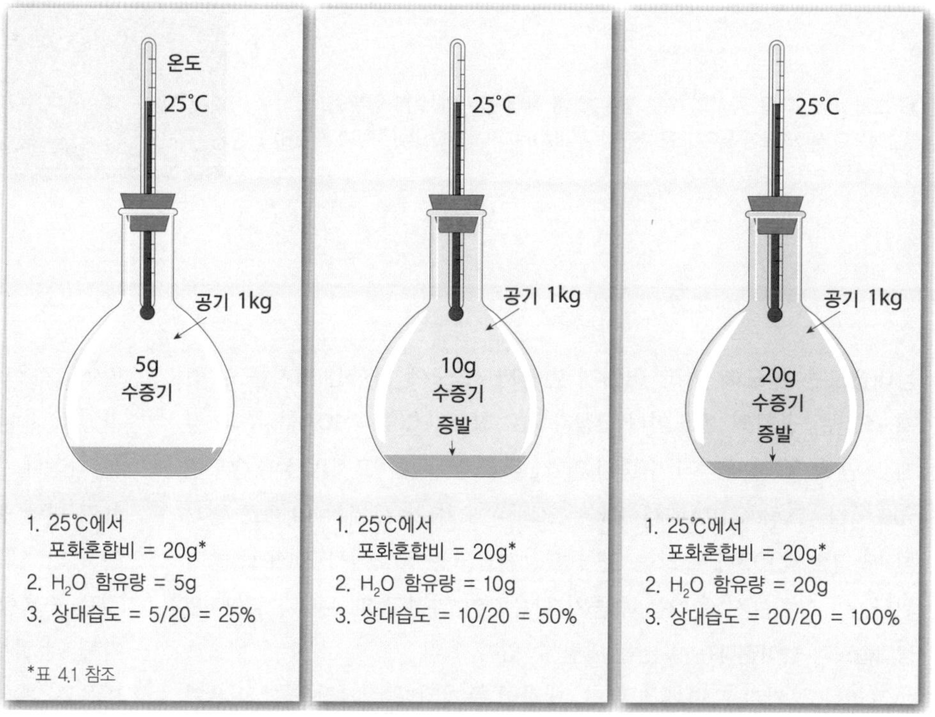

A. 초기 조건 : 5g의 수증기 B. 수증기 5g 추가 = 10g C. 수증기 10g 추가 = 20g

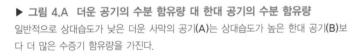

글상자 4.1 100% 상대습도에서의 건조공기?

일반적으로 오해하고 있는 개념은 상대습도가 높은 공기는 상대습도가 낮은 공기보다 더 많은 수증기를 포함하고 있다는 것이다. 때때로 이것은 사실이 아니다(그림 4.A). 일리노이 주 시카고에서 전형적인 1월의 어느 날과 캘리포니아 데스벨리 근처 사막에서의 날을 비교하자. 이 가상적인 날에서 시카고에서의 기온이 −10℃(14℉)로 차고 상대습도는 100%이다. 우리는 표 4.1에서 −10℃(14℉)에서 포화된 공기는 2g/kg의 수증기(혼합비)를 포함하였다는 것을 알 수 있다. 반대로 데스벨리에서의 1월 사막 공기는 25℃(77℉)로 따뜻하고 상대습도는 겨우 20%이다. 표 4.1을 보면 25℃(77℉) 공기는 최대 20g/kg의 혼합비를 가지는 것을 알 수 있다. 그러므로 20%의 상대습도를 가지는 데스벨리 공기는 4g/kg(20g×20%)의 수증기를 포함한다. 결과적으로 데스벨리의 '건조' 공기는 실제로 일리노이 주 시카고에서의 상대습도가 100%인 '습윤' 공기보다 2배의 수증기를 포함한다.

이 예는 왜 매우 추운 지역들이 또한 매우 건조한지를 명확하게 한다. 한대 공기의 적은 수증기 함유량(심지어 포화됐을 때조차)은 왜 많은 북극 지역에서 단지 아주 적은 양의 강수가 내리고, 때때로 '한대 사막'으로 불리는지를 설명하는 데 도움을 준다. 이것은 또한 왜 사람들이 겨울 동안 건조한 피부와 갈라진 입술을 빈번하게 경험하는지를 이해하도록 도와준다. 찬 공기의 수증기 함유량은 덥고 건조한 지역과 비교했을 때조차도 수증기 함유량이 적다.

질문

1. 한 지역이 다른 지역보다 추운 두 지역이 같은 상대습도(50%)를 가졌다고 가정해 보자. 어느 지역의 수증기량이 더 많은가?

▶ **그림 4.A 더운 공기의 수분 함유량 대 한대 공기의 수분 함유량**
일반적으로 상대습도가 낮은 더운 사막의 공기(A)는 상대습도가 높은 한대 공기(B)보다 더 많은 수증기 함유량을 가진다.

상대습도는 온도에 따라 어떻게 변할까 습도에 영향을 미치는 두 번째 조건은 공기의 온도이다(글상자 4.2 참조). 그림 4.10A를 주의 깊게 보면 20°C의 공기가 수증기 7g/kg을 포함할 때, 그것의 상대습도는 50%이다. 그림 4.10A에서 플라스크의 온도가 20°C에서 10°C로 냉각될 때 그림 4.10B에서 보는 것처럼 상대습도는 50%에서 100%로 증가된다. 이 그림에서 우리는 수증기 함유량이 일정할 때 온도가 낮아지면 상대습도가 높아진다는 결론을 내릴 수 있다.

그러나 공기가 포화에 이르면, 냉각이 중지된다는 가정을 할 이유가 없다. 포화가 발생한 온도 이하로 공기가 계속해서 냉각되면 무슨 일이 일어날까? 그림 4.10C는 이 상황을 설명한다. 표 4.1로부터 플라스크가 0°C로 냉각되면 공기는 수증기 3.5g/kg에서 포화된다. 이 플라스크는 처음에 수증기 7g을 포함하고 있었기 때문에 초과된 수증기 3.5g은 용기 벽에 응결하여 액체 방울을 형성할 것이다. 이러한 과정이 일어나는 동안, 내부 공기의 상대습도는 계속해서 100%를 유지할 것이다. 이것은 중요한 개념을 알려 준다. 상층의 공기가 포화 수준 이상으로 냉각될 때 일부의 수증기는 응결되어 구름을 형성할 것이다. 구름은 액체 방울로 이루어지기 때문에 이 수분은 더 이상 공기의 수증기 함유량의 일부가 아니다.

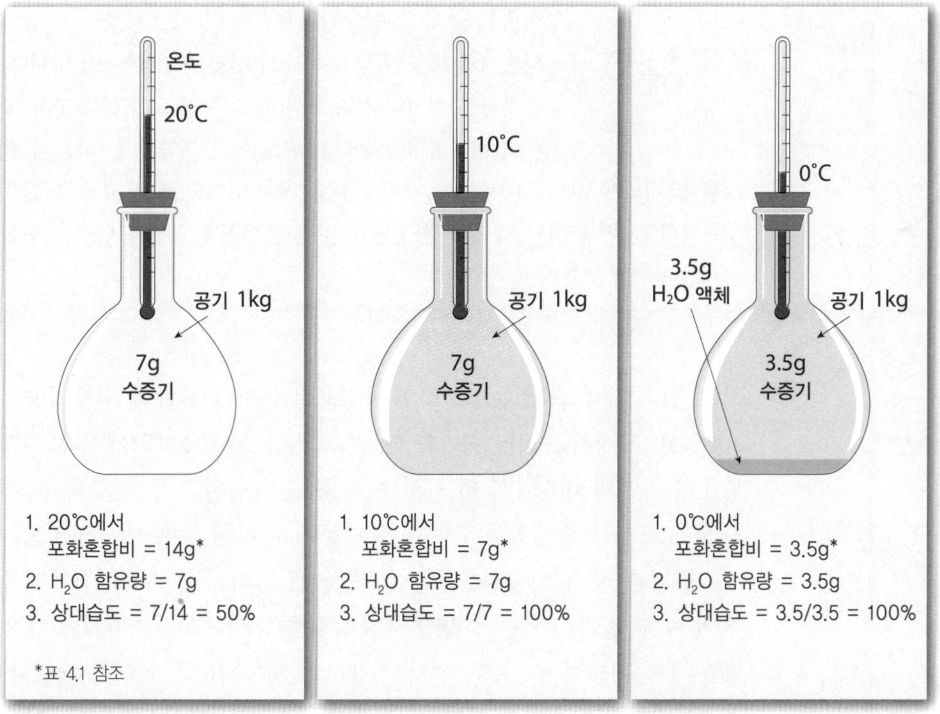

A. 초기 조건 : 20℃ B. 10℃로 냉각 C. 0℃로 냉각

▲ 그림 4.10 상대습도는 온도에 따라 변한다

수증기 함유량(혼합비)이 일정할 때, 상대습도는 온도가 올라가거나 내려가면 변할 것이다. 이 예에서, 플라스크 내 공기의 온도가 20°C(**A**)에서 10°C(**B**)로 내려가면 상대습도는 50%에서 100%로 증가된다. 10°C에서 0°C로 다시 온도가 내려가면 수증기량의 반은 응결된다. 자연에서 포화된 공기가 냉각되면 구름, 이슬 또는 안개 형태로 응결을 일으킨다.

역으로 온도가 올라가면 상대습도는 낮아질 것이다. 예를 들어 그림 4.10A에서 수증기 7g이 포함된 플라스크가 20°C에서 35°C로 가열되었다고 하자. 표 4.1은 공기 온도가 35°C이면 수증기 35g/kg에서 포화가 발생함을 보여 준다. 결과적으로 공기 온도를 20°C에서 35°C로 가열하면, 상대습도는 7/14(50%)에서 7/35(20%)로 낮아질 것이다.

상대습도의 자연적 변화

자연에는 상대습도 변화와 관련된 기온이 변화하는(상대적으로 짧은 시간 동안) 세 가지 주된 방법들이 있다. 이것들은 다음과 같다.

- 기온의 일변화(주간 대 야간 기온)
- 공기가 한 지역에서 또 다른 지역으로 수평적으로 이동할 때 일어나는 온도변화
- 공기의 연직 이동에 의한 온도변화

이들 세 가지 과정 중 첫 번째의 영향을 그림 4.11에 나타내었다. 따뜻한 정오 기간에는 상대습도가 가장 낮은 수준에 도달하는 반면, 기온이 낮은 저녁 시간에는 높은 상대습도와 관련되는 것을 주목하자. 이 예에서 공기의 실제 수증기 함유량(혼합비)은 변함없이 그대로이다. 단지 상대습도만 변한다. 다른 두 과정에 대해서는 다음 장에서 보다 상세히 학습할 것이다.

요약하면, 상대습도는 공기가 얼마나 포화 상태에 가까운가를 나타내는 반면에 공기의 혼합비는 공기 중에 포함된 실제 수증기의 양을 나타낸다. 수증기량이 일정할 때, 상대습도는 온도가 올라가면 낮아지고 온도가 내려가면 올라간다.

글상자 4.2 가습기와 제습기

여름에는 상점에서 **제습기**를 판매한다. 겨울이 돌아오면 이 상인들은 **가습기**를 주로 판다. 왜 많은 가정에서 가습기와 제습기 모두를 갖추고 있다고 생각하는가? 답은 온도와 상대습도 사이의 관계에 있다. 공기의 수증기 함유량이 일정한 상태에서 온도의 상승은 **상대습도를 낮추는** 반면 온도의 하강은 **상대습도를 높이는** 것을 기억하자.

여름에는 온난 습윤한 공기가 빈번히 미국 중부와 동부 지방의 기후를 지배한다. 덥고 습한 공기가 가정에 들어오면 그것의 일부는 찬 지하실로 흘러간다. 그 결과, 이 공기의 온도는 낮아져서 상대습도가 높아진다. 이러한 이유로 지하실이 습해지고 곰팡내가 나게 된다. 그래서 집주인은 이 문제를 완화하기 위해서 제습기를 설치한다. 제습기의 찬 코일 위로 공기를 유입시킴에 따라 수증기가 응결하여 용기 내에 고이거나 배수구로 흘러나간다. 이 과정은 상대습도를 낮추어 지하실을 건조하고 더욱 쾌적하게 한다.

반대로 겨울에는 바깥 공기는 차고 건조하다. 이 공기가 집으로 유입되면 이것은 방의 온도 수준으로 가열된다. 이 과정은 차례로 상대습도를 낮추게 되는데 때때로 불쾌하게 낮은 25% 또는 그 이하로 낮게 한다. 건조한 상태에서의 생활은 정전기 충격, 건조한 피부, 두통, 또는 심지어 코피를 유발할 수 있다. 그러므로 집주인은 공기에 수분을 더하여 더욱 쾌적한 수준으로 상대습도를 높이는 가습기를 설치해야 할지 모른다.

질문

1. 1년 중 어느 계절에 집주인이 주로 제습기를 사용하는가? 그 이유는?

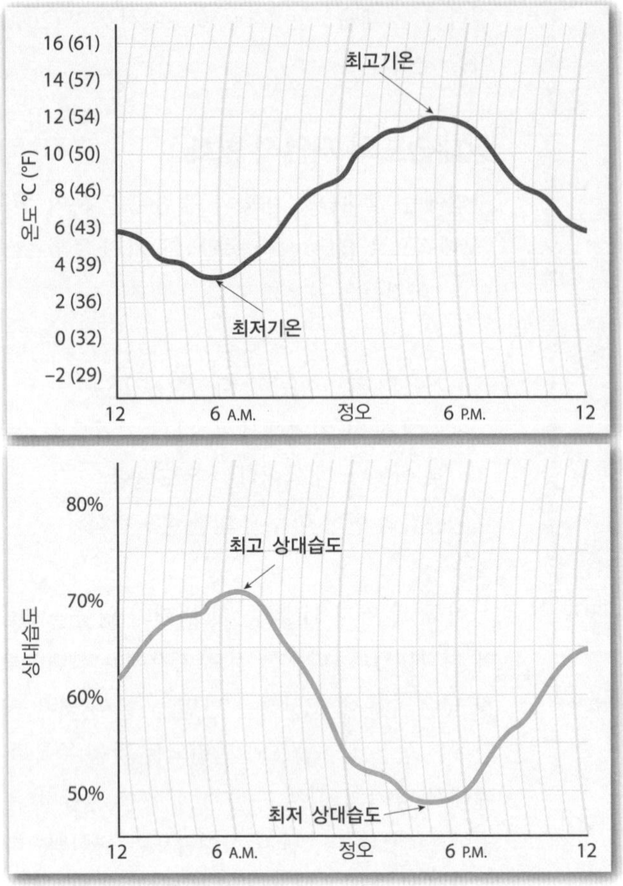

▲ 그림 4.11 워싱턴 DC에서의 봄날의 기온과 상대습도의 전형적인 일변동

이슬점온도

이슬점온도(dew-point temperature), 또는 간단히 **이슬점**(dew point)이란 공기가 포화에 도달하기 위해 냉각되어야 하는 온도이다. 이슬점이란 용어는 야간에 지면 근처의 물체들이 이슬점온도 아래로 냉각되어 이슬로 덮인 사실로부터 유래되었다. 여러분은 대부분 습한 여름날에 찬 음료 잔에 이슬이 맺히는 것을 보았을 것이다(그림 4.12). 자연 상태에서 공기가 이슬점온도 이하로 냉각될 때 이슬점온도가 0°C 이상이면 이슬, 안개 또는 구름을 발생시키고 0°C 이하이면 서리를 발생시킨다.

이슬점은 또한 공기가 포화에 도달하는 온도로 정의할 수 있기 때문에, 공기덩이에 포함된 실제 수증기 함량과 직접적으로 관계된다. 포화수증기압은 온도의 함수이고 기온이 10°C(18°F) 상승할 때 포화에 필요한 수증기 양이 2배가 필요하다는 것을 기억하자. 그러므로 상대적으로 찬 상태(0°C 또는 32°F)에서 포화된 공기에 포함된 수증기량은 10°C(50°F)에서 포화된 공기의 약 반 그리고 20°C(68°F)에서 포화된 따뜻한 공기의 대략 1/4 정도의 수증기만을 포함하고 있는 것이다. 이슬점은 포화가 발생하는 온도이기 때문에 우리는 높은 이슬점온도는 습윤공기를, 낮은 이슬점온도는 건조공기를 나타내는 것으로 결론지을 수 있다(표 4.2). 좀 더 정확히 우리가 수증기와 포화수증기압에 대해 배운 것에 기초하여, 우리는 이슬점온도가 10°C(18°F) 높아질 때마다, 공기는 2배의 수증기를 포함한다고 말할 수 있다. 따라서 우리는 이슬점온도가 25°C(77°F) 이면, 이슬점온도가 15°C(59°F)인 공기의 2배, 그리고 이슬점온도가 5°C(41°F)인 공기보다 4배의 수증기를 포함한다는 것을 알 수 있다.

이슬점온도가 공기 중의 수증기량을 측정하는 데 유용하기 때문에 이것은 다양한 일기도상에서 나타난다. 이슬점이 18°C(65°F)를 넘으면 대부분의 사람들이 습하다고 느끼며, 24°C(75°F)를 넘게 되면 사람들에게 답답함을 준다. 또한 그림 4.13에서 남동부는 습한 조건이 우세하지만(이슬점 18°C 이상) 나머지 대부분의 지역들은 상대적으로 건조한 상태이다.

자주 나오는 질문…

왜 겨울에는 입술이 갈라지나요?

겨울에는 외부 공기가 비교적 차고 건조하다. 이 공기가 집안으로 유입되면 온도가 높아져 상대습도가 더욱 낮아지게 된다. 만약에 여러분 집에 가습기가 없다면, 여러분은 겨울 동안 갈라진 입술과 건조한 피부를 경험할 것이다.

자주 나오는 질문…

서리는 단지 언 이슬인가요?

일반적인 대중의 믿음과 달리 서리는 언 이슬이 아니다. 그보다는 흰서리(서리, hoar frost)는 온도가 0°C 또는 그 이하(서리점이라 불리는 온도)에서 포화가 일어날 때 발생한다. 따라서 서리는 수증기가 액체 상태를 거치지 않고 바로 고체(얼음)로 상변화할 때 발생된다. 이 침적 과정이 겨울 동안 때때로 창문에 얼음 결정의 섬세한 무늬를 만든다.

▼ 그림 4.12 응결과 이슬점온도

응결, 또는 '이슬'은 찬 음료수 컵이 주위 공기를 이슬점온도 이하로 냉각시킬 때 일어난다.

표 4.2 이슬점 경계값(임계값)

이슬점온도	임계값
≤ 10˚F	폭설이 발생하기 어렵다.
≥ 55˚F	강뇌우 형성의 최소 조건
≥ 65˚F	대부분의 사람들이 습하다고 생각한다.
≥ 70˚F	전형적인 우기의 열대지방
≥ 75˚F	대부분이 숨이 막힐듯하다고 생각한다.

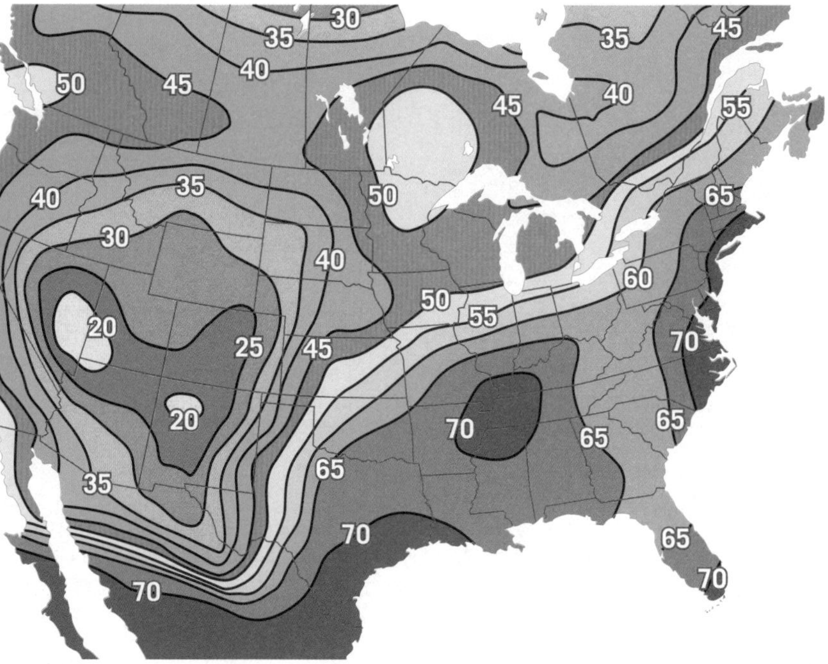

http://goo.gl/fNjH8

Video
1월 수증기
http://goo.gl/QzzGWg

▲ **스마트그림 4.13 전형적인 가을날 이슬점온도를 보여 주는 지상일기도**

60℉ 이상의 이슬점온도가 미국의 남동부 지역에서 나타나고 있는데, 이는 이 지역들이 습한 공기로 덮여 있음을 제시한다.

Video
7월 수증기
http://goo.gl/gUHFiO

습도는 어떻게 측정되는가

습도계(hygrometers)라 불리는 여러 종류의 측기들이 상대습도를 측정하는 데 사용될 수 있다. 습도계는 기상학 분야에서 사용되는 것 외에도 온실, 담배 저장 시설, 박물관, 그리고 생산물에 방수 처리가 된 페인트 통(paint booth)과 같이 습도에 민감한 수많은 산업 시설에도 이용된다. 절대습도와 혼합비는 직접 측정하기가 어렵기 때문에, 대부분의 습도계는 상대습도나 이슬점온도를 측정한다. 이 둘 중 하나가 알려지면, 다른 습도 변수로 변화하는 것은 상대적으로 용이하다.

건습계 가장 간단한 습도계 중 하나인 **건습계**(psychrometer, 손잡이에 연결되어 회전될 때 휘돌이 건습계라 불린다)는 나란히 설치된 2개의 온도계로 이루어져 있다(그림 4.14A). 건구라 불리는 하나의 온도계는 공기의 온도를 측정하고, 습구라 불리는 다른 온도계에는 끝(구부)부분에 얇은 천의 심지가 묶여 있다. 이 천으로 된 심지는 물로 포화되었으며 공기가 연속적으로 심지 주위를 통과하도록 건습계를 흔들어 주거나 전기 팬을 이용하여 공기가 측기를 통과하도록 한다(그림 4.14B, C). 그 결과, 물이 심지로부터 증발하면서 온도계의 열에너지를 흡수하게 되어 습구의 온도가 내려가게 된다. 냉각되는 양은 공기의 건조도에 정비례하여 건조한 공기일수록 더욱 냉각된다. 그러므로 건구와 습구의 온도 차가 클수록, 상대습도는 더 낮아진다. 이와는 대조적으로 공기가 포화된다면 더 이상 증발이 발생하지 않아 두 온도계는 같은 값을 가질 것이다.

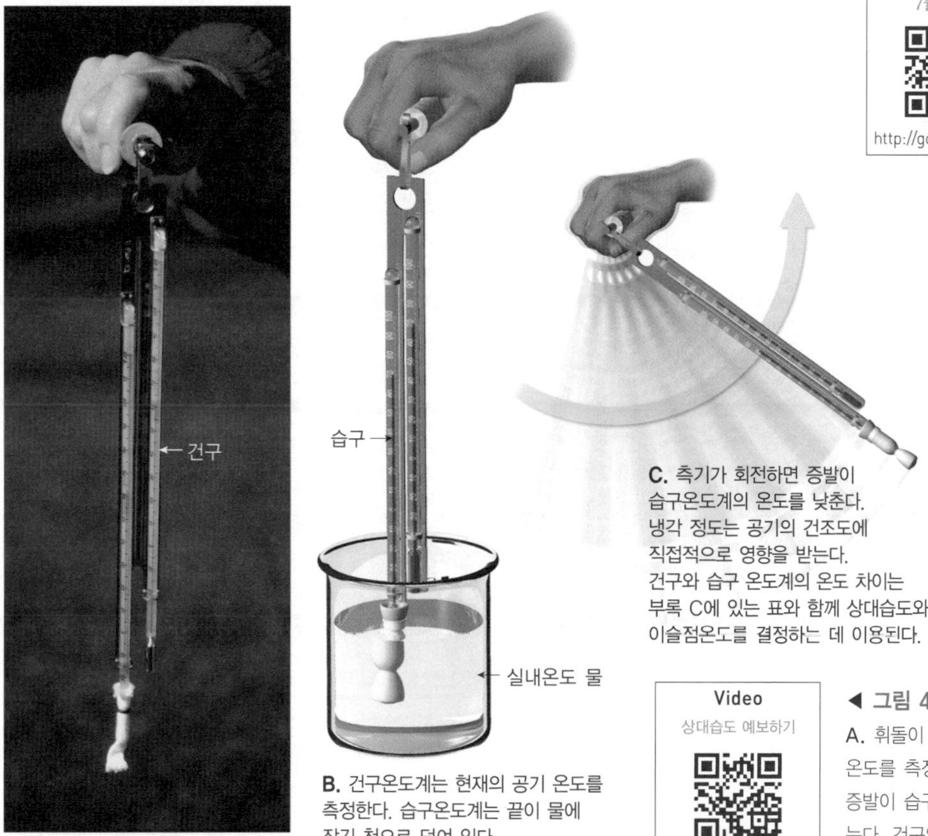

A. 휘돌이 건습계는 하나의 건구와 습구온도계로 구성된다.

B. 건구온도계는 현재의 공기 온도를 측정한다. 습구온도계는 끝이 물에 잠긴 천으로 덮여 있다.

C. 측기가 회전하면 증발이 습구온도계의 온도를 낮춘다. 냉각 정도는 공기의 건조도에 직접적으로 영향을 받는다. 건구와 습구 온도계의 온도 차이는 부록 C에 있는 표와 함께 상대습도와 이슬점온도를 결정하는 데 이용된다.

Video
상대습도 예보하기
http://goo.gl/0zww9F

◀ **그림 4.14 휘돌이 건습계**

A. 휘돌이 건습계는 하나의 건구와 습구온도계로 구성된다. **B.** 건구온도계는 현재의 공기 온도를 측정한다. 습구온도계는 끝이 물에 잠긴 천으로 덮이어 있다. **C.** 측기가 회전하면 증발이 습구온도계의 온도를 낮춘다. 냉각 정도는 공기의 건조도에 직접적으로 영향을 받는다. 건구와 습구 온도계의 온도 차이는 부록 C에 있는 표와 함께 상대습도와 이슬점온도를 결정하는 데 이용된다.

당신의 예보는?

습도와 사람의 쾌적함

웨스턴일리노이대학교 레디나 L. 허먼(Redina L. Herman) 박사

만약에 당신의 자동차, 집 또는 아파트의 에어컨이 고장 났다면 당신은 결과적으로 불편한 환경이 시작됨을 알 것이다. 에어컨이 공기를 냉각시키고 상대습도를 줄여 주기 때문에 당신 주위 환경을 보다 안락하게 해 준다. 공기 중의 수증기량을 의미하는 습도는 기상학자들뿐만 아니라 일반인들에게도 똑같이 중요하다. 기상학자에게 습도는 우리가 경험하는 날씨의 조절 인자이다. 대기의 습도는 비가 오려고 할 때 그리고 뇌우를 발생시킬 정도로 대기가 불안정할 때 영향을 미친다. 우리 모두에게 습도는 쾌적함의 정도와 우리의 환경이 얼마나 건강한지를 결정한다(그림 4.B).

한여름에 습한 날은 여러분을 에어컨이 작동하는 집에 머물고 싶게 한다. 높은 습도는 인간의 건강에 영향을 주는 곰팡이와 집진드기의 성장을 촉진시킨다. 반면에 습도가 너무 낮으면 당신의 피부는 불편하게 건조함을 느낄 것이고 때로는 갈라질 수도 있다. 한랭한 기후에서 사람들은 겨울철 동안 보다 편안함을 느끼기 위해 집에서 가습기를 작동시킨다(글상자 4.2 참조).

▲ 그림 4.B
여름에 실외에서 일하는 것은 따뜻한 공기가 더 많은 수증기를 포함할 수 있기 때문에 습하고 불쾌할 수 있다. 온도와 습도가 높아지면 열스트레스가 발생할 수 있다.

습도 측정하기

공기 중에 있는 수증기 함량을 아는 것이 아주 중요한데, 그것을 정확히 측정하기는 어렵다. 습도는 질량, 기압, 온도 또는 전기 저항과 같은 다른 양에 대한 기준을 갖고 측정되는데 – 그래서 당신은 습도를 결정하기 위해서는 최소한 두 가지의 독립적인 정보를 알아야 한다. 사실, 대부분의 습도계는 절대습도나 혼합비(공기덩이에 포함된 실제 수증기량)를 측정하는 대신 상대습도(얼마나 포화에 근접하였나)를 측정한다. 상대습도는 온도와 수분량의 함수이어서 온도의 변동은 상대습도의 변화를 가져온다. 예를 들어, 냉각거울 습도계는 거울에 안개가 형성되도록 거울을 주위 공기의 이슬점온도까지 냉각시킨다. 그러므로 냉각 습도계는 사실상 상대습도를 측정하는 것이다. 여러분은 공기의 온도를 알아야 공기 중 수증기 함유량을 결정할 수 있다.

숫자로 계산하기

상대습도와 이슬점온도를 결정하는 일반적인 방법은 휘돌이 건습계를 이용하는 것이다(그림 4.14). 수분을 결정하기 위해 습구의 온도는 건구의 온도와 비교된다.

부록 C에서 만약 건구온도가 70°F이고 습구온도가 57°F이라면 습구온도 차는 13°F이다. 표 C.3(부록 C)에 의하면, 상대습도는 44%이고 이슬점온도는 47°F이다. 열지수 도표(heat index chart, 그림 3.30)는 68°F와 같이 낮은 온도는 나타내고 있지 않은데, 이는 상대습도에 의한 부작용이 없음을 의미한다. 사실, 이 날은 아주 쾌적한 날일 것이다.

질문

1. 생략된 정보들의 근사값을 결정하기 위해 부록 C의 표들을 이용하시오.
   a. 만약 건구온도가 85°F이고 습구온도가 81°F이라면 습구온도 차, 이슬점온도 그리고 상대습도는 얼마인가?
   b. 만약 건구온도가 75°F이고 습구온도 차가 20°F이라면 습구온도, 이슬점온도 그리고 상대습도는 얼마인가?
   c. 만약 건구온도가 90°F이고 상대습도가 74%이라면 습구온도, 습구온도 차, 그리고 이슬점온도는 얼마인가?
   d. 만약 건구온도가 100°F이고 상대습도가 65%이라면 습구온도, 습구온도 차, 그리고 이슬점온도는 얼마인가?
2. 질문 1에 대한 당신의 답변에 기초하여 주어진 조건에서 당신이 얼마나 쾌적함을 느낄 것인지 순서를 정해 보시오. 3장의 열지수 도표(그림 3.30)를 참조하면 도움이 될 것이다.

건습계와 부록 C에 제공된 표를 이용하면, 상대습도와 이슬점온도는 쉽게 결정된다.

모발습도계 상대습도를 측정하는 도구에서 가장 오래된 것 중 하나인 **모발습도계**는 모발의 길이가 상대습도의 변화에 비례하게 변화하는 원리로 작동한다. 모발의 길이는 상대습도가 높아짐에 따라 늘어나고 상대습도가 낮아짐에 따라 줄어든다. 선천적으로 곱슬머리인 사람들은 습한 기후에서 그들의 모발이 길어지기 때문에 더 곱슬거리는 현상을 경험한다. 모발습도계는 0~100% 사이에 검정(눈금이 매겨진)된 지시계에 기계적으로 연결된 머리카락 다발을 사용한다. 하지만 이 습도계는 더 정확한 도구들의 개발로 이제는 거의 사용되지 않는다.

전기습도계 최근에는 다양한 유형의 **전기습도계**가 광범위하게 사용된다. 전기습도계의 한 유형은 냉각된 거울을 사용하는데, 거울에 응결이 시작되는 온도를 탐지하는 기법을 이용한다. 따라서 냉각된 거울 습도계는 공기의 노점온도를 측정한다. NWS(National Weather Service)에서 운용 중인 자동기상관측시스템(Automated Weather Observing System, AWOS)에서는 전하를 저장할 수 있는 물체의 능력, **용량**(capacitance)의 원리에 따라 작동하는 전기습도계를 사용한다. 이 센서는 전류에 연결된 얇은 흡수성 필름으로 이루어진다. 주위 공기의 상대습도에 비례하여 필름이 물을 흡수하거나 방출함에 따라 센서의 용량이 변한다. 따라서 필름의 용량 변화를 감시함으로써 상대습도를 측정할 수 있다. 높은 용량은 높은 상대습도에 대응된다.

✓ 개념 체크 4.4

1. 상대습도는 절대습도 및 혼합비와 어떻게 다른가?
2. 그림 4.11을 참조해서 다음 질문에 답하시오.
   a. 하루 중 언제 상대습도가 가장 높고 낮은가?
   b. 하루 중 언제 이슬이 가장 잘 형성될까?
   c. 기온 변화와 상대습도 변화 사이의 일반적인 관계를 기술하시오.
3. 온도가 일정한 상태에서 혼합비가 줄어든다면 상대습도는 어떻게 변할까?
4. 이슬점온도를 정의하시오.
5. 습도 측정 방법인 상대습도와 이슬점 중 어느 것이 공기덩이 속에 포함된 실제 수증기량을 가장 잘 나타내는가?
6. 건습계의 원리를 간단하게 설명하시오.

4.5 단열온도변화와 구름 형성

단열과정에 의한 온도변화를 설명하고 습윤단열감률이 건조단열감률보다 작은 이유를 설명한다.

공기 중에 충분한 수증기가 유입되거나 수증기가 액체로 변화하도록 충분히 냉각되면 응결이 발생한다는 것을 생각해 보자. 응결은 이슬, 안개 또는 구름을 만들 수 있다. 지표면 근처의 열은 지표와 바로 위의 대기 사이에 상호 교환된다. 지표가 저녁에 열을 잃으면서(복사냉각) 이슬은 잔디에 응결될 것이고 안개는 지표 바로 위 공기층에 형성될 것이다. 따라서 일몰 후에 발생하는 지표냉각은 응결을 일으킨다. 그러나 구름은 가끔 하루 중 가장 따뜻할 때에 발생하는데, 이는 구름이 형성되기 위해서는 또 다른 메커니즘이 공기를 충분히 냉각할 만큼 하늘 높이 상승시켜야 한다는 점이다.

구름을 발생시키는 대부분의 과정은 쉽게 시각화할 수 있다. 여러분은 손 펌프를 가지고 자전거 바퀴에 바람을 넣었을 때 펌프 통이 매우 따뜻해지는 것을 느껴 본 적이 있는가? 여러분이 공기를 압축하기 위해 에너지를 가함에 따라 기체분자들의 운동이 증가되었고 그 결과 공기의 온도가 상승했다. 반대로, 여러분이 자전거 바퀴로부터 공기를 뺀다면 그것은 팽창할 것이다. 기체분자들은 보다 덜 빠르게 움직이게 되고 공기는 차가워진다. 여러분은 아마도 헤어스프레이를 이용하거나 탈취제를 뿌림에 따라 팽창하는 추진 연료 기체의 냉각효과를 느꼈을 것이다. 여기서 설명한 온도변화는 열의 출입이 없는 상태에서 일어난 것으로 이러한 것을 **단열온도변화**(adiabatic temperature changes)라 부른다. 기압의 변화는 온도변화를 유발한다. 요약하면, 공기가 팽창될 때는 냉각되고 공기가 압축될 때는 따뜻해진다.

단열냉각과 단열응결

단열냉각에 대한 토의를 간단히 하기 위해 거품과 같이 얇은 막에 갇힌 일정량의 공기를 상상해 보자. 기상학자들은 이 상상의 공기 부피를 **공기덩이**(a parcel)라 부른다. 일반적으로 우리는 공기덩이를 부피 단위로 몇백 세제곱미터이고, 그것은 주변 공기와 무관하게 움직인다고 가정한다. 또한 공기덩이 안으로 또는 공기덩이 밖으로 열이 이동하지 않는 것으로 가정할 수 있다. 비록 이 가정이 대단히 이상화되었음에도 불구하고, 짧은 시간 동안에 이 공기덩이는 대기에서 실제 연직으로 움직이는 공기체적과 같은 방법으로 움직인다. 자연에서는 때때로 주변 공기가 연직으로 움직이는 공기덩이에 침투하는데, 이 과정을 **유입**(흡입,

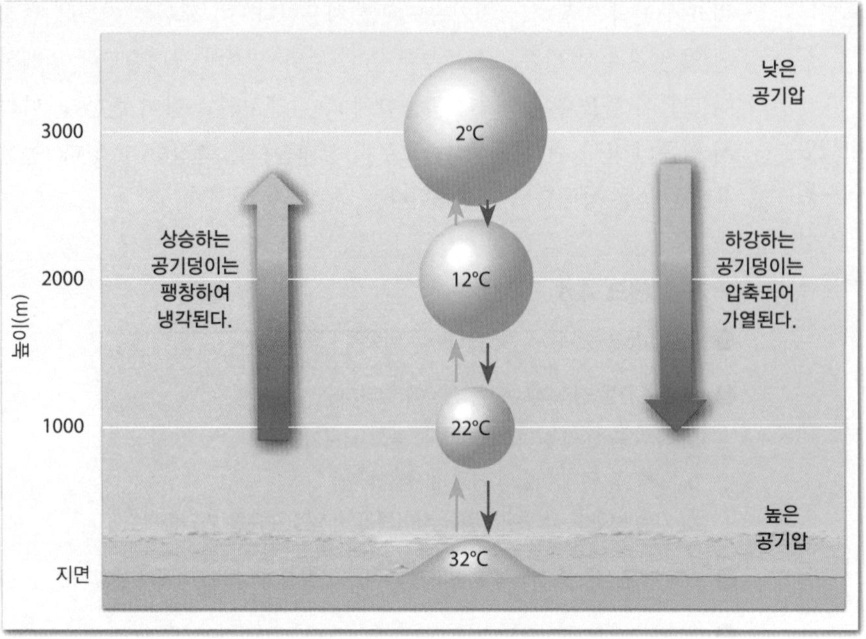

◀ **그림 4.15 건조단열감률에 의한 냉각과 가열**
불포화 공기덩이가 상승될 때면 언제든지 그것은 팽창하고 1000m당 10℃의 건조단열감률로 냉각된다. 반대로 공기덩이가 하강할 때 그것은 압축되고 같은 비율로 가열된다.

entrainment)이라 부른다. 우리는 다음 토의를 위해 이러한 유형의 혼합이 발생하지 않음을 가정할 것이다.

1장에서 기압은 고도가 높아질수록 감소하는 것을 배웠다. 위쪽으로 상승하는 공기덩이는 항상 연속적으로 압력이 낮은 고도를 통과한다. 그 결과 상승하는 공기덩이는 팽창하고 단열적으로 냉각한다. 불포화된 공기덩이는 매 1,000m 상승 시 10°C의 일정한 비율로 냉각된다(5.5°F/1000ft). 반대로 하강하는 공기덩이는 점점 높은 압력 고도를 통과함에 따라 압축되며 매 1,000m 하강 시 10°C만큼 가열된다(그림 4.15). 이 냉각률과 가열률은 오직 연직으로 이동하는 **불포화된** 공기덩이에만 적용이 되며 **건조단열감률**(dry adiabatic rate)이라 한다(공기덩이가 불포화되었기 때문에 '건조').

공기덩이가 충분히 높이 상승하면, 그것은 마침내 이슬점온도까지 냉각될 것이고 응결 과정이 시작될 것이다. 공기덩이가 포화에 도달하여 구름이 형성되기 시작하는 고도를 **상승응결고도**(lifting condensation level) 또는 단순히 **응결고도**라 부른다. 상승응결고도에서는 중요한 현상이 발생한다. 즉, 수증기가 증발할 때 흡수했던 잠열이 온도계로 측정될 수 있는 현열로 방출된다. 공기덩이가 단열적으로 계속 냉각될지라도 이 잠열의 방출이 냉각률을 낮춘다. 즉, 공기덩이가 상승응결고도 이상으로 상승하면 잠열의 방출이 팽창에 의한 냉각을 부분적으로 상쇄하기 때문에 냉각률은 감소된다. 잠열 방출에 의해 줄어든 이 냉각률을 **습윤단열감률**(wet adiabatic rate)이라 부른다(또한 포화단열감률이라고도 한다).

방출되는 잠열의 양은 현재 공기 중의 수증기 양에 좌우되기 때문에(보통 0~4%) 습윤단열감률은 수분 함유량이 많은 공기에서는 1,000m당 5°C이고, 수분 함유량이 적은 공기에서는 1,000m당 약 9°C로 다양하다. 그림 4.16은 구름 형성에서 단열냉각의 역할을 설명한다.

요약하면, 상승하는 공기덩이는 지표로부터 상승응결고도까지는 건조단열감률로 냉각되고 그 고도 이후부터는 습윤단열감률로 냉각된다.

✓ 개념 체크 4.5

❶ 열의 출입 없이 공기덩이의 온도가 변화되는 과정을 무엇이라 하는가?

❷ 공기덩이가 대기를 통해 상승할 때 왜 부피가 팽창하는가?

❸ 불포화된 공기덩이가 대기를 통해 상승할 때 어느 정도로 기온이 하강되는가?

❹ 왜 응결이 시작되면 건조단열 냉각률이 변하는가?

❺ 왜 습윤단열감률은 일정하지 않은가?

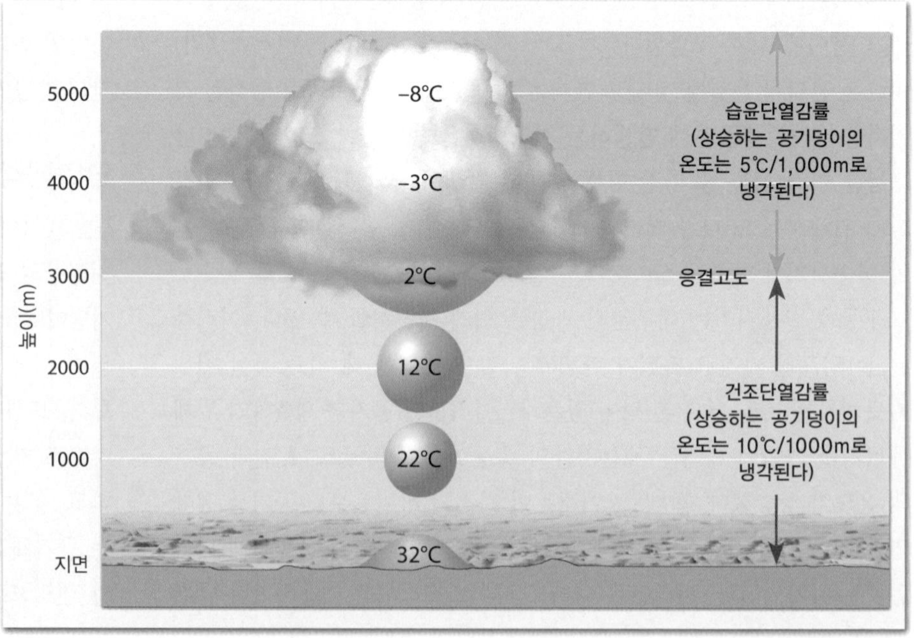

▶ **그림 4.16 상승응결고도와 습윤단열감률**
상승하는 공기덩이는 이슬점에 도달하여 응결할 때까지(구름 형성) 1,000m당 10℃의 건조단열감률로 팽창하고 냉각된다. 공기가 상승을 계속함에 따라 응결에 의해 방출된 잠열이 냉각률을 감소시킨다. 그러므로 습윤단열감률은 항상 건조단열감률보다 작다.

4.6 공기덩이를 상승시키는 과정

공기덩이를 상승시키는 네 가지 메커니즘을 제시하고 설명한다.

왜 공기가 어떤 경우에는 구름을 생성할 수 있을 정도로 상승하고 다른 경우에는 상승하지 않는가? 일반적으로 공기는 수직적 움직임에 저항하는 경향이 있어 지표 근처에 위치한 공기는 지표 근처에 머무르려는 경향이 있고 상층의 공기는 상층에 머무르려는 경향이 있다. 그러나 다음의 네 가지 과정이 공기를 상승하도록 하여 구름을 발생시킬 것이다.

1. 지형성상승 : 공기덩이가 산악 장애물에 의해 강제 상승된다.
2. 전선치올림 : 더 따뜻하고 밀도가 작은 공기덩이가 차고 밀도가 큰 공기덩이 위로 강제 상승된다.
3. 수렴 : 수평적 공기 흐름에 의해 쌓인 공기가 상승의 원인이 된다.
4. 국지적 대류 치올림 : 지표의 불균등 가열이 부력을 갖게 하여 국지적으로 공기덩이를 상승하게 한다.

지형성상승

지형성상승(orographic lifting)은 산맥과 같은 높은 지형이 공기 흐름에 장애물로서 작용할 때 발생한다(그림 4.17). 공기가 산맥의 경사면을 따라 상승할 때 단열냉각으로 인해 때때로 구름과 많은 강수를 일으킨다. 사실, 세계에서 다우 지역의 대부분이 산맥 경사면의 풍상측에 위치한다(글상자 4.3 참조).

공기가 산맥의 풍하측에 도달할 때에는 이미 공기의 수분 중 많은 부분이 제거된 상태이다. 공기가 하강할 때는 응결과 강수가 거의 일어나지 않기 때문에 단열적으로 온도를 상승시킨다. 그림 4.17에 보인 것처럼, 결과는 **비그늘 사막**(rain shadow desert)이다(글상자 4.4 참조). 미국 서부의 그레이트베이슨 사막은 태평양으로부터 단지 몇 백 킬로미터 떨어져 위치하고 있다. 그러나 거대한 시에라네바다 산맥에 의해 해양의 수분으로부터 완전히 차단되고 있다(그림 4.17). 몽골의 고비 사막, 중국의 타클라마칸 그리고 아르헨티나의 파타고니아 사막은 모두 산맥의 풍하측에 위치하기 때문에 존재하는 사막의 다른 예들이다.

전선치올림

지형성상승이 공기를 상승시키는 유일한 메커니즘이라면 상대적으로 평탄한 북미의 중앙 지역들은 국가의 곡창 지대(주요 농업 지대)가 아니라 광대한 사막일 것이다. 다행히도 이것은 사실이 아니다.

북미의 중부에서 온난기단과 한랭기단이 만나면서 **전선**(front)을 만든다. 밀도가 높고 찬 공기는 밀도가 낮고 따뜻하여 상승하는 공기에 대해 장애물(경계면)로서 작용한다. **전선치올림**(frontal lifting) 또는 **전선쐐기**(frontal wedging)라 부르는 이 과정은 그림 4.18에 제시되었다.

일기를 변화(producing)시키는 전선들은 중위도저기압이라 부르는 폭풍 시스템과 관련된 것을 주목해야 한다. 이 폭풍들은 중위도 지역에 많은 강수를 일으키는 원인이 되기 때문에 우리는 9장에서 그들에 대해 자세하게 논의할 것이다.

수렴

지표면 근처에서의 바람 패턴이 흘러나가는 양보다 들어오는 양이 많을 때 우리는 이 현상을 **수렴**(conver-gence)이라 부르며 치올림이

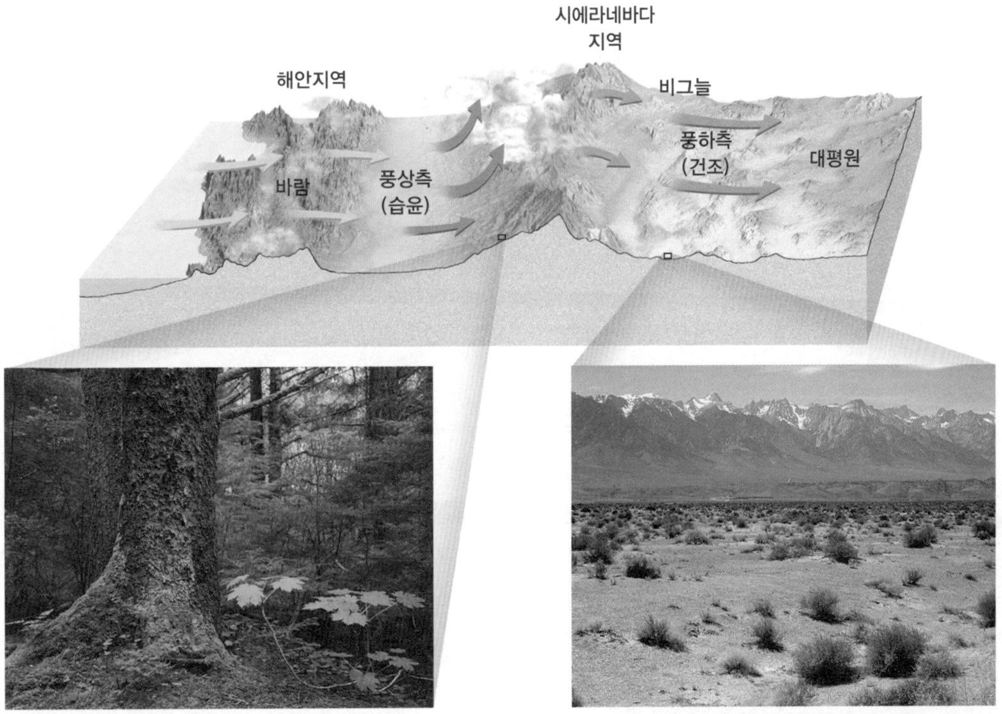

A. 지형성상승은 풍상측 경사면에 강수를 유발시킨다.

B. 공기가 산맥의 풍하측에 도달할 때에는 대부분의 수분을 낙하시킨 상태로 비그늘 사막을 발달시킨다.

◀ **그림 4.17 지형성상승과 강수**
A. 지형성상승은 산맥과 같은 지형의 풍상측 경사면에 강수를 유발한다. B. 공기가 산맥의 풍하측에 도달할 때에는 대부분의 수분을 낙하시킨 상태이다. 그레이트베이슨 사막은 비그늘 사막으로 네바다의 거의 대부분과 인접 주의 일부에 분포한다.

글상자 4.3 강수 기록과 산악 지형

전 세계에서 다우 지역의 대부분은 산맥의 풍상측에 위치한다. 전형적으로 이들 다우 지역들은 산맥이 대순환에 대해 장애물로서 작용하기 때문에 발생한다. 탁월풍이 지형에 의해 강제 상승되면 구름이 발생되고 때때로 많은 강수도 유발된다. 예를 들어, 하와이의 와이알레알레 산에 위치한 관측소에서는 세계에서 가장 많은 연평균 강수량이 내리는데, 때로는 1,234cm(486in)에 이르기도 한다. 이 관측소는 해발 1,569m(5148ft) 고도의 카우아이의 섬의 연안인 풍상측(동북부)에 위치한다. 그곳으로부터 단지 31km(19mile) 정도 떨어진 바킹 샌즈(Barking sands)에서는 믿을 수 없을 정도로 연평균 강수량이 50cm(20in) 이내로 적다.

1년(12개월) 누적 강수량의 세계 기록은 인도의 체라푼지에서 발생한 1860년 8월부터 1861년 7월까지 내린 비로, 86ft 이상인 2647cm(1042in)로 기록됐다. 이 강우의 대부분은 여름에, 특히 930cm(366in)의 강수가 내린 7월에 발생하였다. 시카고의 강우와 비교해 보면, 인도의 체라푼지에서 각 **월**에 내린 강우가 시카고의 **연**평균 강수보다 약 10배나 더 많다. 해발 1,293m(4,309ft) 고도에 위치한 체라푼지는 전형적인 인도의 습윤한 여름 몬순의 영향을 받기에 가장 이상적인 장소인 벵골만의 북쪽에 위치한다.

산악 지역에는 많은 강수가 내리기 때문에 그들은 자주 중요한 수자원의 근원인데 특히, 미국 서부의 많은 건조지역에 대하여 사실이다. 겨울 동안 산악지역에 높이 쌓인 적설은 강수는 적고 물의 수요는 많은 여름철의 주요 수자원이다(그림 4.C). 미국에서 최대 연강설량의 기록은 1998~1999년의 겨울 동안에 워싱턴 시애틀의 북부 스키 지역인 베이커 산에 내린 2,896cm(1,140in)이다.

▲ **그림 4.C** 스위스 알프스 고타르 패스 지역에서의 거대한 눈 쌓임

강제 상승 외에도 산맥은 다른 방법으로 초과된 수분을 제거한다. 공기의 수평 흐름을 느리게 하여 수렴을 야기하고 폭풍 시스템의 이동을 늦춘다. 또한 산맥의 불규칙한 지형이 불균등 가열을 강화시켜 몇몇의 국지적인 대류 치올림을 유발한다. 이러한 복합적인 영향으로 일반적으로 주위의 저지대와 비교할 때 산악 지역에서 강수량이 더 많게 된다.

질문

1. 세계에서 가장 기록적인 연평균 강수가 내리는 곳은 어디인가?
2. 왜 일반적으로 산악지역에서 더 많은 강수가 내리는가?

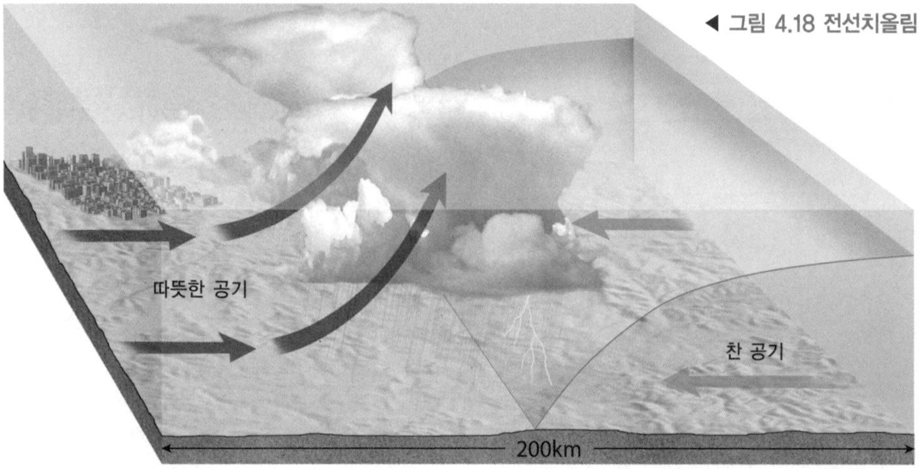

◀ **그림 4.18 전선치올림** 차고 밀도가 높은 공기가 따뜻하고 밀도가 작은 공기에 장애물로 작용한다.

발생한다(그림 4.19). 치올림(상승)의 기구(메커니즘)로서 수렴은 주로 중위도 저기압과 태풍과 같은 저기압의 큰 중심들과 관계된다. 이들 기압계의 지면에서 공기의 유입 흐름은 상승에 의해 평형을 이루며 구름이 형성되고 보통 비를 동반한다.

수렴은 또한 장애(방해)물이 속력을 늦추거나 공기의 수평 흐름(바람)을 억제할 때는 언제든지 일어난다. 예를 들어, 공기가 해양과 같이 상대적으로 매끄러운 표

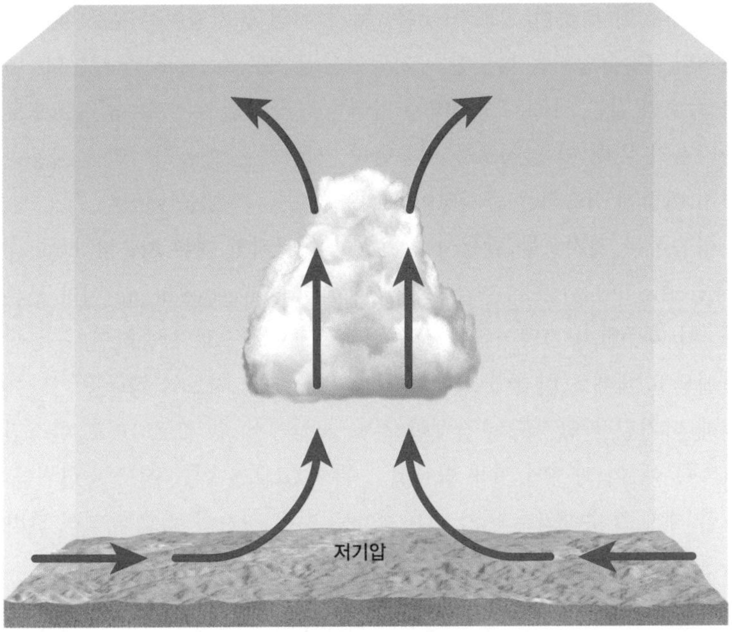

▲ 그림 4.19 지면에서의 수렴이 공기를 상승하게 한다
지표면 근처의 바람이 일정 영역에서 빠져 나가는 것보다 더 많이 들어오게 되면, 이를 수렴이라 하는데, 상승이 발생한다.

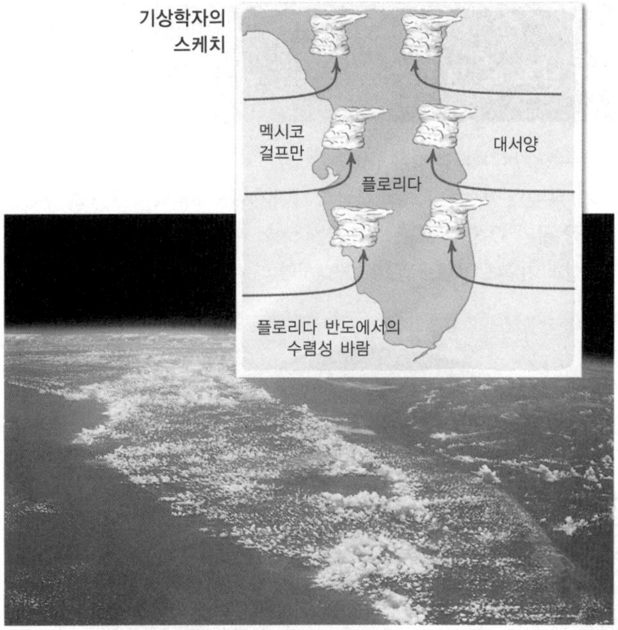

▲ 스마트그림 4.20 플로리다 반도에서의 수렴
지면에서 공기가 수렴하면 공기덩이가 점유하는 면적이 감소되어 공기 기둥의 높이가 증가된다. 플로리다는 좋은 예를 보여 준다. 어느 따뜻한 날, 대서양과 멕시코 걸프만에서 플로리다 반도로 향하는 공기 흐름은 오후에 많은 뇌우를 발생시킨다.
http://goo.gl/Mm2y6

면으로부터 불규칙한 대지 위로 움직일 때 공기의 속도는 증가된 마찰력에 의해 감속된다. 그 결과 공기는 축적된다(수렴). 공기가 수렴할 때 공기분자들은 단순히 서로 압축(사람들이 혼잡한 건물 속으로 들어갈 때 발생하는 것과 같이)되기보다는 공기분자들의 상승 흐름이 발생한다.

플로리다 반도는 구름의 발달과 강수가 시작되는 데 있어서 수렴의 역할에 대한 좋은 예를 제공한다. 따뜻한 날 공기 흐름은 플로리다 양쪽 해안을 따라 해양에서 육지로 흐른다. 이것은 해안가 지역에 공기를 축적시키고 반도 위에 일반적인 수렴을 일으킨다. 이런 패턴의 공기 움직임에 의한 상승은 육지에서의 강한 태양 가열에 의해 더 힘을 받는다. 그 결과, 플로리다 반도는 미국에서 한낮에 뇌우가 가장 빈번하게 발생하는 지역이다(그림 4.20).

국지적 대류 치올림

따뜻한 여름 낮에 지표의 불균등 가열은 공기덩이를 주변 공기보다 더 따뜻해지게 가열시킨다(그림 4.21). 예를 들어, 식생이 없는 토지 위의 공기는 근처 농작물 위의 공기보다 더 따뜻해질 것이다. 그러므로 주위

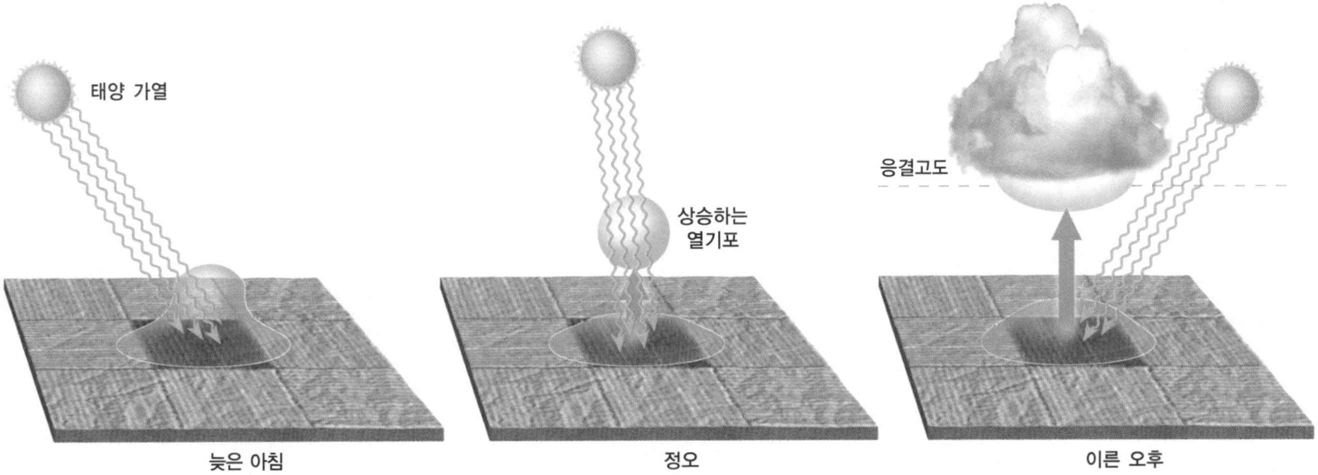

▲ 그림 4.21 국지적 대류 치올림
지표면의 불균등 가열은 주변 공기보다 더 따뜻한 공기덩이를 만든다. 부력을 가진 뜨거운 공기덩이는 열기포를 만들고 상승하여 공기덩이가 응결고도에 도달하면 구름을 생성한다.

대기를 바라보는 눈 4.2

지구를 우주에서 바라볼 때 가장 눈에 띄는 행성의 특징은 **물**이다. 물은 대양에서는 액체로, 극 빙원에서는 고체로 그리고 대기에서는 구름과 수증기로 나타난다. 단지 지구상 물의 1%의 1000분의 1만이 대기에 수증기로 존재하지만 우리 행성에서의 기상과 기후에 미치는 영향은 거대하다.

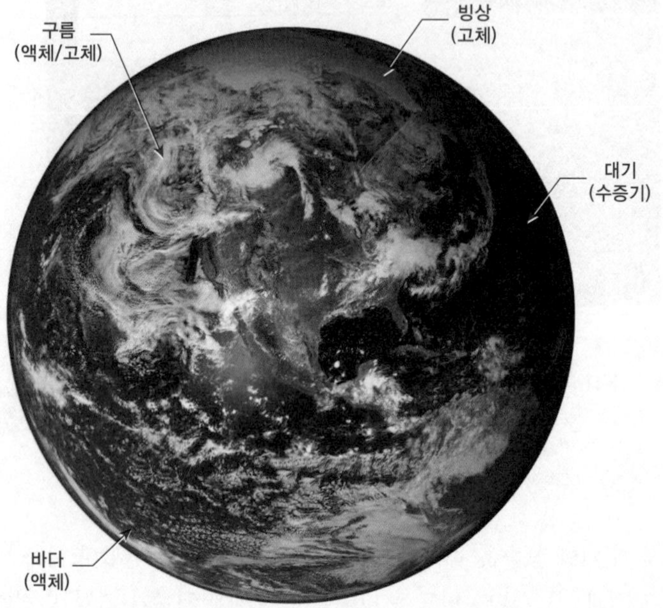

질문

1. 지구 표면을 가열하는 데 있어서 수증기는 어떤 역할을 하는가?
2. 수증기는 어떻게 지구의 육지와 바다로부터 대기로 열을 전달하는가?

공기보다 더 따뜻한(밀도가 낮은) 토지 위의 공기덩이는 위로 떠오를 것이다. 이 상승하는 따뜻한 공기덩이를 **열기포**(thermals)라 부른다. 매와 독수리 같은 새들은 방심하는 먹이들을 찾아낼 수 있는 높은 고도로 올라가기 위해 이 열기포를 이용한다. 사람들은 행글라이더를 사용하면서 이렇게 상승하는 공기덩이를 사용하여 나는 법을 배웠다.

상승하는 열기포를 발생시키는 현상을 **국지적 대류 치올림**(localized convective lifting) 또는 단순히 **대류 치올림**(convective lifting)이라 부른다. 이 따뜻한 공기덩이들이 상승응결고도 이상으로 상승하면, 구름이 형성되고 때때로 한낮에 소나기를 내리게 한다. 지표의 불균등 가열에 의해 야기된 불안정도는 강해야 주로 지상에서 수 킬로미터로 한정되기 때문에 이 과정에 의해 발달된 구름의 고도는 어느 정도 제한된다. 또한 때때로 수반되는 비가 강할지라도 지속 시간이 짧고 지역적 편차가 크기 때문에 이러한 현상을 소낙비(sun showers)라고 한다.

✓ 개념 체크 4.6

❶ 미국 서부에 위치한 그레이트베이슨이 왜 건조한지를 설명하시오. 이러한 지역을 나타내는 적당한 용어는?

❷ 어떻게 전선치올림이 공기를 상승시키는가?

❸ 수렴을 정의하시오. 하층에서의 수렴과 관련된 기상현상 두 가지를 제시하시오.

❹ 왜 플로리다 반도에서는 오후에 많은 뇌우가 발생하는가?

❺ 대류 치올림을 설명하시오.

Video
중력파 구름
http://goo.gl/ykZrY5

4.7 날씨 조절 중요인자 : 대기안정도

환경감률과 안정도와의 관계를 설명한다.

왜 구름의 크기가 그렇게 다양하고 결과적으로 발생하는 강수도 매우 다양한가? 이는 공기의 안정도와 밀접하게 관련된다.

공기덩이가 상승하도록 힘을 받는다면 그 온도는 팽창 때문에 하강할 것이다(단열냉각). 주위 공기의 온도와 공기덩이의 온도를 비교함으로써 우리는 공기덩이의 안정도를 결정할 수 있다. 공기덩이가 주위 환경보다 온도가 더 낮다면 공기덩이의 밀도가 주변보다 커질 것이고, 이런 현상이 발생한다면 그것은 원래 위치로 되돌아올(하강할) 것이다. **안정 공기**(stable air)라 하는 이런 유형의 공기덩이는 연직 움직임에 저항한다.

그러나 만약 우리가 상상한 상승하는 공기덩이가 주변보다 더 따뜻하다면 주위 공기보다 밀도가 낮게 되어 공기덩이의 온도가 주위공기와 같게 되는 고도에 도달할 때까지 공기덩이는 상승을 계속할 것이다. 이러한 공기의 유형은 **불안정 공기**(unstable air)로 분류된다. 불안정 공기덩이는 열기구와 같다. 즉, 열기구 속의 공기가 주위 공기보다 온도가 높고 밀도가 작은 동안에는 계속 상승한다(그림 4.22).

안정도의 유형

대기의 안정도는 다양한 고도에서 기온을 측정함으로써 결정된다. 이

▲ **그림 4.22 따뜻한 공기는 상승한다** 공기덩이가 주위공기보다 더 따뜻하면 그 공기덩이는 상승할 것이다. 열기구는 이러한 이유로 대기를 통과하여 상승한다.

측정을 **환경감률**(environmental lapse rate, ELR)이라 부르는데, 환경감률과 단열온도변화를 혼동하지 말아야 한다. 환경감률은 대기에서 실제 온도의 고도에 따른 변화율을 의미하며, 라디오존데나 항공기에 의해 관측된 것으로부터 결정되는 것이다(라디오존데는 풍선에 부착된 측기들로 대기를 통해 상승하면서 무선으로 자료를 전송한다). 반면에 단열온도변화는 공기덩이가 대기를 통과하여 연직으로 움직일 때 공기덩이가 경험하는 온도의 변화를 의미한다.

그림 4.23은 대기의 안정도가 어떻게 결정되는지를 설명하는데, 이 그림에서 해발 1,000m에 위치한 공기의 온도는 지표면에 위치한 공기보다 5°C가 낮고 2,000m에 위치한 공기는 10°C가 낮다. 따라서 이 경우 전체적인 환경감률은 5°C/1,000m이다. 지표에 있는 공기는 1,000m에 위치한 공기보다 5°C 더 따뜻하기 때문에 밀도가 낮게 된다. 그러나 지표 근처의 공기덩이가 1,000m로 강제적으로 상승되었다면, 공기는 10°C/1,000m의 건조단열감률로 팽창하고 냉각될 것이다. 그러므로 1,000m에 도달한 공기덩이의 온도는 25°C에서 15°C로 낮아질 것이다. 이 고도에서 공기덩이의 온도가 주위보다 5°C 낮기 때문에 공기덩이의 밀도가 주위보다 더 높아서 원래의 위치로 하강하는 경향을 가질 것이다. 따라서 우리는 지표 근처의 공기가 위의 공기보다 잠재적으로 온도가 낮기 때문에 공기는 외력을 받지 않는 한 자체적으로는 상승하지 못할 것임을 알 수 있다. 방금 설명된 공기덩이를 '안정하다.'하고 이러한 공기덩이는 연직 움직임에 저항한다.

우리는 지금부터 대기의 세 가지 기본적인 조건인 절대안정, 절대불안정, 조건부불안정을 살펴볼 것이다.

절대안정 양적으로 기술하면, **환경감률이 습윤단열감률보다 작을 때 절대안정**(absolute stability)이 우세하다. 그림 4.24는 5°C/1,000m의 환경감률을 사용하여 이 상황을 설명한다(습윤단열감률은 6°C/1,000m). 상승하는 공기덩이의 온도가 1,000m에서 주위보다 5°C 낮아서 밀도가 높은 것을 주목하자. 이 안정한 공기덩이가 상승응결고도 이상으로 강제 상승되더라도 이 안정한 공기덩이는 여전히 주위 환경보다 차고 밀도가 높아서 지표로 되돌아가려는 성향을 지닌다.

공기덩이가 지표면에 남아 있으려는 경향이 있음에도 불구하고 안정한 공기덩이도 주로 전선치올림에 그리고 가끔은 지형성상승에 의해 강제 상승될 수 있다. 안정한 공기덩이가 상승응결고도 이상으로 상승된다면 상대적으로 얇은 구름이 광범위하게 형성될 것이다. 강수가 있

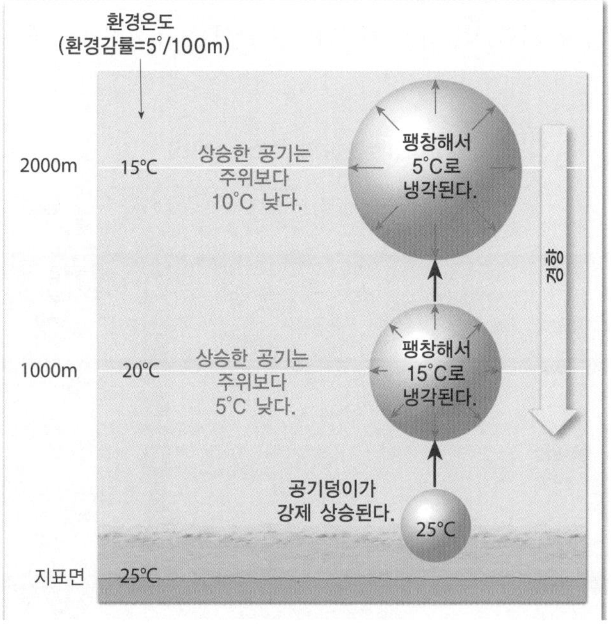

▲ **그림 4.23 공기덩이의 안정도는 어떻게 결정되는가** 불포화된 공기덩이가 상승되면, 공기덩이는 10℃/1000m의 건조단열감률로 팽창하고 냉각된다. 이 예에서 상승하는 공기덩이의 온도가 주위 환경의 온도보다 낮기 때문에 공기는 무거워질 것이고, 무거워지는 것이 허용된다면, 원래의 위치로 하강할 것이다.

Animation
대기안정도
http://goo.gl/bqxtGo

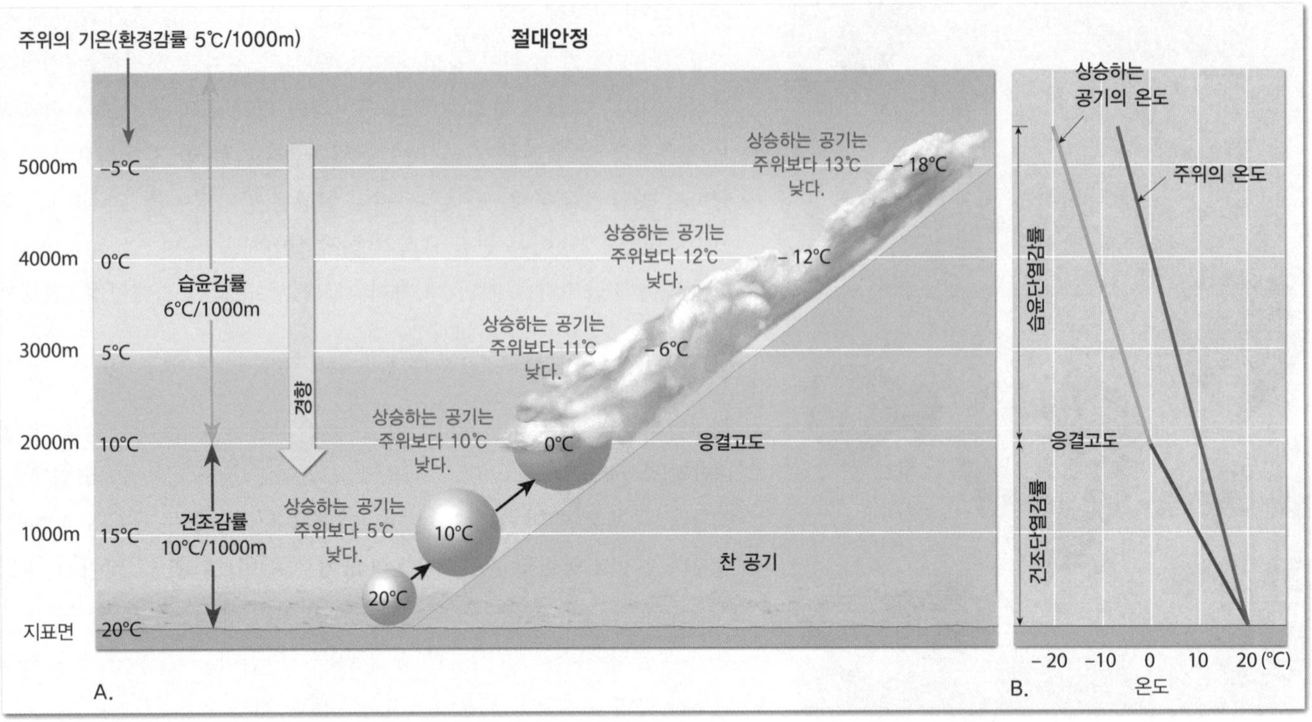

◀ 스마트그림 4.24 절대안정을 가져오는 대기 조건들
절대안정은 환경감률이 습윤단열감률보다 작을 때 나타난다. **A.** 상승하는 공기덩이는 주위 공기보다 언제나 차고 무겁기 때문에 안정하게 된다. **B.** A에서 보인 조건을 도표로 묘사한 그림.

http://goo.gl/MbKFE

을 경우에는 대기 중의 수증기 함유량에 따라서 약하거나 중간 정도의 강한 비가 내릴 것이다.

절대불안정 다른 극단(extreme)의 상황에서, 환경감률이 건조단열감률보다 클 때 공기의 층은 **절대불안정**(absolute instability)하다고 말한다. 그림 4.25에 보인 것처럼 상승하는 공기덩이는 항상 주위 환경보다 따뜻하여 공기덩이 자체의 부력 때문에 계속 상승할 것이다. 절대불안정은 대부분 태양가열이 강렬할 때, 가장 따뜻한 달의 맑은 날에 주로 발생한다. 이러한 조건하에서 가장 낮은 공기층은 위의 공기보다 훨씬 높은 온도로 가열된다. 이것이 큰 환경감률, 즉 기온이 고도에 따라 급감하는 매우 불안정한 대기를 유발한다. 지표면에서 공기덩이의 대류 치올림은 봉우리 형태의 구름(탑적운)을 발생시키고 해가 진 후에 소멸하는

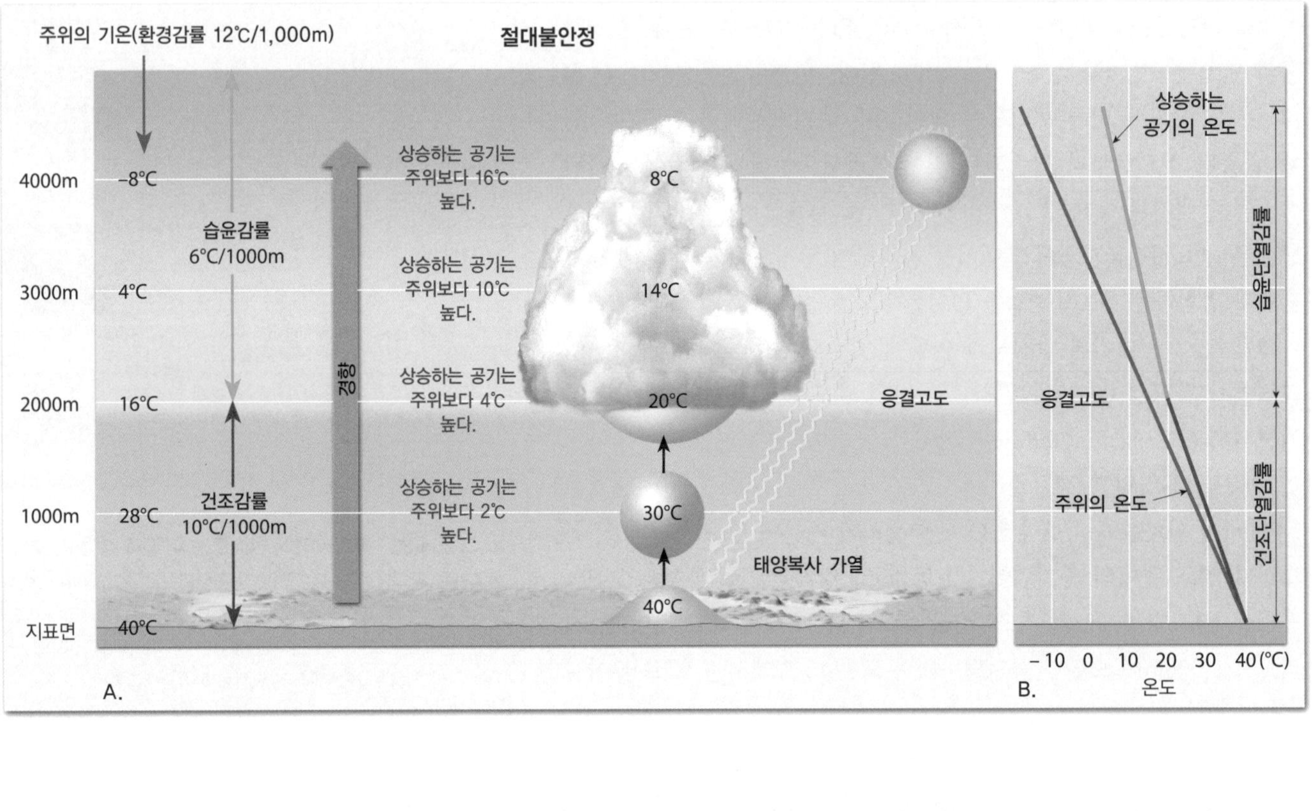

▶ 그림 4.25 절대불안정을 가져오는 대기 조건들
A. 태양 가열이 대기의 가장 낮은 층의 온도를 위의 공기보다 더 높은 온도로 가열하면 절대불안정이 발생할 수 있다. 결과적으로 큰 환경감률이 대기를 불안정하게 한다. **B.** A의 부분에 보인 조건을 나타낸 그림.

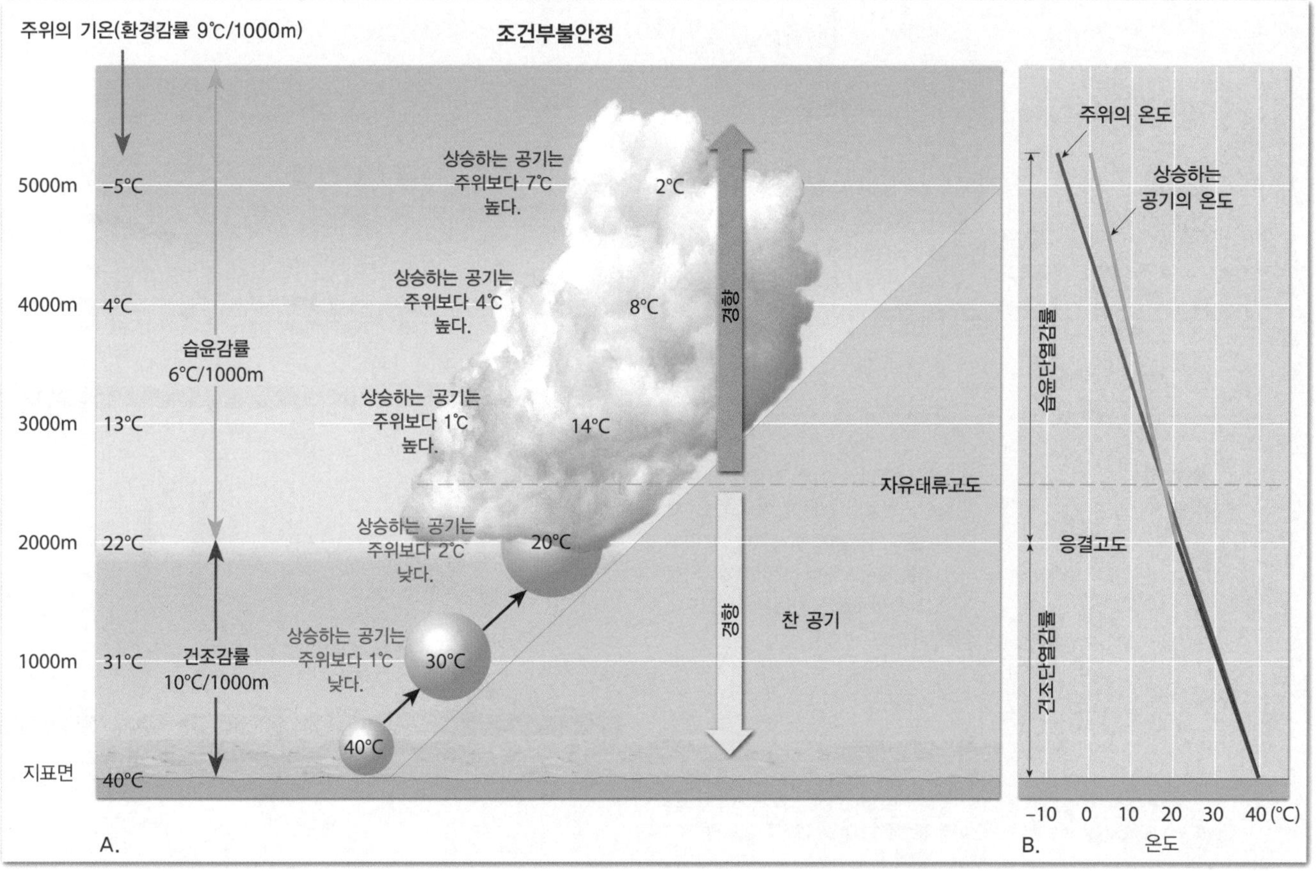

▲ 그림 4.26 조건부불안정을 가져오는 대기 조건들

따뜻한 공기가 전선경계를 따라 강제 상승할 때 조건부불안정이 발생할 수 있다. 환경감률이 건조단열감률과 습윤단열감률 사이인 9℃/1,000m임을 주목하자. **A.** 3,000m까지는 공기덩이는 주위 공기보다 차서, 공기는 지표 쪽으로 하강하는 경향을 갖는다(안정). 그러나 이 고도 위에서는 공기덩이가 주위보다 따뜻하여 공기덩이 자체의 부력 때문에 상승할 것이다(불안정). 따라서 조건부불안정한 공기덩이가 상승하게 되면 결과는 높이 솟는 적운형 구름을 유발할 수 있다. **B.** A에 보인 조건의 그래픽 표현.

경향을 가진 한낮의 뇌우를 발생시킬 수도 있다.

조건부불안정 대기 불안정의 좀 더 일반적인 유형을 **조건부불안정**(conditional instability)이라 부른다. 이 상황은 습윤공기가 습윤단열감률과 건조단열감률 사이(5°C/1,000m와 10°C/1,000m 사이)의 환경감률을 가질 때 나타난다. 간단하게 서술하면, 대기가 불포화 공기덩이에 대해서는 안정하고 포화 공기덩이에 대해서는 불안정할 때 대기는 조건부불안정하다고 말한다.

그림 4.26에서 상승하는 공기덩이가 처음 2,500m 동안에는 주위 공기보다 더 차다는 것을 주목하자. 그렇지만 상승응결고도 위에서는 잠열의 방출로 공기덩이는 주위보다 따뜻해질 것이다. 이 고도부터 공기덩이는 외부의 힘 없이도 계속해서 상승할 것이다. 조건부란 말은 공기가 불안정해져 자발적으로 상승하는 고도에 도달하기 전까지는 강제 상승되어야 하기 때문에 사용된다. 공기덩이가 자체 부력에 의해 상승되기 시작하는 고도를 **자유대류고도**(Level of Free Convection, LFC)라 부른다.

조건부불안정은 보통 온난 습윤한 공기와 관련된 여름철의 현상이다. 조건부불안정한 공기덩이가 응결고도 이상으로 상승되면(보통 전선을 따라) 가끔은 뇌우를, 드물게는 토네이도를 동반하는 날씨가 된다.

그림 4.27은 세 가지 유형의 대기안정도를 요약한다. 공기의 안정도는 다양한 고도에서의 대기의 온도(환경감률)와 습윤 및 건조단열감률과 비교를 통해서 결정된다.

✓ 개념 체크 4.7

1. 안정한 공기덩이는 불안정한 공기와 어떻게 다른가?
2. 환경감률과 단열냉각 사이의 차이를 설명하시오.
3. 공기덩이의 안정도는 어떻게 결정되는가?
4. 환경감률을 안정도에 관계시켜서 설명하시오.
5. 조건부불안정을 설명하시오.

대기안정도			
유형	**대기 조건들**	**관계된 날씨**	**삽화**
절대안정	환경감률이 습윤감률보다 작다.	강제적으로 상승되지 않는 한 지상의 공기는 상승하지 않는다. 만약 공기가 온난전선면 위로 강제 상승된다면 형성되는 구름은 얇고 넓게 퍼질 것이다. 강수가 있다면 약하거나 중간 강도일 것이다.	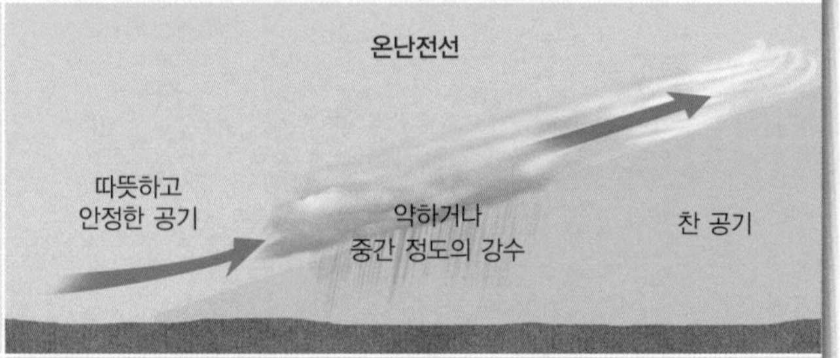
절대불안정	환경감률이 습윤감률보다 크다	태양복사 가열이 매우 강해서 상층의 공기보다 하층의 기온이 매우 높을 때 덥고 습한 여름날에 발생한다. 부력에 의한 치올림이 오후에 뇌우를 발달시킬 수 있으며 이것들은 보통 해가 진후에 소멸한다.	
조건부불안정	건조와 습윤단열감률 사이의 환경감률을 갖는 습윤 공기	상승응결고도 이상에서의 잠열 방출이 공기덩이를 불안정하게 할 정도로 충분할 때 발생하는 일종의 불안정이다. 뇌우와 가끔은 토네이도를 발생시키는 온난한 공기의 전선 치올림과 관계된다.	

▲ 그림 4.27 세 종류의 대기안정도 비교

4.8 안정도와 날씨

공기의 안정도에 영향을 주는 주요 인자들을 제시한다.

우리가 경험하는 일상의 날씨에서 대기안정도는 어떻게 작용할까? 안정한 공기가 강제적으로 상승되면 상대적으로 얇은 구름이 광범위하게 형성되며 강수가 발생할 경우 약하거나 중간 정도의 강도이다. 이와는 대조적으로, 불안정한 공기와 관련된 구름은 높이 솟고(치솟고) 보통 호우를 동반한다(그림 4.28).

안정도는 어떻게 변화하는가

위에 위치한 공기덩이에 비해 지표 근처의 공기덩이를 더 따뜻하게 하는 요인들은 공기덩이를 불안정(불안정도를 증가시킴)하게 하는 반면, 지표 근처의 공기덩이를 더 차게 하는 요인들은 공기덩이를 더욱 안정화시킨다. 다시 말하면, 환경감률을 증가시키는 요인들은 공기덩이를 덜 안정하게 하는 반면에 환경감률을 감소시키는 요인들은 공기덩이의 안정도를 증가시킨다.

불안정도는 다음에 의해 강화된다.

1. 낮 시간 동안 대기의 최하층을 따뜻하게 가열하는 태양복사

2. 찬 기단이 따뜻한 지표면 위를 통과할 때 지상으로부터 기단의 가열
3. 지형성상승, 전선상승 및 수렴과 같은 과정들에 의해 야기되는 공기의 상승운동
4. 구름 꼭대기에서의 복사냉각

안정도는 다음에 의해 강화된다.

1. 일몰 후 지표면의 복사냉각
2. 기단이 찬 지표면을 통과하는 동안 지표면 근처에서의 기단의 냉각
3. 공기기둥(air column) 내에서의 침강

매일의 온도변화도 중요하지만, 안정도를 변화시키는 대부분의 과정들은 수평 또는 연직운동에 의해 야기되는 온도변화로 일어난다는 것을 주목하자.

태양가열과 안정도 맑은 여름날, 지면이 충분히 가열되면 하층대기는 공기덩이가 상승되기에 충분할 정도로 따뜻해질 것이며 국지적인 대류가 발생할 것이다. 해가 지고 나면 지면의 냉각이 대기를 다시 안정하게 한다.

공기의 수평운동과 안정도 안정도 변화는 공기덩이가 현저하게 다른 온도를 가지는 지표 위로 수평 이동할 때 나타날 수 있다. 예를 들어, 겨울에 멕시코만으로부터의 따뜻한 공기가 차고 눈 덮인 중서부를 넘어서 북을 향해 움직이는데, 이 공기는 지표로부터 냉각된다. 이 냉각이 공기를 더욱 안정화시키기 때문에 가끔은 광범위한 지역에 안개를 발생시키지만 구름은 발달하지 않는다.

반면, 겨울에 한대 지방의 찬 공기가 그레이트 호수의 얼지 않은 수면을 가로질러 남쪽으로 움직일 때 불안정도는 강화된다. 비록 그레이트 호수도 겨울에는 온도가 낮지만 영하의 한대기단보다 25°C만큼 더 따뜻하다. 기단이 그레이트 호수를 통과하는 동안 비교적 따뜻한 수면으로부터 찬 한대공기로 더해진 열과 수분은 이 한대공기를 습윤하고 불안정하게 한다. 그 결과 이 호수의 풍하측에 대설을 초래하게 되는데 — '호수효과 눈'이라 불리는 — 8장에서 보다 상세히 다루는 주제이다.

공기의 연직 움직임과 안정도 보통 **침강**(subsidence)

대기를 바라보는 눈 4.3

애리조나 페이지 근처 나바조 인디언 보호구역에 위치한 나바조 발전소에는 236m 높이의 굴뚝이 3개 있다.

질문

1. 왜 이와 같은 발전소들은 높은 굴뚝을 설치하는가?
2. '스모크'가 굴뚝에서 약 200ft에 도달하게 되면 밝은 회색에서 누런색으로 변하는 이유를 설명하시오.

▶ **그림 4.28 탑적운은 대기가 불안정한 상태임을 제시한다**

글상자 4.4 지형효과 : 풍상측 강수와 풍하측 비그늘

지형성상승은 풍상측 강수와 풍하측 비그늘의 발달에 작용하는 중요한 인자이다. 그림 4.D에 나타낸 바와 같이 단순화된 가상적인 상황에서 탁월풍이 온난 다습한 공기를 3000m 고도의 산맥 위로 상승시킨다. 산맥의 풍상측에 근접한 불포화 공기가 상승되면 탁월풍은 공기를 이슬점온도인 20℃에 도달할 때까지 10℃/1,000m의 비율(건조단열감률)로 냉각시킨다. 1,000m에서 이슬점온도에 도달하기 때문에 우리는 이 고도가 상승응결고도이고 구름 밑면의 고도라 말할 수 있다. 상승응결고도 위에서는 잠열이 방출되어 더 낮은 냉각률인 습윤단열감률로 냉각된다.

구름 밑면에서 산꼭대기까지 상승하는 동안 공기속의 과포화된 수증기는 응결하여 더 많은 구름방울을 형성한다. 그 결과로 산맥의 풍상측에서는 많은 강수가 내린다.

문제를 간단히 하기 위해, 우리는 산꼭대기(정상)로 강제 상승된 공기가 주위 공기보다 더 냉각되어서 산맥의 풍하측 아래로 하강하기 시작한다고 가정하자. 공기가 하강할 때, 공기는 압축되고 건조단열감률로 가열된다. 산맥의 하부에 도달할 때 하강한 공기의 온도는 40℃까지 상승하여 풍상측 하부의 온도보다 약 10℃ 정도 높게 상승한다. 풍하측의 고온현상은 공기가 산맥의 풍상측을 상승할 때 수증기의 응결로 방출된 잠열의 결과이다.

일반적으로 풍하측에서 관측되는 비그늘은 두 가지 인자들에 의해 발생한다. 첫째는 풍상측에서 강수의 형성으로 공기에서 수분이 제거되었다는 점이다. 두 번째는 풍하측의 공기는 풍상측의 공기보다 따뜻하다는 점이다(기온이 상승할 때는 언제든지 상대습도가 감소된다는 것을 생각하자).

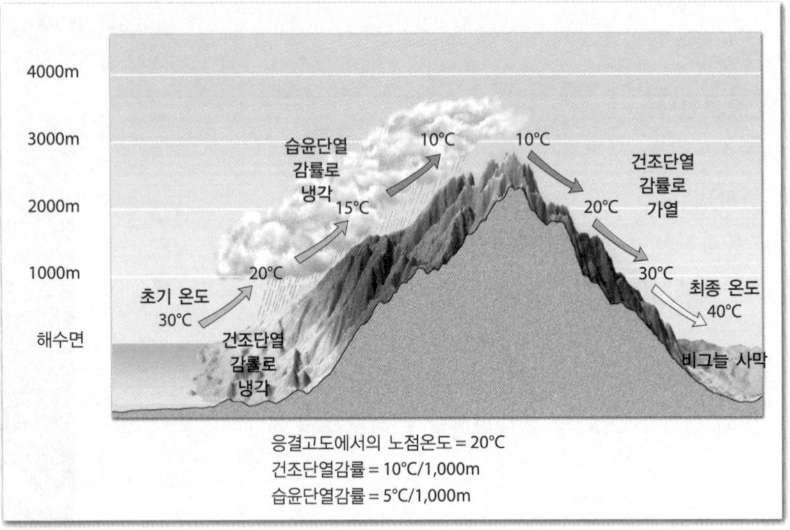

▲ **그림 4.D** 지형성상승과 비그늘 사막의 형성

풍상측의 강수와 풍하측 비그늘의 전형적인 예는 서부 워싱턴 주에서 발견된다. 습윤한 태평양 공기가 올림픽 산과 캐스케이드 산을 넘어 내륙으로 흐르면 지형성 강수가 많이 내린다(그림 4.E). 반면에 세킴과 야키모에 대한 강수 자료는 이들 고지대에 풍하측 비그늘이 존재함을 나타낸다.

질문

1. 왜 산맥의 풍상측에 위치한 공기의 상대습도가 풍하측에 도달할 때보다 높은지 두 가지 이유를 제시하시오.

이라 불리는 일반적인 하강류가 있을 때, 침강하는 공기층의 상층은 하층보다 압축에 의해 더 많이 가열된다(일반적으로 지표면 부근의 공기는 침강이 되지 않기 때문에 지표 근처 공기의 온도는 변하지 않는다). 지표 근처의 공기에 비해 위쪽의 공기가 더 가열되기 때문에 침강은 공기를 안정화시키는 경향이 있다. 수백 미터의 침강에 의한 가열 효과는 대기의 어떤 층에서도 볼 수 있는 구름을 증발시키기에 충분하다. 따라서 침강에 대한 하나의 증거는 검푸르고 구름이 없는 하늘이다.

공기의 상승운동은 일반적으로 **불안정도**를 강화시키는데, 특히 탑적운과 뇌우를 발생시키는 따뜻한 여름철에 더욱 그렇다. **조건부불안정**한 공기가 강제적으로 상승된다면 불안정해질 수 있으며 자체의 부력에 의해 계속 상승할 수 있다(그림 4.26 참조).

구름으로부터의 복사냉각 저녁 시간 동안 작은 규모이지만 구름 꼭대기에서의 복사냉각도 불안정도와 성장을 강화시킨다. 방출율이 낮은 공기와는 다르게, 구름방울들은 방출률이 커서 상당한 에너지를 우주로 방출한다. 지표면의 가열로 성장하는 탑구름은 일몰이 되면 힘의 근원을 잃는다. 그러나 일몰 후 구름 꼭대기에서의 복사냉각이 구름 꼭대기 근처의 감률을 강화시켜, 하층의 따뜻한 공기덩이에 부가적인 상승운동을 유발할 수 있다. 이 과정이 일몰 후 일시적으로 성장을 멈췄던 구름으로부터 야간에 뇌우들을 발달시키는 것으로 생각된다.

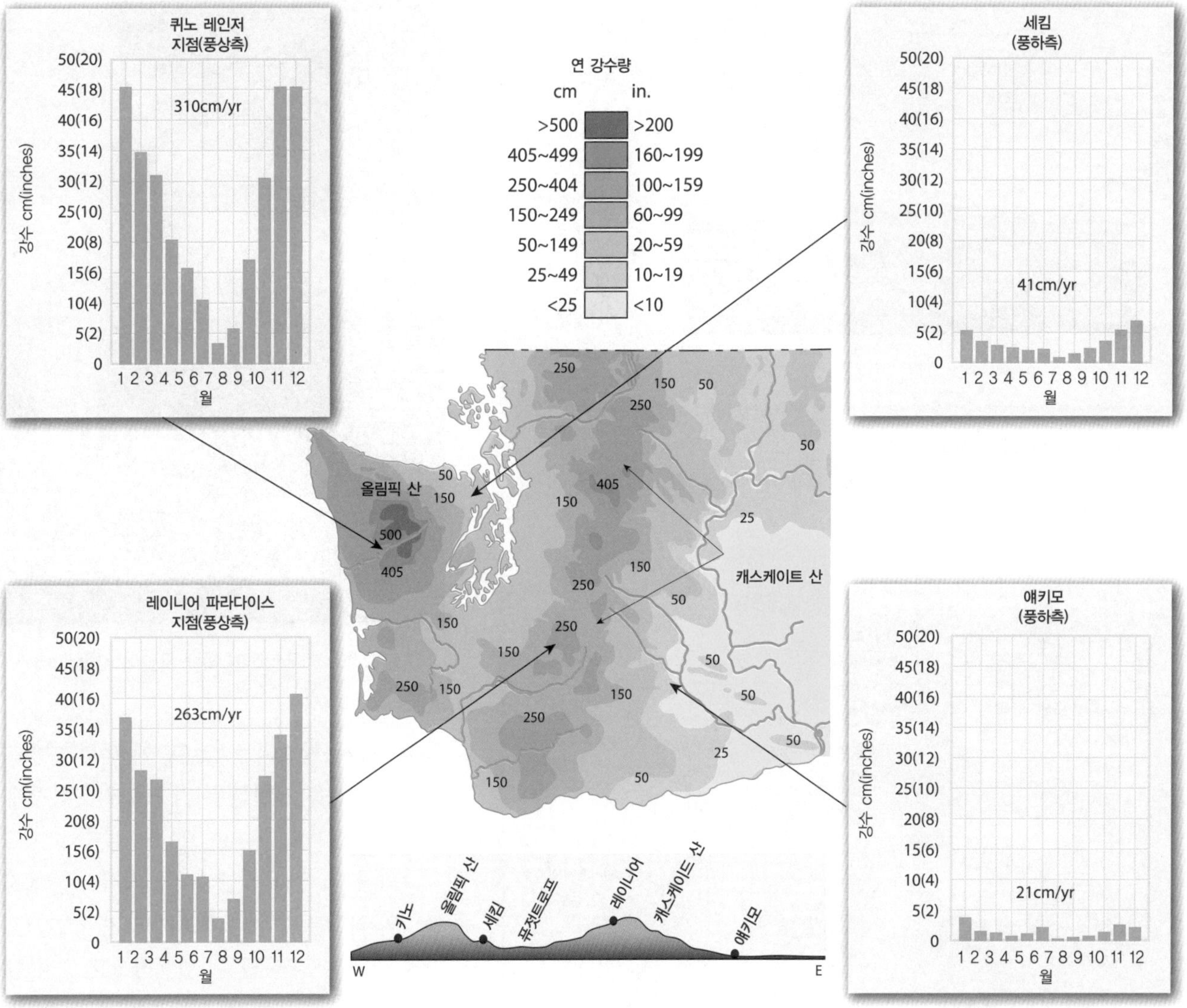

▶ **그림 4.E**
서부 워싱턴 주에서의 강수 분포
4개 지점에서의 자료들은 풍상측에서 더 습윤하고 풍하측에서 더 건조함을 보여 준다.

기온역전과 안정도

대기에서 가장 안정한 조건은 **기온역전**(temperature inversion)과 관계된다. 온도는 일반적으로 고도에 따라 하강하는 데 반해, 기온역전은 온도가 고도에 따라 상승하는 대기층이다. 기온역전은 대기에서의 대류활동이 역전층을 뚫지 못하도록 하는 뚜껑처럼 작용한다. 대기에는 두 종류의 역전 유형이 있는데, 지면 근처에서 발생하는 것과 대기 상층에서 발생하는 것이다.

맑은 날 밤 지면에서의 복사냉각과 같이 다양한 과정들이 기온역전을 발생시킬 수 있다(그림 4.29). 해가 지고 나면, 지표면은 빠르게 에너지를 잃으며 전도를 통해 지표면 근처의 공기를 냉각시킨다. 그렇지만 공기의 전도도가 낮기 때문에 지면과 떨어진 상부의 공기는 여전히 따뜻한 상태이다.

지면 근처의 공기가 바로 위의 공기보다 차고 무거우면 두 층 사이에 연직혼합은 거의 발생하지 않는다. 오염 물질들은 대부분 지표에서 대기로 유입되기 때문에 기온역전은 오염 물질들을 하층에 집적시켜 기온역전이 해소되기 전까지 오염 물질들의 농도가 계속해서 올라간다(그림 4.30).

널리 퍼진 안개 또한 기온역전에 의해 강화될 수 있다. 복사냉각 때문에 안개는 일몰 후에 종종 발생한다. 이 상태에서 역전이 발생하면 지표면 근처의 습하고 안개를 포함한 공기와 바로 위의 건조한 공기 사이의 혼합이 억제되기 때문에 안개의 소산이 지연된다.

대기 상층에서 발생하는 역전은 대류운을 넓게 퍼져나가게 하여 평

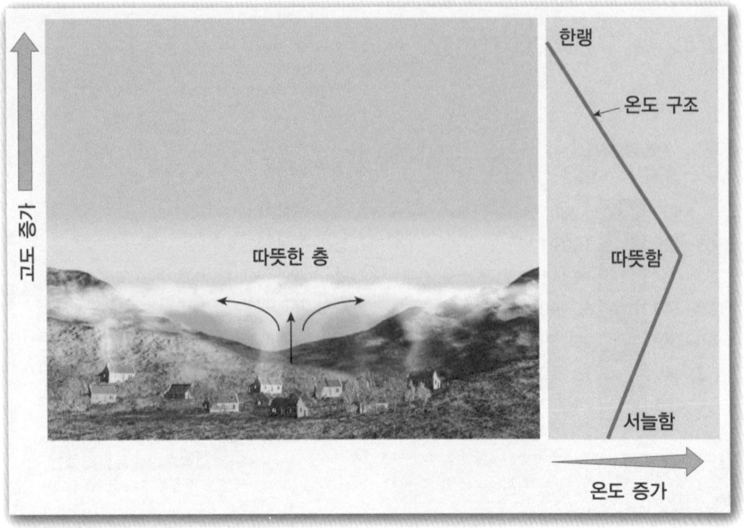

▲ 그림 4.29 기온역전과 대기안정도
가장 안정한 조건은 기온이 고도에 따라 하강하기보다는 올라갈 때 발생한다. 이러한 대기조건을 기온역전이라 한다.

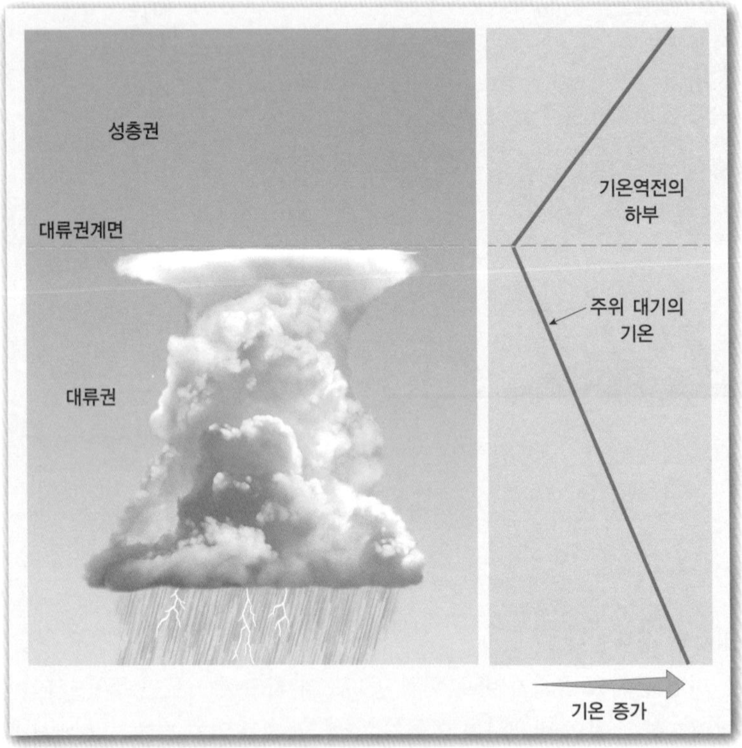

▲ 그림 4.31 상층에서의 기온역전은 구름의 성장을 억제시킨다
이 예에서, 성층권이 따뜻한 역전층을 형성(오존에 의한 태양복사의 흡수)하고 그래서 대류운의 성장을 멈추게 하는 뚜껑 역할을 한다.

평한 모습을 띄게 한다. 하나의 예가 **대류권계면**이라 불리는 대류권 상부까지 도달한 탑 뇌우 구름의 평평한 꼭대기들이다. 이 기온역전은

▲ 그림 4.30 기온역전에 의해 오염이 갇힌 상태

성층권에서 발견되는 오존층에 의한 태양복사 가열의 결과이다(그림 4.31). 역전을 유발하는 기구로서의 침강에 대해서는 13장에서 다루었다.

요약하면, 우리가 일상에서 경험하는 날씨를 결정하는 데 있어서 안정도의 역할은 아무리 강조해도 지나치지 않는다. 대기의 안정도 또는 안정도의 부족은 구름이 발달하고 강수가 발생할지, 그리고 강수가 일시적 소나기로 내릴지, 그렇지 않으면 강렬한 폭우로서 내릴지를 개략적으로 결정한다. 일반적으로 안정한 공기가 강제 상승될 때 형성된 구름은 연직 두께가 얇을 뿐만 아니라 강수가 발생할지라도 강도는 약하다. 반대로 불안정한 공기는 많은 강수와 뇌우를 자주 동반하는 탑구름을 유발시킬 수 있다.

✓ 개념 체크 4.8

❶ 어떠한 날씨 조건이 당신으로 하여금 대기가 불안정하다고 믿게 하는가?

❷ 어떠한 날씨 조건이 당신으로 하여금 대기가 안정하다고 믿게 하는가?

❸ 불안정도가 강화될 수 있는 네 가지 방법을 제시하시오.

❹ 안정도가 강화될 수 있는 세 가지 방법을 제시하시오.

4 요약

4.1 지구상의 물

▶ 물순환을 통한 물의 이동을 설명한다. 물의 고유한 속성을 제시하고 설명한다.

주요 용어 물순환, 수소결합

- 지구에서 물 공급의 끊임없는 순환을 물순환이라 부른다. 이 순환은 해양에서 대기로, 대기에서 육지로, 그리고 육지에서 다시 바다로 연속적인 물의 이동을 설명한다.
- 물은 다음과 같은 독특한 속성들을 가지고 있다. (1) 지구상에서 대량으로 존재하는 유일한 액체이다. (2) 물은 물질의 한 상태로부터 다른 상태(고체, 액체, 또는 기체)로 쉽게 변화할 수 있다. (3) 물의 고체 상태인 얼음은 액체 물보다 밀도가 작다. (4) 비열이 커서 물의 온도를 높이려면 상당한 양의 에너지가 필요하다.

4.2 물의 상태변화

▶ 물의 상이 한 상태에서 다른 상태로 변화하는 여섯 가지 과정을 요약한다. 각 과정에서 에너지가 흡수되는지 방출되는지를 제시한다.

주요 용어 칼로리, 잠열, 증발, 응결, 승화, 침적

- 맛도 색도 없는 수증기는 지구상에서 경험하는 온도와 압력에서 한 상태(고체, 액체, 또는 기체)에서 다른 상태로 상변화할 수 있다.
- 상태변화와 관련된 과정들은 증발(액체에서 기체), 응결(기체에서 액체), 융해(고체에서 액체), 빙결(액체에서 고체), 승화(고체에서 기체), 그리고 침적(기체에서 고체)을 포함한다. 각 상태변화 과정에서 잠열(숨겨진, 저장된)이 흡수되거나 방출된다.

Q. 오른쪽 도표에서 보인 상태변화에 적합한 용어를 제시하시오. 표에서 보인 상태변화에 적합한 용어를 제시하시오.

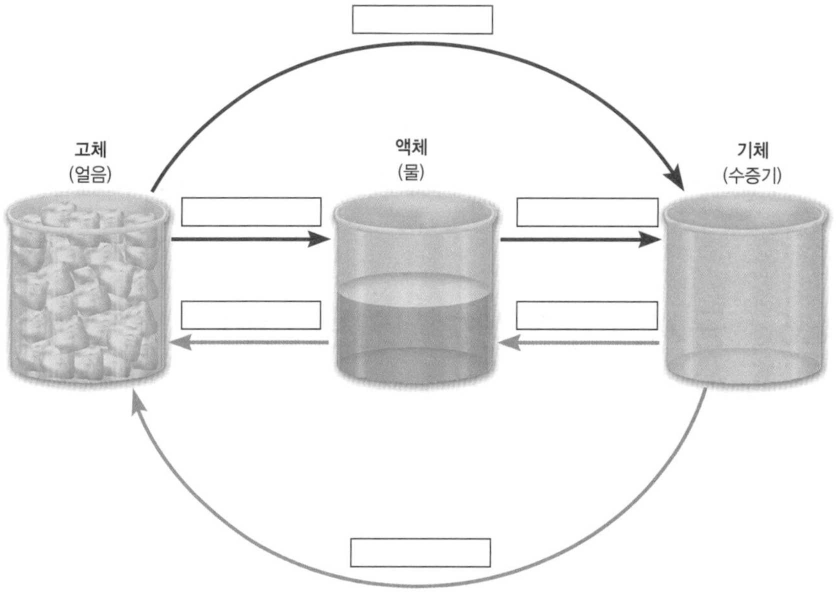

4.3 습도 : 공기 중의 수증기

▶ 공기를 포화시키기 위해 필요한 수증기량과 기온과의 관계를 일반화시킨다.

주요 용어 습도, 절대습도, 혼합비, 수증기압, 포화, 포화수증기압

- 습도는 공기 중의 수증기 양을 표현할 때 사용되는 일반적인 용어이다. 습도를 정량적으로 표현하기 위해 사용되는 방법들에는 (1) 절대습도, 주어진 공기 체적 내의 수증기의 질량, (2) 혼합비, 단위 질량의 공기에서 수증기의 질량과 남은 건조공기의 질량의 비, (3) 수증기압, 전체 대기의 기압 중 수증기 함량에 의해 발생되는 분압, (4) 상대습도, 어떤 온도에서 포화되기 위해 필요한 수증기의 양에 대한 공기가 포함하고 있는 실제 수증기 양의 비율, (5) 이슬점온도, 포화가 발생하는 온도 등이 있다.
- 공기가 포화되었을 때, 수증기에 의해 발생된 압력을 포화수증기압이라 하며, 이때 물 표면을 떠나는 물분자들의 수와 되돌아오는 수 사이에 평형이 이루어진다. 포화수증기압이 온도의 함수이기 때문에 온도가 높으면 포화에 필요한 수증기량은 더 많아진다.

4.4 상대습도와 노점온도

▶ 자연 상태에서 상대습도가 변하는 방법들을 제시하고 설명한다. 상대습도와 노점온도를 비교한다.

주요 용어 상대습도, 이슬점온도(노점), 습도계, 건습계

- 상대습도는 두 가지 방법으로 변화될 수 있다. (1) 공기 중에 포함된 수분의 양 변화에 의해, (2) 공기의 온도 변화에 의해. 온도가 변하지 않는 상태에서 공기에 수분의 유입은 상대습도를 증가시키며 수분의 제거는 상대습도를 낮춘다. 공기의 수증기 함량이 변하지 않는 상태에서, 기온이 낮아지

면 상대습도가 높아지고, 기온이 높아지면 상대습도가 낮아진다.

- 이슬점온도(또는 단순히 노점)는 공기가 포화에 도달하기 위해서 반드시 냉각되어야 하는 온도이다. 상대습도와는 다르게 노점온도는 공기의 실제 수분 함량을 측정한다. 상대습도에 관계없이 높은 이슬점온도는 습한 공기와 같고 낮은 이슬점온도는 건조한 공기를 나타낸다.
- 습도계라 불리는 다양한 측기들이 상대습도를 측정하기 위해 사용된다.

Q. 오른쪽 그림에서 이 특정한 날에 집의 내부 상대습도가 밖의 상대습도와 어떻게 비교되는지를 설명하시오.

4.5 단열온도변화와 구름 형성

▶ 단열과정에 의한 온도변화를 설명하고 습윤단열감률이 건조단열감률보다 작은 이유를 설명한다.

주요 용어 단열온도변화, 공기덩이, 유입, 건조단열감률, 상승응결고도(응결고도), 습윤단열감률

- 공기는 팽창될 때 냉각되고 압축될 때 따뜻해진다. 열의 입출입이 없는 상태에서의 온도 변화를 단열온도변화라 부른다. 연직으로 움직이는 불포화된(건조) 공기의 냉각률 또는 가열률은 매 1000m 상승 시 10°C(5.5°F/1,000ft)로 건조단열감률이라 한다. 상승응결고도 이상에서는 잠열이 방출되어 냉각률이 감소된다. 감소된 냉각률을 습윤단열감률(공기가 포화됐기 때문에 '습윤')이라 하며 냉각률은 1,000m당 5°C에서부터 1,000m당 9°C로 다양하다.
- 공기가 상승할 때 공기는 단열적으로 팽창하고 냉각한다. 공기가 충분히 상승된다면 마침내 이슬점온도까지 냉각될 것이고, 포화가 발생하여 구름이 발달될 것이다.

4.6 공기덩이를 상승시키는 과정

▶ 공기덩이를 상승시키는 네 가지 메커니즘을 제시하고 설명한다.

주요 용어 지형성상승, 비그늘 사막, 전선, 전선치올림(전선쐐기), 수렴, 국지적 대류 치올림(대류 치올림)

- 네 가지 메커니즘이 공기를 상승시킨다. (1) 공기가 산맥에 의한 장애물 위로 강제 상승하는 지형성상승, (2) 따뜻하고 밀도가 낮은 공기가 차고 밀도가 높은 공기 위로 강제 상승하는 전선 치올림, (3) 수평적 공기 흐름의 결과가 상승을 유발하는 수렴, (4) 지표의 불균등 가열이 국지적으로 공기덩이를 부력에 의해 상승시키는 국지적 대류 치올림.

4.7 날씨 조절 중요인자 : 대기안정도

▶ 환경감률과 안정도와의 관계를 설명한다.

주요 용어 안정 공기, 불안정 공기, 환경감률(ELR), 절대안정, 절대불안정, 조건부불안정, 자유대류고도(LFC)

- 안정한 공기는 연직 움직임에 저항하는 반면에 불안정한 공기는 부력 때문에 상승한다. 공기의 안정도는 다양한 고도에서 대기의 온도, 환경감률에 의해 결정된다. 대기의 세 가지 기본 조건은 다음과 같다. (1) 환경감률이 습윤단열감률보다 작을 때 절대안정, (2) 환경감률이 건조단열감률보다 훨씬 클 때 절대불안정, (3) 습윤공기가 건조와 습윤단열감률 사이에 환경감률을 가질 때 조건부불안정.
- 일반적으로 안정한 공기가 강제 상승될 때 발생되는 구름은 두께가 얇고 강수가 내릴지라도 강도가 약하다. 반대로 불안정한 공기와 관계된 구름들은 탑처럼 우뚝 솟고 빈번히 많은 강수를 동반한다.

Q. 다음의 사진에서 보는 바와 같은 탑구름의 발달과 관계되는 대기 조건들을 설명하시오.

4.8 안정도와 날씨

▶ 공기의 안정도에 영향을 주는 주요 인자들을 제시한다.

주요 용어 침강, 기온역전

- 바로 위의 공기에 비해 지표 근처의 공기를 따뜻하게 하는 인자들은 불안정도를 강화시킨다. 반대 또한 사실이다. 상층 공기에 비해 지표 근처의 공기를 더 냉각시키는 인자들은 공기를 더욱 안정하게 한다.
- 가장 안정한 대기 조건은 기온역전과 관계된다. 기온역전이란 기온이 고도에 따라 하강하는 것이 아니라 고도에 따라 상승하는 대기층이다. 기온역전층은 뚜껑과 같이 작용하여 대류운동이 역전층을 침투하지 못하도록 한다.

생각해 보기

1. 그림 4.3을 참조해서 다음을 완성하시오.

a. 어떤 상태에서 물의 밀도가 가장 높은가?

b. 어떤 상태에서 물분자들이 가장 활발한가?

c. 어떤 상태에서 물은 압축이 가능한가?

2. 다음 사진은 따뜻한 커피 잔을 보여 준다. 액체에서 떠오르는 김은 물질의 어떤 상태인가?(힌트 : 수증기를 볼 수 있는가?)

3. 우리 몸이 우리 자신을 냉각시키는 주요 방법은 땀이다.

a. 땀이 어떻게 우리 피부를 냉각시키는지를 설명하시오.

b. 표 A에 제시된 두 자료(피닉스, 애리조나와 탬파 플로리다)를 참조해서 어느 도시에서 땀으로 피부를 냉각시키기가 용이한가? 당신의 선택을 설명하시오.

표 A

도시	온도	이슬점온도
피닉스, AZ	101°F	47°F
탬파, FL	101°F	77°F

4. 다음 사진에서 보는 바와 같이 더운 여름날에 많은 사람들이 그들의 음료수를 시원하게 하기 위해 쿠지(koozies, 절연체)로 그들의 음료수 주위를 감싼다. 쿠지가 음료수를 시원하게 유지시켜 주는 최소한 두 가지 방법을 설명하시오.

5. 표 4.1을 참조해서 다음 질문에 답하시오. 열대지방에서 온도가 40°C일 때 포화된 공기는 한대지역에서 온도가 −10°C인 공기와 비교할 때 얼마나 더 많은 수증기가 포함되어 있는가?

6. 표 B에 제시된 두 자료(피닉스, 애리조나와 비스마르크, 노스다코타)를 참조해서 다음을 완성하시오.

a. 어느 도시의 상대습도가 더 높은가?

b. 어느 도시가 공기 중에 가장 많은 수증기를 포함하고 있는가?`

c. 어느 도시의 공기가 수증기에 대해 가장 포화점에 근접하였는가?

d. 어느 도시의 공기가 가장 많은 수증기를 포함할 수 있는가?

표 B

도시	온도	이슬점온도
피닉스, AZ	101°F	47°F
비스마르크, ND	39°F	38°F

7. 다음 그래프는 미국 중서부 지역에서 전형적인 여름날에 기온과 상대습도가 어떻게 변하는지를 보여 준다.

a. 이슬점온도가 일정하다고 가정할 때, 하루 중 어느 시간이 잔디에 뿌린 물이 가장 적게 증발하도록 잔디에 물을 주기에 가장 적정한 시간일까?

b. 이 그래프를 이용해서 왜 이슬이 거의 항상 새벽에 형성되는지를 설명하시오.

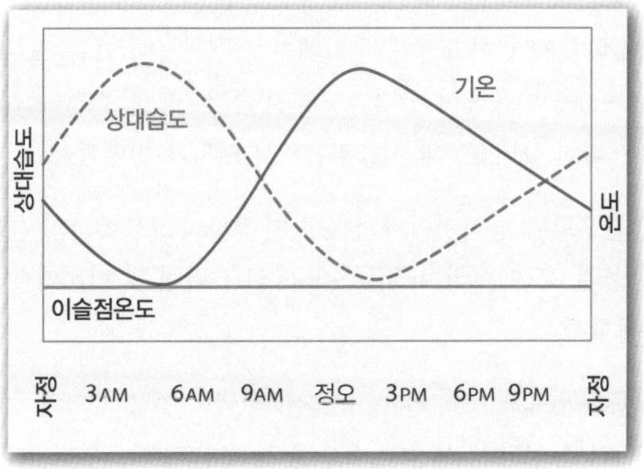

8. 그림 4.21에 설명된 대기조건들이 절대안정, 절대불안정 또는 조건부 불안정인가?

9. 이 장에서는 대기를 상승하게 하는 네 가지 과정들을 조사하였다. 대류 치올림이 다른 세 가지 과정과 어떻게 다른지를 설명하시오.

10. 지면에서 온도가 40°C이고 상승응결고도에서 이슬점온도가 20°C인 공기덩이를 가정하자. 환경감률은 8°C/1,000m로 가정하고, 건조단열감률은 10°C/1,000m 그리고 습윤단열감률은 6°C/1,000m이다. 표 C에서 환경온도, 공기덩이 온도 그리고 온도 차(공기덩이 온도-주위 대기 온도)를 기록하고 각 고도에서 대기가 **안정한지 불안정한지**를 결정하시오.

표 C

고도 (m)	공기덩이 온도(℃)	환경 온도(℃)	온도 차 (공기덩이-환경	안정 또는 불안정
7000				
6000				
5000				
4000				
3000				
2000				
1000				
지표면	40℃	40℃	0℃	안정

a. 상승응결고도는 어디인가?

b. 이 사례가 절대안정, 절대불안정 또는 조건부 불안정을 설명하는가?

c. 이들 조건에서 뇌우를 예보하겠는가?

11. 다음 두 사례에 대해 상승응결고도(LCL)를 계산하시오(상승응결고도에 도달하기 전까지는 이슬점온도는 변하지 않는 것으로 가정).

	지표면 온도	지표면 이슬점온도	LCL
사례 A	35℃	20℃	________
사례 B	35℃	14℃	________

이들 계산이 지면에서의 이슬점온도와 구름이 생성되는 고도 사이의 관계에 대해 무엇을 말해 주는가?

복습문제

1. 표 4.1을 참고하여 다음에 답하시오.

a. 25°C의 공기덩이가 공기 1kg당 10g의 수증기를 포함하고 있다면 상대습도는 얼마인가?

b. 35°C의 공기덩이가 공기 1kg당 5g의 수증기를 포함하고 있다면 상대습도는 얼마인가?

c. 15°C의 공기덩이가 공기 1kg당 5g의 수증기를 포함하고 있다면 상대습도는 얼마인가?

d. 'c'에 있는 공기덩이의 온도가 5°C로 낮아졌다면 상대습도는 어떻게 변할까?

e. 25°C의 공기덩이가 공기 1kg당 7g의 수증기를 포함하고 있다면 이슬점온도는 얼마인가?

2. 건구온도계가 22°C이고 습구온도계가 16°C일 때 표준 표(부록 C의 표 C-1과 C-2)를 이용해서 상대습도와 이슬점온도를 결정하시오. 습구온도계가 19°C라면 상대습도와 이슬점온도는 어떻게 변할까?

3. 20°C에 불포화된 공기덩이가 상승하면 500m 고도에서의 온도는 얼마인가? 상승응결고도에서의 이슬점온도가 11°C라면 몇 미터에서 구름이 형성되기 시작할까?

4. 만약 당신이 온도가 10°C인 1gal(갤런)의 냄비 물을 가열하여 완전히 증발시키려 한다면 상당한 시간이 소요될 것이다. 버너로부터의 많은 양의 에너지가 물 냄비로 전도되어야 물이 끓는점(100°C)에 도달할 것이며 그리고 이들을 기화시키기 위해서는 또 다른 에너지가 필요하다. 만약에 당신이 기화시킨 모든 기체들(이제는 여러분의 부엌의 일부를 차지하고 있음)을 가뒀다가 바로 압축하여 냄비에 담는다면 여러분의 집을 날려 버릴 정도의 에너지가 방출될 것이다. 이것이 사실임을 증명하기 위해 방출될 에너지의 양과 다이너마이트 막대에 들어 있는 에너지 양의 비교를 위해 다음 계산을 하시오.

중요 정보 :

1gal의 물 : 3,785grams

J=줄, SI계에서 사용되는 에너지의 단위

4.186J/g=1g의 물을 1°C 올리는 필요한 에너지 양

2,260J/g=물의 온도가 100°C일 때 1g의 물을 완전히 증발시키는 데 필요한 에너지 양

10°C=물의 처음 온도

2.1×10^6J=다이너마이트 1개에 들어 있는 에너지 양

1gal의 물을 완전히 증발시키기 위해서는 얼마의 에너지(다이너마이트 개수 단위로 측정)가 필요한가? 이것은 수증기를 다시 냄비로 응결시킬 때 방출되는 에너지 양과 동일한 양이다.

5. 다음 질문에 답하기 위해 다음 도표를 채우시오.
(힌트 : 글상자 4.4를 읽으시오.)

a. 구름의 하부 고도는 얼마인가?

b. 상승하는 공기덩이가 산의 정상에 도달하였을 때 공기덩이의 온도는 얼마인가?

c. 상승하는 공기덩이가 산의 정상에 도달하였을 때 이슬점온도는 얼마인가?(상대습도는 100%라고 가정)

d. 공기덩이가 구름 하부에서 산 정상까지 이동함에 따라 응결(g/kg)되어야 할 수증기량을 추정하시오.

e. 공기덩이가 점 G로 하강한다면 온도는 얼마여야 하나?(응결된 물은 풍상측에서 다 비로 내린 것으로 가정)

f. 점 G에서 공기덩이가 포함할 수 있는 개략적인 수증기량은 얼마인가?

g. 공기덩이가 산 아래쪽으로 하강하는 동안 수증기가 공급되거나 제거되지 않는다고 가정하면 점 G에서의 상대습도는 얼마인가?

h. 점 A에서의 개략적인 상대습도는 얼마인가?(지면 노점을 위해 상승응결고도에서의 이슬점온도를 사용하시오.)

I. 점 A와 G에서의 상대습도 차이에 대한 두 가지 이유를 제시하시오.

j. 캘리포니아 니들스는 점 G와 유사하게 산악 지역의 건조한 풍하측에 위치하고 있다. 이 상황을 설명하는 용어는?

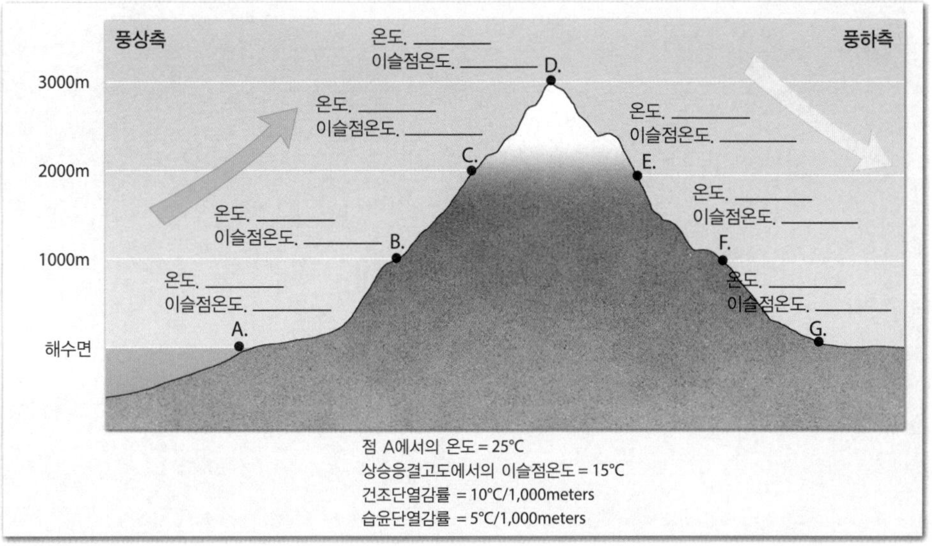

6. 그림 4.8은 기온과 포화혼합비 사이의 비선형적 관계를 보여 준다. 이 관계는 불포화된 두 공기덩이가 혼합되면 포화된 공기덩이를 만들 수 있는 가능성을 보여 준다.

	A	B
온도	10°C	40°C
상대습도	75%	85%

a. 표 4.1을 이용하여 공기덩이 A와 B의 포화혼합비를 제시하시오.

b. 공기덩이 A와 B의 실제 혼합비는 얼마인가?

두 공기덩이가 혼합된 후의 온도는 10°C와 40°C의 중간이고 혼합비는 당신이 b에서 찾은 혼합비들의 중간이라고 가정하고 c~g의 물음에 답하시오.

c. 합쳐진 공기덩이의 온도는 얼마인가? ________°C

d. 합쳐진 공기덩이의 포화혼합비는 얼마인가?

________ g/kg

e. 합쳐진 공기덩이의 실제 혼합비는 얼마인가?

________ g/kg

f. 실제 혼합비는 포화혼합비와 얼마나 다른가?

________ g/kg

g. 상대습도는 일반적으로 100%를 넘지 않기 때문에 합쳐진 공기덩이에서 초과된 수증기에는 어떤 일이 발생할까?

h. 불포화된 두 공기덩이가 혼합되어 포화된 공기덩이를 만드는 상황을 설명하시오.

5 응결 및 강수의 형태

핵심개념

다음의 각 항목은 이 장에서 다루는 주요 주제에 대한 기본 학습 목표를 나타낸다. 이 장을 학습하고 나면 여러분은 다음 항목을 이해할 수 있다.

5.1 구름 형성에 있어 단열냉각과 구름응결핵의 역할을 설명한다.

5.2 10개의 기본 구름 유형을 형태와 높이에 따라 열거하고 설명한다. 난층운 및 적란운과 그들의 연관된 날씨를 대조시킨다.

5.3 안개의 기본적인 유형을 인지하고 어떻게 형성되는지 기술한다.

5.4 베르예론 과정을 기술하고, 이 과정이 충돌-병합 과정과 어떻게 다른지 설명한다.

5.5 진눈깨비, 언 비(비얼음), 우박을 생산하는 대기 조건을 기술한다.

5.6 강수를 측정하기 위해 표준우량계와 기상 레이더를 이용하는 것에 대한 장점과 단점을 열거한다.

5.7 기상을 조절하고자 하는 시도에 대한 몇 가지 방법을 논한다.

구름, 안개 그리고 강수의 다양한 형태는 자주 관측되는 기상현상들이다. 이 장의 주요 초점은 각각의 현상에 대해 기본적인 이해를 제공하는 것이다. 구름의 분류 및 명명법에 대한 기본적인 개요를 배우고 나서, 대개의 빗방울이 약 백만 개의 작은 물방울로부터 물을 요구하는 복잡한 과정들을 거쳐 형성된다는 것을 배우게 될 것이다.

캘리포니아 주 동시에라네바다 상공에 형성되는 그림 같은 구름들

5.1 구름 형성

구름 형성에 있어 단열냉각과 구름응결핵의 역할을 설명한다.

구름(clouds)은 지구 표면의 상공에 떠도는 수십억 개의 미세한 물방울 그리고/또는 작은 얼음결정들로 이루어져 있다. 또한 구름은 하늘에서 두드러지게 나타나며 때때로 장관을 연출하기도 할 뿐 아니라 대기 상태에 대한 가시적인 징후를 제공하기 때문에 기상학자들에게 지속적인 관심 대상이 되어 왔다. 응결이 구름을 생성하기 위해서는 공기가 포화에 도달해야 하고, 수증기가 물방울을 형성하기 위해 응결될 수 있는 표면이 존재해야 한다.

공기는 어떻게 포화에 도달하는가

포화는 상층의 공기에서 두 방법 중 하나로 일어난다. 우선 공기를 이슬점온도까지 냉각시키면 응결과 구름 형성이 이루어진다. 4장에서 언급되었던 공기가 상승하여 **단열냉각**(adiabatic cooling)에 의해 이슬점온도까지 냉각될 때 구름이 자주 형성된다는 것을 상기해 보자. 공기덩어리가 상승할 때는 기압이 더 낮은 지역을 연속적으로 통과하게 되어 단열적으로 팽창하고 냉각된다. **상승응결고도**(lifting condensation level)라 불리는 고도에서 상승하는 공기덩이는 이슬점온도까지 냉각이 되었을 것이고, 포화에 도달한다.

포화는 또한 포화되지 않은 찬 공기가 따뜻한 수체 위를 지나면서 아래로부터 충분한 수증기가 더해질 때도 일어난다. 이 과정은 주로 하층운, 특히 아열대 해양에서 형성되는 하층운 생성의 원인이 된다.

응결핵의 역할

응결을 위해 필요한 또 다른 사항은 수증기가 응결될 수 있는 **표면**(surface)이 존재해야 한다는 것이다. 땅이나 그 근처에 있는 풀잎들과 같은 사물들이 그런 표면이다. 응결이 상층에서 일어날 때는 **구름응결핵**(cloud condensation nuclei)이라고 알려진 작은 입자들이 이런 목적으로 쓰이게 된다. 응결핵이 없다면 구름방울을 만들기 위해 100%가 넘는 상대습도가 필요하다(매우 낮은 온도−낮은 운동에너지−에서 물분자들은 응결핵이 없어도 작은 덩어리 안에서 '서로 달라붙는다.').

먼지폭풍, 화산 폭발, 식물의 꽃가루 등이 구름응결핵의 주된 공급원이다. 또한 산불, 자동차, 석탄 화로 등에 의한 연소(태워짐)의 부산물로 응결핵이 대기에 유입된다.

상층의 응결에 가장 효율적인 입자들은 **흡습성(물 추구) 응결핵**(hygroscopic nuclei)이라 불린다. 크래커나 시리얼 등과 같은 친숙한 몇 가지 음식물이 흡습성인데, 습한 공기에 노출되면 습기를 흡수하여 빨리 상하게 된다. 바다에서는 물보라가 증발할 때 소금 입자가 대기 중에 방출된다. 소금은 흡습성이기 때문에 100%보다 낮은 상대습도에서도 해염 입자 근처에 물방울이 형성되기 시작한다. 그 결과 해염과 같은 흡습성 입자에 형성되는 구름방울들은 일반적으로 **배습성(물 격퇴) 응결핵**(hydrophobic nuclei)에서 성장하는 것들에 비해 훨씬 크다. 배습성 입자가 효율적인 응결핵은 아니지만 상대습도가 100%에 도달하기만 하면 그 위에 구름방울이 형성된다.

구름응결핵들은 물에 대해 넓은 범위의 친화력을 갖고 있기 때문에 같은 구름 안에 다양한 크기의 구름방울들이 공존하기도 하는데, 이는 강수 형성을 위한 중요한 요인이다.

구름방울의 성장

구름방울은 초기에 빠르게 성장한다. 그러나 가용 수증기가 수많은 구름방울들에 의해 경쟁적으로 소비되기 때문에 그 성장률이 급속하게 줄어든다. 그 결과 대개 반지름 20mm 이하인 수십억 개의 작은 물방울로 이루어진 구름이 형성된다. 이 구름방울들은 너무 작아서 아주 작은 상승기류에도 모두 공기 중에 떠있게 된다.

매우 습윤한 공기에서조차 부가적인 응결에 의한 구름방울의 성장은 상당히 느리다. 더군다나 구름방울과 빗방울의 크기 차이가 엄청나기 때문에(하나의 빗방울을 만들기 위해서는 약 백만 개의 구름방울이 필요하다) 증발하지 않고 지상에 떨어질 정도로 충분히 큰 빗방울(또는 얼음결정)을 만들기 위해서는 응결만으로는 부족하다. 이 장의 뒷부분에서 강수를 생성하는 과정을 탐구하게 될 것이다.

✓ 개념 체크 5.1

1. 구름 형성의 과정을 기술하시오.
2. 구름의 형성에 있어 구름응결핵이 어떤 역할을 하는가?
3. 흡습성 응결핵을 정의하시오.
4. 왜 응결에 의한 성장이 비로 떨어질 만큼 충분히 큰 물방울을 만들지 못하는가?

5.2 구름 분류

10개의 기본 구름 유형을 형태와 높이에 따라 열거하고 설명한다. 난층운 및 적란운과 그들의 연관된 날씨를 대조시킨다.

1803년 영국의 자연주의자 루크 하워드(Luke Howard)는 오늘날의 체계의 근간이 되는 구름 분류법을 출판하였다. 하워드의 체계에 따르면, 구름은 형태와 고도의 두 가지 기준을 바탕으로 분류된다(그림 5.1). 먼저 기본적인 구름 형태 또는 모양을 살펴본 후, 구름의 고도를 고찰할 것이다.

구름 형태

구름은 지구 표면에서 보았을 때 어떻게 나타나는가를 기초로 분류된다. 기본적인 형태 또는 모양은 다음과 같다.

- 권운(cirrus, cirriform)은 높고 희며 얇다. 이 구름은 갈라져 있으며 섬세한 면사포 조각 또는 성긴 섬유가 늘어난 모양을 하고 있다. 종종 깃털 모양으로 나타나기도 한다('cirrus'는 라틴어로 '곱슬 털' 또는 '가는 실'이다.)
- 적운(cumulus, cumuliform)은 생김새가 솜 같다고 종종 표현되는 공 모양의 구름 덩어리로 이루어진다. 보통 편평한 구름밑면을 보

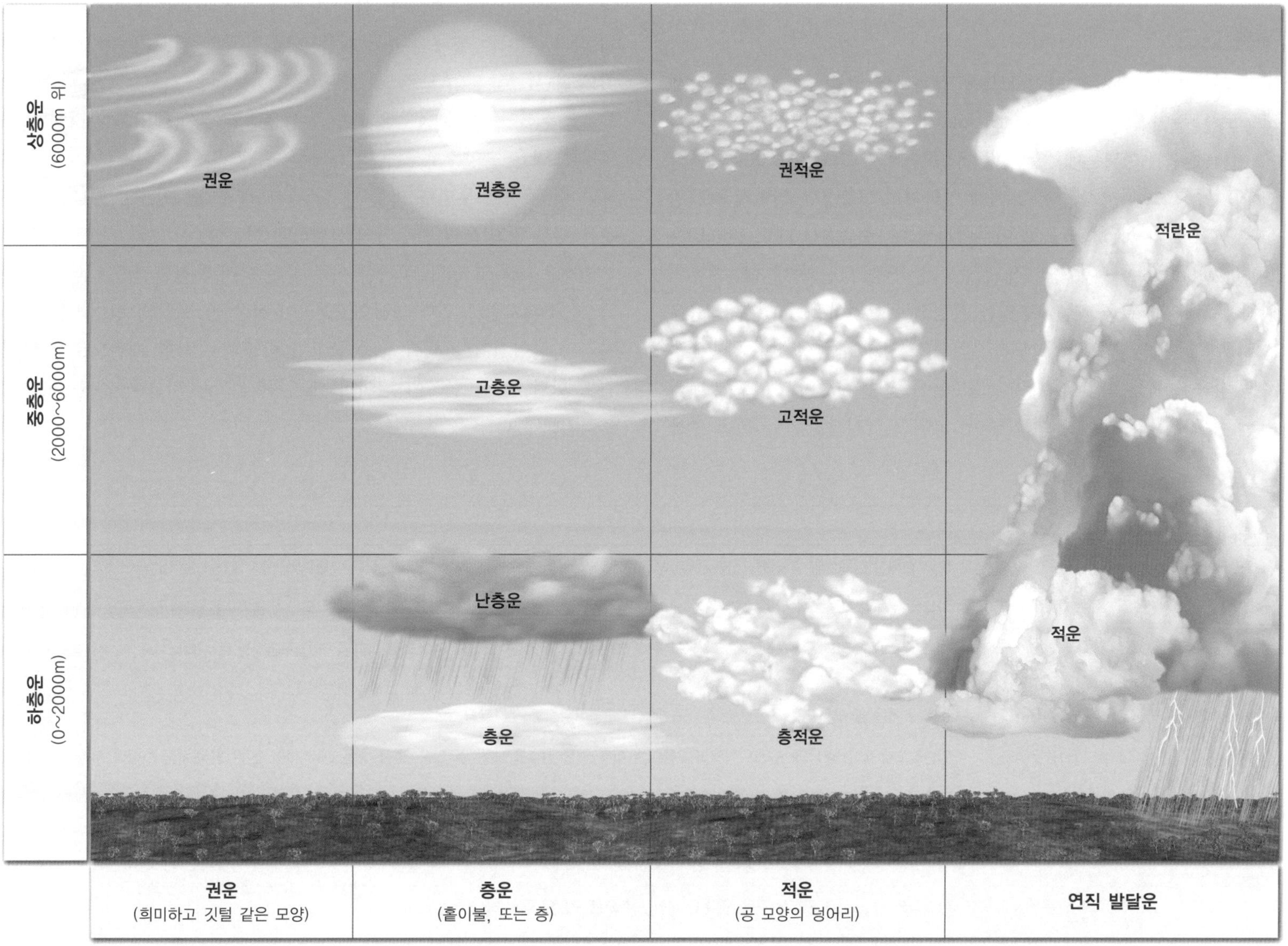

▲ 스마트그림 5.1 형태와 고도에 따른 구름 분류

http://goo.gl/15sC8

여 주며 솟아오르는 둥근 천장이나 탑처럼 보인다('cumulus'는 라틴어로 '덩어리' 또는 '더미'를 뜻한다). 적운은 약간의 대류와 상승 공기가 있는 대기의 층 안에서 형성된다.

- **층운**(stratus, stratiform)은 하늘 대부분 또는 전체를 덮는 홑이불 또는 층으로 이루어진다.

약간의 틈이 있을 수도 있지만 별개의 독립적인 구름 개체들은 없다. 모든 구름들은 이 세 가지의 기본 형태 중 하나를 가지고 있고, 어떤 것은 그들 중 두 가지의 결합체이다. 예를 들면 층적운은 대부분 길고 나란한 두루마리나 부서진 공 모양의 파편으로 이루어진 홑이불 같은 구조이다. 또한 **난운**(nimbus, '심한 비'를 나타내는 라틴어)이라는 용어는 강수를 주로 생산하는 구름의 이름으로 쓰인다. 따라서 난층운은 편평하게 펼쳐진 비구름을 나타낸다.

구름 고도

구름 분류의 두 번째 측면인 고도를 살펴보면 고층, 중층, 하층의 세 고도로 나누어진다. **상층운**(high clouds)은 대류권에서 가장 높고 추운 지역에서 형성되는데, 일반적으로 구름밑면 고도가 6,000m 이상이다. 이들 고도에서는 기온이 대개 영하여서 고층운은 일반적으로 얼음 결정이나 과냉각 물방울로 이루어져 있다. **중층운**(middle clouds)은 2,000~6,000m 고도에 자리 잡고 있으며, 연중 시간과 대기의 기온의 연직 분포에 따라 물방울이나 얼음 결정으로 이루어질 수 있다. **하층운**(low clouds)은 약 2,000m 고도까지의 지표 가까이 형성되며, 일반적으로 물방울로 이루어진다. 이러한 고도들은 연중 계절이나 위도에 따라 어느 정도 변할 수 있다. 예를 들어, 고위도(극지방)에 위치하고 추운 겨울 동안에는 상층운이 일반적으로 더 낮은 고도에 나타난다. 게다가 어떤 구름은 하나의 고도 범위를 벗어나 연직으로 확장되기도 한다. 이런 구름을 **연직 발달운**(clouds of vertical development)이라고 한다. 일정한 날씨 패턴들은 특정한 구름 또는 구름의 조합과 연관되어 있기 때문에 구름들의 특성에 익숙해지는 것이 중요하다.

국제적으로 알려진 10개의 구름 유형이 표 5.1에 요약되어 있고, 이어지는 절에 설명되어 있다.

상층운

상층운(6000m 이상)의 그룹은 **권운**(cirrus), **권층운**(cirrostratus) 및 **권적운**(cirrocumulus)을 포함한다. 상층의 낮은 기온과 적은 양의 수증기 때문에 상층운들은 엷고 희며 주로 얼음결정으로 이루어져 있다.

권운(cirrus, Ci)은 섬세한 가는 실 같은 얼음으로 이루어진 구름이다. 상층의 바람은 종종 이 실같이 뻗친 얼음 자락들을 휘거나 굽이치게 한다. 갈고리 형태의 가는 실들로 된 권운은 '말꼬리구름'으로 불리기도 한다(그림 5.2A).

권층운(cirrostratus, Cs)은 투명한 섬유질의 흰색 베일과 같으며 때때로 부드러운 모양으로 하늘의 대부분 또는 전체를 덮는다. 이 구름은 해나 달 주위에 무리를 만들 때 잘 나타난다(그림 5.2C). 때때로 권층운은 너무 엷고 투명해서 거의 식별하기 힘들다.

권적운(cirrocumulus, Cc)은 아주 작은 방이나 잔물결로 이루어진 흰색 천 조각처럼 보인다(그림 5.2B). 이 작은 공 모양의 덩어리들은 뭉치거나 떨어지거나 해서 종종 물고기 비늘과 유사한 패턴으로 정렬되기도 한다. 이런 현상이 일어날 때 일반적으로 '비늘구름하늘'이라고 불리기도 한다.

표 5.1 기본적인 구름 유형

구름 그룹 및 고도	구름 유형	특징
상층운 : 6000m 위	권운(Ci)	엷고 섬세한 섬유성의 얼음결정 구름. 때때로 "말꼬리 구름" 또는 갈퀴권운이라 불리는 갈고리 형태의 가는 실처럼 나타남(그림 5.2A).
	권층운(Cs)	하늘을 우윳빛으로 보이게 하는 엷은 홑이불 같은 흰 얼음결정의 구름. 때때로 해와 달 주위에 무리를 만들기도 함(그림 5.2C).
	권적운(Cc)	엷고 흰 얼음결정의 구름. 잔물결이나 파문 형태 또는 열을 지은 공 모양의 덩어리로 나타남. '비늘구름하늘'로 나타나기도 함. 상층운 중에서 가장 흔치 않음(그림 5.2B).
중층운 : 2000~6000m	고적운(Ac)	분리된 작은 공 모양으로 구성된 흰색 내지 회색의 구름. '양잔등구름'(그림 5.3A).
	고층운(As)	일반적으로 엷은 층상의 면사포 형태의 구름이며 아주 약한 강수를 내릴 수 있음. 엷을 때는 해나 달이 '밝은 반점'처럼 보이나 무리는 생기지 않음(그림 5.3B).
하층운 : 2000m 아래	층운(St)	안개처럼 보이는 낮고 균일한 구름층이나 지면에 머물지는 않음. 이슬비를 내리기도 함.
	층적운(Sc)	공 모양의 파편이나 두루마리 형태를 한 부드러운 회색의 구름. 두루마리 형태는 결합해서 연속적인 구름을 만들기도 함(그림 5.4).
연직 발달운	난층운(Ns)	무정형의 층을 이룬 암회색 구름. 강수를 내리는 주요한 구름들 중의 하나(그림 5.5).
	적운(Cu)	짙고 부풀어 오른 구름으로 종종 편평한 구름밑면으로 특징지어짐. 독립된 구름이나 가까이 무리지어 나타나기도 함(그림 5.6).
	적란운(Cb)	높이 솟은 구름으로 꼭대기에서 퍼져나가 '모루머리'를 형성함. 호우, 천둥, 번개, 우박 및 토네이도와 연관 있음(그림 5.7).

A.

B.

C.

▲ **그림 5.2 상층운 그룹을 이루는 세 가지 기본 구름 형태**
A. 권운 B. 권적운 C. 권층운.

상층운이 일반적으로 강수를 만들지는 않지만 권운이 권적운에 의해 밀려날 때는 곧 날씨가 나빠질 것이라는 경고가 될 수도 있다. "고등어 비늘구름과 말꼬리구름이 나타나면 돛을 내린다."고 하는 선원들의 속담은 이러한 관측에 근거한 것이다.

중층운

중층 고도 범위(2000~6000m)에 나타나는 구름들은 'alto'('중간'을 뜻함)라는 접두어로 표현되고, **고적운**과 **고층운**의 두 가지 유형이 있다.

고적운(altocumulus, Ac)은 둥근 덩어리나 두루마리 형태의 큰 조각들로 형성되는 경향이 있고 합치거나 또는 합치지 않을 수도 있다(그림 5.3A). 이 구름은 일반적으로 얼음결정보다는 물방울들로 이루어졌기 때문에 개개의 구름 세포들이 일반적으로 더 뚜렷한 윤곽을 가지고 있다. 고적운은 때때로 권적운(더 작고 밀도가 낮음), 층적운(더 두꺼움)과 쉽게 혼동된다.

고층운(altostratus, As)은 하늘 전체 또는 많은 부분을 덮는 무정형의 회색 구름층에게 주어진 이름이다. 일반적으로 고층운을 통해 해가 밝은 반점으로 보이나 그 원반의 가장자리는 식별하기 힘들다(그림 5.3B). 그러나 권층운과는 달리 고층운은 무리를 만들지는 않는다. 이 구름은 약한 눈 또는 이슬비 형태의 강수를 드물게 동반하기도 한다. 온난전선이 접근함에 따라 고층운은 호우가 내릴 수 있는 짙은 회색의 난층운 층으로 두꺼워진다.

하층운

하층운(2,000m 아래)의 그룹에는 **층운**, **층적운**, **난층운** 등 세 가지 구름이 있다.

층운(stratus, St)은 낮은 수평층에서 형성되는데, 종종 약한 이슬비나 엷은 안개를 만든다. 희거나 밝은 회색인 층운은 구름밑면이 매우 균일하며 전 하늘을 덮는 것처럼 보인다.

구름밑면이 조개 모양으로 발달하고 길고 평행한 두루마리 또는 부서진 공 모양의 조각처럼 보이는 층운과 비슷한 구름은 **층적운**(stratocumulus, Sc)이라 불린다(그림 5.4). 층적운이 고적운과 모양이 비슷하지만 고적운보다 낮은 고도에 위치하고 일반적으로 훨씬 더 큰 부서진 조각들로 이루어져 있다. 이들을 구분하는 간단한 방법은 각 구름 덩어리 방향으로 손을 향하게 하는 것이다. 구름이 엄지손톱 크기 정도라면 고적운이고, 주먹 정도 크기라면 층적운이다.

층적운은 종종 아열대 해양의 광범위한 영역을 덮어서 지상 수분의 준비된 공급원이 되기도 한다. 층적운이 그렇게 넓은 영역을 덮기 때문에 주로 입사 태양복사의 상당한 양을 반사시켜 지구에너지 평형에 매

A.

B.

▲ **그림 5.3 중층 고도 범위에서 발견되는 구름들**
A. 고적운은 두루마리 또는 둥근 덩어리 모양으로 구성된 조각들로 형성되는 경향이 있다. B. 고층운은 하늘의 넓은 부분을 덮는 회색의 홑이불처럼 나타난다.

우 중요하다.

난층운(nimbostratus, Ns)이라는 이름은 라틴어로 '비구름'인 'nimbus'와 '층으로 덮다.'라는 의미의 'stratus'로부터 왔다(그림 5.5). 난층운은 지속적인 강수와 낮은 시정을 일으키는 경향이 있다. 이 구름들은 보통 전선을 따라 공기가 강제 상승할 때와 같이 안정한 조건에서 형성된다(9장에서 논의). 이처럼 안정한 공기의 강제 상승은 넓게 퍼지고 대류권 중층 고도까지 성장하는 구름층의 형성을 유도한다. 난층운과 연관된 강수는 일반적으로 약하거나 중간 세기(강할 수도 있음)이며, 대개 강수 시간이 길고 광범위하다.

▼ **그림 5.4 중위도 해양에 자주 형성되는 층적운**
캘리포니아 주 샌디에이고 바로 남쪽의 태평양에 층적운의 큰 퇴적을 보여 주는 위성사진.

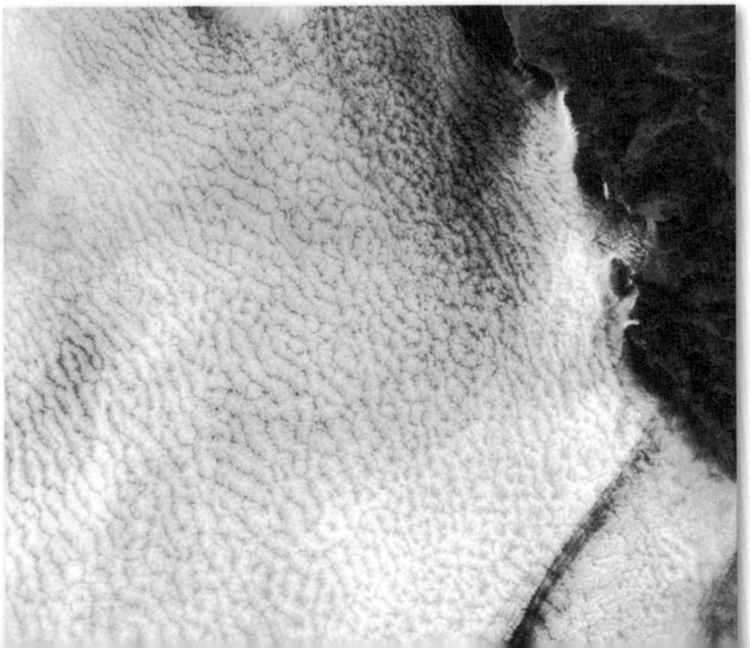

연직 발달운

세 가지 고도 분류 중 어느 것에도 해당되지 않으나 구름밑면이 하층에 있으면서 중층 또는 상층 고도까지 위로 성장하는 구름들은 **연직 발달운**(clouds of vertical development)이라 부른다.

가장 친숙한 형태인 **적운**(cumulus, Cu)은 연직의 둥근 지붕이나 탑으로 발달하는 독립적인 덩어리인데 그 정상이 종종 꽃양배추와 닮았다. 적운은 맑은 날에 비균등 지표 가열로 인해 공기덩이가 상승응결고도 위로 대류적으로 상승할 때 자주 형성된다(그림 5.6).

일중 이른 시간에 적운들이 있는 날에는 대개 태양에 의한 가열이 강해지는 오후로 갈수록 구름 양이 많아짐을 알 수 있다. 더구나 작은 적운[넙적적운(cumulus humilis)]은 거의 강수가 없고 또한 '햇볕이 있는' 날에 형성되기 때문에 종종 '갠날 구름(fair-weather clouds)'으로 불린다. 그러나 공기가 불안정할 때는 적운이 현저히 높게 성장한다. 그러

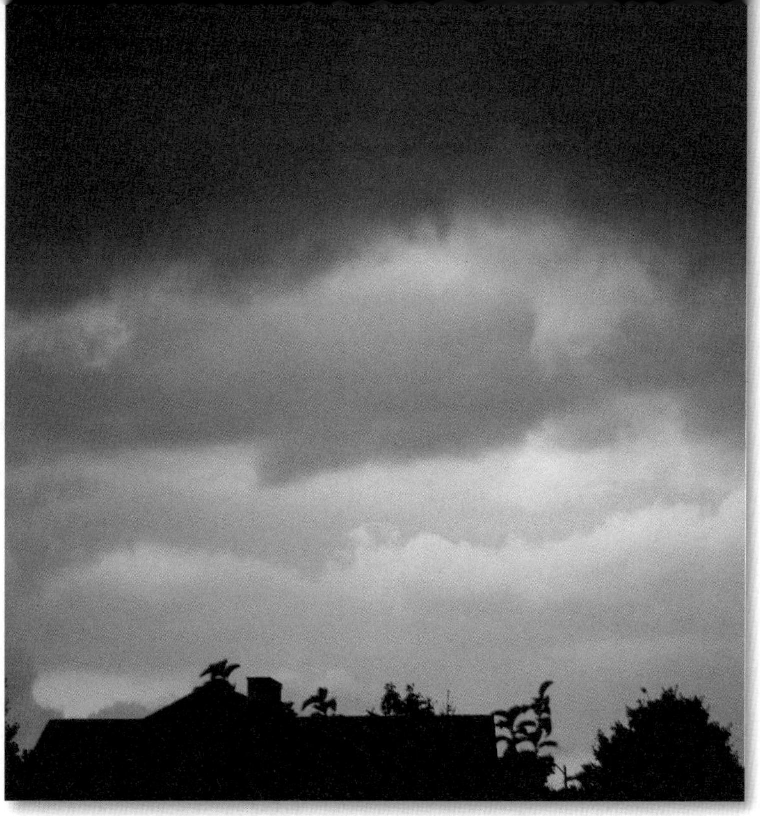

▲ **그림 5.5 난층운은 중요한 강수 생산자이다**
이 어두운 회색 구름층은 종종 울퉁불퉁한 모양의 구름밑면을 보인다.

한 구름이 성장함에 따라 그 정상이 중층 고도 범위에 진입하게 되는데, 이를 **웅대적운**(cumulus congestus)이라 부른다. 마지막으로 구름이 지속적으로 성장하고 비가 떨어지기 시작할 때 이를 **적란운**이라고 부른다.

▼ **그림 5.6 종종 '갠날구름'이라 불리는 적운**
이 작고 희며 부풀어 오른 구름들은 일반적으로 햇볕이 있는 날에 형성된다.

적란운(cumulonimbus, Cb)은 크고 짙으며 부풀어 오른 모양의 구름인데, 연직 방향으로 거대한 탑 형태로 상당히 확장되어 있다(그림 5.7). 적란운 발달의 후기에는 상부가 얼음으로 변하여 섬유질 형태로 나타나고, 빈번히 모루 형태로 퍼져나간다. 적란운 탑들은 지상 수백부터 위로 12km까지 확장되며, 아주 가끔 20km까지 뻗치기도 한다. 이러한 거대한 탑들은 번개, 우박, 가끔은 토네이도를 동반하는 강한 강수를 내리기도 한다. 이 중요한 날씨 생산자의 발달에 대해서는 10장에서 다룬다.

다양한 구름들

10가지 기본 구름 형태는 특정한 구름의 특성을 표현하는 형용사를 사용하여 이름 붙여진 다양한 구름으로 더욱 세분될 수 있다. 예를 들어, '갈고리 모양'을 나타내는 **갈퀴구름**(uncinus)이라는 용어가 구름 옆면에 콤마 모양으로 나타나는 여러 줄의 권운들에 적용된다. 갈퀴권운이라는 이름의 이 구름들은 종종 나쁜 날씨의 전조가 된다.

층운이나 적운이 부서져(또는 조각나) 보일 때는 형용사 **조각난**

▼ **그림 5.7 적란운**
이 짙고 부풀어 오른 구름들은 연직으로 크게 뻗치며 강한 강수와 심한 뇌우를 일으킬 수 있다.

A.

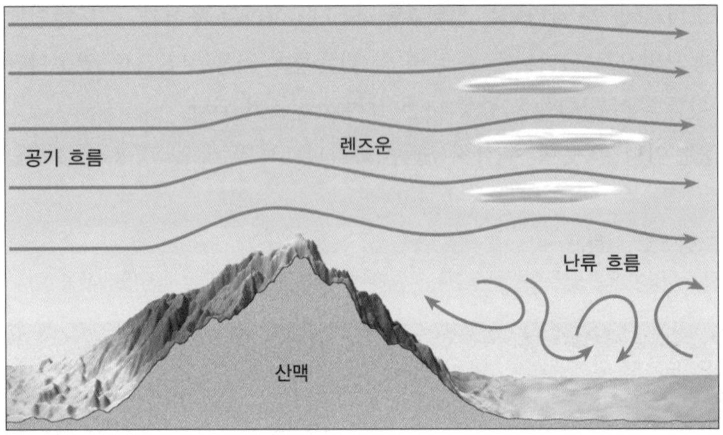

B.

▲ **그림 5.8 렌즈운**

A. 이 렌즈 형태의 구름은 산악 지형에서 상대적으로 흔하게 발생한다. B. 이 그림은 산맥의 후면에서 발달하는 난류 흐름에서의 렌즈운의 형성을 묘사한다.

대기를 바라보는 눈 5.1

이 산 위에 자리잡고 있는 모자구름(cap cloud)은 그 자리에 몇 시간 동안 머물 수 있다. 모자구름은 **지형성 구름**(orographic clouds)이라 불리는 그룹에 속한다.

질문

1. 이런 구름이 지형성 구름이라고 불린다는 사실을 바탕으로 어떻게 형성되는지 설명하시오.
2. 왜 이런 구름이 상대적으로 편평한 바닥을 가지는가?
3. 모자구름은 매우 유사한 모양을 가진 다른 구름 유형과도 연관되어 있다. 그 구름 유형을 말할 수 있는가?

Video
위성영상에서 구름을 판정하기
http://goo.gl/94G0U4

(fractus)이 그들을 표현하는 데 사용될 수 있다. 또한 어떤 구름들은 구름밑면에 암소의 젖통과 비슷한 둥근 돌출물들을 가지고 있다. 이러한 구조들이 있을 때 유방구름(mammatus)이라는 용어가 적용될 수 있다. 이러한 형태는 때때로 험악한 날씨 및 적란운과 연관되어 있다.

정지된 렌즈 모양의 구름은 **렌즈운**[lecticular clouds, 정식 명칭은 렌즈고적운(altocumulus lenticularis)]이라고 불리는데, 울퉁불퉁하거나 산악 지형을 가진 지역에서 흔히 발생한다(**그림 5.8A**). 렌즈운은 기류가 파 형태를 가질 때마다 발달할 수 있는데, 산악 후면에서 가장 자주 형성된다. 습윤 안정한 공기가 산악 지형을 통과할 때 **그림 5.8B**에 보인 바와 같이 풍하측에 일련의 정립파가 형성된다. 공기가 파의 마루를 올라갈 때 단열적으로 냉각된다. 공기가 산악 지형을 통과할 때 그림 5.8B에 보인 것처럼 파 형태가 발달한다. 공기가 이슬점온도에 도달하면 공기 속의 수분이 응결되어 렌즈운을 형성할 것이다. 습윤한 공기가 파의 골로 내려올 때는 작은 구름방울이 증발하여 하강 공기가 있는 지역에 구름이 없다.

✔ 개념 체크 5.2

❶ 구름을 분류하는 두 가지 기준은 무엇인가?

❷ 왜 상층운은 하층운과 중층운에 비해 항상 얇은가?

❸ 10가지 기본 구름 유형을 열거하고 그 형태(모양)와 높이(고도)를 바탕으로 각 유형을 설명하시오.

❹ 렌즈운이 어떻게 형성되는지를 설명하시오.

Video
플로리다 상공에서 발달하는 구름
http://goo.gl/sVW2cl

Video
저게 구름일까?
http://goo.gl/W80Jyw

5.3 안개의 유형

안개의 기본적인 유형을 인지하고 어떻게 형성되는지 기술한다.

안개(fog)는 구름밑면이 지표 또는 지표와 매우 근접한 구름으로 정의된다. 물리적으로 안개와 구름 간에는 근본적으로 차이가 없으며, 외형과 구조가 동일하다. 가장 중요한 차이는 생성의 방법 및 장소이다. 구름이 공기가 상승해서 단열냉각될 경우에 발생하는 반면, 안개는 공기가 냉각되거나 또는 수증기의 추가로 포화될 경우에 발생한다.

안개가 본질적으로 위험하지는 않지만 일반적으로 기상재해로 간주된다(그림 5.9). 일중에 안개는 시정을 2km 또는 3km로 감소시킨다. 안개가 특히 짙은 경우에는 시정이 수십 미터 이하로 감소되어 어떤 형태의 여행도 어렵고 위험하다. 공식적인 기상관측소는 안개가 시정을 1km 이하로 떨어뜨릴 정도로 두꺼울 때만 안개를 보고한다. 표 5.2에 기본적인 안개 유형을 요약하였다.

냉각에 의해 형성되는 안개

지표와 접하는 공기층의 온도가 이슬점 아래로 내려갈 때 응결이 안개를 발생시킨다. 당시의 지배적인 조건에 따라 냉각에 의해 형성되는 안개는 복사안개, 이류안개 또는 활승안개로 불린다.

복사안개 이름에서 암시하듯이, **복사안개**(radiation fog)는 지표 및 그 부근 공기의 복사냉각에 의해 생성되며, 맑고 상대 습도가 매우 높은 밤에 일어나는 현상이다. 맑은 하늘 아래에서는 지표와 그 바로 위의 공기는 급속히 냉각된다. 높은 상대습도 때문에 작은 양의 냉각으로도 기온을 이슬점으로 낮출 수 있다. 바람이 없을 경우, 안개는 대개 1m 미만의 깊이로 고르지 않게 생성된다. 복사안개의 연직 방향으로 확장되기 위해서는 시속 3~5km의 가벼운 바람이 필요한데, 이는 충분한 난류를 생성하여 안개를 소산시키지 않은 채 10~30m 상승시킨다. 한편, 강한 바람은 공기를 상공의 더 건조한 공기와 혼합시켜 안개를 소산시킨다.

안개를 포함한 공기는 상대적으로 차갑고 밀도가 높기 때문에 구릉성의 지형에서 경사면을 따라 하강한다. 결과적으로 골짜기에서 복사안개가 가장 짙은 형태를 띠는 반면 골짜기 주변의 산에서는 맑은 날씨를 보인다(그림 5.9A). 복사안개는 보통 일출 후 1~3시간 안에 사라진다. 이럴 때 종종 안개가 '상승'한다고 말하기도 한다. 그러나 안개가 실제로 '상승'하지는 않는다. 대신에 태양이 지면을 데우면서 가장 아래에 있는 공기층이 먼저 가열되고, 안개가 바닥에서부터 증발하게 된다. 복사안개의 마지막 흔적은 층운의 낮은 구름층으로 보일 수도 있다.

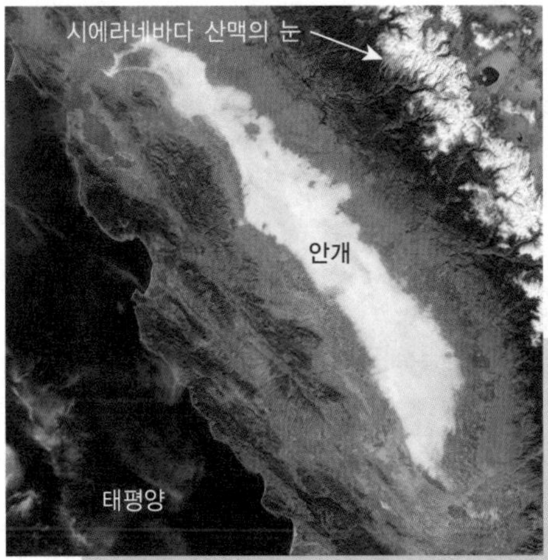

A.

B.

◀ **그림 5.9 복사안개는 지구 표면의 복사냉각에 의해 발생한다**

A. 2002년 11월 20일 캘리포니아 주 샌 호아킨 밸리의 짙은 안개의 위성영상. 이 이른 아침의 복사안개는 그 지역에 차량 14대의 연쇄 충돌을 포함하는 수 건의 차량 사고의 원인이 되었다. **B.** 복사안개는 아침 통근을 아주 위험하게 할 수 있다.

이류안개 온난 다습한 공기가 차가운 표면 위로 불면 아래의 차가운 표면에 접촉해 냉각된다. 충분히 냉각되면 **이류안개**(advection fog)로 불리는, 안개 담요가 생성된다[이류(advection)라는 용어는 수평 이동하는 공기를 말한다]. 전형적인 예로는 샌프란시스코의 금문교(Golden Gate Bridge) 근처에서 자주 발생하는 이류안개를 들 수 있다(그림 5.10).

이류안개가 적절히 발달하기 위해서는 대개 시속 10~30km 사이의 바람으로 일정한 양의 난류가 필요하

Video
구름과 항공
http://goo.gl/R5aC2p

표 5.2 기본적인 안개 유형

안개 그룹	안개 유형	형성 방법과 특징
냉각에 의해 형성된 안개	복사안개	밤에 지면과 그 주위 공기의 복사냉각에 의해 생성되는 현상. 대개 골짜기에 형성되며 주변의 언덕은 안개가 없음.
	이류안개	온난 습윤한 공기가 차가운 표면을 지나가면서 아래로부터 냉각될 때 형성됨. 종종 미국 중서부의 겨울에 나타나는 현상으로 온난한 걸프의 공기가 내륙으로 불거나 습윤한 공기가 차가운 해류 위로 지나갈 때 형성됨.
	활승안개	공기가 산의 경사면 또는 완만하게 경사진 지형을 따라 올라갈 때 단열적으로 팽창하고 냉각됨.
수증기 추가로 형성된 안개	김안개	차가운 공기가 따뜻한 물 위를 이동할 때 수면으로부터 충분한 양의 수분이 증발하여 그 위의 공기를 포화시킴. 공기가 차고 호수나 개울의 물이 아직 상대적으로 따뜻한 가을 아침에 흔함.
	전선(강수)안개	전선면 위의 온난 공기로부터 떨어지는 빗방울이 아래의 한랭 공기로 증발하여 포화를 일으킬 때 형성됨. 한랭 다습한 날이 있는 겨울철의 현상.

다. 난류는 두꺼운 공기층을 통과하여 냉각을 촉진시킬 뿐만 아니라 안개를 더 높은 곳으로 운반시키기도 한다. 따라서 이류안개는 종종 지상 위로 300~600m까지 뻗치고 복사안개보다 더 오래 지속된다. 이런 안개의 예는 미국에서 가장 안개가 많이 끼는 지역인 워싱턴 주의 케이프 디스어포인트먼트에서 발견할 수 있다. 사실 이 지명이 적절한 이유는 이 지역에서 안개가 연평균 2552시간(106일) 발생하기 때문이다.

이류안개는 또한 멕시코 만과 대서양으로부터 비교적 온난 습윤한 공기가 차갑고 가끔씩 눈에 덮힌 지표 위를 이동하여 광범한 안개 발생 조건이 될 때 미국 남동부와 중서부에서 자주 발생하는 겨울철 기상현상이다. 이런 이류안개는 짙은 경향이 있으며 운전 조건을 위험하게 한다.

활승안개 이름에서 암시하듯이, **활승안개**(upslope fog)는 상대적으로 습윤한 공기가 완만하게 경사진 평원을 따라 이동하거나 가파른 산의 경사면을 따라 상승할 경우에 생성된다. 상향 이동하기 때문에 공기가 팽창하고 단열적으로 냉각된다. 이슬점에 도달하면 거대한 안개층이 형성될 수 있다.

활승안개가 어떻게 산악 지대에서 형성되는지 상상하는 것은 어렵지 않다. 하지만 미국에서는 습윤한 공기가 멕시코만에서 로키 산맥을 향해 이동할 때 활승안개가 대평원에서도 발생한다[콜로라도 주의 덴버가 '마일-하이 시티(mile-high city, 역자 주 : 1mile 높이에 위치한다는 뜻)'라고 불리고, 멕시코만이 해수면 높이에 있다는 것을 기억해 보자]. 대평원 위로 올라가는 공기는 팽창하고 12°C 만큼 단열적으로 냉각되어, 그 결과로 서부 평원 지대에 거대한 활승안개가 형성될 수 있다.

증발안개

수증기의 추가 때문에 포화가 일어난다면 그 결과로 생성되는 안개는 증발안개(evaporation fogs)로 불린다. 증발안개에는 김안개와 전선(강수) 안개의 두 종류가 있다.

김안개 차갑고 불포화된 공기가 따뜻한 수체 위로 이동하면 충분한 양의 수분이 증발하여 바로 위의 공기를 포화시켜 안개층을 생성한다. 추

기상학자의 스케치

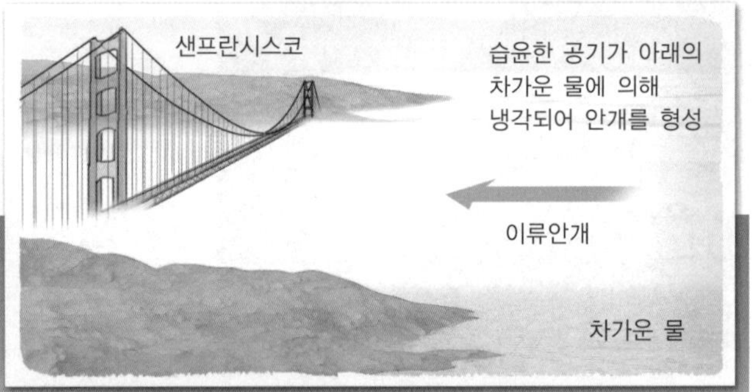

▶ **그림 5.10 이류안개는 온난 습윤한 공기가 차가운 표면 위를 이동할 때 발생한다**
샌프란시스코 만으로 진행하는 이 안개층은 습윤한 공기가 차가운 캘리포니아 해류 위를 통과하면서 발생했다.

▲ **그림 5.11 김안개는 가을에 차가운 공기가 상대적으로 따뜻한 수체 위를 지나갈 때 발생한다** 이 영상은 애리조나 주 시에라블랑카 호수에서 올라오는 김안개를 보인다.

자주 나오는 질문…

추운 날 아침에는 왜 입김이 보이나요?

추운 날에 '입김이 보이는' 것은 실제로는 김안개가 생성된 것이다. 따뜻한 공기를 내쉬면 소량의 차가운 공기가 포화되면서 미세한 물방울이 형성된다. 김안개의 경우처럼, '안개'가 주위의 불포화된 공기와 섞이면서 물방울이 빠르게 증발한다.

가된 수분과 에너지는 종종 포화된 공기를 뜨게 하여 상승시킨다. 뿌연 공기가 마치 뜨거운 커피 위에 형성되는 '김'처럼 보이기 때문에 이 현상은 **김안개**(steam fog)로 불린다(그림 5.11). 김안개는 맑고 선선한 가을날 아침에 호수와 강에서 자주 나타나는데, 이때 물은 아직 상대적으로 따뜻한 반면 공기는 비교적 차갑다. 김안개는 대개 얕고 뿌연 층을 형성하는데, 이는 김안개가 상승함에 따라 물방울이 위의 포화되지 않은 공기와 섞이면서 증발하기 때문이다.

어떤 환경에서는 김안개가 짙게 깔릴 수 있는데, 특히 겨울철에 차가운 북극 공기가 대륙과 비교적 따뜻한 먼 바다의 얼음 선반을 덮칠 때 그렇다. 따뜻한 바다 표면과 그 위에 덮인 차가운 공기 사이의 기온 차는 30°C를 넘는 것으로 알려졌다. 그 결과 상승하는 수증기가 많은 양의 공기를 포화시켜 두꺼운 김안개를 형성한다. 생성 원천과 외양 때문에 이런 종류의 짙은 김안개에 **북극바다 김안개**(arctic sea smoke)라는 이름이 주어진다.

전선(강수)안개 온난 습윤한 공기가 더 차고 건조한 공기 위로 올라가는 전선경계는 **전선(강수)안개**[frontal (precipitation) fog]를 생성한다. 전선면 위의 상대적으로 따뜻한 공기로부터 떨어지는 빗방울이 아래의 찬 공기에서 증발하여 포화시키기 때문에 안개가 끼게 된다. 전선안개는 아주 두꺼울 수 있는데 약한 강수가 오래 지속되는 기간 중의 추운 날에 자주 발생한다.

짙은 안개가 발생하는 빈도는 지역에 따라 편차가 크다(그림 5.12). 예상한 것과 같이 안개는 해안 지역, 특히 태평양 및 뉴잉글랜드 해안과 같이 한류가 압도적인 지역에서 가장 많이 발생한다. 오대호 연안과 동부의 습윤한 애팔래치아 산맥에서도 비교적 빈번하게 발생한다. 이와는 대조적으로 내륙 지방 특히 서부의 건조 지역 및 반건조 지역에서는 안개가 드물다(그림 5.12의 노란색 지역).

✓ 개념 체크 5.3

1. 구름과 안개를 구분하시오.
2. 안개의 다섯 가지 유형을 열거하고 어떻게 형성되는지 논하시오.
3. 복사안개가 '상승'한다고 할 때 실제로는 무슨 일이 일어나는가?
4. 왜 태평양 연안을 따라 짙은 안개가 상대적으로 매우 자주 발생하는가?

Video
위성에서 본 안개
http://goo.gl/ECLZLM

http://goo.gl/FJVFO

▶ **스마트그림 5.12 연간 짙은 안개의 평균 일수를 나타내는 지도**
한류가 압도적인 해안 지역, 특히 태평양 북서부와 뉴잉글랜드 지역은 짙은 안개가 자주 발생한다.

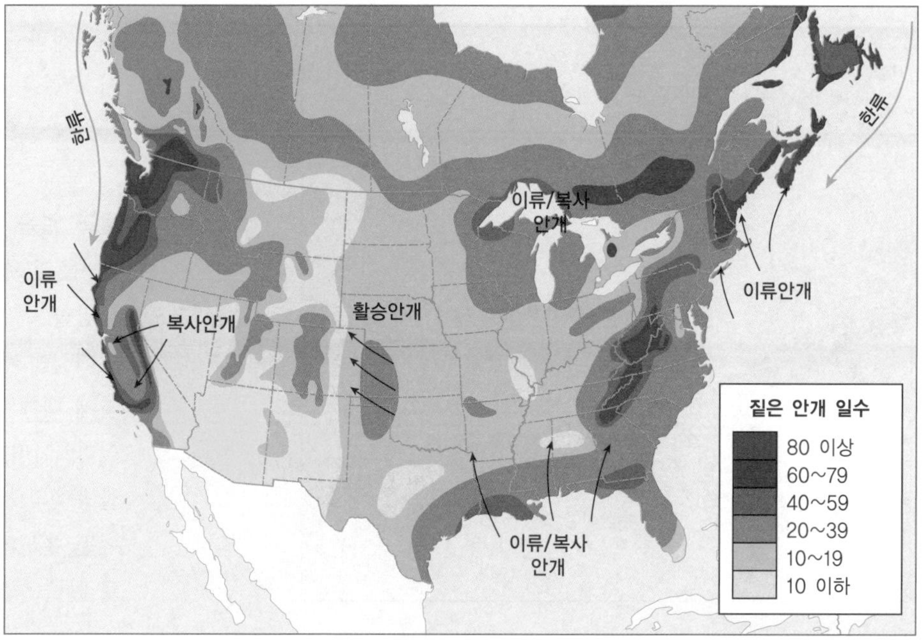

5.4 강수는 어떻게 형성되는가

베르예론 과정을 기술하고, 이 과정이 충돌-병합 과정과 어떻게 다른지 설명한다.

모든 구름이 물을 포함하고 있음에도 불구하고 왜 어떤 구름은 강수를 생성하는 반면 다른 구름은 유유히 상공에 떠다니는가? 단순해 보이는 이 질문이 기상학자들을 오랫동안 난감하게 했다.

전형적인 구름방울들은 매우 작으며 지름이 20μm(0.02mm)이다(그림 5.13). 비교를 하자면, 인간의 머리카락은 지름이 약 75mm이다. 크기가 작기 때문에 정지한 공기에서 구름방울들이 매우 천천히 떨어진다. 평균적인 구름방울이 1000m 상공의 구름밑면에서 지표에 닿기까지 수 시간이 걸린다. 그러나 구름방울은 결코 그 여정을 끝낼 수 없을 것이다. 대신에 구름방울은 구름밑면에서 아래의 불포화된 공기로 떨어진 후 수 미터가 되기 전에 증발할 것이다.

구름방울이 강수로 떨어지기 위해서는 크기가 얼마나 되어야 할까? 일반적인 빗방울은 지름이 약 2mm이며 이는 평균적인 구름방울의 100배이다(그림 5.13). 그러나 통상적인 빗방울의 부피는 구름방울의 100만 배이다. 그러므로 강수가 생성되기 위해서는 구름방울은 부피가 약 100만 배 커져야 한다. 추가적인 응결로 지면까지 떨어질 수 있을 만큼 큰 구름방울을 만들지 않을까 의심할지도 모른다. 그러나 구름은 가용한 물을 차지하기 위해 서로 경쟁하는 수십억 개의 미세한 구름방울로 이루어져 있다. 그러므로 응결은 빗방울 형성에 있어서 비효율적인 수단이 된다.

두 가지 과정이 강수의 형성의 원인이 되는데 이는 베르예론 과정과 충돌-병합 과정이다.

▼ 그림 5.13 응결 및 강수 과정에 포함된 입자들의 지름

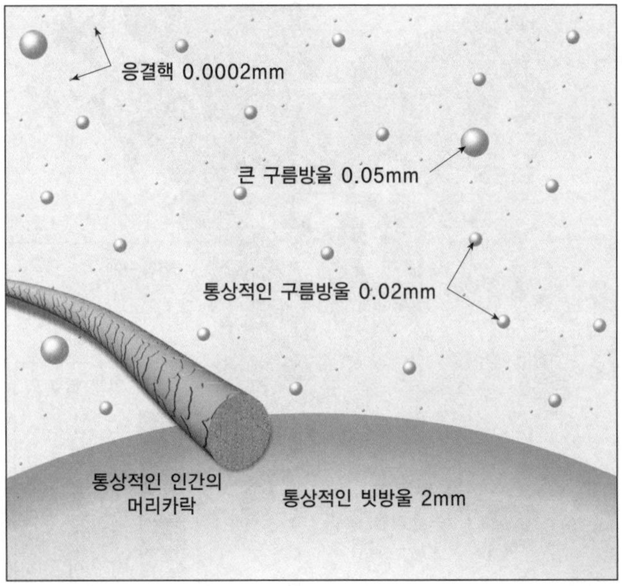

한랭구름에서 생성되는 강수 : 베르예론 과정

중위도와 고위도에서 대부분의 강수를 생성하는 **베르예론 과정**(Bergeron process)은 이 현상을 발견한 스웨덴 출신의 저명한 기상학자인 토르 베르예론(Tor Bergeron)의 이름을 따서 붙였다. 이 기작(mechanism)이 어떻게 작동하는지 이해하기 위해 먼저 물의 두 가지 중요한 성질을 살펴보아야 한다.

과냉각수 베르예론 과정은 0°C 아래 액체 구름방울과 얼음결정이 공존하는 **한랭구름**(cold clouds)에서 작동한다. 예상과는 달리 **구름방울은 대개 0°C에서 얼지 않는다.** 사실 공기 속에 떠있는 순수한 물은 거의 −40°C에 이르기 전에는 얼지 않는다. 0°C 아래의 액체 상태의 물은 **과냉각수**(supercooled water)라고 불린다. 과냉각수는 물체와 충돌할 경우 바로 얼게 되는데, 이는 비행기가 과냉각 물방울로 이루어진 한랭구름을 통과할 때 표면에 얼음이 어는 이유를 설명해 준다. 과냉각 물방울은 또한 **언 비**(freezing rain)의 원인이 되기도 하는데, 언 비는 액체 상태로 떨어지다가 도로나 나뭇가지, 차창 등에 부딪치면 얇은 얼음층으로 변한다.

대기에서는 과냉각 물방울들이 얼음결정을 아주 비슷한 모양을 가진 고체 입자와 접촉하면 언다(예를 들면 요오드화은). 이러한 물질들은 **결빙핵**(freezing nuclei)이라고 불리는데, 대기 중에서는 희박하며 기온이 −15°C 이하로 떨어지기 전에는 활성화되지 않는다. 따라서 0°C에서 −15°C 사이의 기온에서 대부분의 구름은 과냉각 물방울로만 이루어져 있다(그림 5.14). −15~−40°C 사이에서는 대부분의 구름이 얼음결정과 공존하는 과냉각 물방울로 이루어져 있으며, −40°C 미만에서 구름은 완전히 얼음결정으로만 이루어져 있다. 예를 들면, 높이 솟은 적란운의 꼭대기와 높은 고도의 희미한 권운이 대체로 그러하다.

물과 얼음 위의 포화수증기압 물의 다른 중요한 성질은 **포화수증기압이 물방울 위에서보다 얼음결정 위에서 더 낮다는 것이다.** 다르게 말하자면, 물방울 주위의 공기가 포화될 때(상대습도 100%), 근처의 얼음결정에 대해서는 과포화된다. 예를 들면, 표 5.3에 보인 바와 같이 −10°C에서 물에 대해 상대습도가 100%일 경우 얼음에 대한 상대습도는 약 110%이다. 이러한 차이는 얼음결정이 고체여서 각각의 얼음 분자들이 액체 물방울의 분자들보다 결속이 더 강하기 때문에 생긴다. 같은 이유로 주어진 온도에서 수증기 분자가 얼음결정보다 물방울에서 더 빠른 비율로 탈출(증발)한다.

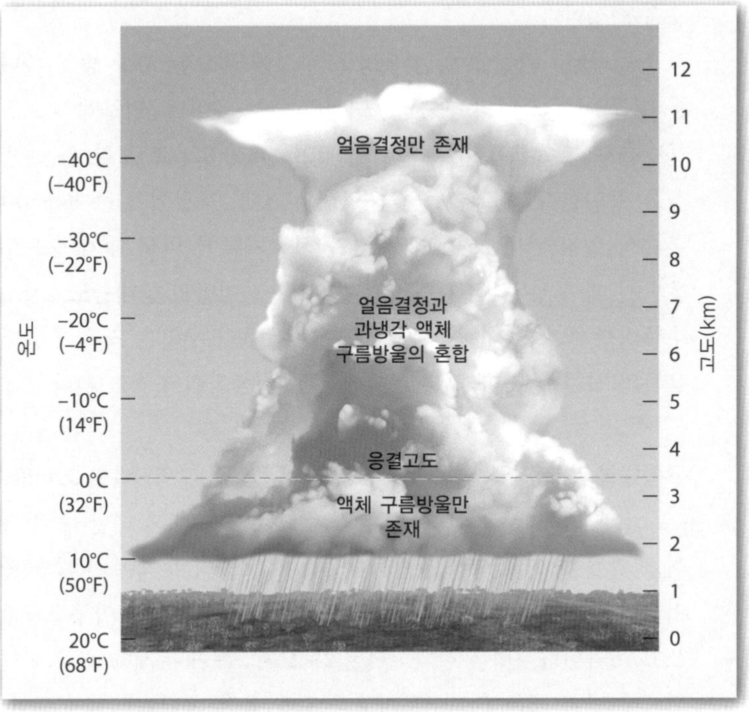

▲ 그림 5.14 높이 솟은 적란운에서 발견되는 입자들의 특징

베르예론 과정이 어떻게 강수를 생성하는가 얼음결정과 과냉각 물방울이 공존할 때 강수를 만드는 이상적인 조건이 된다. 이런 사실을 염두에 두고 이제 빙정 과정이 어떻게 강수를 생성하는지 설명하고자 한

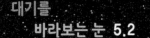

표 5.3 물에 대한 상대습도가 100%일 경우 얼음에 대한 상대습도

온도(℃)	상대습도	
	물에 대한	얼음에 대한
0	100%	100%
−5	100%	105%
−10	100%	110%
−15	100%	115%
−20	100%	121%

다. 결빙핵이 희박하기 때문에 한랭구름은 수많은 물방울에 둘러싸인 상대적으로 적은 얼음결정(눈결정)으로 이루어져 있다(그림 5.15). 공기가 비교적 적은 얼음결정에 대해 과포화되었기 때문에 얼음결정이 침착(deposition) 과정에 의해 물 분자를 모으기 시작한다. 이 과정이 이번에는 공기의 전체 상대습도를 떨어뜨린다. 이에 응하여 잃어버린 수증기를 보충하기 위해 주위의 물방울이 증발하기 시작한다. 따라서 얼음결정의 성장은 물방울의 지속적인 증발과 축소로 이루어진다.

얼음결정이 충분히 커지면 떨어지기 시작한다. 공기의 이동은 때때로 이 섬세한 결정을 부술 수 있는데, 파편들은 다른 물방울을 위한 결빙핵이 된다. 연쇄 반응이 잇달아 일어나 많은 눈결정이 생성되고, 눈결정은 함께 뭉쳐 **눈송이**(snowflakes)라 불리는 더 큰 덩어리가 된다.

대기를 바라보는 눈 5.2

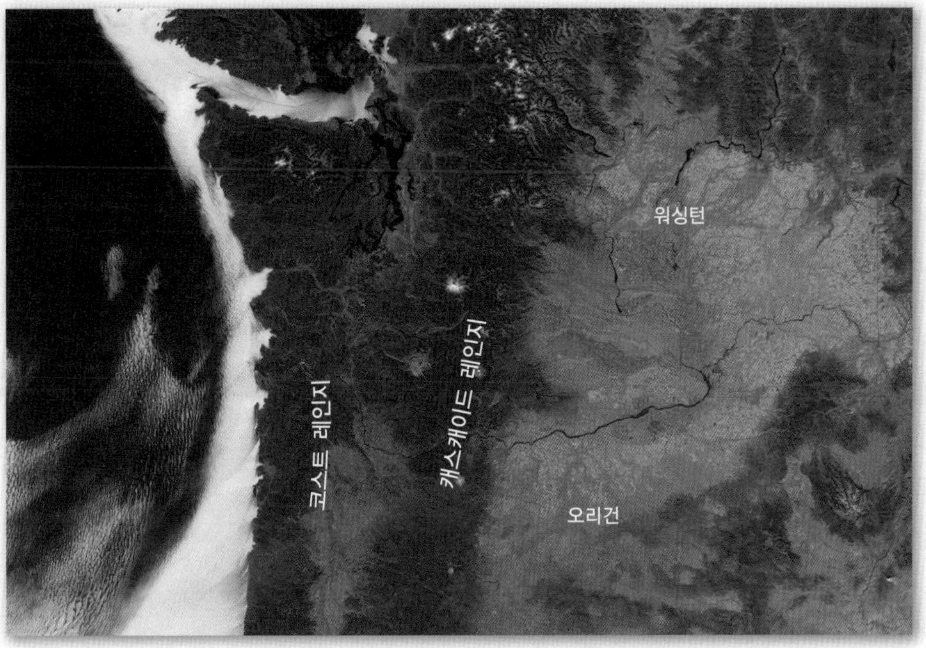

이 위성영상은 미국 북서부의 만과 수로 안으로 동쪽으로 움직이는 낮게 드리워진 구름층을 보여 준다. 숲으로 이루어진 코스트 레인지가 해안의 윤곽을 잡고 더 내륙에는 몇 개의 큰 화산을 포함하는 캐스케이드 레인지가 있다.

질문

1. 왜 육지에서는 구름이 없는데 바다에서는 구름이 형성된다고 생각하는가?
2. 워싱턴 주의 동부 절반은 반건조 지역으로 보이는 데 반해 왜 서부의 산악 지대는 풍부한 식생으로 덮여 있는가?

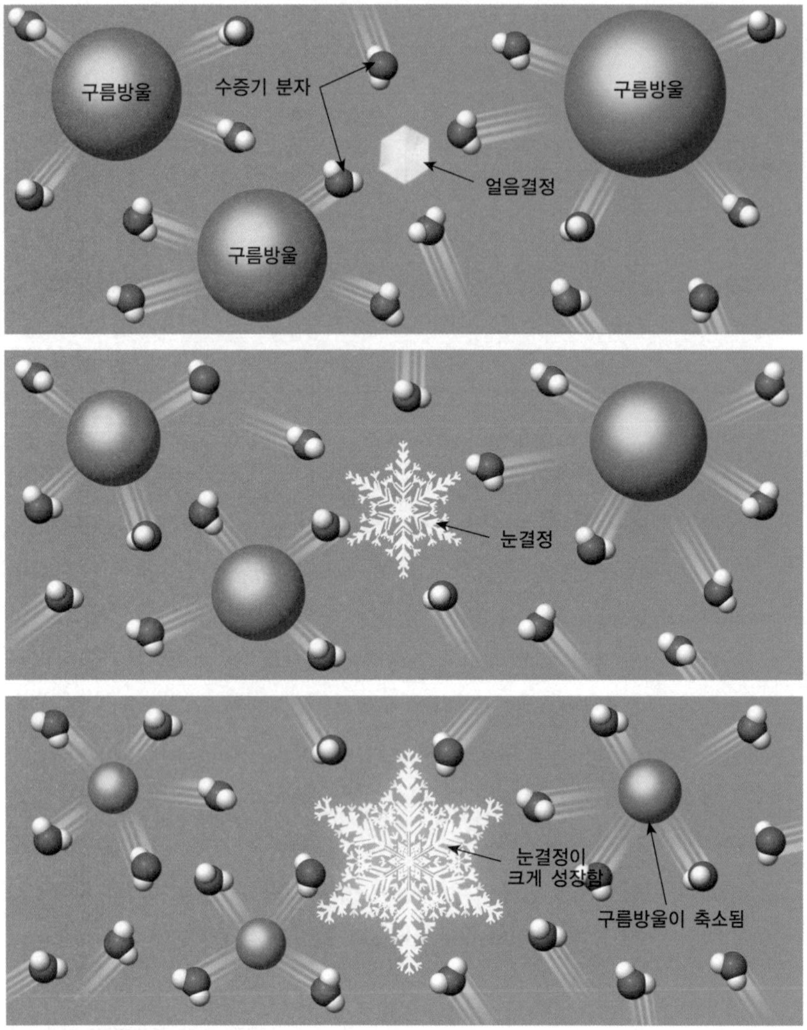

▲ **그림 5.15 베르예론 과정**
얼음결정은 구름방울을 흡수하여 성장하며 충분히 커지면 떨어진다. 이 입자들의 크기는 매우 확대된 것이다.

베르예론 과정은 적어도 구름의 일부가 −15°C 정도로 충분히 차가워서 얼음결정을 생성한다는 가정하에 중위도에서 연중 강수를 생성할 수 있다. 지표에 도달하는 강수의 유형(눈, 진눈깨비, 비 또는 언 비)은 대기의 하층 수 킬로미터 내의 온도의 연직 분포에 좌우된다. 지상 온도가 4°C를 넘을 경우, 눈송이는 대개 땅에 닿기 전에 녹아 비로서 하강을 계속한다. 심지어 무더운 여름날 내리는 호우도 높은 상공의 구름에서는 눈 폭풍우로 시작했을 수 있다. 중위도의 겨울철에는 하층운조차도 베르예론 과정을 거쳐 강수가 유발될 정도로 충분히 차갑다.

온난구름에서 생성되는 강수 : 충돌-병합 과정

충돌-병합 과정(collision-coalescence process)은 구름 꼭대기가 −15°C 보다 따뜻한 **온난구름**에서 강수를 생성하는 주된 과정이다. 간단히 말해 충돌-병합 과정은 미세한 구름방울이 함께 달라붙는(병합하는) 다중 충돌을 포함하며, 증발하기 전에 지표에 도착하기에 충분히 큰 빗방울을 형성한다.

충돌-병합 과정에 의한 빗방울 형성에 필요한 사항 중의 하나는 평균 이상 크기의 구름방울이 존재하는 것이다. 연구에 따르면 물방울로만 이루어진 구름은 대개 20mm(0.02mm)보다 큰 물방울을 포함한다. 이러한 큰 물방울은 '거대' 응결핵이 존재하거나 흡습성 입자(바다 소금과 같은)가 상승기류에 의해 대기 속으로 운반될 때 형성된다. 흡습성 입자는 100% 미만의 상대습도에서도 수증기를 모으기 시작한다. 큰 구름방울들이 수많은 작은 구름방울들과 섞여 있을 때 강수 형성에 가장 이상적인 조건이 된다.

구름방울의 크기와 낙하속도 물체가 떨어질 때 **종단속도**(terminal velocity)라 불리는 최대 속도는 공기 저항이 물체에 대한 중력 끌림과 같을 때 일어난다. 큰 물방울들은 그들의 무게에 비해 표면적율이 작기 때문에 작은 물방울보다 빨리 떨어진다. 야구모자를 쓰고 스카이다이빙을 한다고 상상해 보자. 몸이 무게에 비해 표면적율이 낮기 때문에 야구모자보다 훨씬 높은 종단속도를 보인다. 표 5.4에 이 법칙이 구름방울과 그 낙하속도에 어떻게 적용되는지 요약하였다.

큰 물방울들이 구름을 통과해서 떨어지면 더 작고 느린 물방울과 충돌하여 병합한다. 이 과정에서 물방울들은 크기가 커지면서 더 빠르게 떨어지고(또는 상승기류에서 더 느리게 상승하고), 충돌의 기회와 성장율이 더 커진다(그림 5.16A). 수백만 개의 구름방울들이 병합하면 증발하지 않고 지상에 떨어질 정도로 충분히 큰 빗방울을 형성한다.

빗방울의 크기로 커지기 위해서는 엄청난 수의 충돌이 필요하기 때문에, 연직 두께가 두껍고 큰 구름방울을 가진 구름이 강수를 생성할 가능성이 가장 크다. 불안정한 공기와 연관된 상승기류도 이 과정을 돕는데, 물방울이 반복적으로 구름을 통과하여 더 많이 충돌하도록 하기 때문이다.

빗방울의 크기가 커지면 그에 따라 낙하속도가 증가한다. 이것이 이

표 5.4 물방울의 낙하속도

유형	지름(mm)	낙하속도	
		(km/hr)	(mi/hr)
작은 구름방울	0.01	0.01	0.006
통상적인 구름방울	0.02	0.04	0.03
큰 구름방울	0.05	0.3	0.3
이슬비 방울	0.5	7	4
통상적인 빗방울	2.0	23	14
큰 빗방울	5.0	33	20

출처 : Smithsonian Meteorological Tables.

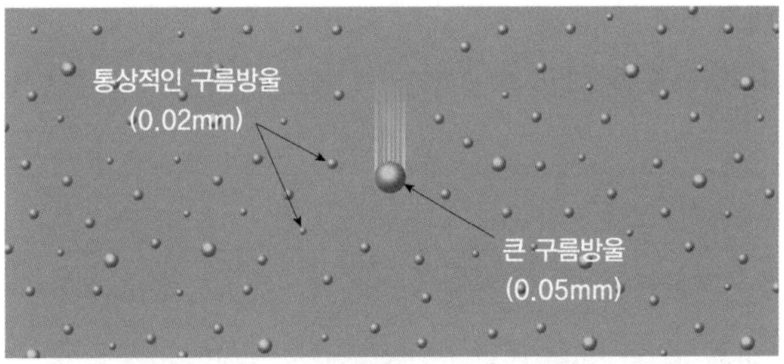

A. 큰 구름방울들이 작은 구름방울들보다 더 빨리 떨어지기 때문에 큰 구름방울들이 떨어지면서 작은 구름방울들을 낚아채 커진다.

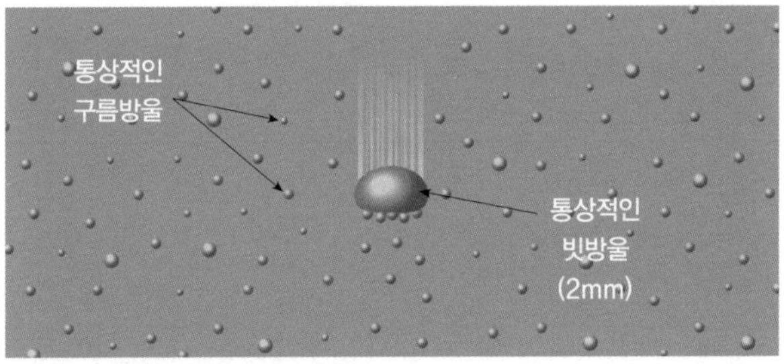

B. 구름방울들이 커지면서 낙하속도가 증가하고, 그 결과 공기 저항도 증가하게 되어 빗방울이 편평해지게 된다.

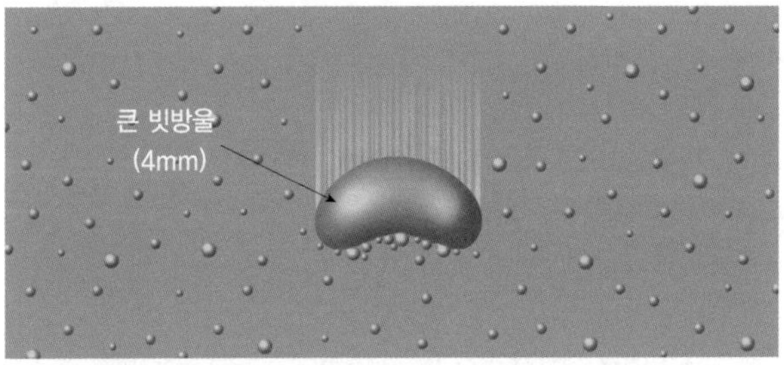

C. 빗방울의 크기가 4mm에 이르면 바닥에서 저압부가 발달한다.

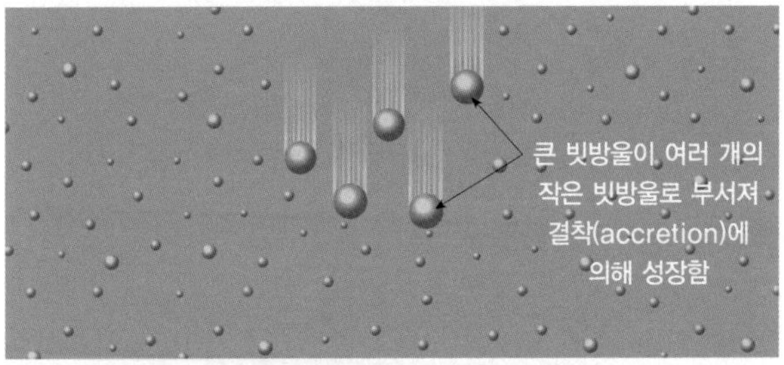

D. 마침내 지름이 약 5mm를 초과할 때 저기압이 거의 폭발적으로 위로 성장해서 금세 작은 물방울로 부서지는 도넛 모양의 물의 링을 형성한다.

▲ **그림 5.16 충돌-병합 과정**
충돌-병합 과정은 미세한 구름방울이 함께 달라붙는(병합하는) 다중충돌을 포함하며, 증발하기 전에 지표에 도착하기에 충분히 큰 빗방울을 형성한다.

번에는 공기의 마찰 저항을 증가시켜서 빗방울의 '바닥'이 편평해지게 한다(그림 5.16B). 빗방울의 지름이 4mm에 이르면, 그림 5.16C에 보인 것처럼 저압부가 발달한다. 빗방울은 시속 33km로 떨어질 경우 최대 5mm까지 커질 수 있다. 이 크기에서 물방울을 지탱하는 물의 표면 장력은 공기의 마찰항력보다 작다. 저압부는 거의 폭발적으로 성장하여 금세 여러 조각으로 부서지는 도넛 모양의 링을 형성한다. 이로 인해 큰 빗방울이 부서져서 수많은 작은 물방울이 되어 다시 구름방울을 흡수하기 시작한다(그림 5.16D).

구름방울들이 어떻게 병합하는가 충돌-병합 과정은 보이는 것처럼 그다지 단순하지는 않다. 먼저 큰 물방울들이 떨어지면서 그 주변에 기류를 형성하는데, 이는 고속도로에서 빨리 달리는 자동차에 의해 생성되는 것과 유사하다. 이 기류는 물체, 특히 가장 작은 구름방울들을 밀어낸다. 여름밤에 시골길을 운전한다고 상상해 보라. 공기 중의 벌레는 구름방울과 비슷하다. 대부분이 옆으로 밀려나지만 큰 벌레(구름방울)는 자동차(거대 물방울)와 충돌할 가능성이 높다.

다음으로, 충돌한다고 해서 반드시 병합하는 것은 아니다. 실험에 따르면 대기전기의 존재가 이 물방울들이 일단 충돌한 후 함께 붙어 있게 하는 것이 무엇인지 알아내는 열쇠가 될 수 있다. 음전하를 가진 물방울이 양전하 물방울과 충돌하면 전기적 인력이 이 물방울들을 결합시킬 수 있다.

열대 해양 위의 공기가 충돌-병합 과정에 의한 강수의 발달에 이상적인데, 이는 상대적으로 깨끗한 공기가 인구가 많은 도시 지역의 공기와 비교해 볼 때 응결핵을 적게 갖고 있기 때문이다. 가용 수증기(풍부한)를 두고 경쟁하는 응결핵이 적기 때문에 응결이 빠르게 진행되고 비교적 소수의 큰 구름방울을 생성한다. 발달하는 적운 내에서 가장 큰 물방울은 작은 물방울과 신속하게 합쳐져서 열대 기후와 연관된 따뜻한 오후 소나기를 생성한다.

중위도에서 충돌-병합과정은 베르예론 과정과 협력하여 대형 적란운으로부터의 강수에 기여할 수 있는데, 특히 고온 다습한 여름철에 그러하다. 이 적란운 상부에서 베르예론 과정은 눈을 생성하는데, 이는 결빙고도 아래를 지날 때 녹는다. 눈송이들이 녹으면서 낙하속도가 빠르고 비교적 큰 물방울들을 형성한다. 이 큰 물방울들이 하강해서 구름의 하부 영역 대부분을 차지하는 느리고 작은 구름방울을 따라 잡아 병합한다. 그 결과로 폭우가 내릴 수 있다.

자주 나오는 질문…

오랜 건기가 끝난 뒤에 비가 내리면 왜 도로가 미끄러운 것처럼 느껴지나요?

연구에 따르면 건조한 날씨가 지속되는 동안에 자동차에 의해 방출된 기름 찌꺼기 더미가 비가 내린 뒤에 미끄러운 도로의 원인이 된다고 한다. 어떤 교통 관련 연구는 비가 올 경우 그 전날 비가 내렸다면 치명적인 충돌 사고 위험의 증가는 없다고 지적한다. 그러나 마지막으로 비가 내린 뒤 이틀이 지났다면 치명적인 사고 위험은 3.7% 증가한다. 마지막으로 비가 내린 지 21일이 지났다면 사고 위험은 9.2% 증가한다.

Video
바람 저항의 중요성
http://goo.gl/WcRqp7

요약하자면, 두 가지 기작, 즉 베르예론 과정과 충돌-병합 과정이 강수를 생성하는 것으로 알려진다. 베르예론 과정은 한랭구름(또는 한랭구름 꼭대기)이 많이 모여 있는 중위도 및 고위도에서 우세하다. 열대지방에서는 엄청난 양의 수증기와 비교적 소수의 응결핵이 더 일반적이다. 이로 인해 낙하속도가 빠른 소수의 큰 물방울이 형성되어 충돌 및 병합에 의해 커진다.

V 개념 체크 5.4

❶ 베르예론 과정에 의해 강수를 형성하는 데 필요한 구름 속의 온도 조건을 기술하시오.

❷ 과냉각수가 무엇인가?

❸ 높이 솟은 구름의 상부에 형성된 눈이 어떻게 비를 생성하는지 설명하시오.

❹ 충돌-병합 과정을 간단하게 요약하시오.

❺ 무엇이 물체의 종단속도를 결정하는가?

5.5 강수의 형태

진눈깨비, 언 비(비얼음), 우박을 생산하는 대기 조건을 기술한다.

기상 조건은 지리와 계절에 따라 매우 다양하기 때문에 강수에도 여러 형태가 있을 수 있다(그림 5.17). 비와 눈은 가장 흔하고 익숙한 형태이

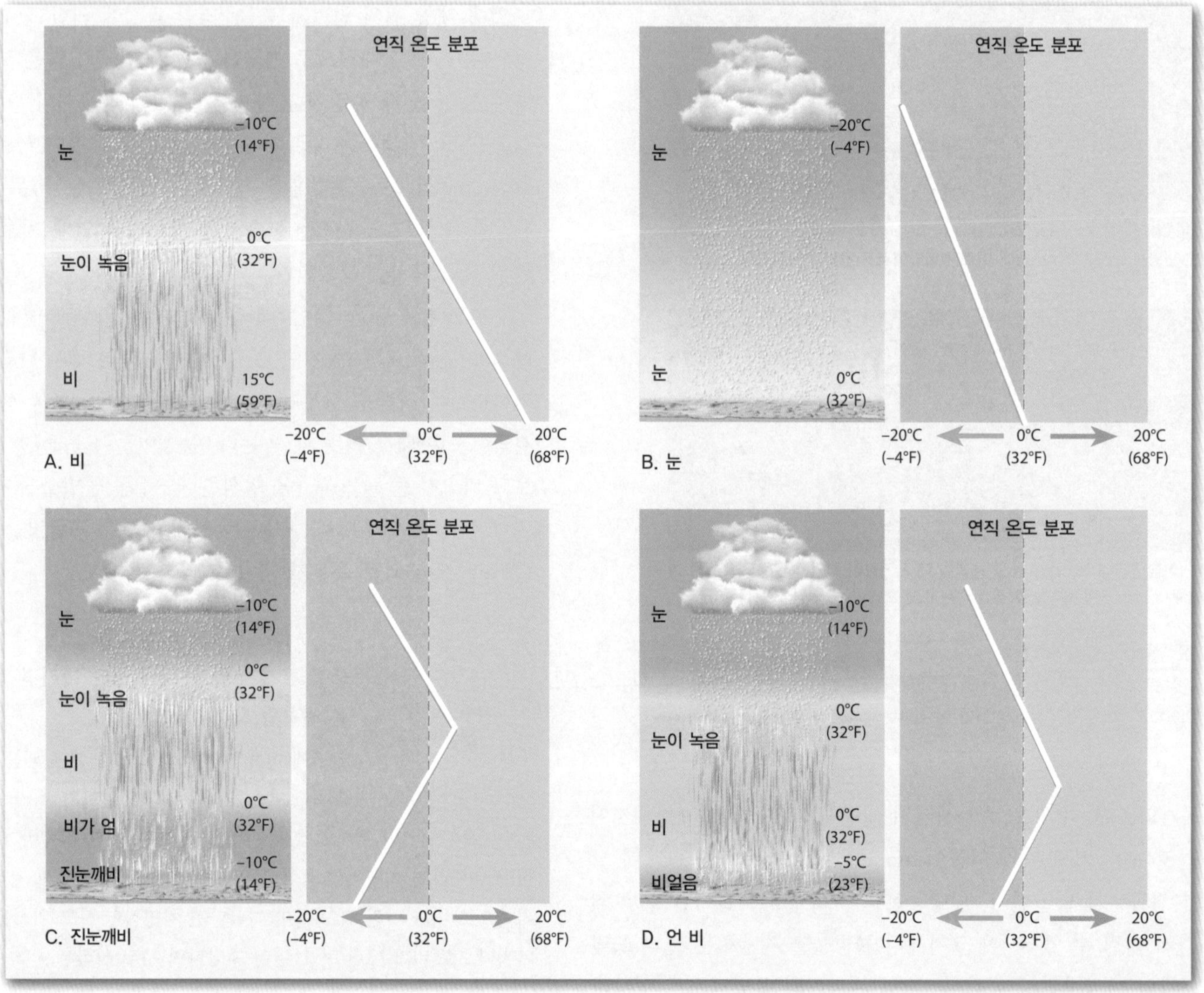

▲ 그림 5.17 네 가지 강수 유형과 그에 관련된 연직 온도 분포

표 5.5 물에 대한 상대습도가 100%일 경우 얼음에 대한 상대습도

종류	대략적인 크기	물의 상태	상대습도
박무	0.005~0.05mm	액체	공기가 1m/s로 이동할 경우 얼굴에 느껴질 정도로 큰 물방울. 층운과 관련.
이슬비	0.05~0.5mm	액체	일반적으로 수 시간 동안 층운에서 떨어지는 일정한 크기의 작은 물방울.
비	0.5~5mm	액체	일반적으로 난층운 또는 적란운에 의해 생성. 무거울 경우 크기는 장소에 따라 매우 다양함.
진눈깨비	0.5~5mm	고체	작고 구형 내지 덩어리진 얼음 입자로 빗방울이 빙점 이하의 공기층을 뚫고 떨어지면서 얼어서 형성. 얼음 입자가 작기 때문에 피해는 적은 편. 진눈깨비는 여행을 힘들게 할 수 있음.
언 비(비얼음)	1mm~2cm 두께의 층	고체	과냉각 빗방울이 고체와 접촉할 경우에 생성. 언 비는 상당한 무게의 두꺼운 얼음 층을 형성해서 나무와 전선에 큰 피해를 입힐 수 있음.
두께의 층	다양하게 축적	고체	바람 부는 쪽을 향해 형성되는 얼음 깃털로 이루어진 침착물. 이 서리 모양의 섬세한 축적물은 과냉각 구름 또는 안개방울이 물체와 접촉 후 얼어서 생성.
상고대	1mm~2cm	고체	결정성을 가진 눈은 육면체 결정, 판 모양 및 바늘 모양을 포함한 다양한 형상을 가짐. 과냉각 구름에 수증기가 얼음결정으로 응고되어 하강하면서 언 채로 남아서 생성.
우박	5~10cm 또는 그 이상	고체	딱딱하고 둥근 싸라기 또는 불규칙한 얼음 덩어리 형태로 내리는 강수. 얼음 입자와 과냉각수가 공존하는 큰 대류성 적란운에서 생성.
싸락눈	2~5mm	고체	눈결정에 상고대가 모여서 불규칙한 '연한' 얼음 덩어리를 생성함으로써 생기는 '연우박'. 이 입자들은 우박보다 약하기 때문에 충돌에 의해 편평해짐.

지만, 표 5.5에 제시된 다른 것들도 역시 중요하다. 진눈깨비, 언 비(비얼음) 및 우박은 종종 재해기상을 일으키기도 하고, 때때로 상당한 피해를 주기도 한다.

비, 이슬비 및 박무

기상학에서 **비**(rain)라는 용어는 구름에서 떨어지고 지름이 최소한 0.5mm인 물방울로 제한된다. 대부분의 비는 폭우(cloudbursts)로 알려진 비정상적으로 강한 강우를 생성할 수 있는 난층운 또는 탑 모양의 적란운에서 생성된다.

비가 구름 아래에 있는 불포화 공기와 만나면 증발하기 시작한다. 공기의 수분과 물방울의 크기에 따라 비는 지면에 닿기 전에 완전히 증발해 버릴 수 있다. 이 현상이 **꼬리구름**(virga)을 생성하는데, 지표를 향해 돌출했으나 닿지는 않은 구름에서 떨어지는 강수 줄무늬로 보인다(그림 5.18). 꼬리구름과 비슷하게 얼음결정이 하부의 건조한 공기에 진입할 때 승화될 수 있다(4장 참조). 이러한 얼음결정의 가느다란 다발도 **꼬리구름**(fallstreaks, 역자 주 : 한국기상학회에서 발간한 최신 대기과학용어집(2015)에는 virga와 번역이 같음)이라 불린다.

미세하고 일정한 크기를 가지며 지름이 0.5mm 미만인 물방울은 **이슬비**(drizzle)로 불린다. 이슬비와 작은 빗방울은 일반적으로 층운 또는 난층운에서 생성되는데, 강수는 몇 시간 동안 계속되거나, 흔치는 않지만 며칠간 계속될 수도 있다.

지면에 닿을 수 있는 매우 작은 물방울을 포함한 강수는 **박무**(mist)라 불린다. 박무는 매우 미세한 물방울이어서 떠다니는 것처럼 보이며,

▶ **그림 5.18 꼬리구름은 지상에 도달하기 전에 증발하는 강수이다**
라틴어로 '줄무늬'인 꼬리구름은 건조한 남서부에서 흔하다.

박무가 미치는 영향은 경미하다. 박무는 안개와 흡사하다. 기상학자들은 시정이 1km 미만일 때 안개라는 용어를 쓰고, 시정이 1km보다 클 때는 박무를 쓴다.

자주 나오는 질문…

미국에서 눈이 가장 많이 오는 도시는 어디죠?

NWS(National Weather Service) 기록에 따르면 뉴욕 주 로체스터가 미국에서 눈이 가장 많이 오는 도시이며, 연간 평균 약 239cm의 눈이 내린다. 그러나 뉴욕 주 버펄로도 그 뒤를 바짝 뒤쫓고 있다.

눈 및 싸락눈

눈(snow)은 얼음결정 또는 얼음결정의 집합체 형태의 겨울 강수의 한 종류이다. 눈송이의 크기, 모양 및 농도는 대기의 연직 온도 분포에 크게 좌우된다.

매우 낮은 온도에서는 공기의 수분 함량이 작다는 것을 기억하자. 그 결과로 특유의 육면체 얼음결정으로 이루어진 매우 가볍고 솜털같은 눈이 생성된다(그림 5.19). 이것이 바로 활강 스키어들이 몹시 바라는 '가루눈'이다. 이와는 대조적으로, 약 −5°C보다 따뜻한 기온에서 얼음결정은 서로 결합하여 엉킨 결정 집합체로 이루어진 더 큰 덩어리가 된다. 이렇게 복합적인 눈송이로 이루어진 강설은 일반적으로 무겁고 수분이 많아서 눈뭉치 만들기에 이상적이다.

지표 근처의 얇은 공기층의 온도가 영상일 때도 눈이 지상에 도달할 수 있다. 이 상황에서는 눈이 지표에 도달하기 전에 녹을 수 있는 시간이 충분하지 않다. 이러한 유형의 눈은 대개 상당히 축축하다.

어떤 대기 조건에서는 낙하하는 눈결정들이 그들에 얼어붙는 미세한 과냉각 구름방울을 포획하면서 성장한다. 이렇게 만들어진 눈송이들은 결착되고 있다고 표현된다. 결착이 계속되어 고유의 육면체 눈결정 모양을 더 이상 알아볼 수 없게 되면, 이 부드러운 얼음싸라기를 **싸락눈**(graupel)이라 부른다. 싸락눈은 일반적으로 타원형이고 충분히 약해서 부딪쳤을 때 갈라져서 낙하하며, **연우박**(soft hail) 또는 **눈싸라기**(snow pellet)로도 알려져 있다.

▼ **그림 5.19 눈결정들**
결정들은 대개 육면체이나 무한히 다양한 형태로 나타난다. 지표에 도달하는 눈송이들은 종종 함께 붙은 다중 얼음결정으로 이루어진다.

진눈깨비 및 언 비 또는 비얼음

진눈깨비(sleet)는 겨울철에 나타나는 현상으로 투명 내지는 반투명의 얼음싸라기로 이루어져 있다. 강도와 지속 시간에 따라 진눈깨비는 지표를 얇은 눈 담요처럼 덮을 수 있다. 반면에 **언 비**(freezing rain) 또는 **비얼음**(glaze)은 도로, 전선 및 다른 구조물에 접촉하여 얼어붙는 과냉각 빗방울로 떨어진다.

그림 5.20에 보인 바와 같이 진눈깨비와 언 비는 겨울에 발생할 수 있고, 대부분 상대적으로 따뜻한 공기덩이가 지면 근처의 영하의 공기층 위에 강제로 위치하는 온난전선을 따라 형성된다. 둘 다 눈으로 시작되어 하부의 따뜻한 공기층을 지나 떨어지면서 녹아서 빗방울을 만든다.

그러나 빗방울들이 진눈깨비가 될지 언 비가 될지는 이 시점을 지나 존재하는 조건들에 의해 결정된다. 새롭게 형성된 빗방울들이 전선경계 아래의 두꺼운 한랭공기층을 만날 때는 진눈깨비가 생긴다. 이러한 환경에서는 빗방울들이 영하의 공기를 통과하여 떨어지면서 다시 얼어 작은 얼음싸라기로 지면에 도달하는데, 그 크기는 대략 얼음이 되기 전의 빗방울 크기이다. 그러나 만약 지면 근처의 한랭공기층이 빗방울이 다시 얼게 할 정도로 충분히 두텁지 않다면 빗방울들은 대신에 과냉각된다 — 즉, 영하의 온도에서도 액체 상태로 남아 있다(그림 5.20). 이 과냉각된 빗방울들은 지표에 있는 영하의 물체에 부딪치는 순간 즉시 얼음으로 변한다. 그 결과로 두꺼운 언 비 코팅이 형성되어, 그 무게로 인해 나뭇가지가 부서지고 전선이 처질 정도이며 보행과 운전을 극도로 위험하게 한다.

1998년 1월 캐나다 남동부에서 역사적인 얼음보라로 인해 뉴잉글랜드와 캐나다 남동부에 막대한 피해가 발생했다. 5일간 언 비가 내려 온타리오 동부에서 대서양 연안에 이르기까지 노출된 모든 표면에 두터운 얼음층을 만

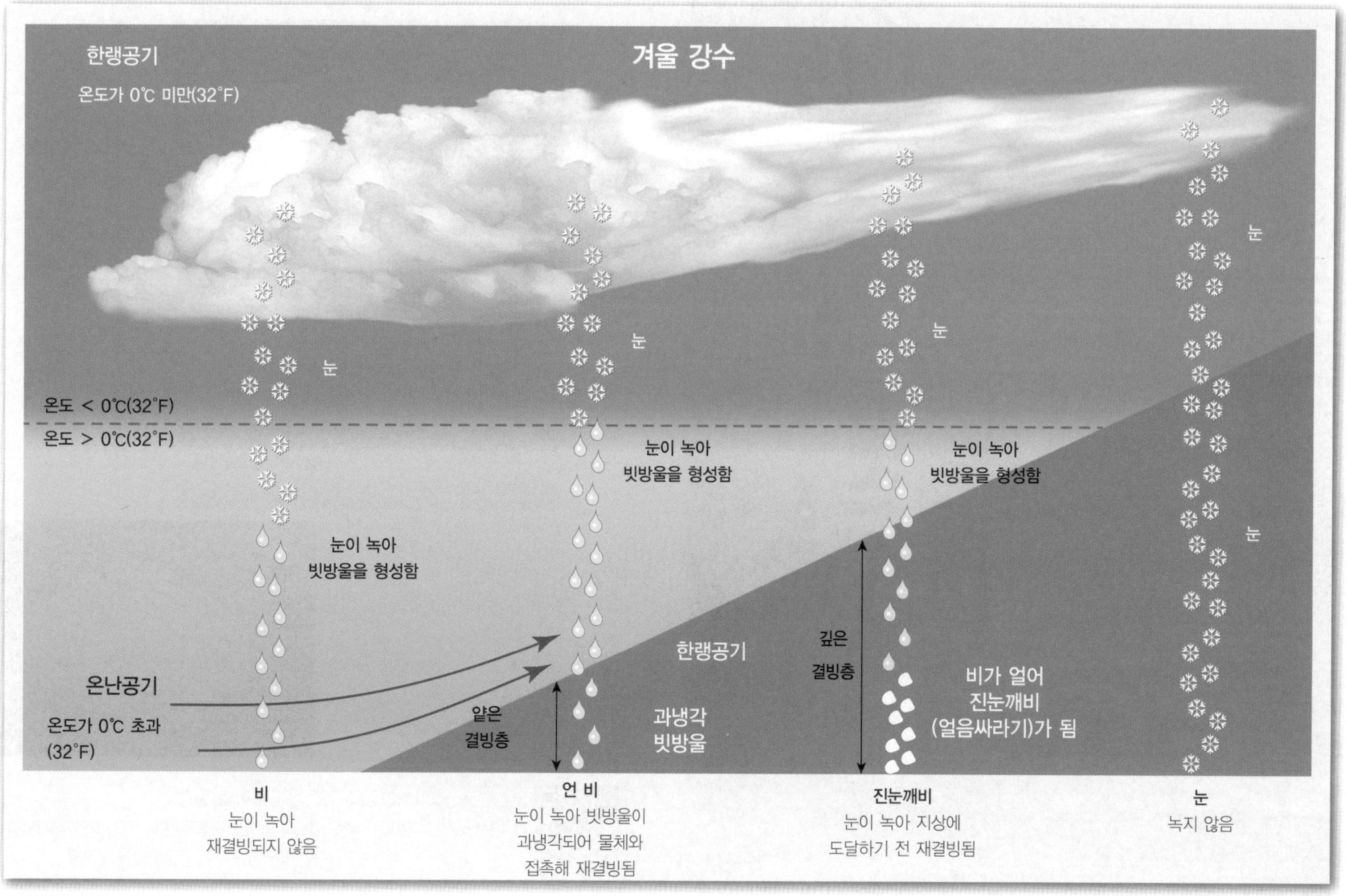

▲ **그림 5.20 진눈깨비와 언 비의 형성**
비가 한랭공기층을 통과해 결빙될 때 그 결과로 생긴 얼음싸리기를 진눈깨비라고 부른다. 언 비는 비슷한 조건하에서 형성되지만 한랭공기층이 빗방울들을 다시 얼게 할 만큼 충분히 깊지 않다. 이러한 형태의 강수들은 겨울에 온난공기(온난전선을 따라)가 영하의 공기 위에 강제적으로 위치하게 될 때 종종 일어난다.

들었다. 8cm의 강수로 인해 나무, 전선, 고압 송수신 탑이 무너지고 백만 이상의 가정이 단전되었는데, 많은 부분이 얼음보라 이후 거의 한 달간 그 상태로 있었다(그림 5.21). 이 폭풍우로 인해 최소한 40명이 사망했고 피해액도 30억 달러가 넘었다. 전선망이 피해를 많이 입었는데 한 캐나다 기후학자는 이렇게 요약했다. "인간이 반세기에 걸쳐 이뤄놓은 것을 자연은 몇 시간 만에 파괴했다."

우박

우박(hail)은 딱딱하고, 둥근 얼음싸라기 또는 지름 5mm 이상의 불규칙한 얼음덩어리 형태로 내리는 강수다. 우박은 키 큰 적란운의 중간 또는 상부 지역에서 생기는데, 이 지역은 상승기류가 때로 시속 160km를 초과하고 기온이 영하이다. 우박은 과냉각 물방울과 공존하는 배아 단계의 작은 얼음싸라기 또는 싸락눈으로 시작한다. 얼음싸라기는 구름 내의 상승기류에 의해 상승하면서 과냉각 물방울과 때로는 다른 우박의 작은 조각을 모아 성장한다.

우박을 만드는 적란운은 복잡한 상승기류와 하강기류의 시스템을 갖고 있다. 그림 5.22A에 보인 바와 같이 강한 상승기류 영역이 상공에 비와 우박을 머물게 하고, 하강기류와 강한 강수에 둘러싸인 비강우 영역을 만든다. 가장 큰 우박덩이들은 가장 강한 상승기류 영역 중심 주위에서 생성되는데, 거기서 이들은 상당한 양의 과냉각수를 충분히 모을 수 있을 정도로 천천히 상승한다. 이 과정은 우박이 너무 무거워서 상승기류에 의해 지탱되기 힘들거나 하강기류를 만나 지상에 떨어질 때까지 계속된다.

큰 우박덩이가 성장하는 데는 젖은 성장과 마른 성장의 두 가지 방법이 있는데, 투명한 얼음과 우윳빛 얼음이 번갈아 보이는 층을 만드는 경향이 있다(그림 5.22B). 투명한 얼음은 구름 하부의 따뜻한 영역에

▲ 그림 5.21 언 비는 과냉각 빗방울들이 물체에 접촉해 얼어붙을 때 생긴다

1998년 1월에 역사적인 얼음보라로 인해 뉴잉글랜드와 캐나다 남동부에 막대한 피해가 발생했다. 거의 5일간 언 비(비얼음)가 내려 40명의 사망과 30억 달러가 넘는 피해를 초래했고, 수백만 명이 전기 없이 지냈다. 어떤 부분은 한 달간이나 그 상태로 있었다.

서 젖은 성장으로 형성되는데, 물방울들이 충돌하여 우박덩이의 표면을 젖게 한다. 이 물방울들이 서서히 얼면서 물방울 속의 기포가 탈출하고 상대적으로 기포가 없는 투명한 얼음을 만든다. 이와는 대조적으로 온도가 영하보다 훨씬 아래인 구름 상부에서는 성장하는 우박덩이에 작은 과냉각 물방울이 충돌하면서 급속히 결빙된다. 기포들이 그 자리에서 결빙되어 우윳빛 얼음을 남긴다.

대부분의 우박덩이는 때로 소프트볼만큼 클 수도 있지만 지름이 1(콩 크기)~5cm(골프공 크기) 사이이다. 무게가 1lb(역자 주 : 453.6g) 이상인 우박덩이가 보고되기도 하는데 대부분 여러 개의 우박덩이가 함께 결빙된 복합체이다. 이렇게 큰 우박덩이들은 시속 160km를 넘는 낙하속도를 가지고 있다.

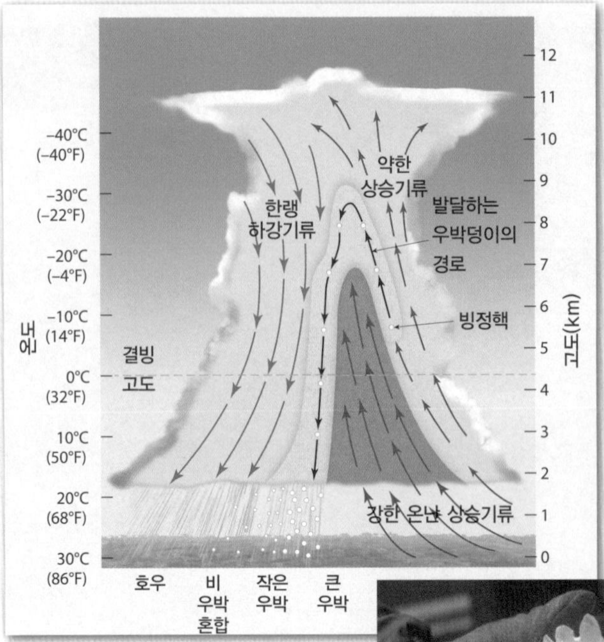

A.

B.

http://goo.gl/a34bP

▲ 스마트그림 5.22 우박덩이의 형성

A. 우박덩이는 작은 얼음싸라기가 구름을 지나 이동하면서 과냉각 물방울들이 추가되어 성장한다. 상승기류는 우박덩이를 위로 옮기고, 얼음층을 더하면서 우박의 크기를 성장시킨다. 마침내 우박덩이는 너무 커서 상승기류에 의해 지탱될 수 없을 정도로 성장하거나 하강기류를 만나게 된다. **B.** 이 절단된 우박덩이는 1970년에 캔자스 주 코피빌에 떨어졌으며, 원래 0.75kg의 무게였다.

미국에서 지금까지 발견된 가장 큰 우박덩이의 기록은 2010년 7월 23일에 사우스다코타 주의 비비언에서 세워졌다. 이 우박덩이는 지름이 20cm를 넘고 무게가 거의 900g이었다. 그 이전에 766g의 기록을 가

▲ 그림 5.23 국립해양대기청의 기상감시차량이 입은 우박 피해

Video

전 지구 강수

http://goo.gl/6rvTi

자주 나오는 질문…

겨울 폭풍 경보와 눈보라 경보 간에 무슨 차이가 있나요?

겨울 폭풍 경보는 대개 12시간 이내 6in를 초과하는 폭설 또는 착빙 조건이 예상될 경우에 발령한다. 강설이 많은 어퍼 미시간 및 산악 지대에서는 겨울 폭풍 경보가 12시간 이내 8in 이상의 눈이 예상될 경우에만 발령된다. 이와는 대조적으로 눈보라 경보는 시속 35mile 이상의 바람을 동반한 상당한 양의 눈 또는 높날림눈이 내리는 기간에 발령한다. 그러므로 눈보라는 겨울 폭풍의 한 형태로 강설의 양이 아니라 바람이 결정적인 요인이다.

진 우박덩이는 1970년에 캔자스 주의 코피빌에 떨어졌다(그림 5.22B). 사우스다코타 주에서 발견된 우박덩이의 지름은 또한 그 이전 기록인 2003년 네브라스카 주의 오로라에 떨어진 17.8cm의 우박덩이를 능가했다. 들리는 바에 의하면 이보다 더 큰 우박덩이들이 방글라데시에서 보고되었는데, 1987년의 우박보라는 90명 이상의 목숨을 앗아갔다.

큰 우박덩이들의 파괴적인 영향은 잘 알려져 있는데, 특히 몇 분 만에 농작물이 황폐화된 농부와 창문, 지붕 및 자동차가 손상을 입은 사람들에게는 더욱 그렇다(그림 5.23). 미국에서는 매년 우박 피해가 수억 달러에 이를 수 있다.

북미 지역에서 발생한 우박보라 중 가장 큰 손실을 입힌 것 중의 하나는 1990년 6월 11일 콜로라도 주 덴버에서 일어났으며, 총 피해액이 6억 2,500만 달러를 넘는 것으로 추정되었다. 그림 5.24는 10년 동안의 평균 우박 발생 일수를 보인다.

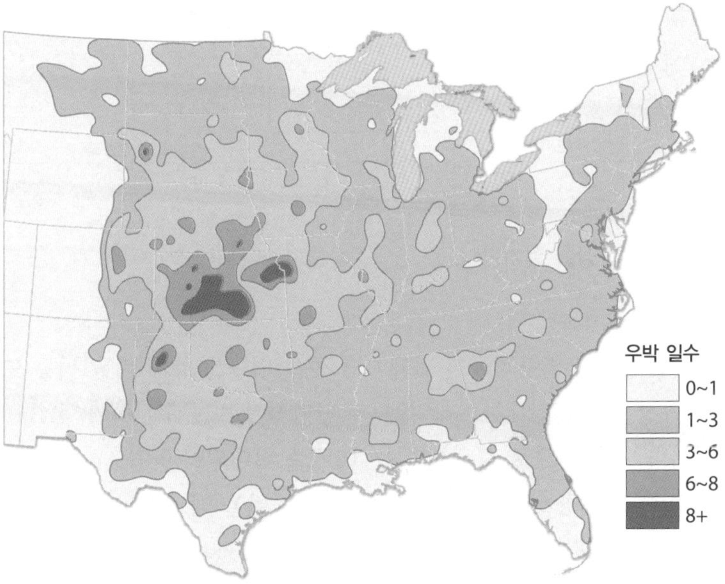

▲ 그림 5.24 10년 동안의 100mile^2 면적 위의 평균 우박 보고 수

▲ 그림 5.25 상고대는 섬세한 얼음결정으로 이루어진다
상고대는 과냉각된 안개 또는 구름방울들이 물체에 접촉해 얼어붙을 때 형성된다.

상고대

상고대(rime)는 표면 온도가 영하인 물체에 과냉각된 안개 또는 구름 방울들이 얼어서 형성되는 얼음결정의 침착물이다. 상고대가 나무에 형성되면 특징적인 얼음 깃털이 나무를 장식하여 장관을 이룬다(그림 5.25). 이런 상황에서 솔잎과 같은 물체는 결빙핵으로 작용해서 과냉각 물방울이 접촉해서 얼게 한다. 바람이 불고 있는 경우, 물체의 바람을 맞는 면에만 상고대 층이 쌓이게 된다.

✓ 개념 체크 5.5

❶ 비, 이슬비, 그리고 안개비를 비교하고 구분하시오.

❷ 진눈깨비와 언 비를 기술하시오. 왜 어떤 경우에는 언 비가 생기고 다른 경우에는 진눈깨비가 생기는가?

❸ 어떻게 우박이 형성되는가? 어떤 요소가 우박덩이의 궁극적인 크기를 좌우하는가?

기상재해
글상자 5.1

최악의 겨울 날씨

최고층 빌딩이든 혹은 어떤 지역의 기록적인 저온이든지 간에 인간은 극단적인 것에 매료된다. 날씨에 있어서는 몇몇 지역이 기록상 최악의 겨울을 겪었다고 주장하는 것에 자부심을 갖는다. 실제로 콜로라도 주의 프레이저와 미네소타 주의 인터내셔널폴스는 스스로를 "미국의 냉장고"라고 부른다. 비록 프레이저가 1989년에 인접한 48개 주에서 23번의 최저기온을 기록했지만, 그 이웃인 콜로라도 주 거니슨은 62번의 최저기온을 기록했고 이는 다른 어떤 지역보다 훨씬 많은 수치이다.

비록 인상적이기는 하나, 여기에 인용한 극한 기온은 겨울 날씨의 한 측면만을 나타낸다.

이런 사실은 미네소타 주의 히빙의 주민들에게는 그다지 인상적이지 않은데, 이곳의 기온은 1989년 3월의 첫 주에 −38℃까지 내려갔다. 하지만 그것은 아무것도 아니라고 노스다코타 주의 파셜에 사는 한 노인이 말한다. 파셜은 1936년 2월 15일에 기온이 −51℃ 까지 떨어졌다. 이에 못지않게, 몬태나 주의 브라우닝에서는 가장 극심한 24시간 기온 감소 기록을 갖고 있다. 여기서는 1916년 1월 어느 날 저녁에 기온이 7℃로 서늘하다가 −49℃의 매서운 추위로 바뀌며 기온이 56℃나 곤두박질쳤다.

비록 인상적이기는 하나, 여기에 인용한 극한 기온은 겨울 날씨의 한 측면만을 나타낸다. 강설은 어떤가(그림 5.A)? 쿡 시티는 1977~1978년 겨울 동안 1,062cm의 눈으로 몬태나 주에서 계절 강설 기록을 갖고 있다. 하지만 미시간 주의 수세인트마리, 또는 뉴욕 주의 버펄로 같은 도시들은 어떤가? 오대호와 연관된 겨울 강설은 전설적이다. 사람이 거의 살지 않는 많은 산악 지대에는 훨씬 규모가 큰 강설이 발생한다.

폭설 자체만으로 최악의 날씨를 겪는 미국 동부의 주민들에 대해 말해 보자. 1993년 3월에 내린 눈보라는 허리케인처럼 강력한 바람과 함께 폭설을 일으켰으며, 앨라배마 주에서 캐나다 동부의 연해주에 이르는 지역의 상당 부분을 마비시킬 정도의 기록적인 저온을 초래했다. 이 사건은 즉시 세기의 폭풍이라는 적절한 별명을 얻었다.

▲ 그림 5.A
2011년 2월 2일에 역사적인 겨울 눈보라가 일리노이 주 시카고를 덮쳤다.

5.6 강수 측정

강수를 측정하기 위해 표준우량계와 기상 레이더를 이용하는 것에 대한 장점과 단점을 열거한다.

강수의 가장 흔한 형태인 비는 아마도 측정하기가 가장 쉬울 수 있다. 전체가 일정한 단면을 가진 어떤 열린 통이라도 우량계(그림 5.26A)로 사용할 수 있다. 그러나 일반적으로는 좀 더 정교하게 제작된 기기를 사용해서 소량의 강수를 더 정확하게 측정하고 증발로 인한 손실을 줄이고자 한다.

표준 기구

표준 우량계(standard rain gauge)(그림 5.26B)는 상부의 지름이 약 20cm이다. 빗물이 흘러들면 깔때기가 좁은 입구를 통해 비를 원통 모양의 측정 튜브로 안내하는데, 튜브의 단면적이 빗물 수신부의 약 1/10 크기이다. 결과적으로 강우 깊이는 10배로 확대되어 0.025cm 정밀도로 정확하게 측정할 수 있다. 좁은 입구는 증발을 최소화한다. 비의 양이 0.025cm 미만일 경우 일반적으로 **강수 흔적**(trace of precipitation)으로 보고된다.

표준 우량계와 더불어 몇 가지 종류의 기록계가 일반적으로 사용된다. 이 기구들은 비의 양뿐만 아니라 발생 시각 및 강도(시간 단위당

알다시피 어떤 지역이 최악의 겨울 날씨를 보이는가에 대한 결정은 어떻게 측정하는가에 좌우된다. 한 계절에 최고의 강설인가? 최장의 한파 기간인가? 가장 추운 온도인가? 가장 파괴적인 폭풍우인가?

겨울 날씨 용어

겨울 날씨 사건에 대해 NWS가 자주 사용하는 몇 가지 용어의 뜻을 살펴보겠다.

가벼운 눈발(snow flurries)
간헐적으로 단기간에 내리는 눈으로 거의 또는 전혀 쌓이지 않음.

높날림눈(blowing snow)
바람에 의해 지면에서 올려져 어느 정도 날려서 수평 시정을 감소시키는 눈.

땅날림눈(drifting snow)
강한 바람에 의해 내리는 눈 또는 푸석푸석한 눈이 상당한 양으로 쌓인 것.

눈보라(blizzard)
최소 세 시간 동안 적어도 시속 56km의 바람으로 특징지어지는 겨울철 폭풍우. 저온과 상당한 양의 내리는 눈 그리고/또는 높날림눈을 동반하여 시정이 0.25mile 이하로 떨어짐.

심한 눈보라(severe blizzard)
적어도 시속 72km의 바람과 매우 많은 양의 내리는 눈 또는 땅날림눈을 동반하고, 기온이 −12℃ 이하인 폭풍우.

대설경보(heavy snow warning)
12시간 이내에 적어도 4in 또는 24시간 이내에 적어도 6in의 강설이 예상됨.

언 비(freezing rain)
지면 근처의 얕은 영하의 공기층을 통과해 내리는 비. 이 비(또는 이슬비)는 지면 또는 다른 물체와 충돌해서 얼어붙게 되며, 비얼음으로 알려진 맑은 얼음 코팅을 만든다.

진눈깨비(sleet)
빗방울 또는 녹은 눈송이가 지표 근처의 영하의 공기층을 통과할 때 얼어서 생긴다. 얼음 싸라기로 불리기도 하는 진눈깨비는 나무나 전깃줄에 붙지 않으며, 지면에 부딪힐 경우 대개 튕겨져 나간다. 쌓인 진눈깨비는 때로 마른 모래 정도의 경도를 가진다.

여행주의보(travel advisory)
시민에게 눈, 진눈깨비, 어는 강수, 안개, 바람 또는 먼지에 의해 발생하는 위험한 교통 상황을 알리기 위해 발령.

한파(cold wave)
24시간 동안 기온이 급속히 떨어지며, 대개 매우 추운 날씨 기간의 시작을 뜻함.

바람냉각(windchill)
바람의 냉각력에 의해 인체에 미치는 겉보기 온도의 척도. 인체에 대해서만 근사한 값이며 자동차, 건물 또는 다른 물체에 대해서는 의미가 없다.

질문

1. 왜 기록적인 날씨 사건을 결정하기 힘든지 설명하시오.

양)도 기록한다. 가장 흔한 두 가지 기록계는 전도식 우량계와 저울 우량계이다.

그림 5.26C에 보인 바와 같이 **전도식 우량계**(tipping-bucket gauge)는 2개의 방을 포함하는데, 각각은 0.025cm의 비를 저장할 수 있으며 깔때기 아래에 위치한다. '물통(bucket)' 하나가 다 차면 기울어져서 물을 비워낸다. 한편 다른 '물통'은 깔때기 입구에 위치한다. 방이 기울어질 때마다 전기회로가 차단되고, 0.025cm의 강수가 자동적으로 그래프에 기록된다.

저울 우량계(weighing gauge)는 강수를 용수철저울 위에 얹혀 있는 원통에 모은다. 원통이 다 차면 움직임이 데이터를 기록하는 펜으로 전달된다.

모든 우량계가 부정확할 수 있다. 전도식 우량계는 물통이 기울어지는 동안 모으지 못한 빗물 때문에 폭우를 약 25% 정도 과소 측정하는 것으로 알려져 있다. 또한 바람도 수집통에 강수가 너무 많이 또는 너무 적게 들어가게 함으로써 측정 오차를 유발한다. 풍력이 강해지면 난류가 증가하고 비를 대표 수량만큼 모으기가 더 어려워진다. 이 효과를 상쇄하기 위해 바람막이를 측정 계기 주변에 설치해서 비가 우량계 안으로 떨어지도록 한다. 더구나 우량계가 특정 지역의 자료를 제공하기 때문에 어떤 지역의 지면에 도달하는 강수량의 뚜렷한 변동은 정확하게 산출될 수 없다.

강설 측정하기

눈을 기록할 경우 깊이와 물당량(water equivalent)의 두 가지 측정 방법이 이용된다. 적설 깊이를 측정하는 한 가지 방법은 눈금 막대기를 사

대기를 바라보는 눈 5.3

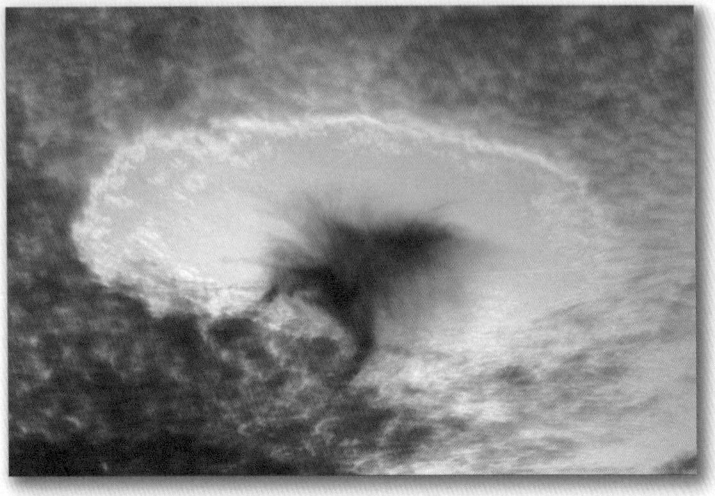

이 영상은 **구멍펀치구름**(hole punch cloud)이라고 불리는 현상을 보여 주는데, 제트항공기가 과냉각 물방울로 이루어진 구름 상부면을 통과하여 올라갈 때 만들어진다. 항공기가 구름을 통과하여 지나갈 때 제트엔진 배기의 미세한 입자들이 과냉각 물방울과 상호작용해 즉시 결빙되었다. 영상의 중심부의 어두운 지역은 실제로는 희며 큰 얼음결정으로 이루어져 있는데, 펀치 구멍이 차지한 구름 영역 내에서 형성되어 강수로 내리기 시작했다.

질문

1. 남아 있는 액체 구름방울을 소진하여 상당한 양의 구름방울들이 얼고 크기가 커지는 과정의 이름은 무엇인가?
2. 왜 과냉각 물방울로 이루어진 구름만이 펀치 구멍을 발달시키는지 설명하시오.
3. 제트항공기가 구멍펀치구름의 형성에 하는 역할을 기술하시오.

용하는 것이다. 실제 측정은 어렵지 않으나 대표 지점을 정하는 것이 어려울 수 있다. 바람이 약하게 또는 보통 정도로 불 때에도 눈은 자유롭게 떠돈다. 일반적으로 나무나 방해물이 없는 개방된 장소에서 몇 가지 측정을 하고 그들을 평균하는 것이 최선이다. 물당량을 얻기 위해는 샘플을 녹여서 무게를 측정하거나 비로 측정한다.

주어진 부피의 눈에서 물의 양은 일정하지 않다. 여러분은 매스컴의 기상캐스터가 "눈 10in는 비 1in와 동일하다."라고 말하는 것을 들은 적이 있을 것이다. 그러나 눈의 실제 함수량은 이 수치에서 크게 벗어날 수 있다. 1in의 물을 생성하기 위해서는 30in의 가볍고 보풀보풀한 눈이 필요할 수도 있고(30:1), 4in의 젖은 눈이 필요할 수도 있다(4:1).

산악의 눈쌓임(snowpack)은 미국 서부의 물 공급의 75%를 생산하는데, 이를 측정하기 위해서 600개가 넘는 자동기상관측소에 **눈베개**(snow pillow)가 설치되어 있다. 눈베개는 2개, 3개 또는 4개의 판자로 구성되는데, 그 위에 모이는 눈의 무게에 의한 압력을 잰다. 눈베개가

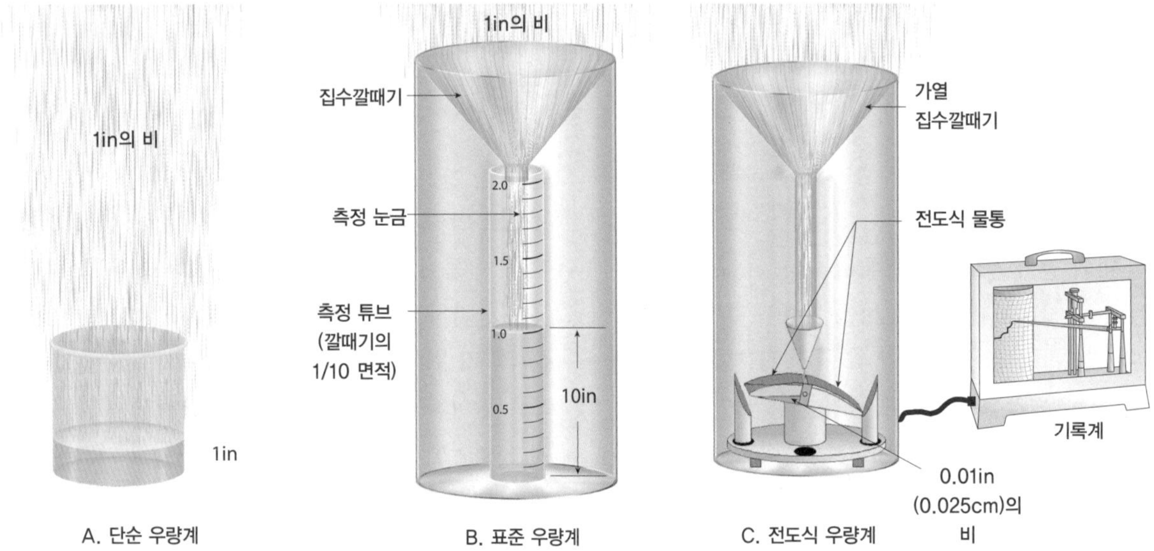

▲ **그림 5.26 강수 측정**

A. 빗속에 남겨진 어떤 통도 가장 간단한 우량계가 된다. B. 표준 우량계는 모은 물의 높이를 10배로 늘려 0.025cm의 정밀도로 정확한 강우 측정이 가능하게 한다. 측정 튜브의 단면적이 집수부 크기의 10분의 1밖에 되지 않아서 강우는 10배로 확대된다. C. 전도식 우량계는 2개의 '물통'을 가지고 있고, 각각은 0.025cm에 상당하는 액체 강수를 담는다. 물통 하나가 가득 차면 기울어지고, 다른 물통이 그 자리를 차지한다. 한 번에 0.01in의 강우를 기록한다.

당신의 예보는?

우주-근거의 강수 측정

J. 마셜 셰퍼드(J. Marshall Shepherd), 조지아대학교 대기과학프로그램 학과장, 전 GPM 부프로젝트 과학자, 미국기상학회 2013년 학회장

지구의 물순환, 기상 및 기후를 이해하는 것은 종종 지면 근거 관측으로는 가능하지 않은 전지구적 전망을 요구한다. 강수는 시간과 지리적 위치에 따라 변하기 때문에 매우 복잡한 기상 변수이다. 그럼에도 일기예보의 향상, 기후 경향 파악, 산사태 재해에 대한 경고, 잠재적 벡터매개 질병의 평가, 또는 농업 생산성 예측 등과 같은 다양한 이유로 전 지구 강수의 적절한 관측과 연구는 중요하다.

관측

많은 응용 분야에서 우량계나 기상 레이더 산출을 이용해 강수를 측정하는 것은 적합하다. 그러나 NASA는 전 지구 응용이나 지면 관측이 불가능한 지역(예를 들어, 해양, 산악, 사막)을 위해 차세대 우주 근거 강수 측정 기술을 선도해 오고 있다. 나는 운좋게도 그러한 임무를 도우면서 12년을 보냈다. 2014년 2월에 NASA는 전지구강수측정(Global Precipitation Measurement, GPM) 위성을 발사했다. 나는 이 임무에 부프로젝트과학자로 봉사했고, 그것은 정말 근사한 일이라고 믿어도 좋다. GPM은 우주 기상 레이더와 비나 눈을 측정하는 적외선(열) 또는 마이크로파를 이용하는 일련의 기구들을 나르는 핵심 위성(그림 5.C)을 이용한다. 특히 흥미를 자아내는 GPM의 기능은 기상 시스템에 대해 일반적인 2차원 분석도와 그림 5.B에 보인 것과 같은 3차원 CAT 스캔 유형의 영상을 생산할 수 있다는 것이다.

강수의 거의 전 지구 분석도를 생산하기 위해서는 현존하거나 미래의 위성들에 국제적 함대로부터 측정 자료를 합성한다. GPM은 열대강수측정임무(Tropical Rainfall Measuring Mission, TRMM) 위성으로부터 진화했는데, TRMM은 우리 행성의 열대 지역의 강우를 측정하고 지구의 대순환과 그에 연관된 잠열에 대한 지식을 증진시키기 위해 1997년에 발사했다. 그림 5.B는 TRMM 위성의 기여로 측정된 월별 강우의 예를 보여 준다. 열대수렴대(ITCZ, 7장 참조)가 2011년 7월에 매우 뚜렷하다. TRMM은 아직도 궤도에 있으며, GPM 배열의 결정적인 부분이 될 것이다.

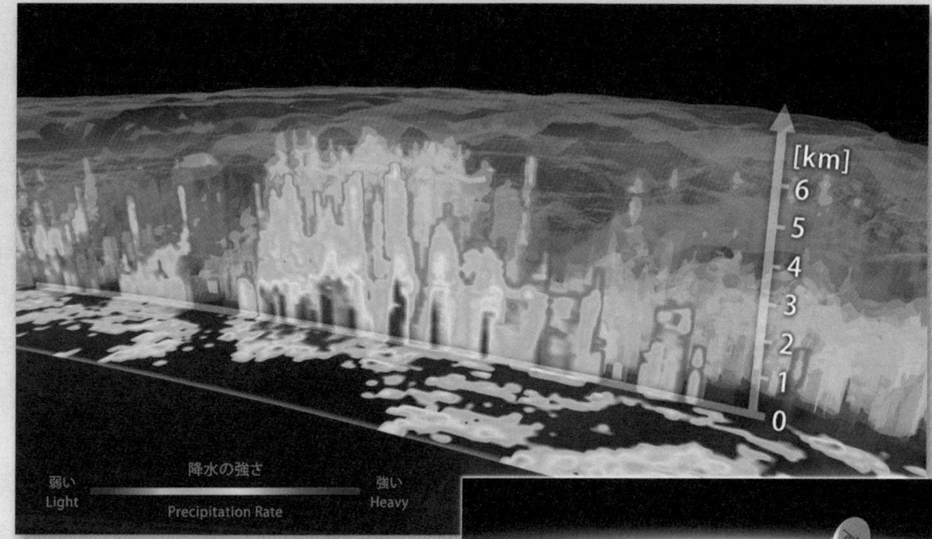

▲ 그림 5.B GPM 레이더를 이용한 일본 연안 밖의 중위도저기압의 3D 영상

▲ 그림 5.C 코어 위성

모델링과 분석

NASA의 지구과학자들처럼 당신도 자신만의 분석을 할 수 있다. NASA 지구관측소(Earth Observatory)는 실제 위성 자료를 이용해 우리의 행성을 탐험하기에 탁월한 웹사이트이다.

- http://earthobservatory.nasa.gov/GlobalMaps/로 가서 "Total Rainfall"로 스크롤 다운해 보자 .
- 지구 아래의 재생 버튼을 눌러 수년에 걸친 전 지구 강우 총량을 보자.

질문

1. 직접 만든 분석도를 이용해 강우에서 어떤 패턴을 인지할 수 있는가? 왜 그런 패턴이 존재하는가?(예를 들면, 산악, ITCZ, 빈번한 허리케인)
2. 온난해지는 기후에서 과학자들은 종종 '가속화된 물순환'에 대해 말한다. http://climate.gov, http://earthobservatory.nasa.gov 또는 http://ipcc.ch와 같은 웹근거 자원을 이용해 가속화된 물순환의 개념과 그것이 의미하는 바에 대한 유용한 정보를 찾아보자. 친구에게 단순한 용어로 그것을 어떻게 설명할 수 있을까?

지구 관측소
전 지구 분석도
http://goo.gl/n71c

GPM이나 TRMM 임무에 대한 더 많은 정보를 위해서는 http://pmm.nasa.gov의 NASA 강수 측정 임무(Precipitation Measurement Mission) 페이지를 방문해 보자.

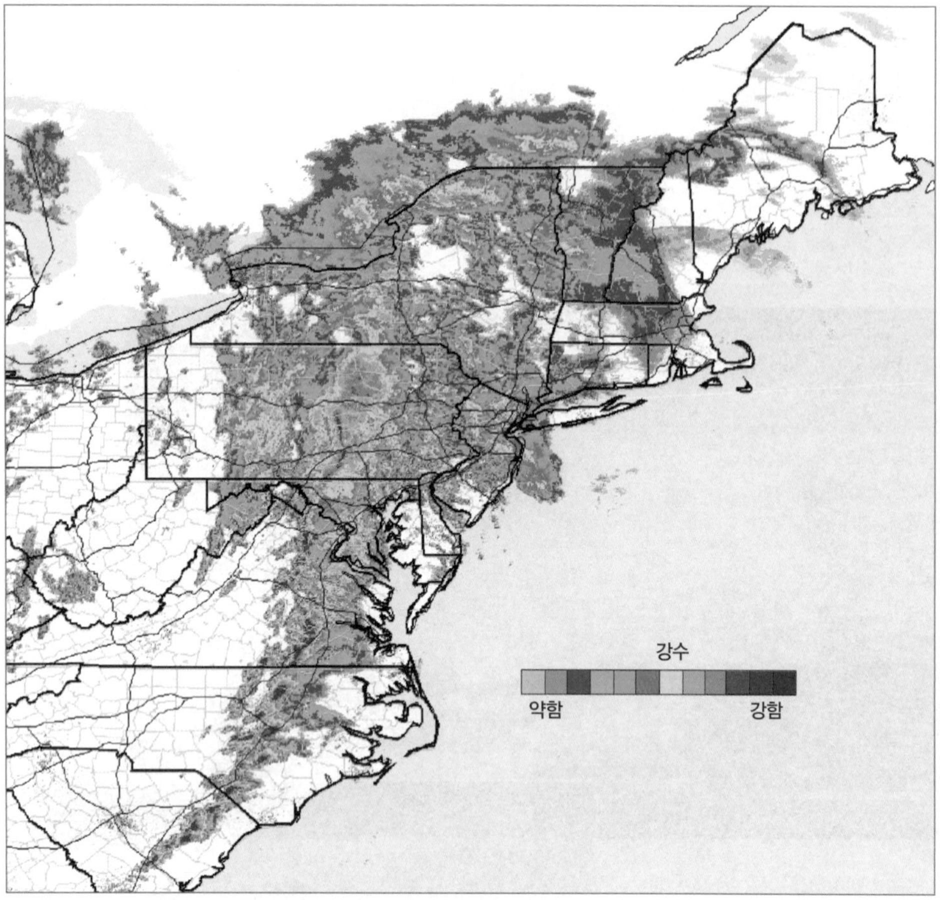

▲ **그림 5.27 NWS에 의해 생산된 도플러 레이더 화면**
색은 강수의 다른 강도를 나타낸다. 동부 해안을 따라 보이는 강한 강수대에 주목하자.

큰 표면적을 가지고 눈의 물당량을 측정하기 때문에 좋은 강수량 추정값을 제공한다.

기상 레이더에 의한 강수 측정

기상 레이더(weather radar)를 이용하여 NWS는 그림 5.27에 제시된 것과 같은 분석도를 만드는데, 여기서 강수 강도가 색으로 나타난다. 레이더의 발달로 기상학자들은 폭풍우가 수백 킬로미터 떨어져 있을 때조차 폭풍우 시스템과 그들이 만드는 강수 패턴을 추적할 수 있게 되었다.

레이더 장치는 라디오파의 짧은 펄스 신호를 송출하는 발신기를 갖고 있다. 선택된 특정 파장은 감지하고자 하는 물체에 좌우된다. 레이더가 강수를 감지하기 위해 사용될 경우, 3~10cm의 파장이 이용된다. 이 파장대에서 라디오파는 작은 물방울로 이루어진 구름을 통과할 수 있지만, 큰 빗방울, 얼음결정 또는 우박에 의해 반사된다. 에코(echo)라 불리는 이 반사된 신호는 수신되어 TV 화면에 나타난다. 강수가 더욱 강할 경우 에코는 '더 선명'해지기 때문에, 최신식 기상 레이더는 강수의 지역 범위뿐만 아니라 강수율도 묘사할 수 있다. 또한 측정이 실시간이기 때문에 기상 레이더는 특히 단기예보에 유용하다.

그 유용성에도 불구하고 기상 레이더는 지면 고도에서 일어나고 있는 것을 항상 보여 주지는 않는다. 예를 들어 레이더는 지면에 도달하지 않는 대기 상층의 강수(꼬리구름)를 감지할 수 있다. 또한 기상 레이더는 나무나 건물들과 같은 '지면반사에코(ground clutter)'를 감지하는데, 이는 수신된 영상을 복잡하게 한다. 가끔 레이더는 빽빽한 곤충 떼나 새 떼에 의해 만들어진 에코도 수신한다. 더구나 전통적인 레이더 시스템은 비(액체수)와 고체 형태의 강수를 구분할 수 없다. 다행히 NWS는 대부분의 지역 예보센터의 레이더를 2차원 영상을 생산하는 이중편파 레이더(dual polirization radar)로 개량시켰다. 이 영상들은 예보자들이 토네이도 파편을 포함하는 다른 비행 물체들로부터 비, 우박, 눈 또는 진눈깨비를 구분하는 데 도움을 줄 것이다.

Video
레이더로 보여진 기록 갱신의 우박 폭풍우
http://goo.gl/sE6wy9

✓ 개념 체크 5.6

1. 어떤 열린 통도 우량계로 쓸 수 있지만 표준 우량계는 어떤 이점을 제공하는가?
2. 표준 우량계와 연관된 측정 부정확성은?
3. 기상 레이더가 표준 우량계에 비해 가지고 있는 이점은?

5.7 계획적 및 비의도적 기상조절

기상을 조절하고자 하는 시도에 대한 몇 가지 방법을 논한다.

인간은 의도적 또는 비의도적으로 기상을 조절한다. 스키 휴양지에 강수를 강화하고 몇몇 공항에서 안개를 소산시키기 위한 구름씨뿌리기

▲ 그림 5.28 구름씨뿌리기
강수를 촉발시키기 위해 과냉각 구름에 결빙핵을 공급하기 위한 요오드화은 조명탄을 장착한 세스나 항공기.

노력은 계획적인 조정의 두 가지 사례인 반면, 비의도적 기상조절의 한 예는 주요 운송 전용로를 따라 제트항공기에 의한 응결 자극 산물로 인해 운량이 증가하는 것이다.

계획적 기상조절

계획적 기상조절(planned weather modification)은 기상을 구성하는 대기 과정에 영향을 미치고자 하는 인간의 의도적인 조정이다 – 즉, 인간의 목적을 위해 기상을 개조하는 것이다. 어떤 기상현상을 바꾸거나 강화시키려는 열망은 고대 역사까지 거슬러 올라가는데, 고대에도 사람들은 기도, 마법, 춤 및 심지어 요술까지 동원하여 기상을 개조하려고 했다.

눈과 비 만들기 기상조절에 있어 첫 번째 획기적인 진전은 1946년 빈센트 J. 섀퍼(Vincent J. Schaefer)의 발견으로, 드라이아이스가 과냉각 구름에 떨어지면 얼음결정의 성장에 박차를 가하는 것이었다. 일단 얼음결정이 과냉각 구름에서 형성되면 더 커지고(남아 있는 액체 구름방울들을 소진하여), 충분한 크기가 되면 강수로 떨어진다는 것을 기억하자.

과학자들은 후에 요오드화은 결정도 **구름씨뿌리기**(cloud seeding)에 사용될 수 있음을 알게 되었다. 단순히 공기를 냉각시키는 드라이아이스와 달리, 요오드화은 결정은 결빙핵으로 작용한다. 요오드화은이 강수를 촉발시키기 위한 결정적인 대기 조건은 구름이 과냉각 물방울들 – 즉, 온도가 0°C 미만인 액체 물방울들을 함유해야 한다는 것이다. 요오드화은은 지면의 연소기 또는 항공기로부터 구름으로 보다 쉽게 전달되기 때문에 드라이아이스보다 더 경제적인 대체재이다(그림 5.28).

산악 경계면을 따라 형성되는 겨울철 구름(지형성 구름)에 대한 씨뿌리기는 수많은 경우에 시도되어 왔다. 1977년 이래로 콜로라도 주의 베일과 비버 크리크 스키 지역들은 겨울철 눈을 늘리기 위해 이 방법을 사용했다. 구름씨뿌리기의 추가적인 이득은 증가된 강수가 봄과 여름철

▲ 그림 5.29 사우스다코타 주 수폴스 북부 콩밭의 우박 피해

에 녹아 흘러서 관개 및 수력발전용으로 저수지에 모여진다는 것이다.

최근에 흡습성(물 추구) 입자를 이용하여 온난 대류성 구름에 씨 뿌리기가 다시 주목받고 있다. 남아프리카공화국 넬스프루트 근방의 오염을 내뿜는 종이 공장이 강수를 촉발시키는 것으로 알려지자 이 기술에 대한 관심이 고조되었다. 연구용 비행기가 종이 공장 상공의 구름을 통과해 비행하면서, 공장에서 방출된 입자 샘플을 수집했다. 공장에서는 미세한 소금 결정(염화칼륨 및 염화나트륨)을 방출하고 있었는데, 이들이 구름 속으로 올라간 것으로 밝혀졌다. 이 소금들이 수분을 끌어당기기 때문에, 즉시 큰 구름방울들이 생성되고 충돌-병합 과정을 통해 빗방울들로 커진다. 따라서 흡습성 입자들을 이용해 온난구름에 씨를 뿌리는 것이 강수 과정을 가속화시키는 데 가망성을 보여 주는 것 같다.

미국에서는 수많은 프로젝트가 현재 진행 중이다. 연구자들은 씨뿌리기를 하지 않은 구름에 비해 요오드화은으로 씨뿌리기를 한 구름으로부터의 강우가 10% 증가했다고 추정한다. 구름씨뿌리기가 상당히 유망한 결과를 보여 왔고, 상대적으로 비용이 적게 들기 때문에, 현대식 기상조절 기술의 주요한 초점이 되어 왔다.

안개 및 층운의 인공 소산 가장 성공적인 구름씨뿌리기의 적용 중 하나가 드라이아이스(고체 이산화탄소)를 과냉각 안개층 또는 층운에 뿌려 그들을 소산시키고, 그로써 시정을 향상시키는 것이다. 공항, 항구 및 안개가 깔린 고속도로가 확실한 후보지이다. 이러한 적용은 과냉각 물방울에서 얼음결정으로 구름 조성에 변화를 유발한다. 얼음결정이 밖으로 빠져 나오면 구름 또는 안개에 구멍이 생긴다. 미 공군은 이 기술을 수년간 공군기지에서 사용해 왔고, 민간 항공사들은 미국 서부의 안개가 잘 끼는 공항을 선택해서 이 방법을 사용해 왔다.

유감스럽게도 대부분의 안개는 과냉각 물방울로 이루어지지 않는다. 좀 더 일반적인 '온난안개'는 씨뿌리기로 감소시킬 수 없기 때문에 이를 제거하는 데는 훨씬 더 많은 비용이 든다. 온난안개를 소산시키기 위한 성공적인 시도로는 상층의 더 건조한 공기를 안개 속으로 혼합시키는 것이 있다. 안개층이 매우 엷을 경우에는 헬리콥터가 사용되었다. 헬리콥터가 안개 바로 위를 비행하면서 강한 하강기류를 생성해 더 건조한 공기가 지표를 향하게 강제하는데, 지표에서 건조한 공기가 포화상태의 안개 낀 공기와 섞이게 된다. 열 기술은 일반적으로 너무 비용이 높아 대부분의 자치 도시 공항에는 적용하기 힘들다.

우박 억제 우박보라는 미국에서 재산 피해와 작물 손실로 매년 평균 5억 달러의 타격을 준다(그림 5.29). 때로는 단 하나의 심한 우박보라가 그 액수를 넘는 피해를 줄 수도 있다. 그 결과로 기상조절에 있어서 역사상 가장 흥미있는 몇몇 노력이 우박 억제에 초점을 두어 왔다.

▼ 그림 5.30 두 가지 흔한 서리 방지 방법
A. 스프링클러가 물을 뿌리면 물이 감귤 위에서 얼면서 잠열을 방출한다. B. 바람 장치가 상공의 따뜻한 공기를 차가운 지상 공기와 섞는다.

A.

B.

농작물을 살리고자 혈안이 된 농부들은 강한 소음들－폭발음, 대포 포성 또는 교회 종소리－이 뇌우가 있을 때 생기는 우박의 양을 줄이는 데 도움을 준다고 오랫동안 믿어 왔다. 유럽에서는 마을의 성직자가 근처의 농장들을 우박으로부터 보호하기 위해 교회 종을 울리는 것이 흔한 풍습이었다. 비록 이러한 풍습이 번개에 의한 종치기들의 사망으로 1780년에 금지되었지만, 아직도 몇몇 지역에서는 행해지고 있다.

우박 억제에 대한 현대식 시도는 우박덩이의 성장을 중단시키기 위해 요오드화은 결정들을 이용하는 다양한 구름씨뿌리기 방법을 행해 왔다. 미국 정부는 우박 억제의 기작으로서 구름씨뿌리기의 효과를 증명하기 위한 노력으로 콜로라도 주 북부에 국립우박연구실험(National Hail Research Experiment)을 수립하였다. 이 노력은 여러 번의 무작위 구름씨뿌리기 실험들을 포함했다. 3년 후에 수집된 자료를 분석해 본 결과, 씨를 뿌린 구름들과 뿌리지 않은 구름들 사이에서 우박 발생에 대해 통계적으로 유의한 차이가 없음이 밝혀져서 이 5년 계획의 실험은 중단되었다. 그럼에도 오늘날 구름씨뿌리기는 우박 피해에 대응하기 위해 아직도 행해지고 있으며, 우박 억제에 대한 연구도 계속되고 있다.

서리 방지 **서리 또는 결빙 재해**(frost or freeze hazards)는 기온이 0°C 이하일 때 일어나는 순전히 온도 의존형 현상이다. 서리라는 단어는 밤에 지면 근처의 물체 표면들에 형성되는 얼음결정에 대해 흔히 사용된다. WMO(World Meteorological Organization)에 따르면 얼음결정의 침착에 대한 정확한 용어는 하얀서리(hoar frost) 또는 흰서리(white frost)인데, 공기가 영하의 온도에서 포화될 때만 형성된다.

서리 또는 결빙 재해는 두 가지 방법으로 생성될 수 있다. 즉, 한랭기단이 해당 지역으로 이동할 때 또는 청명한 밤에 복사냉각이 충분히 일어날 때이다. 한랭공기의 침범과 관련된 서리는 광범위한 농작물 피해를 발생시킬 수 있는데, 일중 기온이 낮고 결빙 조건이 오랫동안 계속되는 특징이 있다. 이와는 대조적으로 복사냉각에 의해 유도된 서리는 밤에만 발생하며 저지대에 국한되는 경향이 있다. 명백히 복사냉각에 의한 서리에 대항하기가 훨씬 더 쉽다.

몇 가지 서리 방지법이 사용되고 있으며 그 결과는 다양하다. 이 방법들은 열을 보존하거나(밤에 손실되는 열을 줄인다) 열을 가해 최하층 공기를 데운다.

열 보존 방법에는 종이나 헝겊 같은 절연 물질로 농작물을 덮거나, 공기 중에 떠다니면서 복사냉각율을 감소시키는 입자를 생성하는 방법이 있다. 공기층을 데우는 방법에는 물 스프링클러, 공기혼합 기술 그리고/또는 과수서리 방지가열기가 있다. 물 스프링클러(그림 5.30A)는 두 가지 방법으로 가열한다. 먼저 물 자체의 온기로 가열하고, 더욱 중요하게는 물이 얼 경우 방출되는 융해잠열(latent heat of fusion)로 가열한다. 얼음-물 혼합물이 작물에 남아 있는 한, 방출된 잠열은 온도가 0°C 이하로 떨어지는 것을 방지한다.

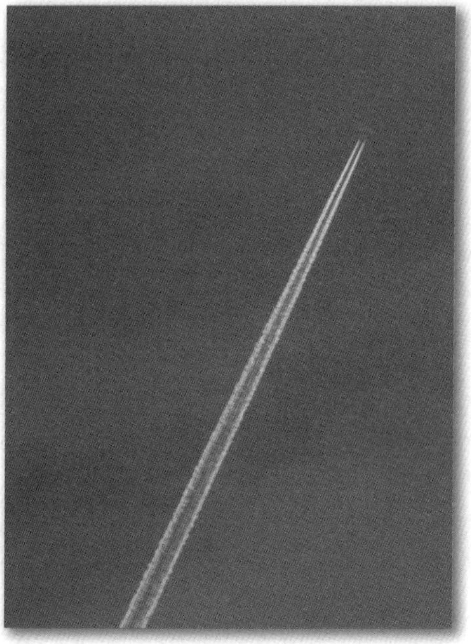

▲ **그림 5.31 항공기 비행운**
제트항공기에 의해 생성된 비행운은 종종 넓게 퍼져 넓은 띠 형태의 권운을 형성한다.

공기 혼합은 지면에서 15m 위의 기온이 지상 온도보다 최소한 5°C 이상 높을 때 가장 효과적이다. 바람 장치를 이용하여 상공의 따뜻한 공기는 차가운 지상 공기와 섞인다(그림 5.30B).

과수서리 방지가열기가 아마도 가장 성공적인 결과를 내는 것으로 보인다. 그러나 1ac당 30~40개의 가열기가 필요하기 때문에 연료 비용과 오염 방출이 상당하다.

비의도적 기상조절

비의도적(inadvertent) 또는 비고의적(unintentional) 기상조절의 효과는 수많으며, 과학자들은 이를 더 잘 이해하기 시작하고 있다. 이 절의 초점은 구름 형성과 강수 패턴에 영향을 주는 비고의적인 기상조절을 살펴보는 것이다. 대기질, 시정 그리고 인간 활동에 의해 생긴 산성비의 형성에 대한 변화는 13장에서 다루는 반면, 전 지구 기후에 대한 인간의 영향은 14장의 주요한 주제이다. 또한 온도에 대한 인간의 영향을 '도시열섬'이라 하는데, 3장에서 논의한다.

대량 운송 전용로의 효과 청명한 날에 비행하는 항공기의 항적에서 분명 비행운(contrail, condensation trail에서 따옴)을 본 적이 있을 것이다(그림 5.31). 비행운은 간단히 말해 인간이 만든 구름인데, 제트항공기의 엔진이 대량의 뜨겁고 습한 공기를 배출하기 때문에 형성된다. 상공의 매우 찬 공기와 혼합되는 순간 습윤 공기는 포화에 이를 정도로

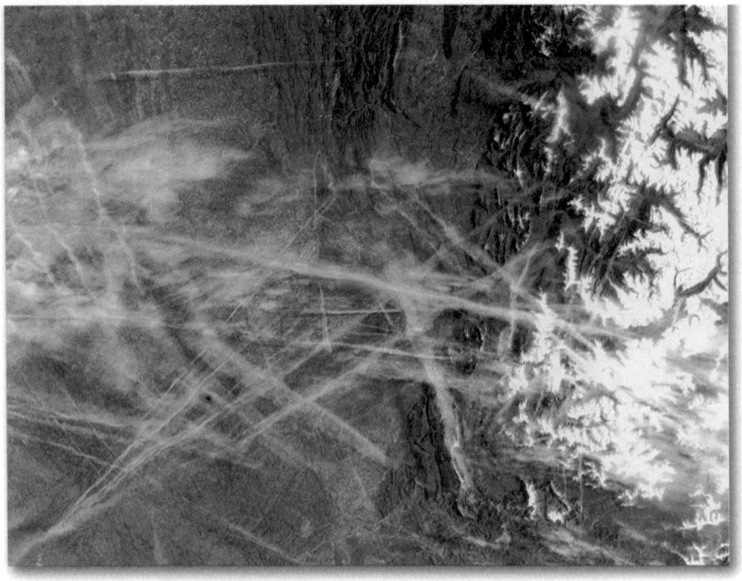

▲ **그림 5.32 비의도적 운량 증가**
국제우주정류장의 창을 통해 찍은 이 사진은 동부 프랑스의 론밸리 상공의 비행운을 보여 준다. 이러한 '인공구름'은 지구 표면의 0.1%를 차지한다고 여겨지며, 그 비율은 여기에 보인 바와 같이 남부 캘리포니아와 유럽 일부 등 특정 지역에서 훨씬 더 높다.

충분히 냉각된다.

비행운은 전형적으로 기온이 −50°C 이하인 9km 이상 고도에서 형성된다. 따라서 비행운이 미세한 얼음결정으로 이루어진다는 것이 놀랄 일은 아니다. 대부분의 비행운은 수명이 매우 짧다. 이 유선형의 구름은 일단 형성되고 나면 주변의 한랭 건조한 공기와 섞여 궁극적으로 승화한다. 그러나 상층의 공기가 포화에 가깝다면 비행운이 오래 남아 있을 수 있다. 이러한 조건하에서 상층의 기류는 대개 이 좁은 구름을 권운 내지 권층운의 넓은 띠 모양으로 확산시킨다. 최근 이와 비슷한 운량의 증가가 주요 선박 항로를 따라서도 감지되었다.

지난 수십 년 동안 항공 수송량이 증가하면서 전반적인 운량의 증가가 보고되었는데, 특히 주요 운송 중심지 근처에서 현저하다(그림 5.32). 이 인간이 만든 구름들은 지면에 도달하는 입사 태양복사량을 감소시켜 일중 최고온도를 낮추게 할 수 있다. 운량이 밤에 일어나는 복사냉각의 양도 감소시킬 수도 있기 때문에 기후변화에 대한 비행운의 영향을 정확하게 결정하기 위해서는 아직 추가적인 연구가 더 필요하다.

도시 효과 주요한 인구 중심지는 온난구름의 형성을 강화하고 이 도시 지역의 강수를 10~20% 증가시킨다. 이러한 효과는 겨울철 강수 패턴을 바꾸지는 않는 것으로 나타난다.

도시화와 연관된 산업화의 증가 또한 주요 도시의 풍하측 기상 조건에 영향을 미친다. 증가된 입자와 에어로졸은 대기질과 시정을 감소시키고, 또한 운량과 강수 증가에도 기여한다. 게다가 산업 시설 – 제조과정에서 가열된 뜨거운 물을 버리는 – 근처의 호수에 일어나는 대규모 냉각은 국지적으로 안개, 하층운, 그리고 심지어 겨울에는 착빙까지 일으키는 것이 판명되었다.

✓ 개념 체크 5.7

1. 국제 기상조절이라는 문구가 의미하는 바가 무엇인가?
2. 구름씨뿌리기가 작동하기 위해서는 어떤 대기 조건이 존재해야 하는가?
3. '온난안개'는 시정을 향상시키기 위해 어떻게 소산될 수 있는가?
4. 과수서리 방지가열기, 물 뿌리기, 공기 혼합이 어떻게 서리 방지에 사용되는지 기술하시오.
5. 제트항공기가 어떻게 주요 운송 전용로를 따라 운량을 증가시킬 수 있는지 설명하시오.

5 요약

5.1 구름 형성

▶ 구름 형성에 있어 단열냉각과 구름응결핵의 역할을 설명한다.

주요 용어 구름, 구름응결핵, 흡습성(물 추구) 응결핵, 배습성(물 격퇴) 응결핵

- 응결은 수증기가 액체로 변할 때 생긴다. 상층에서 응결이 일어나기 위해서는 공기가 포화되어야 하고 수증기가 응결해서 액체 물방울을 형성할 표면이 있어야 한다. 응결은 미세한 구름방울을 만드는 데 아주 약한 상승기류에 의해서도 상공에 머물러 있다.
- 구름은 미세한 물방울들 그리고/또는 작은 얼음결정들의 가시적인 집합체인데, 응결의 한 형태이다.

5.2 구름 분류

▶ 10개의 기본 구름 유형을 형태와 높이에 따라 열거하고 설명한다. 난층운 및 적란운과 그들의 연관된 날씨를 대조시킨다.

주요 용어 난운, 상층운, 중층운, 하층운, 연직 발달운, 권운, 권층운, 권적운, 고적운, 고층운, 층운, 층적운, 난층운, 적운, 적란운, 렌즈운

- 구름은 형태와 고도의 두 가지 기준에 따라 분류된다. 세 가지 기본적인 구름 유형은 권운(높고, 희고 엷음), 적운(공 모양의 독립적인 구름덩어리), 그리고 층운(홑이불 또는 층)이다.
- 구름 고도는 구름밑면의 고도 기준으로 상층이 6000m 초과, 중층이 2000~6000m, 하층이 2000m 미만이다.
- 형태와 고도 둘 다 고려하면 10가지 구름 유형이 분류될 수 있다.

Q. 세 가지 기본 구름 형태(권운, 적운 또는 층운)의 어떤 것이 다음 A~C에 보이는가?

A.

B.

C.

5.3 안개의 유형

▶ 안개의 기본적인 유형을 인지하고 어떻게 형성되는지 기술한다.

주요 용어 안개, 복사안개, 이류안개, 활승안개, 김안개, 전선(강수)안개

- 일반적으로 기상재해로 간주되는 안개는 그 밑면이 지면이나 지면에 매우 가까이 있는 구름이다. 냉각으로 형성되는 안개는 복사안개, 이류안개, 활승안개를 포함한다. 수증기의 첨가로 형성되는 안개는 김안개와 전선안개이다.

Q. 다음의 이미지(A~C)는 세 가지 유형의 안개를 나타낸다. 안개 유형을 밝히고 그 안개를 생성한 기작을 기술하시오.

A.

B.

C.

5.4 강수는 어떻게 형성되는가

▶ 베르예론 과정을 기술하고, 이 과정이 충돌-병합 과정과 어떻게 다른지 설명한다.

주요 용어 베르예론 과정, 과냉각수, 결빙핵, 충돌-병합 과정

- 강수가 형성되기 위해서는 수백만 개의 구름방울이 병합하여 하강하는 동안 자신을 유지할 수 있을 정도로 충분히 큰 물방울로 되어야 한다.
- 이 현상을 설명하기 위해 제안된 두 가지 기작은 주로 중위도와 고위도의 한랭구름에서 강수를 만드는 베르예론 과정과 충돌-병합 과정이라 불리는 대부분의 열대지방과 연관된 온난구름 과정이다.

5.5 강수의 형태

▶ 진눈깨비, 언 비(비얼음), 우박을 생산하는 대기 조건을 기술한다.

주요 용어 비, 꼬리구름(virga), 꼬리구름(fallstreaks), 이슬비, 박무, 눈, 싸락눈, 진눈깨비, 언 비(비얼음), 우박, 상고대

- 두 가지 가장 흔하고 친숙한 강수 형태는 비와 눈이다. 비는 온난구름 또는 한랭구름에서 형성될 수 있다. 비가 한랭구름에서 내릴 때는 눈으로 시작해 지면에 도달하기 전에 녹는다.
- 진눈깨비는 구형 내지 울퉁불퉁한 모양의 얼음결정으로 이루어지는데, 빗방울이 영하의 공기층을 통과해 떨어지는 동안 얼어서 형성된다. 언 비는 과냉각 빗방울이 차가운 물체에 접촉하는 순간 얼어붙어 생긴다. 상고대는

섬세한 서리 모양의 침착물인데 과냉각 안개방울이 물체를 만나 접촉해 얼어붙어 형성된다. 우박은 단단하고, 둥근 모양의 싸라기 또는 부정형의 얼음덩어리로 구성되는데, 결빙된 얼음결정과 과냉각수가 공존하는 탑 형태의 적란운에서 만들어진다.

5.6 강수 측정

▶ 강수를 측정하기 위해 표준우량계와 기상 레이더를 이용하는 것에 대한 장점과 단점을 열거한다.

주요 용어 표준 우량계, 강수 흔적, 전도식 우량계, 저울 우량계, 눈베개, 기상 레이더

- 비를 측정하기 위해 가장 흔하게 사용되는 기구는 직접 읽는 표준 우량계, 그리고 전도식 우량계와 저울 우량계가 있는데, 이 둘 다 비의 양과 강도를 기록한다. 눈의 가장 흔한 두 가지 측정은 깊이와 물당량이다. 주어진 부피의 눈에서 물의 양이 일정하지는 않지만, 정확한 정보가 없을 때는 눈 10단위 대 물 1단위의 일반적인 비율이 종종 이용된다.
- 현대식 기상 레이더는 기상학자들이 폭풍우가 수백 킬로미터 떨어져 있을 때조차 폭풍우 시스템과 그들이 생산하는 강수 패턴을 추적하는데 중요한 도구가 되어 왔다.

5.7 계획적 및 비고의적 기상조절

▶ 기상을 조절하고자 하는 시도에 대한 몇 가지 방법을 논한다.

주요 용어 구름씨뿌리기, 서리 또는 결빙 재해

- 계획적 기상조절은 기상을 조성하는 대기 과정에 영향을 주기 위한 인간의 고의적인 조정이다. 계획적 기상조절과 비의도적 기상조절 둘 다 기상을 강제적으로 바꾸기 위해 에너지를 사용하고, 육지 및 물 표면을 개조하여 그들과 하층 대기 간의 자연적인 상호작용을 바꾸고, 대기 과정들을 촉발시키거나, 강화시키거나 또는 방향을 수정한다.
- 비의도적 또는 비고의적 기상조절의 효과는 운량의 증가를 포함하는데, 이는 지상 온도를 낮추고 강수의 증가를 가져올 수 있다.

생각해 보기

1. 구름은 상층운, 중층운, 하층운, 연직 발달운의 네 가지 주요한 고도 기준으로 분류된다. 왜 하층운(또는 연직 발달운)이 중층운이나 상층운보다 훨씬 더 강수를 만들 가능성이 높은지 설명하시오.
2. 어떤 구름 유형이 다음의 특징들과 연관되어 있는가?
   a. (해, 달)무리
   b. 약하거나 중간 정도의 강수
   c. 우박
   d. 비늘구름
   e. 말꼬리구름
3. 다음의 그림은 높이 솟은 적란운과 대기의 연직 온도 분포를 보이는데, 이를 이용해 다음 과제를 완성하시오.
   a. 이 구름밑면에서의 온도는?
   b. A지점에서 구름은 무엇으로 이루어져 있을까? 액체방울로만, 얼음결정으로만, 또는 둘 다?
   c. B지점에서 구름은 무엇으로 이루어져 있을까? 액체방울로만, 얼음결정으로만, 또는 둘 다?
   d. C지점에서 구름은 무엇으로 이루어져 있을까? 액체방울로만, 얼음결정으로만, 또는 둘 다?

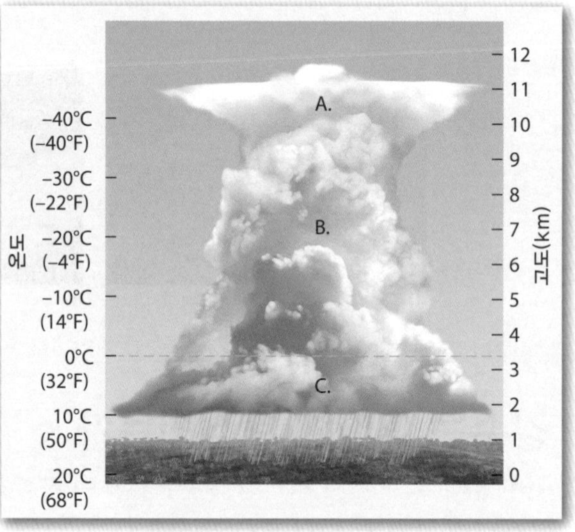

4. 안개와 구름은 다른 과정에 의해 형성되기는 하지만, 안개는 그 밑면이 지면이나 지면에 매우 가까이에 있는 구름으로 정의될 수 있다. 안개와 구름의 형성에 있어 비슷한 점과 다른 점을 기술하시오.
5. 복사안개는 왜 주로 구름 낀 밤이 아닌 청명한 밤에 형성되는가?
6. 일리노이 주 중부의 한겨울 낮이라고 가정하시오. 남쪽으로부터 지속적으로 바람이 불어 온화한 조건이 만연하다. 시간이 갈수록 넓은 지역에 안개가 형성된다. 이 안개의 가능한 유형을 밝히시오.

7. 이른 아침에 구릉 지역을 운전하고 있고, 계곡으로 내려가면서 안개를 만났으나 계곡에서 나오면 갠다고 가정하시오. 이 안개의 가능한 유형을 밝히시오.

8. 눈으로 시작하여 지면에 도달하면서 다음의 각 강수로 되게끔 하는 연직 온도 분포를 기술하거나 그리시오.

a. 눈

b. 비

c. 언 비

9. 동반한 그림은 고도에 따른 온도와 이슬점온도의 변화를 보이는데, 이를 이용해 다음을 과제를 완성하시오(**힌트**: 이슬점은 공기가 포화에 이르는 온도이다).

a. 어떤 고도에 구름이 있겠는가? 0~4km, 4~8km, 또는 8~12km?

b. 이 구름은 무엇으로 이루어져 있겠는가? 액체방울로만, 얼음결정으로만, 또는 둘 다?

c. 이 구름이 강수를 내렸다면 지표에 어떤 유형의 강수가 내렸을 것 같은가? 비, 눈, 진눈깨비, 또는 언 비?

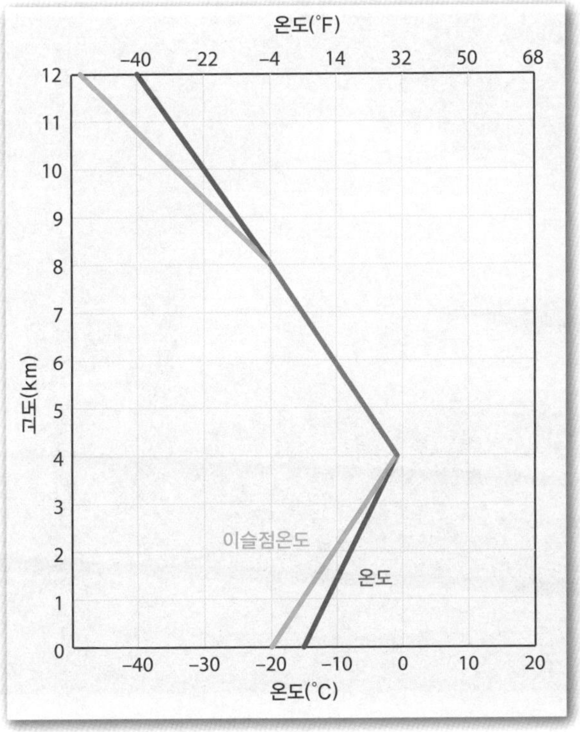

10. 왜 꼬리구름과 안개가 동시에 발생하지 않을 것 같은가?

11. 다음 사진은 침착이 된 후의 두 가지 다른 형태의 강수를 보인다.

a. 사진에 보인 강수의 유형을 말하시오.

b. 침착이 되기 전의 각 강수 유형의 본질(형태)을 기술하시오.

c. 어떤 점에서 이들 강수가 서로 비슷한가?

d. 어떤 점에서 이들 강수가 서로 다른가?

A.

B.

12. 기상 레이더는 강수의 총량뿐만 아니라 강도(intensity)에 대한 정보도 제공한다. 표 A는 레이더 반사도 값과 강우율 사이의 관계를 보여 준다. 레이더가 어떤 특정 지역에서 2.5시간 동안 47dBZ의 반사도 값을 측정했다면, 얼마나 많은 비가 그 지역에 내렸겠는가?

표 A
레이더 반사도의 강우율로의 변환

레이더 반사도 (dBZ)	강우율 (inches/hr)
65	16+
60	8.0
55	4.0
52	2.5
47	1.3
41	0.5
36	0.3
30	0.1
20	강수 흔적

복습문제

1. 오후 6시에 기온이 20°C, 상대습도가 50%이고, 그날 저녁 동안 기온은 떨어지고 수증기량은 변화가 없다고 가정하자. 만약 기온이 매 2시간마다 1°C씩 떨어진다면 다음날 아침 일출시(오전 6시)에 안개가 생기겠는가? 답에 대해 설명하시오.(힌트 : 필요한 자료는 표 4.1 참조)

2. 문제 1과 같은 조건에서 만약 기온이 매 시간마다 1°C씩 떨어진다면 안개가 발생하겠는가? 안개가 발생한다면 언제 처음 나타나겠는가? 밤 동안에 지표 냉각 때문에 형성되는 이러한 유형의 안개에 어떤 명칭이 주어지는가?

3. 공기가 정지 상태라고 가정할 때, 큰 빗방울(5mm)이 3000m의 구름밑면에서 떨어진다면 지면에 도달할 때까지 얼마나 걸리겠는가?(표 5.4 참조) 같은 구름에서 통상적인 빗방울(2mm)이 지면에 떨어지는 데 얼마나 걸리겠는가? 이슬비 방울(0.5mm)이었다면 얼마나 걸리겠는가?

4. 공기가 정지 상태라고 가정할 때, 통상적인 구름방울(0.02mm)이 1,000m의 구름밑면에서 떨어진다면 지면에 도달할 때까지 얼마나 걸리겠는가?(표 5.4 참조) 공기가 완전히 정지해 있다고 해도 구름방울이 결코 지면에 도달할 수 없을 것 같다. 왜 그런지 설명하시오.

5. 미국에서 가장 큰 우박덩이의 기록은 사우스다코타 주의 비비언에서 2010년 7월 23일에 세워졌다. 우측 상단 그림에 있는 이 우박덩이는 지름이 8in, 둘레가 18.62in, 무게가 거의 2lb였다. 지름 d인 구형의 우박덩이의 최대 낙하속도는 $V=k2d$를 이용해 계산할 수 있다. 여기서 d의 단위가 cm이고 V의 단위가 m/s이라면 $k=20$이다. 이 폭풍우에서 우박덩이가 떨어지기 직전에 이를 지탱하기 위해 필요했던 상승기류의 강도(속도)를 산출하시오 당신의 답을 m/s에서 ft/s와 mi/hr로 변환하시오.

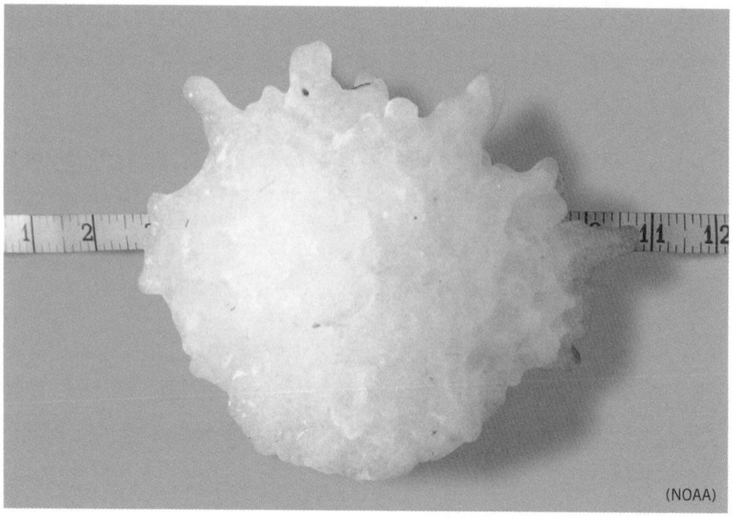

(NOAA)

6. 아래 그림의 대형 적란운의 규모가 어림잡아 높이 12km, 너비 8km, 길이 8km가 된다. 매 1m³의 구름방울이 총 0.5cm³의 물에 해당한다고 가정하시오. 이 구름은 얼마나 많은 액체수를 함유하고 있는가? 몇 갤런을 함유하고 있는가(3,785cm³=1gallon)?

6 기압과 바람

핵심개념

다음의 각 항목은 이 장에서 다루는 주요 주제에 대한 기본 학습 목표를 나타낸다. 이 장을 학습하고 나면 여러분은 다음 항목을 이해할 수 있다.

6.1 기압을 정의하고 일기도상에 어떻게 기압이 표시되는지를 설명한다.

6.2 지상과 상층의 기압에 영향을 미치는 요소를 나열하고 각각에 대하여 설명한다.

6.3 대기에 작용하여 바람을 일으키고 변화시키는 세 가지 힘을 나열하고 설명한다.

6.4 왜 상층의 바람은 등압선에 평행하고 지상에서는 등압선과 어느 정도 각도를 유지하는지를 설명한다.

6.5 저기압(사이클론)과 고기압(안티사이클론) 중심 부근의 바람에 대하여 서술하고, 저기압 및 고기압과 관련된 날씨를 알아본다.

6.6 주풍을 정의하고 풍향을 나타내는 방법을 알아본다.

기상과 기후의 여러 요소 중에서 기압의 변화는 우리 인간이 인지하기가 가장 어렵다. 그러나 기압의 변화는 날씨의 변화를 가져오는 가장 중요한 요소인데, 이는 온도와 습도의 변화를 가져오는 바람을 생성시키기 때문이다. 더욱이 기압은 일기예보에 있어서도 대단히 중요한 요소이며 온도, 습도, 바람과 같은 기상 요소와 밀접하게 관련되어 있다. 예를 들면 기압의 수평적 차이는 왼쪽 그림에 나타나 있는 것과 같은 범선을 움직일 수 있는 힘을 제공한다.

범선을 움직이는 바람은 수평 방향의 기압의 차이에 의해 발생한다.

6.1 기압과 바람

기압을 정의하고 일기도상에 어떻게 기압이 표시되는지를 설명한다.

공기가 힘을 받아 장애물을 넘거나 주변 공기보다 따뜻하여 부력을 가게 되면 연직 방향으로 움직일 수 있다는 것을 잘 알고 있다. 그렇다면 공기가 수평으로 움직이는 현상[소위 **바람**(wind)이라고 불리는 현상]의 원인은 무엇일까? 간단히 말하면 바람은 기압이 수평적으로 변하기 때문에 발생한다. 공기는 고기압 지역에서 저기압 지역으로 흐르게 된다. 아마 여러분들은 따뜻한 탄산소다 캔을 열었을 때 이러한 현상을 경험해 보았을 것이다. 캔을 열면 액체 중에 녹아 있던 기체상의 이산화탄소가 압력이 높은 캔 내부로부터 기압이 낮은 바깥쪽으로 빠져나오게 된다. 바람은 기압의 불균형을 해소하기 위한 자연적인 현상이다.

기압이란 무엇인가

우리는 대기권의 가장 아래쪽에 살고 있는데, 해저 바닥에 서식하고 있는 동물들이 수압의 영향을 받고 있는 것처럼 우리 인간은 공기의 무게에 의한 압력을 받고 있다. 비록 우리는 공기에 의한 압력을 느끼지는 못하지만(급강하 또는 급상승하는 엘레베이터나 비행기 내부에 있는 경우를 제외하고) 대단히 중요한 요소이다.

대기압(atmospheric pressure), 즉 **기압**(air pressure)은 위에 놓인 공기의 무게에 의하여 받는 단위 면적당의 힘으로 정의된다. 해수면의 평균 기압은 1,013.25hPa이다. 조금 더 정확하게 말하자면 단면적이 $1m^2$(제곱미터)인 공기기둥의 무게를 해수면부터 대기권 최상단까지 합하게 되면 $10,132.5kg/m^2$가 된다(그림 6.1). 이것은 대략적으로 단면적이 $1cm^2$인 10m의 물의 높이에 해당한다.

지표면에 미치는 기압은 우리가 생각하는 것보다 훨씬 크다. 예를 들면 작은 책상(가로 1m, 세로 50cm)의 표면에 작용하는 기압은 5,000kg을 넘는데, 이는 대략적으로 50인승 버스의 무게에 해당한다. 이러한 공기의 무게에도 불구하고 책상이 부서지지 않는 이유는 무엇일까? 그 이유는 기압은 모든 방향으로 작용하기 때문이다. 즉, 위에서 아래로, 아래에서 위로, 또 옆으로. 이렇게 모든 방향으로 작용하는 기압의 합은 균형을 이루게 된다.

기압의 측정

기압을 나타낼 때 NWS(National Weather Service)는 **뉴턴**(N)이라는 단위를 사용한다.* 평균적으로(해수면에서) 대기는 $1m^2$ 101,325N의 힘을 가하고 있다. 이러한 큰 숫자 대신에 NWS는 **밀리바**(millibar, mb)

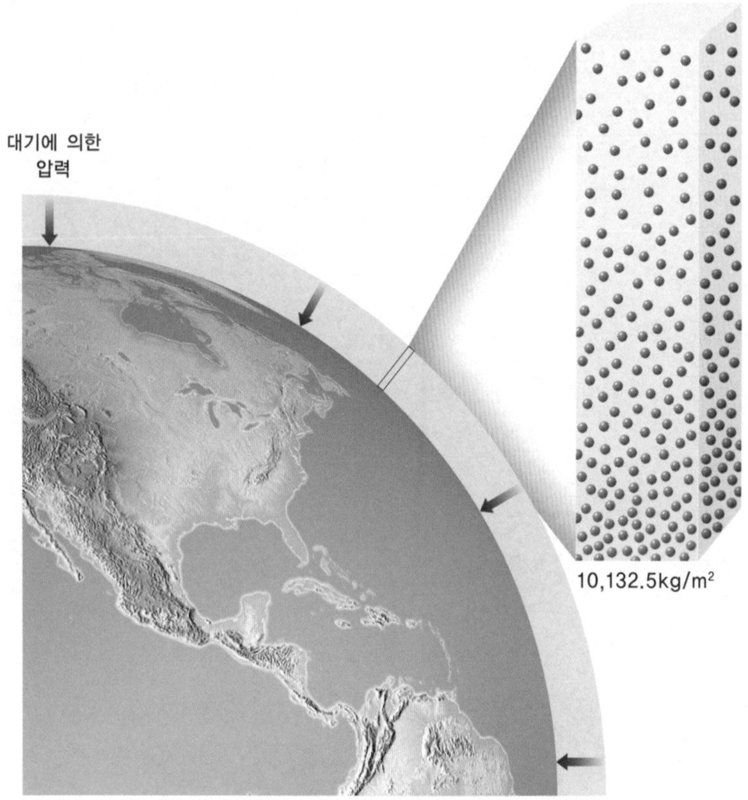

▲ 그림 6.1 평균 해수면의 기압은 $10,132.5kg/m^2$에 해당한다.

라는 단위를 사용하여 간편하게 기압을 나타내고 있는데, 이는 $1m^2$당 100N에 해당한다. 이것을 사용하면 해수면의 평균적인 기압은 1,013.25mb에 해당한다(그림 6.2).**

아마 여러분들은 기압을 나타낼 때 '수은주의 높이'를 들어본 적이 있을 것이다. 이것은 이탈리아의 유명한 과학자인 갈릴레오의 제자인 토리첼리가 1643년에 **수은기압계**(mercury barometer)를 발명한 이후에 사용되고 있다. 토리첼리는 공기가 지표면을 누르고 있다는 사실을 정확하게 이해하고 있었다. 이러한 힘을 측정하기 위하여 한쪽이 막힌 유리관에 수은을 채우고 수은을 가득 채운 용기에 거꾸로 세웠다(그림 6.3A). 토리첼리는 유리관의 수은이, 수은 위의 공기에 의한 압력이 중력과 균형을 이룰 때까지 아래쪽으로 내려가는 것을 관찰할 수 있었다. 즉, 대기 전체에 의한 기압은 유리관에 남아 있는 수은이 가하는 압력과 같다는 것을 의미한다.

토리첼리는 기압이 증가하게 되면 유리관의 수은이 올라간다는 것을

* 1N은 1kg의 물체가 $1m/s^2$의 가속도를 갖도록 하는 힘에 해당한다.

** SI 시스템에서 기압의 표준 단위는 파스칼인데, $1m^2$당 1N의 힘이 작용함을 나타낸다. 1표준기압은 1,013.25hPa 또는 101.325kPa에 해당한다.

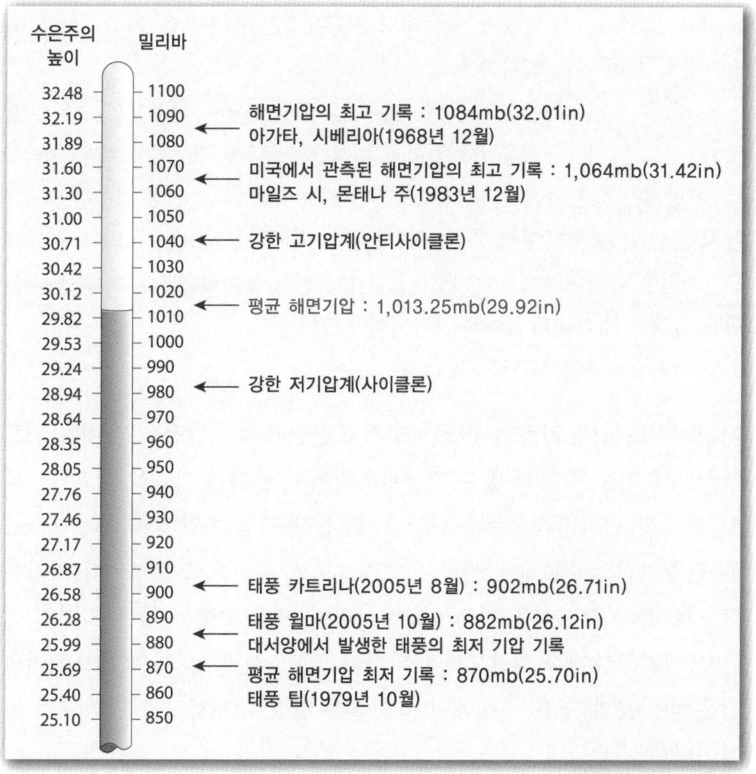

▲ 스마트그림 6.2 수은주의 높이(in)와 기압(hPa)의 비교

http://goo.gl/DH6pb

알 수 있었다. 이는 반대로 기압이 감소하게 되면 수은주의 높이도 감소한다는 것을 의미한다. 따라서 '수은주의 높이'는 기압의 척도가 되었다. 수은 기압계는 그 후에 더 정교한 기술로 제작되어 사용되었으며 현재에도 표준적인 기압계로 채택되고 있다. 기압은 기압계로 측정되기 때문에 종종 **기압계 기압**(barometric pressure)으로 불리기도 한다.

해수면의 평균 기압은 수은주 760mm에 해당한다. NWS는 일기도에 mb를 사용하여 기압을 나타내지만, 일반 대중에게는 수은주의 높이로 기압을 제공한다.

더 간편하고 휴대할 수 있는 기압계의 요구가 늘어남에 따라 **아네로이드 기압계**(aneroid barometer)가 개발되게 되었다(아네로이드는 액체가 없다는 뜻임, 그림 6.4A). 수은 기둥을 사용하는 대신 아네로이드 기압계는 진공의 금속관을 사용한다(그림 6.4B). 진공관은 기압에 매우 민감한데, 기압이 증가하고 감소함에 따라 수축하거나 팽창하면서 형태가 바뀌게 된다.

그림 6.4에서 볼 수 있는 것처럼 가정에서 사용되는 아네로이드 기압계의 전면에는 맑음, 변화, 강우, 폭풍 등과 같은 표시가 되어 있다. 맑음은 고기압에 해당되고, 비는 저기압과 관련되어 있음을 나타낸다. 어떤 지역의 날씨를 예측함에 있어서는 현재의 기압보다는 과거 몇 시간

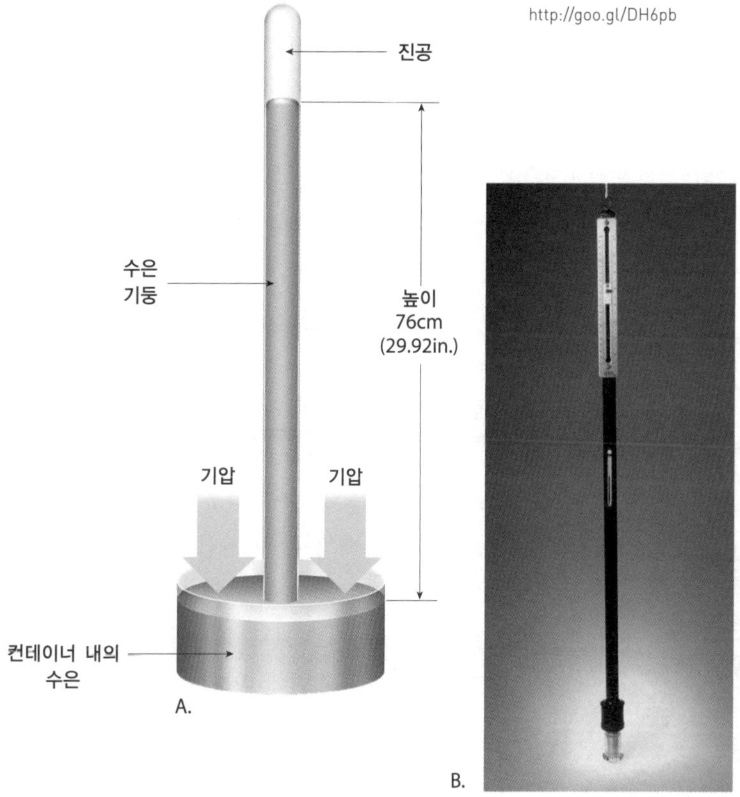

▲ **그림 6.3 수은기압계**

A. 수은 기둥 안의 수은의 무게는 기압과 평형을 이루고 있다. 기압이 상승하면 수은주가 올라가고, 기압이 감소하면 내려가게 된다. B. 수은기압계의 사진.

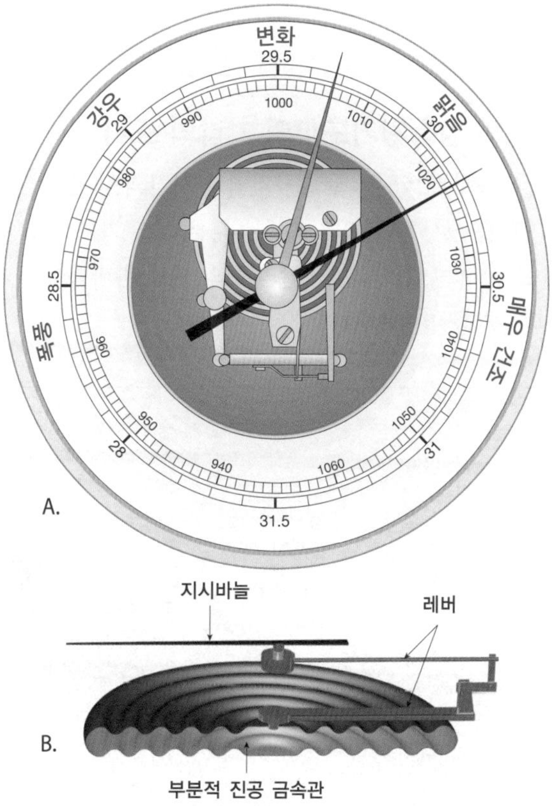

▲ **그림 6.4 아네로이드 기압계**

A. 아네로이드 기압계의 모식도. B. 아네로이드 기압계는 부분적으로 진공을 가진 금속관으로 구성되는데, 진공 금속관은 기압이 상승하면 압축되고, 기압이 감소하면 팽창하게 된다.

▲ 그림 6.5 아네로이드 기압기록계
연속적인 기압의 기록이 가능한 아네로이드 기압기록계

의 기압의 변화가 훨씬 더 중요하다. 기압 강하는 보통 구름이 낀 날씨와 강수의 가능성을 나타내며, 반면에 기압이 상승하는 것은 날씨가 맑아짐을 의미한다.

아네로이드 기압계의 또 다른 장점은 쉽게 기압을 기록할 수 있다는 점이다. 이 기록 장치는 **기압기록계**(barograph)라고 불리는데, 시간에 따른 기압의 연속적인 변화를 제공한다(그림 6.5). 아네로이드 기압계는 비행기, 등산가, 지도 제작가들에게 매우 간편하게 높은 지대의 고도를 제공할 수 있는 중요한 기능도 가지고 있다.

지상일기도와 상층일기도상의 기압의 표시

일기예보를 위해서 NWS는 특정한 지역과 시간의 대기 상태를 기호로 표시한 일기도를 생산한다. 일기도에는 다른 여러 가지 기상 자료와 함께 기압이 표시된다. 여기서는 기압과 이와 관련된 바람이 일기도에 어떻게 표출되는지를 알아보겠다.

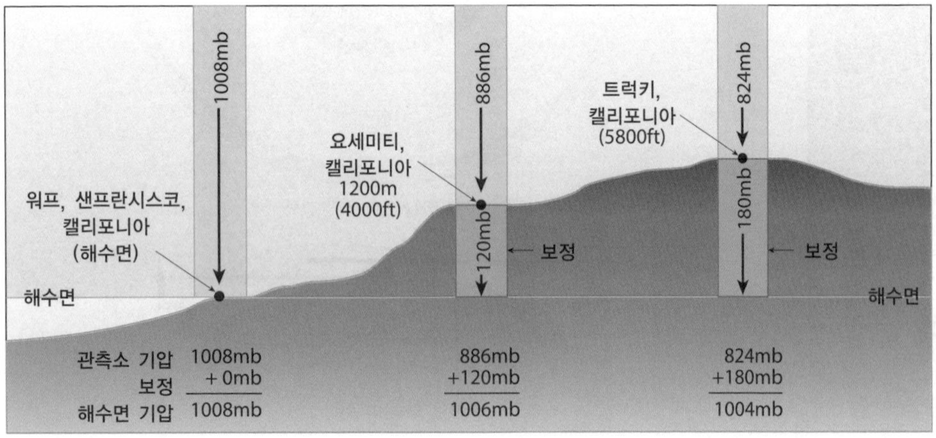

▲ 그림 6.6 해면기압 보정
측정된 기압을 지형과 평균 해수면 사이에 공기가 있다고 가정하여 평균 해수면의 값으로 보정한다. 즉, 가상적인 공기 기둥에 의한 압력을 관측 기압에 더해 준다. 높은 곳에서 관측할수록 보정치가 커진다.

자주 나오는 질문…

독성이 있는데도 불구하고, 왜 수은은 기압계에 사용되나요?

수은 중독은 매우 심각하다. 그러나 기압계의 수은은 밀폐용기에 들어 있어서 새어 나올 가능성이 매우 희박하다. 기압계는 물은 물론 어떤 액체로도 만들 수 있다. 물로 만들 경우는 크기가 문제가 된다. 물은 수은에 비해 13.6배나 가볍기 때문에, 물을 사용한 기압계로 1기압을 나타내려면 수은기압계보다 13.6배나 높아야 한다. 즉, 물을 사용한 기압계는 약 10m의 높이로 제작되어야 한다.

지상일기도상의 기압의 판독 지구 표면상에서 기압을 나타내기 위해서 기상학자들은 우선 많은 기상관측소에서 관측한 기압을 일기도상에서 판독한다(일반적으로 mb로 표시됨). **관측점 기압**(station pressure)은 관측지점의 고도를 감안하여 표준고도의 기압으로 보정된다(기압은 고도에 따라 감소함을 기억하자). 이러한 보정 없이는 높은 지대의 기압은 일기도상에 저기압으로 나타나게 되고, 캘리포니아의 데스벨리와 같은 바다보다 낮은 지대에서의 기압은 항상 고기압으로 나타나게 될 것이다.

고도에 따른 기압의 변화를 보정하기 위하여 관측된 기압은 해수면에서의 값으로 환산된다. 일반적으로 지표에서의 기압은 10m 상승할 때마다 1mb씩 감소한다. 그림 6.6은 캘리포니아 주의 세 지역에 대한 **해면보정기압**으로 불리는 보정된 기압을 보여 주고 있다. 기온은 공기의 밀도(공기의 무게에도)에 영향을 미치기 때문에 고도 보정 과정에서는 기온도 같이 고려한다. 기온과 고도를 고려한 보정기압은 마치 관측이 해면 고도에서 이루어졌다고 가정했을 때의 값을 제공한다. 일반적으로 기온에 대한 보정은 상대적으로 작기 때문에 그림 6.6의 보정 과정에서는 고려하지 않았다.

해면보정기압이 계산되면 mb 단위를 사용하여 일기도에 **등압선**(isobars : 기압이 같은 지점을 연결한 선)을 표시한다. 그림 6.7은 간략화된 지상일기도의 한 예를 나타낸다. 기압이 996, 1000, 1004 등과 같이 4hPa 간격으로 표시되었음을 알 수 있다. 닫힌 등압선은 일반적으로 고기압 지역 또는 저기압 지역을 나타낸다. 고기압의 지역은 주변에 비하여 기압이 높음을 나타내며 파란색의 큰 기호 H로 표시되어 있으며, 반면에 저기압의 지역은 주변에 비하여 기압이 낮고 붉은색의 큰 기호 L로 표시되어 있다.

일반적으로 고기압계는 **안티사이클론**(anticyclone)이라고도 불리는데, 이는 비교적 건조한 대기 조건과 관계되어 있다. **사이클론**(cyclone) 또는 **중위도저기압**(midlatitude cyclone)이라고 불리기도 하는 저기

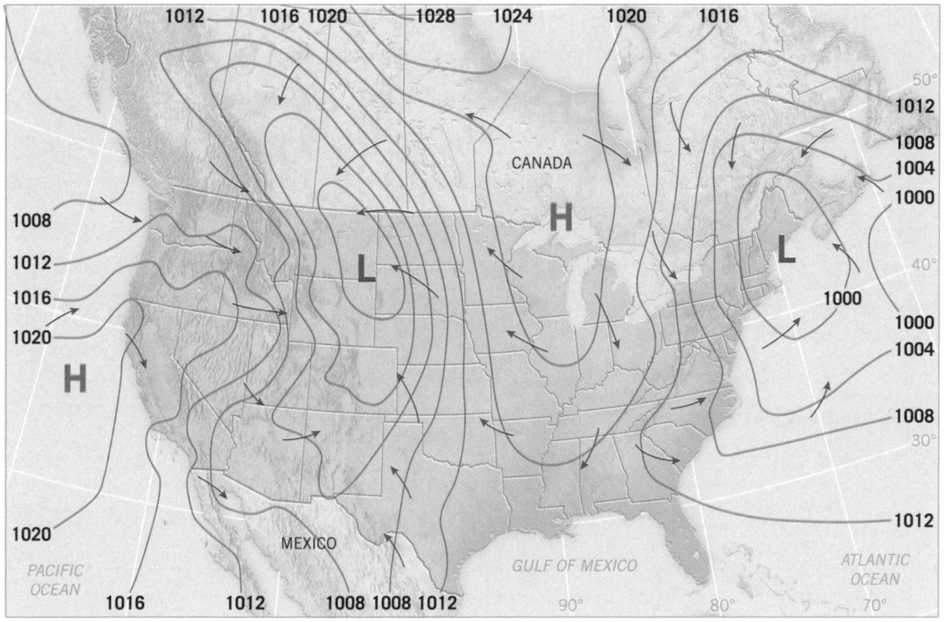

▲ 그림 6.7 지상일기도

일기도에는 해면 기압이 같은 지점을 연결한 등압선이 표시되고, 이로부터 고기압과 저기압을 알 수 있다. 붉은색의 화살표는 바람을 나타낸다.

압계는 중위도 지역에서 자주 발생하는데, 열대지방에서 발생하는 **열대 사이클론**과는 근본적으로 다른 성질을 가지고 있다(열대저기압은 발생 지역에 따라 허리케인 또는 태풍으로 불리기도 한다). 안티사이클론과는 대조적으로 중위도저기압은 강한 바람과 비를 동반하는 날씨의 원인이 된다.

그림 6.7의 일기도에는 등압선과 더불어 붉은 화살표로 표시된 매끈한 바람 패턴이 나타나 있다. 일반적으로 지표에서의 바람은, 어느 정도 등압선을 가로지르는 각도를 유지하면서 고기압 지역으로부터 저기압 지역으로 분다.

상층일기도 NWS는 지상일기도와 더불어 하루에 두 번 850-, 700-, 500-, 300-, 200-hPa 등압면의 일기도를 제공한다. 1장에서 언급한 것처럼, 대기 상층의 기상 자료는 주로 **라디오존데**에 의하여 수집되는데, 라디오존데는 관측용으로 제작된 풍선에 의하여 대기 중으로 띄워진다. 대기의 관측 자료 중에서, 대략 5,600m 고도의 대기순환을 보여 주는 500hPa 등압면의 자료는 특히 큰 관심의 대상이다(그림 6.8). 500hPa 등압면은 이를 기준으로 아래쪽과 위쪽에 거의 대기 총 질량의 절반이 존재하기 때문이다. 500hPa 등압면에서는 일기도에 나타난 기상 상태가 바람과 거의 같은 방향으로 따라 움직이는 경향이 있기 때문에 중요하다.

다른 상층일기도와 마찬가지로, 그림 6.8에 나타난 500hPa 등압면일기도는 기압이 500hPa이 되는 고도의 공간적 분포를 나타낸다. 이러한 등압면 고도장은, 고정된 지점의 기압의 공간적 분포를 보여 주는 것이 아니며, 마치 등고선 지도와 유사한 점이 있다. 즉, 등치선은 산봉우리와 계곡과 같이 어떤 값의 기압(예 : 500hPa)이 나타나는 고도를 의미한다. 등고선과 등압선의 값은 단순환 관계식이 존재한다—등치선의 값이 큰 곳은 작은 곳에 비하여 기압이 큰 것을 나타낸다. 즉, 등압면일기도에서 고도의 값이 큰 곳은 고기압을, 작은 곳은 저기압을 나타낸다.

그림 6.8의 등치선은 기압마루와 기압골이라는 둥그런 등압선으로 구성되어 있다. **기압마루**(ridge)는 고기압의 부분을 연결한 선으로서, 저위도에서 고위도 방향으로 늘어서 있으며 건조하고 온난한 공기와 관련되어 있다. 반면에 **기압골**(trough)은 저기압의 부분을 연결한 것으로서 차고 습한 공기와 관련되어 있다.

일기예보에 있어서의 상층일기도의 중요성은 12장에서 자세하게 다룰 것이다. 그러나 여기서도 일기도를 소개하겠지만, 그것은 바람과 기

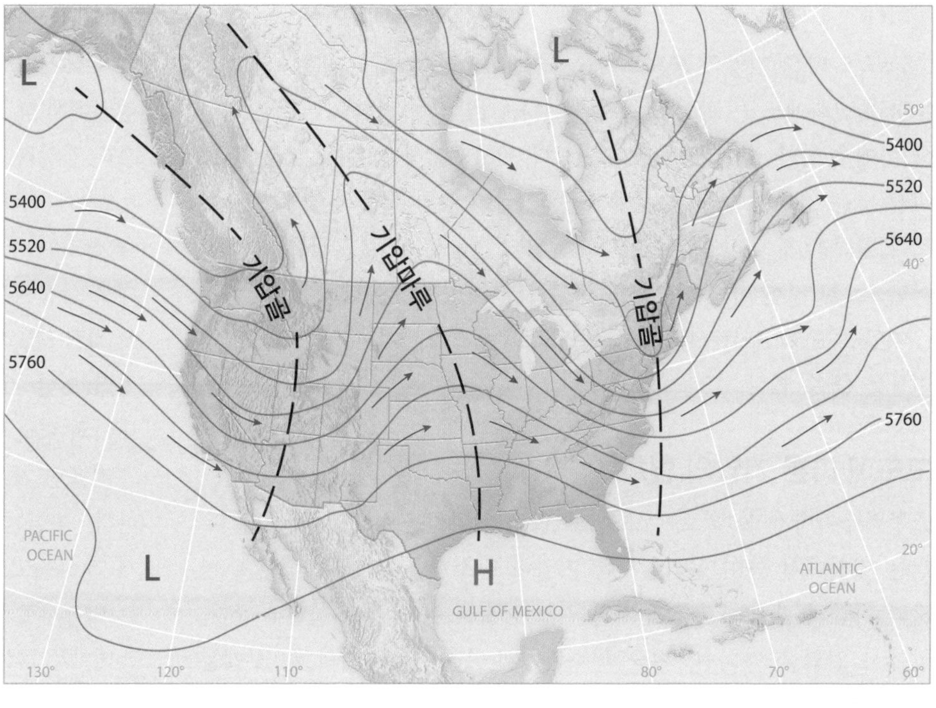

▲ 그림 6.8 상층일기도

500hPa 등압면의 고도를 나타낸 것이다. 등압선은 고정된 고도의 기압을 표시한 것이 아니라, 기압이 같은(500hPa) 고도를 표시하는 것으로서 마치 지형의 높고 낮음을 표시한 것과 유사하다. 즉, 고도가 높은 곳은 언덕(마루)을, 낮은 곳은 계곡(골짜기)에 해당한다. 이는 곧 등압선 고도가 **높은** 곳은 **고**기압을, **낮은** 곳은 **저**기압을 의미한다. 화살표는 바람을 나타낸 것이다.

압이 어떠한 관련이 있으며 바람이 어떻게 생성되는지에 대한 이해를 돕기 위함이다.

∨ 개념 체크 6.1

❶ 바람은 무엇이며 어떻게 생성되는가?

❷ 밀리바, 수은주의 높이로 나타낸 평균 해수면의 기압은?

❸ 대기압이 무엇인지 여러분 나름대로 설명하시오.

❹ 등압선은 무엇인가?

❺ 사이클론과 관계된 기압을 안티사이클론과 비교하여 설명하시오.

자주 나오는 질문...

비행할 때 왜 귀가 멍멍해지나요?

비행기가 이륙하거나 착륙할 때, 기내의 기압이 바뀌기 때문에 귀에 통증을 느끼는 경우가 종종 있다. 평상시에는 중이 내부의 기압과 대기압이 같은데, 유스타키오관이 귀와 목을 연결하여 같은 기압을 유지하도록 하기 때문이다. 만일 감기 등에 의하여 유스타키오관이 막히게 되면 중이로부터 또는 중이로 가는 공기의 흐름 또한 막히게 된다. 이때 비행기가 상승 또는 하강하게 되면 기압이 바뀌는데 이것이 통증을 유발한다. 그러나 기압이 같게 되는 순간 이 통증은 곧 사라진다.

6.2 기압은 왜 변하는가

지상과 상층의 기압에 영향을 미치는 요소를 나열하고 각각에 대하여 설명한다.

기압과 그것의 일변화는 왜 중요한가? 기압의 변화는 바람의 변화를 가져오고, 바람은 기온과 습도를 변화시킨다. 간단히 말하면, 기압의 차이는 일기도에서 늘 보는 것과 같은 바람을 생성시키는데, 이러한 바람의 분포는 공간적으로 잘 구조화되어 있으며 매일 매일의 날씨 변화의 원인이 된다. 따라서 기압의 변화를 잘 파악하는 것은 매우 중요한 일이다.

고도에 따른 기압의 변화도 매우 중요하지만, 기상학자들은 기압의 수평적 변화에도 큰 관심을 가지고 있다. 기압의 수평적 차이는 상대적으로 매우 작다. 대개 평균 해수면보다 30hPa 이상 높은 경우나 60hPa 이상 낮은 경우는 드물다. 종종 태풍과 같이 강한 폭풍의 경우에는 이보다 훨씬 낮게 내려가기도 한다(그림 6.2 참조). 이 정도 작은 기압 차이만으로도 강한 바람을 충분히 생성시킬 수 있는 것이다.

기압을 변화시키는 네 가지 요인으로는, 고도, 기온, 습도, 공기의 이동을 들 수 있다.

고도에 따른 기압의 변화

스쿠버다이버가 물 위로 떠오를 때 압력의 감소를 느끼는 것처럼, 우리는 지상에서 높이 올라갈수록 기압이 감소함을 느낀다. 공기의 밀도와 기압의 관계는 고도에 따른 기압 감소를 어느 정도 설명해 준다. 앞에서 언급한 것처럼, 평균 해수면에서, 1cm^{2}당 공기의 총 무게는 1.01325kg이다. 높이 올라갈수록 위에서 누르는 공기의 총 무게는 작아지기 때문에 공기의 밀도는 감소한다. 따라서 이러한 밀도의 변화에 상응하는 식으로 기압은 고도에 따라 감소할 것이다.

밀도가 고도에 따라 감소하기 때문에, 고산 지역에서는 공기가 희박할 수밖에 없다. 이 때문에 셰르파(네팔의 원주민)를 제외하고는 에베레스트 산에 오르는 등산가들은 보조 산소 탱크를 사용해야 한다. 보조 산소를 사용하는 경우에도 방향 감각 상실 등의 혼미한 상태를 흔히 경험하게 된다.

고도에 따른 기압의 감소는 물의 비등점(해면에서는 100°C)에도 영향을 미친다. 예를 들면, 콜로라도 주 덴버(고도 약 1.6km)에서는 물이 95°C에서 끓는다. 비등점 하강으로 인하여 비록 물이 샌디에이고보다 덴버에서 더 빨리 끓기는 하지만, 스파게티를 요리하는 데는 덴버가 더 오래 걸린다.

1장에서 배운 기압이 고도에 따라 일정하게 감소하지는 않는다는 것을 상기해 보자. 기압이 높은 지상에 가까울수록 감소 비율이 크고, 반대로 상공에서는 감소 비율이 낮다. 고도에 따른 기압의 정상적인 감소는 그림 6.9의 **표준대기**(standard atmosphere)에 나와 있다. 표준대기는 기압(또한 기온과 밀도)의 이상적인 연직분포를 제시해 주는데, 실제 대기의 평균적인 상태를 나타낸다.

지표면 가까이에서 기압은 고도 100m 상승하면 약 10hPa 정도 감소한다. 또한 대체적으로 5km 올라가면 기압이 반으로 줄어든다. 따라서, 5.6km고도의 기압은 해면기압의 약 반으로 줄어들고, 11.2km에서는 약 1/4로 줄어든다. 상업용 항공기는 보통 10~12km 고도를 비행하는데, 여기서는 기압이 해면기압의 약 1/4밖에 되지 않는다.

기온에 따른 기압의 변화

기압 차이는 어떻게 발생하는 것일까? 이것을 이해하기 위하여 겨울철의 북부 캐나다를 생각해 보자. 눈으로 덮인 부분은 태양복사 에너지의

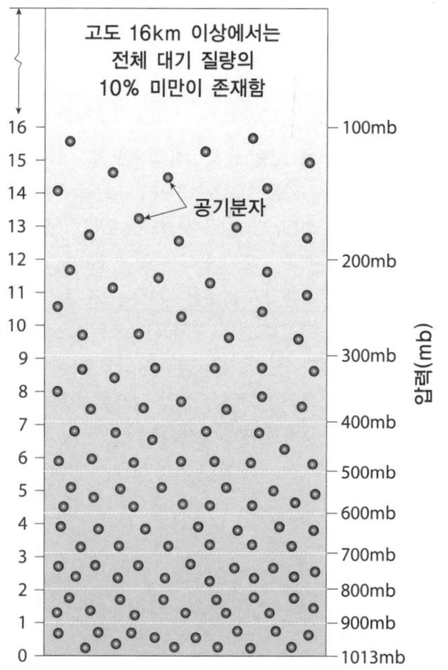

◀ **그림 6.9 미국 표준대기**
100hPa 간격으로 표시된 연직층 사이에는 거의 같은 무게의 공기가 존재함을 의미한다. 대략 5.6km 고도에서의 기압은 해면기압의 약 절반에 해당한다.

대부분을 대기 밖으로 반사시키는 반면 태양입사 에너지의 양은 극히 작다. 차가운 얼음 표면은 대기를 냉각시키기 때문에 −34°C의 낮은 기온도 흔히 관측된다.

온도라는 것은 물질의 분자의 평균적 운동 상태를 나타내는 척도이다. 따라서 추운 캐나다 지방의 공기는 비교적 분자운동이 덜 활발한 공기분자들로 이루어져 있는데, 이들은 온도가 높은 공기에 비해 분자 간의 거리가 가깝고 밀도가 크다. 밀도가 증가함에 따라서 지표면에 미치는 기압도 커지게 된다. 이 결과 캐나다로부터 미국 서부로 흘러드는 찬 공기는 밀도가 상당히 커지게 되는데, 이를 일기도에서는 고기압(또는 간단히 H)으로 표시한다. 반대로, 여름의 남서아메리카는 저기압(간단히 L로 표시)을 동반하는 고온의 날씨를 유지한다. 따라서 다른 조건이 모두 같다면, 차가운 공기는 지상의 고기압, 따뜻한 공기는 저기압과 각각 관련되어 있다. 이러한 기압의 차이는 공기 이동의 원인이 되는 기압경도력을 생성시킨다. 공기는 고기압 지역으로부터 저기압 지역으로 흐르게 된다.

찬 공기와 따뜻한 공기의 또 다른 중요한 차이점은, 찬 공기(밀도가 큰 공기)의 경우 따뜻한 공기(밀도가 작은 공기)에 비하여 고도에 따른 기압 감소가 더 크다는 점이다. 이러한 개념은 그림 6.10에 잘 나와 있는데(공기분자의 밀집 정도는 공기의 밀도를 의미), 여기서 지표면에서의 기압은 같다고 가정한다. 찬 공기의 경우 공기분자가 더 조밀하게 쌓여 있기 때문에, 고도에 따른 기압 감소가 더 크다는 것을 잘 알 수 있다. 반면에 따뜻한 공기의 경우 지상으로부터 똑같은 고도만큼 올라간다 해도 그 고도 아래의 공기가 찬 공기에 비하여 양이 적기 때문에 기압의 감소 폭 또한 작다. 이러한 차이 때문에, 고도가 같다면 따뜻한 공기가 찬 공기에 비해서 더 많은 공기분자를 가지고 있음을 알 수 있다.

그림 6.10에서 공기기둥의 중간에 그어진 선을 보면, 찬 공기에 비해 따뜻한 공기는 선 윗쪽에 더 많은 공기가 있다는 것을 알 수 있다. 결과적으로, 지상의 기압은 같지만, 지표면보다 높은 고도에서는 따뜻한 공기가 찬 공기에 비하여 더 높은 기압을 갖게 된다. 이러한 현상은 비행에 있어서 중요한 의미를 함축하고 있다(글상자 6.1).

습도에 따른 기압의 변화

기온에 비하여 영향이 작지만, 공기 중에 포함된 수증기도 공기의 밀도에 영향을 미친다. 흔히 알고 있는 것과는 달리 수증기는 공기의 밀도를 감소시키게 된다. 습도가 높은 날은 공기의 밀도가 큰 것처럼 느껴지는데, 사실은 그렇지 않다. 그 이유는 원소의 주기율표에서 알 수 있듯이, 질소(N_2)와 산소(O_2)의 분자량은 수증기(H_2O)보다 크기 때문이다(이들의 상대적인 질량비는 28, 32, 18g이다.).

공기 중에는 이들 기체(산소와 질소)가 거의 같은 비율로 섞여 있다. 만일 공기 중에 수증기량이 증가하면, 이들이 차지하고 있던 공간의 일부분이 비중이 상대적으로 낮은 수증기로 대체된다. 이렇게 되면 공기

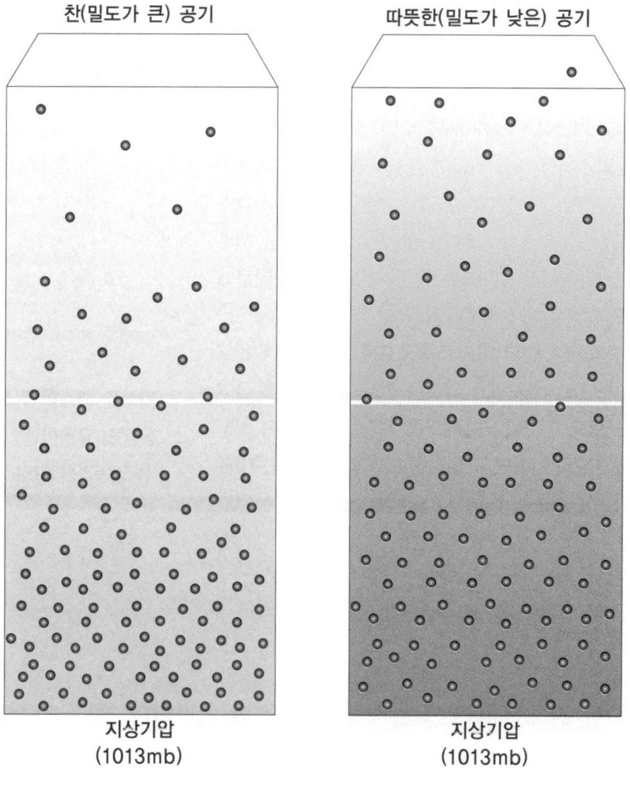

▲ **그림 6.10 찬 공기와 따뜻한 공기의 밀도의 비교**
찬 공기의 경우 공기가 더 밀집되어 있기 때문에, 고도에 따른 기압의 감소 비율이 따뜻한 공기에 비하여 크다. 그림에서 흰 선으로 표시된 고도의 중간 지점의 위쪽을 보면, 따뜻한 공기의 경우 찬 공기보다 더 많은 공기분자가 있다는 것을 알 수 있다. 따라서 **따뜻한 공기는 지상에서 찬 공기에 비해서 더 큰 기압을 갖는 경향이 있다.**

글상자 6.1 기압과 비행

비행기의 콕피트(cockpit)에는 비행기의 고도를 재는 **기압고도계**가 장착되어 있다. 기압고도계는 밀리바 대신에 미터로 표시되어 있는 아네로이드 기압계로서 기압 변화에 따라 고도를 나타내 준다. 예를 들어, 그림 6.9에서 보면 표준대기의 800hPa은 고도 2km에 해당한다. 이것은 기압이 관측된 곳의 기압이 800hPa이라면 고도가 2km라는 의미다.

항상 변화하는 기온과 기압 때문에, 비행기 내부에 기록된 기압은 실제 기압과 꼭 같지는 않다. 공기가 표준대기보다 더 따뜻한 경우는, 고도계에 나타난 고도보다 더 높은 고도를 비행하고 있는 것이다. 찬 공기의 경우는 이와는 반대가 된다. 이러한 차이는 작은 비행기가 시계가 좋지 않은 상황에서 산악 지형을 비행할 때 매우 위험한 결과를 초래할 수 있다(그림 6.A). 안전한 비행을 위해서 비행사는 이륙하기 전에 미리 고도 보정을 하는데, 때로는 이륙 후 보정을 하기도 한다.

고도 5.6km 이상에서 기압은 완만하게 변하기 때문에 지상 근처에서보다 정확한 고도 보정이 어렵다. 이 때문에 민간 여객기의 경우, 고도계는 표준대기에 맞추어져 있고, 기압이 일정한 경로, 즉 **비행 레벨**(고도가 일정한 경로가 아님)을 유지한 채 비행하도록 설정되어 있다(그림 6.B). 즉, 비행기가 고도계를 일정한 값으로 고정한 채 비행할 때, 기압이 변하게 되면 비행기의 고도가 달라짐을 의미한다. 비행 도중 기압이 증가하게 되면(즉, 따뜻한 공기를 지날 때), 비행기의 고도는 높아지고, 기압이 감소하면(찬 공기를 지날 때) 고도는 낮아진다. 여객기는 서로 다른 비행레벨을 유지하도록 협정이 되어 있기 때문에 충돌할 위험은 없다고 할 수 있다.

대형 여객기는 산악 지형에서 고도를 측정하기 위해서 레이더고도계도 사용한다. 이것은 전자기파 신호를 산악 지형에 보내고 이것이 되돌아오는 시간을 측정하여 비행 고도(어느 정도 지상에서 떨어진 고도를 비행하는지)를 파악한다. 이 때문에 레이더고도계는 산악 지형에 대한 자세한 자료를 필요로 한다. 레이더고도계는 착륙 시에도 상당히 유용한데, 비행기가 활주로에서 얼마나 높이 떨어져 있는가를 알려주기 때문이다.

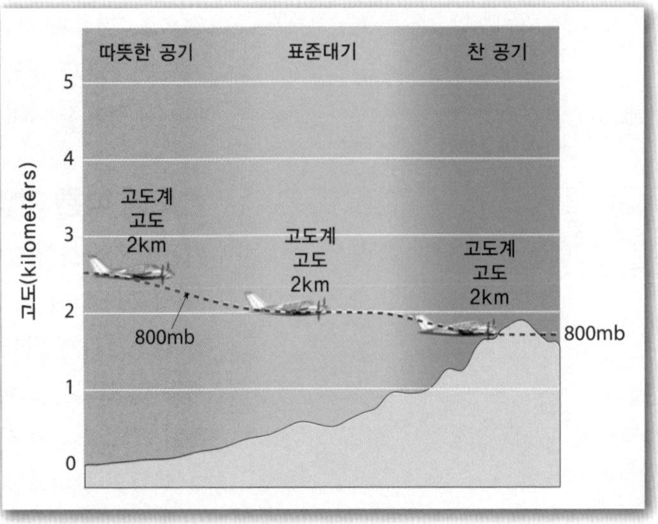

◀ **그림 6.A 비행고도계**
기압을 고도로 바꾸어 표시해 주는 아네로이드 기압계로 구성되어 있다. 기압이 낮을수록 고도가 높다는 것을 의미한다. 그러나 비행기가 따뜻한 공기 속으로 들어가면, 실제 고도는 고도계에 표시된 것보다 더 높다. 찬 공기의 경우는 이와는 정반대로 된다. 이 때문에 산악 지형을 비행하는 것은 종종 문제를 발생시킨다.

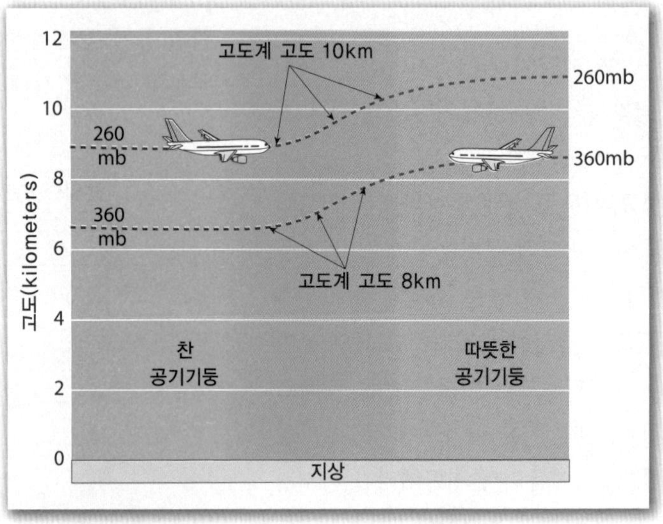

◀ **그림 6.B 등압면 고도의 비행**
고도 5.6km 이상을 비행하는 여객기는 기압이 일정한 고도를 비행한다.

질문

1. 아네로이드 기압계와 기압고도계의 공통점과 차이를 설명하시오.
2. 레이더고도계는 언제 사용되는가?

의 비중이 건조한 공기에 비해 감소하게 되는 것이다. 물론 그 감소비율은 작은데, 약 2% 정도에 불과하다.

요약하면, 기온과 수증기량은 기압의 차이에 영향을 주고, 기압의 차이는 바람이 고기압에서 저기압으로 이동하게 하는 힘을 발생시킨다. 일반적으로 차고 건조한 공기는 습하고 따뜻한 공기보다 지상에 더 높은 기압을 발생시킨다. 또한 따뜻한 공기는 건조할수록 더 높은 기압을 발생시킨다. 그러나 상층에서는 이와는 정반대로 된다. 즉, 상층에서 따뜻한 공기는 같은 고도의 찬 공기에 비해 더 높은 기압을 형성하게 한다.

상층 대기 흐름에 의한 기압의 변화

공기의 이동은 기압의 변화에 영향을 미치는 또 하나의 요인이 된다.

예를 들면, 어떤 지역에서 공기의 유입량이 유출량보다 많게 되면, 공기가 쌓이게 된다. **수렴**(convergence)이라고 불리는 이 현상은 공기가 몰려들게 되는 것으로, 지상의 기압을 증가시키는 요인이 된다. 이와는 반대로, 어떤 지역에서 순 유입량보다 유출량이 많게 되면, **발산**(divergence)이라고 불리는데 지상기압을 감소시키게 된다. 고기압과 저기압의 분포를 가져오는 이러한 수렴과 발산의 메커니즘에 대해서는 6장의 뒷부분에서 다시 다루기로 하자.

✔ 개념 체크 6.2

❶ 고도에 따라 왜 기압은 낮아지는가?

❷ 고기압 및 저기압 지역(즉, 기압의 수평 변화)과 바람은 어떻게 연관되어 있는가?

❸ 찬 공기기둥에서 상층의 기압은 따뜻한 공기기둥에 비하여 높은가 또는 낮은가?

❹ 다른 조건이 같다면, 건조한 공기와 습한 공기 중에서 기압이 높은 쪽은?

❺ 차고 건조한 공기가 따뜻하고 습한 공기에 비하여 왜 지상에서 더 높은 기압을 발생시키는가?

❻ 수평 방향으로 공기가 수렴한다면, 지상기압은 어떻게 변하는가?

6.3 바람에 영향을 미치는 요소

대기에 작용하여 바람을 일으키고 변화시키는 세 가지 힘을 나열하고 설명한다.

만일 지구가 자전하지 않고 마찰도 없다면, 공기는 고기압에서 저기압으로 불 것이다. 그러나 이 두 가지 요소는 모두 존재하기 때문에, 바람은 다음에 나타낸 세 가지를 비롯하여, 여러 종류의 힘이 동시에 작용한 결과로 나타난다.

1. 기압경도력
2. 전향력
3. 마찰력

기압경도력

운동의 속도나 방향을 바꾸기 위해서는 한 방향으로 힘의 불균형이 필요하다. 바람을 일으키는 힘은 수평 방향으로의 기압의 차이이다. 한 곳의 기압이 다른 곳보다 클 경우, 힘은 기압이 큰 쪽에서 작은 쪽으로 작용하게 된다. 이로 인해서 바람이 생기는 것이고 기압 차가 클수록 바람이 강해진다.

등압선은 일기도에서 기압 패턴을 나타내기 위하여 사용된다. 등압선의 간격은 주어진 두 지점 간의 기압 차와 관계가 있고 **기압경도력**(pressure gradient force, PGF)이라고 불린다. 기압경도력은 경사면을 굴러 내려오는 공에 작용하는 중력과 유사하다. 마치 가파른 언덕처럼, 가파른(또는 강한) 기압경도는 완만한 기압경도에 비하여 공기를 더 크게 가속시킨다. 따라서 기압경도와 바람의 관계는 매우 간단하다. 등압선이 조밀하면 기압경도가 커서 바람이 강하고, 등압선의 간격이 넓을수록 기압경도가 작아서 바람이 약함을 의미한다. 그림 6.11A는 등압선의 간격과 바람의 크기의 상호관계를 나타낸다. 기압경도력은 등압선에 직각으로 작용한다는 것을 기억해 두기 바란다. 그림 6.11B처럼 등압선이 곡선 형태로 되어 있으면, 기압경도력은 고기압 지역에서 저기압 지역

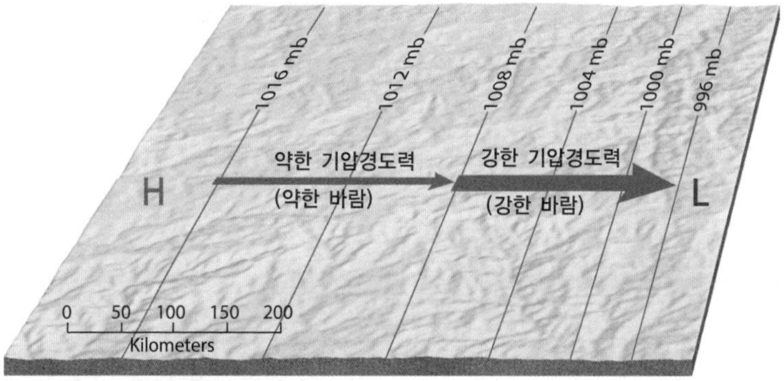

A. 등압선이 거의 직선일 때의 기압경도력

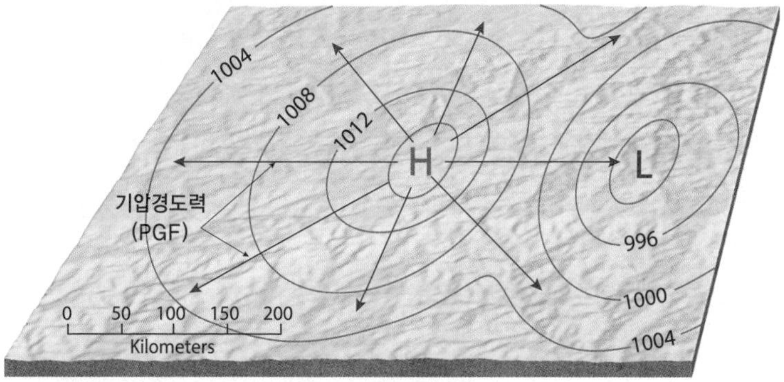

B. 등압선이 곡선이거나 거의 동심원일 때의 기압경도력

▶ **그림 6.11 등압선은 같은 기압의 지점을 연결한 선이다**
등압선의 간격은 거리에 대한 기압의 변화—즉, 기압경도력—을 의미한다. 등압선이 조밀하면 기압경도력이 크고 바람이 강한 것을 나타내고, 간격이 넓으면 기압경도력이 작고 바람이 약함을 나타낸다.

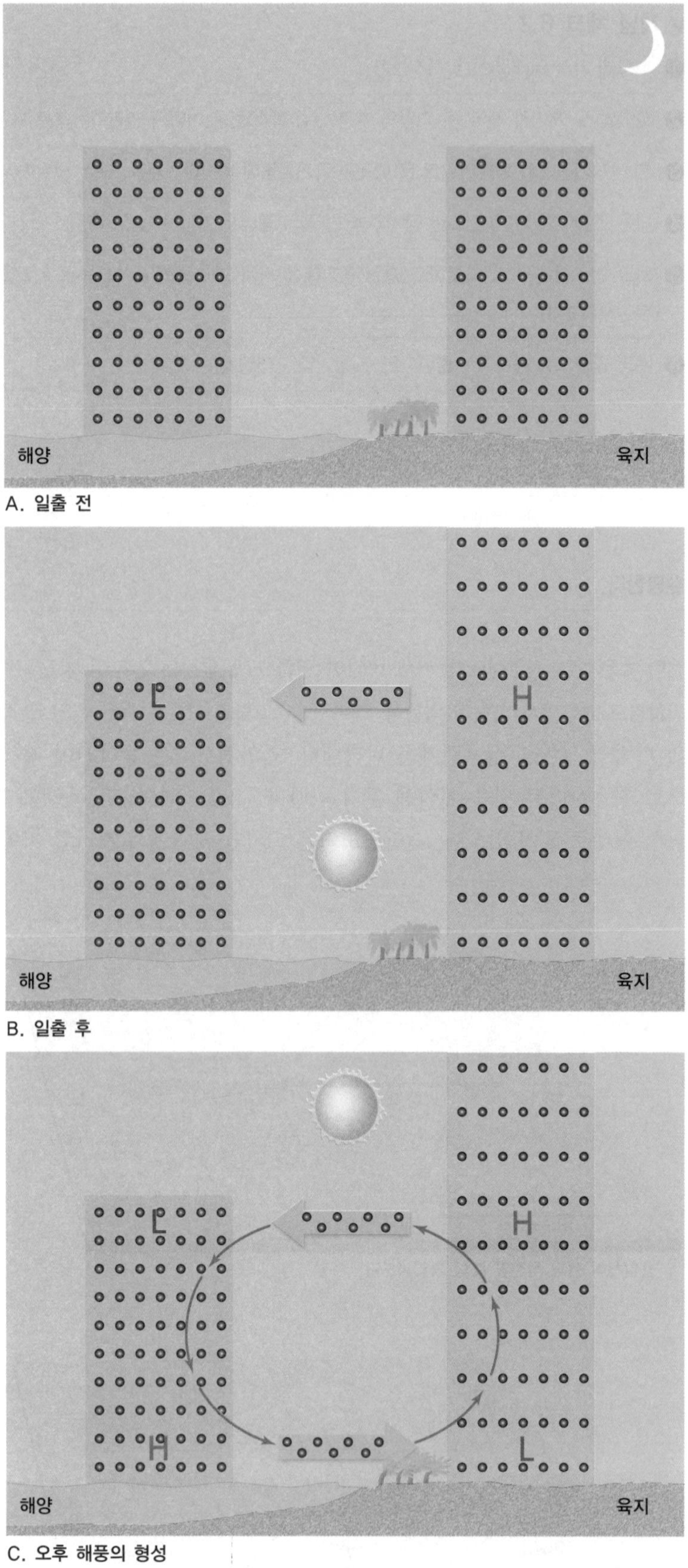

▲ 그림 6.12 해풍의 형성을 나타내는 모식도
A. 일출 전. B. 일출 후. C. 해풍의 형성.

으로 향하게 된다.

기압경도력에 의한 바람의 생성 해풍 온도 차이가 수평 기압경도와 이에 따른 바람을 어떻게 발생시키는지를 알아보기 위하여 해풍의 예를 살펴보자. 그림 6.12A는 일출 직전의 해안 지역의 연직단면을 모식적으로 나타낸 것인데, 점은 공기 입자를 의미한다. 이 시점에서는 온도와 기압이 수평 방향으로 변하지 않는다고 가정한다(즉, 같은 수의 공기 입자와 같은 지표면 기압). 기압 차가 없으므로 이때는 당연히 바람이 없다.

일출 후에 육지 위의 기온은 상승하지만, 바다 위의 기온은 거의 변하지 않고 일정하게 유지된다. 이것은 육지가 바닷물보다 빨리 가열되기 때문이다. 공기가 데워지면 팽창하게 되고 밀도가 작아진다. 이 때문에 지표면에서의 기압은 그대로 유지되지만, 상층에서는 그렇지 않다. 그림 6.12B에서 H(고기압)라고 표시된 고도 위에는 L(저기압)이라 표시된 고도보다 공기 입자가 더 많이 있다는 것을 알 수 있다. 즉, 같은 고도에서 육지 쪽의 기압은 바다 쪽보다 높아지게 된다. 이러한 수평 기압차로 인하여 상층에서는 육지에서 바다 쪽으로 바람이 불게 된다.

상층에서 바다 쪽으로 바람이 불면, 바다 쪽에는 공기가 많이 쌓이게 되어 지상 기압이 높아지고 육지 쪽은 지상 기압이 낮아진다. 따라서 그림 6.12C에서 볼 수 있듯이 지상 근처에서는 바다에서 육지 쪽으로 바람이 불게 된다(해풍). 즉, 상층과 하층에서는 서로 반대 방향으로 부는 바람이 형성된다. 하나의 완전한 순환계를 이루기 위해서는 연직 방향의 공기 이동(즉, 상승 및 하강 운동)이 존재해야 한다.

앞에서 언급했듯이 온도와 기압 사이에는 중요한 상호 관계가 존재한다. 온도 변화는 기압 차를 발생시키고 결과적으로는 바람을 생성시킨다. 즉, 온도 변화가 크면 바람이 강함을 의미하게 된다. 해풍과 같은 경우에서는 지표면의 부등가열로 인한 기온의 일변화는 불과 수 킬로미터 정도의 수평적 규모에 불과하다. 그러나 극지역과 적도 지역에 입사되는 태양에너지의 차이는 해풍에 비하여 훨씬 큰 규모의 기압 변화를 생성하고, 이는 전지구적 규모의 순환을 일으킨다. 따라서 전지구적 규모의 바람의 분포와 기압의 차이는 **전지구적 규모의 부등가열**에 의한 것이다.

요약하면, 수평 기압경도는 바람을 일으키는 근본적인 힘이다. 이것의 크기는 등압선의 간격에 의해서 결정되며, 방향은 고기압에서 저기압으로 향하는 직각 방향으로 작용한다.

전향력

그림 6.13의 일기도는 고기압과 저기압에 관련된 전형적인 공기의 운동을 보여 준다. 예상대로 공기는 고기압에서 저기압으로 이동한다. 그러나 바람은 정확하게 등압선에 직각인 방향(기압경도력의 방향)으로

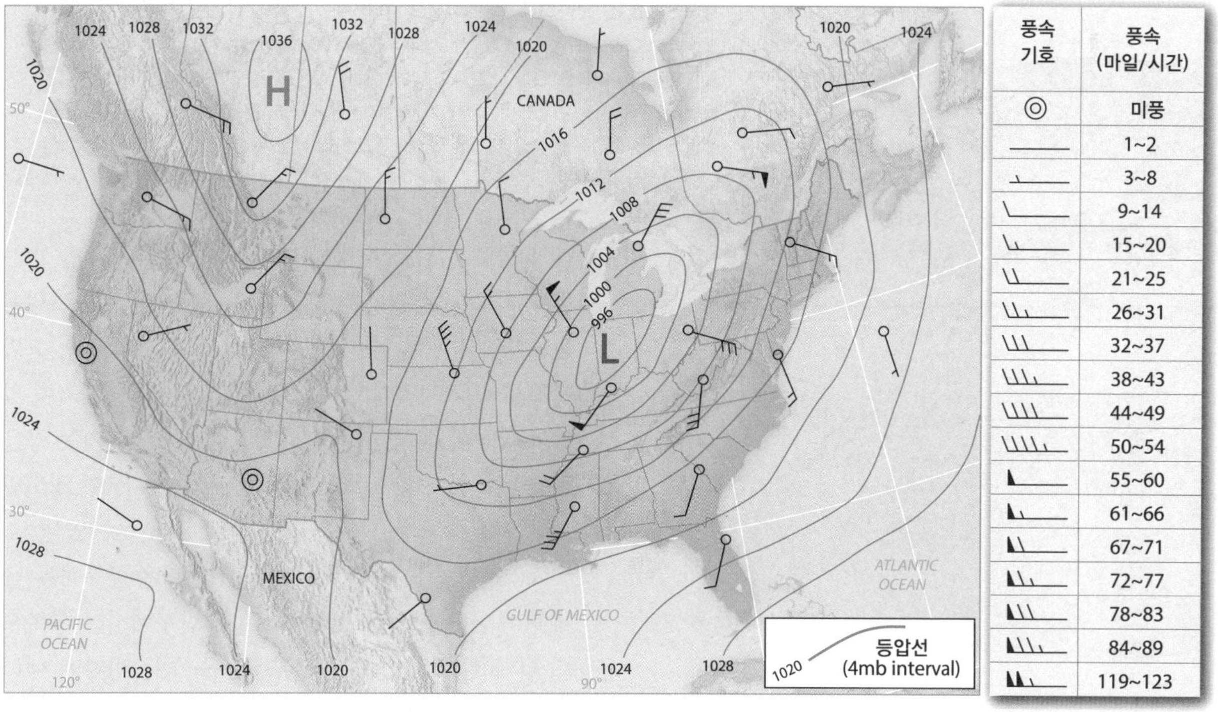

◀ 그림 6.13 지상일기도에 표출된 등압선

직선으로 되어 있는 경우는 드물고 대체적으로 곡선으로 되어 있다. 동심원의 등압선은 고기압 또는 저기압을 나타낸다. 등압선과 함께 표시되는 바람기호는 관측 지점의 바람의 방향과 크기를 알려 준다. 풍향은 바람 깃발의 바깥쪽에서 원으로 표시된 쪽으로 분다. 예시된 일기도에서는 저기압 주변의 등압선이 고기압에 비해 상당히 조밀하고 바람도 강한 것을 알 수 있다.

불지는 않는다. 직각인 방향으로부터 편차가 생기는 것은 지구 자전의 효과인 전향력 때문이다. 전향력은 **코리올리 힘**(Coriolis force, CF)으로도 불리는데, 이는 전향력의 크기를 수학적으로 제시한 프랑스의 과학자 가스파르 구스타브 코리올리(Gaspard Gustave Coriolis)의 이름을 따서 붙인 것이다. 중요한 점은 전향력은 바람을 생성시키는 것이 아니고 바람의 방향을 바뀌게 할 뿐이라는 것이다.

전향력에 의하여 북반구(남반구)에서는 바람을 포함하여 모든 운동하는 물체는 나아가는 방향의 오른쪽(왼쪽)으로 휘게 된다. 이렇게 휘는 이유는 북극에서 적도로 발사된 로켓의 예를 들면 쉽게 이해할 수 있다(그림 6.14). 만일 로켓이 목표 지점에 도착하는 데 한 시간 걸렸다면, 그동안 지구는 서에서 동으로 15° 자전할 것이다. 지구상에 서 있는 사람에게, 로켓은 곡선 궤도를 그리면서 목표 지점의 15° 서편에 떨어지는 것으로 보일 것이다. 우주에서 보고 있는 관측자에게는 로켓의 실제 비행 경로가 직선으로 나타난다. 이런 겉보기 편향은 지구가 자전하기 때문에 발생한다.

물체가 북에서 남으로 운동할 때는, 앞의 예에서 본 것처럼, 전향력

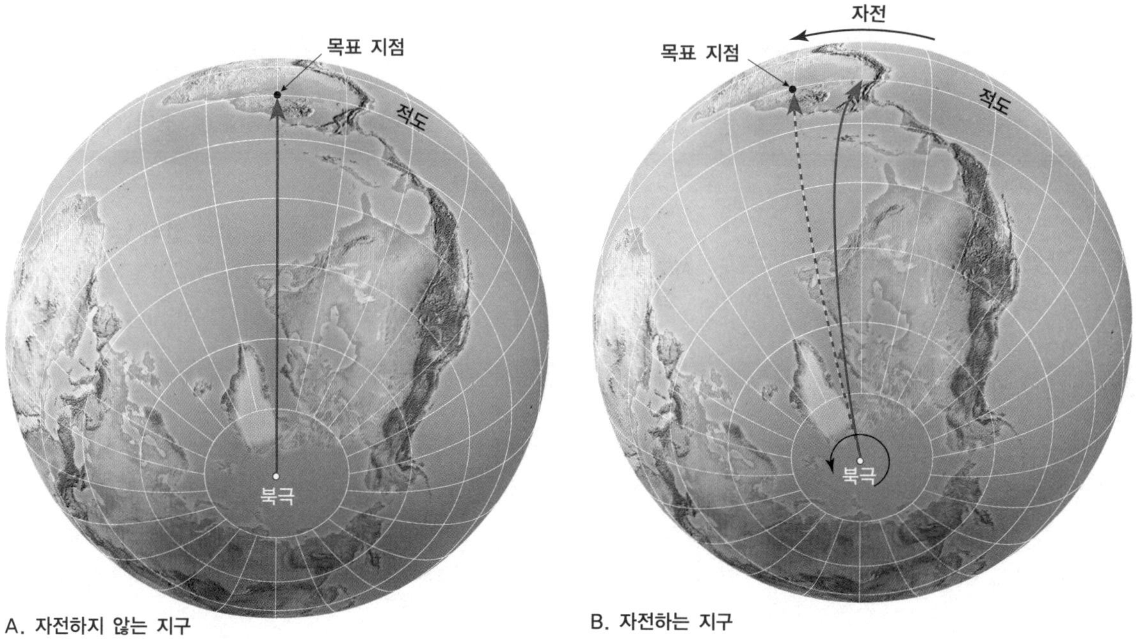

A. 자전하지 않는 지구

B. 자전하는 지구

◀ 스마트그림 6.14 전향력

북극에서 적도 쪽으로 한 시간 동안 날아간 로켓을 통하여 나타낸 전향력. **A.** 지구가 자전하지 않는다면 직선의 경로를 따라 날아갈 것이다. **B.** 그러나 지구는 한 시간 동안에 15° 자전을 한다. 따라서 로켓은 직선 경로로 날아간다 하더라도, 지표면에 경로를 그려 보면 날아가는 오른쪽으로 휘어진다는 것을 알 수 있다.

http://goo.gl/JltWd

Video
회전목마의 회전과 전향력

http://goo.gl/WujYp

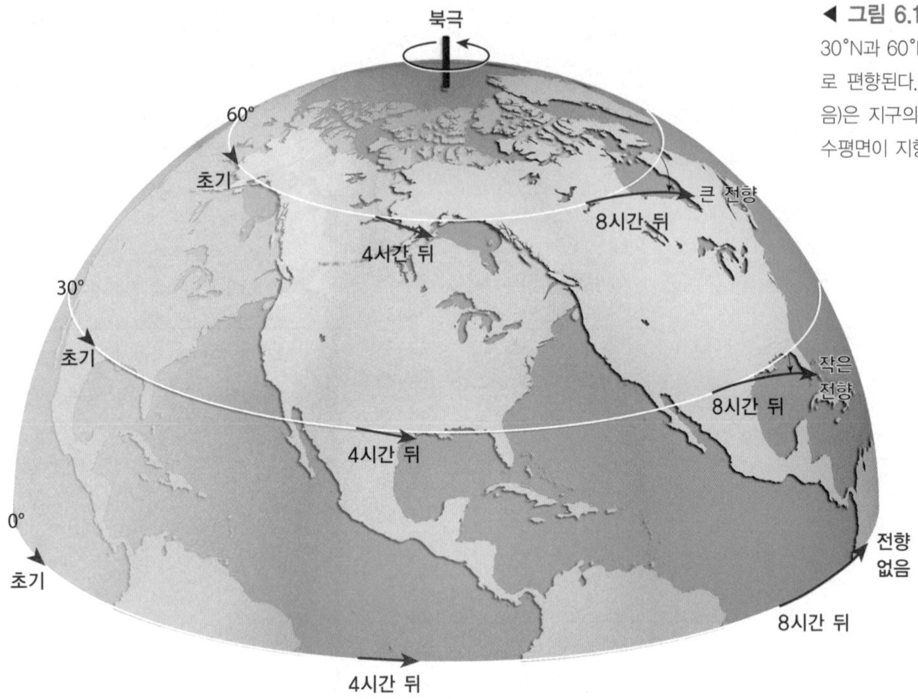

◀ **그림 6.15 전향력에 의한 서풍의 편향**
30°N과 60°N 위도선을 따라 부는 서풍은 전향력에 의해 적도 쪽으로 편향된다. 이러한 편향(적도를 따라 부는 바람에는 작용하지 않음)은 지구의 자전에 의하여 발생한다. 즉, 자전은 공기가 운동하는 수평면이 지향하는 방향을 시간에 따라 바뀌게 하기 때문이다.

Video
전향력의 효과
http://goo.gl/slLc3a

을 이해하기가 비교적 쉬우나, 동서 방향으로 운동하는 경우에는 그리 쉽지 않다. 그림 6.15는 서로 다른 위도(0°N, 30°N, 60°N)에서 동서 방향으로 운동하는 물체에 작용하는 전향력을 설명한다. 몇 시간 뒤에 30°N과 60°N의 위도선을 따라 부는 바람은 남쪽으로 휘어져 위도선을 벗어남에 주목하기 바란다. 그러나 우주에서 관측하면, 경로가 직선으로 나타난다. 그림 6.15와 같이 경로가 휘어지게 보이는 것은 지구가 자전함으로 인해서 지표면(예를 들면, 북아메리카)의 방향이 시간에 따라 변하기 때문이다.

그림 6.15를 보면 60°N에서 전향되는 거리는 30°N에 비해 크다는 것을 알 수 있다. 또한, 적도에서는 휘어지지 않음도 알 수 있다. 이로부터, 전향력은 위도에 따라 변한다는 결론을 내릴 수 있다. 전향력은 극에서 가장 크고 적도 쪽으로 갈수록 작아지며 적도에서는 작용하지 않는다. 또한 전향되는 거리는 바람의 크기에도 의존한다는 것을 알 수 있다. 그 이유는 바람이 강할 때는 약할 때보다 같은 시간에 이동한 거리가 크기 때문이다.

북극에서 볼 때, 지구는 반시계 방향으로 자전하기 때문에 북반구에서의 바람은 오른쪽으로 휘어지게 되는 힘을 받는다(그림 6.16). 남반구에서는 이와는 반대로 시계 방향이 된다(이것을 쉽게 이해하려면, 지구본을 반시계 방향으로 회전시킨 뒤 남반구의 관점에서, 즉, 지구본의 중심에서 북극을, 관찰하면 된다).

비행기, 탄도탄, 로켓을 포함한 자유운동하는 물체도 이와 같은 전향력의 영향을 받는다. 이러한 현상은 제2차 세계대전 시 미국 해군에 의하여 발견되었다. 전투함에서 장거리포 포탄 발사 연습을 하던 중 포탄이 목표 지점을 수백 야드 정도 벗어나는 것을 발견하고 목표물의 위치를 보정해야 하였다. 짧은 거리를 운동하는 경우에 전향력은 비교적 중요하지 않다. 그럼에도 중위도 지역에서 이러한 전향력은 야구 경기에 있어서 상당히 영향을 미친다. 약 100m를 날아가는 공은 전향력에 의해 약 1.5cm 정도나 휘게 된다. 이 정도면 홈런이 될 수 있는 타구가 파울볼로 나타날 수 있다.

요약하면, 자전하는 지구에서 전향력은 운동하는 물체를 북반구에서는 오른쪽으로, 남반구에서는 왼쪽으로 휘게 한다. 전향력은 (1) 운동을 하는 방향에 대해 항상 직각 방향으로 작용하며, (2) 바람의 방향에는 영향을 미치나 크기에는 영향을 미치지 않고, (3) 바람이 강할수록 커지고, (4) 고위도일수록 강하게 작용하며 적도에서는 작용하지 않는다.

마찰력

기압경도력은 바람을 일으키는 가장 근본적인 힘이다. 기압경도력만 존재한다면 바람은 고기압에서 저기압 방향으로 지속적으로 가속되어 계속 강해질 것이다. 그러나 우리는 경험적으로 바람이 무한히 강하게 발달하지 않는다는 것을 잘 알고 있다. 이것은 바로 **마찰력**(friction)이 운동하는 공기 또는 물체에 작용하기 때문이다.

마찰력은 바람의 속도를 약하게 할 뿐만 아니라, 전향력 또한 감소시킨다. 따라서 지상의 바람은 상층에 비하여 약하고 풍향 또한 다르다. 상층의 바람은 대체적으로 등압선과 평행하지만, 지표면 근처의 바람은 등압선을 가로지르며, 그 각도는 지형(지표면 조건)에 의존한다

자주 나오는 질문…

덴버 쿠어스 야구장에서는 볼이 더 멀리 날아갈까요?
쿠어스 야구장은 '홈런 타자의 야구장'으로 알려져 왔다. 개장 이후 10년 동안 홈런이 가장 많이 나오는 기록 때문에 붙여진 별명이다. 이론적으로 보면, 쿠어스 구장(고도 5,280ft)에서 잘 맞은 타구는 다른 구장보다 약 10% 정도 더 멀리 날아가게 되어있다. 이러한 거리의 증가는 쿠어스 구장의 공기 밀도가 낮기 때문이다. 그러나 연구자들에 의하면, 높은 지대인 덴버에서 공이 더 멀리 날아가는 효과가 지나치게 과장되어 있다는 것이다. 이들은 또한, 야구장의 평균적 풍향이 타자에서 투수 쪽으로 불기 때문에 타자에게 유리하게 작용한다는 것을 밝혀냈다.

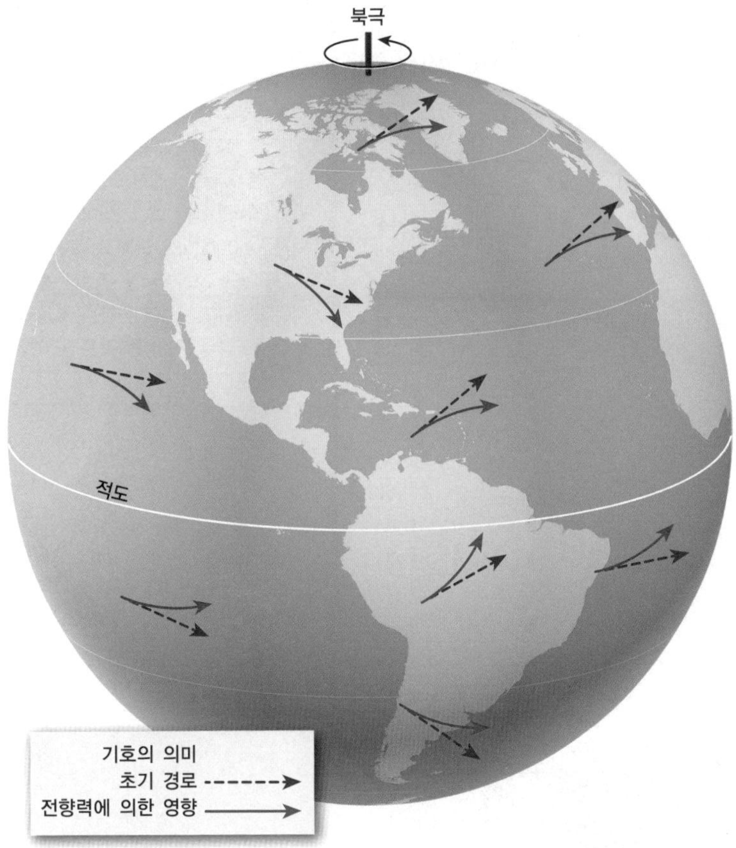

◀ **그림 6.16 북반구 및 남반구에서의 전향력에 의한 바람의 편향**
북반구에서 전향력은 운동하는 물체가 오른쪽으로 휘게 하지만, 남반구에서는 왼쪽으로 휘게 한다.

(다음 장에서 다룸).

마찰력은 **경계층**(boundary layer)이라 불리는 지상으로부터 약 1.5km 아래의 대기층에서만 중요하며, 그 이상의 고도에서는 거의 무시할 수 있다. 따라서 상층의 바람은 하층에 비하여 매우 단순한 구조를 가지고 있다. 이런 특성은 다음 장에서 자세히 다룰 것이다.

✔ 개념 체크 6.3

1. 바람에 영향을 미치는 세 가지 힘은 무엇인가? 이들 중 바람을 생성시키는 무엇인가?
2. 등압선의 간격과 바람의 세기는 어떠한 관계를 가지는가?
3. 전향력이 어떻게 바람의 방향을 바꾸는지 설명하시오.
4. 전향력의 크기에 영향을 미치는 두 가지 요소는 무엇인가?

자주 나오는 질문…

싱크대의 물이 빠져나갈 때 북반구에서는 어느 한쪽 방향으로만 회전하고, 남반구에서는 그 반대 방향으로 회전한다고 하는데 사실인가요?

이것은 과학적 법칙을 타당하지 않은 곳에 적용한 데서 오는 잘못된 상식이다. 북반구의 종관 규모 저기압계에서는 바람이 반시계 방향으로 남반구에서는 시계 방향으로 분다는 것은 사실이다. 싱크대에서 물이 빠질 때도 이와 같은 어느 한 방향으로의 회전이 일어난다고 (검증 없이) 생각하는 사람이 있다. 그러나 저기압은 1000km 이상이나 되는 규모를 가지고 있으며 수명 또한 수일 정도이다. 반면에 싱크대는 기껏해야 1m 정도의 크기를 가지며, 물이 빠지는 것도 불과 수 초 정도에 끝이 난다. 이러한 작은 규모의 운동에 작용하는 전향력은 거의 무시할 정도로 작다. 따라서 싱크대의 물이 빠질 때 나타나는 회전 현상은 전향력과는 무관하다. 오히려, 싱크홀을 열기 전의 물의 운동 상태와 더 밀접한 관계가 있다.

6.4 상층과 지상의 바람

왜 상층의 바람은 등압선에 평행하고 지상에서는 등압선과 어느 정도 각도를 유지하는지를 설명한다.

여기서는 마찰력이 거의 무시할 정도로 작은 고도 1.5km 이상에서 부는 바람과, 마찰력이 매우 중요하게 작용하는 지표면 근처의 바람에 대하여 살펴보기로 하자.

직선풍과 지균풍

그림 6.17에 나타난 것처럼, 상층의 바람은 등압선과 나란하게 분다. 등압선이 비교적 직선에 가깝고 간격이 거의 일정하다면, 바람은 등압선에 나란하게 직선으로 분다. **지균풍**(geostrophic wind)이라고 불리는 이 현상은 전향력(CF)과 기압경도력(PGF)이 균형을 이루는 상태에서 발생한다.

그림 6.18은 어떻게 지균풍이 형성되는지를 보여 주고 있다. 초기에 공기는 정지하고 있으며, 기압경도력은 기압이 높은 그림의 아래쪽에서 기압이 낮은 위쪽으로 향하고 있다. 이때 공기는 정지하고 있으므로 전향력은 아무런 영향도 미치지 않는다. 기압경도력에 의하여 공기는 저기압 쪽으로 운동하도록 가속을 받게 된다. 운동이 시작되면, 전향력이 작용하기 시작하여 운동 방향을 북반구에서는 오른쪽으로 휘게 한다. 공기가 가속됨에 따라 전향력도 강해진다. 앞에서 언급한 것처럼, 전향력은 운동의 속력에 비례하기 때문에, 풍속이 커질수록 더욱 오른

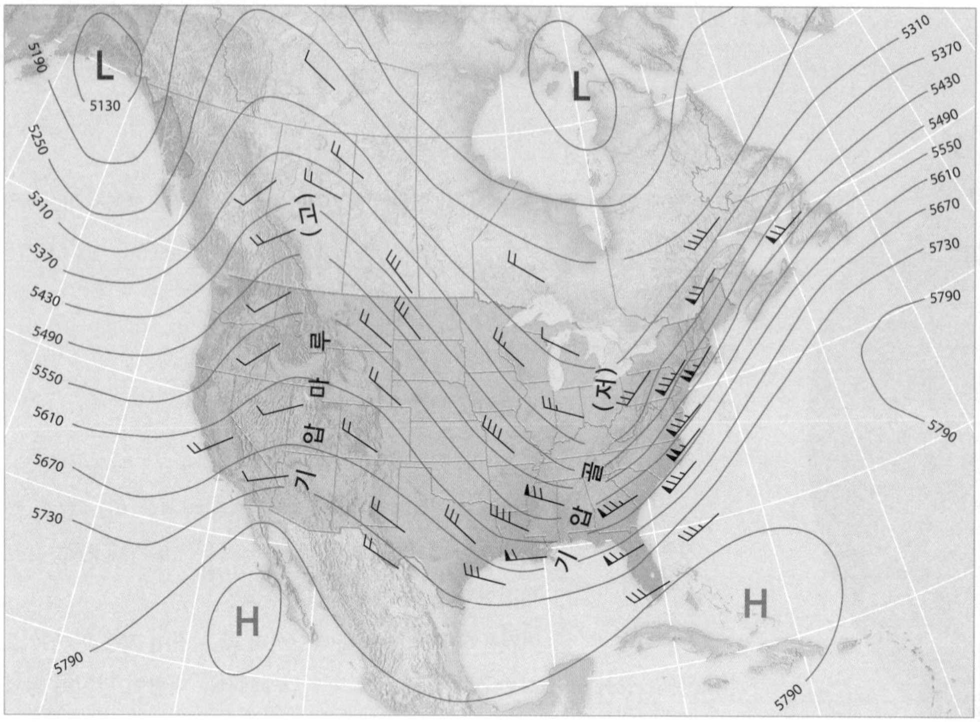

풍속 기호	풍속 (마일/시간)
◎	무풍
	1~2
	3~8
	9~14
	15~20
	21~25
	26~31
	32~37
	38~43
	44~49
	50~54
	55~60
	61~66
	67~71
	72~77
	78~83
	84~89
	119~123

상층일기도

◀ **그림 6.17 간략화한 상층일기도** 그림의 간략화한 상층일기도에는 바람의 방향과 크기가 표시되어 있다. 바람 깃발은 등압선에 거의 나란하게 되어 있음을 알 수 있다. 여기서도 다른 일기도와 마찬가지로, 일정한 고도에서의 기압을 나타내는 대신에, 기압이 일정한(여기서는 500hPa) 고도를 표시하고 있다. 500hPa의 고도가 다른 곳보다 높게 표시된 곳은 기압이 더 높다는 것을 의미한다. 따라서 고도가 큰 곳은 곧 고기압을 나타낸다.

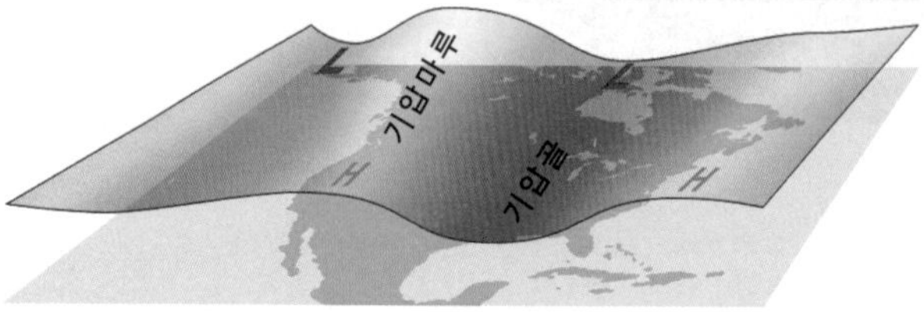

쪽으로 휘게 된다.

마침내 바람은 등압선과 나란한 방향으로 불게 되고, 그림 6.18에서 볼 수 있듯이 기압경도력은 전향력과 균형을 이루게 된다. 균형이 유지되는 한 바람은 일정한 속력으로 등압선에 나란한 방향으로 분다. 다른 말로 하면, 가속하지도 감속하지도 않는 상태로 등압선을 따라 운동한다.

이와 같은 이상적인 조건에서, 기압경도력과 전향력은 서로 반대 방향으로 작용하며 두 힘의 크기는 정확히 같은데, 이를 **지균균형**이라고 한다. 지균풍은 등압선을 따라 거의 직선으로 불며, 속력은 기압경도력에 비례한다. 등압선이 조밀할수록 지균풍은 강하고, 등압선의 간격이 멀수록 약하다.

중요한 것은, 지균풍은 상층에서의 바람을 근사적으로 나타낸 것으로서 이상적인 조건에서만 존재한다는 것이다. 실제 대기에서 등압선은 직선이 아니며, 간격이 일정하지도 않기 때문에, 바람은 지균풍과 정확히 일치하지는 않는다. 그럼에도, 지균풍 모델은 상층의 바람에 대한 매우 유용한 근사로 사용된다. 기상학자들은 상층의 기압장을 측정함으로써(등압선의 방향과 간격), 바람의 방향과 크기를 알아낼 수 있다(그림 6.17 참조).

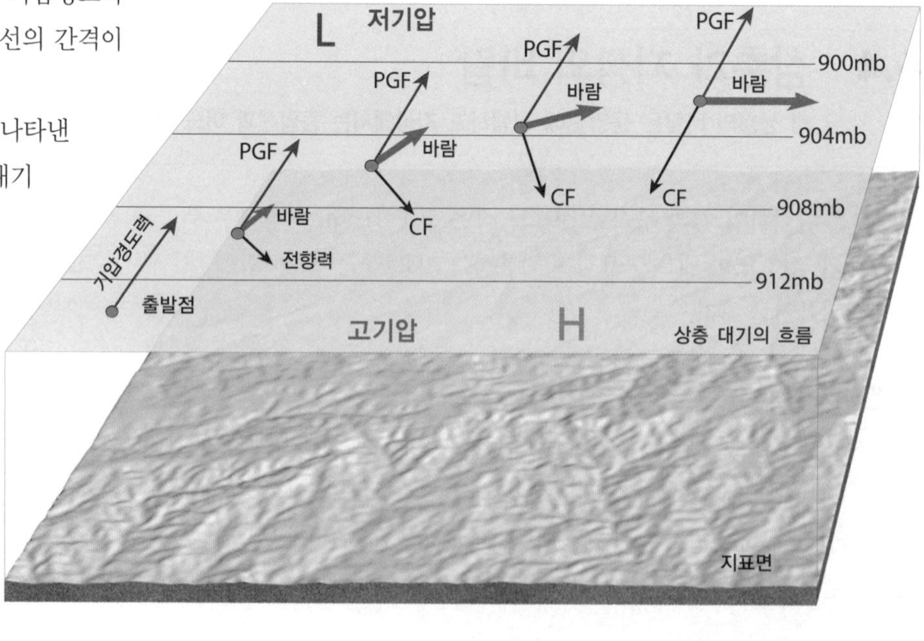

▶ **그림 6.18 지균풍**
공기가 운동하지 않을 때는 기압경도력(PGF)만이 작용한다. 일단 바람이 가속되기 시작하면 전향력(CF)이 작용하여, 북반구에서는 운동하는 오른쪽으로 휘게 한다. 바람이 강할수록 전향력도 점점 커지게 되는데, 기압경도력과 같게 되면 더 이상 커지지 않는다. 이러한 균형 상태의 바람을 지균풍이라고 한다. 실제 대기에서는 기압경도력이 시간에 따라 변하기 때문에, 바람도 계속 변화한다. 따라서, 지균풍을 이루는 과정(지균조절과정)은 이보다 훨씬 복잡하다.

보이스 발로트의 법칙 앞에서 본 것처럼, 풍향은 기압 패턴과 직접적으로 관련되어 있다. 그러므로 바람의 방향을 알면 대체적인 기압 패턴을 추정할 수 있다. 바람과 기압의 직접적인 관련성은 네덜란드의 기상학자인 보이스 발로트(Buys Ballot)에 의해 1857년에 최초로 제시되었다. **보이스 발로트의 법칙**(Buys Ballot's law)에 의하면, 북반구에서 바람을 등지고 서 있는 경우, 저기압은 왼쪽에 고기압은 오른쪽에 위치하고 있다. 남반구에서는 이와 정 반대가 된다.

비록 보이스 발로트의 법칙이 상층의 대기에 잘 적용이 되기는 하지만, 지상 근처의 바람에 적용할 때는 주의가 필요하다. 지상에서는 마찰력과 지형이 있기 때문에 이러한 이상적인 법칙은 수정되어야 한다. 지상에서는, 바람을 등지고 서 있을 경우 시계 방향으로 30°를 회전해야만, 저기압이 왼쪽에 고기압이 오른쪽에 위치하게 된다.

요약하면, 수 킬로미터 이상의 상층에서는 바람이 지균 균형을 이루고 있다. 즉, 바람은 등압선과 나란한 방향으로 불고 바람의 크기는 기압경도력으로부터 계산할 수 있다. 등압선이 곡선을 이루는 경우에는 지균풍과 실제 바람은 일치하지 않는데, 이에 대해서는 나중에 알아보기로 하자.

곡선의 흐름과 경도풍

그림 6.17의 일기도를 보면 등압선은 직선이라기보다는 완만한 곡선의 형태로 되어 있는 것을 알 수 있다. 때때로 등압선은 저기압 또는 고기압의 닫힌 둥그런 곡선을 이룰 때도 있다. 따라서 상층에서는 직선으로 부는 지균풍과는 달리 고기압 또는 저기압 주위의 바람은 곡선의 등압선을 따라 분다. 이처럼 곡선의 등압선을 따라 일정한 속력으로 부는 바람을 **경도풍**(gradient winds)이라고 한다.

기압경도력과 전향력이 어떻게 작용하여 경도풍을 생성하는지 알아보자. 그림 6.19A는 저기압 중심 근처에서의 경도풍을 나타낸다. 바람이 불기 시작하면 코리올리 힘이 바람의 방향을 휘게 한다. 북반구에서는 코리올리 힘이 바람을 오른쪽으로 휘게 하는데, 그 결과 저기압에서는 시계 반대 방향으로 바람이 불게 된다. 그 반대로 고기압 주변에서는 바깥쪽으로 향하는 기압경도력이 안쪽으로 향하는 코리올리 힘에 의해 어느 정도 상쇄되어 결과적으로는 시계 방향의 바람이 발생한다. 이와 관련된 모식도를 그림 6.19B에 나타내었다.

남반구에서는 코리올리 힘이 바람을 왼쪽으로 휘게 하기 때문에 위에서 설명한 바람의 방향이 북반구와는 반대가 된다, 즉, 저기압 주변에서는 시계 방향의, 고기압 주변에서는 시계 반대 방향의 바람이 형성된다.

흔히 저기압을 **사이클론**이라 부르고 그곳에서 형성되는 바람을 **저기압성 바람**이라 한다. 사이클론의 유형과 수평 규모는 다양하다. 중위도 지방의 대규모 저기압 시스템은 날씨 변화의 주요 원인이 되는데, **중위도 저기압**(또는 온대저기압)이라고 부른다. 다른 예로서는 온대저기압보다 규모가 작은 **열대저기압**(허리케인 또는 태풍)과 매우 작지만 강한 소용돌이 바람인 **토네이도**를 들 수 있다. **저기압성 바람**(cyclonic flow)은 지구의 자전 방향과 같은 방향이다. 북반구에서는 반시계 방향, 남반구에서는 시계 방향의 바람이 분다. 고기압 중심은 흔히 **안티사이클론**이라 불리고, **고기압성 바람**(anticyclonic flow)(지구 자전의 반대 방향)이 분다.

등압선이 완만하게 곡선을 이루고 기압이 낮은 부분을 **기압골**이라 하고, 기압이 높은 부분을 **기압마루**라 한다(그림 6.17). 기압골 근처에서의 바람은 저기압성 바람이고, 기압마루에서는 고기압성 바람이 분다.

이제부터 저기압성과 고기압성의 경도풍을 일으키는 힘에 대해서 생

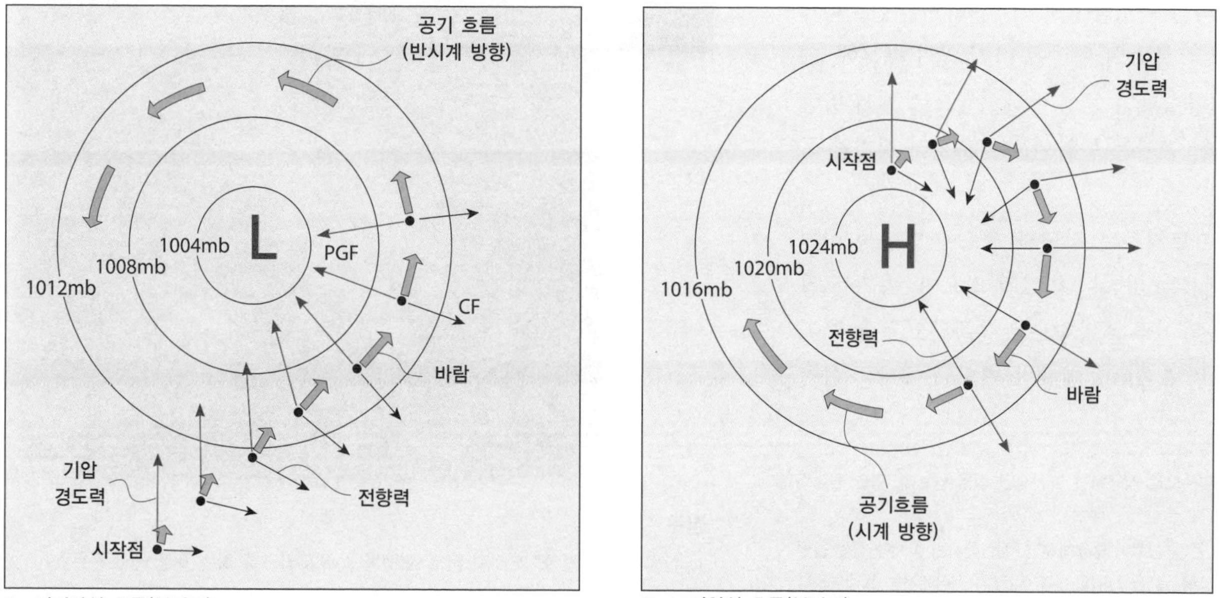

A. 저기압성 흐름(북반구)   B. 고기압성 흐름(북반구)

◀ **그림 6.19 경도풍**
A. 저기압(사이클론) 중심 부근의 이상적인 바람의 구조. **B.** 고기압(안티사이클론) 중심 부근의 이상적인 바람의 구조.

Video
바람 패턴의 발달
http://goo.gl/MTT9bU

각해 보자. 바람이 곡선을 이루고 있게 되면 바람을 일으키는 힘에 의해 풍속은 일정하게 유지되더라도 바람의 방향은 바뀌게 된다. 이것은 직선운동하는 물체는 힘을 받지 않는 한 계속 직선운동*을 하려하는 관성의 법칙(뉴턴의 제1법칙) 때문이다. 여러분들은 누구나 자동차가 급회전을 할 때 몸이 계속 곧바로 앞으로 나아가려고 하는 것을 경험하였을 것이다(부록 E 참조).

그림 6.19A에서 보면, 저기압 중심에서 안쪽으로 향하는 기압경도력은 바깥쪽으로 향하는 전향력에 의해 상당 부분 상쇄되는 것을 알 수 있다. 그러나 바람 경로를 등압선과 나란히 곡선으로 유지하기 위해서는, 안쪽으로 향하는 기압경도력이 코리올리 힘보다는 커야 한다. 그래야만 공기가 결국 안쪽으로 운동하게 된다. 공기가 안쪽으로 향하게 하는 힘을 **구심력**이라 한다. 다른 말로 하면 기압경도력은 직선운동을 하려하는 공기를 중심 쪽으로 운동하게 하려는 코리올리 힘보다 강해야 한다.**

고기압성 바람에 있어서는 위에서 설명한 정반대의 현상이 벌어진다. 즉, 안쪽으로 향하는 전향력이 바깥쪽으로 향하는 기압경도력과 균형을 이루어야만, 공기에게 중심 쪽으로 향하는 힘을 가하게 하여 궁극적으로는 동심원 방향으로 회전하도록 한다. 그림 6.19에서 보면, 지균풍과는 달리 코리올리 힘은 정확히 기압경도력과 균형을 이루고 있지는 않다(화살표의 길이가 서로 다르다). 이러한 불균형은 곡선운동을 유지하게 하는 힘(구심력)을 제공한다.

지상풍

바람에 영향을 미치는 한 가지 요소인 마찰력은 지상으로부터 1.5km보다 낮은 곳에서는 매우 중요하다(그림 6.20A). 우리는 마찰이 공기의 운동 속도를 감소시킨다는 것을 잘 알고 있다. 마찰력에 의해 운동 속도가 감소되면, 풍속에 비례하는 특성을 가진 전향력 또한 감소하게 된다. 그렇게 되면, 기압경도력은 풍속의 영향을 받지 않기 때문에, 그림 6.20B에서 알 수 있듯이 전향력과의 균형이 깨어짐으로 해서 바람의 방향이 바뀌게 된다. 이 결과, 공기는 등압선을 가로질러 저기압 쪽으로 운동하게 된다.

지표의 거칠기는 등압선을 가로지르는 각도와 풍속에 영향을 미친다. 비교적 평활한 해양 표면에서는 마찰이 비교적 작으며, 공기는 등압선과 약 10° 내지 20°의 각도를 이루는 방향으로 운동하고 풍속은 지균풍의 약 2/3 정도가 된다(그림 6.20B). 지표가 거친 곳에서는 마찰력이 크며, 등압선을 가로지르는 각은 약 45° 정도나 되고 풍속은 지균풍의 반 정도로 감소한다(그림 6.20C). 앞에서 배운 바에 의하면 마찰력이 약한 상층에서는 북반구의 저기압은 시계 반대 방향으로, 고기압은 시계 방향으로 등압선과 나란한 방향으로 분다. 마찰력이 작용하게 되면 공기는 등압선을 가로질러서 운동하는데, 등압선과 이루는 각도는 지표의 거칠기에 따라 변하지만, 분명한 것은 항상 고기압에서 저기압 쪽으로 운동한다는 것이다(그림 6.7 참조). 따라서 저기압의 경우, 마찰의 영향으로 공기는 중심 쪽으로 흘러 들어가게 된다. 고기압의 경우는 저기압과는 반대의 현상이 일어난다. 즉, 중심에서 바깥쪽으로 갈수록 기압이 낮아지며 공기도 중심에서 바깥쪽으로 흘러나가게 된다. 그러므로 지상저기압의 경우 공기는 시계 반대 방향으로 불어 들어가게 되며(그림 6.21A), 지상고기압의 경우 시계 방향으로 불어나가게 된다. 물론 남반구에서는 전향력이 바람을 왼쪽으로 휘게 하는 성질이 있으므로 북반구와는 반대의 현상이 일어난다. 즉, 지상고기압의 경우 시계 반대 방향으로 불어나간다.

* 회전운동하는 공기는 중심으로부터 바깥쪽으로 작용하는 가상적인 힘을 받는데, 이를 원심력이라 한다.

** 곡선운동하는 공기에 있어서, 상층에서는 구심력이 중요하지만, 지상에서는 이보다 훨씬 강한 마찰력이 작용하게 되어 구심력은 상대적으로 덜 중요하게 된다. 따라서 지상에서는 토네이도나 태풍 같이 아주 강한 회전운동을 제외하고서는 구심력을 무시할 수 있다.

대기를 바라보는 눈 6.1

2011년 5월, 왈로우 지방의 산불로 약 2150km[2]의 산림이 소실되었다. 애리조나 역사상 가장 큰 산불로 기록된 것이다.

질문

1. 산불이 이처럼 잘 꺼지지 않고 오랫동안 유지되도록 하는 바람의 조건은?

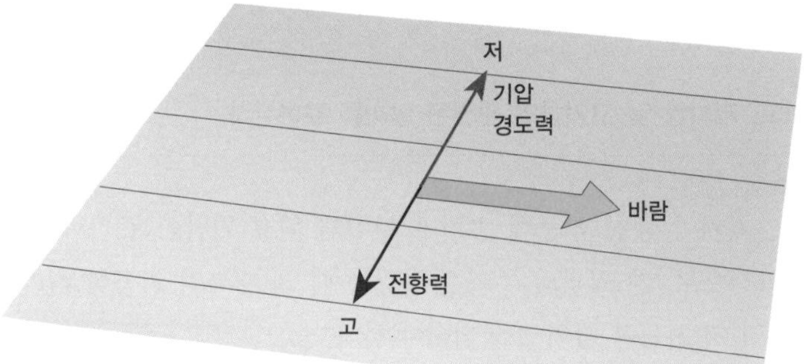

A. 상층 바람(마찰이 없음)

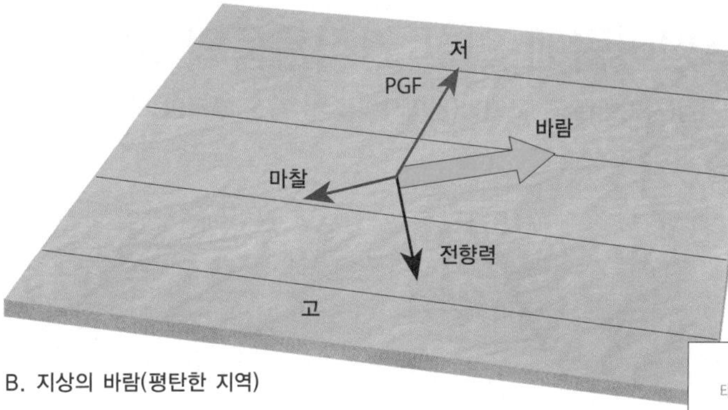

B. 지상의 바람(평탄한 지역)

Video
태풍의 바람 구조
http://goo.gl/Br203E

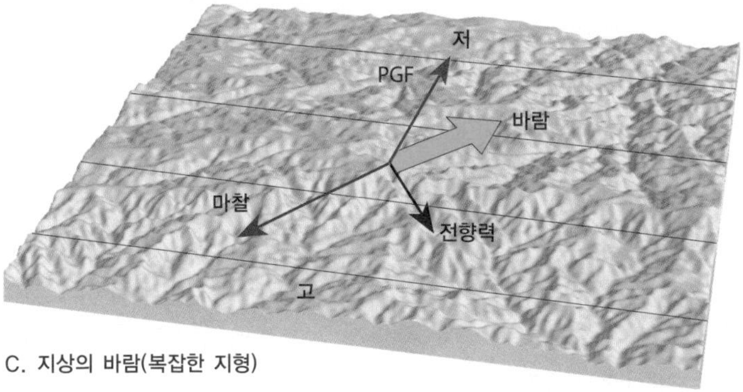

C. 지상의 바람(복잡한 지형)

▲ 그림 6.20 상층 및 지상의 바람
A., B. 상층과 하층의 바람의 비교(마찰의 영향을 보여 줌). 마찰은 바람을 약화시키고, 이는 결과적으로 전향력을 감소시킨다. C. 복잡한 지형 위의 바람의 속력은 평탄한 지역보다 작고, 등압선과 이루는 각도 크다.

✔ 개념 체크 6.4

❶ 지균풍이 형성되는 과정을 설명하고, 등압선과 지균풍이 어떤 관계가 있는지 서술하시오.

❷ 북반구와 남반구에서 사이클론과 안티사이클론의 바람의 방향에 대하여 설명하시오.

❸ 바람이 등압선과 나란히 부는 상층과는 달리, 지표면 근처의 바람은 등압선을 가로지르는데 그 이유는 무엇인가?

❹ 지표면 근처의 사이클론 및 안티사이클론(북반구와 남반구 모두)과 관련된 등압선과 바람 화살의 도표를 준비하시오.

▼ 그림 6.21 북반구와 남반구의 사이클로닉 순환
하층의 순환 방향을 나타내는 구름의 패턴.

A. 이 위성사진은 알래스카만의 대형 저기압의 중심을 촬영한 것이다. 구름으로부터 중심을 향해서 반시계 방향으로 불어 들어가는 스파이럴 형태의 바람 구조를 알 수 있다.

B. 이 위성사진은 남반구의 강한 사이클론의 중심을 촬영한 것이다. 구름으로부터 중심을 향해서 시계 방향으로 불어 들어가는 스파이럴 형태의 바람 구조를 알 수 있다.

Video
사이클론과 안티사이클론
http://goo.gl/Pp6GnB

6.5 수평바람에 의한 연직운동의 발생

저기압(사이클론)과 고기압(안티사이클론) 중심 부근의 바람에 대하여 서술하고, 저기압 및 고기압과 관련된 날씨를 알아본다.

지금까지 우리는 바람에 대해서 알아보았는데, 한 지역의 바람이 다른 지역에 어떻게 영향을 미치는가에 대해서는 관심을 두지 않았다. 과학자들의 연구에 의하면, 남아메리카의 나비의 날개 짓이 미국에서 토네이도를 발생시킬 수 있다고 한다. 물론 이것은 과장되었지만 한 지역의 대기운동이 시간이 지남에 따라 다른 지역의 기상에 얼마나 큰 영향을 미치는가를 암시한다.

한 가지 중요한 의문은 대기의 수평운동과 연직운동이 어떻게 연관되어 있는가라는 것이다. 비록 연직운동이 (강력한 폭풍을 제외하면) 수평운동에 비하여 작기는 하지만 기상현상에 있어서 매우 중요하다. 4장에서 학습한 것처럼, 상승하는 공기는 구름을 형성하고 강수를 유발하는 반면 하강하는 공기는 단열가열되며 구름을 소산시킨다. 여기서는 공기의 흐름이 기압에 어떤 영향을 미치고, 그 결과 어떻게 바람이 생성되는지 살펴보기로 하자.

사이클론과 안티사이클론에 관련된 연직운동

먼저 공기가 스파이럴 모양으로 안쪽으로 흘러들어가는 지상저기압 주변의 대기운동(사이클론)을 고려하자. 안으로 공기가 몰려들면 저기압이 차지하고 있는 수평 면적이 줄어든다. 이것을 수평 수렴이라고 부른다(그림 6.22). 공기가 수평으로 수렴하면 공기가 쌓이게 된다—즉, 질량은 증가하고 차지하고 있던 면적은 줄어든다. 이러한 역학적 과정은 무거운(비중이 큰) 공기기둥을 만들어 낸다. 이렇게 되면 모순이 발생한다. 저기압 중심 부근에 공기가 쌓이게 되고 기압이 증가할 것이다. 결과적으로, 캔 커피의 뚜껑을 열었을 때 캔 내부의 진공이 사라지는 것처럼, 저기압은 빨리 소멸되어야 한다.

여러분들은 지상저기압이 오랫동안 유지되기 위해서는 상층에서 이와 반대의 공기운동이 일어나야 된다는 것을 알아차렸을 것이다. 예를 들면 상층의 발산(공기가 퍼져나감)이 하층의 수렴과 같은 비율로 일어나야만 저기압은 유지된다. 그림 6.22는 지상저기압을 유지하기 위해서 필요한 하층의 수렴과 상층의 발산의 관계를 모식적으로 나타내 주고 있다.

상층의 발산이 하층의 수렴보다 클 수도 있다. 이 경우에는 지상저기압이 더욱 강해지고 상승류의 속력도 증가한다. 따라서 상층의 발산은 폭풍을 유지시키는 것은 물론 강하게 만들기도 하기 때문에, 저기압의 통과는 일반적으로 악천후를 동반한다.

저기압(사이클론)과 마찬가지로 고기압(안티사이클론)의 경우도 상층에서의 수렴이 있어야만 유지된다. 지상에서의 발산은 상층의 수렴을 동반하고, 중심 부근에서는 하강기류가 존재한다(그림 6.22). 하강 공기는 압축되고 가열되기 때문에 안티사이클론에서는 구름과 강수가 형성되지 않는다. 따라서 고기압이 접근하게 되면 일반적으로 날씨가 맑아진다.

이러한 이유 때문에, 기압계 눈금의 가장 아래쪽에는 '폭풍', 가장 위쪽에는 '맑음'으로 표시하는 것이 상례이다. 기압변화의 경향을 조사함으로써—상승, 하강 또는 현상 유지—우리는 다가올 기상 상태를 알 수 있다. 이와 같이 기압을 보고 판단하는 것[**기압경향**(pressure tendency) 또는 **기압계 경향**(barometrictendency)이라 불림]은 단기 일기예보에 매우 유용하다. 사이클론과 안티사이클론을 기상 상태와 연관지어 생각하는 것이 매우 일반적이라는 것(그림 6.23)은 다음과 같은 시 구절을 보아도 잘 알 수 있다.

> 기압이 떨어지면, 큰 바람이 일 것에 대비하라.
> 기압이 상승하면, 밖에 나가 연을 날려라.

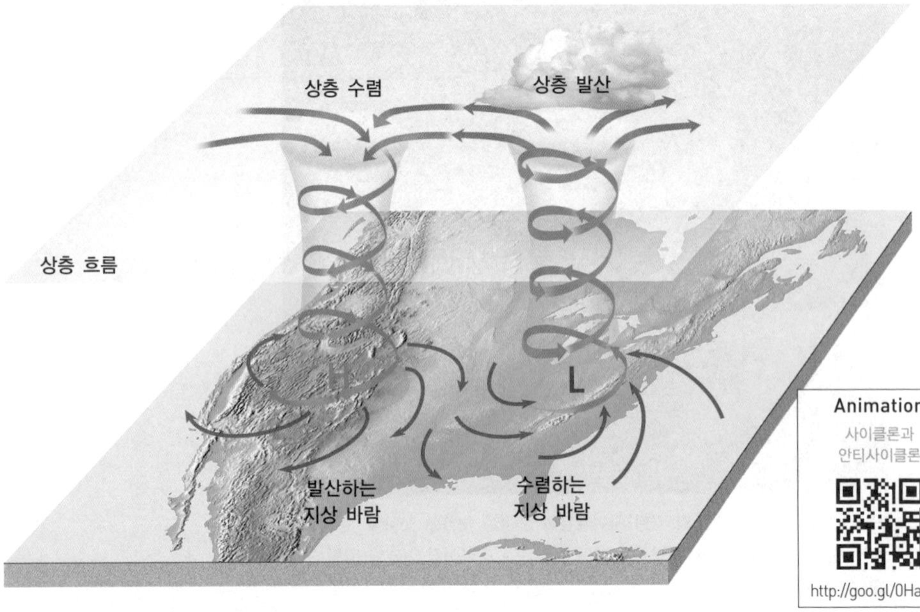

Animation
사이클론과 안티사이클론
http://goo.gl/0HarBu

◀ **그림 6.22 저기압(L) 및 고기압(H)과 관련된 바람의 구조** 저기압 또는 사이클론은 수렴과 상승운동을 동반하는데, 이는 구름을 형성하고 때로는 강수를 내린다. 고기압 또는 안티사이클론은 발산과 하강운동을 동반하는데, 맑은 날씨를 가져온다.

이제 여러분들은 텔레비전의 일기 예보관들이 왜 고기압과 저기압의 위치와 예상 통과 지역을 강조하는지 잘 알았을 것이다. 악천후를 유발하는 것은 늘 저기압인 것이다. 저기압은 대체적으로 서에서 동으로 이동하는데, 그 속도는 미국 대륙을 횡단하는 데는 경우에 따라서는 일주일 이상도 있으나 대체적으로 2~3일 정도 걸린다. 그들이 지나가는 경로는 매우 불규칙하기 때문에 정확한 예보를 하는 것은 상당히 어렵지만, 단기예보에 있어서 매우 중요한 예보 대상이다. 정확한 예보를 하기 위해서는 상층의 흐름이 발달 초기 단계의 작은 폭풍을 더 강화시킬 것인지 아니면 소멸시킬 것인지를 사전에 파악해야 한다.

대기를 바라보는 눈 6.2

그린란드에서 불어오는 찬바람이 그린란드 해상을 지날 때 많은 수증기가 대기로 유입되고, 이들이 마위엔 섬 주변 상공에 **띠구름**을 형성한 사진. 섬의 풍하측인 남쪽에 스파이럴 모양의 **카르만 와열**이 나타난 것을 볼 수 있다.

질문

1. 구름의 방향으로부터 그린란드 지역의 풍향을 알 수 있는가?
2. 그림에서 보는 마위엔 섬 뒤쪽의 카르만 와열과 유사한 현상을 든다면?
3. 달리는 자동차, 자전거, 비행기에 의해서도 와동이 발생할 수 있다. 자전거나 자동차 경주에 있어서, 앞서 달리는 레이서의 바로 뒤에서 달리면, 와동을 이용함으로써, 바람에 의한 저항을 줄일 수 있다는 이점이 있다고 한다. 이를 지칭하는 용어를 무엇이라 하는가?

A.

B.

▲ 그림 6.23 기압과 날씨의 관계 비가 내리는 런던
비가 내리는 런던 **A.** 저기압은 대체로 구름 낀 날씨 및 강수와 관련이 있다. **B.** 반대로, 고기압의 영향권에 들게 되면 맑은 날씨가 예상된다.

연직 속도를 강화시키는 요인

연직 속도와 기상 상태는 매우 밀접한 관계가 있는데, 지금부터는 지표근처의 수렴(상승운동)과 발산(하강운동)에 어떠한 요인들이 영향을 미치는지에 대해서 자세히 알아보기로 하자.

지상 마찰은 여러 방법으로 발산과 수렴을 일으킬 수 있다. 비교적 평활한 해양 표면으로부터 육지로 바람이 불어가게 되면, 마찰력이 증가하게 되므로 풍속은 급격히 감소하게 된다. 풍속이 감소하면 공기는 위로 쌓이게 된다. 따라서 바다 끝 쪽에서는 수렴과 상승기류가 발달하게 된다. 이러한 효과는 육지에서 구름이 발생하기 쉬운 조건을 형성하는데, 플로리다처럼 습한 지역에서 구름을 잘 발생시킨다. 그 반대로

대기를 바라보는 눈 6.3

다음의 영상은 열대저기압(태풍)을 서로 다른 네 지역과 시각에 인공위성으로 촬영한 것이다.

질문

1. 각 영상으로부터 바람의 회전 방향이 시계 방향인지 또는 반시계 방향인지를 판별하시오.
2. 각 열대저기압이 관측된 곳은 북반구인가 아니면 남반구인가?

바람이 육지에서 바다로 불게 되면, 마찰이 감소하고 풍속이 증가하게 된다. 이것은 하강기류와 맑은 날씨를 가져오게 한다.

자주 나오는 질문...

산멀미를 일으키는 원인은 무엇인가요?

3,000m 이상의 고산 지대로 운전하거나 걸을 때에 종종 숨이 차고 쉽게 피곤해짐을 느끼는 경우가 있다. 이러한 증상은 해수면보다 공기 중에 산소가 30% 정도나 적기 때문에 발생한다. 이러한 고도에서는 우리 몸이 더 많은 산소를 얻고 혈액 속의 산소 농도를 높이기 위하여 호흡 및 심박 속도가 빨라지게 되는 것이다. 증가된 혈액 순환은 뇌 세포를 팽창시켜서 산멀미 증후군 — 두통, 불면증, 멀미 증상 — 등을 유발하게 된다. 산멀미는 일반적으로 치명적인 것은 아니며 저고도 지역에서 하룻밤 정도 휴식을 취하면 나을 수 있는 증상이다. 종종 고산 지대를 등산하다가 고지대 폐부종에 걸려 사망하는 수가 있다. 이러한 치명적인 상태는 폐에 물이 차서 생기는데 신속한 응급 처치를 받아야만 한다.

산악 지형 또한 대기 흐름을 방해하고, 결과적으로 발산과 수렴을 발생시킨다. 바람이 산악 지역을 통과하게 되면 연직 방향으로 수축되는데, 이것은 상층에서의 발산을 유도한다. 산악 뒤쪽으로 도달하게 되면 공기는 연직 방향으로 확장하게 되어 수평 수렴을 일으킨다.

지표 조건과 상층 대기 흐름이 밀접하게 연관되어 있기 때문에, 대기 운동은, 특히 중위도의, 상하층을 연관시켜 총체적으로 이해해야 된다는 것이 강조되어왔다. 7장에서 대기 대순환을 알아본 다음 대기 대순환 관점에서 수평운동과 연직운동(상승 또는 하강운동)의 관계에 대해서 다시 한 번 살펴보기로 하자.

✓ 개념 체크 6.5

1. 지상의 저기압이 오랫동안 지속되려면 상층에서의 흐름은 어떠한 조건을 가져야 하는가?
2. 지상의 기압이 상승하면 어떤 날씨가 예상되는가?
3. 수렴과 상승운동은 종종 바다에서 육지로 부는 바람과 연관되어 있다. 반대로, 발산과 하강기류는 육지에서 바다로 부는 바람과 연관되어 있다. 육지에서의 수렴과 바다에서의 발산이 일어나는 원인에 대하여 설명하시오.

6.6 바람의 측정

주풍을 정의하고 풍향을 나타내는 방법을 알아본다.

바람의 두 요소인 풍향과 풍속의 관측은 날씨 관측에 있어서 대단히 중요하다.

풍향의 관측

풍향은 바람이 불어오는 방향을 나타낸다. 북풍은 북에서 남으로 부는 바람이며, 서풍은 서에서 동으로 부는 바람이다. 풍향과 풍속을 재는

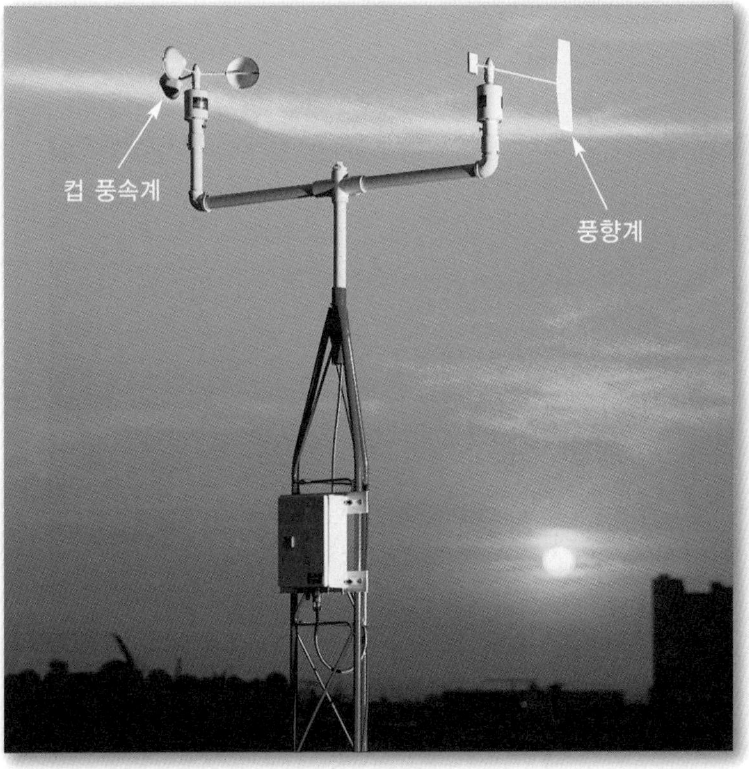

A.

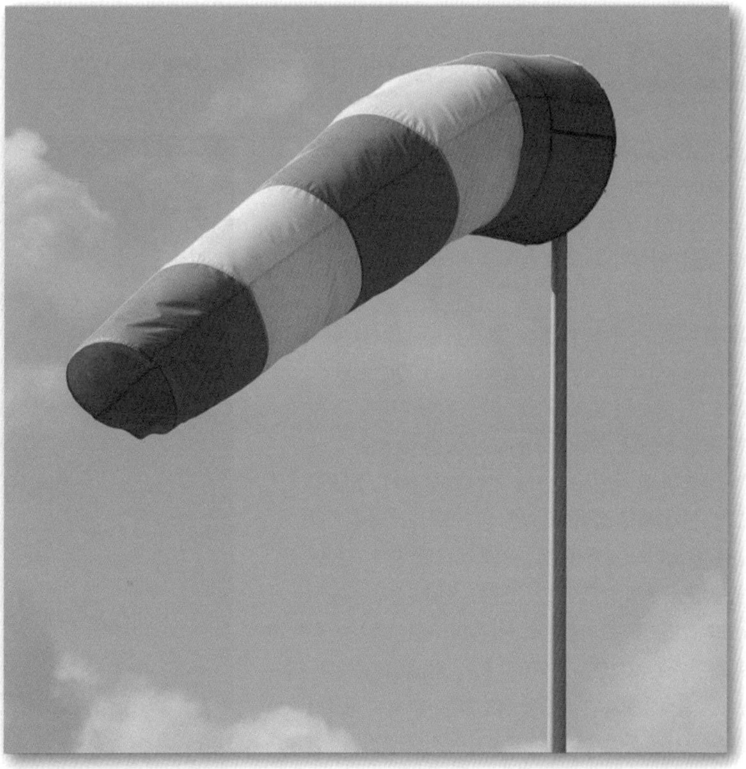

B.

▲ 그림 6.24 바람의 측정

A. 풍향계(왼쪽)와 풍속계(오른쪽). 풍향계는 풍향을, 풍속계는 바람의 크기를 측정한다. **B.** 바람풍선은 풍향을 측정하고 풍속을 추정(대략적으로 나타냄)하는 데 사용된다. 작은 공항과 활주로에서는 흔히 사용되는 바람 측정 도구이다.

데 흔히 사용되는 것은 **풍향풍속계**(wind vane)이다(그림 6.24A). 이 기기는 빌딩의 옥상에서도 흔히 볼 수 있는데, 바람이 불어오는 방향으로 화살표가 향하게 된다. 때때로 풍향은 풍향풍속계와 연결된 다이얼에 표시된다. 다이얼은 나침반의 눈금－N, NE, E, ES 등－과 같이 풍향, 또는 0°~360°까지의 각도를 나타낼 경우 0°(또는 360°)는 북쪽을, 90°는 동쪽을, 180°는 남쪽을, 270°는 서쪽을 각각 나타낸다.

풍향이 시시각각으로 바뀔 때, 빈도가 가장 높은 바람의 방향을 **주풍**(prevailing wind)이라고 한다. 여러분들은 중위도에서 탁월한 편서풍은 잘 알고 있을 것이다. 미국에서는, 예를 들면, 이러한 편서풍이 '날씨 패턴'을 서에서 동으로 이동시키게 된다. 작은 고기압과 저기압(각각 시계 방향과 반시계 방향의 흐름을 가짐)은 편서풍에 실려서 서에서 동으로 이동하게 된다. 따라서 편서풍과 관련된 바람은 장소와 시간에 따라 항상 변하게 된다. 바람장미는 시시각각으로 방향이 변하는 바람에 대해서 각각의 방향에 대한 백분율을 나타냄으로써 주풍을 표현하는 한 가지 방법이다(그림 6.25). 바람장미에서 선의 길이는 바람이 그 방향으로 분 상대적인 시간(백분율로 표시)을 나타낸다. 그림 6.25B에서 볼 수 있듯이, 적도무역풍대의

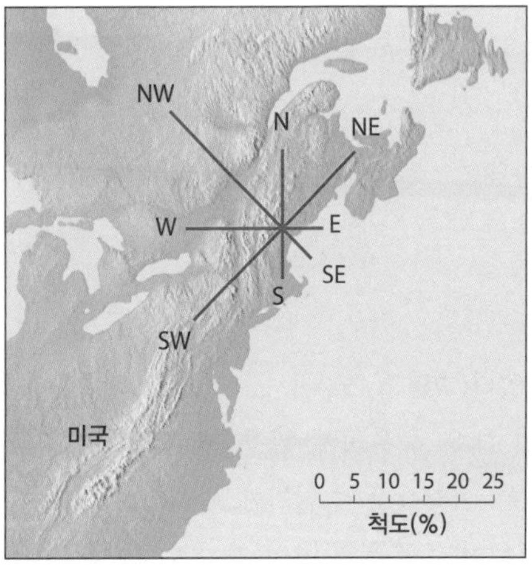

A. 미국 북동부 지역 겨울의 바람의 빈도.

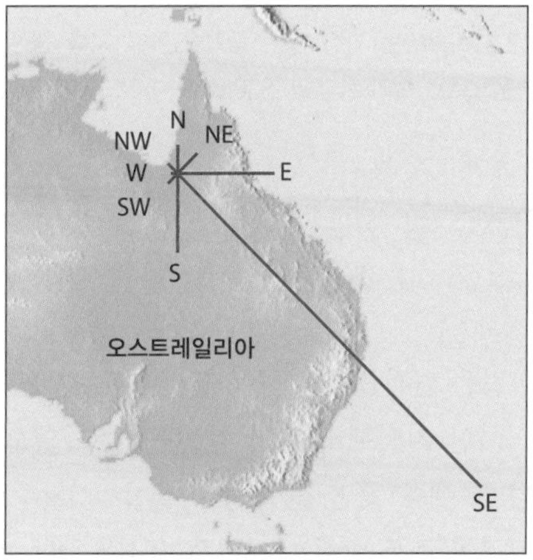

B. 오스트레일리아 북동부 지역 겨울의 바람의 빈도. 남동 무역풍의 영향권에 있기 때문에 남동 무역풍의 빈도가 가장 크게 나타나지만, 편서풍 영향권에 있는 미국 북동부 지역에서 편서풍은 가장 빈도가 높지 않다는 것은 주목할 만하다.

▶ 그림 6.25 바람장미

풍향의 빈도는 바람장미로 표출된다. 빈도는 필요에 따라 하루, 일주일, 한달, 계절, 일년 등의 시간 단위로 산출된다.

글상자 6.2 바람 에너지 : 잠재적 가치가 높은 대체 에너지

공기는 질량을 가지고 있기 때문에 움직이게 되면 운동에너지를 갖게 된다. 이 운동에너지는 다른 역학적 에너지 또는 전기에너지로 변환될 수 있다. 그러한 에너지의 일부는 현대 사회의 중요한 동력인 기계적 에너지나 전기에너지로 전환될 수 있다.

바람에 의한 기계적 에너지는 전기 에너지가 등장하기 전까지 시골 지역의 지하수 인양이나 제분기에 흔히 사용되었으며, 풍차는 농가에서 아직도 많이 사용되고 있다. 반면에, 바람에 의하여 가동되는 발전 터빈은 가정, 사업장, 산업시설 등으로 전기를 생산 · 공급하고 있다(그림 6.C). 전 세계의 풍력발전량은 3년마다 2배씩 증가하고 있는 추세이다(그림 6.D). 세계에너지협회에 의하면 2013년 12월 현재 중국이 가장 많은 풍력발전을 생산하고 있으며(28.7%), 그다음으로 생산량이 많은 국가는 미국(19.2%), 독일(10.8%), 스페인(7.2%), 인도(6.3%)이다.

풍속은 풍력발전소의 입지를 결정하는 데 매우 중요하다. 일반적으로, 풍력발전의 경제성이 보장되려면 최소한 6m/s 이상의 풍속이 필요한 것으로 알려져 있다. 풍속이 조금만 차이가 나도 발전량은 큰 차이가 난다. 예를 들면, 평균 풍속이 시속 20.8km인 지역은 19.2km인 지역에 비하여 약 33% 정도의 발전량을 더 기대할 수 있다. 그러나 풍속이 시속 9.6km일 경우 시속 19.2km에 비하여 발전량은 약 1/10 정도에 불과하다.

비록 미국에서는 풍력발전이 캘리포니아에서 시작되었으나 이를 능가하는 발전량을 가진 주가 많다. 그림 6.E는 풍력발전의 터빈이 설치되는 지상 80m고도에서의 대략적인 풍속을 나타낸다.

평균 풍속이 8m/s 이상이 되어야 풍력발전의 가능성이 있다고 알려져 있다. 2013년 말 현재, 텍사스(12,355MW)는 가장 많은 풍력발전에너지를 생산하며, 다음으로는 캘리포니아(5,830MW), 아이오와(5,178MW),

▲ **그림 6.C 현대적인 풍력발전단지**
캘리포니아 주 컨카운티의 테하차피 패스에서 가동 중인 풍력발전 터빈. 캘리포니아 주는 풍력 발전이 최초로 시작되었으나, 현재는 발전량에 있어서 텍사스 주보다 작다.

바람은 편서풍에 비하여 훨씬 더 일관성이 있다(그림 6.25A).

어떤 지역에서 바람 패턴을 알고 있으면 매우 유용하게 활용할 수 있다. 예를 들면, 공항을 건설할 때 활주로는 이착륙을 수월하게 하기 위하여 주풍 방향과 나란하게 설계한다. 더욱이 주풍은 지역의 기상과 기후에 매우 큰 영향을 미친다. 태평양 북서부의 캐스캐이드 산맥처럼 남북으로 뻗은 산맥은 주풍인 편서풍이 산 위를 지날 때 상승기류를 유발시킨다. 그 결과, 산맥의 서쪽은 비가 많은 반면에 동쪽은 건조하게 된다.

풍속의 측정

풍속은 보통 **컵 풍속계**(cup anemometer)로 측정하는데(그림 6.24A), 풍속은 마치 자동차의 속도계와 같은 바늘 눈금으로 표시된다. 간혹 풍향풍속계나 컵 풍속계 대신에 **프로펠러식 풍향풍속계**(aerovane)가 사용되기도 한다. 그림 6.26에서 볼 수 있는 것처럼 프로펠러식 풍향풍속계

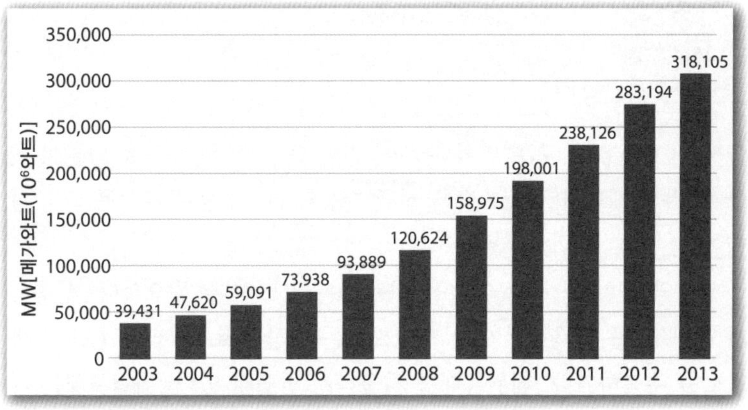

▲ **그림 6.D 2003~2013년 동안의 전 세계 누적 풍력발전량**

일리노이(3,568MW), 오리건(3,153MW)의 순으로 많다. 대규모 풍력발전단지로서는 캘리포니아의 알타풍력에너지센터, 오리건의 셰퍼드 플랫 풍력발전소, 텍사스의 로스코 풍력발전소 등이 있다.

▲ **그림 6.E 잠재적 풍력에너지의 지역적 분포(미국)**
풍력발전을 위해서는 평균풍속이 8m/s 이상이 되어야 한다.

Video
미국의 풍력발전의 성장
http://goo.gl/FhzBgs

화석연료를 연소시켜 가동하는 화력발전에 비하여 풍력발전은 오염 물질을 배출하지 않는다는 이점이 있다. 그러나 발전소가 있는 지역에 국한된 것이기는 하지만, 풍력발전도 문제점은 있다. 가장 큰 문제로 알려진 것은 발전기 날개에 의해 새들이 죽는 것이다. 또한 건설 과정에서 토지의 침식과 자연 훼손이 발생하고, 자연의 미관을 해치는 점도 있다.

최근에 미국 에너지관리국은 해안지방에 풍력발전소를 건설하는 데 많은 재정 지원을 하고 있다. 현재 4백만 메가와트*의 전력이 호수 연변이나 해안에서 생산되고 있다. 이것은 내륙에서 생산되는 양의 무려 4배에 해당한다. 그러나 불행하게도, 이 역시 자연의 미관을 해치고 있다는 점에서 크게 환영받지 못하는 실정이다.

미국의 총 전기에너지의 일부분만이 풍력발전에 의해 공급되고 있으나, 에너지 관리국의 계획에 의하면 2030년에는 전체의 20% 정도로 올릴 예정이며, 그 중 4%를 해안 지역의 발전으로 충당한다는 것이다. 지금의 추세로 보면 충분히 가능성이 있는 계획으로 보인다. 따라서 지금은 대체적인 수단이지만, 미래에는 주 전기에너지 생산수단이 될 것으로 전망된다.

질문

1. 풍력발전량이 가장 많은 국가는 어디인가?
2. 풍력발전과 연관된 잠재적인 환경 문제를 열거하시오.

* 1MW(메가와트)는 미국에서 240~400가구에 전력을 공급하기에 충분하다.

는 풍향풍속계와 매우 흡사한데, 한쪽 끝에 프로펠러가 달려 있다. 넓적한 수직판(fin)은 프로펠러가 바람 방향을 향하도록 작용하며 풍속에 비례하여 회전판(blade)이 회전하도록 한다. 이 기기는 풍속과 풍향을 연속적으로 관측하기 위하여 기록계에 부착되어 있다. 바람이 강하고 지속적으로 부는 곳은 풍력에너지를 모으기에 좋은 장소가 된다(글상자 6.2).

작은 공항과 같은 곳에서는 종종 바람풍선이 이용되기도 한다(그림 6.24B). 이는 원뿔 모양의 바람 주머니로 이루어져 있는데, 양 끝이 뚫려 있어서 바람이 자유롭게 통과할 수 있으며 바람 부는 방향으로 길게 늘어서게 된다. 바람 주머니가 얼마나 크게 부풀려져 있는가를 보면 바람의 세기를 대충 짐작할 수 있다.

지구 표면의 70%가 물로 덮여 있기 때문에 앞에서 언급한 간단한 방법으로는 풍속을 잴 수 없다. 일부 해상에서 기상 부이나 선박에 의한 풍향 및 풍속의 관측이 가능하기는 하지만 일기예보의 정확도 향상에

Video
바람 패턴 예측
http://goo.gl/pliWTF

◀ **그림 6.26 프로펠러식 풍향풍속계**
풍향과 풍속을 측정하기 위한 기기로서, 바람이 방해를 받지 않는 탁트인 공간에 설치되어야 한다. 기기를 통하여 측정된 자료는 관측자료센터로 보내져서 분석된다.

크게 기여한 것은 주로 위성 관측에 의한 풍향 및 풍속 자료 덕분이다. 그 한 가지 예로서, NASA가 국제 우주정거장에 설치한 해상풍 측정 장치이다.

상층의 풍향 및 풍속 자료를 관측하는 것도 매우 중요하다. 상층에서 풍향 및 풍속 자료를 얻는 방법으로는 위성 자료로부터 구름의 이동 경로를 추적하거나, 레윈존데를 사용하는 방법이 있다. 레윈존데는 레이더에 의해 추적되는 라디오존데로서 여러 고도의 바람을 동시에 측정할 수 있다.

✓ 개념 체크 6.6

❶ 남서풍은 ________ 방향에서 ________ 방향으로 부는 바람이다.

❷ 바람의 방향이 315°라고 하는 것은 풍향이 나침반의 어느 방위에 해당하는가?

❸ 대체적으로 미국에 영향을 미치는 주풍의 방향은 무엇인가?

6 요약

6.1 기압과 바람

▶ 기압을 정의하고 일기도상에 어떻게 기압이 표시되는지를 설명한다.

주요 용어 바람, 대기압(기압), 뉴턴, 밀리바, 수은기압계, 기압계 기압, 아네로이드 기압계, 기압기록계, 관측점 기압, 등압선, 안티사이클론, 사이클론(중위도저기압), 기압마루, 기압골

- 바람, 즉 공기의 수평 이동은 기압의 차이에 의하여 발생한다.
- 기압은 공기의 무게에 의한 압력이다. 평균 해면기압은 1013.25mb 또는 760mmHg(수은기압계의 수은주 높이가 76cm)이다.
- 기압을 측정하기 위한 도구 : 수은기둥의 높이가 기압을 나타내는 수은기압계, 기압에 따라 모양이 변하는 금속 진공실을 가진 아네로이드 기압계.
- 일기도에서 기압은 등압선(같은 기압의 지점을 연결한 선)으로 표출된다. 상층일기도에서는 기압을 나타낼 때 고도를 사용한다. 고도와 등압선의 사이에는 간단한 관계식이 성립하는데, 높은 고도는 고기압을, 낮은 고도는 저기압을 나타낸다.

6.2 기압은 왜 변하는가

▶ 지상과 상층의 기압에 영향을 미치는 요소를 나열하고 각각에 대하여 설명한다.

주요 용어 표준대기, 수렴, 발산

- 어느 고도의 기압은 그 지점 위의 공기의 무게에 해당한다. 고도에 따라 기압은 감소하는데, 감소 비율은 고도가 낮을수록 크다.
- 기압에 영향을 미치는 요소로는 기온과 습도를 들 수 있다. 차고 건조한 공기는 온난하고 습한 공기에 비하여 높은 기압을 만들어 낸다.
- 온도 차이는 수평 방향의 기압 차이를 유발하고, 이는 기압이 높은 곳에서 낮은 곳으로 공기가 움직이게 한다. 지상에서는 일반적으로 찬 공기는 고기압을, 온난한 공기는 저기압을 각각 형성한다. 그러나 상층에서는 반대로 온난한 공기가 고기압을 형성한다.

6.3 바람에 영향을 미치는 요소

▶ 대기에 작용하여 바람을 일으키고 변화시키는 세 가지 힘을 나열하고 설명한다.

주요 용어 기압경도력, 전향력(코리올리의 힘), 마찰력, 경계층

- 바람은 (1) 기압경도력, (2) 전향력, (3) 마찰력의 세 가지 힘의 조합에 의해 유지된다. 이 중에서 기압경도력은 바람을 생성시키는 근본적인 힘인데, 일기도에서 등압선의 간격과 관련이 있다. 등압선의 간격이 좁을수록 기압경도력이 크고 넓을수록 작다.
- 전향력은 지구의 자전에 의해 발생하는데, 바람의 방향을 바뀌게 하는 역할을 한다(북반구에서는 오른쪽으로, 남반구에서는 왼쪽으로 전향하게 함).
- 마찰력은 지상에서는 공기의 운동에 매우 큰 영향을 미치지만, 수 킬로미터 이상의 고도에서는 거의 무시할 수 있을 정도로 작다.

6.4 상층과 지상의 바람

▶ 왜 상층의 바람은 등압선에 평행하고 지상에서는 등압선과 어느 정도 각도를 유지하는지를 설명한다.

주요 용어 지균풍, 보이스 발로트의 법칙, 경도풍, 저기압성 바람, 고기압성 바람

- 수 킬로미터 이상의 고도에서 부는 바람은 기압경도력과 전향력이 균형을 이루는 지균풍이다. 지균풍은 등압선과 나란하게 거의 직선으로 부는데, 풍속은 기압경도력의 크기에 비례한다.
- 곡선의 등압선에 평행하게 부는 바람을 경도풍이라고 한다. 온대저기압과 같은 저기압에 있어서, 바람은 북반구에서 반시계 방향(저기압성 회전) 남반구에서는 시계 반대 방향으로 분다.
- 고기압(안티사이클론)에 있어서, 바람은 북반구에서 시계방향(고기압성 회전) 남반구에서는 반시계 방향으로 분다.
- 지표 근처에서 마찰은 바람의 방향을 결정하는 중요한 요소다. 마찰로 인하여 바람은 등압선과 어느 정도 각도를 이루고 저기압쪽으로 불게 된다. 따라서 북반구의 저기압의 경우에 바람은 중심을 향해서 반시계 방향으로 불어 들어가고, 고기압의 경우에는 바깥쪽으로 반시계 방향으로 불어나가게 된다.

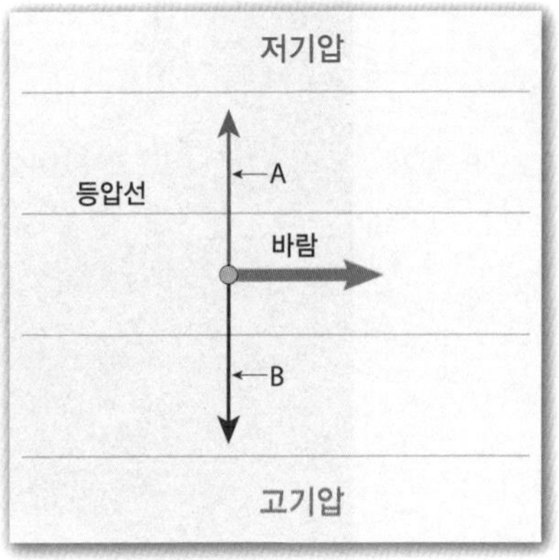

Q. 오른쪽 그림을 보고 물음에 답하시오.

a. A의 힘은 기압경도력, 전향력, 마찰력 중 어느 것을 나타내는가?

b. B의 힘은 기압경도력, 전향력, 마찰력 중 어느 것을 나타내는가?

c. 그림에 나타낸 것은 상층의 바람인가 아니면 하층의 바람인가?

6.5 수평바람에 의한 연직운동의 발생

▶ 저기압(사이클론)과 고기압(안티사이클론) 중심 부근의 바람에 대하여 서술하고, 저기압 및 고기압과 관련된 날씨를 알아본다.

주요 용어 기압경향, 기압계 경향

- 저기압 중심 부근의 하층에는 공기의 수평 수렴이 있다. 반면에 상층은 발산이 있는데, 이것에 의해 저기압이 유지되거나 또는 강화된다. 하층의 수렴과 상층의 발산은 연직 상승운동이 있음을 의미한다. 따라서 저기압이 통과할 때에는 종종 악천후가 동반된다.
- 고기압, 즉 안티사이클론이 통과하면 쾌청한 날씨가 예상된다.

Q. 그림은 인접하는 고기압과 저기압을 나타낸 모식도로서, 구름과 바람의 방향이 간략하게 표시되어 있다. 물음에 답하시오.

a. 사이클론에 해당하는 것은?

b. 사이클론의 경우 지표 근처의 바람은 중심쪽(수렴) 또는 바깥쪽(발산)의 어느 쪽으로 부는가?

c. 안티사이클론의 경우 중심 부근에서는 상승기류인가 또는 하강기류인가?

d. 구름 낀 날씨와 쾌청한 날씨 중에서 사이클론에 해당하는 날씨는?

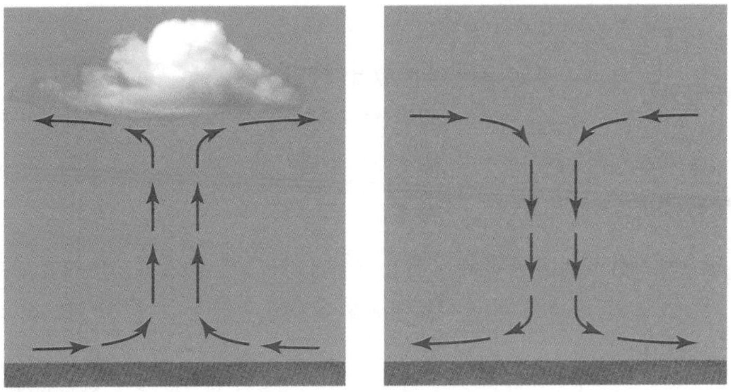

A. B.

6.6 바람의 측정

▶ 주풍을 정의하고 풍향을 나타내는 방법을 알아본다.

주요 용어 풍향풍속계, 주풍, 컵 풍속계, 프로펠러식 풍향풍속계

- 바람의 두 가지 특성인 풍향과 풍속은 다양한 방법으로 관측되며 일기도에 표출된다.
- 풍속계는 바람의 속력를 측정한다. 풍향계는 바람의 방향을 측정한다. 풍향풍속계나 기상위성은 풍향과 풍속을 동시에 측정한다.

생각해 보기

1. 다음은 사이클론에 해당하는 구름 사진이다.

A.

B.

a. 각각의 사이클론에 대하여 풍향은 시계 방향 또는 반시계 방향인가?

b. 북반구에서 관측한 것은 어느쪽인가?

c. 어느 쪽이 열대저기압(태풍)인지 판별할 수 있는가? (**힌트** : 이 사진을 그림 11.9와 비교해 볼 것)

2. 다음의 각 항에 대하여 전향력이 어느 쪽으로 작용하는지를 판단하시오.

a. 뉴욕에서 시카고로 향하는 여객기

b. 사우스다코타에서 북쪽으로 던져진 야구공

c. 세인트루이스로부터 디트로이트를 향해서 북동쪽으로 날고 있는 비행선

d. 오스트레일리아에서 서에서 동으로 던져진 부메랑

e. 적도를 따라 날아가는 축구공

3. 만일 강한 바람을 동반하는 기압 패턴이 서쪽으로부터 미시간 호로 접근한다고 하자. 호수를 지난 뒤의 풍속은 어떻게 변화할 것인지에 대하여 설명하시오.

4. 오른쪽 그림은 2012년 4월 2일의 일기도를 나타낸다. 숫자 1, 2, 3으로 표시된 곳은 저기압의 중심이다.

a. 숫자 1, 2, 3 중에서 고기압과 저기압에 각각 해당하는 것은?

b. 셋 중에서 기압경도력이 가장 큰 것, 즉, 바람이 가장 센 것은?

c. 그림 6.2를 참조하여, 3으로 표시된 것은 강한 것에 아니면 약한 것에 해당하는가를 판별하시오.

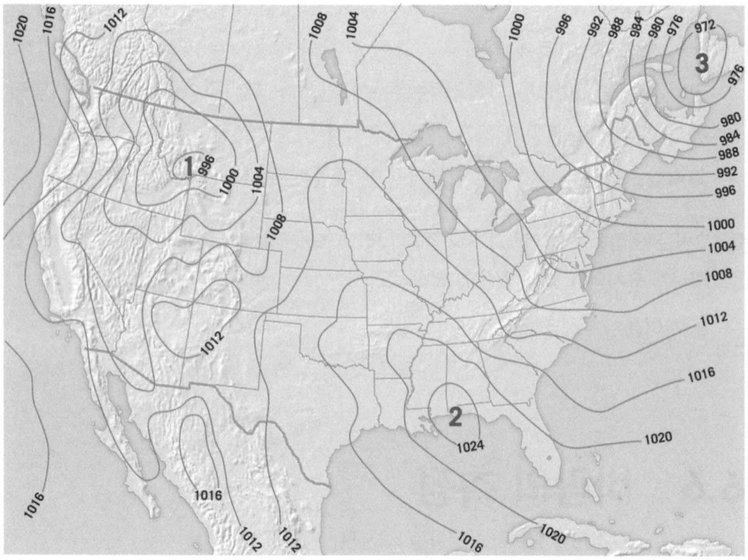

5. 북반구에서 온대저기압의 바로 서쪽에 서 있을 경우 바람의 방향은?

6. 다음의 기압계 기록을 참조하여 각 관측 사례에 대하여 어떤 날씨가 예상되는지 — 구름 또는 강수 — 를 설명하시오.
   - 첫째 날 : 거의 일정하게 1025hPa로 유지됨.
   - 둘째 날 : 1010hPa로서, 점차 낮아지고 있음.
   - 셋째 날 : 4일 동안의 최저치인 992hPa을 기록함.
   - 넷째 날 : 1008hPa로서 계속 증가하고 있음.

7. 발전을 위하여 풍력 터빈을 건설할 경우, 기압경도가 큰 곳이 유리한가 아니면 작은 곳이 유리한가? 그 이유는?

8. 공항을 건설할 경우 활주로의 방향은 풍향을 잘 고려해서 결정해야 한다. 다음의 바람장미를 보고 활주로의 방향으로 적당한 방향을 고른다면?

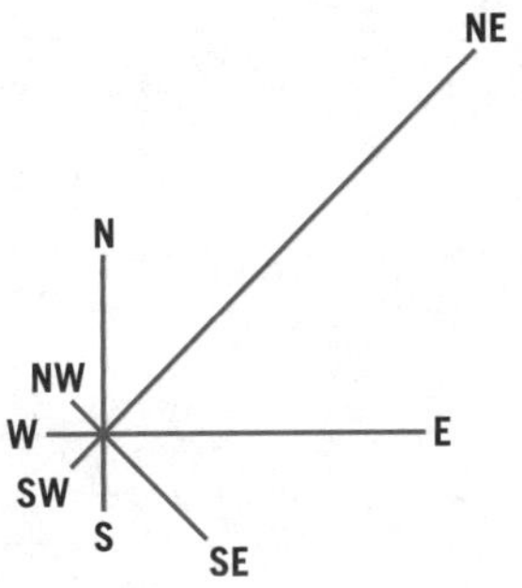

9. 비 오는 날 일기예보에서 "현재 기압은 수은기압계로 713mmHg를 나타내고 있으며, 수은주의 높이가 계속 증가하고 있다."라고 보도하였다. 다음의 물음에 답하시오.
   a. 기압은 공기의 무게와 관련이 있다. 수은주 기둥의 높이와 공기 무게와의 관계는?
   b. 날씨가 좋아지고 있다고 한다면, 그 이유는?

10. 다음의 그림은 고기압 및 저기압과 관련된 바람을 모식적으로 나타내고 있다. 북반구 사이클론에 예시된 바와 같이 바람의 방향을 표시해 넣으시오.

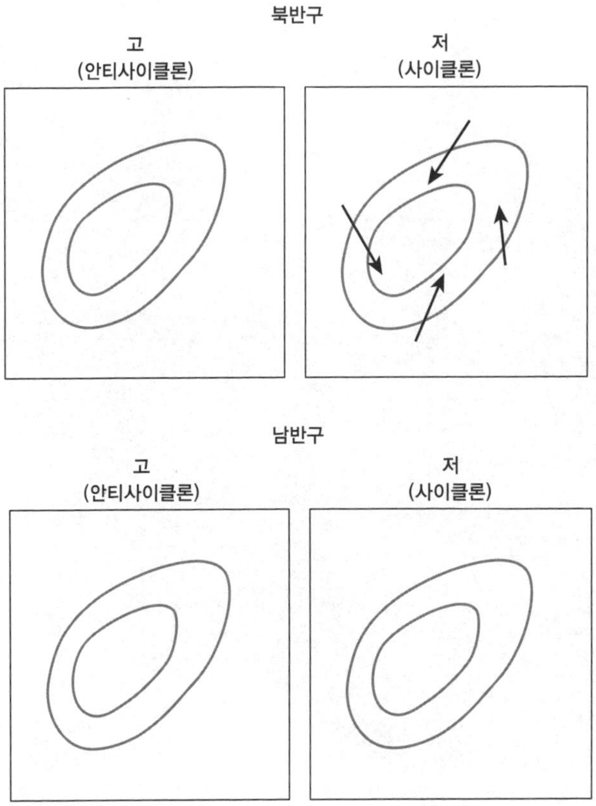

복습문제

1. 그림 6.3은 수은기압계의 모식도이다. 유리관을 수은이 담긴 용기에 담가서 수은을 채운 뒤, 유리관을 들어 올려 거꾸로 세우면 중력에 의하여 수은은 아래로 내려간다. 이때, 관의 위쪽에는 진공이 생기게 된다. 수은의 밀도는 13.6g/cm³로서 1g/cm³인 물보다 훨씬 크다. 평균 해수면의 기압(1기압)은 수은주 76cm에 해당한다. 수은기압계에 만일 수은 대신에 물을 채워 넣으면, 1기압에 해당하는 물기둥의 높이는 얼마나 되는가?

2. 평균해면 기압은 1.01325kg/cm²에 해당한다. 이를 근거로 대기 전체의 질량을 구하시오. (**힌트** : 지구의 반경은 6,366.1977km임)

7 대기의 순환

핵심개념

다음의 각 항목은 이 장에서 다루는 주요 주제에 대한 기본 학습 목표를 나타낸다. 이 장을 학습하고 나면 여러분은 다음 항목을 이해할 수 있다.

7.1 소규모, 중규모, 대규모 바람을 구별하고, 각각의 예를 제시한다.

7.2 네 가지 유형의 국지풍을 열거하고, 이들의 형성 과정을 기술한다.

7.3 전 지구 순환의 3-세포 모델을 설명 또는 묘사한다.

7.4 지구의 이상화된 동서 기압대를 요점적으로 설명한다. 대륙과 계절적 기온변화가 어떻게 이상화된 기압 패턴을 복잡하게 만드는지 설명한다.

7.5 아시아 몬순을 생성하는 전 지구 순환의 계절 변화를 기술한다.

7.6 중위도 상층의 공기 흐름이 강한 동서 성분을 갖는 이유를 설명한다.

7.7 한대 제트기류의 발생 기원과 중위도 사이클론 폭풍과의 관계를 설명한다.

7.8 세계지도 위에 주요 해류를 개략적으로 그리고, 명칭을 붙인다.

7.9 남방진동을 설명하고, 이 현상과 엘니뇨 및 라니냐 간의 관계를 기술한다. 북아메리카 지역에 미치는 엘니뇨와 라니냐의 기후 영향을 열거한다.

7.10 전 지구 강수 분포에 영향을 미치는 주요 인자들에 관해 논의한다.

지표면의 차등 가열로 인한 기압 차이가 전 지구 바람 시스템을 생성시킨다. 여러 규모로 나타나는 바람은 이 지표 온도 차이의 균형을 맞추기 위한 시도로서 끊임없이 부는 것이다. 최대 태양 가열대가 계절적으로 이동-북반구 여름에는 북쪽으로 이동하고 겨울로 가면서 남쪽으로 이동-하기 때문에 대순환을 이루는 바람 패턴 또한 위도 방향으로 이동한다. 이 장은 지구의 기압대 분포와 이에 따라 생성되는 전 지구 바람 시스템을 묘사하는 모델에 초점을 맞춘다. 이 전 지구 바람 시스템은 해양 순환을 구동시키고, 전 지구 강수 패턴을 생성시킨다.

바람은 기압 차의 결과이다. 이 바람이 일으키는 파도가 퀘벡 주 생트루스의 해안 마을을 세차게 치고 있다.

7.1 대기운동의 규모

소규모, 중규모, 대규모 바람을 구별하고, 각각의 예를 제시한다.

고도로 집적되어 있는 지구의 바람 시스템은 지구를 돌며 흘러가는 공기의 깊은 강물처럼 여겨질 수 있다. 큰 흐름 속에 허리케인, 토네이도, 사이클론 등을 포함한 다양한 크기의 와동체들이 들어 있다. 시냇물 속의 맴돌이처럼, 이 회전 바람 시스템들은 어느 정도 예측 가능한 규칙성을 가지고서 발달하고 소멸한다.

미국과 캐나다에 살고 있는 사람들은 **편서풍**(westerlies)이라는 말에 친숙한데, 이는 중위도를 가로질러 서쪽에서 동쪽으로 우세하게 부는 바람을 말한다. 그렇지만, 짧은 시간에 대해서는 바람은 그 어떤 방향으로부터도 불 수 있다. 풍향과 풍속의 변화가 연속적으로 빠르게 일어났을 때 우리가 폭풍 속에 있었구나 하고 생각할 수 있다. 이렇게 바람이 크게 변하는데, 우리는 어떻게 그 바람을 편서풍이라고 부를 수 있을까? 바람 시스템이 일어나는 **크기**(size)와 시간 **틀**(time frame)에 따라 사건들을 분류함으로써 대기 순환의 묘사를 단순화시키고자 하는 우리의 시도에 답이 있다. 예를 들어, 관측소들이 150km 간격으로 떨어져 있는 일기도 규모에서는 먼지를 하늘로 날려 보내는 작은 회오리바람은 식별되지 않을 만큼 너무 작다. 대신에, 일기도는 이동성 사이클론이나 안티사이클론과 연관된 것과 같은 대규모 바람 패턴은 잘 보여 준다.

일반적으로 대규모 날씨 패턴은 소규모 패턴보다 더 오래 지속된다. 예를 들어, 회오리바람은 대개 수 분 정도 지속하지만, 중위도 사이클론은 미국을 지나가는 데 전형적으로 수 일 걸리며, 때때로 일주일 이상 날씨를 지배한다.

바람은 소규모, 중규모, 대규모라는 세 가지 범주의 대기 순환으로 분류된다.

소규모 바람

가장 작은 규모의 공기운동을 **소규모 바람**(microscale winds)이라 부른다. 작고 흔히 무질서한 이 바람은 보통 수 초나 기껏 수 분 동안 지속한다. 쓰레기를 공기 속으로 날려 보내는 단순 돌풍(그림 7.1A)과 회오리바람 같이 작고 잘 발달된 와동체가 여기에 포함된다. 비록 회오리바람이 토네이도와 닮았지만, 토네이도에 비해 훨씬 작고 덜 강하다(글상자 7.1 참조).

중규모 바람

중규모 바람(mesoscale winds)은 일반적으로 수 분 동안 지속하며, 종종 수 시간 동안 존재하기도 한다. 이 중간 크기의 현상들은 대개 폭이 100km보다 작고, 강한 상승기류 및 하강기류와 토네이도뿐 아니라 **국지풍**(local winds)이라고 부르는 독특한 많은 바람 시스템들을 포함한다(그림 7.1B). 일부 중규모 바람—예를 들어, 뇌우 안에서의 상승기류 및 하강기류—은 강한 연직 성분을 갖는다. 100km/h가 넘는 풍속을 가진 강한 하강기류는 지표면에서 막대한 피해를 초래할 수 있으며, 호우와 우박을 동반할 수 있다. 토네이도는 가장 강력한 중규모 바람으로서 10장에서 살펴볼 것이다.

해륙풍, 치누크, 활강풍 등은 다른 예의 중규모 바람들이다. 이들은 다른 국지풍들과 함께 다음 절에서 논의될 것이다.

대규모 바람

대규모 바람(macroscale winds)이라 부르는 가장 큰 바람 패턴은 **행성-규모**(planetary-scale)와 **종관-규모**(synoptic-scale)의 두 가지 범주로 분류된다. **행성-규모 바람**(planetary-scale winds)은 신세계 개척 시대에 범선이 대서양을 통과하여 오갈 수 있게 해 준 편서풍과 무역풍이 좋은 예다. 이 대규모 흐름 패턴은 전 지구를 돌며, 큰 변화 없이 한번에 수 주 동안 지속할 수 있다.

종관-규모 바람[synoptic-scale winds, 일기도 규모(weather-map scale)라고도 부름]이라 부르는 다소 작은 대규모 순환은 지름이 약 1,000km이며, 일기도상에서 쉽게 식별된다. 두 가지의 잘 알려진 종관-규모 시스템들은 일기도에서 저기압 지역과 고기압 지역으로 각각 나타나는 이동성 **중위도 사이클론**과 **안티사이클론**이다. 이 날씨 생산자들은 주로 중위도 지역에 국한된다.

가장 작은 대규모 날씨 시스템은 늦여름과 초가을에 따뜻한 열대 해양 위에서 발달하는 **열대 폭풍**(tropical storm)과 **허리케인**(hurricane)이다(그림 7.1C). 더 큰 크기의 중위도 사이클론과 마찬가지로 이 시스템에서의 기류는 안쪽과 위쪽을 향하지만, 허리케인과 연관된 바람은 더 극쪽에 있는 사촌인 중위도 사이클론의 바람보다 훨씬 더 강하다.

모든 규모에서의 바람 패턴

대기운동을 크기에 따라 구분하는 것이 관례지만, 전 지구 바람은 모든 규모에서의 운동의 합성체임을 기억하자—사행하는 강과 흡사하게 큰 소용돌이는 작은 소용돌이들로 이루어져 있고 작은 소용돌이는 훨씬 더 작은 소용돌이들로 이루어진다. 한 예로서, 북대서양에서 만들어진 허리케인과 연관된 흐름을 고찰해 볼 것이다. 이 열대 사이클론들 중의

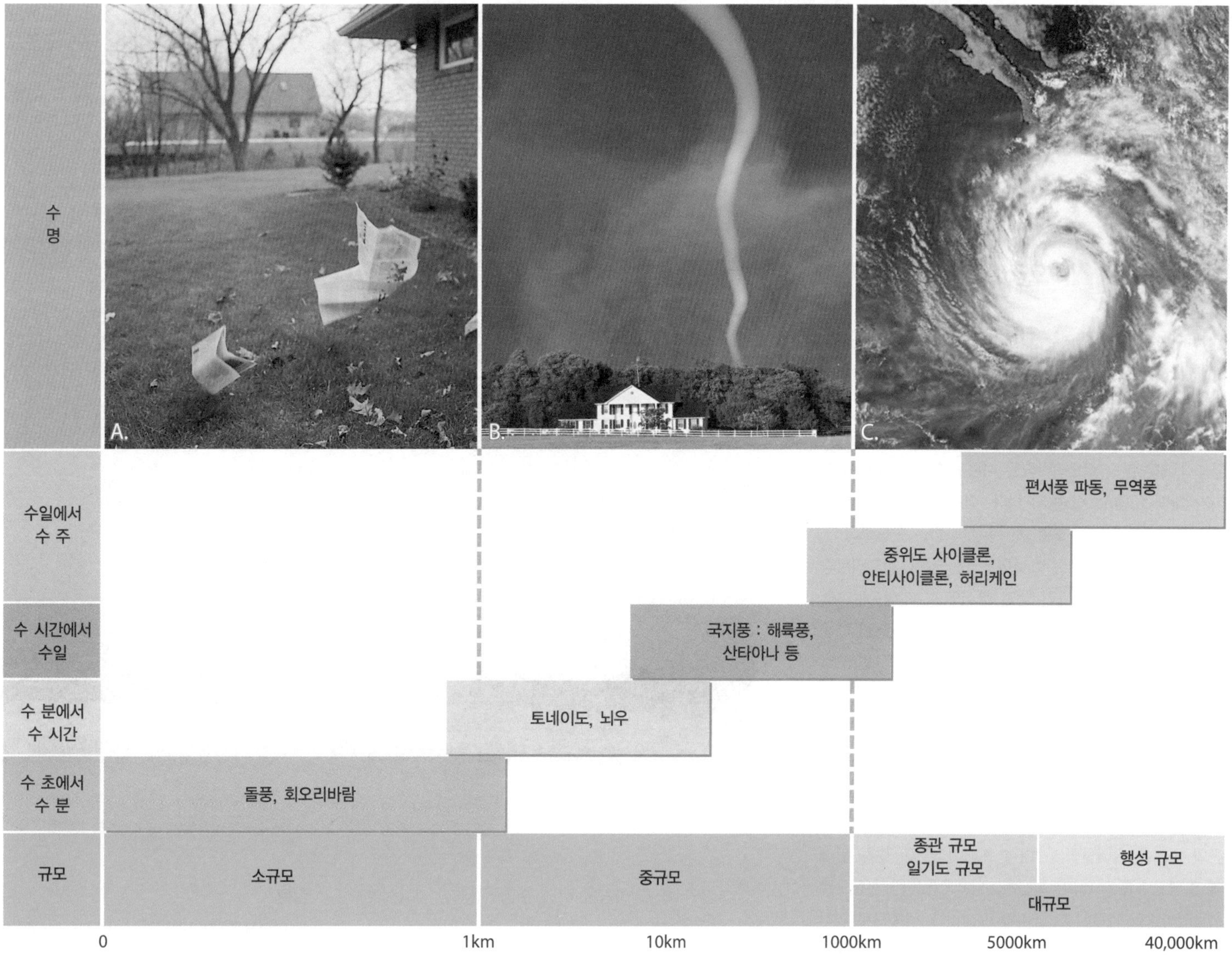

▲ **그림 7.1 대기운동의 세 가지 규모**

A. 돌풍은 소규모 바람을 예시한다. B. 토네이도-유발 거대세포 뇌우는 중규모 바람 시스템의 좋은 예이다. C. 대규모 순환의 한 예인 허리케인의 위성영상.

하나를 위성영상에서 보면, 폭풍은 해양을 가로질러 천천히 이동하는 큰 소용돌이 구름처럼 보인다(그림 7.1C). 일기도 (종관) 규모의 이 관점에서는 폭풍의 일반적인 반시계 방향의 회전을 쉽게 보게 된다.

이 회전운동과 더불어, 허리케인은 대개 동쪽으로부터 서쪽 내지 북서쪽으로 이동한다(허리케인이 일단 편서풍대로 이동하면, 그 진로를 바꾸어 북동쪽으로 이동하려는 경향이 있다). 이 운동은 북대서양의 열대 영역을 통해 서쪽으로 움직이는 훨씬 더 큰 흐름(행성 규모) 속에 이 큰 소용돌이가 얽혀 있음을 시사한다.

비행기를 타고 허리케인을 통과하면서 더욱 가까이서 살펴보면, 폭풍의 몇몇 소규모 특징들을 확인할 수 있다. 비행기가 시스템의 바깥 가장자리에 접근함에 따라, 위성영상에서 본 큰 회전 구름들이 개개의 많은 적란운 탑들(뇌우들)로 이루어져 있음이 분명해진다. 이 각각의 중규모 현상들은 수 시간 지속하며, 허리케인이 존속하기 위해 계속적으로 새로운 것들로 대체된다. 비행하는 동안 개개의 적란운들이 훨씬 더 작은 규모의 난류로 이루어져 있다는 사실도 알게 된다. 이 구름 속에서 상승하고 하강하는 작은 공기 열기포들이 비행을 거칠게 만든다.

요약하면, 바람 시스템이 일어나는 크기와 시간 틀에 의거하여 전지구 바람 시스템은 세 가지 그룹으로 구분된다. 회오리바람 같은 작은 소규모 바람은 수 분만 지속할 수 있는 반면, 강한 상승기류 및 하강기류, 토네이도, 국지풍 등을 포함하는 큰 중규모 바람은 수 시간 지속할 수 있다. 가장 큰 대규모 바람은 편서풍과 무역풍을 포함하며 수 주 동안 존속할 수 있다. 다소 작은 대규모 시스템은 중위도 사이클론, 열대 폭풍, 허리케인 등을 포함한다.

✔ 개념 체크 7.1

1. 대기 순환의 세 가지 주요 카테고리를 열거하고, 각각에 대해 적어도 한 가지의 예를 제시하시오.
2. 바람 시스템의 크기가 그 지속 시간(수명)과 어떻게 관련되는지를 기술하시오.
3. 어떤 규모의 대기 순환이 중위도 사이클론, 안티사이클론, 열대 사이클론(허리케인) 등을 포함하는가?
4. "전 지구 바람은 모든 규모의 바람의 합성체이다."라는 말이 뜻하는 바를 자신의 생각으로 설명해 보시오.

글상자 7.1 회오리바람

전 세계의 건조한 지역에서 흔히 일어나는 현상은 **회오리바람**(dust devils)이라 부르는 소용돌이치는 와동체이다(그림 7.A). 비록 회오리바람은 토네이도와 닮았지만, 파괴적인 토네이도보다 일반적으로 훨씬 더 작고 덜 강렬하다. 대부분의 회오리바람은 지름이 불과 수 미터이고 키가 대략 100m보다 높지 않다. 더욱 이 소용돌이바람은 대개 수 분 이내에 소멸하는 수명이 짧은 현상이다.

대류성 구름과 연관된 토네이도와는 달리, 회오리바람은 맑은 하늘이 지배적인 낮에 형성되고, 지상으로부터 상향으로 발달한다. 지표 가열이 그 형성에 있어서 매우 중요하기 때문에, 회오리바람은 지표 온도가 최고인 오후 시간에 가장 빈번히 발생한다.

지표 부근의 공기가 수십 미터 위의 공기보다 상당히 더 따뜻할 때 지표면 부근의 기층이 불안정해진다는 점을 상기하자. 이러한 상황에서 따뜻한 지표 공기는 상승하기 시작하고, 발달하는 소용돌이 바람 안으로 지상 부근의 공기를 끌어들인다. 빙상 스케이터들이 팔을 몸에 더 밀착할수록 더 빨리 회전하는 것과 동일한 현상으로 회오리바람과 연관된 회전 바람이 생긴다. 안쪽으로 휘감기며 공기가 상승하면서 모래, 먼지, 기타 느슨한 잔해들을 수십 미터 위의 대기로 날려 보낸다—이들이 회오리바람을 눈으로 확인할 수 있게 해 준다.

▲ **그림 7.A 회오리바람**
소용돌이치는 이 와동체가 비록 토네이도와 닮긴 했지만, 발생 기원이 서로 다르며 훨씬 더 작고 덜 강하다.

대부분의 회오리바람은 작고 수명이 짧다. 결과적로, 회오리바람은 대개 파괴적이지 않다. 하지만 종종 이 소용돌이바람은 100m 이상의 지름과 1km 이상의 높이까지 성장하기도 한다. 100km/h에 달하는 풍속을 가진 대형 회오리바람은 막대한 피해를 입힐 수 있다.

질문

1. 대부분의 회오리바람은 어디서 형성되는가?
2. 회오리바람은 어떤 점에서 토네이도와 다른가?

7.2 국지풍

네 가지 유형의 국지풍을 열거하고, 이들의 형성 과정을 기술한다.

국지풍은 중규모 바람에 속한다(수 분~수 시간의 시간 틀과 1~100km의 크기). 대부분의 바람이 동일한 원인을 가짐을 기억하자(지표면의 차등 가열로 인한 기온 차가 기압 차를 일으키기 때문이다). 국지풍들은 국지적으로 형성되는 기압경도에 의해 생성되는 중간 규모의 바람이다. 대부분의 국지풍들은 지형 또는 국지적 지표 상태의 변동의 결과로 나타나는 기온과 기압의 차이와 연관된다.

자주 나오는 질문…

지금까지 기록된 미국에서의 최고 풍속은 얼마인가요?
지상 관측소에서의 최고 풍속 기록은 1934년 4월 12일 뉴햄프셔의 워싱턴 산에서 측정된 372km/h이다. 해발고도 1,879m의 워싱턴 산 정상에 있는 관측소에서의 풍속은 평균 56km/h이다. 산 정상에서는 의심의 여지없이 더 빠른 풍속이 발생했겠지만, 이를 기록할 장비들이 설치되어 있지 않았다.

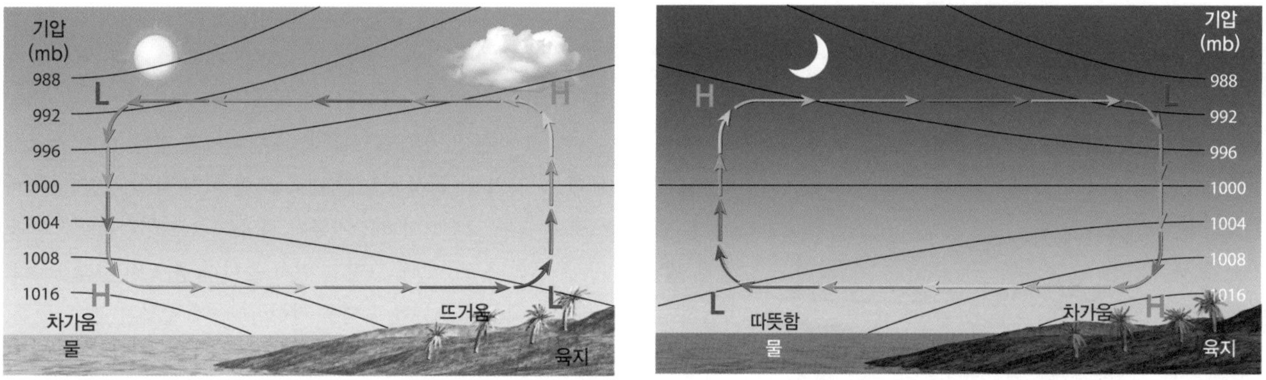

A. 낮 시간 동안 바다 위의 더 차고 무거운 공기가 육지 위로 이동하여 해풍을 형성한다.

B. 밤에는 육지가 바다보다 더 급속히 냉각되어 육풍이라고 하는 앞바다로 향하는 흐름이 형성된다.

◀ **스마트그림 7.2 해륙풍**

http://goo.gl/SquWt

어디로부터 불어오느냐의 방향에 대해 바람의 이름이 붙여짐을 상기하자. 이것은 국지풍에 대해서도 그대로 유효하다. 따라서 해풍은 바다 위에서 발원하여 육지 쪽으로 부는 바람이며, 곡풍은 그 발원지로부터 경사를 거슬러 오르며 부는 바람이다.

해륙풍

바다와 인접 육지 지역 사이에서 발달하는 하루 중 기온차와 그 결과로 초래되어 해풍을 발생시키는 기압 패턴이 6장에서 논의되었다(그림 6.12 참조). 낮 시간 동안 육지는 인접 해역보다 더 강하게 가열되기 때문에, 육지 위의 공기는 가열 팽창하여 그 상층에 고기압 지역을 생성시킨다. 이는 다시 육지 위의 공기를 바다 쪽으로 움직이게 만든다. 이 상층 공기의 질량 전달이 육지 위에서 지표면 저기압을 생성시킨다. 바다 위의 더 차가운 공기가 더 낮은 기압 지역을 향해 육지 쪽으로 이동함에 따라 **해풍**(sea breeze)이 발달한다(그림 7.2A). 밤에는 육지가 바다보다 더 급속히 냉각되고, 육지로부터 공기가 유출되는 **육풍**(land breeze)이 발달할 수 있다(그림 7.2B).

해풍은 연안 지역에서 크게 완화시키는 영향력을 가진다. 해풍이 시작된 직후에 육지 위의 기온은 5~10°C 정도 만큼 떨어질 수 있다. 그렇지만 이 해풍의 냉각 효과는 일반적으로 열대에서는 불과 약 100km 내륙에서만 뚜렷하며 중위도에서는 보통 그 거리의 절반보다 작다. 이 차가운 해풍은 일반적으로 정오 직전에 시작하여 오후 중반에 최대 강도(약 10~20km/h)에 도달한다.

더 작은 규모의 해풍은 큰 호숫가를 따라 발달할 수도 있다. 시카고와 같은 오대호 부근의 도시들은 여름에 '호수효과(lake effect)'의 혜택을 보는데, 주민들은 더운 내륙 지역에 비해 호수 근처에서의 더 시원한 온도를 늘 즐긴다. 많은 지역에서 해풍은 운량과 강우량에도 영향을 준다. 예를 들어, 플로리다 반도는 대서양과 걸프 연안으로부터 오는 해풍의 수렴이 부분적인 원인이 되어 여름 강수의 증가를 경험하게 된다(그림 4.20 참조).

해륙풍의 강도와 크기는 장소와 계절에 따라 변한다. 연중 강한 태양 가열이 지속되는 열대 지역은 중위도 지역보다 더 빈번하고 더 강한 해풍을 겪게 된다. 가장 강한 해풍은 차가운 해류에 인접한 열대 해안선을 따라 발달한다. 중위도에서의 해풍은 가장 따뜻한 달에 가장 잘 발달하지만, 밤에 육지가 해수면의 온도보다 언제나 낮게 냉각되는 것은 아니기 때문에 종종 육풍은 나타나지 않기도 한다.

산곡풍

해륙풍과 유사한 매일의 바람이 많은 산악 지역에서 일어난다. 낮 동

▶ **그림 7.3 산곡풍**

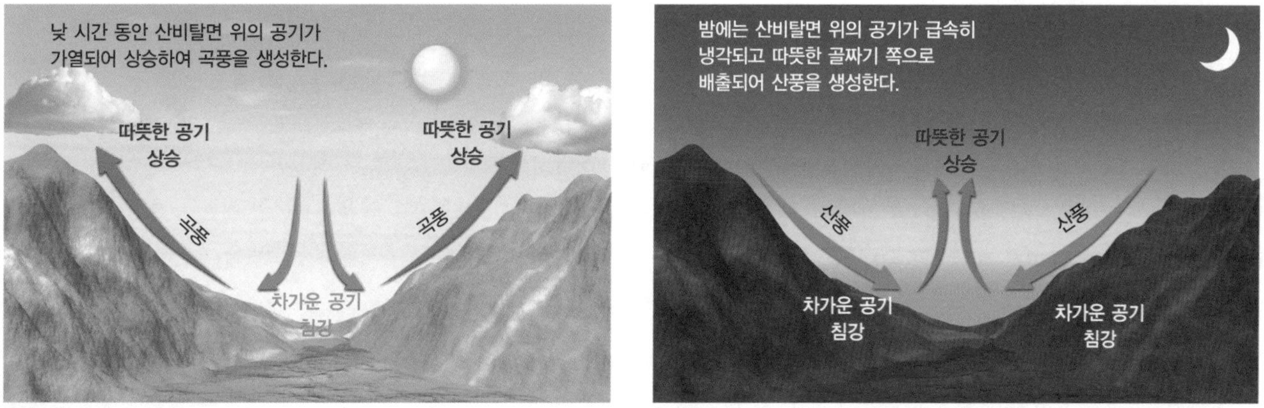

A. 곡풍

B. 산풍

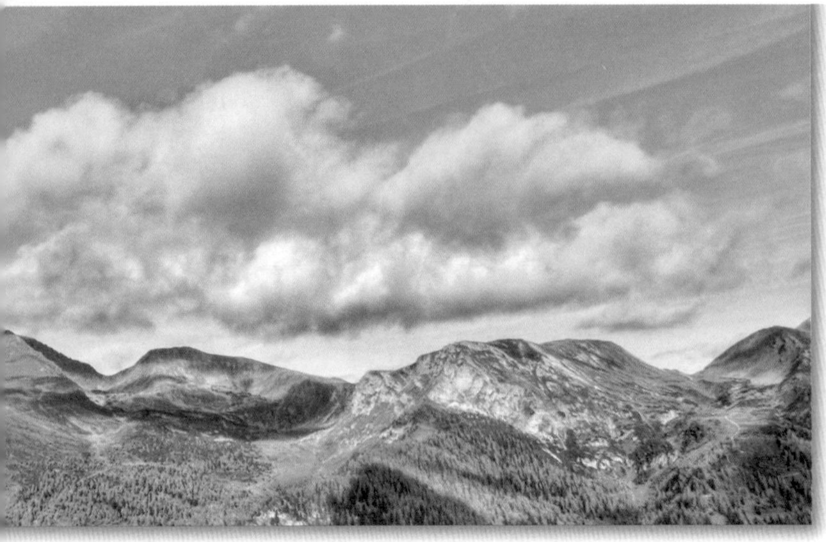

▲ **그림 7.4 낮 시간 비탈오름 바람(곡풍)의 발생을 산꼭대기에서의 구름 발달로 확인할 수 있다**
이 구름 발달은 때때로 오후 중반 뇌우를 생성할 수 있다.

안, 산비탈을 따라서의 공기는 골짜기 바닥 위의 같은 고도의 공기보다 더 강하게 가열된다(그림 7.3A). 더 따뜻한 이 공기가 산비탈을 따라 위로 올라가게 되어 **곡풍**(valley breeze)을 형성한다. 곡풍은 흔히 인접한 산 정상에서 발달하는 적운에 의해 식별될 수 있고, 따뜻한 여름 날 발생하는 늦은 오후의 천둥 소낙비를 설명할 수 있다(그림 7.4).

일몰 후에는 패턴이 역전된다. 산비탈면을 따라 급속한 열 손실이 공기를 냉각시키는데, 이 공기가 골짜기 쪽으로 배출되어 **산풍**(mountain breeze)을 만든다(그림 7.3B). 유사한 찬 공기의 배출이 완만한 경사를 가진 언덕 지역에서 일어날 수 있다. 그 결과 가장 차가운 하강기류가 보통 가장 낮은 지점에 나타나게 된다.

다른 여러 바람과 마찬가지로, 산곡풍은 계절에 따라 변한다. 곡풍은 태양 가열이 가장 강렬한 따뜻한 계절에 가장 흔히 발생하는 반면, 산풍은 차가운 계절에 더 빈번히 발생하는 경향이 있다.

치누크(푄) 바람

치누크(chinooks)라 부르는 따뜻하고 건조한 바람이 때때로 미국에 있는 산들의 경사를 내려오며 분다. 알프스에서의 유사한 바람은 **푄**(foehns)이라 부른다. 이러한 바람은 대개 산악 지역에서 강한 기압 경도가 발달할 때 생성된다. 공기가 산의 풍하 측 비탈면을 내려오면서 단열적으로(압축에 의해, 4장 참조) 가열된다. 공기가 풍상 측을 오르며 응결이 일어나 잠열을 방출할 수 있기 때문에, 풍하 측에서 내려오는 공기는 풍상 측의 비슷한 고도에 있는 공기보다 더 따뜻하고 건조해질 것이다.

치누크는 대개 영향을 받는 지역의 기온이 영하가 될 수 있는 겨울

자주 나오는 질문…

'하부브'는 무엇인가요?

하부브(haboob, '바람'을 뜻하는 아랍어 'habb'에서 유래함)는 메마른 지역에서 발생하는 한 유형의 국지풍이다. 그 이름은 원래 아프리카 수단에서의 강한 먼지 폭풍에 붙여진 것이었는데, 이곳의 한 도시는 연간 평균 24번 이 바람을 경험한다. 하부브는 일반적으로 큰 뇌우로부터의 하강기류가 사막을 빠르게 가로질러 이동할 때 발생한다. 수 톤의 실트, 모래 그리고 먼지 등이 공중으로 올라가 수백 미터의 높이를 가진 잔해물의 소용돌이 벽을 형성한다. 이 밀집된 검은 '구름'은 사막 도시를 완전히 집어삼킬 수 있으며, 막대한 양의 침전물을 내려놓을 수 있다. 미국 남서부의 사막들도 때때로 이런 식으로 생성된 먼지 폭풍을 경험한다.

과 봄에 콜로라도 로키산맥의 동쪽 비탈면을 내려오며 분다. 따라서 이 건조하고 따뜻한 바람은 종종 극적인 변화를 일으킨다. 치누크가 도달한 지 수 분 이내에 기온이 20°C나 상승할 수 있다. 이 바람은 적설을 급속히 녹일 수 있는데, '눈 잡아먹는 것(snoweater)'이란 뜻의 미국 원주민 단어 **치누크**가 왜 이 바람의 이름이 되었는지를 설명해 준다. 치누크 바람은 단 하루에 1ft보다 많은 눈을 녹이는 것으로 알려져 왔다. 1918년 2월 21일에 노스다코타 주의 그랜빌을 통과하여 분 치누크는 기온을 −36°C로부터 10°C로 상승시켰다(무려 46°C나 증가했다).

겨울의 긴 시간 동안 눈 없는 목초지를 만들어 주기 때문에 로키산맥의 동부의 목장주들에게 치누크는 때때로 유익한 것으로 생각된다. 그렇지만 눈 녹는 봄까지 눈이 남아 있어야 땅에 수분이 공급되는데, 치누크로 인한 수분의 손실은 이 유익함을 상쇄한다.

미국에서 발생하는 또 다른 치누크 바람은 **산타아나**(Santa Ana)이다. 남부 캘리포니아에서 나타나는 이 뜨겁고 매우 건조한 바람은 이미 건조한 이 지역에 화재의 위협을 크게 증가시킨다(글상자 7.2 참조).

활강(폭포)바람

겨울철에 고지대에 인접한 지역들은 **활강바람**(katabatic wind) 또는 **폭포바람**(fall wind)을 경험할 수 있다. 이 국지풍은 그린란드 또는 남극

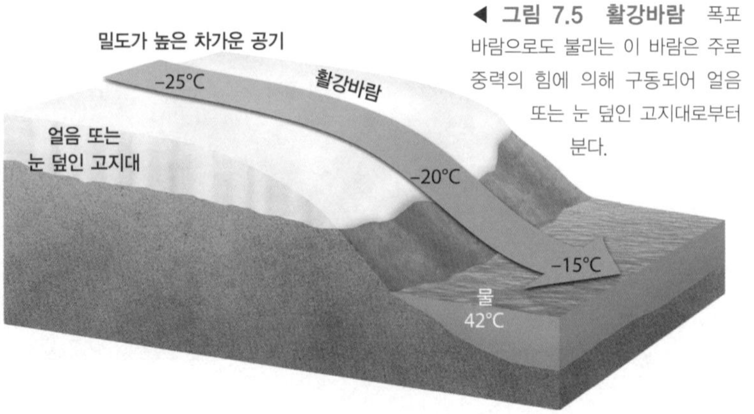

◀ **그림 7.5 활강바람** 폭포바람으로도 불리는 이 바람은 주로 중력의 힘에 의해 구동되어 얼음 또는 눈 덮인 고지대로부터 분다.

대륙의 빙상과 같은 고지대 위에 위치한 차갑고 무거운 공기가 이동하기 시작할 때 발원한다(그림 7.5). 중력의 영향하에서 차가운 공기는 고지대의 가장자리를 넘어 마치 폭포수처럼 떨어진다. 비록 공기가 단열적으로 가열되지만, 초기 온도가 너무 낮아 옮겨간 지역의 공기보다 여전히 더 차고 무거운 상태로 바람은 저지대에 도달한다. 이 쌀쌀한 공기가 하강하면서 경우에 따라 협곡의 통로를 지나가는데, 여기서 이 공기는 큰 파괴력을 가진 속도를 얻게 된다.

잘 알려진 몇몇 활강바람들은 지역 명칭을 갖고 있다. 가장 유명한 것이 프랑스의 알프스에서 지중해 쪽으로 부는 **미스트랄**(mistral)이다. 또 다른 하나는 발칸 반도의 산악지역에서 발원하여 아드리아 해로 부는 **보라**(bora)이다.

시골풍

중규모 바람의 일종인 **시골풍**(country breeze)은 대도시 지역과 연관된다. 바람의 명칭이 내포하고 있는 것처럼, 이 순환 패턴은 주변의 시골 쪽에서부터 도시로 불어 들어가는 약한 바람의 특징을 갖는다. 탁 트인 경관의 외곽 지역에 비해 도시에서의 암석류 물질로 이루어진 대형 빌딩들은 낮 동안 축적된 열을 유지하려는 경향이 있다(도시열섬에 관한 글상자 3.3 참조). 그 결과, 도시의 따뜻하고 덜 무거운 공기가 상승하게 되고, 이는 다시 시골에서 도시 쪽으로의 흐름을 촉발시킨다. 시골풍은 비교적 맑고 바람 약한 밤에 발달할 가능성이 가장 높다. 시골풍의 한 가지 좋지 않은 결과는 도시 주변에서 배출된 오염 물질들이 도심 부근으로 흘러 들어가 농축되는 것이다.

✓ 개념 체크 7.2

❶ 가장 강력한 해풍은 차가운 해류에 인접한 열대 해안을 따라 발달한다. 이유를 설명하시오.

❷ 어떤 면에서 해륙풍은 산곡풍과 유사한가?

❸ 치누크는 어떤 바람인가? 이 바람이 흔히 발생하는 두 지역의 이름을 밝히시오.

❹ 어떤 면에서 활강(폭포)바람은 대부분의 다른 유형의 국지풍과 다른가?

❺ 도시가 그 고유의 국지풍을 어떻게 생성하는지 설명하시오.

7.3 전 지구 순환

전 지구 순환의 3-세포 모델을 설명 또는 묘사한다.

전 지구 바람에 관한 지식의 출처는 전 세계에서 관측된 기압과 바람 패턴, 그리고 유체 운동에 관한 이론 연구, 이 두 가지이다. 우리는 주로 전 세계 평균 기압 분포를 통해 개발되었던 전 지구 순환의 고전 모델을 먼저 고찰할 것이다. 그런 다음, 보다 더 최근에 발견된 복잡한 대기운동의 면모들을 더해 줌으로써 이 이상화된 모델을 수정할 것이다.

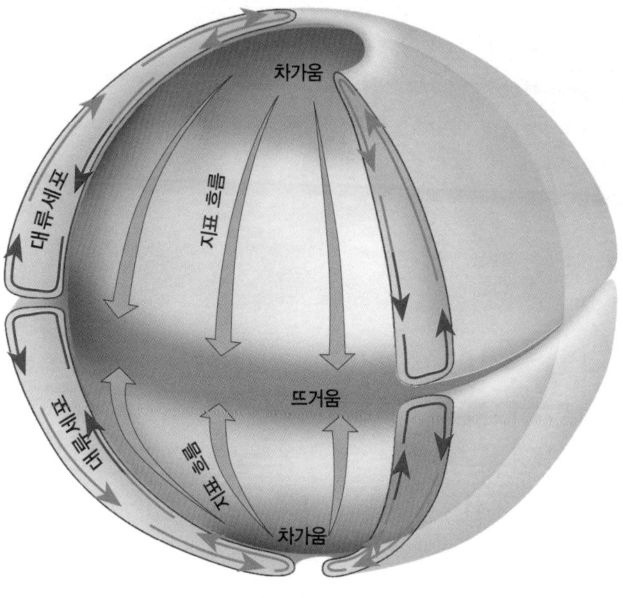

▲ **그림 7.6 회전하지 않는 지구 위에서의 전 지구 순환**
회전하지 않는 지구에서는 대기의 차등 가열로 단순한 대류 시스템이 생성된다.

단일-세포 순환 모델

전 지구 순환의 고전 모델에 대한 가장 앞선 기여들 중의 하나가 1735년에 조지 해들리(George Hadley)에게서 비롯되었다. 태양에너지가 바람을 일으킨다는 것을 잘 알고 있었던 해들리는 극과 적도 간의 큰 온도 대비가 북반구와 남반구 모두에서 대규모 **대류세포**를 생성시킨다고 제안했다(그림 7.6).

해들리의 모델에서 따뜻한 적도 공기는 대류권계면에 도달할 때까지 상승하고, 여기서 이 공기는 극을 향하여 퍼져 나간다. 결국 이 상층 흐름이 극에 도달하게 되면 여기서의 냉각이 흐름을 가라앉게 만들어 지표면에서는 적도를 향해 바람이 불게 된다. 이 차가운 극 공기가 적도로 다가오면 재가열되어 상승한다. 따라서 해들리가 제안한 순환은 극으로 흘러가는 상층 공기와 적도로 이동하는 지표면 공기를 갖는다. 비록 해들리의 모델이 원리적으로는 옳지만 지구의 자전을 고려하지 않았다.

기상재해
글상자 7.2

산타아나 바람과 산불

산타아나는 치누크와 같은 바람의 국지명으로 가을과 봄에 남부 캘리포니아와 북서 멕시코를 특징적으로 휩쓸고 지나간다. 휩쓸고 지나간다. 이 뜨겁고 건조한 바람은 지역 산불을 촉발시키는 것으로 악명이 높다.

산타아나 바람은 대평원 위에서 가을에 발달하기 쉬운 하강 기류를 동반한 강한 고기압 시스템에 의해 구동된다. 안티사이클론으로부터의 시계 방향의 흐름이 사막 공기를 애리조나와 네바다로부터 태평양 쪽인 서쪽으로 향하게 만든다(그림 7.B 작은 지도). 바람은 코스트 산맥의 협곡, 특히 산타아나 협곡으로 빨려 들어 가면서 속도를 얻게 되는데, 이것이 이 바람 이름의 유래이다. 산 경사면을 내려오면서 이미 따뜻하고 건조한 공기의 단열 가열은 기존의 메마른 조건을 더욱 심하게 만든다. 여름 더위로 시든 식생들은 이 뜨겁고 건조한 바람에 의해 훨씬 더 마르게 된다.

산타아나 바람은 매해 발생하지만, 2003년 가을과 그보다는 약한 정도였던 2007년에 특히 위험했는데, 이때 수십만 에이커의 면적이 불에 탔다. 2003년 10월 후반에 산타아나는 때때로 100km/h가 넘는 풍속을 가지고서 남부 캘리포니아 해안을 향해 불기 시작했다. 이 지역의 넓은 면적은 작은 떡갈나무로 알려진 덤불과 동족의 관목들로 덮여 있다. 불이 발화하는 데－부주의한 야영자 또는 운전자, 벼락 또는 방화범－많은 시간이 걸리지 않았다. 곧 여러 작은 화재들이 로스앤젤레스, 샌베르나디노, 리버사이드 그리고 샌디에이고의 일부 지역에서 일어났다(그림

Video
전 지구
화재 패턴
http://goo.gl/gne63L

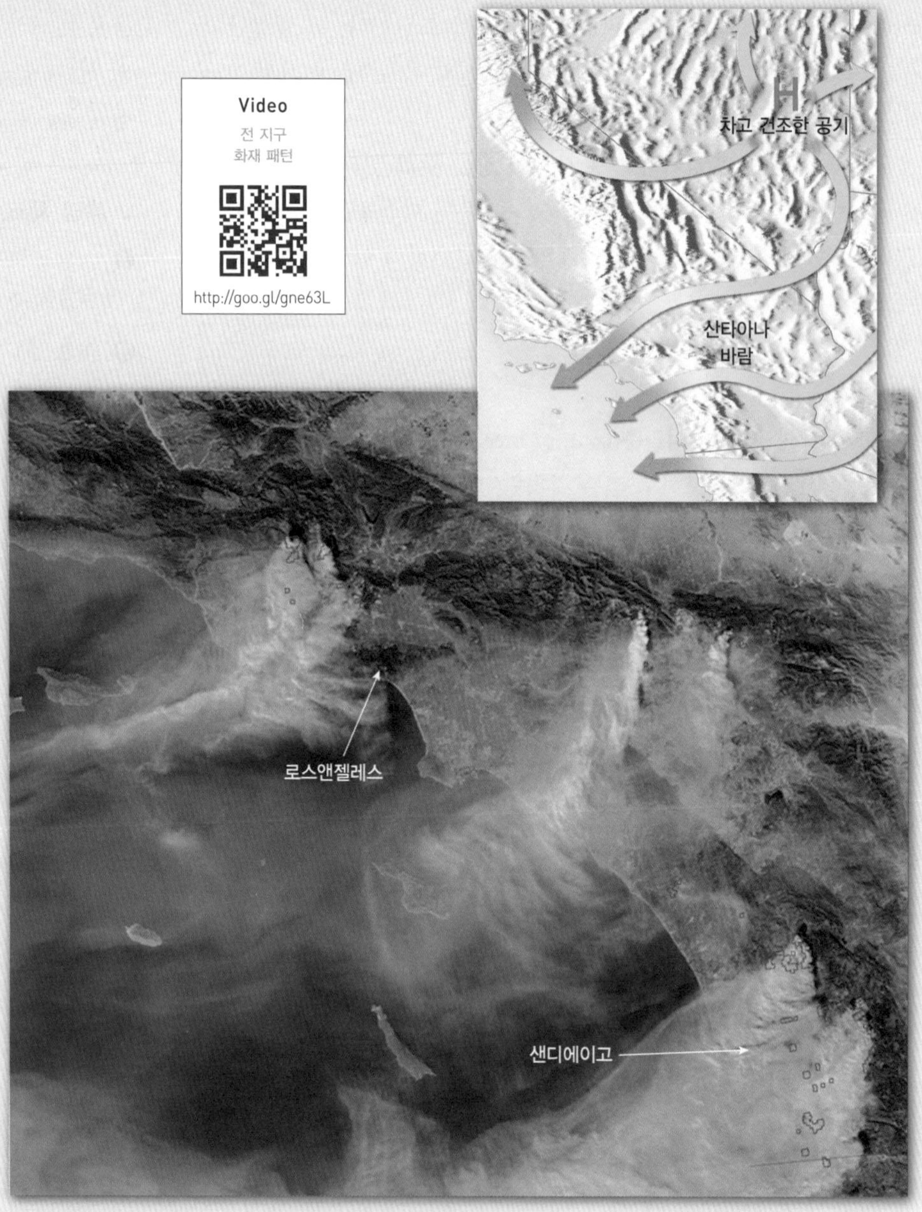

▶ **그림 7.B 산타아나 바람에 의해 발생된 산불**
2003년 10월 27일에 NASA의 아쿠아 위성에 잡힌 이 영상에서는 10개의 대형 산불이 남부 캘리포니아 전체를 불태우고 있다. 작은 지도는 산타아나 바람을 유도하는 차고 건조한 공기로 이루어진 이상화된 고기압 지역을 보여 준다. 단열 가열이 기온의 증가와 상대습도의 감소를 일으킨다.

3-세포 순환 모델

1920년대에 지구의 자전을 고려한 3-세포 순환 모델이 제안되었다. 이 모델이 상층 대기 관측에 맞도록 수정되긴 했지만, 여전히 전 지구 순환을 고찰하기 위한 유용한 도구이다. 그림 7.7은 이상화된 3-세포 모델과 그에 따른 지표 바람을 도식화한 것이다.

적도와 약 30°N 및 30°S 사이의 위도대의 순환은 해들리가 제안한 대류 모델과 아주 비슷하다－그를 기려 **해들리 세포**(Hadley cell)라 부른다. 적도 부근에서 적운 탑들이 형성되는 동안 잠열을 방출하는 온난한 상승 공기가 해들리 세포를 구동하는 에너지를 제공하는 것으로 생각된다. 해들리 세포의 상층기류가 극으로 이동하면서 20~35°의 위도대에서 침강하기 시작한다. 이 대규모 침강에 기여하는 두 가지의 인자가 있다. (1) 상층기류가 적도의 폭풍 지역에서 멀어지면서 복사냉각이 지배적인 과정이 된다. 그 결과, 공기는 냉각되고 무거워져 가라앉게 된다. (2) 둘째, 적도로부터의 거리가 증가하면서 코리올리 힘이 더 강

▲ **그림 7.C 산불의 화염이 캘리포니아 밸리 센터 남쪽의 한 집을 향하고 있다** 2003년 10월 27일에 찍은 영상.

7.B). 여러 개가 산불로 발달하여 협곡을 휩쓸고 지나가는 사나운 산티아나 바람만큼이나 빠르게 이동하였다.

며칠 이내에 13,000명 이상의 소방수들이 로스앤젤레스 북쪽에서부터 멕시코 국경에 이르는 방화선상에 있었다. 거의 2달 후 모든 화재가 공식적으로 진화되었을 때 742,000ac 이상의 면적이 불에 탔고, 3000 가구 이상이 파손되었으며, 26명의 사람이 사망했다(그림 7.C). 미연방재난관리청은 25억 달러 이상의 재산 피해가 난 것으로 평가했다. 2003년 남부 캘리포니아 산불은 미국 역사상 최악의 화재 재난이 되었다.

건조한 여름과 연관된 강한 산타아나 바람은 수천 년 동안 남부 캘리포니아에 산불을 발생시켜 왔다.

건조한 여름과 연관된 강한 산타아나 바람은 캘리포니아 남부에 수천 년 동안 산불을 발생시켜 왔다. 이 산불은 떡갈나무 덤불과 세이지 덤불을 태움으로써 자연적으로 땅이 새로운 성장을 준비하도록 만든다. 산타바바라와 샌디에이고 사이의 산불 취약 지역으로 집을 짓고 사람들이 모여들기 시작하였을 때, 전혀 다른 자연적 문제가 더해졌다. 가연성 높은 유칼립투스와 소나무로 이루어진 조경물들이 위험을 더욱 증가시켰다. 더욱이, 화재 방지 노력은 장시간 불에 잘 타는 많은 양의 물질들의 축적을 초래시켜, 결국 소수이긴 하지만 더 크고 파괴적인 산불을 발생시킬 것이다. 분명히, 머지않은 미래에도 산불은 이 지역들에서 가장 큰 위협으로 남아 있을 것이다.

질문

1. 산타아나 바람은 어떤 부류의 국지풍에 속하는가?
2. 산타아나 바람은 연중 어느 시기에 발생하는가?
3. 산타아나 바람은 왜 남부 캘리포니아의 연안 지역에 위협인가?

해져 극향 이동하는 상층 공기를 전향시켜 위도 30°에 이르게 되면 거의 동서 흐름이 된다. 이것은 공기의 극향 흐름을 제한한다. 달리 말하자면, 코리올리 힘이 상층 공기의 대규모 축적(수렴)을 발생시킨다. 그 결과, 20~35° 위도대에서는 대규모 침강이 일어난다.

20~35° 위도대에서의 이 침강 공기는 적도 부근에서 수분을 배출했기 때문에 비교적 건조하다. 아울러, 하강 동안의 단열 가열은 공기의 상대습도를 더욱 감소시킨다. 결과적으로, 이 아열대 침강 지역은 북아프리카의 사하라 및 그레이트 오스트레일리아 사막과 같은 전 세계의 많은 큰 사막들이 생겨난 곳이다. 더욱이, 위도 20~35° 사이의 지표 바람이 때때로 약해 대서양을 횡단하는 초창기의 스페인 범선이 꼼짝 못하고 긴 기간 동안 거기에 머물러야 했기 때문에, 이 위도대를 **말위도**(horse latitudes)라 부른다(그림 7.7). 말에게 줄 음식과 물이 동이 나면, 스페인 선원들은 말을 배 밖으로 던져 버려야 했다.

지표 기류는 말위도의 중심에서 두 갈래로 나뉜다—한 갈래는 극을

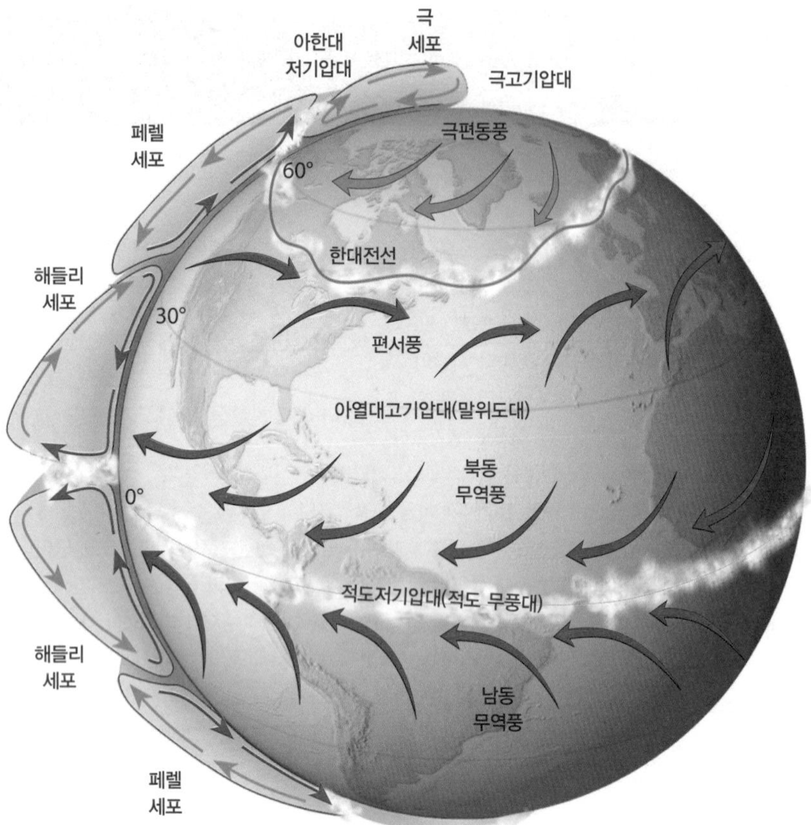

▲ 스마트그림 7.7 자전하는 지구상에서 3-세포 순환 모델의 이상화된 전 지구 순환

http://goo.gl/In1LI

대기를 바라보는 눈 7.1

여름날 이 산악 지역에는 구름이 전혀 없이 하루가 시작되었다. 오후가 되자 이 구름들이 형성되었다.

질문

1. 이 사진의 구름은 어떤 국지풍과 연관될 가능성이 가장 높은가?
2. 이 구름의 형성과 연관된 국지풍의 생성 과정을 기술하시오.
3. 이와 같은 구름이 밤에 만들어질 것으로 예상하는가?

향해 불고 다른 한 갈래는 적도를 향해 분다. 적도를 향하는 기류는 코리올리 힘 때문에 전향되어 믿음직한 **무역풍**(trade wind)을 형성하는데, 초창기 범선이 이 바람 덕분에 유럽과 북아메리카 간에 상품을 나를 수 있도록 해 주었기에 붙여진 이름이다. 북반구에서의 무역풍은 북동쪽에서 불어오는 반면, 남반구에서의 무역풍은 남동쪽에서 불어온다. 양 반구에서 불어오는 무역풍은 약한 기압경도 지역인 적도 부근에서 만난다. 이 구역을 **적도 무풍대**(doldrums)라 부른다. 이곳에서의 약한 바람과 습한 조건이 단조로운 날씨를 가져다주기 때문에 '침울(the doldrums)'이라는 표현의 근거가 되었다.

3-세포 모델에서 소위 **페렐 세포**(Ferrel cell)라 부르는 (북위 및 남위) 30~60° 위도대의 순환은 중위도에서의 서풍의 지표 바람을 설명하기 위해 윌리엄 페렐(William Ferrel)이 제안했다(그림 7.7 참조). 아마도 최초의 미국 예보관이었던 벤저민 프랭클린(Benjamin Franklin)은 이 **탁월 편서풍**(prevailing westerlies)을 알고 있었는데, 폭풍들이 식민지를 가로 질러 서에서 동으로 이동한다는 점을 주목하였다. 프랭클린은 또한 편서풍이 무역풍보다 훨씬 더 간헐적이어서 항해 동력이라는 면에서 덜 믿음직하다는 것을 관측하였다. 지표면에서의 평균적인 편서 흐름을 붕괴시키는 것이 중위도를 가로 질러 이동하는 사이클론과 안티사이클론이라는 사실을 오늘날 우리는 알고 있다. 매일의 날씨를 생성하는 데 있어서 중위도 순환의 중요성 때문에, 이 장의 뒷부분에서 더 자세히 편서풍을 고찰할 것이다.

극세포(polar cell)에서의 순환은 적도로 향하는 지표 흐름을 생성시키는 극 부근 침강에 의해 구동된다. 이 지표 흐름을 양 반구에서의 **극편동풍**(polar easterlies)이라 부른다. 이 찬 극 바람이 적도 쪽으로 이동하면서 결국 중위도의 더 따뜻한 편서류와 마주친다. 찬 기류가 따뜻한 공기와 부딪치는 지역을 **한대전선**(polar front)이라 불러 왔다. 이 지역의 중요성은 나중에 고찰될 것이다.

요약하면, 전 지구 순환은 주로 적도와 극 사이의 온도 차이에 의해 구동된다. 그러나 지구의 자전 때문에 적도와 극 사이에서 에너지를 전달하는 단일의 대류 세포가 존재하는 것이 아니라, 전 지구 바람은 3-세포 시스템과 대략적으로 유사하다. 적도에서 위도 약 30°까지의 대류세포는 해들리 세포, 위도 30°에서 약 60°까지를 페렐 세포 그리고 60°부터 극까지를 극세포라 부른다.

✓ 개념 체크 7.3

1. 가장 강력한 해풍은 차가운 해류에 인접한 열대 해안을 따라 발달한다. 이유를 설명하시오.
2. 어떤 면에서 해륙풍은 산곡풍과 유사한가?
3. 치누크는 어떤 바람인가? 이 바람이 흔히 발생하는 두 지역의 이름을 밝히시오.
4. 어떤 면에서 활강(폭포)바람은 대부분의 다른 유형의 국지풍과 다른가?
5. 도시가 그 고유의 국지풍을 어떻게 생성하는지 설명하시오.

7.4 바람을 구동시키는 기압대

지구의 이상화된 동서 기압대를 요점적으로 설명한다. 대륙과 계절적 기온변화가 어떻게 이상화된 기압 패턴을 복잡하게 만드는지 설명한다.

이상화된 3-세포 모델은 지구의 전 지구적 바람 패턴의 기초를 제공하지만, 실제 바람 패턴은 차별적이고 복잡한 지표 기압 분포로부터 유발된다. 이 논의를 단순화시키기 위하여 우리는 균일한—즉, 전체가 물 또는 평탄한 땅으로 이루어진 지표면이라는 가정하에서 예상되는 이상화된 기압 분포를 먼저 고찰할 것이다. 그런 다음, 우리는 현실—세계의 기압 시스템으로 돌아올 것이며, 다음 절들에서 우리는 이 시스템이 생성하는 계절적 바람 패턴 및 탁월 바람 패턴에 대해 살펴볼 것이다.

이상화된 동서 기압대

만일 지표면이 균일하다면, 각 반구는 2개의 동서 방향 고기압대와 2개의 저기압대를 갖게 된다(그림 7.8A). 적도 가까이에서는 해들리 세포의 온난한 상승 지류가 **적도저기압**(equatorial low)으로 알려진 저기압대와 관련된다. 습윤하고 뜨거운 이 상승 공기 지역은 풍부한 강수량이 특징이다. 이 저기압 지역은 무역풍이 수렴하는 곳이기 때문에, **열대수렴대**(intertropical convergence zone, ITCZ)라고도 부른다. 그림 7.9에서는 적도 근처의 구름 밴드로 ITCZ를 볼 수 있다.

편서풍과 무역풍이 발원하여 갈라지는 곳인 적도 양쪽 약 20~35°는 **아열대고기압**(subtropical highs)으로 알려진 고기압대가 있다. 이 기압대에서 하강하는 공기기둥은 평균적으로 따뜻하고 건조한 날씨를 만든다.

한대전선에 해당하는 곳인 위도 약 50~60°에 또 다른 저기압 지역이 위치한다. **아한대저기압**(subpolar low)으로 알려진 이곳 저기압 수렴대에서 극편동풍과 편서풍이 충돌한다. 뒤에서 알게 되겠지만, 특히 겨울철 동안 중위도에서의 폭풍우 날씨는 대부분 이 기압대 때문이다.

마지막으로, 지구 극 부근에 **극고기압**(polar highs)이 존재하는데, 이

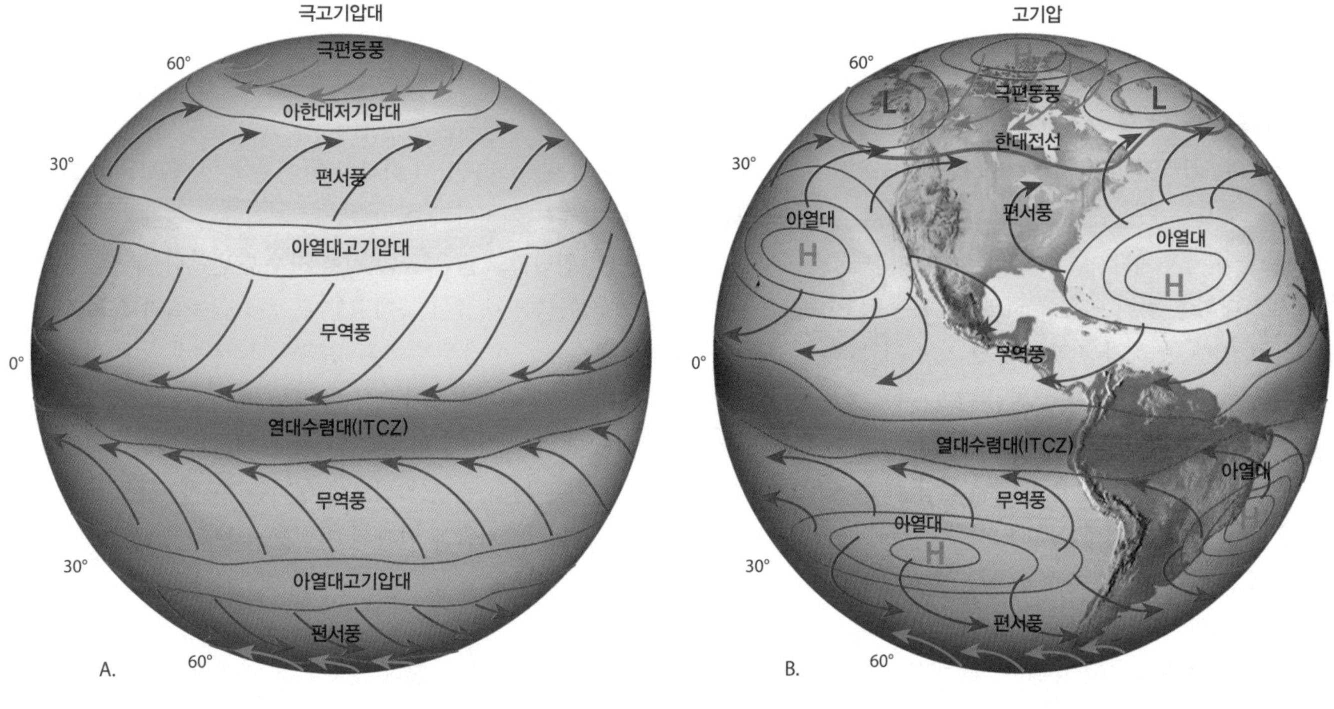

◀ **그림 7.8 이상화된 전 지구 기압 및 바람 분포**
A. 가상적 균일 지구가 갖는 이상화된(연속적인) 동서 기압대. **B.** 큰 대륙을 가진 실제 지구는 이상화된 동서 패턴을 깨뜨린다. 그 결과, 지구의 기압 패턴은 주로 반영구적 고기압 및 저기압 세포들로 이루어진다.

Animation
전 지구적 바람 패턴
http://goo.gl/ffBUHg

▲ 그림 7.9 열대수렴대(ITCZ)
이 저기압대 및 수렴대는 적도의 약간 북쪽에서 동서로 길게 뻗은 구름 밴드로서 보게 된다.

로부터 극편동풍이 발원한다(그림 7.8A 참조). 이 극고기압은 지표면 냉각의 결과이다. 극 부근의 공기는 차고 무겁기 때문에, 평균보다 더 높은 압력을 지표면에 가한다.

실제 세계 : 반영구적 기압 시스템

지금까지 우리는 전 지구 기압 시스템을 마치 지구 주위의 연속적인 띠 모양으로 생각했다. 그러나 지표면이 균일하지 않기 때문에 기압의 진정한 동서 띠 분포는 오직 연속적인 해양이 있는 남반구의 아한대 저기압을 따라서만 존재한다. 정도는 덜하지만, 적도저기압 또한 연속적이다. 다른 위도대, 특히 해양 대비 육지 면적비가 더 높은 북반구에서는 이 동서 띠 패턴이 반영구적인 고기압 및 저기압의 세포들로 대체된다.

'실제' 지구에 대한 이상화된 기압 및 바람 패턴이 **그림 7.8B**에 묘사되었다. 이 패턴은 이 기압 세포들을 강화시켜 주거나 약화시켜 주는 기온의 계절 변화 때문에 늘 유동적이다. 더욱이 이 기압 시스템들의 위치는 최대 태양 가열 위도대의 계절적 이동에 따라 극 또는 적도 쪽으로 움직인다. 이 인자들로 인해 한 해가 지나는 동안 지구 기압 패턴의 강도와 위치가 변한다.

1월과 7월의 평균 전 지구 기압 패턴과 그로 인한 바람을 **그림 7.10**에 나타냈다. 이 일기도에서 주목해야 할 점은 관측된 기압 패턴이 동서적(동서 밴드)이라기보다 원형(또는 길쭉한 장형)이라는 것이다. 두 일기도에서 가장 현저한 특징은 아열대고기압들이다. 이 시스템들은 위도 20~35° 사이의 아열대 해양 위에 중심을 두고 있다.

그림 7.10A(1월)와 **7.10B**(7월)를 비교해 보면, 일부 기압 세포들은 연중 지속되는 모습임을 보게 된다 — 예를 들어, 아열대고기압들. 그러나 그 외에는 계절적이다. 예를 들어, 멕시코 북부와 미국 남서부의 저기압 세포는 여름철 현상이어서 7월 일기도에서만 나타난다. 이러한 변동은 주로 대륙들, 특히 중위도와 고위도의 대륙들에서 나타나는 더 큰 기온의 계절 변동 때문이다.

1월의 기압 및 바람 패턴 **시베리아 고기압**(Siberian highs)은 아시아 북부의 동토 위에 있는 매우 강한 고기압 중심으로서 1월의 기압도에서 가장 현저한 특징이다(그림 7.10A) 더 약한 극고기압이 차가운 북아메리카 대륙 위에 위치한다. 차가운 이 안티사이클론들은 매우 밀도가 큰 공기로 이루어져 있어서 이 공기기둥은 상당히 큰 무게를 갖는다. 실제로, 지금까지 측정된 최고 해면기압인 1,084mb(수은 32.01in)는 시베리아 아가타에서의 1968년 12월 기록이었다. 이 공기기둥 내의 하강운동의 결과로 맑은 하늘과 발산 지표 흐름이 생긴다.

대륙에서의 북극 고기압들이 강화되면서, 해양 위의 아열대 안티사이클론들은 더 약해진다. 더욱, 아열대고기압들의 평균 위치가 7월보다는 1월에 대양의 동쪽 해변에 더 가까워지려는 경향을 보인다. 예를 들어, 그림 7.10A를 잘 보면 아열대고기압의 중심이 북대서양의 동쪽 부분에 위치해 있다. 이 기압 시스템은 **버뮤다/아조레스 고기압**(Bermuda/Azores high)으로 알려져 있는데, 그 위치가 7월에는 버뮤다 섬 부근에 위치해 있다가 겨울로 다가가면서 포르투갈 서쪽 약 1,360km의 화산섬들인 아조레스를 향해 동진하기 때문이다.

또한, 7월엔 없지만 1월 기압도에서 불 수 있는 것은 2개의 강한 반영구적 저기압 중심들이다. **알류샨 저기압**(Aleutian low)과 **아이슬란드 저기압**(Icelandic low)이라는 이름을 가진 이 사이클론 세포들은 북태평양과 북대서양 위에 각각 위치한다. 이들은 정체 세포들이 아니고 이 지역을 횡단하는 수많은 사이클론 폭풍들의 합성된 모습들이다. 달리 말하자면, 겨울 동안 매우 많은 중위도 사이클론들이 발생하여 이 지역들에서는 거의 항상 저기압이 나타나기 때문에, **반영구적**이라고 말한다. 그 결과, 알류샨 저기압과 아이슬란드 저기압의 영향을 받는 지역은 흐린 날씨가 빈번하고 많은 양의 겨울 강수를 받는다.

많은 수의 사이클론 폭풍이 북태평양 위에서 만들어져 동쪽으로 이동하기 때문에 알래스카 남부 연안은 풍부한 강수를 받는다. 이러한 사실의 좋은 사례가 알래스카 싯카로서 이 해안 도시에는 매해 215cm의 강수량이 내려 캐나다 매니토바 주의 처칠에 내리는 양의 5배를 넘는다. 비록 두 도시는 거의 동일한 위도에 있지만, 처칠 시는 대륙 내부에 위치하여 알류샨 저기압과 연관된 사이클론 폭풍의 영향에서 멀리 벗어나 있다.

7월의 기압 및 바람 패턴 여름에 북반구의 기압 패턴은 극적으로 변

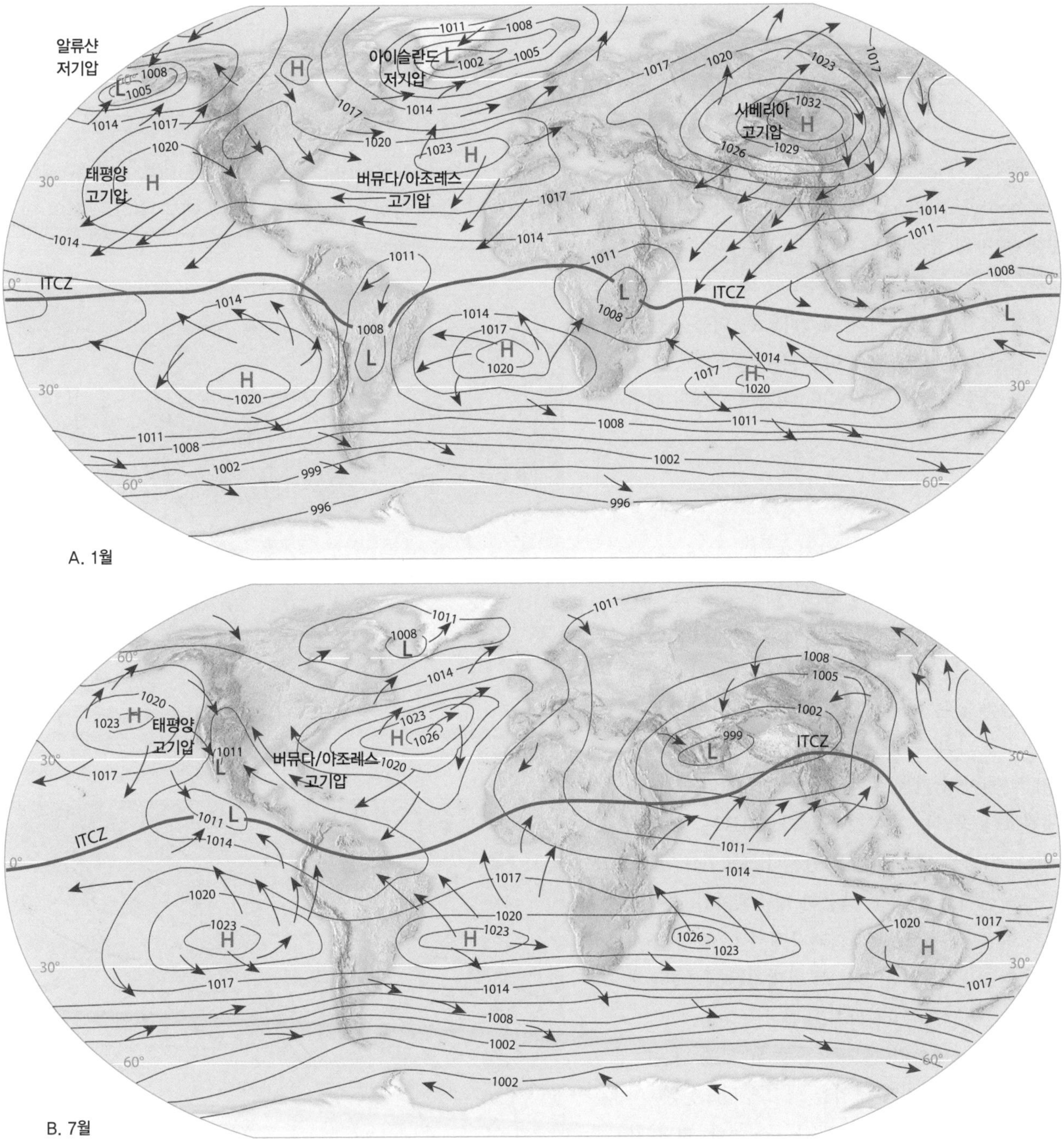

◀ **그림 7.10 A. 1월과 B. 7월에 대한 평균 지표 기압 및 그에 따른 전 지구 순환** 적색 화살표는 지표 기류를 나타낸다.

Video
전 지구 바람을 따르는 블랙카본 에어로졸
http://goo.gl/Pqfv5u

한다(그림 7.10B 참조). 대륙에서의 높은 지표면 온도는 겨울철 고기압을 대체하는 저기압을 생성시킨다. 이 열적 저기압은 따뜻한 상승 공기로 이루어져 내향 지표 흐름을 유발시킨다. 이 저기압 중심들 중에 가장 강한 것은 남아시아에서 발달하는 한편, 이보다는 약한 열적 저기압은 미국 남서부에 나타난다.

그림 7.10을 잘 살펴보면, 북반구의 아열대고기압들이 여름철 동안 서쪽으로 이동하며, 겨울철보다 더 강해진다. 이 강한 고기압 중심들이 대양 위에서의 여름 순환을 지배하며, 이 고기압들의 서쪽에 놓인 대륙으로 온난 습윤한 공기를 들여보낸다. 이것은 북아메리카 동부와 남동아시아의 일부 지역에 강수량을 증가시키는 결과를 가져다준다.

✓ 개념 체크 7.4

1. 열대수렴대(ITCZ)가 무엇인가?
2. 지구가 균일한 지표면을 가졌더라면, 동서 방향의 고기압대 및 저기압대가 존재했을 것이다. 이 기압대의 명칭과 각 기압대가 나타나는 대략적인 위도를 밝히시오.
3. 어떤 계절에 시베리아 고기압이 가장 강하며, 그 이유는 무엇인가?
4. 어떤 계절에 버뮤다/아조레스 고기압이 가장 강한가?

7.5 몬순

아시아 몬순을 생성하는 전 지구 순환의 계절 변화를 기술한다.

전 지구 순환의 큰 계절 변화를 몬순이라 부른다. 많은 사람이 알고 있는 것과 달리, **몬순**(monsoon)은 '우기(rainy season)'를 의미하지 않는다. 그렇다기보다는 매해 두 차례 풍향이 역전되는 특별한 바람 시스템을 일컫는다. 일반적으로, 겨울은 겨울 몬순이라 부르는 대륙 밖으로 지배적으로 불어 나가는 바람과 연관된다. 이와 대조적으로, 여름은 온난 다습한 공기가 바다에서 육지로 분다. 따라서 여름 몬순은 그 영향을 받는 육지 지역에서의 풍부한 강수와 보통 연관되며, 이것이 오해의 원인이 되었다.

아시아 몬순

가장 잘 알려지고 가장 발달된 몬순 순환은 남아시아 및 남동아시아에서 일어나 인도 및 그 주변 지역들뿐 아니라 중국, 한국, 일본의 일부 지역에 영향을 준다. 대부분의 다른 바람과 마찬가지로, 아시아 몬순은 지표면의 차등 가열에 의해 생기는 기압 차로 구동된다.

겨울이 다가오면서, 긴 밤과 낮은 태양 고도각 때문에 러시아 북부의 광활한 땅에는 몹시 차가운 공기의 축적을 일으킨다. 이것이 시베리아 고기압을 생기게 만들어, 아시아의 겨울 순환을 결국 지배한다. 시베리아 고기압의 하강하는 건조한 공기는 남아시아를 가로지르는 지표 바람을 생성시켜 해안을 빠져 나가는 탁월 바람을 만든다(그림 7.11A). 이 기류가 인도에 도달하는 시점에서 공기는 상당히 따뜻해지긴 하지만 여전히 지극히 건조하다. 예를 들어, 인도의 콜카타에서는 차가운 6개월 동안의 강수량이 연 강수량의 2% 미만이다. 그 나머지는 따뜻한 6개월에 내리는데, 거의 대부분은 6월에서 9월까지 내린다.

대조적으로, 여름철 남아시아 내륙의 온도는 종종 40°C를 넘는다. 이 강렬한 태양 가열이 이 지역에 저기압 구역을 생기게 만드는데, 이는 해풍과 연관된 저기압과 유사하지만 훨씬 더 큰 규모이다. 다음 차례로, 이 저기압이 상층 공기의 유출을 일으켜 지표에서의 공기 유입을 강화시킨다. 남동 아시아에서의 저기압 중심의 발달과 함께, 인도양과 태평양으로부터 다습한 공기가 내륙으로 흘러 들어옴에 따라 여름 몬순의 전형적인 강수 패턴을 생성시킨다.

세계에서 가장 비가 많이 오는 지역들 중의 하나가 히말라야의 경사면에서 나타나는데, 인도양에서부터 들어오는 습윤 공기의 지형에 의한 상승이 이곳에 막대한 강수를 생성시킨다. 인도의 체라푼지에서는 예전에 25m의 연 강우량을 기록한 적이 있는데, 이 양의 대부분이 4개월의 여름 몬순 동안 내린 것이다(그림 7.11B).

아시아 몬순은 복잡하며, 광활한 아시아 대륙이 받는 태양 가열의 계절 변화에 강한 영향을 받는다. 그러나 태양 수직 광선의 연중 이동

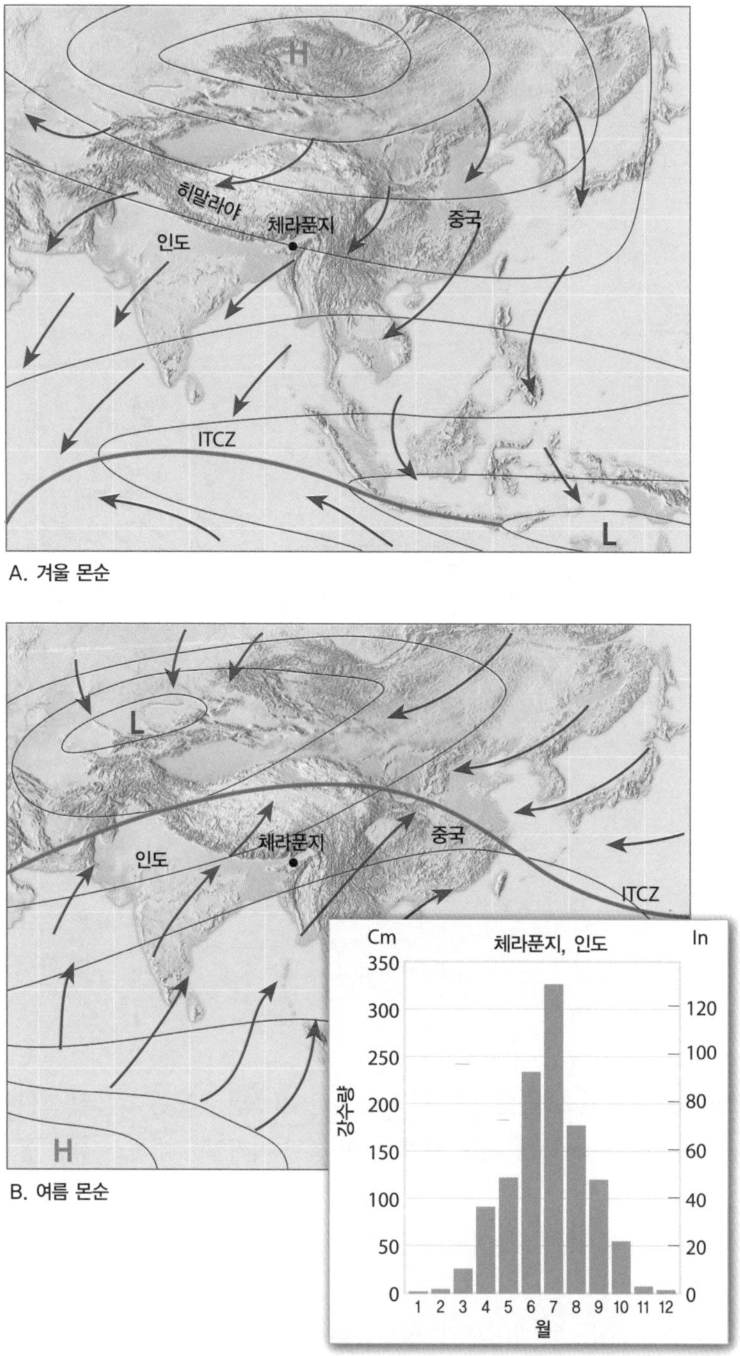

▲ **그림 7.11 아시아의 몬순 순환**
이 순환 패턴은 열대수렴대(ITCZ)의 계절적 변위와 연동하여 일어난다. **A.** 1월에 강한 고기압이 아시아에 발달한다. 그 결과, 대륙을 빠져 나오는 찬 공기가 건조한 겨울 몬순을 생성시킨다. **B.** 여름의 시작으로 ITCZ는 북쪽으로 이동하고 온난 습윤한 공기를 대륙으로 끌어들인다.

과 연관된 또 다른 인자도 남아시아의 몬순 순환에 기여한다. 아시아 몬순은 그림 7.11에 보인 ITCZ의 큰 계절 이동과 연관된다. 여름의 시작과 함께 ITCZ는 북쪽의 대륙 위로 이동하고 최대 강우를 동반한다. ITCZ가 적도의 남쪽으로 이동하는 아시아의 겨울에는 그 반대가 일어난다.

세계 인구의 거의 절반이 아시아 몬순의 영향을 받는 지역에 살고 있다. 이 사람들의 다수가 생존을 위한 생계형 농업에 의존한다. 몬순 비가 적시에 내려 주느냐 아니냐는 대개 적당한 영양과 광범위한 영양실조 간의 차이를 의미한다.

북아메리카 몬순

다른 지역들에서 아시아 몬순과 연관된 것과 유사한 계절적 바람 변화가 나타난다. 예를 들어, 계절적 바람 변화가 북아메리카의 일부 지역에 영향을 미친다. 북아메리카 몬순으로 종종 불리는 이 순환 패턴은 건조한 봄에 이어 비교적 많은 비의 여름을 생성시켜 미국 남서부 및 멕시코 북서부의 넓은 지역에 영향을 준다.* 이것은 애리조나 주 투손에서 관측된 강수 패턴으로 예시될 수 있는데, 이곳은 평균적으로 5월 보다 8월에 거의 10배나 더 많은 강수를 받는다. 그림 7.12에 보인 것처럼, 전형적으로 이 여름 강수는 건조 상태가 복귀하기 전인 9월까지 지속된다.

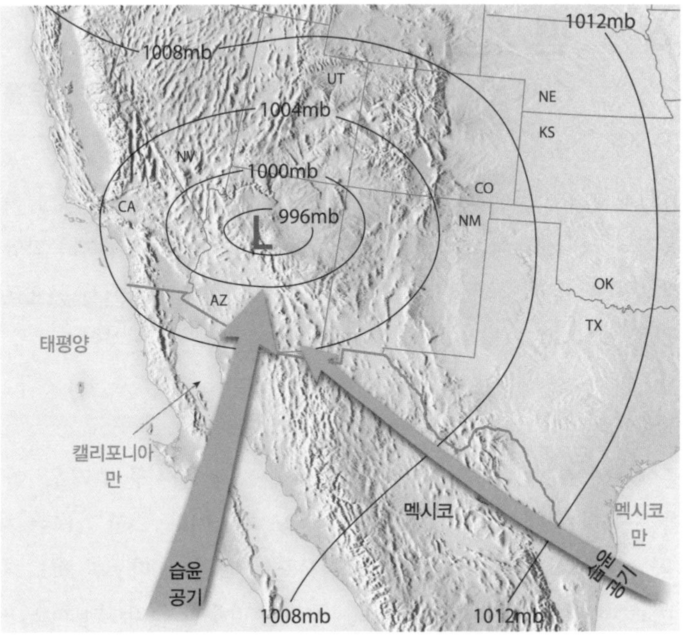

▲ 그림 7.13 미국 남서부의 여름철 고온이 북아메리카 몬순을 생성시킨다
고온이 열적 저기압을 생기게 하여 캘리포니아만과 멕시코만으로부터 습윤 공기를 끌어들인다. 이 여름 몬순은 강수량의 증가를 발생시키는데, 이것은 미국 남서부와 멕시코 북서부에서 자주 뇌우의 형태로 일어난다.

미국 남서부 지역, 특히 저지대 사막들에서 여름 한낮 기온은 극도로 높아질 수 있다. 이 강한 지표 가열이 애리조나 주에 저기압 중심을 생기게 만든다. 이에 따른 순환 패턴은 캘리포니아만으로부터, 그리고 그 정도는 덜하지만 멕시코만으로부터 온난 습윤 공기를 가져온다(그림 7.13). 인접한 해양 공급원으로부터 대기 수분의 공급이 열적 저기압의 수렴 및 상승기류와 결부됨으로써 이 지역에서 가장 더운 달에 내리는 강수를 발생시킨다. 비록 애리조나 주와 자주 연관되지만, 이 몬순은 실제로 멕시코 북서부 지역에서 가장 강하며 뉴멕시코 주에서도 꽤 현저하다.

* 미국의 이 지역에서 광범위하게 연구되어 왔기 때문에 이 현상을 **애리조나 몬순**(Arizona monsoon)과 **남서 몬순**(Southwest monsoon)으로 부르기도 한다.

◀ 그림 7.12 북아메리카 몬순
이 계절 순환은 애리조나 주 투손의 강수 패턴으로 예시된다.

✓ 개념 체크 7.5

1. 몬순을 정의하시오.
2. 아시아 몬순의 원인을 설명하시오. 어느 계절(여름 또는 겨울)이 우기인가?
3. 북아메리카의 어느 지역에서 현저한 몬순 순환이 나타나는가?

7.6 편서풍

중위도 상층의 공기 흐름이 강한 동서 성분을 갖는 이유를 설명한다.

2차 세계대전 이전에는 고층 관측이 거의 이루어지지 않았다. 그 이후, 항공기와 라디오존데에 의해 대량의 대류권 상층 자료가 제공되었다. 가장 중요한 발견 중의 하나는 중위도 상공의 기류가 서에서 동으로 부는 강한 성분, 즉 편서풍이라는 이름의 바람을 가진다는 것이다.

왜 편서풍인가

상층에 편서류가 지배하는 이유를 고찰해 보자. 편서풍의 경우, 이 바람을 구동하는 것은 극과 적도 간의 온도 차이이다. 그림 7.14는 차가운 극 지역에서의 고도에 따른 기압 분포를 훨씬 더 따뜻한 적도 지역과 비교하여 예시한 것이다. 차가운 공기는 따뜻한 공기보다 더 밀도가 높기(압축적이기) 때문에, 차가운 공기기둥에서의 기압은 따뜻한 공기기둥에서보다 더 빨리 감소한다(그림 6.10 참조). 그림 7.14에서의 기압면들은 극에서 적도로 가면서 관측될 것으로 예상되는 기압 분포의 단순화된 모습을 나타낸다.

기온이 더 높은 적도에서의 기압이 차가운 극지역에서보다 더 완만하게 감소한다. 결과적으로, 지표면 위의 같은 고도에서 더 높은 기압은 적도 지역에 존재하며, 더 낮은 기압은 극지역에 나타나는 것이 정상이다. 따라서 상층의 기압경도는 적도(고기압 지역)에서 극(저기압 지역)을 향한다.

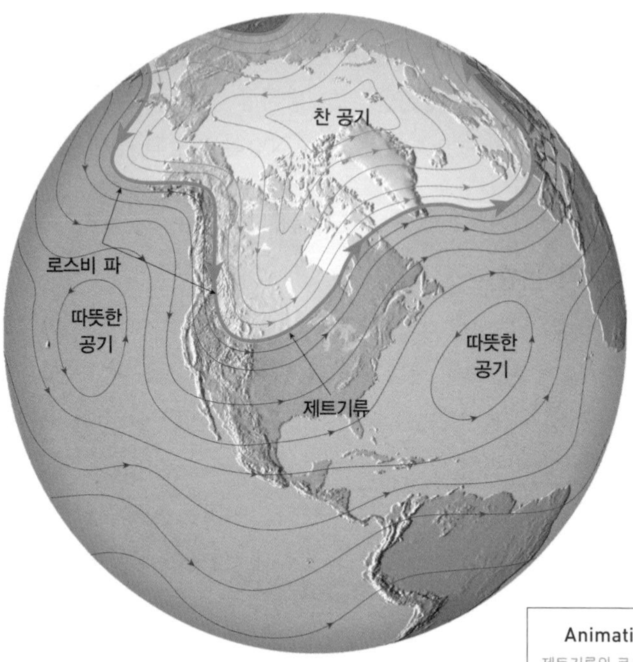

▲ **그림 7.15 상층 편서풍의 이상화된 기류**
로스비 파라고 부르는 5개의 장파장 굴곡이 이 기류를 구성한다. 제트기류는 이 파동 기류의 고속의 중심핵이다.

원래 적도에 있던 상층 공기가 이 기압경도력(그림 7.14에서의 적색 화살)에 대한 반응으로 극쪽으로 진출하기 시작하면, 코리올리 힘이 기류 방향의 변화를 일으킨다. 6장에서 배운 내용을 상기하면, 북반구에서 코리올리 힘은 바람을 오른쪽으로 편향시킨다. 궁극적으로, 극을 향하는 기압경도력과 적도를 향하는 코리올리 힘 사이에 이루어지는 균형이 지균 바람을 생성시키는데, 이것은 서에서 동으로 부는 강한 성분이다. 그림 7.14에 보인 적도에서 극으로의 온도경도가 지구 위에서 전형적이기 때문에, 상층에서는 편서 흐름이 예상되어야 하며, 대부분의 경우에 그 흐름이 우세하다.

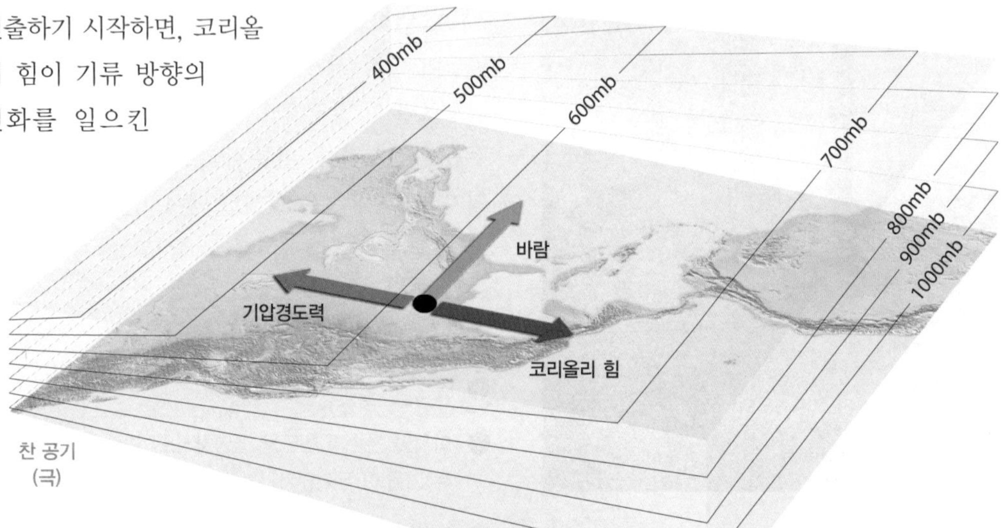

▶ **그림 7.14 상층 편서풍을 생성시키는 기압 패턴**
차가운 극 지역 공기와 따뜻한 열대지역 공기 간의 차이 때문에 상층에서 이상화된 기압경도가 발달한다. 잘 살펴보면, 극을 향하는 기압경도력이 적도를 향하는 코리올리 힘과 균형을 이룬다. 그 결과, 서에서 동으로의 탁월 흐름인 소위 편서풍이 분다.

편서풍에서의 파동

상층 바람 일기도의 연구는 편서풍이 장파장을 가진 파형의 경로를 따라 간다는 사실을 보여 준다. 이 대규모 운동에 관한 지식의 많은 부분은 로스비(C. G. Rossby)의 덕분인데, 그는 최초로 이 파동들의 성질을 설명하였다.

그림 7.15에 보인 소위 **로스비 파**(Rossby waves)는 최장파 패턴으로서 대개 4~6개로 이루어진 굴곡들로 지구 한 바퀴를 두른다. 비록 공기는 이 굴곡진 경로를 따라 동쪽으로 흐르지만, 이 장파는 그대로 정체하거나 서쪽에서 동쪽으로 느리게 흐르는 경향이 있다.

로스비 파는 매일의 날씨에 매우 큰 영향을 미칠 수 있는데, 남북으로 광범위하게 사행할 때 특히 더 그러하다. 다음 절에서 이 역할을 고찰할 것이며 9장에서도 또 한 번 고찰할 것이다.

✓ 개념 체크 7.6

❶ 중위도의 상층 흐름은 왜 편서풍이 우세한가?

❷ 상층일기도에서 뚜렷하게 나타나는 장파장의 흐름에 어떤 이름이 붙여졌나?

7.7 제트기류

한대 제트기류의 발생 기원과 중위도 사이클론 폭풍과의 관계를 설명한다.

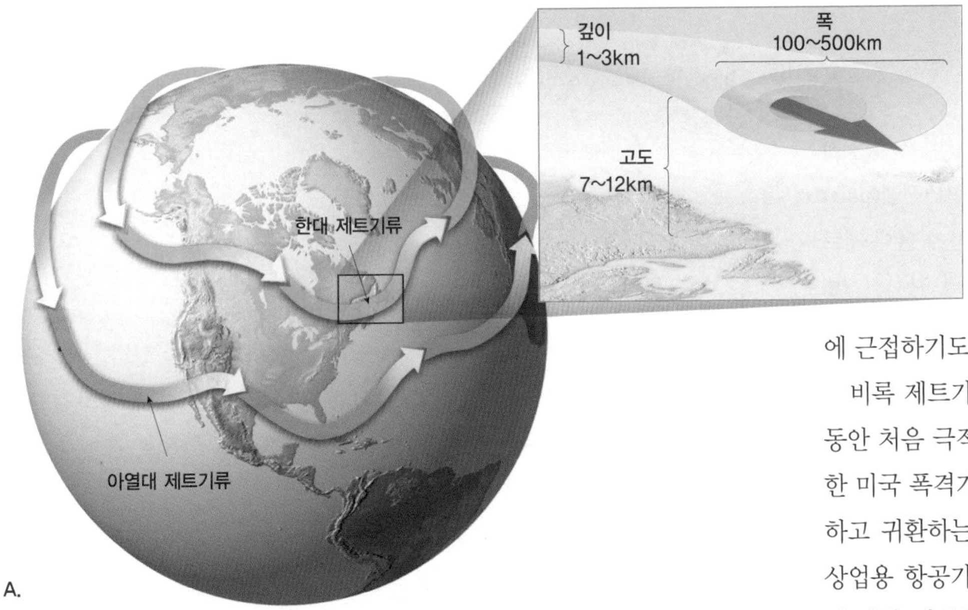

A.

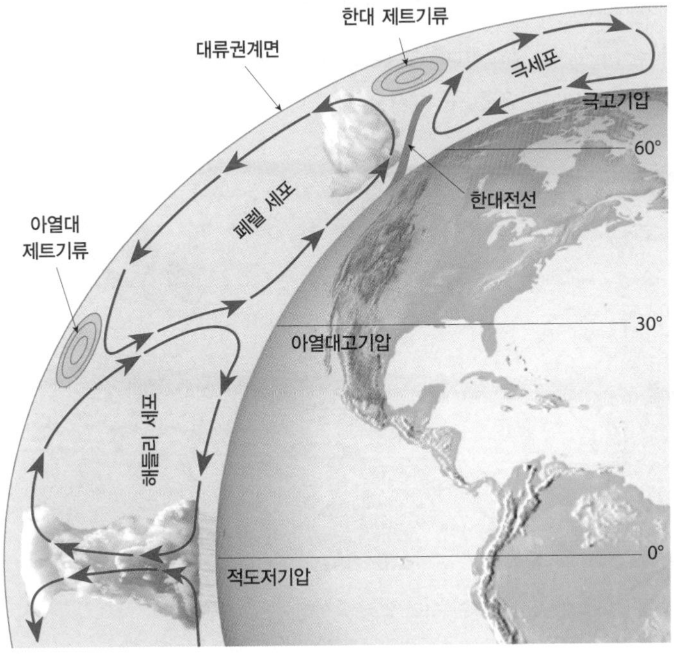

B.

상층 편서 기류 내에 전형적으로 수천 킬로미터를 사행하는 좁은 리본 모양의 고속의 바람이 들어 있다(그림 7.16A). 한때, 이 빠른 기류를 물의 사출과 유사하게 생각하여 **제트기류**(jet streams)라 명명되었다. 제트기류는 대류권 꼭대기 부근에서 발생하며, 100km 미만에서 500km 이상까지 변하는 폭을 가진다. 풍속은 대개 100km/h를 넘으며, 종종 400km/h에 근접하기도 한다.

비록 제트기류가 더 일찍 탐지되긴 했지만, 그 존재는 2차 세계대전 동안 처음 극적으로 밝혀졌다. 일본에 점령된 섬을 향해 서쪽으로 비행한 미국 폭격기들이 가끔씩 유난히 강한 역풍에 직면했다. 임무를 포기하고 귀환하는 전투기들은 강한 순풍의 편서풍을 경험하였다. 현대의 상업용 항공기 조종사들은 지구를 동쪽으로 비행할 때 제트기류 내의 이 강한 기류를 이용하여 속력을 증가시킨다. 물론, 서쪽으로 비행할 때 조종사들은 가능하면 이 빠른 기류를 피한다.

한대 제트기류

다소 더 느린 일반적인 편서 기류 내에 존재하는 현저하고 활력적인 바람의 발생 기원은 무엇일까? 그 해답의 열쇠는 가파른 상층 기압 경도와 이로 인해 더 빠른 상층 바람을 생성시키는 지표면에서의 큰 온도 차이이다. 겨울과 이른 봄에 플로리다 남부에서의 온화한 날과 북쪽으로 불과 수백 킬로미터 떨어진 조지아에서 빙점에 가까운 온도를 갖는 것은 별난 일이 아니다. 이렇게 큰 겨울철 온도 대비가 연중 그 시기에 더 빠른 편서기류를 예상하게 만든다. 일반적으로, 가장 빠른 상층 바람은 매우 좁은 지대에 걸쳐 큰 온도 차이를 갖는 지역에 위치한다.

◀ **그림 7.16 제트기류**

A. 한대 제트기류 및 아열대 제트기류의 대략적인 위치. B. 전 지구 순환의 3-세포 모델과 연관된 한대 제트와 아열대 제트의 단면 모습.

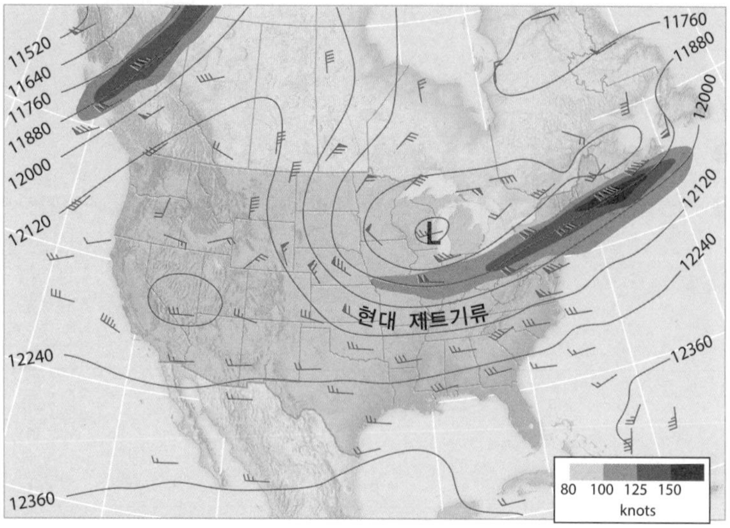

▲ 그림 7.17 단순화된 1월의 200-mb 고도 등치선
제트기류 중심핵(또는 스트리크)의 위치를 진한 핑크색으로 나타냈다.

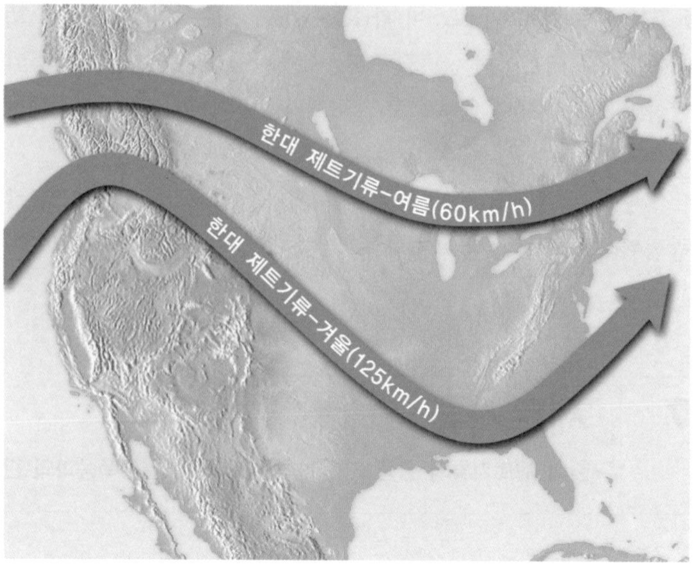

▲ 그림 7.18 한대 제트기류의 위치와 속력은 계절에 따라 변한다
한대 제트기류는 위도 약 30°와 70° 사이에서 자유롭게 이동한다. 여름과 겨울에 통상적으로 나타나는 흐름 패턴을 보여 준다.

이 큰 온도 차이는 좁고 약간 직선인 소위 **전선**(front)이라 부르는 지대를 따라 발생한다. 가장 일반적인 제트기류는 소위 **한대전선**(polar front)이라 부르는 주 전선대를 따라 발생하므로 그에 걸맞게 **한대 제트기류**(polar jet stream) 또는 간단히 **한대 제트**(polar jet)라 명명된다(그림 7.16B). 이 제트기류는 대개 중위도 지역에서 특히 겨울에 나타나기 때문에 **중위도 제트기류**(mid-latitude jet stream)라 알려져 있기도 하다(그림 7.17). 한대전선이 찬 극편동풍과 비교적 따뜻한 편서풍 사이에 위치해 있다는 사실을 기억하자. 한대 제트기류는 서에서 동으로 거의 직선으로 불지 않고, 대개 사행하는 경로를 갖는다. 경우에 따라, 거의 정남북으로 분다. 가끔, 이것은 2개의 제트로 갈라져 다시 합류할 수도 있고 그렇지 않을 수도 있다. 한대전선과 마찬가지로, 이 고속의 기류는 지구를 연속적으로 돌지 않는다.

평균적으로 한대 제트는 겨울에 125km/h로 불고, 여름에 대략 그 절반의 속력으로 분다(그림 7.18). 이 계절 차이는 중위도의 겨울 동안 훨씬 더 강한 온도경도가 존재하기 때문이다.

한대 제트의 위치가 한대전선의 위치와 대략적으로 일치하기 때문에, 위도 방향의 그 위치가 계절에 따라 이동한다. 따라서 최대 태양 가열 위도대와 마찬가지로, 제트는 여름에는 북쪽으로 이동하고 겨울에는 남쪽으로 이동한다. 차가운 겨울 몇 달 동안, 한대 제트기류는 플로리다까지 남쪽으로 확장할 수 있다(그림 7.18). 봄이 오면서 최대 태양 가열 위도대와 제트는 점차 북쪽으로 이동하기 시작한다. 한여름이 되면, 그 평균적인 위치는 캐나다 국경 부근이지만, 훨씬 더 극 쪽에 위치할 수 있다.

한대 제트기류는 중위도의 날씨에 매우 중요한 역할을 한다. 지상 폭풍들의 회전운동을 구동시키는 데 필요한 에너지 공급과 더불어, 이 폭풍들이 이동하는 경로의 방향을 잡는다. 결과적으로, 한대 제트의 위치와 흐름 패턴의 변화를 결정하는 것이 현대 날씨 예보의 중요한 부분이다. 한대 제트가 북쪽으로 이동하여 악성뇌우와 토네이도가 돌발적으로 발생하는 지역에서는 거기에 상응하는 변화가 있게 된다. 멕시코 만에 접한 주들에서는 대부분의 뇌우와 토네이도가 2월에 발생하지만, 한여름이 되면, 이 활동 중심이 북부 대평원과 5대호 주들로 옮겨간다.

한대 제트기류의 위치는 또한 다른 지표 상태, 특히 기온과 습도에도 영향을 미친다. 원래의 그 위치보다 훨씬 더 적도 쪽에 치우쳐 위치하면 날씨는 정상보다 더 춥고 건조하다. 반대로, 한대 제트가 그 위치보다 극 쪽으로 이동하면 더 따뜻하고 습한 상태가 지배할 것이다. 따라서 제트기류의 위치에 따라 날씨는 정상보다 더 따뜻하거나 더 춥거나 더 건조하거나 더 습할 수 있다.

▲ 그림 7.19 아열대 제트기류의 적외 영상
이 영상에서 아열대 제트는 멕시코에서 플로리다로 뻗어 있는 구름대로 나타난다.

아열대 제트기류

아열대 지역에 있는 하나의 반영구적인 제트를 **아열대 제트기류**(subtropical jet stream)라 부르며(그림 7.16B 참조), 주로 겨울철에 나타나는 현상이다. 한대 제트보다 다소 더 느리게 서에서 동으로 부는 이 기류는 (양 반구) 위도 25°, 고도 약 13km에 중심을 두고 있다. 북반구에서 겨울에 아열대 제트가 북쪽을 지나갈 때, 멕시코만 연안의 주들, 특히 플로리다 남부 지역에 온난 다습한 조건을 가져다 줄 수 있다(그림 7.19).

제트기류와 지구의 열수지

이제 우리는 적도에서 극으로 열을 수송함으로써 지구의 열수지를 유지시키는 바람의 기능으로 돌아가 보자. 비록 적도 지역에서의 흐름(해들리 세포)이 다소 자오적(북-남)이긴 하지만, 대부분의 다른 위도에서는 동서적(서-동)이다. 우리가 알게 된 것처럼, 동서 흐름의 원인은 코리올리 힘이다. 이제 우리가 생각해 보고자 하는 질문은 다음과 같다.

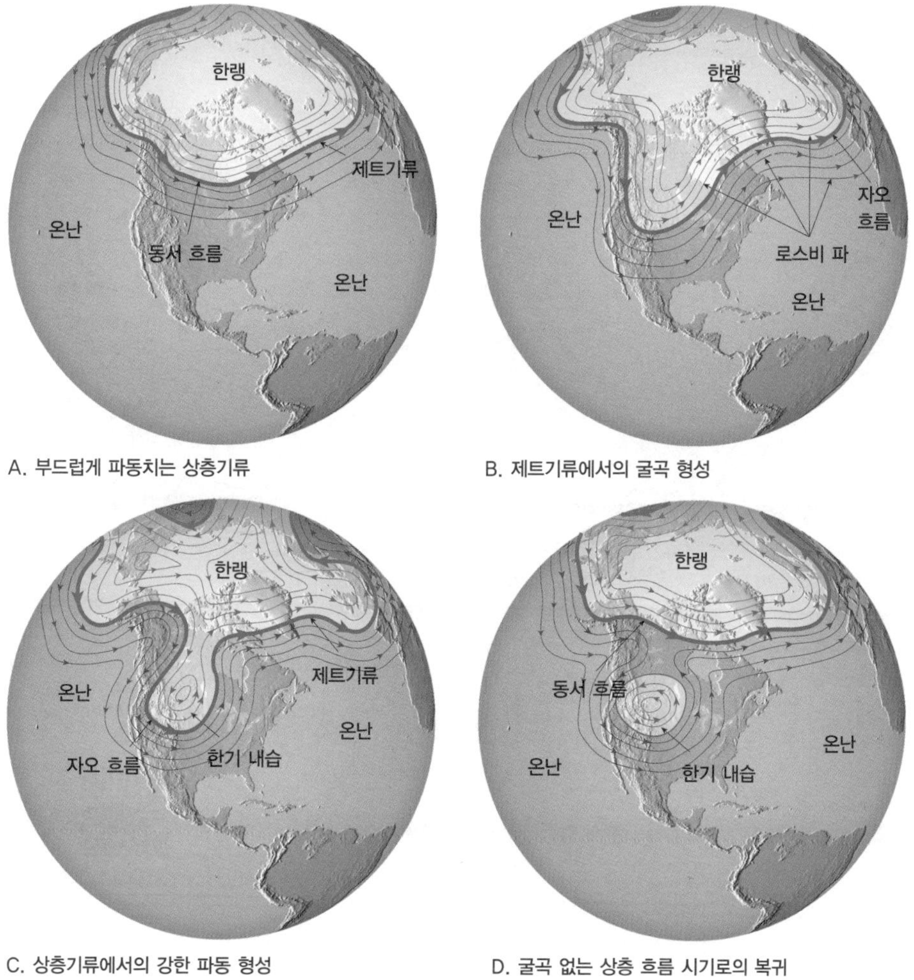

A. 부드럽게 파동치는 상층기류 B. 제트기류에서의 굴곡 형성 C. 상층기류에서의 강한 파동 형성 D. 굴곡 없는 상층 흐름 시기로의 복귀

▲ 그림 7.20 상층 편서기류에서는 주기적인 변화가 일어난다

제트기류를 축으로 갖는 흐름은 거의 직선으로 시작한 후에 날씨를 지배하는 굴곡 및 사이클론 활동으로 발달한다.

자주 나오는 질문…

왜 상용 항공기의 조종사들이 이상적인 비행 조건에서도 항상 승객들에게 좌석 벨트를 매줄 것을 부탁하나요?

이 요청의 이유는 청천 난류라는 현상 때문으로서, 이것은 인접한 두 기층에서의 기류가 서로 다른 속도로 움직일 때 발생한다. 이것은 한 고도에서의 공기가 그 위 또는 아래에 있는 공기와 다른 방향으로 이동할 때 일어날 수 있다. 그러나 한 고도에서의 공기가 인접한 기층의 공기보다 더 빠르게 이동할 때 더 자주 일어난다. 이러한 운동은 비행기를 갑자기 위나 아래로 이동시킬 수 있는 소용돌이(난류)를 생성시킨다.

어떻게 서에서 동으로 부는 흐름이 열을 남에서 북으로 전달할 수 있을까?

열 수송의 중요한 기능은 한대 제트기류를 중심에 둔 파동 형태의 편서풍 흐름(로스비 파)에 의해 완수된다. 그림 7.20A에 예시된 것처럼, 한대 제트에서의 흐름이 일주일 이상의 기간 동안 거의 서에서 동으로 불 수 있다. 이 상태가 지배적일 때, 제트기류의 남쪽에서는 비교적 포근한 기온이 나타나고 북쪽에서는 차가운 기온이 우세하다. 그러고 나서는 별다른 예고도 없이 그림 7.20B와 그림 7.20C에 보인 것처럼 상층 흐름은 사행하고 보다 더 현저한 남북 흐름을 나타내는 큰 진폭의 파동이 생겨나기 시작할 수 있다. 이러한 변화가 찬 공기를 남쪽으로 내려 보내고 따뜻한 공기를 극쪽으로 올려 보낸다. 더욱, 그림 7.20D에 보인 것처럼, 한랭 공기가 떨어져 나가 한기의 내습을 일으킬 수 있다

이 에너지의 재분포는 궁극적으로 온도경도를 약화시키고 상층의 흐름을 굴곡없는 흐름으로 회복시킨다(그림 7.20D). 따라서 한대 제트에 중심을 둔 파동 형태의 편서풍은 지구의 열수지에 중요한 역할을 담당한다.

✓ 개념 체크 7.7

❶ 제트기류는 어떻게 생기는가?

❷ 연중 어느 때 가장 빠른 한대 제트기류가 나타날 것으로 예상하는가? 이유를 설명해 보시오.

❸ 한대 제트를 때때로 중위도 제트기류라고 부르는 이유는 무엇인가?

❹ 힌대 제트기류가 플로리다 중심부에 있을 때, 중북부 주에서 예상되는 겨울철 기온을 기술하시오.

❺ 제트기류에 중심을 둔 파동 흐름이 지구 열수지 균형을 맞추는 데에 어떻게 도움을 주는지 설명하시오.

7.8 전 지구 바람과 해류

세계지도 위에 주요 해류를 개략적으로 그리고, 명칭을 붙인다.

움직이는 공기로부터 해양의 표면으로 마찰을 통해 에너지가 전달된다. 그 결과, 해양 위에서 지속적으로 부는 바람은 물을 끌어 따라오게 만든다. 바람이 표면 해류의 가장 일차적인 구동력이기 때문에 그림 7.21과 그림 7.10의 비교에 의해 설명될 수 있는 것처럼 대기 순환과 해양 순환 간에는 연관성이 존재한다.

그림 7.21에 보인 것처럼, 적도의 남쪽과 북쪽에는 2개의 서향-이동 해류, 즉 북적도 해류와 남적도 해류가 있다. 이 해류는 각각 북동쪽과 남동쪽에서 적도 쪽을 향해 부는 무역풍들로부터 주로 그 에너지를 얻는다. 코리올리 힘은 극을 향해가는 표면 해류를 전향시켜 북반구에서는 시계 방향의 나선, 그리고 남반구에서는 반시계 방향의 나선을 형성시킨다. **환류**(gyre)라 부르는 거의 원형의 이 해류들은 5개의 주요 아열대 고기압 시스템들에 중심을 두고 있다-남대서양 및 북대서양, 남태평양 및 북태평양 그리고 인도양에 위치해 있다(그림 7.21).

북대서양에서는 적도 해류가 카리브 해를 통과하면서 북쪽으로 전향되는데, 여기서 그것은 만류(Gulf Stream)가 된다. 만류가 미국의 동해안을 따라 이동하면서, 탁월한 편서풍에 의해 강해진다. 이것이 그랜드 뱅크(Grand Banks)를 지나 북동진을 계속 하면서 점점 폭이 넓어지고 느려져 북대서양 편류(North Atlantic Drift)로 알려진 광활하고 천천히 움직이는 해류가 된다. 북대서양 편류가 서유럽에 접근하면서 둘로 갈라진다. 한 부분은 영국을 지나 노르웨이를 향해 북으로 이동하며, 다른 한 부분은 차가운 카나리(Canary) 해류로서 남쪽으로 전향된다. 카나리 해류가 남쪽으로 이동함에 따라, 결국 북적도 해류와 합류한다.

기후에 영향을 미치는 해류

표면 해류는 기후에 중요한 효과를 갖는다. 지구 전체는 태양에너지로

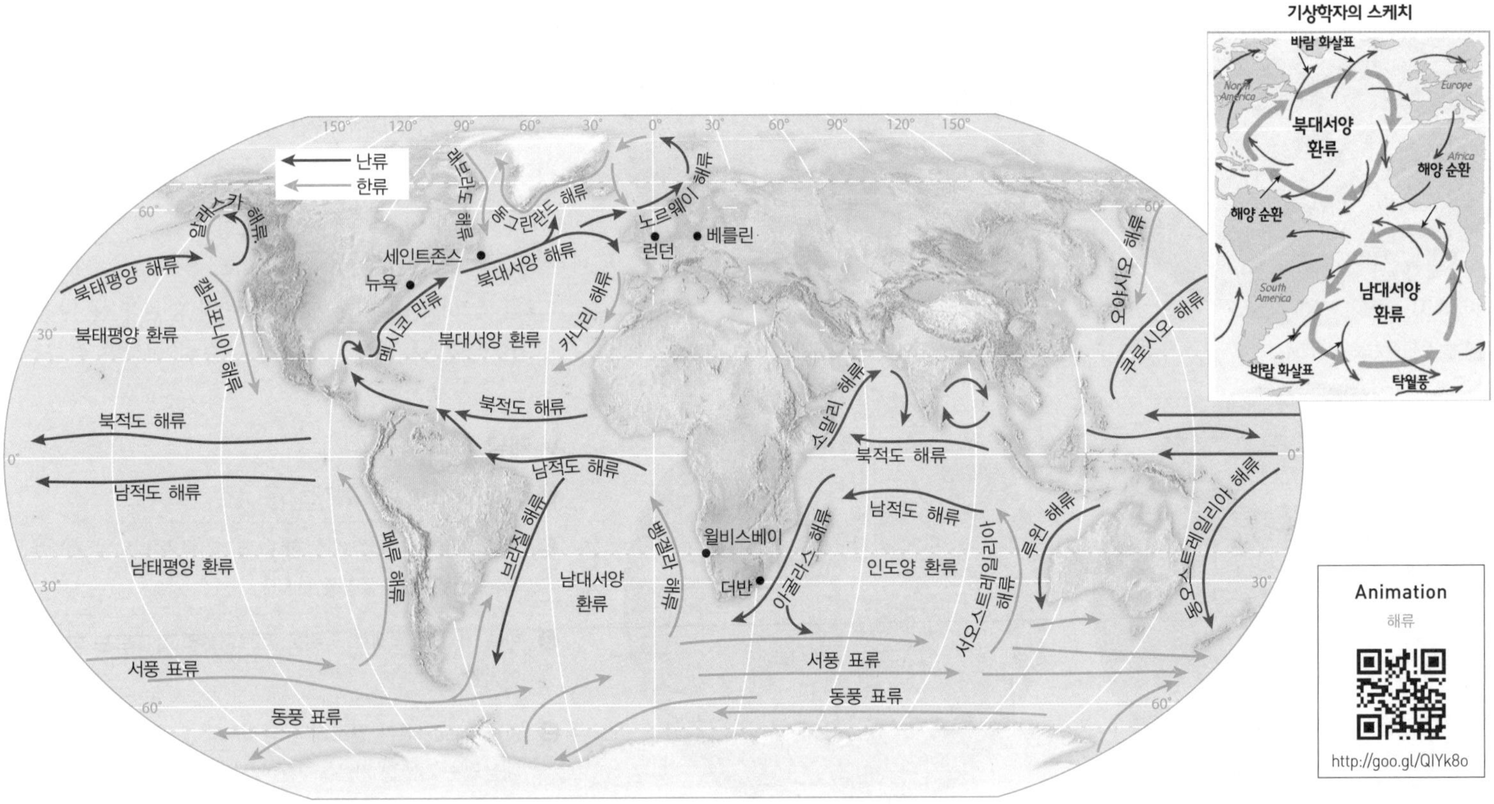

▲ **스마트그림 7.21 주요 표면 해류들**
해양의 표면 순환은 5대 환류로 조직되어 있다. 극을 향하는 해류는 난류이고 적도를 향하는 해류는 한류이다. 해류는 지구의 열을 재분포시키는 중요한 역할을 한다. 잘 살펴보면, 본문에 언급된 도시들을 지도에서 볼 수 있다. 작은 삽화 지도에서 굵은 화살표는 대서양에서의 이상화된 표면 순환을 보인 것이며, 가는 화살표는 탁월풍을 보인 것이다. 바람이 해양의 표면 순환을 구동시키는 에너지를 제공한다.

http://goo.gl/l6q8q

Animation
해류
http://goo.gl/QIYk8o

▲ 그림 7.22 칠레의 아타카마 사막
이것은 지구상의 가장 건조한 사막이다. 가장 비가 많이 오는 지역에서의 평균 강수량이 연간 3mm를 넘지 않는다. 1000km가량 길게 뻗어 있는 아타카마는 태평양과 우뚝 솟은 안데스 산맥 사이에 위치해 있다. 이 길쭉한 지대는 차가운 페루 해류로 인해 더 차고 건조해졌다.

얻는 이득과 지표면에서 방출되어 외계로 잃는 손실이 같다는 사실을 우리는 알고 있다. 그러나 대부분의 개개 위도를 생각하면 이는 성립하지 않는다. 저위도에서는 에너지의 순이득이 있고 고위도에서는 순손실이 있다. 열대 지역이 점점 더 온난해져 가는 것도 아니고, 극 지역이 점점 더 차가워져 가는 것도 아니기 때문에, 열의 잉여 지역에서 부족 지역으로 대규모의 열 전달이 반드시 존재해야 한다. 이것은 실제로 그러하다. **바람과 해류에 의한 열의 전달이 이 위도별 에너지 불균형을 해소시켜 준다.** 해수 운동이 총 에너지 수송의 약 1/4을 설명하고, 바람이 나머지 3/4을 설명한다.

난류의 효과 극으로 이동하는 난류의 조절 효과는 잘 알려져 있다. 따뜻한 만류의 확장 부분인 북대서양 편류는 영국과 서유럽의 많은 지역의 겨울철 기온을 그 위도에서 예상되는 기온보다 더 따뜻하게 유지시킨다. 런던은 뉴펀들랜드 주의 세인트존스보다 훨씬 더 북쪽에 있지만 겨울에 그렇게 매섭게 춥지는 않다. 편서풍이 지배하기 때문에 완화 효과는 내륙 깊숙이까지 미친다. 예를 들어, 베를린(북위 52°)은 위도로 12° 더 남쪽에 있는 뉴욕 시에서 경험하는 것과 유사한 평균 1월 기온을 갖는다. 런던(북위 51°)의 1월 평균은 뉴욕 시보다 4.5°C 더 높다.

공기를 냉각시키는 한류 멕시코 만류와 같은 난류가 겨울철 대부분의 기간 동안 효과를 발휘하는 것과는 대조적으로 한류는 열대 지역과 여름철 중위도 지역에 가장 큰 영향을 미친다. 예를 들어, 남아프리카 서해안을 따라 흐르는 차가운 벵겔라 해류는 이 해안을 따라 열대의 열을 식혀 준다. 벵겔라 해류에 인접한 도시인 월비스 베이(남위 23°)는 여름에 위도로 6° 더 극쪽에 위치한 더반에 비해 5°C 더 찬데, 더반은 남아프리카의 동부에 위치하여 벵겔라 한류의 영향을 받지 않는다. 차가운 캘리포니아 해류는 아열대 해안 지역인 남부 캘리포니아의 여름 기온을 동해안 지점들에 비해 6°C 이상 낮춘다.

건조도를 증가시키는 한류 인접 육지 지역들의 온도에 영향을 미치는 것과 더불어 한류는 또 다른 기후 영향력을 갖는다. 예를 들어, 대륙의 서해안을 따라 열대 사막이 존재하는 곳에서 한류는 극적인 효력을 미친다. 페루와 칠레의 아타카마 사막과 아프리카 남서부의 나미브 사막이 주요 서해안 사막들이다(그림 7.22). 하층 대기가 차가운 연안수에 의해 냉각되기 때문에 이 해안을 따라서 건조도가 심해진다. 이것이 일어날 때, 공기는 매우 안정해지고 강수−유발 구름 형성에 필요한 상승운동이 억제된다. 게다가 한류의 존재는 기온을 수증기가 응결하는 온도인 이슬점온도에 근접시키거나 종종 이르게 만든다. 그 결과, 이 지역들은 높은 상대습도와 안개가 특징적으로 나타난다. 따라서 모든 아열대 사막들이 낮은 습도와 맑은 하늘로 인해 뜨겁지는 않다. 오히려, 한류의 존재는 일부 아열대 사막들을 자주 안개로 뒤덮어 비교적 선선하고 습한 곳으로 변질시킨다.

해류와 용승

심해층에서 차가운 물을 상승시켜 따뜻한 표면 해수로 바꾸어 놓는 **용승**(upwelling)은 보통 바람이 유발시키는 연직운동이다. 이것은 전 지구 해양의 동해안을 따라 가장 특징적으로 나타나는데, 특히 캘리포니아, 페루 그리고 서아프리카의 해안을 따라 가장 현저하다.

바람이 해안에 평행하게 적도 쪽으로 부는 지역에서 용승이 일어난다. 코리올리 힘 때문에 표면수는 해안에서 멀어지는 쪽으로 전향하게 된다. 표층이 해안을 벗어나는 쪽으로 이동해 감에 따라, 이 층은 표면 아래에서 용승하는 물로 대체된다. 50~300m 깊이로부터의 이 느린 상승 운동은 대체되기 전에 있던 물보다 더 찬 물을 가져다줌으로써 식물 생장과 해양 생물에 유리한 비교적 차가운 해수의 특징적 연안대를 만든다.

미국의 중대서양 연안 해수에 익숙한 수영자는 중앙 캘리포니아 연안의 태평양에 들어가면 차가움에 깜짝 놀라게 될 것이다. 8월에 대서양 연안에서의 해수 온도가 보통 21°C를 넘을 때, 캘리포니아 연안에서의 파도는 불과 약 15°C밖에 되지 않는다.

대기를 바라보는 눈 7.2

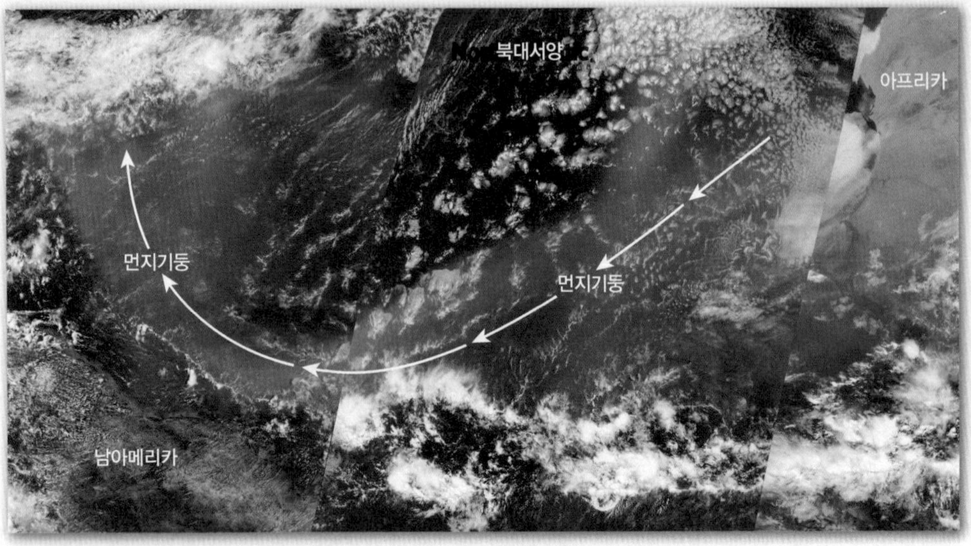

MODIS가 수집한 일련의 영상을 이어 붙여 만든 합성 영상(NASA의 허가)

이 영상은 아프리카에서 일어난 1월의 먼지 폭풍을 보여 주는데, 남아메리카 북동 해안까지 어떻게든 도달하는 먼지기둥을 발생시켰다. 이와 같은 먼지기둥은 사하라 사막에서 아마존 유역으로 매년 4,000만 톤의 먼지를 수송하는 것으로 추정된다. 이 먼지기둥들이 운반하는 미네랄은 강한 열대 강우로 인해 열대우림 토양으로부터 지속적으로 씻겨 나가는 양분을 보충하는 데 도움을 준다.

질문

1. 잘 살펴보면, 먼지기둥이 곡선 경로를 따른다. 이 먼지기둥을 운반하는 대기 순환은 시계 방향으로 회전할까 아니면 반시계 방향으로 회전할까?
2. 어떤 전 지구 기압 시스템이 이 먼지를 아프리카에서 남아메리카로 수송하게 만들었나?

✔ 개념 체크 7.8

❶ 표면 해류를 일으키는 가장 일차적인 구동력은 무엇인가?

❷ 코리올리 힘이 해류에 어떻게 영향을 미치는가?

❸ 다섯 가지 아열대 환류의 명칭을 열거하시오.

❹ 해류는 기후에 어떻게 영향을 주는가? 세 가지 이상의 예를 들어 보시오.

❺ 용승 과정을 기술하시오. 이 지역이 풍부한 해양 생물과 관련되는 이유가 무엇인가?

Animation
에크만 나선
연안 용승/하강

http://goo.gl/aJMMST

7.9 엘니뇨, 라니냐, 남방진동

남방진동을 설명하고, 이 현상과 엘니뇨 및 라니냐 간의 관계를 기술한다. 북아메리카 지역에 미치는 엘니뇨와 라니냐의 기후 영향을 열거한다.

엘니뇨(El Niño)는 에콰도르와 페루의 어부들에 의해 최초로 인지되었는데, 이들은 12월 또는 1월에 동태평양 해수가 서서히 따뜻해지는 것을 알아챘다. 이 온난화가 크리스마스 시즌 즈음에 일어나기 때문에, 이 현상은 엘니뇨(스페인어로 '어린 소년' 또는 '아기 예수')라는 이름을 갖게 되었다. 이 비정상적인 해수면 온난화 시기는 2~7년의 불규칙적인 간격으로 발생하며 보통 9개월에서 2년의 기간 동안 지속한다.

엘니뇨는 다른 나라들 중에서 페루, 칠레, 오스트레일리아의 날씨와 경제에 잠재적으로 미치는 재앙적인 영향력으로 유명하다. 그림 7.23A에 보인 것처럼, 엘니뇨 동안 강한 적도 반류가 정상보다 따뜻한 많은 양의 해수를 남아메리카의 서해안에 축적시킨다. 비정상적으로 따뜻한 해수와 그로 인한 저기압은 정상적으로는 다소 건조한 페루와 칠레 지역에 평균 이상의 강우를 내리게 만든다. 그 결과, 영향을 받는 지역에 대홍수가 일어날 수 있다. 게다가 따뜻한 표면수가 전형적으로 아래에서 올라오는 차고 영양분 많은 물 — 수백만의 작은 먹이감 물고기(주로 멸치류)의 주된 식량원 — 의 용승을 차단시킨다.

1년 내지 2년 내에 엘니뇨와 연관된 순환은 보통 라니냐 현상으로 바뀐다(그림 7.23B). '어린 소녀'를 뜻하는 **라니냐**(La Niña)는 본질적으로 엘니뇨와 반대이며, 중태평양 및 동태평양에서 정상보다 차가운 해수면 온도를 일컫는다(그림 7.24). 그림 7.23B에 설명된 것처럼, 라니냐 동안 적도 태평양에서의 대기 순환은 강한 무역풍에 지배된다. 이 바람 시스템은 남아메리카에서 오스트레일리아와 인도네시아로 흐르는 강한 적도 해류를 생성시키게 된다. 이 순환 패턴은 오스트레일리아

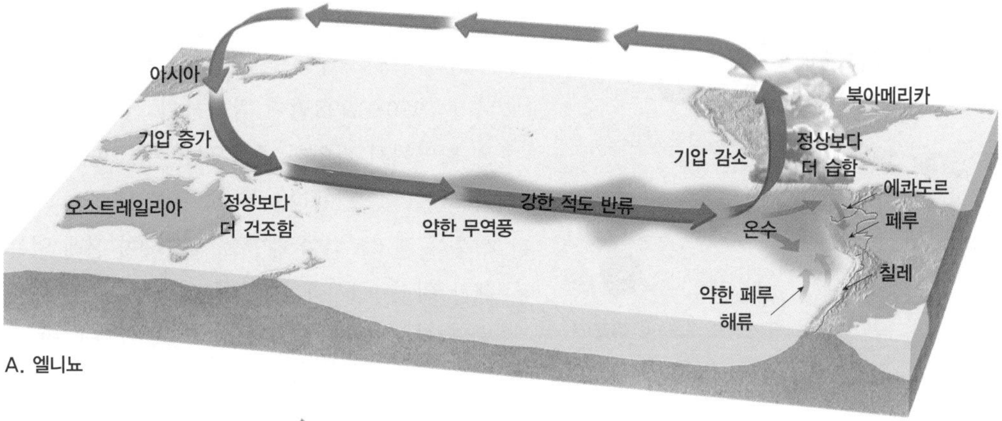

A. 엘니뇨

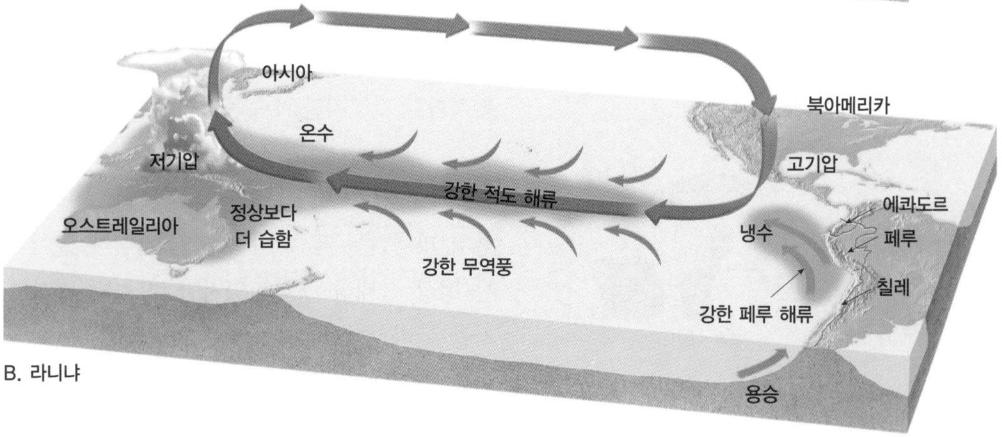

B. 라니냐

◀ 그림 7.23 엘니뇨, 라니냐, 남방진동 사이의 연관성 A. 엘니뇨 현상 동안 동태평양의 기압은 떨어지는 반면 서태평양의 기압은 올라간다. 이것이 무역풍을 약화시키고 적도를 따라서 따뜻한 해수를 동쪽으로 이동시킨다. 이것이 적도 반류를 강화시켜 중태평양 및 동태평양의 표면수를 따뜻하게 만드는 것과 함께 원거리 날씨 패턴에 영향을 미친다. B. 라니냐 현상 동안 강한 무역풍은 서쪽을 향해 적도 해류를 구동시킨다. 이와 동시에, 강한 페루 해류가 남아메리카의 서해안을 따라 냉수의 용승을 일으킨다.

Video
엘니뇨
http://goo.gl/lzs5E

북부와 인도네시아에는 홍수를 초래시킬 수 있는 반면, 남아메리카 서해안 지역을 따라서는 건조한 상태를 발생시킨다.

덧붙여 라니냐 동안 칠레와 페루의 해안을 따라 적도로 흐르는 한류가 강해진다. 페루 해류라 부르는 이 표면 해류가 용승을 촉진시킨다. 따라서 위로 전해지는 양분으로 해양 생물이 혜택을 받기 때문에 라니냐는 '선물 제공자'로 알려지게 되었는데, 이 강한 용승 시기 동안 어획을 특히 더 좋게 만든다.

전 지구적인 엘니뇨의 영향

엘니뇨 및 라니냐와 연관된 기후 변동은 수년 동안 알려져 왔지만 국지적 현상으로 생각했다. 오늘날 과학자들은 엘니뇨 및 라니냐가 적도 태평양 지역에서 아주 먼 거리의 날씨에 영향을 미치는 전 지구적 대기 순환 패턴의 한 부분으로 인식하고 있다. 이 순환 패턴의 효과가 다소 가변적일지라도, 일부 지역은 보다 더 일관된 영향을 받는 것으로 나타난다.

엘니뇨 사건 동안 미국의 북중부와 캐나다의 일부 지역에서는 겨울 기온이 평균보다 더 따뜻하다(그림 7.25A). 덧붙여 미국 남서부 및 멕시코 북서부에서는 유의하게 더 많은 강수가 내리는 겨울을 겪는 한편, 미국 남동부는 더 많은 강수와 서늘한 상태를 겪는다. 엘니뇨의 하나의 큰 혜택은 대서양 허리케인의 수가 평균보다 적다는 것이다. 엘니뇨가 2009년 허리케인 시즌 동안 허리케인을 억제시켰음이 인정되는데, 12년

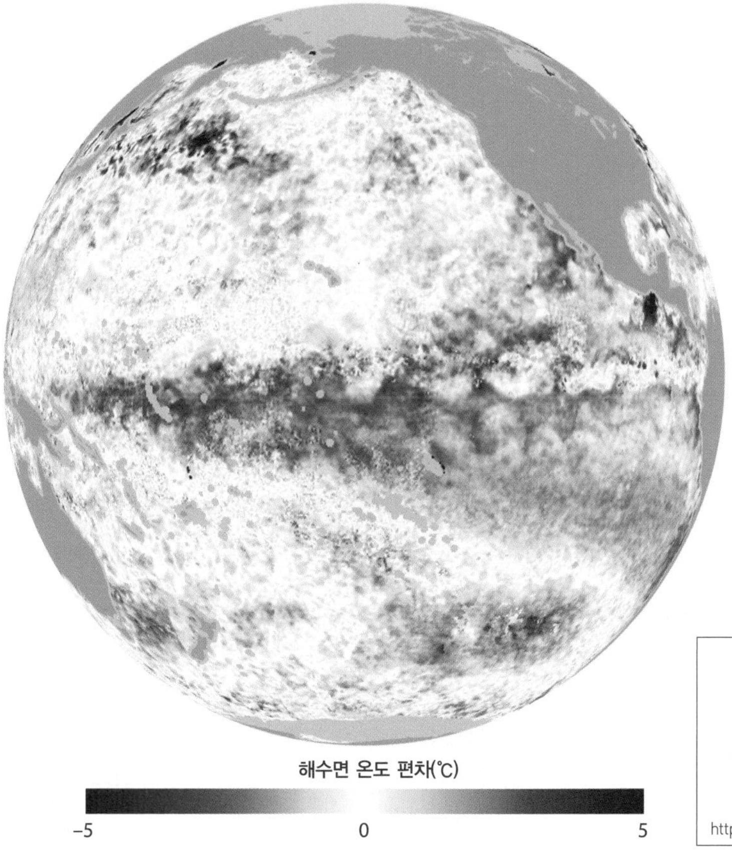

Video
라니냐
http://goo.gl/E4S5U

◀ 그림 7.24 라니냐와 연관된 해수면 온도 편차 2010년 12월 15일에 얻게된 이 영상은 적도 중태평양 및 동태평양에 걸쳐 평균보다 훨씬 찬 해수면 온도를 보여 준다. 2010~2011년 라니냐는 과거 50년에서 가장 강한 라니냐 중 하나였으며, 그림 7.26에 보인 것처럼 오스트레일리아의 퀸즐랜드에 대홍수를 가져왔다.

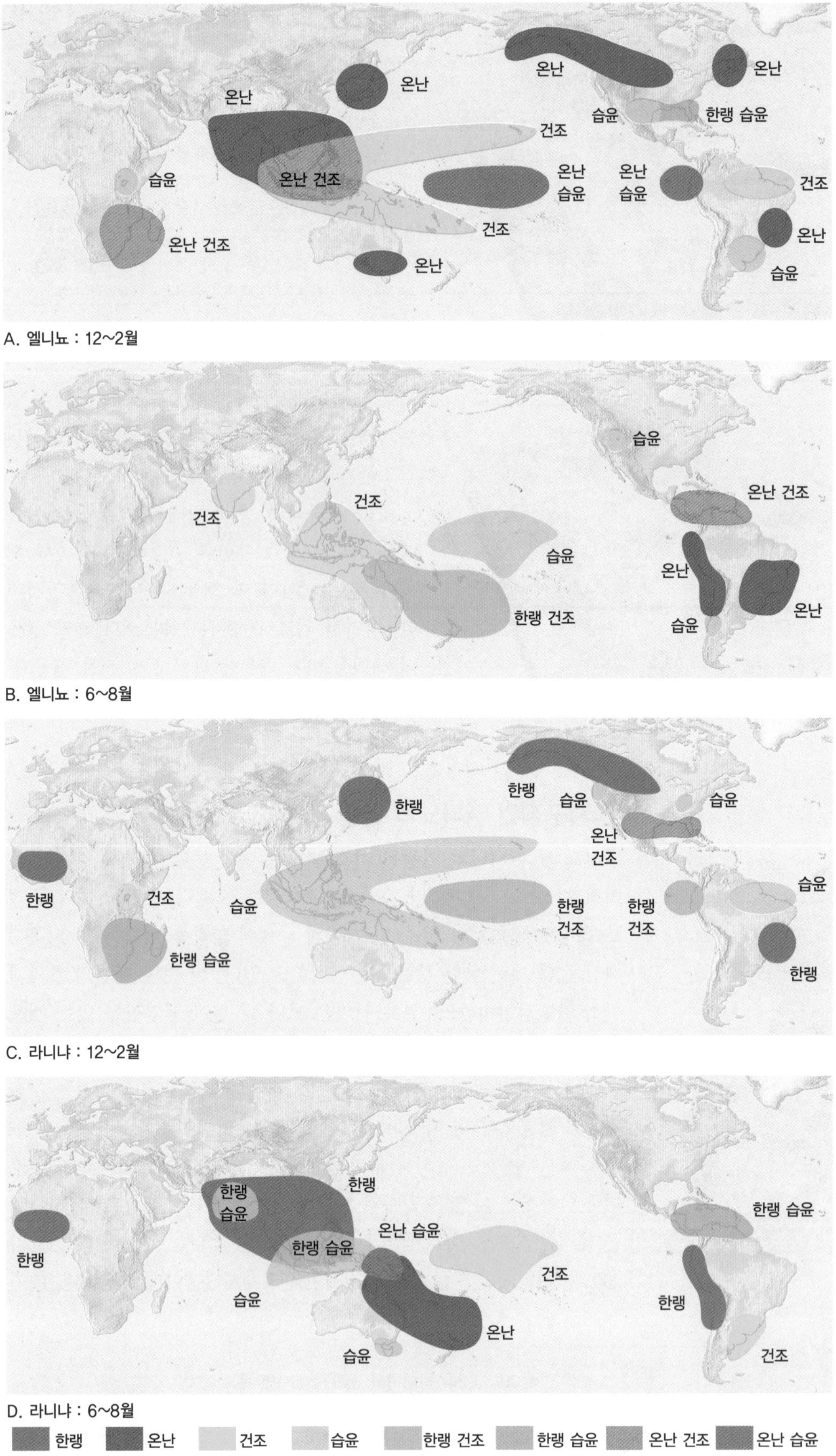

◀ **그림 7.25 여러 지역에서의 엘니뇨와 라니냐의 기후 영향** 엘니뇨는 겨울에 북아메리카의 기후에 가장 큰 영향을 미친다. 게다가 엘니뇨는 겨울과 여름 모두 열대 태평양 주변 지역에 영향을 준다. 라니냐는 북아메리카의 겨울에 가장 큰 영향을 미치지만 다른 지역에도 모든 계절에 영향을 준다.

만에 가장 덜 활발했다.

기록적으로 가장 심했던 엘니뇨 사건 중 하나가 1990~1998년에 발생하여 전 세계의 많은 지역에서 다양한 종류의 날씨 극한의 원인이 되었다. 그 엘니뇨 사례 동안 맹렬한 겨울 폭풍이 캘리포니아 해안을 강타하여 전례 없는 해안 침식, 산사태, 홍수를 일으켰다. 미국 남부에서는 호우가 텍사스와 멕시코만의 여러 주들에 홍수를 가져왔다.

2014년 7월에 이 장을 집필하고 있을 때 한 엘리뇨 사건이 발달하기 시작하였다. 이 사건이 본격화할 것인지를 예측하기는 너무 이르다.

전 지구적인 라니냐의 영향

한때 라니냐는 두 엘니뇨 사건 사이에 일어나는 정상 상태라 생각되었지만, 오늘날 기상학자들은 라니냐를 그 자체로 하나의 중요한 대기 현상이라고 생각한다. 연구자들은 중태평양 및 동태평양에서 평균보다 찬 해수면 온도가 라니냐 현상을 촉발시켜 독특한 날씨 패턴들이 나타난다는 것을 알게 되었다.

전형적인 라니냐 겨울 날씨는 미국 북서부에서의 더 차고 습한 상태를 포함하는데, 특히 북부 대평원의 주들에서 더 추운 겨울 기온이 나타나는 반면, 남서부 및 남동부에서는 비정상적으로 따뜻한 상태가 발생한다(그림 7.25C). 서태평양에서는 평균보다 더 많은 강수 상태가 라니냐 사건과 연관된다. 2010~2011년 라니냐는 오스트레일리아에서 발생한 대홍수에 기여했는데, 이 홍수는 최악의 국가 자연 재난 의 하나가 되었다. 퀸즐랜드 주의 많은 지역이 광범위하게 침수되었다(그림 7.26). 또 다른 라니냐의 영향은 대서양에서 허리케인 활동이 더 빈번해지는 것이다. 최근 연구는 미국에서의

Animation
엘니뇨와 라니냐
http://goo.gl/pm1Wb6

◀ 그림 7.26 2011년 1월에 일어난 오스트레일리아 퀸즐랜드의 홍수
2010~2011년의 퀸즐랜드 홍수는 기록이 남아 있는 전체 과거를 통틀어 가장 강한 라니냐 중 하나로 인해 발생했다. 오스트레일리아 주변의 비정상적으로 따뜻했던 해수면 온도가 호우에 기여했다. 오스트레일리아의 다른 지역들에서는 이 강한 라니냐가 10년간 지속된 가뭄에서 벗어나게 해 주었다.

허리케인 피해 비용이 엘니뇨 해보다 라니냐 해에 20배나 더 크다고 결론지었다.

남방진동

엘니뇨와 라니냐 현상이 전 지구 기압 패턴의 변화와 밀접히 연관된다는 사실이 최근에 발견되었다. 엘니뇨가 발생할 때마다 동태평양의 넓은 영역에서는 기압이 떨어지고 서태평양의 열대 영역에서는 올라간다(그림 7.23A 참조). 그 후, 대형 엘니뇨 사건이 막을 내리고 이 두 지역들 간의 기압 차이는 반대로 바뀌면서 라니냐 사건을 촉발시킨다(그림 7.23B).

동태평양과 서태평양 간의 이 기압 시소 패턴을 **남방진동**(Southern Oscillation)이라 부른다. 서태평양에서의 저기압은 무역풍을 강화시키는데, 이 바람이 따뜻한 열대 지역의 물을 오스트레일리아와 인도네시아 쪽으로 이동시킨다. 반대로, 동태평양 지역 기압의 하강은 무역풍을 약화시키고 적도 반류를 강화시키는데, 이것은 많은 양의 따뜻한 물을 페루와 칠레 연안을 따라 축적시킨다. 대기압의 변화가 바람 패턴을 만들어 엘니뇨 및 라니냐 현상과 연관된 날씨를 생성시킨다.

지구 위에 멀리 떨어져 있는 지역들에서 발생하는 날씨 간의 연결고리를 **원격상관**(teleconnection)이라 부른다. 엘니뇨 사건과 연관된 해수면 온도 편차가 한 예로서 동태평양의 온난화가 캘리포니아 남부의 겨울 홍수와 연관된다. 더불어, 강한 엘니뇨와 약한 아시아 몬순 간에 원격상관이 존재하는 것으로 나타난다.

해수면 온도가 대개 몇 개월 앞서 예측 가능하기 때문에, 원격상관 패턴을 이해하는 것은 기상학자들에게 원거리 지점들에 대한 기후 예측을 가능하도록 해 준다. 예를 들어, 엘니뇨 시작의 예측은 북아메리카 지역의 강수량과 기온 패턴의 예측을 수주 내지 수 개월 앞서 가능하도록 해 준다. 1~13개월 기간의 미래에 대한 미국 기상청의 예측을 기후 전망(climate outlooks)이라 부른다.

요약하면, 엘니뇨 현상은 페루와 칠레 연안 지역의 기압 감소 및 서태평양 지역의 지표 기압 증가와 함께 시작한다. 이 기압 변화가 무역풍을 약화시키고 적도 반류를 발달시켜 따뜻한 물을 동쪽으로 이동시킨다. 그 결과로 초래되는 대기 순환의 변화가 정상적으로는 건조한 페루와 칠레 지역에 강우를 증가시키는 한편, 서태평양에는 보통 가뭄이 발생한다. 정반대의 순환이 라니냐 사건 동안 발달한다. 무역풍의 강화는 동태평양 지역이 평균보다 더 건조한 상태가 되는 원인을 주는 한편, 인도네시아와 오스트레일리아 북동부 지역에서는 극한적인 홍수가 일어날 수 있다.

Video
홍수와 가뭄
http://goo.gl/ECRmJ9

✓ 개념 체크 7.9

❶ 대형 엘니뇨 사건이 페루와 칠레의 날씨에 어떻게 영향을 주는지를 인도네시아 및 오스트레일리아와 비교하여 기술하시오.

❷ 라니냐 동안 양 반구 열대 태평양의 해수면 온도를 기술하시오.

❸ 대형 라니냐가 북대서양의 허리케인 시즌에 어떤 영향을 미치는가?

❹ 남방진동을 간단히 설명하고, 이것이 엘니뇨 및 라니냐와 어떻게 연관되는지 설명하시오.

❺ 엘니뇨 사건이 북아메리카 지역의 겨울철 기후에 어떻게 영향을 주는지 기술하시오. 라니냐 사건에 대한 영향도 기술하시오.

7.10 전 지구 강수 분포

전 지구 강수 분포에 영향을 미치는 주요 인자들에 관해 논의한다.

그림 7.27은 전 지구적인 평균 연 강수량의 분포 패턴을 보여 준다. 비록 이 지도가 복잡해 보일지 모르지만, 패턴의 전반적인 특징은 알고 있는 전 지구 바람과 기압 시스템들을 이용하여 설명할 수 있다. 일반적으로, 고기압과 그에 연관된 하강운동 및 발산 바람의 영향을 받는 지역들은 건조 상태를 겪는다. 반대로, 저기압과 그에 연관된 수렴 바람 및 상승 공기의 영향을 받는 지역들은 많은 강수를 받는다. 그러나 바람-기압 체계만이 유일하게 강수를 조절한다고 하면, 그림 7.27에 보인 패턴은 훨씬 더 단순했을 것이다.

기온 또한 잠재 강수량의 결정에 중요하다. 찬 공기는 따뜻한 공기에 비해 더 낮은 수분 함유 능력을 가지기 때문에 저위도(따뜻한 지역)에서는 가장 많은 강수량이 내리고 고위도(차가운 지역)에서는 가장 적은 강수량이 내리는 강수량의 위도 변화를 예상하게 된다.

강수량의 위도 변화와 더불어 육지와 해양의 분포가 강수 패턴을 복잡하게 만든다. 중위도의 큰 대륙들에서는 내륙으로 들어 갈수록 대개 강수량의 감소가 나타나게 된다. 예를 들어, 같은 위도에 위치해 있음에도 불구하고 네브라스카 주 노스 플랫의 강수량은 코네티컷 주 브리지포트의 연안 지역에 내리는 강수량의 절반 미만이다. 덧붙여, 산악 장애물은 강수 패턴을 변화시킨다. 바람이 불어오는 쪽의 산사면은 풍부한 강수를 받는 반면, 바람이 불어가는 쪽의 산사면 및 인접 저지대들은 대개 수분이 부족하다.

강수의 동서 분포

우리는 먼저 완전히 물로 덮인 균질한 지구에서 예상되는 강수의 동서 분포를 고찰한 다음, 육지와 물의 분포에 의해 생기는 변화를 더하게 될 것이다. 이전의 논의를 돌이켜 기억해 보면, 균질한 지구에는 각 반구에 4개의 주요 기압대가 나타난다(그림 7.8A 참조). 즉, 적도저기압(ITCZ), 아열대고기압, 아한대저기압 그리고 극고기압이다. 또한 이 기압대들은 여름 반구 쪽으로의 뚜렷한 계절 이동을 보인다는 사실도

Animation
계절적 기압 및 강수 패턴
http://goo.gl/GGgL4q

▼ 그림 7.27 평균 연 강수량의 전 지구 분포

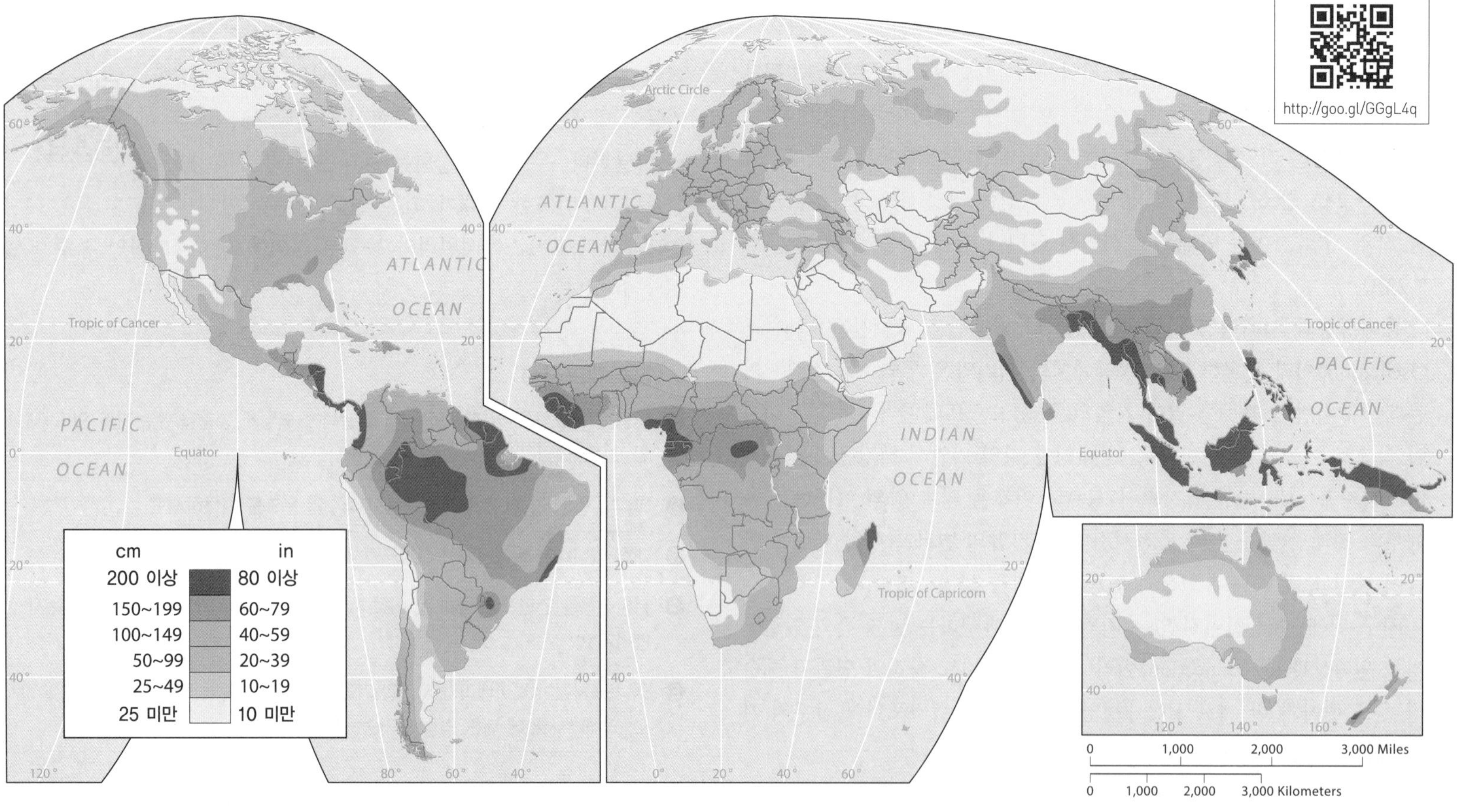

▶ 그림 7.28 동서 강수 패턴

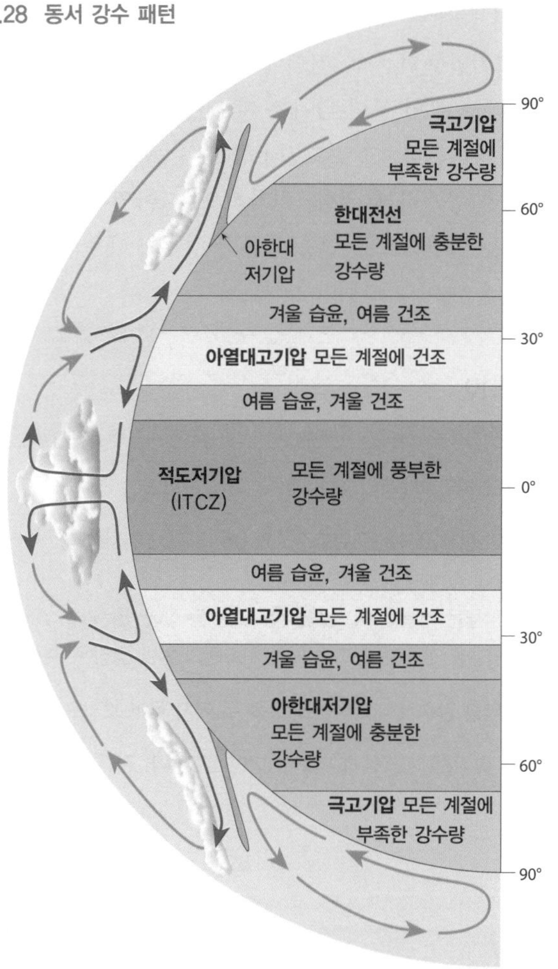

기억하자.

이 기압 시스템들로 예상되는 이상화된 강수 체제를 그림 7.28에 나타냈다. 적도 부근에서는 무역풍의 수렴(ITCZ)으로 모든 계절에 많은 강수가 내린다. 각 반구에서 적도저기압의 극쪽에는 아열대고기압대가 놓인다. 이 지역에서는 일년 내내 하강운동이 건조 상태에 기여한다. 습윤한 적도 체제와 건조한 아열대 체제 사이에 고·저기압 시스템 둘 다의 영향을 받는 지대가 위치한다. 기압 시스템들은 태양과 함께 계절적으로 이동하기 때문에, 이 전이 지역들은 그 대부분의 강수량을 ITCZ의 영향하에 있는 여름에 받는다. 이 지역들은 아열대 고기압이 적도 쪽으로 이동하는 겨울에 건기를 겪는다.

중위도 지역은 그 대부분의 강수를 이동성 저기압 폭풍들에서 받는다(그림 7.29). 이 지역은 찬 극 공기와 따뜻한 편서풍 사이의 수렴대인 한대전선이 있는 곳이다. 한대전선의 위치가 대략 위도 30°와 70° 사이에서 자유로이 이동하기 때문에, 중위도의 대부분 지역들은 충분한 강수를 받는다.

극지역들은 고기압과 수분을 거의 지니고 있지 않은 찬 공기의 지배를 받는다. 연중 이 지역들은 극히 적은 강수만을 받을 뿐이다.

대륙에서의 강수 분포

앞 절에서 개략적으로 설명한 동서 패턴은 전반적인 전 지구 강수와 거의 가깝다. 풍부한 강수가 적도 및 중위도 지역에서 발생하는 반면, 아열대 및 극 지역의 대부분은 비교적 건조하다.

이 이상적인 동서 패턴으로부터의 여러 예외적인 모습이 그림 7.27에 분명히 있다. 예를 들어, 여러 건조 지역들이 중위도에 나타난다. 파타고니아로 알려진 남아메리카 남부의 사막 지역을 한 예로 들 수 있다. 파타고니아와 같은 대부분의 중위도 사막들은 수분의 발원지로부터 단절된 산악 장벽의 풍하측(비그늘) 또는 내륙에 존재한다.

강수량의 동서 분포에서 가장 현저한 편차는 아열대 지역에서 일어난다. 여기서 우리는 세계의 많은 대사막뿐 아니라 풍부한 강우 지역도 보게 된다(그림 7.27). 이 위도에서의 순환을 지배하는 아열대고기압 중심들은 그 동쪽과 서쪽에서 상이한 특성을 갖기 때문에 이러한 패턴이 생긴 것이다(그림 7.30). 동쪽에서는 하강운동이 가장 현저한데, 이로 인해 안정한 대기 상태가 만들어진다. 이 안티사이클론들은 특히 겨

▼ 그림 7.29 영국 제도상에서 잘 발달된 중위도 사이클론의 위성영상
중위도 지역에서는 대부분의 강수가 이 이동성 폭풍에 의해 발생한다.

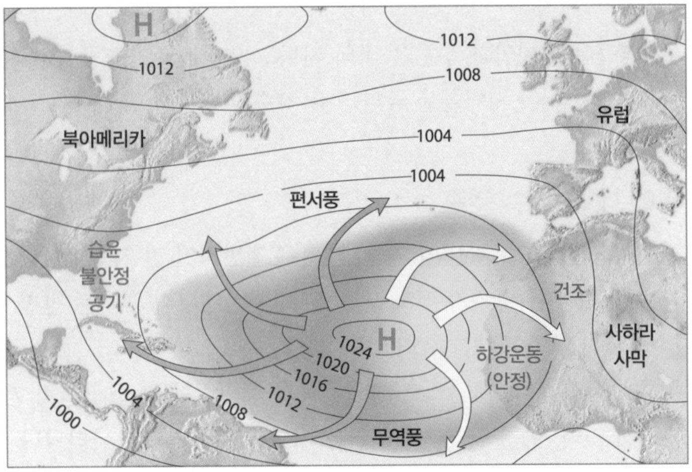

▲ **그림 7.30 아열대고기압 시스템들의 특징**

이 시스템들의 동쪽에서의 하강운동은 안정 상태와 건조 상태를 생성시킨다. 이 고기압의 서쪽 지역에서 불어나가 넓게 펼쳐진 온수역을 횡단하는 지표 공기는 수분을 얻어 불안정해질 수 있다.

울에 대양의 동쪽으로 몰려드는 경향이 있기 때문에, 아열대고기압에 접해 있는 대륙들의 서쪽 지역이 건조하다(그림 7.30). 우리는 각 대륙의 서쪽 대략 북위 또는 남위 25°에 중심을 둔 북아프리카의 사하라 사막, 남서아프리카 나미브, 남아메리카 아타카마, 멕시코 북서부 사막, 오스트레일리아 등을 볼 수 있다.

그러나 이 고기압들의 서쪽 지역에서는 하강운동이 덜 현저하다. 게다가 이 고기압들로부터 불어 나가는 지표 공기가 종종 넓게 펼쳐진 온수역을 횡단해 지나간다. 그 결과, 이 공기는 증발을 통해 수분을 얻게 되어 불안정도가 증가하게 된다. 결과적으로, 아열대고기압의 서쪽에 위치한 대륙에는 일반적으로 연중 충분한 강수가 내린다. 플로리다 남부가 하나의 좋은 예이다(그림 7.27 참조).

✔ 개념 체크 7.10

❶ 연중 건조한 지역은 고기압에 지배되는가 아니면 저기압에 지배되는가?

❷ 적도와 극 부근 지역들에서의 강수 패턴을 기술하시오.

❸ 지구의 주요 아열대 사막들은 위도 20°와 35° 사이에 위치한다.
a. 5개의 아열대 사막 이름을 열거하시오.
b. 아열대 사막들은 대륙의 어느 쪽(서쪽 또는 동쪽)에 있는가?
c. 아열대 사막들을 생기게 만드는 기압 시스템의 일반 명칭은 무엇인가?

❹ 극 지역에 빈약한 강수가 나타나는 이유를 두 가지 들어 보시오.

❺ 전 지구 바람 및 기압 시스템과 더불어 어떤 인자들이 전 지구 강수 분포에 영향을 주는가?

대기를 바라보는 눈 7.3

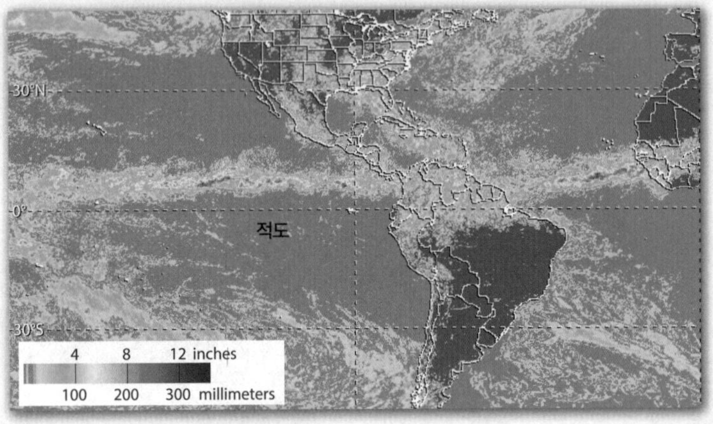

이 위성영상은 TRMM(Tropical Rainfall Measuring Mission)이 관측한 자료로 만들어졌다. 영상에서 동서로 길게 뻗어 있는 빨간색과 노란색의 강한 강수 밴드에 주목하자.

질문

1. 이 강수 날씨 밴드는 어떤 기압대와 연관되는가?
2. 7월과 1월 중 어떤 달에 이 영상을 얻었을 가능성이 더 높은가? 설명해 보시오.

7 요약

7.1 대기운동의 규모

▶ 소규모, 중규모, 대규모 바람을 구별하고, 각각의 예를 제시한다.

주요 용어 소규모 바람, 중규모 바람, 대규모 바람, 행성-규모 바람, 종관-규모 바람

- 가장 작은 규모의 공기운동이 소규모 바람은 보통 수 초나 기껏 수 분 지속하는 돌풍과 회오리바람을 포함한다.
- 뇌우, 토네이도, 해륙풍 등과 같은 중규모 바람은 대개 폭이 100km 미만이며, 종종 강한 연직류를 보여 준다.
- 대규모 바람이라 부르는 가장 큰 바람 패턴은 두 범주로 나뉜다. 행성-규모 바람은 편서풍과 무역풍이 좋은 예다. 종관-규모라 부르는 다소 더 작은 대규모 순환은 지름이 약 1,000km이며, 일기도에서 쉽게 식별된다. 잘 알려진 종관-규모 바람 시스템은 일기도에서 저기압과 고기압 지역으로 각각 나타나는 중위도의 이동성 사이클론과 안티사이클론, 그리고 열대 해양에서 형성되는 조금 더 작은 크기의 열대 폭풍과 허리케인이다.

Q. 이 위성영상의 적색 화살표가 크게 회전하는 바람 시스템을 보여 주는데, 북아메리카를 향해 이동하고 있다. 이 회전하는 구름이 보여 주는 대기운동은 어떤 규모인가?

7.2 국지풍

▶ 네 가지 유형의 국지풍을 열거하고, 이들의 형성 과정을 기술한다.

주요 용어 해풍, 육풍, 곡풍, 산풍, 치누크, 푄, 산타아나, 활강(폭포)바람, 미스트랄, 보라, 시골풍

- 대부분의 바람은 지표면의 차등 가열로 인한 기온 차가 기압 차를 일으키기 때문에 분다. 대부분의 국지풍은 지형 또는 국지적 지표 상태의 변화 때문에 생기는 기온과 기압의 차이와 연관된다.
- 해륙풍은 해안을 따라 형성되며 땅과 물 간의 온도 차이로 생긴다. 산곡풍은 산비탈을 따라 그 위의 공기가 골짜기 바닥 위의 동일한 고도에 있는 공기보다 차별적으로 더 가열되는 산악 지역에서 발생한다. 치누크와 산타아나 바람은 공기가 산악의 풍하 측에서 내려오며 압축 가열될 때 발생한다.

Q. 더운 여름 날 해변에서의 늦은 오후 시간이다. 1시간 내지 2시간 전까지 바람이 없었다. 그런 후, 해풍이 발달하기 시작했다. 바다에서 차가운 바람이 불어올 것으로 예상하는가 아니면 인접 육지 지역에서 따뜻한 바람이 불어올 것으로 예상하는가? 설명해 보시오.

7.3 전 지구 순환

▶ 전 지구 순환의 3-세포 모델을 설명 또는 묘사한다.

주요 용어 해들리 세포, 말위도, 무역풍, 적도 무풍대, 페렐 세포, 탁월 편서풍, 극세포, 극편동풍, 한대전선

- 각 반구에서의 3-세포 순환 모델은 전 지구 순환의 단순화된 모습을 제시해 준다. 이 모델에 따르면, 대기 순환 세포들은 적도에서 위도 30°, 위도 30°~60°, 그리고 위도 60°에서 극 사이에 위치한다. 20°~35° 사이 위도대의 대규모 침강 지역을 말위도라 부른다. 각 반구에서 말위도로부터 적도를 향하는 기류는 믿음직한 무역풍을 만든다.
- 북위 및 남위 30°와 60° 사이의 순환은 탁월 편서풍을 일으킨다.
- 극에서 적도로 이동하는 공기는 양 반구에서 극편동풍을 생성시킨다.

7.4 바람을 구동시키는 기압대

▶ 지구의 이상화된 동서 기압대를 요점적으로 설명한다. 대륙과 계절적 기온변화가 어떻게 이상화된 기압 패턴을 복잡하게 만드는지 설명한다.

주요 용어 적도저기압, 열대수렴대(ITCZ), 아열대고기압, 아한대저기압, 극고기압, 시베리아 고기압, 버뮤다/아조레스 고기압, 알류샨 저기압, 아이슬란드 저기압

- 지표면이 균질하다면, 위도 방향으로 4개의 기압대(2개의 고기압과 2개의 저기압)가 각 반구에 존재한다. 적도로부터 4개의 기압대는 (1) 열대수렴대(ITCZ)로 부르기도 하는 적도저기압, (2) 적도의 양쪽 약 20°~35° 사이에 있는 아열대고기압, (3) 위도 약 50°~60° 사이에 있는 아한대저기압, (4) 지구의 양극 부근의 극고기압 등이다.

- 지표면이 균질하지 않기 때문에, 동서 방향의 기압 분포는 연속적인 해양이 있는 남반구의 아한대저기압을 따라서만 실제 존재한다. 그 외의 위도, 특히 해양에 비해 육지가 차지하는 비율이 높은 북반구에서는 동서 패턴이 반영구적인 고기압 및 저기압 세포로 대체된다.

7.5 몬순

▶ 아시아 몬순을 생성하는 전 지구 순환의 계절 변화를 기술한다.

주요 용어 몬순

- 지구의 전 지구 순환에서 최대의 계절 변화는 몬순, 즉 풍향의 현저한 계절적 역전을 보이는 바람 시스템의 발달이다. 보편적으로 잘 알려진 가장 뚜렷한 몬순 순환은 아시아 몬순이다.
- 비교적 작은 계절적 바람 변화를 보이는 북아메리카 몬순은 건조한 봄철에 이어 비교적 많은 비를 내리는 여름철을 만들어 미국 남서부와 멕시코 북서부의 넓은 지역에 영향을 미친다.

7.6 편서풍

▶ 중위도 상층의 공기 흐름이 강한 동서 성분을 갖는 이유를 설명한다.

주요 용어 로스비 파

- 중위도 상공의 기류는 서쪽에서 동쪽으로 우세하게 부는데, 이를 편서풍이라 부른다. 편서풍은 극과 적도 간의 기온 차이로 생기는 상층의 기압경도 때문에 구동된다.
- 편서풍은 긴 파장을 가진 파동 형태의 경로를 따르는데, 이를 로스비 파라 부르며 대개 지구를 에워싸는 4개 내지 6개의 만곡부로 이루어진다.

7.7 제트기류

▶ 한대 제트기류의 발생 기원과 중위도 사이클론 폭풍과의 관계를 설명한다.

주요 용어 제트기류, 한대 제트기류, 아열대 제트기류

- 극과 적도 간의 온도 차이가 중위도의 편서풍을 구동한다. 상층 편서 기류 내에 수천 킬로미터를 사행하는 좁은 리본 모양의 고속의 바람, 소위 제트기류가 들어 있다. 한대 제트기류는 지표면에서의 큰 온도 차이 때문에 생긴다.

7.8 전 지구 바람과 해류

▶ 세계지도 위에 주요 해류를 개략적으로 그리고, 명칭을 붙인다.

주요 용어 환류, 용승

- 전 지구 바람 시스템이 해류를 일으키는 가장 일차적인 동력이다. 환류라 부르는 거의 원형의 이들 해류는 남대서양, 북대서양, 남태평양, 북태평양, 인도양에 있는 5개의 대형 아열대고기압 시스템 위에 그 중심을 두고 있다.
- 극향의 난류는 겨울철 동안 고위도 지역들에 추위 완화 효과를 준다. 반면, 적도를 향하는 한류는 열대 지역과 중위도 지역의 여름철에 가장 큰 영향을 미친다.
- 한류는 주로 페루와 칠레의 아타카마, 아프리카 남서부의 나미브와 같은 서해안 사막들의 건조도에 영향을 준다. 하층 대기가 찬 연안수에 의해 냉각되어 안정해지기 때문에, 이 해안을 따라서 건조도가 강화된다. 이렇게 매우 안정한 공기가 강수성 구름의 발생에 필요한 상승운동을 억제시킨다.

Q. 여기에 보인 구들은 가상적 대륙을 가진 행성을 보인 것이다. 이 중에서 지구와 같은 행성에서의 해류에 대해 여러분이 예상하는 순환과 가장 가깝게 묘사된 것은 어떤 것인가?

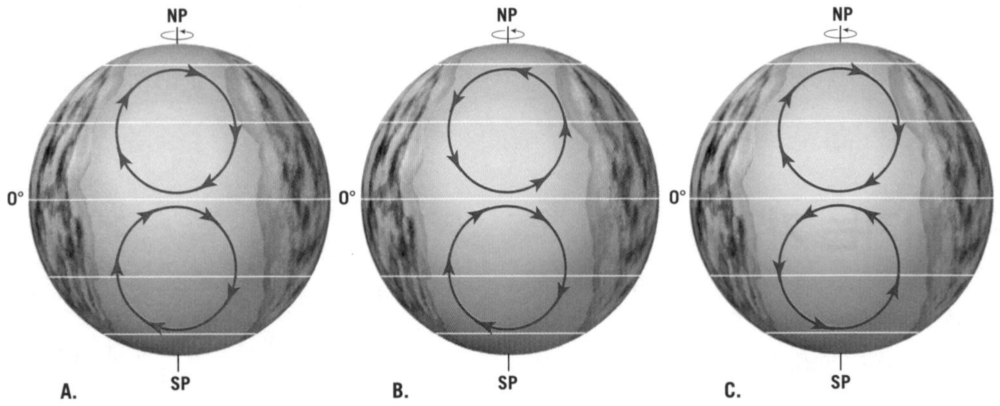

7.9 엘니뇨, 라니냐, 남방진동

▶ 남방진동을 설명하고, 이 현상과 엘니뇨 및 라니냐 간의 관계를 기술한다. 북아메리카 지역에 미치는 엘니뇨와 라니냐의 기후 영향을 열거한다.

주요 용어 엘니뇨, 라니냐, 남방진동, 원격상관

- 엘니뇨는 에콰도르와 페루 연안을 따라서 동태평양의 해수가 따뜻해지는 사건을 일컫는다. 이것은 무역풍의 약화, 동향 적도 반류의 강화, 페루 해류의 약화, 그리고 남아메리카 대륙의 서쪽 가장자리를 따라 용승의 감소 등과 연관된다.
- 라니냐는 동태평양에서의 평균보다 더 차가운 해수면 온도와 연관된다. 라니냐는 무역풍의 강화, 서향 적도 해류의 강화, 그리고 상당히 큰 연안 용승과 함께 페루 해류의 강화 등과 연결된다.
- 엘니뇨와 라니냐는 전 지구 순환의 일부이며 소위 남방진동으로 불리는 동태평양과 서태평양 간 기압의 시소 패턴과 연관된다. 엘니뇨와 라니냐는 양 반구의 열대 태평양의 날씨에 영향을 줄 뿐 아니라 미국의 날씨에도 영향을 준다.

Q. 이 사진은 오스트레일리아 동부에서 일어난 홍수를 보여 준다. 이 지역이 엘니뇨 또는 라니냐의 영향을 받을 가능성이 높은가?

7.10 강수량의 전 지구 분포

▶ 전 지구 강수 분포에 영향을 미치는 주요 인자들에 관해 논의한다.

- 전 지구 강수 분포의 일반적 특징은 전 지구 바람 및 기압 시스템으로 설명될 수 있다. 일반적으로, 고기압의 영향을 받는 지역은 하강운동 및 발산 지표 바람과 연관되므로 건조한 상태를 겪는다. 저기압과 수렴 지표 바람 및 상승기류의 영향을 받는 지역은 많은 강수를 받게 된다.
- 거의 일년 내내 균질한 지구에서는 강한 강수가 적도 지역에서 발생하고, 중위도에서는 대부분의 강수가 이동성 저기압 폭풍에서 내리며, 극지역은 수증기가 거의 없는 찬 공기에 지배된다.
- 기온, 대륙과 해양의 분포, 산악의 위치 등도 전 지구 강수 분포에 영향을 준다.

Q. 우주에서 찍은 아프리카의 고전적인 사진을 고찰하여 각 반구에서 적도저기압의 지배를 받는 지역과 아열대 고기압의 영향을 받는 지역을 찾아보자. 어떤 실마리(들)를 사용했는가?

생각해 보기

1. 따뜻한 여름날, 여러분은 미시간 호에서 몇 블록 밖에 떨어져 있지 않은 시카고 시내에서 쇼핑하고 있다. 인근에 중요한 날씨 시스템이 없어서 오전 내내 바람이 불지 않았다. 오후 중반이 되면, 미시간 호에서 시원한 바람이 불어올 것으로 예상하는가 아니면 도시 밖의 시골 지역에서 따뜻한 바람이 불어올 것으로 예상하는가?
2. 로키산맥의 동쪽 산기슭 구릉지대의 콜로라도 주 볼더에는 따뜻하고 건조한 1월에 강한 편서풍이 나타난다. 어떤 종류의 국지풍이 이 날씨 상태를 만드는가?
3. 이 장에서 설명된 국지풍 중에서 다양한 지표면의 가열율 차이에 크게 의존하지 않는 국지풍은 어떤 것인가?
4. 다음에 첨부한 모식도는 북반구에서의 3-세포 순환 모델을 보여 준다. 이 모식도의 숫자와 다음에 주어진 각 모습을 맞게 짝지어 보시오.

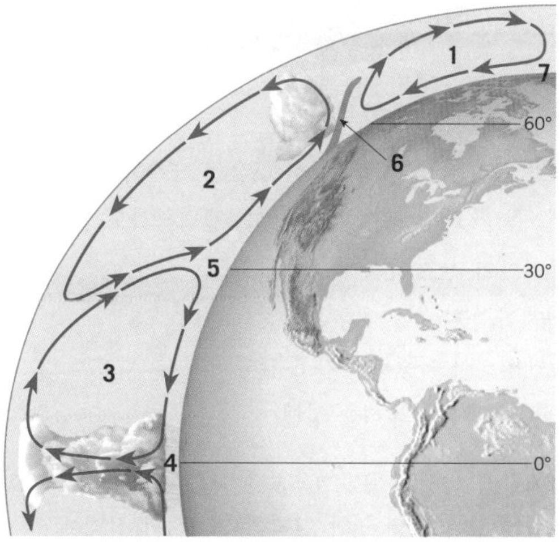

a. 해들리 세포
b. 적도 저기압
c. 한대전선
d. 페렐 세포
e. 아열대고기압
f. 극세포
g. 극고기압

5. 지구가 지축을 중심으로 회전하지 않고 지표면이 완전히 물로 덮여 있다고 가정할 경우, 북반구의 중위도에서 배가 여정을 시작했다면 어떤 방향으로 가게 될까? (힌트 : 비자전 지구에서의 전 지구 순환 패턴은 어떻게 될 것 같은가?)

6. 전 지구 지표 기압 분포에 관련된 다음 각 문장을 간단히 설명하시오.
   a. 기압의 동서 분포가 실제로 존재하는 유일한 곳은 남반구의 아한대저기압 지역이다.
   b. 아열대고기압은 북대서양에서 1월보다 7월에 더 강하다.
   c. 북반구에서의 아한대저기압은 겨울철에 더 흔히 발생하는 개별 저기압 폭풍의 결과이다.
   d. 강한 고기압 세포는 아시아 북부에서 겨울철에 발달한다.

7. 다음에 첨부한 목성 사진에서 지구의 해들리 세포와 유사한 큰 적운 세포들에 의해 생긴 많은 구름대를 주목하자. 지구의 바람대를 만드는 코리올리 힘의 역할에 관한 이해에 따르면, 목성이 지구보다 더 빠르게 자전할까 아니면 더 느리게 자전할까? 설명해 보시오.

목성(NASA)

8. 그림 7.27과 그림 7.10을 참조하여 다음의 각각이 전 지구 순환(극고기압, 적도저기압 등)의 어떤 모습 때문인지를 결정하시오.
   a. 북아프리카의 건조 상태
   b. 남동아시아의 다습한 여름 몬순
   c. 오스트레일리아 서중부의 건조 상태
   d. 남아메리카 북동부의 다습 상태

9. 대륙의 서해안에서는 왜 일반적으로 한류가 흐르는지 설명하시오. 페루의 아타카마 지역 같은 몇몇 연안 지역에서의 사막 상태에 이 한류는 어떻게 기여하는가?

10. 다음에 첨부한 지도는 적도 태평양에서의 해수면 온도 편차(정상 상태로부터의 차이)를 보여 준다. 이 지도를 토대로 다음 질문에 답하시오.

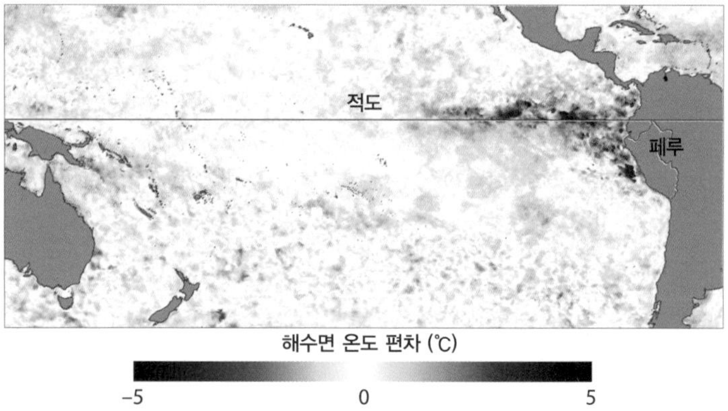

   a. 이 사진이 만들어진 때는 남방진동의 어떤 위상(엘니뇨 또는 라니냐)이었는가?
   b. 이 시기에 무역풍은 강했는가 아니면 약했는가?
   c. 여러분이 이 사건 동안 오스트레일리아에 살았더라면, 어떤 날씨 상태를 예상하는가?
   d. 겨울철 동안 여러분이 미국 남동부에서 대학을 다니고 있었더라면, 어떤 유형의 날씨 상태를 예상하는가? (힌트 : 그림 7.25 참조)

11. 그림 7.27을 참고하여 여러분이 살고 있는 지역의 연간 강수량을 결정하시오.

12. 다음에 첨부한 아프리카 지도는 7월과 1월의 강수 분포를 보인 것이다. 어떤 지도가 7월을 나타내고, 어떤 지도가 1월을 나타내는가? 여러분은 어떻게 답을 결정했는가?

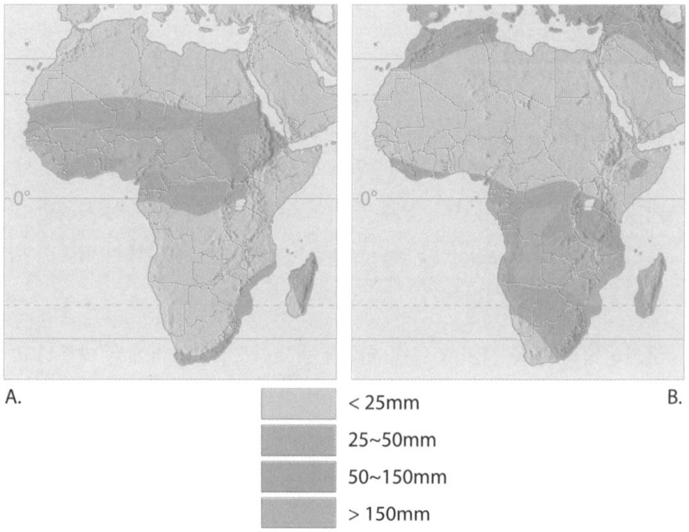

8 기단

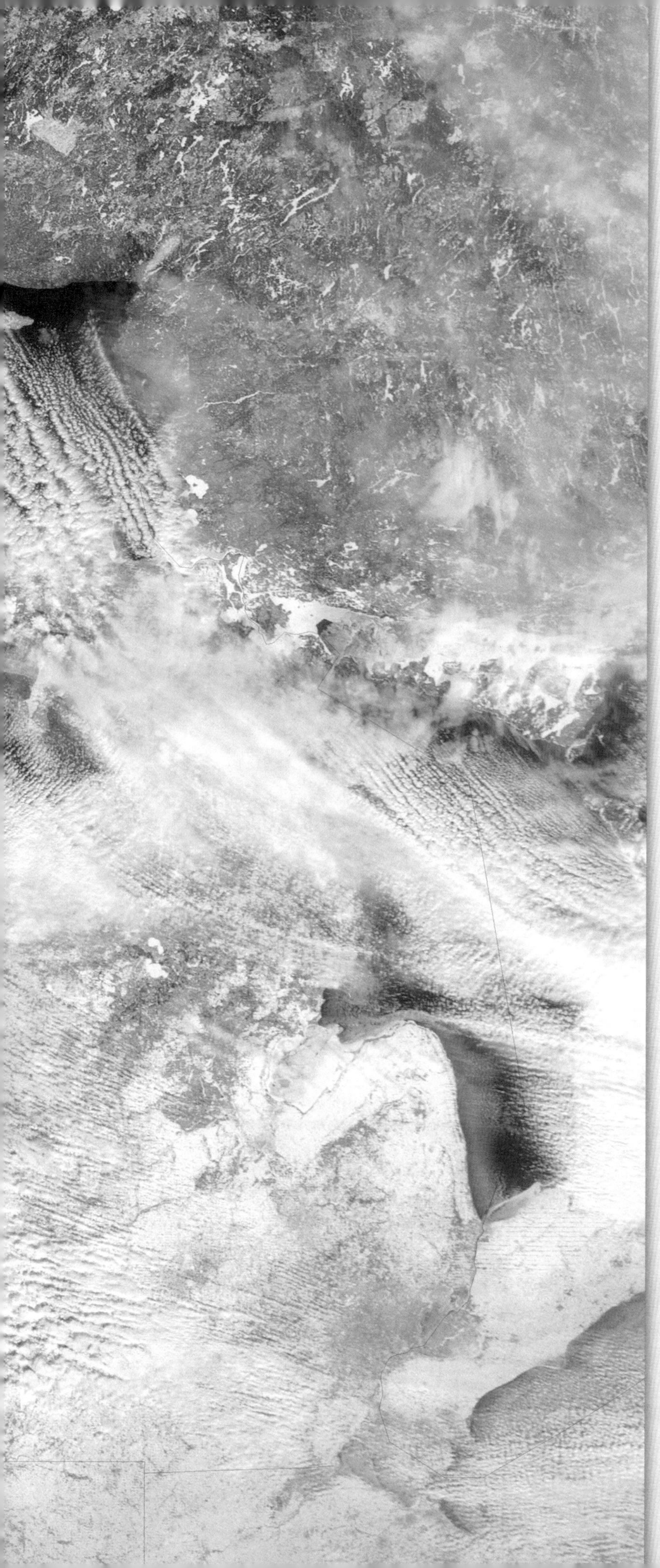

핵심개념

다음의 각 항목은 이 장에서 다루는 주요 주제에 대한 기본 학습 목표를 나타낸다. 이 장을 학습하고 나면 여러분은 다음 항목을 이해할 수 있다.

8.1 기단과 기단 기상을 정의한다.

8.2 기단 발생의 원인과 북미에서의 기단 발생 지역을 나열한다.

8.3 기단이 이동하면서 변질되는 과정과 그 두 가지 예를 설명한다.

8.4 여름과 겨울 동안 북미에 영향을 주는 기단과 각각의 기상 조건을 요약한다.

중위도 지방에 사는 대부분의 사람들은 덥고 끈끈한 여름철의 열파와 혹독한 겨울의 한파를 경험한다. 여름철에는 더운 날씨가 며칠 지속되다가 뇌우 소나기로 갑작스럽게 종결되기도 하고 이어서 며칠간은 비교적 선선한 날씨가 이어지기도 한다. 겨울철에는 두터운 층운과 눈이 하늘을 뒤덮고 기온이 이전에 비해 온화한 정도까지 올라가기도 한다. 두 경우 모두 일반적으로 유사한 기상 조건이 일정 기간 지속되다가 비교적 짧은 기간 동안 변화하여 다시 변하기까지 대략 며칠 정도 새로운 기상 상태가 연속적으로 나타난다.

이 인공위성 사진은 캐나다로부터 슈피리어와 미시간 호수를 지나는 차고 구름 낀 기단의 모습이며, 호수 주변의 풍하측에 발달한 눈의 좁은 흰색 밴드를 확인할 수 있다. 이 그림에는 호수효과에 대한 많은 정보가 들어 있다.

8.1 기단이란 무엇인가

기단과 기단 기상을 정의한다.

앞서 설명한 기상 패턴은 **기단**(air mass)이라고 불리는 거대한 대기 덩어리가 이동한 결과이다. 기단은 그 용어가 의미하는 바와 같이 대기 덩어리이며, 대략 수평 범위가 1,600km 이상이고, 수 킬로미터의 두께를 가지며, 어느 위도에서나 유사한 특성(특히, 온도와 습도)이 있다. 이 대기가 그 발원지에서 이동하면서 기온과 습도는 대륙의 상당 부분에 영향을 미친다(그림 8.1).

그림 8.2는 기단의 영향에 관한 좋은 예이다. 북캐나다에서 비롯된 한랭 건조한 기단이 남쪽으로 이동을 한다. 이 기단의 기온은 −46°C를 시작으로 위니펙에 도달하였을 때는 −33°C로 13°C 증가한다. 이 기단이 대평원을 거쳐 멕시코까지 남쪽으로 이동함에 따라 기온은 계속 상승한다. 기단이 남쪽으로 이동을 하는 동안 기온은 더 상승하지만 겨울철의 가장 추운 기상이 그 경로에서 일부 나타나기도 한다. 이와 같이, 기단은 변질되면서 이동하는 지역의 기상도 변화시킨다.

이 기단은 20°N 이하까지 연장되어 수십만에서 수백만 제곱킬로미터까지 뒤덮기 때문에 수평적으로 완전하게 유사한 것은 아니다. 따라서 같은 고도에서 한 지점으로부터 다른 지점까지의 기온과 습도의 분포는 약간의 차이가 있게 된다. 그러나 기단 내에서 관찰된 차이는 기단 경계에 걸쳐 나타나는 급격한 변화에 비해 적은 편이다.

하나의 기단이 어떤 지역을 횡단하는 데는 며칠이 걸릴 수 있으므로 그 영향을 받는 지역은 아마 기상 조건이 일정할 것이며 이런 상황을 **기단 기상**(air-mass weather)이라 한다. 분명히 어떤 일반적인 변화가 존재하지만 인접한 기단의 것과는 아주 다르다.

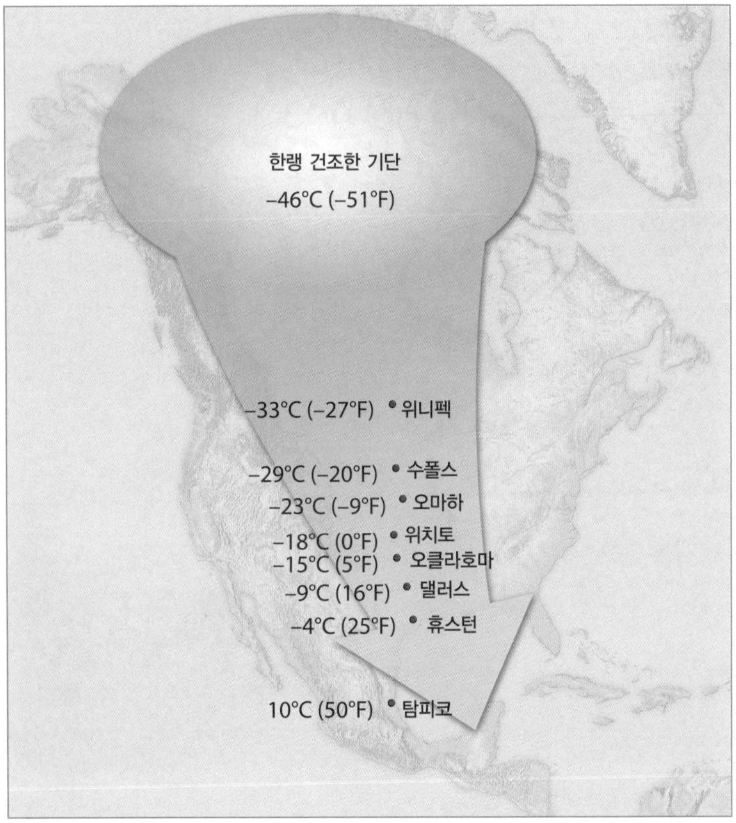

▲ 그림 8.2 찬 캐나다 기단
찬 캐나다 기단이 남쪽으로 이동하여 그 경로에 있는 지역에 추운 날씨를 가져 왔다. 이 기단이 캐나다로부터 남하함에 따라 점점 따뜻해져서 이동 구간의 날씨를 변화시켰다.

기단의 개념은 대기 요란의 연구와 밀접하게 관련되어 있어 매우 중요하다. 중위도 지방의 많은 대규모 요란이 다른 기단을 분리하는 경계 구역을 따라 발원한다.

▼ 그림 8.1 아열대 지역
육지로부터 북아프리카의 사하라 사막에 걸쳐 광범위한 지역에 형성된 기단은 뜨겁고 건조하다.

✓ 개념 체크 8.1

1. 기단을 정의하시오.
2. 기단 기상이란 무엇인가?

8.2 기단의 분류

기단 발생의 원인과 북미에서의 기단 발생 지역을 나열한다.

기단은 어디서 형성되는가? 어떤 요인들이 기단의 특성과 유사성을 결정하는가? 이 두 가지 기본적인 의문은 밀접하게 연관이 되는데 기단이 형성되는 장소가 그 기단의 특징에 중요한 영향을 미치기 때문이다.

기단의 발원지

기단 발원지의 기본적인 기준과 북미에 영향을 주는 기단이 발생하는 지역을 **기단의 발원지**(source region)라고 한다. 대기는 주로 하부에서부터 가열이 되고, 지표면으로부터 증발을 통하여 수분을 공급받기 때문에 발원지의 특성은 기단의 일차적인 특징을 결정짓는다. 이상적인 기단의 발원지는 두 가지 기본적인 기준에 부합해야 한다. 먼저, 광범위하고 물리적으로 유사한 지역이어야 한다. 고도가 아주 불규칙한 지역이나 해양과 육지가 혼재한 지표면을 가진 지역은 기단의 발원지로서 적합하지 않다.

두 번째 기준은 광범위한 지역에 대기 순환이 정체되어 대기가 지표면과 어느 정도 평형을 이룰 때까지 오랫동안 머물러야 한다는 것이다. 일반적으로, 전 지역에서 무풍이나 가벼운 바람이 불며 정체적이거나 느리게 움직이는 고기압 지역을 말한다.

저기압의 영향을 받는 지역은 그 시스템이 지상풍의 수렴이라는 특징을 가지고 있기 때문에 기단을 만들지 못한다. 하층의 바람은 기온과 습도의 속성과는 별도로 대기를 그 구역으로 계속해서 불러들인다. 이 과정은 기온과 습도의 차이를 제거해 줄 만큼 길지 않기 때문에 기온의 경사가 커서 기단이 형성될 수 없다.

그림 8.3은 북미에 가장 잦은 영향을 미치는 기단의 발원지를 나타낸 것이다. 멕시코만과 카리브해 및 멕시코 서부 태평양 유역의 바닷물은 미국 남서부와 멕시코 북부를 에워싸며 온난기단을 생성한다. 반대로, 북태평양, 북대서양, 북미 북부와 인접한 북극해로 구성된 눈과 얼음으로 덮인 지역이 한랭기단의 주요 발원지이다. 분명한 것은 발원지의 크기와 강도가 계절마다 변한다는 것이다.

그림 8.3에서 기단의 주요 발원지는 중위도에서 찾아볼 수 없으며, 아열대 이하와 아한대 이상의 위도 지역에 한정된다는 것을 알 수 있다. 중위도는 순환하는 저기압의 수렴성 바람으로 인하여 한랭기단과 온난기단이 충돌하는 위치이기 때문에 이 지역은 기단의 발원지로서 필수적인 조건이 결여되어 있다. 그러나 이 위도대는 지구상에서 가장 폭풍우가 심한 지역 중의 하나이다.

기단의 분류

기단의 분류는 발원지의 위도와 지표면이 '해양이냐 대륙이냐' 하는 특성에 의존한다. 발원지의 위도는 기단 내의 기온 조건을 나타내며 기단

▼ 그림 8.3 북미의 기단 발원지

기단의 발원지는 대개 아열대 이하와 아한대 이상의 위도 지역에만 국한된다. 중위도 지방은 이동하는 저기압의 수렴성 바람이 대기를 끌어당겨 찬 대기와 따뜻한 대기가 충돌하는 곳이기 때문에 기단의 발원지가 되지 못한다. 한대와 북극 간의 차이는 비교적 작고 각 기단의 차가운 정도를 비교해 주는 역할을 한다. 겨울철과 여름철의 모형을 비교하면 범위와 온도가 변하는 것을 알 수 있다.

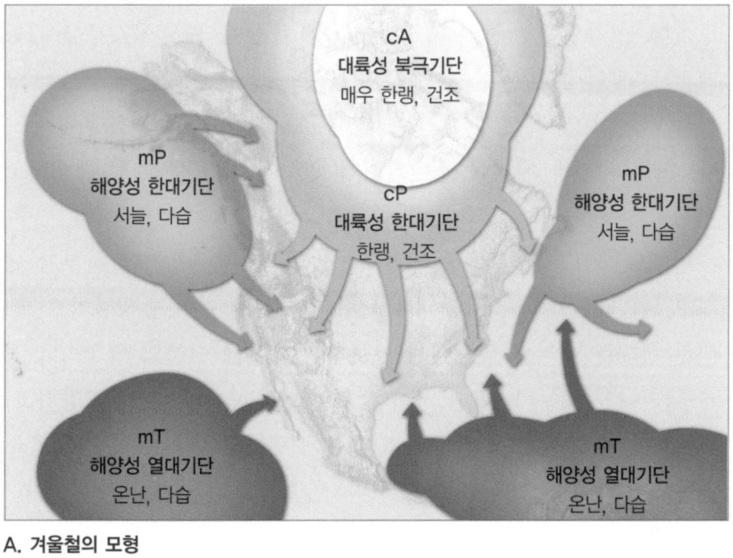

A. 겨울철의 모형

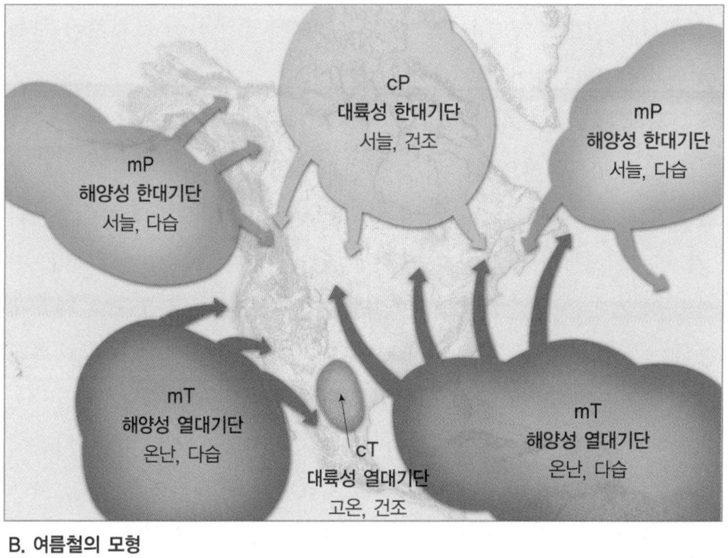

B. 여름철의 모형

과 접한 지표면의 상태는 기단의 습도에 큰 영향을 미친다.

기단은 두 글자의 기호로 나타낸다. 위도(기온)와 관련하여 기단은 **북극**(arctic, A), **한대**(polar, P) 및 **열대**(tropical, T)로 나뉜다. 한대와 북극의 차이는 근소하며 각 기단의 차가운 정도를 나타내 주는 역할을 한다.

소문자 **m**[**해양**(maritime)]이나 **c**[**대륙**(continental)]를 사용하여 발원지 지표면의 성질과 그 기단의 습도 특성을 나타낸다. 해양성 기단은 해양에서 형성되므로 대륙에서 발원된 대륙성 기단에 비해 상대적으로 많은 수증기를 함유하고 있다.

다음은 이런 분류 기준을 적용하여 기단을 표현한 것이다.

cA	대륙성	북극기단
cP	대륙성	한대기단
cT	대륙성	열대기단
mT	해양성	열대기단
mP	해양성	한대기단

기단의 분류에서 mA(해양성 북극) 기단이 들어 있지 않은 것은 이 기단이 거의 형성되지 않기 때문이다. 북극기단이 북극 해양 위에서 형성된다 하더라도 이 바다는 1년 내내 얼음으로 덮여 있기 때문에 여기서 발원한 기단은 대륙에서 형성된 기단과 연속적인 습도 특성을 갖는다.

✓ 개념 체크 8.2

❶ 기단의 발원지는 어떤 두 가지 기준을 충족해야 하는가?

❷ 왜 저기압성 순환이 있는 곳에서는 일반적으로 기단이 발생하지 않는가?

❸ 무엇을 기준으로 기단을 분류하는가?

❹ 기단 cA, cP, mP, mT, cT의 기온과 습도를 비교하시오.

Video
레이더 반사와 기단
http://goo.gl/MUX5nR

8.3 기단의 변질

기단이 이동하면서 변질되는 과정과 그 두 가지 예를 설명한다.

일반적으로 기단이 형성된 후 그 기단은 발원지로부터 지표면의 특성이 다른 지역으로 이동한다. 일단 기단이 그 발원지에서 이동하면 이동하는 지역의 기상을 변화시킬 뿐 아니라 기단도 이동하는 지역의 지표면에 의하여 점진적으로 변하게 된다. 이와 같은 예는 그림 8.2에 잘 나타나 있다. 하부로부터 가열되거나, 냉각되거나, 습도의 증감 및 수직적인 이동 등으로 기단은 변질된다. 변질의 정도는 비교적 작으나, 다음의 예시가 설명해 주듯이 그 변화가 중대하여 기단의 본질적인 정체성을 완전히 바꿔 놓기도 한다.

겨울철에 cA나 cP 기단이 바다 위로 지나갈 때, 상당한 변화가 나타난다(그림 8.4). 수면으로부터 증발된 다량의 수증기는 일시적으로 건조했던 대륙의 대기로 빠르게 이동한다. 더욱이, 지표면의 물이 그 위를 지나는 대기보다 따뜻하기 때문에 대기는 하부로부터 가열된다. 이로 인하여 기단은 불안정해지며, 열과 수증기를 더 높은 고도로 빠르게 수송하는 상승기류가 생긴다. 한낮에는 한랭 건조한 안정적인 대륙의 대기가 불안정한 mP 기단으로 변질된다.

기단이 이동해 가는 지표면보다 차가울 때는 k가 기단 기호 다음에 붙게 된다(예 : mPk). 기단이 하부로 지표면보다 따뜻할 때는 w가 추가된다. 따라서 k나 w는 기단 자체가 따뜻하거나 차갑다는 것이 아니다. 기단이 지나가는 지역의 지표면에 비해 상대적으로 차거나 따뜻하다는 것을 의미한다. 예를 들어, 여름철에 멕시코만의 mT 기단은 남동부 지역을 이동하기 때문에 mTk로 분류된다. 열대기단이지만 이동 경로상 육지에 비해 시원하다.

k나 w는 기단의 안정성과 예측할 수 있는 대기의 상태를 나타낸다. 지표면보다 차가운 기단은 분명히 지표면으로부터 가열될 것이다. 이로 인하여 가열된 하층의 대기가 상승하고 구름 형성과 강수를 가능하게 하는 불안정성이 더 높아진다. 실제로 k기단은 적운형 구름을 포함하는 특성이 있고, 강수가 있을 경우 소나기나 뇌우가 발생하기도 한다. 또한 대기가 뒤섞이고 뒤집히기 때문에 비가 올 때를 제외하고는 시정이 양호하다.

반대로, 기단이 이동 중인 지표면보다 따뜻할 때 기단 하부가 냉각되고, 기단의 안정도를 향상시켜 주는 접지 역전이 발생하기도 한다. 이런 상태는 대기를 상승시키지 못하기 때문에 구름의 형성이나 강수가 나타나지 않는다. 또한 구름은 모두 층운형이며, 강수는 약하고 적다. 한편, 수직적 이동이 약하기 때문에 연기와 먼지가 기단 하층부에 집중되어 가시성이 떨어지기도 한다. 연중 어느 시기에는 안개, 특히 이류안개가 어느 지역에나 흔하게 나타난다(5장 참조).

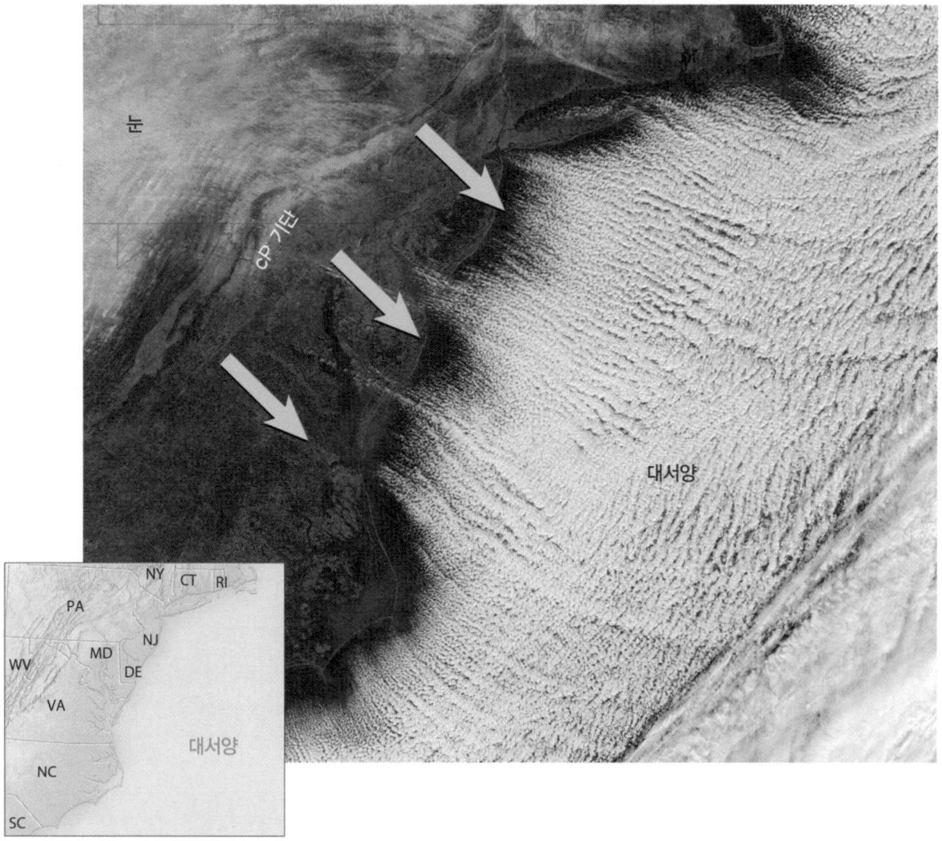

▲ **그림 8.4 기단의 변질**
기단의 변질을 보여 주는 위성영상(2014년 1월 7일). 미국 동부의 차고 건조하며 구름이 없는 cP가 대서양으로부터 열과 수증기를 공급받아 비교적 빠르게 기단이 변질되어 불안정이 만들어지고 구름을 발달시켰다.

기단과 지표면 간의 온도 차로 인한 변질 외에도 저기압과 고기압 또는 지형으로 인한 상승과 하강은 기단의 안정에 영향을 미칠 수 있다. 이것을 기계적 또는 물리적 변질이라 부르며, 지표면에 의한 냉각이나 가열에 의해 초래된 변질과는 별개의 것이다. 예를 들어, 기단이 저기압으로 내려갈 때 상당한 변질이 일어날 수 있다. 이 경우 수렴과 상승이 주도하고 기단은 보다 불안정해진다. 역으로, 고기압권에서의 침강은 기단을 안정시키는 작용을 한다. 기단이 고지대 위로 상승하거나 산맥을 경계로 풍하측으로 하강할 때 비슷한 안정성의 변화가 발생한다. 상승하면 기단의 안정성이 떨어지고, 하강할 때 대기는 보다 안정화된다.

∨ 개념 체크 8.3

❶ 소문자 k로 나타내는 기단의 일반적 기상 조건을 나열하시오.

❷ 수직운동과 지형은 기단의 변질에 어떻게 기여하는가?

8.4 북미 기단의 성격

여름과 겨울 동안 북미에 영향을 주는 기단과 각각의 기상 조건을 요약한다.

기단이 매일매일 우리를 지나가는데, 그것은 우리가 경험하는 기상이 이 거대한 기단의 기온, 안정도 및 습도에 달려 있다는 것을 의미한다. 여기서 북미 주요 기단의 성격을 알아보자(표 8.1 요약 참조).

대륙성 한대기단(cP)과 대륙성 북극기단(cA)

대륙성 한대기단과 대륙성 북극기단(북극기단이라고 함)은 이 분류가 암시하는 바와 같이 한랭 건조하다. 대륙성 한대기단은 캐나다와 알래스카의 눈 덮인 내륙 지방에서 발원한다. 북극기단은 북극 분지와 그린란드의 빙설지 위로 훨씬 더 북쪽에 형성이 된다(그림 8.3 참조).

북극기단의 대기는 일반적으로 기온이 낮기 때문에 그 차이가 경미하지만 cP 기단과는 구별이 된다. 실제로, 어떤 기상학자들은 cP와 cA를 구분하지 않는다.

겨울철 특성 겨울철에 두 기단은 매우 한랭하며 아주 건조하다. 겨울철의 밤은 길고 낮 시간은 짧으며 태양은 낮게 뜬다. 따라서 겨울이 깊어 감에 따라 지표면과 대기는 열을 잃게 되는데, 대부분 그 열은 태양열로 보충되지 않는다. 따라서 지표면의 온도는 아주 낮아지고 지표면에 접한 대기는 1km 혹은 그 이상의 높이까지 점차적으로 차가워진다. 그 결과 지속적이며 강한 기온역전이 일어나 지표면 근처의 기온이 가장 낮게 된다. 따라서 뚜렷한 안정이 이루어진다. 대기는 매우 차고 지표면이 얼어 있기 때문에 이 기단들의 혼합비(수증기량, 4장 참조)는 cA의 경우 0.1g/kg, cP의 경우 1.5g/kg에 이를 정도로 아주 낮다.

겨울철 cP와 cA 기단은 발원지에서 멀리 이동함에 따라, 오대호와 로키 산맥 사이에서 시작되는 미국의 날씨는 일반적으로 차고 건조해진다. 고위도 발원지와 멕시코만 간에는 큰 장애물이 존재하지 않기 때문에 cP와 cA 기단은 비교적 빠르고 쉽게 미국 남부 전역을 뒤덮게 된

표 8.1 북미 기단의 기상 특성

기단	발원지	기온과 습도 특성	안정도	기상
cA	북극 대륙 그린란드 빙원	혹한, 매우 건조(겨울)	안정	겨울철 한파
cP	캐나다 대륙 알래스카	매우 춥고 건조(겨울)	안정(전 계절)	a. 겨울철 한파 b. 겨울철 오대호를 지나 cPk로 변질되면서 풍하측에 호수효과 눈
mP	북태평양	온난 다습(전 계절)	불안정(겨울) 안정(여름)	a. 겨울철 하층운 및 소나기 b. 겨울철 서부 산악 지대의 풍상측에 지형성 호우 c. 여름철 해안선에 하층운 및 안개 : 내륙에서 cP로 변질
mP	북서 대서양	한랭 다습(겨울) 서늘하고 다습(여름)	불안정(겨울) 안정(여름)	a. 때때로 겨울철 노이스터 발생 b. 여름철에 가끔 맑고 시원함
cT	멕시코 내륙 북부, 미국 남서부(여름)	고온 건조	불안정	a. 덥고, 건조, 구름 없음, 드물게 발원지 외부의 영향을 받음 b. 때때로 남부 대평원에 가뭄
mT	멕시코만, 카리브해, 서대서양	온난 다습(전 계절)	불안정(전 계절)	a. 겨울철 북으로 이동하는 mTw가 되고, 가끔 넓은 지역에 강수나 이류안개를 발생 b. 여름철에 덥고 습하여 자주 적운이 발달하고 소나기나 뇌우가 나타남
mT	아열대 태평양(전 계절)	온난 다습(전 계절)	안정(전 계절)	a. 겨울철에 미국 남서부와 멕시코 북서부에 안개, 이슬비 및 가끔씩 적당한 강수 b. 여름철에 가끔 미국 서부에 도착하여 대류성 뇌우를 일으키는 수증기원이 됨

다. 미국의 중부와 동부 지역 대부분에서 나타나는 겨울철 한파는 이러한 한대기단의 팽창과 밀접한 관련이 있다. 글상자 8.1은 이러한 한파를 설명한 것이다. 일반적으로 봄철의 마지막 결빙과 가을철의 첫 결빙은 한대나 북극기단의 팽창과 관련되어 있다.

그림 8.5는 2013년부터 2014년 사이의 겨울에 북극과 북극기단의 냉각 효과를 보여 주는 것이다. 사행하는 북극 제트기류(그림 7.18 참조)로 미국의 중부와 동부가 찬 cA와 cP로 덮여 있다. 중서부 7개의 주는 자신의 겨울철 최저기온 10위권 내의 기록적인 겨울 추위가 나타났고, 12월의 한파는 미국 동부 절반의 지역에 극한의 기간으로 이어졌으며, 18개 주의 많은 도시는 2월부터 3월의 첫 주까지의 기간에 수십 년 동안 자신의 추위에 대한 모든 기록을 경신하였다. 이와 같은 특별한 추위에도 불구하고 많은 사람들은 평균 조건보다 따뜻한 날씨를 즐기고 있다.

자주 나오는 질문…

한랭한 기단이 캐나다에서 미국 쪽으로 이동을 할 때 기온은 얼마나 빠르게 변하나요?

빠른 속도로 이동하는 한랭한 기단이 북부의 대초원을 지나갈 때 기온은 단 몇 시간 안에 20~30°C가 떨어진다고 한다. 좋은 예로 55.5°C가 하강한 경우를 들 수 있다. 1916년 1월 23일과 24일 사이에 몬태나 주 브라우닝에서는 24시간 내에 6.7°C에서 −48.8°C로 떨어졌다. 다른 하나는 1924년 크리스마스이브에 나타났다. 그 당시 몬태나 주 페어필드에서 정오의 기온은 17°C였고, 자정에는 −29°C로 떨어졌다. 단 12시간 내에 놀랍게도 46°C나 떨어진 것이다.

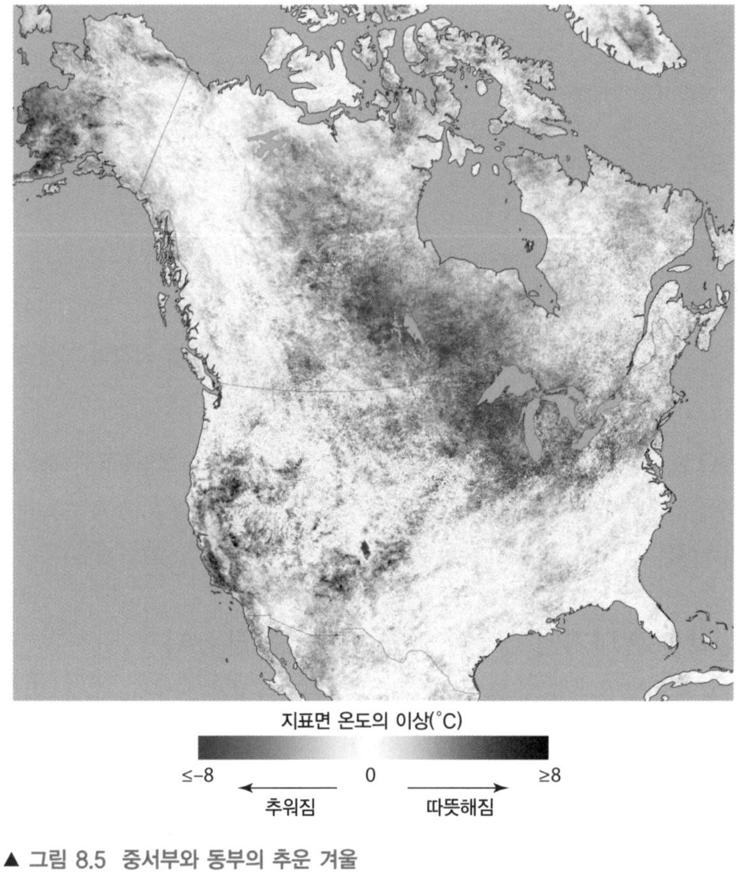

▲ **그림 8.5 중서부와 동부의 추운 겨울**
이 위성사진은 2013년 12월부터 2014년 2월까지의 북미 지표면 온도 이상을 보여 준다. 이 지면 온도의 이상은 출발로부터 예상되는 변질을 의미한다. 이 지도에서는 2000년부터 2013년 사이의 12~2월 평균으로부터 산출되었다. 지표면 온도는 기온과 다르게 나타난다. 그러나 그것은 각 지역이 얼마나 따뜻하거나 차가운가를 합리적으로 표현하기 위한 것으로, 대륙의 일부 지역은 평균보다 상당히 따뜻한 것을 알 수 있다.

기상재해

글상자 8.1

시베리아 특급

1989년 12월 22일 지상일기도는 미국 동부의 2/3와 캐나다의 상당 부분을 덮고 있는 고기압의 중심을 보여 준다(그림 8.A). 겨울철에 항상 그렇듯이, 이와 같은 거대한 고기압은 엄청난 양의 강하고 혹독하게 추운 북극대기와 관련이 있다.

이러한 기단이 북극권 근처 넓은 빙결 지역 위에 형성된 후 그 위의 바람이 때때로 남쪽과 동쪽으로 향한다. 이와 같은 특보 상황이 일어날 때 뉴스 등에서는 '시베리아 특급'이라는 명칭을 쓴다.

1989년 11월은 특이하게도 늦가을 내내 온화하였다. 실제로, 미국 전역에서 200개 이상의 고온 기록이 세워졌다. 그러나 12월은 달랐다. 로키 산맥 동쪽에서 12월의 기상 상황은 두 번의 북극기단 팽창이 주도하였다. 두 번째 것은 기록을 경신하는 추위를 가져왔다. 12월 21~25일 사이에 고기압의 혹독한 한극(寒極)이 남쪽과 동쪽으로 진행함에 따라 370개 이상의 지역에서 저온 기록이 나타났다. 몬태나 주 아브르에서는 12월 21일 밤에 −44.2°C를 기록하였는데, 이것은 1884년의 기록을 깨는 수치였다. 한편 토피카에서 관측된 −32.2°C는 102년 전 관측을 시작한 이래 이 도시의 최저기온으로 기록되었다.

3일간 연이어 북극의 대기가 남쪽과 동쪽으로 이동하였다. 12월 24일까지 플로리다 주 탤러해시에서는 −10°C의 저온을 기록하였다. 크리스마스이브 노스다코타는 플로리다의 중부와 북부보다 따뜻했다.

실제로 크리스마스이브에 플로리다 북부와 중부보다 노스다코타가 더 따뜻했다.

우려한 것처럼 여러 주에서 많은 재해가 나타났다. 북극의 대기가 텍사스와 플로리다로 이동을 할 때 농업은 큰 손실을 입었다. 플로리다의 한 감귤 생산지는 40%의 수확 손실이 있었고, 각종 채소는 완전히 폐기될 정도의 피해를 입었다.

크리스마스 이후로 북극 내부로부터 미국에 이르기까지 기록을 깨는 시베리아 특급을 초래한 순환 패턴이 변하였다. 결과적으로 1990년 2월 동안 미국 내 상당 지역의 기온은 정상 기온보다 현저하게 높았다. 실제로 1990년 1월은 96년만에 두 번째로 가장 따뜻한 달이었다. 이와 같이, 혹독한 12월 기온에도 불구하고 1989~1990년 사이의 겨울은 '평균을 초과'하여 비교적 따뜻하였다.

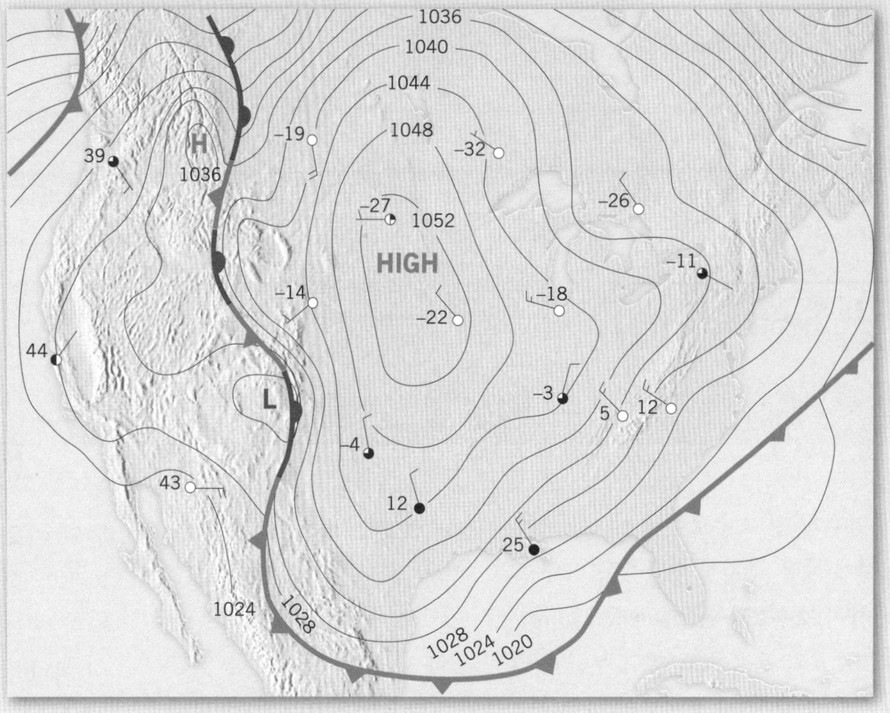

▲ **그림 8.A 북극대기의 범람**
지상일기도(1989년 12월 22일 오전 7시/동부표준시). 이 단순한 일기도는 한랭한 북극 공기의 발생으로 인한 강한 겨울 한파를 보여 준다. 이 현상으로 멀리 멕시코만까지 영하 온도가 나타났다(온도 단위는 °F).

질문

1. 어떤 기단이 이 이벤트와 관련이 있는가?
2. 시베리아 기단의 발원지는?

여름철 특성 겨울철에는 주로 cA가 존재하고, cP는 여름 날씨에 영향을 주기 때문에 이 효과는 겨울에 비해 크게 감소한다. 여름철의 cP 발원지 특성은 겨울과는 매우 다르다. 지표면에 의한 냉각 대신 긴 기간 햇빛에 의하여 가온된다. 여름철의 cP가 겨울철 cP보다 상대적으로 온난 다습하지만 먼 남쪽 지역의 대기에 비해 상대적으로 여전히 차고 건조하다. 미국의 동부와 중부의 북쪽 지역은 여름철 열파로 종종 하루나 이틀 동안 밝고 쾌적한 날씨를 보이나 cP의 남진으로 종료된다.

호수효과 눈: 찬 대기가 따뜻한 물 위를 지날 때

이 장이 시작되는 페이지의 그림은 강설의 분포를 나타낸 것으로, 슈피리어 호와 미시간 호 위 하늘의 밀도, 투명도 및 눈이 만들어지는 구름의 띠를 보여 준다. 이들은 한랭 건조한 cP 대기가 지표면의 물 위로 이동하며 만들어진다.

대륙성 한대기단은 일반적으로 폭우와는 관련이 없다. 그러나 늦가을과 겨울 동안 오대호의 풍하측 해안을 따라 독특하고도 흥미로운 기상 현상이 발생한다. 주기적으로, 짧은 폭설이 호수로부터 육지 쪽으로 이동하는 먹구름에서 쏟아진다(글상자 8.2 참조). 이런 폭풍은 거의 눈

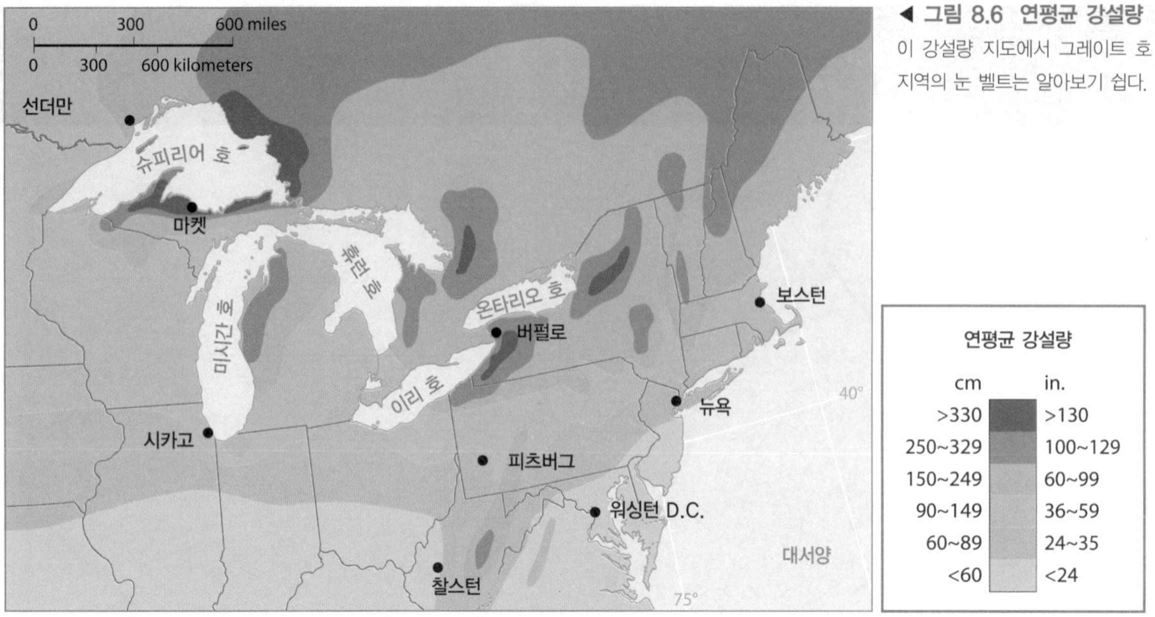

◀ **그림 8.6 연평균 강설량**
이 강설량 지도에서 그레이트 호 지역의 눈 벨트는 알아보기 쉽다.

이 멈추기 전 호수로부터 내륙으로 약 80km 이상은 이동하지 않는다. 이렇게 매우 국지적인 폭풍은 오대호의 풍하측 호수 연안을 따라 발생을 하여 **호수효과 눈**(lake-effect snow)이라는 것을 만들어 낸다.

호수효과 폭풍으로 호수 부근에 많은 눈이 내린다. 아주 잦은 영향을 받는 강설대(snowbelts)라 하는 지역들이 그림 8.6에 나와 있다. 슈피리어 호 북쪽 온타리오 주 선더만 기슭으로부터 미시간 주 마켓의 평균 강설량의 비교는 또 하나의 좋은 예가 될 것이다. 마켓은 호수의 풍하측 기슭에 위치하기 때문에 상당한 호수효과 눈이 내리므로 선더만보다는 훨씬 더 많은 강설량을 보인다(표 8.2).

호수효과 눈은 무엇인가? 답은 물과 대지의 비열이 다르며(3장 참조) 대기 불안정성이라는 개념과도 밀접하게 관련이 된다(4장 참조). 여름철에 오대호를 포함한 물은 태양으로부터 거대한 양의 에너지와 호수를 지나가는 따뜻한 대기로부터 에너지를 흡수한다. 물은 특별히 고온이 아니어도 엄청난 양의 열을 저장하고 있다. 반대로 주변을 둘러싼 대지는 효과적으로 열을 저장하지 못한다. 따라서 가을부터 겨울까지 대지의 온도는 빠르게 하강하지만 물은 보다 지속적으로 열을 잃으며 서서히 식는다.

Video
2011년 그라운드호그데이에 블리자드의 적외선 영상
http://goo.gl/hSLiub

11월 말부터 1월 말경까지 물과 육지의 평균 온도의 차이는 오대호 남부가 8℃, 그 북쪽은 17℃에 이른다. 그러나 아주 찬 cP나 cA 기단이 호수를 가로질러 남쪽으로 밀려올 때 기온차는 훨씬 더 커진다(약 25℃). 이와 같이 현저한 기온의 차이가 존재할 때 호수는 대기와 상호작용을 하여 호수효과 눈이 내리게 된다. 그림 8.7은 오대호 중 하나를 가로지르는 cP 기단의 이동을 설명한 것이다. 이 기단이 이동하는 동안 대기는 비교적 따뜻한 호수면으로부터 다량의 열과 수분을 얻는다. 반대편 기슭에 도달할 때까지 이 cPk 기단은 다습하고 불안정하며 폭설이 내릴 가능성이 커진다.

표 8.2 선더만과 마켓의 월별 강수량

온타리오 주 선더만			
10월	11월	12월	1월
3.0cm	14.9cm	19.0cm	22.6cm
미시간 주 마켓			
10월	11월	12월	1월
5.3cm	37.6cm	56.4cm	53.1cm

해양성 한대기단(mP)

해양성 한대기단은 고위도의 바다 위에서 형성된다. 분류에서 알 수 있듯이, mP 기단은 서늘한 것에서 차가운 것까지 있고 습도가 높다. 그러나 겨울철의 cP와 cA 기단에 비하여 mP 기단은 차가운 대륙과 반대로 해수면이 고온이어서 비교적 온화한 편이다.

두 지역(북태평양과 뉴펀들랜드에서 케이프코드까지 대서양 북서부)은 북미에 영향을 미치는 mP 기단의 중요한 발원지이다(그림 8.3 참조). 일반적으로 중위도에서는 서에서 동으로의 순환 때문에 북태평양에서 발원한 mP 기단은 대서양 북서부에서 생성된 mP 기단보다 북

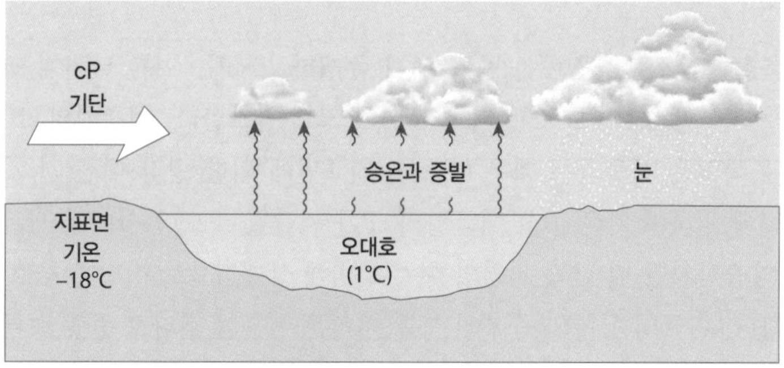

▲ **그림 8.7 호수효과 눈의 발생 과정**
겨울철 대륙성 한랭 대기는 그레이트 호를 통과하면서 수분을 획득하여 기온이 증가하고 불안정하게 변질되어 호수 주변의 풍하측에 호수효과 폭설이 나타난다.

기상재해
글상자 8.2

예외적인 호수효과 눈보라

오하이오 북동부는 이리 호의 강설대에 속한다. 이는 펜실베이니아 북서부와 뉴욕 서부로부터 동쪽으로 펼쳐진 구역이다(그림 8.6 참조). 여기서 차가운 바람이 이리 호의 비교적 따뜻하고 얼지 않은 물을 가로질러 서부나 북쪽으로부터 불어갈 때 강설이 증가한다. 오하이오 북동부의 연평균 강설량은 200~280cm이고, 뉴욕 서부에서 450cm까지 증가하였다.

Video
호수효과 눈
http://goo.gl/3hPLBF

이 지역 주민들은 많은 눈에 익숙하지만 1996년 11월의 이르고 강한 폭풍에는 크게 놀랐다. 6일 간격으로 11월 9일부터 14일까지 오하이오 북동부는 신기록의 호수효과 강설을 경험하였다. 가을철의 낙엽을 긁는 대신 사람들은 보도블록을 삽으로 정리하고 두껍게 쌓인 지붕 위의 눈을 치워야만 했다(그림 8.B).

긴 스콜 현상(협소한 폭설대)으로 6일 동안 시간당 5cm의 눈이 쌓였다. 이 눈은 비교적 따뜻한 이리 호를 가로지른 차가운 대기의 이동에 의해 초래된 것으로 대기의 불안정 때문이었다. 호수 표면의 온도는 12℃였고, 정상 온도보다 몇 도 높았다. 1.5km 고도에서 기온은 –5℃였다.

가을철의 낙엽을 긁는 대신 사람들은 보도블록을 삽으로 정리하고 두껍게 쌓인 지붕 위의 눈을 치워야만 했다

이리 호를 가로질러 차가운 바람이 북서쪽으로 흘러가고 17℃의 체감률은 호수효과 강우와 바로 뒤를 이어 스콜성 눈이 내리게 하였고, 어떤 때는 큰 뇌명(천둥)을 동반하는 스콜이 나타났다.*

클리블랜드 강설 감시망에 의하면 오하이오 강설대의 중심 지역에 100~125cm의 눈이 내렸다고 한다(그림 8.C). 오하이오 차든 부근에 가장 많은 눈이 쌓였다. 6일간 내린

▲ 그림 8.B 기록 서술
1996년 11월 6일 동안 호수효과 눈보라로 오하이오 주 차든에서는 175cm 강설 신기록을 세웠다.

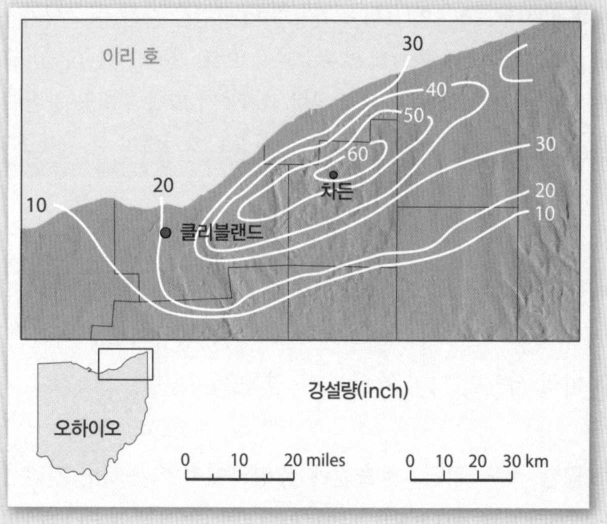

▲ 그림 8.C 눈의 깊이
1996년 11월 9일부터 14일까지 오하이오 주 차든에서는 호수효과 폭풍으로 175cm의 강설이 있었다(NWS).

총 175cm의 적설은 1901년에 세워진 107cm 기록을 경신한 것이다. 또한 1996년 11월 같은 장소에 총 194.8cm의 강설은 오하이오의 새로운 강설 기록이다. 그 이전의 한 달 간의 기록은 176.5cm이었다.

폭풍의 영향은 컸다. 오하이오 주지사는 11월 12일 긴급 사태를 선포하였고, 경비대를 소집하여 눈을 치우고 눈에 발이 묶인 주민을 구조하게 하였다. 오하이오 북동부 전역에 걸쳐 나무와 관목이 엄청난 피해를 입었다. 눈이 아주 습했고, 농도가 진했으며 물체에 쉽게 달라붙었기 때문이었다. 언론 보도에 의하면 약 16만 8,000채의 집에 전기가 끊어졌고 몇 채는 며칠간 지속되었다. 많은 건물의 지붕은 과도한 눈의 무게로 무너졌다. 오하이오 북동부의 강설대 지역 주민들은 겨울 폭설에 익숙하지만 1996년 11월, 6일간의 폭설은 특이한 사건으로 오래 기억될 것이다.

질문

1. 폭풍이 나타나는 동안 바람의 방향은?
2. 차든에는 얼마나 많은 눈이 클리브랜드보다 내렸는가?

* Thomas W. Schmidlin and James Kasarik, "A Record Ohio Snowfall During 9–14 November 1996," *Bulletin of the American Meteorological Society*, Vol. 80, No. 6, June 1999, p. 1109.

자주 나오는 질문…

버펄로는 호수효과 강설로 유명하다고 알고 있는데, 어느 정도의 눈이 내리나요?

버펄로는 이리 호의 동쪽 기슭에 위치하므로 엄청난 양의 호수효과 강설을 보인다(그림 8.6 참조). 2001년 12월 24일과 2001년 1월 1일 사이에 가장 기억할 만한 사건 중 하나가 발생하였다. 이 폭설은 가장 오래 지속된 호수효과 눈으로 기록되었는데, 버펄로는 207.3cm의 눈에 묻히게 되었다. 이 폭설이 있기까지 12월의 평균 강설량은 173.7cm였다. 이 강설은 온타리오 호의 동쪽 기슭도 강타하여 한 관측소의 기록에 의하면 317cm 이상 내렸다고 한다.

미 지역의 기상에 더 심각한 영향을 미친다. 대서양에서 형성되는 기단이 유럽 쪽으로 이동을 하는 반면, 북태평양의 mP 기단은 특히 겨울철 북미의 서해안 지역 기상에 큰 영향을 미친다.

태평양 mP 기단 겨울철에 태평양에서 오는 mP 기단은 시베리아의 cP 기단으로 시작하는 것이 일반적이다(그림 8.8). 대기는 이 지역의 경우 거의 정체되지 않지만 발원지는 대기의 이동이 특징적인 성격을 얻을 수 있을 만큼 충분히 넓다. 대기가 비교적 따뜻한 물 위를 동쪽으로 진행함에 따라 활발한 증발과 약한 가열이 일어난다. 따라서 처음에는 아주 차고 건조하며 안정적이던 기단이 지표면 근처에서 온화하며 습기를 머금고 비교적 불안정한 것으로 변질된다. 이 mP 기단이 북미의 서부 해안에 도착함에 따라 운고가 낮아지고 소나기를 수반하기도 한다. mP 기단이 서부 산맥을 지나 육지 쪽으로 진행을 할 때 산맥의 융기 지역으로 인해 산맥의 풍상측에 폭우나 폭설이 내린다.

여름철 북태평양 mP 기단은 특성이 변한다. 따뜻한 계절에 바다는 대륙보다 시원하다. 또한 태평양 고기압 셀은 미국의 서부 해안에서 떨어져 있다(그림 7.10B 참조). 따라서 중간 정도 기온의 남향이 거의 연속적으로 나타난다. 지표면 근처의 대기는 종종 조건부 불안정으로 나타날 수 있으나, 태평양 고기압이 존재하는 지역에서는 침강으로 안정이 나타난다. 따라서 서부 해안에서는 낮은 층운과 여름 안개가 나타나는 특징이 있다. 여름철 mP가 태평양으로부터 내륙으로 이동되면, 지표면으로부터 가열되어 기단의 내부는 뜨겁고 건조한 상태가 된다. 가열로 인한 난류는 하부의 상대습도를 감소시키고, 구름을 소산시킨다.

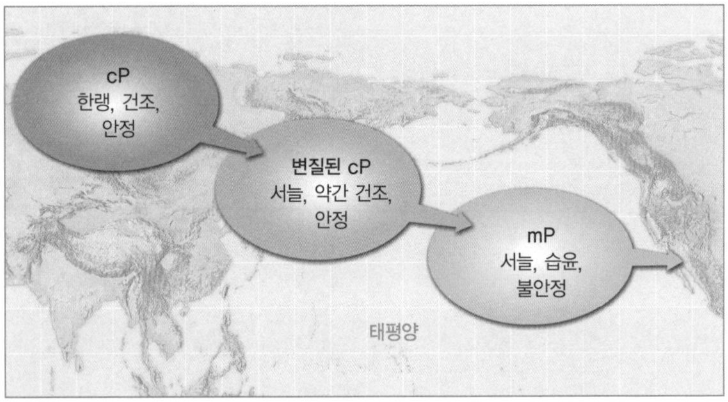

▲ **그림 8.8 겨울철 북태평양의 태평양 mP 기단**
해양성 한대기단(mP)은 보통 시베리아 대륙성 한대기단(cP)으로 시작된다. cP 기단은 바다를 건너감에 따라 서서히 mP 기단으로 변질된다.

대기를 바라보는 눈 8.1

2014년 1월 초 강한 한파는 그레이트 호에 넓고 두꺼운 얼음을 얼게 하였다. 이 1월 9일의 위성영상은 이리 호가 90% 이상 언 모습이다.

질문

1. 얼음이 없는 상태와 비교할 때, 위 상황이 호수효과 눈을 더 촉진하거나 줄이는 효과는 없는가?
2. 1번 답변에 대한 이유를 설명하시오.

북대서양의 해양성 한대기단 태평양의 mP 기단처럼 대서양 북서부의 발원지에서 형성되는 기단은 원래 대륙으로부터 이동하여 바다 위에서 변질된 cP 기단이었다. 그러나 북태평양의 기단과는 달리 대서양에서 발원한 mP 기단은 북미 기상에 가끔씩만 영향을 미친다. 그럼에도 이 기단은 미국의 북동부 지역을 지나가는 저기압 중심의 북쪽 끝이나 북서부 끝 쪽에 있을 때 영향을 미친다. 이 경우 저기압의 바람이 mP 기단을 그 지역으로 끌어들인다. 이 영향력은 애팔래치아 산맥의 동부와 케이프 하테라스, 노스캐롤라이나의 북부에만 한정된다. 대서양으로부터 mP 기단의 침입과 관련된 기상을 국지적으로 **노이스터**(nor'easter)

라고 한다. 강한 북동풍, 빙점이나 빙점에 가까운 기온, 높은 상대습도, 강우의 가능성으로 인해 이와 같은 기상 현상은 환영받지 못한다.

그림 8.9는 그 전형적인 예이다. 2011년 1월 12일 발생한 노이스터는 동부 해안을 이동하며, 3주 동안 3회의 폭설를 가져왔다. 폭풍은 하루 먼저 남쪽으로 발달하기 시작하였고, 해안을 따라 북향하여 중서부의 다른 시스템과 합쳐졌다. 그림 8.9의 위성영상은 저기압 중심으로 반시계 방향으로 순환하여 폭풍을 형성하는 특유의 모습을 보여 준다. 북대서양의 한랭 건조한 mP는 폭풍의 북쪽과 서쪽면에 폭풍의 중심을 향한 조밀한 구름을 만들고 있다. 뉴잉글랜드 지역에서는 시간당 7.6cm의 강한 강설이 있었다. 그 밖의 많은 지역에서도 1월 12일 밤에 61cm 이상의 강설이 있었다. 블리자드(3시간 이상 강한 바람과 0.4km 이하의 시정이 나타남)가 코네티컷 및 매사추세츠의 지역에서 발달하였다. 이 폭풍으로 10만 명 이상의 사람들에게 전기가 차단되었고, 95번 고속도로와 동북부 일부 철도 서비스가 마비되었다.

대서양의 mP 기단이 겨울 동안 반갑지 않은 노이스터를 가끔씩 만들어 내지만 여름철에는 이 기단의 유입으로 좋은 일기가 나타나기도 한다. 태평양의 발원지와는 달리 대서양 북서부의 여름철에는 고기압이 주로 분포한다(그림 7.10B 참조). 따라서 상층의 대기는 침강 때문에 안정하고, 하층의 대기는 비교적 서늘한 물의 냉각 효과 때문에 기본적으로 안정하다. 고기압의 남쪽 부분의 순환이 이런 안정하고 비교적 건조한 mP 기단을 뉴잉글랜드로 유입시키고, 때때로 버지니아 남쪽까지 유입되므로 그 지역은 맑고 선선한 일기와 양호한 가시성을 갖게 된다.

해양성 열대기단(mT)

북미에 영향을 미치는 해양성 열대기단은 카브리해, 멕시코만 및 대서양 인근 서쪽 지역의 따뜻한 바다에서 발원하기도 한다(그림 8.3 참조). 열대의 태평양은 mT 기단의 발원지이기도 하다. 그러나 후에 발원지에 의해 영향을 받는 육지 지역은 멕시코만과 인근 바다에서 생성되는 기단에 의해 영향을 받는 지역에 비해 좁다.

우리의 생각처럼, mT 기단은 따뜻한 것에서 더운 것까지 있고 다습하다. 또한 종종 불안정하다. 아열대 지역은 더 서늘하고 건조하여 많은 열과 습기를 가져오는 mT 기단의 침입으로 북쪽으로 이동한다. 결과적으로 이 기단들은 상당한 강수에 기여할 수 있기 때문에 이 기단이 나타날 경우 언제나 일기에 중요한 영향을 미친다.

▲ **그림 8.9 전형적인 노이스터**
이 위성영상은 2011년 1월 12일 뉴잉글랜드 해안을 따라 나타나는 강한 북동풍을 보여 주는 것이다. 겨울철에 북동풍을 유발하는 날씨 패턴은 뉴잉글랜드와 대서양 중부로부터 북대서양에 이르는 차고, 다습한 mP에 의해 강한 북동풍이 나타난다. 보스톤은 충분한 수분과 강한 수렴성 폭풍으로 폭설이 내렸다.

북대서양 mT 기단 걸프–카리브 해–대서양의 발원지로부터 유입되는 해양성 열대기단은 로키 산맥 동부 미국의 일기에 큰 영향을 미친다. 북대서양 아열대 고기압 지역을 중심으로 발원한 기단은 안정하지만, 발원지가 특별한 침강이 없는 고기압의 약한 서쪽 가장자리에 위치하기 때문에 중립적이거나 불안정하다.

겨울 동안, cP 기단이 미국 중부와 동부에 중심을 두고 있을 때 mT 기단은 가끔씩 이 지방으로 유입된다. 이때 기단의 하층부는 북쪽으로 이동함에 따라 냉각되고 안정되어 mTw로 변한다. 따라서 대류성 소나기가 형성될 가능성은 적다. 그러나 북측으로 이동하는 mT 기단이 이동성 저기압에 이끌려서 상승하게 될 때 폭넓게 강수가 발생한다. 실제로, 멕시코만의 mT 기단이 이동성 저기압 앞쪽을 따라 강제적으로 상승될 때 동부와 중부 지역에 겨울철 강수가 발생한다.

북쪽으로 이동하는 겨울철의 mT 기단과 관련된 또 하나의 기상 현상은 이류안개이다. 온난하고 다습한 대기가 차가운 지표면 위로 이동함에 따라 냉각되어 짙은 안개가 발생할 수 있다.

여름철 카리브해 걸프 지역과 인근의 대서양으로

대기를 바라보는 눈 8.2

2010년 12월 27일 위성영상은 동해안의 강한 겨울 폭풍을 보여 준다.

질문

1. 당신은 폭풍의 중심을 식별할 수 있는가?
2. 오른쪽 상단의 짙은 구름의 폭풍을 만드는 기단의 명칭은 무엇인가?
3. 이와 같은 대기 폭풍의 명칭은 무엇인가?
4. 멀리 남쪽, 남동쪽의 찬 기단은 구름이 없다. 그 이유는 무엇인가? 대서양으로 이동하면서 변질되는 과정을 설명하시오.

부터 발생한 mT 기단은 북미 광범위한 지역에 영향을 미치고 겨울철보다 더 오랜 기간 동안 존재한다. 그 결과 로키 산맥 동부 미국의 여름 일기에 강하고도 큰 영향을 끼친다. 이러한 영향은 따뜻한 계절에 북미 동부 지역의 바다에서 육지로 가는 대기의 흐름(몬순) 때문이다. 그로 인해 겨울철보다는 대륙으로 더 깊숙이 침투하는 mT 기단이 더 자주 침입을 하게 된다. 결과적으로 이러한 기단들로 인해 온난 다습해지며, 이러한 기상 조건은 미국 동부와 중부 전역에 영향을 미치게 된다.

최초 걸프 지역에서 발생한 여름철 mT 기단은 불안정하다. 그 기단이 더 온난한 육지를 거쳐 내륙으로 이동함에 따라 낮은 지표면이 가열되고 대기의 불안정을 증가시켜 mTk 기단이 형성된다. 상대습도가 높기 때문에 활발한 대류와 적운이 발달하고 폭풍이나 소나기가 발생하는 데 적절한 강제 상승이 수반된다(그림 8.10). 이것이 mT 기단과 관련하여 흔히 볼 수 있는 온난한 기상 현상이다.

여기서 주목해야 할 것은 걸프-카리브 해-대서양 지역에서 발생한 기단이 미국 동부의 2/3에 해당하는 지역 강우 발생의 주요한 원인이라는 것이다. 태평양 기단은 서부의 산맥이 복잡한 지형상의 강제 상승 과정에 의해 대기 중의 수증기를 효과적으로 유출시키기 때문에 로키 산맥 동부 지역의 물 공급에는 거의 기여하지 않는다.

그림 8.11은 **등강수량선**(isohyets)으로 미국 동부의 2/3 지역의 연평균 강수 분포를 잘 보여 준다. 등강수량선의 패턴은 걸프 지역의 가장 많은 강우량과 mT 기단의 발원지로부터 거리가 멀어짐에 따른 강수의 감소를 보여 준다.

북태평양 mT 기단 멕시코만으로부터 발생하는 mT 기단에 비하여 태평양에서 발원한 mT 기단은 북미 기상에 영향을 덜 미친다. 겨울철 멕시코 북서부와 미국의 최남서부 지역은 열대 태평양 지역에서 유입되는 대기에 많은 영향을 받는다. 발원지가 태평양 고기압의 동부 지역을 따라 있기 때문에 침강에 의해 상부층이 안정된다. 기단이 북쪽으로 이동함에 따라 지표면의 냉각도 하부층을 보다 안정적으로 변하게 하고 그 결과 안개나 이슬비가 내린다. 전면을 따라 강제 상승되거나 산

▼ 그림 8.10 여름철 북쪽으로 이동하는 멕시코만의 대기
멕시코만의 mT 기단이 여름철 가열된 육지 위로 이동함에 따라 적운이 발달하고 오후에 잦은 소나기가 내린다.

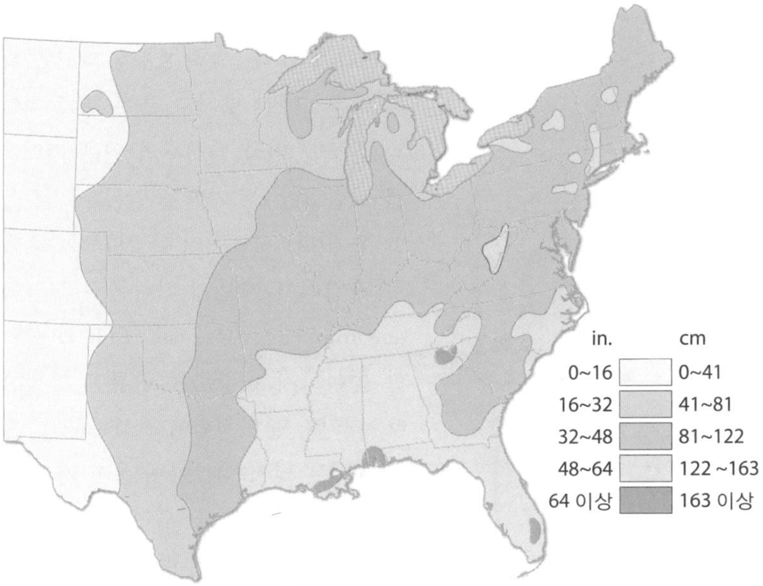

▲ 그림 8.11 미국 동부 2/3 지역의 연평균 강수량
mT 기단의 발원지인 멕시코만으로부터 거리가 멀어짐에 따라 연 강수량이 전체적으로 감소한다.

맥 위로 올라갈 경우 약간의 강수가 발생한다.

아열대 북태평양에서 mT 기단은 열대 주변 지역에 엄청난 수증기를 수송할 수 있는 좁은 영역의 **대기의 강**(atmospheric river)이라는 기상 현상을 만드는 데 기여하기도 한다. 그 예가 **파인애플 특급**(Pineapple Express)이다. 앞서 시베리아 특급(Siberian Express)이 중부 지역 주민에게 추위를 몰고 오는 것과는 달리, 이 대기의 강은 좁은 수송로로 엄청난 수증기를 수송하여 남부 캘리포니아와 서쪽 해안 지역에 특별한 비를 가져올 수 있다.

대부분의 강수는 알래스카의 걸프만을 통과하는 겨울 폭풍의 침강 결과이다. 이 폭풍은 다습하고 선선한 mP 기단에 의해 나타난다. 그러나 수 년 동안, 강한 남부 한대 제트는 북동 하와이로부터 서해안에 이르는 열대에서 수증기와 따뜻한 mT 대기를 수송하는 통로 역할을 하였다(그림 8.12). 이 mT 기단은 시에라네바다 지역의 낮은 지역에 폭설과 집중 호우를 가져올 수 있는 폭풍 시스템을 만든다. 이 가공할 강우는 최근 산불로 지표 식물을 잃은 산사면에 산사태를 가져올 수 있다.

수년 동안 열대 태평양으로부터 발생하는 기단이 여름철 미국의 남서부와 멕시코 북부에 미치는 영향은 경미하다고 생각되었다. 그 지역에서 어쩌다 발생하는 여름철 뇌우의 습기는 멕시코만의 mT 기단이 가끔 서쪽으로 침범하는 데서 비롯되는 것이라고 생각하였다. 하지만 멕시코만은 더 이상 대륙 서부 지역의 주된 수증기 공급원이 아니라고 생각한다. 오히려 멕시코 중부의 서쪽인 열대 지역 북태평양이 이 지역의 보다 중요한 수증기원이라는 것이 입증되었다.

여름철 mT 기단은 태평양의 발원지로부터 캘리포니아만 북쪽으로

A.

B.

▲ 그림 8.12 대기의 강
A. 2010년 12월 19일에 태평양 위에 구름의 위성영상으로, '파인애플 특급'이라는 강한 제트기류가 하와이 부근에서 mT 기단을 캘리포니아로 수송하는 모습이다. **B.** 파인애플 익스프레스는 2010년 12월 17일에서 22일까지 캘리포니아 대부분 지역을 강타하여 시에라네바다에 1.5m 이상의 강설을, 산 가브리엘 산맥에 최대 50cm의 비를 내리게 하였다. 남부 캘리포니아에서는 산사태와 홍수가 나타났다.

▲ **그림 8.13 남서부 여름철 몬순**
이 사진은 7월 오후에 남부 애리조나의 소노라 사막에서 발달하는 적란운의 모습이다. 이와 같은 여름철 폭풍의 수증기는 북태평양 동부 열대 해양으로부터 공급된다.

이동하여 미국 서부 내륙까지 이동한다. 이 이동은 대부분 7~8월에만 한정되는 것으로 몬순적 성격을 갖는다. 즉, 가열된 육지 위에 열적으로 생성된 저기압에 대한 반응으로 습기가 있는 대기가 유입된다. 투손 지역에 7~8월 최대 강우가 발생하는 것은 태평양 mT 기단이 침입한 결과이다(그림 8.13).

대륙성 열대기단(cT)

북미는 멕시코를 통과해 남쪽으로 내려감에 따라 좁아진다. 따라서 이 대륙은 대륙성 열대기단의 발원지가 광범위하지 않다. 그림 8.3의 지도를 통해 여름철에만 멕시코 북쪽 내륙 지역과 건조한 미국 남서부의 인근 지역은 덥고 건조한 cT 기단을 만든다는 것을 알 수 있다. 지표면이 한낮에 집중적으로 가열되기 때문에 가파른 환경감률(environmental lapse rate, ELR)과 상당한 높이까지 팽창하는 난류가 발생한다. 대기가 불안정함에도 불구하고, 습도가 매우 낮기 때문에 구름이 거의 없는 상황이 지속된다. 따라서 일반적으로 일기는 덥고 강수량은 절대적으로 부족하며 기온의 일교차는 크다. cT 기단이 발원지에만 한정됨에도 불구하고 가끔 대평원 남부로 이동을 한다. cT 기단이 오랫동안 지속되면 가뭄이 발생하기도 한다. cT 기단이 오랫동안 정체되면 폭풍과 같은 기상 현상이 나타나는 지역 중 좁은 영역에 건조선(dryline)이 나타나기도 한다. 건조선에 대한 내용은 그림 9.8, 10.12, 10.13에서 부가적으로 표현하였다.

✓ 개념 체크 8.4

❶ 두 기단 중 로키산맥의 동쪽에 큰 영향을 주는 기단은 무엇인가? 그 이유는?

❷ 어떤 기단이 태평양 연안의 날씨에 보다 큰 영향을 주는가?

❸ 겨울철 cP 기단이 얼음이 없는 호수를 통과할 때 나타나는 변질을 설명하시오.

❹ 미국 중부와 동부에 가장 많은 수증기를 제공하는 기단의 발원지는 무엇인가?

8 요약

8.1 기단이란 무엇인가

▶ 기단과 기단 기상을 정의한다.

주요 용어 기단, 기단 기상

- 기단은 대기가 대단히 크고(직경이 1600km 이상), 일정한 높이에서 기온, 습도 등 물리적 성질이 유사한 것이 특징이다. 기단이 발원지로부터 이동하면 결국 대륙의 많은 지역의 기온과 습도에 영향을 준다.
- 매일매일 우리가 경험하는 날씨는 우리 지역을 덮고 있는 기단의 기온, 안정도, 수증기량에 따라 달라진다. 기단이 위치한 지역은 기단의 영향으로 며칠 동안 비교적 균일한 기단 기상이 나타난다.

8.2 기단의 분류

▶ 기단 발생의 원인과 북미에서의 기단 발생 지역을 나열한다.

주요 용어 기단의 발원지, 한대기단(P), 북극기단(A), 열대기단(T), 해양성 기단(m), 대륙성 기단(c)

- 발원지인 기단이 발생하는 지역은 광범위하고 물리적으로 균일해야 하며, 대기의 일반적 순환에서 침강하는 지역이어야 한다.
- 기단의 분류는 발원지의 위도와 발생지의 지표면이 해양이냐 대륙이냐에 따라 두 가지 문자로 나타낸다.
- 해양성 기단(m)은 물 위에 발생하여 습하고, 대륙성기단(c)는 육지에서 발생하기 때문에 건조하다. 한대기단(P)과 북극기단(A)은 고위도에서 발생하여 차가우며, 열대기단(T)은 저위도에서 발생하여 따뜻하다.
- 이 분류 체계에 따르면, 기단의 기본 유형은 대륙성 한대기단(cP), 대륙성 극기단(cA, 극기단), 대륙성 열대기단(cT), 해양성 한대기단(mP), 해양성 열대기단(mT)이 있다.

Q. 이 지도의 각 문자와 관련된 발원지 중 하나는 기단의 발원지와 관련이 없다. 그것은 어느 것인가?

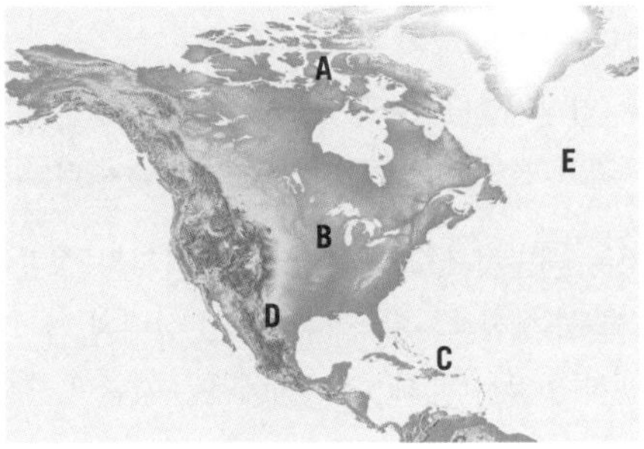

8.3 기단의 변질

▶ 기단이 이동하면서 변질되는 과정과 그 두 가지 예를 설명한다.

- 기단의 안정도 변화는 저기압, 고지압 및 지형 등에 의한 수평 · 수직적 운동에 따른 기단의 온도 차에 의해 발생할 수 있다.
- 지표면보다 추우면 불안정. 하부에서 냉각된 기단은 안정한 경향이 있다.
- 수렴 및 상승은 기단을 불안정하게 하는 반면 침강은 기단을 안정시킨다.

Q. 그림 8.10에 나오는 기단의 명칭은 mTk 또는 mTw 중 무엇인가?

8.4 북미 기단의 성격

▶ 여름과 겨울 동안 북미에 영향을 주는 기단과 각각의 기상 조건을 요약한다.

주요 용어 호수효과 눈, 노이스터, 등강수량선, 대기의 강

- 이동하는 대륙성 한대기단(cP)과 해양성 열대기단(mT)은 로키 산맥 동쪽은 저기압성 수렴으로 대부분의 북미 지역의 날씨에 영향을 미친다.
- 호수효과 눈은 큰 호수의 풍하측에 발생하고, cP 기단이 호수를 지나며 수분을 공급받아 불안정하게 되어서 나타난다.
- 북미 태평양 연안에 영향을 미치는 해양성 한대기단(mP)은 여름에는 불안정하고, 겨울에는 안정한 경향이 있다. '노이스터'라고 불리는 폭풍은 북대서양 mP에 의해 발생하며, 동해안을 따라 저기압 중심에 걸쳐 나타난다.
- 멕시코와 인접한 대서양에서 해양성 열대기단(mT)은 미국의 동부 3분의 2 지역의 강수량의 주요 원인이 된다.
- 태평양 mT 기단은 멕시코만과 인접한 북대서양의 mT 기단보다 북미에 미치는 영향이 현저하게 적다. 때때로 아열대 태평양에서 mT는 대기의 강을 이루고, 수증기가 집중된 좁은 통로가 되어 태평양 해안을 따라 폭우를 생성할 수 있다.

Q. 이 사진은 온타리오 호 남쪽 해안 주요 도시인 로체스터, 뉴욕에서 나타난 12월 눈보라를 보여 주는 것이다. 로체스터 근처에서 눈이 오거나 오지 않는 현상이 나타났다. 그 현상의 명칭과 이런 현상이 나타나는 과정을 설명하시오.

생각해 보기

1. 기단은 차거나 따뜻한 것으로 분류할 수 있으나 지점별로 다른 이름이 있다. 각 경우의 명칭은 다음과 같다.

a. 우리는 겨울철과 한대기단(P)은 차가운 것을 알고 있다. 겨울의 mP 기단과 cP 기단 중 어느 것이 더 차가운가?

b. 일반적으로 열대기단(T)은 따뜻하다. 그러나 그 따뜻함은 상대적이다. 여름철 cT 기단과 여름철 mT 기단은 어느 쪽이 더 따뜻한가?

2. 기단의 발원지는 대단히 넓고, 상대적으로 물리적 성질이 균일한 지역이다. 지도에서 보듯, 애팔래치아 산맥과 로키 산맥의 사이의 넓은 지역에서는 기단이 발생하지 않는다. 왜 이 지역에서는 기단이 발생하지 않을까?

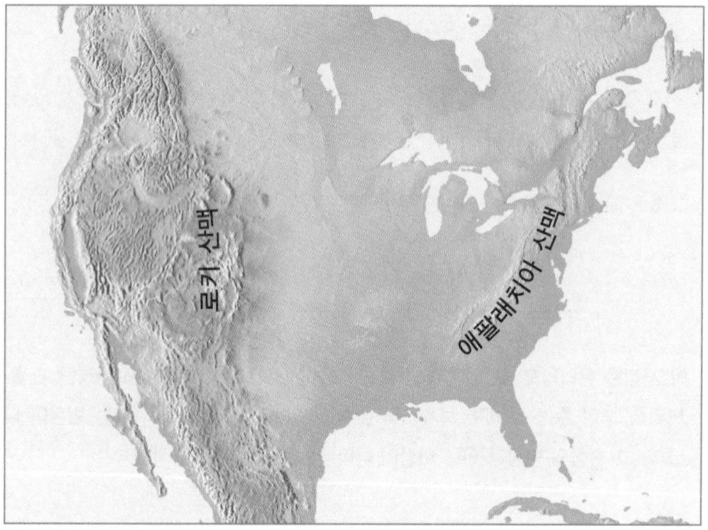

3. 겨울철 북극해에서 발생하는 기단은 cA와 mA 중 어느 것인가 ? 그 이유는 무엇인지 설명하시오.

4. 그레이트 호는 유일하게 호수효과 눈과 관련이 없다. 캐나다의 큰 호수도 마찬가지이다. 그림 하부는 월별 강설량 자료이다. 어느 달에 가장 많은 눈이 내리는가? 그 이유를 설명하시오.

5. 다음 상태들은 기단이 더 안정하거나 더 불안정하게 하는 데 영향을 준다. 각각의 경우에 대하여 안정과 불안정을 선택하고, 그 이유를 설명하시오.

a. 겨울철 mT 기단이 멕시코만으로부터 남동부 주(state)로 북진

b. cP 기단이 11월 말 슈피리어 호를 지나 남진

c. 북대서양 mP 기단이 1월 뉴잉글랜드 해안으로부터 멀어져 저압부로 이동

d. 겨울철 시베리아에서 발생한 cP 기단이 아시아를 지나 북태평양으로 동진

복습문제

1. 첨부된 지도는 12월 아침의 기온(위 숫자), 이슬점온도(아래 숫자)를 보여 준다. 현재 2개의 잘 발달된 기단이 북미에 영향을 미치고 있다. 기단은 기단의 영향을 받지 않는 폭넓은 영역에 의해서 분리된다. 각 기단의 경계를 지도에 그리고, 기단의 기호를 표시하시오.

2. 그림 8.6에서, 피츠버그-찰스턴의 동쪽에 남북 방향을 중심으로 좁은 폭설역을 볼 수 있다. 이 지역은 그레이트 호로부터 아주 멀지만 호수효과 눈이 내린다. 여기서 높은 강설이 나타날 수 있는 이유를 설명하시오.

3. 앨버커키, 뉴멕시코는 남서부 사막에 위치하고 있으며, 연 강수량을 21.2cm이다. 다음 표는 월별 강수 자료이다.

1월	2월	3월	4월	5월	6월	7월	8월	9월	10월	11월	12월
1.0	1.0	1.3	1.3	1.3	1.3	3.3	3.8	2.3	2.3	1.0	1.3

앨버커키에 비가 많이 오는 두 달은 언제인가? 이와 같은 강수 패턴은 애리조나 주 투산을 포함하여 다른 남서부 도시와 비슷하다. 그때 비가 많이 오는 달이 발생하는 이유를 간단하게 설명하시오.

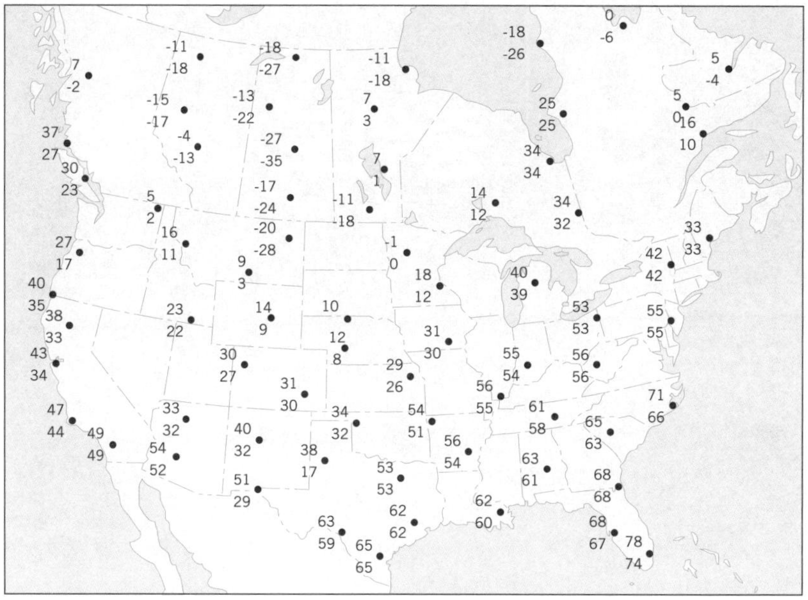

12월 아침 기상관측소가 측정한 기온과 이슬점온도(화씨)

9 중위도저기압

핵심개념

다음의 각 항목은 이 장에서 다루는 주요 주제에 대한 기본 학습 목표를 나타낸다. 이 장을 학습하고 나면 여러분은 다음 항목을 이해할 수 있다.

9.1 온난전선과 한랭전선 각각에 관련된 전형적인 날씨를 비교 및 대조한다.

9.2 전형적인 중위도저기압의 생애주기를 단계적으로 서술한다.

9.3 발달한 중위도저기압의 이동과 관련해 나타나는 일반적인 날씨 상태를 설명한다.

9.4 왜 상층기류의 발산이 중위도저기압의 발달 및 강화를 위한 필요조건인지 설명한다.

9.5 북아메리카에 영향을 주는 중위도저기압의 발달이 주로 일어나는 지역을 나열한다.

9.6 중위도저기압의 컨베이어 벨트 모형을 설명하고 상호작용하는 세 가지 기류(컨베이어 벨트)가 나타나는 곳에 그려본다.

9.7 저지 고기압 시스템 구조와 저지 고기압이 중위도 날씨에 미치는 영향을 설명한다.

9.8 중북부 미국의 겨울철 중위도저기압과 관련된 날씨를 요약한다.

1992~1993년의 겨울은 3월 중순 한 주 동안 북아메리카 동쪽에서 매섭게 다가왔다. 수선화는 이미 남쪽 전역에서 피었고 사람들은 봄에 대해 생각하고 있을 무렵, 심한 눈보라가 1993년 3월 13일과 14일에 불어 닥쳤다. 거대한 폭풍은 앨라배마에서 캐나다 동쪽의 연해주까지 최저온도와 최저 기압, 최고 강설을 몰고 왔다. 휘몰아치는 바람과 폭설을 동반한 거대한 폭풍은 애팔래치아 산맥을 올라서 허리케인과 심한 눈보라의 특성과 결합하여 넓은 지역을 덮쳤다. 비록 폭풍 중심에서의 기압이 허리케인 중심에서의 기압보다 낮았고 종종 바람이 허리케인의 바람만큼 강했지만, 이 폭풍은 절대로 열대 폭풍이 아닌 전형적인 겨울 저기압이었다.

캔자스에 한랭전선을 따라 형성된 거대세포뇌우

9.1 전선성 날씨

온난전선과 한랭전선 각각에 관련된 전형적인 날씨를 비교 및 대조한다.

지금까지 우리는 대기운동의 역학은 물론 날씨의 기본적인 요소를 검토했다. 지금 중위도에서의 일일 날씨 패턴을 이해하기 위해 이 다양한 현상에 대한 우리의 지식을 적용할 수 있다. 중위도(middle latitude)는 본질적으로 편서풍이 부는 지역으로, 이 절에서는 플로리다와 알래스카 사이의 지역을 살펴본다. 그곳에서 주요한 날씨 생산자는 **중위도저기압**(midlatitude 또는 middle-latitude, cyclone)이다. 이는 TV 기상캐스터들이 저기압계(low-pressure system) 또는 간단히 저기압(low)이라 부르는 현상이다.

기상 전선(weather front)은 중위도저기압에 포함되는 주요한 기상 생산자이기 때문에 이들의 기본 구조에 대해 살펴보자.

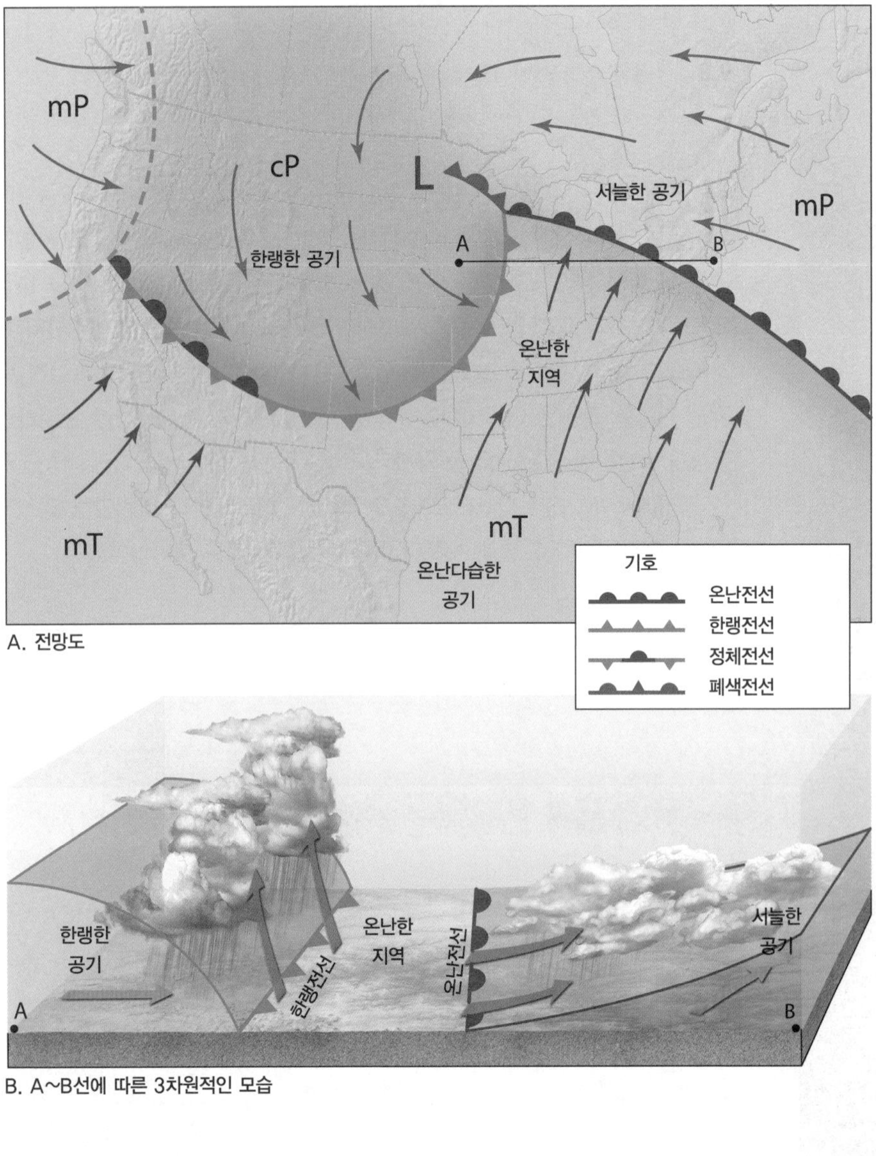

A. 전망도

B. A~B선에 따른 3차원적인 모습

전선이란 무엇인가

중위도 날씨의 주요한 특징은 얼마나 날씨가 급격하고 격렬하게 변화하는가이다(이 장 첫 페이지 사진 참조). 이러한 갑작스러운 변화는 대부분 기상 전선의 통과와 관련이 있다. **전선**(front)은 서로 다른 밀도를 가진 기단을 분리하는 경계면이다. 한 기단은 다른 기단보다 더 따뜻하고 수증기를 더 많이 포함한다. 전선은 어떤 두 가지 대조적인 기단의 경계에서 형성된다. 기단의 거대한 크기를 고려할 때, 그들을 분리하는 전선들은 상대적으로 얇고, 일기도의 규모에서는 선으로 표시된다(그림 9.1).

일반적으로 전선의 한 측면에 위치한 기단은 다른 측면에 위치한 기단보다 빠르게 움직인다. 따라서 한 기단은 다른 기단 쪽으로 활발히 전진해서 그와 충돌한다. 노르웨이 기상학자들은 기단 간 상호작용하는 지역을 전투가 벌어지는 전선(battle line)에 비유하였으며, 그들을 전투 전선(battlefront)처럼 '전선(fronts)'이라고 이름 붙였다. 이 충돌 지역을 따라 중위도저기압은 발달하고 서풍이 부는 지대에 많은 강수와 악기상이 발생한다.

한 기단이 다른 기단 쪽으로 움직이면서 혼합이 전선면을 따라 일부 발생하지만 대부분의 기단 내 공기덩어리는 기단이 다른 기단의 상층으로 옮겨 가면서도 그 밀도를 계속 유지한다. 어떤 기단이 어떻게 움직이더라도 상승하는 힘을 받는 공기는 항상 따뜻하고 밀도가 낮은 공기이고, 반면 차갑고 밀도가 높은 공기는 상승을 일으키는 쐐기 역할을 한다. **오버러닝**(overrunning)은 일반적으로 따뜻한 공기가 찬 기단을 따라 미끄러지듯 올라가는 것을 말한다.

우리는 지금 전선의 다섯 가지 형태, 온난전선, 한랭전선, 정체전선, 폐색전선, 건조전선에 대해서 알아볼 것이다. 전선의 각 형태는 다른 밀도를 가지는 기단으로 분리되고, 그 결과 전선의 양쪽에는 온도와 습도의 차이가 발생한다.

온난전선

전선이 이동하여 따뜻한 공기가 이전에 찬 공기에 의해 덮

◀ **그림 9.1 중위도저기압의 전형적 구조**
A. 전선과 기단, 지면 흐름을 나타낸 일기도. **B.** A~B선에 따른 온난전선과 한랭전선의 3차원 모습.

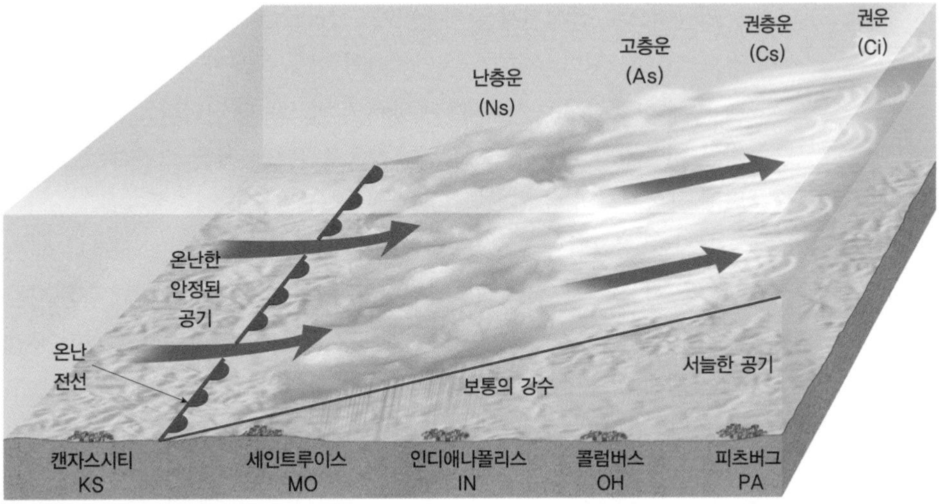

A. 온난전선, 안정된 공기

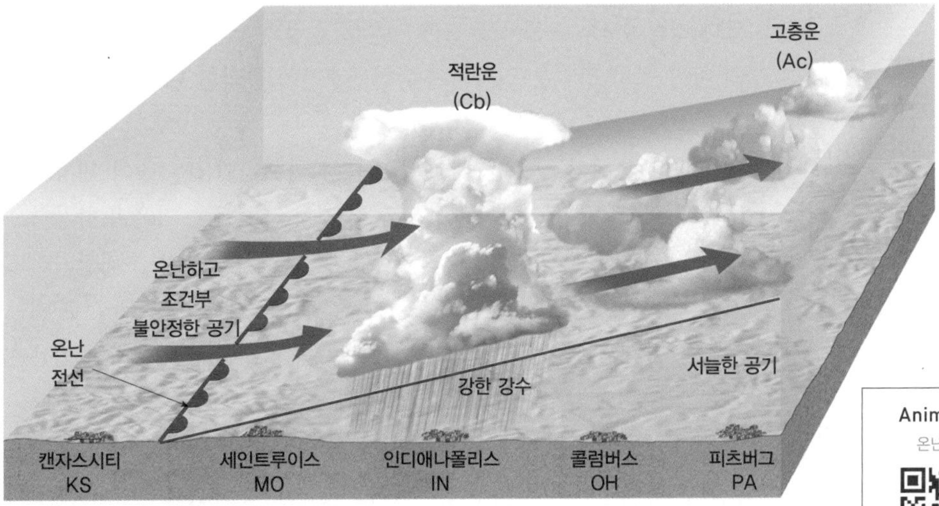

B. 온난전선, 조건부 불안정 공기

◀ **그림 9.2 온난전선**
A. 온난전선에서의 전형적인 구름과 날씨. 온난전선은 연중 대부분 넓은 지역에 걸친 약하고 단조로운 강수를 보인다. B. 따뜻한 계절에 조건부 불안정한 공기의 강제 상승이 일어나면 종종 적란운과 뇌우가 발생한다.

여진 지역을 차지할 때, 그 전선을 **온난전선**(warm front)이라고 부른다(그림 9.2A). 종관일기도에서 온난전선의 위치는 찬 공기 쪽으로 튀어나온 붉은 반원을 가진 붉은 선으로 나타낸다. 로키 산맥의 동쪽에서 해양성 열대기단(mT) 공기는 종종 멕시코만으로부터 미국 쪽으로 들어간다. 찬 공기가 후퇴할 때, 지면과의 마찰은 전선 위의 위치와 비교하여 전선의 진행을 크게 늦춘다. 다르게 표현하면, 덜 무겁고 따뜻한 공기가 무겁고 차가운 공기와 위치를 바꾸는 것이 시간이 걸린다는 것이다. 따라서 이들 기단을 나누는 경계의 기울기는 대단히 완만하다. 온난전선의 기울기(수평 거리에 대한 높이)는 평균 약 1:200이다. 이는 만약 우리가 온난전선의 표면 위치의 앞쪽으로 200km를 움직인다면 전선면은 머리 위로 단지 1km에 위치한다는 의미이다.

따뜻한 공기가 후퇴하는 차가운 공기의 쐐기를 오르면서, 단열적으로 팽창하고 차가워진다. 그리고 상승하는 공기 속 수증기는 종종 응결하여 구름을 생성하고 강수를 내리기도 한다. 일반적으로 온난전선이 다가오기 전에 그림 9.2A에서와 같이 구름은 순서대로 나타난다. 즉, 접근하는 온난전선의 첫 번째 신호는 권운(cirrus clouds)이다. 오버러닝한 높은 구름은 따뜻한 공기가 차가운 공기의 쐐기 위를 올라 도달하는 아주 높은 곳, 즉 지면 전선 앞의 1,000km 이상 떨어진 곳에서 형성된다. 접근하는 온난전선의 또 다른 징조는 항공기의 비행운에 의해 나타난다. 맑은 날에 이 비행운이 오랜 시간 동안 지속될 때, 비교적 따뜻하고 습한 공기가 높이 상승하고 있다는 것을 알 수 있다.

전선이 접근하면 권운은 권층운(cirrostratus)으로 점차 변하고, 권층운은 고층운의 두터운 판(sheet)들과 차츰 섞인다. 전선 앞으로 약 300km 거리에서 두꺼운 층운(stratus)과 난층운(nimbostratus)이 나타나고 비가 내리기 시작한다.

늦은 진행 속도와 매우 완만한 경사로 인해, 온난전선과 관계된 상승은 수평적으로 넓은 구조를 가진다. 그 결과로 온난전선은 장기간 넓은 지역에서 따뜻하고 적은 양의 강수를 내리게 하기 쉽다. 그러나 이것은 항상 있는 경우는 아니다. 예를 들면, 만약 위에 있는 기단이 상대적으로 건조(낮은 이슬점온도)하다면 구름의 발달은 최소화될 것이고 강수는 없을 것이다. 대조적인 경우로 더운 여름 동안 아주 습한 공기가 접근하는 온난전선을 살펴볼 수 있다. 이런 조건부 불안정한 공기가 충분히 상승하게 된다면 그 공기는 스스로 자유롭게 상승할 것이고 적란운(cumulonimbus)과 뇌우(thunderstorm)를 만든다(그림 9.2B).

Animation
온난전선
http://goo.gl/hdT4BM

그림 9.2A를 보면, 온난전선과 관련된 강수는 전선의 앞에서 발생한다. 구름 아래로 차가운 공기를 지나서 떨어지는 강우는 종종 증발한다. 그 결과 구름 밑면의 바로 아래 공기는 종종 포화되고 층운 판이 발달한다. 이 구름은 가끔 아래로 빠르게 성장하기 때문에 시계 착륙을 해야 하는 경비행기 조종사에게 문제를 일으킬 수 있다. 한순간 조종사들이 관측하기에 충분한 시정이 있었지만 바로 다음 순간 구름(전선 안개)이 생기면서 착륙장은 폐쇄되기도 한다.

겨울철에 온난전선과 관련된 눈은 비로 대체되기도 한다. 더하여 상대적으로 따뜻한 공기는 빙점 이하의 공기 위로 강제 이동하게 된다. 이 경우가 발생할 때 온난전선 전면부에서 상당히 위험한 상황이 초래

표 9.1 온난전선과 관련된 전형적인 날씨(북아메리카)

날씨 요소	통과 전	통과 중	통과 후
온도	낮음	상승	높음
바람	동풍 또는 남동풍	변함	서풍 또는 남서풍
강수	약한 보통 비, 눈 또는 언 비(겨울철), 호우(여름철)	무강수 또는 약한 비	무강수, 소나기(여름철)
구름	권운, 권층운, 층운, 난층운(대기가 안정), 적란운(대기가 불안정)	구름 없음, 층운, 또는 안개	맑음, 적운 또는 적란운(여름철)
기압	하강	하강 또는 일정	상승보다 하강
습도	보통 높음	상승	높음(특히 여름철)

될 수 있다. 빗방울이 빙점 이하의 공기를 지나 떨어지면서 과냉각되는데, 이 빗방울이 노면에 부딪히자마자 급속 냉각되어 지면에 언 비(freezing rain)라 불리는 얼음층을 만든다. 상대적으로 빗방울은 찬 공기층을 지날 때 냉각되고, 진눈깨비(sleet)라 불리는 얼음싸라기(ice pellet)의 형태로 떨어진다(그림 5.20 참조).

온난전선이 통과할 때 온도는 차츰 상승한다. 인접한 기단 간의 기온 차이가 클수록 온도 증가는 더 분명하다. 더불어 동쪽에서 남서쪽으로 방향을 바꾸는 바람이 일반적으로 두드러진다(이 방향 전환에 대한 이유는 후에 분명히 나타나게 될 것이다). 유입된 따뜻한 공기의 안정도와 수증기 함량이 맑은 하늘로 되돌아가는 데 걸리는 기간을 주로 결정한다. 여름 동안 적운(cumulus)과 때때로 적란운이 전선을 따르는 따뜻한 불안정한 공기에 섞여서 나타난다. 이 구름들은 강수를 일으키는데, 단기간에 많은 양의 비가 내리기도 하지만 지역적이고 단속적으로 나타난다. 표 9.1은 북반구 온난전선 통과와 관련된 전형적인 날씨 상태를 나타낸다.

Animation
한랭전선
http://goo.gl/XIlinH

한랭전선

차가운 대륙성 한대 공기가 따뜻한 공기로 덮인 지역으로 활발히 이동할 때 발생하는 불연속 지역을 **한랭전선**(cold front)이라고 부른다(그림 9.3). 온난전선에서와 같이 지면 마찰은 전선의 지면에서의 속도를 상층에서의 전선 이동 속도보다 늦춘다. 그러므로 한랭전선은 움직이면서 가파르게 된다.

평균적으로 한랭전선은 기울기가 1:100으로 온난전선보다 약 두 배 정도 더 경사진다. 게다가 온난전선의 이동 속도가 시속 25~35km인 데 비해 한랭전선은 시속 35~50km의 속도로 전진한다. 이 둘의 차이점인 기울기와 이동 속도는 일반적으로 온난전선을 수반하는 날씨에 비해 한랭전선의 날씨가 더 격렬한 특징을 가짐을 의미한다.

전선이 접근함에 따라 일반적으로 서쪽이나 북서쪽으로부터 높은 구름을 먼 곳에서 볼 수 있다. 전선 근처에 불길한 구름의 어두운 띠는 다음에 이어질 날씨를 예고한다. 한랭전선을 따라 따뜻하고 습한 공기의 강제적 상승이 너무 빨라서 방출된 잠열이 공기의 부력을 더욱 크게 한다. 발달한 적란운과 관련된 억수 같은 호우와 격렬한 돌풍이 전선에 자주 발생한다. 한랭전선에서는 거의 온난전선과 같은 만큼 상승하지만 그 수평 거리가 짧기 때문에 강수의 강도는 강하고 강수 시간은 짧다(그림 9.4). 더불어 두드러진 온도 하강과 남서풍에서 북서풍으로의 바람 방향 전환은 일시적으로 한랭전선이 통과할 때 나타나는 현상이다.

한랭전선 뒤의 날씨는 대부분 대륙성 한대기단(cP) 내의 침강하는 공기에 의해 지배된다. 따라서 전선이 지나간 후에는 기온이 하강하고 맑은 날씨가 이어진다. 비록 침강 운동이 단열적 가열을 초래할지라도 지면 온도에 미치는 영향은 작다. 겨울에 한랭전선이 통과한 후에는 장기간 맑게 갠 밤이 이어지면서 풍부한 복사 냉각이 발생하여 기온은 더욱 낮아진다. 대조적으로 여름 폭염 동안 한랭전선이 지나가게 되면, 덥고 안개가 많이 생성되는 대기 상태에 변화를 일으킨다. 때로는 해양성 열대기단(mT)이 차갑고 맑은 대륙성 한대기단(cP)으로 대체되기도 한다.

한랭전선이 상대적으로 따뜻한 표면으로 이동할 때, 지구로부터 방출된 복사는 하층의 대기를 데워서 충분히 얇은 대류를 만들도록 할 수

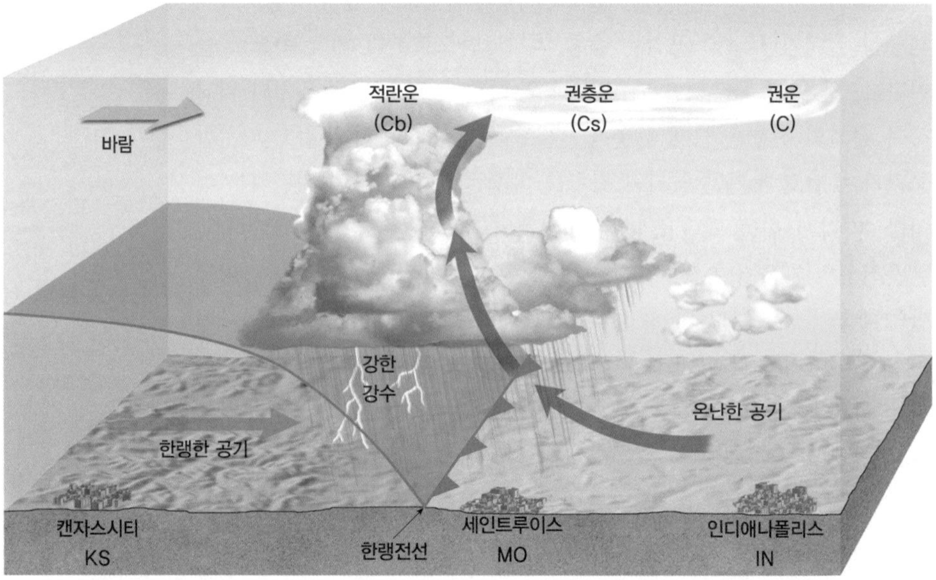

▶ **스마트그림 9.3 빠르게 이동하는 한랭전선과 적란운**
따뜻한 공기가 불안정하면 뇌우가 종종 발생한다.
http://goo.gl/YwZkL

▲ **그림 9.4 캔자스 주 위치타의 야구장에 우박과 폭우를 유발한 한랭전선**
주차되어 있던 수십 대의 차가 피해를 보았다.

있다. 이것은 전선 아래에서 낮은 적운이나 층적운을 차례로 발생시킨다. 그러나 상층에서 침강은 한랭한 기단을 아주 안정하게 한다. 따라서 구름들은 깊게 발달되지 않으며 좀처럼 강수를 생성하지 않는다. 예외적으로 호수효과(lake-effect)에 의한 눈은 전선 아래의 차가운 공기가 열과 수분을 얻을 수 있는 비교적 따뜻한 물 위를 지나갈 때 발생한다(8장에서 논의할 것이다).

북아메리카에서 한랭전선은 대륙성 한대기단(cP)이 해양성 열대기단(mT)과 충돌할 때 가장 흔하게 형성된다. 그러나 겨울철 한랭전선은 더 차갑고 건조한 대륙성 북극기단(cA)이 대륙성 한대기단 또는 해양성 한대기단을 침범했을 때 형성될 수도 있다. 육지에서 북극 한랭전선은 내습한 대륙성 한대기단이 건조하기 때문에 약한 눈이 형성한다. 반면, 상대적으로 따뜻한 수면 위를 지나가는 북극 한랭전선은 폭설과 거센 바람을 일으킨다. 표 9.2는 북아메리카의 한랭전선 통과와 관련된 전형적인 날씨 상태를 보여 준다.

표 9.2 한랭전선과 관련된 전형적인 날씨(북아메리카)

날씨 요소	통과 전	통과 중	통과 후
온도	높음	가파르게 하강	낮음
바람	남풍 또는 남서풍	변화, 돌풍	서풍 또는 북서풍
강수	무강수 또는 소나기	뇌우(여름철), 또는 눈(겨울)	맑아짐
구름	구름 없음, 적운, 또는 적란운	적란운	구름 없음 또는 적운(여름철)
기압	하강	상승	상승
습도	높음(특히 여름철)	낮아짐	낮음(특히 겨울철)

Video
한랭전선 앞의 토네이도
http://goo.gl/UlTBgL

한랭전선의 유형 중 하나인 **뒷문한랭전선**(backdoor cold front)은 때때로 북아메리카 동부 해안 지역에 영향을 미친다. 대부분의 한랭전선은 서쪽 또는 북서쪽으로부터 다가오는데, 반면에 뒷문한랭전선은 동쪽 또는 북동쪽으로부터 다가온다. 때문에 뒷문한랭전선으로 불린다. 캐나다 북동쪽에 위치한 강한 고기압 중심의 시계 방향 순환에 의해 유도되어 그림 9.5에 보이듯이 북대서양으로부터의 차갑고 밀도가 큰 해양성 한대기단(mP)은 따뜻하고 가벼운 대륙의 공기를 대체한다. 뒷문전선은 주로 봄에 발생하여 추위

▼ **그림 9.5 미국 북동부에 뒷문한랭전선과 관련된 날씨**
이른 봄, 차갑고 습한 해양성 한대기단이 북대서양으로부터 유입되면서 따뜻하고 맑던 날씨가 춥고 습해졌다.

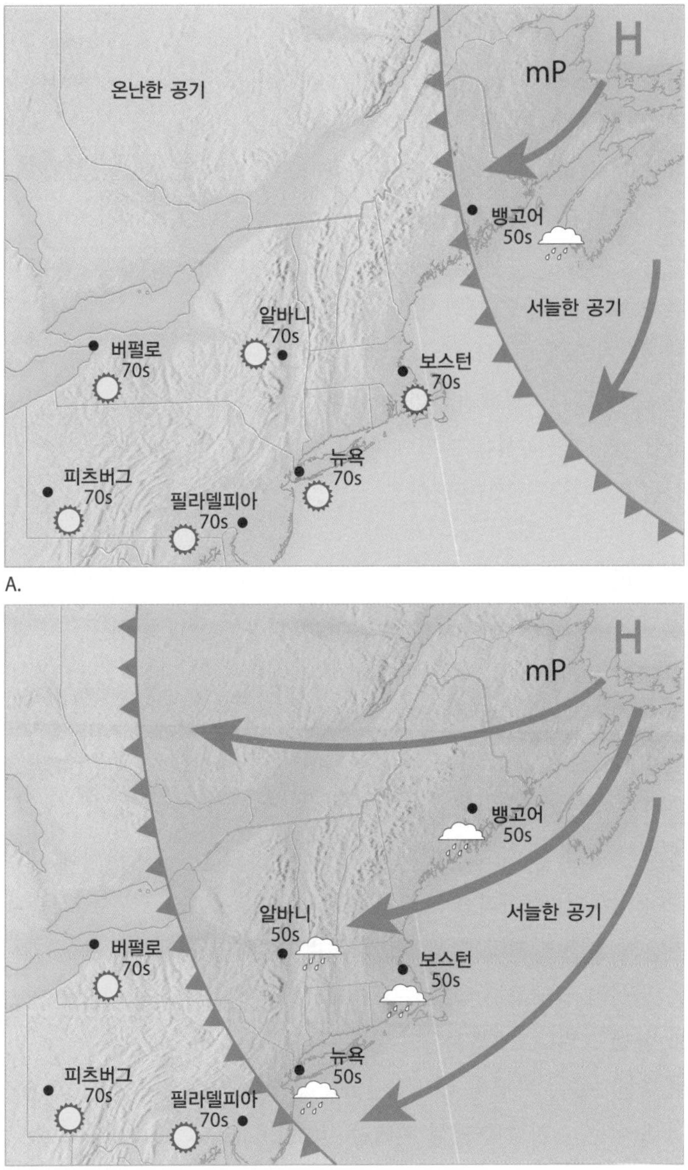

A.

B.

와 낮은 구름 그리고 이슬비를 동반하는 경향이 있다. 가끔 뇌우가 동반되는 경우도 있다. 뒷문한랭전선은 여름에는 빈도가 낮지만, 발생했을 때 미국 북쪽 지방의 한여름 열파를 경감시키는 차가운 공기를 불러올 수 있다.

정체전선

때때로 전선의 양 측면에서의 기류들이 차가운 기단 쪽으로나 따뜻한 기단 쪽으로 향하지 않고 거의 전선에 평행하기도 한다. 이 경우 전선의 지면 위치는 움직이지 않거나 아주 조금 움직인다. 이러한 경우를 **정체전선**(stationary front)이라고 부른다. 일기도에서 정체전선은 선의 한쪽에는 차가운 공기를 푸른색 삼각형으로, 다른 한쪽에선 따뜻한 공기를 붉은색 반원으로 표시한다(그림 9.1A 참조). 오버러닝이 종종 정체전선을 따라서 발생하기 때문에 약한 강수가 발생한다. 정체전선은 여러 날 동안 한 지역에 머물러서 홍수를 발생시킬 수도 있다. 정체전선이 이동하기 시작할 때, 정체전선은 기단에 따라 한랭전선 또는 온난전선이 된다.

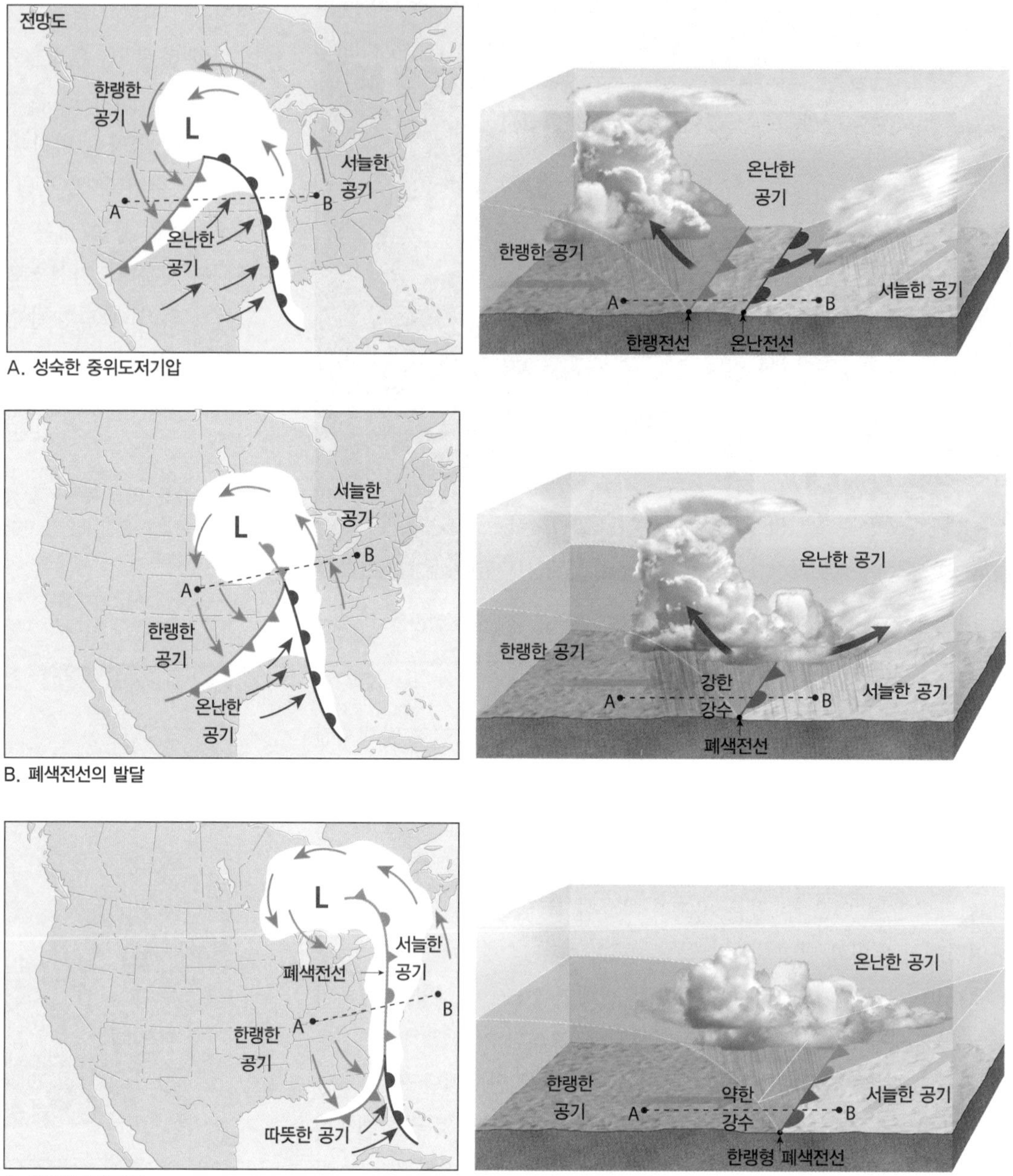

A. 성숙한 중위도저기압

B. 폐색전선의 발달

C. 한랭형 폐색전선

▲ **그림 9.6 한랭형 폐색전선의 형성 단계**
A. 온난전선과 한랭전선을 동반한 발달된 중위도저기압. B. 한랭전선이 온난전선을 앞질러 한랭형 폐색전선 생성. C. 온난한 공기가 위로 상승하게 되고 이 시스템은 소멸하기 시작. 지도의 흰 부분으로 표시된 지역은 구름과 강수가 발생할 가능성이 가장 높은 지역을 나타낸다.

폐색전선

전선의 네 번째 종류는 **폐색전선**(occluded front)이다. 빠르게 움직이는 한랭전선이 온난전선을 따라잡는 모습이 그림 9.6에 그려져 있다. 한랭전선이 온난전선을 강제로 들어 올려서 전진한 차가운 공기와 활공하는 따뜻한 공기 위에서의 찬 공기 사이에 새로운 전선이 형성된다. 이러한 과정을 **폐색**(occlusion)이라고 부르고, 중위도저기압의 가장 마지막 단계에 발생한다. 폐색전선을 일기도에 그릴 때에는 전선이 진행하는 방향 쪽을 향한 보라색 삼각형과 반원을 번갈아 선과 함께 그린다. 폐색전선의 날씨는 매우 복잡하다.

폐색전선에는 한랭형 폐색전선과 온난형 폐색전선이 있다. 그림 9.6에서 보이는 것처럼 **한랭형 폐색전선**(cold-type occluded front)에서 한랭전선은 온난전선뿐만 아니라 그 앞에 놓인 차가운 공기도 함께 들어 올린다. 초기 날씨는 온난전선에 의한 날씨와 유사하다. 그러나 폐색이 발달하고 따뜻한 공기가 점점 더 상승하면서 뇌우가 발생할 수 있다. 또한 완전히 발달된 한랭형 폐색전선에 의한 날씨 형태는 한랭전선과 종종 유사하다. 한랭형 폐색은 온난형 폐색보다 더 일반적이다.

온난형 폐색전선(warm-type occluded front)은 전진하는 전선 뒤의 공기가 앞선 차가운 공기보다 더 따뜻할 때 발달한다. 이러한 형태의 폐색전선은 대륙의 서쪽 연안에서 자주 발생하는데, 상대적으로 온화한 해양성 기단이 몹시 추운 극지방 대륙에 근원을 둔 극지방 기단으로 침

대기를 바라보는 눈 9.1

다음 다섯 가지 사진은 일반적으로 전선의 경계면을 따라 형성되는 구름을 보여 준다. 이 중 네 가지 구름 형태는 안정한 공기가 따뜻한 전선 경계면을 타고 올라갈 때 형성되고, 나머지 한 가지 구름 형태는 한랭전선을 따라 형성되는 경향이 있다.

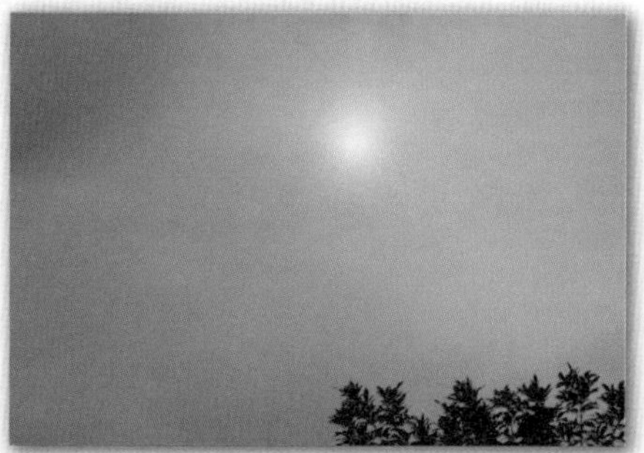
A.

B.

C.

D.

E.

질문

1. 이 다섯 가지 구름 형태(A~E) 중 한랭전선을 따라서 생성되는 구름의 형태는 무엇인가?
2. 온난전선이 당신의 위치에 다가온다면 머리 위로 지나가는 구름의 이름과 순서를 나열하시오.

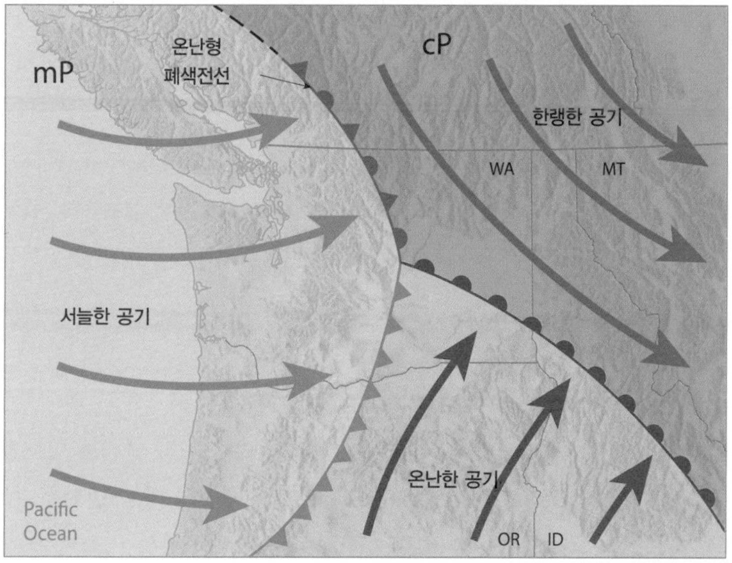

A.

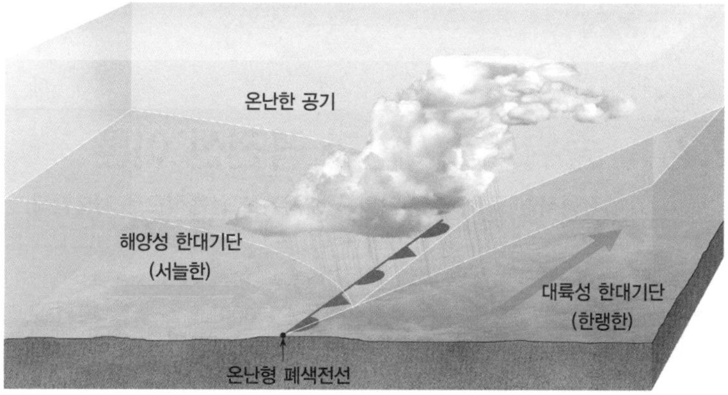

B.

▲ **그림 9.7 온난형 폐색전선**
A. 해양성 한대기단(mP)과 대륙성 한대기단(cP)과 관련된 온난형 폐색전선의 위치를 보여 주는 그림 B. 온난형 폐색전선의 블록 그림

범할 때 발생한다(그림 9.7). 이때 침범한 찬 공기는 전선 앞의 찬 공기보다 상대적으로 따뜻하고 가볍다. 결과적으로, 덜 찬 공기는 위로 상승해서 새롭게 발달한 폐색전선 앞 쪽의 무겁고 찬 공기의 위로 이동한다. 온난형 폐색전선에 의한 날씨는 온난전선(적당한 강수)과 대개 비슷하다. 그러나 위로 올려진 공기가 조건부 불안정하다면 뇌우가 발달할 수도 있다.

건조전선

대부분의 전선은 서로 다른 온도의 공기에 의해 분리되지만 전선경계는 서로 다른 습도를 가진 공기로도 분리될 수 있다. 다른 기상 요소들이 같다고 가정할 때 건조한 공기는 습한 공기보다 밀도가 높다. 그러므로 건조하고 따뜻한 공기가 습하고 따뜻한 공기 쪽으로 전진할 때, **건조전선**(drylines)이라고 부르는 전선경계(frontal boundary)가 발달한다.

건조전선은 미국의 대평원 남부에서 종종 발달한다. 미국 북서부에서는 발생한 건조한 대륙성 열대(continental tropical, cT)기단이 멕시코만의 습한 해양성 열대(maritime tropical, mT)기단을 만났을 때 이러한 전선이 종종 발생한다. 원래 봄과 여름에 나타나는 현상인 건조전선은 대평원에서 동쪽으로 움직여 텍사스에서 네브래스카까지 뻗은 선을 따라 심한 뇌우의 띠를 종종 만든다. 건조전선은 전선 서쪽에 위치한 cT 기단의 이슬점온도와 동쪽에 위치한 mT 기단의 이슬점온도를 비교하여 쉽게 확인된다(그림 9.8).

Video
허리케인과 기단
http://goo.gl/evw00

스콜선(squall line)이라 불리는 격렬한 뇌우전선을 발생시키는 건조전선에 대해서는 10장에서 논의된다(그림 10.13 참조).

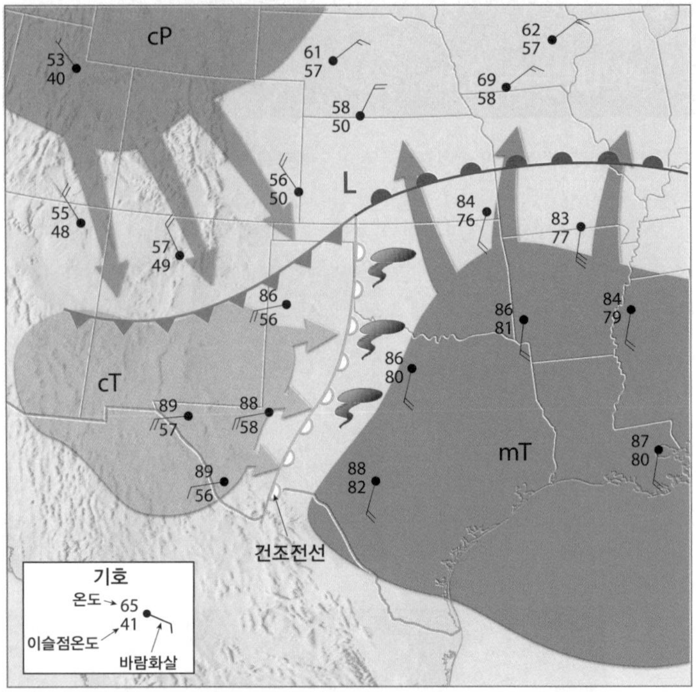

▲ 그림 9.8 건조전선
이 건조전선은 텍사스와 오클라호마로부터 발달했고 뇌우와 토네이도를 동반했다. 이 건조한(낮은 이슬점온도) 성질의 대륙성 열대기단(cT)이 동쪽으로 밀면서 온난 습윤한 해양성 열대기단(mT)의 자리를 차지하는 것을 알 수 있다. 이 결과, 날씨는 빠르게 이동하는 한랭전선과 유사하다.

∨ 개념 체크 9.1

❶ 전형적인 온난전선과 한랭전선의 날씨를 비교하시오.

❷ 일반적으로 한랭전선의 날씨가 온난전선의 날씨보다 더 격렬한 이유 두 가지를 들어 보시오.

❸ 뒷문한랭전선이란 무엇인가?

❹ 정체전선은 위치 변화가 없거나 아주 느릴 때 어떻게 강수를 발생시키는가?

❺ 어떤 방법으로 건조전선과 온난전선, 한랭전선을 구분할 것인가?

9.2 중위도저기압과 극전선 이론

전형적인 중위도저기압의 생애주기를 단계적으로 서술한다.

중위도저기압은 종관 규모이다. 지름이 대략 1,000km를 넘는 저기압 시스템들은 두 반구의 중위도에서 서쪽에서 동쪽으로 이동한다(그림 9.1 참조). 북반구에서의 중위도저기압은 2~3일부터 일주일 이상 지속되고, 바람이 안쪽을 향하며 반시계 방향으로 흐르는 순환 패턴을 가진다. 대부분의 중위도저기압들은 저기압 중심으로부터 뻗쳐나가는 한랭전선과 온난전선을 동반한다. 지표 수렴과 상승기류는 구름을 만들며 강수를 유발한다.

극전선 이론(노르웨이식 저기압 모형)

일찍이 1800년대에는, 저기압(cyclone)이 강수와 극심한 날씨를 일으킨다고 알려졌다. 그러므로 기압계(barometer)는 매일의 날씨 변화를 '예보하는' 주요 도구로 설치되었다. 그러나 날씨 예측에서 이러한 초기

자주 나오는 질문…

온대저기압(extratropical cyclone)은 무엇인가요?
extratropical이란 '열대 지역 밖'을 의미한다. 따라서 이는 중위도저기압의 다른 이름인 것이다. 'cyclone'이라는 용어는 크기나 강도에 상관없이 순환하는 하나의 저기압을 뜻한다. 그러므로 허리케인과 중위도저기압은 다른 형태의 저기압이다. 온대저기압은 중위도저기압을 표현하지만, '허리케인'은 종종 열대저기압을 표현하기 위해 사용된다.

방식은 날씨 시스템이 형성되는 데 있어 기단(air-mass) 간의 상호작용을 크게 무시했다. 따라서 저기압이 발달하기 좋은 조건을 결정하는 것은 불가능했다.

중위도저기압의 발달과 강화를 설명하는 최초의 모델은 1차 세계 대전 동안 노르웨이 과학자들에 의해 만들어졌다. 그 당시에 노르웨이인들은 날씨 정보(특히 대서양의 날씨 정보)를 얻지 못했다. 이러한 부족한 부분을 채우기 위해, 기상대들의 조밀한 공간망을 나라의 구석구석까지 설립하였다. 이 공간망을 사용하여, 노르웨이의 숙련된 기후학자들은 날씨에 대한 이해, 특히 중위도저기압에 대한 이해를 넓히는 데 큰 공헌을 하였다. 이 그룹에는 빌헬름 비헤르크네스(Vilhelm Bjerknes)와 그의 아들 야코프 비헤르크네스(Jacob Bjerknes), 그의 학교 친구 솔베르그(Halvor Solberg), 스위스 기상학자 베르예론(Tor Bergeron)이 포함되어 있었다. 1921년에 이 과학자들은 중위도저기압의 생성과 성장, 소멸 등의 진행 과정을 감탄을 불러일으킬 만한 모형을 통해 설명하는 논문을 내놓았다. 대기과학에서 전환점을 찍은 이 통찰은 **극전선 이론**(polar-front theory)으로 알려지게 되었다. 극전선 이론은 **노르웨이식 저기압 모형**(Norwegian cyclone model)이라고도 일컬어진다. 상층일기도를 이용하지 않고서도, 이 숙련된 기상학자들은 오늘날까지 여전히 매우 정확한 실용적 모형을 선보였다.

노르웨이 저기압 모형에서 중위도저기압은 극전선과 함께 발달한다. 극전선은 따뜻한 아열대 공기로부터 찬 공기를 분리한다는 것을 상기해 보자(7장 참조). 추운 계절 동안 극전선은 일반적으로 아주 뚜렷하며 상층일기도에서 보면 지구를 돌아가면서 거의 연속적인 띠(band) 형태로 나타난다. 지상에서 이 전선대는 종종 몇 개로 쪼개져 나눠진다. 이 전선대들은 온도변화가 적은 지역들에서는 깨진다. 전선대는 대부분의 중위도저기압이 형성되는 곳으로 적도를 향해 움직이는 찬 공기와 극을 향해 움직이는 따뜻한 공기가 만나는 곳이다.

중위도저기압의 생애

노르웨이 모형에 따르면, 저기압은 전선을 따라 생성되고 일반적으로 예측할 수 있는 생애를 따른다. 이러한 저기압 시스템의 발달과 강화를 **저기압발생**(cyclogenesis)이라 하고 대기의 조건에 따라 수일에서 일주

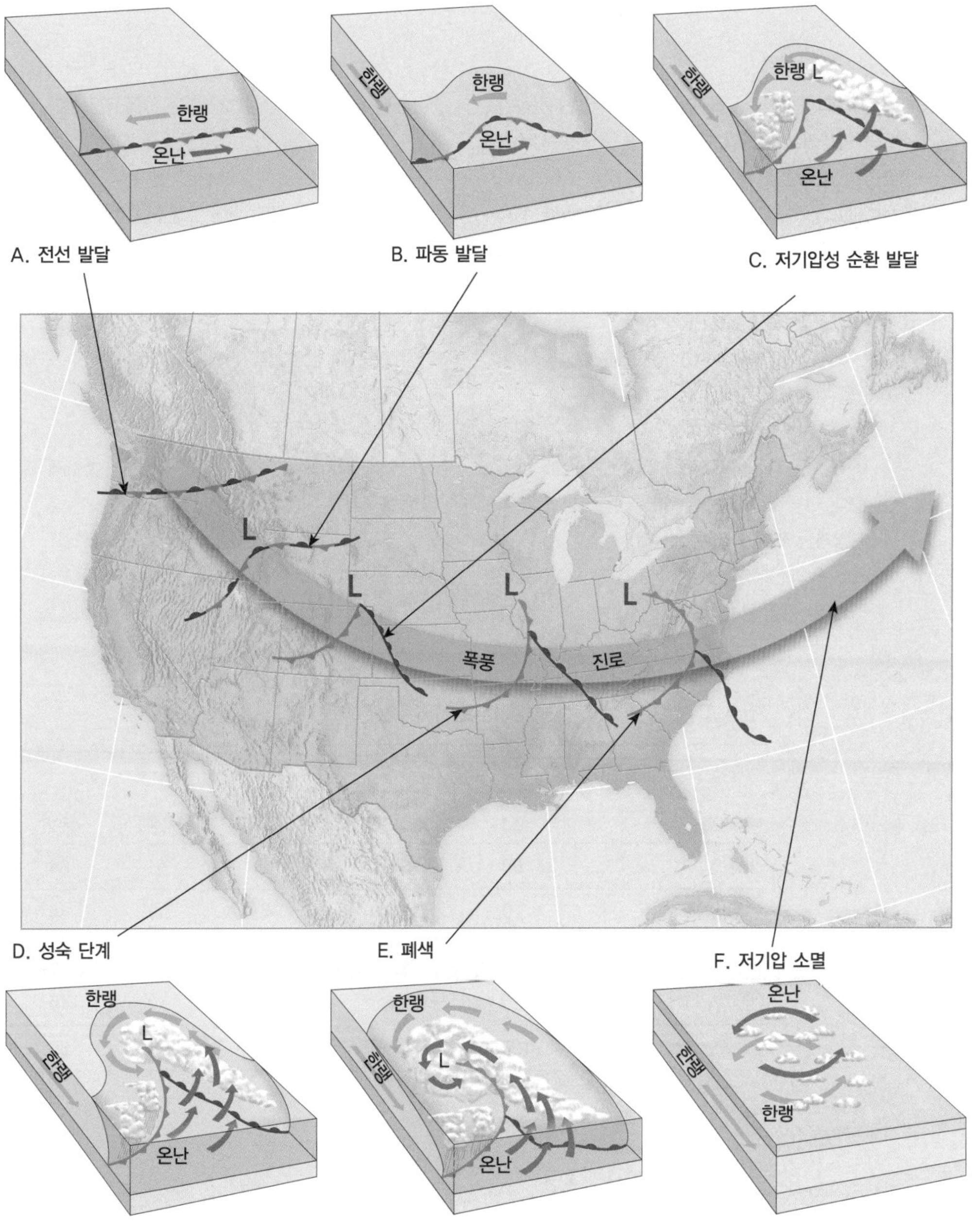

▶ 그림 9.9 중위도저기압의 단계별 생애

Animation
중위도저기압
http://goo.gl/mah9eC

당신의 예보는?

지상일기도와 예보의 생산과 분석

미국 대륙과 캐나다의 많은 곳에서 매일의 날씨를 이해하려면 **중위도저기압**과 연관된 날씨 패턴에 익숙해져야 한다. 저기압의 중심은 일반적으로 서쪽에서 동쪽으로 이동하고 2~3일에서 일주일 이상 지속된다. 중위도저기압은 전형적으로 한랭전선과 온난전선을 동반하고 최성기에 도달하면 두 가지 전선이 합쳐져 저기압 중심으로부터 확장된 폐색전선을 형성한다. 이러한 날씨 시스템에 익숙해지는 방법 중 하나는 지상일기도를 준비하고 분석해 보는 것이다.

지상일기도의 준비

방대한 양의 관측 자료를 다루기 위해서는 지상일기도의 작성이 필요하다. 기상학자들은 기상 자료를 코딩하는 시스템을 개발했다. 부록 B(A-5-A-10p.)에서는 그 시스템과 관측 지점의 자료를 위해 사용하는 기호를 자세히 나타낸다. **표 9.A**는 12월 어느 날에 미국 중부와 동부에 있는 다섯 도시의 날씨 자료를 나타낸다. 몇몇 도시들의 자료는 **그림 9.A**의 지도에 그려졌다. 그림 9.A의 일기도를 완성하기 위해 다음을 수행해야 한다.

- 표 9.A의 자료를 지도의 특정한 지점에 기입한다. 그림 12.7 또는 부록 B를 참조한다(참고 : 기압계는 쓰여진 대로 읽는다).
- 996 등압선부터 가능한 한 정확히 4mb 간격으로 등압선을 그리고 시도를 기입한다(996mb, 1000mb, 1004mb 등). 992 등압선은 완벽하게 그리고 1008, 1012mb 등압선의 일부도 그린다. 등압선의 위치를 통해 도시들 사이의 기압을 추정할 수 있다. 또한 등압선을 연필로 가볍게 그리는 것은 좋은 생각이다.

일기도의 분석

준비가 되었다면, 일기도는 분석되어야 한다. 다음에 따라 일기도를 분석할 수 있다.

- 지도 위에 고기압 또는 저기압의 중심의 위치를 찾아 적당한 기호(H 또는 L)를 기입한다.
- 지도에 기입된 기상 자료를 사용하여 한랭전선과 온난전선의 위치를 결정한다. 적절한 기호를 사용하여 지도 위에 전선을 그린다.
- 기단은 한랭전선의 북서쪽, 한랭전선의 남동쪽, 그리고 온난전선의 북동쪽에 위치시킨다(힌트 : 8장 참조).
- 지도 위에 연필로 가볍게 색칠하여 강수 구역을 표시한다.

이렇게 일기도 분석을 완전히 끝냈다. 예보에 필요한 도구가 준비된 것이다.

예보 생산

빨간 화살표로 나타낸 것처럼, 지도에서 중위도저기압은 북동쪽으로 이동한다고 가정했을 때, 중위도저기압과 관련된 예보 지식을 사용하면 테네시의 채터누가, 아칸소의 리틀록, 미시시피의 잭슨 그리고 버지니아의 로어노크에서 앞으로 12~24시간 동안의 기온, 풍향, 예상 강수량, 구름분포, 기압경향을 포함한 예보가 생산된다.

더 조사하기

www.wpc.ncep.noaa.gov/html/sfc2.shtml에 접속하자. 페이지 중간쯤 'North America'라고 표기된 라벨이 있다. 라벨을 'United States(CONUS)'로 변경한 후 'Get image' 버튼을 클릭하자. 현재의 날씨가 분석된 지도를 조심스럽게 조사하고 다음의 질문에 답하자.

1. 전선면들과 마찬가지로 고기압과 저기압의 중심 위치는 표기되어 있는가?
2. 위치를 선정하고 기온, 구름 분포 그리고 지도에 표기된 다른 자료들이 현재의 경험과 일치하는가?
3. 저기압 시스템 그리고 전선면들이 보인다고 가정할 때, 서쪽에서 동쪽으로 이동하는가? 내일이나 모레의 날씨는 어떻게 변할 것인가?

표 9.A 선택된 미국 중부, 동부 지역의 12월 지상 기상 자료

관측소	운량 (%)	풍향	풍속 (MPH)	기온	이슬점 온도	기압 (MB)	3시간 동안의 기압 (MB)	강수
버밍엄, AL	80	SW	15	70	64	1004	−1.4	
샬럿, NC	70	SW	14	60	54	1002	−4.4	
인디애나폴라스, IN	100	NE	30	34	32	996	−5.6	눈
멤피스, TN	80	NW	12	50	45	1103	+5.8	
내쉬빌, TN	100	SW	18	56	55	996	−0.1	비

▶ 그림 9.A 일기도 준비

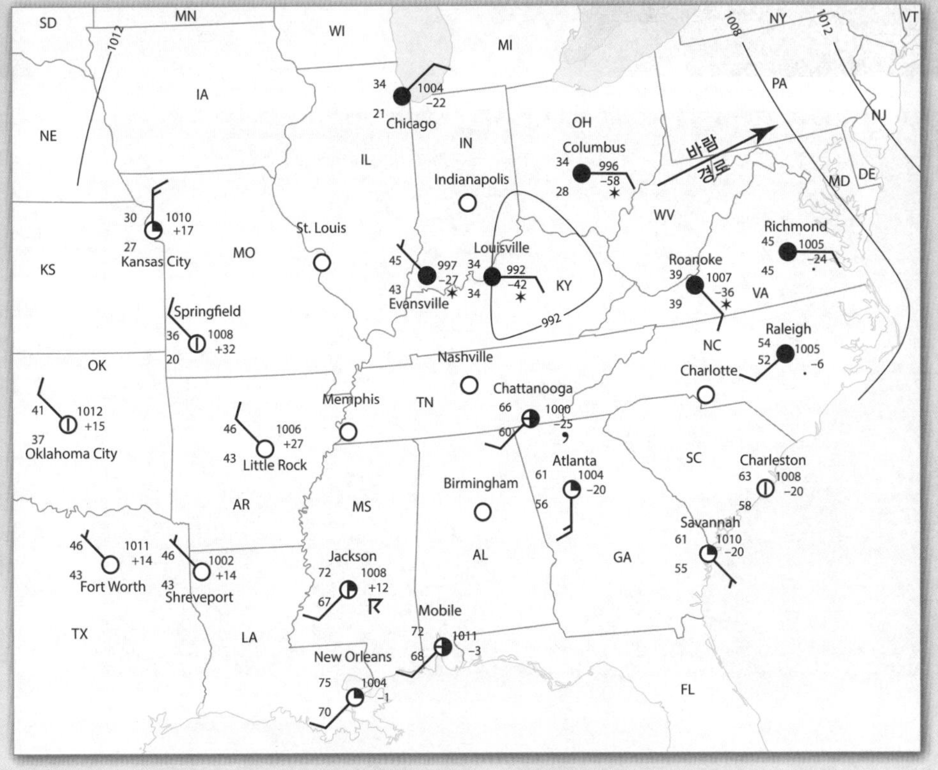

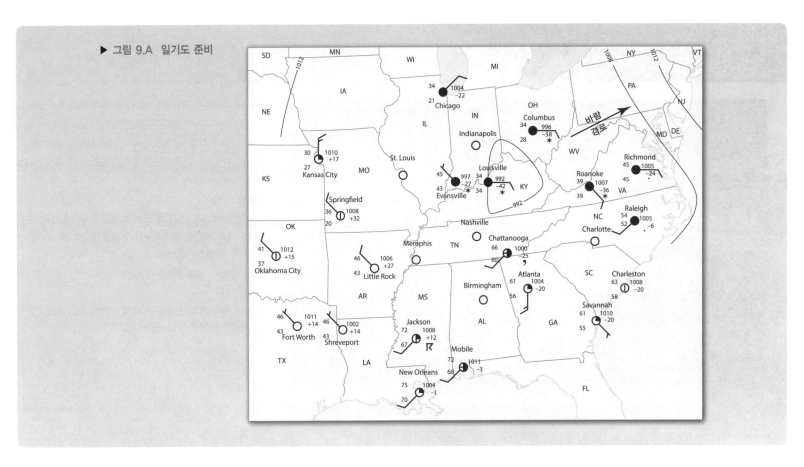

일 이상 지속된다. 얼마나 좋은가에 따라 며칠에서 1주일 이상 지속될 수 있다. 한 연구에서는 연간 200개 이상의 중위도저기압이 북반구에서 형성된다고 한다. 그림 9.9는 전형적인 중규모 저기압의 발달 주기를 6단계로 보여 준다.

생성 : 두 기단의 충돌 중위도저기압은 밀도(온도)가 다른 두 기단들이 거의 전선에 평행하게 서로 반대 방향으로 움직일 때 발생(cyclogenesis)한다(그림 9.9A). 전형적인 극전선 모형에서 이 기단들은 전선의 북쪽 **극지방 동풍**과 관련된 대륙성 극지방 공기와 전선의 남쪽 **서풍**에 의해 유도된 해양성 열대기단이다.

파동의 발달 적절한 조건하에 이 두 대조적인 기단을 나누는 전선면은 종종 길이가 수백 킬로미터에 달하는 긴 파동의 형태를 이룬다(그림 9.9B). 이 파들은 규모가 훨씬 큰 것을 제외하고는 움직이는 공기에 의해 물에 생기는 파와 유사하다. 어떤 파들은 그 규모가 성장하는 데

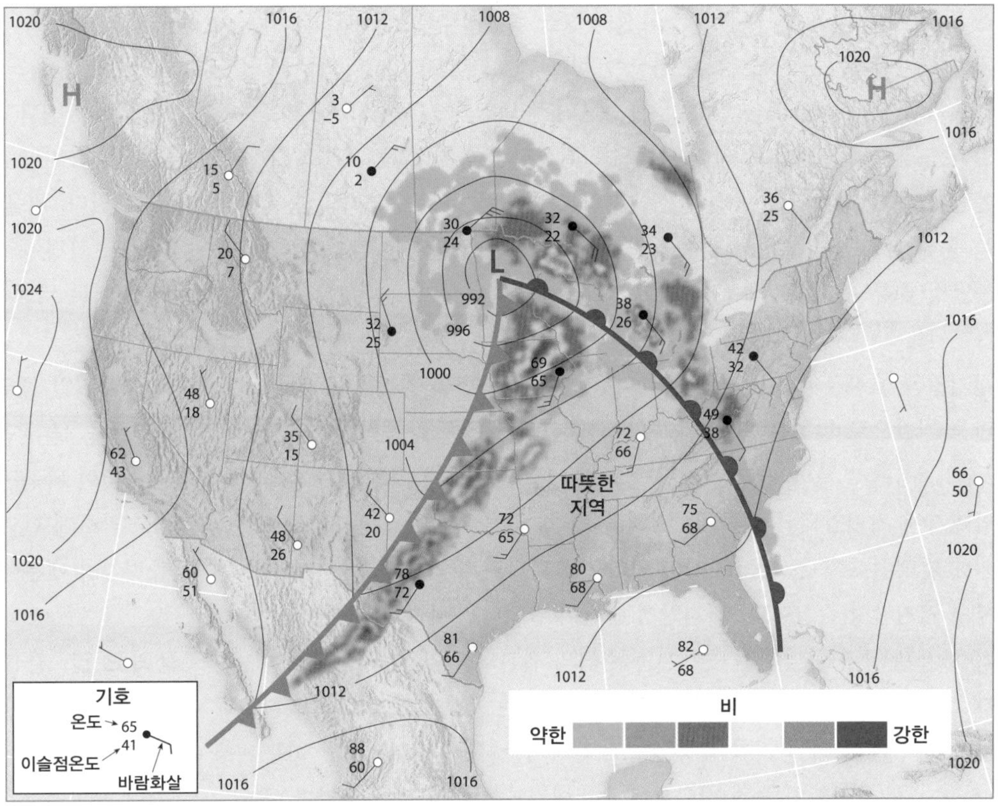

▲ **그림 9.10 중위도저기압의 순환을 보여 주는 간략한 지상일기도** 색칠된 지역은 강수 구역을 나타낸다.

대기를 바라보는 눈 9.2

이 구름 사진은 국제 우주 정거장의 우주비행사에 의해 촬영되었다. 사진에 보이는 점선은 구름을 발달시킨 전선의 지상 위치를 나타낸다. 이 전선의 위치가 미국 동부라고 가정하고 다음의 문제에 답하시오.

질문

1. 사진에서 가장 키가 큰 구름의 운형은 무엇인가?
2. 이 구름 패턴은 전형적으로 한랭전선에서 볼 수 있는가, 온난전선에서 볼 수 있는가?
3. 이 전선이 남동쪽으로 이동하는가, 북서쪽으로 이동하는가?
4. 남서쪽에 위치한 기단은 대륙성 한대기단(cP)인가 아니면 해양성 열대기단(mT)인가?

반해 어떤 파들은 소멸하기도 한다. 강해지거나 '깊어지는' 폭풍들은 파들을 발달시키고 그 파들은 시간이 지날수록 모양이 변하는데, 이것은 마치 깊고 고요한 바다의 큰 물결이 얕은 물 쪽으로 움직이면 그 파고가 높아지고, 부서지는 것과 비슷하다.

저기압성 폭풍을 더욱 발달시키는 두 가지 요인 즉, (1) 지표에서 유입되는 공기의 흐름으로 인해 상층으로 발산하는 공기 흐름 그리고 (2) 온난 습윤한 공기가 온난전선면을 따라 상승하는 것은 수증기의 응결을 통해 잠열을 방출하고 구름을 형성한다. 잠열의 방출은 다시 말해, 불안정(대류)이 강화되는 것이라고 할 수 있다.

저기압성 흐름 파가 발달하면서 따뜻한 공기는 먼저 찬 공기로 덮여진 극지방으로 향하는 반면 차가운 공기는 적도 쪽으로 움직인다(그림 9.9C). 지면 흐름의 이러한 방향 변화는 기압 패턴을 재조정시켜 파의 꼭대기에 저기압의 중심을 둔 거의 원 모양의 등압선을 만든다. 그로 인해 발생된 흐름은 그림 9.10의 일기도에 나타난 바와 같은 반시계 반향의 저기압성 순환이다. 저기압성 순환이 발달하면, 특히 따뜻한 공기가 차가운 공기를 덮치는 곳에서는 수렴의 결과로 강제 상승이 발생한다. 그림 9.10에서 북서쪽으로 움직이는 차가운 공기 쪽을 향해 따뜻한 지역(남쪽 지역)의 공기가 북동쪽으로 움직이는 것을 볼 수 있다. 따뜻한 공기가 이 전선의 수직 방향으로 움직이기 때문에 따뜻한 공기가 이전에 차가운 공기로 덮인 지역으로 유입하고 있다고 할 수 있다. 따라서 이것이 곧 온난전선이다. 같은 논리로 전선면의 왼쪽(서쪽)에서 북서쪽으로부터 차가운 공기가 따뜻한 지역의 공기를 밀어내면서 한랭전선을 생성시킨다.

성숙 단계 중위도저기압의 **성숙 단계** 동안에는 저기압 중심부의 기압이 가장 낮아진다. 그리고 **폐색전선**이 생기기 시작한다(그림 9.9D). 이 성숙 단계가 가장 위험한 날씨를 만들지만 이것은 계절과 위치에 따라 다를 수 있다. 겨울에 많은 양의 강설과 심한 눈보라 같은 상태들은 폭풍의 발달 과정 중 이 발달 단계 동안에 발생할 수 있으며, 여름철의 뇌우, 심지어는 토네이도 또한 이러한 저기압 시스템과 연관이 있다.

폐색 : 저기압 종말의 시작 폐색은 한랭전선이 온난전선을 따라잡아 온난전선을 들어 올리면서 시작한다. 이후 폐색전선이 형성되고 상층 온난 구역이 바뀌면서 그 범위가 늘어난다(그림 9.9E). 이 과정은 차츰 폭풍을 약하게 한다. 따뜻한 공기가 저기압 중심으로부터 먼 곳에서 들어 올려지기 때문이다.

폭풍의 소멸 경사진 불연속(전선)이 강제로 상승하게 되면 기압경도(기울기)는 약해진다. 하루나 이틀 동안 온난 구역 전체는 바뀌고 차가운 공기는 하층에서 저기압을 둘러싼다(그림 9.9F). 그러므로 대립하던 두 기단 사이에 존재하는 수평 온도(밀도) 차이는 없어진다. 이때 저기압은 그 에너지 원천을 다 소모하게 된다. 마찰은 지면 흐름을 느리게 하고 크게 형성된 반시계 방향의 흐름을 사라지게 한다.

간단한 상상을 통해서도 앞선 설명에서의 차가운 기단과 따뜻한 기단 간에 일어나는 일에 대하여 확인할 수 있다. 물통의 물을 두 부분으로 나누는 연직적인 막이 있는 상황을 생각해 보자. 그리고 물통의 반은 붉은색의 뜨거운 물로 채워져 있고 나머지 반은 푸른색의 얼음물로 채워져 있다고 하자. 그리고 그 막을 제거했을 때 무슨 일이 일어날지 생각해 보자. 차갑고 무거운 물은 따뜻하고 덜 무거운 물 아래로 흐를 것이고 따뜻한 물은 위로 올라갈 것이다. 이와 같은 물의 이동은 따뜻한 물 전체가 물통의 위쪽으로 이동하자마자 정지될 것이다. 마찬가지 방식으로 따뜻한 공기가 위로 이동하고 기단 사이의 수평적 불연속이 더 이상 존재하지 않을 때 중위도저기압은 소멸한다.

Video
중위도저기압의 사회적 영향
http://goo.gl/hO5bz5

∨ 개념 체크 9.2

❶ 중위도저기압의 성격 네 가지를 간단하게 묘사하시오.

❷ 노르웨이식 저기압 모형에 따르면 중위도저기압은 어디에서 존재하는가?

❸ 저기압발생론(cyclogenesis)을 정의하시오.

❹ 북반구 중위도저기압의 지상 순환을 기술하시오.

❺ 저기압의 발생부터 소멸 과정 중 폐색 과정에서 따뜻한 공기가 가장 많이 강제 상승하는 이유를 설명하시오.

9.3 중위도저기압의 이상적인 날씨

발달한 중위도저기압의 이동과 관련해 나타나는 일반적인 날씨 상태를 설명한다.

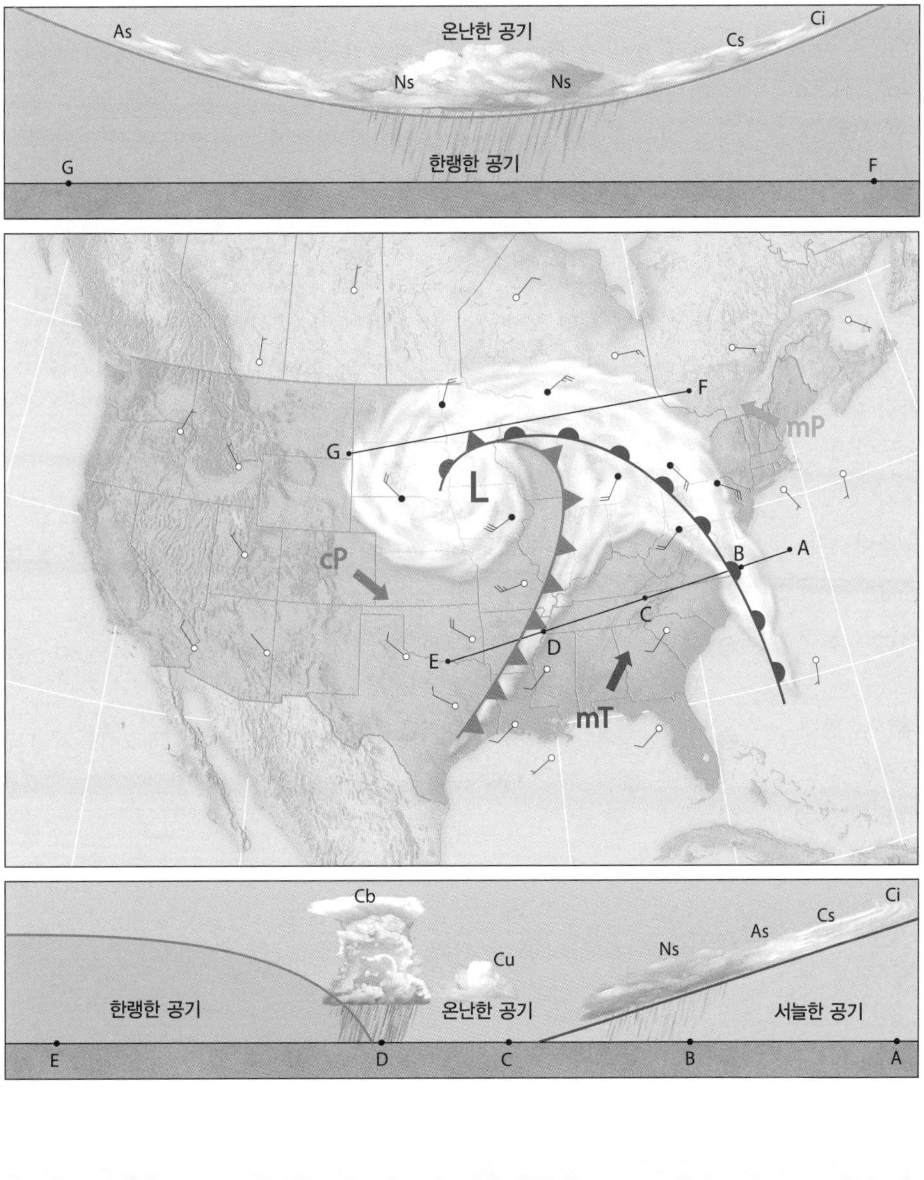

◀ 그림 9.11 성숙한 중위도저기압과 연관된 전형적은 구름 패턴

위의 지도는 선 F–G의 연직 단면이다. 가운데 지도는 단면의 지상 위치를 선으로 나타낸다. 아래의 지도는 선 A–E의 수직 단면이다. 구름의 약자는 그림 9.2, 그림 9.3에서 언급되었다.

노르웨이 모형은 중위도 날씨 패턴을 이해하는 데 유용한 도구이다. 그래서 매일의 날씨 변화를 예측하고 이해하는 데 도움을 준다.

일반적으로 저기압은 상층 서풍을 타고 미국의 동쪽으로 움직인다. 그래서 우리는 저기압 도착의 첫 징후를 서쪽 하늘에서 볼 수 있다. 그러나 미시시피 주 계곡에서 저기압은 종종 북동풍 궤도로 시작되고 때때로 북쪽으로 곧장 진행하기도 한다. 전형적으로 중위도저기압은 한 지역을 완전히 지나가는 데 이틀 또는 그 이상이 걸린다. 그 기간 동안 대기 상태는 갑작스런 변화를 일으키기도 하는데, 특히 중위도저기압은 큰 온도 차이가 나는 겨울과 봄에 잘 발생한다.

그림 9.11은 발달한 중위도저기압, 즉 구름의 분포와 강수 발생 가능성 지역을 나타낸다. 이 지도를 그림 9.12의 저기압의 위성사진과 비교해 보면, 저기압의 구름 패턴을 왜 '콤마(comma)' 모양이라고 언급하는지 쉽게 알 수 있다.

지역에 따라, 두 가지 서로 다른 날씨 형태가 폭풍의

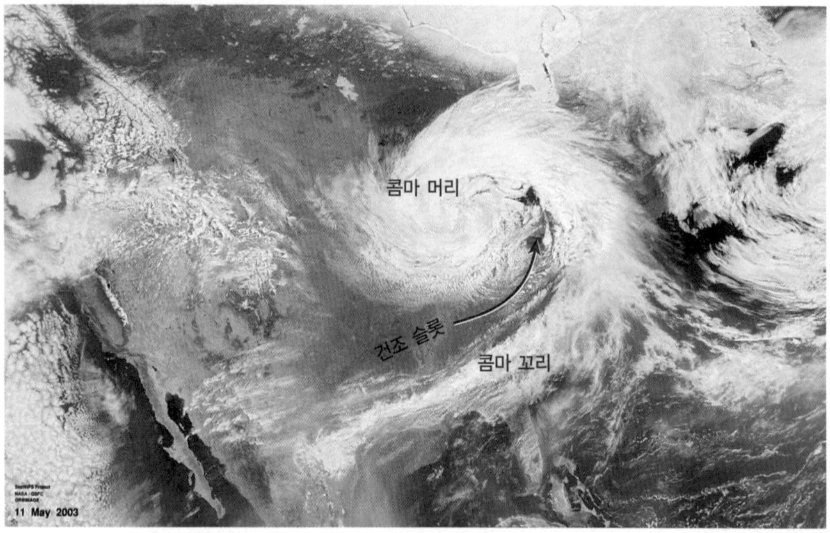

▲ **그림 9.12 인공위성으로 본 미국 동부 반을 덮은 성숙한 저기압**
사진을 통해 저기압의 구름 모양이 콤마(,)모양을 가지고 있는 것을 쉽게 알 수 있다.

중심 가까이 위치한 저기압과의 관련하여 예상될 수 있다. A-E 측면도를 보면, 폭풍 중심의 남쪽에 위치에 있을 경우 지도 아래의 그림과 같은 구름과 강수패턴을 만날 것이다. F-G 측면도를 보면, 폭풍 중심의 북쪽에 위치해 있을 경우 지도 위의 그림과 같은 구름과 강수 패턴을 만날 것이다. 이러한 폭풍들은 서쪽에서 동쪽으로 이동하기 때문에, 그림 9.11과 같이 저기압의 우측면이 특정 지역을 가장 먼저 통과할 것이다.

먼저 프로파일 A-E선을 따라 오른쪽에서 왼쪽으로 우리가 움직일 때 날씨의 변화에 대해서 생각하자. A지점에서 높은 권운이 관측되는 것은 다가올 저기압의 첫 징후이다. 이 높은 구름은 지상 전선보다 1,000km 이상을 앞설 수 있고, 이것은 일반적으로 기압의 하강을 동반한다. 온난전선이 전진하면 구름판이 낮고 두꺼워진다는 것을 알게 된다. 권운의 첫 관측 이후 12~24시간 내에 소량의 강수가 내리기 시작한다(B지점). 전선이 근접하면 강수율은 상승하고 온도는 올라간다. 그리고 바람은 동풍에서 남풍으로 바뀌기 시작한다. 여름철 강수는 비의 형태로 내리게 되는데, 폭우가 내릴 수도 있다. 겨울철에는 진눈깨비, 언 비 등의 형태로 내리며 운전에 위협이 되기도 한다.

온난전선이 통과하면 온난 구역인 전선의 뒤쪽(서쪽)은 해양성 열대 기단의 영향을 받게 된다(C지점). 비록 맑은 날에 적운과 고적운은 드문 일이 아닐지라도 일반적으로 저기압의 영향을 받은 이 지역은 상대적으로 따뜻한 온도와 남풍 그리고 맑은 날씨를 경험하게 된다.

온난 구역의 쾌적한 날씨는 빠르게 지나가고 한랭전선을 따라 발생한 돌풍과 강수로 바뀐다. 빠르게 전진하는 한랭전선의 접근은 잘 말려진 검은 구름(D지점)에 의해 잘 나타난다. 많은 강수량과 때때로 우박 또는 토네이도를 동반하는 심한 날씨가 동반된다.

한랭전선의 통과는 바람 전환으로 쉽게 확인된다. 남쪽 또는 남서쪽으로부터 부는 따뜻한 기류는 서쪽에서 북서쪽으로 불어오는 차가운 기류로 바뀌고 온도가 떨어진다. 또한 상승하는 기압은 한랭전선 아래 차갑고 건조한 공기가 가라앉고 있음을 암시한다. 전선이 지나가자마자 그 지역에 더 차가운 공기가 유입하여 하늘은 빠르게 맑아진다(E지점). 다른 저기압이 그 지역을 향해 오지 않는다면 하루 이틀 동안 구름 한 점 없는 깊고 푸른 하늘이 종종 나타난다.

프로파일 F-G(그림 9.11의 위)를 따라 아주 다른 날씨가 나타난다. 이 경우 온도는 저기압이 지나가는 동안 계속 차갑다. 저기압의 중심이 다가옴을 나타내는 첫 번째 암시는 기압이 지속적으로 떨어지고 점점 흐린 날씨가 된다. 저기압 중 이 구역은 추운 계절 동안 종종 눈이나 얼음을 동반한 폭풍이 발생한다.

폐색이 진행되는 과정에서 폭풍의 성질은 바뀐다. 폐색전선은 보통 다른 전선들보다 더 천천히 움직이기 때문에 그림 9.11에서 보인 전체 차골(wishbone, 조류의 흉골 앞의 두 갈래의 뼈) 모양의 전선 구조가 반시계 방향으로 회전한다. 그래서 폐색전선은 '뒤로 구부러져' 보이게 된다. 이 모습은 다른 전선보다 더 오랫동안 한 지역에 머물기 때문에 폐색전선에 의해 영향을 받은 지역의 피해는 더 클 수 있다(p. 248 "당신의 예보는?" 참조).

Video
중위도저기압에 의해 수송되는 수증기
http://goo.gl/aRLhHB

✓ 개념 체크 9.3

❶ 성숙한 중위도저기압의 중심이 당신의 위치에서 북쪽으로 200~300km 떨어져 있을 때 기상 상황을 설명하시오.

❷ 만약 중위도저기압이 1번 문제의 조건에서 3일이 지났다면, 어느 날이 가장 따뜻한가? 그리고 어느 날이 가장 추운가?

❸ 성숙한 중위도저기압의 중심이 대서양 주변에 위치한 남쪽 지역 도시를 지난다면 어떤 겨울철 날씨가 예상되는가?

9.4 상층기류와 저기압의 생성

왜 상층기류의 발산이 중위도저기압의 발달 및 강화를 위한 필요조건인지 설명한다.

극전선 모형은 저기압의 발생이 불연속 전선면이 파동 모양으로 뒤틀린 곳에서 발생함을 보인다. 일부 지면 인자들이 전선 지역에서 이 파를 만들기도 한다. 불균형한 지형(산), 온도 차이(바다와 육지 사이) 또는 해류의 영향 등이 전선을 따라 파를 만들기에 충분할 정도로 동서류(zonal flow)를 흔들어 놓는다. 게다가 상층 기류의 강화는 종종 지상저기압보다 먼저 발생한다. 이 사실은 상층기류가 회전하는 폭풍계의 형성에 기여함을 강하게 암시한다.

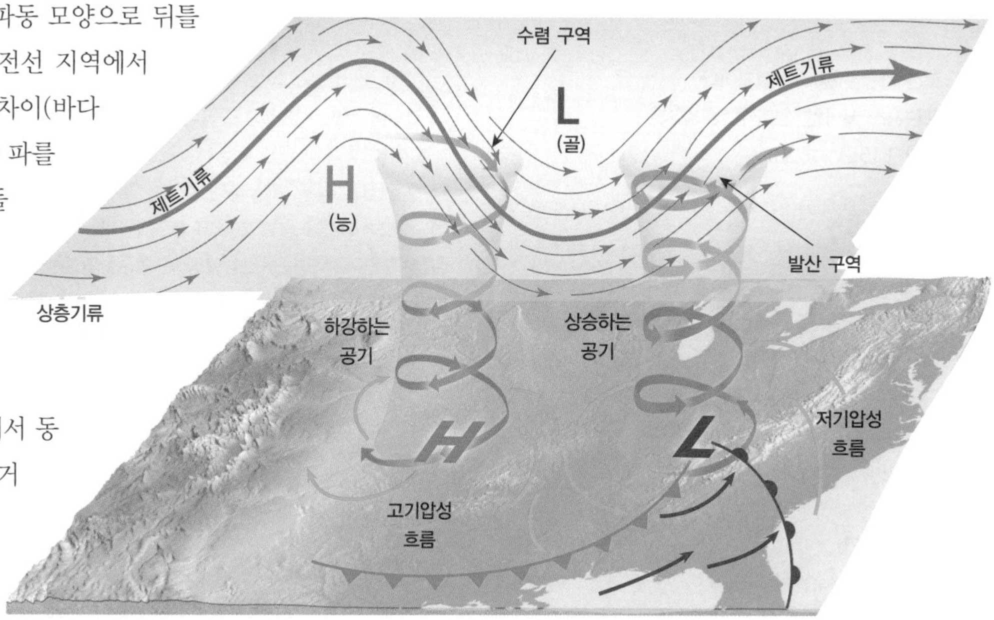

▲ 그림 9.14 상층의 발산, 수렴이 지표의 고 · 저기압을 유지시키는 원리의 모식도

상층 바람이 상대적으로 일직선의 동서류로(서에서 동쪽으로) 나타날 때에는 일반적으로 지상저기압은 거의 발달하지 않는다. 그러나 상층 공기가 북쪽에서 남쪽으로 폭넓게 흐를 때, 골(trough, 저기압)과 능(ridge, 고기압)이 번갈아 발생하면서 큰 규모의 파가 발생하고 저기압이 강하게 발달한다. 게다가 지상저기압이 발생할 때 거의 변함없이 지상 저기압은 제트기류(jet stream)의 축 아래 그리고 상층 골로부터 바람이 불어 가는 쪽(상층 골의 동쪽)에 중심을 두고 나타난다(그림 9.13).

저기압성(사이클론) 순환과 고기압성(안티사이클론) 순환

지상저기압이 어떻게 생성되고 상층기류에 의해 어떻게 영향을 받는지를 논의하기 전에 저기압성(cyclonic) 바람과 고기압성(anticyclonic) 바람의 특성을 알아보자. 지상 저기압 주변에서의 기류는 안쪽으로 흐르며 질량이 수렴하도록 한다는 것을 생각하자. 공기의 축적에 의해서 지면 기압이 증가하기 때문에 진공 상태의 커피 병을 열었을 때 빠르게 커피 병의 기압과 주변의 기압이 같아지는 것처럼, 지상 저기압 중심은 빠르게 채워지고 사라지게 됨을 예상할 수 있다. 저기압에 이러한 현상이 발생하면, 지상의 기압은 상승하고 바람이 약해진다. 이 과정을 채움(filling)이라고 한다.

그러나 저기압은 경우에 따라 일주일 이상 남아 있다. 이는 저기압의 경우 지상에서 수렴한 공기가 상층에서 빠져나간다는 것을 의미한다(그림 9.14). 상층에서 발산이 지상의 수렴보다 더 강할 경우, 지상의 저기압은 강해진다. 이러한 과정을 깊어짐(deepening)이라 한다.

공기 흐름이 시계 방향이며 바깥쪽으로 불어 나가는 지상고기압 또한 상

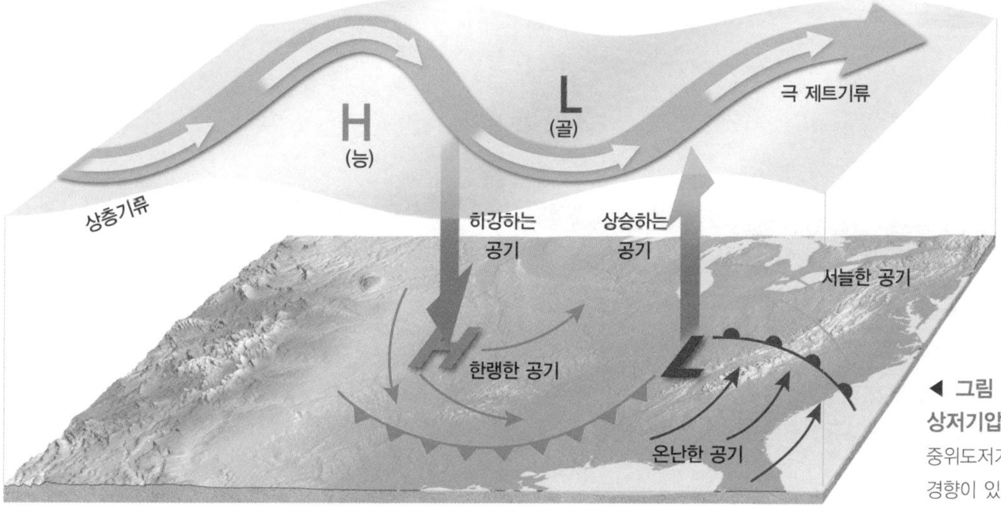

◀ **그림 9.13 상층의 요동치는 제트기류와 지상저기압 발달과의 관계**
중위도저기압은 상층 저기압(골)의 풍하측에 발달하는 경향이 있다.

Video
단파와 장파
http://goo.gl/WLlc81

당신의 예보는?

모든 바람은 날씨의 결과이다.
프랜시스 베이컨, 영미 철학자이자 과학자(1561~1626)

중위도에 사는 사람들은 겨울 북풍이 뼛속까지 춥게 만든다는 사실을 잘 안다(그림 9.B). 갑작스러운 남풍으로의 변화는 이런 추위를 덜어 주기 때문에 사람들에게 고마운 존재로 여겨진다. 바람을 더 관찰해 보면 남풍에서 동풍으로 차츰 바뀌면서 악천후가 따라온다는 것을 알게 될 것이다. 대조적으로, 바람이 남서풍에서 북서풍으로 바뀔 때에는 청명한 날씨가 동반된다. 바람과 다가올 날씨는 어떤 관계가 있을까?

오늘날의 날씨 예보는 빠른 계산 처리 능력을 가진 컴퓨터와 숙련된 기술자들을 요구한다. 그럼에도 주의 깊은 관측은 곧 다가올 날씨에 대해 어느 정도 합리적인 정보를 준다. 이것을 위한 가장 중요한 두 가지 요소는 기압과 풍향이다. 고기압은 맑은 날씨와 관련이 있고 저기압은 구름과 강수를 자주 발생시킨다는 사실을 상기하라. 기압계가 상승하고 있는지, 하강하고 있는지, 아니면 안정한지를 관측하면 다가올 날씨에 대한 어느 정도의 예측이 가능하다. 예를 들어, 상승하는 압력은 고기압계가 다가오고 있으며 날씨가 맑아질 것이라는 것을 암시한다.

날씨 예보에 바람을 사용하는 것은 매우 유용하다. 저기압은 날씨 게임에서 악역을 담당하기 때문에 우리는 저기압 중심 부근의 순환에 대해 많은 관심을 가진다. 특히, 온난전선과 한랭전선의 통과에 따른 풍향의 변화는 곧 다가올 날씨를 예측하는 데 유용하다. 그림 9.11을 보면 온난전선과 한랭전선이 차례로 통과하면서 바람화살이 시계 방향으로 바뀌는 것을 알 수 있다. 특히, 한랭전선이 통과하면 남서풍에서 북서풍으로 바뀐다. 이런 시계 방향으로의 전환을 항해 용어로 **순전**(veering)이라고 한다. 전선의 통과 이후는 날씨가 좋아지므로 순전 바람은 날씨가 좋아질 것을 암시한다.

대조적으로, 그림 9.11에서 볼 수 있듯이 저기압의 북쪽에 위치한 지역은 바람이 반시계 방향으로 전환하는 것을 경험하게 될 것이다. 이렇게 전환하는 바람을 **역전**(backing)이라고 한다. 중위도저기압에 접근함에 따라, 역전 바람은 추운 기온과 악천후가 계속될 것임을 의미한다.

기압계의 변화, 바람, 다가올 날씨 사이의 관계가 표 9.B에 요약되어 있다. 미국의 많은 지역에서 이와 같은 정보가 사용되고 있지만 더 정확한 설명을 위해서는 지역적인 영향이 더해져야 한다. 예를 들어, 상승하는 기압계와 남서에서 북서로 전환하는 바람은 보통 한랭전선의 통과와 관련이 있고 이후 날씨가 맑아질 것임을 의미한다. 그러나 겨울 동안 오대호 남동 해안에 사는 주민들에게 이것은 그렇게 달갑지 않을 것이다. 차갑고 건조한 북서풍은 오대호를 지나면서 상대적으로 따뜻한 호수로부터 열과 수분을 공급받는다. 이 공기가 바람이 불어 가는 방향의 해안에 도달하면, 종종 호수의 영향에 의한 폭설을 내릴 만큼 충분히 습하고 대기는 불안정해진다(8장 참조).

질문

1. 순전히 바람에 의존하여 당신의 지역에서 예보를 만들어 보시오.
2. 현재가 겨울이고 몇 시간 전에 바람이 동쪽으로 불어나갔다고 가정하자. 그리고 지금은 북풍 계열의 바람이 분다고 할 때, 기압이 급격히 떨어진다는 조건을 더하여 당신의 위치에서 예보를 만들어 보시오.

◀ **그림 9.B 눈보라의 기상 상황은 위험천만한 운전을 야기한다**
이 눈보라는 서부 로와 지방의 30번 고속도로를 따라 발생하였다.

표 9.B 바람, 기압계와 다가올 날씨

바람 방향의 변화	기압	기압의 변화	다가올 일기
임의 방향	1023mb와 그 이상(30.20in.)	일정하거나 상승	기온의 변화 없이 지속적으로 맑음
남서에서 북서	1013mb와 그 이하(29.92in.)	급격히 상승	12~24시간 이내에 맑아지며 추워짐
남에서 남서	1013mb와 그 이하(29.92in.)	완만히 상승	수 시간 내에 맑아지며 며칠 동안 맑음
남동에서 남서	1013mb와 그 이하(29.92in.)	일정하거나 완만히 떨어짐	강수의 가능성이 있은 후 맑고 따뜻해짐
동에서 북동	1019mb와 그 이상(30.10in.)	완만히 떨어짐	여름에는 가벼운 바람과 더불어 며칠간 비는 오지 않음 겨울에는 24시간 내에 비 옴
동에서 북동	1019mb와 그 이상(30.10in.)	급격히 떨어짐	여름에는 12~24시간 내에 비올 가능성 겨울에는 강한 바람과 함께 비나 눈이 올 가능성
남동에서 북동	1013mb와 그 이하(29.92in.)	완만히 떨어짐	비가 1~2일 동안 지속될 것임
남동에서 북동	1013mb와 그 이하(29.92in.)	급격히 떨어짐	폭풍우 후에 36시간 내에 맑아지고 겨울에는 추워짐

출처 : National Weather Service에서 수정.

층기류와 관련 있다. 고기압의 경우, 이 시스템을 강화하기 위해서 상층에서 수렴이 강해야 하고 공기의 침강(sinking)이 있어야 한다(그림 9.14).

저기압은 폭풍을 동반하는 날씨를 동반하기 때문에 고기압보다 더 많은 관심을 받는다. 그들 사이의 밀접한 관계로 인해 이 두 기압에 대한 논의를 완전히 분리해서 논하기는 어렵다. 예를 들어, 저기압에 에너지를 제공하는 지상 공기는 일반적으로 고기압 중심으로부터 바깥으로 불어 나가는 공기와 관련이 있다(그림 9.14). 따라서 저기압과 고기압은 일반적으로 서로 인접하게 발견된다.

상층의 발산과 수렴

상층 발산이 저기압의 발생에 중요하기 때문에 그 역할의 기본적인 이해가 필요하다. 상층 발산은 지상고기압처럼 모든 방향으로 바깥을 향해 흐르지는 않는다. 그 대신에 상층 바람은 광범위하게 파동을 따라 일반적으로 서쪽에서 동쪽으로 흐른다. 상층 동서류는 어떻게 상층 발산을 일으키는가?

상층 발산을 초래하는 메커니즘의 하나는 **속도 발산**(speed divergence)으로 알려진 현상이다. 제트기류 근처에서 풍속이 극적으로 변하는 것은 알려져 있다. 풍속이 빠른 지역에 들어가면 공기는 가속하고 바깥으로 빠져나간다(발산). 반대로 공기가 풍속이 느린 지역에 들어갈 때 공기는 쌓인다(수렴). 이와 유사한 상황은 매일 유료 도로에서도 발생한다. 요금징수소를 통과해서 최대 속도를 낼 수 있는 곳에서는 자동차의 발산을 볼 수 있고(자동차 간의 거리가 증가한다), 자동차가 요금을 지불하기 위해 속도를 늦추게 되면 자동차는 수렴을 하게 된다(한데 모인다).

속도가 발산에 기여하는 것뿐만 아니라 다양한 다른 요소들도 상층 발산(또는 수렴)에 기여한다. 여기에는 공기 흐름이 수평적으로 퍼지는 **방향성 발산**(directional divergence)과 **방향성 수렴**(directional convergence)이 있다. 예를 들면, 방향성 수렴은 공기덩이가 한 좁은 통로로 이동할 때와 같다. 상층일기도에서 수렴은 등고선이 모여 있는 곳에서 발생한다. 다시 유료 도로의 상황으로 돌아가면, 수렴의 경우 요금징수소가 3개에서 2개로 줄어드는 것과 같고 발산의 경우 2개에서 3개로 늘어나는 것과 같다.

그림 9.14에서 보인 것처럼, 상층기류에 영향을 주는 현상들의 결합된 영향은 상층 공기 발산 지역과 지면의 저기압성 순환 지역을 일반적으로 상층 골로부터 하류쪽에 발달한다. 따라서 중위도에서 지상저기압은 일반적으로 상층 골의 동쪽에서 형성된다. 상층 발산이 지면에서의 수렴보다 크다면 지상 기압은 떨어질 것이고 저기압성 폭풍은 강해진다.

반대로 수렴과 고기압성 순환이 발견되는 제트기류 지역은 능으로부터 하류 쪽에 위치한다(그림 9.14). 제트기류가 흐르는 지역 중에 이 지역에서의 축적된 공기는 하강하여 지상 기압을 높인다. 그러므로 이러한 곳은 지상고기압의 발달에 유리한 지역이다.

저기압발생에서 상층기류가 가지는 중요한 역할 때문에 날씨 예보를 할 때에는 상층기류를 주의해 봐야 한다. 이는 텔레비전 기상 캐스터들이 제트기류 내의 흐름을 자주 보여 주는 이유이다.

요약하면, 상층기류는 지상 저기압과 고기압계의 형성과 강화에 기여한다. 상층 수렴과 발산 지역은 제트기류 근처에 위치하고, 이 지역에서 극적인 풍속 변화는 공기의 수렴과 발산을 야기한다. 상층 수렴이 능의 동쪽에 발생하는 반면, 발산은 상층 골의 동쪽에 발생한다. 상층 수렴 지역 아래는 지상 고기압이 있는 반면, 상층 발산은 저기압 시스템을 형성하고 발달하게 한다.

상층기류와 저기압의 이동

상층의 파동 형태의 기류가 지상 저기압성 폭풍의 발달과 강화에 중요하다는 것을 상기해 보자. 게다가 대류권 중층과 상층의 기류는 이 기압계의 발달과 그 방향의 변화율에 강한 영향을 준다. 일반적으로 지상저기압은 500mb 바람과 같은 방향으로 움직이고 그 속도는 절반 정도이다. 일반적으로 저기압 시스템은 시간당 25~50km를 움직여서 하루에 600~1,200km의 거리를 이동한다. 가장 빠른 속도는 온도경도가 가장 큰 추운 계절 동안 발생한다.

날씨예보에서 가장 어려운 일 중의 하나는 저기압성 폭풍의 진로이다. 우리는 이미 상층기류가 기압계가 발달하도록 조정하려 한다는 것을 보았다. 저기압이 지나가는 경로의 변화와 관련하여 상층기류가 어떻게 변하는지를 알아봄으로써 이 조정 효과를 살펴보자.

▶ 그림 9.15 중위도저기압의 방향 조정
A. 3월 21일과 22일 남동 방향으로 직선적으로 이동하던 저기압은 23일 아침 갑자기 북진하기 시작했다. 이 방향 전환은 **B.** 3월 21일 상층 차트의 직선적인 등압선에서 **C.** 3월 23일 차트의 굽어진 등압선으로의 변화와 일치한다.

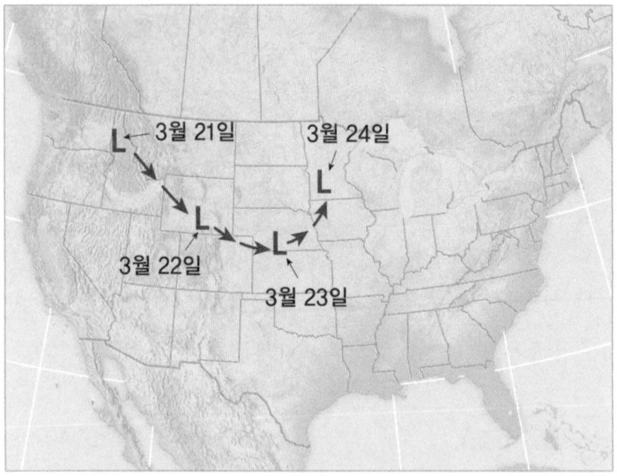

A. 3월 21일부터 24일까지 저기압의 이동

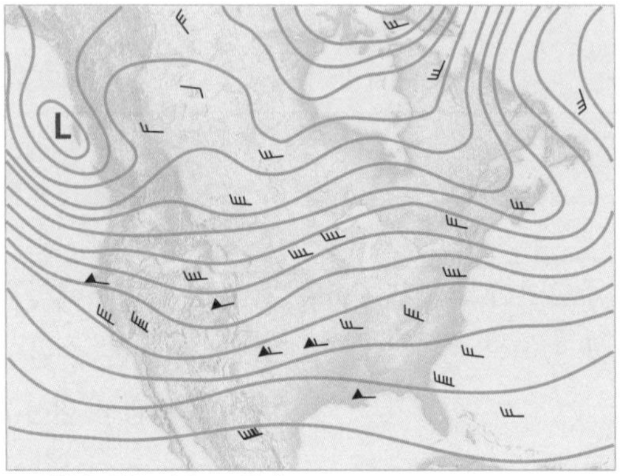

B. 3월 21일의 500mb 일기도

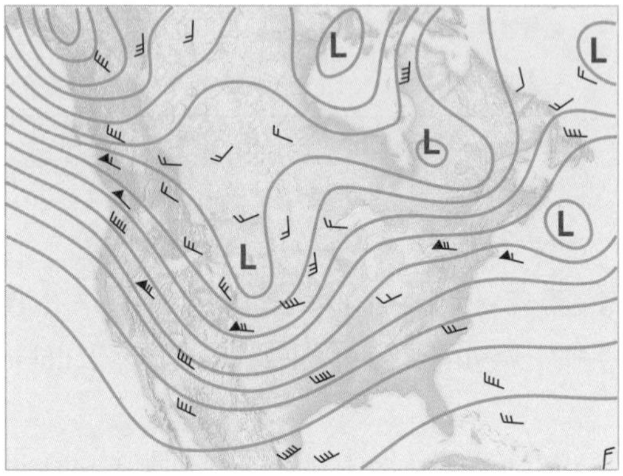

C. 3월 23일의 500mb 일기도

그림 9.15A는 나흘에 걸친 중위도저기압의 위치 변화를 보여 준다. 그림 9.15B에서는 3월 21일 500mb 등고선이 상대적으로 평평하다는 것을 기억해 두자. 또한 이튿날 저기압이 남동쪽으로 직선으로 움직였음을 보자. 3월 23일 500mb 등고선은 와이오밍 위에 위치한 골의 동쪽에 북쪽으로 향한 뚜렷한 밴드를 만든다(그림 9.15C). 마찬가지로 그다음 날 저기압의 진로는 북쪽으로 비슷하게 이동한다.

자주 나오는 질문…

겨울철 폭풍은 어떻게 하여 이름을 붙이게 되었나요?

2012~2013년 겨울철 일기예보 방송은 주요한 겨울철 폭풍에 이름을 붙이기 시작하였다. 유럽은 이전부터 폭풍에 이름을 붙여 오고 있다. 그리고 미국은 허리케인과 열대 폭풍에 1940년부터 이름을 붙이기 시작하였다. 미국은 2003년 '대통령 선거일 폭풍'과 같은 몇몇 주요한 겨울철 폭풍에 비공식 이름을 붙이기 시작했다. 공식적인 이름이 없다는 것은 열대 폭풍을 감시하는 미국 국립 허리케인 센터와 같은 겨울철 폭풍우를 위한 국립 센터가 없다는 것을 의미하기도 한다.

우리는 상층기류가 저기압의 이동에 미치는 영향을 살펴보았다. 저기압의 다음 진로를 잘 예보하기 위해서 상층 바람의 변화에 대한 정확한 평가가 이루어져야 한다. 대류권 중층과 상층에서 파동 형태를 한 기류의 행동을 예측하는 것은 날씨예보에서 중요한 부분이다.

✓ 개념 체크 9.4

❶ 어떻게 상층의 기류가 지상저기압을 유지시키는지 간단하게 설명하시오.

❷ 속도 발산과 속도 수렴이란 무엇인가?

❸ 상층일기도가 주어졌을 때, 예보관들은 주로 어디에서 저기압이 생성되는 위치를 찾는가? 그리고 고기압은 어디서 주로 형성되는가?

❹ 500mb 고도에서 중위도저기압과 관련하여 흐름을 기술하시오.

9.5 중위도저기압은 어디에서 생성되는가

북아메리카에 영향을 주는 중위도저기압의 발달이 주로 일어나는 지역을 나열한다.

저기압 발달은 지구에서 균일하게 발생하지 않고 산맥이나 해안 지역의 풍하측 등 특정한 지역에서 잘 발달한다. 일반적으로 저기압은 대기권 하층의 기온 차이가 큰 곳에서 잘 발생한다.

북아메리카에 영향을 주는 중위도저기압이 생성되는 지점

그림 9.16은 북아메리카와 인접한 바다에서 저기압이 잘 발달하는 주요 지점을 보여 준다. 저기압 생성이 잘 일어나는 주요 지점이 콜로라도 저기압 근처, 로키 산맥의 동쪽 지역이라는 것을 주목하자. 서풍 계열의 기류가 로키 산맥과 마주하면, 하층기류는 산맥에 의해 막히게 되고, 상층기류는 계속해서 동쪽으로 이동하게 된다. 상층기류가 로키 산맥의 동쪽 경사에 이르게 되었을 때, 이 기류는 연직적으로 확장한다. 이러한 과정은 하층의 저기압 발달을 강화시키는 상층의 골을 형성하게 한다. 콜로라도 저기압 근처에서 형성된 바람은 하층의 따뜻한 걸프 해안의 공기를 불러오고, 반면에 북쪽에서부터 저기압으로 불어 내려오는 공기는 상대적으로 차갑다. 이러한 온도 차이는 미국을 동쪽으로 가로지르는 강력한 저기압을 발달시킬 수 있다. 겨울철 진눈깨비와 언비는 온난전선을 따라 발생하고, 강한 천둥번개는 한랭전선과 관련 있다. 그리고 폭설은 저기압 중심의 북쪽에서 주로 발생한다.

저기압이 자주 발달하는 또다른 중요한 지점은 북태평양, 북대서양 해안 지역 그리고 멕시코의 걸프만 지역이다. 이곳들은 상대적으로 따뜻한 바닷물과 차가운 대륙 간의 온도 차이가 보이는 지역이다. 예를 들면, 해터러스(Hatteras) 저기압 지역에서 발달하는 중위도저기압은 따뜻한 걸프 해류와 차가운 대서양이 만나는 경계 지점을 따라 생성된다. 따뜻한 바다로부터 많은 양의 수증기를 품은 저기압은 빠르게 발달할 수 있고, 하루에 24mb의 기압 감소를 일으킬 수 있다. 그 결과로, 이러한 시스템은 해안 지방을 따라 홍수 혹은 폭설을 야기할 가능성이 있다. 이러한 저기압이 북쪽으로 이동할 때, 이것을 노이스터(nor'easters)라고 부른다.

이동 패턴

저기압은 발생하면 먼저 북아메리카를 가로질러 동쪽으로 이동하려 하고 북대서양을 향해 북동쪽으로 움직인다(그림 9.17). 그러나 이러한 일반적인 경향과는 다른 다수의 많은 예외가 발생한다.

북아메리카 서쪽에 영향을 미치는 저기압들은 북태평양에서 발생한다. 많은 저기압 시스템은 알래스카만을 향해 북동쪽으로 움직인다. 그러나 겨울 동안 이 폭풍들은 멀리 남쪽으로 움직이고, 종종 미국 전역(48개 주)의 해안에 도착하며, 때때로 캘리포니아 남쪽까지도 이동한다. 이 저기압 시스템은 서쪽 연안의 영향을 많이 받아 겨울 동안 강수를 제공한다.

대부분 태평양 폭풍은 로키 산맥을 지나며 이 산의 풍하측(동쪽)에서 다시 발달한다. 재발달하기 좋은 장소는 콜로라도이지만 폭풍은 일반적으로 멀리 남쪽으로는 텍사스로부터 북쪽으로는 캐나다 앨버타까지도 발달한다. 캐나다에서 형성된 저기압은 오대호를 향해 남동쪽으로 움직이려 하며 그다음에는 북동쪽으로 돌아서 대서양으로 이동한다. 대평원에서 재발달한 저기압은 일반적으로 미국의 중부 지역에 도

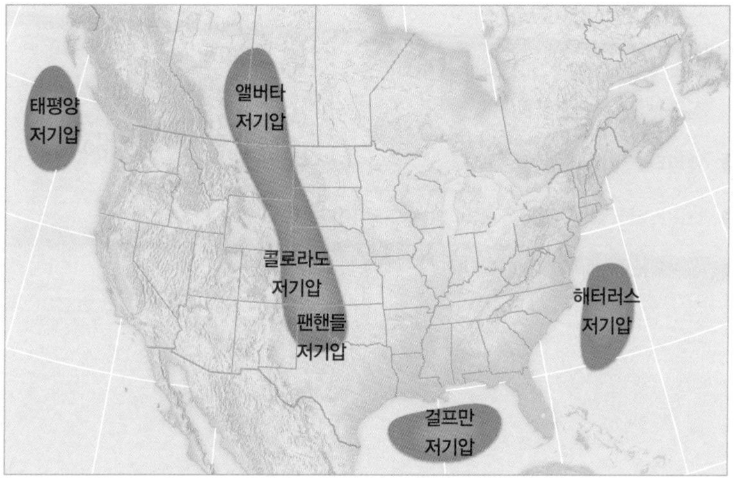

▲ 그림 9.16 저기압이 잘 발생하는 주요 지점

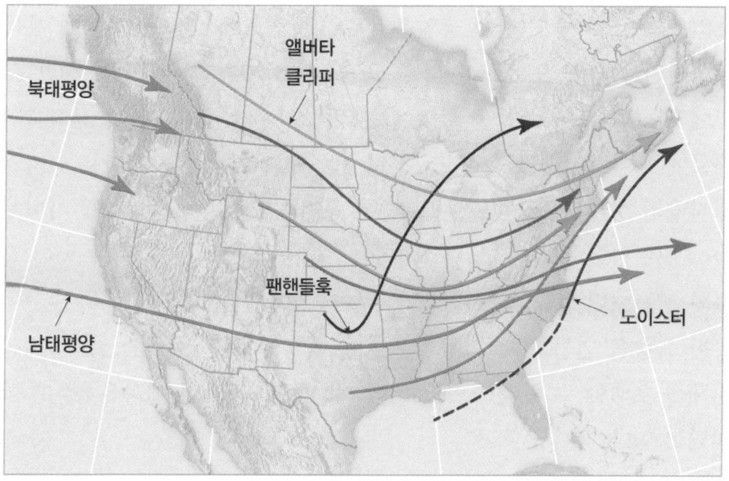

▲ 그림 9.17 하층의 48개 주에 영향을 미치는 저기압의 전형적인 경로

착할 때까지 동쪽으로 이동한 뒤 북동쪽이나 북쪽으로 다시 이동한다. 이 많은 저기압은 오대호 지역을 가로지르는데, 이 지역은 미국에서 폭풍의 영향을 많이 받는 곳이다. 저기압이 잘 발생하는 또 다른 지역은 애팔래치아 산맥 남부의 동쪽이다. 이 폭풍들은 따뜻한 멕시코 난류를 따라 북쪽으로 이동하려는 경향이 있고, 이 지역은 동해안 전체에 폭풍을 일으킬 수 있는 조건을 갖고 있다.

팬핸들훅 잘 알려진 변칙적인 폭풍의 한 예는 **팬핸들훅**(Panhandle Hook)이라는 이름으로 불리는 폭풍이다. '훅(hook)'이란 폭풍이 지나가는 구부러진 통로를 나타낸다(그림 9.17). 텍사스와 오클라호마 팬핸들훅 근처의 콜로라도 남쪽에서 발달한 저기압들은 먼저 남동쪽으로 이동한 다음 위스콘신을 가로질러 캐나다를 향해 북쪽으로 구부러져 움직인다.

앨버타 클리퍼 앨버타 클리퍼(Alberta Clipper)는 캐나다 로키 산맥의 동쪽에서 형성되어 앨버타 지방에 부는 춥고 바람이 강한 저기압 폭풍이다(그림 9.17). 식민지 시대에 가장 빠른 교통수단이 '클리퍼(clippers)'라는 이름을 가진 작은 배였기 때문에 강한 풍속의 이 폭풍을 클리퍼라 부른다. 일반적으로 앨버타 클리퍼는 오대호를 가로질러 가기보다는 몬태나 또는 다코타 주를 향해 동쪽으로 빠르게 이동하며 강한 기온의 하강을 가져온다. 클리퍼와 관련된 바람은 종종 시간당 50km를 넘는다. 클리퍼는 빠르게 움직이며 멕시코만의 따뜻한 수면과는 멀리 떨어져 있기 때문에 거의 모든 수증기를 잃게 된다. 그 결과 많은 양의 눈을 뿌리지는 않는다. 대신 이틀 정도의 짧은 기간 동안에 다코타에서 뉴욕까지 좁은 밴드 지역에 몇 인치 정도의 눈만 내리게 한다. 그러나 이 겨울 폭풍은 상대적으로 빈번하게 발생하기 때문에 북쪽에 있는 주들의 총 겨울 강설량에는 중요한 기여를 한다.

노이스터 대서양 연안의 중앙부터 뉴잉글랜드에 이르는 지역에 부는 전형적인 폭풍을 **노이스터**(nor'easter)라고 부른다(그림 9.17). 해안 지역에 지나가는 이 폭풍을 끌고 가는 바람이 북동쪽에서부터 시작하기 때문에 노이스터라고 불린다. 이 폭풍은 캐나다 남쪽의 차가운 공기가 대서양의 상대적으로 따뜻하고 습한 공기를 만나는 9월과 4월 사이에 가장 빈번하고 심하다. 노이스터가 발생하면 연안을 따라 북동쪽에 강수와 진눈깨비 그리고 많은 양의 강설이 동반된다. 이와 관련된 순환이 강한 육풍을 만들기 때문에 이 폭풍은 상당한 연안 풍식과 홍수, 재산 피해를 초래할 수 있다. 노이스터에 대한 보다 자세한 내용은 8장에 설명되어 있다.

대기를 바라보는 눈 9.3

2010년 10월 발생한 중위도저기압은 미국 중부를 휩쓸었다. 이 저기압은 시간당 최대 78mile의 강한 돌풍과 비, 우박을 동반하였으며 61개의 토네이도를 생성시켰다. 이 저기압은 미국 본토 지상(허리케인과는 관련이 없음)에서 관측된 기압의 최저 수치를 기록하였으며(28.21 수은주 인치), 그 강도는 허리케인 3등급과 일치한다. 그림에 표시되어 있는 알파벳 A~E(폭풍의 다양한 위치를 나타냄)를 이용하여 다음의 질문에 답해 보자.

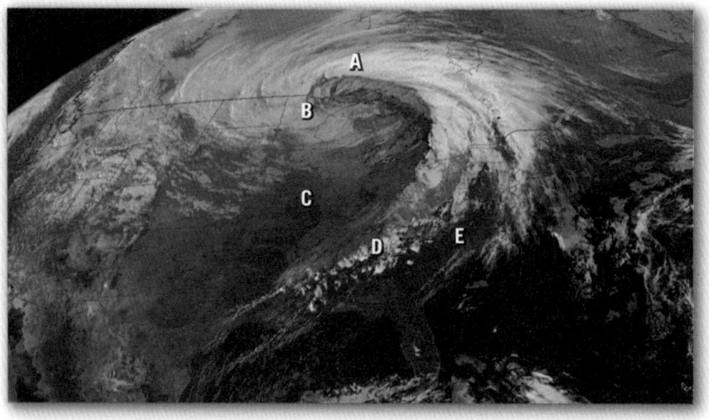

질문

1. 해양성 열대기단(mT)에 영향을 받는 지역은 어디인가?
2. 대륙성 한대기단(cP)의 영향을 받는 지역은 어디인가?
3. 이 그림이 생성될 당시에 가장 강력한 뇌우가 발생했던 위치는 어디인가?
4. 폭설이 내린 지역은 어디인가?
5. 기압이 가장 낮은 곳은 어디인가?

✓ 개념 체크 9.5

❶ 북미 지역에 영향을 미치는 중위도저기압이 자주 발생하는 곳을 나열하시오(4군데).

❷ 미국 태평양 해안가에 영향을 미치는 중위도저기압의 생성 위치는 어디인가?

❸ 앨버타 클리퍼라는 이름의 유래는 무엇인가?

❹ 노이스터에 가장 영향을 많이 받는 미국 지역은 어디인가?

Video
1993년 홍수 동안의 바람
http://goo.gl/AJBtvB

9.6 현대의 관점 : 컨베이어 벨트 모형

중위도저기압의 컨베이어 벨트 모형을 설명하고 상호작용하는 세 가지 기류(컨베이어 벨트)가 나타나는 곳에 그려본다.

노르웨이식 저기압 모형이 중위도저기압의 형성과 발달을 설명하는 유용한 도구라는 것이 증명되었다. 비록 현대의 관념이 이 모형을 바꾸지는 못했지만 상층과 인공위성 자료를 통해 이 폭풍계의 구조와 발달에 대해서 더 깊이 알 수 있었다. 이 추가적인 정보를 가지고 기후학자들은 중위도저기압의 순환을 설명하는 다른 모형을 발달시켰다.

저기압 내의 흐름을 설명하는 새로운 방법과 함께 새로운 유추법도 나왔다. 노르웨이 모형은 최전선에서 격돌하는 군인들처럼 전선경계에서 기단의 상호작용으로 저기압 발달을 설명한다는 것을 상기하자. 이에 대조적으로 새 모형은 산업을 예로 든다. 즉, 컨베이어 벨트가 물건을 한 위치에서 다른 위치로 수송하는 것처럼 대기 컨베이어 벨트도 한 위치에서 다른 위치로 다른 특징을 가진 공기를 수송한다는 것이다.

저기압의 발생에 관한 현대의 관점은 **컨베이어 벨트 모형**(conveyor belt model)이라고 부르는데, 저기압계 내에서 기류를 잘 설명한다. 이 모형은 3개의 상호작용하는 기류로 구성된다. 2개는 지면 근처에서 발생하고 상승하는 기류이고, 세 번째는 대류권 상층에서 발생하는 기류이다.

온난 컨베이어 벨트

이 기류의 개념도를 그림 9.18에 나타냈다. **온난 컨베이어 벨트**(warm conveyor belt, 빨간색으로 나타냄)는 멕시코만에서 중위도저기압의 온난 구역으로, 따뜻하고 습한 공기를 수송한다. 이 기류는 한랭전선과 거의 평행을 이루며 북쪽으로 흐르고 있고, 이는 점점 온난전선에 가까워짐에 따라 상승을 하게 된다. 온난전선의 경사진 경계에 도달한 기류는 전선의 아래(북쪽)에 놓인 차가운 공기 위로 빠르게 올라간다.

기류가 상승하는 동안 따뜻하고 습한 공기는 단열적으로 차가워지고 넓은 구름 밴드와 강수를 만든다. 대기의 상태에 따라 이슬비와 비, 우빙, 눈이 발생할 수 있다. 대류권 중층에 도착한 이 기류는 오른쪽(동쪽)으로 돌아서 결국 상층의 일반적인 동서 기류와 결합한다(이 다음 단계에서 온난 컨베이어 벨트의 일부분은 서쪽으로 편향되어 저기압의 중심부를 감싸게 된다).

온난 컨베이어 벨트는 중위도저기압에서 강수를 일으키는 주된 공기 흐름이다. 잘 발달된 중위도저기압이 수증기를 많이 포함하고 있으면 많은 양의 강수를 만든다.

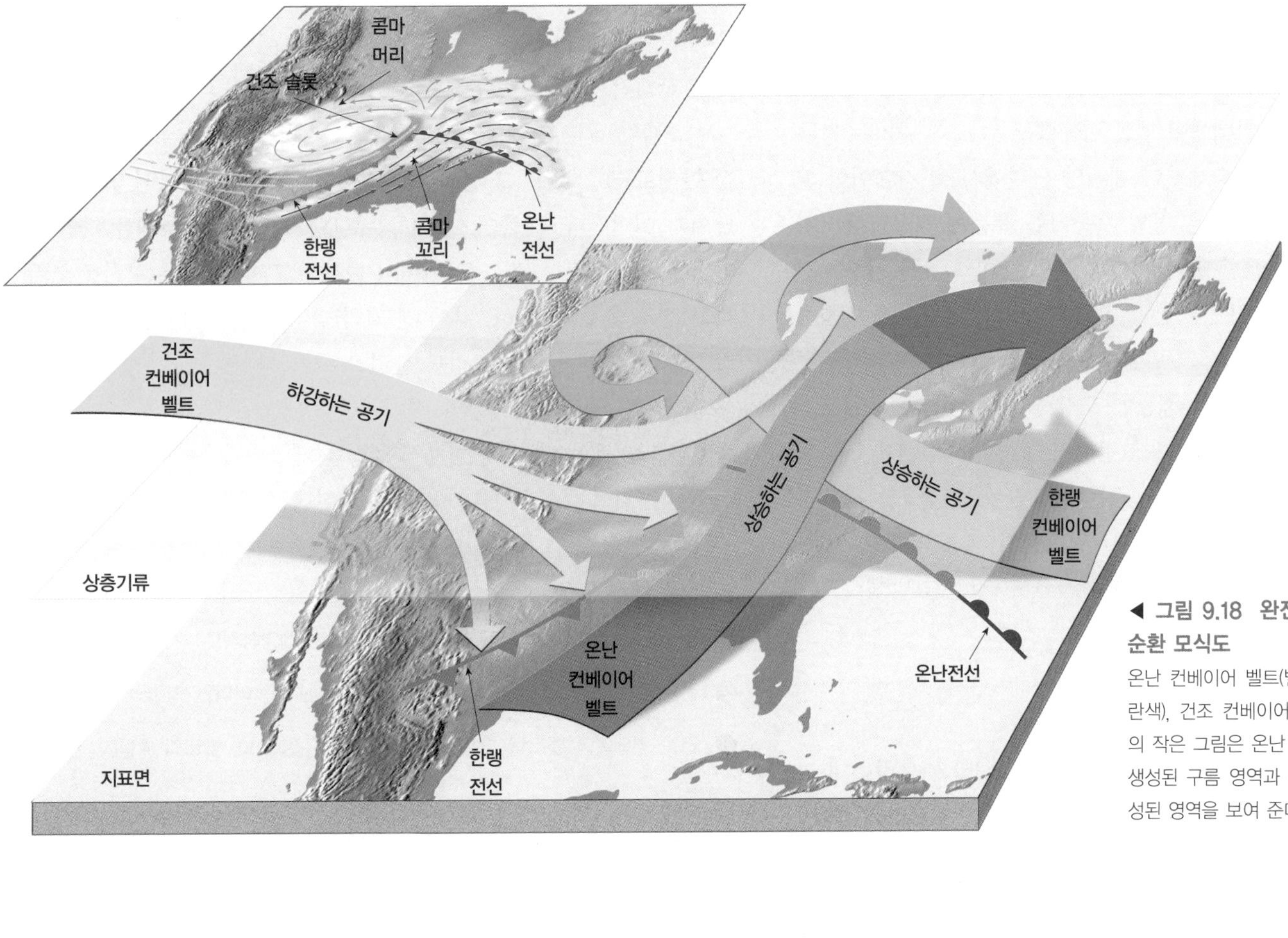

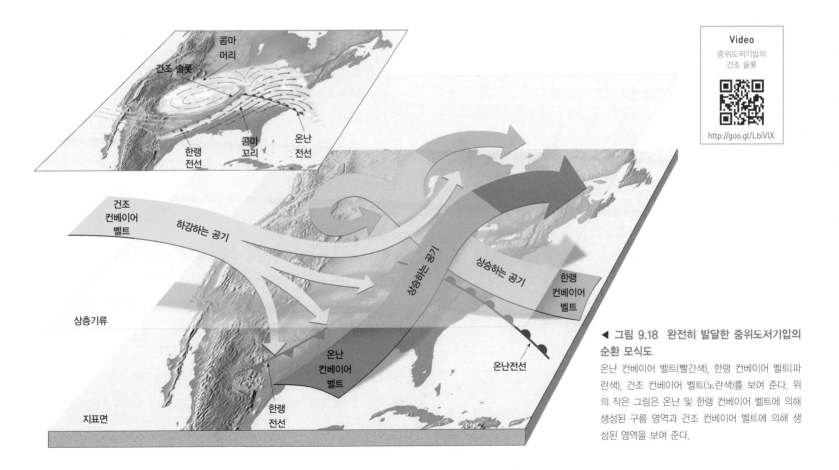

◀ 그림 9.18 완전히 발달한 중위도저기압의 순환 모식도
온난 컨베이어 벨트(빨간색), 한랭 컨베이어 벨트(파란색), 건조 컨베이어 벨트(노란색)를 보여 준다. 위의 작은 그림은 온난 및 한랭 컨베이어 벨트에 의해 생성된 구름 영역과 건조 컨베이어 벨트에 의해 생성된 영역을 보여 준다.

Video
중위도저기압의
건조 슬롯
http://goo.gl/LbiVlX

기상재해
글상자 9.1

2008년의 미국 중서부 지역의 홍수

하천에서 발생하는 홍수는 자연스러운 현상 중의 하나이다. 또한 홍수는 가장 치명적이고 파괴적인 자연재해 중의 하나이다. 작은 계곡에서 발생하는 갑작스런 홍수(flash floods)는 몇 시간 지속되는 폭우에 의해 빈번하게 발생된다(글상자 10.1 참조). 대조적으로 넓은 계곡에서 발생하는 대규모 홍수는 넓은 지역에 걸쳐 오랜 기간 동안 연속적으로 내리는 강수로 인하여 발생한다. 2008년의 미국 중서부 지역의 홍수는 후자에 해당한다.

2008년 6월에 이 지역의 상당 부분은 빈번한 폭우를 경험했으며 이에 따라 아이오와, 위스콘신, 인디애나와 일리노이 지역에는 전대미문의 대홍수를 초래하였다. 많은 지역에서 내린 강수는 평균의 두 배 이상이었다. 예를 들어, 인디애나 주 마틴스빌은 6월 한 달 동안 20.11in의 강수를 기록했다. 이 강수량은 이 지역의 1년치 강수량의 절반에 해당하고, 이전 기록을 두 배 이상 넘어서는 수치이다.

많은 지역에서 내린 강수는 평균의 두 배 이상이었다.

홍수가 있기 전 2달 동안, 제트기류가 사행하며 정기적으로 미국 중부 남쪽으로 침입하였으며, 이는 폭풍 경로(스톰트랙)를 이동시킴으로써 미국 중서부 지역에 비를 동반한 저기압 중심이 위치하였다. 결론적으로 미국 중서부의 65개의 지점에서는 6월 강수 기록이 갱신되었고, 100개 이상의 다른 지점들에서도 2~5위의 기록이 갱신되었다. 이 지점들에서는 6월 폭우 이전에 평년보다 습한 겨울과 봄철을 겪었다. 이미 포화된 토양은 더 이상 비의 저장을 허용하지 않았으며, 이에 따라 물은 지표면 위를 흐르게 되었고 강의

▲ **그림 9.C 범람한 시더 강이 시더래피즈와 아이오와의 대부분의 지역을 덮고 있다.** 이 이미지는 2008년 6월 14일에 촬영되었다.

한랭 컨베이어 벨트

한랭 컨베이어 벨트(cold conveyor belt, 파란색 화살표)는 온난전선의 앞쪽(북쪽) 표면에서 시작하는 기류이고 저기압의 중심을 향해 서쪽으로 분다(그림 9.18). 온난 컨베이어 벨트 아래에 흐르는 이 공기는 강수 발생으로 인한 증발에 의해 습해진다(대서양 근처에서 이 컨베이어 벨트는 해양적 특성을 가지고 많은 양의 수증기를 폭풍에 제공한다). 기류가 저기압의 중심에 접근함에 따라 수렴 운동은 이 기류를 상승시킨다. 기류가 상승하는 동안 이 공기는 포화되고 저기압성 강수가 발생하게 된다.

한랭 컨베이어 벨트가 대류권 중층에 도착하게 되면 기류의 일부는 저기압 주변에서 저기압성 방향으로 회전하며 성숙한 폭풍계에 나타내는 '콤마 머리(comma head)' 모양을 만든다(그림 9.12 참조). 나머지 기류들은 오른쪽(시계 방향)으로 돌아서 일반적인 서풍 기류가 된다. 이는 온난 컨베이어 벨트의 흐름과 평행하게 되고 강수를 발생시키기도 한다.

건조 컨베이어 벨트

세 번째 기류는 **건조 컨베이어 벨트**(dry conveyor belt)라고 불리는데 그림 9.18에서 노란색 화살로 보여 준다. 온난 컨베이어 벨트와 한랭 컨베이어 벨트가 지면에서 시작하는 반면에, 건조한 기류는 대류권 최상층에서 발생한다. 상층 서풍 흐름의 한 부분이기에 건조한 컨베이어 벨트는 상대적으로 차갑고 건조하다.

이 기류는 저기압에 들어가서 나누어진다. 기류의 한 부분은 한랭전선 아래로 하강한다. 그 결과 한랭전선의 통과와 관련하여 맑고 차가운 날씨가 이어진다. 더불어 이 기류는 한랭전선에서 관측되는 강한 온도 차이를 유지시킨다. 건조 컨베이어 벨트의 또 다른 기류는 서풍을 유지하고 건조 슬롯(dry slot, 맑게 갠 지역)을 형성한다. 이 건조 슬롯은 콤마 구름 형태의 머리와 꼬리를 분리한다(그림 9.18).

요약하면 중위도저기압의 컨베이어 벨트 모형은 이 폭풍계의 주요 순환을 나타내는 세 가지 입체적 영상을 제공한다. 또한 강수의 분포와 성숙한 저기압 폭풍의 콤마 모양 구름 형태의 특징을 설명한다.

✓ 개념 체크 9.6

1. 중위도저기압의 컨베이어 벨트 모형을 간략히 설명하시오.
2. 온난 컨베이어 벨트로부터 수송된 공기의 근원지는 어디인가?
3. 건조 컨베이어 벨트의 흐름이 온난 및 한랭 컨베이어 벨트의 흐름과 어떻게 다른가?

▲ **그림 9.D 일리노이 주 먼로 지역에서 유수가 인공 제방을 부수며 쇄도하고 있다**
1993년 중서부 지역의 기록적인 홍수로 인해 많은 인공 제방들이 유수를 견디지 못하고 파괴되었다. 많은 약한 건물들이 홍수에 의해 떠내려가거나 파괴되었다.

수면은 상승하였다.

2008년 6월 홍수는 인디애나 역사에서 가장 비싼 재해 손실 비용을 기록하였고, 아이오와는 99개 중에 83개의 자치 주가 재난 지역으로 공표되었다. 아이오와 지역의 9개의 강에서 발생한 홍수는 이전 기록과 그 위력이 동등하거나 그 이상이었고 경작 농지(국가 전체의 약 16%)의 수백만 에이커가 침수되었다. 주거 및 상업 지역도 침수되어 400개 이상의 도시 블록이 수중에 잠겨 있었다(그림 9.C). 그중에서 시더래피드 지역이 가장 심했다. 미국 중서부 지역에서 홍수에 타격을 받은 도시와 농촌 지역의 목록은 놀랍다. 그 당시에 범람은 마을을 보호하기 위해 구축된 제방을 붕괴시키고 대부분의 강변 지역은 침수시켰다(그림 9.D).

2008년 6월 홍수는 인디애나 역사에서 가장 비싼 재해 손실 비용을 기록하였다.

질문

1. 좁은 유역에서 홍수를 발생시키는 날씨와 큰 유역에서 홍수를 발생시키는 원인이 되는 날씨의 가장 큰 차이점은 무엇인가?

9.7 고기압성 날씨와 저지 고기압

저지 고기압 시스템 구조와 저지 고기압이 중위도 날씨에 미치는 영향을 설명한다.

저기압의 점차적인 소멸로 인하여 고기압은 맑은 하늘과 무풍 상태를 만든다. 고기압계는 폭풍을 동반하는 날씨와 연관되지 않기 때문에 발달과 이동은 중위도저기압만큼 광범위하게 연구되지는 않았다.

그러나 고기압이 항상 좋은 날씨를 가져오는 것은 아니다. 대규모 고기압은 종종 겨울에 북극에서 발달한다. 이 차가운 고기압 중심은 멀리 남쪽에 멕시코만 연안으로 이동하여 미국의 2/3에 이르는 지역의 날씨에 영향을 줄 수 있다(그림 9.19). 이 몹시 차가운 공기는 종종 전례 없는 한파를 불러일으키기도 한다.

블로킹이 한 번 발생되면 대규모 고기압은 때때로 한 지역에서 수일에서 수주까지 머물고, 정체된 고기압은 저기압이 동쪽으로 이동하는

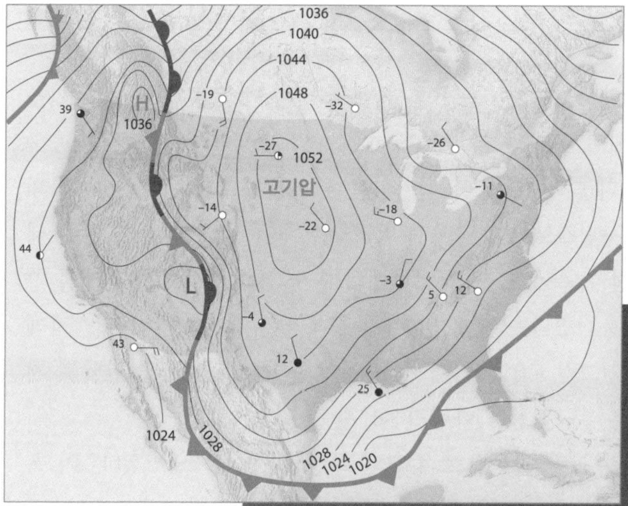

A.

B.

▶ **그림 9.19 고기압성 날씨**
A. 매우 차가운 북극기단의 이동과 연관된 차가운 고기압은 북미 동부 지역의 2/3에 영향을 준다. 기온은 화씨이다. **B.** 차가운 북극기단의 이동은 뉴잉글랜드 지역의 기온을 영하 이하로 떨어뜨리고 맑은 날씨를 가져다준다.

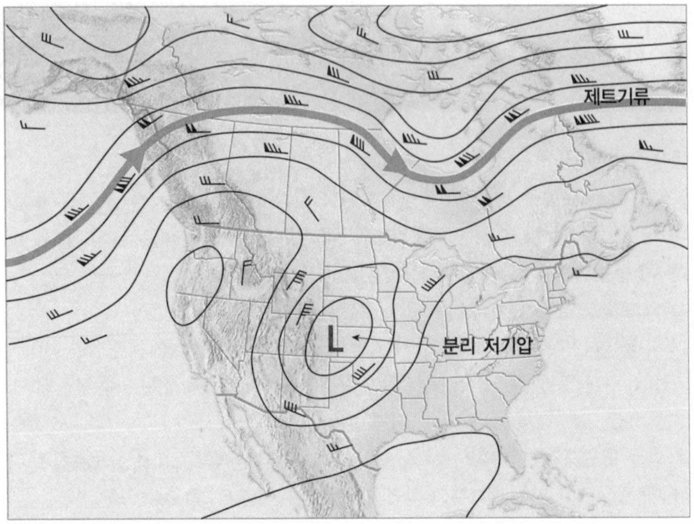

▲ **그림 9.20 분리 저기압 시스템**
분리 저기압 시스템은 말 그대로 서에서 동으로 흐르는 제트기류에서 분리되어서 형성되었다. 결론적으로 이러한 시스템은 같은 장소에서 수일 동안 회전하며 많은 양의 강수를 일으킬 수 있다.

것을 막는다. 따라서 이러한 고기압들을 **저지 고기압**(blocking high)이라고 부른다. 블로킹이 발생한 기간 동안 어떤 지역은 일주일 이상 건조한 반면, 다른 지역은 지속적으로 저기압성 폭풍의 영향을 받게 된다. 강한 고기압 시스템이 미국 남동부에 정착하여 중부 지방으로 폭풍을 이동시켰던 1993년 여름에 이러한 상황이 발생하였다. 그로 인해 미시시피 주 계곡의 위쪽과 중심에서 파괴적인 기록적 홍수가 발생했다. 동시에 남동부는 심한 가뭄을 경험했다. 이와 비슷한 상황은 2008년 6월에도 발생하였다(글상자 9.1 참조).

강력한 블로킹은 장기간 지속되는 가뭄과도 관련성이 크다. 한 가지 예로, 사헬 지역에서 파괴력이 강한 가뭄이 1968~1974년까지 발생하였으며, 2010년에도 발생하였다. 사헬 지역은 아프리카 사하라 사막의 남쪽 지역을 포함하는 곳인데, 이곳은 보통 ITCZ가 북상하는 시기인 여름철에 적은 강수량을 보인다. 그러나 이 기간 동안 블로킹은 ITCZ의 북상을 막아 이 지역에 필요한 강수를 내리게 하기도 한다.

저기압 시스템도 고기압 시스템과 마찬가지로 블로킹 패턴을 생성할 수 있다. 이는 **분리 저기압**(cut-off lows)이라고 불리며, 이는 말 그대로 서쪽에서 동쪽으로 부는 제트기류의 흐름에서 일부분이 분리되어 나와 생성된다 (그림 9.20). 이렇게 분리되어 나온 흐름은 상층의 공기의 흐름과 연결 없이 몇일 동안 그 지점에 머무르게 된다. 이에 따라 우중충한 날씨가 이어져 많은 강수를 내리게 하기도 한다.

✓ 개념 체크 9.7

❶ 미국의 서던 티어 지역을 관통하는 강한 고기압과 관련된 날씨를 설명하시오.

❷ 저지 고기압 시스템(blocking high-pressure system)이란 무엇인가?

❸ 분리 저기압 시스템(cut-off low-pressure system)은 일반적으로 지역 날씨에 어떠한 형태로 영향을 줄 수 있는가?

9.8 중위도저기압 사례 연구

중북부 미국의 겨울철 중위도저기압과 관련된 날씨를 요약한다.

늦은 겨울 강한 저기압성 폭풍이 불 때 우리가 예상할 수 있는 날씨를 살펴보기 위해서 우리는 3월 중순 이후 동안 미국을 가로질러 이동하는 폭풍을 살펴볼 것이다. 이 저기압은 3월 21일 워싱턴 주 시애틀의 북서쪽으로 수백 킬로미터 떨어진 미국 서부 연안에 도착했다. 많은 태평양 폭풍처럼 이 폭풍도 미국 서부에서 다시 강해져 대초원 지대를 향해 동쪽으로 움직였다. 3월 23일 아침에 폭풍은 캔자스-네브래스카에 중심을 두었다(그림 9.21). 이때 중심 기압은 985mb였고 잘 발달된 저기압성 순환은 온난전선과 한랭전선을 동반했다.

다음 24시간 동안 앞쪽으로 향하던 폭풍의 중심은 느려졌다. 이 폭풍은 아이오와를 지나서 북쪽으로 천천히 구부러졌다(그림 9.22). 폭풍의 중심은 천천히 전진했지만 그와 관련된 전선들은 동쪽과 약간 북쪽으로 활발하게 움직였다. 한랭전선의 북쪽 구역은 온난전선을 따라잡아서 폐색전선을 만들었고, 3월 24일 아침에 거의 동서로 뻗었다(그림 9.22).

이 기간에 폭풍은 북부와 중부를 강타하여 가장 심한 눈보라가 기록되었다. 겨울 폭풍이 북부에서 발생하고 있는 동안 한랭전선은 텍사스 북서쪽(3월 23일)에서 대서양(3월 25일)까지 전진했다. 해양까지 전진한 그 이틀 동안 이 격렬한 한랭전선은 수많은 뇌우와 19개의 토네이도를 발생시켰다.

3월 25일 저기압은 강도가 줄어들었고(1,000mb) 기압 중심이 2개로 나눠졌다(그림 9.23). 오대호에 위치한 이 시스템으로부터 잔존한 저기압으로 인해 3월 25일에 눈을 내리기는 했지만 그다음 날 그 저기압은 완전히 소멸되었다.

이 폭풍의 개요를 참고하여 3월 23~25일까지의 일기도를 살펴봄으로써 이 저기압의 진로를 다시 자세하게 알아보자(그림 9.21~23 참조). 3월 23일 일기도는 전형적으로 발달한 저기압을 나타낸다. 이 시스템의 온난 구역에 놓였던 텍사스 주 포트워스는 온도가 70°F이고 이슬점온도가 64°F인 따뜻하고 습한 기단의 영향을 받았다. 온난 구역에서 바람은 남쪽에서부터 불고 온난전선의 북쪽에 위치한 차가운 공기를 덮친다. 반대로 한랭전선 아래의 공기는 온난 구역의 공기보다 20~40°F 차갑고 뉴멕시코 주 로즈웰의 자료에 나타난 것처럼 바람은 북서쪽에서부터 불어왔다.

3월 23일 아침에 전선을 따른 활동은 거의 없었다. 그러나 시간이 지날수록 폭풍은 강화되었고 극적으로 변했다. 3월 24일 일기도는 크게 발달한 저기압이 다음 24시간 동안 서서히 발달했음을 보여 준다. 등압선의 크기와 간격은 강한 시스템이 미국 동부 전체의 2/3의 순환에 영향을 미치고 있음을 나타낸다. 바람을 보면 저기압으로 수렴하는 강한 반시계 방향의 흐름을 나타낸다.

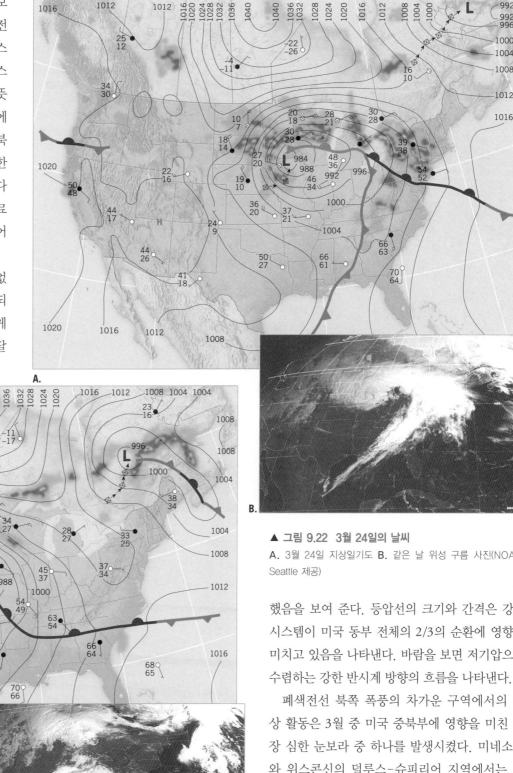

폐색전선 북쪽 폭풍의 차가운 구역에서의 기상 활동은 3월 중 미국 중북부에 영향을 미친 가장 심한 눈보라 중 하나를 발생시켰다. 미네소타와 위스콘신의 덜루스-슈피리어 지역에서는 시속 130km 이상의 바람이 관측되었다. 시간당 160km를 초과하는 비공식적인 풍속도 이 도시를 연결하는 공중 다리(aerial bridge)에서 관측되었다. 바람은 30cm의 눈을 3.5~5.0m 날려 보냈고 일부 도로는 3일간 폐쇄되었다(그림 9.24). 슈피

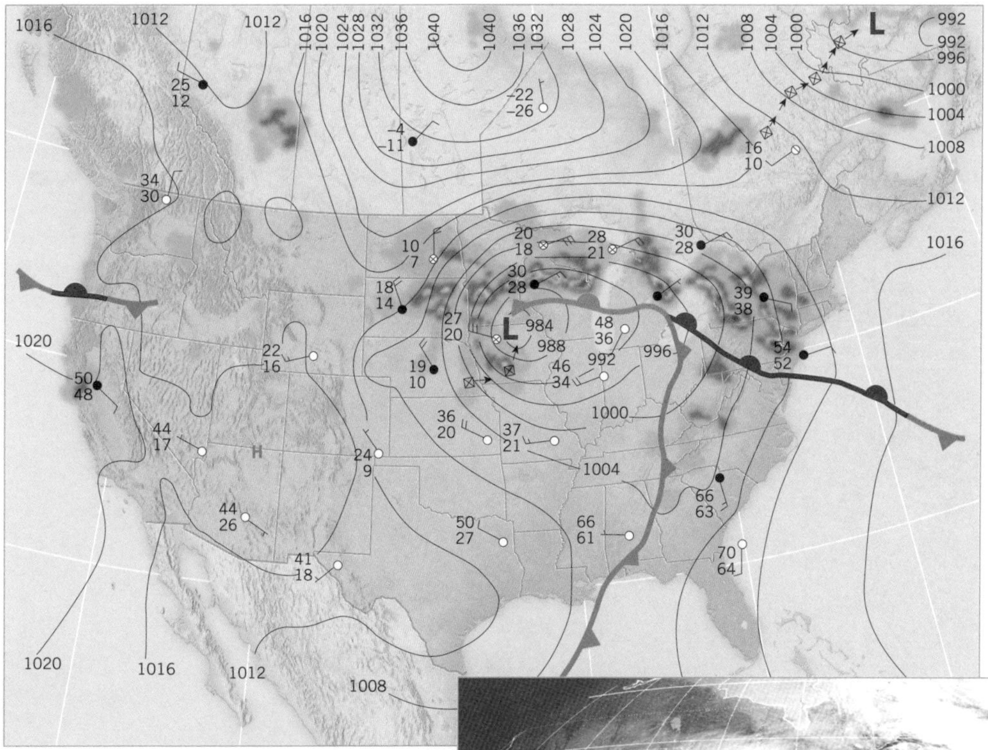

A.

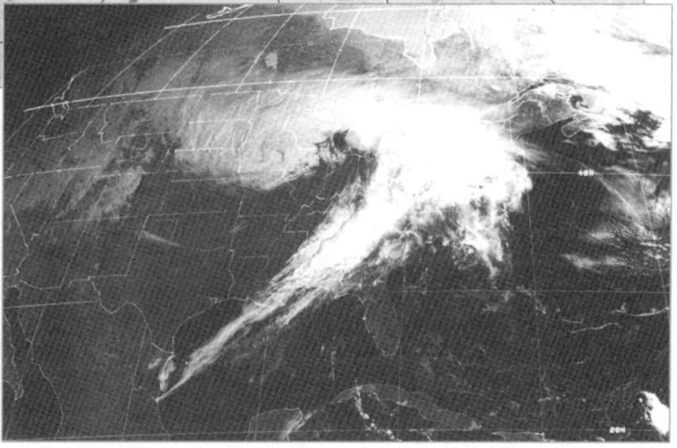

B.

▲ 그림 9.22 3월 24일의 날씨

A. 3월 24일 지상일기도 B. 같은 날 위성 구름 사진(NOAA/Seattle 제공)

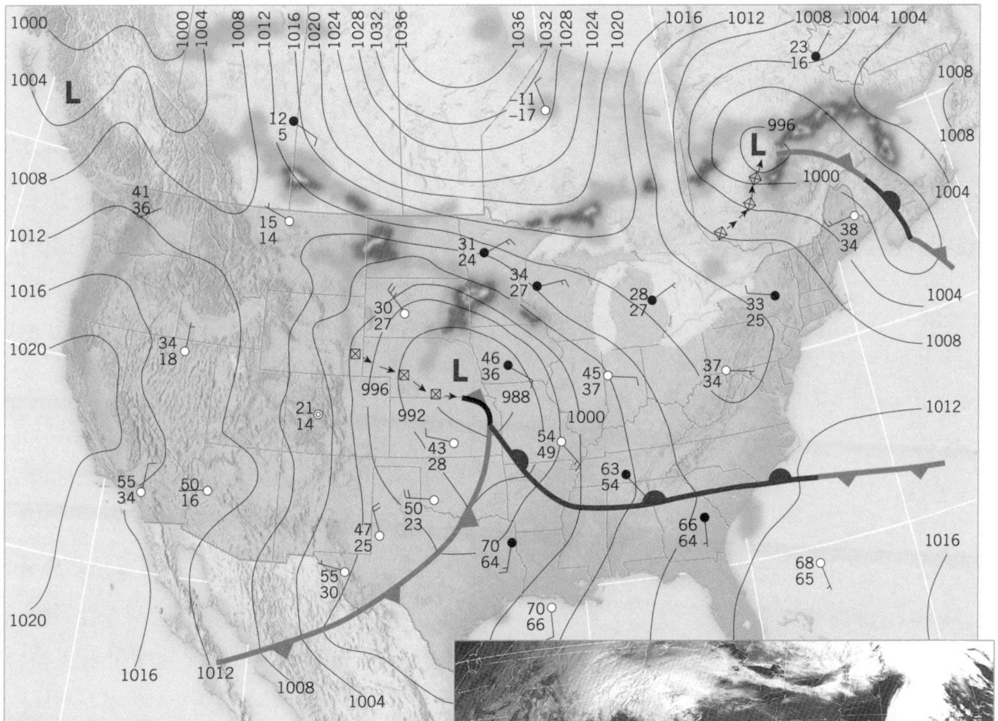

A.

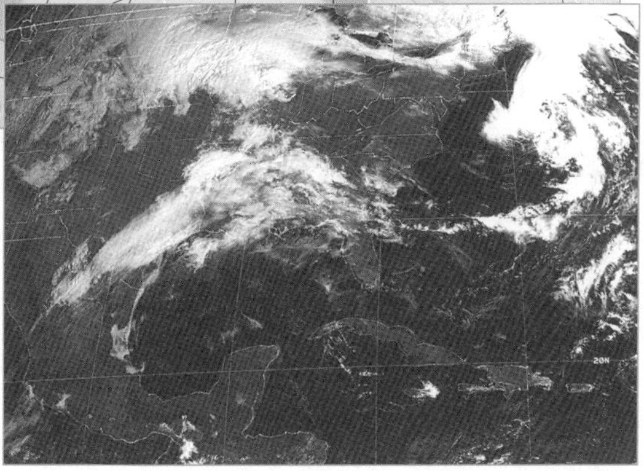

B.

▲ 그림 9.21 3월 23일의 날씨

A. 3월 23일 지상일기도 B. 같은 날 위성 구름 사진(NOAA/Seattle 제공)

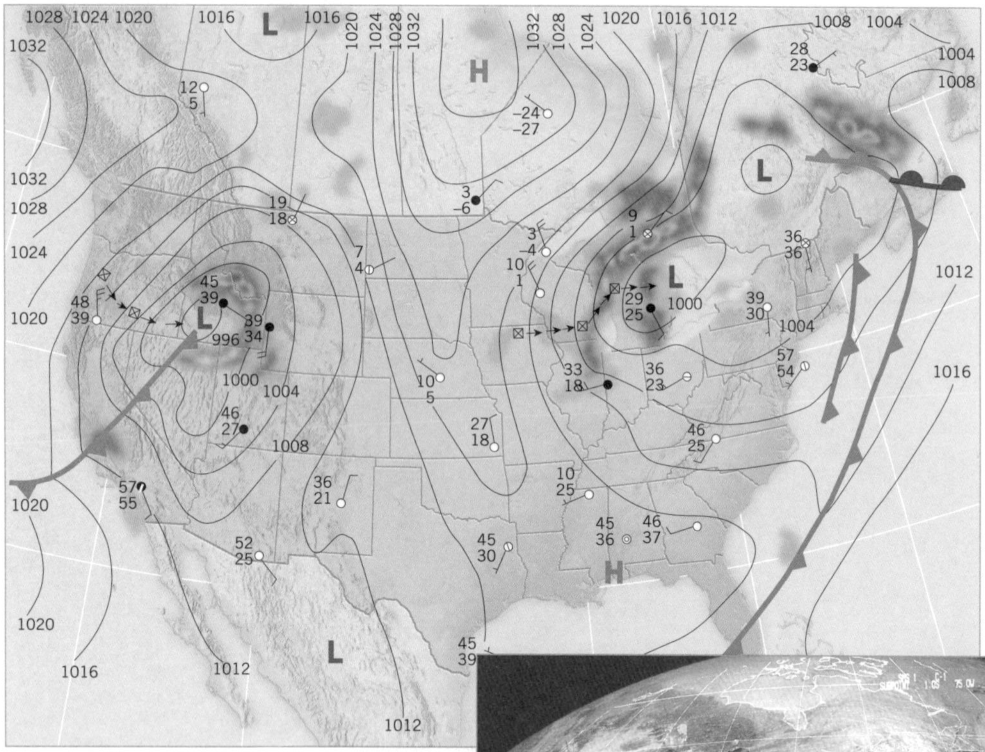

A.

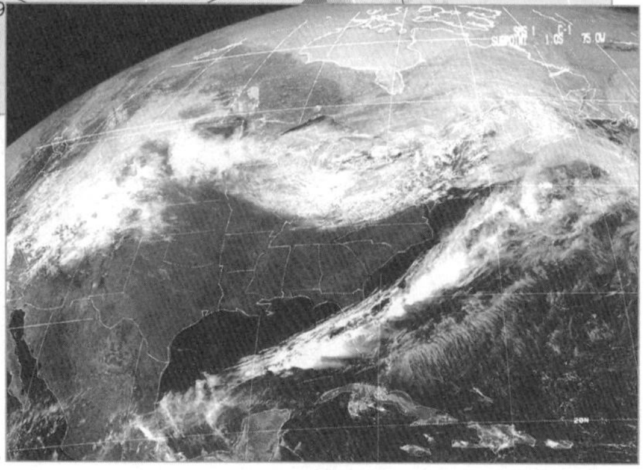

B.

▲ 그림 9.23 3월 25일

A. 지상일기도 B. 구름 형태를 보여 주는 위성사진

리어에 있는 한 식당의 화재는 이 기류로 인하여 화재 진압이 방해받아 전소되었다.

반면, 3월 23일 오후에 한랭전선은 텍사스 동부에 우박을 동반한 폭풍(hailstorm)을 만들었다. 한랭전선이 동쪽으로 움직이면서 플로리다를 제외한 미국 남동부 전체에 영향을 미쳤다. 이 지역 전체에 수많은 뇌우가 발생했다. 강한 바람과 우박 그리고 번개가 광범위한 피해를 발생시켰는데, 폭풍에 의해 발생된 19개의 토네이도는 더 큰 인명 피해와 파괴를 야기했다.

전선의 진로는 폭풍의 피해를 기록하면 쉽게 찾을 수도 있다. 3월 23일 저녁에 우박과 바람으로 인한 피해가 동쪽 멀리 미시시피와 테네시까지 보고되었다. 3월 24일 아침 일찍, 골프공 크기만 한 우박이 앨라배마 주 중심지 셀마에서 보고되었다. 그날 오전 6시 30분쯤에 '주지사의 토네이도(Governor's Tornado)'가 조지아 주 애틀랜타에 닥쳤다. 이 지역에서 폭풍은 격렬한 특성을 나타냈다. 피해는 5,000만 달러 이상으로 추정되었고, 세 가구가 집을 잃었으며, 152명의 사람들이 다쳤다. 주지사의 토네이도가 지나간 12mile의 거리에 있는 애틀랜타의 부유한 주택가 지역들이 파괴되었고, 그 주택에는 주지사의 저택도 포함되어 있었다(그래서 이 토네이도의 이름이 주지사의 토네이도이다).(토네이도의 진로에는 조립식 주택이 없었음에도 불구하고 이러한 피해가 발생했다.) 한랭전선을 따르는 마지막 피해는 플로리다 북동부에서 3월 25일 오전 4시에 보고되었다. 여기에서는 우박과 작은 토네이도에 의한 작은 피해가 발생하였다. 한랭전선은 텍사스에서 활동한 후로 하루 반나절 만에 1,200km를 지나 미국을 떠나 대서양에 에너지를 발산하였다.

3월 24일 아침에 차가운 극지방 공기가 한랭전선이 있는 미국으로 깊게 파고들었다(그

◀ 그림 9.24 미국 중북부에 몰아치는 매서운 눈보라

자주 나오는 질문…

때때로 큰 홍수가 일어나면 이를 '100년에 한 번 일어나는 홍수'라고 얘기합니다. 이것은 어떤 의미인가요?

'100년에 한 번 일어나는 홍수'라는 문구는 그러한 이벤트가 100년 중 오직 딱 한 번 일어나는 것처럼 강조하므로 오해의 소지가 있다. 사실, 이례적으로 큰 홍수는 어느 해에나 일어날 수 있다. 이 문구는 '어느 해든 특정 규모의 홍수가 일어날 확률이 100년에 한 번 일어날 정도의 확률이다.'라는 뜻으로 상당히 통계적인 의미를 가진다. 어쩌면 '100년에 한 번 일어날 확률의 홍수'라는 문구가 더 알맞을 것이다. 시간이 흐르면서 더 많은 정보가 수집되거나 물길에 영향을 미치는 강의 유역 등이 변화하면서 — 예를 들어 댐의 건설 혹은 도시 개발에 따른 변화 — 많은 홍수들이 새롭게 재평가되곤 한다.

림 9.22 참조). 그 전날 온난 구역에 있던 텍사스 주 포트워스에는 그 시간에 차가운 북서풍이 불었다. 빙점 이하의 찬 공기가 멀리 남쪽에 오클라호마 북부로 움직였다. 그러나 3월 25일, 포트워스에 남풍이 다시 한 번 불었다는 것을 알아 두자. 우리는 이것이 이 지역의 순환에 더 이상 큰 영향을 미치지 못하는 쇠약한 저기압의 결과라고 결론지을 수 있다. 또한 3월 25일 일기도에서 고기압이 미시시피 주 남서부에 위치했던 것을 상기하자. 하강한 기단으로 인한 맑은 하늘과 약한 지면 바람이 이 지역에 잘 나타났다.

우리는 지금까지 살펴본 폭풍처럼 3월 25일에 태평양에서부터 이동해 온 다른 저기압도 동쪽으로 빠져나갈 것을 이미 예상할 수 있다. 이 폭풍도 비슷한 방식으로 발달했지만 다소 멀리 북쪽에 중심이 위치했다. 예상대로 또 다른 심한 눈보라가 대평원 북부를 강타하고 다수의 토네이도가 텍사스와 아칸소, 켄터키 주를 지나가고 미국의 중부와 동부에 많은 강수가 내렸다.

이 사례는 봄의 저기압이 중위도 날씨에 미치는 영향을 보여주었다. 3일 만에 따뜻했던 포트워스와 텍사스의 기온은 비현실적으로 낮아졌다. 이러한 추위와 맑은 하늘 이후에는 우박을 동반한 뇌우가 따라왔다. 폭풍의 한랭 영역은 폐색전선의 바로 북쪽에 위치하여 미국 중북부에 역대 최악의 '3월 눈폭풍'을 만들었다.

✓ 개념 체크 9.8

❶ 잘 발달한 봄 폭풍이 지나가는 3월 23~25일 동안의 포스워스와 텍사스의 날씨를 간단히 기술하시오.

❷ 3월 23~25일 동안 미네소타의 덜루스-슈피리어 지역과 위스콘신 지역의 날씨는 포스워스 지역의 날씨와 비교해 어떠했는가?

9 요약

9.1 전선성 날씨

▶ 온난전선과 한랭전선 각각에 관련된 전형적인 날씨를 비교 및 대조한다.

주요 용어 중위도저기압, 전선, 오버러닝, 온난전선, 한랭전선, 뒷문한랭전선, 정체전선, 폐색전선, 폐색, 한랭형 폐색전선, 온난형 폐색전선, 건조전선

- 전선은 서로 다른 밀도를 가진 기단을 나누는 경계면으로, 이 중 한 기단은 다른 기단보다 따뜻하고 습한 공기로 이루어져 있다. 한 기단이 다른 기단 쪽으로 움직여서 따뜻하고 덜 무거운 기단의 공기가 강제로 상승하는 오버러닝이라 불리는 과정이 나타난다.
- 온난전선은 따뜻한 공기가 움직여서 이전에 차가운 공기로 덮인 지역을 차지할 때 발생한다. 반대로, 한랭전선은 차가운 공기가 따뜻한 공기로 덮인 지역으로 빠르게 진행할 때 발생한다. 온난전선은 약하거나 보통의 비를 동반하는 경향이 있는 반면 한랭전선은 험한 날씨(stormy weather)와 관련이 있다.
- 정체전선은 전선 양측의 기류가 따뜻한 공기 쪽으로도 찬 공기 쪽으로도 향하지 않을 때 생성된다. 또한 온난전선에서 발생하는 강수와 비슷한 형태의 강수 패턴을 만들어내는 경향이 있다.
- 폐색전선은 빠르게 움직이는 한랭전선이 온난전선을 따라잡았을 때에 잘 발생한다. 폐색전선은 다양한 날씨를 만들어 낸다.
- 건조전선은 건조한 대륙성 열대(cT) 기단이 습윤한 해양성 열대(mT) 기단을 만났을 때 자주 발생한다. 건조전선은 봄과 여름의 현상으로 심한 뇌우를 동반한다.

Q. 다음 그림은 세 가지 종류의 전선의 단면도이다. 다음 보기 중 각 전선의 이름을 선택하시오 : 온난전선, 한랭전선, 온난형 폐색전선, 한랭형 폐색전선, 정체전선

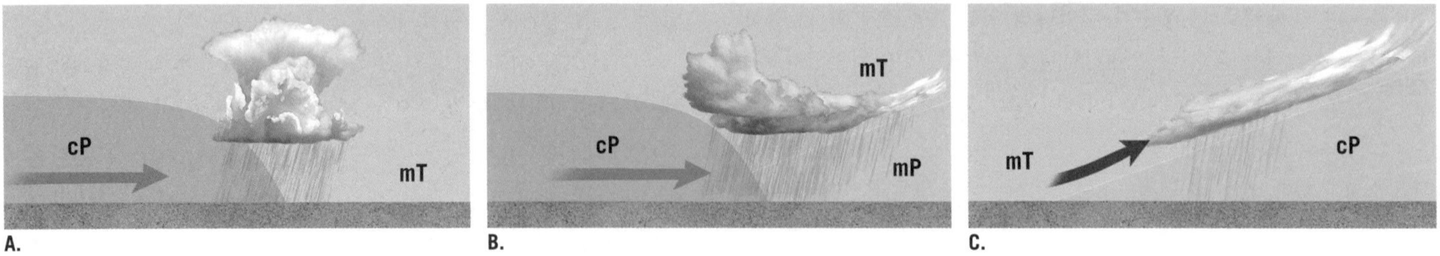

9.2 중위도저기압과 극전선 이론

▶ 전형적인 중위도저기압의 생애주기를 단계적으로 서술한다.

주요 용어 극전선 이론(노르웨이식 저기압 모형), 저기압발생

- 중위도 날씨를 좌우하는 주된 요인은 중위도저기압(midlatitude, or middle-latitude, cyclone)이다. 중위도저기압은 규모가 큰 저기압 시스템으로 종종 지름이 1,000km(600miles)를 넘으며 일반적으로 서쪽에서 동쪽으로 이동한다. 이는 수 일에서 한 주 이상 지속되고 북반구에서 시스템의 중심을 향해 반시계 방향으로 불어 들어가는 순환 패턴을 가지며, 저기압의 중심 영역으로부터 뻗어 나오는 한랭전선과 온난전선을 동반한다.
- 극전선 이론에 따르면 중위도저기압은 전선을 따라 형성되고 일반적으로 예측할 수 있는 생애를 겪으며 진행한다. 서로 다른 밀도의 두 기단이 극전선에 평행하게 놓이는 극전선을 따라 저기압이 발생하고 전선면은 종종 수백 킬로미터에 달하는 파동 모양을 갖는다.
- 파가 형성될 때 따뜻한 공기는 차가운 공기가 덮인 지역으로 유입해 들어가며 극 쪽으로 전진한다. 이러한 지면 기류의 방향 변화는 기압 패턴에서의 재조정을 초래하여 파의 꼭지점에 저기압의 중심이 위치한 거의 원에 가까운 등압선을 만든다. 보통 한랭전선은 온난전선보다 빠르게 전진하고 점차적으로 온난전선과 가까워져 온난전선을 들어 올리며, 이 과정을 폐색이라고 한다. 결국 모든 온난 구역은 강제로 들어 올려지고 차가운 공기는 하층에서 저기압을 둘러싼다. 이때에 저기압은 에너지원을 다 소모하고 결국 잘 조직된 반시계 방향의 흐름도 사라진다.

9.3 중위도저기압의 이상적인 날씨

▶ 발달한 중위도저기압의 이동과 관련해 나타나는 일반적인 날씨 상태를 설명한다.

- 노르웨이 모형은 중위도저기압의 이동과 관련해 나타나는 기상 상태를 해석하기 매우 유용한 도구이다. 저기압인 폭풍의 중심으로부터의 상대적 위치에 따라 서로 다른 날씨의 형태를 예상할 수 있다. 폭풍 중심의 남쪽은 온난전선이 지나갈 때 나타나는 구름 및 강수의 패턴이 나타나며 한랭전선이 뒤를 따른다. 폭풍 중심의 북쪽은 폐색전선에서 나타나는 구름 및 강수의 패턴이 나타난다.

Q. 이 그림은 중위도저기압과 관련된 전선을 그린 것이다. 겨울철 숫자로 표시된 각 영역에 전형적으로 나타나는 강수의 형태를 연결해 보자. 뇌우, 약하거나 보통의 비, 진눈깨비 또는 언 비, 대설

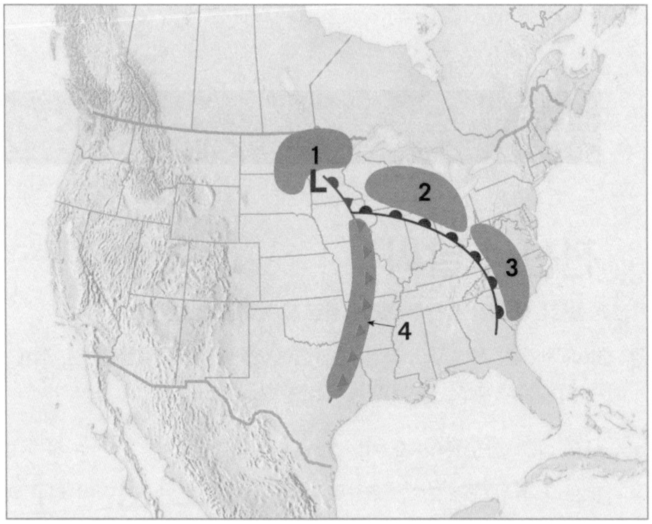

9.4 상층기류와 저기압의 생성

▶ 왜 상층기류의 발산이 중위도저기압의 발달 및 강화를 위한 필요조건인지 설명한다.

- 상층의 서풍을 따라 저기압은 일반적으로 미국을 가로지르며 동진한다. 상층의 기류(수렴과 발산)는 저기압성 순환과 고기압성 순환을 유지시키는 데 매우 중요한 역할을 한다. 저기압의 경우 상층의 발산은 지면에서 저기압 안쪽으로 불어 들어오는 흐름을 강화한다.
- 추운 계절 동안 기온의 기울기가 커지면, 저기압 폭풍은 빠른 속도로 전진한다. 더불어 상층의 서풍 흐름은 일반적으로 발달하는 기압계를 동서 방향으로 이동하도록 이끈다.

Q. 이 그림은 어떤 날의 극제트기류의 위치를 나타낸다. A와 B 중 어느 지점의 아래 지면에서 중위도저기압이 생성될 것 같은가?

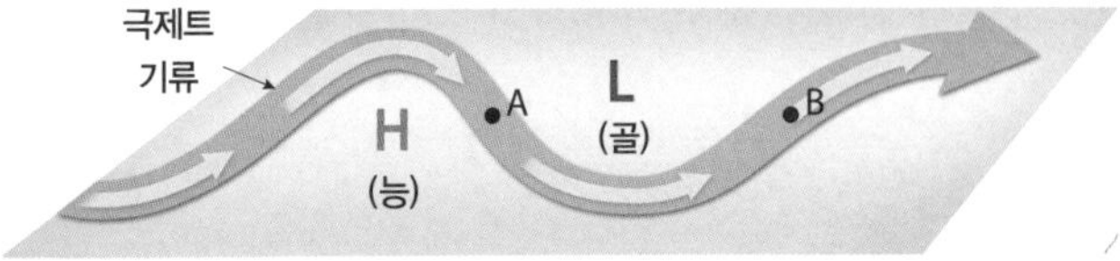

9.5 중위도저기압은 어디에서 생성되는가

▶ 북아메리카에 영향을 주는 중위도저기압의 발달이 주로 일어나는 지역을 나열한다.

- 중위도저기압은 특정 지역에서 잘 발달하는 경향이 있는데, 예를 들면 산의 풍하측이나 연안 지역이 이에 해당한다. 일반적으로 중위도저기압은 대류권 하층에 기온의 대비가 크게 나타나는 영역에서 발생한다.

9.6 현대의 관점 : 컨베이어 벨트 모형

▶ 중위도저기압의 컨베이어 벨트 모형을 설명하고 상호작용하는 세 가지 기류(컨베이어 벨트)가 나타나는 곳에 그려본다.

주요 용어 컨베이어 벨트 모형, 온난 컨베이어 벨트, 한랭 컨베이어 밸트, 건조 컨베이어 벨트

- 컨베이어 벨트 모형이라고 불리는 저기압 생성에 대한 현대적 해석은 서로 상호작용하는 세 가지 기류, 즉 지면에서 발생하고 상승하는 2개의 기류와 상층에서 발생한 하나의 기류를 이용한다. 컨베이어 벨트 모형은 저기압성 폭풍 내의 기류에 대한 3차원적 해석을 제공한다.

9.7 고기압성 날씨와 저지 고기압

▶ 저지 고기압 시스템 구조와 저지 고기압이 중위도 날씨에 미치는 영향을 설명한다.

주요 용어 저지 고기압, 분리 저기압

- 고기압 내부의 지속적인 침강으로 인해 고기압은 일반적으로 맑은 하늘과 정적인 상태를 만든다.
- 고기압은 때때로 거의 같은 위치에 수 주 동안 머무를 수 있고 이는 저지 고기압이라 알려져 있다. 저지 고기압은 폭풍 시스템의 움직임을 늦출 수 있고 이에 따라 어떤 영역에서는 극한 강도의 강수를 겪는 반면 다른 지역은 가뭄을 겪게 된다.

9.8 중위도저기압 사례 연구

▶ 중북부 미국의 겨울철 중위도저기압과 관련된 날씨를 요약한다.

- 이 절에서는 봄철 저기압이 중위도 날씨에 미치는 영향을 설명하였다. 따뜻했던 포트워스와 텍사스의 기온은 3일 만에 비현실적으로 낮아졌다. 이러한 추위와 맑은 하늘 이후에는 우박을 동반한 뇌우가 따라왔다. 폭풍의 한랭 영역은 폐색전선의 바로 북쪽에 위치하여 미국 중북부에 역대 최악의 '3월 눈폭풍'을 만들었다.

생각해 보기

1. 다음 요소를 포함하여 한랭전선과 온난전선의 연직 단면(옆에서 본)을 그리시오.

a. 각 전선의 모양과 기울기
b. 각 전선 양쪽의 기단
c. 각 전선에 나타나는 전형적인 구름의 타입
d. 각 전선에 나타나는 전형적인 강수의 타입
e. 전선 양쪽에서 나타나는 기온과 습도의 특성

3. 다음 그림은 2008년 1월 29일 정오와 저녁 6시의 지표면 온도(°F 단위)의 분포이다. 이 날 매우 강력한 전선이 미주리와 일리노이를 지나갔다.

a. 미국 중서부를 지나간 전선의 종류는 무엇인가?
b. 세인트루이스와 미주리의 기온이 정오에 시작하여 저녁 6시까지 6시간 동안 어떻게 변했는지 설명하시오.

c. 이 시간 동안 세인트루이스의 바람 방향이 어떻게 바뀌었을지 설명하시오.

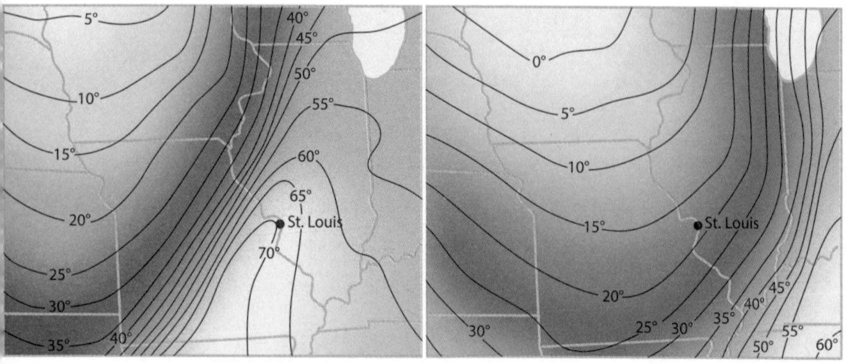

정오　　　　오후 6시

3. 다음 질문은 중위도저기압과 전선성 날씨에 관련된 것들이다.
   a. 한랭전선이 지나간 후 수 시간 내의 날씨를 묘사하시오. 어떤 종류의 기압계가 그러한 날씨 상태와 관련되는가?
   b. 미국의 2/3를 차지하는 동부 지역 대부분의 구름과 강수를 생성하는 해양성 열대기단의 발원지는 어디인가?
   c. 정체전선이 나타났을 경우 기상학자들이 가장 신경 쓰는 악기상의 종류는 무엇인가? (힌트 : 평균적으로 매년 미국에 가장 많은 인명 피해를 입히는 악기상)

4. 다음 일기도를 참고하여 다음의 질문에 답하시오.
   a. 표시된 각 지역에 예상되는 바람의 방향은?
   b. 각 도시에 영향을 미치는 기단의 종류는 무엇인가?
   c. 한랭전선과 온난전선, 폐색전선을 각각 구분하시오.
   d. 도시 A와 도시 C에서의 기압 경향은 어떠한가?
   e. 세 도시 중 가장 추운 곳은? 세 도시 중 가장 따뜻한 곳은?

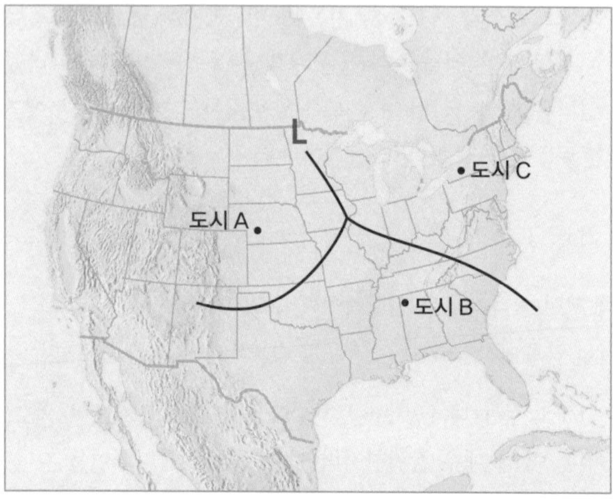

5. 다음 날씨 속담의 근거가 무엇인지 설명하시오.
   "오랜 전조 뒤에 내린 비는 오래 지속되고, 짧은 전조 뒤에 내린 비는 빨리 그친다."

6. 다음의 위성 그림은 겨울철 미국에 나타난 잘 발달된 콤마 형태의 중위도저기압이다.
   a. 겨울철 폭풍의 콤마 머리에 위치한 미네소타 북부(A)의 날씨를 설명하시오.
   b. 콤마의 꼬리에 위치한 앨라배마 동부(B)에 예상되는 날씨는 어떠한가?

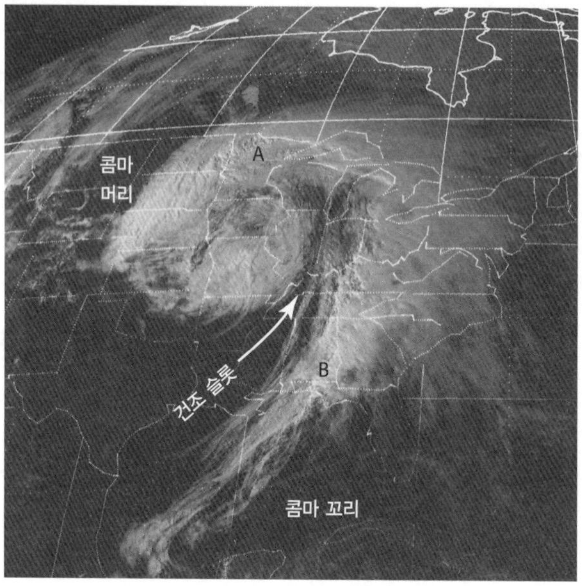

7. 왜 미국에서는 겨울과 봄에 비해 여름철에 중위도저기압이 적게 발생하는가?

8. 보기의 단어를 사용하여 지면의 저기압 시스템의 순환과 상층기류의 관계를 설명하는 문장을 만드시오.
   보기 : 상승기류, 하강기류, 발산, 수렴

9. 다음 지도는 미국의 상층 제트기류 길이다.
   a. 상층 저기압(기압골)은 어디에 위치하는가?
   b. 상층 고기압(기압능)은 어디에 위치하는가?
   c. 어느 영역의 국가 또는 주가 생성되는 저기압 시스템의 중심이 될 것인가?
   d. 어느 영역의 국가 또는 주에 고기압 시스템이 위치하겠는가?

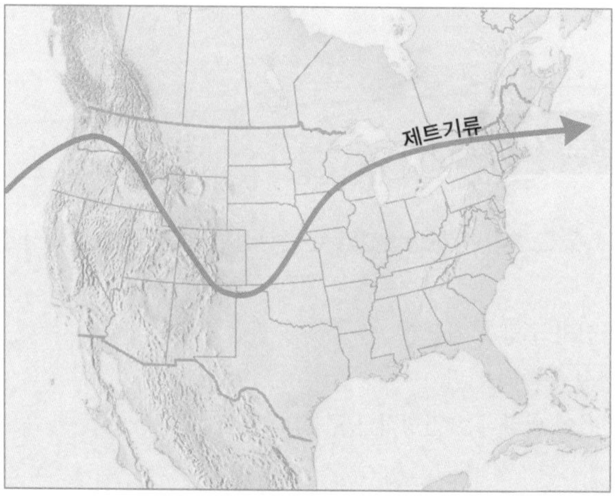

복습문제

1. 표 A는 미국 일리노이 주 샴페인에 중위도저기압이 지나간 3일간의 기상 관측 정보이다. 전선이 지나가면서 나타나는 바람과 기온의 변화를 생각하며 다음 질문에 답하시오.
   a. 언제(일, 시)쯤에 온난전선이 샴페인 지역을 지나갔는가?
   b. 샴페인 지역에 온난전선이 지나간 두 가지 증거를 나열하시오.
   c. 이틀째 자정에서 오전 6시 사이에 기온이 약간 떨어진 이유를 설명하시오.
   d. 언제(날, 시) 한랭전선이 샴페인 지역을 지나갔는가?
   e. 샴페인 지역에 한랭전선이 지나간 두 가지 증거를 나열하시오.
   f. 샴페인 지역에 뇌우는 한랭전선 혹은 온난전선과 함께 일어났는가?

2. 봄과 여름철에는 멕시코만으로부터의 따뜻하고 습윤한 기단(mT)이 종종 남서부의 사막으로부터 생성된 따뜻하고 건조한 기단(cT)과 충돌한다. 이 기단들은 텍사스, 오클라호마, 켄사스 등지에서 만나 건조전선을 생성한다. 건조전선을 따라 발생하는 뇌우는 지구에서 가장 강한 폭풍을 생성할 수 있다. 이 두 기단이 만날 때에는 악기상이 발생하고 덜 무거운 공기가 더 무거운 공기 위로 오버러닝 한다. 이 두 기단 중 어느 것이 더 무거운가? 단, 두 기단의 기온은 같다고 가정한다[힌트 : 수증기(H_2O)가 없는 건조공기(N_2와 O_2)와 N_2와 O_2의 4%가 수증기(H_2O)로 대체되어 있는 공기의 분자 질량을 비교해 보시오].

3. 만약 당신이 전형적인 온난전선(전선 기울기 1:200)이 지면에 접한 위치의 상공 400km에 위치하고 있다면 전선면은 당신의 몇 km 위에 있는가?

4. 당신이 권운이 처음 생성되는 지점에 있다면, 전형적인 온난전선이 당신으로부터 얼마나 멀리 있는지 계산하시오(힌트 : 그림 5.1을 참조하여 상층 구름의 최저 고도 범위를 찾으시오).

표 A 일리노이 주 샴페인 지역의 날씨 자료

	기온(°F)	풍향	날씨 및 강수
1일차			
00:00	46	동	구름 조금
3:00 A.M.	46	동북동	구름 조금
6:00 A.M.	48	동	흐림(overcast)
9:00 A.M.	49	동남동	이슬비
12:00 P.M.	52	동남동	약한 비
3:00 P.M.	53	남동	비
6:00 P.M.	68	남남서	구름 조금
9:00 P.M.	67	남서	구름 조금

	기온(°F)	풍향	날씨 및 강수
2일차			
00:00	66	남서	구름 조금
3:00 A.M.	64	남서	대체로 맑음
6:00 A.M.	63	남남서	대체로 맑음
9:00 A.M.	69	남서	대체로 맑음
12:00 P.M.	72	남남서	대체로 맑음
3:00 P.M.	76	남서	대체로 맑음
6:00 P.M.	74	남서	흐림(cloudy)
9:00 P.M.	64	서	뇌우, 돌풍

	기온(°F)	풍향	날씨 및 강수
3일차			
00:00	52	서북서	국지성 뇌우
3:00 A.M.	48	서북서	흐림
6:00 A.M.	42	북서	구름 조금
9:00 A.M.	39	북서	대체로 맑음
12:00 P.M.	38	북서	맑음
3:00 P.M.	40	북서	맑음
6:00 P.M.	42	북서	맑음
9:00 P.M.	40	북서	맑음

10 뇌우와 토네이도

핵심개념

다음의 각 항목은 이 장에서 다루는 주요 주제에 대한 기본 학습 목표를 나타낸다. 이 장을 학습하고 나면 여러분은 다음 항목을 이해할 수 있다.

10.1 폭풍우를 일으키는 저기압의 세 가지 분류를 구분한다.

10.2 뇌우의 형성에 대한 기본 요건을 열거하고, 지도에 빈번한 뇌우 활동을 나타내는 지역을 표시한다.

10.3 기단뇌우의 세 단계를 나타내는 간단한 선도를 그리고 설명한다.

10.4 위험뇌우의 특성을 열거하고 위험뇌우들의 형성에 관련된 서로 다른 환경을 구분한다.

10.5 번개와 천둥의 원인을 설명한다.

10.6 토네이도의 구조와 기본적인 특성을 표현한다.

10.7 토네이도 형성에 유리한 대기 조건과 위치를 요약하여 설명한다.

10.8 토네이도 강도를 기술한다. 토네이도 주의보와 토네이도 경보를 구분하고 경보 과정에서 도플러 레이더의 역할을 논의한다.

이 장과 11장은 위험기상에 초점을 맞춘다. 이 장에서는 적란운과 연관된 국지성 위험기상, 즉 뇌우와 토네이도에 대해 살펴본다. 11장에서는 허리케인이라 불리는 대형 열대저기압에 대해 살펴볼 것이다.

위험기상의 발생은 일반적인 기상현상보다 더 흥미를 끈다. 뇌우에 의해 발생한 번개는 감탄과 공포를 동시에 느끼게 할 만큼 장관을 연출한다. 물론 토네이도와 허리케인 역시 커다란 관심을 끌게 한다. 단 한 번의 토네이도 돌발이나 허리케인만으로도 많은 인명 피해뿐만 아니라 수십억 달러의 재산 피해를 초래할 수 있다.

2013년 5월 20일, 치명적인 EF5 등급의 토네이도가 오클라호마 주 무어 시를 강타했다. 2013년에 미국을 강타했던 가장 심한 이 토네이도는 적어도 25명의 사망을 초래했다.

10.1 명칭의 의미

폭풍우를 일으키는 저기압의 세 가지 분류를 구분한다.

매일의 날씨 변화에 지대한 역할을 하는 중위도저기압(midlatitude cyclones)에 대해 9장에서 살펴보았다. 그런데 '사이클론(cyclone, 저기압)'이라는 용어의 사용은 가끔 혼란스럽다. 많은 사람들에게 사이클론은 토네이도나 허리케인처럼 강력한 '폭풍우(storm)'를 의미한다. 예를 들어, 인도, 방글라데시 또는 미얀마에 허리케인이 맹렬하게 몰아칠 때, 매스컴에서는 이를 대개 '사이클론(그 지역에서 허리케인을 의미하는 용어)'이라 보도한다.

이와 유사하게 토네이도는 일부 지역에서 사이클론으로 불린다. 이러한 관행은 특히 미국 대평원(Great Plains)의 일부 지역에서 일반적이다. 영화 '오즈의 마법사(Wizard of Oz)'에서 도로시의 집이 사이클론에 의해 캔자스의 농장에서 오즈로 옮겨졌음을 기억해 보자. 실제로 아이오와 주립대 운동부의 별칭이 사이클론이기도 하다(그림 10.1). 사실 허리케인과 토네이도가 사이클론이긴 하지만, 사이클론 중 대다수는 허리케인이나 토네이도가 아니다. 사이클론이라는 용어는 그 규모와 강도에 관계없이 저기압 중심을 둘러싼 순환을 지칭할 뿐이다.

남부 아시아와 호주에서는 사이클론이라는 용어가 미국에서 허리케인이라 불리는 폭풍우에 적용된다. 이 사진은 2011년 2월 호주 동부를 강타한 사이클론 야시(Yasi)를 보여준다.

대평원의 일부 지역에서 사이클론은 토네이도의 동의어이다. 아이오와 주립대 운동부의 별칭이 사이클론이다.*

◀ **그림 10.1**
사이클론 용어
가끔 사이클론이라는 용어의 사용은 혼란스럽다.

*아이오와 주립대는 1부 리그에서 사이클론을 팀 명칭으로 쓰는 유일한 학교이다. 그림의 로고는 사이(Cy)라는 이름의 홍관조 마스코트와 사이클론 팀 명칭을 결합하여 학교의 이미지를 더 잘 전달하기 위해 만들어졌다.

토네이도와 허리케인은 중위도저기압에 비해 작으면서 강력하다. 중위도저기압은 지름이 1600km(1000mile) 또는 그 이상이다. 이와는 대조적으로 허리케인은 지름이 평균 600km(375mile)이고, 토네이도는 지름이 0.25km(0.16mile)에 불과하여 일기도에 나타내기에는 너무 작은 크기이다.

더 친숙한 기상현상인 뇌우는 토네이도, 허리케인, 중위도저기압과의 구별이 거의 불필요하다. 이러한 폭풍우들이 가진 공기 흐름과는 달리 뇌우와 연관된 공기 순환은 강력한 상하 움직임이 특징이다. 뇌우 주변의 바람은 저기압에서와 같이 안쪽으로 향하는 소용돌이를 따르지는 않지만 대개 가변적이고 거센 양상을 보인다.

뇌우는 저기압성 폭풍우와는 별도로 '독자적으로' 생성되기도 하지만 사이클론과 관련하여 만들어지는 경우도 있다. 예를 들어 중위도저기압의 한랭전선을 따라 뇌우가 종종 형성되며, 드물게는 토네이도가 뇌우의 적란운탑(cumulonimbus tower)에서 내려오기도 한다. 허리케인 역시 뇌우 활동을 넓게 확대시킨다. 따라서 뇌우는 여기서 언급한 세 가지 형태의 사이클론 모두와 어느 정도 관련이 있는 것이다.

✓ 개념 체크 10.1

❶ 사이클론 용어가 사용되는 세 가지 다른 방법에 대해 열거하고 간단히 기술하시오.

❷ 중위도저기압, 토네이도 및 허리케인의 풍속과 크기를 비교하시오.

10.2 뇌우

뇌우의 형성에 대한 기본 요건을 열거하고, 지도에 빈번한 뇌우 활동을 나타내는 지역을 표시한다.

거의 대부분의 사람들이 상대적으로 따뜻하고 불안정한 공기의 연직 이동으로 인해 발생하는 다양한 소규모 현상을 목격한 경험이 있다. 아마 더운 날 탁 트인 야외에서 먼지회오리가 먼지 덩어리를 아주 높게 올리거나, 새가 뜨거운 공기의 보이지 않는 열기포 위에서 힘들이

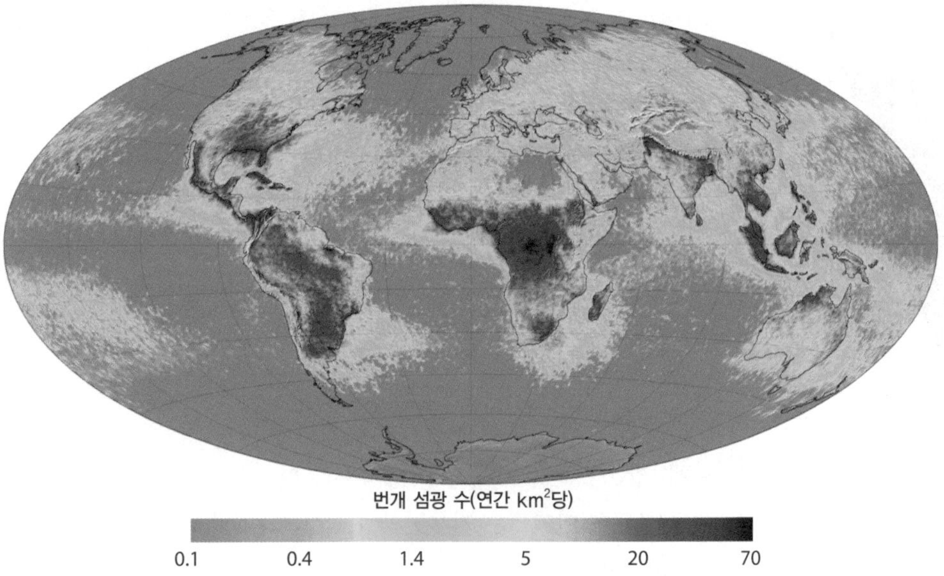

▲ **그림 10.2 전 세계 번개 분포**
우주 기반의 광학 센서 자료에서 산출된 전 세계 번개 분포도. 색 변화는 km^2당 연평균 번개 섬광 수를 표시한다.

지 않고 하늘을 향해 활공하는 광경을 본 적이 있을 것이다. 이 같은 예는 뇌우의 발달 중에 일어나는 역학적 열 불안정을 보여 준다. **뇌우**(thunderstorm)는 번개와 천둥을 생성하는 폭풍우이며, 돌풍, 호우, 우박을 동반하는 경우가 많다. 뇌우는 단일 적란운에 의해 생성되어 좁은 지역에만 영향을 주기도 하지만 넓은 지역을 덮는 적란운 무리와 연관되기도 한다.

뇌우는 온난습윤한 공기가 불안정한 환경에서 상승할 때 일어난다. 뇌우를 형성하는 적란운을 만들기 위해 공기 상승이 필요한데, 이는 다양한 기작(mechanism)에 의해 유발된다. 우선 지구 표면의 불균등한 가열은 **기단뇌우**(air-mass thunderstorm) 형성에 크게 기여한다. 기단뇌우는 흔히 해양성 열대기단 내에서 형성되어 산재된 여름철 뇌우를 만드는 흩뿌려진 형태의 부풀어 오른 적란운들과 연관되어 있다. 이러한 폭풍우는 대개 수명이 짧고 강풍이나 우박을 동반하는 경우도 드물다.

반면 두 번째 범주의 뇌우는 전선(front)이나 산비탈에서 발생하기 때문에 지표의 불균등한 가열은 물론 따뜻한 공기의 치올림과도 관련이 있다. 또한 상층에서 발산하는 바람에 의해 하층의 공기가 위로 끌어올려져 이런 폭풍우가 자주 형성되기도 한다. 이 범주의 일부 뇌우는 강풍, 파괴적인 우박, 돌발홍수, 토네이도를 동반하기도 한다. 이러한 폭풍우는 **위험**(severe)뇌우로 묘사된다.

분포와 빈도

어떤 주어진 시각에도 대략 2000개의 뇌우가 진행 중에 있다. 예상할 수 있듯이 이러한 폭풍우는 온난 습윤하고 불안정한 곳에서 발생 빈도가 가장 높다. 따라서 뇌우는 연중 많은 열대 지역에서 특징적으로 나타난다. 중위도에서는 이러한 폭풍우가 대부분 온난 계절의 현상이다. 전 세계적으로 매일 약 45,000개, 연간 1,600만 개 이상의 뇌우가 발생한다. 이들 뇌우로부터 지구상에는 초당 100개의 번개가 친다(그림 10.2).

미국의 경우 연간 10만 개의 뇌우와 수백 만 건의 낙뢰가 발생한다. 그림 10.3을 보면, 플로리다와 걸프 연안(Gulf Coast) 동부 지역에서 뇌우 발생이 가장 빈번한데, 매년 70~100일간 뇌우 활동이 기록된다. 콜로라도와 뉴멕시코의 로키산맥 동쪽 사면 지역에서 뇌우발생이 연간 60~70일로 그다음을 차지한다. 나머지 지역의 대부분은 뇌우가 매년 30~50일간 발생한다. 미국 서부 가장자리는 확실히 뇌우 활동이 거의 없다. 온난 습윤하고 불안정한 해양성 열대(maritime tropical, mT) 공기가 거의 이르지 못하는 미국의 북쪽 국경과 캐나다 역시 뇌우가 적게 발생한다.

뇌우와 기후변화

바로 전의 토론에서 뇌우의 발생이 계절별, 지역별로 다르다는 것을 알았다. 뇌우 활동은 전 지구 기후

Video
천둥진눈깨비와 뇌설
http://goo.gl/GOm7lV

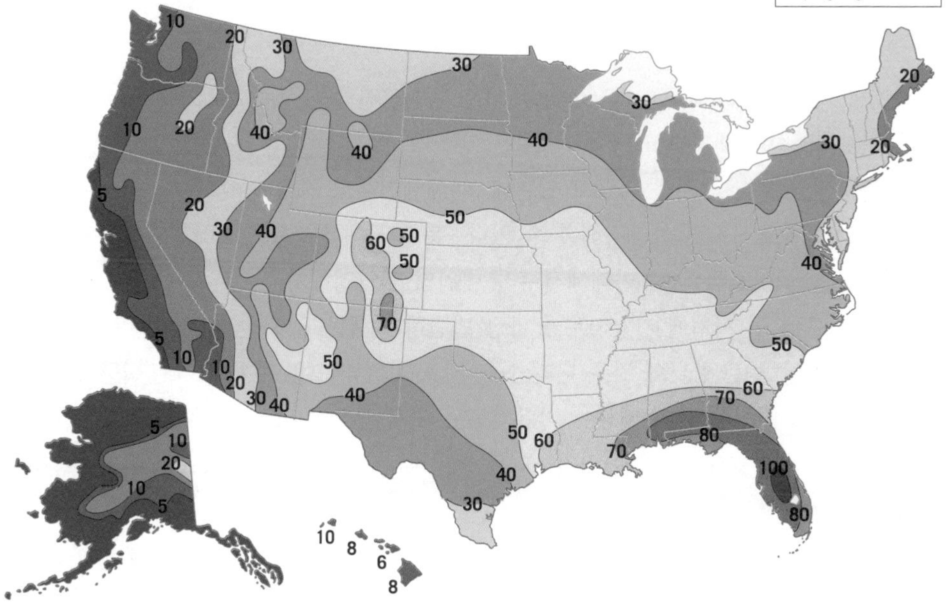

▲ **그림 10.3 연간 평균 뇌우 일수**
습윤한 아열대 기후가 지배적인 미국 남동부 지역에서는 강수의 대부분이 뇌우에 의해 내린다. 남동부 대부분의 지역에서는 연평균 50일 이상 뇌우가 발생한다.

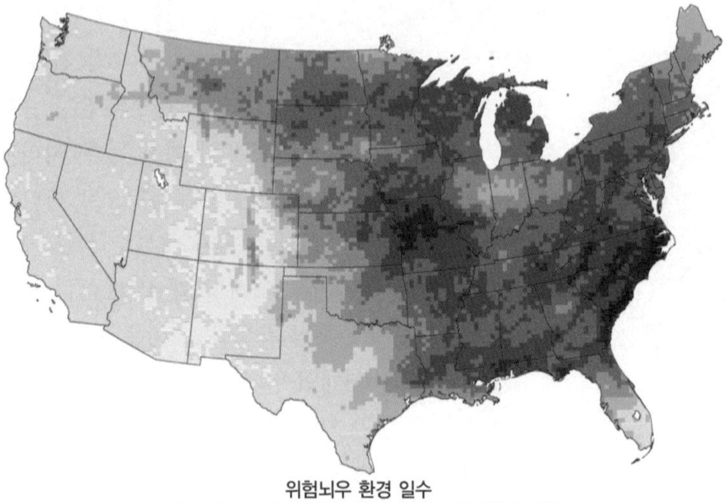

▲ **그림 10.4 미래의 뇌우 활동**
이 분석도는 위험뇌우 활동을 조장하는 환경 조건이 되는 연간 일수의 변화를 나타낸다. 이는 2072~2099년과 1962~1989년의 여름 기후를 비교하는 기후 모형에 근거한 것이다. 로키 산맥의 동쪽 대부분의 지역에서는 이러한 환경 조건이 증가할 것으로 추정된다.

변화로 인해 향후 수년간 증가될 가능성이 있다. 지난 수십 년간 주로 대기의 조성을 변화시키는 인간 활동에 의해 지구온난화가 진행되어 왔다. 이러한 경향은 가까운 미래에 지속될 것으로 예상된다. 이 현상에 대한 전적인 논의는 14장에 나타난다.

정교한 기후 모형 모의를 이용한 최근의 연구들은 지속적인 지구온난화에 의해 위험뇌우 형성을 조장하는 대기 조건이 강화될 것을 암시했다. 로키산맥의 동쪽 어느 지역에서는 봄철의 위험뇌우가 2100년까지 40%나 증가할 가능성이 있다. 그림 10.4에서 보듯이 연간 위험뇌우 발생 일수가 미국의 동부 및 남부에서 증가할지도 모른다. 애틀란타와 뉴욕 같은 도시에서는 위험뇌우 발달에 유리한 조건일 때 연간 발생 수가 두 배가 됨을 알 수 있다.

매년 날씨와 관련된 중대한 재산과 인명 피해는 위험뇌우에 동반되는 번개, 강풍, 우박, 토네이도 및 홍수와 연관되어 있다. 이러한 충격은 인간에 의해 야기되는 기후변화의 영향으로 향후 수십 년간 증가할 것으로 보인다.

✓ 개념 체크 10.2

1. 뇌우 형성에 필요한 주요 사항들은 무엇인가?
2. 지구상에서 뇌우가 가장 자주 발생할 것으로 기대되는 지역은 어디인가? 미국 내에서는?
3. 향후 수년간 로키 산맥의 동쪽에서 위험뇌우의 활동은 어떻게 변화하겠는가?

10.3 기단뇌우

기단뇌우의 세 단계를 나타내는 간단한 선도를 그리고 설명한다.

미국에서 **기단뇌우**(air-mass thunderstorms)는 멕시코만에서 북쪽으로 이동하는 해양성 열대기단(mT)에서 자주 발생한다. 이 온난 습윤한 기단은 하부에 풍부한 습기를 머금고 있는데, 아래에서부터 가열되거나 전선을 따라 치올려지면 불안정해질 수 있다. 봄철과 여름철에는 mT 공기가 가열된 지표에 의해 아래에서부터 데워져 불안정해지는 경우가 잦기 때문에 이 시기에 기단뇌우가 가장 빈번히 발생한다. 또한 지표 온도가 가장 높은 한낮에 자주 나타난다. 지표 가열의 지역적 차이가 기단뇌우의 성장을 돕기 때문에 기단뇌우는 대개 상대적으로 좁은 띠 모양이나 다른 형태로 만들어지기보다는 개별적인 세포로 산발적으로 발생한다.

발달 단계

1940년대 후반 플로리다와 오하이오에서 기단뇌우의 역학을 조사하는 중요한 현장 실험이 실시됐다. 뇌우 프로젝트(Thunderstorm Project)로 알려진 이 선구적인 연구는 상당수의 뇌우 관련 항공기 추락 사고로 인해 시작되었다. 레이더, 항공기, 라디오존데 및 광범위한 지상관측기구의 망이 사용되었다. 이 연구를 통해 기본적으로 그 이후 70년 이상 변하지 않은 기단뇌우의 수명 주기 3단계 모형이 만들어졌다. 3단계 모형은 그림 10.5에 나타나 있다.

적운 단계 기단뇌우가 주로 지표의 불균등한 가열에 의해 생성되어, 적란운을 만들어 내는 공기의 상승류로 이어진다는 점을 상기해 보자. 먼저 부양하는 열기포가 갠날 적운(fair-weather cumulus cloud)을 생성하는데, 이는 더 건조한 주변 공기로 증발되기 전 몇 분 동안만 존재한다(그림 10.6A). 이러한 초기 적운 발달이 중요한 이유는 초기 적운이 수증기를 지상에서 더 높은 곳으로 이동시키기 때문이다. 궁극적으로 공기 중에 습기가 충분해져서 새롭게 형성된 구름이 증발하지 않고 계속해서 연직으로 발달하게 된다.

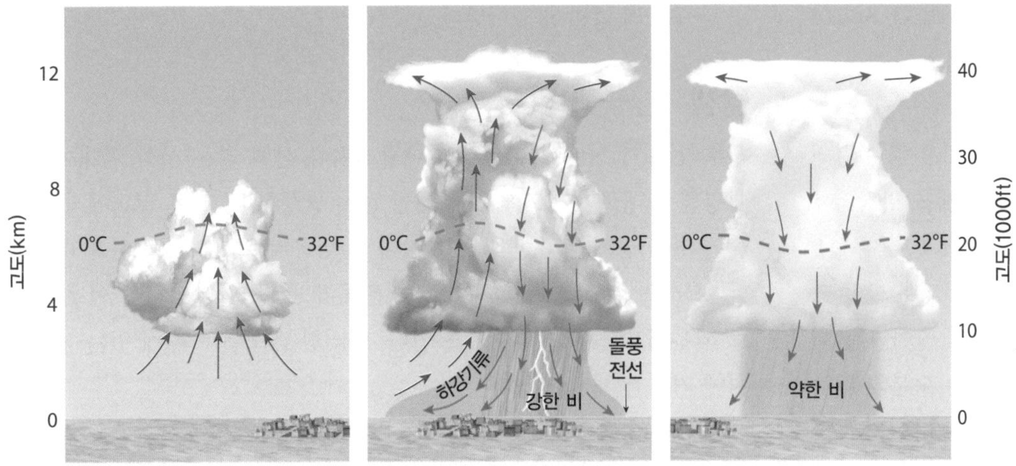

적운 단계 동안 강한 상승기류에 의해 수분이 제공되어 응결되고 구름이 나타난다.

성숙 단계에서는 강한 강수가 두드러진다. 상승기류는 하강기류와 나란히 존재하면서 구름을 지속적으로 성장시킨다.

상승기류가 사라지면 강수가 약해진 후 멈춘다. 상승기류로부터 수분 공급이 없어지면서 구름이 증발한다.

◀ **스마트그림 10.5 기단뇌우의 발달 단계**

http://goo.gl/S03JC

구름이 결빙고도 위로 발달하면 베르예론 과정이 시작되어 강수가 일어난다. 결국 구름 내에서 강수의 누적으로 상승기류가 이를 버티기 힘들게 된다. 강수가 떨어지면서 공기를 끌어당겨 하강기류가 시작된다. 하강기류가 두드러지게 되면 강수가 감소하고 구름이 소산되기 시작한다.

적란운탑이 발달하기 위해서는 습윤한 공기가 지속적으로 공급되어야 한다. 잠열이 방출되어 새롭게 급상승하는 온난한 공기가 앞선 공기보다 더 높이 올라가서 구름 고도를 더 높인다. 이 단계가 뇌우 발달의 **적운 단계**(cumulus stage)로 불리며 상승기류에 의해 지배된다.

구름이 결빙고도 위로 발달하면 베르예론 과정(5장 참조)이 시작되어 강수가 일어난다. 결국, 구름 내에서 강수의 누적으로 상승기류가 이를 버티기 힘들게 된다. 강수가 떨어지면서 공기를 끌어당겨 하강기류가 시작된다.

구름 주변의 한랭건조한 공기가 구름 안으로 밀려들면 하강기류의 발생은 더욱 가속되는데, 이 과정을 **유입**(entrainment)이라고 부른다. 유입으로 더해진 공기는 차갑고 무거우며, 더 중요하게는 건조하기 때문에 유입에 의해 하강기류는 더욱 강화된다. 이로 인해 떨어지는 강수의 일부는 증발하고(냉각 과정) 하강기류 내의 공기는 차가워진다.

성숙 단계 하강기류가 구름 밑면을 떠남으로써 강수가 방출되고 구름의 **성숙 단계**(mature stage)가 시작된다. 지표에서는 차가운 하강기류가 옆으로 퍼져나가는데 강수가 지상에 닿기 전에 감지될 수 있다. 지상의 날카롭고 차가운 돌풍은 그 상부에 하강기류가 있다는 징표가 된다. 성숙 단계에서는 상승기류가 하강기류와 나란히 존재하면서 구름을 지속적으로 성장시킨다. 구름이 상부의 불안정한 지역까지 성장하여 성층권 하부에 자리잡기도 하는데, 이때 상승기류가 옆으로 퍼져나가며 특징적인 모루 꼭대기를 만든다(그림 10.5 중앙). 일반적으로 얼음이 적재된 권운이 구름 꼭대기를 형성하며 위에 있는 강한 바람에 의해 풍하

▼ **그림 10.6 적운 발달**

A. 부양하는 열기포가 갠날 적운을 형성하는데, 곧 주변 공기로 증발되어 구름을 더 습윤하게 만든다. 적운 발달과 증발이 지속되면서 공기가 충분히 습윤해져서 새롭게 형성되는 구름이 증발하지 않고 계속 성장한다. B. 발달하는 이 적란운이 일리노이 주 중부에 높이 솟은 8월 뇌우가 되었을 수도 있다.

A.

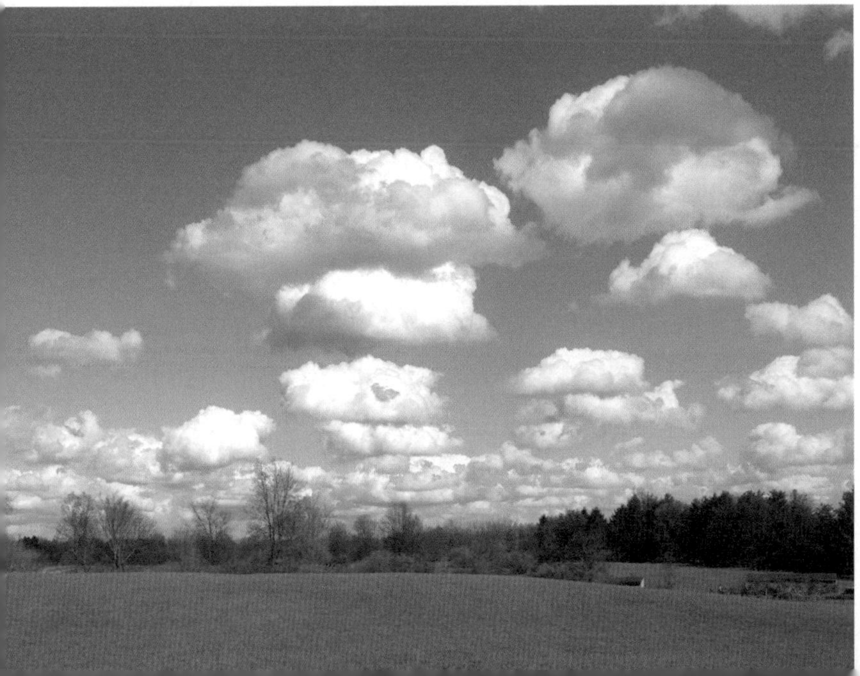

B.

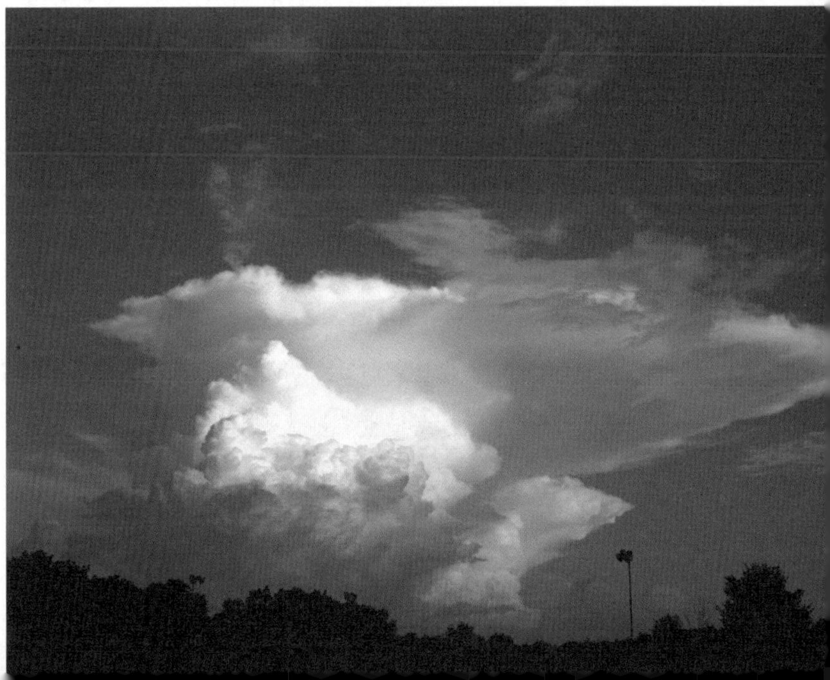

측으로 퍼진다. 성숙 단계는 뇌우 발달 단계에서 가장 활발한 시기이다. 돌풍, 번개, 폭우가 일어나고 때로 작은 우박을 동반하기도 한다.

소멸 단계 하강기류가 시작되면 강수와 이동하는 공기로 인해 주변의 한랭 건조한 공기가 더 많이 유입된다. 그 결과 구름 전체를 하강기류가 지배하고 **소멸 단계**(dissipating stage)가 시작된다(그림 10.5 우측). 떨어지는 강수의 냉각 효과와 상층의 차가운 공기 유입이 뇌우 발달 마지막 단계의 특징이다. 상승기류로부터 습기가 공급되지 않아 구름이 곧 증발된다. 흥미로운 사실은 기단뇌우 내에서 응결되는 수분의 적정 비율(20% 정도)만 강수가 되어 구름을 떠난다는 점이다. 나머지 80%는 대기로 다시 증발된다.

주목할 만한 점은 단일 기단뇌우 내에 여러 개의 개별 **세포**, 즉 인접한 상승기류와 하강기류의 영역이 있을 수 있다는 사실이다. 뇌우를 보면 적란운이 여러 개의 탑으로 이루어져 있음을 알 수 있다(그림 10.6B). 각 탑은 그 수명 주기가 다소 다른 부분에 있는 개별 세포를 나타낸다.

요약하면, 기단뇌우의 발달에는 다음의 3단계가 있다.

1. 적운 단계에서는 구름 전체에서 상승기류가 지배적이며 적운에서 적란운으로 성장한다.
2. 성숙 단계는 가장 격렬한 국면으로 호우와 작은 우박을 동반하며, 하강기류와 상승기류가 나란히 존재한다.
3. 소멸 단계에서는 하강기류와 유입이 지배적이며, 이로 인해 구름 구조의 증발이 일어난다.

발생

서부의 로키 산맥이나 동부의 애팔래치아 산맥 같은 산악 지대에서는 대평원 지대보다 기단뇌우가 훨씬 많이 발생한다. 같은 고도에서 산비탈 주변의 공기는 주변의 낮은 지대 위의 공기보다 더 강렬하게 데워진다. 그러면 비탈 오르막 쪽으로의 운동이 낮 동안 발달하여 이것이 때로 뇌우세포를 만들어 내기도 한다. 이러한 세포는 아래에 있는 산비탈 위에 거의 정체되어 있다.

뇌우의 성장이 높은 지상 온도에 의해 촉진되기는 하지만 일반적으로 많은 뇌우가 지표 가열만으로 생성되지는 않는다. 예를 들어 플로리다 지역 뇌우의 상당수는 바다에서 육지로의 공기 흐름과 관련한 수렴에 의해 유발된다(그림 4.20 참조). 미국 동부의 2/3가 넘는 지역에서 형성되는 많은 뇌우가 일반적인 수렴과 이동성 중위도저기압에 동반되는 전선치올림의 일부로서 발생한다. 적도 주변에서는 흔히 적도저기압을 따라 형성되는 수렴(열대수렴대)과 연관하여 뇌우가 형성된다. 이들 대부분은 위험뇌우가 아니며 수명 주기도 기단뇌우에서 설명한 3단계 모형과 유사하다.

✓ 개념 체크 10.3

❶ 기단뇌우의 활동이 가장 큰 계절과 하루 중 시각은 언제인가? 왜 그런가?

❷ 유입이 뇌우의 하강기류를 강화시키는 이유는?

❸ 기단뇌우의 3단계를 요약해서 설명하시오.

10.4 위험뇌우

위험뇌우의 특성을 열거하고 위험뇌우들의 형성에 관련된 서로 다른 환경을 구분한다.

위험뇌우(severe thunderstorm)는 폭우와 돌발홍수, 강한 직선 돌풍, 큰 우박, 잦은 번개, 심지어 토네이도를 동반할 수도 있다. 10.5절과 글상자 10.1, 10.2에서는 위험뇌우와 연관된 세 가지 위험한 날씨 현상에 대해 탐구한다. NWS(National Weather Service)에서 공식적으로 위험(severe)이라고 분류하는 뇌우는 풍속이 시속 93km(58mile) (즉 50kn) 이상이거나 지름 2.5cm(1in) 이상의 우박을 동반하거나 또는 토네이도를 생성하는 경우이다. 미국에서 발생하는 연간 10만여 개의 뇌우 가운데 10%가량(1만 개)이 위험뇌우 상태에 도달한다.

앞 절에서 배웠듯이 기단뇌우는 국지적이고 상대적으로 수명이 짧은 현상이라 간략하고 뚜렷한 수명 주기를 지난 후에는 소멸한다. 실제로 하강기류가 기단뇌우를 지속시키는 수분 공급을 차단하여 스스로 사라지게 된다. 이런 이유 때문에 기단뇌우가 위험기상을 만드는 경우는 드물다. 이와는 대조적으로 어떤 뇌우는 빠르게 소멸되지 않고 여러 시간 동안 지속된다. 더 크고 더 오래 지속되는 일부 뇌우는 위험뇌우 상태로 발전하기도 한다.

일부 뇌우의 지속 시간이 긴 원인은 무엇일까? 연직 **바람 시어**(wind shear), 즉 서로 다른 고도에서의 풍향과 풍속의 변화가 주 요인이다. 이 조건이 만연하면 폭풍우에 수분을 공급하던 상승기류가 연직 상태를 유지하지 못하고 기울어진다. 이 때문에 구름 속 높은 곳에서 형성된 강수가 기단뇌우에서처럼 상승기류보다는 하강기류 속으로 떨어진

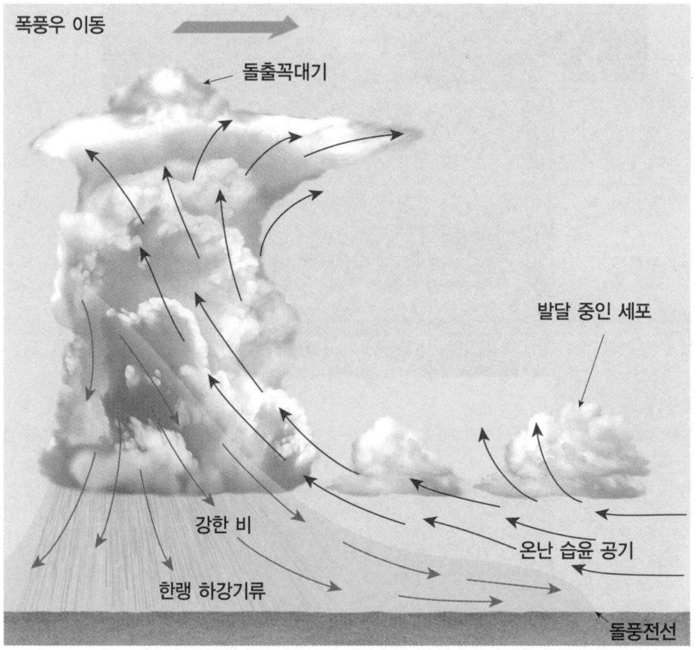

▲ **그림 10.7 잘 발달된 적란운탑 모식도**
상승기류, 하강기류, 돌출꼭대기의 특징을 가진 구름. 경사진 상승기류에서 형성된 강수가 하강기류 속으로 떨어진다. 구름 아래에는 밀도가 더 높고 한랭한 하강기류가 지면을 따라 퍼진다. 유출되는 하강기류의 전방 경계는 습윤한 지상 공기를 구름 속으로 밀어 넣는다. 결과적으로 유출기류 경계는 돌풍전선이 되어 새로운 적란운의 발달을 유발한다.

Video
뇌우 예보
http://goo.gl/T26p2r

다. 이로 인해 상승기류가 강하게 유지되고 계속해서 위로 올라간다. 때로 상승기류가 충분히 강해지면 구름 꼭대기가 안정된 성층권 하부로 밀고 가는데, 이를 **돌출꼭대기**(overshooting top)라 부른다(그림 10.7).

하강기류가 지표에 닿아 있는 적란운탑 아래에는 밀도가 높은 한랭한 공기가 지면을 따라 퍼져 나간다. 유출되는 이 하강기류의 전방 경계는 쐐기의 역할을 하여 온난 습윤한 지표의 공기를 뇌우 속으로 밀어 보낸다. 이런 방법으로 하강기류가 상승기류를 유지하는 역할을 하여 뇌우를 지속시킨다.

그림 10.7을 통해 하강기류에서 유출되는 차가운 공기가 주변의 온난한 공기 속으로 전진하며 '미니 한랭전선' 역할을 함을 알 수 있다. 이 유출기류(outflow)의 경계가 **돌풍전선**(gust front)이다. 돌풍전선이 지면을 따라 이동함에 따라 때로는 강한 난류가 푸석푸석한 먼지와 흙을 끌어올려 전진하는 경계가 눈에 보이게 된다. 돌풍전선의 전방 경계를 따라 따뜻한 공기가 치올려지면 **두루마리구름**(roll cloud)이 형성되기도 한다(그림 10.8). 돌풍전선이 전진하며 강제 상승을 유발하여 초기의 적란운으로부터 수 킬로미터 떨어진 곳에 새로운 뇌우가 형성되기도 한다.

자주 나오는 질문…

높이 솟은 적란운 속에 있으면 어떨까요?

난폭하고 위험하다는 단어가 떠오른다! 어느 독일 패러글라이딩 챔피언이 호주 뉴사우스웨일스의 탬워스 근처에서 분출하는 뇌우 속으로 끌려들어가 의식을 잃었다.* 상승기류는 그녀를 32,600ft까지 높이 올려서 몸을 얼음으로 뒤덮고 우박을 퍼부었다. 그녀는 22,600ft 근처에서 마침내 의식을 되찾았다. 폭풍우가 그녀를 휩쓸어 가자 지구위치시스템(GPS) 장비와 컴퓨터가 그녀의 이동을 추적했다. 격렬하게 흔들리고 사방에 번개가 치는 와중에 그녀는 천천히 하강하도록 조종하여 마침내 출발했던 곳으로부터 40mile 떨어진 곳에 착륙했다.

* *Bulletin of the American Meteorological Society*, 88권 4호 (2007년 4호), 490쪽에 보고되었다.

거대세포뇌우

가장 위험한 날씨 중 일부는 **거대세포**(supercell)라 불리는 뇌우에 기인한다. 이처럼 무서운 기상현상은 드물다(그림 10.9). 미국에서는 연간 2,000 내지 3,000개의 거대세포뇌우가 발달한다. 이는 전체 뇌우 중 극히 일부분에 불과하지만 위험기상과 관련한 사망, 상해, 재산 피해 수치의 불균형한 분포를 초래한다. 전체 거대세포 중 절반 이하만 토네이도를 만들지만 가장 강력하고 치명적인 토네이도는 모두 거대세포가 생산한다.

거대세포는 20km(65,000ft) 높이까지 치솟고 긴 시간 동안 지속되는 매우 강력한 단일세포로 이루어져 있다. 이러한 대규모 구름은 지름이 20~50km(12~30mile)에 달한다.

단일세포 구조에도 불구하고 거대세포는 매우 복잡하다. 연직 바람 분포가 회전을 일으키는 상승기류를 일으킬 수 있다. 예를 들어, 지상 기류가 남쪽이나 남동쪽에서 시작되고, 상층 바람의 속도가 빨라지며,

▶ **그림 10.8 두루마리 구름**
몬태나 주 마일스 시티의 이 두루마리구름은 돌풍전선을 따라 유입기류와 하강기류 사이의 맴돌이 안에서 생성되기도 한다.

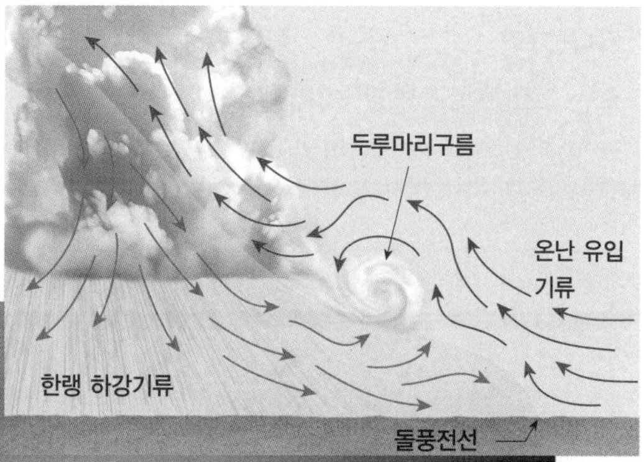

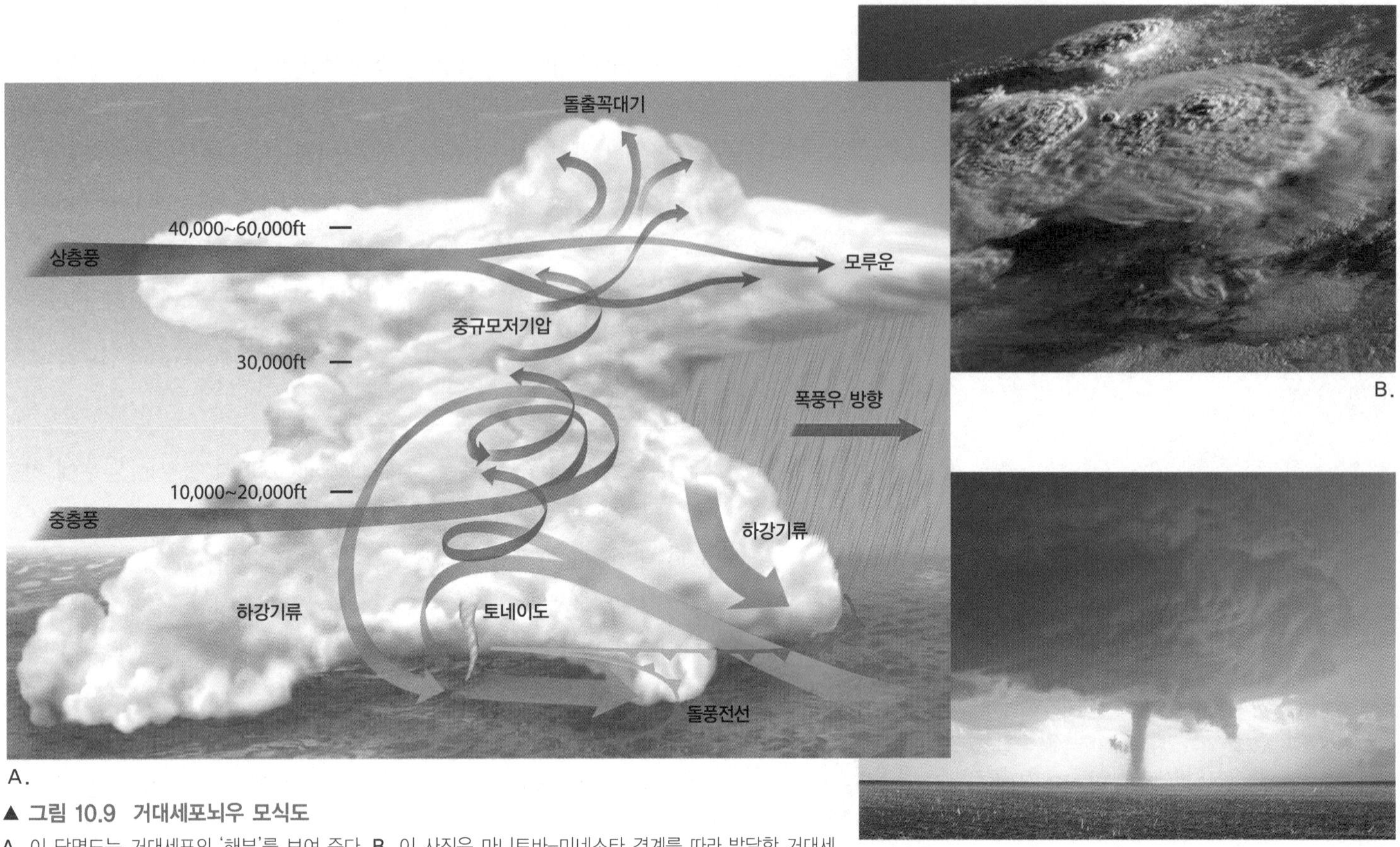

▲ **그림 10.9 거대세포뇌우 모식도**
A. 이 단면도는 거대세포의 '해부'를 보여 준다. B. 이 사진은 마니토바-미네소타 경계를 따라 발달한 거대세포뇌우 군집인데, 1994년 9월에 우주에서 우주비행사가 찍었다. C. 토네이도를 생성한 높이 솟은 거대세포뇌우를 지표면에서 본 광경.

고도에 따라 더욱 서풍이 될 때, 이런 바람 환경에서 발달하는 뇌우의 상승기류는 회전하게 된다. 이렇게 저기압성으로 회전하는 공기기둥은 **중규모저기압**(mesocyclone)이라 불리며, 여기서 토네이도가 종종 형성된다(그림 10.9C 참조). 중규모저기압에 대해서는 이 장의 나중에 나오는 "토네이도 발달"이라는 절에서 더 다룬다.

거대세포를 지속시키기 위해서는 엄청난 양의 잠열이 필요하며, 이를 위해서는 대류권 하부를 온난하고 매우 습윤하게 유지해야 한다. 연구에 따르면 지상 수 킬로미터 위에 형성된 역전층이 이러한 기본적인 요건을 마련해 주고 있다. 4장에서 기온역전은 공기의 연직운동을 제한하는 매우 안정적인 대기 상태임을 상기하자. 역전층은 상당수의 소규모 뇌우의 형성을 막아 몇 개의 매우 큰 뇌우를 형성한다(그림 10.10). 역전은 대류권 하부의 온난 습윤한 공기와 상부의 한랭 건조한

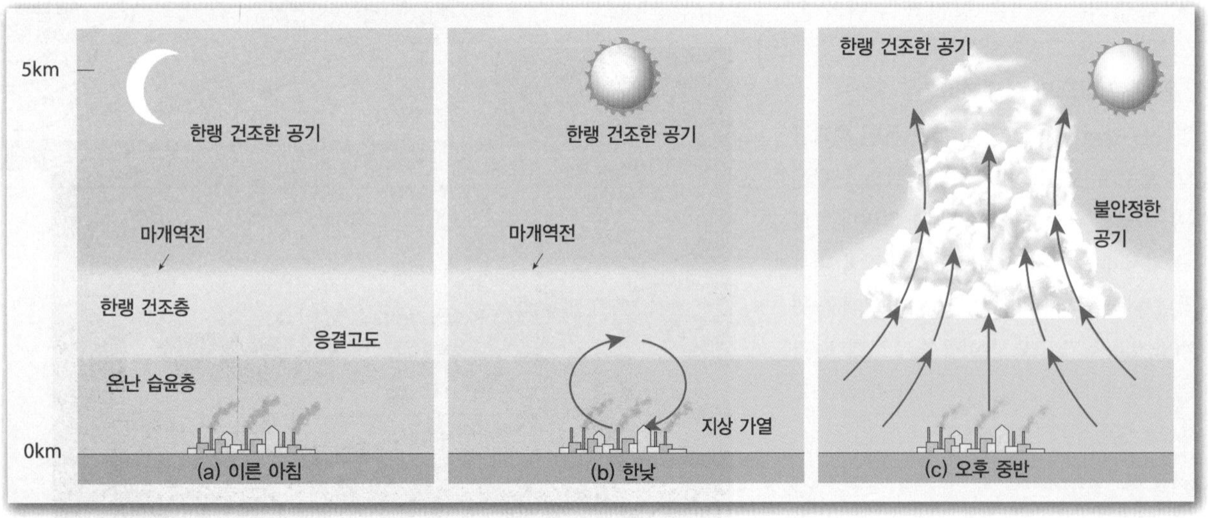

◀ **그림 10.10 마개역전 (capping inversion)**
위험뇌우의 형성은 지상 수 킬로미터에 위치한 기온역전에 의해 강화된다.

▲ **그림 10.11 유방구름하늘**
어두운 유방구름하늘은 아래로 향하는 특징적인 주머니 모양을 갖고 있으며 때때로 스콜선보다 앞서 진행하기도 한다. 유방구름은 보통 적란운의 크기와 강도가 최대에 이른 후 발생한다. 유방구름은 대개 매우 강력한 뇌우의 징조이다.

공기의 혼합을 막아 준다. 그 결과로 지표 가열이 역전층 아래 갇혀 있는 공기층의 온도와 습도를 지속적으로 높여 준다. 결국 역전층은 아래로부터의 강한 혼합으로 국지적으로 쇠퇴하게 된다. 아래의 불안정한 공기는 이들 지역에서 폭발적으로 '분출(erupt)'하여 유별나게 큰 적란운탑을 생성한다. 이러한 구름에 집중적이고 지속적인 상승기류가 더해져 거대세포가 형성된다.

종종 위험뇌우를 형성하기 좋은 대기 조건이 광범위하게 존재하게 되어, 많은 개별 폭풍우가 무리를 지어 그룹으로 자주 발달한다. 때때로 이 무리는 **스콜선**(squall lines)이라고 불리는 긴 띠 형태로 나타난다. 어떤 때는 폭풍우가 **중규모대류복합체**(mesoscale convective complexes)라고 알려진 원형의 무리로 조직화되기도 한다. 뇌우세포가 어떤 식으로 배열되든 간에 단순히 관계없는 개별 폭풍우의 군집이 아니다. 오히려 기원이 같거나 어떤 세포가 다른 세포의 생성을 유도하기도 한다.

▼ **그림 10.12 건조선**
스콜선 뇌우는 온난 건조한 대륙성 열대 공기와 온난 습윤한 해양성 열대 공기의 경계인 건조선을 따라 자주 발달한다.

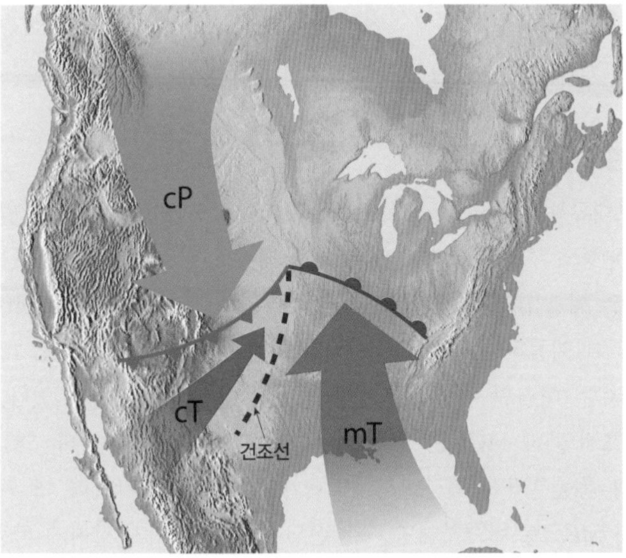

스콜선

스콜선은 뇌우가 비교적 좁은 띠 형태로 이루어진 것으로, 일부는 위험뇌우일 수 있으며 중위도저기압의 온난역, 대개 한랭전선 앞쪽 100~300km(60~180mile)에서 발달한다. 선형의 적란운 그룹의 발달이 500km(300mile) 이상 뻗치고 여러 발달 단계의 개별 세포들이 모여 있다. 스콜선은 평균 10시간 이상 지속되며 일부는 하루 이상 활동하기도 한다. 때때로 아래로 향한 주머니 모양의 어두운 구름으로 구성된 **유방구름하늘**(mammatus sky)이 스콜선에 앞서 일어난다(그림 10.11).

대부분의 스콜선은 한랭전선을 따라 발생한 강한 상승으로 만들어진 것이 아니다. 일부는 지표의 온난 습윤한 공기와 활발한 상층 제트류의 결합으로 생성된다. 스콜선은 제트류로 인한 발산과 그에 따른 상승이 남쪽에서 강하고 지속적으로 유입된 온난 습윤한 하층류와 만날 때 형성된다.

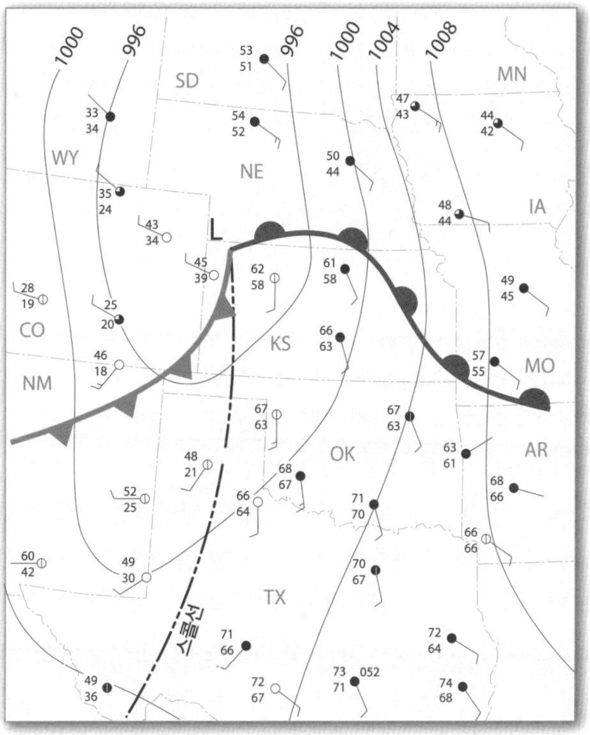

▲ **그림 10.13 일기도상의 스콜선**
이 중위도저기압의 스콜선으로 인해 큰 규모의 토네이도가 발생했다. 스콜선은 건조한 cT 공기와 매우 습윤한 mT 공기를 분리시킨다. 건조선은 스콜선 양쪽의 이슬점온도를 비교하면 쉽게 파악할 수 있다. 이슬점온도(℉)는 각 관측소에서 낮은 숫자이다.

기상재해
글상자 10.1

돌발홍수

토네이도와 허리케인은 자연계에서 가장 두려운 폭풍우이다. 이 때문에 지역적으로 많은 관심이 집중된다. 하지만 놀랍게도 대부분의 해에 폭풍우 관련 사망자 수에 있어서는 토네이도와 허리케인이 아니라 돌발홍수가 뚜렷하게 높은 수치를 보였다.

홍수는 개울의 **자연적인** 움직임의 일부이며, 대부분 시간과 공간에 따라 크게 변할 수 있는 대기 작용으로 시작된다. 큰 강 유역의 주요한 지역적인 홍수는 종종 넓은 지역에 장기간에 걸친 일련의 엄청난 강수 현상의 결과로 일어난다. 9장에 그러한 홍수의 예가 논의되었다. 이와는 대조적으로 단 한두 시간 정도의 심한 뇌우 활동이 작은 계곡의 돌발홍수를 유발할 수 있다. 그러한 상황이 여기에 설명되어 있다.

돌발홍수는 짧은 시간 동안 많은 양의 비를 내리는 국지적 홍수이다. 물의 너울은 대개 어떤 사전 경고도 없이 급속도로 증가하고 도로, 교각, 가옥 및 주요 기반 시설을 파괴하기도 한다(그림 10.A). 수로 안에 흐르는 물의 양은 순식간에 최대에 달하고 빠르게 줄어든다. 홍수 흐름은 수로를 완전히 쓸어가면서 다량의 침전물과 파편을 포함한다.

단 한두 시간 정도의 심한 뇌우 활동이 작은 계곡의 돌발홍수를 유발할 수 있다.

돌발홍수의 원인에는 몇 가지가 있다. 강우 강도와 기간, 지표 조건, 지형 등이 이러한 원인에 속한다. 도시는 대부분의 지역이 불투수성의 지붕, 거리, 주차장으로 이루어져 유출이 매우 빠르기 때문에 돌발홍수에 취약한 편이다(그림 10.B). 실제로 최근의 연구는 미국 본토에 있는 불투수성 지표의 면적은 112,600km²(거의 44,000mile²) 이상임을 보였는데, 이는 오하이오 주보다 약간 작은 면적이다.*

많은 경우 돌발홍수는 느리게 이동하는 위험뇌우에 의한 집중호우가 원인이거나 일련의 뇌우가 같은 지역에서 반복될 때 일어난다. 때로 허리케인과 열대성 폭풍우가 동반하는 폭우가 원인이 되기도 한다. 종종 부유하는 파편이나 얼음이 자연물이나 인공물에 막혀 축적된 후 개울의 흐름을 막을 수 있다. 이러한 임시 댐이 무너지면 급류가 생겨서 돌발홍수가 된다.

돌발홍수는 어느 지역에서나 발생할 수 있다. 특히 가파른 비탈로 인해 빗물이 좁은 계곡으로 빨리 흘러갈 수 있는 산악 지대에서 이러한 돌발홍수가 흔히 발생한다. 가장 위험한 경우는 토양이 먼저 내린 비에 이미 거의 포화되어 있거나 불투수성의 물질로 차 있

▲ **그림 10.A 콜로라도 돌발홍수**
가파른 경사 지역의 물이 찬 땅 위에 내린 엄청난 비가 2013년 9월 콜로라도 북부의 산비탈 언덕과 프론트 산맥을 따라 기록적인 돌발홍수를 유발하였다.

* C. C. Elvidge, et al., "U.S. Constructed Area Approaches the Size of Ohio," in *EOS, Transactions, American Geophysical Union*, Vol. 85, No. 24 (15 June 2004): 233.

위험뇌우를 동반하는 스콜선은 수분이 급변하는 좁은 지역, 즉 **건조선**(dryline)이라 불리는 경계를 따라 생성될 수도 있다. 스콜선은 그림 10.12에서처럼 미국 남서부 지역의 온난 건조한 대륙성 열대기단(continental tropical, cT)이 중위도저기압의 온난역으로 끌려들어갈 때 형성된다. 수증기 분자 무게가 건조 공기를 형성하는 혼합 기체 분자 무게의 62%에 불과하기 때문에 온난 건조한 공기가 온난 습윤한 공기보다 밀도가 높다는 것을 아는 것이 중요하다. 밀도가 높은 cT 공기가 밀도가 낮은 mT 공기를 밀어 올려 수렴된다. 이 경우에 전선이 건조한 cT 공기 속으로 전진하기 때문에 한랭전선을 따라 구름 형성과 폭풍우 발달은 최소로 일어난다.

건조선은 텍사스, 오클라호마, 캔자스 주의 서부 지역에서 가장 빈번히 발달한다. 그러한 상황은 그림 10.13에 예시로 나타나 있다. 건조선은 스콜선의 양쪽에서 이슬점온도를 비교해 보면 쉽게 확인할 수 있다. 동쪽의 mT 공기의 이슬점온도는 서쪽의 cT 공기보다 30~45°F 더 높다. 이 특별한 스콜선이 동쪽으로 이동함에 따라 6개 주 지역에 걸쳐 55개의 토네이도를 포함하는 위험기상이 나타났다.

중규모대류복합체

중규모대류복합체(mesoscale convective complex, MCC)는 큰 타원형 내지는 원형의 무리로 조직된 많은 개별 뇌우로 형성되어 있다. 전형적인 MCC는 최소 10만m²(39,000mile²)의 영역에 걸칠 정도로 방대하다. 보통 느리게 이동하는 복합체는 12시간 이상 지속될 수 있다(그림 10.14).

MCC는 대평원 지역에서 가장 빈번히 발생하는 경향이 있다. 조건이 우호적일 때 MCC는 오후 기단뇌우 그룹에서 발달한다. 저녁에는 국지성 폭풍우가 쇠퇴하면서 MCC가 발달하기 시작한다. 오후 기단뇌우가 MCC로 변화하려면 매우 온난 습윤한 공기가 강하게 하층으로

을 때이다.

돌발홍수의 인명 피해가 큰 이유는 무엇일까? 갑작스럽게 일어난다는 사실 이외에도 (대부분 자는 동안에 벌어진다) 사람들이 흐르는 물의 힘을 과소평가하기 때문이다. 단지 15cm(6in)의 급류에도 사람이 쓰러진다. 대부분 자동차는 물이 0.6m(2ft)만 차도 떠내려 간다. 미국의 돌발홍수 관련 사망 중 절반 이상이 자동차와 연관되어 있다! 분명히 범람한 길 위를 운전해서는 안 된다(그림 10.C).

▼ 그림 10.B 도시 개발이 홍수에 미치는 효과

도시 지역은 불투수성의 지면 비율이 높아 호우에 따른 유출이 빠르기 때문에 돌발홍수에 취약하다. 2000년 2월 1일 하루 동안의 폭풍우에 대해 워싱턴 주 서부의 도시 개울인 머서 크리크의 하천 유수(streamflow)는 근처의 시골 개울인 뉴오컴 크리크의 하천 유수보다 더 빨리 증가하고, 더 높은 최대 유량에 도달하며, 더 많은 양을 보인다. 그러나 이어지는 한 주 동안의 하천 유수는 뉴오컴 크리크에서 더 컸다.

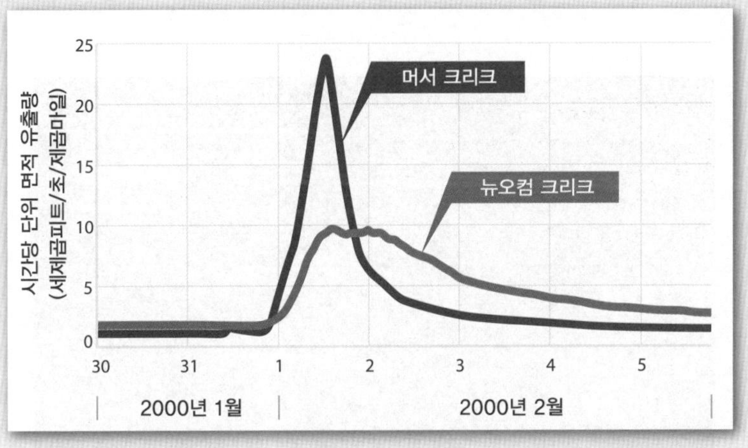

▲ 그림 10.C 취약한 차량

대부분의 사람들은 흐르는 물의 힘을 알지 못한다. 많은 자동차가 단 2ft 깊이의 강한 흐름 속에서 떠내려 갈 것이다. 미국의 돌발홍수 사망자의 반 이상이 자동차와 연관되어 있다.

질문

1. 돌발홍수에 영향을 주는 요소를 적어도 세 가지를 열거하시오.
2. 시골 지역이 도시화될 때 돌발홍수의 가능성이 증가한다. 이에 대해 설명하시오.

Video
비와 홍수
http://goo.gl/KoklCh

유입되어야 한다. 이 기류는 대기를 불안정하게 만들고, 이는 다시 대류와 구름의 발달을 활성화시킨다. MCC는 우호적인 조건이 만연하는 한 기존의 세포에서 생긴 돌풍전선이 주위에 새롭고 강력한 세포의 형성을 유도하는 것처럼 자기 증식을 계속한다. 새로운 뇌우는 MCC의 가장자리 근처 하층의 온난 습윤한 유입류와 만나는 경계에서 발달하는 경향이 있다.

중규모대류복합체는 위험기상을 동반하기도 하지만 농작물 성장 기간에 미국 중부 농업지대에 상당량의 강우를 제공하기 때문에 유익한 역할을 하기도 한다.

▶ 그림 10.14 중규모대류복합체

이 위성영상은 동부 다코타 상공의 중규모대류복합체를 보여 준다(역자 주 : 여기서 다코타는 노스다코타와 사우스다코타의 2개 주를 의미함).

✓ 개념 체크 10.4

❶ 위험뇌우는 기단뇌우와 어떻게 다른가?

❷ 위험뇌우의 하강기류가 어떻게 상승기류를 유지시키는지 설명하시오.

❸ 돌풍전선은 무엇인가?

❹ 건조선은 무엇인가? 건조선을 따라 생성되는 스콜선에 대해 간단하게 설명하시오.

❺ 중규모대류복합체의 발달에 우호적인 환경은 무엇인가?

10.5 번개와 천둥

번개와 천둥의 원인을 설명한다.

미국 내에서 **번개**(lightning)는 연간 폭풍우 관련 사망 원인 가운데 홍수에 이어 두 번째이다. 번개 사망 수치는 연간 평균 60건이지만 미국에서 번개로 인해 매년 100명이나 사망하고 1000명 이상이 상해를 입는 것으로 추정된다.

홍수, 토네이도, 허리케인 등에는 일상적으로 경보, 주의, 예보가 발표되지만 번개는 그렇지 않다. 이유가 무엇일까? 매년 수천만 번의 번개가 땅을 친다. 번개는 아주 넓은 지역에서 일어나고 그렇게 큰 빈도로 땅을 치기 때문에, 매 섬광마다 개인에게 경고하는 것이 불가능하다. 이런 이유로 번개는 연중 많은 사람들이 겪게 되는 가장 위험한 기상재해이다(표 10.1).

폭풍우는 천둥(thunder)이 들리는 경우만 뇌우로 분류된다. 천둥이 번개에 의해 발생되기 때문에 반드시 번개도 있어야 한다(그림 10.15). 번개는 아주 건조한 날씨에 금속 물체를 만질 때 흔히 경험하는 전기쇼크와 유사하다. 단지 강도가 현저하게 다를 뿐이다.

거대한 적란운 발생 시 전하 분리가 일어나면 구름의 일부에서 음전하가 과도하게 발달하고 다른 부분은 양전하를 과도하게 얻는다. 번개의 목적은 음전하가 과도한 지역에서 양전하가 과도한 지역으로 음전류를 생성하거나 또는 역 방향으로 이 두 전기적 차이를 중화시키는 것이다. 공기는 약전도체(강절연체)이기 때문에 번개가 발생하기 전에 전위(전하 차이)가 매우 높아야 한다.

가장 일반적인 형태의 번개는 구름 내부 또는 구름 사이에 반대로 충

표 10.1 미국 내 위치와 활동에 따른 번개 사망자 수

순위	위치/활동	상대적 빈도
1	야외(경기장 포함)	45%
2	젖지 않으려고 나무 아래로 감	23%
3	물과 관련된 활동(수영, 보트 및 낚시)	14%
4	골프(야외)	6%
5	농장과 공사장의 탈 것(지붕이 없고 노출된 운전석)	5%
6	유선전화기(실내 번개 인명 피해 중 최다)	4%
7	골프(실수로 나무 아래를 피신처로 찾았을 때)	2%
8	라디오와 라디오 장치 사용	1%

출처 : National Weather Service.

▲ 그림 10.15 여름철 번개 디스플레이
폭풍우는 천둥이 들리는 경우만 뇌우로 분류된다. 천둥이 번개에 의해 발생되기 때문에 반드시 번개도 있어야 한다.

기상재해
글상자 10.2

하강돌풍

하강돌풍(downburst)은 일부 적운과 적란운 하부에서 생기는 강한 국지적 하강기류 영역이다. 하강돌풍이 전형적인 뇌우의 하강기류와 다른 점은 훨씬 강하고 더 작은 지역에 집중되어 있다는 것이다(그림 10.D). 하강돌풍이 4km 이하로 수평 공간 규모가 작을 경우에 종종 **미세돌풍**(microburst)으로 불린다. 미세돌풍이 땅에 닿으면 마치 수도꼭지에서 물줄기가 쏟아져 싱크대에 튀기는 것처럼 기류가 사방으로 퍼져나간다. 몇 분 안에 하강돌풍은 소멸되는 반면 땅에서의 유출기류는 계속 확장된다. 하강돌풍에서 부는 직선 바람은 시속 160km를 초과할 수 있고 약한 토네이도에 상당하는 피해를 초래할 수 있다.

하강돌풍에서 기류의 가속은 증발하는 빗방울이 공기를 냉각시킬 때 일어난다. 공기가 차가울수록 밀도가 높아지고, 공기의 밀도가 높을수록 빠르게 '하강'한다는 사실을 상기하자. 하강돌풍을 일으키는 두 번째 기작은 낙하하는 강수입자의 항력이다. 단일 빗방울은 그다지 항력이 세지 않지만 낙하하는 수백만 개의 빗방울의 힘은 상당히 크다.

하강돌풍의 사나운 바람은 위험하고도 파괴적이다. 예를 들어, 1993년 7월 온타리오 파크워시 부근에서는 하강돌풍으로 인해 수백만 그루의 나무가 뿌리째 뽑혀 버렸다. 1984년 7월에는 테네시 강에서 28m 길이의 외륜 기선이 하강돌풍에 의해 전복되어 11명이 익사했다. 하강돌풍은 항공기에 매우 위험한데, 특히 지면에 가장 가까울 때인 이륙과 착륙하는 동안에 위험하다. 구름이 상승기류에 의해 지배되는 상태에서 단 몇 분 사이에 하강돌풍을 가지는 상태로 바뀌게 된다. 그림 10.E처럼 항공기가 착륙을 시도할 때 하강돌풍과 만날 경우를 생각해 보자. 비행기가 하강돌풍 속으로 날아갈 경우, 처음에는 강한 맞바람과 만나게 되어 고도가 상승하게 된다. 상승을 막기 위해 조종사는 항공기를 아래로 향하게 한다. 그리고 수 초 후에 뒷바람을 맞게 된다. 바람이 항공기와 함께 움직이기 때문에 날개 위에서 상승을 돕는 기류의 양이 급속히 줄어들어 항공기는 갑자기 고도를 잃고 추락하게 된다. 이러한 심각한 항공 재해는 하강돌풍과 관련된 바람 변화를 감지하는 시스템이 개발되어 주요 공항에 설치됨에 따라 현저하게 줄어들었다. 더군다나 조종사도 이착륙 시 하강돌풍을 다루는 방법을 훈련받고 있다.

> 하강돌풍은 항공기에 매우 위험한데, 특히 이륙과 착륙하는 동안에 위험하다.

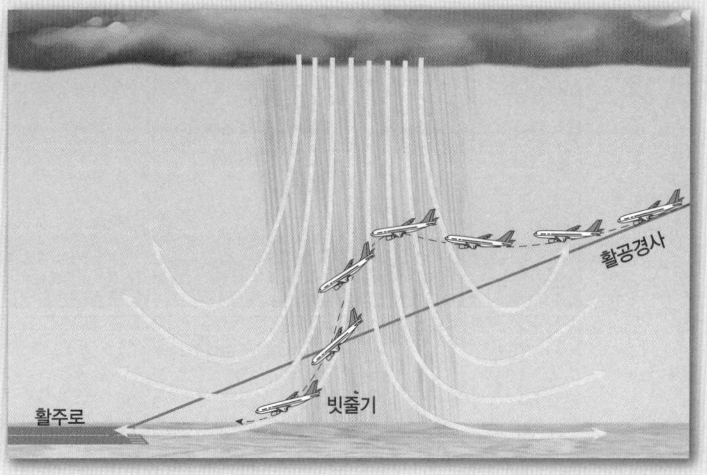

▲ 그림 10.E 공항 재해
이 그림에서 화살표는 하강돌풍 내 아래와 바깥 방향으로의 기류 움직임을 나타낸다. 착륙을 시도하면서 하강돌풍을 통과하는 항공기는 초기에 강한 맞바람과 상승을 겪는다. 이는 아랫방향으로의 기류 이동에 의해 갑작스런 하강으로 이어지고, 급속히 속도를 잃게 된다.

▼ 그림 10.D 위험한 하강돌풍
덴버의 스태플턴 공항 근처에서 적란운으로부터 아래로 확장하는 빗줄기가 강력한 하강돌풍을 나타낸다.

질문

1. 하강돌풍의 다른 이름은 무엇인가?
2. 하강돌풍 형성에 기여하는 두 가지 요인을 열거하시오.

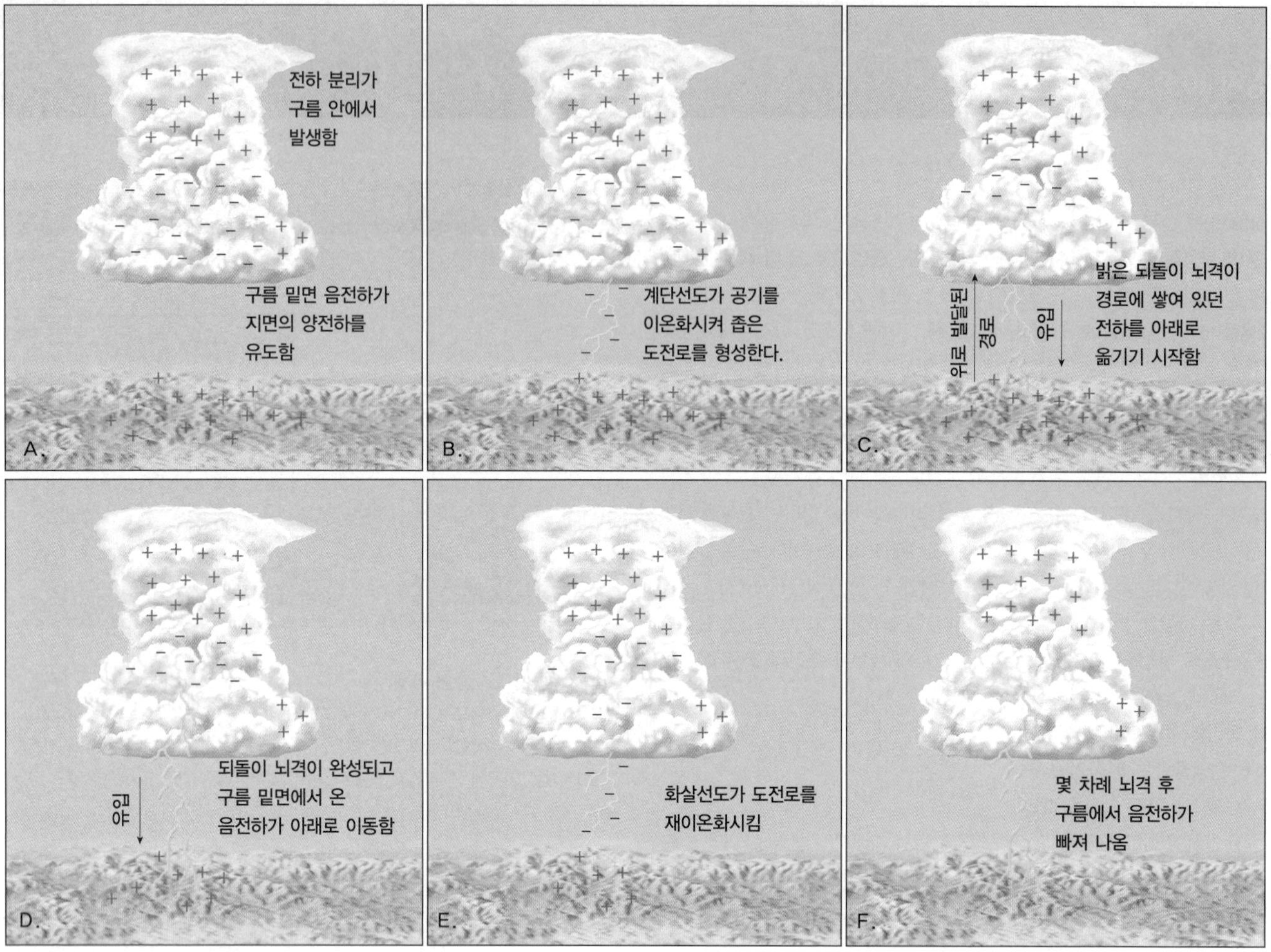
전하 분리가
구름 안에서
발생함
구름 밑면 음전하가
지면의 양전하를
유도함
A.
계단선도가 공기를
이온화시켜 좁은
도전로를 형성한다.
B.
위로 발달된 경로
흐름
밝은 되돌이 뇌격이
경로에 쌓여 있던
전하를 아래로
옮기기 시작함
C.
흐름
되돌이 뇌격이 완성되고
구름 밑면에서 온
음전하가 아래로 이동함
D.
화살선도가 도전로를
재이온화시킴
E.
몇 차례 뇌격 후
구름에서 음전하가
빠져 나옴
F.

▲ 그림 10.16 **구름-지면 번개를 통한 구름의 방전** 내용을 읽으며 그림을 상세히 살펴보자.

전된 지역에서 발생한다. 전체 번개 중 80% 정도가 여기에 속한다. 흔히 **판번개**(sheet lightning)라 일컫는데, 구름의 섬광이 일어난 부분에서 밝지만 분산된 빛을 생성하기 때문이다. 판번개는 특수한 형태라기보다는 섬광이 구름에 가려지는 일반적인 번개로 보면 된다. 두 번째 종류의 번개는 구름과 지구 표면 사이에서 방전이 발생하는 것으로 더 극적인 경우가 많다. 이러한 **구름-지면 번개**(cloud-to-ground lightning)는 뇌격(lightning strokes)의 약 20% 정도를 차지하며 가장 피해가 크고 위험한 형태이다.

번개의 발생 원인은 무엇인가

구름 속에서 전하 분리에 대해서는 완전히 규명된 바는 없지만 번개가 적란운의 강력한 성숙 단계에서 발생하기 때문에 빠른 수직운동에 좌우된다고 보인다. 중위도에서 생성되는 이 높이 솟은 구름은 여름철에 흔히 나타나는 현상이기 때문에 겨울에는 번개를 목격하기 어렵다. 또한 구름이 빙정이 만들어질 정도의 냉각이 시작되는 5km 고도를 통과하기 전에는 번개가 거의 발생하지 않는다.

일부 구름 물리학자들은 전하 분리가 얼음싸라기가 형성되는 동안 일어난다고 믿고 있다. 실험에 따르면 작은 물방울이 동결되기 시작하면서 양이온이 그 물방울의 차가운 부분에 모여 들고 음이온은 따뜻한 부분으로 모인다. 바깥쪽부터 안쪽으로 물방울이 동결되면서 얼음껍질은 양전하로 내부는 음전하로 발달하게 된다. 내부가 얼기 시작하면 팽창하여 바깥쪽 껍질을 흩어지게 만든다. 양전하를 띈 작은 얼음 조각은 난기류에 의해 상승하고 음전하를 띈 상대적으로 무거운 물방울은 구름 밑면을 향해 내려오게 된다. 그 결과 구름의 윗부분에는 양전하가

자주 나오는 질문…

미국에서 번개의 빈도는 얼마나 되나요?

미국 국립번개감지네트워크(National Lightning Detection Network)에 따르면 1989년 이후 인접한 48개 주에서 구름-지면 번개가 연평균 2,500만 번가량 보고됐다. 또한 섬광 중 절반 정도는 한 지점 이상에 떨어지고 연평균 4,000만 이상의 지점에 낙뢰가 생긴다. 구름-지면 번개 이외에 구름 속에서는 5 내지 10회 정도의 섬광이 나타난다.

남고 아래 부분에는 음전하가 주를 이루며 약간의 양전하만 있게 된다(그림 10.16).

구름이 이동하면서 음전하를 띤 구름 밑면이 음전하를 띤 조각을 밀쳐 내어 바로 아래 지표의 전하를 바꾼다. 그래서 구름 아래 지표는 순전히 양전하만 띄게 된다. 이러한 전하 차이는 번개가 구름 아래 지표의 양전하 지역 혹은 더 흔하게는 구름 내부 또는 주변 구름의 양전하 부분을 강타하여 구름의 음전기 부분을 방전시키기 전에 수백만, 심지어 수억 볼트로 발달한다.

뇌격

구름–지면 뇌격은 가장 흥미로운 분야로 자세한 연구가 이루어졌다. 이러한 연구에서 이동 필름 카메라가 큰 공헌을 했다(그림 10.17). 이 카메라를 통해 1개의 섬광이 실제로 구름과 땅 사이에 여러 차례의 매우 빠른 뇌격으로 이루어져 있음을 알 수 있다. 몇 십 분의 1초 동안 광선 형태로 나타나는 이 총 방전을 **섬광**(flash)이라고 부른다. 각 섬광을 구성하는 개별 요소가 **뇌격**(stroke)이다. 각 뇌격은 대략 50ms초로 나뉘지고 섬광당 3~4차례 뇌격이 있다.* 육안으로는 이 방전을 이루는 개별 뇌격을 인식하기 때문에 섬광이 깜빡이는 것으로 보인다. 또한 각 뇌격은 아래로 전파되는 선도로 이루어져 있어 빛나는 되돌이 뇌격이 바로 뒤따르게 된다.

각 뇌격은 구름 밑면 주변의 전기장이 전자를 바로 아래의 공기 중으로 방출시킬 때 발생되며 공기를 이온화시킨다(그림 10.16). 한 번 이온화된 공기는 대략 반경 10cm, 길이 50m 정도의 도전로(conductive path)가 된다. 이 경로가 **선도**(leader)이다. 이 전기 분리 과정에서 구름 밑면의 이동 전자가 선도 아래로 유입되기 시작한다. 이로 인해 선도 말단의 전위가 증가하고 도전로가 늘어나 이온화가 더 진행된다. 이러한 초기 경로가 거의 보이지 않는 버스트로 지면 쪽으로 확대되는 것을 **계단선도**(step leader)라 부른다. 계단선도가 땅에 가까워지면 지표의 전기장이 남은 부분을 이온화시킨다. 이 과정이 완성되면 경로에 저장되어 있던 전자가 아래로 유입되기 시작한다. 처음의 유입은 지면 근처에서 시작된다.

도전로의 하단에 있던 전자가 지면 쪽으로 이동하면서 경로의 위쪽에 자리잡고 있던 전자가 아래로 이동하게 된다. 전자 흐름의 통로가 계속 위로 확대되기 때문에 동반하는 방전이 **되돌이 뇌격**(return stroke)으로 명명되었다. 되돌이 뇌격의 파동 전면이 상승하면서 경로 내에 있

대기를 바라보는 눈 10.1

이 위성영상은 NASA의 번개 이미징 센서(Lightning Imaging Sensor)로부터 관측된 3개월치 자료의 합성인데, 북위 35°와 남위 35° 사이의 모든 낙뢰를 기록한다.

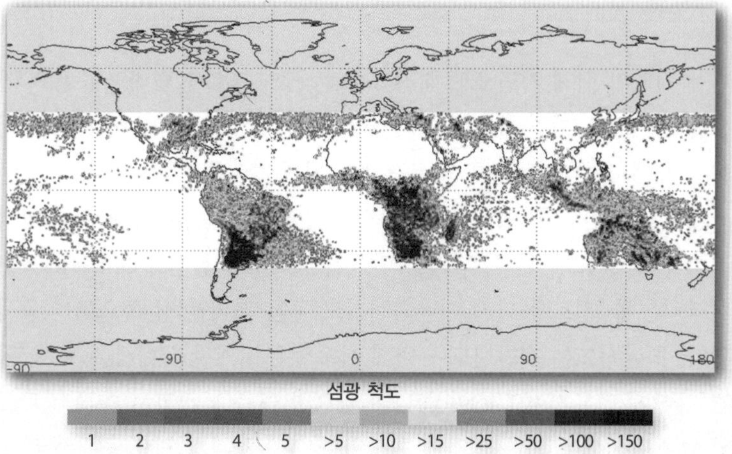

질문

1. 이 영상이 어떤 3개월을 나타내는가? 6~8월 또는 12~2월? 어떻게 알게 되었는가?
2. 왜 해양보다 육지 지역에 번개가 훨씬 많은가?

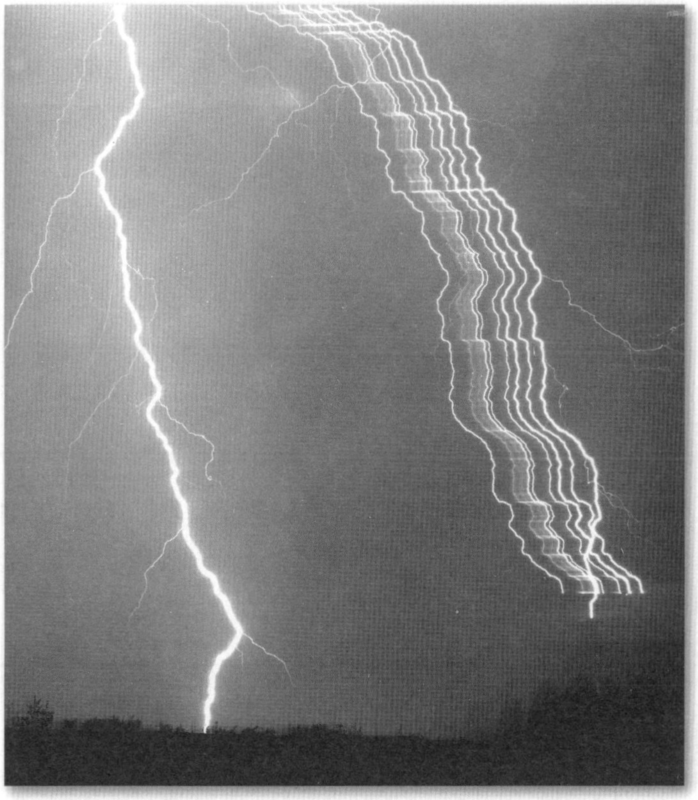

▲ 그림 10.17 이동 필름 카메라에 의해 기록된 단일섬광의 다중뇌격

* 1ms는 천분의 일(1/1000)초에 해당한다.

자주 나오는 질문…

번개를 맞을 확률은 얼마인가요?

대부분의 사람들이 번개에 맞을 확률을 크게 과소평가한다. NWS에 따르면 주어진 해에 미국 내에서 한 개인이 사망하거나 상해를 입을 기회는 240,000분의 1이다. 수명이 80년이라고 가정하면, 일생 동안의 확률은 3000분의 1이다. 보통의 사람에게 10명의 가족이 있고 그 사람과 가까운 다른 사람이 있으므로, 번개가 한 개인에게 일생 동안 밀접하게 영향을 줄 가능성은 300분의 1이다.

던 음전하가 쉽게 지면으로 내려오게 된다. 도전로를 빛내고 구름의 가장 낮은 수 킬로미터를 방전시키는 것이 바로 강력한 되돌이 뇌격이다. 이 단계에서 수십 C(쿨롱)의 음전하가 지면으로 내려온다.*

첫 번째 뇌격 후 보통 추가 뇌격이 뒤따라 구름 안 더 높은 지역의 전하를 끌고 오게 된다. 뇌격이 이어질 때마다 **화살선도**(dart leader)로 시작되는데, 경로를 다시 이온화시키고 구름 전위를 땅 쪽으로 이동시킨다. 화살선도는 계단선도에 비해 지속성은 길지만 확대성은 적다. 뇌격 사이에 전류가 0.1초 이상 멈춰 있으면 처음 뇌격과는 다른 경로를 가진 계단선도에 의해 뇌격이 발생한다. 3~4차례 뇌격으로 구성된 섬광의 지속 시간은 대략 0.2초이다.

천둥

번개에 의한 방전으로 번개 경로 주변의 공기는 즉시 과열된다. 1초도 안 되는 시간에 온도가 무려 33,000℃로 상승한다. 공기가 단기간에 데워지면 폭발적으로 팽창하고 음파로 듣게 되는 **천둥**(thunder)이 된다.

* 쿨롱은 전하 단위로 전류 1암페어에 의해 1초간 이동되는 전하의 양과 동일하다.

번개와 천둥이 동시에 발생하기 때문에 뇌격이 일어난 거리를 측정할 수 있다. 번개는 바로 보이지만 음파는 상대적으로 속도가 느려 초당 330m가량 이동하여 늦게 도착한다. 천둥소리가 번개를 보고 5초 후에 들린다면 번개가 친 곳은 1650m 떨어진 장소이다.

우르르 거리는 천둥소리는 번개를 본 사람으로부터 어느 정도 거리에 떨어져 있는 긴 번개 경로를 따라 만들어진다. 가장 가까운 곳에서 시작된 소리가 가장 먼 곳에서 시작된 소리보다 먼저 들린다. 이 때문에 천둥의 지속 기간이 늘어난다. 음파가 산이나 건물에 반사되면 천둥 도착 시간은 더욱 길어지게 된다. 번개가 20km 이상 떨어진 곳에서 일어날 경우 천둥소리는 거의 들리지 않는다. 이런 종류의 번개가 열 번개(heat lightning)인데 천둥을 동반하는 번개와 차이가 없다.

✔ 개념 체크 10.5

❶ 판번개와 구름-지면 번개 중 더 자주 일어나는 것은?

❷ 천둥은 어떻게 발생하는가?

❸ 열 번개란 무엇인가?

자주 나오는 질문…

번개를 맞은 사람 중 어느 정도가 실제로 사망하나요?

NWS에 따르면 낙뢰 희생자 중 약 10%만이 사망에 이르고 90%는 생존한다. 그러나 생존자들이 영향을 받지 않는 것은 아니다. 많은 생존자가 위중하고 일생에 걸친 상해와 불구를 겪는다.

10.6 토네이도

토네이도의 구조와 기본적인 특성을 표현한다.

토네이도는 단기간 지속되는 국지 폭풍으로 자연재해 중에 가장 파괴적이라 할만하다(그림 10.18). 산발적으로 발생하고 바람이 맹렬하기 때문에 매년 많은 인명 피해를 가져온다. 피해 지역은 마치 전쟁 중의 폭탄 공습지와 비슷할 정도로 거의 완전히 파괴된다.

2013년 5월 하순 폭풍우 기간 동안 오클라호마 중부의 경우가 그러한 예이다. 5월 20일, 가장 강력한 범주의 EF-5등급 토네이도(표 10.3 참조)가 무어라는 도시를 강타했다. 최고 풍속은 시속 340km로 추정된다. 이 폭풍으로 25명이 목숨을 잃고 350명 이상이 부상을 입었다. 주변 지역도 적어도 13,000개의 구조물이 부서지거나 피해를 입었다. 피해 추정액은 20억 달러를 넘었다(그림 10.19). 이 토네이도는 5월 19일 오클라호마 중부를 강타한 5개를 포함하여 이틀 동안 대평원 지역을 가로질러 발생한 많은 토네이도 중의 하나이다. 무어가 그러한 폭풍을 겪은 게 이때가 처음은 아니었다. 그보다 13년 전, 1999년 5월에 더 강력하고 치명적인 토네이도가 이 지역 사회를 덮쳤다.

토네이도(tornado)는 **트위스터**(twister)나 **사이클론**(cyclone)이라 불리기도 하는데, **소용돌이**(vortex) 혹은 회전하는 공기기둥 형태로 적란운에서 아래로 확장되는 파괴적인 바람폭풍이다. 일부 토네이도의 내부 기압은 외부보다 10% 이상 낮다. 지상의 공기는 소용돌이 중심의 저기압으로 빨려 들어가며 사방에서 토네이도 안으로 말려가게 된다. 기류가 안으로 들어가며 중심 주변에서 소용돌이 모양으로 상승하여 적란

◀ **그림 10.18 응결과 파편이 토네이도를 보이게 함**
토네이도는 지표와 접촉하여 격렬하게 회전하는 공기기둥이다. 공기기둥은 응결이나 먼지, 파편이 있을 경우에 눈에 보인다. 종종 이 둘 다의 결과로 나타나기도 한다. 공기기둥이 상공에 있고 피해를 입히지 않을 때 보이는 부분을 **깔대기구름**(funnel cloud)이라 부른다.

운탑 깊숙이 모뇌우(parent thunderstorm)의 기류에 휩쓸린다.

기압이 급속도로 떨어지기 때문에 폭풍 속으로 빨려 들어간 공기가 단열적으로 팽창하고 냉각된다. 공기가 이슬점 이하로 온도가 낮아지면 응결된 공기가 지면을 지나오며 먼지와 파편을 흡수하여 창백하고 어두워진 구름을 만든다. 간혹 안으로 소용돌이치는 공기가 상대적으로 건조한 경우 중심 기압이 단열냉각을 일으킬 만큼 낮지 않기 때문에 응결 깔때기구름이 생성되지 않는다. 이 경우 소용돌이는 지표에서 빨아올려진 파편 등으로만 모습이 드러나게 된다.

일부 토네이도는 단일 소용돌이로 이루어져 있지만 강력한 토네이도들은 그 영향권 안에 큰 토네이도의 중심 주위를 궤도를 그리며 도는 **흡입소용돌이**(suction vortex)라 불리는 작지만 강력한 소용돌이를 내포하고 있다(그림 10.20). 이런 토네이도는 **다중 소용돌이 토네이도**(multiple-vortex tornado)로 분류된다. 흡입소용돌이의 지름은 약 10m밖에 되지 않으며 대개 1분 안에 생성과 소멸이 이루어진다. 거대한 쐐기(wedge) 형태부터 좁은 줄(rope) 모양에 이르기까지 흡입소용돌이는 모든 토네이도 규모에서 발생한다. 흡입소용돌이는 때때로 토네이도 트랙을 따라 넓고 짧게 지나가 극심한 피해를 입힌다. 이제 뉴스와 20세기 초 설화에 기록됐던 몇몇 토네이도가 실제로 다중 소용돌이 토네이

▶ **그림 10.19 오클라호마 주 무어에서의 토네이도에 의한 파괴**
2013년 5월 20일 오클라호마 중부가 가장 강력한 등급인 EF-5 토네이도에 의해 황폐화되었다. 토네이도가 극에 달했을 때 너비가 2.1km이었고, 바람이 시속 340km이었다.

Video
NOAA(National Oceanic and Atmospheric Administration)의 NSSL(National Severe Strorm Lab)에서의 레이더 연구
http://goo.gl/bQHPEs

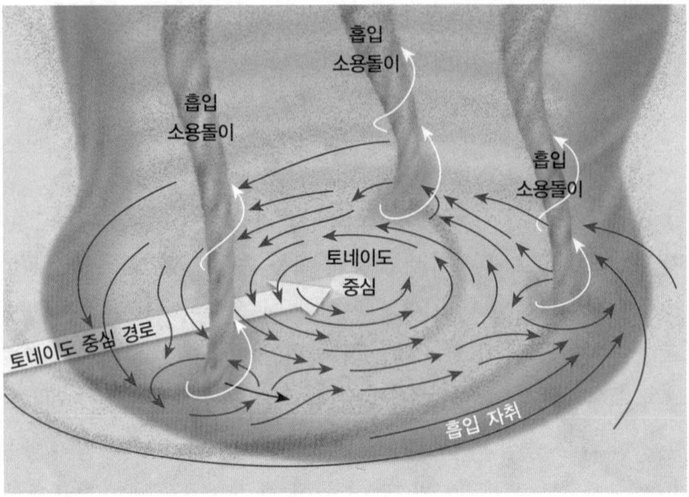

▲ **그림 10.20 다중 소용돌이 토네이도**
일부 토네이도의 내부에는 다중 흡입소용돌이가 있다. 이 작고 매우 강한 소용돌이들은 지름이 대략 10m이고 토네이도 중심 주위를 시계 반대 방향으로 움직인다. 이 다중 흡입소용돌이 구조 때문에 겨우 10m 떨어진 거리에서 어떤 건물은 심하게 피해를 입는데 다른 건물은 적은 피해를 입을 수도 있다.

Video
토네이도 바람 패턴
http://goo.gl/luOPiY

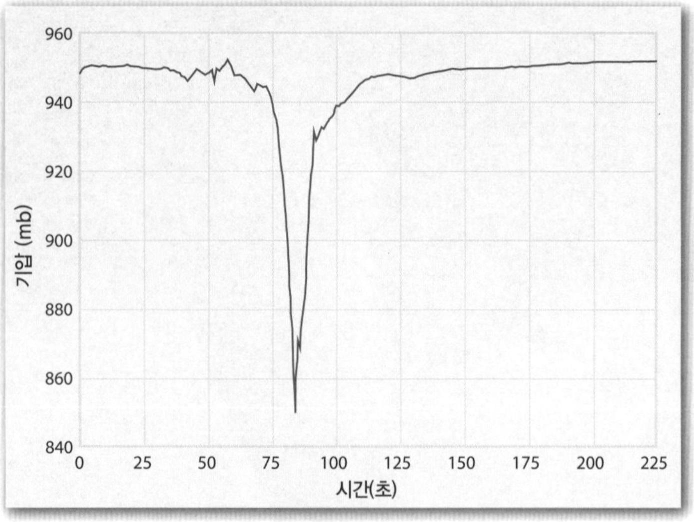

▲ **그림 10.21 토네이도 통과에 따른 기압 변화**
이 그래프는 단 40초 동안에 100mb의 현저한 기압 변화를 보여 주는데, 이는 맹렬한 토네이도가 폭풍의 통로에 설치된 특별히 고안된 탐사 기구 바로 위를 지나가면서 발생한 것이다. 2003년 6월 24일 사우스다코타 주 맨체스터.

Video
현장에서의 NSSL
http://goo.gl/fttN0K

도였다고 믿어지고 있다.

강한 토네이도는 기압경도가 아주 커서 최고 풍속이 시속 480km를 넘는 경우도 있다. 기존 풍속계로는 믿을 만한 풍속 측정이 어려우나, 도플러 레이더를 이용해서 과학자들이 1999년 5월 오클라호마시티 지역을 강타한 파괴적인 토네이도에서 시속 486km의 풍속을 측정했다.

토네이도의 통과와 연관된 기압 변화에 대한 대부분의 기록은 근처의 기상 관측소를 지나가는 몇 개의 폭풍에 기초하여 추정되거나, 이동 장비를 가진 폭풍 추적 기상학자에 의해 조사되었다. 토네이도의 통로에 관측 장비를 설치하는 시도가 많이 있어 왔지만 몇 번만 성공하였다. 한 성공적인 측정이 2003년 6월 24일 사우스다코타 주의 맨체스터에서 일어났다. 거대세포뇌우를 추적하던 기상학자들이 특별히 고안된 탐사기구를 맹렬한 토네이도 통로에 직접적으로 설치하였다. 토네이도는 그 기구 패키지의 바로 위를 통과하였고, 약 40초 동안에 100mb의 급격한 기압 하강을 측정하였다(그림 10.21). 토네이도의 생애가 짧고 매우 국지적이기 때문에 그러한 자료를 수집하는 것은 도전적인 일이다. 도플러 레이더의 개발로 토네이도를 생산하는 뇌우에 대한 연구 능력이 향상되었다. 앞으로 살펴볼 내용처럼 이 기술로 기상학자들이 안전한 거리에서 토네이도에 대한 이해를 증진하는 것이 가능하게 되었다.

✓ 개념 체크 10.6

❶ 왜 토네이도는 그렇게 빠른 풍속을 가지는가?

❷ 무엇이 토네이도의 회전하는 공기기둥이 눈에 보이게 하는가?

❸ 다중 소용돌이 토네이도란 무엇인가? 모든 토네이도가 이런 형태인가?

10.7 토네이도의 발달과 발생

토네이도 형성에 유리한 대기 조건과 위치를 요약하여 설명한다.

토네이도는 강풍, 호우(때로 폭우), 우박을 만드는 위험뇌우와 연관되어 형성된다. 토네이도에 우박이 항상 선행하지는 않지만 큰 우박이 내리는 뇌우 지역에 강한 토네이도가 발생할 가능성이 높다.

토네이도는 뇌우 안의 강한 상승기류와 대류권 내 바람이 상호작용한 결과이다. 다행히도 전체 뇌우 가운데 토네이도는 1% 미만이다. 그렇지만 토네이도의 잠재적 생산자인 뇌우를 더 많이 모니터해야 한다.

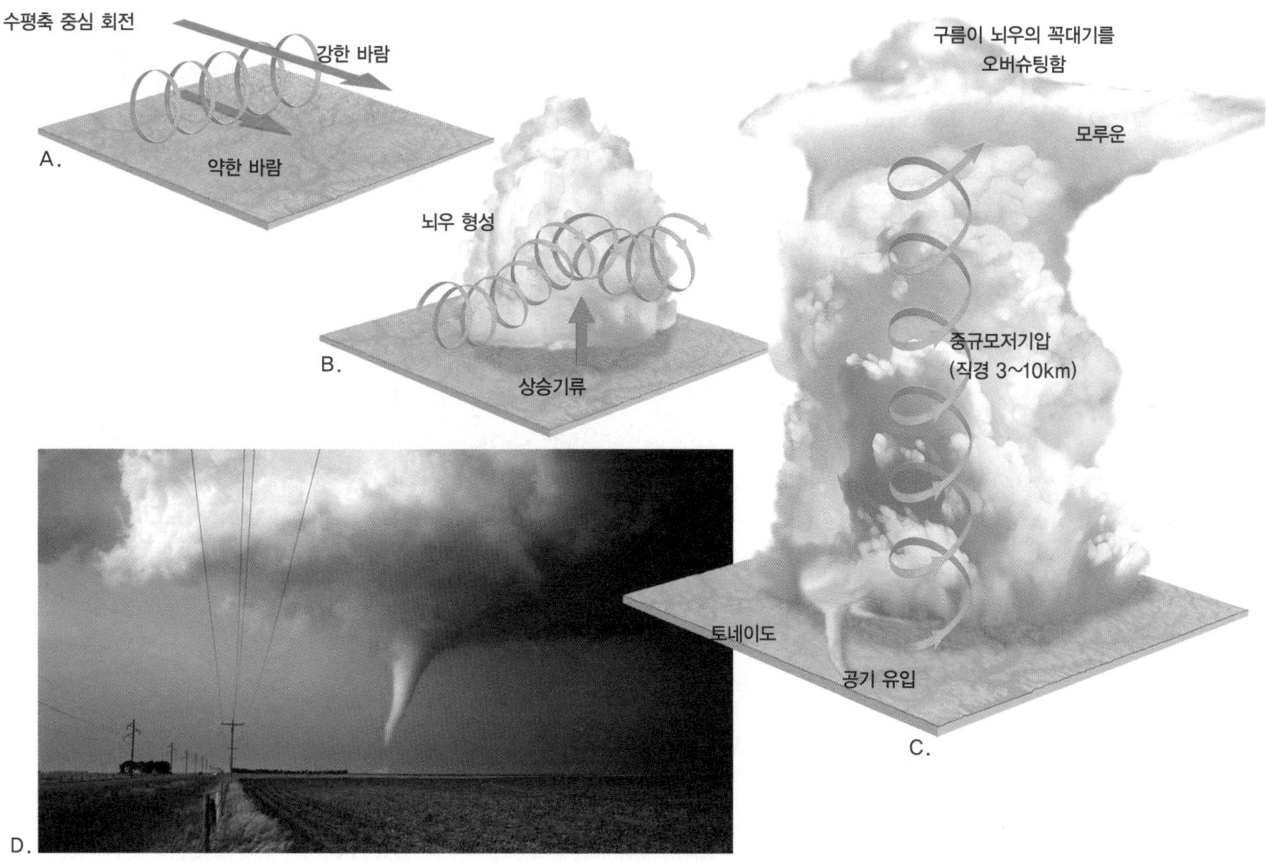

http://goo.gl/c7BkZ

◀ **스마트그림 10.22 종종 중규모저기압이 토네이도보다 선행한다**

A. 바람이 지상보다 상층에서 더 강하게 불어(**속력 바람 시어**) 수평축 주변으로 회전운동을 일으킨다. **B.** 강력한 뇌우의 상승기류가 수평으로 회전하는 공기를 거의 수직으로 기울인다. **C.** 회전하는 공기의 연직 원기둥인 중규모저기압이 만들어진다. **D.** 토네이도가 발달하면 중규모저기압의 아래 부분에서 천천히 순환하는 벽 구름에서 내려온다. 이 거대세포 토네이도는 1996년 5월 텍사스 팬핸들을 강타하였다.

토네이도의 발달

토네이도는 한랭전선, 스콜선, 열대성저기압(허리케인) 등 위험기상을 만들어 내는 어떤 조건에서도 형성될 수 있다. 대개 가장 강력한 토네이도는 거대세포뇌우와 연관되어 발생한 것이다. 위험뇌우 시 토네이도가 형성될 주요 선행 조건은 중규모저기압의 발달이다. **중규모저기압**(mesocyclone)은 연직 원기둥 형태의 회전하는 공기로 일반적으로 지름이 3 내지 10km이며 위험뇌우의 상승기류에서 발달한다. 이 커다란 소용돌이가 형성되면 30분 정도 후에 토네이도가 형성될 수 있다.

중규모저기압의 형성은 연직 바람 시어의 존재 여부에 달려 있다. 지상에서 위로 가면서 풍향이 남풍에서 서풍으로 바뀌고 풍속도 증가한다. 속력 바람 시어(즉, 상층은 강한 바람, 지상 근처에는 약한 바람)가 그림 10.22A에서 보듯 수평축을 중심으로 회전운동을 만들어 낸다. 조건이 맞으면 폭풍우의 강력한 상승기류가 수평으로 회전하는 공기를 거의 수직으로 기울인다(그림 10.22B 참조). 이로 인해 구름 내부에서 회전이 시작된다.

처음에는 중규모저기압이 다음 단계에 비해 더 넓고 짧으며 회전 속도도 느리다. 시간이 갈수록 중규모저기압은 연직으로 늘어나며 수평으로는 좁아져서 풍속이 안쪽 소용돌이를 가속시킨다(아이스 스케이팅 선수가 스핀을 돌거나 싱크대에 물이 가득 차서 소용돌이치며 빠져나갈 때 가속되는 것과 같다. 글상자 11.1 참조). 다음으로 좁아진 회전 공기기둥이 아래로 뻗쳐 구름의 일부가 구름 밑면 아래로 돌출하여 아

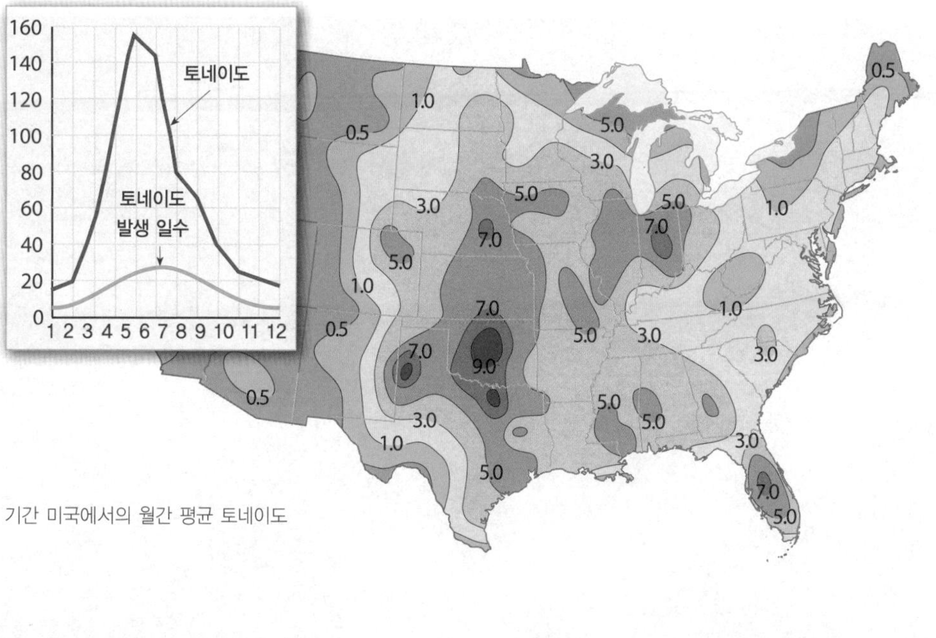

▶ **그림 10.23 토네이도 발생**

27년간 26,000km²당 연평균 토네이도 발생 일수를 보여 준다. 그래프는 같은 기간 미국에서의 월간 평균 토네이도 수와 토네이도 발생 일수를 나타낸다.

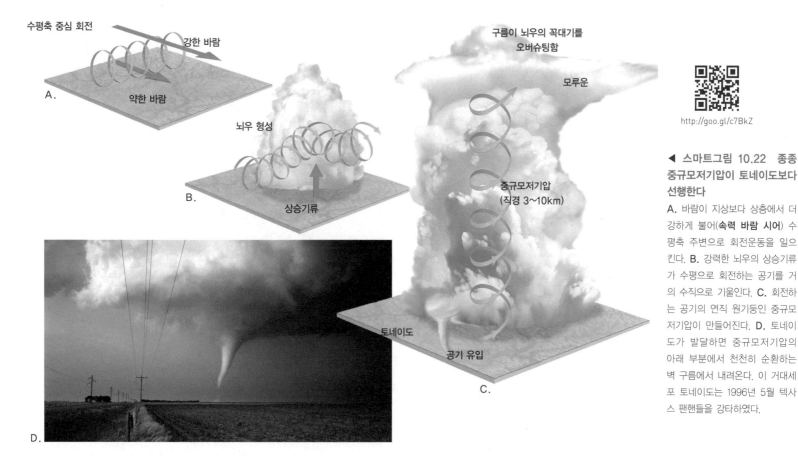

주 어둡고 천천히 회전하는 **벽구름**(wall cloud)을 만든다. 마침내 좁고 빠르게 회전하는 소용돌이가 벽구름 밑면에서 나와 **깔대기구름**(funnel cloud)을 생성한다. 이 깔대기구름이 지상과 접촉하면 토네이도로 분류된다.

중규모저기압 형성이 늘 토네이도 발생으로 이어지지는 않는다. 전체 중규모저기압의 절반 정도만 토네이도로 발전한다. 그 원인은 밝혀지지 않았는데, 이 때문에 예보관들이 어떤 중규모저기압에서 토네이도가 생길 것인지 미리 결정할 수 없다.

토네이도 기후학

위험뇌우와 토네이도는 중위도저기압의 한랭전선이나 스콜선을 따라서 또는 거대세포 뇌우와 관련하여 가장 빈번히 발생한다. 중위도 저기압과 연관된 기단은 봄철에 가장 대비적인 조건을 가지기 쉽다. 캐나다에서 온 대륙성 한대기단은 아주 차갑고 건조한 반면, 멕시코만에서 온 해양성 열대기단은 온난 습윤하고 불안정하다. 이 대비가 클수록 폭풍우는 더 강해지는 경향이 있다.

이 상이한 두 기단은 미국 중부 지역에서 만날 가능성이 높은데, 이는 미국의 중간 지점을 북극이나 멕시코만으로부터 분리시키는 큰 자연적인 막이 없기 때문이다. 결과적으로 미국의 다른 지역에 비해 그리고 세계적으로도 이 지역에서 토네이도가 많이 발생한다. 그림 10.23은 27년 동안 미국의 연평균 토네이도 발생 수치인데, 이 사실을 입증한다.

평균적으로 연간 약 1300건의 토네이도가 미국에서 보고된다. 그러나 연도별로 실제 수치는 차이가 크다. 예를 들어 2000년에서 2013년까지의 14년 동안 연간 총 건수는 2002년에 935건으로 낮았고, 2011년에 1894건으로 높았다. 토네이도는 연중 매달 발생한다. 미국에서는 4월부터 6월이 토네이도 발생 빈도가 가장 높고, 12월과 1월에 가장 활동이 낮다. 1950~1999년의 거의 50년 기간 동안 인접한 48개 주에서 확인된 40,522건의 토네이도 가운데 5월에는 하루당 평균 약 6회씩 일어났다. 다른 극단적인 경우인 12월과 1월에는 단지 이틀에 한 번 꼴로 보고되었다.

전체 토네이도의 40% 이상이 봄철에 발생한다. 반면 가을과 겨울을 합쳐도 19% 정도밖에 되지 않는다(그림 10.23). 토네이도 발생이 증가하기 시작하는 1월 하순과 2월에는 중부의 걸프만에 접한 주에서 가장 많이 발달한다. 3월에는 이 중심이 남동부의 대서양에 접한 주로 동쪽으로 이동하며, 토네이도 빈도는 4월에 최고를 보인다.

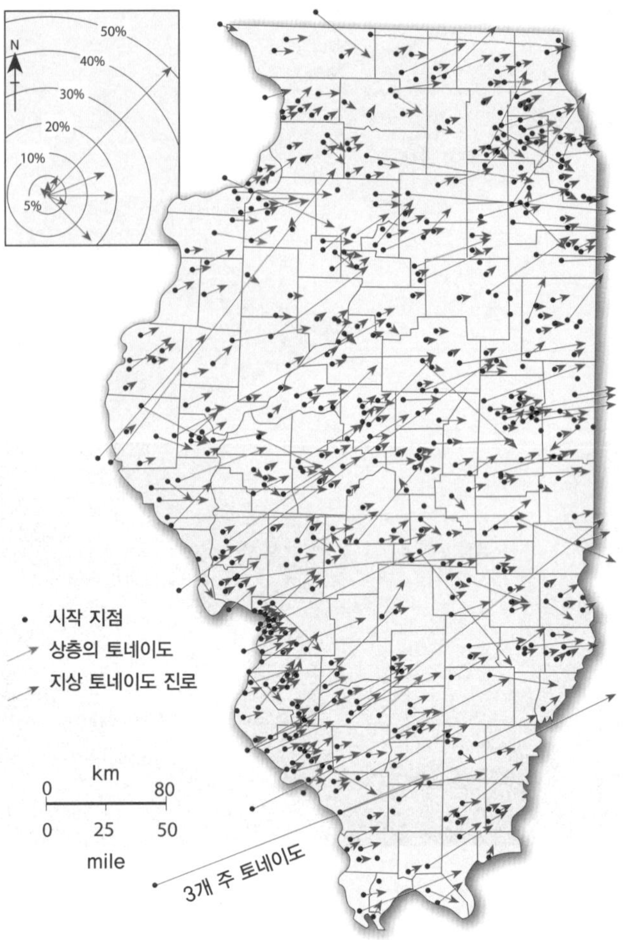

▲ **그림 10.25 일리노이 토네이도의 경로**
대부분의 토네이도가 한랭전선의 약간 전면에 남서풍대 지역에서 발생하므로 북동쪽으로 이동한다. 일리노이의 토네이도들이 이를 증명한다. 이 그림에 보인 토네이도의 80% 이상이 동쪽을 거쳐 북동쪽으로 움직인다.

◀ **그림 10.24 11월 토네이도**
일리노이 주 중부에서는 '토네이도 철'이 4월에서 6월까지로 여겨지지만 강한 토네이도가 2013년 11월 17일 일요일 아침에 일리노이 주 워싱턴 지역사회를 황폐시켰다. 630채 이상의 가옥과 2500대 이상의 차량이 파괴되었다.

표 10.2 토네이도 극한치

토네이도 특성	수치	일자	장소
세상에서 가장 치명적인 단독 토네이도	1300명 사망, 12,000명 상해	1989년 4월 26일	방글라데시 사투리아, 마니가니
미국에서 가장 치명적인 단독 토네이도	695명 사망	1925년 3월 18일	미주리~일리노이~인디애나
미국에서 가장 치명적인 토네이도 발생	747명 사망	1925년 3월 18일	미주리~일리노이~인디애나(3개 주 토네이도 사망자 포함)
가장 큰 24시간 총 토네이도 발생	토네이도 147회	1974년 4월 3~4일	미국 중부 13개 주
토네이도가 가장 많았던 달	토네이도 753회	2011년 4월	미국
가장 넓은 토네이도(지름*)	너비 약 4000m	2004년 5월 22일	네브라스카 주 핼럼, EF-4 토네이도
기록된 최대 토네이도 풍속†	135m/s	1999년 5월 8일	오클라호마 주 브리지 크리크
최대 고도 토네이도	3650m	2004년 7월 7일	캘리포니아 주 세쿼이아 국립공원
최장 토네이도 수송	개인수표가 359km 옮겨짐	1991년 4월 11일	캔자스 주 스톡턴에서 네브라스카 주 위네툰까지

출처 : National Weather Service, Storm Prediction Center.

*NWS는 이제 '가장 넓은'이란 표현을 토네이도 피해의 최대 넓이로 정의한다.

†필요에 의해 이 값은 이동식 도플러 레이더에 의해 표집된 적은 수의 토네이도에 국한되어 있다.

5월과 6월에는 최대 빈도의 중심이 남부 대평원 지역으로 이동하고 그 후에는 북부 대평원과 오대호 지역으로 옮겨간다. 이 이동은 온난 습윤한 공기의 침투가 증가한 반면, 북쪽과 북서쪽에서 아직 한랭 건조한 공기가 들어오기 때문이다. 따라서 5월 이후에 걸프만에 접한 주들이 사실상 온난 공기의 영향권에 들어갈 때, 한랭 공기의 유입이 없어 발생 빈도가 낮아진다. 6월 이후에는 미국 전역이 그러하다. 겨울철의 냉각으로 인해 온난기단과 한랭기단이 만나기 더욱 어려워지고, 12월에는 토네이도 발생 빈도가 최저에 달한다.

앞의 문단들에서 토네이도 기후학에 대해 설명하였다. 1장의 날씨와 기후에 대한 논의에서 기후가 대기의 성질에 대한 통계적인 상관관계를 제공한다는 것을 상기하면, 그 논의는 "기후는 일어날 것이라 기대하는 것이고, 날씨는 당장 일어나는 것이다."라는 잘 알려진 격언을 포함한다. 2013년 5월에 오클라호마 주 무어를 강타한 토네이도는 기후학적인 기대를 충족시켰다. 이 토네이도는 '토네이도 철'이라 여겨지는 기간에 '토네이도 앨리(통로)'의 중심부에서 발생했다. 그러나 위의 격언이 경고하듯이 날씨는 통계적 확률에 맞추어 항상 일어나지는 않는다. 그림 10.24는 2013년 11월에 일어난 경우를 예로 보여 준다.

토네이도의 프로파일

토네이도는 평균적으로 지름이 150~600m 정도이고 시간당 약 45km를 이동하며 약 26km 길이의 경로를 만든다. 많은 토네이도가 한랭전

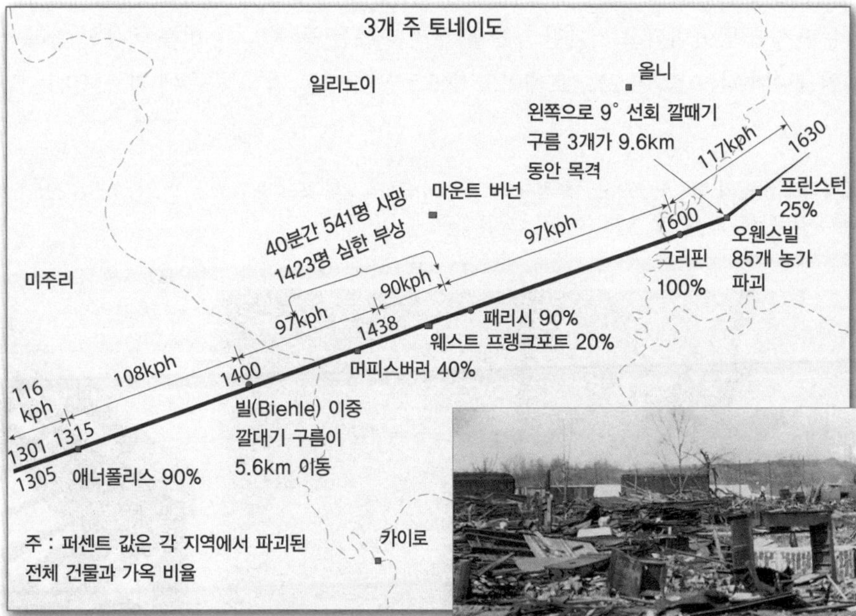

A.

B.

▶ **그림 10.26 3개 주 토네이도**

A. 1925년 3월 18일 발생했던 이 토네이도는 기록상 미국에서 가장 치명적인 토네이도이다. 이 토네이도는 350km 동안 지면에 닿아 있으면서 사망 695명, 상해 2027명을 초래했다. 경로선 바로 위의 숫자는 일중 시각(24시제)이다. **B.** 이 역사적인 흑백 사진은 3개 주 토네이도가 지역사회를 휩쓴 3일 후인 1925년 3월 21일 일리노이 주 머피스버러를 보여 준다.

선의 약간 전면의 남서풍대 지역에서 발생하기 때문에 대부분 북동쪽으로 이동한다. 그림 10.25에 보인 일리노이 사례가 이 사실을 잘 입증한다. 이 그림은 또한 많은 토네이도가 '평균적' 토네이도라는 표현에 부합하지 않음을 보여 준다.

Video
현대 기록 보관이 시작된 이래 가장 치명적인 토네이도
http://goo.gl/EA3ry7

미국에서 매년 보고되는 수백 개의 토네이도 중에 절반 이상이 상대적으로 약하고 수명이 짧다. 이 작은 규모의 토네이도 대부분이 지속 시간이 3분도 안 되고 길이가 1km, 너비가 100m를 넘는 경우가 드물다. 전형적인 풍속은 시간당 150km 이하이다. 토네이도 스펙트럼의 다른 쪽 끝에는 빈도는 낮지만 오래 지속되는 강력한 토네이도도 있다(표 10.2). 큰 규모의 토네이도는 보고된 총 토네이도 중 차지하는 비율은 작지만 그 결과는 종종 파괴적이다. 그런 토네이도는 3시간 넘게 지속되며 150km 이상의 길이와 1km 이상의 지름을 가진 연속적인 파괴 경로를 보인다. 최고 풍속은 시간당 500km를 넘어선다(그림 10.26).

자주 나오는 질문…

'토네이도 앨리(통로)'는 무엇인가요?

토네이도 앨리는 대중 매체에서 사용하는 별칭으로 미국 중부에서 토네이도가 많이 발생하는 넓은 띠 형태의 지역을 의미한다(그림 10.23 참조). 토네이도 앨리의 중심은 텍사스 팬핸들에서 오클라호마, 캔자스, 네브라스카에 이른다. 물론 토네이도 앨리 밖에서도 난폭한 (치명적인) 토네이도는 매년 발생한다. 토네이도는 거의 미국 전역에서 발생할 수 있다.

✓ 개념 체크 10.7

1. 토네이도 형성에 가장 도움이 되는 일반적인 대기 상태는 무엇인가?
2. '토네이도 철'은 언제인가? 왜 토네이도가 이 시기에 발생하는가?
3. 왜 토네이도의 최대 빈도 지역이 이동하는가?
4. 대부분의 토네이도가 어떤 방향으로 움직이는가? 이에 대해 설명하시오.

10.8 토네이도 파괴와 토네이도 예보

토네이도 강도를 기술한다. 토네이도 주의보와 토네이도 경보를 구분하고 경보 과정에서 도플러 레이더의 역할을 논의한다.

토네이도는 자연 현상 중 가장 강력한 바람을 일으키기 때문에 지푸라기를 두꺼운 나무판자에 박아버리고 커다란 나무를 뿌리째 뽑는 등 불가능해 보이는 일을 이룬다(그림 10.27). 토네이도 탓으로 여겨지는 엄청난 피해가 바람에 의해서는 불가능하다고 여겨질 수 있지만, 공학 장비를 이용한 반복적인 실험을 통해 시속 320km 이상으로 바람이 불 경우에 가능하다는 것이 입증되었다.

▼ **그림 10.27 토네이도 바람의 힘** A. 1991년 4월 캔자스 주 위치타 근처의 토네이도 바람의 힘은 이 금속 조각을 전신주에 박아 넣기에 충분했다. B. 강한 토네이도가 발생한 후인 1999년 5월 4일 오클라호마 주 브리지크리크의 한 나무를 트럭의 잔해가 감싸고 있다.

A.

B.

기록된 예가 많이 있다. 1931년에는 토네이도가 117명을 태운 83톤짜리 열차를 24m까지 옮겨 개천으로 떨어뜨린 적이 있다. 1년 후 사우스다코다의 수폴스 근처에는 두께 15cm 길이 4m짜리 강철이 교각에서 뜯겨 나와 300m를 날아간 후 35cm 두께의 나무에 구멍을 뚫었다. 1970년에는 텍사스 러벅에서 18톤 강철 트럭이 거의 1km 정도 옮겨졌다. 다행히도 토네이도로 인한 바람이 언제나 이렇게 강하지는 않다.

토네이도 강도

대부분 토네이도로 인한 피해는 몇 개의 폭풍우가 도시 지역을 강타하거나 아주 작은 마을을 초토화시킬 때 발생한다. 그러한 폭풍우에 의한 파괴 정도는 (전적으로는 아니지만) 바람의 세기에 달려 있다. 토네이도의 강도, 크기, 수명에 대해 다양한 범위에 걸쳐 관측이 이루어진다. 토네이도 강도에 대해 일상적으로 이용되는 지침은 **증보 후지타척도**(Enhanced Fujita Scale), 또는 간단히 **EF 척도**(EF Scale)이다(표 10.3). 토네이도 바람을 직접적으로 측정하기 어렵기 때문에 EF 척도의 등급은 폭풍우에 의한 피해를 평가하여 결정한다. EF 척도가 많이 사용되기는 하지만 완벽하지는 않다. 토네이도의 세기를 피해 정도로만 추정하고 토네이도에 의해 타격을 받는 대상의 구조적인 보전을 고려하지 않기 때문이다. 튼튼하게 지어진 건물은 강한 바람도 견뎌내지만 그렇지 않은 구조물은 같은 세기 또는 더 약한 바람에도 파괴된다.

토네이도 통과로 인한 기압 하강은 피해에 큰 영향을 미치지 않는다. 대부분 구조물은 압력이 급격히 떨어져도 버티도록 배기가 된다. 이전에는 창문을 열면 내부와 외부의 기압을 같게 하여 피해를 줄일 수 있다고 믿었지만 지금은 그렇지 않다. 실제로 토네이도가 가까워져서 기압이 낮아질 정도라면 강한 바람이 이미 건물에 큰 피해를 입혔을 것이다.

▲ **그림 10.28 주요 토네이도 발생**

1974년 4월 3~4일에 16시간 동안에 147개 토네이도가 13개 주를 덮쳤다. 여기에 다수의 토네이도 경로를 보였다. 이는 기록상 가장 크고 희생이 큰 사건이었다. 이 폭풍우로 315명이 사망하고 5500명 이상이 부상당했다. 48개 토네이도가 치명적이었으며, 이 중 후지타척도로 7개는 F-5급이었고 23개는 F-4급이었다. 이 사건은 토네이도 강도가 EF 척도 이전의 후지타척도(F 척도)로 표현될 때 일어났다. F 척도의 풍속(mph, 시속 마일)은 F-0(<72), F-1(72~112), F-2(113~157), F-3(158~206), F-4(207~260), F-5(>260)이다.

표 10.3 증보 후지타척도*

척도	낙하속도		피해
	km/hr	mi/hr	
EF-0	105~137	65~85	**약한 피해.** 판자 벽과 작은 간판에 약간의 피해
EF-1	138~177	86~110	**보통 피해.** 상당한 지붕 피해. 바람이 나무를 뿌리째 뽑고 1인용 너비의 이동식 주택을 전복시킬 수 있음. 깃대가 구부러짐.
EF-2	178~217	111~135	**상당한 피해.** 대부분의 1인용 너비의 이동식 주택이 파괴됨. 영구 가옥의 토대가 옮겨짐. 깃대가 부러짐. 연한 나무의 껍질이 벗겨짐.
EF-3	218~265	136~165	**심한 피해.** 단단한 나무의 껍질이 벗겨짐. 가옥의 일부만 남기고 모두 파손됨.
EF-4	266~322	166~200	**황폐시키는 피해.** 잘 지어진 주거지와 학교 건물의 큰 구역이 완전히 파괴됨.
EF-5	>322	>200	**믿기 어려운 정도의 피해.** 중간층 및 고층 빌딩의 심각한 구조 변형

* 원래의 후지타척도는 1971년 T. 시오도어 후지타에 의해 개발되어 1973년에 사용에 들어갔다. 증보 후지타척도는 2007년 2월에 채택된 개정판이다. 풍속은 피해에 근거한 추정값이며(측정값이 아니고), 피해 장소에서의 3초간 돌풍을 나타낸다. 토네이도 강도를 산출하는 기준에 대한 추가 정보는 www.spc.noaa.gove/efscale/에서 볼 수 있다.

강한 바람이 토네이도 피해 중 가장 큰 부분이기는 하지만 상해와 사망은 날아다니는 파편에 의해 많이 발생한다. 평균적으로 토네이도는 번개와 돌발홍수를 제외하고는 매년 가장 많은 사망자를 낳는다. 미국에서 토네이도로 인한 사망자 수는 연평균 60명이다. 하지만 실제 사망자 수는 해마다 평균으로부터 차이가 많다. 예를 들어 1974년 4월 3~4일의 경우 147개의 토네이도가 미시시피 강 동쪽 13개 주에 인명피해와 파괴를 초래했다. 300명 이상이 사망하고 거의 5,500명이 상해를 입었다(그림 10.28).

인명 손실

인명 손실을 초래하는 토네이도의 비율은 작다. 2013년에 미국에서 943건의 토네이도 보고가 있었다. 이 중 14건만 '살인 토네이도'였다. 대부분의 해에 미국에서 보고되는 총 토네이도 중 2%보다 조금 작은

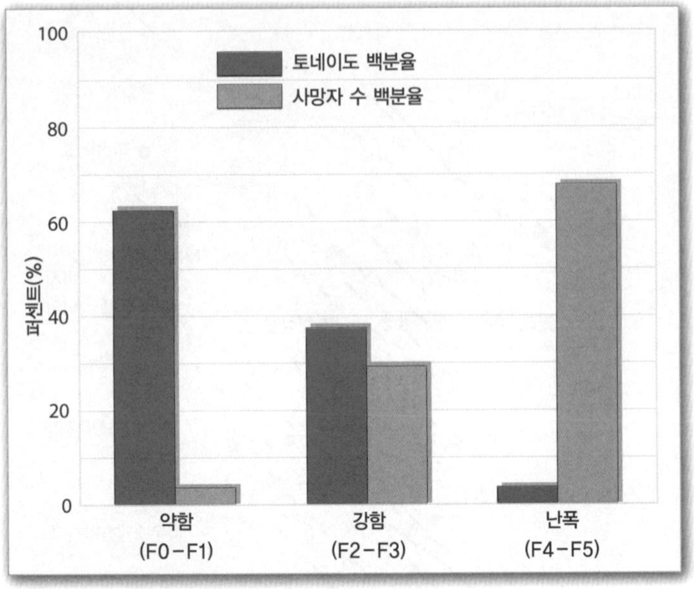

▲ 그림 10.29 토네이도 강도와 사망자 수
막대그래프는 각 강도 범주의 토네이도 백분율과 그 범주와 연관된 사망자 수 백분율을 비교한다. 이 연구는 EF 척도가 채택되기 전에 완성되었기에 폭풍우 강도가 F척도로 표시되었다. 이 척도의 풍속(mph)은 F-0(<72), F-1(72~112), F-2(113~157), F-3(158~206), F-4(207~260), F-5(>260)이다.

수가 '살인 토네이도'이다. 비록 사망을 초래하는 토네이도의 퍼센트가 작긴 하지만 모든 토네이도는 잠재적으로 치명적이다. 그림 10.29에 폭풍우 강도와 토네이도 사망자를 비교했는데, 그 결과가 상당히 흥미롭다. 이 그래프는 대다수(63%)의 토네이도가 약하며, 토네이도 강도가 클수록 폭풍우의 수는 줄어든다는 것을 명백히 보여 준다. 그러나 토네이도 사망자 수 분포는 그 반대이다. 난폭하다고 분류되는 2%의 토네이도가 사망 원인의 70% 정도에 해당한다.

토네이도의 원인에 대해서는 논란이 있지만 이 난폭한 폭풍우의 파괴적인 영향에 대해선 의심의 여지가 없다. 맹렬한 토네이도는 지역을 놀라게 하고 혼란에 빠뜨리게 하는데, 이에 대해서는 전쟁 수준의 대비가 필요하다.

토네이도 예보

토네이도는 규모도 작고 수명이 짧아서 정확하게 예보하기가 가장 어려운 기상현상에 들어간다. 그럼에도 이러한 폭풍우에 대한 예보, 감지, 모니터링은 기상 전문가들이 해야 할 가장 중요한 일이다. 적절한 시기에 주의보와 경보를 발효하고 배포하는 일은 인명과 재산 보호에 매우 중요하다(글상자 10.3 참조).

오클라호마 주 노먼에 위치한 SPC(Storm Prediction Center,)는 NWS와 NCEP(National Centers for Environmental Prediction)에 속해 있다. 주 임무는 위험뇌우와 토네이도에 대해 시의적절하고 정확하게 예측하고 감시하는 것이다.

위험뇌우 전망(severe thunderstorm outlooks)은 매일 여러 차례 발표된다. 1일 전망은 향후 6시간에서 30시간 사이에 위험뇌우의 영향권에 들어가는 지역을 알리고 2일 전망은 예보를 다음 날까지로 확대한다. 둘 다 예상되는 위험기상의 형태, 범위, 강도를 표현한다. 많은 지방 NWS의 현장 예보관들도 위험기상 전망을 발표하여 향후 12~24시간 동안 좀 더 지역적인 정보를 알려준다.

토네이도 주의보와 경보 일반 국민에게 토네이도 위협에 대해 알려주는 것은 NWS의 중요한 기능이다. **토네이도 주의보**(tornado watches)는 어느 지역에 특정 시간 동안 일어날 토네이도의 가능성을 일반에게 알려주는 것이다. 주의보는 위험기상 전망에서 이미 확인된 예보 영역을 좀 더 상세하게 조절하는 역할을 한다. 일반적인 주의보는 4~6시간 동안 65,000km²가량의 영역을 다룬다. 토네이도 주의보는 감지, 추적, 경고, 대응을 적절히 하기 위해 필요한 과정을 시작하게 하기 때문에 토네이도 경보 체계에서 중요한 부분이다. 주의보는 일반적으로 토네

대기를 바라보는 눈 10.2

이 위성영상은 2007년 위스콘신 주 북부를 가로 질러 이동한 토네이도에 의해 남겨진 대각선 경로의 일부분을 보여 준다.

질문

1. 이 폭풍우는 어떤 방향으로 진행하였는가? 북동쪽 또는 남서쪽?
2. 토네이도는 한랭전선의 전면에서 발생했을까 아니면 후면에서 발생했을까?
3. 이 폭풍우가 발생한 확률이 3월이 높은가? 아니면 6월이 높은가? 선택한 달의 확률이 왜 높은가?

기상재해
글상자 10.3

난폭한 토네이도로부터 헤어나기

2004년 7월 13일 오전 11시경, 일리노이 주 북부 및 중부 대부분 지역에 토네이도 주의보가 발효되었다. 주의 북서부에서 큰 거대세포가 발달하여 매우 불안정한 환경의 남동부로 이동하고 있었다(그림 10.F). 몇 시간 후 이 거대세포가 우드포드 카운티에 들어섰을 때, 비가 내리기 시작했고 폭풍우가 심해질 조짐이 보였다. NWS는 오후 2시 29분에 위험뇌우 경보를 발표했다. 수 분 후에 토네이도가 발달했다. 23분 후에 4분의 1mile 너비의 토네이도가 일리노이 시골 지역을 가로질러 9.6mile 길이의 통로를 새겼다.

무엇이 이 폭풍우를 특별하거나 독특하게 했을까? 결국 그것은 2004년에 미국에서 보고된 1819건의 토네이도 중의 하나일 뿐이다. 한 가지는 NWS가 최대 풍속을 시속 240mile로 추정했다는 것이다. 이 토네이도는 그 생애의 일부에서 1% 미만의 토네이도가 도달하는 EF-4등급에 이르렀다. 그러나 가장 주목할 만한 것은 폭풍우가 가장 강한 시점에 작은 마을 로어노크 서쪽의 파슨즈 매뉴팩츄어링 설비를 직접 강타했을 때 아무도 죽거나 부상을 입지 않았다는 사실이다. 그 당시에 150명의 사람이 공장 설비를 이루는 3개의 건물 안에 있었다. 250,000ft^{2}의 설비는 초토화되었고, 차량은 뒤틀려서 울퉁불퉁한 더미를 이루었으며, 잔해는 수 마일까지 흩뿌려졌다(그림 10.G).

어떻게 150명의 사람이 죽음과 부상으로부터 벗어날 수 있었을까?

어떻게 150명의 사람이 죽음과 부상으로부터 벗어날 수 있었을까? 예측과 계획이 그들을 구했다. 30년보다 훨씬 더 전에 회사 주인인 밥 파슨스는 작은 토네이도가 창문을 날려버릴 정도로 가까이 지나갈 때 그의 첫 번째 공장 안에 있었다. 나중에 새로운 공장을 지었을 때 그는 화장실을 강철로 보강된 벽과 8인치 두께의 천장을 가진 토네이도 대피소로 이중으로 쓰이게 축조하였다. 그에 더하여 회사는 위험기상 플랜을 개발하였다. 당일 오후 2시 29분에 위험뇌우 경보가 발표되었을 때, 파슨스 공장의 응급대응 팀장에게 즉시 알려졌다. 잠시 후 그는 밖에 나가 발달하는 깔때기구름과 함께 회전하는 벽구름을 목격했다. 그는 사무실에 무선통신을 해 위험기상 계획을 실시하도록 지시했다. 고용인들은 즉시 그들의 지정된 대피소로 가도록 통보받았다. 공장에서 연 2회 토네이도 훈련을 했기에 모두 어디로 가야할지 또 무엇을 해야 할지 알고 있었다. 150명 모두 4분 안에 대피소에 도착했다. 오후 2시 41분에 토네이도가 공장을 파괴하기 전 2분이 채 못 되었을 때 응급대응 팀장이 마지막으로 대피소에 도착했다.

2004년에 미국에서 토네이도 사망자 총 수는 단 36명이었다. 사망자 수는 더 많을 수도 있었다. 토네이도 대피소의 건축과 효과적인 위험 폭풍우 플랜이 파슨스 매뉴팩츄어링의 150명 사람의 삶과 죽음을 갈랐다.

▲ 그림 10.F 난폭한 일리노이 중부의 토네이도
2004년 7월 13일에 EF-4 등급의 토네이도가 일리노이 주 우드포드 카운티의 로어노크 마을 근처의 시골 지역에 23mile을 관통하는 통로를 내었다. 파슨스 매뉴팩츄어링은 그 마을의 바로 서쪽에 있었다.

질문

1. 토네이도의 약 얼마 정도의 비율이 EF-4 등급에 도달하는가?
2. 파슨스 매뉴팩츄어링의 고용인이 토네이도로부터 사망이나 부상을 피하게 된 두 가지 요인을 열거하시오.

▲ 그림 10.G 폭풍우의 여파
4분의 1mile 너비의 토네이도의 풍속이 시속 240mile에 달했다. 파슨스 매뉴팩츄어링의 파괴는 황폐화될 정도였다.

당신의 예보는?

위험뇌우 예보를 위해 요인들을 조합하기

해럴드 브룩스(Harold Brooks), NOAA/NSSL 예보연구개발부 선임 연구원

토네이도와 위험뇌우는 그들의 파괴력뿐만 아니라 그 지역과 잠재적 영향을 수 시간 전에 미리 정확하게 아는 것이 도전적인 문제이기 때문에 무섭다(그림 10.H). 이러한 도전에 다가가기 위해 토네이도 또는 위험뇌우를 만드는 데 필요한 요인들을 고찰할 수 있다. 그러한 요인들을 이해함으로써 토네이도가 언제 어디서 일어나는지 알 수 있다.

폭풍우는 지상에 온난 습윤한 공기와 그 위에 상대적으로 한랭 건조한 공기를 필요로 한다. 이러한 요소들로 만들어진 간단한 모델이 대기 속에서 폭풍우의 상승기류를 일으킬 가용 에너지의 양을 추정하는 데 도움을 준다. 그 에너지를 표현하는 좋은 방법이 생성될 수 있는 가장 강한 상승기류이다. 전형적인 뇌우는 10m/s의 상승기류를 가지는 반면 가장 강한 상승기류는 100m/s에 달한다. 위험폭풍우는 대개 대기가 약 20m/s의 상승기류를 지탱할 때 형성된다. 40m/s이 약간 넘는 상승기류는 야구공 크기의 우박을 지탱할 수 있는데, 우박은 메이저리그에서 빠른 공과 같은 속도로 떨어진다.

그러나 위험폭풍우는 에너지 이상을 필요로 한다. 그것은 또한 조직화되고 회전할 필요가 있다. 회전은 지표로부터 6km 고도까지 올라가면서 풍속이 증가할 때 일어난다. 그 변화가 클수록 회전은 강해질 것이다. 대부분의 위험폭풍우가 지상과 6km 고도 사이에 적어도 20m/s의 풍속 차이를 필요로 한다.

기상학자들은 강한 상승기류와 위험폭풍우 발달과 연관된 바람 차이를 일으키는 데 필요한 에너지에 대한 방대한 양의 자료를 수집해 왔다. 이러한 지식을 바탕으로 그들은 위험뇌우가 언제 발생할 것인지 또는 언제 발생하지 않을 것인지에 대해 예보한다. 수백만 개의 자료 지점을 조사하여 가용 에너지와 바람 차이의 주어진 특정한 조합에서 위험폭풍우가 발생할 확률을 산출할 수 있다(그림 10.I). 지표와 6km 고도 사이에 가용 에너지의 양이 방대하고 바람 차이가 현저할 때 가장 확률이 높다. 다행스럽게 그러한 조건은 매우 자주 일어나지 않지만, 그 조건이 맞을 때 피해와 인명 손실은 심각한 걱정거리이다.

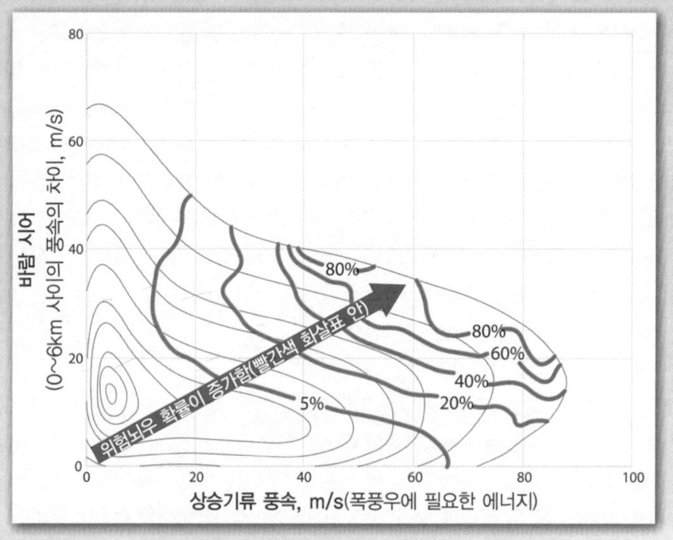

▲ **그림 10.I 위험뇌우의 확률 예보**
미국에서 상승 속도로 표현된 폭풍우의 가용 에너지와 0~6km 사이의 풍속 차이로 표현된 바람 시어의 주어진 조합 내에서, 적어도 골프공 크기의 우박과 허리케인 세기의 바람, 즉 EF-2 등급 이상의 토네이도를 생산하는 뇌우의 확률을 퍼센트로 나타냄(파란색으로 보임). 회색 등치선은 미국 내에서 그 조합이 얼마나 자주 관측되는가를 나타낸다. 왼쪽 아래 황소 눈 형태의 영역은 상승 풍속과 바람 시어의 조합에 대해 가장 가능성 있는 값을 나타낸다. 대부분의 폭풍우는 상승기류 및 풍속 차이가 10m/s 이하이다. 더 에너지가 많은 폭풍우(그래프에서 오른쪽으로 감) 또는 더 큰 바람 시어를 가진 폭풍우(그래프에서 위로 감)는 잘 일어나지 않지만 더 위험한 날씨를 생산한다.

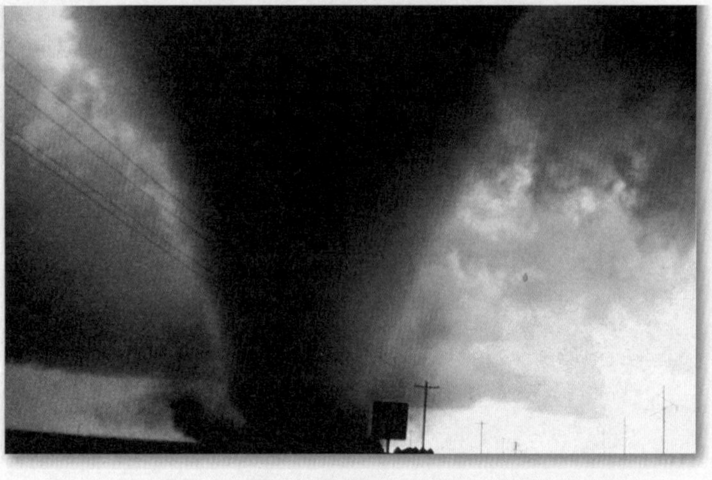

▲ **그림 10.H 1995년 6월 2일 텍사스 주 디미트의 토네이도**
이 사진은 VORTEX 현장 프로젝트 동안 촬영되었다. 토네이도는 규모가 작고 수명이 짧은 현상이기 때문에 정확하게 예보하기가 힘들다.

질문

1. 미국 대평원 지역의 겨울에는 대기 속에 수분이 거의 없어 폭풍우를 위한 가용 에너지가 낮으나, 지상과 제트기류와 연관된 상층 풍속 사이의 차이가 커지는 경향이 있다. 여름에는 다량의 수분과 폭풍우를 위해 필요한 에너지가 있으나, 제트기류가 북쪽 멀리 이동하여 연직 바람 차이가 작다. 봄에는 멕시코만으로부터 습기가 천천히 북으로 이동하고 제트기류 또한 북으로 이동해 약해진다. 요소들의 이러한 조합이 위험뇌우와 토네이도를 언제 어디서 보게 될 것인지에 어떻게 영향을 주는지 설명하시오.
2. 미래 기후변화에 대해 우리가 현재 이해하는 바로는 대기가 온난해지면서 뇌우 발생에 필요한 에너지가 증가할 것이나, 극지방이 적도보다 더 많이 온난해지면서 바람 차이는 줄어들 것이라는 시나리오가 가능하다. 이 시나리오에서 미국에서 위험뇌우의 분포는 어떻게 변하겠는가?

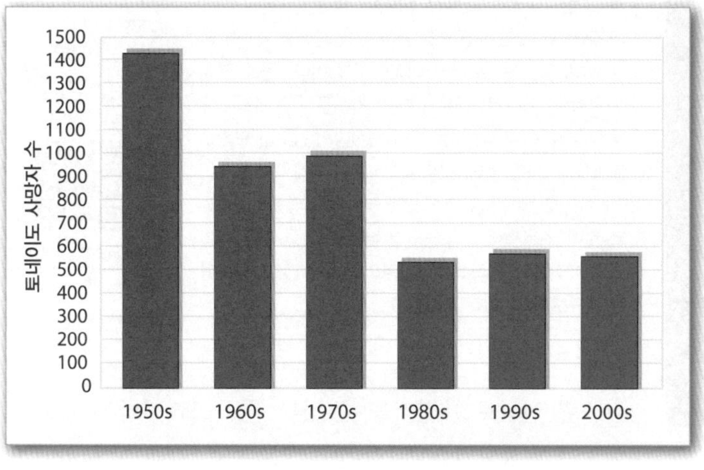

▲ **그림 10.30 미국에서 1950~2009년 동안 10년 단위의 토네이도 사망자 수**
인구가 1950년 이후로 가파르게 증가했지만 토네이도 사망자 수는 일반적으로 감소해 왔다.

이도 위협이 적어도 26,000km^2 정도 되고 또는 3시간 이상 지속되는 조직적인 위험기상 현상에 대해 준비된다. 주의보는 전형적으로 토네이도 위협이 고립적이거나 수명이 짧을 경우 발효되지 않는다.

토네이도 주의보가 사람들에게 발생 가능성에 대해 알리는 것이라면 NWS의 지방 관서가 발표하는 **토네이도 경보**(tornado warning)는 실제로 그 지역에 토네이도가 목격되거나 레이더에 감지되었을 때 발효된다. 이는 급박한 위험의 가능성이 높음을 경고한다. 경보는 주의보보다 더 작은 지역에 대해 발효하는데, 대개 한 카운티 또는 여러 카운티의 일부를 포함한다. 또한 일반적으로 30~60분 정도로 주의보에 비해 더 짧은 시간 동안 유효하다. 토네이도 경보는 실제 목격에 근거하기 때문에 종종 토네이도가 이미 발달하고 나서 발효된다. 하지만 대부분의 경보는 도플러 레이더 데이터, 깔대기구름이나 구름 밑면 회전에 대한 감시 보고를 참고하여 토네이도가 발생하기 전, 때로는 수십 분 전에 발표된다.

폭풍우의 풍향과 대략의 풍속을 알면 그 폭풍우의 가장 가능성 있는 경로를 산출할 수 있다. 토네이도는 불규칙적으로 움직이기 때문에 경보 지역은 토네이도가 감지된 곳으로부터 부채꼴 모양으로 표시된다. 지난 50년간 향상된 예보와 기술의 진보로 토네이도로 인한 사망률이 크게 줄었다. 그림 10.30이 이런 경향을 보여 준다. 미국의 인구가 급속히 증가한 기간에 토네이도 사망자 수는 감소했다.

앞에서 보았듯이 한 지점이 토네이도의 타격을 입는 확률이 발생 빈도 수가 가장 큰 지역에서조차도 희박하다. 그럼에도 가능성은 적지만 토네이도는 많은 수학적 예외를 보여 줬다. 예를 들어 캔자스의 코델이라는 작은 마을은 1916년, 1917년, 1918년 3년 연속 5월 20일이라는 같은 날짜에 토네이도가 강타했다! 말할 필요도 없이 토네이도 주의보와 경보는 결코 가볍게 여길 수 없다.

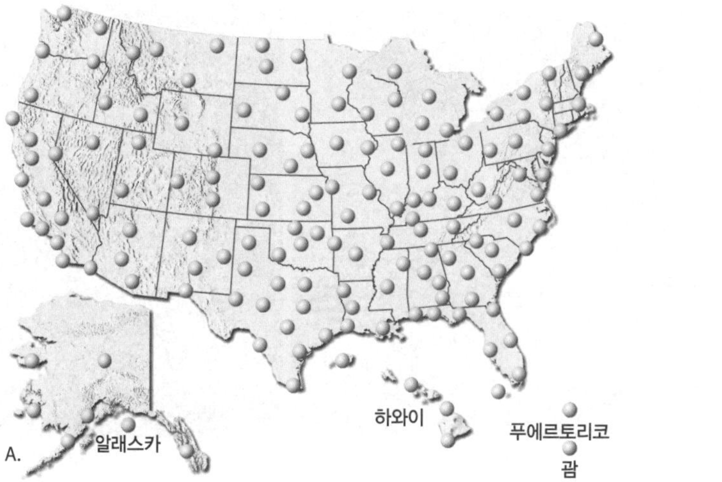

B.

▲ **그림 10.31 도플러 레이더**
A. 미국 내 도플러 레이더 사이트. http://radar.weather.gov에 가면 유사한 지도를 볼 것이다. NWS 도플러 레이더의 현재 상황을 보기 위해 어떤 사이트든지 클릭할 수 있다. **B.** 자동차 위의 도플러(Doppler on Wheels)는 연구자들이 위험기상 현상의 현장 연구에서 이용하는 이동식 장비이다.

Video
레이더 속도 자료를 이용해 토네이도성 뇌우 파악하기
http://goo.gl/szdHJQ

도플러 레이더 미국 전역에 **도플러 레이더**(Doppler radar)를 설치함으로써 뇌우에 대한 추적과 뇌우가 토네이도를 발생시킬 가능성을 바탕으로 경보를 발효하는 능력에 큰 개선이 있었다(그림 10.31). 기존의 기상 레이더는 전자기 에너지의 짧은 파동을 전송해 작동한다. 방출된 파동의 작은 부분이 폭풍우에 의해 산란되고 레이더로 다시 돌아와 '에코(echo)'를 만든다. 돌아오는 신호의 강도가 강우의 세기를 나타내고 신호의 전송과 회귀의 시간 차는 폭풍우까지의 거리를 나타낸다.

그러나 토네이도와 위험뇌우를 파악하기 위해서는 그들과 연관된 특성 순환 패턴을 감지할 수 있어야 한다. 기존의 레이더는 가끔 토네이도와 연관된 나선형 비 밴드가 생겨 갈고리 모양의 에코를 만들 때를 제외하고는 그렇게 할 수가 없다.

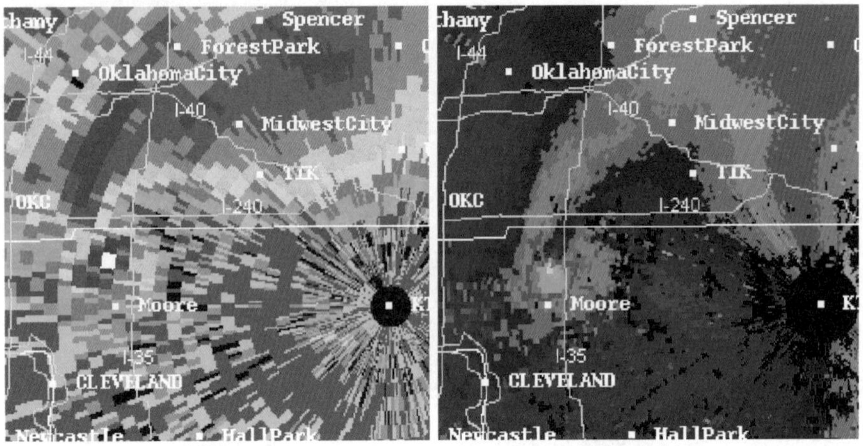

반사율 폭풍우 상대속도

◀ **그림 10.32 도플러 레이더 영상**
1999년 5월 3일 오클라호마 주 무어 근처의 EF-5 급 토네이도의 이중 도플러 레이더 영상이다. 왼쪽 영상(반사율)은 거대세포뇌우 내부의 강수를 보여 준다. 오른쪽 영상은 레이더 빔을 따라 움직이는 강수의 모습으로 비나 우박이 얼마나 빨리 레이더와 가까워지거나 멀어지는지를 알 수 있다. 이 예에서 레이더는 이례적으로 토네이도 자체의 징후를 분간할 수 있을 만큼 가깝게 토네이도에 근접했다(대부분의 경우 약하고 규모가 큰 중규모저기압만이 감지된다).

Video
레이더 반사율 자료를 이용해 토네이도성 뇌우 파악하기
http://goo.gl/Sbbm0j

도플러 레이더는 기존 레이더의 기능은 물론 움직임을 직접 포착하는 능력이 있다(그림 10.32). 여기 포함된 원리는 **도플러 효과**(그림 10.33)로 알려져 있다. 구름 속에서 공기 움직임은 원래의 파동과 반사되는 신호의 주파수를 비교함으로써 결정된다. 강수가 레이더를 향해 접근하면 반사되는 파동의 주파수가 증가하고, 레이더로부터 멀어지면 주파수가 감소한다. 이 주파수 차이로 도플러 레이더로 다가오고 멀어져가는 속도를 파악한다. 경찰 레이더가 움직이는 차량의 속도를 결정하는 것과 같은 원리이다. 불행하게도 단일 도플러 레이더만으로는 레이더에 평행한 공기의 움직임을 감지할 수 없다. 그래서 구름 안의 바람 상태에 대해 더 완전하게 알기 위해서는 2개 또는 그 이상의 도플러 레이더가 필요하다.

도플러 레이더는 흔히 토네이도 발달에 선행하는 위험뇌우 안의 중규모저기압의 형성과 그후의 발달을 감지한다. 대부분(96%)의 중규모저기압은 파괴적인 우박, 강한 바람, 또는 토네이도를 생산한다. 토네이도를 생산하는 중규모저기압(약 50%)은 때로 강한 풍속과 풍속의 급작스런 변화로 특징지을 수 있다. 중규모저기압은 때로 토네이도가 형성되기 30분 전 정도에 모폭풍우(parent storm) 내에서 감지될 수 있으며, 폭풍우의 크기가 클 경우에 230km 거리까지 감지되기도 한다. 또한 레이더에 가까울 경우 개별 토네이도의 순환이 감지될 수도 있다. 미국 내에 도플러 네트워크가 만들어진 이래 토네이도 경보 평균 선행 시간이 1980년대 후반의 5분 미만에서 오늘날 거의 13분 정도로 증가하였다.

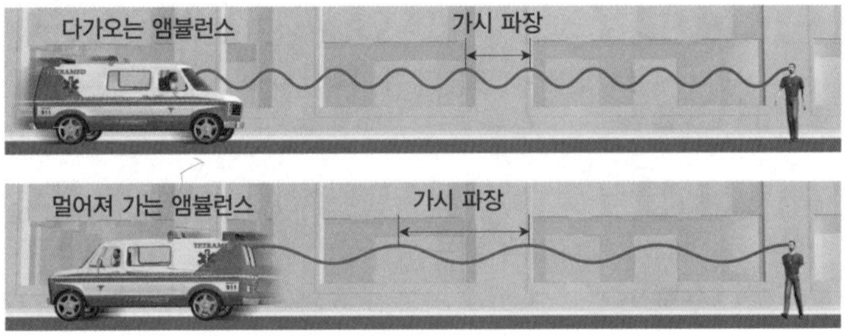

▲ **그림 10.33 도플러 효과**
이 일상에서 보는 도플러 효과는 파장이 가시적으로 길어지고 짧아지는 것이 음원과 관찰자 사이의 상대적인 이동에 달려 있음을 나타낸다.

도플러 레이더는 일기예보자가 폭풍우 안을 보고 대기 속의 회전을 감지하여 어디에서 토네이도가 형성될 것인가에 대한 중요한 단서를 제공할 뿐만 아니라 강수가 어디에서 일어날 것인지를 결정하게 하는 매우 귀중한 도구임이 밝혀졌다. 도플러 레이더 기술은 **이중편파**(dual-polarization) 또는 **이중편파 기술**(dual-pol technology)을 개발한 NWS 연구자들의 업적 때문에 진화해 왔는데, 이 기술은 강수의 형태와 강도, 크기 및 위치에 대해 더 정확한 정보를 예보자에게 제공한다.

2013년 4월까지 미국 내 모든 NWS 도플러 레이더에 향상된 이중편파 기술이 장착되었다. 그것은 새로운 소프트웨어의 개발과 에너지의 수평 및 연직 파동을 송출하고 수신하는 레이더 접시에 하드웨어 부착을 포함하였는데, 이를 통해 대기 속에 무슨 일이 일어나고 있는지에 대해 더 많은 정보를 제공하게 되었다. 그것은 예보자들이 비, 우박, 눈 또는 얼음싸라기와 다른 비행 물체를 명백히 확인하고 구분하는 데 도움을 준다. 또 다른 중요한 이점은 이중편파레이더가 대기에서 생긴 파편을 더 분명하게 탐지할 수 있다는 것이다. 이를 통해 예보자가 지표에 토네이도가 있고 피해를 일으킴을 확신하고 지역사회에 그 통로를 더욱 자신있게 경고할 수 있다. 이는 지상의 관측자가 토네이도를 볼 수 없는 밤에 특히 도움이 된다.

Video
도플러 레이더의 혜택
http://goo.gl/wNyeKp

자주 나오는 질문…

토네이도가 있을 때 이동식 주택 안에 있는 것은 얼마나 위험한가요?

이동식 주택은 미국 내에서 모든 주거 형태 중 상대적으로 작은 비율을 보인다. 그런데도 NWS에 따르면 2000~2010년 기간 동안 모든 토네이도 사망자의 52%(604명 중 314명)가 이동식 주택에서 발생했다.

✓ 개념 체크 10.8

❶ 토네이도 강도의 등급을 매기는 데 자주 이용되는 척도를 거명하시오. 이 척도에서 등급이 어떻게 결정되는가?

❷ 평균적인 해에 미국에서 어느 정도 비율의 토네이도가 '살인 토네이도'인가?

❸ 토네이도 주의보와 토네이도 경보를 구분하시오.

❹ 기존의 레이더에 비해 도플러 레이더가 가지는 이점은 무엇인가?

10 요약

10.1 명칭의 의미

▶ 폭풍우를 일으키는 저기압의 세 가지 분류를 구분한다.

- 토네이도와 허리케인은 사이클론이지만 대부분의 사이클론은 허리케인이나 토네이도가 아니다. 사이클론이라는 용어는 규모나 강도에 상관없이 어떤 저기압 중심 주위의 순환을 의미한다.

Q. 뇌우를 이 절에서 논의한 세 가지 형태의 사이클론과 연관지어 보시오.

10.2 뇌우

▶ 뇌우의 형성에 대한 기본 요건을 열거하고, 지도에 빈번한 뇌우 활동을 나타내는 지역을 표시한다.

주요 용어 뇌우

- 뇌우가 발달할 때 역학적 열적 불안정이 일어나는데, 이는 온난 습윤한 공기가 불안정한 환경에서 상승할 때 생긴다.
- 지표의 불균등한 가열 또는 전선대나 산비탈을 따라 발생하는 온난 공기의 치올림과 같은 몇 가지 기구는 뇌우를 만드는 적란운을 형성하는 데 필요한 공기의 상향 이동을 유발시킨다.
- 다가오는 십년 내에는 지구온난화가 뇌우의 발달을 촉진시키는 조건을 강화시킬 것으로 예상된다. 미국에서는 그러한 변화가 동부 및 남부의 주들에서 가장 현저할 것이다.

Q. 북미의 서부 가장자리에서 연간 뇌우 일수가 남동부 주에 비해 왜 더 작은지 설명하시오.

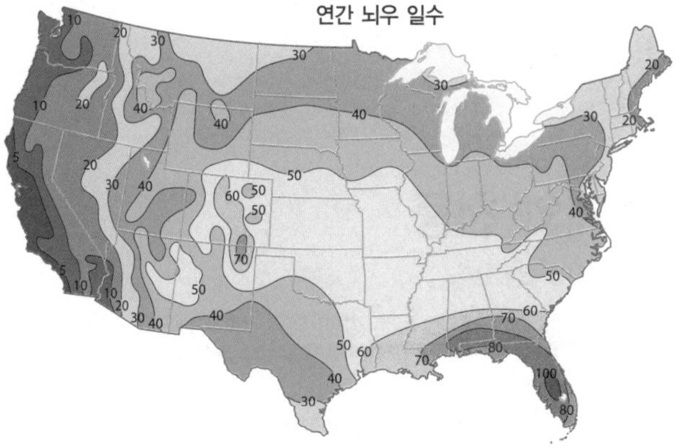

10.3 기단뇌우

▶ 기단뇌우의 세 단계를 나타내는 간단한 선도를 그리고 설명한다.

주요 용어 기단뇌우, 적운 단계, 유입, 성숙 단계, 소멸 단계

- 기단뇌우는 봄과 여름에 해양성 열대기단(mT)에서 자주 발생한다. 일반적으로 이 폭풍우의 발달에 적운 단계, 성숙 단계 및 소멸 단계의 3단계가 포함되어 있다.

- 로키 산맥과 애팔래치아 산맥과 같은 산악 지역은 평원 지역의 주들보다 더 많은 기단뇌우를 겪는다. 미국 동부의 3분의 2 지역에서 발생하는 많은 뇌우들은 중위도저기압의 통과에 동반되는 일반적인 수렴과 전선 쐐기의 일부로서 형성된다.

Q. 오른쪽 그림에서 뇌우 발달의 어떤 단계를 보이고 있는가? 무슨 일이 일어나고 있는지 설명하시오. 이 뒤를 따르는 단계가 있는가? 있다면 그다음 단계에서는 무슨 일이 일어날지 설명하시오.

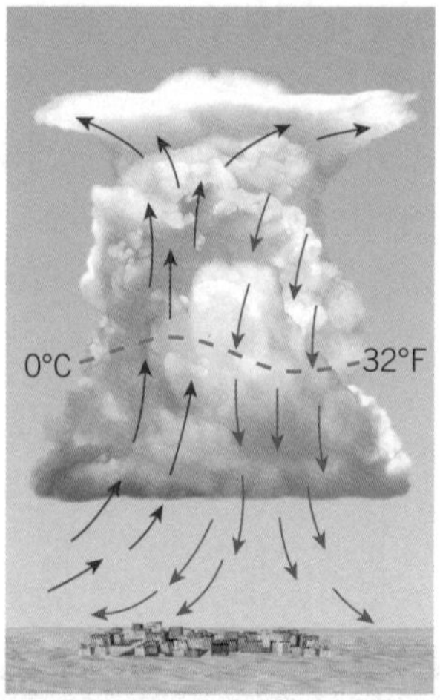

10.4 위험뇌우

▶ 위험뇌우의 특성을 열거하고 위험뇌우들의 형성에 관련된 서로 다른 환경을 구분한다.

주요 용어 위험뇌우, 바람 시어, 돌풍전선, 거대세포, 중규모저기압, 스콜선, 건조선, 중규모대류복합체(MCC)

- 위험뇌우는 강하고 거센 직선 형태의 바람뿐만 아니라 폭우와 돌발홍수를 생산할 수 있다. 위험뇌우는 강한 연직 바람 시어 즉, 다른 고도 사이의 풍향 그리고(또는) 풍속 변화에 영향을 받는데, 이는 상승기류가 기울어져 위로 계속 발달하게 한다.
- 뇌우 세포의 하강기류는 지표에 닿아 퍼져 나가면서 돌풍전선이라는 차가운 공기의 전진 쐐기를 만든다.
- 가장 위험한 날씨들 중 일부는 거대세포라 불리는 뇌우에 의해 생산되는데, 이것은 매우 강력한 단일 뇌우세포로 때때로 20km 높이까지 확장되고 몇 시간 동안 지속되기도 한다. 이들 세포의 연직 바람 프로파일은 저기압성으로 회전하는 공기기둥인 중규모저기압을 만들 수도 있는데, 때때로 토네이도가 그 안에서 형성되기도 한다.
- 스콜선은 중위도저기압의 온난역에서 대개 한랭전선보다 선행하여 발달하는 비교적 좁고 긴 뇌우 무리이다. 중규모대류복합체(MCC)는 큰 타원형 또는 원형 무리로 조직되는 수많은 개별 뇌우로 이루어진다. 대평원 지역에서 오후 기단뇌우에 의해 가장 많이 발생한다.
- 어떤 스콜선은 밀도가 높은 cT 공기 위로 밀도가 낮은 mT 공기가 올라가는 좁은 경계선인 건조선과 연관되어 있다.

10.5 번개와 천둥

▶ 번개와 천둥의 원인을 설명한다.

주요 용어 번개, 판번개, 구름-지면 번개, 섬광, 뇌격, 선도, 계단선도, 되돌이 뇌격, 화살선도, 천둥

- 번개는 음전하가 많은 곳에서 양전하가 많은 곳으로 음전류를 보내거나 또는 그 반대로 하여 음의 전류를 생산함으로써 대규모 적란운 형성과 관련한 전기적 차이를 중화시키는 것이다. 번개의 가장 흔한 형태인 판번개는 구름 내 또는 구름 사이에서 발생한다. 흔하진 않지만 더 위험한 번개 형태가 구름-지면 번개이다.
- 구름 속 전하 분리는 완전히 규명되진 않았지만 구름 내의 빠른 연직 이동 때문이다. 몇 개의 단일 섬광으로 보이는 번개는 사실 구름과 지면 사이의 수차례에 걸친 매우 빠른 뇌격이다. 공기가 번개의 방전으로 데워지면 폭발적으로 팽창하여 우리가 천둥으로 듣는 음파가 만들어진다.

Q. 번개가 없는 뇌우를 겪는 것이 가능한가? 설명하시오.

10.6 토네이도

▶ 토네이도의 구조와 기본적인 특성을 표현한다.

주요 용어 토네이도, 다중 소용돌이 토네이도

- 토네이도는 강렬한 바람 폭풍우로 회전하는 공기기둥, 즉 소용돌이 형태를 취하며 적란운에서 아래쪽으로 확장된다. 일부 토네이도는 단일 소용돌이로 이루어진다. 다중 소용돌이 토네이도라 불리는 강력한 토네이도 안에는 주 소용돌이 안에서 회전하는 흡입소용돌이라고 하는 작지만 강한 소용돌이들이 있다.
- 일부 토네이도의 내부 기압은 바로 바깥의 기압보다 10%나 낮다. 이 커다란 기압 차이로 최대 바람이 시속 480km에 이르기도 한다.

10.7 토네이도의 발달과 발생

▶ 토네이도 형성에 유리한 대기 조건과 위치를 요약하여 설명한다.

- 위험뇌우와 토네이도는 주로 중위도저기압의 스콜선이나 한랭전선을 따라 또는 거대세포 뇌우와 연관하여 발달한다. 토네이도는 또한 열대저기압(허리케인)과 연관하여 형성될 수도 있다. 4~6월까지가 토네이도가 가장 활발한 기간이지만 연중 모든 달에 일어난다.
- 토네이도의 평균 지름은 150~600m이고 북동쪽으로 약 시속 45km 이동하며 26km 길이의 경로를 만든다.

Q. 미국 중부에서 토네이도가 남서쪽에서 북동쪽으로 이동하겠는가, 아니면 남동쪽에서 북서쪽으로 이동하겠는가? 설명하시오.

10.8 토네이도 파괴와 토네이도 예보

▶ 토네이도 강도를 기술한다. 토네이도 주의보와 토네이도 경보를 구분하고 경보 과정에서 도플러 레이더의 역할을 논의한다.

주요 용어 증보 후지타척도(EF Scale), 토네이도 주의보, 토네이도 경보, 도플러 레이더, 이중편파 기술

- 대부분의 토네이도 피해는 엄청나게 강한 바람에 기인한다. 일반적으로 쓰이는 토네이도 강도 지표는 증보 후지타척도(EF 척도)이다. EF 척도의 등급은 토네이도로 인한 피해 평가로 결정된다.
- 위험뇌우와 토네이도는 규모가 작고 수명이 짧기 때문에 정확하게 예측하기가 가장 어려운 기상현상에 들어간다.
- 기상 조건이 토네이도 형성에 우호적이면 정해진 지역에 특정 시간 동안 토네이도 주의보가 발표된다. 토네이도 경보는 그 지역에서 토네이도가 목격되거나 레이더에 감지될 때 NWS의 지방 관서에서 발표한다.
- 도플러 레이더는 구름 안에서 강수의 움직임을 감지하는 능력으로 토네이도 경보의 정확도를 크게 높였다.

생각해 보기

1. 오하이오 주 중부의 거주자가 저기압이 다가오는 소리를 들으면 즉시 대피소를 찾아야 하는가? 아이오와 주 서부에 거주한다면?

2. 다음 지도에 보인 지역들 중에 건조선 뇌우가 가장 잘 나타나리라 여겨지는 곳은? 왜 그런가?

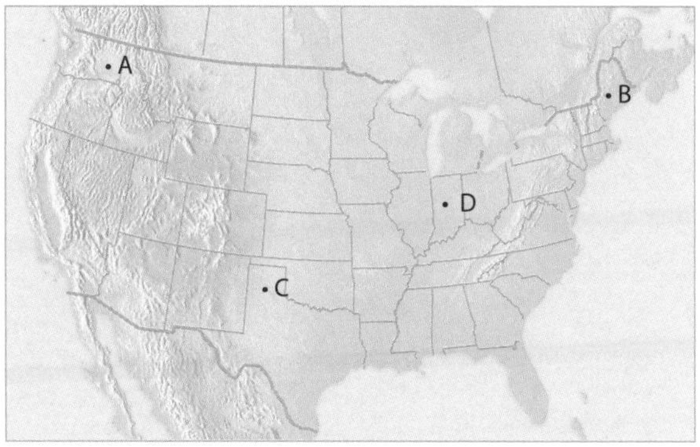

3. 침강하는 공기는 압축(단열적으로)에 의해 따뜻해지지만 뇌우의 하강기류는 대개 차갑다. 이 명백한 모순에 대해 설명하시오.

4. 거대세포뇌우의 형성이 기온역전과 관련되어 있다는 연구가 있다. 그러나 기온역전이 매우 안정한 대기 조건과 연관되어 있는 반면, 적란운은 불안정한 환경에서 생긴다. 이 두 현상의 관계를 설명하시오.

5. 다음의 표는 미국에서 보고된 토네이도의 10년 단위의 수이다. 2000년대의 총 수가 1950년대보다 훨씬 큰 이유를 제안하시오.

보고된 미국 토네이도의 수, 10년 단위	
10년	보고된 토네이도 수
1950~1959	4796
1960~1969	6613
1970~1979	8579
1980~1989	8196
1990~1999	12,138
2000~2009	12,914

6. 그림 10.30은 2000년대에 인구의 현저한 증가가 있었음에도 불구하고 미국에서의 토네이도 사망자 수가 1950년대 사망자의 40%에도 미치지 못함을 보여 준다. 이 총 사망자 수의 감소는 무엇 때문인가?

7. 11장에서 배우겠지만 허리케인이 접근할 때는 그 강도가 모니터링되고 보고된다. 그러나 토네이도의 강도는 통과한 후까지 결정되거나 보고되지 않는다. 왜 그런가?

복습문제

1. 번개를 본 후 15초 지나서 천둥소리가 들린다면 낙뢰 지점과의 거리는?

2. 그림 10.25의 왼편 위쪽을 검토하고 동쪽이나 북북동쪽으로 이동하는 토네이도의 비율을 알아보시오.

3. 이 지도들은 미국에서 국민들에게 토네이도 통계치를 발표하는 두 가지 일반적인 방법이다. 토네이도가 가장 많이 발생한 4개 주는 어디인가? 이들 주가 토네이도 위협이 가장 큰가? 미국 내 토네이도 위험 정도를 알아보기에 더 유용한 지도는 무엇인가? 그림 10.23의 지도가 이 지도들 중 어느 하나 또는 둘 다에 비해 더 나은가?

45년간 주별 연평균 토네이도 발생 수

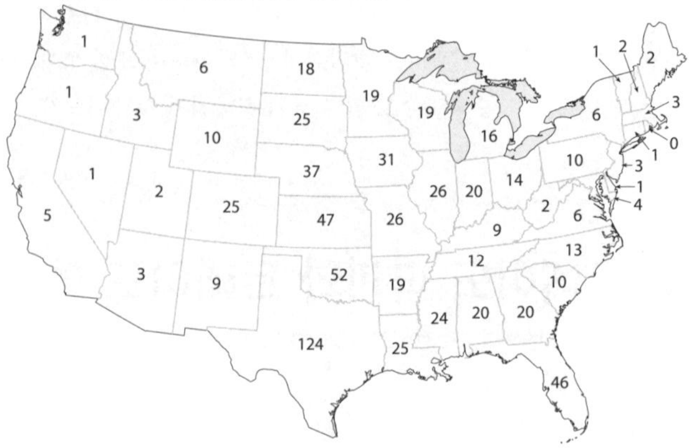

45년간 주별 10,000mile^2
연평균 토네이도 발생 수

11 허리케인

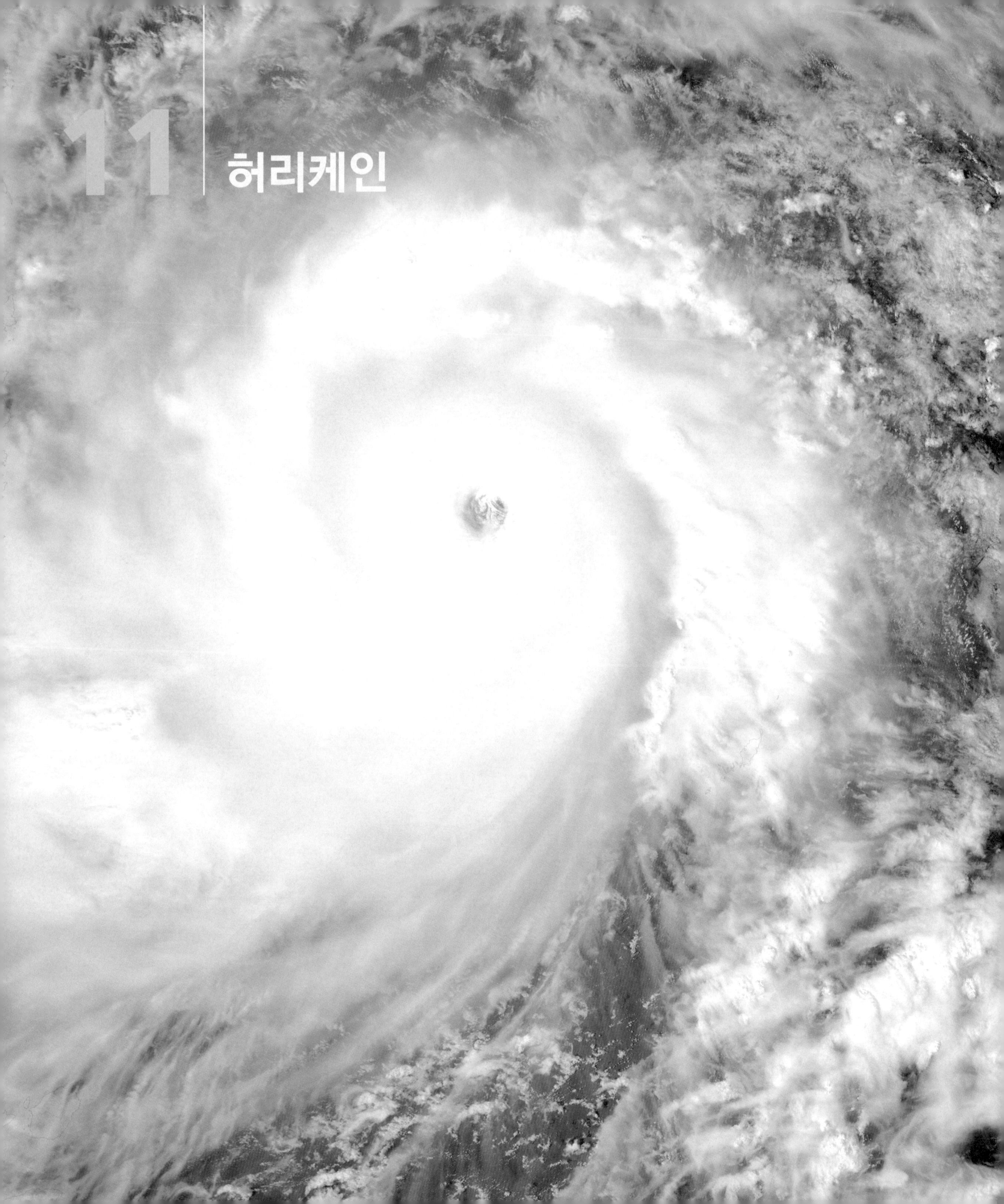

핵심개념

다음의 각 항목은 이 장에서 다루는 주요 주제에 대한 기본 학습 목표를 나타낸다. 이 장을 학습하고 나면 여러분은 다음 항목을 이해할 수 있다.

11.1 허리케인을 정의하고 이러한 폭풍의 기본 구조와 특징을 묘사한다.

11.2 허리케인의 형성을 증진시키는 조건들에 대해 논의하고, 허리케인의 소멸을 야기할 수 있는 요인들을 열거한다.

11.3 허리케인의 강도가 어떻게 결정되는지 설명하고, 허리케인 피해의 주요 3대 범주를 요약한다.

11.4 허리케인의 강도를 결정하는 데 사용되는 두 가지 방법을 비교하고, 폭풍의 강도가 수십 년 후 어떻게 변화할지에 대해 설명한다.

11.5 허리케인을 추적하고 예보하는 데 사용되는 데이터를 제공하는 네 가지 도구를 열거한다. 허리케인 주의보와 허리케인 경보를 구분한다.

시속 300km를 초과하는 풍속이 나타나는 열대성저기압을 미국에서는 허리케인(지구에서 가장 큰 폭풍)이라고 한다. 허리케인은 자연재난 중 가장 파괴적인 편에 속한다. 허리케인이 상륙할 때 해안 지역은 폐허가 되고 수십만 명의 사상자가 발생한다. 그러나 긍정적인 면에서 보면 이 폭풍은 이동하는 여러 지역에 필요한 강우를 제공해 준다. 결과적으로, 플로리다 해변의 리조트 소유자는 허리케인 시즌이 다가오는 것을 두려워하지만 일본의 농부들은 허리케인을 환영할 수도 있다.

슈퍼 태풍 하이옌(Haiyan), 기록상 가장 강력한 폭풍우 중 하나, 2013년 11월 필리핀 중부의 황폐화된 모습. 이 폭풍은 글상자 11.3에서 상세하게 논의된다.

11.1 허리케인의 개요

허리케인을 정의하고 이러한 폭풍의 기본 구조와 특징을 묘사한다.

많은 사람들은 열대기후를 긍정적으로 본다. 남태평양과 카리브섬 같은 지역들은 매일매일 눈에 띄는 변화가 없는 것으로 알려져 있다. 온화한 바람, 변함없는 기온, 강하지만 짧은 열대성 소나기 같은 비를 생각한다. 아이러니한 것은 이 비교적 잔잔한 지역에서 때로는 지구에서 가장 파괴적인 폭풍이 인다는 것이다. 일단 폭풍이 형성되면, 이러한 폭풍들은 열대 지역으로부터 먼 곳까지 심각한 상태를 초래할 수 있다(그림 11.1).

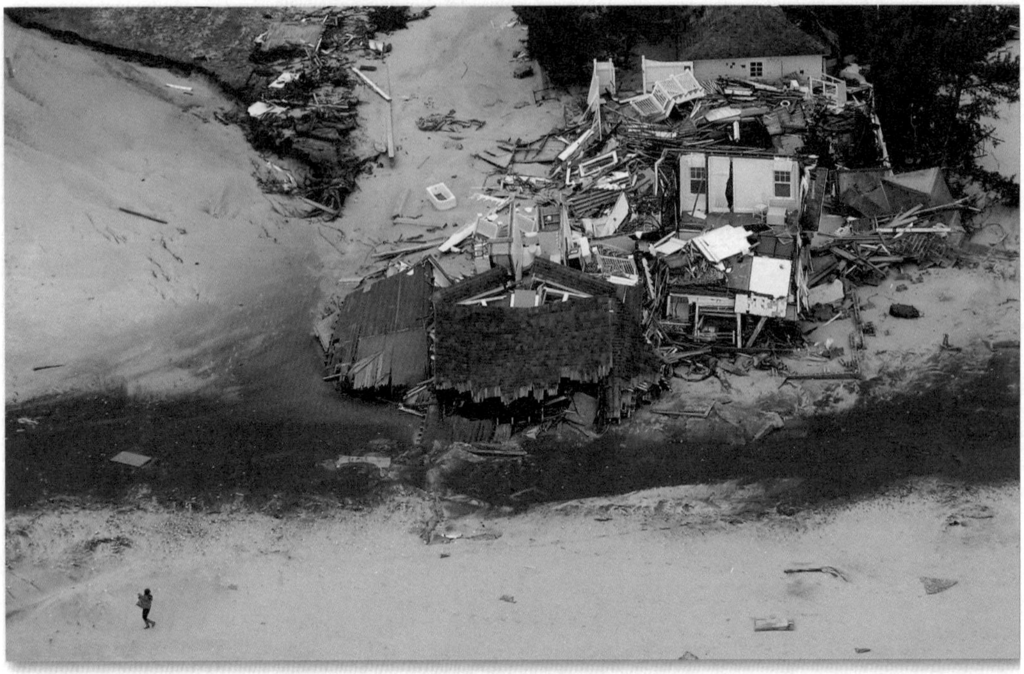

▲ **그림 11.1 허리케인 샌디에 의한 피해**
2012년 10월 말에 비공식적 이름으로는 '슈퍼 폭풍 샌디'라 불린 매우 크고 강력한 폭풍은 뉴저지 해안을 따라 뉴욕 남부에 상륙했다. 샌디는 미국에서 가장 인구가 밀집한 지역을 강타했고, 엄청난 재산피해를 가져 왔다.

Video
초(수퍼)폭풍의 생성
http://goo.gl/4dm6PN

허리케인(hurricane)은 저기압의 강한 중심으로, 열대 지역과 아열대 해안 주위에 형성되고, 강한 대류(뇌우) 운동과 강한 저기압성 순환으로 특징지을 수 있으며, 풍속은 지속적으로 119km/h 이상이어야 한다. 중위도 저기압과는 다르게, 허리케인은 기단이 작고 전선이 없다. 허리케인의 바람을 일으키고 유지하는 주요한 에너지원은 폭풍의 적란운 기둥이 형성되면서 발산된 많은 잠열이다.

이렇게 강한 열대성 폭풍은 세계 여러 나라마다 각기 다른 이름으로 불린다. 태평양 북서부에서는 **태풍**(typhoon), 태평양 남서부와 인도양에서는 **사이클론**(cyclone)이라고 한다. 이후의 논의에서는 이 폭풍들을 허리케인이라 칭한다. 허리케인이라는 용어는 카리브의 귀신이라는 'Huracan'에서 유래하였다.

대부분의 허리케인은 남대서양과 남태평양 동부를 제외하고 모든 열대성 해양 지역의 남북위도 5~30°에서 형성된다(그림 11.2). 북태평양은 폭풍이 가장 많이 발생하는 지역으로 연평균 20회가 발생한다. 미

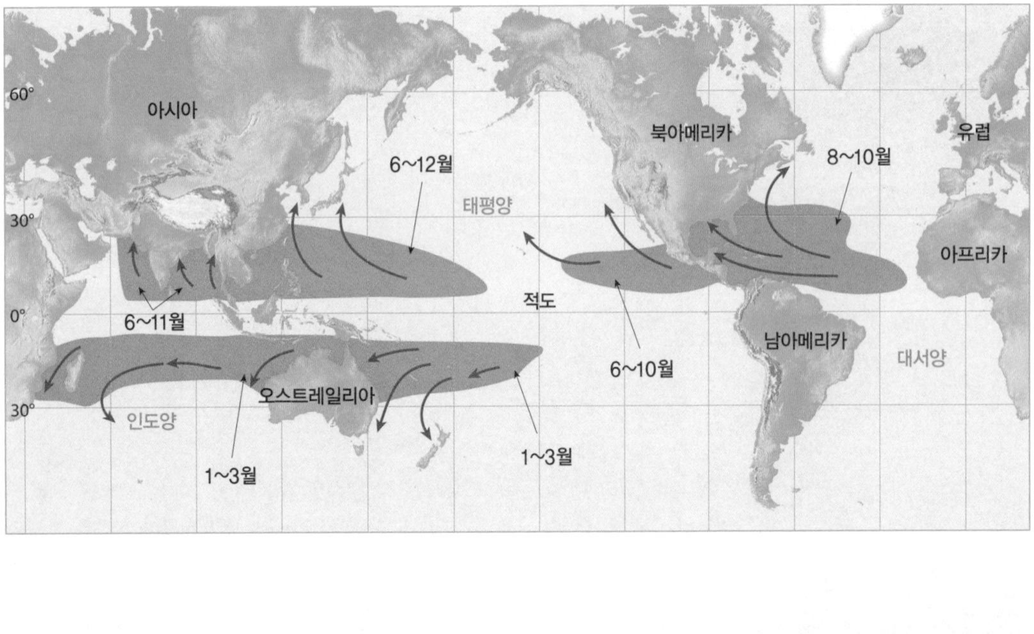

◀ **그림 11.2 허리케인 발생 지역**
이 세계지도는 허리케인이 주로 발달하는 달과 가장 일반적인 진로 및 대부분의 허리케인이 발생되는 지역을 보여 준다. 적도를 중심으로 위도 약 5° 이내에서는 전향력 너무 약하여 허리케인이 잘 발달하지 않는다. 허리케인이 발생하기 위해서는 따뜻한 해수면 온도가 필요하기 때문에 위도 30° 이상의 고위도 쪽에서는 거의 발생되지 않을 뿐 아니라 남대서양과 남태평양 동부의 서늘한 물에서도 형성되지 않는다.

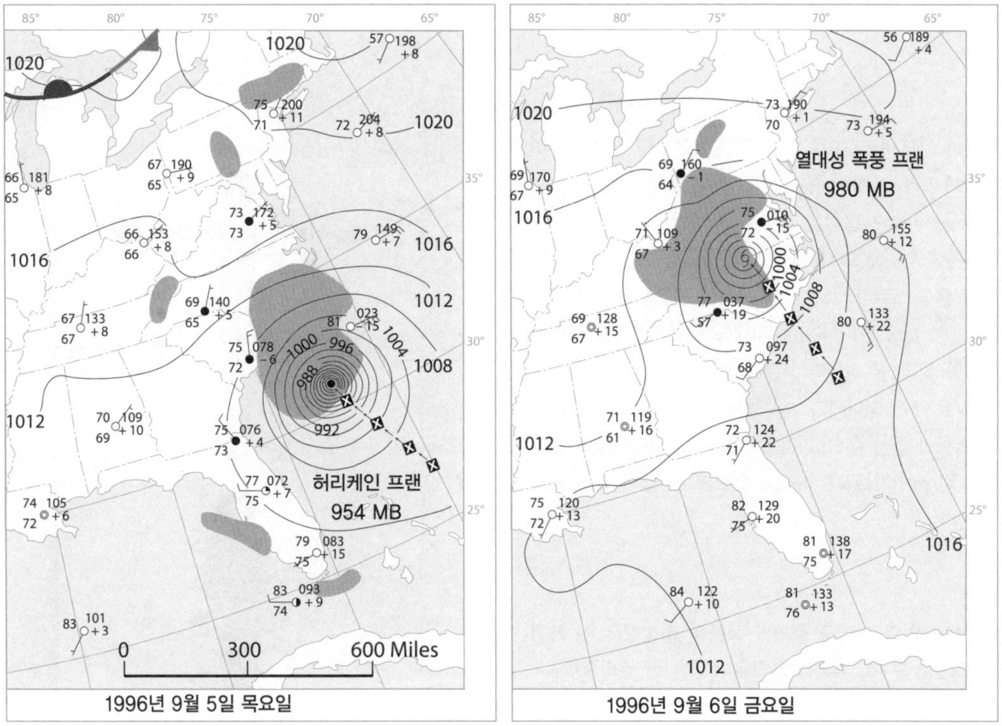

◀ **그림 11.3 허리케인 프랜**

이 기상도들은 1996년 9월 5일과 6일 이틀 동안 오전 7시의 허리케인 프랜을 보여 준다. 9월 5일 바람은 190km/h를 초과하였다. 폭풍이 내륙으로 이동할 때, 폭우는 돌발홍수를 일으켰고, 30명이 사망했다. 그리고 30억 달러 이상의 피해를 입혔다. 걸프와 대서양 해안을 벗어난 곳에서의 자료는 원거리 부유성 기구인 부이의 관측 자료이다. 폭풍의 중심에서 남동쪽으로 뻗어가는 그 작은 상자들은 6시간 간격으로 폭풍의 눈의 상태를 보여 준다.

Video
허리케인 바람의 패턴
http://goo.gl/gqBLv2

▼ **그림 11.4 허리케인의 단면도**

A. 가상 허리케인의 단면도-수직면이 상당히 과장되어 있음을 주목하여 볼 것 **B.** 허리케인 통로의 바람과 압력의 변화

국 남동부 해안 지방에 사는 사람들에게 다행스러운 것은 대서양의 따뜻한 지역에서 해마다 평균 5개 미만의 허리케인이 발달한다는 것이다.

해마다 많은 수의 열대요란이 발달하지만 몇 개만이 허리케인의 상태에 도달한다. 국제적으로 허리케인은 풍속이 최소한 119km/h 이상인 회전적인 순환으로 정의한다. **지속 바람**(sustained winds)은 1분 간격으로 평균한다. 발달한 허리케인의 직경은 100km에서 약 1,500km에 이르지만 평균 600km 정도이다. 허리케인의 바깥쪽 가장자리에서 중심까지 기압은 1,010hPa에서 950hPa까지 60hPa 정도 내려간다.

그림 11.3과 같은 큰 기압 경사가 허리케인의 안쪽을 향한 강한 나선형 바람을 생성한다. 대기가 폭풍의 중심을 향하여 가깝게 이동함에 따라 그 속도는 증가한다. 이런 가속 현상은 각운동량보존의 법칙에 의해 설명된다(글상자 11.1). 119km/h 또는 그 이상 되는 풍속은 160km 정도의 허리케인의 중심 지역에서 일어난다. 폭풍 외곽 지역의 강풍은 시속 50km/h를 초과한다. 그러므로 허리케인의 바람은 실제 허리케인의 강도보다 더 낮다.

안쪽으로 돌진하는 온난다습한 지표면 대기가 폭풍의 핵을 향하여 다가감에 따라, 위로 향하여 회전

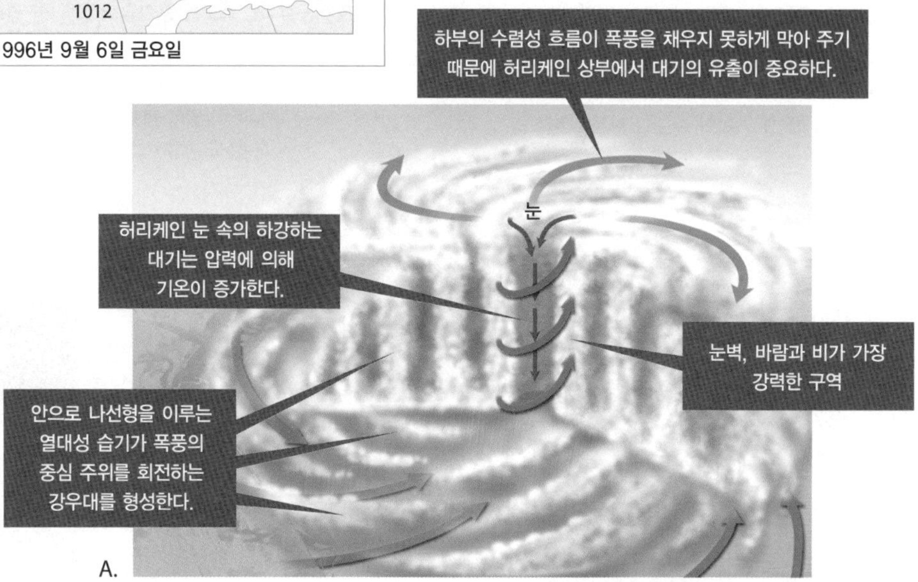

A.

2004년 2월 29일과 3월 2일 사이 호주 서부의 마디(Mardie) 관측소에서 사이클론 몬티(Cyclone Monty)가 통과하는 동안 지표면 기압과 풍속(허리케인을 이 지역에서는 사이클론이라고 부름).

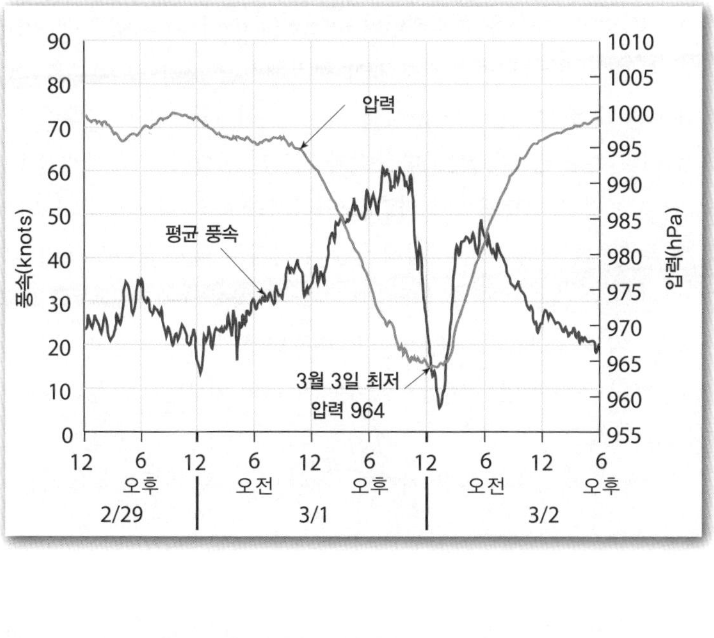

B.

글상자 11.1 각운동량보존 법칙

왜 폭풍 주위에서 부는 바람은 중심 근처에서 더 빠르게 움직이고 가장자리 근처에서 느리게 움직일까? 이 현상을 이해하기 위해 우리는 **각운동량보존 법칙**을 이해해야 한다. 이 법칙은 회전축의 중심에서 물체의 속도와 회전축으로부터 거리의 곱은 일정하다는 것이다.

원형으로 돌고 있는 끈의 끝에 매달린 하나의 물체를 생각하자. 만약 그 끈이 안쪽으로 당겨지면 물체와 회전축의 거리는 감소하고 회전하는 물체의 속도는 증가한다. 회전하는 물체의 반경 변화는 회전하는 속도의 변화로 균형을 이룬다.

각운동량보존의 또 다른 예는 피겨스케이터가 양팔을 펴고 회전을 시작할 때 발생한다(그림 11.A). 스케이터의 팔은 축의 주위로 원형운동을 한다. 스케이터가 팔을 안으로 당길 때 팔의 원형운동의 반경이 줄게 된다. 결과적으로 그녀의 팔은 더 빨라지고 몸이 따라가게 되는데, 그로 인해 회전 속도가 빨라진다.

비슷한 논리로 한 덩어리의 대기가 폭풍의 중심 쪽으로 이동을 할 때 그 거리와 속도의 관계는 변함없이 유지되어야 한다. 따라서 대기가 바깥쪽으로부터 안쪽으로 이동함에 따라 그 회전 속도는 증가해야 한다.

각운동량보존 법칙을 가상해 허리케인의 수평적인 대기운동에 적용해 보자. 5km/h의 속도를 가진 대기가 폭풍의 중심으로부터 500km 지점에서 출발했다고 가정하자. 중심으로부터 10km 지점에 도달하면 25km/h의 속도를 갖게 될 것이다(마찰이 없다고 가정할 경우). 이와 같은 대기 덩어리가 계속해서 반경 10km가 될 때까지 폭풍의 중심 쪽으로 이동한다면 그 지점에서의 풍속은 250km/h가 된다. 마찰이 있으면 이 값이 다소 변하게 된다.

질문

1. 허리케인의 바깥쪽 공기가 폭풍의 중심으로 더 가깝게 이동할 때, 속도는 증가할까, 아니면 감소할까?

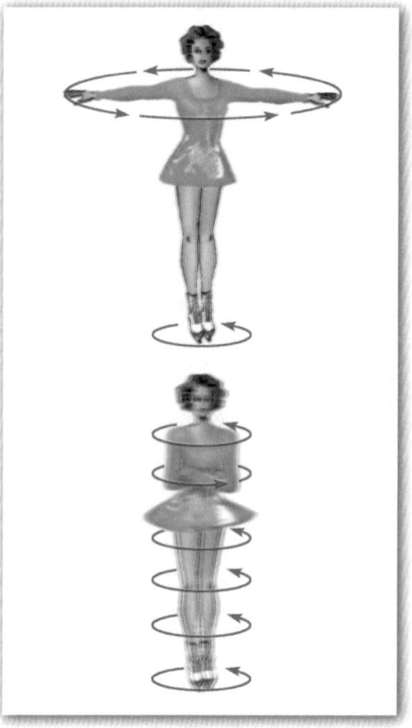

▶ **그림 11.A 각운동량보존 법칙**
스케이터의 팔이 펴질 때 서서히 돌고, 팔을 당길 때 훨씬 더 빨리 돈다.

을 하여 적란운 기둥으로 상승한다(그림 11.4A). 폭풍의 중심을 둘러싼 강렬한 대류성 활동의 도넛 모양의 벽을 허리케인 **눈벽**(eye wall)이라고 한다. 바로 여기서 가장 강한 풍속과 가장 심한 강우가 나타난다. 나선형으로 점점 약해지는 곡선을 이룬 구름층을 **강우선**(rain band)이라고 하는데, 강우선이 허리케인 눈벽을 둘러싸고 있다. 허리케인 상부의 대기 흐름은 바깥을 향하고 폭풍의 중심으로부터 상승하는 대기를 실어간다. 그로 인해 대기가 지표면에서보다 안쪽을 향하게 된다.

폭풍의 가장 중심은 **허리케인의 눈**(eye of the hurricane)이다. 이 구역의 특징은 강우가 멈추고 바람이 잔잔해지는 것이다. 그림 11.4B의 그래프는 사이클론 몬티가 2004년 2월 29일과 3월 2일 사이 호주 서부의 마디 관측소에 도착했을 때 풍속과 기압의 변화이다. 허리케인 눈벽과 관련된 강한 기압경도와 바람은 허리케인 눈의 상대적인 고요함과 함께 뚜렷하게 나타난다. 허리케인 눈의 직경은 5km에서 60km 이상까지 다양하다. 대부분의 허리케인에서, 눈은 지상 쪽으로 갈수록 더 작아지고, 뒤로 올라갈수록 넓어진다. 폭풍의 꼭대기 근처는 상대적으로 크고, 거의 구름이 없는 지역으로 눈벽 구름의 윗부분으로 둘러싸여 있다(그림 11.5).

지상에서, 허리케인 눈은 거대한 나선형의 구름 기둥을 형성하는 극심한 날씨로부터 간결하지만 믿을 수 없는 고요를 가져온다. 허리케인 눈의 내부 공기는 점진적으로 침강하고 압력에 의한 열은 폭풍우의 가장 따뜻한 부분을 형성한다. 많은 사람들이 전체적인 허리케인의 눈은

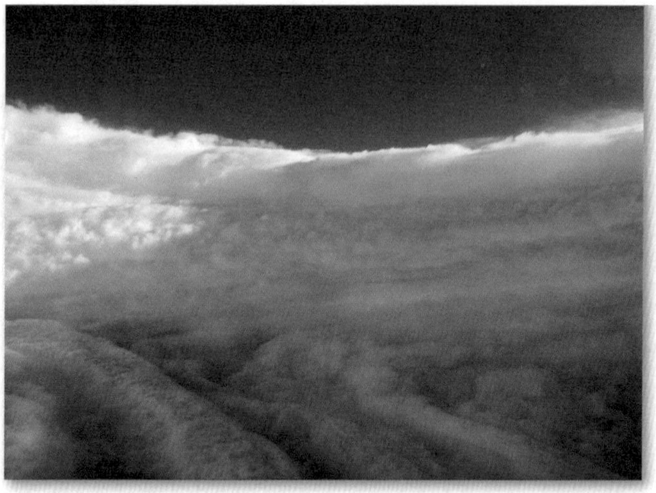

▲ **그림 11.5 허리케인 카트리나의 눈벽**
이 사진은 허리케인 추적 비행기가 폭풍이 걸프 연안을 강타하기 전에 허리케인의 눈을 통해서 찍은 사진이다. 사진에서 보이듯이 폭풍의 꼭대기로부터 눈의 파란 하늘은 눈 벽의 압축된 적란운에 둘러싸여 있다.

청명한 하늘로 특징지을 수 있는 지역이라고 하지만, 이러한 경우는 거의 없다. 이는 허리케인의 눈에서 침강은 구름이 없는 조건을 만들기에 충분히 강한 경우가 거의 없기 때문이다. 비록 이 지역에서 하늘이 훨씬 맑게 보이지만, 다양한 수준에서 산발적인 구름이 흔하다.

✔ 개념 체크 11.1

1. 허리케인을 정의하시오. 이 폭풍의 다른 이름들은 무엇인가?
2. 어떠한 고도에서 허리케인이 발달하는가?
3. 허리케인의 눈과 눈벽을 구별하시오. 이러한 지역들의 조건들은 어떻게 다른가?

11.2 허리케인의 생성과 소멸

허리케인의 형성을 증진시키는 조건들에 대해 논의하고, 허리케인의 소멸을 야기할 수 있는 요인들을 열거한다.

허리케인은 엄청난 양의 수증기가 응결될 때 방출되는 잠열에 의해 가동되는 열기관이다. 단 하루에 전형적인 허리케인이 생산한 에너지의 양은 실로 엄청나다. 잠열의 발산으로 대기가 데워지며 부력이 생겨 위로 상승하게 된다. 그 결과 지표면 근처의 기압이 감소되어 대기가 보다 빠르게 유입된다. 이 엔진을 시동하기 위해 다량의 온난 다습한 대기가 필요하며 계속적으로 공급이 되어야 기관이 계속 발동된다.

허리케인의 생성

그림 11.6의 그래프에 설명된 것과 같이, 허리케인은 늦여름과 초가을에 자주 발생된다. 이 기간 동안 바닷물의 온도가 27° 이상으로 올라가고, 대기에 필요한 열과 수증기를 제공해 줄 수 있다(그림 11.7). 이런 바닷물 온도 요건 때문에 허리케인은 남대서양과 남태평양 동부의 비교적 서늘한 물 위에서는 형성되지 않는다. 같은 이유로 위도 30° 이상의 극 쪽에서는 허리케인이 거의 생성되지 않는다(그림 11.2 참조). 수온이 충분히 높아도 허리케인은 적도로부터 5° 내에서는 형성되지 않는데, 이는 전향력(Coriolis force)이 너무 약하여 필요한 회전운동을 발전시키지 못하기 때문이다.

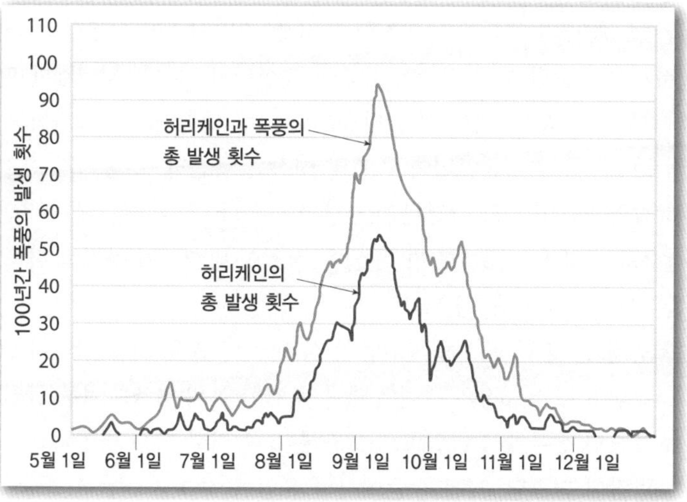

▲ **그림 11.6 열대성 폭풍과 대서양 해역 분지의 허리케인의 빈도**
이 그래프는 100년 주기의 5월 1일과 12월 31일 사이에 발생한 폭풍 발생 횟수를 보여 준다. 8월 말에서 10월 사이가 가장 활발하다.

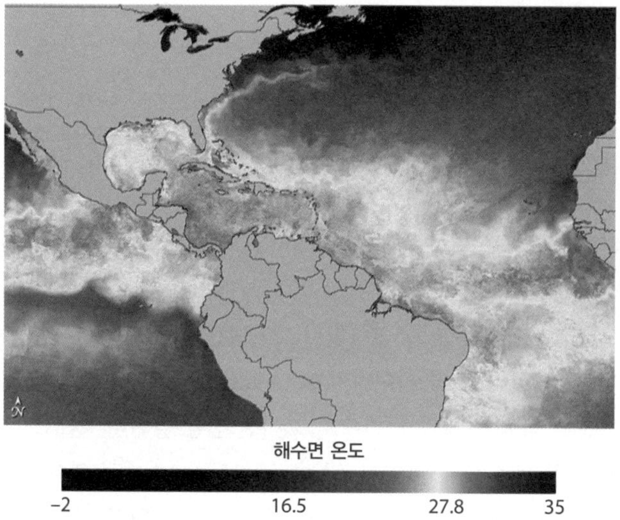

▲ **그림 11.7 해수면 온도**
허리케인을 형성하는 가장 중요한 요소는 해수의 온도가 27°C를 넘어야 한다는 것이다. 이 위성 사진은 2010년 6월 1일, 허리케인 시즌 초기의 해수면 온도를 보여 준다.

많은 열대성 폭풍은 대양의 서쪽 지역에서 허리케인 상태가 되지만 발원은 극동 지역인 경우가 많다. 거기서 **열대요란**(tropical disturbances)이라 불리는 불안정한 구름과 뇌우가 발달하고 약한 기압경도를 보이며 회전은 거의 없거나 전무하다. 대부분 이런 대류성 활동 구역은 약해진다. 그러나 가끔은 열대요란이 더 커져 강한 저기압성 회전이 발달한다.

몇몇 상황은 열대요란을 유발할 수 있다. 그것은 열대수렴대(intertropical convergence zone, ITCZ)와 관련된 강한 수렴과 상승에 의해 발전하기도 한다. 다른 경우는 중위도의 기압골이 열대지역으로 침입할 때 발생한다.

편동풍파 북대서양 서부에 상륙하여 북미를 위협하는 가장 강한 허리케인 중 대부분을 생성하는 열대요란은 큰 파동으로 동에서 서로 점진

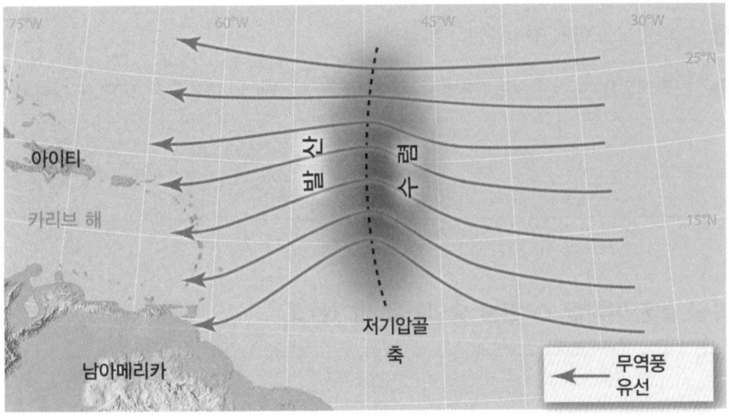

A.

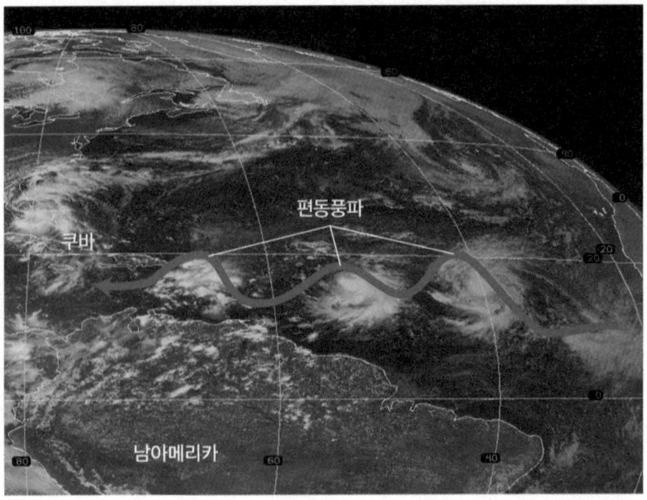

B.

Video
중위도의 허리케인
http://goo.gl/r359VH

▲ 그림 11.8 아열대 대서양의 편동풍파
A. 유선은 하층대기의 흐름을 보여 준다. 파동축의 동쪽 바람은 약간 극 쪽으로 이동함에 따라 수렴한다. 축의 서쪽으로 흐름은 적도 쪽으로 갈 때 발산한다. 열대요란은 편동풍파의 수렴성 흐름과 관련되어 있다. 편동풍파는 2,000~3,000km 길이로 펼쳐져 있고, 15~35km/h 정도의 속도로 무역풍과 더불어 동에서 서로 이동한다. 이런 속도에 파묻힌 열대요란이 북대서양을 가로질러 이동하는 데는 일주일이나 10일이 걸린다. **B.** 이 위성사진은 아프리카와 카리브해 사이의 편동풍파에 따라 발달된 열대요란을 보여 준다.

적으로 이동하므로 **편동풍파**(easterly wave)라는 무역풍의 작은 파로 시작한다.

그림 11.8은 편동풍파를 설명한다. 이 단순한 지도상의 선은 등압선이 아니고 **유선**(streamline)이다. 이는 지표면의 대기 흐름을 묘사하기 위해 사용된 바람 방향과 평행으로 그려진 선을 말한다. 중위도 기상을 분석할 때 등압선은 대개 일기도상에 그려진다. 반대로 열대지역의 경우 해면기압의 차이가 매우 작기 때문에 등압선이 항상 편리한 것은 아니다. 유선은 지표면의 바람이 수렴하고 발산하는 곳을 보여 주므로 도움이 된다.

파동축 동쪽의 유선은 극을 향해 이동해 점점 서로 가까워지는데, 이는 지표의 흐름이 수렴성임을 나타낸다. 물론 수렴을 통하여 대기가 상승하게 되고, 구름이 형성된다. 따라서 열대요란은 파동의 동쪽에 위치한다. 파동축의 서쪽에서 지표면의 흐름은 적도를 향해 회전 이동을 함에 따라 갈라진다. 따라서 여기서는 맑은 하늘을 볼 수 있다.

편동풍파는 아프리카의 요란으로 발원한다. 이 폭풍이 무역풍의 확산과 더불어 서쪽을 향하기 때문에 차가운 카나리아 해류와 만난다(그림 3.8 참조). 요란이 차갑고 안정적인 조류를 가로질러 이동을 하게 되면 대서양 중부의 따뜻한 물의 열과 수증기에 의해 다시 원 상태로 돌아온다. 이 지점에서부터 몇 개의 요란이 발달하여 보다 강렬하고 조직화된 체계가 되며, 그 중 몇 개 정도는 허리케인 상태에 도달한다.

왜 열대요란은 소멸되는가 허리케인 생성에 적합해 보일 때도 다수의 열대요란은 강화되지 않는다. 발달을 막을 수 있는 하나의 상황은 **무역풍 역전**(trade wind inversion)이라는 기온의 역전이다. 역전은 아열대고기압의 영향을 받은 지역에서 발생한 침강과 관련하여 형성된다. 대류권에서 기온의 역전은 고도의 상승과 함께 온도가 상승할 때 일어난다. 침강이 어떻게 역전을 일으키는지 더 알고 싶다면, 13장의 '역전'을 참고하자. 강한 역전은 대기의 상승력을 감소시키고 뇌우의 발생을 막는다. 열대요란의 강화를 막는 또 하나의 요인은 강한 상층바람이다. 이 바람이 있으면 상층의 강한 흐름이 구름 상부에서 발산된 잠열을 흩어지게 한다. 그 열은 열대요란의 지속적인 성장과 발달에 필수적이다.

열대요란에서 허리케인까지

허리케인의 발달에 적합한 조건은 언제 만들어졌는가? 잠열이 열대요란을 만드는 뇌우로부터 방출될 때 요란의 내부 지역은 더 따뜻해진다. 결과적으로 대기 밀도는 낮아지고 지표면 기압이 낮아지면서 그 지역은 저기압성 순환이 일어난다. 폭풍의 중심에서 기압이 낮아짐에 따라 기압경도는 커진다. 이에 대한 반응으로 지상풍의 풍속은 증가하고 부가적으로 수증기가 공급되어 폭풍의 성장을 돕는다. 수증기가 응결되면서 잠열을 방출하고 가열된 대기가 상승한다. 상승하는 대기의 단열냉각으로 응결이 더 많아지며 더 많은 잠열이 방출되어 부력이 더욱 증가한다. 이 주기가 계속된다.

한편, 발달 중인 열대성 저기압의 상부에 더 많은 기압 지역이 발달한다(그림 6.12 및 6장의 관련된 해풍에 관한 논의 참조). 이로 인해 대기는 폭풍의 상부에서 바깥쪽으로 흐른다. 이러한 상부 바깥쪽으로 흐르는 바람이 없으면, 낮은 수준에서의 유입이 지표면의 압력을 상승시키고, 추가적인 폭풍의 발달을 방해한다.

해마다 많은 열대요란이 발생하지만, 지속적으로 강력한 폭우를 만

글상자 11.2 열대성 폭풍과 허리케인의 명칭

열대성 폭풍은 기상예보관과 기상예보, 감시, 경고에 관련된 사람들 간의 의사소통의 편의를 위하여 명명되었다. 열대성 폭풍과 허리케인은 일주일이나 그 이상 지속될 수 있고, 2개나 그 이상의 폭풍이 같은 지역에서 동시에 발생할 수 있다. 이와 같은 명칭은 어떤 폭풍을 설명하고 있는가에 관한 혼란을 줄여 줄 수 있다.

2차 세계대전 중에 열대성 폭풍은 태평양 지역의 폭풍을 모니터하고 있던 미 육군과 해군의 기상학자들에 의해 여성의 이름(아마 아내나 여자 친구의 이름을 딴 것)을 비공식적으로 부여받았다. 1950~1952년까지 북대서양의 열대성 폭풍은 발음상의 알파벳순으로(Able, Baker, Charlie 등) 부여하였다. 1953년 NWS(National Weather Service) 여성의 이름으로 변경하였다.

여성의 이름을 사용하는 관행은 1978년까지 계속되었고, 그 후 태평양 동부 지역의 열대성 저기압을 표현하기 위해 남자와 여자 이름 둘 다를 포함한 리스트가 채택되었다. 같은 해 1979년 시즌에 시작한 대서양 허리케인을 표현하기 위해 여성과 남성 이름 둘 다를 사용하자는 제안을 세계기상기구(WMO)가 수용하였다.

WMO는 해양을 지나는 열대성 폭풍을 위한 6개 조의 명칭 리스트를 만들었다. 대서양, 멕시코만, 카리브해 허리케인에 사용하는 이름들은 표 11.A에 나와 있다. 그 명칭은 알파벳순이고, Q, U, X, U, Z로 시작하는 명칭은 흔하지 않기 때문에 들어 있지 않다. 열대성 저기압이 열대성 폭풍의 상태에 도달하면 리스트상에서 사용하지 않은 명칭이 주어진다. 다음번 허리케인 시즌이 되면 많은 명칭이 전 시즌 리스트상에서 사용되지 않았더라도 다음 리스트의 명칭을 부여한다.

대서양 폭풍의 명칭들은 허리케인이 특별히 주목할 만큼 대단한 것이 아니면 6년 주기로 다시 반복하여 사용되었다. 이는 폭풍을 다음 연도에 논할 때 혼돈을 피하기 위해서이다. 예를 들어, 다음 2011, 2012 그리고 2013년의 허리케인 시즌에 Irene, Sandy와 Ingrid는 2017, 2018 그리고 2019년에 Irma, Sara와 Imelda로 대치될 것이다.

질문

1. 왜 열대성 폭풍들은 명명되는가?
2. 어떤 기관이 폭풍 이름표를 만드는 데 책임이 있는가?

표 11.A 대서양, 멕시코 걸프 연안 그리고 카리브해의 열대성 폭풍과 허리케인의 명칭*

2014	2015	2016	2017	2018	2019
Arthur	Ana	Alex	Arlene	Alberto	Andrea
Bertha	Bill	Bonnie	Bret	Beryl	Barry
Cristobal	Claudette	Colin	Cindy	Chris	Chantal
Dolly	Danny	Danielle	Don	Debby	Dorian
Edouard	Erika	Earl	Emily	Ernesto	Erin
Fay	Fred	Fiona	Franklin	Florence	Fernand
Gonzalo	Grace	Gaston	Gert	Gordon	Gabrielle
Hanna	Henri	Hermine	Harvey	Helene	Humberto
Isaias	Ida	Ian	Irma	Isaac	Imelda
Josephine	Joaquin	Julia	Jose	Joyce	Jerry
Kyle	Kate	Karl	Katia	Kirk	Karen
Laura	Larry	Lisa	Lee	Leslie	Lorenzo
Marco	Mindy	Matthew	Maria	Michael	Melissa
Nana	Nicholas	Nicole	Nate	Nadine	Nestor
Omar	Odette	Otto	Ophelia	Oscar	Olga
Paulette	Peter	Paula	Philippe	Patty	Pablo
Rene	Rose	Richard	Rina	Rafael	Rebekah
Sally	Sam	Shary	Sean	Sara	Sebastien
Teddy	Teresa	Tobias	Tammy	Tony	Tanya
Vicky	Victor	Virginie	Vince	Valerie	Van
Wilfred	Wanda	Walter	Whitney	William	Wendy

* 만약 해당 연도에 알파벳 명칭 리스트가 다 사용되면, 명칭 시스템은 추가로 그리스 알파벳(alpha, beta, gamma 등)을 사용한다. 이 경우는 기록적인 수준의 2005년 허리케인 시즌까지 발생하지 않았는데 허리케인 윌라 이후 열대성 폭풍 알파, 허리케인 베타, 열대성 폭풍 감마와 델타, 허리케인 엡실론 그리고 열대성 폭풍 제타가 발생하였다.

들지 않으면 90%의 열대요란은 소멸된다. 열대성 저기압의 풍속이 119km/h 이상 일때만 허리케인이라 한다. 국제적 약속으로 더 작은 열대성 저기압은 풍속에 따라 다른 이름을 부여한다. 저기압의 최대풍속이 63km/h를 초과하지 않을 땐 **열대성저기압**(tropical depression), 63~119km/h일 땐 **열대성 폭풍**(tropical storm)이라 한다. 이 단계에 이르면 허리케인의 이름이 주어진다(앤드루, 카트리나, 샌디 등). 이 열대성 폭풍이 허리케인이 되면 이름은 같은 채로 유지된다(글상자 11.2).

비록 낮은 비율의 열대요란이 열대성 저기압으로 진화하지만, 큰 규모의 열대성 저기압은 열대성 폭풍이 된다. 훨씬 큰 규모의 열대성 폭풍은 허리케인으로 강화된다. 매년 전 세계적으로 80~100개의 열대성 폭풍이 발달한다. 그중 약 절반 정도나 그 이상이 허리케인 상태로 발달한다.

허리케인의 소멸

허리케인은 온난 다습한 열대성 대기를 공급할 수 없는 바다나 육지 위로 이동 시, 대규모의 흐름이 어려운 위치에 도달하는 경우 등에서 강도가 약해진다. 남동부에서 북미나 아시아 대륙으로 접근하는 다수의 허리케인은 상층부 기압골의 전향효과로 대륙에서 벗어나 북동쪽으로

자주 나오는 질문…

허리케인이 발생하는 시기는 언제인가요?

허리케인이 발생하는 시기는 지역마다 다르다. 미국 사람들은 대개 대서양 폭풍에 관심을 보인다. 대서양에서 허리케인이 발생하는 시기는 일반적으로 6~11월까지이다. 그 지역에서 열대성 활동의 97% 이상이 이 6개월 동안에 발생한다. 주요 허리케인 발생 시기는 8~10월 사이이다(그림 11.6 참조). 이 세 달 동안 약한 허리케인(1, 2등급)의 87%와 큰 규모의 허리케인(3, 4, 5등급)의 96%가 발생한다. 최대 활동 시기는 9월 초부터 중순까지이다.

전향한다. 이 전향으로 바다의 수온이 더 차고 건조한 극기단과 만날 가능성이 큰 고위도 쪽으로 이동한다. 종종 열대성 저기압과 극전선은 서쪽에서 열대성 저기압에 영입되는 찬 대기와 더불어 상호작용한다. 잠열의 방출이 줄어 상층의 발산은 약해지고, 중심의 평균온도는 하강하며, 지표면기압은 상승한다.

✓ 개념 체크 11.2

1. 허리케인을 발생시키는 에너지 원천은 무엇인가?
2. 어떤 달에 대서양 연안 대부분의 열대성 폭풍과 허리케인이 발생하는가?
3. 열대요란을 강화시키는 두 가지 요소를 열거하시오.
4. 열대성 저기압, 열대성 폭풍, 허리케인을 구별하시오.
5. 왜 폭풍이 육지로 이동할 때 허리케인의 강도가 급속하게 감소하는가?

11.3 허리케인의 피해

허리케인의 강도가 어떻게 결정되는지 설명하고, 허리케인 피해의 주요 3대 범주를 요약한다.

허리케인은 열대 또는 아열대 지역에서 발생하지만, 그들의 파괴적 영향은 그들이 발생한 곳과는 다른 곳에서 나타난다. 예를 들어 허리케인 이고르(Igor)는 2010년 9월에 아열대 대서양에서 발생되었는데, 훨씬 북쪽 지역인 뉴펀들랜드에 큰 피해를 주었다(그림 11.9). 2012년에 허리케인 샌디는 플로리다에서 메인까지 동부 해안 전역에 영향을 미쳤다. 피해액은 650억 달러로 추산되며 이는 2015년의 카트리나 이후 미국 역사상 두 번째로 가장 많은 피해를 입힌 허리케인이었다. 샌디가 더 이상 허리케인의 상태가 아니었음에도 뉴저지와 뉴욕에 특히 가장 큰 피해를 입혔다.

재해가 나타나는 주요한 허리케인은 상대적으로 빈발하지는 않지만 강력한 폭풍에 의해 야기되었다. 표 11.1은 1900~2013년까지 미국을 강타한 가장 치명적인 허리케인들을 열거한 것이다. 1900년에 텍사스 갤버스턴에서 예상치 못한 폭풍은 미국 허리케인 역사상 단순히 가장 치명적이었을 뿐 아니라, 미국에 영향을 미칠 수 있는 여러 재해 중 가장 치명적인 자연재해였다. 물론, 가장 치명적이고 최고의 피해를 입힌 폭풍은 2005년 8월에 발생한 허리케인 카트리나로, 루이지애나, 미시시피와 앨라배마의 걸프 연안을 파괴시켰다. 수십만 명의 사람들이 폭풍이 상륙하기 전에 대피했음에도 불구하고, 다른 수천 명의 사람들은 폭풍에 갇혔다. 사람들에게 고통과 비극적인 인명 손실이 허리케인 카트리나로 인해 남겨졌을 뿐만 아니라, 카트리나로 인한 재정적인 손실은 계산이 불가능하다. 그때까지는, 1992년의 허리케인 앤드루에 의한 재해가 250억 달러로 미국의 가장 큰 자연재해였다. 카트리나로 인한 경제

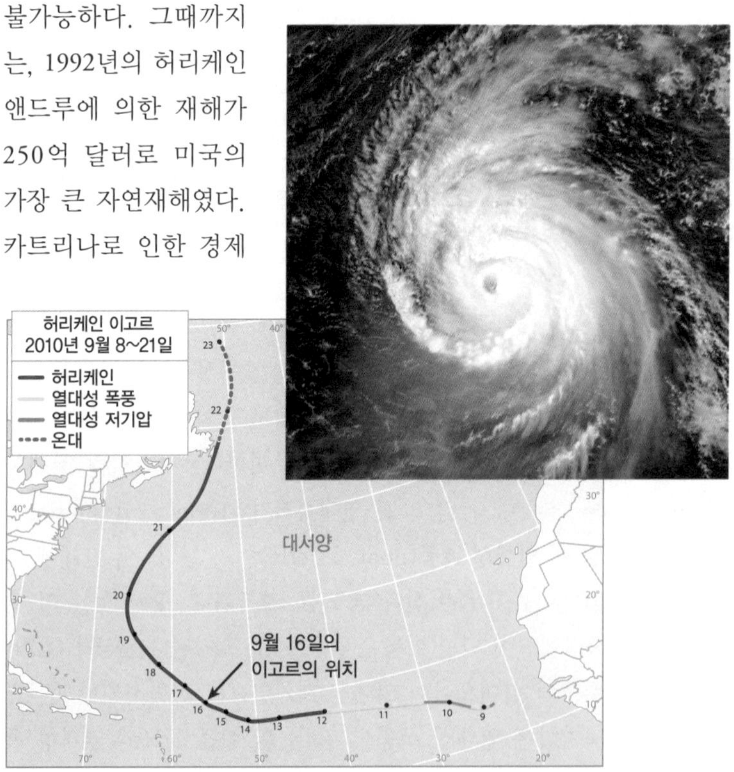

▶ 그림 11.9 허리케인 이고르
이 위성사진은 2010년 9월 북위 20°에서 발생한 폭풍을 보여 준다. 최대 풍속은 213km/h였다. 지도에서 볼 수 있듯이, 위성사진을 얻은 직후, 폭풍은 북쪽으로 향했다. 폭풍은 뉴펀들랜드의 아열대 지역으로부터 먼 지역까지 엄청난 영향을 미쳤고, 대부분의 피해는 이고르의 폭우로 의해 유발된 홍수에 기인하였다.

Video
2005 허리케인 시즌
http://goo.gl/ZvfcZ

대기를 바라보는 눈 11.1

이 허리케인은 2004년 대서양에서 발생하였다.

질문

1. 이 폭풍은 북대서양에서 발생했는가, 남대서양에서 발생했는가? 어떻게 알았는가?
2. 이 폭풍은 3월에 발생했을 것 같은가 아니면 9월에 발생했을 것 같은가?
3. 이 지역의 허리케인 발생 빈도를 설명하시오.

적 손실은 1,000억 달러 이상으로 앤드루의 경우보다 수배에 이른다.

허리케인에 의한 재해 규모는 피해 지역의 크기와 인구 밀도, 연안 지대의 지형을 포함하는 몇 가지 인자에 의존하지만 가장 중요한 인자는 폭풍 자체의 강도이다.

사피어-심프슨 등급

과거의 폭풍 연구를 기초로 하여 **사피어-심프슨 등급**(Saffir-Simpson scale)을 만들어 허리케인의 상대적 강도(등급)를 구별하였다(표 11.2). 허리케인의 강도와 피해의 예측은 이 기준에 따라 표현된다. 열대성 폭풍이 허리케인이 될 때 기상청은 강도 등급을 부여한다. 등급의 부여는 허리케인의 일생 중 어느 특정 단계에서 관찰된 조건을 기초로 하여 크기나 강도를 바꾸지 않고 육지에 도달한다면 폭풍이 초래하게 될 피해 규모를 예측하여 부여한다. 조건이 변화하기 때문에, 폭풍의 강도는 재평가하여 안전 공무원이 계속 정보를 알 수 있도록 한다. 사피어-심프슨 등급을 사용함으로써 허리케인의 피해 잠재성을 점검하고 적절한 예방 조치를 취할 수 있다.

표 11.1 미국 본토를 강타한 가장 치명적인 10대 허리케인, 1900~2013년

등급	허리케인	연도	등급	사망자
1.	텍사스(갤버스턴)	1900	4	8000*
2.	남동부 플로리다(오키초비 호)	1928	4	2500~3000
3.	카트리나	2005	4	1833
4.	오드리	1957	4	최소 416
5.	플로리다키스	1935	5	408
6.	플로리다(마이애미)/미시시피/앨라배마/플로리다(펜서콜라)	1926	4	372
7.	루이지애나(그랜드 아일)	1909	4	350
8.	플로리다키스/남텍사스	1919	4	287
9. (동급)	루이지애나(뉴올리언스)	1915	4	275
9. (동급)	텍사스(갤버스턴)	1915	4	275

출처 : National Weather Service/National Hurricane Center.

* 이 수치는 실제보다 10,000~12,000명 높을 수 있다.

자주 나오는 질문…

큰 허리케인은 작은 허리케인보다 강한가요?

반드시 그렇지는 않다. 사실 강도(최대 풍속, 중심 기압에 의해 구분)와 크기(바람의 반경 이내로 폐쇄된 등압선의 반경에 의해 구분)의 상관관계는 거의 없다. 허리케인 앤드루는 비교적 규모가 작았지만(직경 300km) 아주 강한 폭풍(5등급)의 좋은 예이다.

강도에서 5등급은 최악의 재해 가능성을 가진 폭풍이고, 1등급은 가장 약한 것이다. 5등급에 속하는 폭풍은 드물다. 이 정도로 강한 폭풍은 단 3개만이 미국 대륙을 강타한 것으로 알려져 있다. 앤드루는 1992년 플로리다, 카밀은 1969년 미시시피를, 레이버데이 허리케인은 1935년 플로리다키스를 강타하였다.

때때로 폭풍의 강도는 '주요 허리케인', '슈퍼 태풍'과 같은 용어를 사용해 설명하기도 한다. NHC(Nationanl Hurricane Center)에서는 최소 178km/h(111miles) 이상의 풍속이 1분 이상 지속되는 주요 허리케인을 3등급으로 분류한다. 미국 JTWC(Joint Typhoon Warning Center)는 서태평양에서 사피어-심프슨 심슨 규모 4등급에 해당하는 210km/h

표 11.2 사피어-심프슨 허리케인 등급

등급	중심기압	풍속	폭풍해일	피해
1	≥980	119~153	1.2~1.5	약함
2	965~979	154~177	1.6~2.4	보통
3	945~964	178~209	2.5~3.6	강함
4	920~944	210~250	3.7~5.4	아주 강함
5	<920	>250	>5.4	재앙 수준

* 더 복잡한 버전의 사피어-심프슨 허리케인 등급은 부록 F에 있다.

(131miles) 이상의 바람을 유지하는 경우 '슈퍼 태풍'이라고 한다. 2013년 11월 필리핀을 강타한 슈퍼 태풍 하이옌은 글상자 11.3에서 검토된다.

태풍에 의한 피해는 (1) 폭풍해일, (2) 바람 피해, (3) 내륙 홍수의 세 가지 종류로 나눌 수 있다.

폭풍해일

해안 지역의 가장 파괴적인 피해는 폭풍해일에 의해 발생한다. 폭풍해일은 해안 지역 재산 피해의 상당 부분을 차지할 뿐만 아니라, 허리케인으로 인한 사망의 상당한 비율을 차지한다. **폭풍해일**(storm surge)은 65~80km 너비의 돔형으로, 허리케인이 상륙하는 지점 근처 해안을 휩쓸어 버린다. 모든 파도가 잔잔하다면 폭풍해일은 정상적인 조석의 수준보다 수위가 위로 올라올 것이다(그림 11.10). 게다가 엄청난 해일 활동이 기압파에 부가된다. 우리는 이 해일이 낮은 해안 지역에 영향을 미칠 수 있는 피해 정도를 쉽게 짐작할 수 있다(그림 11.11). 최악의 해일은 멕시코만 같은 곳에서 발생한다. 그곳은 대륙붕이 아주 얕고 완만한 경사를 이루고 있다. 게다가 만과 강 같은 지역적인 특징으로 해일의 높이가 배가 되며, 속도가 증가할 수 있다.

방글라데시의 삼각주 지역에서는 대부분의 육지가 해발 2m 미만이다. 정상적인 조석의 높이에 부가된 폭풍해일이 1970년 11월 13일 그 지역에 범람했을 때 공식적인 사망자 수는 20만 명이었다. 비공식적인 추정으로는 50만 명에 이른다고 한다. 이것이 근대사에서 가장 최악의 자연재해 중 하나이다. 1991년 5월 비슷한 사건이 또 다시 방글라데시를 덮쳤다. 이번에는 폭풍으로 최소한 14만 3,000명이 사망하였고, 그 통로에 있던 해안가 마을이 파괴되었다. 해수위는 수십 년 동안 계속해서 상승하고 있기 때문에, 저지대의 인구 밀집 지역은 폭풍해일의 파괴적인 영향에 훨씬 취약하다(그림 11.12). 14장에 상승하는 해수위에 대한 자세한 논의가 있다.

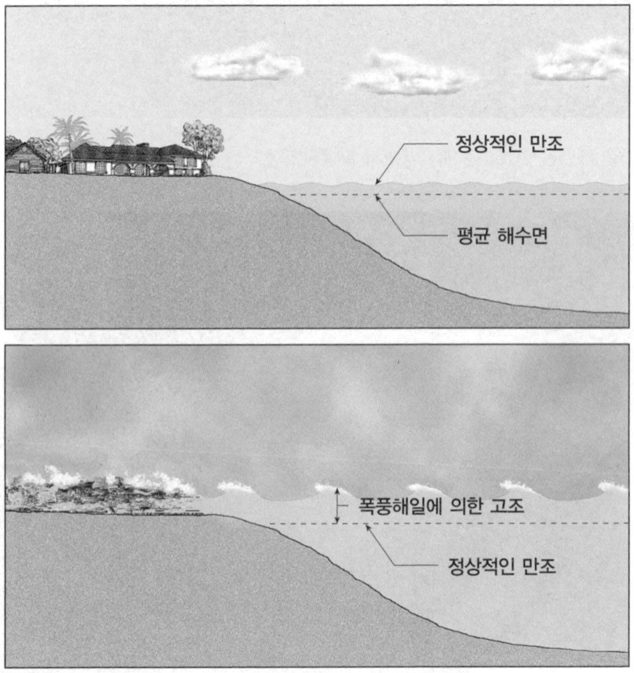

▲ **그림 11.10 폭풍해일**
만조에 부가된 폭풍해일은 해안 지역을 파괴시킬 수 있다. 최악의 폭풍해일은 완만한 경사를 이룬 대륙붕이 있는 해안 지역에서 발생한다. 걸프 해안이 바로 그런 장소이다.

허리케인 폭풍해일의 원인에 대한 흔한 오해는 그 폭풍 중심의 저기압이 바닷물을 상승시키는 부분적인 진공 상태로서 작용을 한다는 것이다. 하지만 이런 효과는 비교적 의미가 없다. 폭풍해일의 발달에 가장 신뢰할 만한 중요한 요인은 강한 해풍에 의해 바닷물의 수위가 높아진다는 것이다. 점진적으로 허리케인의 바람은 해안가로 물을 밀어서 해수위가 높아지고 격렬한 파도 활동을 휘젓게 된다.

북반구에서 허리케인이 해안가로 진행할 때 폭풍해일은 바람이 해변 쪽으로 불어 가는 눈의 오른쪽 부분에서 가장 강력해진다. 게다가 폭풍 진로의 오른쪽에서는 허리케인 자체의 전향 이동으로 인하여 폭풍해일이 발생한다. 그림 11.13에서 풍속이 175km/h인 허리케인이 50km/h의 속도로 해안가로 이동을 하고 있다고 가정해 보자. 이 경우 진행 중인 폭풍의 오른쪽 풍속은 225km/h이다. 왼쪽의 허리케인 풍속은 폭풍 이동의 반대 방향으로 불기 때문에 풍속이 125km/h로 해안을 벗어나게 된다. 진행하는 허리케인의 왼쪽을 마주하는 해안가를 향하여 폭풍이 육지에

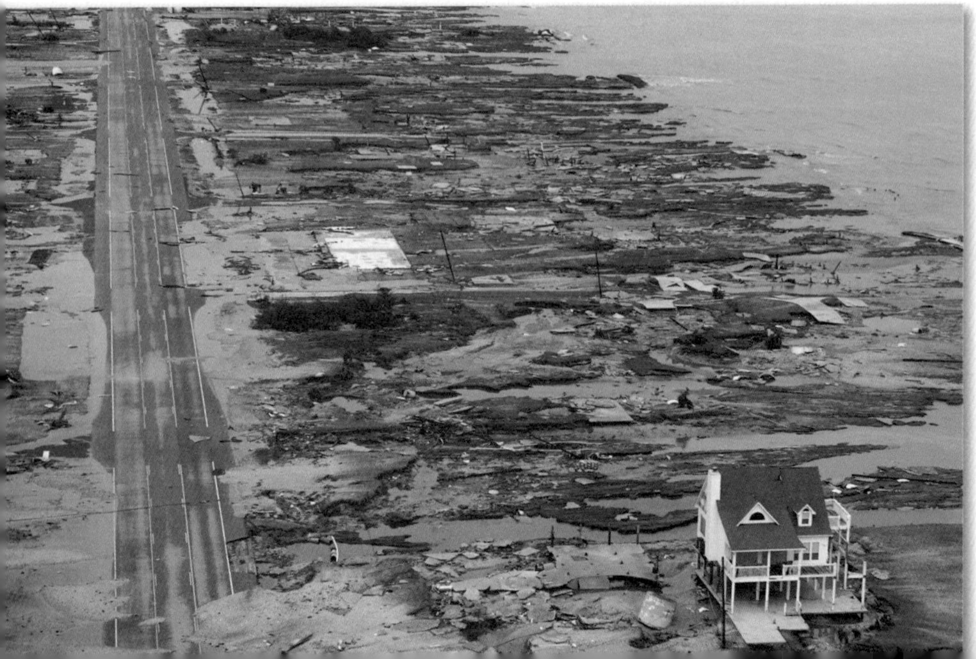

◀ **그림 11.11 허리케인 아이크의 여파**
2008년 9월 중순, 폭풍의 눈이 텍사스 갤버스턴을 직접적으로 통과하였다. 폭풍은 풍속 165km/h를 유지하였다. 이 유례 없는 폭풍해일은 크리스털 해변의 사진에서와 같이 엄청난 피해를 입혔다.

당신의 예보는?

브라이언 맥놀디(Brian McNoldy), 마이애미대학교, 로젠스틸 해양 대기과학 스쿨

4, 5등급 허리케인의 접근은 무서운 전망이지만, 낮은 풍속의 허리케인에 폭풍해일과 같은 요소들이 동반되면 막대한 피해를 입힐 수 있다. 그러므로 허리케인 경보 발령은 단순한 최대 풍속과 같은 예보보다 더 많은 것을 포함한다. 폭풍해일은 연안을 따라 열대성 사이클론의 육지 쪽으로 부는 바람에 의해 발생된 급속한 물의 증가이다. 이러한 해일을 정확하게 예측하기 위해 몇 가지 복잡한 요소들이 고려되어야 하는데, 강도, 크기, 이동 속도, 폭풍의 방향, 대양저의 모양, 땅의 지형 그리고 해안의 모양과 같은 것들이다. 해일은 폭풍해일과 천문조석의 결합으로, 허리케인 상륙의 시간은 **전체 범람**에 영향을 미치는 정상적인 조수와 관련이 있다. 더 강력한 폭풍이 더 큰 폭풍해일을 일으키고, 약한 폭풍이 더 작은 폭풍해일을 일으킨다는 것은 과잉 단순화이다.

그림 11.B는 실제 허리케인을 위해 '불확실성의 콘'과 함께 5일간 경로 예보를 보여 준다. NHC에서 이 보고가 있었을 때, 폭풍은 바하마스 지역에 평균 2등급 허리케인 정도였지만, 예측은 약간 약화되었고, 북쪽으로 향하며 결국 미국 북동부 쪽으로 서향하였다. 이는 사람들에게 강한 바람과 엄청난 폭풍해일이 있을 수 있다고 경고했던 때였다.

추측한 것처럼, 이 폭풍은 허리케인 샌디이다. 2005년 카트리나 이후에 가장 치명적인 폭풍으로 미국 역사상 가장 큰 피해를 입힌 자연재해 중 하나이다.

샌디는 2012년 10월 22일 카리브해 중심에서 형성된 후, 북쪽으로 이동하였고, 10월 25일 쿠바의 동쪽 끝에서 상륙했을 때 3등급으로 강화되었다. 그 후 바람은 약화되었지만 폭풍은 10월 26일에서 29일까지 미국 동부 해안으로 부터 거대한 1등급 허리케인이 되었다. 10월 29일에는 최대 풍속 130km/h가 지속되었다. 이 바람은 샌디가 상륙했을 때 거의 폭풍의 중심에서 북동부까지 직경 800km까지 확장되었고, 더 많은 물을 인구가 밀집된 시내 연안가로 운반하였다. 샌디의 거대한 크기는 또한 허리케인의 강한 바람이 세 번의 12시간 주기의 만조와 간조를 통해 해안을 강타할 수 있다는 것을 의미했다. 그 날 밤의 보름달은 폭풍이 지나가는 많은 해안 지역이 평균 만조보다 높은 수준의 만조를 예상했다. 그 결과 만조는 뉴욕 대도시 지역에서 가장 높은 기록을 달성했다. 그림 11.C는 홍수의 양을 보여 주는데, 이는 이 거대한 폭풍으로부터 필수 피난 구역을 넘어서 훨씬 강력한 폭풍들을 위해 더 많은 피난 구역들이 지정되었다.

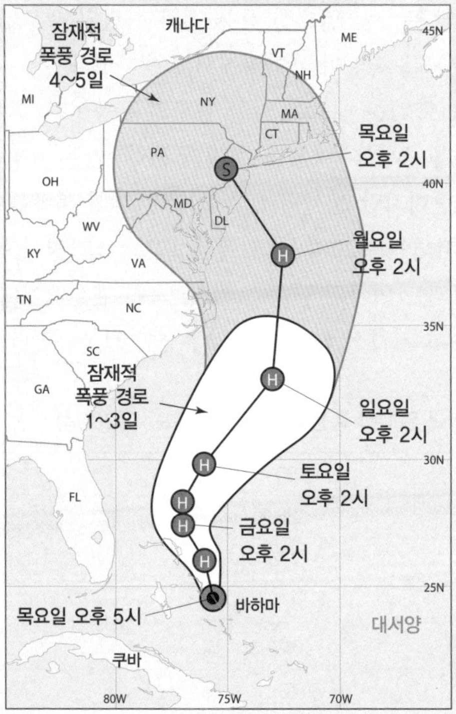

◀ **그림 11.B 2012년 10월 25일 오후 5시 NHC에 의한 열대 폭풍 경로 예보**

▲ **그림 11.C 뉴욕에서 허리케인 샌디에 의해 범람된 지역들**
더 자세한 내용은 관련 지도를 확인하시오.

허리케인 샌디에 의한 폭풍해일 보기
http://goo.gl/uUSphV

질문

1. 그림 11.B의 폭풍 경로 예보는 매우 정확하다. 허리케인과 폭풍해일에 대해 배운 내용을 바탕으로 가장 강력한 바람이 불 곳은 어디인가? 가장 큰 폭풍해일이 일어날 곳은 어디이며 왜인가? 답에는 주(states)의 부분이나 중요한 도시들을 포함해야 한다.
2. 이것은 주로 강풍이 아니라 폭풍해일에 관한 것으로, 샌디가 상륙했을 때 엄청나게 파괴적이었다. 샌디의 폭풍해일이 뉴욕 지역에 특히 파괴적이었던 요소들을 나열하시오.

▲ **그림 11.12 상승하는 해수위의 위협**
지구온난화의 반응으로 해수위가 상승하면서, 저지대 삼각주 지대는 폭풍해일에 훨씬 더 취약하게 될 것이다. 2008년 5월 4등급 태풍 사이클론 나르기스로부터 온 폭풍해일은 미얀마(버마) 의 인구 밀집 지역인 이라와디 델타를 파괴시켰다. 수년 후에, 그러한 지역들은 열대성 사이클론들의 영향에 훨씬 더 취약하게 될 것이다.

도달함에 따라 수위는 사실상 감소하게 될 것이다.

바람에 의한 피해

바람에 의한 파괴는 아마도 허리케인에 의한 피해 종류 중 가장 확실한 것이다. 간판, 지붕, 방치된 작은 물건들 같은 쓰레기들은 허리케인에 의해 위험한 미사일이 된다. 어떤 구조물의 경우 바람의 힘으로 완전히 날려 버릴 수가 있을 정도로 강하다. 부록 F에 있는 3, 4, 5등급의 폭풍에 대한 설명을 읽어 보자. 이동식 가옥은 특히 영향을 많이 받는다. 고층 건물 역시 허리케인의 바람에 민감하다. 풍속이 높이에 따라 증가하기 때문에 위층은 대단히 큰 영향을 받는다. 최근 연구에 의하면 사람들은 10층 아래에 머물러야 하지만 어느 층에서나 바람의 위험이 존재한다. 건축 법규가 잘 되어 있는 지역에서 바람의 피해는 해일의 피해만큼 재난이 되지는 않는다. 그러나 허리케인 바람은 해일보다 훨씬 더 큰 범위에 영향을 미치고, 엄청난 경제적 피해를 초래할 수 있다. 예를 들어, 1992년 허리케인 앤드루에 의한 바람이 플로리다 남부와 루이지애나에 250억 달러의 피해를 입혔다.

▼ **그림 11.13 돌진하는 허리케인**
해안을 향해 돌진하는 북반구 허리케인과 바람. 이 가상의 폭풍은 최대풍속이 175km/h로서 50km/h의 속도로 해안을 향해 이동 중이다. 진행 중인 폭풍의 오른편에 175km/h의 바람은 폭풍의 이동과 같은 방향이다. 따라서 폭풍의 오른편 풍속의 합은 225km/h이고, 왼편은 허리케인의 바람이 폭풍의 움직임과 반대로 불고 있어 풍속의 합은 125km/h 속도로 해안으로부터 멀어지고 있다. 폭풍해일은 진행 중인 허리케인의 오른편이 강타한 해안 지역을 따라 가장 강하게 나타난다.

허리케인은 때때로 폭풍의 파괴적인 힘에 기여하는 토네이도를 만들어 낸다. 연구에 의하면 육지에 도달하는 허리케인의 절반 이상이 최소한 한 번의 토네이도를 만든다. 2004년 열대성 폭풍 및 허리케인과 관련된 토네이도의 수는 기록적이다. 열대성 폭풍 보니와 5개의 허리케인(찰리, 프랜시스, 개스턴, 이반, 진)은 대서양 남동부와 중부 지역에 영향을 미친 거의 300개에 달하는 토네이도를 생성하였다(표 11.3). 허리케인 프랜시스는 하나의 허리케인에서 지금까지 알려진 것 중 가장 많은 토네이도를 생성하였다. 2004년 허리케인이 생성한 토네이도의 수는 기록을 깨트릴 만큼 많았다(이전 기록에 비해 300회 이상 많았다).

폭우와 육지의 홍수

대부분의 허리케인에 동반되는 폭우(홍수)는 세 번째로 중요한 위협이 된다. 2004년 허리케인 시즌은 아주 치명적이었다. 3,000명 이상의 인명 피해가 있었다. 돌발홍수 및 열대성 폭풍 진과 관련된 폭우에 의해 발생한 토사류로 거의 모든 사망이 아이티에서 발생하였다.

허리케인 아그네스(1972)는 때로는 약한 정도의 폭풍이라 할지라도 파괴적인 결과를 가져올 수 있다는 것을 설명해 준다. 이는 사피어-심프슨 등급상 1등급 폭풍이지만 20세기에 가장 많은 재산 피해를 낸 허리케인 중 하나였다. 피해액은 20억 달러 이상이었고, 122명의 목숨을 앗아 갔다. 가장 큰 파괴는 미국의 동북부 지역, 특히 펜실베이니아 지역의 홍수 때문이었는데 거기서 기록적인 강우량이 발생하였다. 해리

표 11.3 미국의 허리케인과 열대성 폭풍이 만든 토네이도 수(2004)

열대성 폭풍 보니	30
허리케인 찰리	25
허리케인 프랜시스	117
허리케인 개스턴	1
허리케인 이반	104
허리케인 진	16

스버그는 24시간 동안 거의 32cm가 내렸고, 스쿨킬 지역의 서부는 같은 시간 동안 48cm가 넘게 내렸다. 아그네스에 의한 경우는 다른 곳만큼 파괴적이지는 않았다. 펜실베이니아에 도달하기 전 폭풍은 조지아 주를 침범하였으나 대부분의 농부들은 건조한 상황이 너무 오래 지속되어 비를 환영하였다. 사실, 그 지역에서는 농작물을 위한 비의 가치가 홍수 피해를 훨씬 능가하였다.

또 하나의 유명한 예는 허리케인 카밀(1969)이다. 이 폭풍은 특별한 해일과 그로 인한 해안 지방의 피해로 가장 잘 알려져 있는데, 이 폭풍과 관련된 최대의 사망자 수는 카밀이 육지에 도달한 지 2일 만에 버지니아 주의 블루리지 산에서 발생하였다. 여기서는 많은 지역에 25cm 이상의 비가 내렸고, 150명 이상이 사망하였다.

요약하면, 해안 지역의 광범위한 피해와 인명 피해는 폭풍해일, 강풍 및 폭우로 인한 것이다. 인명 피해는 해일에 의한 것이 일반적인데, 그로 인해 해안가에서 몇 블록 이내에 있는 구역이나 섬 전체가 파괴될 수도 있다. 바람의 피해는 해일만큼은 심하지 않지만 훨씬 더 넓은 지역에 영향을 미친다. 건축 법규가 부실하게 만들어진 경우 경제적 손실은 특히 커질 수 있다. 허리케인은 육지로 이동함에 따라 약해질 수 있기 때문에 대부분의 바람 피해는 해안에서 200km 범위의 내륙에서 발생한다. 해안에서 멀리 떨어져 약해지는 폭풍은 바람이 허리케인 수준 이하로 약해진 후에도 오랫동안 홍수를 일으킬 수 있다. 때때로 육지의 범람(홍수)으로 인한 피해가 폭풍해일의 파괴를 능가하기도 한다.

✓ 개념 체크 11.3

❶ 사피어-심프슨 등급의 목적은 무엇인가?

❷ 허리케인 피해의 주요한 3대 범주는 무엇인가? 각각의 간단한 예를 드시오.

11.4 허리케인의 강도 추정

허리케인의 강도를 결정하는 데 사용되는 두 가지 방법을 비교하고, 폭풍의 강도가 수십 년 후 어떻게 변화할지에 대해 설명한다.

사피어-심프슨 허리케인 분류 기준이 직접적인 방법이다. 그러나 지표에서 허리케인의 강도를 정확히 묘사하는 데 필요한 정확한 관찰이 때로는 어려울 수 있다. 허리케인 눈벽을 직접 지표면에서 관찰하는 것은 거의 불가능하므로 허리케인의 강도를 추정하기는 어렵다. 따라서 폭풍의 가장 강력한 부분의 바람을 추정해야 한다. 지표면에서 강도를 추정하는 가장 최선의 방법 중 하나는 정찰기로 측정한 풍속을 조정하는 것이다. 다른 덜 정확한 기술은 위성의 기내 기구에서 얻어진 정보를 사용하는 것이다.

드롭존데

상층의 바람은 지상풍(지표면에서의 바람)보다 강하다. 따라서 상층의 바람에 관하여 결정한 값을 지표상에서의 바람의 값으로 조정하는 것은 상층에서 측정한 값을 줄이는 것이다. 그러나 1990년대 말까지 적절한 조정 인자를 결정하는 것은 허리케인 눈벽에서의 지표면 관찰이 너무 제한적이어서 비행고도와 지상풍 간의 함수적 관계를 확정할 수가 없기 때문에 문제가 되었다. 1990년대 초 일반적으로 사용되는 감소 요인은 75~80% 정도였다(즉, 지상풍의 풍속이 3,000m 고도에서 풍속의 75~80% 사이라고 가정하였다). 어떤 과학자들과 공학도들은 지상풍속이 비행고도 풍속의 65% 정도라고 주장하기도 하였다.

1997년 GPS(Global Positioning System) 드롭윈드존데(dropwindsonde

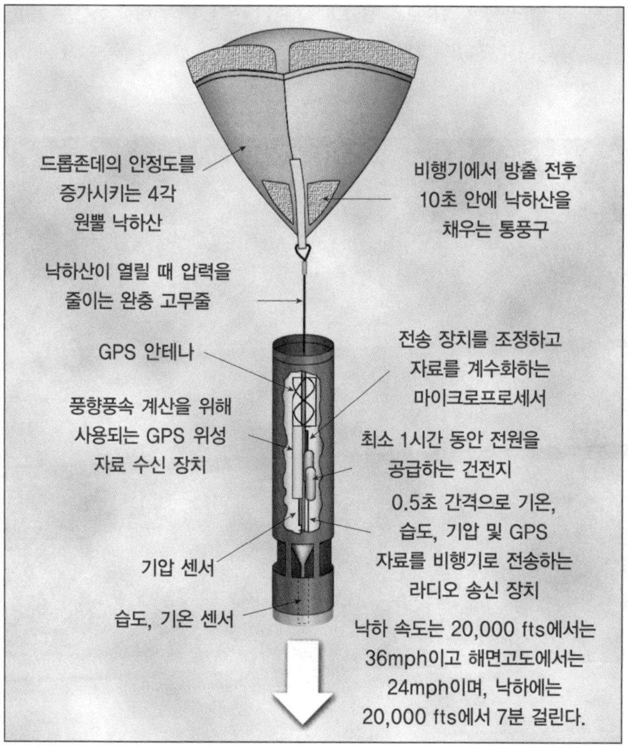

▲ 그림 11.14 드롭존데
GPS 드롭윈드존데는 흔히 드롭존데라고 불린다. 이 실린더형 기기는 직경이 약 7cm, 길이 40cm, 무게 0.4kg 정도이다. 이 기기는 비행체로부터 방출되어 낙하산을 펴고 폭풍을 통과하면서 온도, 기압, 바람, 습도 등을 0.5초마다 측정하여 제공한다.

or dropsonde)라는 새로운 도구를 사용하게 되었다. 이는 흔히 줄여서 **드롭존데**(dropsonde)라고 불렀다. 이 도구 패키지는 비행선에서 방출된 후 작은 낙하산으로 속도를 느리게 하여 폭풍을 뚫고 아래로 부유한다(그림 11.14). 낙하하는 동안 계속적으로 기온, 습도, 기압, 풍속, 풍향에 관한 자료를 전송해 준다. 이 기술의 개발을 통하여 처음으로 지표까지 낙하하는 동안의 비행고도에서 허리케인의 최대풍속을 정확하게 측정할 수 있었다.

몇 년에 걸쳐 수백 개의 GPS 드롭존데가 허리케인에 발사되었다. 이런 시도를 통해 축적된 자료에 의하면 허리케인 눈벽에서 지상풍의 평균 풍속은 비행고도 바람의 75~80%가 아니라, 약 90%라고 하였다. NHC 이런 새로운 정보를 바탕으로 비행고도 관찰로부터 허리케인의 최대 지상풍속을 측정하기 위해 90%의 수치를 사용하고 있다. 이는 지금까지의 기록에서 어떤 폭풍의 바람이 과소평가되었다는 것을 의미한다.

대기를 바라보는 눈 11.2

이 위성 이미지는 열대성 사이클론 파비오가 2007년 2월 22일 아프리카 모잠비크의 해안을 따라 해변 기슭으로 왔을 때를 보여 준다. 이 강력한 폭풍은 동쪽에서 서쪽으로 이동하고 있었다. 사이클론의 일부분들은 상륙했을 때 풍속 203km/h를 유지하였다.

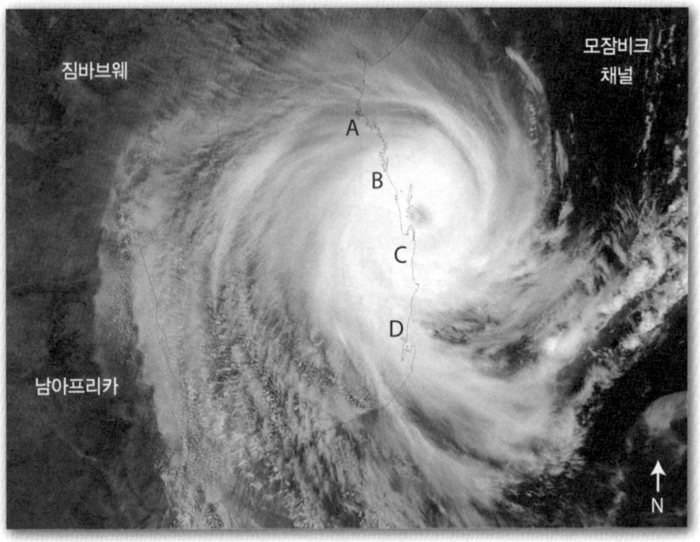

질문

1. 폭풍의 눈과 눈벽을 식별하시오.
2. 풍속을 바탕으로, 사피어-심프슨 등급을 활용하여 폭풍의 등급을 매기시오.
3. A, B, C, D 중 어느 부분이 가장 강한 폭풍해일을 경험하여야 하는가? 설명하시오.

예를 들어, 1992년 허리케인 앤드루의 지상풍속은 233km/h로 추정되었다. 이는 정찰기에 의해 3,000m에서 측정한 값의 75~80%였다. NHC의 과학자들이 90% 값을 이용하여 폭풍을 재평가하였을 때 내린 결론은 최대 지상풍속이 266km/h였다(1992년 추정 값보다 33km가 더 빠른 값이다). 결과적으로 2002년 8월 허리케인 앤드루의 강도는 공식적으로 4등급에서 5등급으로 바뀌었다. 이 상향 조정으로 앤드루는 미국 대륙을 강타한 세 번째 5등급 허리케인이 되었다.

위성 자료 활용

최근 허리케인의 강도를 관찰하기 위해 위성에서 얻어진 데이터를 활용하는 두 가지 방법이 개발되었다. 한 가지 기술은 폭풍 내의 풍속을 측정하기 위해 위성 내의 기구들을 활용하는 것이다. 두 번째 방법은 다가오는 허리케인의 눈벽에 있는 **열탑**(hot towers)이라고 불리는 이례적인 구름 발달 지역을 식별하기 위해 위성을 활용하는 것이다.

바람 측정 **비접촉식표면조도계**(scatterometer)라 불리는 기구는 일종의 레이더로 풍속의 강도를 측정할 수 있다. 그림 11.15에 보이는 이미지는 *Oceansat-2* 위성으로부터 얻어진 데이터에서 생성되었다. 과학자들은 이러한 측정법이 시행되었을 때, 실험 기술을 적용하여 슈퍼 태풍 하이옌의 최고 풍속 206km/h를 결정하였다. 그러나 최고 풍속은 더 강력할 것으로 보였는데, 이는 이 기술이 570m^2 이상 지역의 데이터를 평균화하므로 폭풍의 절대 최고 지속 풍속보다 더 낮은 값을 산출하였기 때문이다. 과학자들은 그 데이터를 수신하였을 때 최대 풍속이 약 20% 높

▼ **그림 11.15 하이옌의 바람 측정**

Oceansat-2 위성에 탑재한 비접촉식표면조도계로 2013년 11월 7일 발생한 슈퍼 태풍 하이옌을 관측한 것이다. 화살표는 풍향을 표시하고, 음영의 강약은 풍속의 강도를 나타낸다.

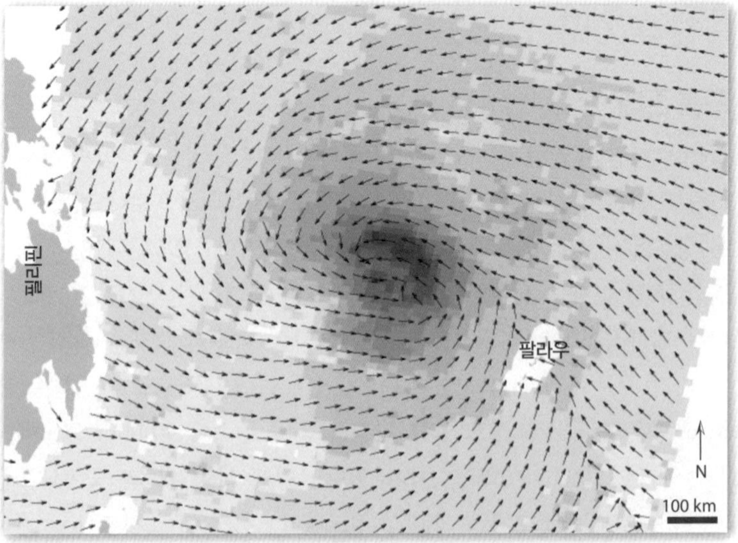

은 240km/h이었을 것이라 추정하였다.

비접촉식표면조도계는 25~50km의 해상도를 가지고 있어서 폭풍의 최대 풍속을 분석할 수 없다. 비접촉식표면조도계는 바람을 직접 측정하기보다는 바다의 표면을 거칠게 하는 바람의 원리를 측정한다. 이 도구는 바다 표면으로부터의 복사열 차이를 탐지한다. 그 후 이 복잡한 모델은 얼마만큼의 풍속이 거칠기를 일으키는지 알아보는 데 사용된다.

강우량과 운고 측정 그림 11.16은 특이한 위성 정보를 보여 준다. 허리케인의 다른 부분의 강우량의 패턴을 보는 것은 예보자들에게 매우 유용한데, 이는 폭풍의 강도를 결정하는 데 도움을 주기 때문이다. 과학자들은 **열대성 강우량 측정 위성**(Tropical Rainfall Measuring Mission, TRMM) 내의 강우 레이더(Precipitation Radar, PR)로부터 3시간 이내 3D 영상으로 정보를 처리하는 방법을 개발하였다. 위성은 매번 같은 전 지구 열대성저기압 주위를 돌며, PR은 데이터를 폭풍 3D 스냅숏을 만들기 위해 전송한다. 이런 이미지들은 얼마나 큰 비가 폭풍의 다른 부분(예를 들어, 눈벽 대 외부 우선)에 내리고 있는지 정보를 알려 준다. 그들은 또한 3D 이미지로 운고를 보여 준다. 이 기술을 이용함으로써, 미항공우주국(NASA) 과학자들은 **열탑**(hot towers)이라 불리는 거대한 적란운을 발견하였고, 가끔 허리케인이 강화되기 전에 눈벽에서 6시간 동안 높이가 12km 이상 되기도 한다. 그림 11.16은 허리케인 카트리나의 사례이다. 2014년 2월 글로벌 강수 미션(Global Precipitation Mission, GPM)이 TRMM에 의해 사용된 훨씬 진보된 버전의 도구와 함께 출범하였다.

▲ 그림 11.16 열탑
이 사진은 2008년 8월 초에 입수된 **열대성 강우량 측정 위성**(TRMM)의 허리케인 카트리나 그림이다. 폭풍의 내부 종단면은 한쪽 방향에서는 운고, 다른 쪽에서는 강수 비율을 보여 준다. 2개의 열탑(빨간색) 중 하나는 외부의 우선에 있고, 다른 것은 눈벽에 있다. 눈벽 탑은 해수면 위로 16km 상승하고, 이는 강한 강우 지역과 관련이 있다. 중심 주변의 이 높은 탑들은 폭풍이 강해지고 있다는 것을 의미한다. 카트리나는 이 사진이 얻어진 이후에 3등급에서 4등급으로 상승되었다.

Video
열탑과 허리케인의 강도
http://goo.gl/jJmpo

✓ 개념 체크 11.4

❶ 허리케인의 표면 강도를 측정하는 것이 왜 어려운가?

❷ 허리케인의 강도를 측정하는 세 가지 방법을 열거하고 간단히 설명하시오.

11.5 허리케인 탐지와 진로 분석

허리케인을 추적하고 예보하는 데 사용되는 데이터를 제공하는 네 가지 도구를 열거한다. 허리케인 주의보와 허리케인 경보를 구분한다.

그림 11.17은 대서양 허리케인의 몇 가지 주목할 만한 진로를 보여 준다. 이런 진로를 결정해 주는 것은 무엇인가? 폭풍은 대류권 높이까지 에워싼 환경적인 흐름에 의해 조정되는 것으로 생각할 수 있다. 허리케인의 이동은 그 '흐름'에 경계가 정해지지 않는다는 것을 제외하고, 조류를 따라 이동하는 나뭇잎에 비유되어 왔다.

적도에서 북위 25°까지의 위도 대에서 열대성 폭풍과 허리케인은 일반적으로 약간의 극 쪽 성분을 가지면서 서쪽으로 이동한다. 그 폭풍의 극 쪽에 위치하는 반영구적인 고기압의 세포(버뮤다 고기압) 때문에 이와 같은 현상이 발생한다(그림 7.10B 참조). 고기압 중심부의 적도 쪽에 동풍이 탁월하여 그 폭풍을 서쪽으로 유도한다. 이러한 고기압 중심

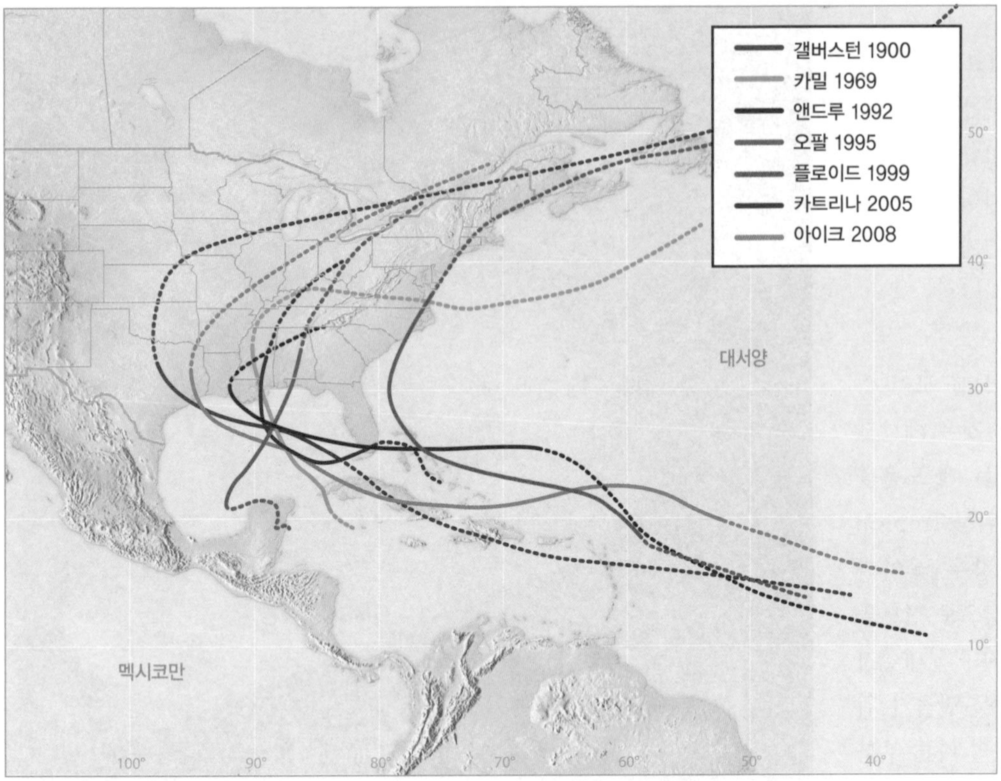

◀ **그림 11.17 폭풍 경로**
이 지도는 기억할 만한 몇 개의 허리케인들의 다양한 경로를 보여 준다. 각 선들의 굵은 부분은 폭풍이 허리케인의 상태가 되었을 때를 보여 준다. 많은 중요한 폭풍의 역사를 살펴보기 위해, 다음의 흥미로운 사이트를 방문해 보시오. www.csc.noaa.gov/hurricanes/.

Video
허리케인의 예측
http://goo.gl/DLMR8T

이 대서양 서부에서 약해지면 폭풍은 종종 북향하게 된다. 버뮤다 고기압의 극 쪽에서는 편서풍이 탁월하여 폭풍은 다시 동쪽으로 향한다. 때때로 폭풍이 다시 전향하여 바다로 갈 것인지, 계속해서 직진할 것인지 혹은 육지에 상륙할 것인지를 결정하기는 어렵다.

허리케인으로부터 수백 킬로미터 떨어진 곳(단 하루 정도 떨어진 거리)은 하늘이 맑고 사실상 바람이 전혀 없다. 기상위성 시대가 오기 전에는 그런 상황 때문에 사람들에게 폭풍이 임박했음을 예고하기가 어려웠다. 미국 역사상 최악의 자연재해는 1900년 9월 8일 전혀 준비가 안 된 텍사스의 갤버스턴을 강타했던 허리케인의 결과로 나타난 것이다. 그 폭풍은 적절한 경고도 없는 상황에서 주민을 덮쳐 그 도시 인구 6,000명과 다른 지역에서도 최소한 2,000명의 목숨을 앗아갔다(그림 11.18).*

미국에서는 조기경보시스템이 허리케인에 의해 초래되는 사망자의 수를 크게 감소시켰다. 그러나 동시에 재산 피해는 천문학적으로 증가하였다. 이런 재산 피해 증가의 일차적인 이유는 해안지대의 급속한 인구 증가와 그로 인한 개발이다.

위성의 역할

오늘날에는 여러 가지 다른 측기들이 허리케인을 탐지하고 추적하기 위해 사용되는 자료를 제공해 준다. 이 정보는 기상 예측과 경계 경보를 발령하기 위해 사용된다. 열대성저기압을 관측하기 위해 사용되는

* 갤버스턴 폭풍에 대한 흥미 있는 이야기를 보고 싶다면, 에리크 라슨의 Issac's Strom(New York: Crown Publishers, 1999)을 읽으시오.

▼ **그림 11.18 1900년 허리케인 갤버스턴의 피해**
전 도시가 완전히 파괴되었고, 파편이 산처럼 쌓여 주변에 몇 개의 건물들만 남아 있다.

A.

B.

Video
비행사 체이스 인터뷰
http://goo.gl/dNcCfB

◀ **그림 11.19 항공기 정찰**
A. 대서양 항구에서 대부분의 허리케인 정찰은 미시시피 케슬러 AFB에 본부를 둔 미 공군 기상비행대대에 의해 수행된다. 비행사들은 허리케인을 뚫고 중심으로 날아가 허리케인 눈의 정확한 위치를 알려 줄 뿐 아니라 기본적인 기상 요소들을 측정한다. 그들은 이러한 사진의 배경에도 비행기를 활용한다. 해양대기청(NOAA) 역시 연구의 목적으로 작지만 특별히 장착된 제트기를 보내 이러한 폭풍에 대해 더 나은 이해를 할 수 있도록 과학자들에게 도움을 준다. **B.** 무인 정찰기 드론 글로벌 호크(Global Hawk)는 길이 13.2m, 무게 11,250km이다. 이 드론은 19.5km 높이까지 올라갈 수 있고, 대기 중에 30시간까지 머무를 수 있다.

측기의 가장 위대한 진보는 기상위성의 개발이었다.

허리케인이 발생되는 열대 및 아열대 지역이 광대한 해양으로 이루어지기 때문에 일반적으로 관측은 제한적이다. 이 광대한 지역의 기상자료에 대한 필요는 주로 위성에 의해 해결된다. 폭풍이 저기압성 흐름과 회전하는 구름의 무리로 발달하기 전이라도, 위성으로 감지하여 검색할 수 있다.

기상위성의 개발은 열대성 감지라는 문제를 해결해 주었고 관측력을 크게 향상시켜 주었다. 이는 앞부분에서 다뤄졌다. 그러나 위성은 원거리 센서이고, 풍속의 측정은 시속 수십 킬로미터까지 미치지 못하며, 폭풍의 위치 측정은 오차가 많다. 상세한 구조적 특징을 정확히 예측하기는 아직 불가능하다. 따라서 관측 시스템 간의 보완을 통하여 정확한 예보와 경보를 제공하는 데 필요한 자료를 제공해 주는 것이 필수적이다.

비행선 정찰

비행선은 허리케인에 대한 두 번째로 중요한 정보원이다. 1940년대 최초로 허리케인에 실험 비행을 한 이후로 비행선과 사용된 측기들은 상당히 정교해졌다(**그림 11.19A**). 허리케인이 사정거리 안에 있을 때 특수 측기가 탑재된 비행선은 위협적인 폭풍으로 직접 날아가 그 위치의 세부 상황과 현재 발달의 상태를 정확히 측정한다. 관측한 자료는 폭풍 한가운데의 비행선에서 여러 출처에서 들어온 자료를 수집 · 분석하는 기상 센터로 즉시 전송된다.

비행선 관측은 허리케인이 해안가에 가까이 접근할 때까지 계속할 수 없기 때문에 제한적이다. 또한 관측은 연속적이거나 폭풍 전체적으로 이루어지지 않는다. 오히려 비행선은 허리케인의 작은 부분만 스냅으로 찍는다. 그럼에도 수집된 자료는 앞으로 폭풍의 행동을 예측하는 데 필요한 현재의 특징을 분석하는 데 중요하다.

비행선의 허리케인 예보와 경보 프로그램에 대한 큰 공헌은 폭풍들의 구조와 특징에 대한 이해를 높여 주었다는 것이다. 위성을 이용한 원거리 관측 기술이 향상되었지만 비행선 측정은 잠재적으로 위험한 열대성 폭풍 예측의 정확성 수준을 유지하는 데 있어 예측 가능한 미래를 위해 필요하다.

새로운 형태의 비행선 정찰은 개발 수준에 있고, 무인 드론 비행기를 개발하여 사용하게 되었다(**그림 11.19B**). **허리케인과 심한 폭풍 감시**(The Hurricane and Severe Storm Sentinel, HS3)는 2012년 NASA에서 시작된 5년짜리 프로그램이다. 이 연구 프로그램은 대서양 해역 분지에서 허리케인의 강도 변화와 관련된 진행 상황에 대한 이해를 높이기 위해 만들어졌다.

레이더와 데이터 부이

레이더는 허리케인의 관찰과 연구에서 세 번째로 기본적인 도구이다(**그림 11.20**). 허리케인이 해안에 근접하면 육상의 도플러 기상레이더에 의해 감지된다. 이 레이더는 허리케인의 바람장, 강우 강도, 폭풍의 움직임에 관한 상세한 정보를 제공한다. 따라서 지방의 NWS는 특정 지역의 홍수, 토네이도, 강풍 등에 대한 단기적인 경보를 발령할 수 있다. 정교한 수학적 계산을 통해 기상 예보자들은 강우량 같은 레이더 자료에서 유출된 중요한 정보를 얻을 수 있다. 레이더의 한계성은 해안에서 320km 이상 벗어나면 관측이 불가능하고, 허리케인 경보는 폭풍이 사정거리 안에 들어오기 상당 시간 전에 미리 발령되어야 한다는 것이다.

볼트락-새로운 허리케인 추적 기술 급속히 강화하는 폭풍은 취약한 해안 지역을 갑작스럽게 덮친다. 2007년 허리케인 움베르토는 19시간도 되기 전에 열대성저기압에서 허리케인으로 강화되면서 텍사스의 포트아더를 덮쳤다. 2004년, 플로리다의 남부 해안의 일부는 경비병에게 포착되었을 때 허리케인 찰리의 꼭대기 바람이 육지로 다가오면서

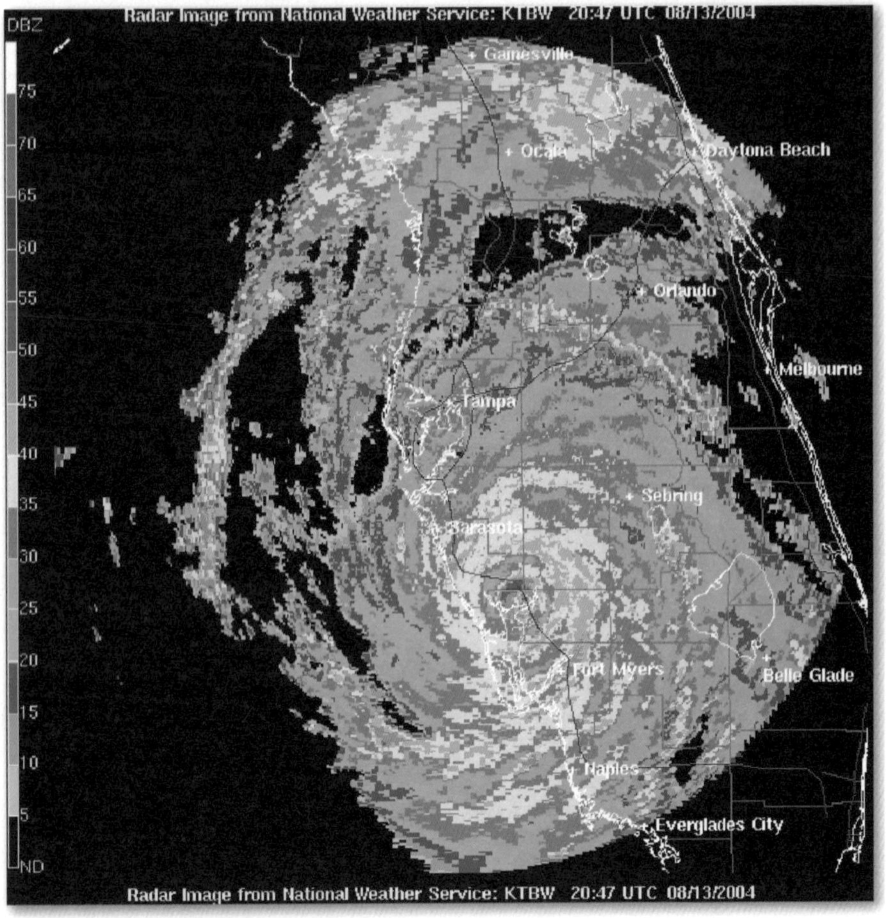

▲ **그림 11.20 해안 레이더**

2004년 8월 13일 플로리다 샬럿 항에 상륙한 직후 허리케인 찰리의 도플러 레이더 영상. 이 레이더의 관측 반경은 320km이다.

175km/h에서 230km/h로 6시간 만에 강력해졌다.

볼트락(Vortex Objective Radar Tracking and Circulation, VORTRAC)이라 불리는 이 기술은 2007년에 성공적으로 시험되었고 2008년 사용되었다. 이 기술은 폭풍이 육지로 접근할 때 가장 중요한 시간 동안 잠재적으로 위험한 허리케인이 될 수 있는 갑작스러운 폭풍 강도의 변화를 포착함으로써 단기간 허리케인 경보를 향상시키려고 만들어졌다.

볼트락의 개발 전, 육지로 다가오는 허리케인의 강도를 감시하기 위한 유일한 방법은 비행선을 이용하여 폭풍 속으로 드롭존데를 떨어뜨리는 것이었다. 이 방법은 매 시간 혹은 2시간마다 시행되어야 했고, 갑작스러운 기압의 감소나 동반된 바람의 증가는 시기적절하게 감시하기 어려울 수 있다.

볼트락은 텍사스에서 메인 주까지 걸프 연안과 대서양 연안을 따른 도플러 레이더 구축망의 일부를 사용한다. 각 유닛은 안팎으로 부는 바람을 측정하고, 볼트락이 확립될 때까지 하나의 레이더도 허리케인의 회전성 바람이나 중심 기압을 측정할 수 없었다. 이 기술은 폭풍의 회전하는 바람을 측량하기 위해 대서양 허리케인 구조에 대한 지식과 단일 레이더로부터의 데이터를 결합하는 일련의 수학 공식을 활용한다. 볼트락은 또한 허리케인의 강도에 대한 신뢰성 있는 지침인 허리케인 눈 안의 기압을 추론한다(그림 11.21). 각 레이더는 190km까지 상태의 견본을 만들고, 예보자들은 볼트락을 사용하여 6분마다 폭풍의 상태를 갱신할 수 있다.

데이터 부이 데이터 부이는 허리케인의 연구를 위한 자료를 수집하는 네 번째 방법이다(그림 12.4 참조). 이 원거리 부이 세트는 걸프 해안과 대서양 해안을 따라 고정된 위치에 배치된다. 그림 11.3의 일기도를 볼 때 몇 개의 해안 기지국에서 구분한 부이 정보를 볼 수 있다. 1970년대 초 이후로 부이에 의해 공급된 자료들은 허리케인 경보 시스템의 중요한 요소일 뿐 아니라 일상의 기상 분석에서 신뢰할 수 있는 자료로 일반화되었다. 부이는 해수면 위의 기상 조건과 바다의 물리적 상태를 지속적으로 직접 측정하기 위한 유일한 수단이다.

허리케인 주의보와 경보

정교한 컴퓨터 모델과 더불어 첨단 기술의 측기로부터 나온 자료를 이용하여 기상학자들은 허리케인의 진로와 강도를 예측하려고 한다. 그들의 목표는 적절한 주의보와 경

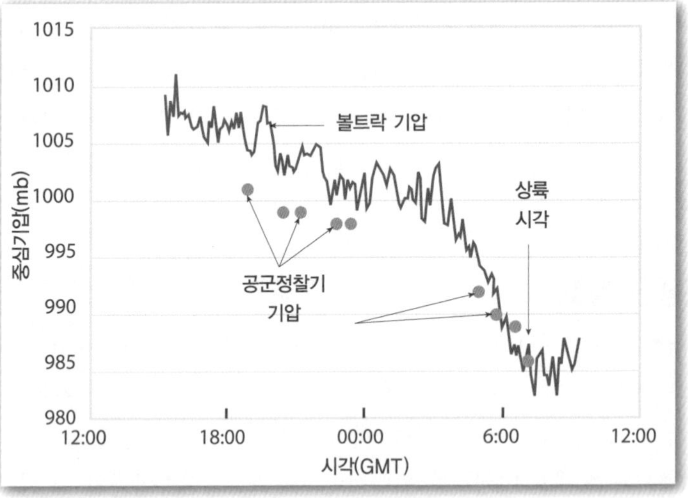

▲ **그림 11.21 볼트락**

이 그래프는 볼트락 시스템이 갑작스럽게 강화된 허리케인 움베르토가 2007년 9월 13일 텍사스/루이지애나 연안을 상륙할 때 찍은 결과이다. 볼트락은 상륙 전 정찰기에 의해 측정된 움베르토의 실제 중심 기압과 거의 동일하다. 볼트락은 또한 폭풍의 급속한 강화를 포착하고, 비행기 데이터를 이용할 수 없을 때, 4시간 주기 끝자락에서 압력이 급격히 하강한다는 것을 보여주었다.

기상재해
글상자 11.3

슈퍼 태풍 하이옌

이 장 첫 페이지의 그림은 슈퍼 태풍 하이옌이 2013년 11월 8일 필리핀 중심으로 이동할 때의 모습이다. 폭풍이 강타한 후 얼마 되지 않아, 하와이에 있는 JTWC에서 사피어–심프슨 등급 5등급인 315km/h 바람이 관측되었다(그림 11.D). JTWC는 미 해군 공군 특수부대로 태평양과 인도양의 태풍을 감시한다. 만약 관측이 정확하다면, 하이옌은 상륙한 폭풍 중 가장 강력한 폭풍으로 기록될 것이다. 하이옌 바람의 강도에 대해 확신할 수 있을까? 과학자들도 직접적인 풍속 측정 방법이 거의 없기 때문에 확신할 수 없다. 추정치는 멀리 떨어진 위성에 의해 모아진 데이터에 의존한다. 풍속을 결정하는 위성 데이터 활용에 대한 자세한 정보는 11.4절에 기술되어 있다.

> 하이옌은 상륙한 폭풍 중 가장 강력한 폭풍으로 기록될 것이다.

하이옌의 지속된 바람은 315km/h로 측정되었지만, 돌풍은 370km/h에 달했다. 수십억 개의 빗방울과 그 속도로 날아다니는 파편을 상상해 보자.

폭풍이 인구가 밀집한 해안을 따라 육지에 도달했을 때 최고조에 달하는 일은 희귀한 일이지만 하이옌의 경우는 그랬다. 그것은 필리핀에서 가장 치명적인 폭풍으로 기록되었다. 공식적인 사망자는 6,300명이었지만, 수천 명이 집계되지 않았기에 인명 피해는 더 심할 것이다. 게다가 200만 명의 이재민이 발생하였고, 수백만 명이 삶의 터를 떠나야 했다. 도로는 파편으로 뒤덮였고, 완전히 파괴되었기 때문에 도움이 필요한 수백 명의 사람들에게 인도주의적 도움을 주기가 어려웠다.

바람이 극심했지만, 인명과 재산 피해의 대부분은 하이옌에 의한 폭풍해일이었다. 타클로반(가장 심한 재해 도시 추정)에서의 해일벽은 7.5m 높이로 추정되었다. 그 도시 대부분의 해발고도가 5m 정도여서 폭풍해일의 결과는 재앙적이었다.

사나운 바람, 강한 폭풍해일과 더불어 하이옌은 엄청난 폭우를 필리핀 중심 지역에 내렸다. 슈퍼 태풍이 지난 며칠 후 열대성 폭우와 열대요란이 다시 그 지역을 덮쳤다. 10일 주기 동안 세 가지 현상이 결합되어 나타난 폭우는 많은 지역에 50cm를 초과하는 비를 내렸고, 어떤 지역은 최고 68cm에 달했다(그림 11.E). 필리핀은 산이 많아 위험한 홍수와 산사태가 빈발하였다.

질문

1. 왜 하이옌의 바람의 강도가 불확실한가?
2. 슈퍼 태풍 하이옌의 결과로 어떤 종류의 폭풍의 피해가 필리핀에서 발생했는가?

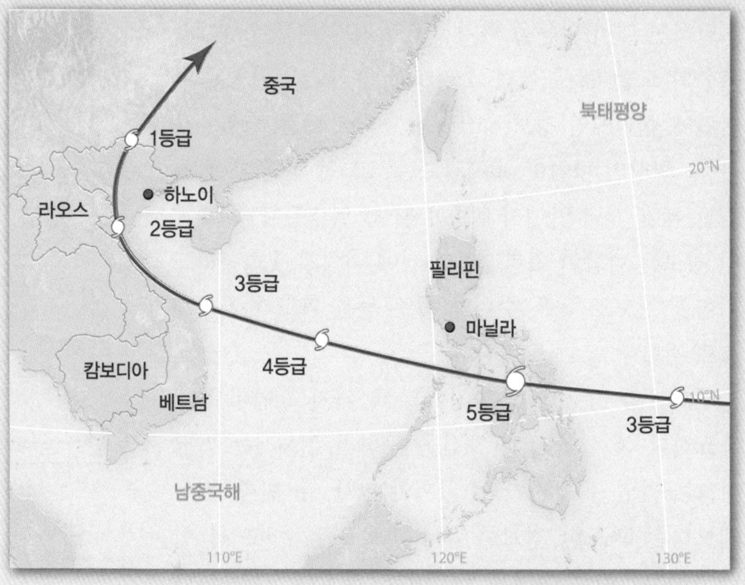

▲ **그림 11.D 하이옌의 경로**
이 지도는 매우 강한 폭풍인 하이옌의 경로를 보여 준다. 숫자들은 사피어–심프슨 등급에 의한 폭풍의 강도를 나타낸다. 필리핀 중심부를 강타한 후, 하이옌은 베트남으로 다시 상륙하였다.

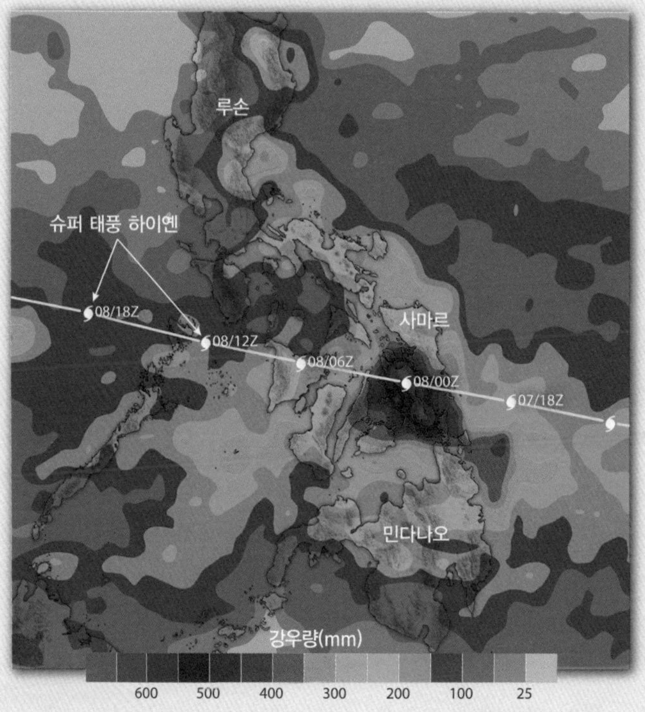

▲ **그림 11.E 홍수비**
이 지도는 열대성 폭풍 서티(Thirty)와 슈퍼태풍 하이옌으로 2013년 11월에 10일간 발생한 열대요란에 의한 강우량이 수십 밀리미터에 달한 모습을 보여 준다. 강우 자료는 열대성 강우량 측정위성으로부터 수집된 것이다.

보를 발령하는 것이다.

허리케인 주의보(hurricane watch)는 허리케인의 상태가 특정 해안 지역에 나타나는 것이 가능한 경우를 예상한 발표이다. 일단 바람이 열대성 폭우 수준으로 도달하면 대비 활동을 하기 어려워지기 때문에 열대성 폭풍의 도달 48시간 전 허리케인 주의보가 발령된다. 반면에 **허리케인 경보**(hurricane warning)는 119km/h나 그 이상인 바람이 36시간 또는 그 전 시간 내에 특정한 해안 지역 안에서 예측이 될 때 발령된다. 허리케인 경보는 바람이 허리케인의 힘에 미치지 못하더라도 위험할 정도로 높은 수위나 아주 높은 파도가 계속적으로 결합이 될 때 발령된다.

주의보와 경보 결정 과정에는 두 가지 요인이 특히 중요하다. 우선 인명과 재산을 구하기 위해서는 적당한 리드타임(소요 시간)이 있어야 한다. 두 번째, 기상 예보자는 과도한 경보를 최소한으로 유지하도록 한다. 하지만 이는 어려운 과제이다. 분명히, 경보를 발령하기로 한 결정은 한편으로 대중을 보호할 필요성과 다른 한편으로 과도한 경보의 정도를 최소화하려는 바람 간의 신중한 균형을 이루어야 한다는 것이다.

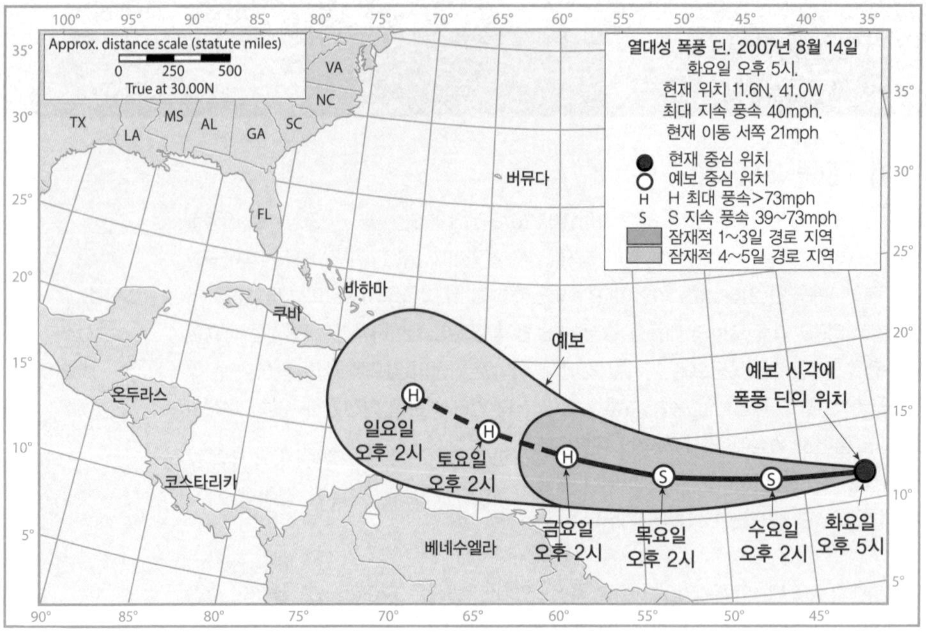

▲ **그림 11.22 2007년 8월 14일 오후 5시 열대성 폭풍 딘의 5일 경로 예보**

NHC에서 허리케인 경로예보가 발표되었을 때, 이것은 허리케인 깔때기(cone)이라 명칭되었다. 이 깔때기는 허리케인 중심의 가능한 경로를 나타내고, 경보경로(12, 24, 36시간 등)를 따라 원형으로 휩쓸려 갈 주변 지역에 의해 형성된다. 각 원의 크기는 시간이 갈수록 커진다. 2003년부터 2007년 통계에 따르면, 대서양 열대성저기압의 전체 경로는 대략적으로 그 시각 깔때기의 60~70% 내에 있다고 추정된다.

허리케인 예보

허리케인 예보는 기본적인 경보 프로그램이다. 예보에는 몇 가지 요소들이 포함되어 있다. 우리는 폭풍이 어디를 향하는지 알고 싶다. 예상된 폭풍의 경로를 **경로예보**(track forecast)라 부른다. 물론 바람의 강도, 가강수량, 폭풍해일의 크기 등도 필요한 내용이다.

경로예보 경로예보는 가장 기본적인 정보이다. 왜냐하면 폭풍의 경로가 불확실할 때 다른 폭풍 특징들이 정확한 예보를 하는 데 기여하기 때문이다. 정확한 경로예보는 대개 엄청난 인명 피해를 초래하는 해일 지역으로부터 시기 적절한 대피를 이끌 수 있으므로 중요하다.

다행히 경로예보는 꾸준히 향상되고 있다. 2001년부터 2005년까지 예보 오류는 1990년과 비교했을 때 절반 수준이었다. 허리케인이 매우 활동적이었던 2004년과 2005년 대서양 허리케인 시즌에 12~72시간 경로예보 정확성은 거의 기록적인 수준이었다. 그 결과 NHC에 의한 공식적인 경로예보 기간은 3일에서 5일로 연장되었다(그림 11.22). 오늘날 5일 경로예보는 15년 전의 3일 경로예보만큼 정확하다. 대부분의 이러한 진보는 향상된 컴퓨터 모델과 해양으로부터의 위성 자료 양의 극적인 증가 덕분이다.

정확성의 향상에도 불구하고, 여전히 예보 불확실성이 큰 허리케인 경보는 피해가 큰 해안 지역에 필수적으로 발령되어야 한다. 2000년에서 2005년까지 미국의 허리케인 경보가 주어진 평균 해안 길이는 510km이었다. 최근 10년에는 평균 730km로 늘어나서 매우 크게 향상되었다. 그럼에도 평균 경보 지역의 1/4이 허리케인을 겪는다.

다른 특징들 예보 경로예보의 향상에 비해 허리케인 강도예보의 오류는 30년 동안 심각할 정도로 변하지 않았다. 허리케인이 상륙할 때 강우량의 정확한 예측은 매우 어렵다. 그러나 다가오는 폭풍해일에 대한 정확한 예측은 폭풍의 경로와 표면 바람 구조가 알려지고, 해안과 연안(수중) 지형학에 대한 신뢰할 만한 데이터가 있을 때 가능하다.

Video
2013 허리케인 시즌 전망
http://goo.gl/FwNuYu

✓ 개념 체크 11.5

❶ 미국 역사상 최악의 자연재해는 무엇이었나? 왜 미국에서 그러한 사건이 다시 일어나지 않을 것 같은가?

❷ 허리케인을 추적하고 예보하는 데 사용되는 데이터를 제공하는 네 가지 도구를 열거하시오.

❸ 허리케인 주의보와 허리케인 경보를 구별하시오.

❹ 경로예보란 무엇인가? 왜 그러한 예보가 중요한가?

11 요약

11.1 허리케인의 개요

▶ 허리케인을 정의하고 이러한 폭풍의 기본 구조와 특징을 묘사한다.

주요 용어 허리케인, 지속 바람, 눈벽, 강우선, 허리케인의 눈

- 허리케인은 열대 지역과 아열대 지역의 따뜻한 바다 위에서 형성되는 저기압의 강력한 중심이다. 지속된 풍속은 119km/h 이상이다.
- 대부분의 허리케인은 남대서양과 남태평양 동부를 제외한 모든 열대 해양의 남북위도 5~30° 사이에서 형성된다. 북태평양의 폭풍은 연평균 20개 정도로 가장 많이 발생한다. 태평양 서부에서 허리케인은 태풍이라 하고 인도양에서는 사이클론이라 한다.
- 기압 경사가 크면 허리케인의 풍속이 빠르고, 안쪽으로 회전하며 진행한다. 온난 다습한 대기가 폭풍의 핵으로 접근함에 따라 적란운 기둥으로 발달하여 허리케인 눈벽이라는 도넛 모양의 벽을 형성한다.
- 허리케인의 눈이라 부르는 폭풍의 한 중심에서 대기는 점차 하강하고 강우가 중단되며 바람이 잔잔해진다.

Q. 이 사진은 국제 우주정거장에서 2010년 9월 찍은 허리케인 이고르의 내부를 보여준다. 눈과 눈벽을 구별하시오. 어떤 구역에서 가장 강력한 바람이 부는가? 어떤 구역이 가장 많은 강우량을 보이는가?

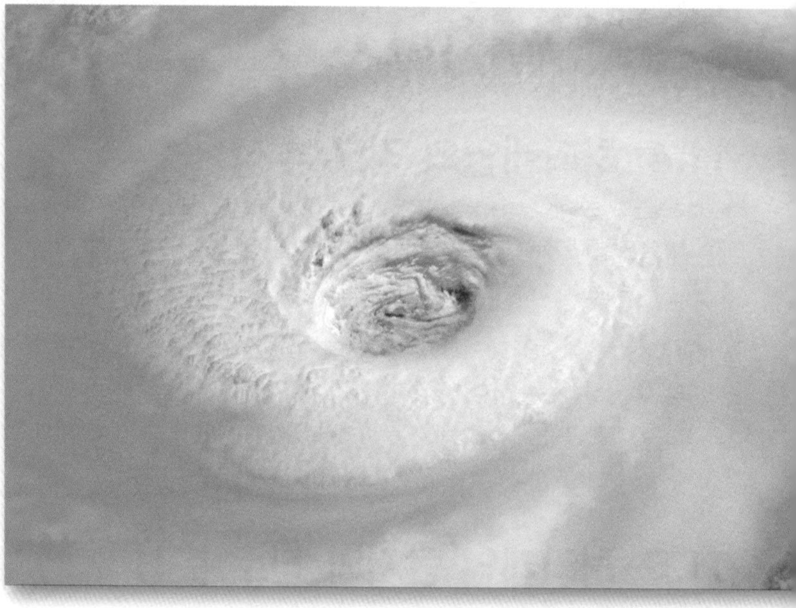

11.2 허리케인의 생성과 소멸

▶ 허리케인의 형성을 증진시키는 조건들에 대해 논의하고, 허리케인의 소멸을 야기할 수 있는 요인들을 열거한다.

주요 용어 열대요란, 편동풍파, 유선, 무역풍 역전, 열대성저기압, 열대성 폭풍

- 허리케인은 많은 양의 수증기가 응결될 때 방출하는 잠열에 의해 가동되는 열 엔진이다. 바닷물이 27°C 이상이고, 대기에 필요한 열과 수증기를 공급해 줄 수 있는 늦여름에 주로 발달한다.
- 열대요란이라는 열대성 폭풍의 일생은 처음 단계는 약한 기압경사와 거의 회전을 하지 않는 비조직적인 구름들이다. 북대서양 서부에 들어와 북미를 위협하는 가장 강한 대부분의 허리케인을 생성하는 열대요란은 편동풍파라는 무역풍의 거대한 파동이나 작은 파동으로부터 시작한다.
- 해마다 소수의 열대요란만이 119km/h 이상의 풍속이 되는 성숙한 허리케인으로 발달한다. 저기압의 최대 풍속이 63km/h를 초과하지 않을 때 열대성저기압, 63~119km/h이면 열대성 폭풍이라 한다.
- 허리케인은 (1) 온난 다습한 열대성 대기를 공급해 줄 수 없는 서늘한 바닷물 위로 지나갈 때, (2) 육지 위로 지나갈 때, (3) 대규모의 흐름이 좋지 않은 위치에 도달할 때 약화된다.

Q. 이 그래프는 5~12월까지 대서양 유역의 허리케인 분포를 나타낸다. 왜 초여름에 허리케인의 출현이 낮은가?

11.3 허리케인 피해

▶ 허리케인의 강도가 어떻게 결정되는지 설명하고, 허리케인 피해의 주요 3대 범주를 요약한다.

주요 용어 사피어-심프슨 등급, 폭풍해일

- 허리케인에 의한 피해 정도는 영향을 받는 지역의 크기와 인구 밀도, 해안 지리를 포함하여 몇 가지 요인에 기인하지만, 가장 중요한 요인은 폭풍 그 자체의 강도이다.
- 사피어-심프슨 등급은 허리케인의 상대적인 강도를 순위로 정한 것이

다. 5등급은 최악의 가능성이 있는 폭풍을 나타내며, 1등급은 가장 강도가 약한 것이다. 등급의 부여는 폭풍의 생애에서 특정 단계의 관찰된 조건에 기초한다.

- 폭풍해일은 해안을 따라 가장 큰 인명 피해와 재산 손실을 입힐 수 있다. 이러한 해일벽은 일정 부분은 폭풍과 연관된 해안으로 부는 강력한 바람에 의해 생성된다.
- 해안 쪽에 한정된 폭풍해일과 다르게, 바람에 의한 피해는 전 지역에 있을 수 있다. 때때로 바람에 의한 피해는 허리케인에 의해 생성된 토네이도로부터 일어난다.
- 억수 같은 비와 홍수는 종종 허리케인과 관련이 있다. 폭풍이 상륙하고, 허리케인 급 바람의 힘을 잃고 나서도 여전히 엄청난 비를 내릴 수 있다.

Q. 북반구로 다가오는 허리케인의 오른쪽과 왼쪽 중 어떤 부분이 가장 강력한 바람과 높은 폭풍해일을 가져오는가를 설명하시오.

11.4 허리케인의 강도 추정

▶ 허리케인의 강도를 결정하는 데 사용되는 두 가지 방법을 비교하고, 폭풍의 강도가 수십 년 후 어떻게 변화할지에 대해 설명한다.

주요 용어 드롭존데, 비접촉식표면조도계, 열탑

- 허리케인 눈벽의 표면 관찰이 거의 불가능하기 때문에 다가오는 폭풍의 강도를 측정하기는 어렵다.
- 드롭존데는 폭풍 속을 높이 나는 비행선 정찰을 위한 도구 패키지이다. 낙하하는 동안 드롭존데는 계속해서 데이터를 전송한다. 엄청난 드롭존데 데이터에 의존해서, 우리는 지상풍의 최대 풍속이 비행고도 바람의 90% 정도라는 것을 알 수 있다.
- 비접촉식표면조도계는 바다 감시 위성에 있는 일종의 레이더이다. 복잡한 모델을 적용시킴으로써 바다 표면의 거칠기를 측정하여 풍속에 적용하였다.
- 열대강우측정위성에 탑재된 측기는 폭풍 내 열탑이라는 특히 키가 큰 비 기둥의 발달을 3차원 이미지로 생성할 수 있다. 이러한 타워는 종종 허리케인이 심화되는 신호가 된다.

11.5 허리케인 탐지와 진로 분석

▶ 허리케인을 추적하고 예보하는 데 사용되는 데이터를 제공하는 네 가지 도구를 열거한다. 허리케인 주의보와 허리케인 경보를 구분한다.

주요 용어 허리케인 주의보, 허리케인 경보, 경로예보

- 북대서양의 허리케인은 무역풍에서 발달한다. 무역풍은 폭풍을 동에서 서로 이동시킨다. 오늘날에는 허리케인을 탐지하고 추적하는 조기 경보 시스템 덕분에 폭풍에 의한 사상자의 수가 현저하게 감소하였다.
- 허리케인의 발원지인 열대 및 아열대 지역은 광대한 대양이기 때문에 이 지역으로부터의 기상 자료는 주로 위성을 통해 얻는다. 다른 중요한 허리케인 정보원은 비행선, 레이더, 부이 등이 있다.
- 허리케인 주의보(watch)와 경보(warning)는 가능하거나 예상되는 허리케인의 조건들을 해안가 주민들에게 알리는 것이다. 허리케인 주의보와 경보의 결정 과정에서 두 가지 중요한 요소는 적절한 리드 타임과 과도한 경보를 최소한으로 유지하려는 것이다.
- 경로예보는 허리케인이 상륙할 예상 지역을 식별해서 적절한 시간에 대피가 이루어지도록 한다. 경로예보는 지금까지 많이 향상되었지만, 여전히 허리케인 경보가 상대적으로 광범위한 해안 지역에 발효되어야 한다.

생각해 보기

1. 왜 어떤 지역의 사람들은 허리케인 시즌이 다가오는 것을 좋아하는가?
2. 허리케인은 종종 '열 기관'이라고 불린다. 이러한 높은 동력을 갖춘 엔진에 에너지를 제공하는 '연료'는 무엇인가?
3. 다음의 세계지도는 거의 150년의 열대성 사이클론의 경로와 강도를 보여준다. 이것은 NHC와 JTWC로부터 제공된 모든 폭풍 경로를 바탕으로 하였다.
   a. 어떤 지역이 가장 많은 4, 5등급의 폭풍을 경험하였는가?
   b. 왜 허리케인은 열대 지역의 가장 중심부(적도의 양쪽)에서는 형성되지 않는가?
   c. 남대서양과 남태평양 동부에 폭풍이 일어나지 않는 이유를 설명하시오.

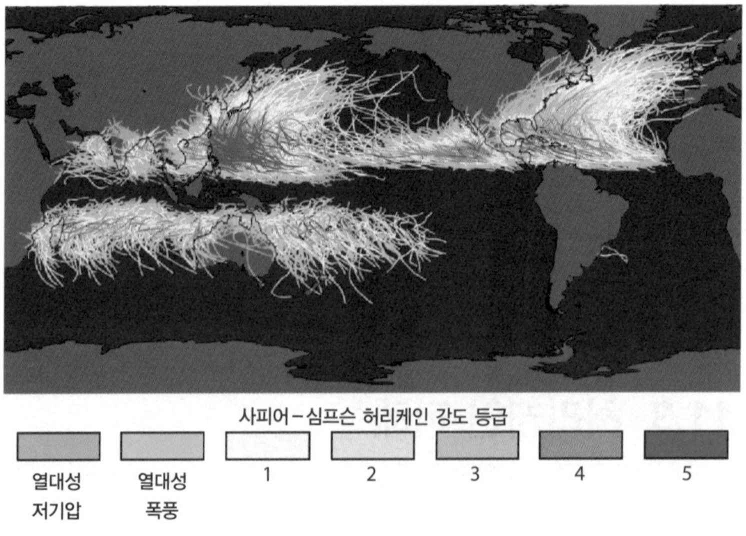

4. 그림 11.4B에 있는 그래프를 참고하여 왜 기압 경사가 가파를 때 풍속이 빠른지에 대해 설명하시오.

5. 측기와 허리케인 예보가 계속해서 향상되지만, 허리케인에 의한 잠재적 인명 피해는 증가할 것이다. 이러한 명백한 모순에 대하여 한 가지 이유를 제시하시오.

6. 다음 지도를 2019년 9월이라고 가정하고, 5등급 폭풍 허리케인 움베르토가 지도의 노선을 따라 진행한다. 다음의 질문들에 대답하시오.

a. 움베르토가 허리케인으로 발달하는 단계를 명명하시오. 어떤 시점에서 허리케인의 명칭이 부여되었는가?

b. 휴스턴은 움베르토의 가장 빠른 풍속과 가장 큰 폭풍해일을 겪을 것인가? 혹은 왜 그렇지 않은지 설명하시오.

c. 만약 폭풍이 달라스 포트 워스 지역으로 접근한다면, 가장 큰 인명 및 재산 피해의 위협은 무엇인가?

7. 다음 사진은 강력한 4등급 허리케인으로 인한 피해를 보여 주는 것이다. 세 가지 주요 피해 범주 중 어떤 것일까? 그 이유는 무엇인가?

8. TV에서 기상학자는 다가오는 허리케인의 강도에 대해 시청자들에게 알려줄 수 있어야 한다. 그러나 기상학자들은 토네이도가 발생한 후에 토네이도의 강도에 대해 보고할 수 있다. 이것이 사실인가?

복습문제

허리케인 프랜의 일기도(그림 11.3)를 보고 다음 1~5번의 물음에 답하시오.

1. 이틀 중 어느 날에 프랜의 풍속이 강했는가? 이것을 어떻게 알 수 있는가?

2. a. 허리케인의 중심은 이 일기도상에 나타난 24시간 기간 동안 얼마나 멀리 이동하였는가?

   b. 폭풍은 이 24시간 동안 어떤 속도로 이동하였는가?

3. 그림 9.21에서 중위도저기압의 직경은 약 1200mile이다(저기압의 외부 경계를 정의하기 위해 1008hPa 등압선을 사용한 경우). 9월 5일 허리케인 프랜의 남북 직경을 측정하시오(1008hPa 등압선을 사용할 것). 이 크기는 중위도저기압과 비교하면 어떤 규모인가?

4. 9월 6일 허리케인 프랜에서 찰스톤의 1008hPa 등압선으로부터 폭풍의 중심까지 기압경도를 hPa/100mile로 답하시오.

5. 그림 9.21의 일기도는 잘 발달한 중위도의 저기압이다. 와이오밍-아이다호 경계의 1008hPa 등압선에서 저기압의 중심까지 이 폭풍의 기압경도를 계산하시오. 폭풍의 중심기압이 986hPa이고, 거리가 625mile이라고 가정하고, 기압경도를 hPa/100mile로 답하시오. 이 답은 4번 문제에서 나온 답과 어떻게 다른가?

6. 허리케인 리타는 허리케인 카트리나 통과 후 한 달도 되기 전에 2005년 9월 말 걸프 해안을 강타한 주요 태풍이었다. 다음 그래프는 태풍 초기로부터 기압과 풍속의 변화를 보여 준다. 무명의 열대요란이 도미니카 공화국에 9월 18일에 덮쳤고, 9월 26일에 일리노이 주로 남은 여파가 계속 되었다. 그래프를 활용하여 다음 질문들에 답하시오.

a. 기압과 풍속을 나타내는 선은 무엇인가? 그것을 어떻게 알 수 있었는가?

b. 폭풍의 최대 풍속은 몇 노트이며, 이를 km/h로 계산하면 얼마인가?

c. 허리케인 리타에 의해 기록된 가장 낮은 기압은?

d. 사피어-심프슨 등급 기준으로 리타의 최고 등급을 분류하면 몇 등급인가? 이 상태는 언제 정점에 다다르는가?

e. 허리케인 리타가 상륙했을 때의 등급은 무엇이었는가?

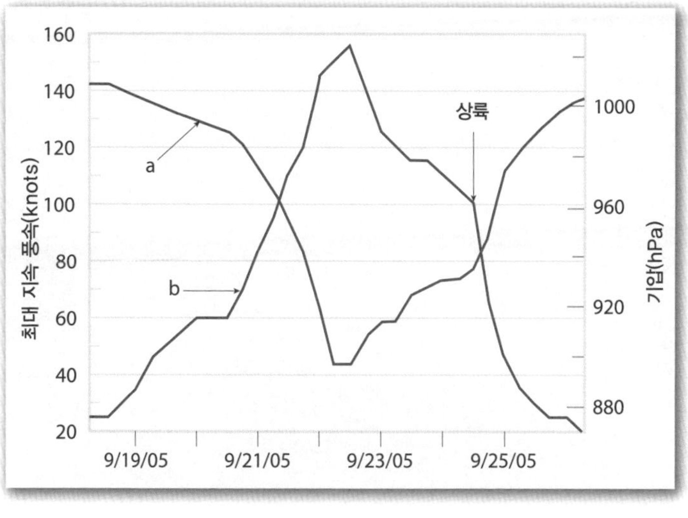

12 기상분석과 예보

핵심개념

다음의 각 항목은 이 장에서 다루는 주요 주제에 대한 기본 학습 목표를 나타낸다. 이 장을 학습하고 나면 여러분은 다음 항목을 이해할 수 있다.

12.1 일기예보를 생산하는 주요 과정을 나열하고 각각에 대하여 기술한다.

12.2 기상 자료를 수집하는 데 사용되는 다양한 관측 기기를 기술한다.

12.3 상층의 특정 흐름의 패턴과 관련된 지상의 일기 상태를 해석한다.

12.4 수치 일기예보의 기초를 설명한다.

12.5 기존의 전통적인 일기예보 방법에 대하여 설명한다.

12.6 기상위성으로부터 얻어진 가시광선 영상과 적외선 영상의 장단점을 알아본다.

12.7 정량적 기상예보와 정성적 기상예보를 비교한다. 30일 예보와 90일 예보의 차이점을 알아본다.

12.8 AWIPS에 대해 기술하고, 이것이 지역 예보센터의 예보자들에게 어떻게 도움을 주는지 설명한다.

12.9 정확한 예보의 비율이 높다고 해서 반드시 예보의 스킬이 좋은 것은 아니라는 것을 설명한다.

사람들은 정확하고 자세한 일기예보를 원한다. 정확한 일기예보를 필요로 하는 분야는 인공위성 발사를 계획하고 있는 NASA는 물론, 주말의 해안가 나들이를 앞둔 가족들까지 참으로 다양하다. 과수원의 농부나 항공사와 같은 산업 종사자들도 항상 일기예보에 크게 의존하고 있다. 뿐만 아니라, 빌딩이나 유류 저장고의 디자인, 산업 시설의 건설에 있어서는 뇌우, 토네이도, 태풍과 같은 악기상에 대한 지식도 많이 요구된다. 예보 기술이 발달함에 따라, 이제 우리는 단기 일기예보에 만족하지 않고 정확한 장기예보에 대해서도 큰 기대를 걸게 되었다.

2013년 2월 9일, 코네티컷 뉴 헤이븐의 눈으로 뒤덮인 거리

12.1 기상산업 : 간략한 개관

일기예보를 생산하는 주요 과정을 나열하고 각각에 대하여 기술한다.

미국에서 기상센터가 설립된 것은 1870년인데, 그레이트 레이크의 폭풍을 예측하는 것이 설립 목적 중의 하나였다. 현재는, NOAA(National Oceanic and Atmospheric Administration)의 산하기관인 **NWS**(National Weather Service)가 기상 정보와 관련된 자료를 수집하고 제공하는 임무를 가지고 있다(그림 12.1). NWS에서 제공하는 가장 중요한 서비스는 뇌우, 홍수, 태풍, 토네이도, 겨울철 기상예보, 이상고온 등과 같은 재해기상에 대한 예보를 하는 것이다(그림 12.2). FEMA(Federal Emergency Management Agency)에 따르면, 자연재해 중의 80%는 기상과 관련된다고 한다. 또한 교통국에 따르면, 1년에 약 6250개의 시설 파괴가 기상재해에 기인한다고 한다. 지구의 인구가 증가함에 따라, 기상현상이 경제에 미치는 영향도 점점 커지고 있다. 이에 따라, NWS는 더욱 정확한 일기예보와 장기예보의 기간 연장에 대한 부담이 전에 비해 더욱 커졌다.

일기예보의 생산

일기예보란 무엇인가? 간단히 말하자면, **일기예보**(weather forecast)는 미래의 기상 상태에 대한 과학적 추정이다. 일기예보는 온도, 맑고 흐림, 습도, 강수, 풍속, 풍향과 같은 기상 변수의 상태 또는 크기로 주어진다. 다음의 인용문에서 볼 수 있듯이, 일기예보는 대단히 어려운 문제이다.

> 회전하는 구에 존재하는 하나의 대기 시스템을 생각해 보자. 이 시스템은 폭이 12000km이며, 다양한 물질로 구성되어 있고 성질이 다른 여러 기체성분을 가지고 있으며(이들 성분 중의 하나는 밀도가 시간과 장소에 따라 변하는 물이다), 1억5,000만km나 떨어진 핵 반응 장치(태양)에 의해 가열되고 있다. 흥미롭게도, 지구는 약간 기울어진 상태로 핵 반응 장치의 둘레를 공전하고 있으며, 태양에너지를 흡수하는 비율이 시시각각 변한다. 만일, 누군가에게 약 100억 5,300km^2의 면적과 30km 이상의 두께를 차지하는 기체 혼합체인 대기를 누군가에게 관찰하도록 하고, 지구상의 한 점에 대하여 이틀 뒤의 유체 상태를 예측하도록 해 보자. 이 얼마나 어려운 일이겠는가? 결코 정확한 답이 나올 것으로 예상하기는 쉽지 않다. 이러한 어려운 예측이 바로 일기예보가 해결하고자 하는 과제인 것이다.*

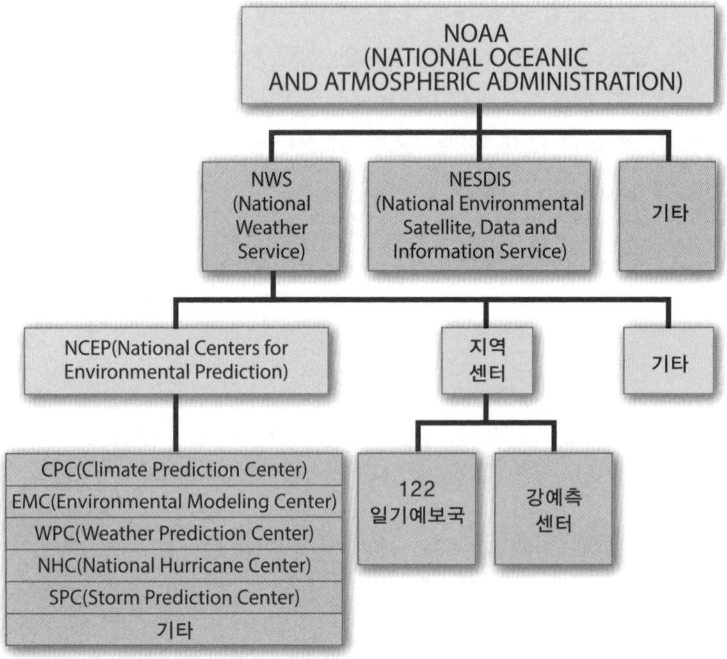

▲ **그림 12.1 NOAA 조직도의 일부분**
이 조직도는 NWS와 산하 조직들이 상부 조직인 NOAA와 어떻게 관련되는지를 보여 준다. NWS 및 산하 조직은 기상 자료의 관측, 분석, 일기예보의 생산 및 배포 등의 일을 수행한다.

일기예보는 복잡하고 정교한 과정의 기상 관측 및 자료 동화로부터 시작된다고 할 수 있다. 미국에서는 이러한 임무를 NWS의 산하기관인 **NCEP**(National Centers for Environmental Prediction, 메릴랜드 주의 칼리지 파크에 있음)에서 수행되고 있다. NCEP는 관측 자료를 토대로, 일기예보를 생산하는 임무 또한 가지고 있다. 캐나다에서는 **CMC**(Canadian Meteorological Centre)에서 일기예보의 임무를 수행하고 있다.

기상학자들은 방대한 관측 자료－수백만이 넘는－가 수집되면 정교한 방법으로 자료에 포함된 오차를 수정하고 불필요한 자료는 선별하여 제외시킨다. 이 중요한 단계는 현재 대기의 상태를 최대한 정확히 평가하고, 기상학자들이 예보에 사용하는 컴퓨터 모델과의 호환성을 위하여 자료를 평활화하는 과정과도 연관된다. 동시에, 예보자들이 쉽게 이해할 수 있도록 지상 및 상층 일기도에 자료를 표출한다. 일기도는 기상학자들에 의해 분석되는데, '현재 문제가 되고 있는 기상 상태는 무엇이며, 또 이들이 어떻게 변화하고 있는가?'라는 것에 관심을 두고 체계적으로 분석된다. 이 단계를 기상 분석이라고 한다.

* Robert T. Ryan, "The Weather is Changing ... or Meteorologists and Broadcasters, the Twain Meet." *Bulletin of the American Meteorological Society*, *63*, 1982, 308.

▲ 그림 12.2 2013년 9월의 3일간의 집중호우로 콜로라도 볼더 크리크에서 발생한 홍수

다음 단계로 NCEP는 여러 부서가 협력하여 예보를 시작한다. 현대의 일기예보는 대기의 상태 및 운동을 나타내는 수학방정식을 컴퓨터 모델로 변환하고 이를 슈퍼컴퓨터로 처리하는 방식을 사용하고 있다. 이러한 컴퓨터 모델은 계산을 통하여 현재의 상태를 바탕으로 미래―예를 들면, 12시간 뒤―의 상태를 예측할 수 있다. 컴퓨터 모델의 예측은 완전히 정확한 결과를 제공할 수 없기 때문에, 예보관들은 컴퓨터 모델의 예측 결과를 다양한 경험적 방법으로 수정 및 보완하여 예보를 산출한다. 예보 과정의 일부로서 NCEP는 지상과 상층에 대하여 지역은 물론 전구의 자료를 정기적으로 관측, 분석하여 일기도를 작성한다. 이러한 자료는 기상 특별 통신망을 통하여 지역의 **일기예보국**(Weather Forecast Offices)에 제공되고, 지역 예보의 생산에 활용된다.

일기예보의 최종 단계는 다양한 자료를 필요한 곳에 배포하는 것이다. 각 지역일기예보국은 기상 및 홍수 예보는 물론 항공 기상예보 등을 광역 또는 단위 지역 단위로 생산한다. 또한 NCEP에서 생산된 모든 자료(일기도, 도표, 예보)는 주로 인터넷을 통하여, 공공 안전을 담당하는 정부 기관, 애큐웨더, 웨더채널, 웨더언더그라운드와 같은 방송국에 제공된다.

컴퓨터 그래픽으로 나타낸 예보 자료를 포함한 가시적 예보 자료에 대한 요구는 컴퓨터와 인터넷의 발달과 스마트폰의 사용이 늘어남에 따라 더욱 증가하는 추세이다. 대부분의 지역 뉴스 매체에서 볼 수 있는 동영상의 예보 자료는 민간 업체에서 직접 생산된 것이다. 더욱이 민간 기상 서비스 단체에서는 다양한 수요자에게 필요한 예보를 생산하기 위하여 수요자 지향적 예보 자료로 변환하여 제공하고 있다. 예를 들면, 농업단체를 위한 예보에서는 서리 예보를 포함하며 콜로라도 주 덴버 시의 겨울철 예보는 스키 리조트의 강설 상황을 포함한다.

민간 업체가 기상 관련 정보를 대중에게 전달하는 데 매우 중요한 역할을 하는 것은 사실이지만, 미국에서 생명을 위협하는 기상 상황에 대한 공식적인 경보를 발령할 수 있는 곳은 NWS뿐이다. NWS에 의하여 운영되는 2개의 주요 기상센터는 이러한 면에 있어서 매우 중요한 역할을 하고 있다. 그중 하나는 오클라호마 주의 노먼 시에 있는 SPC(Storm Prediction Center)인데, 강한 뇌우 폭풍, 토네이도, 폭설에 대한 감시를 하고 있다(10장 참조). 다른 하나는 플로리다 주의 마이애미 시에 있는 NHC(National Hurricane Center)인데, 대서양, 카리브해, 멕시코만, 동태평양에서 발생하는 허리케인을 항상 감시하며 경고 발령을 하고 있다(11장 참조).

일기예보의 주체

미국 기상학회의 정의에 따르면, **기상학자**(meteorologist)는 대학의 학사과정 또는 그 이상에 해당하는 자격을 가지고 있으며, 전문 지식을 바탕으로 기상현상의 설명, 연구, 예보를 할 수 있는 사람을 말한다. 이보다 넓은 의미의 **대기과학자**는, 지구 대기에 관한 연구를 하는 사람으로 정의되는데, 기상학자와 유사한 개념으로 쓰이는 경우가 많다. 기상학자는 기상과 관련된 연구는 물론, 교육, 예보의 생산, 기상 회사를 통한 예보 자료의 제공 등과 같은 일을 수행한다.

일기예보는 기상학자들의 주된 업무로 간주되고 있다. 기상예보자는 다양한 곳에서 필요로 하는데, 예로서 다음과 같은 기관을 들 수 있다.

- NWS : 미국에서 가장 많은 기상 전문 인력을 확보하고 있다.
- 항공 회사 : 기상 전문가를 고용하여 조종사에게 이착륙 또는 비행 중 난기류의 발생 가능성 등에 관한 기상 정보를 제공할 수 있도록 한다.
- 공군과 해군 : 기상 전문 인력은 조종사에게 이착륙 또는 비행 중 난기류의 발생 가능성 등에 관한 기상 정보를 제공한다.
- NASA : 위성 설치를 위해 기상 조건을 검토하는 기상학자를 고용한다.
- 기상 회사 : 기상 전문가의 수요가 급증하고 있는 분야로서, 다양한 기상 전문 지식을 필요로 한다.

기상예보자로서 일하고 있는 기상학자의 의무와 책임을 다루는 것이 이 장의 주요한 주제 중의 하나이다.

현재, 미국 TV 방송국에는 2,000명에 달하는 기상학자가 활약하고 있는데, 그중 많은 사람들이 화면에는 나타나지 않으나 스크린 뒤쪽에서 예보에 관련된 업무를 수행하며, 일부는 기상캐스터로서 화면을 통하여 직접 예보를 전달하기도 한다. 방송 기상학자(broadcast meteorologist)가 다른 기상학자와 다른 점은 복잡한 기상현상을 일반 대중들에게 쉽게 설명할 수 있다는 점이다(그림 12.3). 기상 전문 인력이 없는 방송국에서는 예보 영상을 구입하여 정해진 시간에 방송으로

▲ 그림 12.3 방송 기상학자의 임무는 복잡한 기상현상을 알기 쉽게 대중에게 전달하는 것이다

내보내기도 한다. 기상학자와 같은 전문성은 없는 예보자들을 기상캐스터(weathercaster)라고 한다.

NCAR(National Center for Atmospheric Research)은 기상학의 연구에 관심이 있는 사람들을 고용하여 관련된 연구를 수행한다. 대학의 기상학 분야 교수들도 강의를 하는 한편, 정부 또는 학술재단의 연구비를 지원받아 기상학 관련 연구를 수행한다. 현재 캐나다와 미국에는 100개 이상의 대학이 대기과학이나 기상학 관련 학과를 개설하고 있으며, 관련 분야 전문 인력 양성과 연구에 종사하고 있다.

기후학자(climatologist)는 기후를 연구하는 전문가로서 기상학과 매우 인접한 학문의 분야를 다룬다. 많은 기후학자들은 기상학자로서 전문 경력을 시작하지만, 물리학, 해양학, 빙하학, 자연지리학 등의 분야에 대한 연구와 분석의 경험을 쌓아가는 경우가 많다. 기후학자는 지역 규모 또는 전국 규모의 기후 변동은 물론 기후에 영향을 미치는 자연과 인간의 활동에 관한 연구도 수행하는데, 이에 대해서는 다음의 3개 장에서 다루도록 하겠다.

✓ 개념 체크 12.1

❶ 자연재해 경보 중에서 기상학에 관련되는 것은 몇 퍼센트 정도인가?

❷ SPC에서 하는 주요 역할은 무엇인가?

❸ 일기예보를 하는 단계를 나열하시오.

❹ 일기예보 자료를 생산하는 기상학자와 방송에서 일기예보를 하는 기상학자의 차이점은 무엇인가?

12.2 기상 자료의 수집

기상 자료를 수집하는 데 사용되는 다양한 관측 기기를 기술한다.

일기예보를 위해서는 우선 현재의 기상 상태를 정확히 파악해야 한다. 여기에는 수천만 개 이상의 방대한 자료의 수집, 전송, 편집 등이 포함된다. 대기의 상태는 빠르게 변화하기 때문에 이러한 과정은 신속하게 이루어져야 한다.

단기예보라 하더라도 예보용 일기도를 작성하기 위해서는 조밀한 자료 수집 네트워크가 필요하다. UN의 국제 기구인 **WMO**(World Meteorological Organization)는 전 지구를 대상으로 기상 자료 수집 및 국제적 자료 제공의 임무를 가지고 있다. 이를 위하여 WMO는 세계 185개의 국가와 6개의 지역으로부터 자료를 수집하고 표준화한 뒤, 각 회원국에게 전송한다.

지상 관측

전 세계에 분포하는 11,000개 정도의 지상 관측소와 약 4천 척의 선박, 1200개의 부이로부터 매일 4차례 6시간 간격으로(그리니치 표준시 00시, 06시, 12시, 18시) 기상 관측 및 자료가 수집되고 있다(그림 12.4). 이러한 자료는 기상 자료 전용 무선통신망을 통해서 전 세계 기상예보 관련 기관으로 신속하게 전송된다.

미국에서는 122개의 지방 기상청이 이러한 자료 수집과 이를 중앙으로 전송하는 책임을 맡고 있다. NWS는 약 900개 이상의 **ASOS**(Automated Surface Observing System, 자동기상관측시스템)를 운영하고 있다. 이러한 자동관측시스템은 온도, 이슬점, 바람, 시정 거리, 맑고 흐림의 상태는 물론, 강우나 강설과 같은 현재의 기상 상태를 탐지하는

▲ **그림 12.4 해양의 기상 자료를 수집하기 위한 부이**
부이로 관측된 자료는 위성을 통하여 육상의 관측소로 전송된다.

데 사용된다(그림 12.5). FAA(Federal Aviation Administration)도 NWS와 공동으로 대도시 공항에 기상 관측소를 운영하고 있다. 또한 자동 관측시스템은 원격지나 사람이 가기 힘든 장소에 대한 기상 상태를 제공할 수 있기 때문에 유인 관측의 보조 또는 대체 수단으로 사용되기도 한다. 그러나 구름양이나 하늘의 상태와 같은 기상 요소에 대해서는 인간에 의한 관측이 자동 관측보다 더 신뢰도가 높다고 알려져 있다.

상층의 관측

라디오존데(radiosonde)는 매우 가벼운 풍선 형태의 관측 기기로서, 정밀한 센서를 이용하여 상승하면서 온도, 습도, 기압 등을 측정한다. 이러한 자료는 라디오를 통하여 관측소나 기상예보센터로 송신된다. 전 세계적으로 약 1,300개 정도의 라디오존데(그림 1.24 참조)가 매일 세계 표준시 00시와 12시 두 차례 띄워진다. 대부분의 상층 대기 관측은 북반구에서만 이루어지는데, NWS는 92개의 관측소를 운영하고 있다. 선박에서도 라디오존데를 띄워서 관측하며, 항공기들도 이와 유사한 관측기를 투하시켜서 지상으로 떨어져 내려오는 동안 자료를 관측한다.

라디오존데 자료는 **대기 사운딩**(atmospheric sounding) 또는 간단히 **사운딩**이라고 불린다. 이러한 방법으로 수집된 자료는 특별한 열역학 도표인 **스큐-T 다이어그램**에 표출된다 — 자세한 내용은 이 장의 뒷부분에서 다루기로 하겠다.

라디오존데는 상층의 자료를 수집하는 가장 중요한 수단이다. 이와 더불어, 풍향과 풍속을 측정하는 도구로서는 레이더에 의하여 추적되는 **레윈존데**(rawinsonde)가 사용된다.

라디오존데는 약 90분 정도에 걸쳐서 약 35km까지 상승한다. 기압이 고도에 따라 감소하기 때문에 라디오존데는 상승 도중 부피가 커지면서 임계고도에서 터져버리게 된다. 풍선이 터지게 되면 작은 낙하산이 펴지면서 작은 관측 기기가 지상으로 천천히 낙하하게 된다. 만일 이것을 발견할 경우에는 다시 사용할 수 있도록 관측소에 돌려주는 것이 좋다.

비행기도 비행하는 동안 바람과 기온을 측정할 수 있는데, 현재 3000대가 넘는 여객기가 이런 자료 수집에 도움을 주고 있다. 위성도 가시광선과 적외선 탐지기기를 장착하여 기온과 습도의 자료를 수집하는데, 구름과 수증기의 이동 경로를 추적하는 데도 활용된다.

상층 대기 관측을 개선하기 위한 기술적 진보가 많이 이루어졌다. 그중 하나로서,

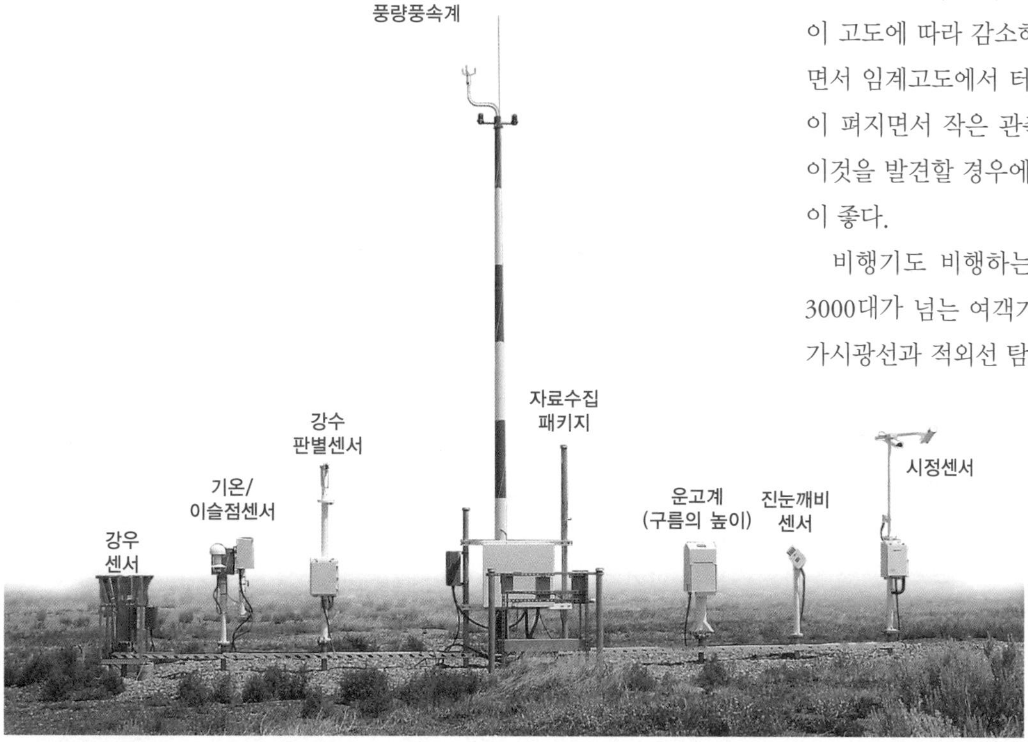

◀ **그림 12.5 ASOS**
자동지상관측기는 다양한 기상 요소를 관측하는데, 구름의 양, 기온, 이슬점온도, 풍향 및 풍속, 강수 및 강설 등이 포함된다.

윈드 프로파일러(wind profiler)라고 불리는 특수 레이더 장치는 지상에서 상층 10km까지의 풍향과 풍속을 측정할 수 있다. 라디오존데에 의한 관측은 보통 12시간 간격으로 이루어지는 것에 비해, 윈드 프로파일러 관측은 6분마다 한 번씩 이루어지고 있다.

기상 레이더는 악기상의 단기예보를 위한 중요한 기기이다. 도플러 레이더는 바람과 강수량을 측정할 수 있기 때문에 일기예보에 있어서 매우 중요하다. **도플러 레이더**(Doppler radar)는 뇌우와 같은 악기상을 추적하는 것이 가능한데, 강수의 패턴과 강수지역의 이동 경로를 탐지할 수 있기 때문이다(도플러 레이더의 활용에 관한 것은 10장 참조).

고도로 발달된 관측 기술에도 불구하고, 다음과 같은 어려운 점은 여전히 남아 있다. 첫째로, 관측 기기의 불완전성과 자료 전송의 오류 등으로 인한 관측 자료의 오차이다. 또 다른 하나는 지구 전체에 있어서, 관측이 공간과 시간적으로 고르게 이루어지지 않는다는 점이다 — 이것은 특히 해양과 원격 지역에서 더욱 심각하다.

✓ 개념 체크 12.2

1. 지구 전역의 기상 정보를 수집하는 임무를 맡고 있는 기관은?
2. 지상 기상 자료를 관측할 수 있는 방법은 무엇인가?
3. 상층의 일기예보에 표출되는 자료를 수집하는 방법은 무엇인가?

자주 나오는 질문…

최초로 일기예보를 한 사람은 누구인가요?

미국에서는 플랭클린이 그의 저서 *Poor Richard's Almanac*에서 최초로 장기예보를 한 것으로 인정되고 있다. 그러나 이것은 주로 기상 자료보다는 민속학에 근거하여 이루어진 것이다. 그럼에도 플랭클린은 저기압의 이동에 관한 기록을 최초로 남긴 것으로 알려져 있다. 필라델피아에 거주하던 1743년에 플랭클린은 비로 인하여 개기일식을 관측할 수 없게 되었다. 나중에 그의 형으로부터 보스턴으로 가면 개기일식을 볼 수 있었을 것이라고 들었다. 그러나 필라델피아보다 몇 시간 뒤에 개기일식이 일어나는 보스턴 역시 비로 인하여 개기일식이 관측되지 못하였다. 이 사실로부터 프랭클린은 개기일식 관측을 방해한 저기압이 필라델피아로부터 동부 연안의 보스턴으로 이동했다고 믿었다.

12.3 일기도 : 대기 상태의 예측

상층의 특정 흐름의 패턴과 관련된 지상의 일기 상태를 해석한다.

다양한 기상 관련 기관에 의해 수집된 방대한 관측 자료는 일기예보에 사용되는 것은 물론 지상일기도를 편집하는 데에도 사용된다. 대기 상태, 즉 일기시스템은 3차원이기 때문에, 연직 기압 레벨에 대해서도 일기도가 작성된다. 이러한 자료는 기상 상태가 어떻게 시간에 따라 변하는가를 파악하는 데 사용된다.

일단 이러한 컴퓨터 기반으로 작성된 일기도가 완성되면, 기상학자들은 현재의 기상 상태를 정확하게 파악(분석)할 수 있도록 일기도의 상세한 수정 작업을 하게 된다. 이를 **날씨 분석**(weather analysis)이라고 하는데 이 과정에서는 대기의 상태 변화(특히 날씨 변화가 일어나는 대류권에 대하여)를 상세하게 검증한다. 즉, 기압, 기온, 이슬점온도, 습도, 풍향 · 풍속, 구름의 양 등의 기상 요소에 대한 검증이 이루어진다. 날씨 분석의 목표 중의 하나는 현재 발달 중인 날씨 시스템을 찾아내는 것으로서, 전선의 경계파악, 악기상을 가져올 수 있는 대기 불안정도의 평가 등이 포함된다.

지상일기도

지상일기도는 상층의 일기도에 비하여 몇 가지 장점이 있다. 상층에 비하여 관측 공간 및 시간이 조밀하기 때문에 자료의 양이 많아서, 하루에도 여러 차례 일기도를 작성할 수 있으며(상층은 하루에 두 번만 생산) 대기 상태를 더 정확하게 파악할 수 있다. 더욱 중요한 것은 우리가 살고 있는 지상의 일기 상태를 알려 준다는 것이다. 또한 상층일기도에서는 그려지지 않는 전선이 표출된다. 강수 패턴은 전선과 관련되어 있기 때문에 전선의 위치와 이동을 파악하는 것은 예보자들에게 매우 유용한 정보를 제공한다.

전통적인 지상일기도는 **종관일기도**(synoptic weather, 종관은 동시의, 같은 시간이라는 의미)라고 불리는데, 어느 특정 시간의 날씨 상태를 나타내기 때문이다. 이러한 일기도는 상징적으로 대기의 상태를 나타낸다(그림 12.6). 따라서 일기도에 익숙한 사람들에게 일기도는 현재의 온도, 습도, 기압, 풍향 및 풍속 등의 대기 상태를 나타내는 스냅 사진이라 할 수 있다.

지상일기도는 **현재의 지상 분석**(current surface analysis, 또는 지상분석일기도)이라고도 불린다. 왜냐하면, 전선과 기압 시스템의 위치를 포함하여 지상의 일기 상태를 일목요연하게 볼 수 있기 때문이다.

NWS와 각 예보센터는 매일 대기의 여러 고도에 대한 200개 이상의

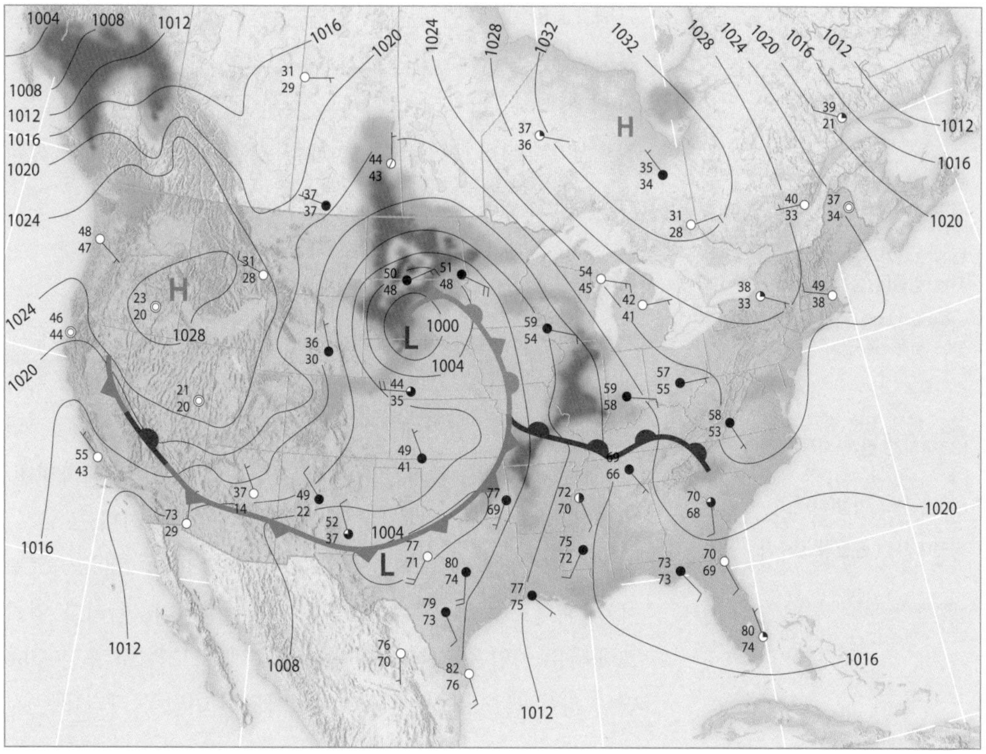

A. 지상일기도

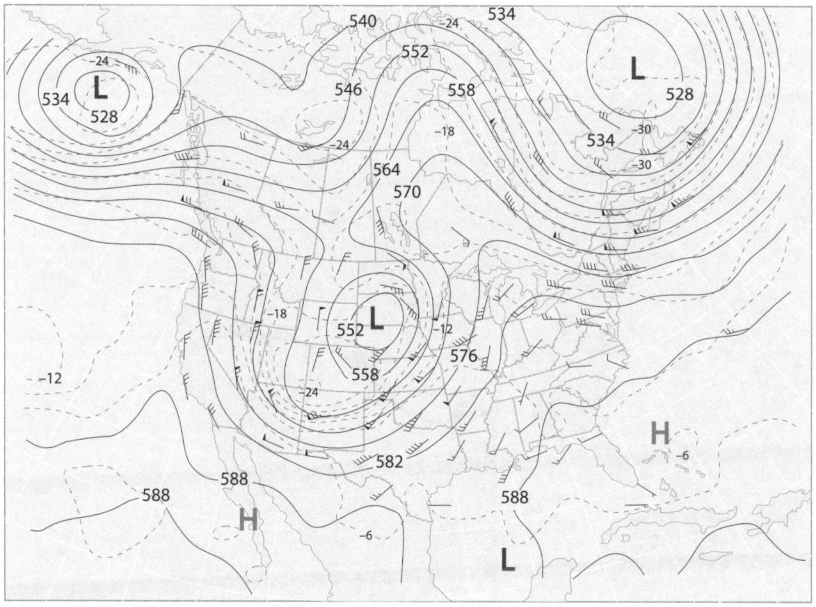

B. 500-밀리바 레벨 차트

▲ 그림 12.6 간략화한 종관 및 상층 일기도

A. 미국 동부 지방시의 오전 7시에 대한 지상일기도로서, 잘 발달된 중위도저기압을 볼 수 있다. B. 같은 날의 500hPa 일기도로서 등고선 간격은 10m임.

일기도를 생산하고 있다. 전에는 일기도를 손으로 그렸으나, 현재는 자동화 시스템을 통하여 분석되고 표출된다.

종관일기도의 작성 지상일기도를 작성하려면 먼저 관측 지점의 자료를 그려 넣는 것이 필요하다. 국제적인 협의에 의하여 자료는 그림 12.7에 나타낸 것과 같이 (기상)**관측소 모델**(station model)의 기호를 사용하여 표시된다. 일반적으로 표시되는 자료는 온도, 이슬점온도, 기압, 기압 변화 경향, 운량(고도, 형태, 양), 풍속 및 풍향, 현재 및 과거의 기상 상태 등이 있다. 이들 자료는 일관성을 유지하기 위하여 항상 같은 위치에 같은 기호로 표시된다. 단, 바람 화살표의 표시는 풍향에 따라 달라지므로 예외라고 할 수 있다. 예를 들면 그림 12.7에서 알 수 있듯이 온도는 항상 좌상의 위치에 표시된다. 좀 더 자세한 기상관측소의 일기도 작성 방식과 해독법은 부록 B에 나와 있다.

일단 자료의 값이 표출되면 등압선과 전선이 추가된다(그림 12.8). 지상일기도의 등압선은 4hPa 간격으로 그려진다(1004, 1008, 1012hPa 등). 등압선이 지나가는 위치는 관측 지점의 자료로부터 가능하면 정확하게 추정되어야 한다(관측 지점의 기압과 그리고자 하는 등압선의 값이 같지 않기 때문에). 그림 12.8B에서 1012hPa의 등압선은 1010hPa과 1014hPa의 값으로 기록된 두 관측소의 거의 중간 지점을 지나고 있음에 주목하기 바란다. 관측 자료는 관측 오차나 다른 복잡한 원인으로 인하여 평활하지 않은 등압선을 나타낼 수 있는데, 기상 분석가는 일기도를 보기 쉽게 하기 위하여 인위적으로 약간 평활한(매끈한) 곡선을 만드는 경우가 종종 있다. 등압선이 평활하지 않은 경우는 큰 규모의 대기 순환과 관계없는 국지적 현상에 의한 것이 많다. 등압선이 그려진 다음에는 고기압과 저기압의 중심이 표시된다.

일기도에 전선을 표기하는 방법 전선은 서로 다른 기단이 만나는 경계면이기 때문에, 일기도상에서 기상 조건이 급격하게 바뀌는 곳으로 나타난다. 여러 기상요소는 전선을 가로지르는 방향으로 급격하게 변하기 때문에, 전선의 위치를 정확하게 파악하기 위해서는 이런 기상 변수의 값들을 상세히 분석하여야 한다. 전선의 위치를 파악하는 데 도움이 되는 기상 요소의 분포 및 변화는 다음과 같다.

- 거리에 따른 온도의 변화가 급격하게 일어남
- 인접한 지역의 바람이 시계 방향으로 90° 정도나 크게 바뀌는 곳
- 습도의 변화 : 습도는 이슬점온도로부터 추정할 수 있음
- 구름과 강수의 패턴

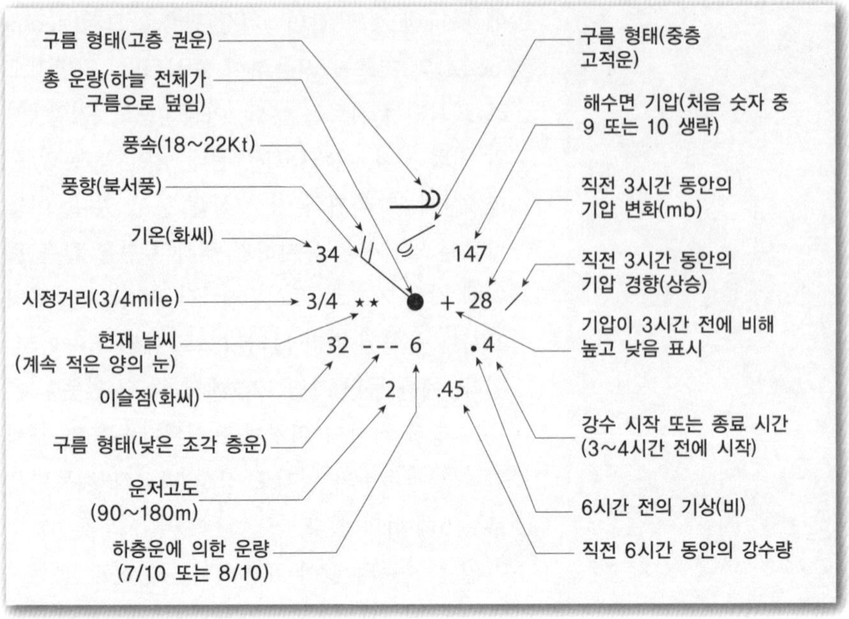

▲ 그림 12.7 관측 자료의 표출 위치를 보여 주는 관측소 모델

▼ 그림 12.8 간략화한 날씨 차트

A. 기상관측소가 있는 지점의 기온, 이슬점, 풍향, 풍속, 구름의 양, 기압이 표출되어 있다. B. 같은 차트에 등압선과 전선 경계면이 표시되어 있다.

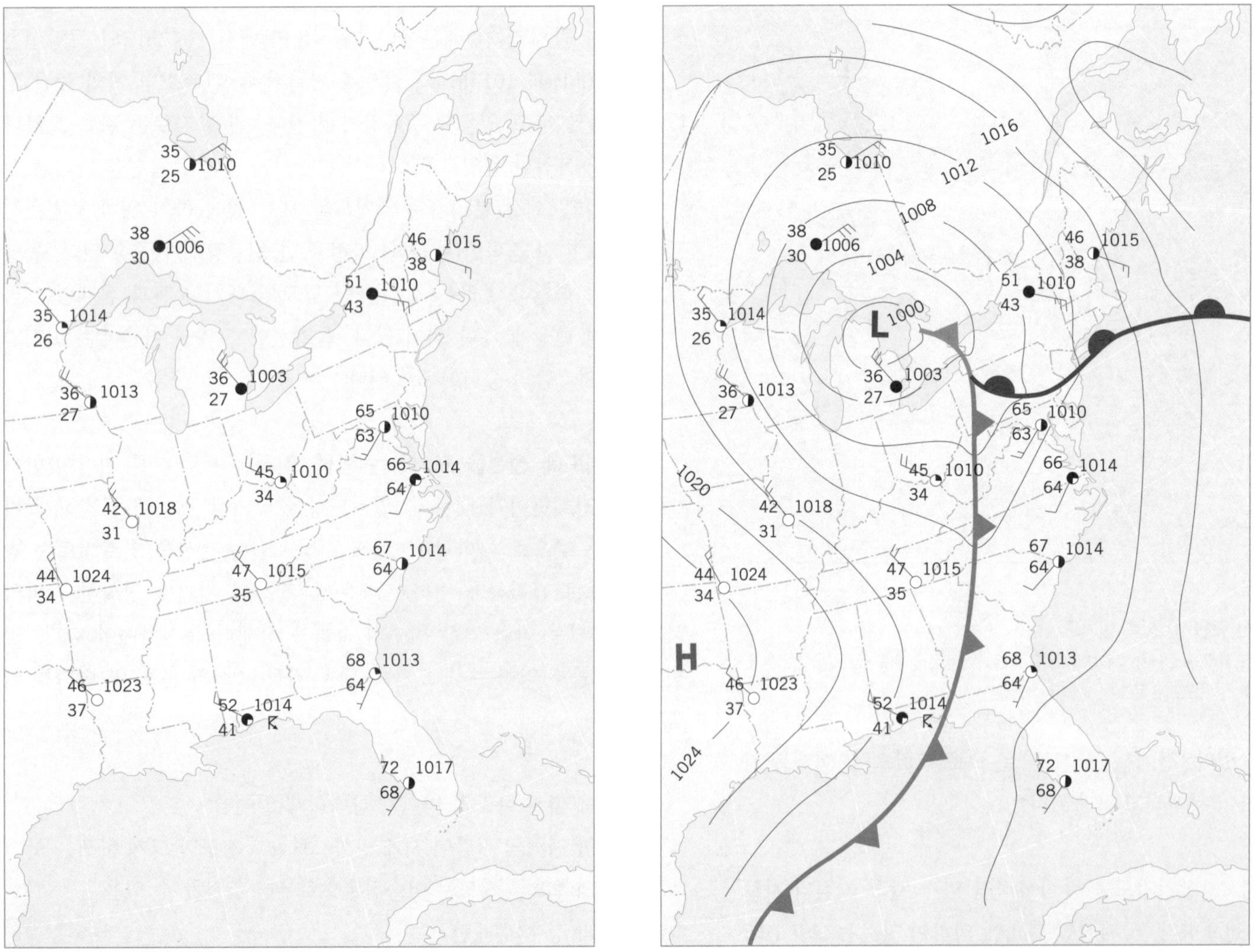

A.

B.

그림 12.8B를 보면 위에서 열거한 여러 가지 조건이 쉽게 발견되는 것을 알 수 있다. 그러나 전선이 항상 쉽게 발견되는 것은 아니다. 경우에 따라서는 지상일기도에서는 전선을 중심으로 큰 변화가 없는데, 이때는 상층의 일기도를 잘 살펴봐야 한다.

상층일기도

9장에서는 지상의 저기압이 상층의 편서풍 파동과 어떻게 연관되어 있는지를 살펴보았다. 이것은 아무리 강조해도 지나치지 않을 만큼 일기예보에 있어서는 대단히 중요하다. 중위도 사이클론의 발달과 이동, 뇌우의 발달을 잘 이해하려면, 지상은 물론 상층의 대기를 정확하게 분석해야 한다.

지상일기도와 더불어 850-, 700-, 500-, 300-, 200hPa 고도에 대해서도 하루에 두 번 일기도가 생산된다. 이러한 일기도에서는 기압을 직접 나타내는 대신에 고도장(m 또는 10m 단위 사용)을 사용하는데, 지상일기도의 기압을 나타내는 것

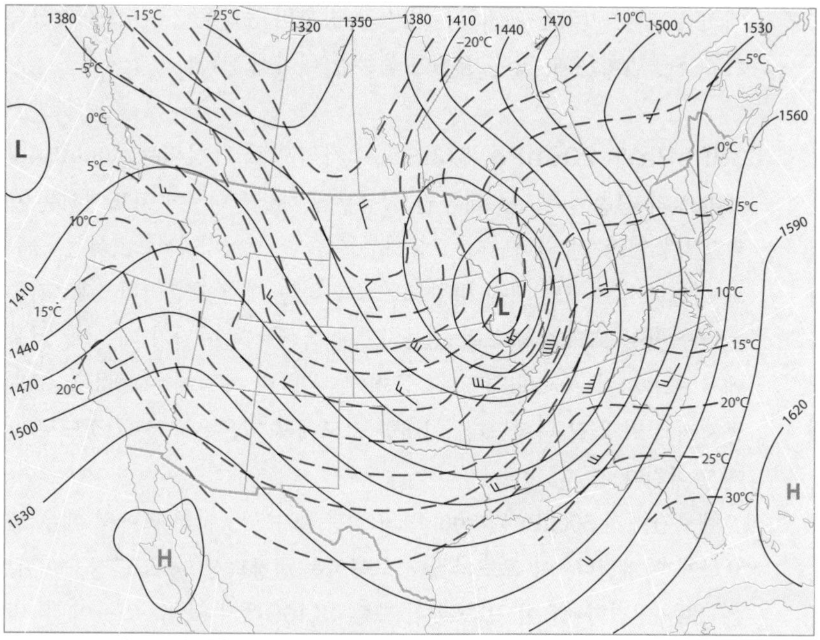

A. 850hPa의 고도와 기온

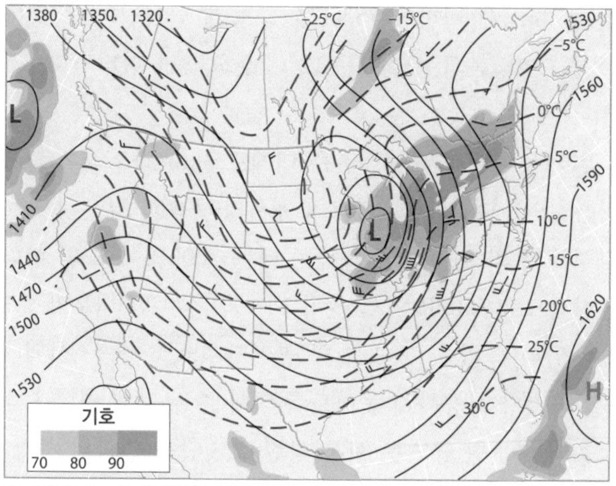

B. 850hPa의 상대습도

▲ **그림 12.9 850hPa 일기도**

A. 실선은 등고도선으로서 등치선은 30m 간격으로 그려져 있으며, 파선은 섭씨로 나타낸 등온선이다. B. 상대습도가 70% 이상인 곳은 푸른색의 명암으로 표시됨. C. 한랭이류와 온난이류는 색깔이 있는 화살표로 나타내었음.

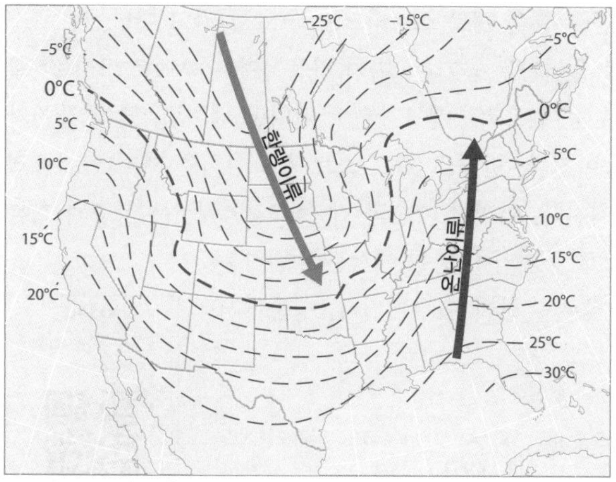

C. 850hPa의 등온선

과 같다. 지상일기도와 마찬가지로 상층일기도는 **분석일기도** 또는 **상층분석장**이라 불리는데, 상층의 대기 상태를 분석한 결과를 표출하기 때문이다.

상층일기도에는 **등온선**(섭씨)도 표출되는데, 일반적으로 쇄선으로 그린다. 경우에 따라서는 습도, 풍향, 풍속도 함께 표출되기도 한다.

850hPa 일기도 그림 12.9A는 850hPa 등압면 일기도의 예로서, 검은 선은 고도를 30m 간격으로, 붉은 선은 등온선을 섭씨 온도를 각각 나타내고 있다. 그리고 바람은 검은 화살표로 표시되어 있다. 습도를 표출하는 경우는, 그림 12.9B에 나타낸 것처럼, 70% 이상인 지역을 초록색으로 표시한다.

850hPa 일기도는 대략 해발고도 1,500m의 대기의 상태를 나타낸다. 이 고도는 마찰이 크고 난류가 활발한 **행성 경계층**의 상단에 해당한다. 행성 경계층에서 기온의 일변화는 지표면의 가열과 냉각에 크게 영향을 받는다. 콜로라도의 덴버와 같은 고지대에서 850hPa은 지상에 해당되기 때문에 지상의 기상 상태를 나타낼 때 850hPa 일기도를 지상일기도 대신 사용한다.

예보자는 **한랭이류** 또는 **온난이류**의 지역을 찾아내기 위하여 850hPa 일기도를 규칙적으로 조사한다. 한랭이류는 바람이 차가운 지역에서 따뜻한 지역으로 불 때 발생한다. 그림 12.9C는 그림 12.9A를 간략화한 것인데, 찬 공기가 캐나다에서 그레이트 플레인으로 남하하는 것을 보여 준다. 당연히 한랭이류는 기온을 강하시키게 된다.

하층의 한랭이류는 상층의 대기를 하강하게 하는데, 이 결과 대기의 안정도가 증가하게 된다. 하강기류에 의한 안정도의 증가는 맑은 날씨를 가져오는데, 한랭기단이 통과할 때도 같은 결과가 나타난다.

그림 12.9C를 보면, 따뜻한 공기가 멕시코만으로부터 북쪽으로 이동하는 것을 알 수 있다. 이것은 미국 동부 연안지방의 기온이 다음날 또는 그 뒤 며칠 동안 상승할 것이라는 것을 의미한다. 온난이류는 따뜻한 공기를 이동시키는 역할 이외에도 대류권 하층을 상승시키는 결과를 가져오는데, 그 이유는 따뜻한 공기는 찬 공기에 비해 밀도가 작아 공기를 상승시키기 때문이다. 그림 12.9B에서 볼 수 있는 것처럼 만일 온난이류 지역의 습도가 상대적으로 높으면, 상승기류로 인하여 구름이 형성되고 강수도 내릴 가능성이 있다.

850hPa의 기온은 또 다른 유용한 정보를 제공한다. 예를 들면, 겨울철의 일기예보에서는 0°C 등온선을 비와 눈 또는 진눈깨비의 경계로 볼 수 있기 때문이다. 더욱이, 850hPa의 기온은 지상과 달리 일변화가 작기 때문에 일 최고기온을 추정하는 데 사용될 수 있다. 여름의 최고

지상기온은 850hPa에 비하여 15°C 정도 높게 나타난다. 반면에 겨울에는 9°C 정도이며, 봄과 가을에는 12°C 정도 높게 나타난다.

700hPa 일기도 700hPa 등압면은 대체로 3km 정도의 고도에 해당하는데, 여름철의 뇌우기단은 이 고도에서의 풍속과 같은 속도로 이동한다. 따라서 뇌우의 이동을 예측하는 데는 700hPa 고도의 바람이 이용된다. 경험적으로 700hPa의 기온이 14°C 이상이면 뇌우가 발달하지 않는 것으로 알려져 있다. 700hPa의 공기가 따뜻하면, 지상의 습도가 높은 따뜻한 공기가 상승하지 못하도록 막아 주는 덮개 역할을 하기 때문이다. 상층의 따뜻한 공기는 보통 강한 고기압과 연관된 하강기류에 의해 발생한다.

500hPa 일기도 500hPa 등압면의 고도는 대체적으로 5,000m인데, 대기의 질량을 상하로 이분하는 고도에 해당한다. 이 고도에서의 기온은 대략 −20°C이다. 그림 12.10A에 예시된 것처럼 대규모 기압골이 미국 동부 전역을 차지하고 있으며, 기압마루는 서부를 덮고 있다. 기압골은 대류권 중간 고도에 저기압성 폭풍이 있는 것을 의미한다. 기압골의 크기가 증가한다는 예보는 곧 폭풍이 발달할 수 있다는 것과 같다.

500hPa 일기도는 지상의 저기압성 폭풍의 이동을 추정하는 데 매우 유용하다. 이러한 요란의 이동 방향은 500hPa의 풍향과 같으며 이동 속도는 500hPa의 풍속의 1/4 내지 1/2에 해당한다. 때로는 상층의 저기압(그림 12.10A에서 닫힌 폐곡선으로 표시된 부분)은 기압골의 안쪽에 형성된다. 이러한 저기압은 반시계 방향의 풍향을 가지며 강한 상승기류를 동반하는데, 많은 경우에 폭우를 내리게 한다.

300hPa과 200hPa 일기도 주기적으로 작성되는 300hPa 및 200hPa의 상층일기도는 대류권 최상부에 해당한다. 이 고도에서는 **제트기류**가 가장 잘 나타난다. 7장에서 학습한 것처럼, 제트기류는 중위도 상공에서 지구의 자전 방향으로 순환하는 빠른 흐름이다. 제트기류는 겨울에는 고도가 비교적 낮아지고 여름에는 높아지기 때문에, 겨울에서 초봄까지는 300hPa 고도 근처에, 온난한 계절에는 200hPa 고도 근처에서 가장 잘 나타난다. 이러한 고도에서 기온은 −55°C 정도로 낮게 떨어진다.

예보자에게 300hPa 및 200hPa의 상층일기도는 여러 면에서 매우 중요하게 여겨진다. 이 고도의 일기도에서는 **등풍속선**(isotach, 풍속이 같은 곳을 연결한 선)이 표출된다. 그림 12.10B에서 볼 수 있듯이, 바람이 아주 강한 영역(시속 160km 이상)은 색깔로 표시할 수 있다. 제트기류의 속도가 큰 부분을 **제트 스트리크**(jet streaks)라고 한다. 제트 스트리크 영역으로 들어가는 공기는, 마치 자동차가 고속도로 도시 간 교차로에서 속도를 높여 고속주행구간으로 진입할 때처럼, 빨려 들어가는 듯 속도가 높아진다. 반대로 제트 스트리크 영역을 빠져나가는 경우는 속도가 늦춰진다. 이러한 가속과 감속의 영역에서는 상층의 흐름과의 상호작용으로 공기가 어떤 곳에서는 수렴하는 반면 다른 곳에서는 발산이 이루어진다. 상층에서

Video
상승대기 바람의 예보
http://goo.gl/7goQvk

▼ **그림 12.10 500hPa과 200hPa 상층일기도의 비교** 두 일기도는 같은 시각에 관측한 서로 다른 두 고도의 일기도를 나타낸다. A. 500hPa 고도 일기도를 보면, 미국의 중부 및 북부 지방에 저기압골이 잘 발달하고, 서부 지역에서는 고기압 마루가 위치한 것을 알 수 있다. 등치선은 60m 간격으로 그려져 있다. B. 200hPa 일기도는 제트기류(분홍색)와 제트 스트리크(붉은색)의 위치를 보여 준다. 등치선은 120m 간격으로 그려져 있다.

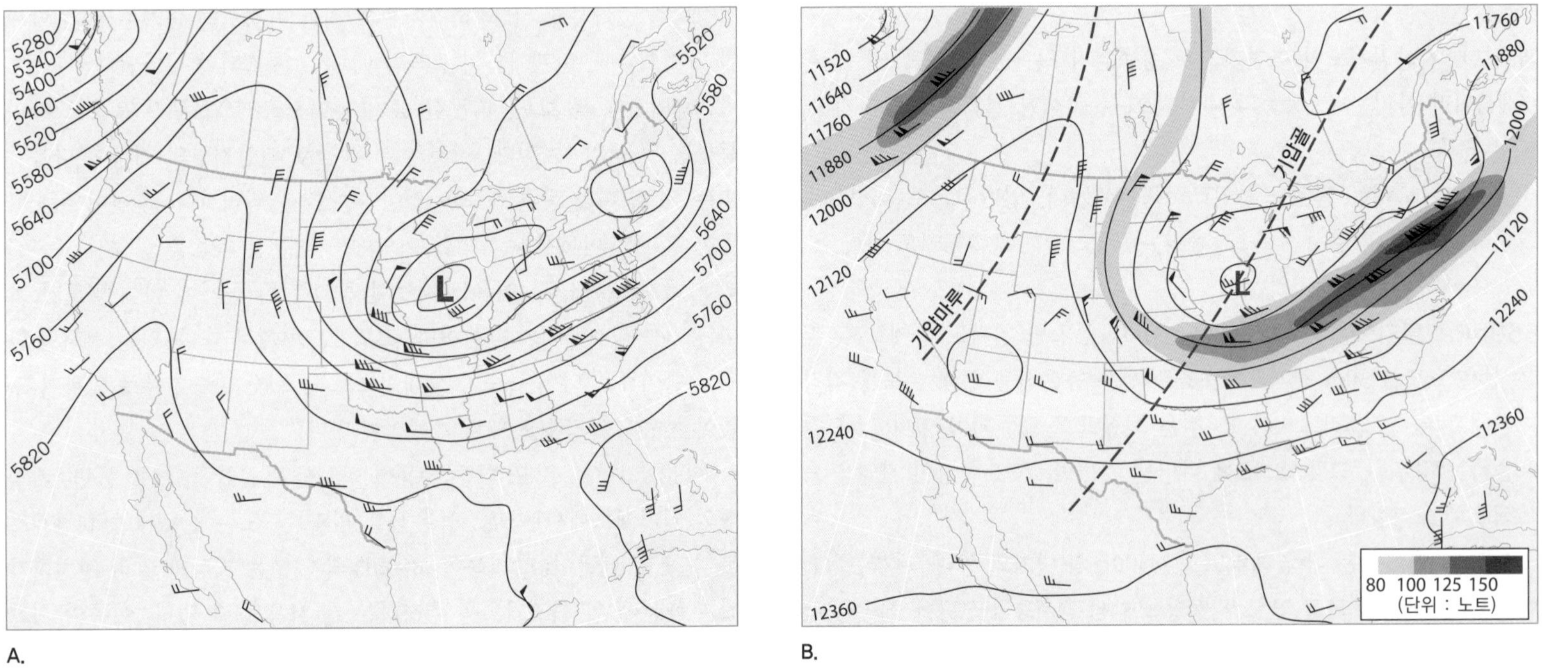

A. B.

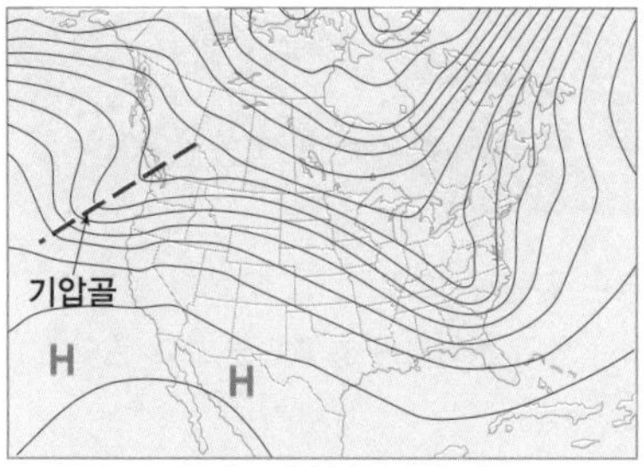

A. 500mb 일기도, 2003년 2월 1일

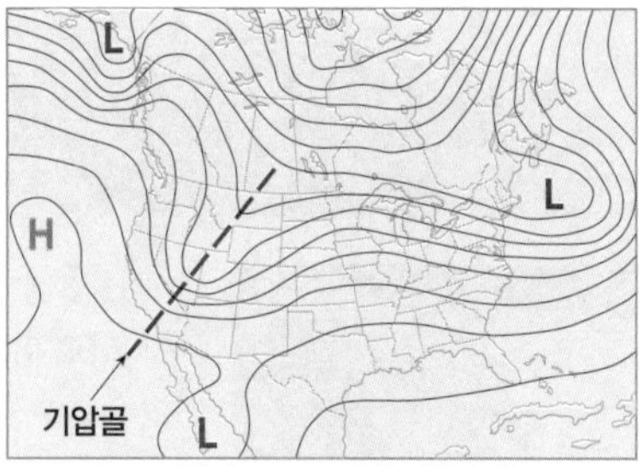

B. 500mb 일기도, 2003년 2월 2일

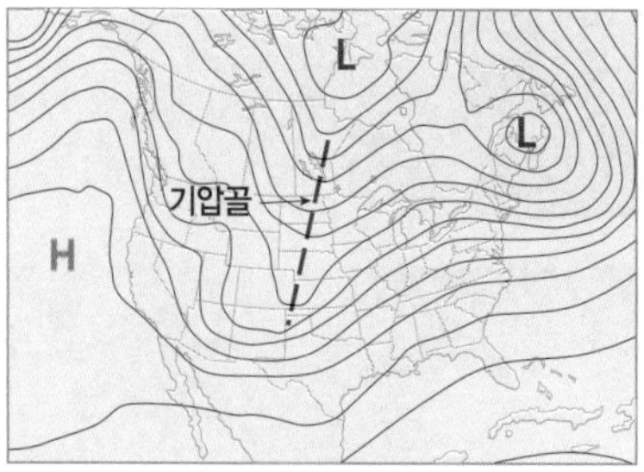

C. 500mb 일기도, 2003년 2월 3일

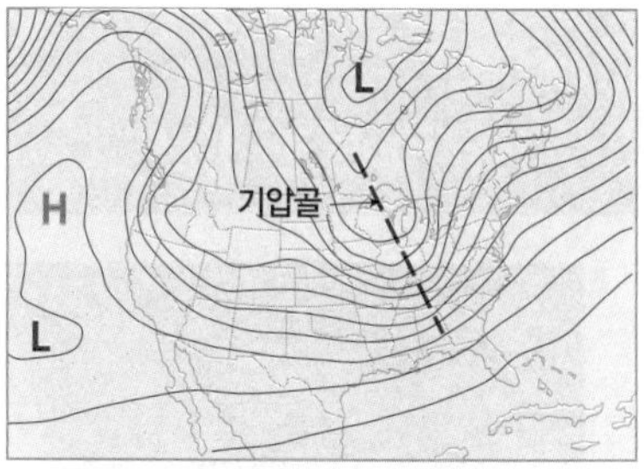

D. 500mb 일기도, 2003년 2월 4일

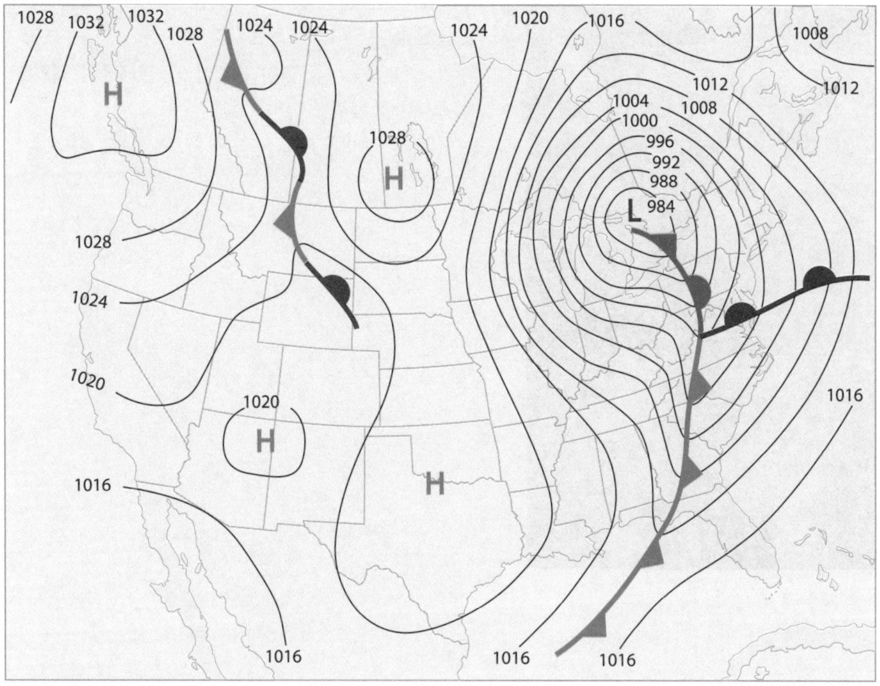

E. 지상일기도, 2003년 2월 4일

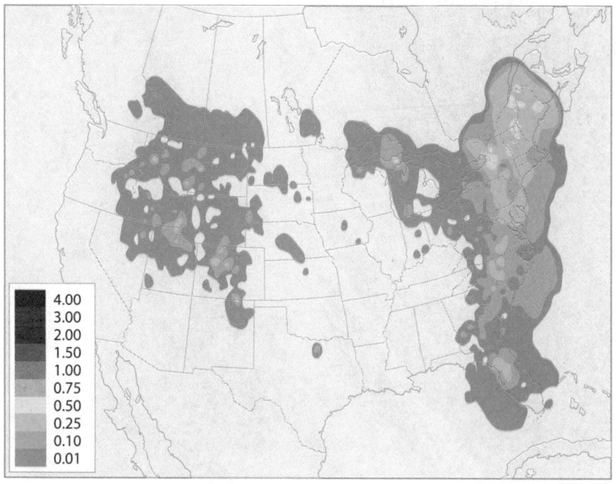

F. 2월 4일 오전 7시부터 2월 5일 오전7시까지 기록된 강수량

▲ 그림 12.11 상층의 흐름과 지상의 날씨의 관계

A~D. 2003년 2월 1일부터 4일까지의 상층 기압골의 이동과 강화를 나타냄. E. 2월 1일 전에 형성된 후, 기압골과 연관되어 2월 4일의 일기도에 표시된 위치로 이동한 강한 사이클로닉 스톰을 나타내고 있다. F. 2월 4일 오전 7시부터 다음 날 오전 7시까지 내린 강수의 양(단위 : 인치)을 보여 준다.

의 발산은 곧 상층기류를 유도하고, 이는 하층의 수렴과 사이클론의 발달로 이어진다(그림 9.15 참조). 이와는 대조적으로 상층의 수렴은 하층의 발산과 사이클론의 약화 및 쇠퇴를 가져온다.

상층일기도에서 제트기류의 위치를 잘 파악하는 것은 악기상을 예측하는 데 유용하다. 악성뇌우는 제트기류 근처에서 발달하는 경향이 있는데, 뇌우의 상단에서는 하단에 비해 풍속이 2~3배나 크다. 이 때문에 뇌우는 발달할수록 옆으로 기울어지는 경향이 있는데, 결국 상승기류와 하강기류의 중심이 연직 방향으로 서로 어긋나게 된다(그림 10.7 참조). 이것은 상승기류와 하강기류가 상쇄될 수 있는 여지가 없어짐을 뜻하며 뇌우 폭풍은 점차 강해지게 된다.

상층과 지상의 바람의 관계

지금까지는 상층의 일기도가 단기적인 기상현상을 예측하는 데 어떻게 유용하게 쓰이는지(예 : 상층의 바람이 뇌우의 발달과 이동에 어떻게 영향을 미치는가)를 살펴보았다. 다음으로는, 편서풍 파동의 장기적 변동에 관한 분석이 일기예보에 어떻게 활용될 수 있는지를 알아보겠다.

때때로, 편서풍대의 바람이 서에서 동으로 거의 위도선에 나란하게 부는 경우 [**동서 패턴**(zonal)이라고 부름]가 있다. 편서풍대의 요란은 바람을 따라 동쪽으로 빠르게 이동하는데, 특히 겨울에는 더욱 빠르다. 이에 따라 날씨의 변화도 빠르게 일어나는데, 가벼운 강수와 맑은 날씨가 번갈아 나타나게 된다.

그러나 상층의 편서풍대의 바람은 기압골과 기압마루가 남북으로 크게 사행하는 장파의 형태로 나타난다[**남북 패턴**(meridional)이라고 부름]. 바람의 패턴은 서에서 동으로 서서히 움직이게 되는데, 때로는 정체되기도 하고 역으로 동에서 서로 이동하는 경우도 있다. 이러한 파동 형태의 흐름이 서에서 동으로 이동함에 따라, 저기압성 폭풍도 같이 이동하게 된다.

그림 12.11은 2003년 2월 1일 미국 태평양 연안 근처에 위치한 기압골을 나타낸다. 그 뒤 4일에 걸쳐 오하이오 밸리를 향해서 동쪽으로 이동하는 동안 기압골은 강해졌다. 고도의 등치선을 보면 강해졌음을 쉽게 알 수 있는데, 2월 1일에 비해 4일에는 등치선이 한층 조밀하게 나타난다. 이 상층의 기압골에 저기압 시스템이 자리잡고 있는데, 그림

대기를 바라보는 눈 12.1

겨울철에 촬영한 위성사진으로서 태평양에서 캘리포니아로 이동하는 콤마 형태의 구름 패턴을 보여 준다.

질문

1. 이와 같은 콤마 형태의 구름을 가져오는 폭풍 시스템을 무엇이라 부르는가?
2. 이러한 폭풍 시스템이 통과할 때 몬테레이 캘리포니아의 날씨는 어떠하겠는가?
3. 시에라 네바다 주의 영상은 왜 흰색으로 나타나는가?

12.11E에서 볼 수 있듯이 며칠 사이에 강한 폭풍으로 발달하게 된다. 이 요란은 2월 5일에 미국 동부 전역에 상당한 양의 비를 내리게 하였다(지상의 저기압 중심은 500hPa 기압골의 약간 동쪽에 위치하고 있음에 주의할 것－이것은 매우 전형적인 날씨 패턴임).

일반적으로 상층에 남북류가 강하게 나타나면 악기상의 위험이 있다. 상층의 강한 기압골은 겨울철에는 폭설과 여름철에는 뇌우와 토네이도를 초래하게 된다. 이와는 대조적으로 강한 기압마루는 여름철에는 폭염을, 겨울철에는 온화한 날씨를 가져온다.

이러한 고리 형태의 기압과 바람이 한 지역에 오래 머물게 되면서(심한 경우는 1주일 이상) 지상의 일기 패턴이 거의 바뀌지 않는 경우가 있다. 이런 정체된 기압골의 중심 또는 약간 동쪽 지역에서는 강수나 강한 바람이 오래 지속되기도 한다. 반면에 정체성 기압마루의 중심 또는 약간 동쪽 지역에서는 고온의 건조한 날씨가 지속된다.

7장에서 언급했던 것처럼, 제트기류는 겨울과 초봄에 강한데(강한 풍속), 적도지역과 극지역의 기온차가 이때 가장 크기 때문이다. 여름이 다가옴에 따라 기온경도가 작아지고 편서풍도 약해진다. 제트기류의 위치도 계절에 따라 점차 바뀌게 되는데, 겨울철에는 적도쪽으로 남하하게 된다. 이 때문에 미국의 남부지역은 겨울과 초봄에 악기상을 자주 겪게 되는 것이다(태풍과는 별 관계는 없음). 여름철에는 제트기류가 북쪽으로 북상하기 때문에, 미국 북부지역과 캐나다에서 강한 폭풍과 토네이도가 빈발하게 된다. 북상된 폭풍 경로(storm track)로 인하여, 따뜻한 계절에는 태평양의 폭풍은 주로 알래스카 쪽으로 이동하게 되고 태평양 연안의 남쪽 지방에서는 여름 동안 내내 건조한 날씨가 지속된다.

✓ 개념 체크 12.3

1. 일기예보자가 850hPa 일기도에서 얻을 수 있는 두 가지 중요한 정보는?
2. 어느 지역에서, 겨울철에 제트기류가 정상적인 위치보다 남쪽에 있을 경우, 그 지역의 기온은 정상적인 상태에 비하여 높아질까 아니면 낮아질까?
3. 제트 스트리크란 무엇인가?
4. 겨울철에 제트기류를 관찰하기에 가장 적합한 상층일기도는 무엇인가?
5. 편서풍대의 바람에 대하여 동서 패턴와 남북 패턴의 차이점을 설명하시오.

12.4 현대적 일기예보

수치 일기예보의 기초를 설명한다.

1950년대까지만 하더라도 모든 일기도는 수작업으로 작성되었으며, 일기예보를 하는 데 가장 중요한 자료로 사용되었다. 일기 예보관들은 현재의 기상 상태로부터 미래의 기상 상태를 예측하기 위하여 여러 가지 예보 기술을 사용한다. 그중의 하나는 현재의 일기도와 가장 유사한 일기도를 과거의 자료에서 찾는 것이다. 그런 다음 두 일기도를 비교하여 현재의 기상 상태가 몇 시간 뒤 또는 며칠 뒤에 어떻게 바뀔 것인지 예측한다.

이후에는 지상 및 상층 일기도를 작성하는 데 컴퓨터가 쓰이게 되었다. 기술이 발달함에 따라 컴퓨터는 수작업으로 하던 일기도 작성에도 활용되게 되었다. 컴퓨터는 일기예보의 상세성과 정확성의 향상뿐만 아니라, 예보의 기간을 연장하는 데도 매우 중요한 역할을 하고 있다.

수치 일기예보

수치 일기예보(numerical weather prediction)는 대기의 변화 과정을 계산하기 위하여 개발된 수치 모델을 사용하여 예보하는 기술을 말한다(수치는 사실 좀 잘못된 말이다. 왜냐하면 모든 종류의 예보는 정량적인 자료에 기초하여, 수치라는 말을 쓸 수 있기 때문이다). 수치 일기예보는 대기의 운동과 상태가 수학 방정식으로 표현되는 물리법칙에 의해 결정된다는 것에 근거를 두고 있다(예를 들면, **이상기체 법칙**, **열역학 법칙**). 이런 방정식의 해를 구함으로써, 현재의 대기 상태(기온, 습도, 구름의 양, 바람)로부터 미래의 대기 상태를 알 수 있다. 이러한 방법은 뉴턴의 운동법칙에 의해 현재의 화성의 위치가 앞으로 어떻게 바뀔 것인지를 컴퓨터를 사용해서 예측하는 것과 유사하다.

NWS는 GFS(Global Forecast System)를 비롯한 몇 가지의 다른 수치 모델을 사용하여 일기예보를 한다. GFS 예보 자료는 인터넷을 통하여 무료로 배포되기 때문에 개인 예보 사업자들도 활용하고 있다. 산악과 같은 지형효과를 고려하고 있는, NWS의 표준적인 지역 모델은 NAM(North American Mesoscale)이라고 부른다. 캐나다 기상센터, 유럽 중장기 예보센터, 영국 기상청, 미국 해군을 비롯한 예보 기관에서도 모두 독자적인 전구 및 지역 모델을 운영하고 있다. 이 중에서 많은 사용료를 받고 개인 사업자에게 예보 자료를 제공하는 영국 기상청을 제외한, 다른 모든 예보 기관의 예보 자료는 인터넷을 통하여 볼 수 있다. 더욱이 일본, 오스트레일리아, 한국, 중국, 러시아도 자국의 독자적인 예보 모델을 이용하여 예보 자료를 생산한다. 그 외의 많은 나라에서는 위에서 언급한 국가에서 생산한 전구 및 지역 예보 자료 중에서 자국에 해당하는 자료를 제공받아 활용하고 있다.

수치 일기예보는 '실제' 대기의 상태 및 변화를 나타내는 고도의 정밀한 수학적 모델을 사용한다. 모든 수치 모델은 같은 지배 방정식에 기초하고 있으나, 방정식을 응용하는 방법이나 사용하는 모수는 전부 다르다. 또한 모델마다 예보 대상이 되는 공간 영역도 모두 다르다. 적어도 반구의 영역을 포함하는 전구 규모의 예보를 위한 모델도 있는 반면, 북미나 유럽과 같이 제한된 영역을 대상으로 하는 모델도 있다. 모델은 3차원의 격자 공간에 설정된 점(**격자점**이라 불림)들로 구성되어 있는데, 이들은 미리 정해진 간격을 유지하고 있다. 고해상도의 모델은 격자 간격이 보통 5km 이하로 설정되어 있으나, 저해상도의 모델은 300km 이상의 간격으로 설정되는 경우도 있다. 모델은 해상도와 설정된 영역의 크기에 관계없이 매우 복잡하고 방대한 계산을 통하여 예보를 산출하게 된다.

수치예보의 단계 수치예보의 과정은 현재의 기상 상태(온도, 바람, 습도, 기압)를 컴퓨터에 입력함으로써 시작된다. 이러한 값들은 예보가 시작되는 시점의 대기 상태를 나타낸다. 수치 모델은 연직으로 50층이 넘는 대기의 각 층에 대한 방정식을 계산하게 된다—이를 **계산 수행**이라고 한다. 수억 번 이상의 연산 과정을 통하여 아주 짧은 시간(보통 5분내지 10분) 뒤의 대기의 상태—날씨—가 어떻게 변할지를 예측한다. 그런 뒤, 예측된 상태에서 다시 5분 내지 10분 정도 뒤에는 어떻게 변할지 예측한다. 목표로 정한 예보 기간(예 : 2일 예보)이 될 때까지 이러한 과정을 계속 반복한다. 어떤 모델은 한 시간 간격(최대 12시간)으로 예보 자료를 산출하여 저장하도록 설정되어 있고, 어떤 경우는 매 6시간마다 자료를 생산 및 저장하여 최대 2일 정도 또는 그 이상의 예보 기간을 가지는 것도 있다. 간단한 모델이라 할지라도 컴퓨터 연산량이 많아서 슈퍼컴퓨터가 발달하기 전까지는 도저히 실용적으로 활용할 수 없었다.

일단 수치예보 모델의 결과가 나오면, 통계적인 방법으로 수정을 한다. 이를 **MOS**(Model Output Statistics)라고 부르는데, 모델의 계통적인 오차를 수정한다. 예를 들면, 어떤 모델은 강수와 풍속을 과다하게 모의하고 온도를 너무 높거나 낮게 모의한다. MOS는 또한 모델에 충분히 반영되지 않은 지역적 조건도 고려하게 된다.

MOS에 기반을 둔 예보는 예상 최고 및 최저기온, 강수 확률 및 강수량, 뇌우의 가능성, 맑고 흐림의 정도, 지상의 풍향 및 풍속 등의 예보를 포함한다. NWS나 개인예보사업자는 MOS 예보를 한 층 더 개선하여 사용하고자 하는 것이 일반적이다.

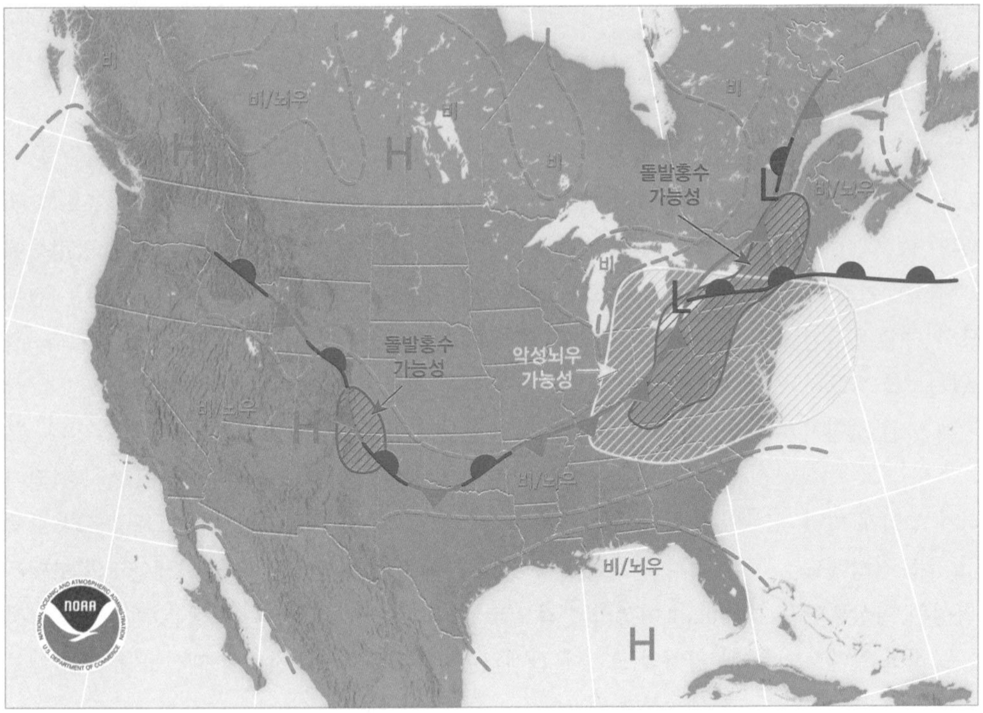

◀ **그림 12.12 2014년 7월 27일 일요일의 기상예보**
NCEP의 일기예보센터에서 제작한 일기예보 차트. 고기압과 저기압의 영역, 전선의 종류와 위치 등을 나타내고 있으며, 또한 강수나 악기상이 있을 가능성이 있는 지역을 표시한다.

잘 수정된 MOS 예보가 생산되면, 예보자들은 예보 기간 동안 얼마나 잘 적중했는지를 조사한다. 이러한 **후처리 과정**은 예보의 정확도 향상과 수치 모델의 튜닝을 위하여 필수적인 요소이다.

수학적인 모델을 사용하여 NWS는 다양한 예보를 생산한다. 이러한 컴퓨터에 의하여 생산된 일기도는 미래의 대기 상태를 예측하기 때문에, **예보 차트**(prognostic chart) 또는 **프록스**(progs)라고 불린다. 어떤 예보 차트는 그림 12.12에 나와 있는 것처럼 전선, 고기압 및 저기압 시스템, 예상되는 기상현상 등을 예측하는 데 사용된다. 또 일부 차트는 최고기온(그림 12.26)과 같은 특정 요소만을 예측하고, 어떤 차트는 다양한 고도의 상층의 바람을 예측한다. 이러한 예보 산출물은 비록 필수불가결한 요소이기는 하지만, 복잡한 지역 및 국지 예보 과정의 한 단계에 불과하다.

수치예보는 왜 완전하지 않은가 수치예보 모델은 매우 정교함에도 불구하고, 수치예보는 대부분 오차를 포함하게 된다. 정확도에 영향을 미치는 요소는 대기에서 작용하는 여러 물리 과정의 부정확한 표현, 초기 조건에 포함된 오차, 토네이도와 같은 소규모 현상 모의의 어려움 등이 있다. 또한 컴퓨터 성능의 한계도 하나의 요인이 되기도 한다. 때때로 예보자들은 전구의 저해상도 모델과 지역의 고해상도 모델을 놓고 어느 것을 선택할지 고민하기도 한다. 왜냐하면 고해상도라 할지라도 계산 시간이 지나치게 많이 걸리면 예보 자체가 안되기 때문이다.

비록 모델이 엄밀한 물리 법칙에 근거를 두고 있고 대기 상태의 대략적인 특성은 잘 모사한다고 하더라도, 실제 대기의 복잡한 면을 상당히 단순화하여 디자인한 것에 불과하다. 모델에 입력되는 지형이 실제지형에 비하여 완만하다는 것을 그 한 가지 예로 들 수 있다. 따라서 예보의 최종 단계에서는 경험과 기상학적 지식을 갖추고 모델의 장단점을 잘 파악하고 있는 예보자가 판단을 내려야 한다(그림 12.13).

앙상블 예보와 불확실성

일기예보를 어렵게 만드는 요인 중 가장 중요한 것은 대기운동이 카오스적이라는 것이다. 좀 더 자세히 말하면, 대기의 요란이 서로 상당히 유사한 경우라도 그들은 시간이 지나면 전혀 다른 패턴으로 발전한다는 것이다. 즉, 어떤 것은 성장하기도 하지만, 어떤 것은 소산되어 없어진다. 이러한 것을 나타내기 위하여, 매사추세츠 공과대학의 에드워드 로렌츠는 **나비효과**라고 알려진 새로운 용어를 도입하였다. 로렌츠는 아마존 우림 지역의 나비를 예로 들어, 비록 작은 날개 짓을 하더라도 이것이 매우 약한 바람을 일으키게 되고, 시간에 따라서 강해질 수 있다고 설명하였다. 로렌츠의 말에 따르면, 약 2주 정도의 뒤에 이 약한 바람은 미국 켄자스 지역의 토

▼ **그림 12.13 플로리다 마이애미의 NHC에서 허리케인을 분석하는 기상학자**
사진의 예보자는 2004년 9월 16일 태풍 아이번이 앨라배마 해안을 지날 때의 영상을 분석하고 있다. 일기예보는 자동시스템으로 많이 이루어지지만 최종 단계에서는 예보자가 기상학의 지식과 예보의 경험을 이용하여 직접 관여한다.

Video
수치 모델의 불확실성
http://goo.gl/NvqnYP

네이도로 발전할 수도 있다고 하였다. 로렌츠는 이러한 예시를 통해 대기의 초기 조건이 조금만 다르다 하더라도 다른 지역까지의 기상 패턴에도 매우 큰 영향을 미칠 수 있다는 것을 보여 주려고 하였다.

대기의 카오스적인 거동을 다루기 위해서, 예보관들은 **앙상블 예보**(ensemble forecasting)라고 불리는 예보 기법을 사용한다. 간단히 말해서, 이 방법은 초기 조건을 약간씩 다르게 하여 여러 예보를 생산하는데, 초기 조건의 서로 다른 정도는 관측 오차의 크기에 해당하는 정도이다. 근본적으로, 앙상블 예보는 관측에 포함된 오차나 관측 자료의 누락이 얼마나 예보에 영향을 미치는가를 평가하기 위한 것이다.

앙상블 예보의 가장 중요한 산물은 예보의 불확실성에 대한 정보를 제공하는 것이다. 예를 들면, 가장 신뢰성이 높은 기상 자료에 의거하여 생산된 예보 차트에서 미국 남동부 지역에 앞으로 24시간 동안 강수가 있을 것으로 예보하였다고 하자. 이번엔 초기 조건을 약간씩 달리하여 같은 계산을 여러 번 반복하였다고 하자. 만일 그 중 대다수 예보 차트가 역시 남동부 지역의 강수를 예보한다면, 이 강수 예보는 상당히 높은 확신을 가지고 예보할 수 있다. 반대로, 앙상블 예보로 생산된 예보 차트가 서로 크게 다를 경우에는 예보에 대한 확신이 떨어지게 된다.

요약하면, 수치예보는 수학적인 방정식으로 나타낸 물리 법칙에 의하여 대기의 상태와 변화를 예측할 수 있다는 원리에 바탕을 두고 있다. 주어진 초기 조건을 입력하여 이러한 방정식의 해를 구함으로써 미래의 상태를 예측할 수 있게 된다. 대기는 매우 복잡한 역학적 시스템이기 때문에, 수학적 모델은 단지 대략적인 근사해만 제공한다. 더욱이 방정식의 특성상 초기의 자료에 약간의 차이만 있어도 결과는 크게 달라지게 된다. 그럼에도 이러한 모델은 슈퍼컴퓨터가 사용되기 전에 비하여 놀랄 정도로 정확한 예측을 할 수 있게 해 준다.

✓ 개념 체크 12.4

❶ 일기예보의 기본 원리에 대하여 설명하시오.

❷ 예보(또는 예단) 차트란 무엇인가?

❸ 컴퓨터에 기반을 둔 수치 모델이 예측하고자 하는 것은 무엇인가?

❹ 기존의 예보법에 비하여 앙상블 예보가 추가적으로 제공하는 정보는 무엇인가?

12.5 다른 일기예보 방법

기존의 전통적인 일기예보 방법에 대하여 설명한다.

최근의 일기예보는 주로 컴퓨터를 사용한 수치 모델에 의하여 이루어지고 있으나, 다른 예보 방법도 있다. 이런 방법들은 시간을 많이 필요로 하는 것으로서, 지속성 예보, 기후적 예보, 패턴 인식법, 장기 경향 예보 등이 있다.

지속성 예보

지속성 예보(persistence forecasting)라고 불리는 아마도 가장 간단한 예보 방법은 수 시간 또는 수 일 동안 변하지 않고 지속되는 기상 변화의 특성에 기초한 것이다. 만일 한 지역에서 비가 오고 있다면, 일반적으로 적어도 앞으로 몇 시간 동안은 계속 비가 올 것으로 예상할 수 있다. 지속성 예보는 기상 상태의 강도나 이동 방향의 변화를 고려하지 않을 뿐만 아니라, 요란의 생성 또는 소멸도 고려하지 않는다. 그러나 대기의 변화와 여러 가지 제약점으로 인하여, 지속성 예보는 보통 6시간 내지 12시간 정도, 길어도 하루 이내의 예보에만 사용된다.

기후적 예보

비교적 간단한 방법 중의 다른 하나는, 장기간 축적된 기후 자료를 사용하는 **기후적 예보**(climatological forecasting)이다. 예를 들면, 애리조나의 유마에서 총 일조 시간이 낮 동안의 약 90%에 해당하는 시간이라고 하자. 그렇다면 예보관들이 매일 날씨가 맑다고 예보한다면, 맞을

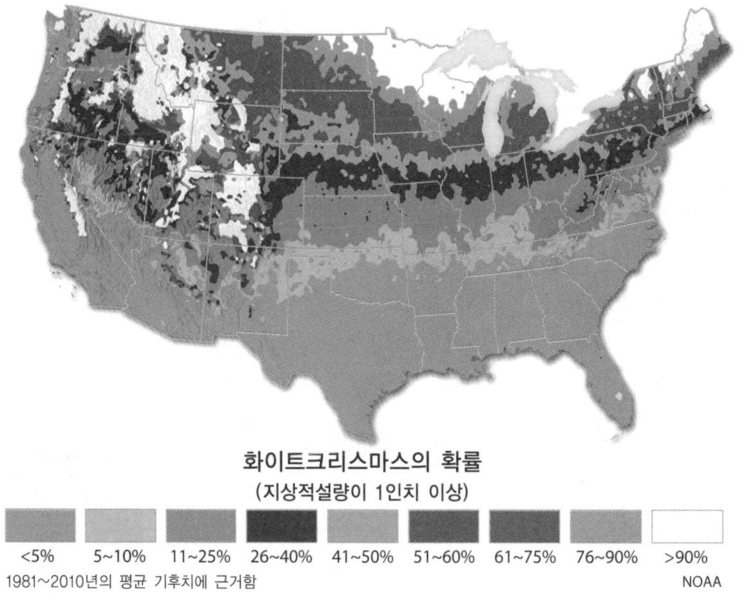

▲ 그림 12.14 '화이트크리스마스'의 확률
확률은 %로 나타내는데, 크리스마스에 적어도 1인치 이상의 눈이 내릴 확률을 의미한다.

확률은 거의 90%인 셈이다. 이와는 정반대의 현상이 오리곤 포틀랜드에서 일어나고 있는데, 여기서는 매일 흐리다고 예보하면 맞을 확률이 약 90퍼센트가 될 것이다.

기후적 예보는 특히, 농업 기상예보에 유용하다. 예를 들면, 샌드 힐이라 불리는 네브라스카의 건조한 북쪽 지역에서는 스프링클러 형식의 관개가 옥수수 재배에 적합하다. 그러나 농부들은 어떤 종류의 교배종의 옥수수를 심을지에 대해서는 판단할 수가 없었다. 이들은 남동부 네브라스카(가장 온난한 지역)에서 많이 사용되는 옥수수 종류를 선택할 수도 있었으나, 그 지역의 기후 자료를 보고 샌드 힐은 온도가 낮기 때문에 4월에 파종한 옥수수는 9월(가을 서리의 피해를 입을 확률이 50%나 되기 때문에)까지도 성숙하지 않는 것을 알게 되었다. 결국 농부들은 이러한 기후 정보를 사용하여 샌드 힐에 적합한 교배 품종을 선택할 수 있었다.

기후 자료는 화이트 크리스마스와 같은 특별한 날의 날씨를 예측하는 데도 사용된다. 화이트 크리스마스는 지상에 1인치 이상의 눈이 쌓이는 것을 말한다. 그림 12.14에서 알 수 있듯이, 북부 미네소타, 위스콘신, 미시간, 뉴잉글랜드, 서부의 산악지대는 화이트 크리스마스의 확률이 90% 이상이다. 반면에, 남부 플로리다에서는 그 확률이 극히 낮다.

패턴 인식법(유추법)

일기예보를 하는 좀 더 복잡한 방법 중의 하나는 **패턴 인식법**(analog method)인데, 이는 일반적으로 날씨의 변화가 반복되어 나타난다는 가정에 의거한다. 따라서 예보관은 과거의 일기도에서 현재의 기상 패턴과 가장 잘 일치하는 일기도를 찾는다. 두 일기도를 비교함으로써, 현재의 기상 상태가 어떻게 변화하는지를 예보한다. 패턴 인식법은 컴퓨터 모델링이 발달하기 전에는 가장 중요한 일기예보 방법이었다. 현재에도 단기 수치예보의 정확도를 향상시키기 위하여, 패턴 인식법이 응용되고 있다.

경향예보

또 다른 예보 방법인 **경향예보**(trend forecasting)는 전선, 사이클론, 구름, 강수 등의 현상에 대한 이동 방향과 속도를 결정하는 것과 연관된다. 이러한 정보를 사용하여 예보관은 기상현상의 미래의 위치를 추정한다. 예를 들어, 경향예보를 적용하면 뇌우 현상이 북동쪽으로 56km/h로 이동하고 있다면, 두 시간 뒤에는 북동쪽으로 112km떨어진 곳으로 이동할 것이라고 예측할 수 있다.

기상현상은 강도, 속도, 진행 방향 등이 시간에 따라 변하기 때문에 경향예보는 수 시간 정도의 짧은 기간 예보에만 유효하다. 따라서 경향예보는 우박, 토네이도, 다운버스트 등과 같이 수명이 매우 짧은 기상현상 예보에 특히 잘 적용된다. 왜냐하면 그러한 기상현상에 대한 경보는 신속히 이루어져야 하고, 이동할 지점을 구체적으로 예측해야 하기

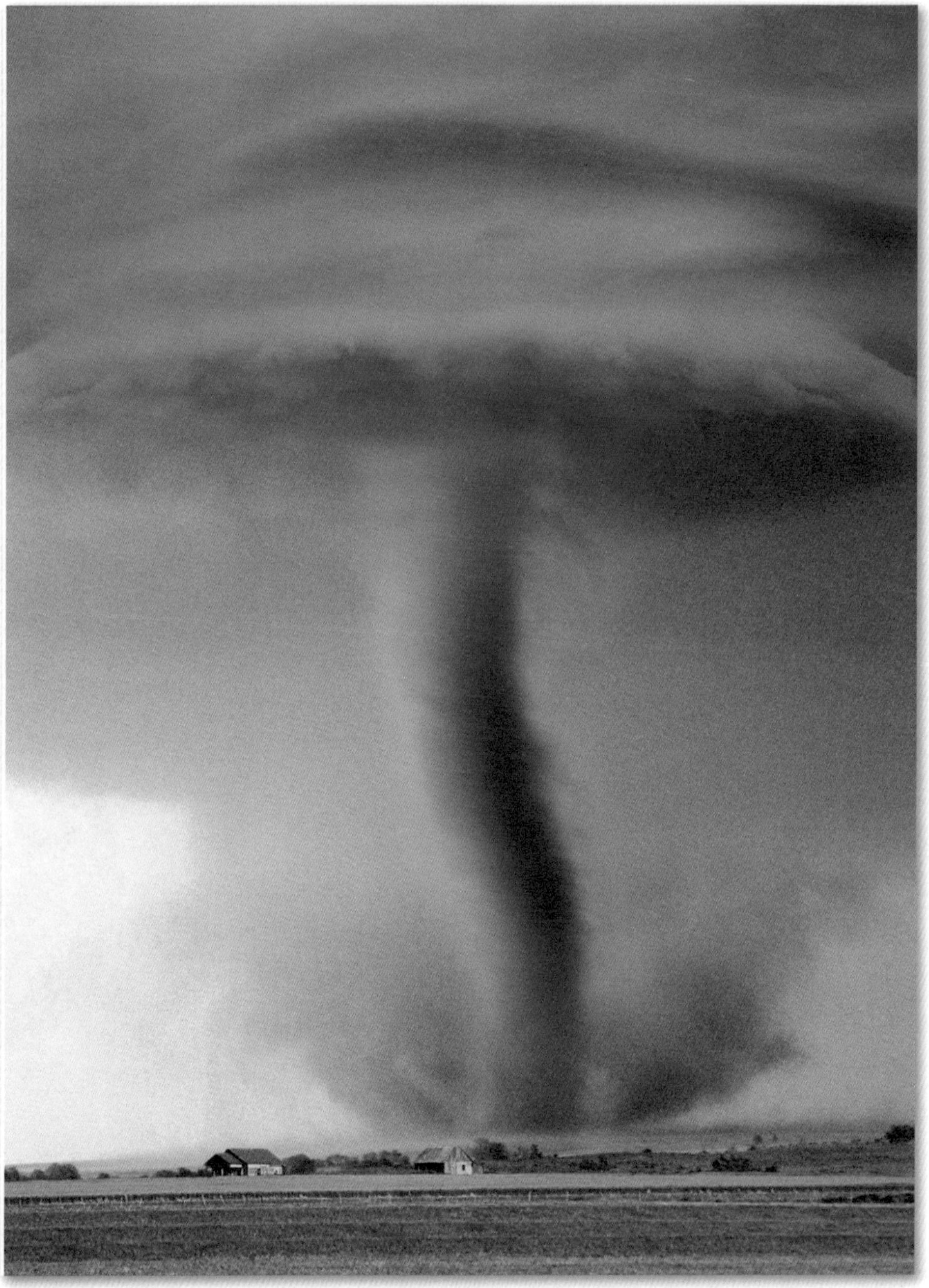

▲ **그림 12.15 토네이도와 같은 중규모 현상은 너무 작아서 예보 차트에 표출하기 어렵다**
중규모 기상현상의 탐지는 레이더 또는 기상위성에 크게 의존한다.

때문이다.

경향예보 중의 하나인 **실황예보**(nowcasting)는, 짧은 수명(보통 6시간 정도)을 가진 국지적 기상현상을 예측하는 데 사용된다. 실황예보에는 기상 레이더나 기상위성과 같은 원격탐사 장비가 필수적인데, 호우 지역을 탐지하거나 악기상을 유발할 수 있는 구름을 탐지하는 데 꼭 필요하다. 실황예보의 최우선 목표는, 다양한 자료 제공처와 자료의 수신과 송신이 가능한 쌍방향 컴퓨터를 활용하여, 토네이도, 우박, 강풍 등의 악기상을 조기에 발견하여 적절한 경보를 발령하는 것이다(그림 12.15).

✓ 개념 체크 12.5

❶ 오늘 눈이 오고 있다고 하자. 만일 지속성 예보법을 사용한다면, 내일의 예보는?

❷ 패턴 인식법의 기본 원리에 대하여 설명하시오.

❸ 기상 레이더와 인공위성에 크게 의존하는, 매우 짧은 시간에 대한 예보 방법을 무엇이라고 부르는가?

❹ 장기간에 걸쳐 축적된 자료를 바탕으로 하는 예보 방법을 무엇이라 하는가?

12.6 기상위성 : 예보의 도구

기상위성으로부터 얻어진 가시광선 영상과 적외선 영상의 장단점을 알아본다.

기상학은 1960년 4월 1일 TIROS 1이 발사된 이후로 위성 시대로 접어들었다. TIROS 1은 같은 계열의 다른 위성들과 마찬가지로 극궤도 위성으로 대체되었는데, 극궤도 위성은 거의 남북 방향의 궤도를 따라 자료를 수집한다(그림 12.16A). **극궤도 환경탐지위성**(Polar-orbiting Operational Environmental Satellites, POES)은 고도 약 850km를 도는 저고도 위성으로서, 하루에 14번이나 극궤도를 공전한다. 이들은 한 번 공전할 때마다 궤도가 서쪽으로 약 15°씩 이동하는데, 각 궤도마다 다른 자료를 수집한다. 극궤도 위성은 하루에 두 번이나 지구 전체의 영상을 수집할 수 있는 장점이 있으며, 불과 몇 시간만에 지구 표면의 상당 부분을 탐색할 수 있다.

POES 위성은 일기 분석과 예보, 기후 연구에 필요한 자료를 제공함은 물론, 해수면 온도, 청천 시의 기온과 습도, 강수와 구름이 있는 지역 등과 같은 자료를 관측한다. POES에서 관측한 자료는 즉시 수치예보 모델에 동화되어 단기 및 중기 예보의 정확도를 높이기 위하여 사용된다. NWS는 유럽 공동체와 공조하여 적어도 동시에 2개의 극궤도 위성으로부터 자료를 받아 활용할 수 있도록 하고 있는데, 하나는 POES이고 또 다른 하나는 MetOp 계열의 위성이다.

또 다른 한 종류의 위성인 **정지궤도 환경탐지위성**(Geostationary Operational Environmental Satellites, GOES)은 1966년에 최초로 발사되었다(그림 12.16B). 이것은 이름 그대로 지구에 대해 상대적으로 고정된 위치에 머문다. 즉, 지구 자전과 똑같은 공전 주기를 갖는다. 위성의 위치가 지구에 대하여 상대적으로 고정되어 있기 위해서는, 공전 고도가 극궤도 위성에 비해 높은 약 3만 5천 킬로미터나 되어야 한다. 당연히 이렇게 높은 고도에서 촬영한 영상의 화질은 조금 떨어질 수밖에 없다.

차세대 GOES 계열 위성인 GOES-R은 2016년에 발사될 예정이다. 지금의 GOES와 함께 2개의 위성체제로 운영될 예정이다. 두 위성은 각각 75°W와 135°W에 위치하여 북미 지역의 대부분과 주변 해역의 자료를 관측한다.

유럽 공동체, 인도, 중국, 일본, 러시아 등의 국가에서도 정지궤도 위성을 발사하였다. 이러한 위성들은 극궤도 위성이나 레이더 같은 관

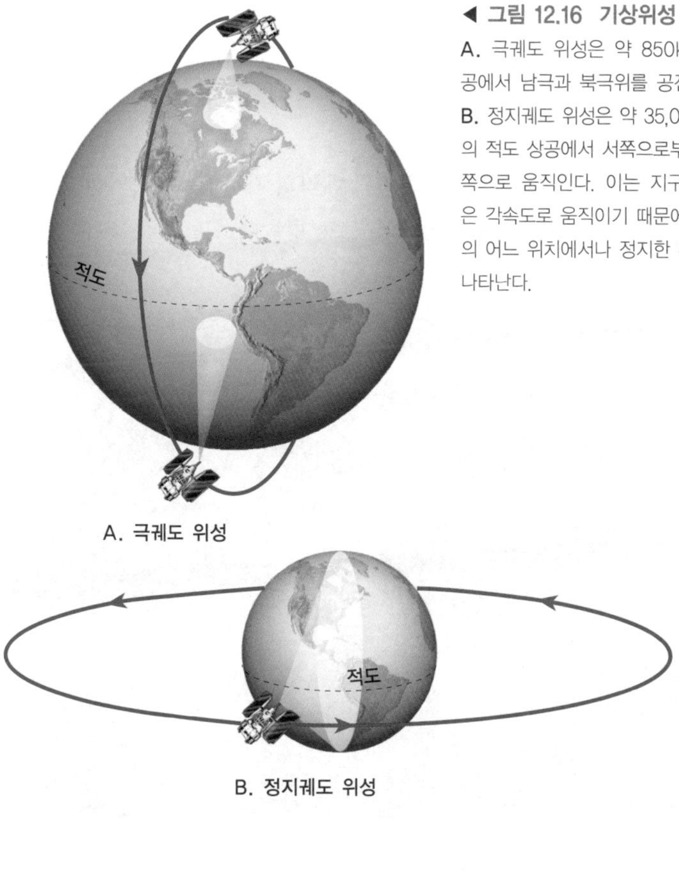

◀ **그림 12.16 기상위성**
A. 극궤도 위성은 약 850km 상공에서 남극과 북극위를 공전한다.
B. 정지궤도 위성은 약 35,000km의 적도 상공에서 서쪽으로부터 동쪽으로 움직인다. 이는 지구와 같은 각속도로 움직이기 때문에 지구의 어느 위치에서나 정지한 것으로 나타난다.

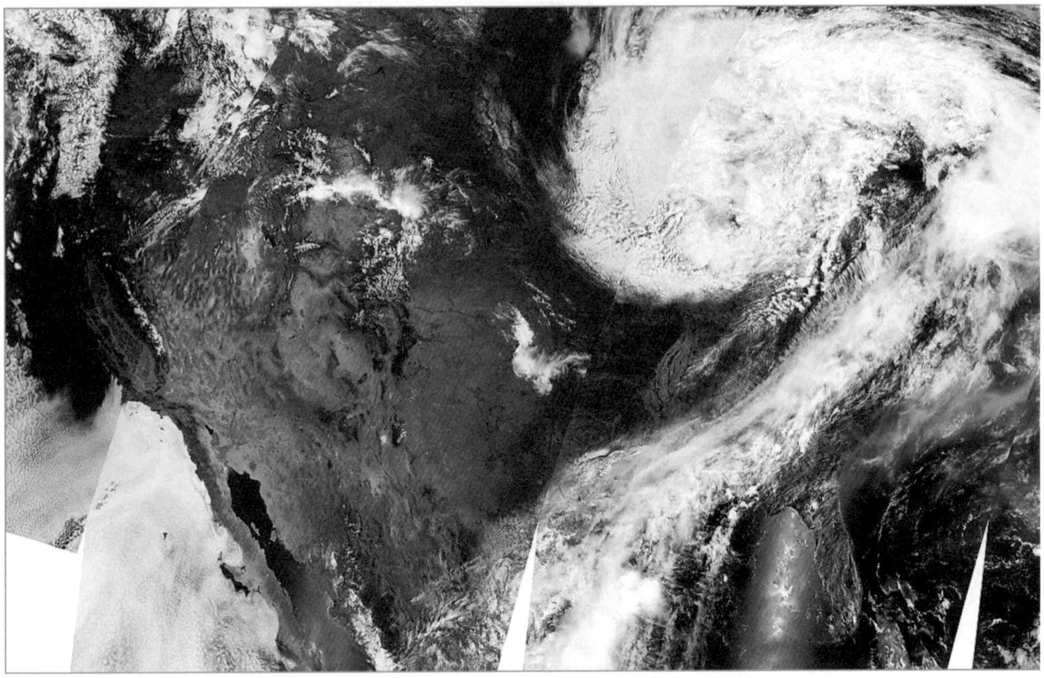

▲ **그림 12.17 스톰(폭풍) 시스템을 추적하는 데 필수적인 기상위성**
2011년 6월 11일 발생한 저기압 시스템의 유색 합성 영상으로서, MODIS(중간 해상도 스펙트로라디오미터)를 사용하여 제작한 것이다.

Video
PC를 이용한 대기 모델링
http://goo.gl/qUMzma

측 수단으로 관측할 수 없는, 중위도저기압과 같은 대규모 날씨 시스템(그림 12.17)을 추적하는 데 활용되고 있다. 정지궤도 위성은 상당히 먼 거리까지 이동하는 소용돌이 구름 등도 쉽게 추적할 수 있으며, 태풍의 발달과 이동을 추적하는 데도 매우 중요한 수단이 된다.

위성영상의 종류

가장 최신의 기상위성은 북미와 인근 해역의 가시 영상, 적외선 영상, 수증기 영상을 제공한다. 이런 영상은 날씨 방송에서도 흔히 볼 수 있다.

가시광선 영상 GOES는 지구에서 반사되는 태양광선을 탐지하는 장비를 갖추고 있으며, 그림 12.18과 같은 **가시광선 영상**(또는 가시 영상)을 제공한다. 가시 영상은 구름 표면(또는 운정)이나 다른 표면(예 : 지표면)으로부터 반사된 빛의 강도를 기록하기 때문에 마치 흑백 사진과 유사하다. 밝고 흰 부분은 빛을 강하게 반사하는 눈, 얼음, 또는 구름이 있는 지역을 나타낸다. 육지는 구름보다는 빛을 덜 반사하기 때문에 어두운 회색으로 보이며, 빛을 거의 반사하지 않는 바다는 거의 검게 보인다.

가시 영상은 구름의 모양, 구름의 집단, 구름의 두께에 관한 정보를 제공한다. 일반적으로 구름이 두꺼울수록 반사도가 높고 영상이 밝게 나타난다. 적란운은 표면은 울퉁불퉁한 모양을 가지는 반면, 층운은 담요처럼 평평한 표면을 가진다. 그림 12.18B는 높게 발달하여 대류권계면의 역전층까지 침투한 후 더 이상 상승하지 못하고 수평으로 발산하고 있는 적란운의 가시 영상을 보여 준다.

적외선 영상 가시광선 영상과는 달리 **적외선 영상**은 물체에서 복사되는(반사가 아닌) 전자기파로부터 얻어지는데, 가시 영상과는 대조적으로 어느 구름이 비를 내리고 또 폭풍을 동반할 것인지 아닌지를 판단하는 데 유용하다. 적외선 영상은 지표면처럼 따뜻한 물체는 어둡게 나타나고 높은 구름처럼 기온이 낮은 물체는 밝게 나타난다. 높은 구름일수

▼ **그림 12.18 가시광선 영상** **A.** 2011년 7월 15일 주간의 구름의 분포를 보여 주는 GOES 가시 영상. 이 영상은 지표면과 구름으로부터 반사된 태양광선을 나타내는데, 흑백의 영상으로 표출된다. **B.** 아이오와 주와 그 주변의 가시 영상은 높게 발달한 적란운을 보여 주는데, 이들은 대류 권계면 위까지 웃자람(오버슈트, overshoot)된 것을 알 수 있다.

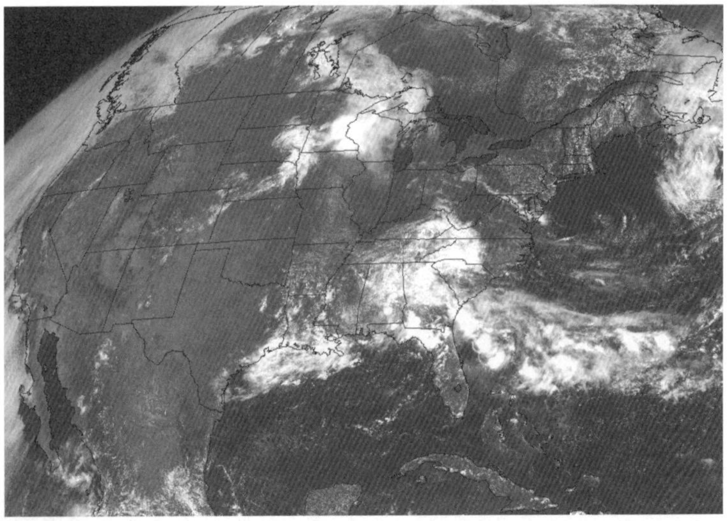

A.

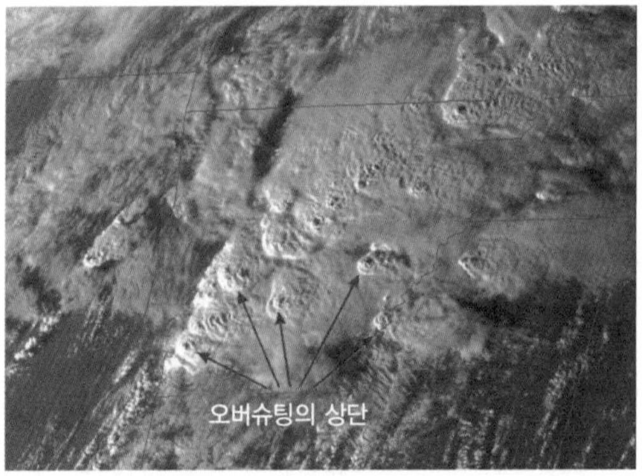

B.

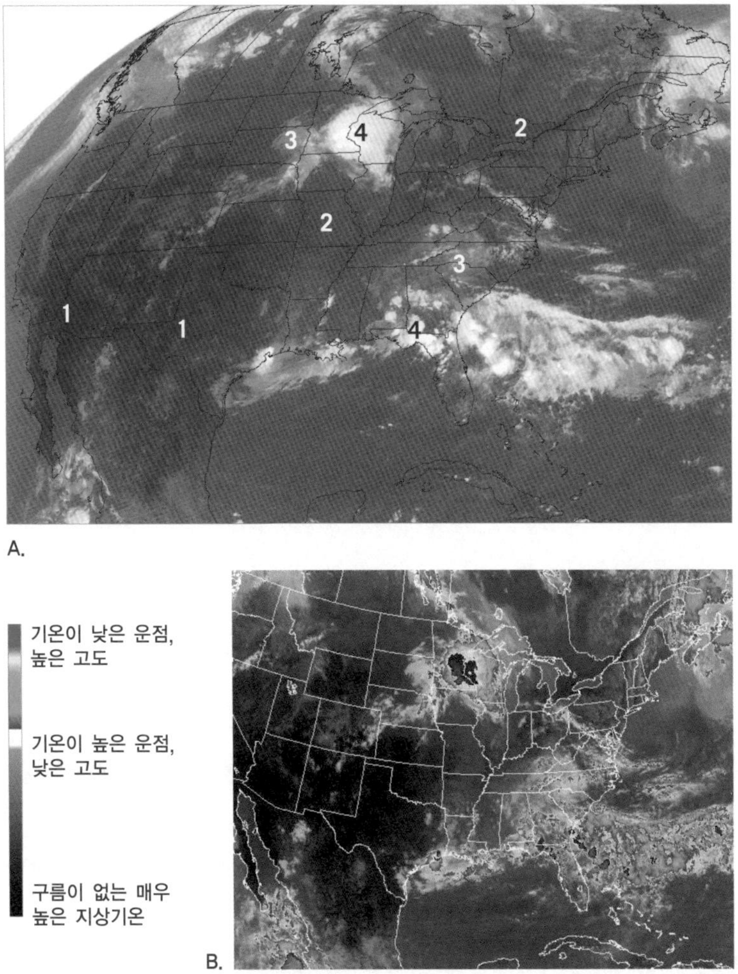

▲ **그림 12.19 적외 위성 영상** **A.** 2011년 7월 15일 주간의 GOES 적외 영상. 숫자 1~4로 표시된 부분은 (1) 구름이 없음, (2) 고도 2,000m 이하의 하층운(적운), (3) 고도 2,000~6,000m의 중층운으로 덮여 있음, (4) 높게 발달한 적란운과 뇌우와 관련된 온도가 낮은 구름을 각각 나타낸다. **B.** 영상 **A**에서 값이 큰 부분을 유색으로 처리한 적외 영상. 어둡고 붉은 부분은 높게 발달한 적란운을 나타낸다.

록 온도가 낮기 때문에, 많은 비를 내릴 수 있는 높은 적란운은 매우 흰색으로 나타나는 반면에, 중층운은 어둡게 나타난다. 고도가 낮은 적운, 층운, 안개 등은 비교적 따뜻하기 때문에, 어두운 회색으로 나타나서 적외선 영상에서는 지표면과 구별이 잘 되지 않는 경우도 많다.

그림 12.18A의 가시 영상을 같은 지역을 촬영한 그림 12.19A의 적외 영상과 비교해 보자. 두 영상은 남동부를 비롯하여 미네소타와 위스콘신에 뇌우가 발생한 2011년의 어느 무더운 여름날에 동시에 같은 지역을 촬영한 것이다. 동부 사우스다코타 지역의 구름은 가시 영상에는 밝게 보이는 반면에 적외 영상에서는 회색으로 나타나는 것을 볼 수 있다. 고도 2~6km 사이에서 발달한 중층운이 이 지역을 덮고 있는 것이다. 이와는 대조적으로 미네소타와 서부 위스콘신 지역은 두 영상에서 모두 밝게 나타난다. 이 지역은 높이 솟은 적란운이 발달하여 기단뇌우가 발생하였고 폭우가 내렸다. 그림 12.19A의 적외 영상으로부터 미국

▲ **그림 12.20 GOES의 2011년 7월 15일의 가시 영상** 이 영상은 그림 12.18과 12.19에 나타난 영상과 같은 날에 촬영한 것으로서 위스콘신과 그 주변이 포함되어 있다. 미네소타-위스콘신 경계 지역에 보이는 밝은 구름은 강한 비를 내린 것으로 관측되었다.

▼ **그림 12.21 2011년 7월 15일의 수증기 영상** 밝고 희게 나타날수록 대기 중의 수증기량이 많음을, 검은색의 부분은 건조함을 의미한다.

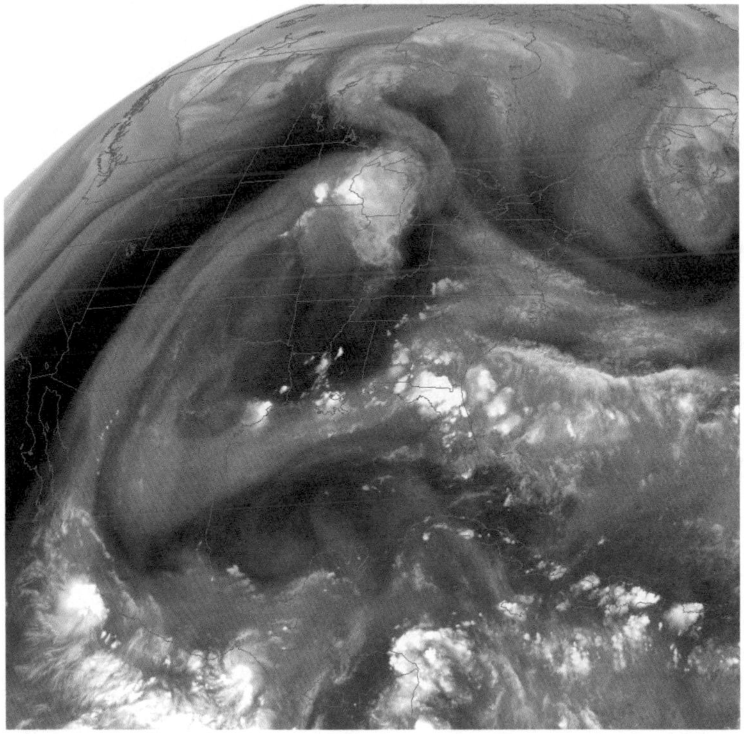

남동부에서는 스톰셀이 발달한 것을 쉽게 알아 볼 수 있다.

기상학자들이 적외선 영상을 쉽게 해석할 수 있도록 때로는 인위적인 색깔을 사용하기도 한다. 기온이 가장 낮은, 즉 고도가 가장 높은 구름의 표면은 일반적으로 호우지역으로 볼 수 있는데, 매우 진한 색깔로 표시한 것을 알 수 있다. 그림 12.19B의 미네소타－위스콘신 경계지역의 붉은색에 주목하기 바란다－이 지역은 그림 12.19A의 적외선 영상에서 매우 밝게 나타난 지역이다.

가시 영상과 적외선 영상 적외선 영상의 가장 큰 장점은 밤낮에 관계없이 대기로 복사되는 에너지를 탐지할 수 있다는 것이다. 그 결과 폭풍을 24시간 끊임없이 추적할 수 있다. 가시 영상은 반사광선을 탐지하는 것이기 때문에 야간에는 촬영할 수 없다. 그러나 가시 영상의 가장 큰 장점은 해상도가 높아서, 작은 규모의 현상도 쉽게 탐지할 수 있다는 것이다. 그림 12.20은 그림 12.18의 가시 영상의 일부분을 확대한 것이다. 미주리 주와 아이오와 주 지역에서 발달한 적운과 남동 미네소타에서 발생한 적란운의 울퉁불퉁한 형태가 잘 나타난다. 가시 영상은 중위도지방의 저기압이나 태풍이 발생할 때의 구름과 폭풍 시스템의 형태를 보여 주기에 매우 적합하다.

수증기 영상 수증기 영상은 우리 지구에 대한 또 다른 관점을 제공한다. 파장 6.7μm의 지구복사는 수증기에 의해서 만들어진다. 따라서 이 부분의 좁은 복사대의 탐지기를 장착한 위성은 대기의 수증기 농도 분포를 파악하는 데 쓰인다. 그림 12.21의 밝은 부분은 수증기 농도가 높은 지역을 의미하며, 어두운 부분은 비교적 건조한 지역을 의미한다. 대부분의 전선은 수증기 함량이 크게 다른 두 기단의 경계에서 발생하기 때문에, 수증기 영상은 전선의 경계를 파악하는 데 대단히 중요한 도구이다.

다른 위성 관측

기술의 발달로 기상위성은 우주에서 지구를 촬영하는 단지 카메라의

대기를 바라보는 눈 12.2

아래의 두 위성사진은 북미의 일부분과 동태평양에서 2001년 7월 14일에 동시에 촬영한 것이다. 하나는 적외 영상이고 또 다른 하나는 가시 영상이다.

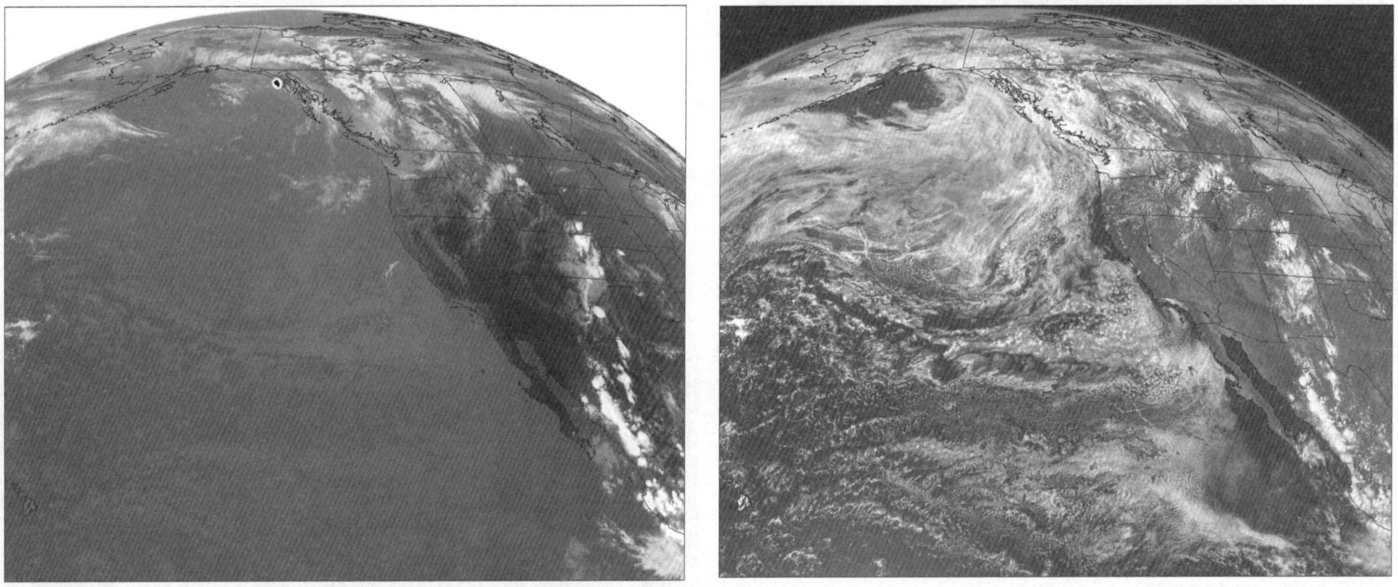

A. B.

질문

1. 두 위성사진 중에서 구름의 형태와 패턴을 파악하기에 적합한 영상은?
2. 적외선 영상은 어느 것인가? 그 이유는?
3. 서부 대평원(로키 산맥의 바로 동쪽에 위치한)에 보이는 구름의 종류는?
4. 동태평양에서 보이는 구름은 상층, 중층, 하층 중 어느 고도에서 발달한 것인가?

수준을 훨씬 뛰어 넘게 되었다. 어떤 기상위성은 특별히 고안된 측기를 탑재하여 여러 고도의 수증기와 기온을 측정한다. 이러한 자료는 다른 방법에 의하여 수집되는 상층 자료와 더불어 매우 중요하게 여겨진다. 또 어떤 위성은 지상뿐만 아니라 상층에서의 강수의 양과 강도를 측정할 수 있으며, 다른 측기로 관측할 수 없는 지역의 바람까지도 관측한다. 열대지역의 강수를 측정하기 위한 TRMM(글상자 1.1 참조)이나 전구의 강수 측정을 위한 GPMM은 모두 위성을 기반으로 하는 관측의 예를 잘 보여 준다.

✓ 개념 체크 12.6

❶ 구름이 비를 내릴 것인가를 판단하는 데 있어서 위성은 어떻게 활용되는가?

❷ 극궤도 위성에 비하여 정지궤도 위성의 장점은 무엇인가? 단점도 하나 예를 드시오.

❸ 적외 영상은 가시 영상에 비하여 어떤 장점이 있는가? 또 단점도 하나 든다면?

12.7 예보의 종류

정량적 기상예보와 정성적 기상예보를 비교한다. 30일 예보와 90일 예보의 차이점을 알아본다.

많은 자연재해가 악기상 현상으로 인하여 발생하기 때문에, 전문가로서 예보자의 가장 중요한 기여는 악기상에 대하여 정확한 예보를 하고 적절히 조기에 경보를 발령하는 것이다. 예를 들면, 예보자는 단지 토네이도의 발달에만 관심이 있는 것이 아니라, 크기, 위치, 강도에도 관심을 가지고 있다. 토네이도의 경로를 예측하기 위해서는 모체가 되는 뇌우뿐만 아니라 토네이도의 이동 방향과 속도를 좌우하는 바람도 고려해야 한다.

정량적인 예보와 정성적인 예보

대부분의 예보는 정성적 예보 아니면 정량적 예보 둘 중 하나에 속한다.

정성적 예보(qualitative forecast)는 관측은 할 수 있으나 정확히 양으로 나타내기 어려운 요소를 다룬다. 예를 들면, "오전에는 부분적으로 흐리고 오후에는 점차 개임", "오후에는 돌풍이 예상됨", "해 진 후에 뇌우가 예상됨"과 같은 예보이다. 정성적인 예보는 정확성을 평가하기는 어렵지만 기상예보를 필요로 하는 대중들에게는 매우 유용한 정보임에 틀림없다.

정량적 예보(quantitative forecast)는 양을 측정할 수 있는 기상 요소를 다룬다. 최고기온과 최저기온의 예보를 예로 들 수 있다. 일정한 기간 동안 내리는 강수량에 대한 예보도 또 다른 한 예이다.

그림 12.22는 어떤 지역에 일정 기간 동안 내리는 강수량의 예보를 의미하는 **정량적 강수예보**(Quantitative Precipitation Forecast, QPF)를 보여 주고 있다. 강수는 장소에 따라 크게 바뀌기 때문에(특히 뇌우와 같은 악기상의 경우에), 주어진 영역에 대한 평균치로 나타낸다. 그림 12.22의 예보는 48시간 예보인데, 최다 강수량이 예상되는 지점에 X로 표시되어 있다. NWS에 의한 대부분의 예보는 인터넷으로 제공되는데, 필요한 예보를 선택해서 볼 수 있다.

NWS에 의한 예보 중 유일하게 **퍼센트 확률**로 제공되는 것이 강수예보이다. **강수 확률예보**(Probability of Precipitation, PoP)라고 불리는 이러한 예보는 "40%의 확률" 또는 "뇌우의 확률은 40%"와 같이 제공된

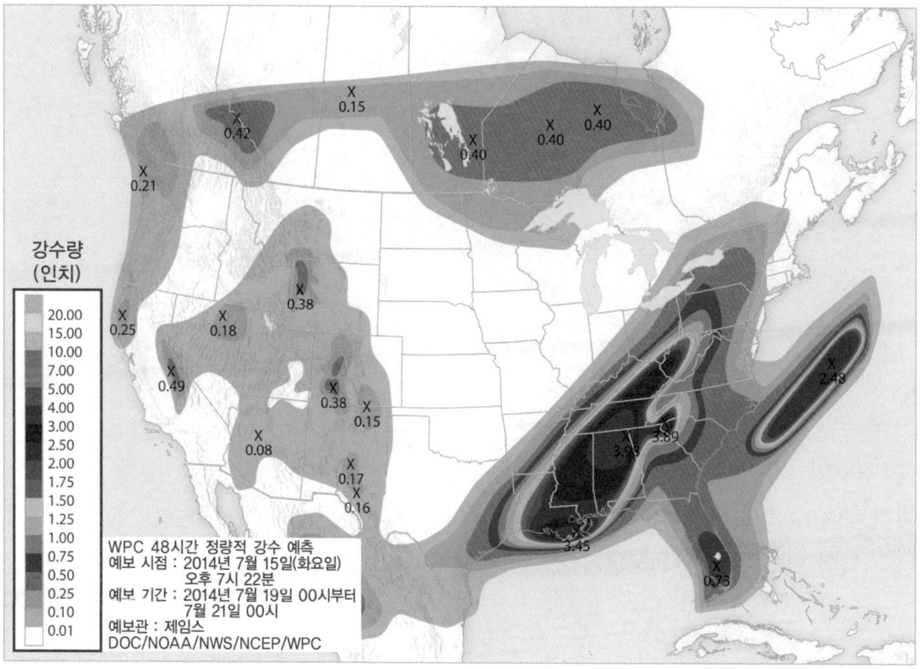

▲ **그림 12.22 정량적 강수예보(QPF)** 여기서 나타낸 QPF는 48시간 이내에 내릴 강수의 양을 예측하고 있다. 약간만 떨어진 두 지점도 강수량의 차이가 클 수 있기 때문에(특히 뇌우의 경우), 예보에서는 평균치를 사용한다. X표로 나타낸 곳은 최대의 강수량이 예상되는 곳이다(단위는 인치).

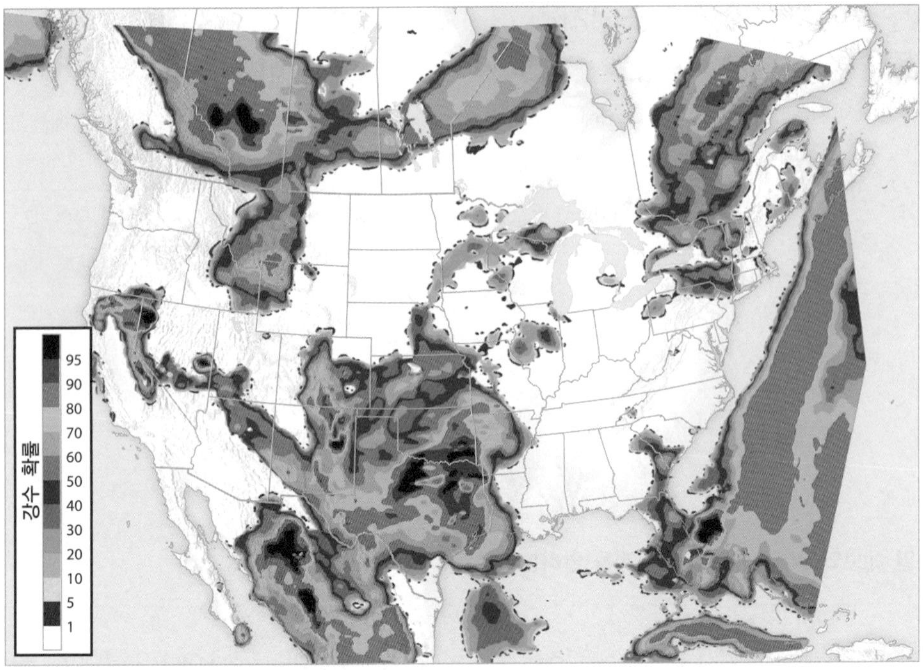

A.

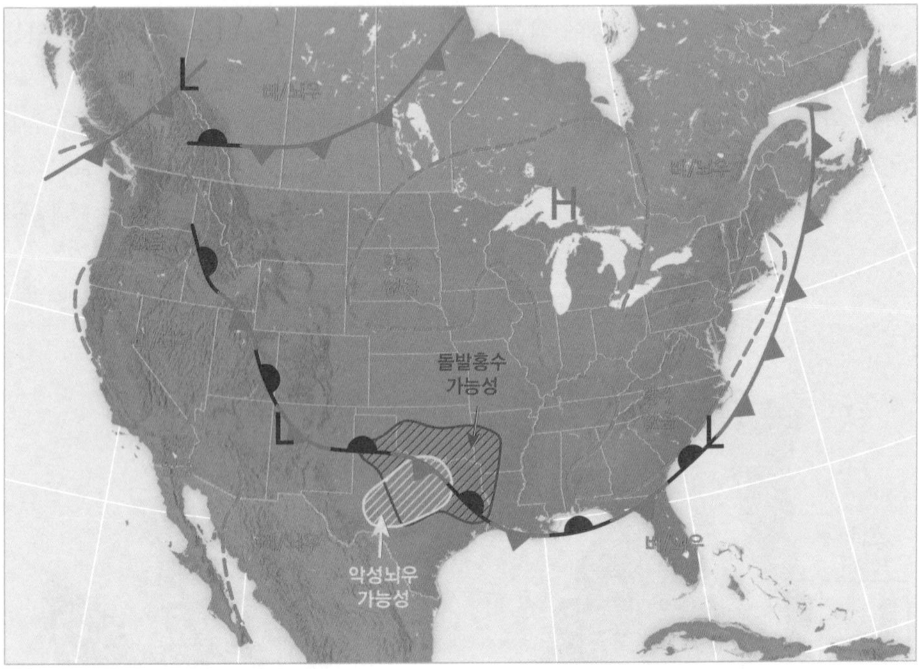

B.

◀ **그림 12.23 강수 확률예보**
A. 텍사스 북부와 인근 지역은 6시간 뒤의 강수 확률이 높은 것을 알 수 있다. 이 지역을 그림 B의 같은 지역과 비교하시오. **B.** 돌발홍수의 가능성이 높은 것으로 나타나는 지역은 강수 확률이 높은 지역과 상당히 일치하는 것을 알 수 있다.

다. 40%가 의미하는 것은 무엇일까? 40%의 지역을? 아니면 총 예보 기간 중 40%의 기간을 의미하는 것일까? 둘 다 아니다. PoP는 예보 대상 지역의 어느 지점에나 해당된다. PoP는 다음과 같이 나타낸다.

$$PoP = (C \times A) \times 100\%$$

여기서 C는 예보 대상 지역의 어느 지점인가에 강수가 내릴 확률을 의미하고, A는 만일 비가 온다면 예보 대상 면적 중 강수가 내릴 면적의 퍼센트를 나타낸다.

예를 들면, 예보 대상 지역에 50%의 강수 확률이 있고, 또한 비가 내릴 때 전체 면적의 80%에 해당하는 지역에서 강수가 내린다고 하면, PoP는 40%가 된다 [$PoP = (0.5 \times 0.8) \times 100 = 40\%$]. 이는 NWS의 설명에 따르면, 예보 대상 지역의 어느 지점에서도 강수가 있을 확률은 40%를 의미한다. "40%의 강수 확률예보"를 표현하는 또 다른 방법는 "평균적으로 봤을 때, 예보 대상 지역 내의 모든 지점에서 12시간 이내에 강수가 있을 확률은 40%다."와 같은 것이다.

NWS는 미국 대륙과 인접 지역에 대해서 6시간 또는 24시간 내의 강수 확률예보를 다른 방식으로도 생산한다(그림 12.23A). 북동 텍사스와 인접 지역에 6시간 내에 강수가 있을 확률이 높은 것을 알 수 있다. 이 지역을, 같은 날의 일기도(그림 12.23B)에서 돌발홍수 경보가 내려진 지역과 비교해 보기 바란다. 홍수경보가 내려진 지역은 대체적으로 강수 예상 일기도에서 강수 확률이 높은 지역에 해당한다는 것을 알 수 있다.

단기예보와 중기예보

예보를 하는 데 어떤 자료와 방법을 사용하는가는 예보 기간 즉, 얼마나 먼 미래까지 예보를 하는가에 의해 결정된다. NWS는 예보 기간에 따라 다음과 같이 예보를 분류한다.

- 단기예보 : 48시간(2일) 예보
- 중기예보 : 3~7일 예보
- 장기예보 : 7일보다 먼 미래에 대한 예보

앞에서 언급한 것처럼, 가장 짧은 기간의 예보인 실황예보는 향후 6시간 이내의 예보를 말한다. 이것은 수치예보법을 적용하기 어려운 토네이도, 뇌우 다운버스트 등의 예보에 쓰인다(그림 12.15 참조). 단기예보의 신뢰도를 높이기 위하여 기상학자들은 지상 관측 자료, 레이더자료, 위성영상 등을 최대한 활용한다.

약 2일 앞까지의 짧은 기간의 단기예보는 주로 수치예보에 의존한다. 앞에서 수치예보의 정확도를 높이기 위하여 예보자는 모델의 특성

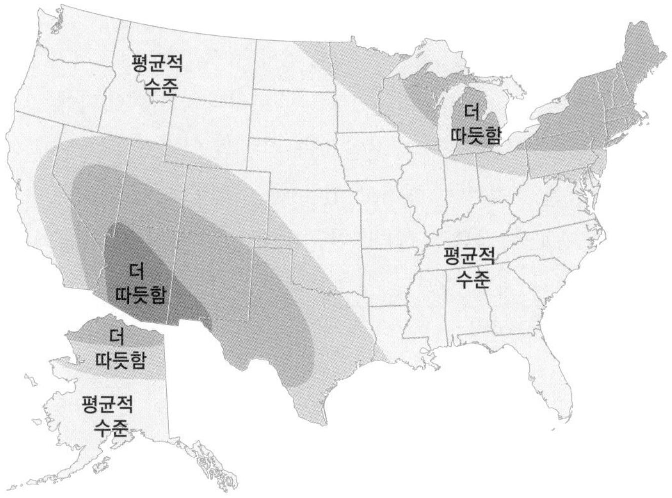

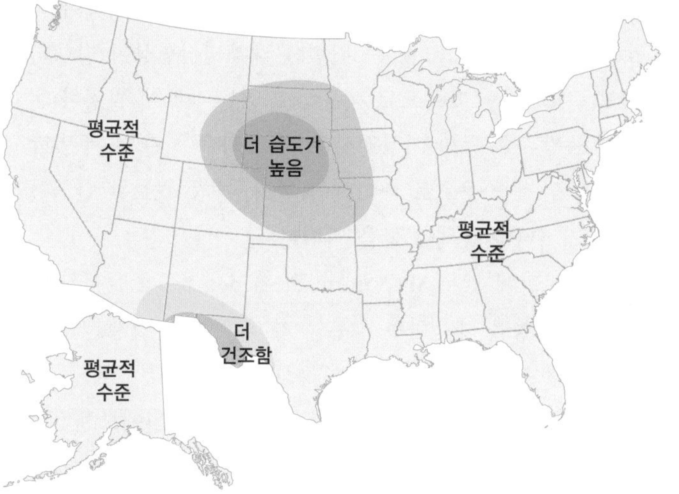

▲ **그림 12.24 90일 전망 예보**
A. 2011년의 9, 10, 11월의 기온 예보. **B.** 같은 기간의 강수 예보. '평균 수준(equal chance)'은 보통 때보다 더 높거나 낮지 않은 평균적 값을 의미한다.

을 어떻게 활용해야 하는지를 배운 바 있다. 예보자들은 또한 평균적인 기후 조건, 미기후적인 특성, 예보 영역의 지리적 특성 등도 잘 파악해 두어야 보다 정확한 예보를 할 수 있다. 예를 들면, 로키 산맥의 산기슭에 위치한 덴버는 로키 산맥의 중앙에 있는 애스펀과 같은 예보 지역에 속하지만 그곳과는 전혀 다른 기상 특성을 가지고 있다.

수치예보 모델은 중기예보(3~7일 예보)에도 상당히 유용하다는 것이 잘 알려져 있다. 물론, 단기예보에 비하여 정확도가 떨어진다는 것은 쉽게 예상할 수 있는 일이다. 그러나 최근 들어 중기예보의 정확도가 크게 향상되어서, 이제는 10일 예보까지도 연장하는 것을 검토할 정도이다.

장기 전망

길게는 2주까지 예보하는 장기예보는 NWS의 **CPC**(Climate Prediction Center)에서 다루고 있는데, 수치예보와 통계예보를 절충하여 사용한다. CPC는 기온과 강수에 대해서 1개월과 3개월(계절) 예보도 생산하고 있다—30일 전망과 90일 전망으로 불린다. 이것은 단기예보와는 달리, 날씨가 그 지역의 평균 상태에 비하여 건조할 것인가 아니면 습할 것인가, 그리고 따뜻할 것인가 아니면 추울 것인가라는 개략적인 것만 예보한다.

90일 전망 예보는 매달 한 번씩 생산되는데, 그때마다 앞으로의 3개월(예 : 9월, 10월, 11월)을 예보하는 것이다. 한 달 뒤에는 그다음의 3개월 10월, 11월, 12월을 예보하게 된다. 그림 12.24는 기온과 강수에 대한 2011년의 9월, 10월, 11월 3개월의 장기 전망을 보여 준다. 미국 남서부, 북중부, 북동부 지방은 이 기간이 평균보다 따뜻할 것으로 예보가 되어 있음을 알 수 있다(그림 12.24A). 그 외의 지역은 기온과 강수가 보통 때에 비하여 더 높지도 않고 또 낮지도 않은, 평균적인 상태의 유지라는 예보가 되어 있다. 그림 12.24B에 나와 있는 강수 전망은 캔자스, 네브라스카, 사우스다코타 지역이 보통 때보다 더 습할 것이라는 것을, 반면에 텍사스에서 남동 애리조나까지의 남서부에서는 더 건조할 것이라는 것을 알 수 있다.

한 달 그리고 계절 전망은 다양한 자료를 참고하여 생산된다. 기상학자들은 지역의 기후—기온과 강수의 30년의 평균치—를 고려한다. 겨울철에 지표면을 덮고 있는 눈이나 얼음의 면적, 여름철의 지속적인 건조 또는 습한 상태 등이 고려의 대상이다. 물론 현재의 기온과 강수 패턴도 참고한다. 예를 들면, 2011년과 그 전의 몇 년은, 미국 남서부는 평균 이하의 강수가 기록되었다. 과거 기후 자료의 통계를 보면, 이러한 상황을 초래한 날씨 패턴은 갑자기 변하기보다는 점차 정상(평균적) 상태로 돌아간다는 경향이 있다. 따라서 예보자들은 이러한 평균보다 낮은 강수 의 경향은 2012년의 첫 몇 달 동안 지속할 것으로 예보하였다.

최근에는 적도 태평양의 해수면 온도가 전 지구의 기온과 강수—특히 겨울철—를 예측하는 데 매우 중요한 요소로 사용되고 있다. 이러한 상호 관계에 대한 자세한 내용은 7장 "엘니뇨, 라니냐, 그리고 남방진동"을 참고하기 바란다.

계절 전망의 정확도가 점차 증가함에도 불구하고, 연장된 기간의 예보에 대한 신뢰도는 가히 실망적이다. 겨울철과 여름철의 예보에 대한 정확도가 비교적 높을 때도 많지만, 계절이 바뀌는 기간의 예보 정확도는 낮을 뿐만 아니라 변동의 폭이 크기 때문에 비교적 덜 안정적이다.

주의와 경보

NWS는 주의와 경보를 발령한다. **주의**(watch)는 재해적 기상의 발달 가능성이 경미하지만 미리 알고 있어야 하고, 만일의 사태에 대비해야 하는 경우에 발령한다. **경보**(warning)는 위험한 재해기상현상이 발생하였고, 해당 지역 근방 또는 그 쪽으로 이동하고 있는 경우에 발령한다. 뇌우, 토네이도, 돌발홍수 등의 기상현상은 극히 짧은 시간 내에 발달하기 때문에, 즉각 안전한 곳으로 대피해야 한다. 태풍 경보는 안전한 곳으로 거처를 옮기거나 이동해야 함을 의미한다.

오클라호마의 노르만에 있는 **SPC**(Storm Prediction Center)는 뇌우, 토네이도, 우박, 번개 등을 예측하는 임무를 가지고 있다. 언제든 악기상이 예상되면, 해당 지역에는 하루 전에 경보가 내려진다. SPC는 레이더와 같은 악기상 추적이 용이한 장비를 운용하는 지역예보센터와 협력하여 예보를 한다. 경보 발령을 하기 전에 NWS는 실제로 악기상이 발생하였는가를 확인하는 것이 필요하다. 이러한 목적으로 1970년대에 자원자 모임인 SKYWARN을 결성하여 활용하고 있다. 수천 명에 달하는 회원들은 직접 기상현상을 확인하고 어떻게 이동하고 있는 지에 대한 결정적인 정보를 제공한다. 그러한 정보가 보고되면, NWS는 기상 라디오를 통하여 경보를 발령하고 주민 안전을 책임지는 정부 관계자는 물론 지역 관계자들과 접촉하게 된다.

대서양, 카리브 해역, 동 태평양 지역에서 발생하는 열대저기압과 허리케인의 발달과 이동을 추적하는 것은 플로리다의 마이에미에 있는 **NHC**의 임무이다. 멕시코만과 대서양 연안지역의 인구가 증가함에 따라 NHC의 책임은 더욱 막중해지고 있는데, 지역에 따라서는 대피를 위하여 24시간 경보를 필요로 한다. 인근 퇴적으로 형성된 섬 지역 주민에게는 이보다 긴 대피 시간도 필요한데, 육지까지 이동하는 데 긴 시간이 소요되기 때문이다.

✓ 개념 체크 12.7

1. 정성적 예보와 정량적 예보의 차이점은?
2. 일기예보에 관한 경보와 주의의 차이점은?
3. 태풍의 상륙 경보와 토네이도의 경보가 다른 점은?
4. 장기예보에서는 어떠한 기상 요소가 예보되는가?

12.8 예보자의 역할

AWIPS에 대해 기술하고, 이것이 지역 예보센터의 예보자들에게 어떻게 도움을 주는지 설명한다.

컴퓨터 성능의 향상, 수치 모델의 발달, 기술의 획기적 진보에도 불구하고, 수치예보는 특정 시간과 특정 지역의 대기의 미래 상태를 부분적으로만 알려줄 수 있을 뿐이다. 수치 모델이 아닌, 기상에 관한 지식과 경험을 바탕으로 (인간) 예보자는 여전히 기상예보－특히 단기예보－를 생산하는 데 결정적인 역할을 한다.

예보에 쓰이는 도구

NWS의 임무는 지역 기상예보, 경보, 주의보 등을 통하여 인명과 재산을 보호하는 것이다. NWS는 지역기상센터에 관측 자료, 위성 자료, 수치 모델 자료, 앞에서 설명한 다양한 종류의 일기도 등을 제공한다.

지역 기상예보센터의 예보자들은 지역의 조건과 특성을 감안하여 수치예보 모델의 자료를 수정하고, 그 지역에 적합한 예보를 생산한다. 예보자들이 특히 잘 파악하고 있어야 되는 것 중의 하나는 그 지역의 미기후－좁은 면적에 대한 지역적 기후－이다. 지역적 기후의 예를 하나 들어보기로 하자. 고품질의 포도주 생산으로 유명한 캘리포니아의 나파밸리가 그 예이다. 샌 파블로만으로 인하여 밸리의 남부는 북부에 비하여 더 시원하다. 작은 규모로 보면, 나파밸리의 남쪽으로 면한 경사 지역은 더 많은 햇볕을 받기 때문에 북쪽으로 면한 경사 지역보다 더 따뜻하다. 이것은 당연해 보이지만, 포도의 재배에는 매우 중요한 요소이다.

활용 가능한 수치예보 자료가 많아짐에 따라, 예보를 함에 있어서 더욱 많은 것을 고려해야 한다. 예를 들면, 일 최저기온을 예측하는 데는 두 가지의 모델 결과가 사용된다. 예보자는 특정 예보에 있어서 각 모델의 바이어스(계통적 오차)와 한계를 잘 파악하고 있어야만 최적의 예보를 생산할 수 있다. 한 예로서, 어떤 모델은 관측치에 비하여 대체적으로 1~2°C 낮게 일 최저기온이 예측된다고 하자. 어느 특정 일의 일 최저기온 예보에서 그 모델은 7°C를 다른 모델은 8°C를 예측했다고 한다면, 예보자는 자신있게 8°C로 예보할 것이다. 만일 모델의 바이어스를 알지 못하는 경우에는 두 모델의 평균치를 택하는 것이 일반적이다.

고급 대화식 기상 처리시스템 일기예보와 관련된 복잡한 일을 돕기 위하여, 지역기상예보센터는 대화식 컴퓨터 시스템－**고급 대화식 기상 처리시스템**(Advanced Weather Interactive Processing System, AWIPS)－을 갖추고 있다. AWIPS는 정보의 처리, 표출, 통신시스템으로서, 모든 모델 자료 및 위성과 레이더 등의 관측 자료를 한 곳으로 수집한

◀ **그림 12.25 고급 대화식 기상 처리시스템(AWIPS)** AWIPS는 모든 모델 예측 결과와 위성 및 레이더의 관측 자료를 한 곳으로 모은다. AWIPS의 워크스테이션은 3개의 그래픽 표출 모니터를 비롯하여 텍스트 정보와 대화식 처리를 하는 한두 대의 PC로 구성된다.

다. AWIPS 워크스테이션은 3개의 그래픽 표출 모니터, 그리고 문자 기반 자료와 대화식 처리를 하는 1~2대의 퍼스널 컴퓨터로 구성되어 있다(그림 12.25). 퍼스널 컴퓨터는 인터넷 접속과 전자우편용으로 사용되기도 하며, 문자로 표출된 관측 자료의 검색, 다른 예보 결과와의 통신에 사용된다. 3개의 그래픽 표출 모니터는 워크스테이션 본체와 연결되어 있으며, 적어도 20종류의 그래픽 창을 가지고 있는데, 모두 다른 기상 정보를 나타내 준다. 예보자들은 이러한 시스템을 사용하여 다음과 같은 자료를 통합한다.

- 수치예보 자료
- 도플러 레이더 자료(WSR-88D) 및 이중 편파 레이더 자료
- GOES 자료
- ASOS(Automated Surface Observing System, 자동기상관측시스템)
- NHC와 SPC의 예보 가이던스 자료
- 인근 지역에서 띄운 라디오존데의 기상 관측 자료
- 지상 및 상층 일기도

지역 기상예보센터에는 보통 다수의 AWIPS를 운영하고 있다. 예보자들이 더 많은 자료를 활용할 수 있도록, 현재 제2세대인 AWIPS II를 준비 중에 있다.

AWIPS를 사용하기 위해서는 IFPS(Interactive Preparation System)라고 불리는 대화식 준비시스템과 그래픽예보편집기(Graphical Forecast Editor, GFE)를 통하여 다양한 관측 자료와 수치예보 자료를 불러들이고 있다. 그런 다음, IFPS와 GFE의 도구와 기능을 사용하여, 예보자들

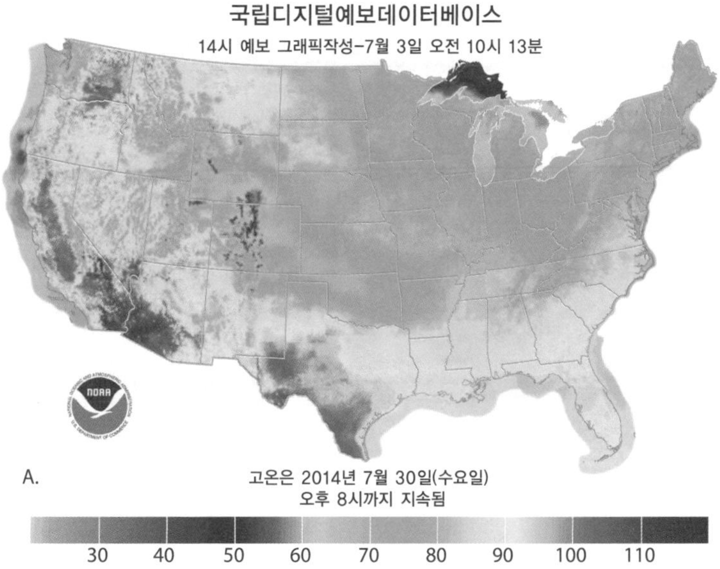

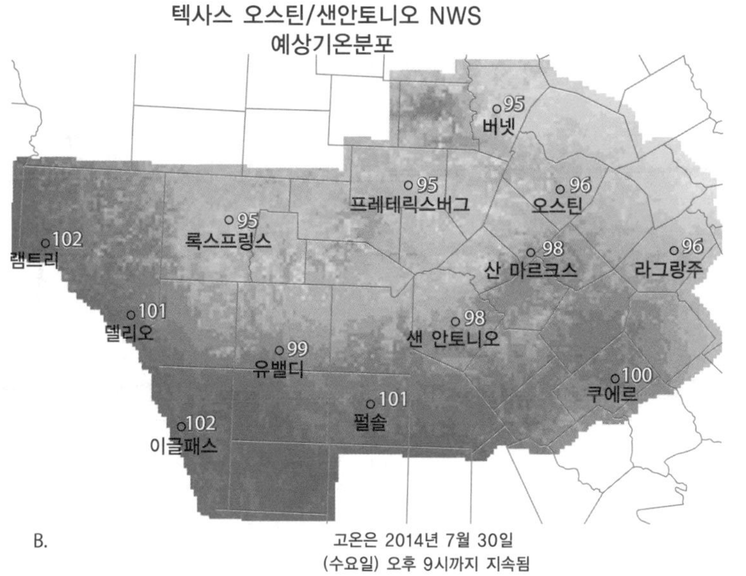

▲ **그림 12.26 일 최고기온의 예측을 나타내는 그래픽예보** A. 2014년 7월 30일의 미국 전역에 대한 예보. B. 같은 날의 텍사스 오스틴/샌안토니오 지역에 대한 예보.

글상자 12.1 열역학선도

예보자들은 라디오존데로 관측한 상층의 자료를 열역학선도로 나타내고 분석한다. 열역학선도는 관측 지점에 대한 기온과 이슬점온도의 연직 구조를 나타낸다. 그림 12.A는 NWS에서 사용되는 것과 유사한 열역학선도 – **스큐-T/로그 P** 다이어그램(간단히, 스큐-T) – 를 보여 주고 있다. 그림에서 파란 선은 **기압**(왼쪽 종축에 표시)을 나타낸다. 경사진 파란 실선은 **온도**를 의미하는데, 10°C 간격으로 나타나 있다(이 때문에 **스큐-T**라고 함). 약간 굽어진 형태의 빨간색의 가는 파선은 **건조단열선**인데 기온선과 거의 직각으로 되어 있다. 4장에서 배운 바와 같이 건조단열감율은 불포화 공기가 상승할 때 기온의 하강비율로서 1km마다 10°C가 하강한다. 푸른색의 가는 파선은 **습윤단열감율**을 나타내는데, 포화된 공기가 상승할 때의 기온 하강비율이다. 포화 혼합비(주어진 기온에서 포화에 필요한 수증기량)는 파란색의 가는 파선으로 표시된다. 풍속과 풍향은 단열선도의 오른쪽에 나타난다. 바람날개에서 긴 선은 10노트(약 5m/s)를 삼각형은 50노트(약 25m/s)를 의미한다, 그림에서 보면 풍속은 고도에 따라 증가함을 알 수 있다.

Video
뇌우의 예보
http://goo.gl/T26p2r

그림 12.A의 자료는 2012년 4월 30일 위스콘신 오슈코시에서 관측한 것이다. 스큐-T 다이어그램에 표시된 두 가지 기상요소는 상층에서 관측한 기온(빨간색 실선)과 이슬점온도(푸른색 실선)이다. 이 단열선도로부터 지상부터 고도 100hPa까지의 대기의 구조를 알 수 있다. 이슬점온도선과 기온선은 약 700hPa부터 500hPa 고도까지는 거의 일치하는 것에 주목하기 바란다. 두 선이 겹친다는 것은 공기 중의 수증기가 포화/응결되어 구름이 형성된다는 것을 의미한다.

따라서 이 단열선도로부터 오슈코시의 상층 700hPa과 440hPa 사이에는 구름이 끼어 있다는 것을 짐작할 수 있다.

스큐-T 다이어그램은 매우 복잡하게 보이고 사용하는 데는 어느 정도 연습이 필요하지만, 깊은 대류로 발달할 수 있는 잠재적 대기의 불안정성(높이 솟는 적란운과 악기상의 유발 요인)을 평가하는 데 특히 유용하다. 즉, 높이 솟은 적란운과 악기상으로 발달할 수 있는 조건을 판단하는 데 유리하다. **깊은** 대류는 지상으로부터 대류권 상층까지 미치는 대류(주로 상승기류를 의미하나 하강기류도 중요함)를 뜻한다. 그림 12.B는 스큐-T 다이어그램인데, 가상적인 이슬점온도와 기온의 관측치가 표기되어 있다. 이 자료를 사용하면, 상승하는 공기의 기온이 주변보다 높은지를 판단함으로써, 관측 지점의 대기의 안정

▼ 그림 12.A 열역학 다이어그램

예보자들은 라디오존데로 관측한 상층의 측심 자료를 스큐-T/로그 P(간단히 스큐-T)라고 불리는 열역학 다이어그램에 표출하고 분석한다. 스큐-T는 특정 지역의 특정 시각에 대한 대기의 기온과 이슬점온도의 연직 분포를 제공한다.

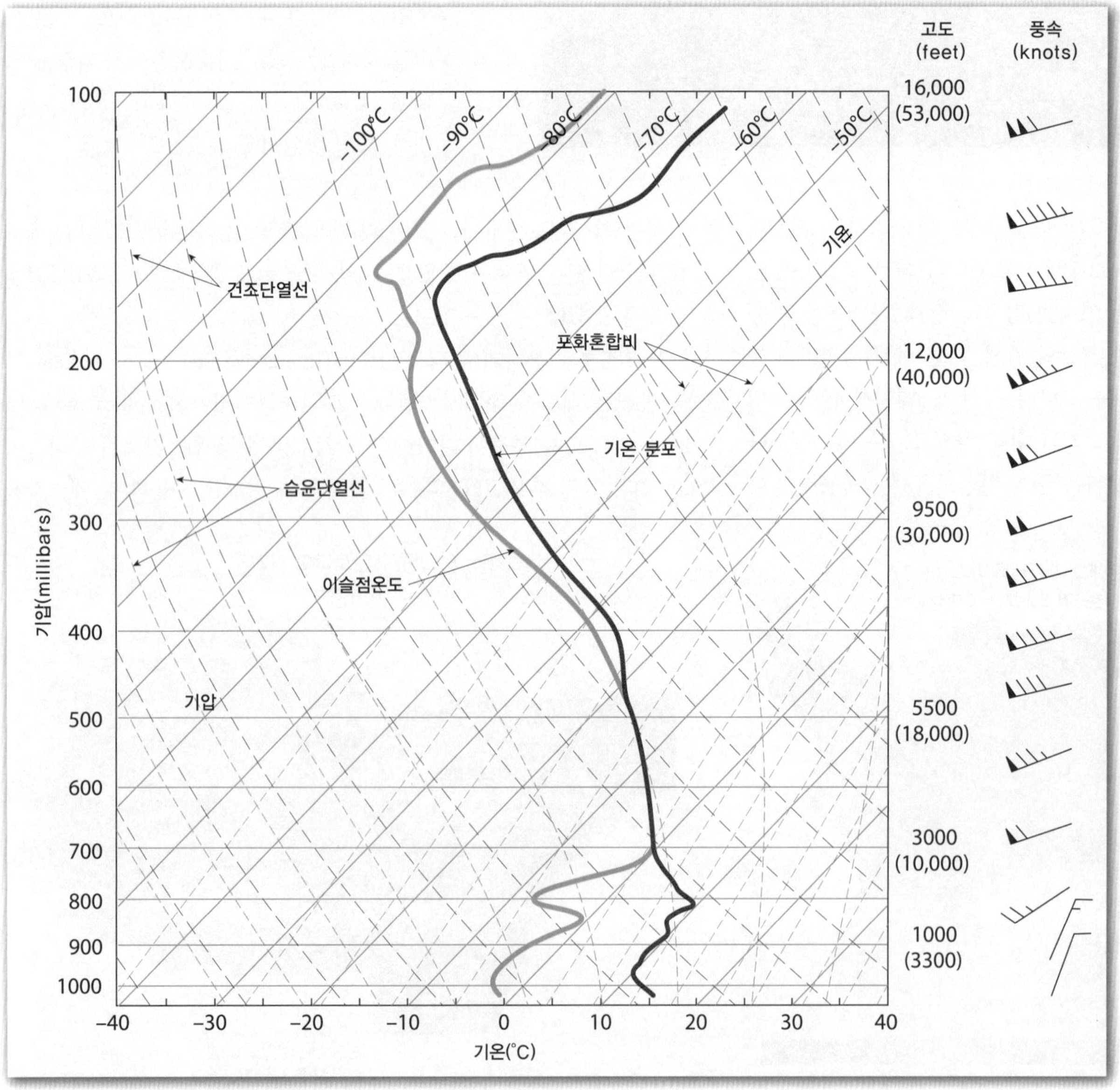

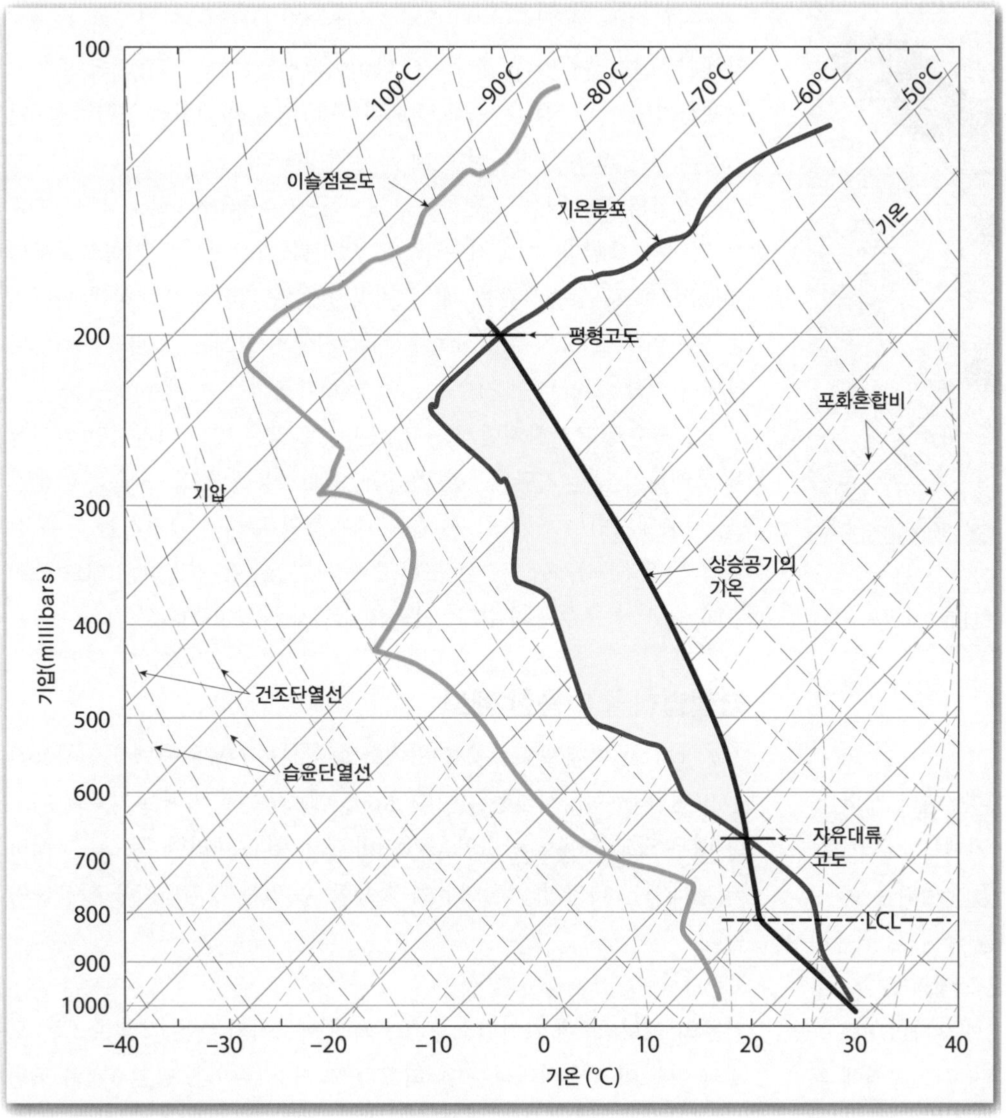

◀ **그림 12.B 스큐-T 다이어그램의 활용**

스큐-T는 깊은 대류(높이 솟은 구름과 익기상)를 유발할 수 있는 대기의 잠재적인 불안정성을 판단하는 데 유용하다. 깊은 대류는 지상에서부터 대류권 상층까지 대류가 발달함을 의미한다.

종종 깊은 대류는 평형고도 위까지 뻗치기도 한다.

그림 12.B로부터 이 지점에서는 깊은 대류가 발달할 수 있는 가능성이 있음을 알 수 있다. 만일 이 공기가 산을 넘는 과정이나 또는 전선면에서 강제적으로 상승하는 과정에서 강한 뇌우를 발생시킬 수 있다. 이 것은 일기예보에서 대단히 중요한 요소이다.

질문

1. 2012년 4월 30일 위스콘신 오슈코시에서 형성된 구름은 대체적으로 어느 정도의 고도에 존재하는가? 고도로부터 어떤 종류의 구름인지 알 수 있는가?
2. 그림 12.A에서 기온은 성층권 하부를 제외하고 일반적으로 고도에 따라 감소한다. 여기서 대류권계면이 어느 고도인지를 판단하시오.
3. 그림 12.B에서 자유대류가 발생하는 고도는 어디에서 어디까지인가? 두께를 미터로 나타내시오.
5. 그림 12.B에 나타난 불안정의 종류는?

도(불안정성)를 평가할 수 있다. 지상에서 상승하는 공기의 기온이 30°C라고 하고, 온난전선 또는 한랭전선에 의하여 상승하게 된다고 가정하자. 상승하는 공기의 기온을 나타내는 보라색 선은 지상에서 출발하여 상층으로 연결되어 있는데, 빨간 파선과 평행하다. 평행한 이유는 상승하는 공기가 포화되지 않아서 건조단열감률에 의해 감소하기 때문이다.

800hPa 고도 아래에서 보라색 선은 상승응결고도－상승하는 공기가 포화되어 구름이 형성되는 고도(LCL)－를 나타내는 선과 교차된다. LCL 위에서의 보라색 선은 푸른색의 파선(포화된 공기의 낮은 습윤감률)과 나란하다. 약 650hPa 고도에서 보라색 선은 관측된 기온 선(붉은 색)과 교차된다. 따라서 650hPa 고도에서 상승기류는 주변의 공기보다 따뜻하고(가벼움), 자체의 부력에 의해 더욱 상승한다. 이 고도를 **자유대류고도**(level of free convection, LFC)라고 한다. 불안정과 자유대류의 영역은 상승하는 공기의 온도가 주변의 온도와 같아지는 약 200hPa 고도까지 존재한다. 이 고도에서는 공기의 부력이 더 이상 존재하지 않는데, **평형고도**(EL)라고 불리며 뇌우가 발달할 수 있는 한계고도에 해당한다. 그러나

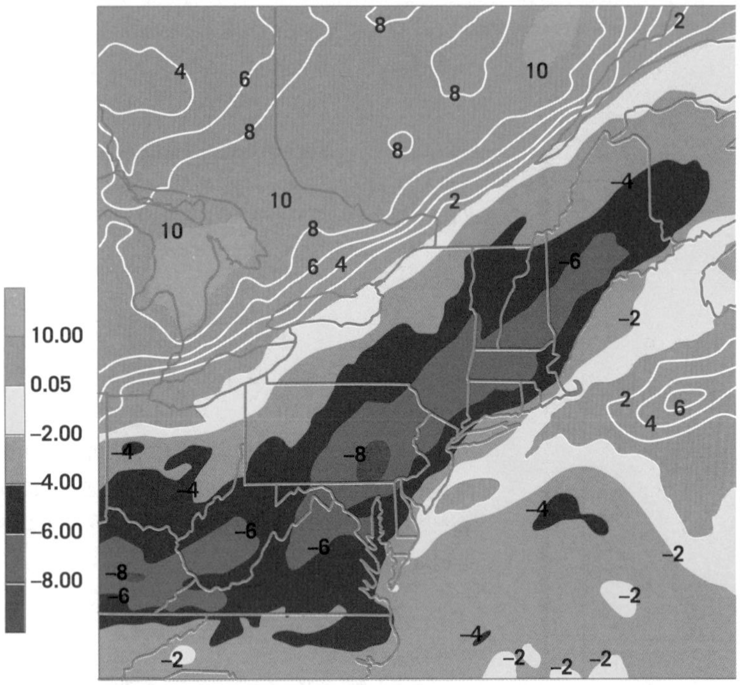

▲ 그림 12.27 상승지수
상승지수는 지상의 공기가 500hPa 고도로 상승되었다고 가정하고, 주변의 공기의 온도와 비교하여 산출한 수치이다. 상승지수가 낮을수록 해당 지점의 대기는 더 불안정함을 의미한다. 상승지수가 −4보다 작거나 같을 경우(붉은색의 명암으로 표시)에는 악성뇌우가 발달할 가능성이 큰 것을 의미한다. 반면에 10보다 큰 경우는 매우 안정함을 의미한다.

은 각 일기 요소마다 모델 가이던스를 다루고 조작한다. 여러 개의 기상 요소가 하나의 예보 자료를 구성하게 되는데, 여기에는 최고기온, 최저기온, 강수 확률과 강수량, 구름량, 풍속과 풍향 등이 있다.

예보자가 일단 원래의 가이던스를 적절하게 수정을 끝내면, 컴퓨터 시스템은 IFPS와 GFE 소프트웨어를 사용하여 생산된 그래픽 표출로부터 자동적으로 모든 예보 자료를 생산한다. 문자로 예보를 나타내는 동시에, 예보 그래픽 세트는 모두 인터넷으로 전송된다. 미국 전역에 대한 그래픽 예보뿐만 아니라 다양한 기상 요소에 대한 예보는 'NWS의 그래픽 예보'를 검색하면 볼 수 있게 된다. 그림 12.26은 2014년 7월 30일에 생산된 전형적인 예보 그래픽을 나타내는데, 미국 전역의 일 최고기온 예상치를 또 다른 하나는 텍사스 오스틴/샌안토니오 지역의 일 최고기온 예상치를 보여 준다.

이러한 그래픽 표출은 자동적으로 문자로 전환되어, 웹에 올려지고, 즉시 컴퓨터 음성으로 변환되어 기상 방송을 통하여 방송된다. 이 과정에서는 효율성 — 예보가 생산되고 주의보 또는 경보가 발령될 때까지의 시간 — 이 매우 중요하다. 이 점에 있어서, AWIPS는 아주 큰 도움을 주고 있다.

잠재적 대기 안정도의 평가 앞에서 기술한 관측 자료와 더불어, 예보자는 라디오존데를 통하여 수집된 상층 자료를 표출하는 도표를 활용한다. 이러한 그래프, 즉 **열역학 다이어그램**(thermodynamic diagram)은 어떤 지역의 특정 시각에 대한 기온과 이슬점온도의 연직 구조를 제공한다. 이중에서도, **스큐-T/로그 P 다이어그램**(Skew-T/Log P diagram)(**스큐-T**)이라 불리는 가장 많이 쓰이는 열역학선도가 글상자 12.1에 자세히 소개되어 있다. 스큐-T 다이어그램은 매우 복잡하게 보이고 사용하기에 어느 정도 연습이 필요하지만, 잠재적 대기의 불안정성-악기상의 유발 요인을 평가하는 데 특히 유용하다.

불안정의 잠재성을 표현하는 데는 **상승지수**(lifted index)와 K-지수 두 가지가 쓰인다. 상승지수는 공기덩이를 가상적으로 지상으로부터 500hPa고도로 상승시켰을 때, 주변의 공기와 기온을 비교하여 얻어지는 숫자이다. 상승지수가 작을수록 그 지역의 공기는 더 불안정함을 나타낸다(그림 12.27). 이 지수는 악기상을 예측하는 데 매우 유용하다.

상승지수와 유사하지만, K-지수는 주로 많은 비를 내리지만 악기상을 초래하지 않는 기단뇌우를 예측하는 데 사용된다. K-지수는 기온감률, 하층대기의 수증기 함량, 습한 대기층의 두께에 근거하여 뇌우 잠재성을 측정한다. K-지수는 또한 홍수의 가능성을 결정하는 데도 쓰이는데, 지수가 클수록 홍수의 가능성이 큰 것을 의미한다.

경험법칙을 이용한 예보

예보자의 첫 번째 목표는 MOS 예보법(이것은 NWS 예보자가 사용하는 방법임)을 향상시키는 것이다. MOS 예보법은 수치예보 자료에 기초한 매우 정교한 예보 방법임을 상기하기 바란다. 이러한 목표를 달성하기 위해서는 다양한 기상현상에 활용할 수 있는 경험법칙을 활용해야 한다.

기온의 예보 모델 가이던스를 이용하여 예보하기 쉬운 기상 요소는 오후와 이른 아침에 나타나는 일 최고 및 최저 기온이다. 만일 3개의 모델이 내일의 최고기온을 각각 21°C, 22°C, 23°C로 예보했다면, 22°C로 예보를 내리는 것이 안전할 것이다. 그러나 경우에 따라서 모델은 기온을 과다 또는 과소 모의할 수가 있다. 기온을 예보할 때 예보자가 고려하는 요소는 다음과 같다.

- **구름의 양**(extent of cloud cover) 야간의 구름은 지구의 장파를 흡수하여 대기 밖으로 복사한다. 이런 경우 그날의 최저기온은 저녁에 구름이 없는 날보다 더 높게 나타난다. 낮 시간의 구름은 지면 가열을 감소시키고 일 최고기온은 낮게 나타난다. 맑은 날에는 반대로 지표로 들어오는 태양복사가 많아지고, 일 최고기온은 올라간다. 위성사진은 기온의 변화에 미치는 구름의 효과를 파악하는 데 유용하다.
- **이류**(advection) 지상일기도를 보면 바람이 어느 방향에서 불어오

는지를 알 수 있다. 풍상측에 차고 건조한 공기가 있으면 보통 때보다는 야간의 기온이 낮은데, 이는 한랭이류와 야간 복사냉각의 효과가 있기 때문이다. 반대로 습하고 온난한 공기의 이류는 야간의 기온을 높이는 효과가 있다. 상층대기의 이류는 상층일기도를 보면 알수 있는데, 지상과 유사한 효과를 나타낸다.

- **적설**(snow cover) 눈은 장파를 효율적으로 복사하기 때문에, 지면에 쌓인 눈은 특히 공기가 맑고 건조할 때, 야간의 기온을 크게 떨어뜨린다.
- **전선의 통과**(passing front) 한랭 또는 온난전선의 통과는 일 최고 및 최저 기온의 크기와 발생 시간에 큰 영향을 미친다. 일기도를 주의 깊게 분석하면 전선이 어떻게 또 언제 통과할지를 파악하는 데 도움이 된다. 추운 날 오후 늦게 도착하는 온난전선은 일 최고 기온이 보통 때보다 훨씬 늦게(자정 바로 전에) 나타나게 한다. 이와는 대조적으로, 아침에 통과하기 시작하는 한랭전선은 일 최고 기온이 자정이 지난 다음에 나타나도록 한다(한랭전선이 다 통과하기 전에).

강수의 예보 기온과는 달리 강수는 예측하기가 매우 어렵다. 강수를 예보할 때 예보자가 고려하는 요소는 다음과 같다.

Video
강수의 예보
http://goo.gl/DZxFLZ

- **낮은 PoP와 QPF** 예보 지역에 구름이 끼어 있으면, 예보자는 강수 확률을 낮게 예보한다. 강수확률(PoP)이 30% 미만일 때는 비가 올 가능성은 낮다. 마찬가지로, QPF(정량적 강수예보)가 1/4인치(약 6.4mm)보다 작을 경우에는 예보 지역에 내리는 강수량은 최소이다. 안정된 대기 조건에서 PoP와 QPF가 낮으면, 비가 거의 내리지 않는다고 보면 된다. 그러나 만일 단열선도의 분석에서 대기가 불안정하게 나타나면(글상자 12.1 참조), 한때 또는 산발적으로 뇌우가 있을 가능성이 크다.
- **강수의 시기**(timing precipitation) 한랭전선과 관계된 강수는 전선이 통과할 때 내리고, 온난전선과 관계된 강수는 전선의 통과 전에 내린다. 기상 레이더는 전선이나 뇌우 선이 예보 지역으로 이동해 오는 속도를 측정하는 데 매우 유용하기 때문에, 강수가 언제 시작되고 끝날지를 예측하는 데 유용하다. 여름철의 단발성(단일 회만 발생) 뇌우는 태양복사가 가장 강한 오후에 내릴 가능성이 많다. 산풍과 해풍도 오후의 기온이 가장 높은 시간에 발생하는데, 이는 산악지형과 해안지역의 강수가 발생하는 시간에도 영향을 미치게 된다.
- **강수량**(precipitation quantity) 전선의 이동이 늦거나 정체될 때, 또는 일기 패턴이 느리게 변하는 경우(태풍과 같이)에는 강수의 양도 늘어나게 된다. 전선강우는 태양복사로 인한 대기의 불안정성이 증가하는 늦은 오후나 저녁에 강하다. 이슬점온도는 전선에 의하여 강제 상승하는 공기 중의 수증기가 응결할 것인가를 알려주는 중요한 지표가 된다. 즉, 매우 습한 공기가 상승하게 되면, 높이 솟은 적란운을 형성하고 폭우성 강수를 유발한다.

이러한 3개의 경험법칙 이외에도, 기온(3.4절)과 안정도(4.8절)에 대한 일변화의 분석은 예보의 정확도를 높여 줄 수 있는 또 다른 요소이다.

✓ 개념 체크 12.8

❶ 예보에 있어서 예보자의 역할에 대하여 기술하시오.

❷ AWIPS에 대하여 설명하고, 이것이 지역 기상예보센터의 예보자들에게 어떻게 유용하게 쓰이는지를 기술하시오.

❸ 상승지수가 유용하게 사용되는 예보는 어떤 기상현상인가?

❹ 구름의 양이 많은 경우, 일 최고기온과 최저기온의 예보에 어떻게 영향을 미치는가?

12.9 예보의 정확도

정확한 예보의 비율이 높다고 해서 반드시 예보의 스킬이 좋은 것은 아니라는 것을 설명한다.

예보스킬이라는 개념은 예보의 적중률을 측정하는 데 쓰인다. 기후적 예보와 같은 표준(비교의 기준이 되는) 예보 방법에 비하여 적중률이 높으면 **예보스킬**(forecast skill)은 개선되었다고 말한다. 기후적 예보의 예를 들면, 7월 28일의 기후 평균치를 바탕으로 2014년 7월 28일의 일리노이 피오리아의 최고기온은 29.5°C라고 예보하는 것이다(실제로는, 그 지역에서 그날 관측 기온은 24.5°C로 기록되었다). 완벽한 예보에 대해서 예보스킬은 1.0의 값을 갖는다.

예보스킬을 측정할 때, 적중된 예보의 퍼센트만이 중요한 요소는 아니다. 예를 들어, 로스엔젤레스의 강수는 매우 적어서 측기로 관측할 수 있는 정도의 양의 비가 내리는 일수는 고작 11일이다. 이것은 365일

당신의 예보는?

악기상의 예보

아담 J. 클라크(Adam J. Clark), 오클라호마대학/NOAA/국가폭풍센터 공동 연구소의 연구원

여러분들이 재미있는 TV프로그램을 시청하고 있을 때, 갑자기 방송이 중단되고 토네이도나 뇌우와 같은 악기상에 대한 경보가 나온다면, 이러한 정보는 어디서 오는 것일까? 오클라호마의 노르만에 있는 SPC(NWS 산하 연구소)가 미국 전역을 대상으로 악기상의 8일 예보를 제공한다. SPC는 뇌우와 토네이도의 경보 발령은 물론 이들의 발생 가능성에 대한 예보의 임무를 띠고 있다. SPC는 장기예보에 대해서는 수치예보 모델의 결과에 크게 의존하지만, 단기예보에 대해서는 현재의 기상 관측 자료 분석에 더욱 중점을 두고 있다. 사실, 아직까지도 수동적인 과정을 통하여 일기 분석을 하는 과정이 예보에 매우 중요하게 쓰이는데, 그 이유는 예보자들이 현재의 기상 상태를 파악하는 데 편리할 뿐만 아니라 컴퓨터를 통한 자동 분석이 완벽하지 않기 때문이다.

관측 및 폭풍 규모 대기 요란의 모델링

슈퍼컴퓨팅 기술의 진보는 과학의 다양한 분야에 혁신적 변화를 가져다 주었다. 여러분들은 이들이 악기상의 모델링과 예측에 어떻게 사용되는지 궁금할 것이다.

SPC의 예보자들에게 혁신적인 새로운 도구로 등장한 것이 폭풍 규모의 기상현상 모델링인데, 이는 악기상을 예측하기 위하여 북아메리카의 미국 전역에 대하여 조밀한 격자의 모델을 사용한다. 폭풍 규모 모델이라 하더라도 폭풍의 발생 시기와 위치를 항상 정확히 예측하는 것은 아니지만, 폭풍의 종류(예 : 다중세포 클러스터, 슈퍼셀, 스콜라인)를 예측하는 데는 꽤 정확도가 높다. 폭풍의 유형은 매우 중요한데, 유형에 따라 기상재해의 유형이 달라지기 때문이다. 예를 들면, 회전하는 슈퍼셀은 토네이도나 우박을 유발하기 쉽고, 대부분의 악성 돌풍은 스콜라인으로부터 발생한다. 과거에 예보자들은 대규모 대기요란을 다루는 수치 모델의 정보로부터 폭풍의 종류를 예측해야만 했다. 이것은 매우 어려운 일이다. 왜냐하면 대규모 대기 흐름의 조건이 같다 하더라도, 다양한 형태의 폭풍이 발생할 수 있기 때문이다. 현재의 폭풍 모델은 예보자들에게 보다 명확한 단서를 제공하며, 폭풍 규모 요란의 앙상블 예보(초기치를 다르게 하여 여러 번 모델의 계산을 수행함)를 통하여 예보의 불확실성도 제공하고 있다.

예보의 생산

2014년 5월 11일, 관측 및 모델 예보를 통하여, 악기상을 유발하는 요소들이 대평원을 지나오며 전선 경계면을 따라서 폭풍을 발생시킨다는 것을 알게 되었다.

이제, 여러분이 SPC의 예보자라고 생각하고 다음의 물음에 답해 보자.

질문

1. 오후 2시의 지상일기도(그림 12.C)를 보고 전선 경계면이 어디 있는지 찾아 보시오.(**힌트** : 그림 12.7을 다시 살펴보고, 바람, 기온, 이슬점온도가 급격하게 변하는 곳)
2. 오후 2~7시의 예보를 위하여 초기 조건을 다르게 하여 모델 계산을 여러 번 수행한 결과, 공통적으로 회전하는 슈퍼셀이 발생한다는 예측이 나왔다(그림 12.D). 이 예보의 불확실성은 높은가 낮은가? 여러분이 그림 12.C에서 찾아낸 전선 경계면을 중심으로 볼 때 회전하는 폭풍이 있는 장소는?
3. 만일 여러분이 SPC의 예보자라면 어떤 유형의 악기상을 예상하는가(예 : 강풍, 우박, 그리고/또는 토네이도?
4. SPC 폭풍 기록 자료를 이용하여 이 날 무엇이 발생하였는지를 밝히시오(www.spc.noaa.gov/exper/archive/events). 여러분이 예측한 것과 일치하는가?

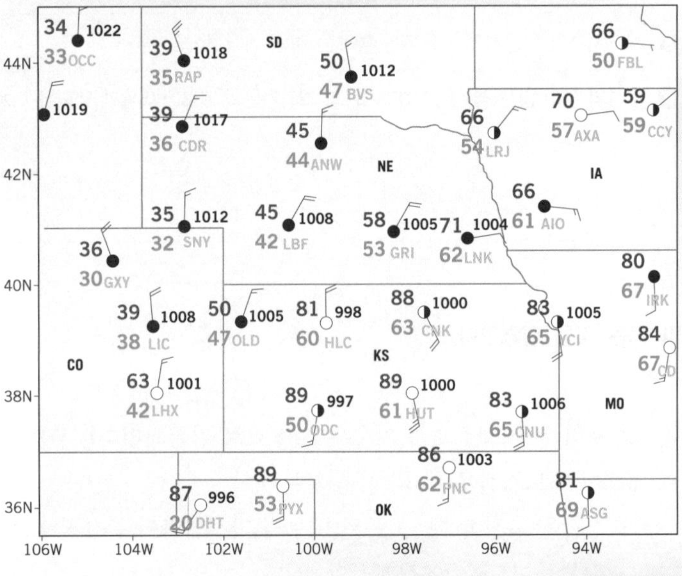

▲ 그림 12.C 미국 중서부 2014년 5월 11일 오후 2시의 지상 관측 자료

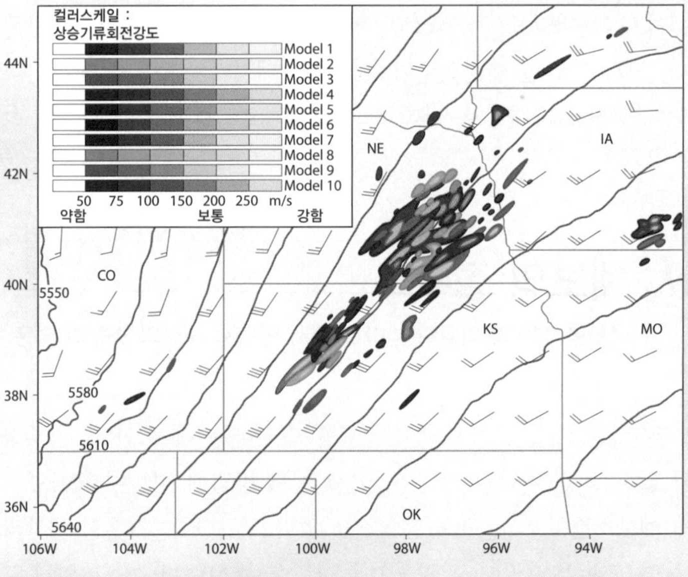

▲ 그림 12.D 2014년 5월 11일 오후 2시부터 7시까지의 폭풍의 회전 운동의 최대치를 나타내는 그림으로서, 동시에 10개의 폭풍규모의 모델로 예측한 결과임 각각의 모델 결과는 서로 다른 색으로 표시함.

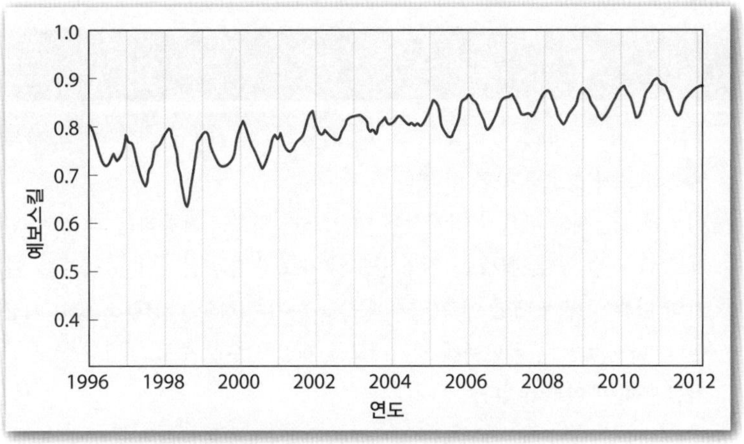

▲ 그림 12.28 예보스킬의 향상
상층의 흐름에 대한 5일 예보의 정확도는 상당히 크게 향상되어 왔다. 도표에서 값이 1에 가까울수록 정확도가 높음을 나타낸다. 여름철보다는 겨울철에 예보의 정확도가 높은 것을 알 수 있다.

의 겨우 3%에 해당한다. 이 사실을 염두에 두고, 로스엔젤레스에는 매일 비가 오지 않는다고 예보하면, 적중률은 97%가 되는 셈이다! 비록 정확도는 높은 편이지만, 이 숫자는 예보스킬을 의미하지는 않는다. 예보스킬이 있다고 하는 예보를 하려면, 기후적 예보보다는 더 적중률이 높아야 한다. 로스엔젤레스의 예를 들면, 비가 온다는 예보를 하고 이것이 적어도 며칠 정도는 적중해야만 예보스킬이 있다는 것이다.

일기예보 중에서 백분율의 확률로 표현되는 것은 강수예보뿐이다. 유사한 조건에서 비가 얼마나 자주 내렸는가에 대한 통계적 자료를 조사하는 것이 필요하다. 강수 발생에 관한 예보가 80% 적중했다 하더라도, 강수량, 발생 시간, 강수 지속 시간에 대한 예보의 정확도는 대개 이보다는 낮다—특히, 수치예보를 적용하기 곤란한 여름철 기단뇌우와 관련된 강수가 있을 때 더 그렇다. 즉, 예보에서 비가 50mm라고 하더라도, 비가 부슬부슬 오는 곳도 있는 반면 아주 조금 떨어진 인근 지역에서는 100mm 정도 내리는 경우가 있다. 반면에 겨울철의 강수, 특히 강설량은 훨씬 높은 정확도로 예측할 수 있다. 왜냐하면, 겨울철의 강수는 전선과 중위도 사이클론과 연관되어 비가 내리는 경우가 많은데 대체로 서서히 내리기 시작하기 때문이다. 더욱이 최고 및 최저 기온, 바람, 기압 분포에 대한 예보는 강수보다 훨씬 더 정확하다.

NWS의 예보스킬은 얼마나 높을까? 대체로 초단기예보(0~12시간)에 대해서는, 특히 뇌우, 우박, 호우와 같은 악기상을 예보함에 있어서 매우 높은 수치를 보여 준다.

평균적으로 볼 때, 현재의 5일 예보는 과거 20년 전의 2일 예보 정도의 적중률을 갖는다고 할 수 있다. 그림 12.28을 보면 과거 수년 동안 상층의 흐름에 대한 5일 예보가 현격하게 증가했음을 알 수 있다. 그래프에서 값이 1에 가까운 것은 높은 스킬을 나타낸다. 그림 12.28은 또한 예보스킬의 변동도 크다는 것을 보여 준다. 여름에 비해 그 값은 겨울에 크다는 것도 나타내고 있다.

중기예보(3~7일)도 과거 수십년 동안 괄목할 만큼 향상되었다. 그러나 7일 이상의 예보는 기후 자료를 바탕으로 비교해 보면 그저 약간 향상되었을 뿐이다. NWS는 2000년이 되어서야 중기예보를 5일에서 7일로 연장하였다.

현재의 일기예보의 한계를 설명해 줄 수 있는 몇 가지 요인을 들 수 있다. 앞에서도 언급했듯이, 지구의 전역을 조밀하게 관측하기 어렵기도 하고, 관측 자료에는 불가피하게 오차가 들어가 있다. 즉, 지구의 해양과 육지의 거대한 영역을 충분히 모니터하지 못할 뿐만 아니라, 중층과 상층의 자료는 특히 얻기 힘들기 때문이다. 더욱이, 지구대기와 같은 카오스적인 변동을 보이는 자연에 물리적 법칙을 적용하는 것이 용이하지 않을 뿐만 아니라, 현재의 수치 모델은 방대한 숫자의 대기의 변수를 모두 정확하게 다룰 수 없기 때문이다.

요약하면, 단기 및 중기 예보의 정확도는, 특히 중위도 사이클론의 발달과 이동에 대해서, 과거 수십 년 동안 지속적으로 증가해 왔다. 기술적 진보, 향상된 컴퓨터 모델, 대기의 운동에 대한 이해도의 증가 등이 이러한 예보의 발달에 기여했다고 볼 수 있다. 그러나 7일이상의 예보에 관한 정확도는 아직도 낮은 편이다.

✓ 개념 체크 12.9

❶ 예보스킬은 무엇을 의미하는가? 예보 적중률이 높다고 해서 반드시 예보의 스킬이 좋은 것은 아니다. 그 예를 하나 들어보시오.

❷ 백분율 확률예보가 적용되는 기상 요소는?

❸ 현재의 예보 기술로는 아직도 7일 이상의 예보 적중률이 낮은데, 그 이유 두 가지를 들어 보시오.

12 요약

12.1 기상산업 : 간략한 개관

▶ 일기예보를 생산하는 주요 과정을 나열하고 각각에 대하여 기술한다.

주요 용어 NWS(National Weather Service), 일기예보, NCEP(National Centers for Environmental Prediction), CMC(Canadian Meteorological Centre), 일기예보국, 기상학자, 기후학자

- 미국의 국가 기관 중 기상 관련 자료를 수집하고 배포하는 책임을 맡고 있는 곳은 NWS이다. NWS에서 제공되는 가장 중요한 서비스는 재해기상의 예측과 조기 경보라고 할 수 있다.
- 미국에서 날씨의 예측과 악기상에 대한 조기 경보를 제공하는 과정은 3단계로 나눌 수 있다. 첫째로, 전구 규모의 자료 수집과 분석이다. 둘째는, 대기의 미래 상태에 대한 예측(일기예보)을 하기 위하여 다양한 기술이 사용된다. 마지막으로, 국민에게 일기예보를 제공하는데, 주로 개인 기상 사업자를 통하여 이루어진다.

12.2 기상 자료의 수집

▶ 기상 자료를 수집하는 데 사용되는 다양한 관측 기기를 기술한다.

주요 용어 WMO(World Meteorological Organization), ASOS(Automated Surface Observing System), 라디오존데, 대기 사운딩, 레윈존데, 윈드 프로파일러, 도플러 레이더

- WMO는 전구의 기상 자료의 수집, 표출, 배포하는 역할을 한다.
- ASOS는 기온, 이슬점, 풍속 및 풍향, 시정, 구름량 등을 측정하기 위한 자동지상관측시스템이다. ASOS는 또한 강수량을 측정하는 데도 사용된다.
- 대형 풍선에 의해 높이 띄워지는 레윈존데는 기온, 습도, 기압을 측정하는 센서를 가지고 있다. 상층일기도를 작성하는 데 사용되는 상층 자료의 대부분은 이러한 관측 장비로부터 얻어진다.

12.3 일기도 : 대기 상태의 예측

▶ 상층의 특정 흐름의 패턴과 관련된 지상의 일기 상태를 해석한다.

주요 용어 날씨 분석, 종관일기도, 현재의 지상 분석, 관측소 모델, 등풍속선, 제트 스트리크, 동서 패턴, 남북 패턴

- 기상 분석(현재 대기 상태의 분석)은 수천만 개에 달하는 관측 자료의 수집, 편집, 전송하는 과정을 포함한다.
- 전통적인 일기도는 종관일기도라고 불린다. 왜냐하면 어떤 시각의 기상 상태를 나타내기 때문이다. 일기도는 기온, 습도, 해면기압, 풍향 및 풍속에 관한 정보를 제공하는데, 기상 분석가는 일기도로부터 한눈에 대기의 상태를 파악할 수 있다.
- 기상학자들은 지상의 사이클론과 상층 편서풍의 일일 및 계절 변동이 강한 상관 관계를 가지고 있음을 잘 알고 있다. 상층일기도는 하루에 두 번 생산되는데, 예보자들에게 각 대류권의 대기 상태에 대한 정보를 제공한다. 이런 자료를 이용하여, 일 최고기온의 예측, 강수 가능 지역의 탐색, 뇌우가 악기상으로 발달하는지를 판단할 수 있다.

Q. 다음의 일기도는 850hPa 고도의 0°C 등치선을 보여 준다. 일기도에서 온난이류와 한랭이류가 일어나고 있는 곳을 찾아 화살표로 표시하시오. 이들의 크기를 화살표의 길이로 적절히 나타내시오.

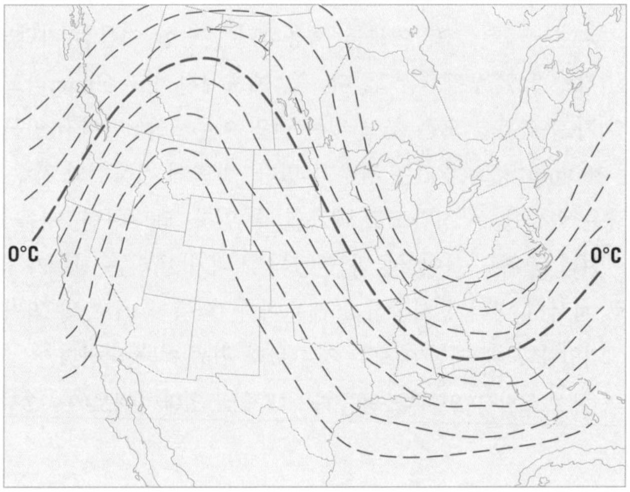

12.4 현대적 일기예보

▶ 수치 일기예보의 기초를 설명한다.

주요 용어 수치 일기예보, MOS(Model Output Statistics), 예보 차트(프록스), 앙상블 예보

- 현재의 일기예보의 근간을 이루는 수치 일기예보는 대기의 상태와 변화가 수학방정식으로 표현되는 물리법칙의 지배를 받는다는 것에 근거를 두고

있다. 만일 이 방정식을 풀 수 있다면, 대기의 미래의 상태를 알 수 있다.

- 컴퓨터로 계산된 예보는 모델산출통계(MOS)라고 불리는 통계 분석을 사용하여 수정되는데, 수치예보의 과거의 적중률을 고려하여 이루어진다.
- 기상학자들은 대기의 카오스적인 특성을 감안하여 앙상블 예보 기법을 사용한다. 앙상블 예보 기법은 동일한 수치 모델에 약간씩 다른 초기치를 입력하여 다수의 예보를 산출하는 것이다.

12.5 다른 일기예보 방법

▶ 기존의 전통적인 일기예보 방법에 대하여 설명한다.

주요 용어 지속성 예보, 기후적 예보, 패턴 인식법(유추법), 경향예보, 실황예보

- 수치예보 이외에도 일기예보 방법으로는 지속성 예보, 기후적 예보, 유추법, 경향예보, 실황예보 등이 있다.
- 실황예보라고 불리는 예보법은 국지성의 매우 짧은(보통 6시간 정도) 기상현상을 예보하는 데 사용된다. 실황예보는 기상 레이더와 정지궤도 위성에 의존하는데, 이들은 호우지역과 악기상을 유발시키는 구름을 탐색하는 데 유용한 도구이다.

12.6 기상위성 : 예보의 도구

▶ 기상위성으로부터 얻어진 가시광선 영상과 적외선 영상의 장단점을 알아본다.

주요 용어 극궤도 환경탐지위성(POES), 정지궤도 환경탐지위성(GOES)

- POES와 GOES는 기상학자들로 하여금 지구의 모든 영역의 기상 상태를 모니터할 수 있도록 해 줄 뿐만 아니라, 대규모 기상 시스템의 이동을 추적할 수 있게 해 준다.
- 이들 위성은 가시 영상, 적외 영상, 수증기 영상을 제공하는데, 구름과 수증기의 분포를 연구하는 데 있어서 매우 유용하다.

12.7 예보의 종류

▶ 정량적 기상예보와 정성적 기상예보를 비교한다. 30일 예보와 90일 예보의 차이점을 알아본다.

주요 용어 정성적 예보, 정량적 예보, 정량적 강수예보(QPF), 강수 확률 예보(PoP), CPC(Climate Prediction Center), SPC(Storm Prediction Center), 주의, 경보, NHC(National Hurricane Center)

- 정성적 예보는 쉽게 측정할 수 없거나 양으로 나타낼 수 없는 날씨 요소에 대한 예보를 말하며, 정량적 예보는 측정할 수 있는 기상 자료를 다루는 예보를 말한다.
- NWS에서 제공되는 예보 중에서 유일하게 확률로 주어지는 것은 강수예보이다.
- 장기예보는 과거의 기상 현상으로부터 축적된 통계치(즉, 기후 자료)에 크게 의존한다. NWS의 예보 중에서 주간 전망, 월간 전망, 계절 전망 예보는 엄격한 의미에서 일기예보라고 볼 수 없다. 이들은 단지 어느 지역의 기온과 강수가 평균 상태에 얼마나 가까울지에 대한 자료를 제공한다.
- 주의는 위험한 기상현상이 발달할 수 있는 조건을 의미한다. 경보는 위험한 기상현상이 해당 지역에서 이미 발달하였거나, 해당 지역으로 이동해오고 있는 경우에 발령된다.

Q. 기상예보와 90일 전망의 차이점에 대하여 설명하시오.

12.8 예보자의 역할

▶ AWIPS에 대해 기술하고, 이것이 지역 예보센터의 예보자들에게 어떻게 도움을 주는지 설명한다.

주요 용어 고급 대화식 기상 처리시스템(AWIPS), 열역학 다이어그램, 스큐-T/로그 P 다이어그램

- 지역의 일기예보, 주의보, 경보 발령의 임무는 NWS와 122개의 지방 기상예보센터에 주어져 있다. 기상예보센터의 예보자의 책임은 수치예보의 자료를 지역 특성에 맞게 수정하여 예보를 생산하는 것이다.
- AWIPS는 수치예보 자료와 위성 및 레이더 자료를 포함한 각종 관측 자료를 한 곳으로 모으고, 표출하고, 통신하는 정보처리시스템이다.
- AWIPS는 스큐-T/로그 P(간단히 스큐-T)라고 불리는 열역학 다이어그램을 활용하는데, 대류권의 고도별로 기온과 이슬점이 표시되어 있다. 이러한 다이어그램은 상승지수 및 K-지수와 함께 대기의 잠재적 불안정성을 판단하는 데 유용하다.
- 예보자의 가장 큰 목표는 NWS의 예보자들에게 기초 자료로 쓰이는 MOS 예보의 정확도를 얼마나 더 향상시키는가이다. 이러한 목표를 달성하기 위한 한 가지 방법은 경험법칙을 이용하는 것이다.

Q. 밤에 끼어 있는 구름은 기온에 어떤 영향을 미치는지 각자의 경험을 바탕으로 설명하시오.

12.9 예보의 정확도

▶ 정확한 예보의 비율이 높다고 해서 반드시 예보의 스킬이 좋은 것은 아니라는 것을 설명한다.

주요 용어 예보스킬

- 지난 수십 년간 관측 시스템, 물리 과정에 대한 컴퓨터 모델, 수치 모델의 자료 동화 기법이 지속적으로 발달하여, 대규모의 대기 순환은 물론 기온, 강수, 구름량의 일변화 등의 예측 정확도도 크게 향상되어 왔다.

생각해 보기

1. 아래의 레이더 영상은 강한 중위도저기압과 연관된 강수 패턴을 보여 준다(붉은색과 노란색은 많은 양의 비를, 푸른색은 적거나 중간 정도의 양의 비를 나타냄). 경향예보라고 하는 예보 기법을 사용하고, 저기압의 강도가 앞으로 24시간 동안 그대로 유지된다고 가정하고 다음의 물음에 답하시오.
   a. 앞으로 6시간부터 12시간 사이에 한랭기단과 관련된 뇌우가 발생할 지역(주)은?
   b. 앞으로 24시간 동안 앨라배마 주의 기온은 상승할 것인가 또는 하강할 것인가? 또 그 이유는?
   c. 앞으로 24시간 동안 펜실베이니아 주의 기온은 영상이 표출된 시점에 비하여 상승할 것인가 또는 하강할 것인가? 또 그 이유는?
   d. 영상이 표출된 시점에 있어서 뉴욕과 조지아 중 권운이 덮고 있었을 가능성이 더 큰 주는?

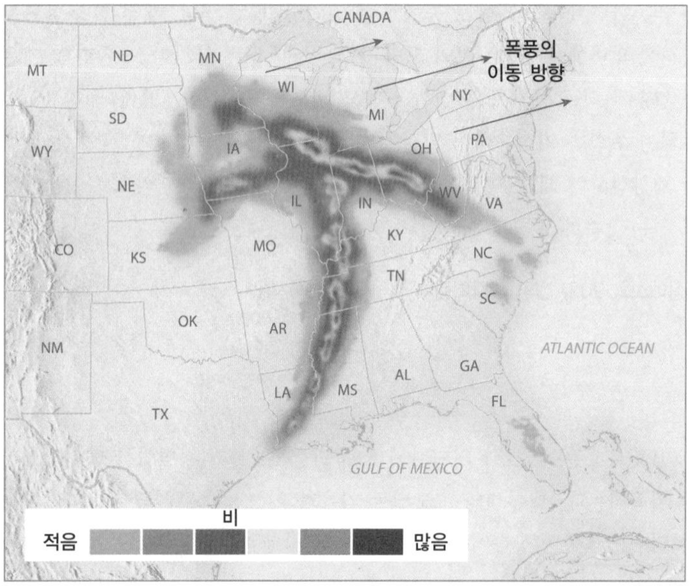

2. 다음의 일기도는 상층의 흐름과 제트기류의 위치를 보여 주는 간략화된 일기도이다. 이러한 일기도 패턴은 북아메리카에서는 흔히 볼 수 있다. 장기예보에 따르면 이 패턴이 앞으로 수일 동안 지속된다고 한다. 다음 물음에 답하시오.
   a. 미국 남동부에 대한 90일 전망을 예보한다면, 보통 때와 비교하여 더 건조할 것인가, 더 습윤할 것인가, 또는 비슷한 정도가 될 것인가? 각자가 선택한 답에 대하여 설명하시오.
   b. 미국 남서부에 대한 90일 전망은? 보통 때와 비교하여 더 건조할 것인가, 더 습윤할 것인가, 또는 비슷한 정도가 될 것인가? 각자가 선택한 답에 대하여 설명하시오.

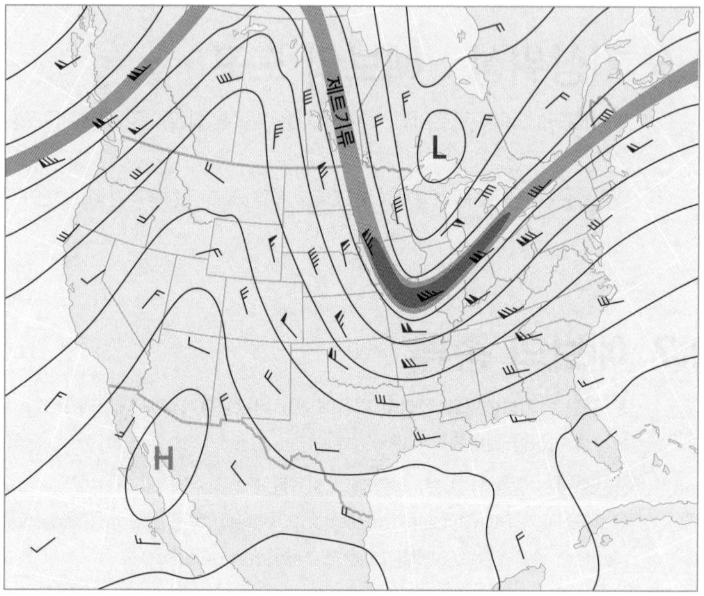

3. 일기예보 중에서 수치예보법과 패턴인식법을 비교 설명하시오.
4. 지구 모형 위에 극궤도 위성과 정지궤도 위성의 궤도를 그려 보시오(두 위성의 궤도의 높이에 주의하여 그릴 것).
   a. 극궤도 위성의 장점을 한 가지 드시오.
   b. 정지궤도 위성의 장점을 한 가지 드시오.
   c. 정지궤도 위성의 고도는 왜 36,000km가 되는지를 설명하시오.
5. 다음의 적외선 영상은 주간의 북미의 일부를 촬영한 것이다. **a**~**d**의 설명과 일치되는 번호는 각각 어느 것인가?
   a. 이 지역엔 구름이 없고 지표면의 온도가 매우 높다.
   b. 이 지역에는 운정 고도가 약 2km인 하층운(적운)이 발생하였다.
   c. 이 지역은 약 2~6km 사이에 존재하는 중층운으로 덮여 있다.
   d. 이 지역은 높이 솟은 적란운과 뇌우구름으로 덮여 있으며, 구름의 최상단은 기온이 매우 낮은 것으로 나타난다.

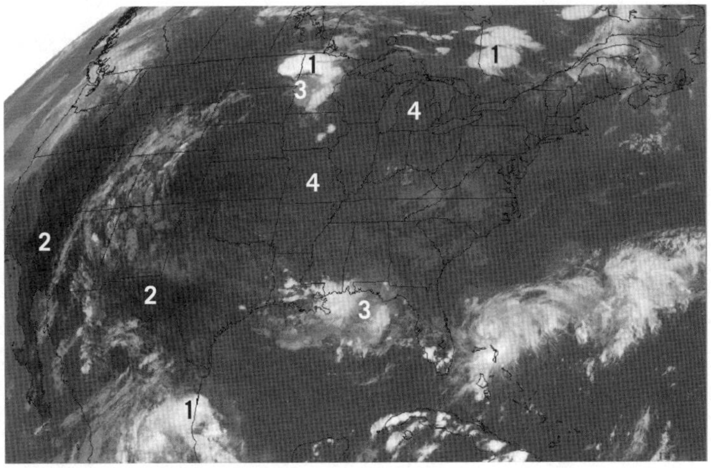

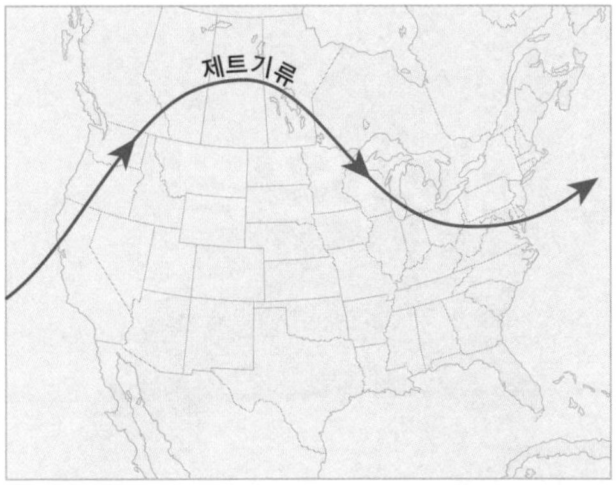

1일차

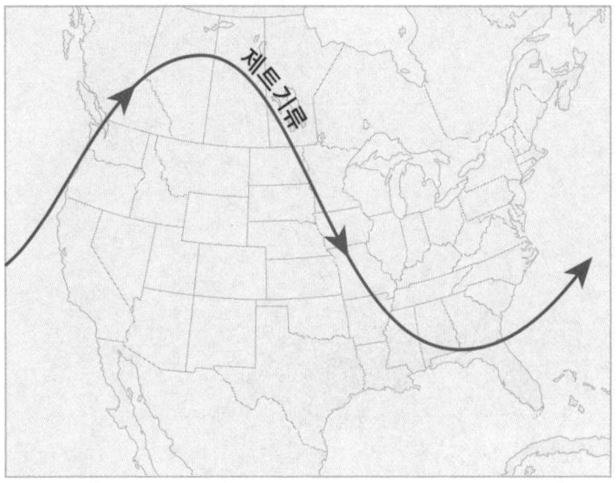

2일차

6. 다음의 두 일기도는 겨울철의 서로 다른 날의 제트기류의 위치를 나타낸다. 둘 중에서 미국 남동부가 더 따뜻할 것으로 생각되는 것은? 그 이유는?

복습문제

1. 다음의 공식을 적용하여 강수 확률(PoP)은 계산된다.

$$\text{PoP} = (C \times A) \times 100\%$$

여기서 C는 예보 대상 지역의 어느 지점에 강수가 내릴 확률을 의미하고, A는 만일 비가 온다면 예보 대상 면적 중 강수가 내릴 면적의 퍼센트를 나타낸다.

a. 예보 지역에서 강수가 있을 확률이 80%이고, 실측 가능한 강수가 있을 면적이 90%인 경우에 대하여 강수 확률은 얼마인가?

b. 예보 대상 지역의 강수 확률이 20%이고, 실측 가능한 강수가 있을 면적은 전체의 10%인 경우에 대하여 강수 확률은 얼마인가?

2. 7일 전망은 우리가 자주 접하게 되는 일기예보의 한 종류이다. 7일 전망의 7일째에 대한 예보와, 또 그날에 대한 실제 관측된 날씨를 비교하시오. 7일째의 예보가 얼마나 잘 맞는지를 각자 나름대로 평가하시오. 또 5일째와 2일째에 대한 예보의 정확도에 대해서도 평가하시오.

13 대기오염

핵심개념

다음의 각 항목은 이 장에서 다루는 주요 주제에 대한 기본 학습 목표를 나타낸다. 이 장을 학습하고 나면 여러분은 다음 항목을 이해할 수 있다.

13.1 대기오염의 여러 자연적 발생원을 열거하고, 이 중 인간이 유발시킨 오염 물질을 확인한다.

13.2 1차 오염 물질과 2차 오염 물질을 구별한다. 이들 각각의 영향이 인간과 환경에 미치는 중요한 예를 든다.

13.3 1980년 이후 대기질의 변화 경향을 요약한다.

13.4 대기질에 대한 바람의 영향을 설명한다. 기온역전 및 이와 관련해 혼합층 깊이를 그래프 또는 도표로 설명한다.

13.5 산성비의 형성에 대해 토의하고, 환경에 미치는 영향에 대해 설명한다.

대기오염과 기상의 관계는 두 가지로 정의된다. 첫째는 대기 상태가 대기오염물의 희석과 확산에 미치는 영향에 관한 것이며, 다른 하나는 반대로 대기오염이 기상 및 기후에 미치는 영향을 해석하는 것이다. 전자의 경우 이 장에서 다루며, 후자의 경우 14장과 여러 곳곳에서 그리고 글상자에서 다루게 될 것이다.*

* 글상자 3.3, "도시가 온도에 미치는 영향 : 도시 열섬" 및 글상자 13.1, "대기오염이 도시의 기후를 변화시킨다". 추가적으로 7장의 "시골풍"을 참조하시오.

중국은 심각한 대기오염 문제에 시달리고 있다. 주요인은 석탄 화력발전소이다.

13.1 대기오염의 위협

대기오염의 여러 자연적 발생원을 열거하고, 이 중 인간이 유발시킨 오염 물질을 확인한다.

대기오염은 우리들의 건강에 위협 요인이 된다. National Research Council report에 따르면 미국에서 심하게 오염된 도시의 사람들은 입자상 물질의 만성 노출로 인해 수명이 약 1.8~3.1년이 줄어든다고 보고된 바 있다. 또한 미국에서는 지표의 오존 농도 상승으로 인해 4,000명 이상의 조기 사망자가 매년 발생한다.* 대기오염 물질은 매년 10억 달러 이상의 농작물 생산에 손실을 초래한다. 세계적으로, 특히 개발도상국에서의 삶과 농업에 미치는 대기오염의 부정적인 영향은 더욱 심각하다.

성인 남성은 하루 평균 1.2kg의 음식물과 2kg의 물을 필요로 하는 데 비하여, 공기의 경우 13.5kg 정도가 필요하다. 그러므로 음식, 물과 더불어 대기질 역시 인간 생활에 중요한 요소이다.

일반적으로 대기는 완전하게 깨끗할 수 없다. 많은 자연적인 오염원이 반드시 존재하기 때문이다(그림 13.1). 화산재, 파도에 의한 염분 입자, 산불의 연기, 식물에 의한 꽃가루와 포자, 그리고 바람에 흩날리는 먼지 등이 '자연적인 오염원'의 예이다(그림 13.2). 그리고 인간에 의하여 자연 오염 물질의 강도와 빈도가 강화된다. 예를 들면, 경작지의 건조한 토양에서 강한 바람이 불 때 그림 13.3과 같이 먼지 폭풍이 강화된다. 의도적인 산불을 포함하여 사고에 의한 산불의 빈도 또한 증가하고 있다. 최근 세계 각지에서 농지 개간을 위하여 산불을 일으키고 있다. 이러한 목적에서 자연 식생을 변화시킬 때 토양은 대기 중에 노출된다. 인간에 의한 대기오염은 도시 내의 공기를 고려한다면 그것이 중요함에도 불구하고 다른 것에 비하면 작아 보일 수 있다.

몇 가지 종류의 대기오염은 최근에 나타났지만, 대부분의 오염문제는 1세기 전부터 나타났다. 1661년, 존 애블린(John Evelyn)은 *Fumi-fugium, or the Inconvenience of Air and Smoke of London Dissipated, Together with Some Remidies Humbly Proposed*라는 책에서 대기오염에 따른 런던 시민의 고통을 서술하였다. 애블린은 이 책에서 "런던에서 멀리 떨어져 있어도 여행자는 런던을 눈으로 보는 것보다 악취로서 도시의 존재를 알 수 있다."고 적고 있다. 1952년에 발생한 살인적인 런던 스모그 사건이 발생하기 이전에도 런던의 대기오염 문제는 심각하였다.

대기오염은 런던만의 문제가 아니라 산업혁명과 더불어 많은 도시

* 2008년 6월호 *Bulletin of the American Meteorological Society*, 89권, 6호를 참조하시오. 입자상 물질은 "1차 오염 물질"에서 설명하고 있고, 도시 스모그의 상당한 성분인 지표 오존은 "2차 오염 물질"에서 설명하고 있다.

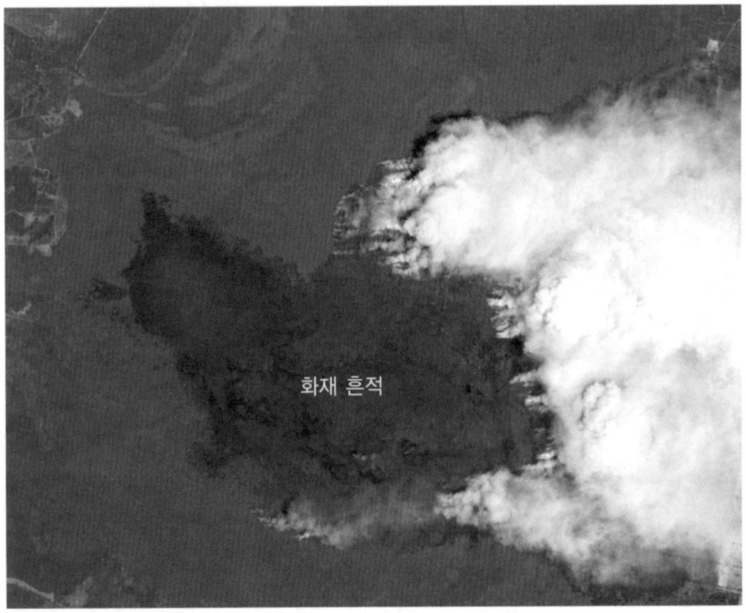

▲ **그림 13.1 대기오염의 자연 발생원** 남부 조지아 주의 산불로 발생한 연기의 플룸(plume)은 자연발생원 대기오염의 예이다. 산불이 시작된 2011년 4월 28일부터 이 영상이 촬영된 시기인 5월 8일까지 거의 6만 2천 에이커가 타버렸다.

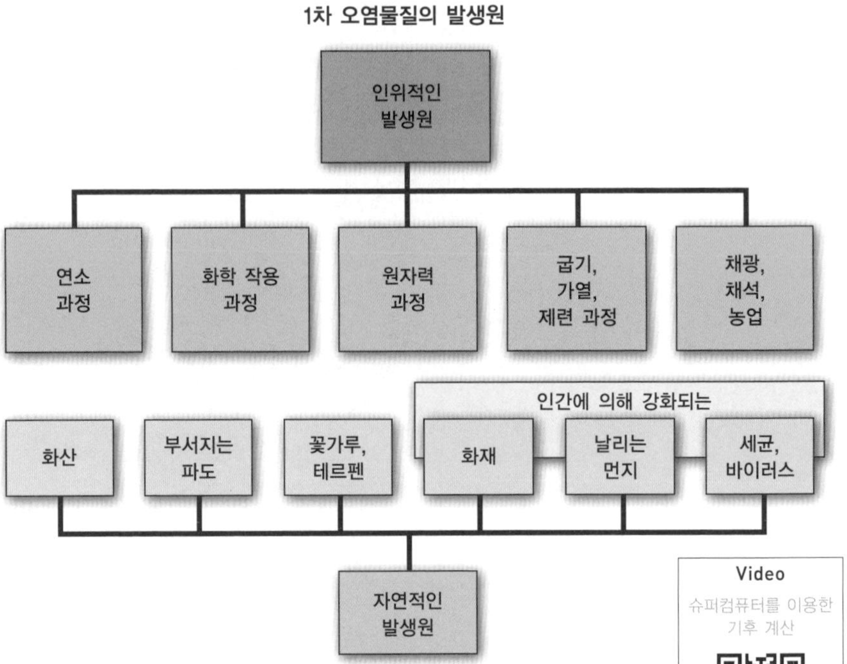

▲ **그림 13.2 1차 오염 물질의 발생원**

Video
슈퍼컴퓨터를 이용한 기후 계산
http://goo.gl/CxIlQv

A.

B.

◀ **그림 13.3 인간 활동에 기인한 자연적 대기오염의 예** A. 이것은 바람에 파헤쳐진 토양 때문에 1937년 5월에 미국 캔자스주 엘크하트 부근에서 발생한 먼지 폭풍으로 이 지역이 농지로 개간되어 식생이 사라졌기 때문에 발생하였다. 더욱이 극심한 가뭄과 강한 바람으로 인해 토양이 날리기 쉬운 땅으로 변했다. 이런 먼지 폭풍 때문에 1930년대 대평원의 일부를 먼지덩이(Dust Bowl)라 불렀다. B. 2013년 여름 대평원의 가뭄 재해 지역에서 먼지 사건이 발생하였다. 이 그림은 텍사스, 러벅에서 일어난 것이다.

에서 발생하였다. 자연적인 오염 발생원이 감소함에도 불구하고, 사람들은 대기를 오염시키는 많은 인위적인 오염 요인을 발견하였다(그림 13.2 참조). 19세기 중 · 후반 미국과 유럽 대도시의 철강 및 금속 산업의 발달은 대규모의 인구 유입을 가져왔다. 결과적으로 도시 대기환경은 급속히 악화되어 갔다. 찰스 디킨스은 *Hard Times*에서 19세기 중 · 후반 공장의 모습을 생생하게 적고 있다.

> "이것은 스스로 끊어지지 않고 결코 꼬이지 않으며 거대하고 끝이 없는 뱀과 같은 매연을 뿜어내는 거대한 굴뚝과 기계의 도시이다. 그 속에는 검은색의 운하와 악취 나는 염료 물질의 잿빛 강물이 흐르고 있다."

이것은 대기오염에 의한 도시 환경 문제 제기도 아니며, 도시 대기오염의 급격한 증가에 대한 준엄한 경고의 필요성을 나타낸 것도 아님이 분명하다. 오히려 매연과 그을음을 분출하는 굴뚝은 성장과 발전의 상징이었다(그림 13.4). 예를 들어 유명한 법률가이자 강연자인 로버트 잉거솔은 1880년 연설에서 다음과 같이 이야기함으로써 청중들에게 큰 호응을 받았다. "나는 미국 하늘이 공장의 연기로 뒤덮이고, 연기의 구름은 민중의 영원한 약속으로 남길 바란다. 그것이 나의 소망이다." 빠른 인구 증가와 산업화는 대기오염 물질의 양을 급격히 증가시켰다.

1970년대 이후, 미국과 서유럽에서는 대기오염에 대한 법안이 통과되고, 규정과 표준 개발 및 제어 기술이 발전함에 따라 대기오염 에피소드의 발생 빈도와 심각성이 크게 감소되었다. 그러나 해마다 대기오염 수준이 낮아짐에도 불구하고, 보건 당국은 여전히 높은 오염 농도 수준이 우리의 폐와 다른 기관에 미세하게 미치는 효과에 대해 우려하고 있는 실정이다.

자주 나오는 질문…

연무가 무엇인가요?

빛이 대기 중의 입자와 가스에 부딪혀 시정이 감소하는 것을 연무라 부른다. 일부 빛은 입자나 가스에 의하여 흡수되고 일부는 지상에 도달하기 전에 산란된다. 오염 물질이 많을수록 빛을 더 많이 흡수 · 산란시키는데, 이것은 우리가 볼 수 있는 거리를 제한하고, 색감, 채도, 명도를 떨어뜨릴 수 있다. 시정(visibility)은 악화하는 가장 명확한 대기오염 영향 중 하나이다.

✓ 개념 체크 13.1

❶ 인간의 삶에서 대기오염이 미치는 건강 문제를 설명하시오.

❷ 자연적인 요인으로 발생하는 심각한 대기오염의 예를 들고, 인위적으로 발생하는 대기오염의 예를 각각 세 가지 들어 보시오.

▼ **그림 13.4 연기와 검댕을 내뿜는 굴뚝** 사진은 1940년대 후반에 서부 펜실베이니아에 있는 철강 공장의 모습으로 한때 경제 호황의 상징으로 간주되었다.

13.2 대기오염의 근원과 형태

1차 오염 물질과 2차 오염 물질을 구별한다. 이들 각각의 영향이 인간과 환경에 미치는 중요한 예를 든다.

대기오염 물질(air pollutants)은 환경 질서를 교란시키거나 유기 생물체의 건강에 유해한 대기 부유물과 가스를 말한다. 이러한 오염 물질은 두 가지 종류로 분류된다. **1차 오염 물질**(primary pollutants)은 발생원에서 직접 대기로 방출되는 오염원으로, 방출 즉시 대기를 오염시킨다. 반면 **2차 오염 물질**(secondary pollutants)은 대기 중에서 1차 오염 물질들의 화학 반응에 의하여 생성된다. 이들은 대기 중의 스모그를 생성시키는 중요한 요인으로 작용한다. 특별한 경우에 2차 오염 물질이 1차 오염 물질보다 인간의 건강에 더 해로울 수도 있다.

1차 오염 물질

그림 13.5는 미국의 1차 오염 물질의 배출량과 그들의 비율을 나타낸 것이다. 각 오염 물질의 발생원은 매우 다양하다. 예를 들면 전력발전소는 이산화황의 가장 주요한 발생원이다. 이와 달리 도로 위의 차량들은 일산화탄소, 질소산화물과 휘발성 유기화합물 등을 배출하는 발생원이다. 즉, 다른 발생원과 비교하여 볼 때 고속도로나 길 위의 수천만 대 승용차나 트럭들은 이들의 가장 큰 발생원이다. 다음은 1차 오염 물질의 특징을 간단하게 설명하고 있다.

입자상 물질 입자상 물질(particulate matter, PM)은 일반적으로 대기 중에 존재하는 고체상과 액체상의 입자 혼합물을 통칭한다. 일부 입자들은 연기나 검댕으로 보일 만큼 크거나 검은색을 띠기도 한다. 어떤 것은 전자현미경으로 관찰해야만 나타나는 미세한 것도 있다. 이들 입

▼ **그림 13.5 2012년 미국의 1차 오염 물질의 배출량**
백분율은 질량에 기초하여 계산되었으며, 2012년 총 질량은 84만 톤이다.

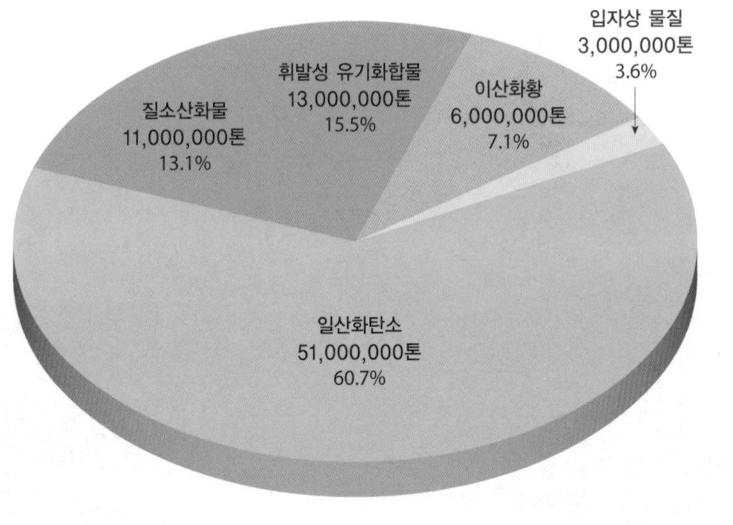

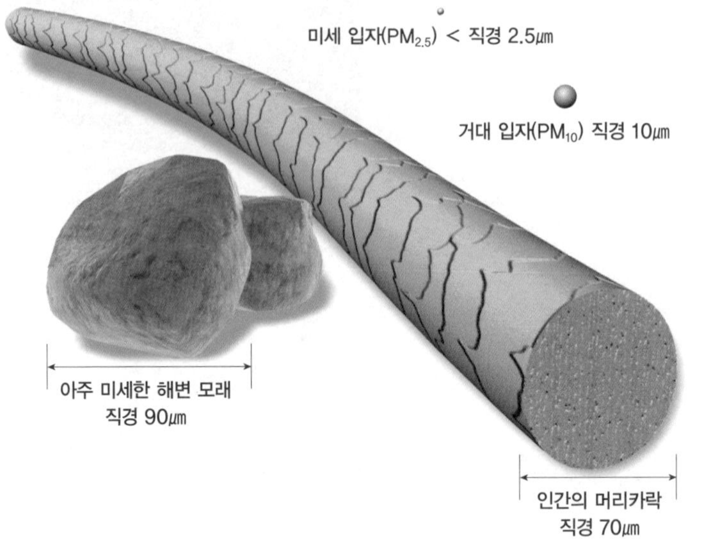

▲ **그림 13.6 입자상 물질**
입자상 물질은 고체상 물질과, 액체상의 방울로 이루어진 복잡한 혼합물이다. 입자의 크기는 건강 문제와 직결된다. 입자 직경이 10㎛ 이하는 코와 목을 쉽게 통과하고 폐에 침투한다. 이를 흡입하게 되면 심각한 건강 문제를 유발하게 된다. PM_{10}은 '흡입성 거대 입자'를 의미하는 것으로 2.5㎛보다 크고 10㎛보다는 작다. $PM_{2.5}$는 '미세 입자'를 의미하는 것으로 직경이 2.5㎛이거나 더 작기도 하다.

자는 다양한 크기를 가지고 있으며(입자 직경이 2.5μm를 기준으로 미세 입자와 거대 입자로 분류된다(그림 13.6), 자연 발생원뿐 아니라 고정 발생원, 이동 발생원 등 다양한 발생원으로부터 방출된다. 미세 입자($PM_{2.5}$)는 교통 수단, 발전소, 공장의 연료 소비와 주택 난방 등에 의하여 발생한다. 거대 입자(PM_{10})의 경우 일반적으로 비포장 도로상의 운송 과정, 분쇄, 압착 등의 작업 중에 발생하고, 바람에 의해 생성된 먼지를 포함한다. 일부 입자는 굴뚝과 차량으로부터 직접 방출되며, 때로는 이산화황과 같은 가스상 물질이 다른 물질과 반응하여 미세 입자가 형성되기도 한다.

입자상 물질은 대기 중에서 가장 흔히 볼 수 있는 대기오염의 형태이다. 이것은 시정 거리를 줄이고, 우리가 접하기 쉬운 표면을 더럽히기 때문에 쉽게 확인할 수 있다. 그리고 모든 오염 물질의 표면에 부착 또는 흡수될 수 있다(글상자 13.1 참조).

원래 입자상 물질은 직경이 45μm 이하인 모든 입자의 총량, 즉 총 부유입자(total suspended particulate, TSP)를 기준으로 삼았으나, 미국환경보호국(EPA)에서 1987년에 직경 10μm(PM_{10}) 이하의 입자만을 기준으로 제시하였으며, 1997년에 다시 직경 2.5μm 이하의 입자상 물질을 제시하였다. 이것은 입자가 인간에 미치는 영향에 대한 많은 의학적인

글상자 13.1 대기오염이 도시의 기후를 변화시킨다

글상자 3.3에서 우리는 도시의 대기오염에 의해 야간 장파 복사의 방출이 억제되어 도시 열섬에 기여하는 것을 보았다. 그리고 5장에서 오염 물질은 '구름 씨뿌리기' 효과로 작용하여 도시 내의 강수량을 증가시킨다는 것을 배웠다. 그러나 대기오염 물질이 도시 기후에 미치는 영향은 그리 단순하지 않다.

대도시에서는 입자상 물질에 의하여 지표로 들어오는 태양복사량이 감소된다. 일부 도시는 태양에너지의 15% 이상이 감소하기도 한다. 특히, 단파장 영역인 자외선이 30% 이상 감소한다. 이러한 태양복사의 감소는 유동적이다. 대기오염이 심할 경우에 대기질이 좋을 때보다 감소율이 증가한다(그림 13.A). 더욱이 입자는 태양 고도각이 낮을 때 더욱 효과적으로 태양에너지를 감소시킨다. 이것은 태양 고도가 낮아짐에 따라 입자를 통과하는 태양광선의 경로가 길어지기 때문이다. 그러므로 주어진 입자에 의해 태양에너지는 고위도 지역의 겨울철에 가장 많이 감소한다.

도시 주위의 교외 지역과 비교할 때 도시 내 상대습도는 일반적으로 2~8% 낮게 나타난다. 하나의 이유는 도시가 뜨겁기 때문이다. 4장에서 본 바와 같이 공기의 온도가 높으면 상대습도는 감소한다. 두 번째 이유는 도시 지표면에서 증발에 의하여 대기로 공급되는 수증기량이 적기 때문이다. 이것은 강수가 도심지 내의 하수시설에 의하여 빠르게 빠져나가기 때문이기도 하다.

비록 도시 내 상대습도는 낮은 경향이 있지만 구름과 안개의 발생은 크다. 이러한 모순에 기여하는 요소는 도시 내 인간 활동에 의하여 생성되는 많은 양의 응결핵이다. 흡습성 응결핵(물 추구)이 풍부하면, 비록 공기가 포화에 도달하지 않더라도 수증기는 빠르게 응결하기 때문이다.

▲ **그림 13.A 중국 상하이에서의 대기오염**
도시 내의 지표면에 도달하는 태양복사 에너지가 감소하는 이유를 잘 설명하고 있다.

질문

1. 겨울철 고위도 지역의 도시에서 대기오염 에피소드는 여름철 유사한 이벤트보다 표면에 도달하는 태양에너지의 비율이 감소될 가능성이 있다. 왜 그러한가?
2. 도시에서의 상대습도는 인근 농촌 지역보다 왜 높을 수도 혹은 낮을 수도 있는지 설명하시오.

연구 결과로 수정된 것이다.

일반적인 입자상 물질은 미세 입자와 거대 입자를 모두 포함한다. 이러한 입자는 호흡기에 축적되어 건강상의 문제를 야기한다. 거대 입자는 먼저 천식과 같은 호흡기 질환을 악화시킨다. 그리고 미세 입자는 급성 호흡기 질환, 폐 기능 저하, 심지어 신생아 사망 등에 밀접한 관련을 가진다. 특히 심장 질환을 가진 노인과 어린이들에게는 큰 피해를 가져온다. 그리고 이들 입자는 시정을 감소시키며, 페인팅이나 건축 현장에도 피해를 준다.

이산화황 이산화황(SO_2)은 황 화합물인 석탄, 석유를 연소시킬 때 발생하는 무색의 부식성을 가진 가스이다(그림 13.7). 주요 배출원은 발전소, 석유 정제 공장, 펄프 및 제지 공장 등이다. 대기 중의 이산화황은 삼산화황(SO_3)으로 변질되며, 이들은 다시 수증기와 결합하여 황산(H_2SO_4)을 생성한다. 황산염 이온(SO_4^{2-})과 결합한 매우 작은 이 입자는 바람을 타고서 장거리 이동을 하며, 워시 아웃(washed out)이라 불리는 과정에 의하여 지표면으로 침적될 때 **산성비**라고 알려진 심각한 환경 문제를 일으킨다. 이에 관해서는 뒤에 설명한다.

고농도의 이산화황은 천식 증상을 가진 어린이와 야외에서 활동하는 성인들의 일시적인 호흡 곤란을 유발한다. 천식 환자에게 고농도 이산화황에 의한 단시간 노출은 쌔근거림, 가슴 통증, 가쁜 호흡을 동반한 폐 기능의 약화를 가져오며 장시간 노출은 호흡기 질환을 포함한 심장 질환을 일으키기도 한다.

질소산화물 질소산화물은 질소 성분이 포함된 연료를 높은 온도에서 연소시킬 때 산소와 결합하여 생성된다. 발전 시설과 자동차 등이 기본적인 배출원이다. 또한 질소산화물은 세균에 의한 생분해 과정에서 자연적으로 생성되기도 한다.

최초 생성물은 산화질소(NO)이다. 산화질소가 대기 중에 방출되

대기를 바라보는 눈 13.1

NASA의 **Landsat 8**의 이 영상은 2014년 5월 20일 알래스카의 남쪽 앵커리지, 케나이 반도의 일부를 나타내고 있다. 몇 개의 주요 산불은 거무스름한 회색 연기를 내며 주변 공기를 오염시키고 있다. 또한 잘 발달된 적란운은 산불로 인해 발생한 것임을 알 수 있다.

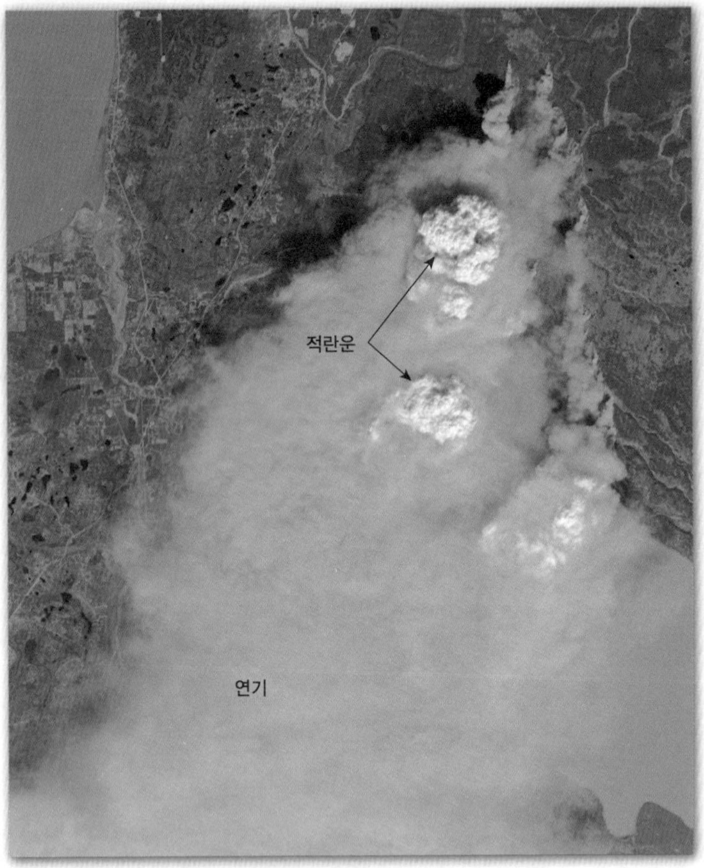

질문

1. 그림 13.2에 따르면, 산불은 주요 오염 물질의 자연 발생원이다. 그런 의미에서 그림의 연기는 '자연 발생 오염원'을 의미한다. 그러나 이 산불은 인간에 의해 발생했다. 그럼 이것을 자연 발생원에 의한 대기오염이라 할 수 있겠는가? 무엇이 이 예에서 가장 적합한 용어 또는 문구라 생각하는가?
2. 산불은 적란운 발달에 어떻게 영향을 미치는가?

어 시간이 경과하면 이산화질소(NO_2)로 변화한다. 일반적으로 질소화합물(NO_X)은 이 두 가스를 통칭한다. 비록 질소산화물이 자연적으로 생성되기도 하지만, 도시 내의 질소산화물 농도가 교외 지역에 비하여 10~100배 정도 높게 나타난다. 이산화질소는 붉은 갈색을 띠며, 시정을 감소시킨다. 고농도 이산화질소 역시 폐와 심장 질환을 유발한다. 대기가 습할 때, 이산화질소는 수증기와 반응하여 질산(HNO_3)을 생성하고, 황산과 마찬가지로 부식성을 가지며 산성비의 원인이 된다. 그리고 이산화질소는 반응성이 매우 높기 때문에 스모그 형성에 중요한 역할을 한다.

자주 나오는 질문…

SO_2의 주요 발생원으로 석탄 연소에 대하여 언급했는데, 현재도 그렇게 많이 석탄을 사용하나요?

그렇다. 미국 내 전기 생산의 약 41%는 석탄 연소에 의해 만들어진다(그림 13.7 참조). 더불어 석탄은 철, 알루미늄, 콘크리트, 벽면 재료의 생산과 같이 열 에너지를 많이 사용하는 산업의 주요한 연료 중 하나이다. 많은 나라에서 미국보다 더 많이 석탄에 의지하여 에너지를 생산하기도 한다.

휘발성 유기화합물 탄화수소라 불리는 휘발성 유기화합물(VOCs)은 산소와 탄소원자로 구성되어 있으며, 고체, 액체, 기체 상태의 다양한 형태로 존재한다. 메탄(CH_4)은 자연 상태에서 많은 양이 배출되지만 화학적 반응성이 적어 인체에는 큰 영향을 주지 않는다. 도시 내에서는 자동차의 불완전 연소된 휘발유가 반응성 휘발성 유기화합물들의 주요 발생원이다. 비록 일부 다른 배출원의 탄소산화물은 발암물질이지만 도시 내의 휘발성 유기화합물은 자체적으로 중요한 환경 문제를 야기하지는 않는다. 그러나 다른 물질, 특히 질소산화물과 결합하여 유해한 2차 오염 물질 형성에 영향을 미친다. 이에 관해서는 다음 장에서 설명한다.

일산화탄소 일산화탄소(CO)는 석탄, 석유, 나무와 같은 탄소 성분의 연료가 불완전 연소될 때 발생하는 무색, 무취의 유독성 가스이다. 이 물질은 미국에서 고속도로와 비포장 설비로부터 발생하는 1차 오염 물질 배출량의 3/4 이상을 차지한다.

일산화탄소는 대기 중에서 빠르게 소멸되기는 하지만 매우 유독한 물질이다. 일산화탄소가 폐를 통하여 혈액 내에 들어가면 장기 및 세포에 전달되는 산소량이 급격히 감소한다. 일산화탄소가 무색, 무취이기 때문에 일산화탄소는 무의식중에 인간에게 영향을 미친다. 적은 양이라도 일산화탄소를 흡입하면 울렁거림, 구토, 판단 결핍 등의 현상이 발생하며 고농도의 일산화탄소에 노출될 경우 사망에 이르게 된다. 지하주차장이나 통풍이 원활하지 않은 곳에서는 일산화탄소가 인간에게 심각한 피해를 줄 수 있다.

그림 13.8은 2010년 4월, 전 세계 일산화탄소의 평균 농도를 나타낸 것이다. 적도를 기준으로 계절과 지역에 따라 농도 및 배출원은 큰 변화가 나타난다. 아프리카를 예를 들면 적도를 중심으로 한 일산화탄소의 계절적 농도 변동을 볼 수 있는데 화전 지역이 계절에 따라 적도를

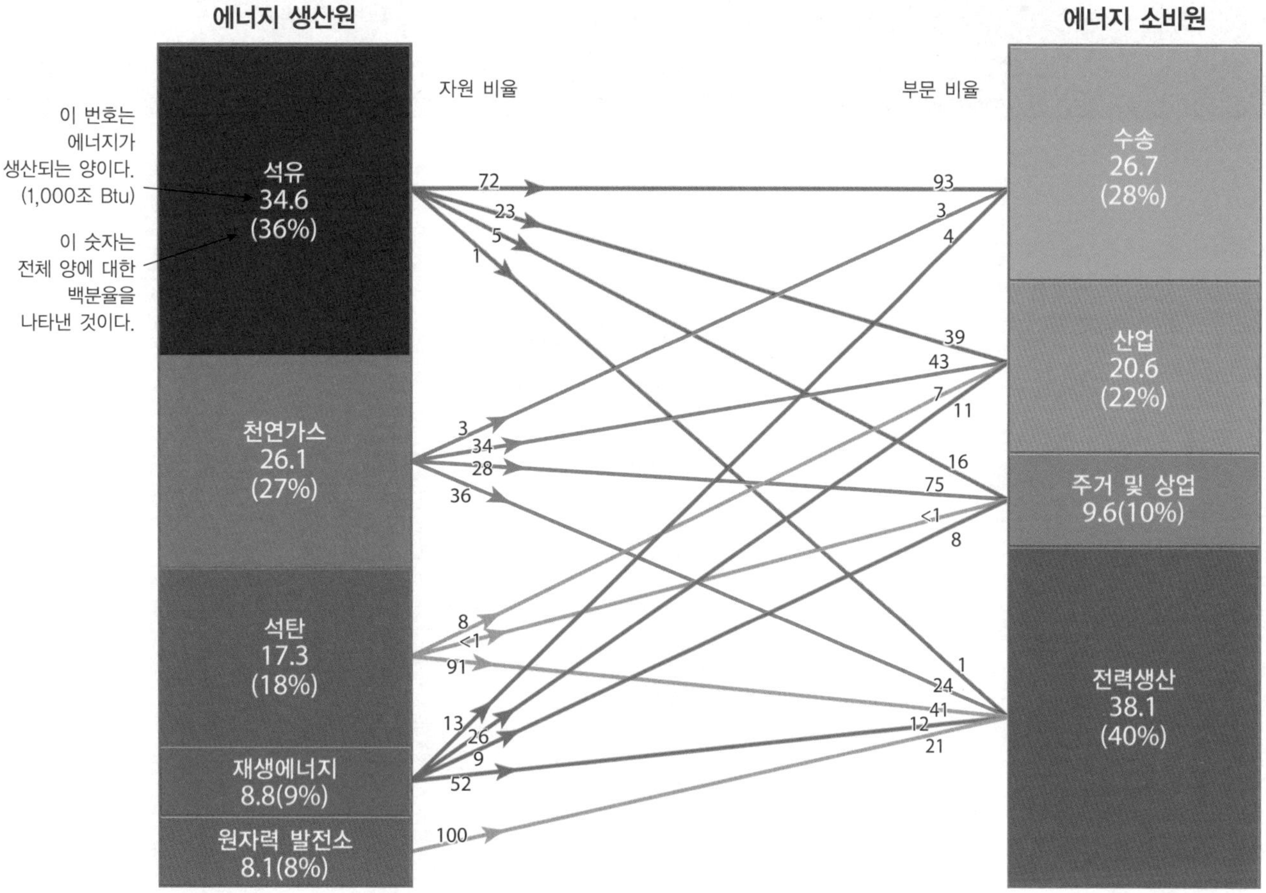

◀ **스마트그림 13.7 2012년 미국 에너지 소비량** 총 소비된 에너지는 94,900조 Btu이었다. 주요 대기오염 물질은 화석연료인 석탄, 석유 및 천연 가스의 연소이다.

http://goo.gl/YHkWO

두 그래프를 이해하기 :

왼쪽은 우리가 어떤 에너지원을 사용하는지, 오른쪽은 그 에너지가 어디에 사용되는지를 보여 준다. 그래프에서 번호 선을 따라가 보면 더 자세한 정보를 알 수 있는데, 예로 제일 위 상단의 선을 보면 석유의 72%가 교통 부문에서 사용되는 것을 나타내고, 수용 부문에서 사용되는 에너지는 93%가 석유임을 알려 준다.

중심으로 남북으로 이동하기 때문이다. 또한 아마존과 동남아시아 지역에서의 일산화탄소 고농도는 화재가 주요 배출원임을 알 수 있다. 반면에 미국과 유럽, 중국에서 가장 농도가 높은 지역은 도시와 그 주변 지역으로, 이것은 자동차와 공장 때문이다. 북미와 러시아 지역에서 여러 해에 걸쳐 넓은 지역에서 발생하는 산불은 일산화탄소의 주요 배출원이 될 수 있다.

납 납(Pb)은 세포, 혈액, 조직 내에 축적이 되기 때문에 매우 위험하다. 그리고 많은 장기를 손상시킨다. 비록 적은 양일지라도 어린이에게 노출될 경우 신경계통에 심각한 손상을 가져온다.

과거에는 자동차가 주요한 오염원이었다. 이 이유는 엔신의 노킹을 방지하기 위하여 자동차 연료에 납 성분을 첨가하였기 때문이다. 그러나 미국 환경보호청에서 자동차 연료 내의 납 성분을 규제함에 따라 대기 중의 납 성분이 급격히 감소하였다(표 13.1). 그러나 여전히 납 제련소와 같은 공단에서는 납 성분 배출 규제를 위반하고 있다.

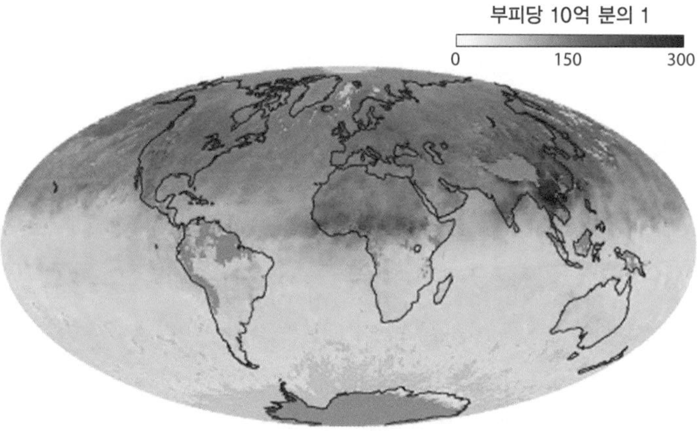

▲ **그림 13.8 일산화탄소** 이 지도는 고도 약 3,600m의 대류권 높이에서 관측된 것으로 2010년 4월 동안 일산화탄소(CO)의 평균 농도를 보여 준다. 자료는 NASA의 테라 위성에 적재된 센서로 수집되었다. 일산화탄소의 농도는 부피당 10억 분의 1(ppbv)로 표현되었다. 노란색 영역은 일산화탄소가 거의 없거나 전혀 없는 곳이며, 오렌지색과 빨간색은 농도가 점점 높아짐을 의미한다. 회색 지역은 구름의 영향으로 센서가 데이터를 수집하지 못한 지역이다. 위성영상은 종종 특정 지역에서 배출된 오염 물질이 장거리 이동을 통해 원 발생지로부터 멀리 떨어진 지역의 대기질에 영향을 미칠 수 있음을 보여 준다.

Video
전 지구 일산화탄소 농도
http://goo.gl/AAvWkd

기상재해

글상자 13.2

1952년의 거대 스모그

지난 수 세기 동안 영국 내 대형 도시의 안개는 연기에 의해 오염되었다. 특히 1880년대 초 런던은 최악의 대기질을 나타내었는데 연기로 오염된 안개는 런던의 특징으로 잘 알려져 있었다. 1853년 찰스 디킨스는 그의 소설에서 영국의 오염된 대기를 *황폐한 집*(bleak house)이라고 묘사하였다.

런던 최악의 대기오염 발생은 1952년 겨울에 5일 동안 발생하였다. 12월 5일에서 9일까지 매캐하고 노란 스모그가 도시를 뒤덮었고, 수천 명의 사망자와 수많은 불편을 초래하였다(그림 13.B). 무엇이 이러한 심각한 사태를 초래하였는가? 실제 모든 주요한 대기오염 사건 발생은 오염 물질의 배출과 기상 조건의 결합으로 발생한다.

그 해도 추운 날씨 속에 런던 시민들은 가정 난방을 위해 다량의 석탄을 연소하였다. 런던의 많은 공장과 가정의 굴뚝에서 배출되는 연기는 확산되지 못하고 안정된 대기의 최하층부에 축적되었다. 이는 영국 남부에 발달한 고기압의 영향으로 강한 기온 역전이 덮개로 작용했기 때문이다(기온 역전과 대기오염 발생과의 관계는 13.4절에서 자세히 다룰 것이다).

노란 스모그가 도시를 뒤덮었고, 수천 명의 너무 이른 죽음을 가져왔다.

안개는 12월 5일 금요일 발생하였다. 잘 발달된 기온 역전과 약한 바람에 의해 포화된 공기는 두께가 100~200m의 안개층을 형성하였다. 해 질 녘 충분한 복사냉각에 의해서도 짙은 안개는 형성된다. 물론 포화 공기 속에 연기도 지속적으로 축적되었다. 많은 지역에서 시정이 수 미터 이하로 떨어졌다. 12월 6일 토요일, 이 겨울의 태양은 안개에 의해 가려졌다. 연기와 안개 속에 악취를 내는 노란 혼합 기체는 보행자들에게 큰 불편을 주었다. 심지어 그들의 발조차 보이지 않았다.

▲ **그림 13.B 어두운 대낮**
1952년 영국의 거대 스모그는 5일간 지속되었고 수천 명의 사망자가 발생하였다.

2차 오염 물질

2차 오염 물질은 대기에 직접 배출되는 것이 아니고 1차 오염 물질 간의 반응에 의해 대기 중에서 생성된다는 것을 상기하자. 앞서 설명한 황산이 2차 오염 물질 중 하나다. 1차 오염 물질인 이산화황이 대기 중에 배출되면 산소와 결합하여 삼산화황을 생성하고, 이것이 다시 수증기와 결합하면 자극적이며 부식성을 지닌 황산을 생성한다.

도시 및 공장 지대의 대기오염은 흔히 **스모그**(smog)라고 불린다. 이 용어는 영국의 내과의사인 해롤드 A. 데보(Harold A. Des Veaux)가 1905년에 처음 사용하였으며 연기(smoke)와 안개(fog)의 합성어이다. 스모그는 석탄 연소의 부산물과 높은 습도 상태가 결합하여 나타나는 런던의 대기오염 상태를 적절하게 표현했다(글상자 13.2 참조).

그러나 오늘날 스모그는 일반적인 대기오염을 통칭하며, 연기와 안개의 결합을 엄격하게 적용하지는 않는다. 따라서 좀 더 명확하게 말하면, 스모그 단어 앞에 '런던형', '고전형', '로스앤젤레스형(LA형)', '광화학형' 등의 수식어로 구분한다. 앞의 두 가지는 본래의 스모그를 의미하며, 뒤의 두 가지는 2차 오염 물질에 의한 대기질 문제를 뜻한다.

자주 나오는 질문...

독성 대기오염 물질이란 무엇인가?

기형아 출산, 유전자 문제와 같은 심각한 건강 문제나 암을 유발시킨다고 알려져 있거나 의심되는 대기 중의 화학물질을 말한다. 이러한 물질은 일반적으로 '유해 대기오염 물질' 또는 '독성 대기오염 물질'이라 부른다. 미국 환경청(Environmental Protection Agency)은 188종의 독성 대기오염 물질을 규제하고 있다. 예를 들어 가솔린에 포함된 벤젠(Benzene), 드라이클리닝 용제로 사용되는 퍼클로로에틸렌(Perchlorethylene), 용매나 페인트 제거제로 사용되는 메틸렌 클로라이드(methylene chloride) 등이 있다.

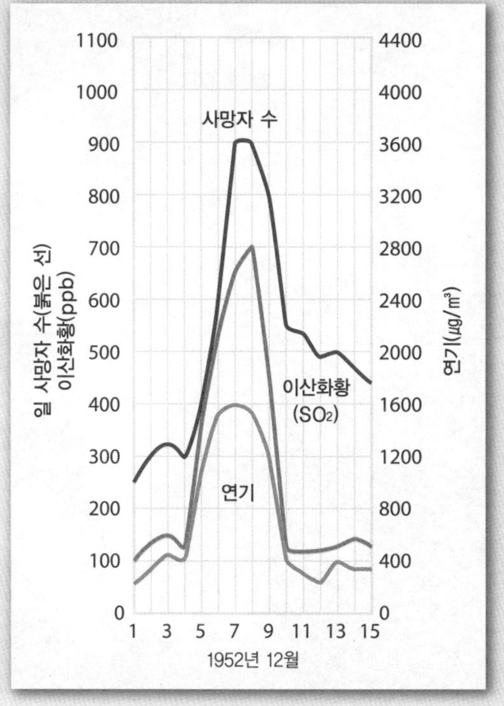

▲ **그림 13.C 1952년 런던 거대 스모그 동안의 사망자와 대기오염 실태**
연기와 이산화황이 여러 장소에서 검출되었다. 이 장소 중 10곳의 평균값을 나타내었다.

12월 9일 화요일까지 바람이 불지 않아 오염된 공기를 없애지 못했다. 런던의 시정은 114시간 동안 500m 이하였고, 48시간 동안 50m 이하였다. 히드로 공항의 시정은 12월 6일 아침부터 48시간 동안 10m 이하였다.

이러한 1952년 12월의 최악의 대기오염 사건을 "Great Smog"라 부른다. 일반적으로 "pea soup"라 불리는 안개에 비해 그날의 스모그는 기록적이었으며, 이 대기오염 사건은 영국뿐 아니라 서유럽과 북미의 현대적인 대기오염 관리에 대한 분수령이 되었다.

전문가들은 그날의 거대 스모그가 4,000명의 목숨을 앗아갔다고 했다(그림 13.C). 나아가 일부 과학자들은 런던 스모그로 인해 추가적으로 1~2월의 전체 사망자 중 8,000여 명 정도가 그 영향을 받은 것이라고 보고 있다. 또 다른 과학자들은 이 의견에 동의하지 않고 인플루엔자에 의한 것이라 보고 있으며, 일부 학자들은 스모그와 인플루엔자의 상호 관련성에 의한 것이라고 주장한다. 이 유명한 1952년 런던 스모그 사건의 영향에 대한 논쟁은 학문적인 관점 이상에서 이루어졌던 것이다. 이후로 런던 스모그와 같은 거대 스모그는 더 이상 발생하지 않았지만, 아직도 악취는 많은 대형 도시들을 괴롭히고 있다. WHO에서는 매년 80만 명이 대기오염으로 인해 사망하는 것으로 추산한다.

질문

1. "Great smog" 동안 오염 물질의 원인은 무엇인가?
2. 오염 물질의 축적에 기여하는 기상 요인을 설명하시오.

광화학 반응 대부분의 2차 오염 물질은 강한 태양빛을 매개로 형성된다. 그래서 이것을 **광화학 반응**(photochemical reaction)이라고 부른다. 일반적인 예로 질소산화물이 태양빛을 흡수하여 광화학 반응을 일으킨다. 그리고 휘발성 유기물이 대기 중에 존재한다면, 광화학 반응에 의하여 강한 반응성 및 자극성, 유독성을 지닌 2차 오염 물질이 생성된다. 이렇게 가스와 입자가 결합한 유해 혼합물은 **광화학 스모그**를 형성한다. 식물을 손상시키거나 안구를 자극하는 물질인 PAN(peroxyacetyl nitrate)도 이 중 하나이다. 광화학 스모그의 주요한 요소는 오존이다. 1장에서 성층권에서 자연적(natural)으로 오존이 생성되는 것을 확인했다. 그러나 지표면 부근에서 생성되는 오존은 오염 물질로 분류된다.

오존의 생성 반응은 강한 일사에 의해 이루어지기 때문에, 낮 시간에 한정되어 생성된다. 뜨겁고, 일사가 강하며 대기가 안정한 날 주간(정오)에 오존 생성 반응이 절정에 달한다. 예상하듯이 뜨거운 여름 동안에 오존 농도가 가장 높다. 오존 농도가 가장 높은 시기는 미국 내에서 다소 다르게 나타난다. 미국 남부와 남서부 지역은 5~10월까지 오존 문제가 주로 발생한다. 대조적으로 노스다코타 주와 같은 미국 북부에서는 5~9월로 오존 문제가 발생하는 기간이 다소 짧다.

오존이 인간의 건강과 환경에 미치는 영향에 관한 연구는 많다. 예를 들어 EPA에 따르면 오존 노출에 의해 가슴 통증, 기침과 같은 심장 질환과 폐 기능 저하 등의 질병이 증가한다고 하였다. 오존에 대한 노출은 사람들의 호흡기를 더 민감하게 만들어 결과적으로 폐 염증, 천식과 같은 기존의 호흡기 질병을 악화시킨다. 이러한 피해는 일반적으로 야외에서 활동 및 작업, 운동하는 경우에 주로 발생한다. 특히 오존 농도가 높은 여름철에 야외 활동을 하는 아이들에게 발생할 위험이 크다. 게다가 평상시 기준치 중간 정도의 오존 농도에 장시간 노출될 경우 폐의 조기 노화를 초래하는 폐 구조의 변화가 유발될 수 있다.

표 13.1 대기질과 배출량 경향성[(–)는 대기질 개선을 의미함]

	농도 변화(%)	
	1990~2012	2000~2012
이산화질소(NO_2)	−50	−38
오존(O_3) 8시간 평균	−14	−9
이산화황(SO_2)	−76	−65
PM_{10} 24시간 평균	−39	−27
$PM_{2.5}$ 연평균	—*	−33
일산화탄소(CO)	−75	−57
납(Pb)	−87	−52

	배출량 변화(%)	
	1990~2012	2000~2012
질소산화물(NO_x)	−52	−50
휘발성유기화합물(VOCs)	−45	−24
이산화황(SO_2)	−76	−66
PM_{10}	−35	−10
$PM_{2.5}$	−57	−45
일산화탄소(CO)	−65	−51
납(Pb)	−80	−50

* 데이터 사용 불가

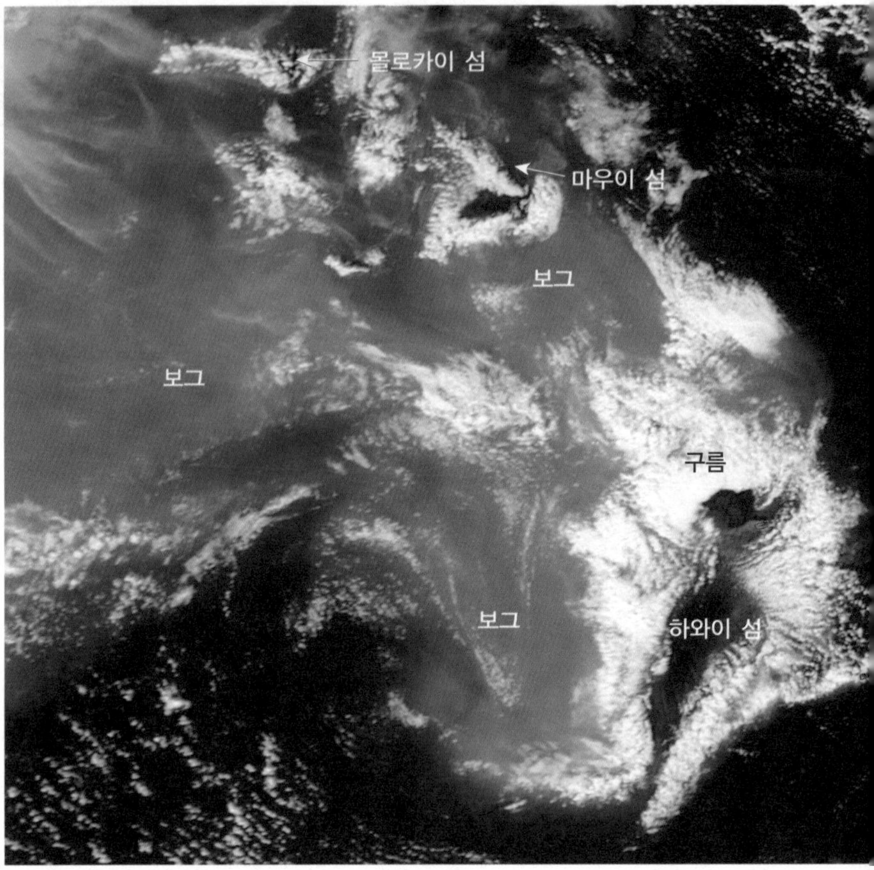

▲ **그림 13.9 보그라 불리는 화산 스모그**
2008년 12월 3일 NASA의 MODIS 아쿠아 위성 영상으로, 보그로 인해 하와이 섬에 강한 연무가 발생하였다. 하와이 킬라우에아 화산에서 배출된 이산화황은 대기에서 산소, 수증기와 결합하여 자연 형태의 스모그, 즉 보그를 생성한다. 일반적으로 보그는 위 영상과 같이 두껍고 광범위하지는 않지만 이 지역에서 비교적 흔히 발생한다.

Video
스모그 블로그
http://goo.gl/s6wVDV

또한 오존은 식물과 생태계에 영향을 미쳐 농작물과 산림 자원 감소, 나무 묘목의 성장과 생장률 감소, 질병 및 병충해 감염, 혹독한 기상과 같은 환경 스트레스를 증가시킨다. 다년생 생물의 경우 산림 생태계에 오존이 미치는 장기간의 영향을 확인할 수 있는 증거가 될 수 있다. 지표면 오존은 식물과 나무들의 아름다운 경관을 파괴하기도 한다.

화산 스모그 대부분의 스모그는 인간에 의해 유발되지만, 자연에 의해 발생할 수도 있다. 대표적인 예로 하와이와 같은 활화산 지역에서 발생한다. 그림 13.9의 위성영상은 하와이 섬에 발생한 강한 안개를 보여 준다. 이것은 자연 현상으로 **보그**(vog)라고 불리는 화산 스모그다.

이런 지역에서 보그는 강한 햇빛이 존재할 때 킬라우에아 화산으로부터 발생한 이산화황이 산소, 수증기와 결합하여 형성된다. 보그를 구성하는 작은 황산 입자는 빛을 잘 반사하여, 우주에서 볼 때 쉽게 눈에 띈다. 이 사건이 발생한 2008년 당시 킬라우에아 정상 근처 하와이화산국립공원의 SO_2 농도는 건강에 유해한 수준이었다. 즉, 보그는 시정 감소뿐 아니라 천식과 같은 호흡기 질환을 악화시킬 수 있다. 보그는 하와이 지역에 국한되지 않고 다른 화산 지역에서도 충분히 발생할 수 있다.

∨ 개념 체크 13.2

1. 1차 오염 물질과 2차 오염 물질을 구분하시오.
2. 주요 1차 오염 물질을 나열하시오. 어떤 물질이 가장 풍부한가? 광화학 스모그와 관련된 두 물질은 무엇인가?
3. 광화학 반응이란 무엇인가? 광화학 스모그의 주요한 성분은 무엇인가?
4. 보그란 무엇인가?

13.3 대기질의 경향

1980년 이후 대기질의 변화 경향을 요약한다.

표 13.1과 같이 대기오염 관리에 있어 상당한 발전을 보였지만, 아직도 우리가 호흡하는 공기 질에는 심각한 보건학적 문제들이 남아 있다. 경제 활동, 인구 증가, 기상학적 요인, 환경 규제 등은 대기오염 물질 배출의 경향성에 영향을 미친다. 1950년 이래 경제 발달과 인구의 증가는 오염 물질 배출과 깊은 연관성을 가진다. 경제 발달과 인구가 증가하는 시기에 배출량도 증가한다. 반면 경제 침체기에는 오염 물질의 배출량이 감소한다. 예를 들어, 1930년대 세계 대공황 때 배출량은 급격히 감소하였다(그림 13.10). 그리고 다양한 생산품의 요구에 의해서도 배출량이 증가한다. 그 예로 2차 세계대전 당시 석유 수요의 급증으로 석유 정제와 관련된 오염 물질 배출량이 증가하였다.

1950년대 미국은 연기와 입자상 물질 배출에 관한 대기오염법령을 발표하였다. 1970년대 대기 정화 정책(Clean Air Act)이 제정이 되고서야 대기오염 물질 배출량 감소가 이루어졌다. 이 제정법을 통해 EPA가 설립되었고, 대기질과 오염 물질 배출량에 대한 기준이 확립되었다.

기준 설립

1970년대 대기 정화 정책에서는 대표적인 2차 오염 물질인 오존과 더불어 주요한 네 가지 1차 오염 물질인 입자상 물질, 이산화황, 일산화탄소, 질소산화물에 대한 기준을 설정하였다. 당시에는 이 다섯 가지 물질이 가장 광범위하고 유해한 물질이라고 판단하였다. 오늘날은 납을 포함하여 기준 오염 물질(criteria pollutants)이라 부르며, 미국의 국가대기환경기준(National Ambient Air Quality Stands, NAAQS)으로 판단한다. 표 13.2에 나타난 각각의 오염 물질 농도 기준은 질병 없이 건강한 사람이 견딜 수 있는 최고 농도치보다 10~50% 낮은 수준이다.

어떤 오염 물질은 단기간과 장기간에 따라 기준이 다르다. 단기간의 경우 급성적인 피해를, 장기간의 경우는 만성적인 피해에 대한 대처 방안이 요구된다. 급성적인 피해는 수 시간 혹은 수일 이내에 인간의 호흡에 미치는 영향을 의미한다. 만성적인 피해는 연 단위의 기간 동안 생리적

표 13.2 미국의 국가대기환경기준

오염 물질	기준치	
일산화탄소(CO)		
8시간 평균	9ppm*	(10mg/m³)
1시간 평균	35ppm	(40mg/m³)**
이산화질소(NO_2)		
연간 평균	0.053ppm	(100μg/m³)***
오존(O_3)		
1시간 평균	0.12ppm	(235μg/m³)
8시간 평균	0.08ppm	(157μg/m³)
납(Pb)		
분기별 평균		0.15μg/m³
10μm 이하의 입자(PM_{10})		
24시간 평균		150μg/m³
2.5μm 이하의 입자($PM_{2.5}$)		
연간 평균		15μg/m³
24시간 평균		35μg/m³
이산화황(SO_2)		
연간 평균	0.03ppm	(80μg/m³)
24시간 평균	0.14ppm	(365μg/m³)
1시간 평균	75ppb†	

* ppm(parts per million) : 100만 분의 1
** mg/m³ : 공기 입방미터당 밀리그램, 1밀리그램은 1그램의 1,000분의 1
*** μg/m³ : 공기 입방미터당 마이크로그램, 1마이크로그램은 1그램의 100만 분의 1
†ppb(parts per billion) : 10억 분의 1
자료 : 미국환경보호국(EPA).

▼ **그림 13.10 1900~2012년간 미국 내 오염 물질 배출 경향**
1970년대 이전에는 경제 활동과 인구 증가가 대기오염 물질 방출의 주요 요인이다. 경제 성장과 인구가 증가하면서 대기오염은 증가하고 반대로 경제가 하락할 때 오염 물질 배출량도 감소한다. 예를 들어, 1930년대 경제 대공황에 의하여 오염 물질 배출량이 급격히 감소하였다. 1970년 이후 대기 정화 정책에 의해 배출량이 감소하였다.

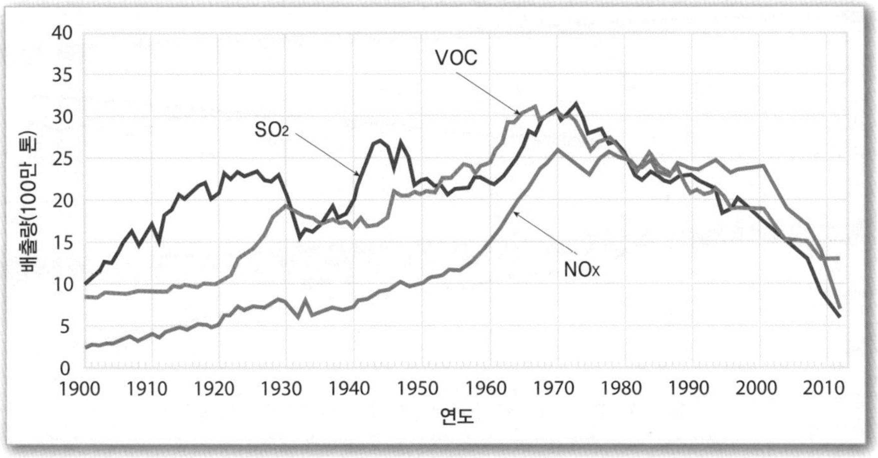

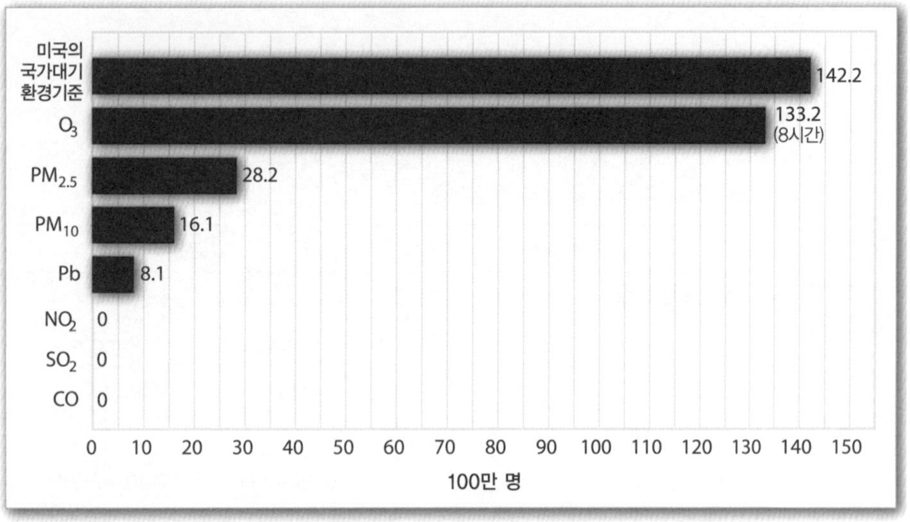

▲ **그림 13.11 2012년 미국 내 대기환경 기준 기준치 이상의 대기오염에 노출된 사람 수**
예를 들어 국가 대기환경 기준 이상의 PM_{10} 농도에 노출된 사람이 1,600만 명이다. 배출량 감소를 위한 상당한 진전이 있었음에도 불구하고 아직도 1억 4,200만 명 이상이 주요 오염 물질에 대해 국가 대기환경 기준 이상의 대기오염에 노출되어 있다.

인 요소를 변화시키는 것을 의미한다. 여기서 기준은 대기화학 또는 다른 생물에 대한 영향이 아니며 오로지 인간의 건강에 미치는 영향을 기준으로 정의된다.

2012년 기준으로 미국에서 1억 4,200만 명 이상의 사람들이 대기환경 기준을 충족하지 못하는 주에서 거주하고 있다. 그림 13.11은 왜 오존이 가장 흔히 발생하는 대기오염 문제인지를 EPA에서 조사한 것이다. 오존에 의해 대기오염 기준치 초과를 경험한 사람 수가 나머지 다섯 가지 오염 물질에 의해 영향을 받은 사람 수보다 많다는 것을 알 수 있다.

아직 많은 사람들이 대기환경 기준을 접하지 못했다고 해서 진전이 없었던 것은 아니다. 실제로 미국은 대기오염 감소에 있어서 큰 진전을 보였다. 그림 13.5를 보면 2012년 주요 5개 1차 오염 물질의 총 배출량은 8,400만 톤이다. 그에 반해 1970년 대기 정화 정책이 처음으로 관련법으로 제정될 당시, 다섯 가지 오염 물질의 총 배출량은 3억 100만 톤이었다. 2012년의 총 배출량은 1970년의 총 배출량보다 72% 낮은 것이다. 표 13.1에서도 알 수 있듯이, 모든 오염 물질 배출량이 현저히 감소하였다. 이러한 대기질의 개선은 도시 성장이 활발한 시기에 이루어 낸 것이다. 그러나 이러한 통제 방법은 도시의 대기질 개선에 있어서 그리 효과적이지는 않다.

대기질 개선이 기대보다 더딘 이유는 도시 성장과 관련이 있다. 예를 들어 1980년과 2012년 사이에 차량 1대당 1차 오염 물질의 배출량은 급격히 감소하였다. 그러나 같은 기간 동안 미국의 인구는 38%, 차량 이동 거리는 92% 증가하였다(그림 13.12). 다시 말해서 오염 물질 배출 규제는 대기질을 향상시키지만, 이러한 개선 효과는 차량의 증가로 상쇄된다.

대기질 지수

대기질 지수(Air Quality Index, AQI)는 일반 대중들에게 매일의 대기질을 알리기 위해 표준화된 지수이다. 단순히 오늘의 공기가 깨끗한지 아닌지에 대한 질문에 답하기 위한 것이다. 사람들이 수 시간, 수 일간 오염된 공기로 호흡했을 때 건강에 미치는 영향에 대한 정보를 제공한다. EPA는 대기 정화 정책에 의해 다섯 가지 오염 물질(지표면 오존, 입자상 물질, 일산화탄소, 이산화황, 이산화질소)에 대한 대기질 지수를 산출하였다. 미국에서 지표면 오존과 입자상 물질은 인간의 건강에 가장 위험한 오염 물질이다.

대기질 지수의 스케일은 0~500이다(그림 13.13). 대기오염 수준이 더 높고, 건강에 영향을 크게 미칠수록 대기질 지수는 높아진다. 일반적으로 대기질 지수 100은 오염 물질의 국가 대기질 기준에 해당한다. 보통 100 이하의 값은 만족스러운 수준이다. 지수값이 100을 초과하면 어린이와 노약자를 포함한 민감군에게 유해한 영향을 끼치며, 지수가 계속 증가하면 다른 모든 사람들에게 영향을 준다. 사람들이 그들의 지역의 대기질을 빠르고 쉽게 이해하도록 대기질 지수를 각기 다른 색으로 구분하였다. 현재 대기질 지수는 www.airnow.gov에 접속하면 확인할 수 있다.

▼ **그림 13.12 배출량과 성장 분야의 비교** 1980년부터 2012년까지 순 국내 생산은 133%, 차량 이동 거리는 92%, 에너지 소비 27%, 미국 인구는 38% 증가하였다. 동일한 기간 중에 주요 6개 대기오염 물질의 총 배출량은 67% 감소하였다.

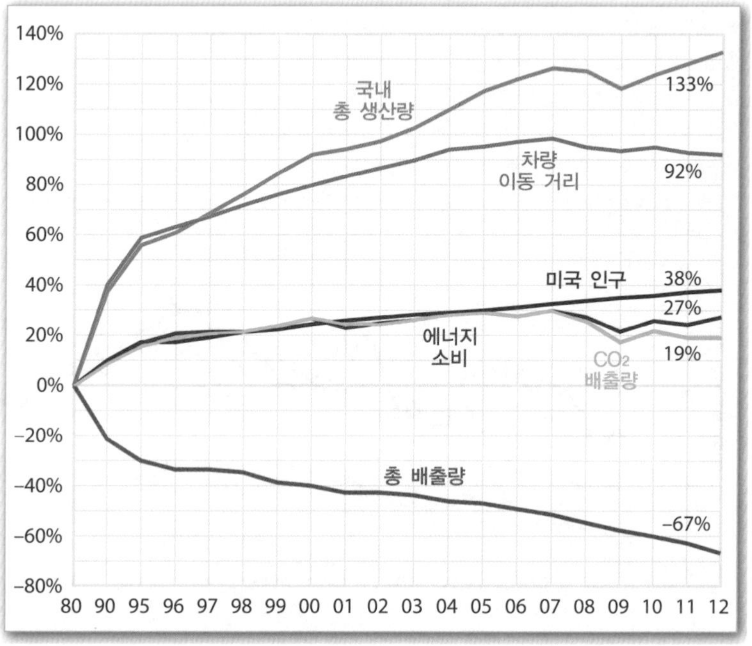

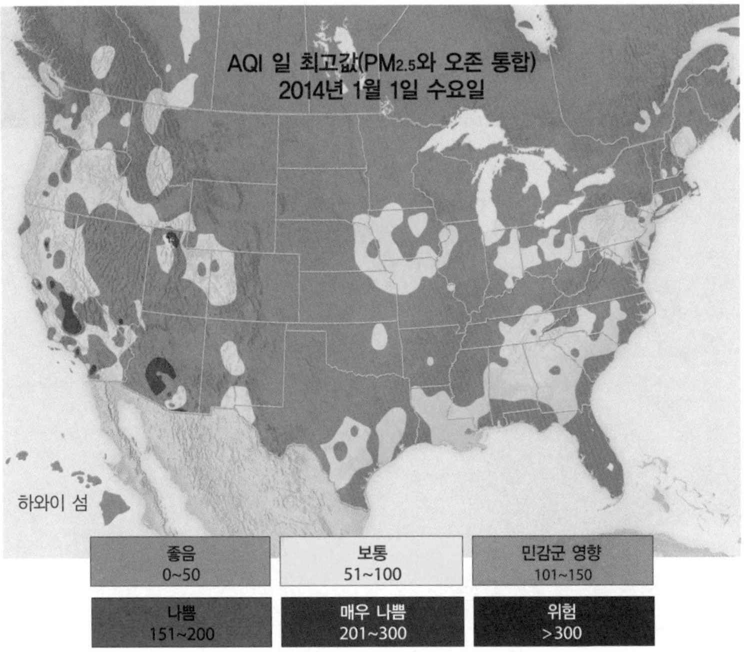

◀ **그림 13.13 대기질 지수**
Daily Peak AQI : AQI 일 최고값($PM_{2.5}$와 오존 통합) 2014년 1월 1일 수요일

∨ 개념 체크 13.3

❶ 대기 정화 정책은 언제 수립되었는가? 기준 오염 물질은 무엇인가?

❷ 1970년과 2012년의 1차 오염 물질의 배출량을 비교하시오.

❸ 대기질 지수란 무엇인가?

13.4 대기오염에 영향을 주는 기상학적 요소

대기질에 대한 바람의 영향을 설명한다. 기온역전 및 이와 관련해 혼합층 깊이를 그래프 또는 도표로 설명한다.

대기오염에 영향을 주는 가장 큰 요인은 대기로 방출되는 오염 물질의 양이다. 그러나 장기간 동안 비교적 꾸준하게 배출되더라도 하루하루 대기질의 변동이 크게 나타난다. 실제로 대기오염의 발생은 일반적으로 대기오염 물질 배출의 급격한 증가로 인한 것은 아니다. 글상자 13.3이 좋은 예시다.

아마도 당신은 "대기오염의 해결책은 희석이다."라는 말을 들어보았을 것이다. 심각한 대기오염 수준에서는 이 말이 사실이다. 대기오염 물질 확산에 영향을 주는 두 가지 주요한 기상인자는 바람과 대기 안정도이다. 오염 물질이 배출원을 떠나 얼마나 빨리 주변의 공기와 희석되는지를 결정하기 때문에 두 요소는 매우 중요하다.

바람 영향

그림 13.14는 풍속이 대기오염 농도에 미치는 영향을 나타낸 것이다. 오염 물질이 매초 굴뚝에서 배출된다고 가정을 하자. 만약 풍속이 10m/s(23mph)라고 하면, 매초 배출되는 각각의 오염된 연기는 10m씩 이동한다. 그러나 풍속이 5m/s라면 연기는 5m씩 이동한다. 따라서 풍속에 의한 효과로 오염 물질의 농도는 풍속이 10m/s일 때보다 5m/s일 때 2배가 된다. 이것은 왜 바람이 약하거나 잔잔한 바람이 불 때보다 바람이 강할 때 대기오염 현상이 좀처럼 일어나지 않는지 쉽게 설명해 준다.

풍속이 대기질에 미치는 두 번째 영향은 바람이 강하면

◀ **그림 13.14 오염 물질 확산에 미치는 풍속의 영향**
풍속이 감소하면 오염 물질 농도가 증가한다.

기상재해
글상자 13.3

대기오염 사례 보기

2010년 10월 초 중국 동부 지역에 고기압 시스템이 형성되고, 대기질이 나빠지기 시작했다. 10월 9일과 10일에 중국의 국립환경모니터링센터는 베이징 주변과 11일 동부 지역에서 대기질이 나빠져 위험 수준이라고 공표하였다. 시민 스스로가 보호 조치를 권고했다. 일부 지역에서는 시정이 100m(330ft) 이하로 떨어졌으며, 언론 매체들은 시정 악화로 인한 교통사고로 적어도 32명의 사망자가 발생했다고 보도하였다.

이 대기오염 사건은 그림 13.D의 NASA **Aqua**와 **Terra** 위성영상에 잘 나타난다. 동쪽 지역의 뿌연 흰색과 회색 부분은 스모그이며, 밝은 흰색 부분은 구름이다. **Aqua** 위성영상은 에어로졸(그림 13.E)과 이산화황(그림 13.F) 분포를 각각 나타낸다. 이산화황의 주된 배출원은 제철소와 발전소의 석탄 연소이다. 이때 이산화황의 최고 농도는 평상시 중국의 6~8배, 미국의 20배에 달했다. 에어로졸 지수는 주로 화전과 산업 과정에서 발생하는 연기와 입자들에 의해 흡수되는 자외선의 양을 나타낸다. 그림 13.E는 일부 지역에서 3.5 이상의 지수 값을 보여 준다. 지수 값이 4가 되면 하늘이 에어로졸로 뒤덮여 한낮에 태양빛을 보기 힘들다.

수천 명의 사람들이 천식과 호흡기질환으로 고통받았다.

이후 10월 11일에 기상이 변하였다. 고기압으로 정체되었던 공기가 강한 바람과 비를 동반한 한랭전선의 발달로 대기질이 깨끗해졌다. 물론 이번 대기오염 사건은 인간 활동으로 인한 오염 물질의 배출 없이는 일어나지 않았을 것이나 대기질의 변화에 있어서 기상 조건이 핵심적이었음을 주목할 필요가 있다.

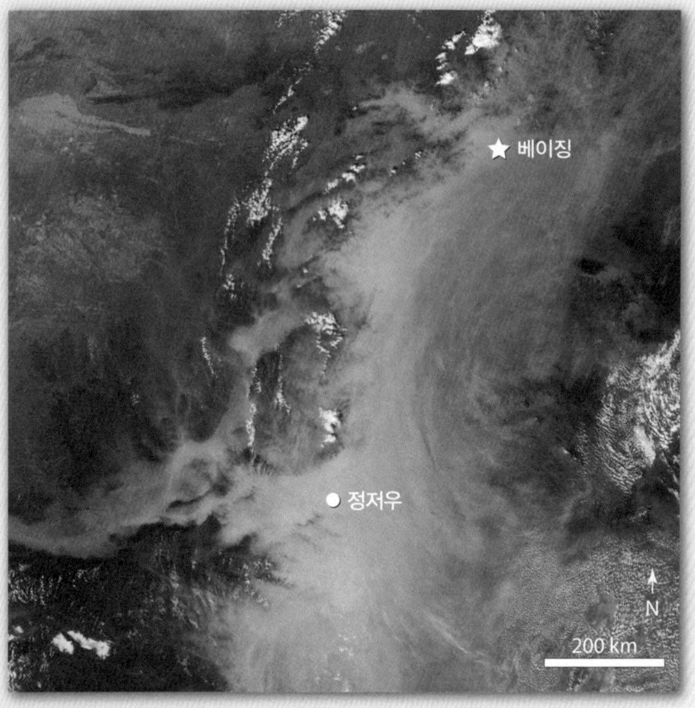

▲ **그림 13.D 중국 일부 지역을 괴롭히는 심각한 대기오염**
2010년 10월 8일 위성영상에 포착된 오염 지역

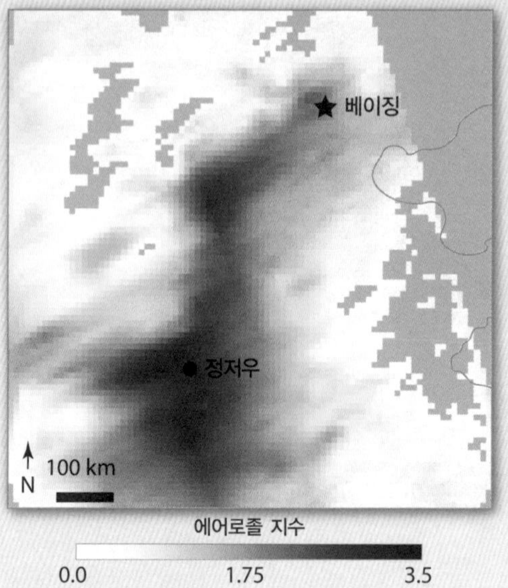

◀ **그림 13.E 에어로졸**
2010년 10월 위성영상으로 중국에서 대기오염이 발생한 지역의 높은 에어로졸 농도를 보여 준다. 회색 부분은 자료 부족.

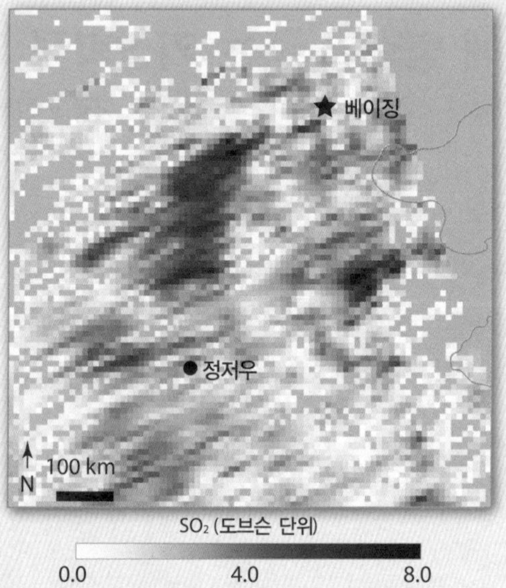

◀ **그림 13.F 이산화황(SO_2)**
마찬가지로 2010년 10월 위성영상으로 중국에서 대기오염이 발생한 지역의 1차 오염 물질인 이산화황의 높은 농도를 보여 준다. 회색 부분은 자료 부족.

질문

1. 이번 대기오염 발생에 있어서 이산화황의 배출원은 무엇인가?
2. 에어로졸의 주된 배출원은 무엇인가?

▲ 그림 13.15 로스앤젤레스 시내의 대기오염
기온역전은 오염 물질을 가두는 역할을 한다.

강할수록 더 강한 난류(turbulent)가 발생한다는 것이다. 그러므로 강한 바람은 오염된 공기를 주변 공기와 더 빨리 혼합시킴으로써 오염 물질을 더 많이 희석시킨다. 반대로 바람이 약할 경우 난류 발생이 적고 오염 물질의 농도는 높은 수준으로 지속된다.

대기 안정도의 역할

초기에 공기와 오염 물질이 혼합되는 양은 풍속이 지배하지만, 상층의 깨끗한 공기와 오염 물질이 연직적으로 혼합되는 규모는 대기 안정도로 결정된다. 지표면으로부터 대류 운동이 발생하는 높이까지의 연직 길이를 **혼합층 깊이**(mixing depth)라 하며, 혼합층 깊이가 커질수록 대기질은 개선된다. 혼합층 깊이가 수 킬로미터에 이르게 되면 오염 물질은 큰 부피의 청정 공기와 혼합되면서 빠르게 희석되지만, 혼합층 깊이가 얕은 경우 오염 물질은 매우 작은 부피의 공기에 국한되어 대기오염 물질의 농도를 건강에 유해한 수준까지 도달시킨다.

대기가 안정하다면 대류 운동이 억압되어 혼합층 깊이가 작아진다. 이와 반대로 불안정한 대기는 연직 대기 운동을 촉진시키고 혼합층 깊이를 더 깊게 만든다. 태양복사로 인한 지표면 가열은 대류 운동을 활발하게 만들기 때문에 혼합층 깊이는 대부분 오후에 깊게 나타나며, 같은 이유로 인해 일반적으로 겨울철보다 여름철의 혼합층 깊이가 더 깊다.

기온역전(temperature inversions)은 대기가 매우 안정하고 혼합층 깊이가 크게 제한되는 형태를 보이기 때문에, 찬 공기 위의 따뜻한 공기가 덮개로 작용해 연직 운동을 제한함으로써 상대적으로 지표 부근의 좁은 구역에 오염 물질이 갇히게 된다. 이러한 현상은 그림 13.15에 잘 표현되어 있다. 앞서 인용된 대부분의 대기오염 사례는 한 지역에서 수 시간에서 수일 동안 기온역전이 유지되어 발생한 사례이다.

지표 기온역전 태양복사 에너지로 인한 지표 가열은 늦은 아침부터 오후까지 환경 감률을 크게 하고 하층 대기를 불안정하게 한다(4장 참조). 그러나 밤에는 대기가 매우 안정하기 때문에 기온역전이 지표 부근에서 발달하게 된다. 이러한 지표 역전은 지표가 대기보다 효율적인 복사체이기 때문이다. 결국 기온이 가장 낮은 대기는 지표 부근에서 찾을 수 있으며, 그림 13.16의 A와 유사한 연직 기온 분포가 나타난다. 이후에 태양이 뜨고 지표가 가열되면 역전층은 사라지게 된다.

보통 지표 기온역전은 상당히 얇게 나타나지만 평탄하지 않은 지역에서는 깊게 발달하기도 한다. 따뜻한 공기보다 차가운 공기의 밀도가 더 크기 때문에 지표 부근의 차가운 공기는 고지대와 경사지로부터 서

▼ 그림 13.16 지표 기온역전
A. 일반적인 지표 기온역전 형태 B. 태양에 의해 지표가 가열된 후의 연직 기온 분포

A.

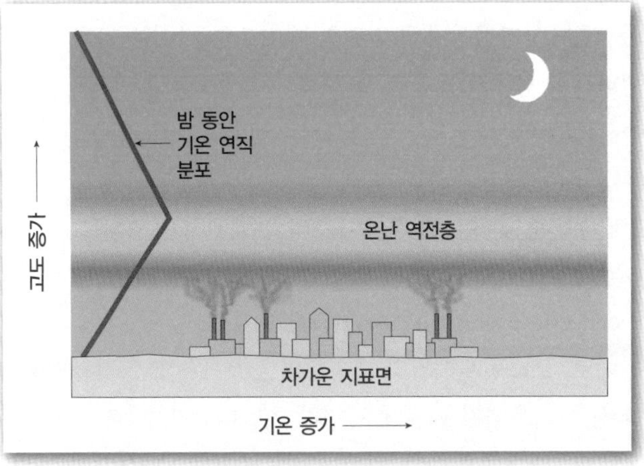

B.

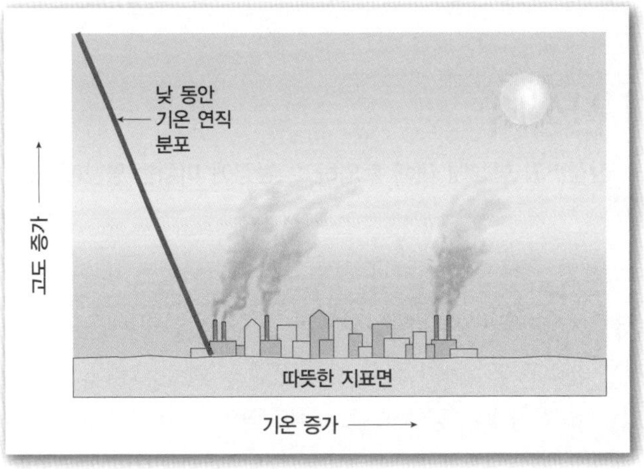

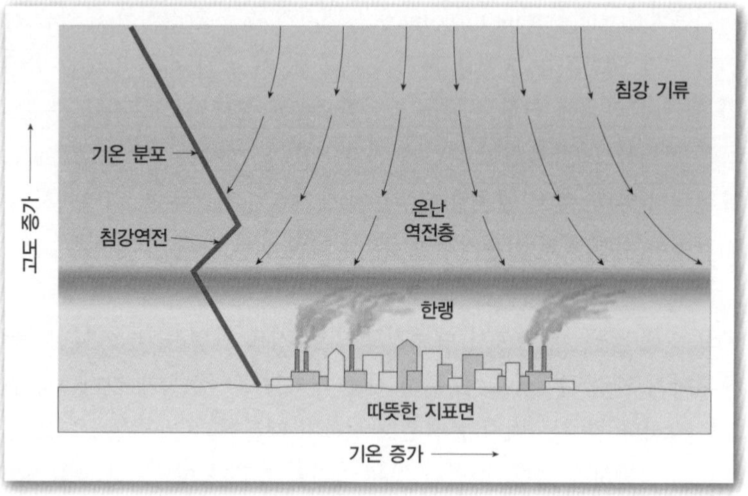

▲ **그림 13.17 침강역전** 상층 역전은 단열 기온 상승이 있는 고기압 중심부의 하강기류와 연관되어 있다. 하층의 지표 부근에서는 난류 발달로 인해 침강이 약하기 때문에, 역전은 지표면과 하강층 사이에서 발달하게 된다. 빨간색 선은 침강역전 발생 시 일반적인 연직 기온 분포이다.

서히 저지대와 협곡에 흘러들어 역전층을 형성하게 된다. 이렇게 생성된 기온역전은 일출 후에도 빨리 소멸하지 않는다. 따라서 계곡 내 공장 지대는 공업 용수 공급 측면에서 유리한 접근성을 가진 지역이지만, 상대적으로 두꺼운 역전층이 형성될 수 있기 때문에 대기질을 악화시킬 수 있다.

상층 기온역전 장기적이며 광범위한 대기오염 사례는 고기압 중심부에서 발생하는 침강 공기로부터 발달된 기온역전과 관련되어 있다. 침강 공기는 저고도에서 공기를 압축시키고, 이로 인해 기온이 상승하게 된다. 그리고 난류는 대부분 지표 근처에 존재하기 때문에 대기의 최하층부는 일반적으로 전체적인 하강기류의 영향에서 제외되므로, 하층의 난류층과 침강 고온층 사이에서 역전층이 발달하게 되는데, 이를 **침강역전**(subsidence-inversion)이라 한다(그림 13.17).

하나의 예로, 로스앤젤레스의 대기오염은 북태평양 고기압의 하강기류로 인한 상층 기온역전 때문에 빈번하게 나타난다. 더불어 이 도시는 태평양의 차가운 해류와 인접하고 산으로 둘러싸여 문제를 더욱 악화시킨다. 먼저 바람으로 인해 태평양의 차가운 기류가 로스앤젤레스로 이동하면서 따뜻한 공기를 상층으로 밀어내 기온역전이 형성된다. 여기에 주변의 산들이 도시 스모그의 교외 확산을 방해하기 때문에 오염 물질은 기상 상태가 변화하기 전까지 분지에 갇히게 된다. 이로써 지형적인 영향도 대기오염에 기인하는 것을 볼 수 있다.

결론적으로 바람이 강하고 대기가 불안정하다면 오염 물질은 빠르게 확산되고, 배출원 주변을 제외하고는 오염 물질의 고농도 현상은 발생하지 않는다. 반면에 기온역전이 발생하고 바람이 약할 경우 확산이 억제되기 때문에 주요 배출원이 있는 영역에서 고농도 현상이 나타난다. 특히 기온역전이 빈번하게 일어나며, 장시간 지속되는 도시 지역에서는 심각한 대기오염이 발생한다.

✓ 개념 체크 13.4

❶ 대부분의 대기오염 사례가 오염 물질의 배출량이 급격하게 증가해서 발생한 것인가? 설명하시오.

❷ 바람이 대기질에 영향을 미치는 두 가지 방법에 대하여 설명하시오.

❸ 혼합층 깊이란 무엇인가? 대기질에 어떤 영향을 미치는가?

❹ 지표 기온역전과 상층 기온역전의 형성 과정을 비교하시오.

자주 나오는 질문…

벽난로나 화로에 장작을 태우는 것이 주요 대기오염 물질이라 들었는데, 그것이 사실인가요?

그렇다. 장작을 태워 발생한 연기는 인체에 유해한 수준의 대기오염에 노출된다. 특히 추운 야간에 기온역전이 발생한다면 더욱 그렇다. 장작 연소 시 발생한 연기에서는 기름이나 가스난로보다 많은 양의 입자상 오염 물질이 발생하고 암을 유발하는 화학물질을 포함하기 때문에 더욱 위험하다. 일부 단체에서는 EPA의 승인을 받지 않은 벽난로나 화로 사용을 금지하고 있다.

13.5 산성비

산성비의 형성에 대해 토의하고, 환경에 미치는 영향에 대해 설명한다.

많은 양의 화석연료(주로 석탄과 석유)를 소비한 결과 미국에서는 매년 대기 중으로 수백만 톤의 황산화물과 질소산화물이 배출되고 있다. 2012년에는 총 1,700만 톤이 전력 생산 시설 및 제철 그리고 석유 정제 등의 산업 시설과 자동차 등에서 주로 배출되었다. 이러한 오염 물질들은 복잡한 화학 반응을 거치며 일부는 산성의 비나 눈으로 지표에 내리게 되는데, 이를 습성 침적이라 한다. 반대로 날씨가 건조한 지역에서는 산을 생성하는 화학물질이 먼지나 연기에 흡착해 지표에 떨어지게 되는데 이를 건성 침적이라 한다. 건성 침적된 입자들과 가스는 비로 인해

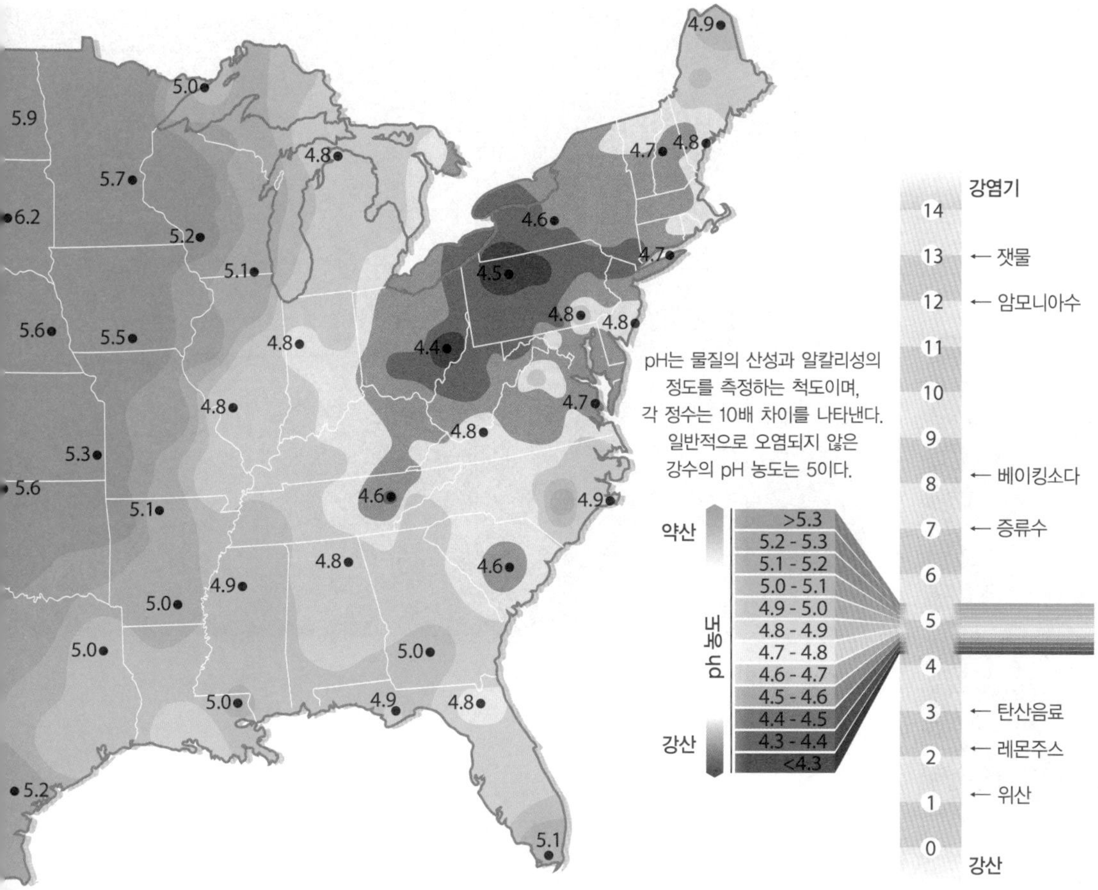

▲ **그림 13.18 2011년 미국 내 강수의 pH 농도** 미국 북동부 지역에서 강한 산성비가 나타난다.

지표에서 세척되며, 그 후 산성으로 변한다. 대기 중 산성물질의 절반은 건성 침적으로 인해 지표에 떨어진다.

1852년 영국의 화학자 앵거스 스미스(Angus Smith)는 공장에서 배출된 오염 물질로 인해 영국 미드랜드에 내린 강수를 산성비(acid rain)라 하였다. 이 현상은 반세기가 넘도록 많은 환경 과학자들에게 집중 연구대상일 뿐만 아니라 실질적으로는 국제 정치의 중요한 주제로 취급되었다. 스미스는 산성비가 환경에 미치는 영향을 파악하였지만, 큰 규모의 산성비 효과는 20세기 중반까지 인식되지 못하였다. 결국, 1970년 후반이 되어서야 정부 차원의 지원을 통하여 산성비 문제가 본격적으로 연구되면서 폭넓은 관심을 받았지만, 아직도 해결되지 못한 환경 문제로 계속 거론되고 있다.

산성비의 강도와 범위

일반적인 비는 산성을 나타낸다. 대기 중의 이산화탄소가 수증기에 녹을 때 약간의 탄산이 생성되며, 산성을 띠는 미량의 자연적인 기체 또한 강수의 산성화에 기여한다. 일반적인 비의 산성도는 5.6에 가깝게 나타나는 것으로 알려져 있지만(그림 13.18) 청정 지역에서의 같은 연구를 통해 일반적인 강수의 산성도는 5에 가깝게 나타나는 것으로 알려져 있다. 불행히도 인간 활동이 활발한 도시 지역을 중심으로 반경 수백 킬로미터 범위에서는 훨씬 낮은 pH 농도가 나타난다. 이런 비나 눈을 **산성비**(acid precipitation)라고 한다.

한동안 광범위한 산성비가 북유럽과 북미 동부 지역에 발생하였고(그림 13.18), 북미, 일본, 중국, 러시아, 남미 등을 포함한 다양한 지역에서 산성비 연구가 이루어졌다. 미국 북동부와 캐나다 동부에서는 이 지역의 배출원과 더불어 수백 킬로미터 떨어진 남부와 남서부의 공업 지역에서 많은 오염 물질이 5일 정도 대기 중에 남아 장거리 수송되면서 강한 산성도를 나타내었다.

오염원 주변 지역의 농도를 감소시키는 것은 효율적인 저감 방법 중 하나이다. 높은 굴뚝은 상층에서 지속적으로 부는 강한 바람으로 인해 대기질 개선에 도움을 주는데, 이는 확산을 통해 오염 물질을 신속히 희석시키지만, 한편으론 오염 물질의 장거리 수송을 강화시킨다. 이러한 이유로 개개의 굴뚝에서 배출되는 오염 물질은 지역 간 대기오염 문제를 야기해 주변 지역의 환경과 건강에 위협이 될 수 있다. 불행하게도, 미국 동북부 지역의 오염 물질은 기상에 의해 대부분 혼합되기 때문에 지역 배출과 장거리 수송에 의한 영향을 구분하기 어렵다.

산성비의 영향

산성비는 보통 비와 크게 다르지 않아 냄새와 맛으로 구분할 수 없고, 산성비를 맞으며 산책하거나 혹은 산성비가 내린 호수에서 수영한다면 산성비의 영향을 받지 않은 곳에서 활동하는 것보다 위험할 수 있다. 특히 이산화황이나 질소산화물은 인간에게 직접적인 영향을 주게 되는데, 장거리 수송 중 미세 입자로 형성되어 폐에 흡입되면서 심장 질환이나 천식 또는 기관지염 같은 폐 질환을 일으킨다.

이산화황이나 질소산화물로 인해 생성된 산성비는 인체뿐만 아니라 환경에도 크게 영향을 미친다. 잘 알려진 예로 스칸디나비아와 북아메리카 동부 지역의 수천 개의 호수와 계곡의 산성도 증가가 있다. 호수의 산성화로 인해 실질적으로 토양 내 알루미늄 농도가 증가하였고, 물고기가 중독되었기 때문에 일부 호수에 물고기가 사라졌다. 다양한 생물체의 상호작용으로 유지되는 생태계이기 때문에 복잡한 시스템 내에서 산성비의 영향을 완전히 평가하는 것은 매우 어렵고 많은 노력이 필

대기를 바라보는 눈 13.2

2011년 5월 6일 중국 쓰촨성 분지 지역에 발생한 대기오염 사례. 흰 구름과 인근 산에 남아 있는 눈을 제외한 회색 연무가 오염 물질이며, 반투명 장막을 형성하고 있다. 이는 도시와 산업 지역의 주요 에너지 자원인 석탄의 연소로 인해 발생하였으며, 이전 주에는 대기오염이 심각하지 않아 가시성이 좋았다(NASA).

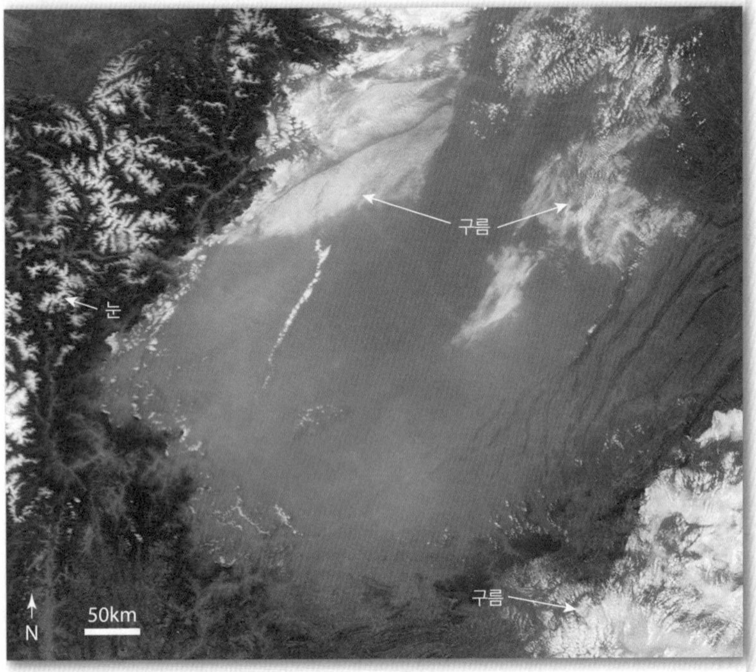

질문

1. 5월 6일에 어떤 2차 오염 물질이 존재하는지 예상한다면?
2. 매주 이 지역에서 배출되는 오염 물질의 양이 크게 변하지 않는다면, 왜 일주일 전에는 공기가 맑았으며, 그 후에 오염이 발생하였는가?

요하다.

좁은 지역에서 발생한 산성비는 호수마다 다양한 영향을 미치게 되는데, 이러한 다양성은 호수를 둘러싼 토양과 암석의 성질과 연관되어 있다. 일부 바위나 토양에 존재하는 방해석 같은 광물질은 산성을 중화시킬 수 있어, 광물질로 둘러싸여 있는 호수의 경우 산성화될 가능성이 적다. 반대로 이러한 물질이 부족한 호수는 더 큰 영향을 받게 된다. 또한 아직 산성화가 진행되지 않은 호수일지라도 광물질이 고갈된다면 산성화가 진행될 수 있다.

▲ **그림 13.19 산성비에 의한 산림 피해**
산성비 피해를 입은 노스캐롤라이나 주의 애팔래치아 산맥의 나무들

더 이상 어류가 서식할 수 없는 수천 개의 호수와 더불어 산성비는 농작물의 수확량을 감소시키고 산림을 파괴한다. 산성비는 나뭇잎뿐만 아니라 뿌리에도 영향을 끼치며, 토양 내 영양소를 파괴한다(그림 13.19). 그리고 철 구조물을 부식시키며 석재 조형물을 풍화시킨다(그림 13.20).

정리하면, 이산화황이나 질소산화물과 같은 화합물은 산업 활동에 의한 연소 과정 등에 의해 발생하여 대기 중으로 유입된다. 대기는 배출원에서 배출된 오염 물질이 침적지로 이동하는 경로이며, 연소 생성물을 산성 물질로 변화시키는 매개체 역할을 하기 때문에, 산성비가 대기 중의 산성 물질을 지표면으로 전달한다. 또한 산성비는 수생 시스템에 해로운 영향을 주게 된다.

이전 장에서 언급했듯이 이산화황 및 질소산화물의 배출량 감소는 대기질 개선에 기여할 뿐만 아니라 많은 지역에서 강수의 산성도를 감소시킨다(표 13.1, 그림 13.10 참조). 뿐만 아니라 호수와 개울을 장기적으로 관찰한 결과 산성에 민감한 물은 자정 작용이 있는 것으로 나타났지만 산성비는 복잡한 세계적 환경 문제로 남아 있다.

대기를 바라보는 눈 13.3

웨스트버지니아의 언덕의 계곡에 위치한 이 굴뚝은 석탄 화력 발전소의 일부이다. 높은 굴뚝은 일반적으로 발전소뿐만 아니라 많은 공장에서 사용되며, 이 사진에서는 광범위한 복사안개가 지표를 덮고 있다(마이클 콜리어 촬영).

질문

1. 이러한 현상은 이른 아침과 정오 중 어느 시간에 발생하는가? 설명하시오.
2. 사진을 촬영한 시간에 예상되는 수직 기온 분포을 그리시오.
3. 높은 굴뚝으로 인해 이 지역의 대기질이 나은 두 가지 이유가 있다면 무엇인가?

▲ 그림 13.20 산성비는 화학적 풍화를 가속시킨다
석재 유물이 서서히 분해될 것으로 예상하였지만, 많은 석재 유물이 산성비로 인해 화학적 풍화가 빠르게 진행되고 있다.

Video
헬로 크리드
http://goo.gl/gDF9ps

✓ 개념 체크 13.5

❶ 산성비를 생성하는 주요 오염 물질은 어떤 것이 있는가?

❷ pH가 6인 물질에 비하여 pH가 4인 물질은 얼마나 산성도가 높은가?

❸ 그림 13.18을 볼 때 미국의 어느 지역의 강수가 높은 산성을 띠는가?

❹ 산성비는 환경에 어떤 영향을 끼치는가?

13 요약

13.1 대기오염의 위험

▶ 대기오염의 여러 자연적 발생원을 열거하고, 이 중 인간이 유발시킨 오염 물질을 확인한다.

- 대기오염은 인간의 수명을 단축시키고 농업에 부정적인 영향을 끼친다.
- 일반적으로 대기는 완전하게 깨끗할 수 없다. 화산재, 염분 입자, 꽃가루와 포자, 연기, 그리고 바람으로 생성된 먼지 입자 등이 '자연적인 배출원'의 예이다.
- 런던의 악명 높은 연기 오염 등과 같은 일부 유형은 최근에 발생하였지만 대기오염은 몇 세기에 걸쳐 주변에 존재하였다.

13.2 대기오염의 근원과 형태

▶ 1차 오염 물질과 2차 오염 물질을 구별한다. 이들 각각의 영향이 인간과 환경에 미치는 중요한 예를 든다.

주요 용어 대기오염 물질, 1차 오염 물질, 2차 오염 물질, 스모그, 광화학 반응, 보그

- 대기오염 물질은 환경과 건강을 파괴하는 위험한 부유 입자와 가스를 통칭한다.
- 오염 물질은 크게 두 가지로 분류된다. (1) 1차 오염 물질은 특정 오염원에서 직접적으로 대기에 배출되는 오염 물질이고, (2) 2차 오염 물질은 1차 오염 물질이 대기 중 화학 반응을 통해 생성하는 오염 물질이다.
- 주요 1차 오염 물질은 입자상 물질(PM), 이산화황, 질소산화물, 휘발성 유기화합물(VOC), 일산화탄소, 납 등이 있다. 대기 황산화물은 대표적인 2차 생성 물질이다.
- 도시와 산업 지역에서 발생하는 대기오염을 스모그라 부른다. 유해한 가스나 입자가 결합된 광화학 스모그는 대기에서 강한 태양빛이 화학 반응에 촉매로 작용한다. 광화학 스모그의 주된 화합물은 오존이다.

Q. 그림 13.7을 참조할 때, 우리는 화석 연료(석탄, 석유, 천연가스)로부터 얼마나 많은 에너지를 얻고 있는가? 어느 범주에서 석탄을 가장 많이 소모하고 있는가?

13.3 대기질의 경향

▶ 1980년 이후 대기질의 변화 경향을 요약한다.

주요 용어 대기질 지수(Air Quality Index, AQI)

- 비록 대기오염 물질의 제어를 통해 대기질 개선에 상당한 진전이 있었지만 우리가 숨 쉬는 공기의 질은 심각한 보건 문제로 남아 있다.
- 산업 활동, 인구의 증가, 기상 조건 그리고 배출량 규제 강화의 노력은 대기질 경향에 영향을 미친다.
- 1970년의 대기 정화 정책(Clean Air Act)은 2차 오염 물질인 오존과 더불어 네 가지 주요한 오염 물질인 입자상 물질, 이산화황, 일산화탄소, 질소산화물에 대한 기준을 정립하였다. 미국은 2012년의 주요 대기오염 물질 농도가 1970년보다 약 72% 감소하였다.

Q. 1980년대 이후 1인당 대기오염 물질의 배출량이 증가 또는 감소하였는지 그림 13.12를 사용해 설명하시오.

13.4 대기오염에 영향을 주는 기상학적 요소

▶ 대기질에 대한 바람의 영향을 설명한다. 기온역전 및 이와 관련해 혼합층 깊이를 그래프 또는 도표로 설명한다.

주요 용어 혼합층 깊이, 기온역전, 침강역전

- 대기오염 사례는 일반적으로 고농도의 오염 물질이 배출될 때 발생하지 않고, 기상이 특정한 조건으로 변하면서 발생한다.
- 대기오염에 영향을 주는 주요한 두 가지 기상 조건은 (1) 바람의 세기와 (2) 대기의 안정도이다.
- 풍속은 대기오염 농도에 직접적인 영향을 끼치며, 풍속이 강하면 오염 물질이 빨리 희석되거나 확산되어 대기질은 개선된다.
- 대기 안정도는 오염 물질이 깨끗한 상층 대기와 혼합되는 연직 운동을 결정한다. 지표면으로부터 대류 운동을 포함하는 높이까지의 연직 길이는 혼합층 깊이라 하며, 일반적으로 혼합층 깊이가 커질수록 대기질은 개선된다. 기온역전이 발생하면 대기가 매우 안정하고, 혼합층 깊이가 매우 제한적이게 된다.
- 기온역전이 존재하고 풍속이 약할 때는 확산이 매우 제한적이기 때문에, 그 지역에 배출원이 존재한다면 오염 물질의 고농도 현상이 발생할 수 있다.

Q. 오른쪽 그림에서 하부보다 상부가 더 오염되었는지 설명하시오.

13.5 산성비

▶ 산성비의 형성에 대해 토의하고, 환경에 미치는 영향에 대해 설명한다.

주요 용어 산성비

- 인간 활동이 활발한 지역을 중심으로 수백 킬로미터 내에는 사람이 살지 않는 지역보다 산성도가 높은 강수가 관측된다.
- 연소나 산업 활동에 의해 생성된 황산화물과 질소산화물은 복잡한 대기 반응을 통해서 산으로 변화되어 산성비(산성비 또는 눈)를 형성한다.
- 대기는 배출원에서 배출된 오염 물질이 침적지로 이동하는 경로이며, 연소 생성물을 산성 물질로 변화시키는 매개체 역할을 한다.
- 산성비는 스칸디나비아와 북미 동부 지역의 수천 개의 호수나 계곡의 산성도를 증가시키는 등, 환경에 피해를 끼친다. 게다가 산성 호수를 생성해 물고기를 중독시키며, 복잡한 생태계를 해롭게 변질시킨다.

생각해 보기

1. 1장에서 우리는 대기 중 오존이 분해되는 것에 대하여 배웠다. 이 장에서 본 바에 따르면 그것은 오존 제거를 위한 좋은 방법이 될 수 있는 것처럼 보인다. 여기서 보이는 모순을 설명하시오.

2. 표 13.1은 대기질과 배출량의 경향에 대해 나타내고 있다. 오존이 '농도의 변화'에는 나타나지만 '배출량의 변화'에는 나타나지 않는 이유를 설명하시오.

3. 자동차에 의해 배출되는 오염 물질은 30~40년 전에 비하여 급격히 줄었음에도 불구하고 기대하는 것보다 대기오염의 개선 정도가 적은 이유를 이 장의 그림 하나를 예를 들어 설명하시오.

4. 자동차는 대기오염의 주요 배출원이다. 아래 그림처럼 전기차를 사용할 경우 자동차로부터 배출되는 오염 물질은 줄어들 것이다. 전기자동차에서 오염 물질이 매우 적게 혹은 배출되지 않는다면 자동차가 여전히 주요 오염 배출원이라고 할 수 있는가? 이를 설명하시오.

5. 당신이 큰 도시 지역의 공항에 있다고 가정할 때, 그 도시에서 대기질 경보가 발생하고 연무로 인해 시정이 악화되고 있다. 그런데 비행기가 이륙 후에 갑자기 매우 맑아진다면, 어떤 이유로 인한 것인지, 원한다면 그림을 그려 설명하시오.

6. 아래 첨부된 사진과 같이 대기오염 사례는 지구 표면에 도달하는 복사량을 감소시킨다. 각각의 예에서 오염 농도가 동일하다고 가정할 때, 어느 지역에서 감소 효과가 가장 클 것인지 선택하고 설명하시오.

   a. 여름철 고위도 지역
   b. 겨울철 고위도 지역
   c. 여름철 저위도 지역
   d. 겨울철 저위도 지역

7. 그림 9.2와 9.3을 보면 온난전선 또는 한랭전선의 단면에서는 차가운 공기 위에 따뜻한 공기가 있는 것을 볼 수 있다. 전선에 의해 기온역전이 발생하지만 왜 대기질에는 거의 영향을 미치지 않는지 설명하시오.

8. 오존은 때때로 '여름 오염 물질'이라 불린다. 왜 여름은 '오존 시즌'인가?

9. 높은 굴뚝을 사용하면 지역 대기질을 개선시킬 수 있다. 하지만 다른 지역의 대기질을 악화시킬 수도 있다. 이를 설명하시오.

14 변화하는 기후

핵심개념

다음의 각 항목은 이 장에서 다루는 주요 주제에 대한 기본 학습 목표를 나타낸다. 이 장을 학습하고 나면 여러분은 다음 항목을 이해할 수 있다.

14.1 과거의 기후변화를 밝히는 것이 어떻게 기후 시스템과 연관되는지를 설명하고, 이러한 변화를 탐지하는 여러 방법에 대해 논의한다.

14.2 기후변화의 자연적 원인과 연관된 네 가지 가설을 논의한다.

14.3 약 1750년 이후의 대기 조성 변화의 특성과 원인을 요점 정리한다. 그에 따른 기후의 반응을 기술한다.

14.4 양의 되먹임과 음의 되먹임을 비교 설명하고 각각의 예를 제시한다.

14.5 지구온난화의 몇 가지 가능성 높은 결과들에 대해 논의한다.

이 장과 15장은 날씨의 장기적 집합인 기후에 초점이 맞춰졌다. 기후는 평균 대기 상태라는 단순한 표현 그 이상으로서, 한 장소 또는 한 지역의 특징, 변동, 극한값 등의 정확한 묘사를 모두 포함한다. 세계 여행의 기회를 갖게 된 사람은 누구라도 한 행성에서 이렇게 모든 기후가 다 일어날 수 있을까 믿기 어려울 만큼 놀라운 기후의 다양성을 보게 될 것이다.

빙하는 기온 및 강수의 변화에 민감하기 때문에 기후변화의 단서를 제공한다. 알래스카에 있는 대부분의 다른 빙하와 마찬가지로 수어드 인근의 베어 빙하는 끊임없이 산 쪽으로 후퇴하고 있다.

14.1 기후 시스템 : 기후변화 탐지의 열쇠

과거의 기후변화를 밝히는 것이 어떻게 기후 시스템과 연관되는지를 설명하고, 이러한 변화를 탐지하는 여러 방법에 대해 논의한다.

기후는 사람들에게 중대한 영향을 미치는데, 사람들 또한 기후에 강한 영향을 준다는 것을 배울 것이다. 사실, 오늘날 인간에 의해 유발된 지구의 기후변화는 주요 환경 문제이다. 왜 기후변화가 뉴스거리로서 가치가 있을까? 그 이유는 인간 활동에 초점 맞춰진 연구와 환경에 미치는 결과가 인간이 무심코 기후를 변화시키고 있음을 말해 준다는 데 있다. 자연적인 변동인 지질학적 과거의 변화와는 달리 현대의 기후변화는 자연 변동성의 한계 범위를 넘어설 정도로 큰 인간의 영향에 지배된다. 더욱이 이러한 변화는 여러 세기 동안 지속될 가능성이 크다. 기후를 가지고서 이렇게 미지 세계를 탐험하는 결과는 인간뿐 아니라 다른 많은 생명체들에게도 매우 파괴적일 수 있다. 이 장의 후반부에서는 인간이 어떤 식으로 지구의 기후를 변화시킬 수 있는지에 관해 고찰한다.

기후 시스템

이 책 전반에 걸쳐 지구는 상호작용하는 많은 부분으로 이루어진 복잡한 시스템이라는 것을 자주 일깨웠다. 어느 한 부분의 변화는 다른 어떤 부분 또는 다른 모든 부분의 변화를 생성시킬 수 있다. 그리고 대개 이러한 변화는 확실하지도 즉각적으로 나타나지도 않는 식으로 일어난다. 기후변화와 그 원인을 이해하는 열쇠는 기후가 지구 시스템의 모든 부분들과 관련 있다는 사실이다. 우리는 태양을 그 에너지원으로 하고 대기권, 수권, 지권(고체의 지구), 생물권, 설빙권 등을 포함하는 **기후 시스템**(climate system)이 존재한다는 것을 인정해야만 한다. 앞의 4개 권역은 1장에서 논의되었다. **설빙권**(cryosphere)은 고체 상태의 물이 존재하는 지표면 부분을 일컫는다. 이것은 눈, 빙하, 해빙, 담수 얼음, 얼어 있는 땅(영구동토라 부름) 등을 포함한다. 기후 시스템은 다섯 권역들 사이에서 일어나는 에너지 및 수분의 교환 과정을 포괄한다. 이 교환 과정이 대기를 다른 권역들과 연동시켜 전체 권역이 극도로 복잡하게 상호작용하는 하나의 장치로서 작용한다. 기후 시스템에서의 변화는 고립되어 일어나지 않는다. 대신, 기후 시스템의 한 부분이 변할 때, 다른 성분들이 반응한다. 기후 시스템의 주요 성분들은 그림 14.1에 나타나 있다.

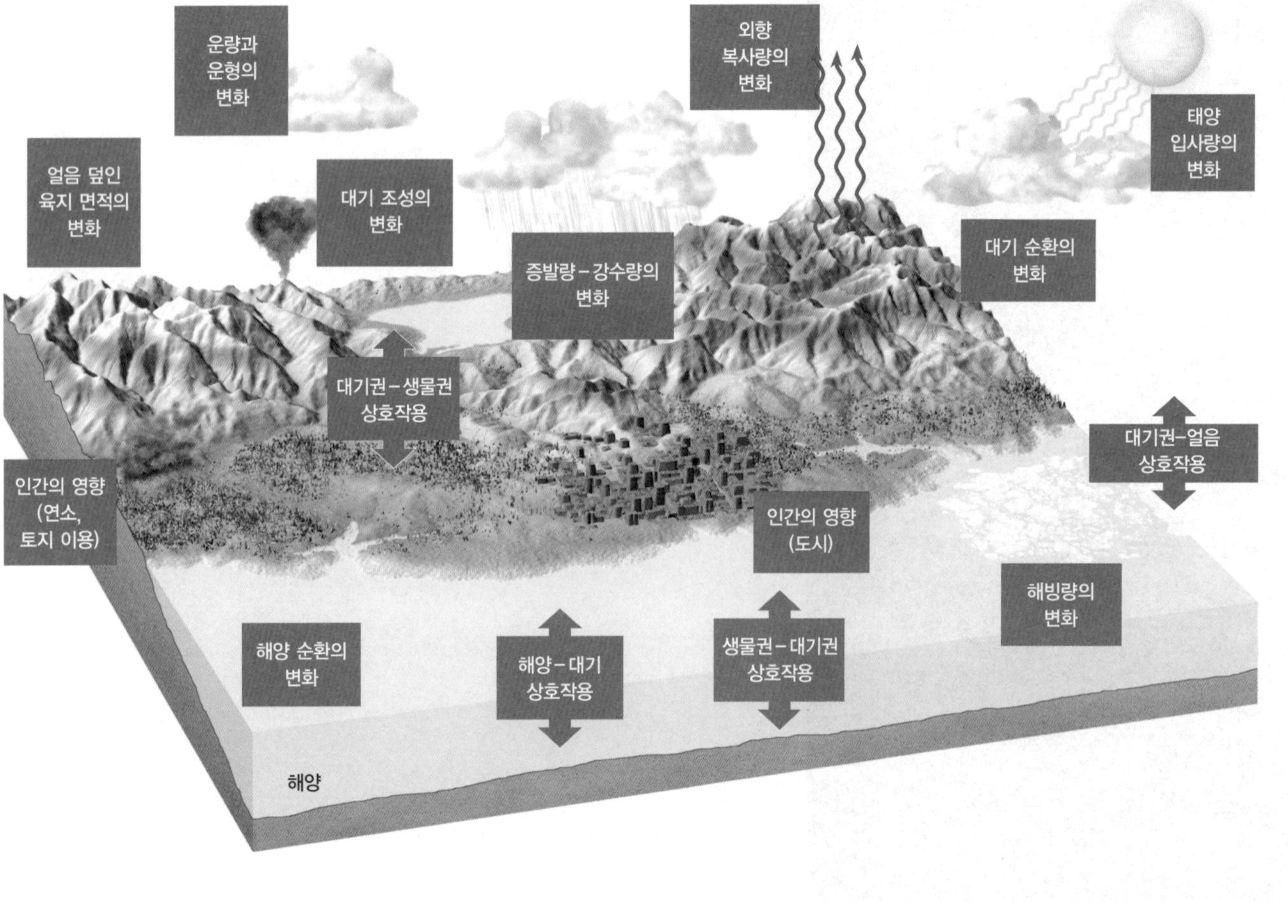

◀ 그림 14.1 지구 기후 시스템
지구 기후 시스템의 여러 구성 요소들을 보여 주는 개략도. 광범위한 시공 규모에 걸쳐 여러 구성 요소들 간에 많은 상호작용이 일어나는데, 이것이 시스템을 극도로 복잡하게 만든다.

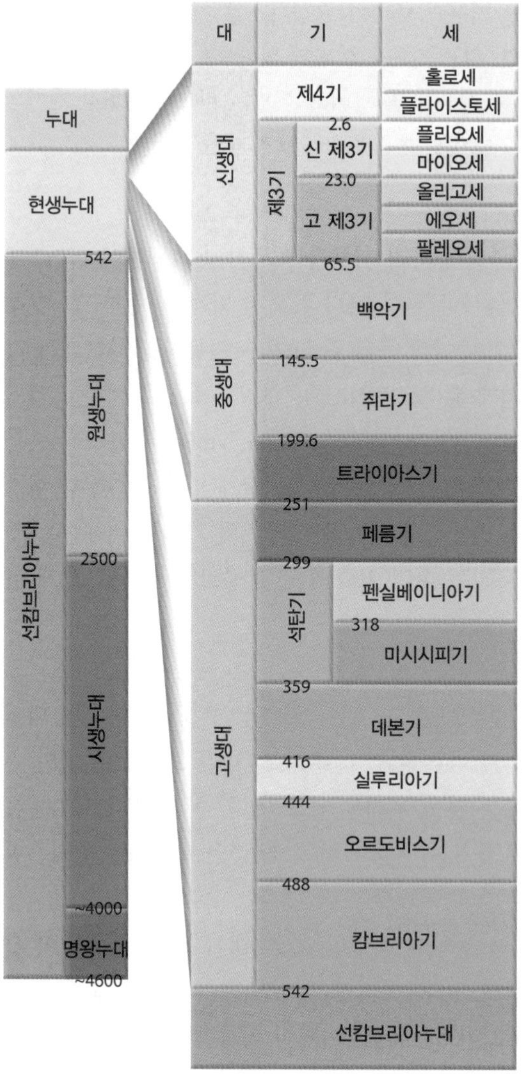

◀ **그림 14.2 지질학적 시간 규모**
시간 규모는 기나긴 46억 년의 지구 역사를 누대(eon), 대(era), 기(period), 세(epoch)로 나눈다. 숫자는 현재로부터 100만 년 전을 뜻한다. 선캄브리아기가 지질학적 시간의 88% 이상을 차지한다.

기후 시스템은 기후 연구를 위한 골격을 제공한다. 기후 시스템의 성분들 간의 상호작용과 교환 과정이 다섯 권역을 연동시키는 복잡한 연결망을 만든다. 여러분이 알게 될 것처럼, 기후 시스템이 지구의 권역들 모두를 포괄하기 때문에, 많은 출처로부터 얻은 자료가 기후변화를 연구하고 탐지해 내기 위해 사용된다.

기후변화의 탐지

15장에서 고찰되는 것처럼 기후는 장소마다 다를 뿐만 아니라 시간에 따라서도 자연적으로 변한다. 엄청나게 긴 지구 역사 동안, 그리고 인간이 지구를 배회하기 전 오랜 동안 많은 변화가 있었다 — 따뜻했다 추워지고, 습했다 건조해지기를 반복하였다. 실제로, 빙하기에서 아열대 석탄 늪 내지 사막 언덕과 연관된 상태로 변하는 것과 같이 우리 지구 위의 모든 곳은 기후의 폭넓은 주기적 변동을 겪어 왔다.

기후변화 화석과 그 외 많은 지질학적 단서를 사용하여, 과학자들은 수억 년을 뒤로 거슬러 지구의 기후를 복원해 왔다. 긴 시간 규모(수천만 년에서 수억 년)에 대해서 지구의 기후는 대체로 따뜻한 '온실' 또는 추운 '냉실'이었던 것으로서 특징지을 수 있다.

온실 시기 동안, 양극에는 영구 얼음이 거의 없다시피 했으며, 비교적 따뜻한 온대 기후가 고위도에 나타난다. 냉실 상태 동안, 지구 기후는 한 극 또는 양극 모두에서 광범위한 빙상을 유지시킬 정도로 충분히 서늘했다. 현생(생명체의 출현)누대(Phanerozoic eon)로 알려진 과거 5억 4,200만 년 동안 지구의 기후는 단 몇 차례 이 두 범주의 기후 간에 서서히 전환되었다(그림 14.2). 현생누대의 암석과 퇴적물은 주요 환경 및 진화 추세를 입증하는 풍부한 화석을 포함하고 있다. 가장 최근의 전환은 신생대 동안 일어났다.

신생대 초기는 이전의 중생대 동안 공룡이 겪었던 것과 같은 온실 기후의 시기였다. 그러나 약 3,400만 년 전까지 냉실 상태의 도래를 알리는 영구 빙상이 남극에 존재했었다(그림 14.3). 포유류의 다양성이 최대에 이르렀을 정도로 마이오세(약 2,000만 년 전) 동안 기후는 온난했다. 그러고 나서, 기후는 차졌다. 북아메리카에서는 무성한 '온실' 삼림

▼ **그림 14.3 신생대 동안의 상대적인 기후변화**
지난 6,500만 년 동안, 지구의 기후는 따뜻한 '온실'에서 '냉실'로 변했다. 오랜 시간 범위를 통해 볼 때 기후는 안정적이지 않다. 지구는 따뜻한 시기와 추운 시기가 반복하는 변화를 여러 차례 겪어 왔다.

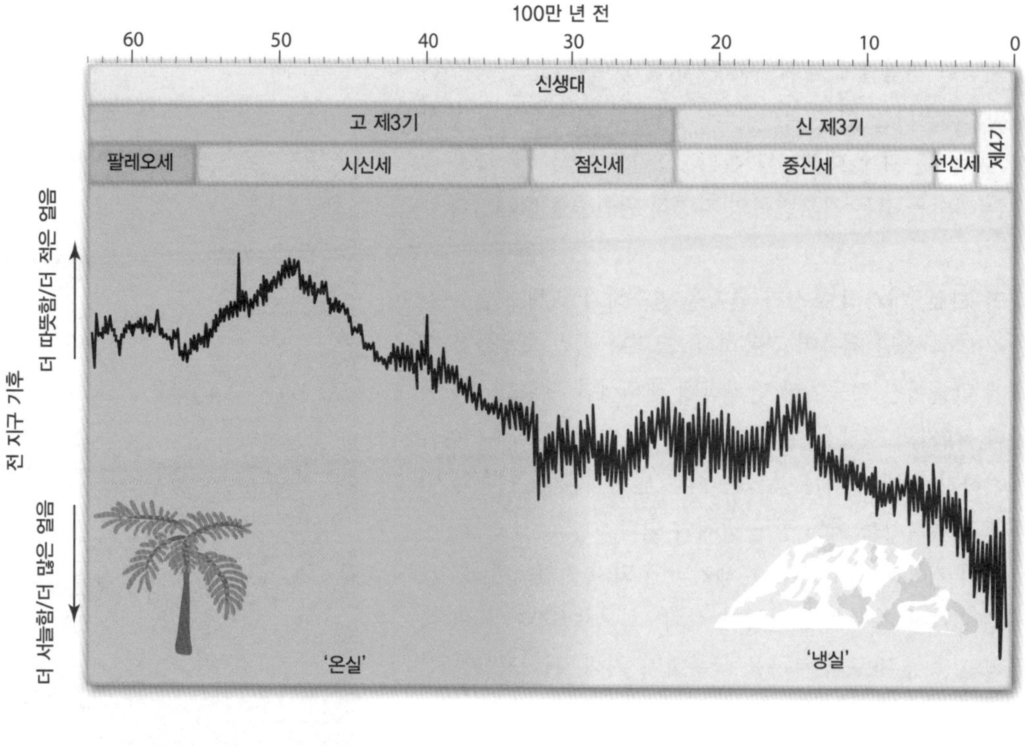

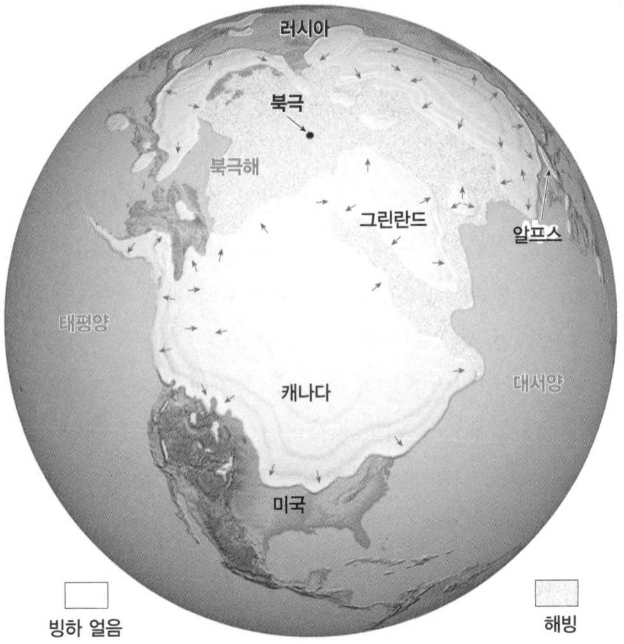

▲ **그림 14.4 얼음이 어디에 있었나?**
이 지도는 제4기 빙하기 동안 북반구 빙상의 최대 범위를 보여 준다.

(와이오밍 주에는 야자나무가 있었고 오리곤 주에는 바나나 나무가 있었다)이 휑한 초원으로 바뀌었다. 초원 생태계는 더 차고, 건조한 '냉실' 기후에 더 적합하다. 200만 년 전(제4기의 시작), 지구의 기후는 양극에 대규모 빙상이 유지될 수 있을 만큼 추웠다. 북반구에서 얼음은 거의 오늘날의 오하이오 강에 이를 만큼 남쪽까지 진출했으며, 그 후 그린란드까지 후퇴했다(그림 14.4). 지난 800,000년 동안, 이 얼음 진퇴의 반복은 약 100,000년마다 일어났다. 최후의 대규모 빙상 진출은 약 18,000년 전에 최대에 이르렀다.

이러한 변화들에 대해 우리는 어떻게 아는 걸까? 원인은 무엇일까? 다음 절은 과학자들이 어떻게 지구의 기후 역사를 해독하는지에 대해 살펴본다. 그러고 나서, 몇 가지 중요한 의미를 갖는 기후변화의 자연적 원인들을 탐구한다.

대리 자료 대기의 조성과 역학을 연구하기 위해 지금은 첨단 기술과 정밀 계측이 가용하다. 그러나 이런 도구들은 최근에 만들어진 것들이라 단기간에 대해서만 자료를 제공해 왔다. 대기의 형태를 완전히 이해하고 미래의 기후변화를 예견하기 위해 우리는 폭넓은 시간 범위에 걸쳐 기후가 어떻게 변했는지를 어느 정도 밝혀야 한다.

측기 기록은 기껏해야 수 세기밖에 되지 않았으며, 먼 과거로 갈수록 자료의 완전함과 신뢰도는 떨어진다. 이런 직접적인 측정 자료의 부족을 극복하기 위해, 과학자들은 간접적인 증거를 사용함으로써 과거 기후를 해독하고 복원해야 한다. **대리 자료**(proxy data)는 역사 문헌뿐 아니라 해저 퇴적물, 빙하, 화석 꽃가루, 그리고 나무-성장 나이테 등과 같은 기후 변동성을 나타내는 자연 기록 장치에 의해 얻게 된다(그림 14.5). 대리 자료를 분석하고 과거 기후를 복원하는 과학자들은 **고기후학**(paleoclimatology) 연구에 종사한다. 이러한 작업의 주 목적은 현재 기후 및 잠재적 미래 기후를 평가하기 위해 자연적 기후 변동성의 맥락에서 과거의 기후를 이해하는 것이다. 다음 논의에서 우리는 대리 자료의 몇몇 중요한 출처를 짧게 살펴볼 것이다.

자주 나오는 질문…

만일 지구의 대기가 온실가스를 전혀 가지고 있지 않다면, 지표 기온은 어떻게 되나요?

춥다! 지구의 평균 지표 온도는 비교적 온화한 현재의 14.5°C 대신 매우 추운 −18°C가 될 것이다.

해저 퇴적물 : 기후 자료의 창고 지구 시스템의 성분들이 연동되어 있어서 한 성분의 변화가 다른 어떤 성분 또는 다른 모든 성분들의 변화를 생성시킬 수 있다는 것을 우리는 알고 있다. 이 절에서 여러분은 대기 및 해양 온도의 변화가 어떻게 바다 속 생물의 특성에 반영되는지 알게 될 것이다.

대부분의 해저 퇴적물은 한때 해수면(해양-대기 경계면) 가까이 살았던 생물의 유해를 담고 있다. 이러한 해수면 근처 생물이 죽으면 그 껍데기는 천천히 해저로 가라앉는데, 여기서 이들은 퇴적 기록의 일부

▼ **그림 14.5 고대의 강털 소나무**
캘리포니아의 화이트 산에 있는 이 나무들 중 일부는 수령이 4,000년을 넘는다. 성장 나이테 연구는 과학자들이 과거 기후를 복원하는 한 방법이다.

▲ 그림 14.6 유공충(foraminifera)
'forams'라 부르기도 하는 이 단세포의 아메바와 유사한 생물은 대단히 풍부하며 전 세계 해양 어디서나 찾을 수 있다. 해양 퇴적물 속의 유공충 기록이 더 먼 과거까지 미치지만, 이 생물들의 유해는 신생대 동안의 기후변화를 연구하는 데 가장 흔히 사용된다. 이들의 단단한 부위의 화학 조성이 수온 및 대규모 빙상의 유무에 의존한다. 이 관계성 때문에, 과학자들은 해수 온도와 빙상의 존재를 추정하기 위해 유공충 껍데기를 분석한다.

가 된다(그림 14.6). 해수면 가까이 사는 생물의 개체수와 종류가 기후에 따라 변하기 때문에, 이 해저 퇴적물은 전 세계 기후변화의 유용한 기록 장치이다. 이러한 이유로, 과학자들은 해저 퇴적물에 포함된 거대 자료 저장고에 더욱 관심을 갖게 되었다. 시추선 및 기타 연구용 선박에 의해 수집된 퇴적물 코어는 과거 기후에 관한 우리의 지식과 이해를 크게 확장시켜 준 귀중한 자료를 제공해 왔다(그림 14.7).

해저 퇴적물이 어떻게 기후변화에 관한 우리의 이해를 증가시켜 주는지 한 가지 주목할 만한 예가 제4기 빙하기의 변동이 심한 대기 상태의 원인을 밝히는 것과 연관된다. 해저에서 추출한 퇴적물 코어에 담긴 온도 변화의 기록은 지구 역사의 이 최근 시기에 관한 우리의 현 지식에 있어서 결정적인 역할을 해 왔다.

산소 동위원소 분석 물 분자 또는 해양 생물의 껍데기 내에 있는 산소의 동위원소들은 과거 기후 조건에 관한 하나의 중요한 대리 자료 출처이다. **산소 동위원소 분석**(oxygen-isotope analysis)은 두 가지의 산소 동위원소 간 비율의 정밀 측정에 기초한다. 가장 흔한 ^{16}O와 더 무거운 ^{18}O. 1개의 H_2O 분자는 ^{16}O 또는 ^{18}O 중 하나로부터 만들어질 수 있지만, 가벼운 동위원소 ^{16}O가 더 쉽게 바다에서 증발한다. 이 때문에 강수(그리고 강수로 생길 수 있는 빙하 얼음)에는 ^{16}O가 풍부하다. 이로 인해, 해수는 무거운 동위원소인 ^{18}O의 농도가 더 크다. 그러므로 빙하가 광범위한 시기에는 많은 가벼운 ^{16}O가 얼음 속에 갇히기 때문에 해수 속의 ^{18}O 농도는 증가한다. 역으로, 빙하 얼음의 양이 급격히 감소하는 따뜻한 간빙기 동안에는 많은 ^{16}O가 바다로 되돌아와서 해수 속의 ^{16}O 대 ^{18}O의 비율 또한 떨어진다. 이제 $^{18}O/^{16}O$ 비율의 변화에 관한 어느 정도 오래된 기록을 가지고 있다면, 언제 빙하기가 있었으며, 따라서 언제 기후가 점점 차가워졌는지를 결정할 수 있다.

다행히, 우리는 그런 기록을 가지고 있다. 특정 미생물은 탄산칼슘($CaCO_3$)의 껍데기를 분비하기 때문에, 우세한 $^{18}O/^{16}O$ 비율이 이 단단한 부위의 성분에 반영된다. 이 생물들이 죽으면 그들의 단단한 부위가 해저에 가라앉아 그곳에서 퇴적층의 일부가 된다. 그 결과, 심해 퇴적물에 매장된 특정 미생물 껍데기에서의 산소 동위원소 비율의 변동으로부터 빙하 활동 시기를 결정할 수 있다.

$^{18}O/^{16}O$ 비율은 온도에 따라 변하기도 한다. 따라서 온도가 높을 때는 더 많은 ^{18}O가 해양으로부터 증발하고, 온도가 낮을 때는 덜 증발한다. 그러므로 무거운 동위원소는 따뜻한 시기의 강수에 더 풍부하고, 차가운 기간에는 덜 풍부하다. 이 원리를 이용하여, 빙하 속의 빙설층을 연구하는 과학자들은 과거 온도변화의 기록을 만들어 낼 수 있었다.

▲ 그림 14.7 해저 침전물의 시추
'Chikyu'(일본어로 '지구'를 의미)는 최첨단 과학 시추 선박이다. 이것은 2,500m 깊이의 바다 속 해저 아래로 7,000m 깊이까지 시추할 수 있다. 이것은 통합 해양 시추 프로그램의 일환이다.

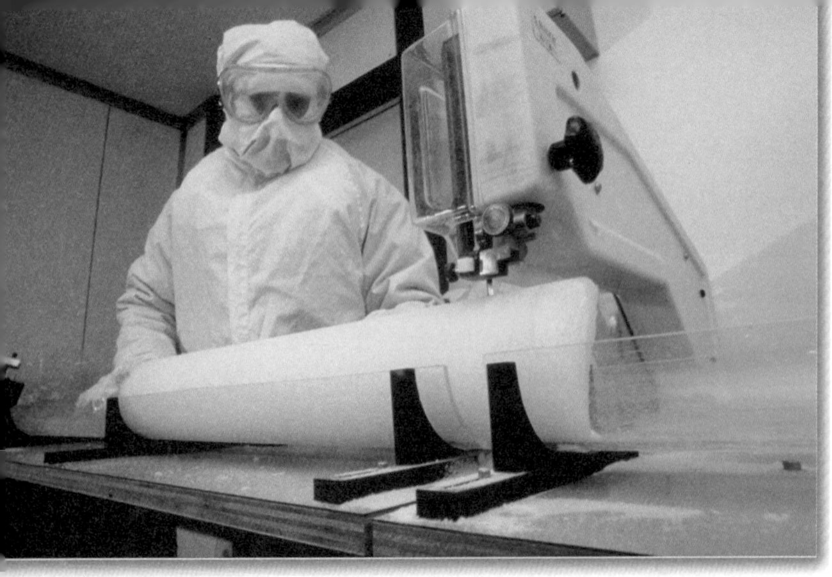

▲ 그림 14.8 얼음 코어에는 기후변화의 단서가 들어 있다
이 과학자는 분석을 위해 남극에서 가져온 얼음 코어를 얇게 자르고 있다. 그는 샘플을 오염시키지 않기 위해 보호복과 마스크를 착용하고 있다. 얼음 코어의 화학 분석은 과거 기후에 관한 중요한 자료를 제공할 수 있다.

Video
알래스카 원주민의 눈을 통해 본 기후변화
http://goo.gl/pzslqe

빙하 얼음 속에 기록된 기후변화 빙하 얼음의 코어는 과거 기후를 복원하는 데 반드시 필요한 자료의 출처이다(그림 14.8). 그린란드와 남극 대륙의 빙상에서 채취한 수직 코어에 기초한 연구는 기후 시스템이 어떻게 작동하는지에 대한 우리의 기본적 이해를 바꾸어 놓았다.

과학자들은 소형의 유전 천공기 같은 굴착 장비로 샘플을 채취한다. 속이 빈 굴대가 천공기 머리 부분을 따라 얼음 속으로 들어가 얼음 코어가 추출된다. 이런 방법으로, 때때로 20만 년 이상의 기후 역사를 나타내는 2,000m가 넘는 길이의 코어가 연구를 위해 확보된다(그림 14.9A).

얼음은 변화하는 기온 및 강설의 상세 기록을 제공한다. 얼음 속에 붙잡힌 공기 방울들은 대기 조성의 변화를 기록한다. 공기 속에 붙잡힌 이산화탄소와 메탄 함량의 변화는 변동하는 기온과 연관된다. 얼음 코어는 또한 바람에 날리는 먼지, 화산재, 꽃가루 그리고 오늘날의 오염 물질 등과 같이 대기에서 떨어지는 물질도 포함한다.

앞에서 설명한 것처럼, 과학자들은 산소 동위원소 분석이라는 수단을 통해 과거 온도의 기록을 생산할 수 있다. 이러한 기록의 일부를 그림 14.9B에 나타냈다.

나이테 : 환경 역사의 기록 저장소 통나무 말단을 보면 연속된 동심원의 테로 이루어져 있음을 알 수 있다. 이 나이테(tree rings)는 중심에서 바깥으로 나갈수록 직경이 커진다(그림 14.10A). 온대 지역에서 나무는 해마다 껍질 아래에 새로운 목질층을 더해 간다. 크기 및 밀도와 같은 각 나이테의 특징은 테가 형성되던 해에 우세했던 환경 조건(특히 기후)을 반영한다. 좋은 성장 조건하에서는 폭이 넓은 나이테가 생기고, 좋지 않은 조건하에서는 폭이 좁은 나이테가 생긴다. 같은 지역, 같은 시기에 성장한 나무는 비슷한 나이테 패턴을 보인다.

나이테는 대개 매해 하나씩 더해지기 때문에, 벌목했을 때 나무의 나이는 나이테의 수를 세어 결정할 수 있다. 만일 벌목한 해를 알면, 바깥쪽에서부터 세어 들어가면서 수령과 각 테의 생성 해를 결정할 수 있다. 나무 나이테의 연대 측정 및 연구를 **연륜연대학**(dendrochronology)이라 부른다. 과학자들의 연구는 벌목한 나무에 국한되지 않는다. 살아 있는 나무에서 작은 비파괴 코어 샘플을 채취할 수 있다(그림 14.10B).

나이테를 가장 효과적으로 이용하기 위해 **나이테 연대기**(ring chronologies)로 알려진 시간 연장 패턴이 구축된다. 이것은 한 지역에 있는 나무들의 나이테 패턴을 비교함으로써 만들어진다. 만일 두 샘플

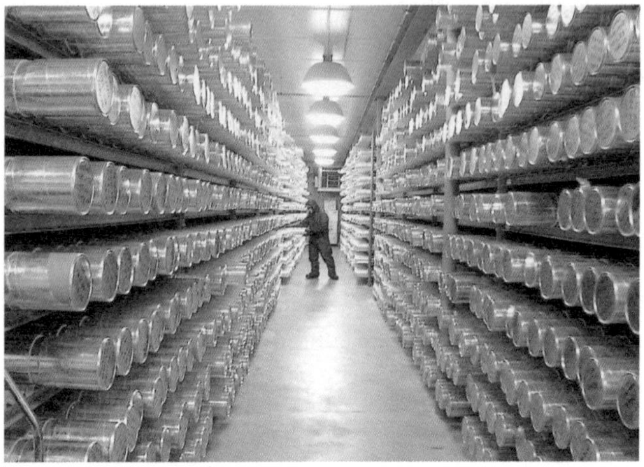

A.

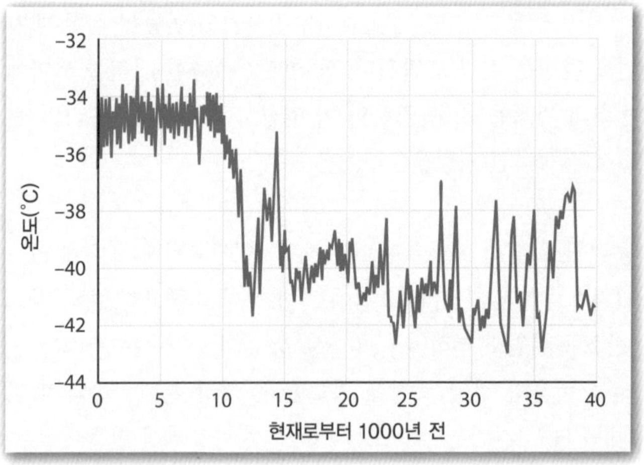

B.

▲ 스마트그림 14.9 얼음 코어 : 기후 자료의 중요한 출처
A. 국립얼음코어연구소는 전 세계 빙하에서 채취된 얼음 코어를 저장하고 연구하기 위한 물리 연구소이다. 이들 코어는 대기로부터 퇴적된 물질들의 장기간의 기록을 나타낸다. 연구소는 과학자들에게 얼음 코어 조사를 할 수 있도록 하며, 지구 기후변화 및 과거 환경 조건의 연구를 위해 저장소에 이 샘플을 완전한 상태로 보관한다. **B.** 지난 40,000년에 동안의 기온변화를 나타내는 이 그래프는 그린란드 빙상에서 복원한 얼음 코어의 산소 동위원소 분석으로부터 도출되었다.

http://goo.gl/J9IGn

A.

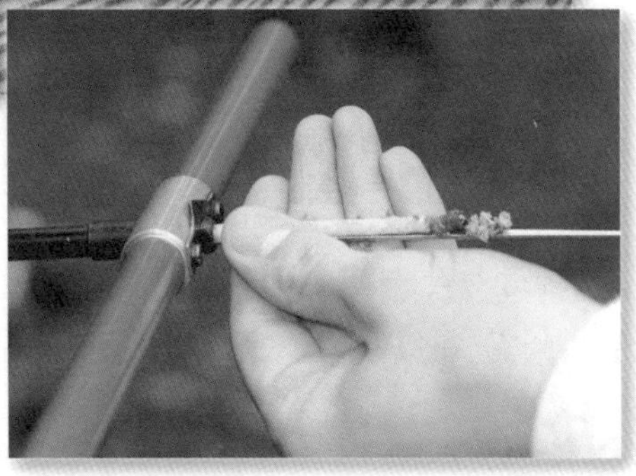

B.

▲ **그림 14.10 나무 나이테**
A. 해마다 자라는 나무는 껍질 바로 아래에 새로운 세포층을 만든다. 나무를 베고 줄기를 조사해 보면 해마다 성장하는 것을 나이테를 통해 볼 수 있다. 성장량(나이테의 두께)이 강수와 기온에 의존하기 때문에 이 나이테는 과거 기후의 유용한 기록이다. (사진 : Daniele Taurino/Dreamstime) B. 과학자들은 이미 베어진 나무를 가지고 하는 연구에 국한되지 않는다. 작고 파괴적이지 않은 코어 샘플을 살아 있는 나무들에서 채취할 수 있다.

에서 동일한 패턴을 찾을 수 있고 이 중 하나의 연대가 추정되었다면, 둘의 공통된 나이테 패턴을 합치시킴으로써 두 번째 샘플의 연대는 첫 번째 샘플로부터 추정될 수 있다. 과거 수천 년까지 연장시킨 나이테 연대기가 일부 지역에서 확립되었다. 나이를 모르는 목재의 연대를 추정하기 위해, 그 나이테 패턴을 기준 연대기와 맞춰 보는 것이다.

나이테 연대기는 환경 역사의 유일한 기록 저장소이며, 기후, 지질학, 생태학, 고고학과 같은 분야에서 중요하게 응용된다. 예를 들어, 나이테는 인간이 역사를 기록하기 이전 수천 년의 기간에 대해 어떤 지역에서 일어난 기후 변동을 복원하는 데 사용된다. 이러한 장기적 변동의 지식은 기후변화의 최근 기록에 관하여 판정을 내리는 데 있어 대단히 큰 가치가 있다.

화석 꽃가루 기후는 식생의 분포에 영향을 미치는 주요 인자여서 어떤 지역을 차지하는 식물군의 특성에 기후가 반영되어 있다. 꽃가루와 홀씨는 많은 식물의 생명 주기의 일부이며, 매우 내성이 강한 벽을 가지고 있기 때문에 퇴적물에서 흔히 가장 풍부하고, 쉽게 구별되며, 보존성이 가장 뛰어난 식물 유해들이다(그림 14.11). 정확하게 연대가 측정된 퇴적물로부터 꽃가루를 분석함으로써, 한 지역에서의 식생 변화

▲ **그림 14.11 꽃가루**
전자 현미경으로 찍은 이 가상 채색 영상은 각양각색의 꽃가루 입자를 보여 준다. 서로 다른 종류들 간에 크기, 모양, 표면 특성이 어떻게 다른지를 잘 살펴보자. 호수 침전물과 이탄 퇴적층에 있는 꽃가루의 종류와 풍부한 정도를 분석하면 기후가 시간에 따라 어떻게 변했는지에 관한 정보를 얻게 된다.

Video
20,000년 된 소나무 꽃가루
http://goo.gl/iCAe1

에 대한 고해상도 기록을 얻을 수 있다. 과거의 기후는 이러한 정보로부터 복원될 수 있다.

산호 산호초는 따뜻하고 얕은 물에 사는 무척추동물인 산호 군락으로 이루어지며, 죽은 산호가 남기고 간 단단한 물질 위에서 형성된다. 산

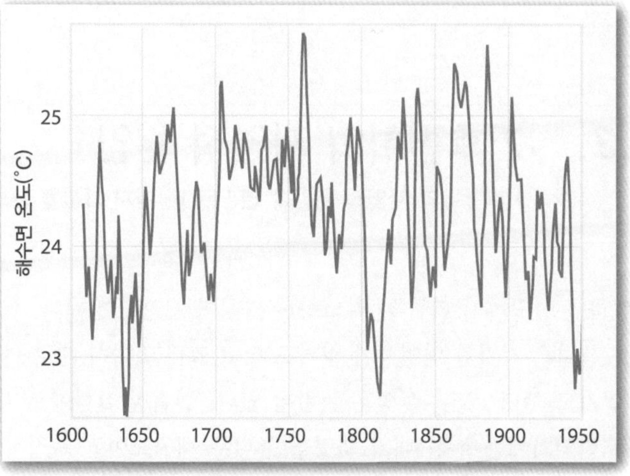

▲ **그림 14.12 산호는 해수면 온도를 기록한다**
산호 군락은 따뜻하고 얕은 열대 해수에서 번성한다. 작은 무척추 동물은 해수에서 탄산칼슘을 추출하여 단단한 신체 부분을 만든다. 그들은 죽은 산호가 남긴 단단한 기초 위에서 산다. 깊이에 따라 변하는 산호초의 성분을 화학 분석하면 과거의 해수면 부근 온도에 관한 유용한 자료를 얻을 수 있다. 이 그래프는 갈라파고스 섬의 산호를 산소 동위원소 분석하여 얻은 350년 동안의 해수면 온도의 기록을 보여 준다.

▲ **그림 14.13 기후 단서로서의 수확 날짜**
때때로 역사 기록은 과거 기후의 분석에 도움이 될 수 있다. 가을에 포도 수확을 시작하는 날짜는 성장기의 기온과 강수량의 종합적 척도이다. 이 날짜는 유럽에서 수 세기 동안 기록되어 왔으며, 경년 기후 변동의 유용한 기록을 제공한다.

Video
기후, 농작물, 꿀벌
http://goo.gl/jNcba

호는 해수에서 추출한 탄산칼슘($CaCO_3$)으로 단단한 뼈대를 만든다. 탄산염은 산소 동위원소를 함유하고 있어서 산호가 자랐던 물의 수온을 결정하는 데 이용할 수 있다. 깊이에 따른 산호초의 화학 성분 변화를 분석하여 과거 기후 조건에 관한 유용한 정보를 결정한다. 성장률이 온도와 기타 환경 인자들과 연관되기 때문에 겨울에 만들어진 골격의 일부는 여름에 만들어진 것과 다른 밀도를 가진다. 따라서 산호는 나무에서 관측되는 것과 매우 흡사한 계절적 성장 밴드를 보여 준다. 산호에서 추출한 기후 자료의 정확도와 신뢰도는 최근 측기 기록을 동일한 기간의 산호 기록과 비교함으로써 확립되었다. 특히 연강수량의 큰 변동이 일어나는 지역에서 산호 성장 나이테의 산소 동위원소 분석 또한 강수량에 대한 대리 측정으로 사용된다.

산호를 전 세계 해양에서의 기후 변동성에 대한 중요한 질문들에 답해 줄 수 있는 하나의 **고기후온도계**(paleothermometer)라고 생각하자. 그림 14.12의 그래프는 갈라파고스 섬의 산호초에서 추출한 코어의 산소 동위원소 분석을 토대로 복원된 350년 동안의 해수면 온도 기록이다.

역사 자료 역사 문헌들은 때로 유용한 정보를 포함한다. 이런 기록들이 기후 분석에 쉽게 이용될 것 같지만 실제로 그렇지는 않다. 대부분의 원고들은 기후 묘사가 아닌 다른 목적으로 서술되었다. 더욱이 저자들은 비교적 안정한 대기 상태의 시기는 당연히 무시하고, 오직 가뭄, 악성 뇌우, 인상적인 눈보라, 그리고 그 외 극한 날씨들만을 언급한다. 그럼에도 농작물, 홍수 그리고 사람들의 이주 등의 기록은 변화하는 기후가 미칠 수 있는 가능한 영향에 관한 유용한 증거를 제공해 왔다(그림 14.13).

✓ 개념 체크 14.1

❶ 기후 시스템의 다섯 구성 성분을 열거하시오.

❷ 대리 자료란 어떤 자료이고, 왜 이 자료들이 기후변화 연구에 필요한가?

❸ 해저 퇴적물은 왜 과거 기후의 연구에 유용한가? 해저 퇴적물 외에 네 가지의 대리 기후 자료 출처를 열거하시오.

❹ 산소 동위원소 분석을 사용하여 어떻게 과거의 온도가 결정되는지 설명하시오.

14.2 기후변화의 자연적 원인

기후변화의 자연적 원인과 연관된 네 가지 가설을 논의한다.

기후변화를 설명하기 위한 매우 다양한 가설이 제안되어 왔다. 몇 가지 가설은 폭넓은 지지를 얻었다가 잃기도 하고 그리고 나서 때로 다시 지지를 얻기도 했다. 일부 설명은 논란이 있다. 실험실 실험에서 물리적으로 재현되기에는 행성 대기 과정들이 너무 대규모이고 복잡하기 때문에 이것은 예상되는 것이다. 그러므로 기후와 기후변화는 고성능 컴퓨터를 이용해 수학적으로 모의(모델화)되어야 한다.

이 절에서 우리는 과학계에서 심사숙고를 통해 얻은 현재의 몇몇 가설을 고찰할 것이다. 이는 인간 활동과 무관한 요인들인 기후변화의 '자연적인' 메커니즘을 설명한다.

- 판 구조론(지구의 대륙들을 적도와 극에 더 가깝도록 하거나 멀어지도록 하는 재배치)
- 화산 활동(대기의 반사도와 조성을 변화)
- 지구 궤도의 변화(지구-태양 관계에 영향을 주는 지구의 궤도, 자전축 기울기, 지축 비틀거림의 자연적이고 주기적인 변화)
- 태양의 변동성(태양의 복사 방출의 변화와 그 방출에 대한 태양흑점의 영향)

다음 절에서는 주로 화석연료의 연소로 인한 이산화탄소의 증가를

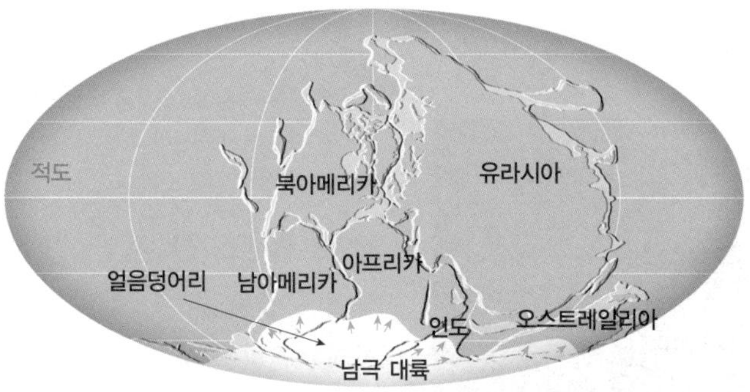

A. 고생대의 말기 즈음에 빙하 얼음에 뒤덮인 영역을 보여 주는 초대륙 판게아.
적도, 북아메리카, 유라시아, 얼음덩어리, 남아메리카, 아프리카, 인도, 오스트레일리아

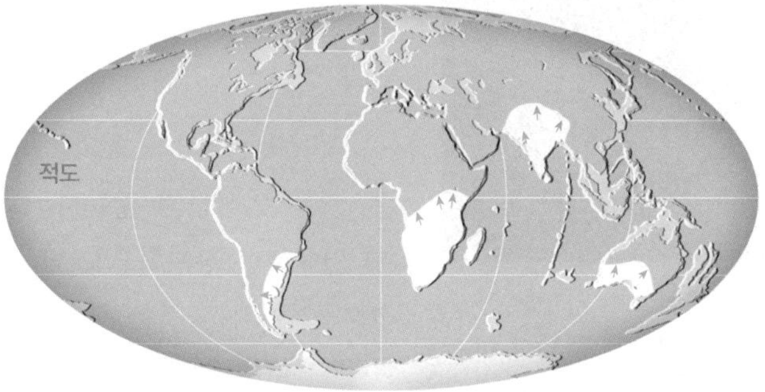

B. 오늘날 대륙의 모습. 흰색 영역은 후기 고생대 빙상의 증거가 존재하는 곳임을 나타낸다.

▲ 그림 14.14 고생대 후기의 빙하기
지각판 이동이 때때로 대륙을 고위도로 이동시키는데, 여기서 빙상이 형성될 수 있다.

포함하여 인위적인 기후변화를 고찰할 것이다.

이 절을 읽게 되면, 하나 이상의 가설이 기후의 동일한 변화를 설명할 수 있음을 알게 될 것이다. 사실 여러 메커니즘이 상호작용하여 기후를 변화시킨다. 또한 어떠한 단일 가설도 모든 시간 규모의 기후변화를 설명할 수 없다. 수백만 년에 걸친 변화를 설명하는 제안은 일반적으로 수백 년에 걸친 변동을 설명하지 못한다. 대기와 지금까지의 그 변화가 완전히 이해된다면, 기후변화가 여기서 논의되는 많은 메커니즘과 더불어 아직 제안되지 않은 새로운 메커니즘에 의해 초래된다는 것을 우리는 아마 알게 될 것이다.

판 구조론과 기후변화

과거 수십 년에 걸쳐 지질과학에서 혁신적인 아이디어가 떠올랐다. 그것은 **판 구조론**(plate tectonics theory)이다. 이 이론은 이제 과학계에서 거의 보편적인 인정을 받게 되었다. 이것은 지구의 바깥 부분이 판(plate)이라 불리는 여러 개의 광대하고 단단한 평판들로 이루어졌는데, 밑에 있는 약하고 유연한 암석층 위에서 다른 판들과 관련되어 이들이 움직인다는 것이다. 이 판들은 믿기 어려울 만큼 천천히 이동한다. 서로에 대해 이들이 이동하는 평균 속도는 사람의 손톱이 자라는 속도와 거의 같다(아마도 1년에 수 센티미터).

가장 큰 판의 대부분은 하나의 완전한 대륙과 함께 많은 해저를 포함한다. 따라서 판들이 육중하게 이동함에 따라, 대륙들의 위치 또한 변한다. 이 이론은 지질학자들에게 지구의 대륙과 대양의 많은 과정 및 특징을 이해하고 설명할 수 있도록 해 주었을 뿐 아니라, 지금까지는 몇 가지 설명할 수 없었던 기후변화에 대해 가능성 높은 설명을 기후과학자들에게 제공하였다.

예를 들어, 오늘날의 아프리카, 오스트레일리아, 남아메리카, 인도 등의 일부 지역들에서의 빙하 활동의 증거는 약 2억 5천만 년 전에 이들 지역이 빙하 시대를 겪었음을 시사한다. 이 결과는 수년 동안 과학자들을 당혹스럽게 만들었다. 현재는 따뜻한 이 위도의 기후가 어떻게 한때 그린란드와 남극처럼 몹시 추울 수 있었을까?

판 구조론이 개발되기 전까지는 그 어떤 합리적인 설명도 존재하지 않았다. 고대에 빙하의 특징을 지녔던 이 지역들이 남극 쪽에 위치했던 하나의 '초대륙(supercontinent)'으로서 합쳐져 있었음을 오늘날 과학자들은 알고 있다(그림 14.14A). 그 후, 판들이 떨어져 나가면서 다른 판 위에서 각자 움직이던 땅덩어리의 조각들이 현재의 위치를 향해 서서히 이동하였다. 그러므로 빙하로 뒤덮였던 지대의 큰 조각들이 넓게 산포된 아열대의 위치에서 끝을 맞이하게 되었다(그림 14.14B).

지질학적 과거 동안 대륙들이 서로에 대해 위치를 바꾸고 다른 위도로 이동하였기 때문에 판의 운동이 많은 다른 극적인 기후변화를 일으켰다는 것을 우리는 이제 이해한다. 해양 순환의 변화 또한 일어날 수밖에 없었으며, 이것은 열과 수분 수송뿐만 아니라 기후를 변화시켰다.

판의 운동은 속도가 너무 느리기 때문에, 대륙의 위치에 있어서 감지할 만한 변화는 오로지 큰 지질학적 시간 범위에 대해 일어난다. 따라서 판의 운동이 가져다주는 기후변화는 극히 서서히 진행되며, 수백만 년의 시간 규모로 발생한다. 그 결과 판 구조론은 수십 년, 수백 년 또는 수천 년과 같이 짧은 시간 규모로 일어나는 기후 변동을 설명하기에는 유용하지 않다. 이런 변화를 설명하기 위해서는 다른 해석을 찾아야 한다.

화산 활동과 기후변화

폭발적인 화산 분출이 지구의 기후를 변화시킬 수 있다는 생각은 수년 전에 처음 제안되었다. 이것은 기후 변동성의 몇몇 측면에서는 여전히 그럴듯한 설명으로 간주된다. 폭발적인 분출은 엄청난 양의 가스와 미세 분진을 대기로 배출한다(그림 14.15). 최대의 분출은 물질을 성층권까지 높이 주입시킬 정도로 강력한데, 여기서 이 물질들은 전 지구로 퍼져 수개월 또는 심지어 수년 동안 체류한다.

부유 화산 물질이 입사 태양복사의 일부를 차단하여 대류권의 기온을 하강시킬 것이라는 것이 기본 전제이다. 200년 이상 전에 벤저민 프랭클린(Benjamin Franklin)은 이 아이디어를 이용하여 대형 아이슬란드 화산 분출 물질이 태양광을 우주로 반사시켜 유독하게 추웠던

이 위성영상은 이산화황(SO_2) 연기 기둥을 자주색과 검정색의 음영으로 보여 준다. 대량의 SO_2가 대기로 주입될 때 기후는 영향을 받을 수 있다.

이 영상은 국제우주정거장에서 촬영한 것으로서 에트나 화산으로부터 남동쪽으로 흘러가는 화산재 기둥을 보여 준다.

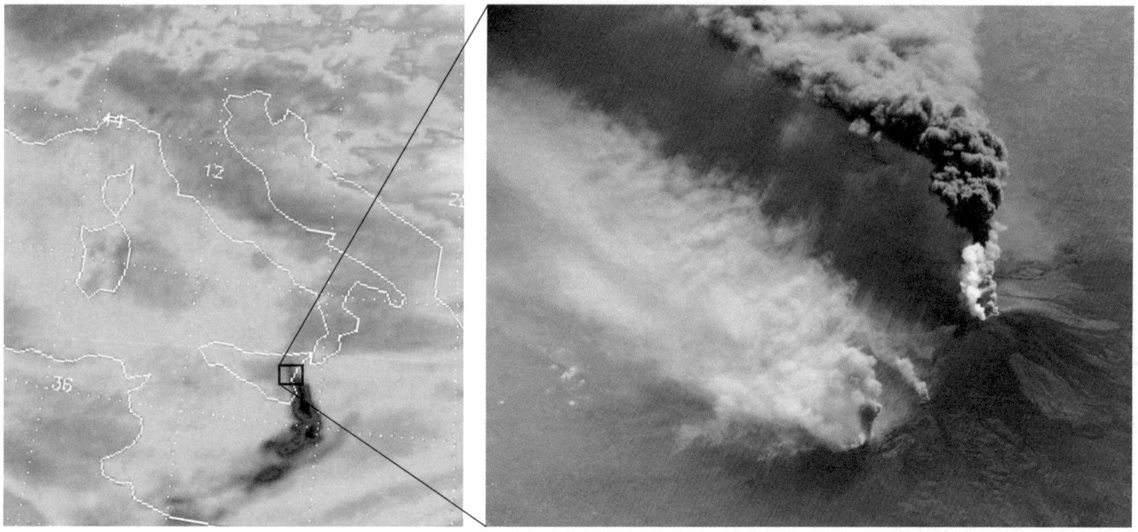

◀ **그림 14.15 2002년 10월에 폭발한 에트나 산**
시실리 섬에 있는 이 화산은 유럽에서 가장 크고 가장 활동적인 화산이다.

1783~1784년 겨울의 원인이었음을 주장했다.

화산 사건과 관련된 가장 주목할 만한 서늘했던 시기는 아마도 1815년 인도네시아의 탐보라 산의 분출을 뒤따랐던 '여름 없는 해(year without a summer)'일 것이다. 탐보라 분출은 현대의 최대 화산 폭발이다. 1815년 4월 7일~12일에 거의 4,000m 높이의 화산이 $100km^3$를 넘는 화산 분진을 격렬하게 뿜어내었다. 이 미세 부유 입자들의 영향은 북반구에서 광범위했던 것으로 생각된다. 1816년 5월에서 9월까지 전례 없이 오래 지속된 추위는 미국 북동부 지역과 일부 캐나다 접경 지역에 영향을 미쳤다. 이 지역은 6월에 대설, 7월과 8월에 서리를 경험하였다. 대부분의 서유럽도 이상 추위를 겪었다.

보다 최근에 일어난 3개의 화산 사례들로부터 전 지구 온도에 미치는 화산의 영향에 관한 방대한 자료와 통찰력을 얻었다. 1980년 워싱턴 주 세인트헬렌스 산, 1982년 멕시코 화산 엘치촌, 1991년 필리핀 피나투보 산의 분출은 과거에 비해 더욱 정교해진 기술의 도움으로 과학자들이 대기에 미치는 화산 분출의 영향을 연구하게 해 주었다. 위성영상과 원격탐사 장비들 덕분에 과학자들은 이 화산들이 배출한 가스 및 화산재 구름의 영향을 면밀히 감시할 수 있게 되었다.

아나타한 화산에서 나온 흰 연무 기둥은 2005년 4월에 필리핀 해의 일부를 뒤덮었다. 연무는 화산에서 나온 이산화황이 대기 중에서 물과 결합할 때 형성되는 미세 황산 방울로 이루어져 있다. 연무 기둥은 밝아 햇빛을 반사시켜 우주 밖으로 되돌려 보낸다.

하와이의 마우나로아 관측소에서의 1970년(그래프 상의 0) 대비 순 태양복사. 엘치촌과 피나투보 산의 화산 폭발은 분명히 지표면에 도달하는 태양복사를 일시적으로 떨어뜨렸다.

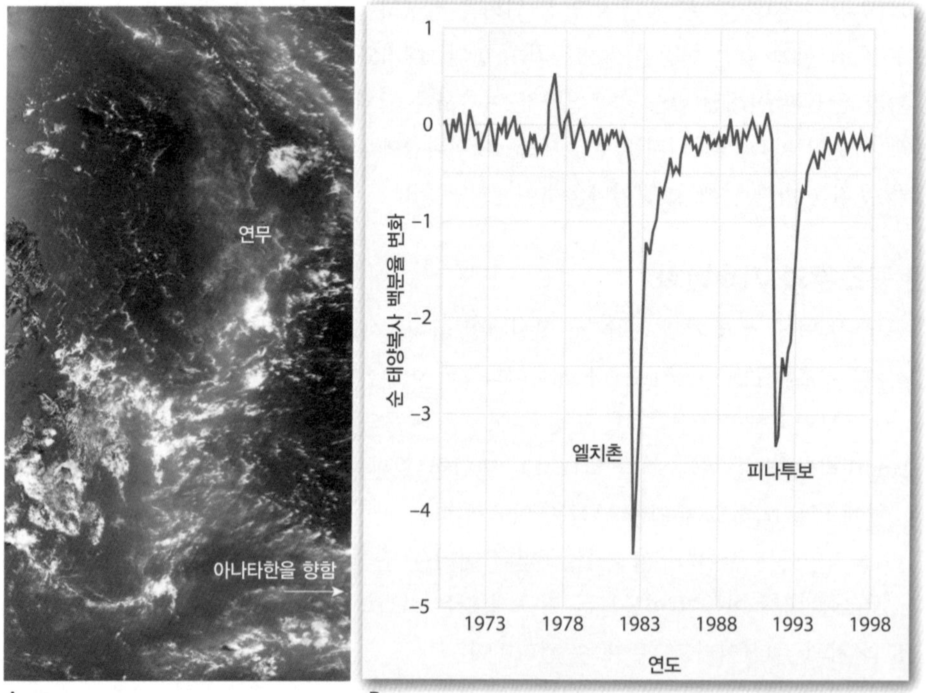

A. B.

▶ **그림 14.16 지표면에서의 태양광을 감소시키는 화산 연무**
화산 폭발에 의해 생기는 반사도 높은 연무는 화산재가 아니라 미세 황산 에어로졸이다.

세인트헬렌스 산 세인트헬렌스 화산이 분출했을 때, 우리의 기후에 미칠 수 있는 효과들에 대한 즉각적인 심사숙고가 있었다. 이러한 분출이 우리의 기후를 변화시킬 수 있을까? 폭발적인 분출로 배출된 많은 양의 화산재가 단기간 동안 큰 국지적, 지역적 효과를 미쳤다는 것은 의심하지 않는다. 그렇지만 연구들은 장기적으로 반구의 온도가 떨어지는 것은 무시할 수 있음을 보여 준다. 냉각(아마 0.1°C 미만)이 너무 완만하여 다른 자연적 온도 변동과 구별되지 않는다.

엘치촌 1982년 엘치촌 분출 후 2년간의 감시와 연구는 전 지구 평균 온도에 대해 0.3~0.5°C 크기로서 세인트헬렌스 화산보다 더 큰 냉각 효과를 보여 주었다. 엘치촌의

자주 나오는 질문…

지구와 충돌하는 운석이 기후를 변화시킬 수 있을까요? 그렇다. 그것은 가능하다. 실제로, 약 6천 5백만 년 전의 공룡 및 많은 다른 생물들의 멸종에 관해 가장 강한 지지를 받는 가설이 바로 이 사건과 연관이 있다. 큰(약 10km의 지름) 운석이 지구를 강타했을 때, 어마어마한 양의 분진이 대기로 솟구쳐 올랐다. 몇 달간 지구를 에워싼 먼지 구름이 지표면에 도달하는 태양광의 양을 크게 감소시켰다. 광합성을 위한 충분한 햇빛을 갖지 못하여 민감한 먹이 사슬은 붕괴되었다. 햇빛이 회복되었을 때는 공룡 및 많은 해양 생물들을 포함하여 지구 생물종들의 절반 이상이 이미 멸종된 후였다.

분출은 세인트헬렌스 분출보다 덜 폭발적이었는데 전 지구 온도에 왜 더 큰 영향을 주었을까? 그 이유는 세인트헬렌스 화산이 배출한 물질은 주로 미세 화산재여서 비교적 단시간에 침전되었기 때문이다. 이에 반해, 엘치촌은 세인트헬렌스 화산보다 훨씬 더 많은 양(40배 이상으로 추정)의 이산화황 가스를 배출하였다. 성층권에서 이 가스는 수증기와 결합하여 미세 황산 입자의 짙은 구름을 생성시켰다(그림 14.16A). 이 에어로졸들이 완전히 침전되는 데는 수년이 걸린다. 이들은 태양복사를 우주로 반사시키기 때문에 대류권의 평균 온도를 낮춘다(그림 14.16B).

1년 이상 성층권에 체류하는 화산 구름이 먼지로 이루어져 있다고 생각했던 것과는 달리 주로 황산 물방울로 이루어져 있다는 것을 우리는 이제 이해하게 되었다. 따라서 화산 폭발 사건 동안 배출되는 미세 분진의 부피가 전 지구 대기에 미치는 분출의 효과를 예측하는 정확한 판별 기준은 되지 못한다.

피나투보 화산 필리핀의 화산인 피나투보는 1991년 6월에 폭발적으로 분출하여 약 2,500~3,000만 톤의 이산화황을 성층권에 들여보냈다. 이 사건은 NASA 우주탐사선인 ERBE(Earth Radiation Budget Experiment)를 이용하여 과학자들이 폭발적 대형 화산 분출의 기후 효과를 연구할 수 있는 기회를 갖게 해 주었다. 이듬해에 미세 에어로졸의 연무가 알베도를 증가시켜 전 지구 온도를 0.5°C 낮추었다.

화산 분출의 영향 전 지구 기온에 대한 엘치촌과 피나투보 산과 같은 화산 분출의 영향이 비교적 작을지는 모르지만, 유발된 냉각이 일정 기간 동안에 큰 대기 순환 패턴을 변화시킬 수 있다는 점에 과학자들은 동의한다. 나아가, 이러한 변화가 어떤 지역의 날씨에도 영향을 미칠 수 있다. 구체적인 지역적 효과를 예측하는 것은 물론 규명하는 것조차 대기과학자들에게는 여전히 대단한 도전이다.

앞의 사례들은 아무리 규모가 클지라도 단일 화산 분출이 기후에 미치는 영향은 비교적 작고 단기적임을 시사한다. 그림 14.16B가 이 점을 재확인시켜 준다. 화산 활동이 긴 기간에 걸쳐 뚜렷한 영향을 미치려면, 풍부한 이산화황을 가진 많은 대형 화산 분출이 잦은 시간 간격으로 일어나야 한다. 이것이 일어나면, 성층권은 지표면에 도달하는 태양복사량을 심각하게 감소시키기에 충분한 가스와 화산 먼지들로 채워질 것이다. 역사 시대에 일어난 이러한 폭발적 화산 활동 기간은 없는 것으로 알려져 있기 때문에, 이것은 선사 시대의 기후의 변화를 일으킨 한 기여자로서 자주 언급된다. 글상자 14.1에서는 화산 활동이 또 다른 식으로 기후에 영향을 줄 수 있다는 것을 설명한다.

지구 궤도의 변동

지질학적 증거에 따르면, 약 300만 년 전에 시작된 빙하기는 전 지구적 한랭화 및 온난화 시기와 연관된 여러 차례의 빙하의 진퇴로 특징지어진다. 오늘날 과학자들은 이 빙하기를 특징짓는 기후 진동이 지구 궤도의 변동과 연동되어 있음을 이해하였다. 세르비아 과학자인 밀루틴 밀란코비치(Milutin Milankovitch)가 이 가설을 처음 개발하여 강력하게 주장하였으며, 입사 태양복사의 변동이 지구의 기후를 조절하는 가장 중요한 인자라는 전제에 기초하였다.

밀란코비치는 다음 요소들을 토대로 포괄적인 수학 모델을 만들었다(그림 14.17).

1. 태양에 대한 지구 궤도 형태[**이심률**(eccentricity)]의 변동
2. 자전축 **기울기**(obliquity)의 변화—즉, 지축과 지구 궤도면이 이루는 각도의 변화
3. **세차운동**(precession)이라 부르는 지축의 비틀거림

밀란코비치는 이 인자들을 사용하여 과거로 가면서 지구가 받는 태양에너지 양과 그에 따른 지표면 온도의 변동을 계산했는데, 이 변화들을 빙하기의 기후 변동과 상관지어 보려는 시도였다. 이 인자들은 지상에 도달하는 총 태양에너지를 거의 또는 전혀 변동시키지 않는다는 점에 주의해야 한다. 대신에, 이 인자들은 계절 차의 정도를 변화시키기 때문에 그 영향이 감지되는 것이다. 중위도에서 고위도까지 약간 더 온화한 겨울은 더 많은 총 강설량을 의미하는 반면, 더 서늘한 여름은 눈 녹음을 감소시킨다.

이 가설의 신뢰도를 더해 주는 연구 중의 하나가 심해 퇴적물을 조사하는 것이다.* 기후에 민감한 미생물에 대한 산소 동위원소 분석과 통계 분석을 통하여 거의 50만 년 전까지 뒤로 가면서 온도변화의 연대기

* J. D. Hays, J. Imbrie, and N. J. Shackleton, "Variations in the Earth's Orbit: Pacemaker of the Ice Ages," *Science* 194, no. 4270 (1976), 1121–1132. 이 연구 이후의 후속 연구는 가장 근본적인 결론을 뒷받침했다.

글상자 14.1 지질학적 과거의 화산 활동과 기후변화

백악기는 공룡 시대로도 종종 불리는 **중생대**의 마지막 시기이다. 이 시기는 약 1억 4,500만 년 전에 시작해서 약 6,500만 년 전에 공룡(그리고 그 외의 많은 생명체)의 멸종과 함께 막을 내렸다.

백악기 기후는 지구의 긴 역사에서 가장 따뜻했던 시기였다. 온화한 기온과 연관된 공룡은 북극권의 북쪽 멀리까지 분포했다. 열대우림이 그린란드와 남극 대륙에 존재했으며, 산호초는 현재보다 양극에 위도로 15° 더 가까이에서 자랐다. 이탄 퇴적층이 고위도에서 축적되어 석탄층을 형성시키기에 이르렀다. 해수면은 오늘날보다 200m만큼 더 높았는데, 이는 극지역에 빙상들이 존재하지 않았음을 시사한다.

백악기의 유난히 따뜻했던 기후의 원인은 무엇이었을까? 증가된 대기 중 이산화탄소로 인한 온실효과의 강화가 기여할 수 있었던 중요한 인자들 가운데 하나였다.

백악기 온난화에 기여했던 추가적인 CO_2는 어디서 왔을까? 많은 지질학자들은 가능한 출처가 화산 활동이었을 것이라고 제안한다. 이산화탄소는 화산 활동 동안에 배출되는 가스들 중 하나이며, 중생대 백악기 동안에 화산 활동이 유난히 자주 있었다는 상당히 많은 지질학적 증거가 있다. 여러 개의 거대한 해양 용암 고원이 이 시기에 서태평양 해저에 생성되었다. 이들 광대한 지형은 움직이는 물질 기둥이 지구 내부 깊숙이에서 지표로 올라오는 지대인 핫스폿과 연관된다. 수백만 년에 걸친 대량 분출은 막대한 양의 이산화탄소 배출을 동반하였고 이것이 대기의 온실효과를 강화시켰을 것이다. **그러므로 백악기의 특징인 온난함은 깊은 지구 내부에 그 근원을 가졌을 것이다.**

이 유별나게 온난한 시기에 대해 또 다른 가능한 결과는 화산 활동과 연결고리를 갖는다. 예를 들어, 백악기의 높은 지구 온도와 풍부한 대기 중 이산화탄소는 식물성 플랑크톤(해조류와 같은 아주 작은 미세식물)과 기타 해양 생명체의 양과 종류를 증가시켰다. 해양 생물의 번성은 백악기와 연관된 폭넓은 석회 퇴적층에 반영된다(그림 14.A). 석회는 해양 미생물의 단단한 부위에 풍부하게 들어 있는 탄산칼슘($CaCO_3$)으로 이루어진다. 석유와 가스는 생물 화석(간단히 식물성 플랑크톤)의 변성으로부터 만들어진다. 세계에서 가장 중요한 몇몇 석유 및 가스 매장지는 백악기의 해양 퇴적층에서 생기는데, 이것은 백악기의 따뜻한 시기에 훨씬 더 많아진 해양 생물의 결과이다.

유별나게 활발했던 백악기 화산 활동 시기와의 이 연결고리는 지구 시스템의 성분들 간의 상호관계성을 예시한다. 처음에는 완전히 무관해 보이던 물질과 과정이 서로 연결되어 있는 것으로 밝혀진다. 여기서 우리는 지구 내부 깊숙한 곳에서 시작된 과정들이 어떻게 직·간접적으로 대기, 해양, 그리고 생물권과 연결되는지를 알게 되었다.

질문

1. 백악기 동안의 기후는 지구의 현 기후와 어떻게 달랐는가? 왜 달랐는가?
2. 백악기 동안의 기후와 연결고리를 갖는 것으로 보이는 오늘날의 경관은 무엇인가?

◀ **그림 14.A 도버의 백악 절벽**
영국 해안을 따라 나타나는 이 유명한 백악 퇴적층은 주로 해양 생물의 작은 껍데기로 이루어져 있고, 특별히 따뜻했던 백악기 동안의 해양 생물의 번성과 관련이 있다. (사진 : Stuart Black/Robert Harding)

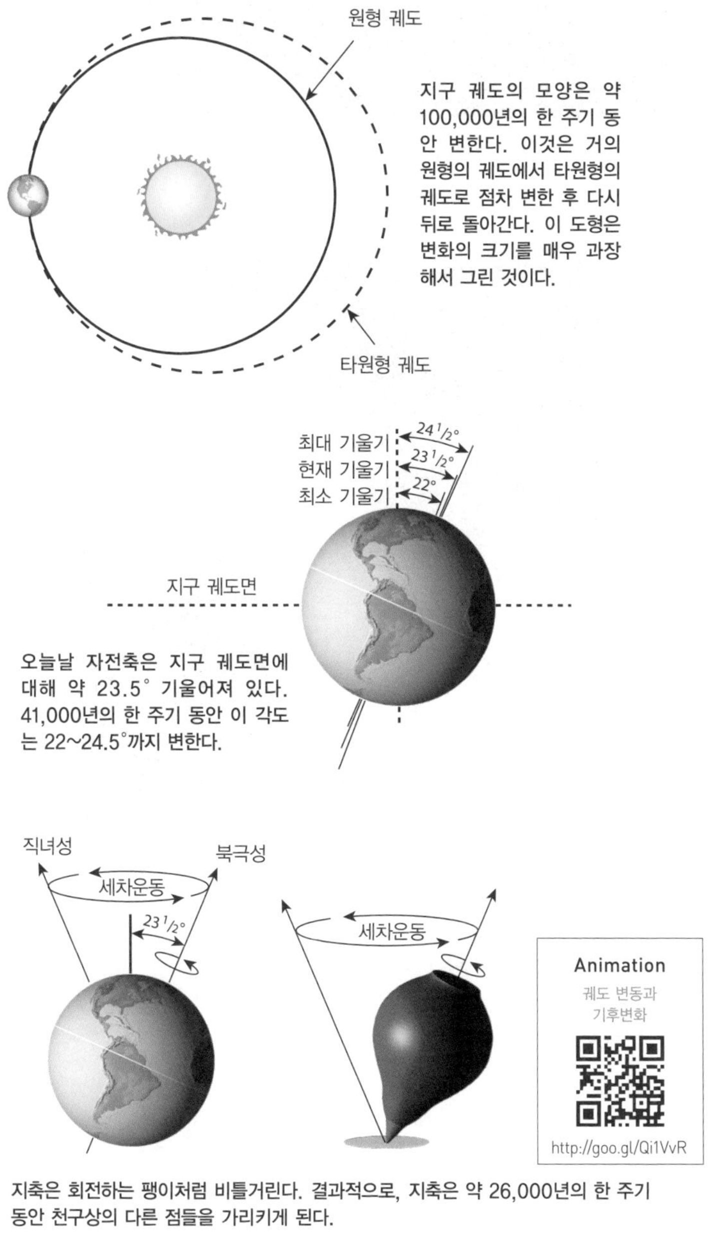
원형 궤도
지구 궤도의 모양은 약 100,000년의 한 주기 동안 변한다. 이것은 거의 원형의 궤도에서 타원형의 궤도로 점차 변한 후 다시 뒤로 돌아간다. 이 도형은 변화의 크기를 매우 과장해서 그린 것이다.
타원형 궤도
최대 기울기
현재 기울기
최소 기울기
24 1/2°
23 1/2°
22°
지구 궤도면
오늘날 자전축은 지구 궤도면에 대해 약 23.5° 기울어져 있다. 41,000년의 한 주기 동안 이 각도는 22~24.5°까지 변한다.
직녀성
북극성
세차운동
23 1/2°
세차운동
Animation
궤도 변동과
기후변화
http://goo.gl/Qi1VvR
지축은 회전하는 팽이처럼 비틀거린다. 결과적으로, 지축은 약 26,000년의 한 주기 동안 천구상의 다른 점들을 가리키게 된다.

▲ 스마트그림 14.17 궤도의 변동
지구 궤도의 주기적 변동은 제4기의 빙하기 동안 교대로 나타난 빙하기 상태 및 간빙기 상태와 연관된다.
http://goo.gl/e5x6X

를 구축하였다. 상관성이 정말로 존재하는지를 결정하기 위해 이 시간 규모의 기후변화를 이심률, 황도경사, 세차운동의 천문학적 계산과 비교하였다.

비록 이 연구는 얽혀 있어 수학적으로 복잡하지만, 그 결론은 간단했다. 저자들은 과거 수십만 년에 걸쳐 나타난 큰 기후 변동이 지구 궤도의 기하학적 변화와 밀접하게 연관됨을 알아냈다. 기후변화의 주기가 황도 경사, 세차운동, 궤도 이심률의 주기와 밀접히 일치하는 것으로 나타났다. 더욱 구체적으로, 저자들은 지구 궤도 기하학의 변화가 제4기 동안에 연속해서 나타난 빙하기의 근원적인 원인이라 결론지었다.

연구는 북반구에서 기후가 더 차가워지고 빙하 작용이 더 광범위해지는 쪽으로 미래 추세를 예측하였다. 그러나 갖춰야 할 두 가지의 요건이 있다. (1) 예측은 오로지 자연적 기후변화 성분에만 적용되며, 어떠한 인간의 영향도 무시된다. (2) 2만 년 이상의 긴 주기를 가진 인자와 연동되어야 하므로 이것은 장기 추세의 예측이다. 따라서 예측이 옳다고 해도 수십 년에서 수백 년의 짧은 기간 동안의 기후변화에 관한 이해에는 별로 도움이 되지 못한다. 왜냐하면 이 목적에 대해서는 궤도 변동의 주기가 너무 길기 때문이다.

궤도 변동이 빙하기-간빙기의 반복되는 교체를 설명한다면, 곧 이런 질문 하나가 떠오른다. 지구 역사의 대부분에서 왜 빙하는 없었는가? 판 구조론이 나오기 전까지는 폭넓게 인정되는 답이 없었다. 오늘날 우리는 그럴듯한 답을 가지고 있다. 빙상은 대륙 위에서만 만들어질 수 있기 때문에, 빙하기가 시작되기 전에 고위도 어딘가에 대륙이 존재해야만 한다. 따라서 지구의 이동하는 지각판이 대륙을 열대 위도대로부터 극쪽으로 옮겼을 때만 빙하기가 일어났을 가능성이 높다.

태양 변동성과 기후

기후변화에 관한 가장 가장 오래 지속되는 가설들 중에는 태양이 변광성이어서 그 에너지 방출이 시간에 따라 달라진다는 아이디어를 토대로 하는 가설이다. 이러한 변화의 결과는 직접적이고 쉽게 이해될 것으로 보인다. 즉, 태양의 에너지 방출이 증가하면 대기는 따뜻해지고, 감소하면 냉각이 일어난다. 이 개념은 어떤 길이 또는 강도의 기후변화를 설명하는 데도 사용될 수 있기 때문에 호소력이 있다. 그러나 총 태양복사 강도의 큰 장기적 변동은 아직 대기권 밖에서 측정되지 않았다. 이러한 측정은 위성 기술이 가용해진 이후에나 가능해졌다. 방출을 측정할 수 있는 지금, 태양에서 방출되는 에너지가 정말로 얼마나 변하는지(혹은 불변하는지)를 감지하기 시작할 때까지 아직 수십 년의 기록이 필요하다.

기후변화에 관한 다른 가설은 태양흑점 주기와 연관되어 왔다. 태양의 표면에서 가장 눈에 띄고 잘 알려진 모습은 **태양흑점**(sunspots)이라 불리는 어두운 반점들이다(그림 14.18). 태양흑점은 태양 표면에서 내부 깊숙이까지 뻗어 있는 거대한 자기 폭풍이다. 더구나 이 흑점들은 막대한 질량의 입자 방출과 연관되는데, 이 입자들이 지구의 상층 대기에 도달하여 그곳의 기체들과 상호작용함으로써 극광 현상을 만든다(그림 1.26 참조).

태양흑점은 주기적으로 일어나는데, 약 11년마다 태양흑점 수는 최대에 이른다(그림 14.19). 최대 흑점 활동 시기에 태양은 태양흑점 최소 때보다 약간 더 많은 에너지를 방출한다. 1978년에 시작된 우주에서의 관측에 따르면, 11년 주기 동안의 변동이 약 0.1 %이다. 태양흑점이 장면은 근사적인 태양 표면이다. 깊은 오렌지색에 둘러싸인 검은색 점들이 자기 활동이 극히 강한 하나의 흑점 지역이다.

이 이미지를 생산한 장비는 전자기파 스펙트럼의 자외선, 라디오, 그 외 영역을 사용하였다. 고리를 이루는 선들은 자기장 선을 따르는 태양 플라즈마를 보여 준다.

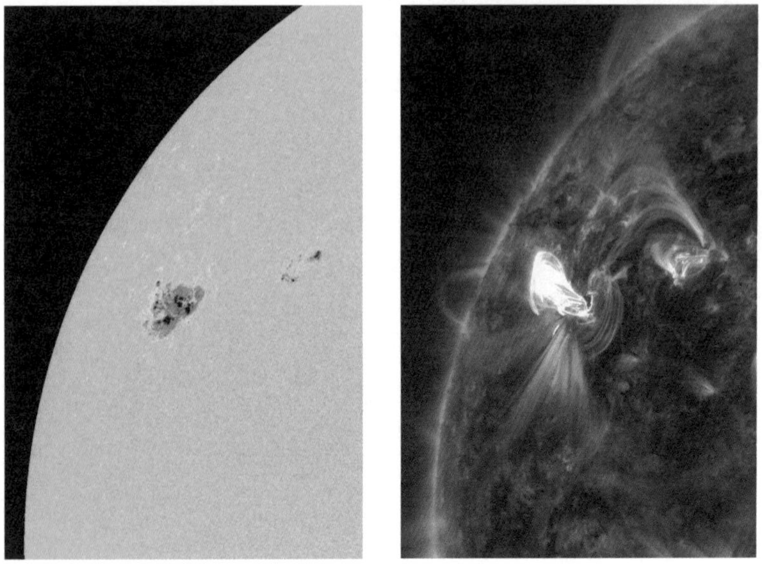

▲ **그림 14.18 태양흑점** 두 이미지는 태양 원반의 동일 위치에서 동일 시간인 2012년 3월 5일에 관측된 태양흑점 활동을 보여 주는데, NASA 태양역학관측소의 서로 다른 두 측기를 사용하여 관측되었다.

은 비록 어둡지만, 어두운 흑점의 효과를 뚜렷하게 상쇄시키는 더 밝은 영역이 이들을 에워싼다. 지구 온도에 감지할 만한 어떤 효과를 갖기에 이 태양 방출량 변화는 너무 작다. 그렇지만 태양 방출량의 더 장기간의 변동은 지구 기후에 영향을 줄 수 있는 가능성이 있다.

예를 들어, 1645년에서 1715년 사이의 기간은 몬더 최소(Maunder minimum)로 알려진 시기인데, 이 시기 동안 태양 흑점은 대부분 사라졌다. 태양흑점이 사라진 이 시기는 기후 역사에서 유럽이 유난히 추웠던 소빙하기(Little Ice Age)로 알려진 시기와 거의 일치한다. 일부 과학자들에게 이 상관관계는 태양의 방출량 감소가 이 추위 사건에 대해 적어도 부분적으로나마 책임이 있을 수 있음을 제시한다. 다른 과학자들은 이 가설에 심각한 의문을 제기한다. 전 세계에서 수집된 서로 다른 기후 기록을 사용한 후속 조사가 흑점 활동과 기후 간의 유의한 상관관계를 찾지 못했다는 것이 그들이 망설이는 부분적인 근거이다.

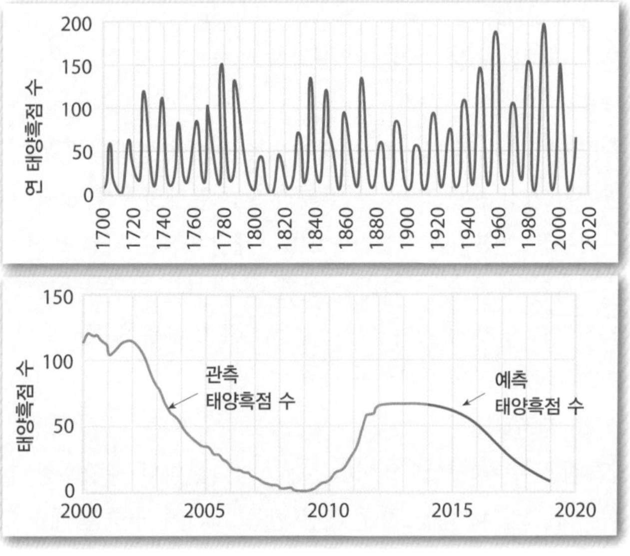

▲ **그림 14.19 평균 연 태양흑점 수** 태양흑점 수는 약 11년마다 최대에 도달한다.

대기를 바라보는 눈 14.1

이 위성영상은 2014년 1월 16일 인도네시아 시나붕 화산의 폭발적인 화산 분출에서 나온 광범위한 화산재 기둥을 보여 준다.

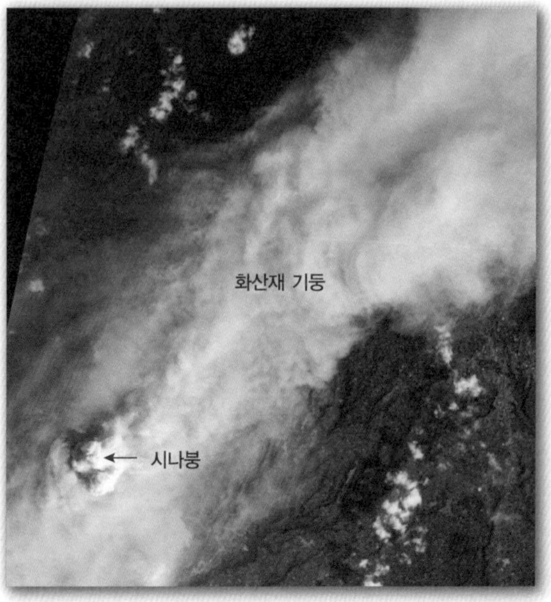

질문

1. 이 분출에서 나온 화산재가 기온에 얼마나 영향을 줄 수 있는가?
2. 이 효과가 오래(수년 동안) 지속할 것 같은가?
3. '눈에 보이지 않는' 어떤 화산 배출물이 화산재보다 더 큰 영향을 줄 수 있는가?

자주 나오는 질문…

태양의 밝기와 최근의 지구온난화의 증거 간에 연관성이 있나요?

최근의 위성 자료에 따르면, 답은 "아니요"이다. 이 면밀한 분석을 수행한 과학자들은 1978년(이러한 관측 자료가 가용한 가장 먼 과거) 이후에 측정된 태양 밝기의 변동이 너무 작아서 지난 30년 동안 가속된 지구온난화에 별로 기여하지 못했다고 말한다.

✔ 개념 체크 14.2

❶ 우리가 빙하기의 원인을 이해하는 데 있어 판 구조론이 어떻게 도움이 되는가?

❷ 전 지구 온도에 미친 엘치촌과 피나투보 화산 분출의 효과를 기술하고 간단히 설명하시오.

❸ 전 지구 온도를 변화시킬 수 있는 세 가지의 지구 궤도 변동을 열거하고 간단히 설명하시오.

❹ 태양흑점이란 무엇인가? 태양흑점 수가 변함으로써 어떻게 태양광 방출이 변하는가? 태양흑점 수와 지구의 기후변화 간에 확고한 연관성이 있는가?

14.3 지구 기후에 대한 인간의 영향

약 1750년 이후의 대기 조성 변화의 특성과 원인을 요점 정리한다. 그에 따른 기후의 반응을 기술한다.

지금까지 우리는 자연적 기후변화에 대한 잠재적 원인들을 고찰하였다. 이 절에서는 인간이 지구의 기후변화에 어떻게 기여할 수 있는지를 논의한다. 한 영향은 이산화탄소와 그 외의 온실가스들이 대기에 더해지기 때문에 초래된다. 두 번째 영향은 인위적으로 생성된 에어로졸이 대기에 더해지는 것과 연관된다.

지역 기후 및 전 지구 기후에 미치는 인간의 영향이 현대의 산업화 시대의 개시로만 시작된 것은 아니었다. 수천 년 동안 광범위한 지역에서 사람들이 환경을 변화시켜 왔다는 증거가 있다. 불의 사용과 메마른 경작지에서의 가축의 과도한 방목은 식생의 양과 분포를 모두 감소시켰다. 인간은 지면 식피(ground cover)를 변하게 만들어 지표 알베도, 증발률, 지표 바람 등과 같은 중요한 기후학적 인자들을 변화시켰다.

상승하는 CO_2 농도 수준

1장에서 여러분은 이산화탄소가 청정 건조 공기를 구성하는 기체들 중 약 0.0400%(400ppm)만을 차지한다는 것을 배웠다. 그럼에도 이것은 기상학적으로 매우 중요한 성분이다. 이산화탄소는 입사하는 단파장의 태양복사에 대해서는 투명하지만, 장파장의 외향 지구복사의 일부분에 대해서는 투명하지 않기 때문에 영향력이 크다. 지상에서 나가는 일부의 에너지는 대기 중 CO_2에 의해 흡수된다. 이어서 이 에너지는 재방출되고, 그중 일부가 지표로 되돌아오므로 해서 CO_2가 없는 상황보다 지면 부근의 공기를 더 따뜻하게 만든다. 따라서 수증기와 함께 이산화탄소는 대기 온실효과의 주된 원인이다. 이산화탄소는 중요한 열 흡수체이므로 공기의 CO_2 함유량의 어떠한 변화가 하층 대기의 기온을 변화시킬 수 있다는 것은 논리적으로 분명하다.

▲ **그림 14.21 열대지역의 삼림 벌채** 열대우림의 벌채는 심각한 환경 문제이다. 생물 다양성의 손실을 일으키는 것과 함께 이산화탄소의 중요한 생성원이다. 육지의 삼림을 벌채하기 위해 불이 자주 사용된다. 이 광경은 브라질의 아마존 유역이다.

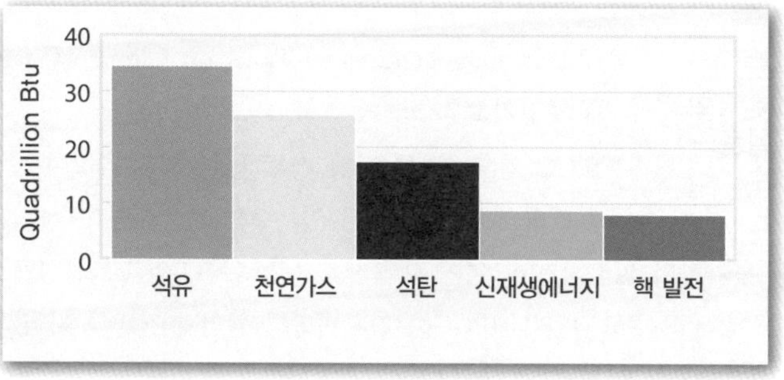

▲ **그림 14.20 미국의 에너지 소비** 이 그래프는 2012년의 에너지 소비를 보여 준다. 총 소비량은 94.9 quadrillion Btu였다. quadrillion은 10^{12} 또는 백만의 백만 배다. 화석연료의 연소는 총 소비량의 82%를 약간 넘는 것으로 나타난다.

지난 두 세기의 지구의 엄청난 산업화는 석탄, 천연가스, 석유 등과 같은 화석연료를 연소시킴으로써 동력을 얻어 왔다—지금도 얻고 있다(그림 14.20). 이 연료의 연소가 대기로 막대한 양의 이산화탄소를 증가시켜 왔다. 인간이 대기에 CO_2를 더한 가장 잘 알려진 방법이 석탄과 기타 연료의 사용이지만, 이것이 유일한 방법은 아니다. 식물이 타거나 썩으면서 CO_2가 배출되기 때문에 삼림의 벌채 또한 크게 기여한다(그림 14.21). 열대 지역에서 산림 벌채는 더욱 두드러지는데, 거대한 지대들이 목축과 농사를 위해 개간되거나 비능률적인 상업용 벌

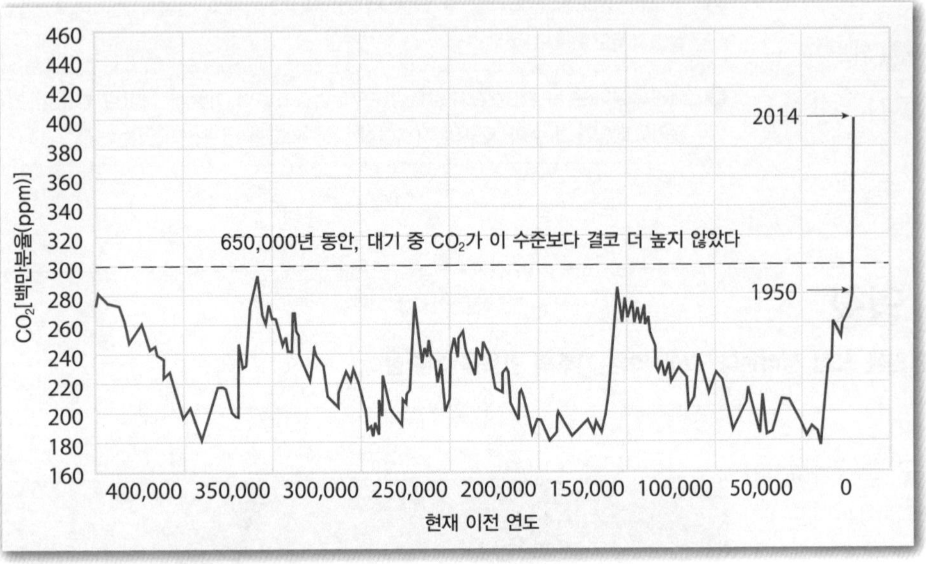

▲ **그림 14.22 과거 400,000년 동안의 CO_2 농도**
이 자료의 대부분은 얼음 코어에 갇혀 있는 공기 방울의 분석을 통해 얻은 것이다. 1958년 이후의 기록은 하와이 마우나로아 관측소에서의 직접적인 측정을 통해 얻은 것이다. 산업혁명이 시작된 이후 CO_2 농도가 급속도로 증가한 것은 확실하다(NOAA).

채 작업에 시달리고 있다. 모든 주요 열대우림들(남아메리카, 아프리카, 남동아시아, 인도네시아 등을 포함)이 사라지고 있다. UN의 추정에 따르면, 1000만 헥타르를 넘는 열대우림이 1990년대와 2000년대 동안 매해 영구히 파괴되었다.

과잉 CO_2의 일부는 식물에 흡수되거나 바다에 용해되지만, 대략 45%는 대기에 그대로 남게 된다. 그림 14.22는 과거 400,000년에 걸친 대기 중 CO_2 변화 기록을 보여 주는 그래프이다. 이 긴 기간 동안, 자연적 변동은 약 180ppm(parts per million)에서 300ppm까지 변했다. 인간 활동의 결과로 현재 CO_2 농도 수준은 과거 600,000년 동안의 최고 수준보다 약 30% 더 높다. 산업화 시작 이후 대기 중 CO_2의 급격한 증가는 분명한 사실이다. 대기 중 이산화탄소 농도의 연간 상승률이 지난 수십 년 동안 증가해 왔다.

대기의 반응

대기의 이산화탄소 함량이 증가하게 되어, 전 지구 온도가 실제로 상승했을까? 답은 "맞다."이다. IPCC(Intergovernmental Panel on Climate Change, 기후변화에 관한 정부간위원회)의 2013년 보고에 따르면, "전 지구 평균 대기 및 해양 온도의 증가, 눈과 얼음의 광범위한 융해, 전 지구 해수면의 상승 등의 관측을 통해 분명히 나타나고 있기 때문에 기후 시스템의 온난화는 의심의 여지없이 명백하다."* 20세기 중반 이후 관측된 전 지구 평균 온도 증가의 대부분은 인위적으로 생성된 온실가스 농도의 관측된 증가 때문일 가능성이 극히 높다. IPCC에 의해 사용된 것처럼, 가능성이 극히 높다(extremely likely)는 것은 95~100%의 확률을 나타낸다. 1970년대 중반 이후에 일어난 지구온난화는 현재 약 0.6℃이고, 지난 세기에 일어난 총 온난화는 약 0.8℃이다. 지표 온도의 상향 추세를 그림 14.23에서 볼 수 있다. 1998년을 제외하면, 134년의 기록에서 가장 따뜻한 10개의 해가 2000년 이후에 일어난 것과 더불어, 2010년과 2005년이 가장 따뜻한 해로 기록되었다.

날씨 패턴과 기타 자연적인 주기는 평균 온도의 경년 변동을 일으킨다. 이것은 지역적 수준과 국지적 수준에서 더욱 타당하다. 예를 들어, 전 지구는 2013년에 현저히 따뜻한 온도를 겪었지만, 미국 본토는 42번째로 따뜻한 해였다. 대조적으로, 오스트레일리아의 기록된 역사에서 2013년은 가장 뜨거운

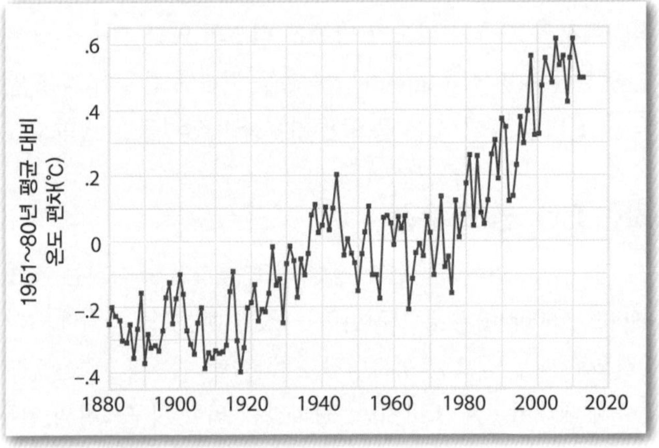

▲ **그림 14.23 1880~2013년의 전 지구 온도**
1998년을 제외하고는 이 134년간의 온도 기록에서 가장 따뜻한 10개의 해가 2000년 이후에 일어났다.

자주 나오는 질문…

IPCC(Intergovernmental Panel on Climate Change)는 무엇인가요?

IPCC(기후변화에 관한 정부간위원회)는 인간에 의한 기후변화의 이해와 관련 있는 과학적, 기술적, 사회경제적 정보를 평가하기 위하여 1988년에 세계기상기구(WMO)와 UN환경프로그램(UNEP)에 의해 설립되었다. IPCC는 기후변화의 원인과 결과의 지식 현황에 관한 정기 보고서를 제공하는 권위 있는 조직이다. 기후변화 2013 : 물리적 과학 근거의 작성에 55개 국가로부터 250명 이상의 저자와 1100명 이상의 과학적 검토자가 기여하였다.

* IPCC, "Summary for Policymakers," in *Climate Change 2013: The Physical Science Basis.*

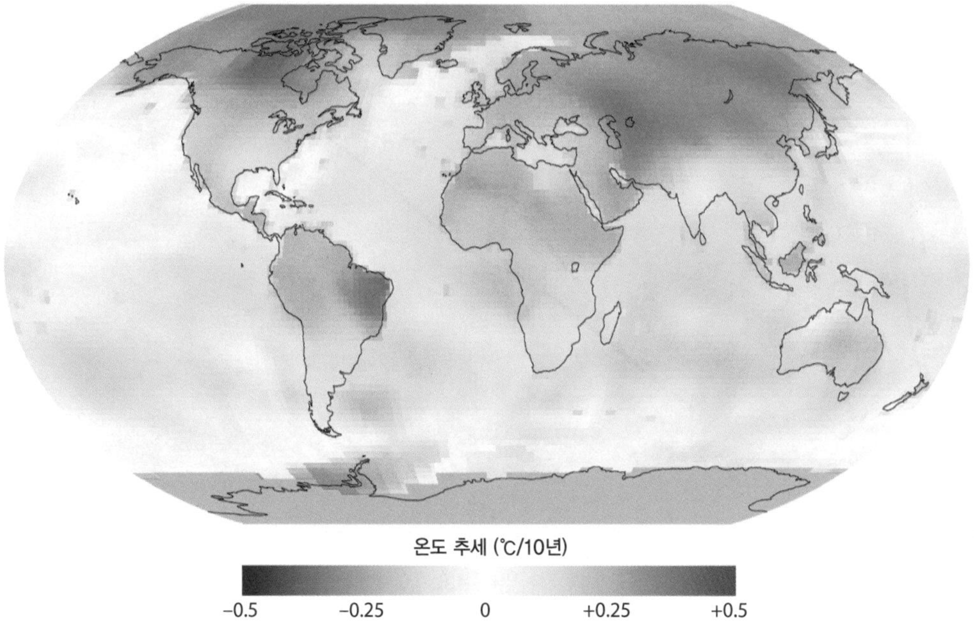

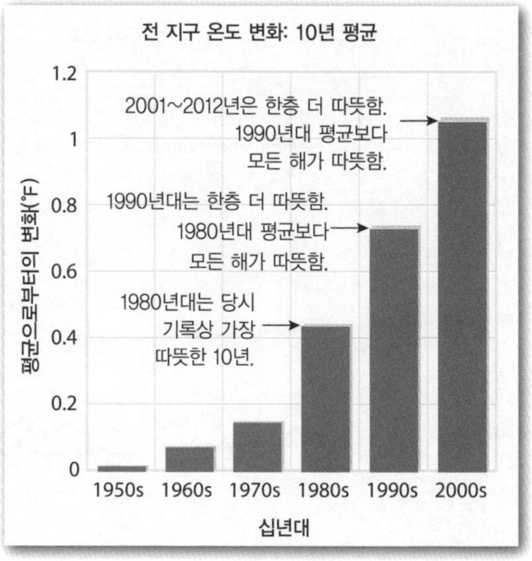

Animation
지구온난화
http://goo.gl/E1JEYu

▲ **그림 14.24 십년대별 온도 추세**
지속적인 대기 중 온실가스 농도 수준의 증가가 전 지구 온도의 장기적 증가를 유발시키고 있다. 매해 전 해보다 반드시 더 따뜻하진 않지만, 1950년 이후 매 십년대는 전 십년대보다 더 따뜻했다. 이 그래프는 이를 분명히 보여 준다. 세계지도는 지구온난화율의 지역적 차이를 보여 준다.

해였다. 어떤 해에 나타나는 지역적 차이에 상관없이, 온실가스 수준의 증가가 전 지구 온도의 장기적인 상승을 일으키고 있다. 매해가 전해보

▼ **그림 14.25 2100년까지의 온도 전망**
그래프의 오른쪽 절반은 서로 다른 배출 시나리오들에 기반하여 전망된 지구온난화를 보여 준다. 각 색선에 인접한 음영 영역은 각 시나리오에 대한 불확실성 범위를 보인 것이다. 비교를 위한 기준(세로축의 0.0)은 1980~1999년 기간에 대한 전 지구 평균이다. 오렌지색 선은 2000년의 CO_2 농도 값이 일정하게 유지되는 시나리오를 나타낸다.

Video
기온과 농업
http://goo.gl/H0y00

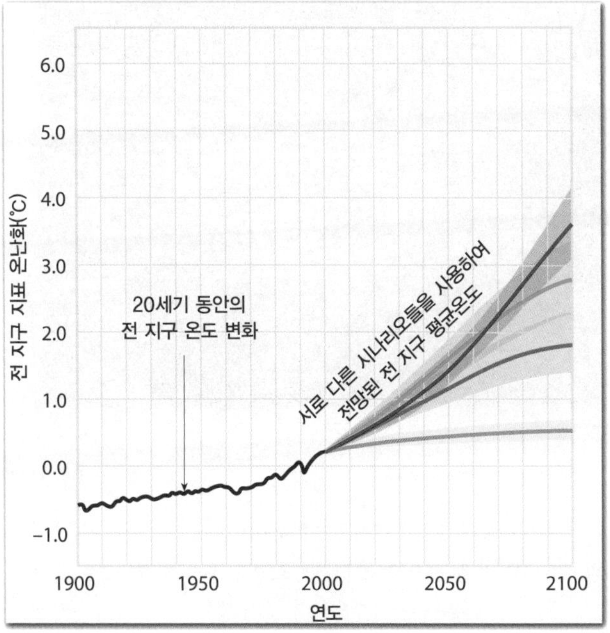

다 반드시 더 따뜻하지는 않지만, 과학자들은 매 십년대가 전 십년대보다 더 따뜻해질 것으로 예상한다. 그림 14.24에서 고찰한 십년대별 온도 추세가 이를 뒷받침해 준다.

미래는 어떨까? 수년 앞의 전망은 배출되는 온실가스의 양에 부분적으로 의존한다. 그림 14.25는 서로 다른 여러 시나리오에 대한 지구 온난화의 최적 추정을 보여 준다. 2013년 IPCC 보고서는 또한 산업화 이전 이산화탄소 수준(280ppm)의 2배인 560ppm이 된다면, 2~4.5°C의 범위 내에서 온도가 증가할 가능성이 높다고 말한다. 1.5°C보다 작게 증가할 가능성은 매우 낮고(1~10% 확률), 4.5°C보다 높은 값은 가능하다.

미량 기체들의 역할

이산화탄소가 전 지구 온도의 잠재적 증가에 기여하는 유일한 기체는 아니다. 최근 수년 동안 대기과학자들은 인간의 산업활동과 농업활동이 여러 미량 기체들을 증가시키고 있음을 인식하게 되었는데, 이들도 중요한 역할을 할 수 있다. 이들의 농도는 이산화탄소보다 낮은 수준이기 때문에 이 물질을 **미량 기체**(trace gases)라 부른다. 가장 중요한 미량 기체들은 메탄(CH_4), 아산화질소(N_2O), 염화불화탄소(CFCs) 등이다. 이 미량 기체들은 지구가 방출하는 파장역의 외향 복사를 흡수하는데, 이들이 없었더라면 이 복사는 그대로 우주로 나갔을 것이다. 비록 각각의 효과는 크지 않지만, 다 합치면 이들 미량 기체는 대류권을 데우는 중요한 역할을 한다.

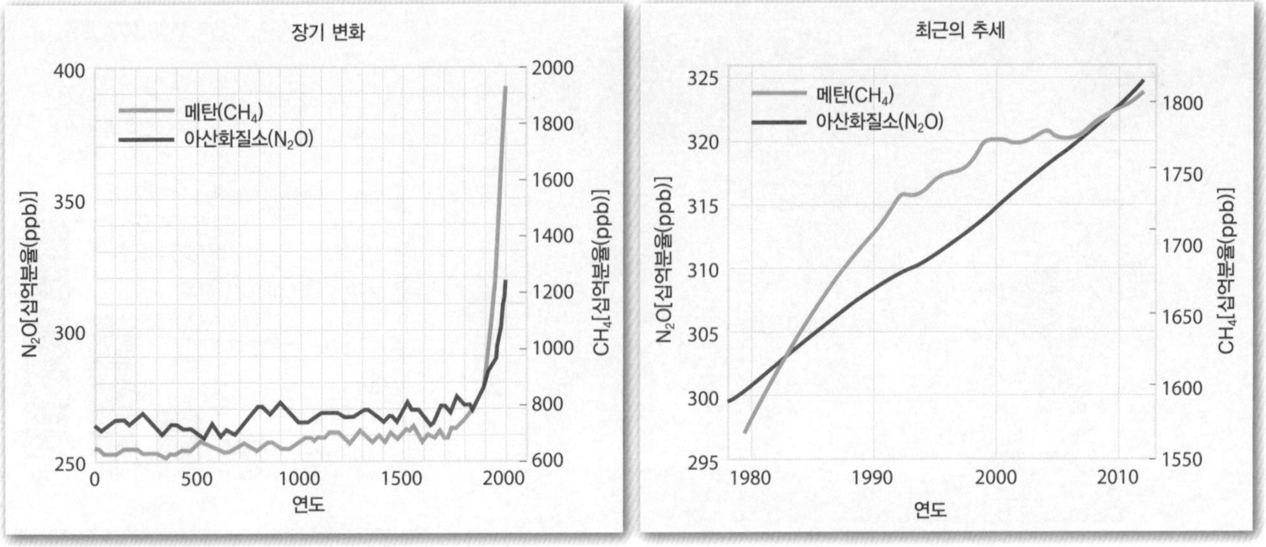

▲ **그림 14.26 메탄과 아산화질소** 비록 CO_2가 가장 중요하긴 하지만, 이 미량 기체들 또한 지구온난화에 기여한다. 산업화 시대 전에는 2,000년에 걸쳐 비교적 작은 변동이 있었음을 이 그림은 보여 준다. 오른쪽 그래프는 최근의 추세를 나타낸 것이다.

메탄 비록 CO_2보다 훨씬 더 적은 양이 존재하지만 비교적 작은 농도가 나타내는 것보다 메탄의 중요성은 더 크다(그림 14.26). 그 이유는 지구가 방출하는 적외 복사의 흡수에서 메탄이 CO_2보다 약 20배 더 효과적이기 때문이다.

메탄은 산소가 희박한 습지에서 혐기성(anaerobic) 박테리아에 의해 생성된다(혐기성이란 '공기 없이', 특히 '산소 없이'라는 의미이다). 늪, 수렁, 습지, 흰개미와 소, 양 같은 목축 동물의 내장 등이 이러한 장소에 포함된다. 메탄은 또한 벼 재배에 이용되는 침수 논(인공 습지)에서도 생성된다. 석탄의 채광과 석유 및 천연가스를 위한 시추도 그 형성 과정의 부산물이 메탄이기 때문에 또 다른 발생원이다.

대기 중 메탄 농도는 인구의 성장과 보조를 맞추어 증가해 왔다. 이 연관성은 메탄 생성과 농업 사이의 밀접한 연결고리를 반영한다. 인구가 증가함에 따라 가축과 논의 수도 증가한다.

아산화질소 메탄만큼 급속히 증가하지는 않아도 종종 '웃음 가스'라고 불리는 아산화질소 또한 대기에서 증가하고 있다(그림 14.26). 이 증가는 주로 농업 활동의 결과이다. 농부들이 수확량을 증대시키기 위해 질소 비료를 사용할 때, 질소의 일부가 아산화질소로서 대기로 들어간다. 또한 이 기체는 화석연료를 고온에서 연소시킬 때도 만들어진다. 대기로의 연 배출량은 적지만 아산화질소 분자의 체류 시간은 약 150년이다. 질소 비료 및 화석연료의 사용이 전망된 비율로 증가한다면, 아산화질소의 온난화에 대한 기여는 메탄의 절반에 이를 수 있다.

CFCs 메탄과 아산화질소와는 달리, 염화불화탄소(CFCs)는 자연적

대기를 바라보는 눈 14.2

2007년 8월에 찍은 이 위성영상은 브라질 서부에 있는 일부 아마존 유역에서의 열대 삼림 벌채의 효과를 보여 준다. 손대지 않은 산림은 암녹색인 반면, 벌채된 영역은 황갈색(나지) 또는 연녹색(농경지와 목초지)이다. 유심히 보면, 영상의 왼쪽 중심부에 비교적 짙은 연기가 있다.

질문

1. 열대우림의 파괴가 어떻게 대기의 조성을 변화시키는가?
2. 열대지역의 삼림 벌채가 지구온난화에 미치는 효과에 대해 설명하시오.

으로 대기에 존재하지 않는다. 1장에서 배운 것처럼, CFCs는 성층권에서 오존 고갈의 원인이기 때문에 악명을 얻은 다용도의 화학제품이다. 지구온난화에서 CFCs의 역할은 거의 알려져 있지 않다. CFCs는 매우 효과적인 온실가스이다. 1920년대까지는 개발되지 않았고 1950년대까지는 대량으로 사용되지 않았다. 몬트리올 의정서가 강력한 개선책을 표명하지만 CFCs 농도 수준이 급속히 떨어지지는 않을 것이다(1장의 몬트리올 의정서에 관한 절 참조). CFCs는 대기 중에 수십 년 동안 체류하기 때문에 심지어 모든 CFC 배출을 즉각 중단하더라도, 대기가 수년 동안 그들로부터 자유롭지는 못할 것이다.

결합적 효과 이산화탄소는 분명히 전망된 지구온난화의 가장 중요한 단일 요인이다. 그러나 이산화탄소가 유일한 기여자는 아니다. CO_2 외에 인위적으로 생성되는 모든 온실가스들의 효과가 더해져 미래가 전망될 때, 이들의 총체적인 영향은 CO_2만의 영향을 크게 증가시킨다.

정교한 컴퓨터 모델은 이산화탄소 및 미량 기체들에 의해 초래되는 하층 대기의 온난화가 모든 곳에서 같지 않을 것임을 보여 준다. 오히려, 극 지역에서의 온도 반응은 전 지구 평균보다 두세 배 더 클 수 있다. 한 가지 이유는 극 지역의 대류권이 매우 안정하다는 사실인데, 이것이 연직 혼합을 억제하여 상향으로 전달되는 지표면 열의 양을 제한한다. 또한 예상되는 해빙의 감소 또한 더 큰 기온 증가에 기여한다. 이 주제에 대해서는 다음 절에서 좀 더 폭넓게 탐구될 것이다.

어떻게 에어로졸이 기후에 영향을 미칠까

대기 중 이산화탄소와 기타 온실가스들의 양을 증가시키는 것은 지구 기후에 미치는 가장 직접적인 인간의 영향이다. 그러나 이것이 유일한 영향은 아니다. 또한 지구 기후는 대기 중 에어로졸 함유량에 기여하는 인간 활동에 의해서도 영향을 받게 된다. **에어로졸**(aerosol)은 공기 중에 부유하는 미세 혹은 초미세 액체와 고체 입자라는 사실을 기억하자. 구름방울과는 달리 에어로졸은 비교적 건조한 공기에도 존재한다. 대기 에어로졸은 토양, 연기, 해염 입자, 황산 등을 포함한 서로 다른 많은 물질들로 이루어진다. 자연적인 발생원은 다양하며 산불, 모래 폭풍, 부서지는 파도, 화산 등과 같은 현상들을 포함한다.

인위적으로 생성되는 대부분의 에어로졸은 화석연료가 연소하면서 배출되는 이산화황에 기인하거나 농경지를 개간하기 위해 식생을 태우는 데서 기인한다. 대기에서의 화학 반응은 이산화황을 산성비를 생성시키는 것과 동일한 물질인 황산염 에어로졸로 변환시킨다(13장 참조).

어떻게 에어로졸이 기후에 영향을 미칠까? 대부분의 에어로졸은 햇빛을 반사시켜 우주로 되돌려 보냄으로써 직접적으로 작용하기도 하며, '더 밝은' 반사체인 구름을 형성시킴으로써 간접적으로 작용하기도

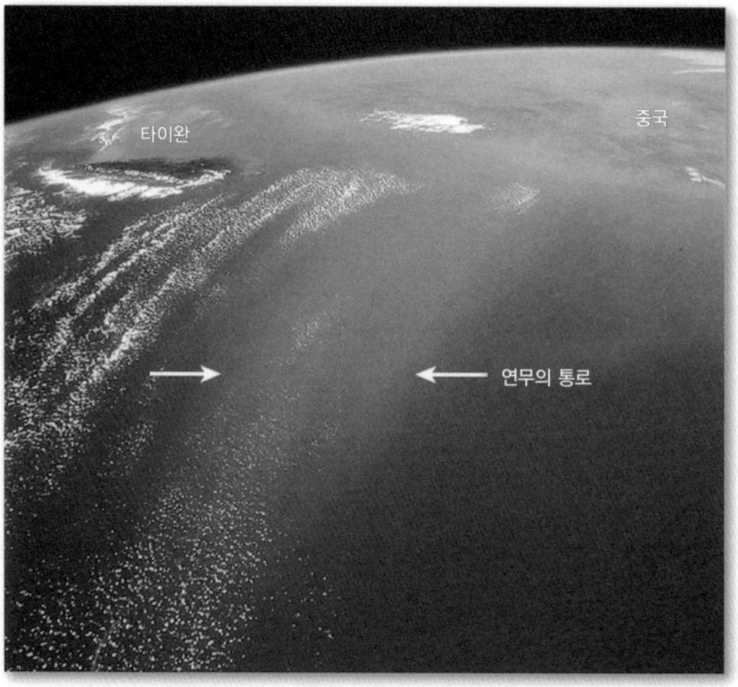

▲ **그림 14.27 에어로졸 연무**
인위적으로 생성된 에어로졸이 발생 지역 부근에 집중되어 있다. 대부분의 에어로졸들은 기후 시스템에 사용될 수 있는 태양에너지의 양을 감소시키기 때문에 이들은 순 냉각 효과를 가진다. 이 위성영상은 짙게 뒤덮은 오염 물질이 중국 해안을 빠져나가는 모습을 보여 준다. 이 연무 기둥의 폭은 약 200km이고 길이는 600km를 넘는다.

한다. 두 번째 효과는 많은 에어로졸(예를 들어, 소금이나 황산염으로 이루어진 물질)이 물에 친화적이기 때문에 구름응결핵으로서 특히 효과적이라는 사실과 관련된다. 인간 활동(특히 산업에 의한 배출)에 의해 생긴 많은 양의 에어로졸은 구름 내에서 형성되는 운적 수의 증가를 촉발시킨다. 작은 운적의 수가 많아질수록 구름의 밝기는 증가하여 햇빛을 더 많이 반사시켜 외계로 내보낸다.

블랙카본(black carbon)이라 부르는 한 부류의 에어로졸은 연소 과정이나 화재로 생기는 그을음이다. 다른 에어로졸과는 달리, 블랙카본은 입사 태양복사의 효과적인 흡수체이기 때문에 대기를 따뜻하게 만든다. 블랙카본이 눈이나 얼음 위로 침전되면, 지표면 알베도를 감소시키므로 흡수되는 빛의 양을 증가시킨다. 그러나 블랙카본의 온난화 효과에도 불구하고, 대기 중 에어로졸의 총체적인 효과는 지구를 냉각시킨다.

연구는 인위적으로 생성된 에어로졸의 냉각 효과가 대기 중 온실가스 양의 증가로 인한 지구온난화의 일부를 상쇄함을 보여 준다. 에어로졸의 냉각 효과의 크기와 범위는 불확실하다. 이 불확실성은 인간이 지구의 기후를 어떻게 변화시키는지에 관한 우리의 이해를 진전시키는 데 있어서 하나의 장애물이다.

온실가스로 인한 지구온난화와 에어로졸 냉각 간에 중요한 의미를

당신의 예보는?

에어로졸 효과의 모델링

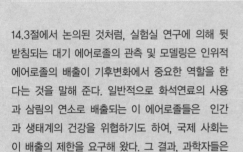

돈 웨블스(Don Wuebbles) 박사, 일리노이대학교 대기과학과

14.3절에서 논의된 것처럼, 실험실 연구에 의해 뒷받침되는 대기 에어로졸의 관측 및 모델링은 인위적 에어로졸의 배출이 기후변화에서 중요한 역할을 한다는 것을 말해 준다. 일반적으로 화석연료의 사용과 삼림의 연소로 배출되는 이 에어로졸들은 인간과 생태계의 건강을 위협하기도 하여, 국제 사회는 이 배출의 제한을 요구해 왔다. 그 결과, 과학자들은 에어로졸 배출을 제한하는 정책이 지구 기후에 어떤 영향을 미칠 수 있는지 이해하고 싶어 한다.

에어로졸 오염을 제어하기 위한 정책의 잠재적 기후 효과의 범위를 평가하기 위해, 최근의 모델링 연구*는 에어로졸(그리고 기후에 미치는 다른 '강제들')을 다루는 두 가지 시나리오를 검토하고, 50년 기간에 대해 모의하였다. (1) 공중 보건 대책이 에어로졸 입자의 인위적 배출을 10배 감소시키는 '청정(clean)' 대기, (2) 신흥 산업 국가들이 동일한 에어로졸 배출을 3배 증가시키는 '오염(dirty)' 대기. 수명이 길어 대기 내에서 잘 혼합된 CO_2(근본적으로 모든 곳에서 동일한 농도)와 달리, 대기 중 에어로졸들은 대기 내에서 수명이 매우 짧고 일반적으로 수주 이내에 제거되기 때문에, 이들은 잘 섞여 있지 않고 배출지 근처에서 최대 농도를 갖는 경향이 있다.

그림 14.B에서 그래프 A는 지표 기온, 그래프 B는 대기 상단에서 받는 평균 단파 복사량, 그래프 C는 강수량에 대한 이 모델들의 예측을 보여 준다. 검은색 선은 현 배출에 따른 기준 값, 빨간색 선은 에어로졸이 제거된 '청정' 사례, 파란색 선은 증가된 에어로졸 배출의 '오염' 사례를 나타낸다. 이 최종적인 결과는 다소간 다른 경로를 따라가게 되는 미미하게 다른 초기 조건들을 사용하여 지구 기후 시스템 모델을 다수 적분함으로써 생산되었다. 결과는 이러한 모델들이 기후 시스템에서의 자연 변동성을 얼마나 잘 묘사하는지를 뚜렷하게 보여 준다.

이 연구는 청정 사례(에어로졸을 10배 감소시키는 사례)가 추가적인 에어로졸이 가해지는 사례보다 기후에 훨씬 더 큰 효과가 있음을 보여 준다.

질문

1. 기후 모델 연구로부터 산출된 그림 14.B 그래프들에 근거하여, 에어로졸 배출의 감소(청정 사례)와 예측된 전 지구 지표 온도 변화 간의 관계를 설명해 보자.
2. 강수량 반응이 더 밀접하게 따르는 쪽이 온도 반응(그래프 A)인가? 흡수 복사 반응(그래프 B)인가? 설명해 보자.
3. 여기 제시된 결론을 고려할 때, 여러분은 에어로졸 배출을 제한하는 정책이 의미가 있다고 생각하는가? 왜 그렇게 생각하는가?

* Los Alamos 국립연구소 M. Dubey의 미출판 결과

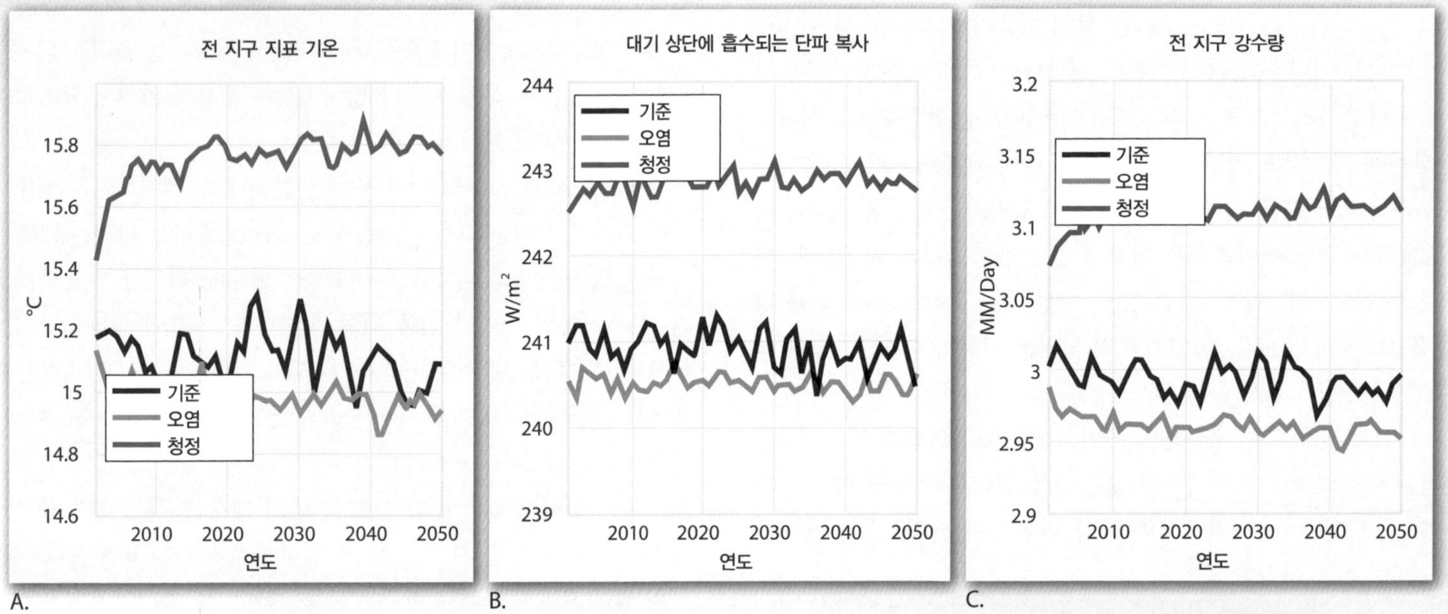

▲ 그림 14.B 기후 모델링 결과들

A. 평균 전 지구 연 지표 기온 B. 대기 상단에서의 단파 복사 C. 평균 전 지구 연 강수량

갖는 몇몇 차이가 있음을 짚고 넘어가는 것은 중요하다. 이산화탄소와 미량 기체는 배출된 후에 대기 중에 남아 수십 년 동안 기후에 영향을 준다. 대조적으로, 대류권에 배출된 에어로졸은 단 며칠 내지 기껏 몇 주 남아 있다가 강수에 씻겨 나가므로 현 기후에 대한 그 효과는 제한적이다. 대류권에서의 짧은 체류 시간 때문에 에어로졸은 지구상에 고르게 분포되어 있지 않다. 예상하듯, 인위적으로 생성된 에어로졸은 그것들이 만들어진 지역, 즉 화석연료를 연소시키는 산업 지역들과 식생들이 태워지는 지역들 부근에 집중된다(그림 14.27).

✓ 개념 체크 14.3

❶ 왜 대기의 CO_2 농도 수준이 지난 200년 동안 증가해 왔는가?

❷ 증가하는 CO_2 농도 수준에 대기는 어떻게 반응해 왔는가?

❸ CO_2 농도 수준이 지속적으로 증가함에 따라 하층 대기의 기온은 어떻게 변할 가능성이 높은가? CO_2 외에 어떤 미량 기체가 전 지구 온도변화에 기여하고 있는가?

❹ 인간에 의해 생성된 에어로졸들의 주요 발생원을 열거하고 대기의 온도에 미치는 그들의 순 효과를 설명하시오.

14.4 기후-되먹임 메커니즘

양의 되먹임과 음의 되먹임을 비교 설명하고 각각의 예를 제시한다.

기후는 매우 복잡하게 상호작용하는 물리 시스템이다. 그러므로 기후 시스템의 어떤 성분이 변하게 되면, 과학자들은 일어날 수 있는 많은 결과들을 생각해야만 한다. 이 가능한 결과들을 **기후-되먹임 메커니즘**(climate-feedback mechanism)이라 부른다. 이것들이 기후 모델링 노력을 어렵게 만들고 기후 예측에 더 큰 불확실성을 더한다.

되먹임 메커니즘의 유형

어떤 기후-되먹임 메커니즘들이 이산화탄소 및 기타 온실가스들과 관련될까? 하나의 중요한 메커니즘은 더 따뜻한 지표 온도가 증발률을 증가시키는 것이다. 이것이 대기 중 수증기의 증가로 이어진다. 수증기가 이산화탄소보다 지구가 방출하는 복사의 훨씬 더 강력한 흡수체임을 기억하자. 그러므로 공기 내에 수증기가 더 많아지면 이산화탄소와 기타 미량 기체들로 인한 온도 증가는 더 강화될 것이다.

지구의 기후변화를 모의하는 과학자들은 고위도에서의 온도 증가가 전 지구 평균보다 두세 배 더 클 수 있음을 보여 준다. 이 가정은 지표 온도가 올라가면 해빙이 덮는 면적이 감소할 것이라는 가능성에 부분적으로 기초한다. 얼음은 얼지 않은 물보다 입사하는 태양복사의 훨씬 더 큰 비율을 반사시키기 때문에, 해빙이 녹는 것은 높은 반사도의 지표면을 비교적 어두운 지표면으로 교체시킨다(그림 14.28). 그 결과는 지표면에 흡수되는 태양에너지의 큰 증가이다. 이것이 대기에 되먹임되는 것으로 이어져 더 높아진 온실가스 농도 수준으로 유발된 초기 온도 증가를 증폭시키게 된다.

지금까지 논의된 기후-되먹임 메커니즘은 온실가스의 증가로 인한 온도 상승을 증폭시켰다. 이 효과가 초기의 변화를 강화시키기 때문에 **양의 되먹임 메커니즘**(positive-feedback mechanism)이라 부른다. 그러나 다른 효과들은 초기의 변화와 반대여서 그것을 상쇄시키려는 결과를 생성하기 때문에 **음의 되먹임 메커니즘**(negative-feedback mechanism)으로 분류된다.

전 지구 온도 상승으로 일어날 수 있는 한 결과는 더 높아진 대기의 수분 함량에 동반되는 운량의 증가이다. 대부분의 구름은 태양복사의 좋은 반사체이다. 그러나 동시에 구름은 지구가 방출하는 복사의 좋은 흡수체이자 방출체이기도 하다. 결과적으로, 구름은 상반된 두 효과를

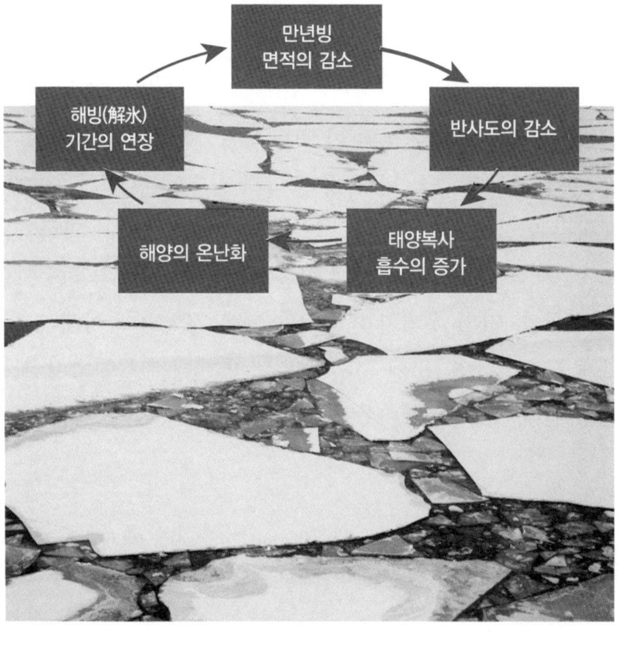

▲ 그림 14.28 되먹임 메커니즘으로서의 해빙
이 영상은 봄철 남극 부근 해빙의 붕괴를 보인 것이다. 다이어그램은 가능성 높은 되먹임 고리를 보여 준다. 해빙의 감소는 지표 알베도를 감소시키고 지표면에 흡수되는 에너지의 양을 증가시키기 때문에 양의 되먹임 메커니즘으로서 작용한다.

발생시킨다. 이들은 지구의 알베도를 증가시킴으로써 대기의 가열에 가용한 태양에너지 양을 감소시키기 때문에 하나의 음의 되먹임 메커니즘이다. 반면에, 구름이 없었더라면 대류권이 잃었을 복사를 흡수하고 방출함으로써 양의 되먹임 메커니즘으로 작용한다.

둘 다 있다면 어떤 효과가 더 강할까? 과학자들은 여전히 구름이 양의 순 되먹임을 생성할지 음의 순 되먹임을 생성할지 확실히 알지 못한다. 비록 최근 연구들이 문제를 완전히 해결하지는 못했지만, 구름이 지구 온난화를 약화시키기보다는 총체적으로 작은 크기의 양의 되먹임을 생기게 한다는 쪽으로 생각이 기우는 것으로 보인다.*

인위적인 대기 조성의 변화로 인한 지구온난화의 문제는 지속적으로 가장 많이 연구되는 기후변화의 측면들 중 하나이다. 아직은 어떤 모델도 완전한 범위의 잠재적 인자들과 되먹임들을 결합시키지는 못했지만, 대기 중 이산화탄소 및 미량 기체들의 증가하는 농도 수준이 지구를 더 온난하게 만드는 것과 더불어 기후 체제의 분포를 달라지게 만들 것이라는 데에 과학적 의견의 일치를 이루고 있다.

컴퓨터 기후 모델 : 중요하지만 아직 불완전한 도구

지구의 기후 시스템은 놀랄 만큼 복잡하다. 포괄적 최첨단 과학의 기후 모의 모델은 일어날 수 있는 기후변화 시나리오를 개발하기 위해 사용되는 기본 도구들 중 하나이다. **대순환 모델**(general circulation models, GCMs)이라 부르는 이 모델들은 물리학 및 화학의 기본 법칙들을 토대로 하며, 인위적 및 생물학적 상호작용들을 결합시킨다. GCM은 온도, 강우, 적설 면적, 토양 수분, 바람, 구름, 해빙, 전 지구 해양 순환 등 많은 변수를 여러 계절에서 수십 년의 기간에 대해 모의하기 위해 사용된다.

다른 많은 연구 분야에서는 가설이 실험실에서의 직접적인 실험 방법 또는 현장에서의 관찰 및 측정에 의해 검증될 수 있다. 그러나 기후 연구에서는 일반적으로 이것이 가능하지 않다. 그래서 과학자들은 우리 지구의 기후 시스템이 어떻게 작동하는지에 관한 컴퓨터 모델을 구축해야만 한다. 만일 우리가 기후 시스템을 정확하게 이해하고 모델을 올바르게 구축한다면, 모델 기후 시스템의 행태는 틀림없이 지구 기후 시스템의 행태를 잘 모의할 것이다(그림 14.29).

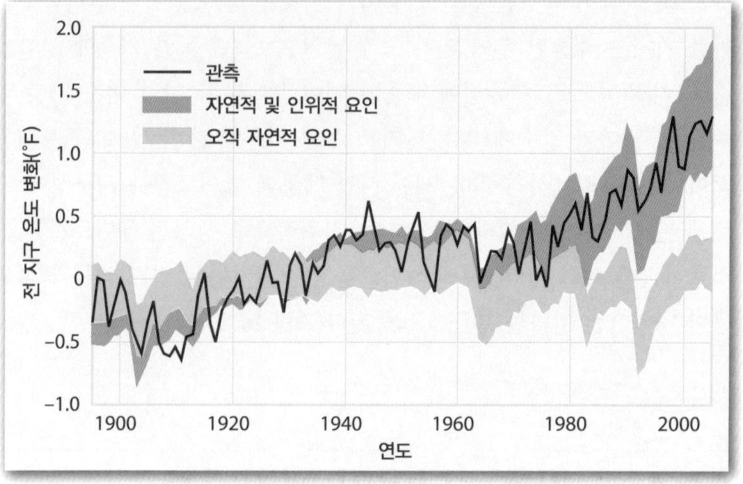

▲ **그림 14.29 기후에 대한 인위적 영향과 자연적 영향의 구별**
파란색 밴드는 전 지구 평균 온도가 오직 자연적 강제만으로 얼마나 변하게 되는지를 기후 모델들의 모의 결과로서 보여 준다. 분홍색 밴드는 인위적 강제와 자연적 강제가 결합된 결과의 모델 전망을 보여 준다. 검은색 선은 실제로 관측된 전 지구 평균 온도를 보여 준다. 파란색 밴드가 말해 주는 것처럼, 인간의 영향이 없다면 지난 세기의 온도는 실제로 처음에 온난했었다가 최근 수십 년에 걸쳐 약간 냉각되었다. 색 밴드는 불확실성의 범위를 나타내기 위해 사용된다.

어떤 인자들이 기후 모델의 정확도에 영향을 미칠까? 분명한 것은 수학적 모델이 실제 지구의 단순화된 버전이라서 그 복잡함 전체를 빼놓지 않고 포착해 낼 수는 없는데, 더 작은 지리적 규모에서 특히 그렇다. 더욱이 컴퓨터 모델이 미래 기후변화를 모의하기 위해 사용될 때에는 예측에 중요한 영향을 미치는 많은 가정이 주어져야 한다. 인구, 경제 성장, 화석연료의 소비, 기술 발달, 에너지 효율성의 개선 등에 있어 일어날 수 있는 미래의 변화를 폭넓은 범위에서 고려해야 한다.

많은 어려움에도 불구하고 수퍼컴퓨터를 이용하여 기후를 모의하는 우리의 능력은 지속적으로 향상되고 있다. 오늘날의 모델들이 전혀 틀리지 않는 완벽한 도구는 아니라 하더라도, 어떤 지구의 미래 기후가 가능할지를 이해하기 위한 강력한 도구이다.

✓ 개념 체크 14.4

❶ 양의 되먹임 메커니즘과 음의 되먹임 메커니즘의 차이를 설명하시오.

❷ 각 유형의 되먹임 메커니즘의 예를 적어도 한 가지씩 제시하시오.

❸ 컴퓨터 기후 모델의 정확도에 영향을 주는 인자들은 무엇인가?

* A. E. Dessler, "A Determination of the Cloud Feedback from Climate Variations over the Past Decade," *Science 330* (December 10, 2010), 1523–1526.

14.5 지구온난화의 몇 가지 결과들

지구온난화의 몇 가지 가능성 높은 결과들에 대해 논의한다.

대기의 이산화탄소 함유량이 20세기 초 함유량의 두 배 수준에 이른다면 어떤 결과들이 예상될 수 있을까? 기후 시스템은 복잡하기 때문에, 특정 지역에서 특정 결과의 발생을 예측하는 것은 불확실하다. 그러한 변화를 정확하게 말하는 것은 아직은 가능하지 않다. 그럼에도 더 큰 시공간적 규모에 대해서는 그럴듯한 시나리오가 존재한다.

앞서 언급한 것처럼, 온도 증가의 크기는 모든 곳에서 다 똑같지 않을 것이다. 온도 상승은 아마도 열대 지역에서 가장 작을 것이고, 극으로 갈수록 증가할 것이다. 강수에 관련하여 어떤 지역은 훨씬 더 많은 강수와 유수를 겪게 될 것임을 모델들은 보여 준다. 그러나 다른 지역들은 더 높은 온도로 인해 강수량은 감소하고 증발량은 증가함으로써 유수의 감소를 겪을 것이다.

표 14.1은 가장 가능성이 높은 영향들과 그로 인해 일어날 수 있는 결과들의 일부를 요약한 것이다. 또한 이 표에는 각 영향의 발생 확률에 대한 IPCC의 추정이 제시되었다. 이들 전망에 대한 신뢰 수준은 가능성 높음(67~90%의 확률)에서 가능성 매우 높음(90~99%의 확률) 및 사실상 확실함(99%를 넘는 확률)에 이르기까지 다양하다.

해수면 상승

인위적인 지구온난화의 중대한 영향은 해수면의 상승이다. 이것이 일어남으로써, 해안 도시, 습지, 저지대 섬은 더 빈번한 홍수, 해안 침식, 연안 하천과 대수층으로의 바닷물 침범 등으로 위협받을 수 있다.

더 따뜻한 대기와 해수면의 상승은 어떻게 연관되는가? 한 가지 중요한 요인은 열 팽창이다. 더 높은 기온은 접해 있는 상부 해양을 데우는데, 이것이 해수를 팽창시키고 해수면을 상승시키는 것으로 이어진다.

전 지구 해수면 상승에 기여하는 두 번째 요인은 녹아내리는 빙하이다. 거의 예외 없이, 전 세계의 빙하는 지난 세기 동안 전례 없는 속도로 후퇴해 왔다. 일부 산악 빙하는 완전히 사라졌다(그림 14.30).

표 14.1 21세기의 기후 추세

전망된 변화와 추정되는 발생 확률*	전망된 영향의 예
더 높은 최고기온, 거의 모든 육지 지역에서 더 많은 더위일과 열파 (**사실상 확실함**)	노년층과 도시 빈민층에서 사망과 심각한 질병의 발생 증가 가축과 야생동물의 열 스트레스 증가 관광지의 변화 많은 농작물의 피해 위험 증가 전기 냉방 수요 증가와 에너지 공급 안정성 감소
더 높은 최저기온, 거의 모든 육지 지역에서 더 적은 추위일, 서리일, 한파 (**사실상 확실함**)	추위 관련 인간의 발병률 및 사망률 감소 많은 농작물의 피해 위험 감소 및 그 외 농작물의 피해 위험 증가 일부 해충 및 질병 매개체의 범위 및 활동 확대 난방 에너지 수요 감소
대부분의 지역에서 호우 사건의 빈도 증가(**가능성 매우 높음**)	홍수, 산사태, 눈사태, 이류(泥流) 피해 증가 토양 침식 증가 유수 증가로 인한 일부 범람원 대수층의 부존량 증가 정부와 민간 홍수 보험 시스템 및 재해 구제의 부담 증가
가뭄 영향을 받는 면적 증가(**가능성 높음**)	농작물 수확 감소 지반 침하로 인한 건물 기초의 피해 증가 수자원의 양과 질 감소 산불의 위험 증가
열대저기압 활동의 증가(**가능성 높음**)	사람 생명 위험, 감염성 질병의 전염 위험, 그 외 많은 위험 증가 해안 침식과 해안가 건축물 및 기반시설 피해 증가 산호초 및 맹그로브와 같은 연안 생태계 피해 증가

* **사실상 확실함**은 발생 확률 99~100%, **가능성 매우 높음**은 발생 확률 90~99%, 그리고 **가능성 높음**은 발생 확률 67~90%를 나타낸다.

출처 : 5차 평가보고서에 근거함. *Climate Change 2013: The Physical Science Basis, Summary for Policymakers.*

1941

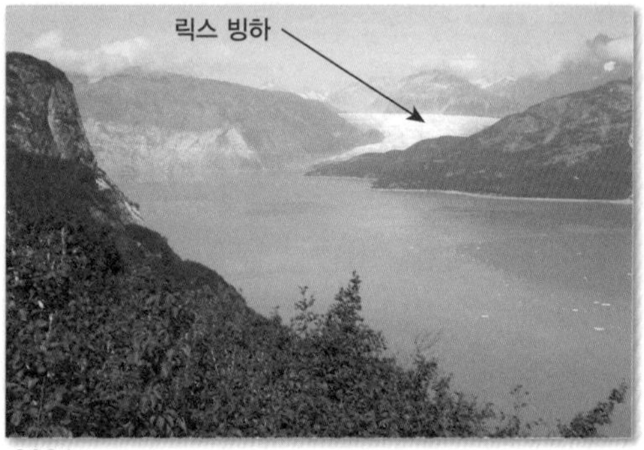

2004

▶ 그림 14.30 알래스카의 글레이셔 베이 국립공원에서 동일 관점에서 찍은 63년 시차의 두 영상
1941년 사진에서 현저한 뮤어 빙하는 후퇴하여 2004년 사진의 시야에서 사라졌다. 또한 릭스 빙하(오른쪽 윗부분)는 상당히 얇아지고 후퇴했다.

Video
해수면 상승
http://goo.gl/zRrhgp

20년에 걸친 위성 연구는 그린란드와 남극 빙상의 질량이 평균 1년당 475기가톤(1기가톤은 10억 톤)씩 줄어들고 있음을 보여 주었다. 이것은 1년당 1.5mm씩 해수면을 상승시킬 수 있을 만한 물이다. 얼음의 소실율은 연구 기간 동안 일정하지 않고 가속되고 있었다. 동일한 기간 동안, 산악 빙하와 만년설은 평균적으로 1년당 400기가톤 약간 넘게 소실되었다.

연구 결과는 해수면이 1870년 이후 약 25cm 상승했으며, 아울러 최근 수년 동안 해수면 상승 속도는 가속되고 있음을 보여 준다. 해수면의 미래 변화는 어떨까? 그림 14.31에 나타나 있는 것처럼, 미래 해수면 상승의 추정은 불확실하다. 그래프에 그려진 네 가지의 시나리오는 서로 다른 정도의 해양 온난화 및 빙상 소실을 나타내며, 0.2~2m의 범위를 갖는다. 최저 시나리오는 1870년과 2000년 사이에 일어난 연간 해수면 상승률(1.7mm/년)의 외삽이다. 그러나 1993~2012년 기간 동안의 해수면 상승률을 살펴보면, 연간 변화율이 3.17mm/년이다. 이러한 자료는 해수면이 최저 시나리오가 나타내는 것보다는 훨씬 더 많이 상승할 것이라는 합리적인 가능성을 보여 준다.

자주 나오는 질문…

시나리오는 무엇이며, 왜 그것이 사용되나요?

가정들의 특별한 집합하에서 일어날 수 있는 하나의 예가 시나리오이다. 시나리오의 사용은 불확실한 미래에 관한 질문을 고찰하는 한 방법이다. 예를 들어, 화석연료 사용 및 그 외 인간 활동의 미래 추세는 불확실하다. 그러므로 과학자들은 이 변수들에 대한 폭넓은 가능성들을 토대로 기후가 어떻게 변할 수 있는지에 관한 다양한 시나리오들을 개발해 왔다.

과학자들은 미국의 대서양 및 걸프 연안과 같은 완만한 경사를 가진 해안선을 따라서는 평범한 정도의 해수면 상승조차도 상당히 큰 침식과 심각한 영구적 내륙 범람을 유발시킬 수 있음을 알고 있다(그림 14.32). 이런 일이 일어나게 되면, 많은 해변과 습지는 사라지고, 연안 문명은 심하게 훼손될 것이다. 방글라데시와 몰디브의 작은 섬나라와 같은 저지대의 인구 밀집 지역이 특히 취약하다. 몰디브의 평균 고도는 1.5m이고, 가장 높은 지점이 해발 2.4m에 불과하다.

해수면 상승은 서서히 일어나는 현상이기 때문에, 연안 주민들은 해안 범람과 침식 문제의 중요한 기여 자로서의 해수면 상승을 간과할 수 있다. 오히려 비난이 다른 강제, 특히 폭풍 활동으로 향하게 될지도 모른다. 비록 주어진 폭풍이 즉각적인 원인일 수는 있지만, 그 폭풍의 힘으로 훨씬 더 넓은 육지 지역까지 관통할 수 있도록 해 주는 비교적 작은 해수면 상승이 폭풍 파괴력의 크기를 결정할 수 있다.

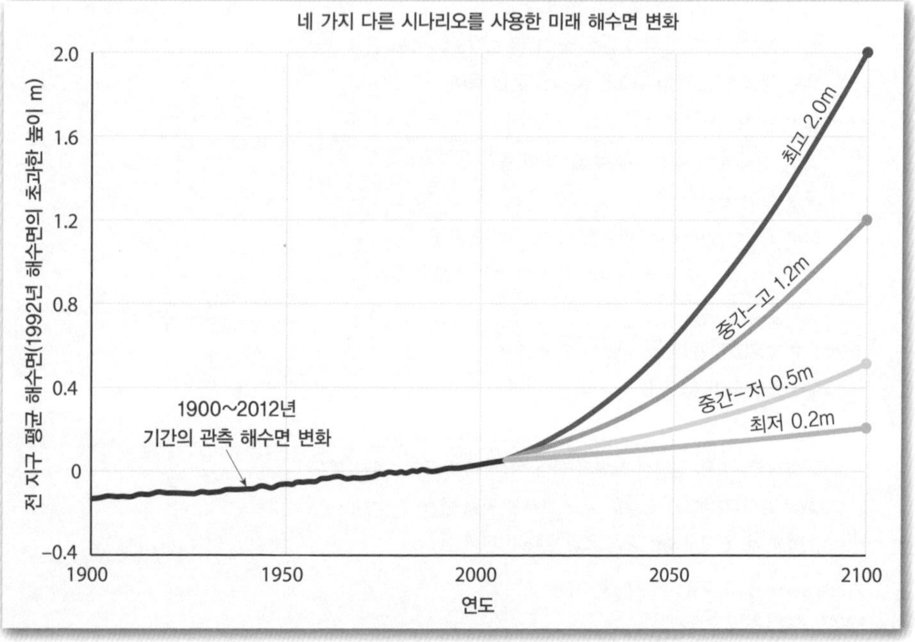

◀ 그림 14.31 변화하고 있는 해수면
이 그래프는 1900년과 2012년 사이에 일어난 해수면의 변화와 네 가지의 다른 시나리오를 사용한 2100년까지의 전망을 보여 준다. 현재 최고 및 최저 전망은 발생 가능성이 극히 낮을 것으로 보인다. 추정을 둘러싼 가장 큰 불확실성은 그린란드와 남극 빙상 소실의 속도와 크기이다. 그래프상의 0은 1992년의 평균 해수면을 의미한다.

Video
대륙 빙상의 후퇴
http://goo.gl/BqLnkX

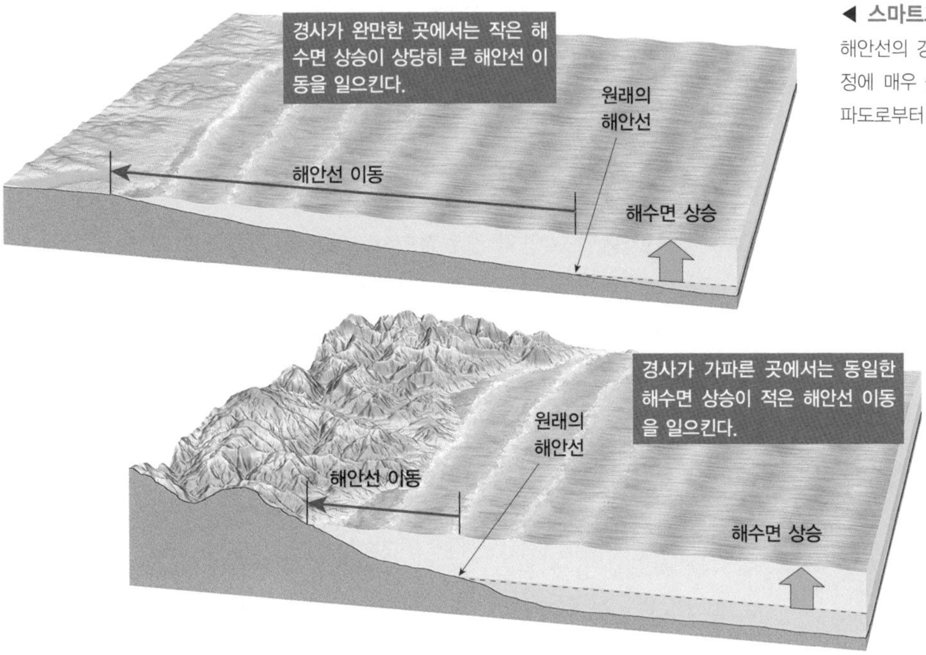

◀ **스마트그림 14.32 해안선의 경사**
해안선의 경사는 해수면 변화가 해안선에 영향을 미치는 정도의 결정에 매우 중요하다. 해안선이 점점 상승하면서 해안선은 후퇴하고, 파도로부터 안전하다고 생각되었던 구조물들이 취약해진다.

http://goo.gl/DcKrEm

변화하는 북극

지구온난화의 효과는 북반구의 고위도에서 가장 현저하다. 30년 넘는 기간 동안, 해빙의 범위와 두께는 급속히 감소해 왔다. 더욱이 영구동토의 온도(15장의 툰드라 기후 참조)는 빠른 속도로 증가해 왔고, 영구동토에 영향받는 지역은 감소해 왔다. 한편, 고산 빙하와 그린란드 빙상은 줄어들어 왔다. 북극이 급속히 온난해지고 있다는 또 다른 신호는 식물의 성장과 관련 있다(그림 14.33). 현재의 북쪽 위도대에서의 식생 성장의 특징이 위도 4°~6° 더 남쪽 지역에서의 1982년 당시의 특징과 유사하다는 것을 2013년 연구는 보여 준다. 그것은 400~700km의 거리이다. 한 연구자는 이 결과를 이렇게 묘사했다. "그것은 불과 30년 만에 캐나다 매니토바 주의 위니펙에서 미국 마이애미 주의 미니애폴리스-세인트폴로 이동한 것과 같다."

북극 해빙 지구온난화의 가장 강한 신호 중의 하나가 북극 해빙의 소실이라는 데에 기후 모델들은 대체로 일치한다. 이것은 정말로 일어나고 있다. 그림 14.34의 지도는 2012년 9월의 평균 해빙 범위를 1979~2000년 기간의 장기 평균과 비교한 것이다. 그 시점에서 범위는 400만 km^2 미만이었다—2007년 9월에 나타난 이전 최저 기록보다 70,000 km^2 작았다[9월은 해빙기(解氷期)가 끝나는 시기로서 해빙에 덮인 면적이 최소가 되는 때를 나타낸다]. 해빙에 덮인 면적이 감소하고 있을 뿐만 아니라 남아 있는 해빙이 더 얇아졌기 때문에, 더 녹게 되면 해빙은 더욱 취약해진다.

과거의 추세를 가장 잘 맞히는 모델들은 2030년대가 되면 늦여름에 북극해에는 사실상 얼음이 사라질 것으로 전망한다. 이 장의 앞에서 언급한 것처럼, 해빙의 감소는 지구온난화를 강화시키는 양의 되먹임 메커니즘을 나타낸다.

영구동토층 지난 10년 동안, 장기적인 온난화 조건하에서 예상한 대로 북반구 영구동토층의 범위가 감소했음을 나타내는 증거가 늘어났다. 북극에서의 짧은 여름은 언 땅의 맨 위층만을 녹인다. 이 **활성층**(active layer) 밑에 있는 영구동토층은 마치 수영장의 시멘트 바닥과 같다. 여름에 물은 아래로 침투할 수 없어서 영구동토층 위의 토양을 포화시키고 수천 개 호수의 표면 위에 물을 모은다. 그러나 북극의 온도가 상승하면서, '수영장' 바닥이 '균열'되고 있는 것 같다. 위성영상은 상당히 많은 수의 호수가 축소되거

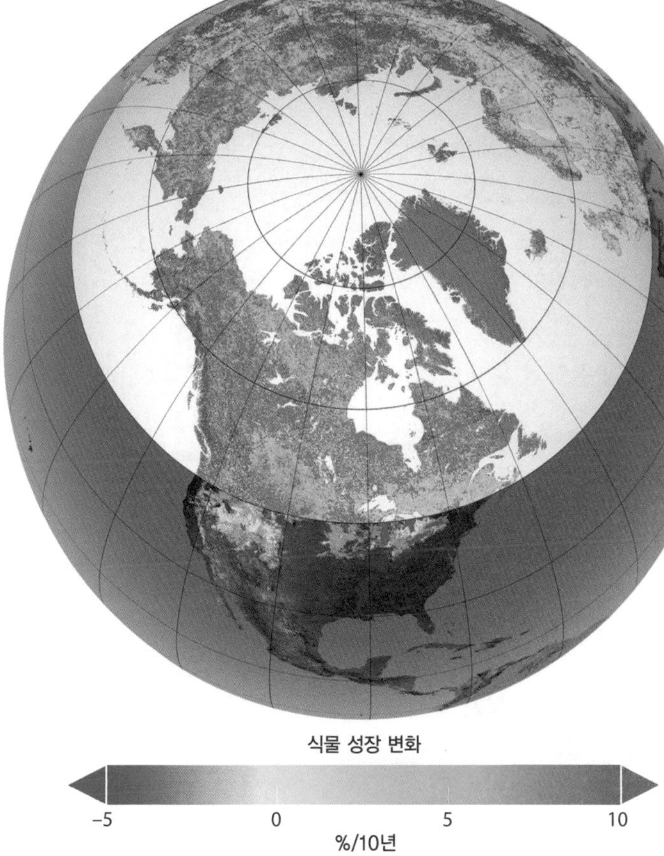

▲ **그림 14.33 기후변화는 북위 45° 이북에서의 식물 성장을 촉진시킨다**
26×10⁶km²의 북반구 식생지 중 약 40%가 2012년까지의 30년 기간 동안 식물 성장의 증가를 보였다(위성영상에서 녹색 및 청색).

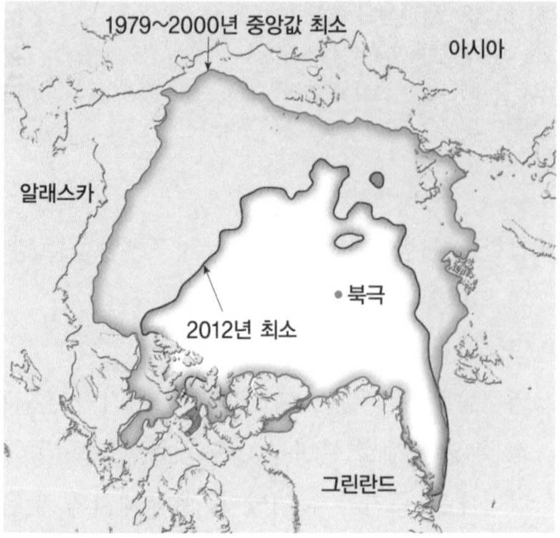

▲ 그림 14.34 해빙 변화의 추적
해빙은 결빙된 해수이다. 겨울에 북극해는 완전히 얼음으로 덮인다. 여름에는 일부 얼음이 녹는다. 이 지도는 1979~2000년 기간의 평균 범위에 비교하여 2012년 9월 초의 해빙 범위를 보여 준다. 2012년의 범위는 2013년까지의 기록상 최저였다. 여름에 녹지 않은 해빙은 점점 얇아지고 있다.

나 완전히 사라졌음을 보여 준다. 영구동토층이 녹으면서 호수 물은 더 깊은 땅속으로 배수된다.

알래스카에서의 연구는 영구동토층의 온도가 녹는점에 가까운 알래스카 주의 내부 및 남부 지역에서 해빙(解氷)이 일어나고 있음을 보여 준다. 북극의 온도가 지속적으로 상승함에 따라, 일부 모델들은 세기 말이 되면 알래스카의 대부분에서 지표면 부근의 영구동토층이 완전히 사라질 수 있음을 전망한다.

영구동토층이 녹는 것은 지구온난화를 강화시킬 수 있는 잠재적으로 중요한 양의 되먹임 메커니즘을 나타낸다. 식생이 북극에서 죽을 때, 차가운 온도는 그것이 분해되는 것을 억제시켜 주었다. 그 결과, 수천 년 동안 엄청난 양의 유기 물질이 영구동토층에 저장되었다. 이 영구동토층이 녹을 때, 수천 년 동안 얼어 있었던 유기 물질이 '차가운 저장고'에서 빠져나와 분해될 것이다. 그 결과는 이산화탄소와 메탄 — 지구온난화에 기여하는 온실가스들 — 의 배출이다. 따라서 해빙의 감소와 같이 영구동토층이 녹는 것은 양의 되먹임 메커니즘이다.

증가하는 해양 산성도

대기 중 이산화탄소 양의 인위적인 증가는 해양 화학과 해양 생물에 대해 다소 심각한 의미를 가진다. 인위적으로 생성된 이산화탄소의 거의 절반은 결국 해양에 용해된다. 대기로부터의 이산화탄소(CO_2)가 해수(H_2O)에 용해되면, 탄산(H_2CO_3)을 형성하는데, 이것은 해양의 pH를 낮추고 해수에서 자연적으로 이루어지는 특정 화학 물질들의 균형을 변화시킨다(pH 척도를 복습하기 위해 그림 13.18 참조). 사실, 해양은 이미 충분한 CO_2를 흡수하여 표면수는 산업화 시대 이후로 0.1의 pH 감소를 겪었으며, 더불어 미래에 추가적인 pH 감소의 가능성이 높다(그림 14.35). 더욱이 CO_2 배출의 현 추세가 지속된다면 2100년에 해양은 최소 0.3의 pH 감소를 겪게 될 것인데, 이것은 수백만 년 동안 일어난 적이 없는 해양 화학의 변화를 나타낸다. 이 산성화와 해양 화학의 변화는 특정 해양 생물이 탄산칼슘에서 단단한 신체 부분을 만드는 과정을 더욱 어렵게 만든다. 따라서 pH의 감소는 미생물이나 산호와 같이 다양한 방해석-분비 생물들의 다양성을 위협한다. 이 생물들의 건강과 가용성에 의존하는 다른 해양 생물에 미칠 잠재적 결과 때문에, 이것은 해양 과학자들을 염려하게 만든다.

'기습'의 가능성

이전 1,000년 동안과는 달리, 여러분은 21세기 기후가 안정적일 것으로 예상되지 않음을 알게 되었다. 오히려 변화가 일어나고 있다. 미래 기후변화의 크기와 속도가 온실가스 및 공기 중 입자들의 현재와 미래의 인위적 배출에 주로 의존한다. 대부분의 변화는 해마다 알아챌 수는 없을 정도로 서서히 진행되는 환경 변화일 것이다. 그럼에도 수십 년 동안 축적되는 효과는 강한 경제적, 사회적, 정치적인 결과를 가져올 것이다.

미래 기후변화를 이해하기 위한 최선의 노력에도 불구하고, '기습(surprises)'의 가능성 또한 존재한다. 이것은 단순히 지구 기후 시스템의 복잡성으로 인해 우리가 비교적 갑작스럽고 예상치 못한 변화를 겪게 되거나 예

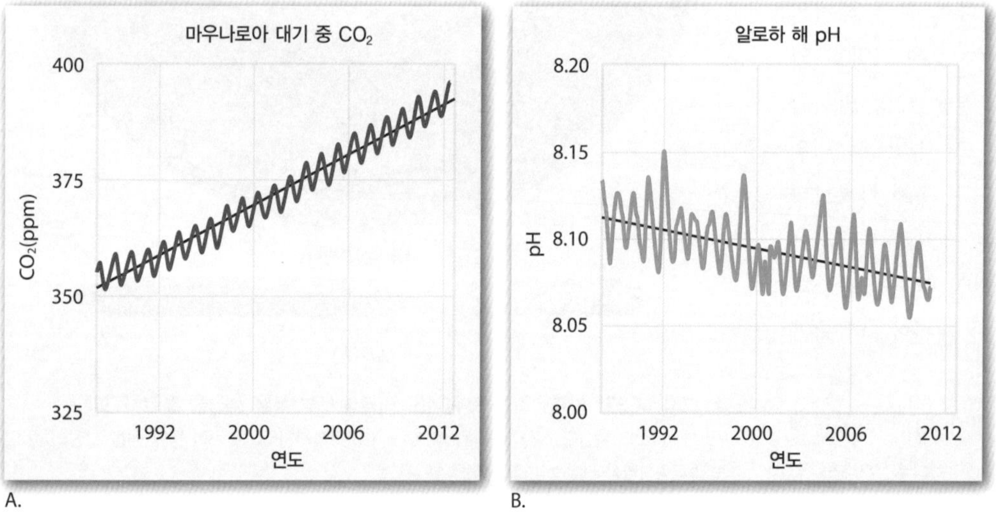

◀ 그림 14.35 해양이 더욱 산성화되고 있다
이 그래프는 마우나로아 관측소에서 측정된 대기 중 CO_2 농도 수준 증가(A)와 근해에서의 pH 감소(B) 간의 상관성을 보여 준다. CO_2가 해양에 축적되면서 해수는 더욱 산성(pH 감소)이 되고 있다.

상치 못한 방식의 몇몇 기후변화의 면모들을 보게 될 것이라는 것을 의미한다. 미래 기후의 많은 전망들은 서서히 변해 가는 상태를 예측하는데, 이것은 인간이 적응할 수 있는 시간을 가진다는 인상을 준다. 그러나 과학계는 적어도 일부 변화가 대응할 시간을 거의 갖지 못할 만큼 너무 빨리 임계값 또는 '티핑 포인트'와 마주치게 될 가능성에 관심을 기울여 왔다. 수십 년 또는 심지어 수년 정도로 짧은 기간에 일어난 급격한 변화가 지구 역사를 통해 기후 시스템의 한 자연적인 부분이었기 때문에, 이것은 합리적인 우려이다. 이 장의 앞부분에서 설명한 고기후 기록은 이러한 급격한 변화의 충분한 증거를 담고 있다. 예를 들어, 이러한 하나의 급격한 변화는 영거 드리아스(Younger Dryas)로 알려진 시기의 끝에 일어났는데, 영거 드리아스는 약 12,000년 전에 북반구에서 비정상적인 추위와 가뭄의 시기였다. 1000년 동안의 이 추운 시기 후에 영거 드리아스는 수십 년 이내에 끝나고 북아메리카에 사는 몸집이 큰 포유동물들의 70% 이상의 멸종과 연관된다.

잠재적인 기습의 예는 많은데, 이들 각각은 큰 영향력을 갖는다. 단지 우리가 모르는 것은 기후 시스템이나 그것에 영향을 받는 다른 시스템들이 얼마나 멀리까지 강요된 후에 예상치 못한 방식으로 반응하느냐이다. 심지어 어떤 특정한 기습이 발생할 가능성은 낮다고 하더라도, 적어도 하나의 그러한 기습이 일어날 가능성은 훨씬 높다. 다시 말하자면, 이 사건들 중에서 어떤 것이 일어날지 우리는 알지 못하더라도, 한 가지 이상의 사건이 결국엔 일어날 가능성이 높다.

대기 중 CO_2와 미량 기체들의 증가가 기후에 미치는 영향은 몇 가지의 불확실성 때문에 모호하다. 그러나 기후과학자들은 기후 시스템 및 지구 기후변화의 잠재적 영향 및 결과에 관한 우리의 이해를 지속적으로 향상시킨다. 정책 입안자들은 우리들의 이해가 완전하지 않다는 것을 알면서 온실가스 배출로 제기된 위험에 대응해야 하는 상황에 직면해 있다. 그러나 그들은 또한 기후 시스템과 연관된 긴 시간 규모로 인해 아무리 해도 기후-유발 환경 변화가 빠르게 되돌려질 수 없다는 사실에도 직면해 있다.

✓ 개념 체크 14.5

❶ 해수면을 상승시키는 인자들을 기술하시오.

❷ 지구온난화가 더 큰 지역이 적도 부근인가 아니면 극 부근인가? 이유를 설명해 보시오.

❸ 표 14.1에 따르면, 전망되는 어떤 변화가 온도가 아닌 다른 뭔가와 연관되는가?

14 요약

14.1 기후 시스템 : 기후변화 탐지의 열쇠

▶ 과거의 기후변화를 밝히는 것이 어떻게 기후 시스템과 연관되는지를 설명하고, 이러한 변화를 탐지하는 여러 방법에 대해 논의한다.

주요 용어 기후 시스템, 설빙권, 대리 자료, 고기후학, 산소 동위원소 분석, 연륜연대학

- 지구의 기후 시스템은 대기권, 수권, 지권, 생물권, 설빙권(얼음과 눈) 사이에서 일어나는 에너지와 수분의 복잡한 상호교환 과정이다.
- 지질 기록은 과거 기후에 대한 많은 종류의 간접적인 증거를 제공한다. 이들 대리 자료가 고기후학의 초점이다. 해저 퇴적물, 산소 동위원소, 빙하 얼음의 코어, 나무 나이테, 산호 성장 밴드, 화석 꽃가루, 역사 자료까지도 대리 자료의 출처이다.
- 나무는 더 따뜻하고 더 습한 해에 더 두꺼운 나이테를 자라게 하며, 더 차고, 더 건조한 해에는 더 가느다란 나이테를 자라게 한다. 한 지역의 장기 기후 기록을 위하여 중첩된 시기의 나무들 간에 나이테 두께의 패턴을 맞춰볼 수 있다.
- 산소 동위원소 분석은 더 무거운 ^{18}O와 더 가벼운 ^{16}O 간의 차이와 물 분자(H_2O) 내에서 그들의 상대적인 양을 토대로 한다. 더 가벼운 ^{16}O를 함유하는 물은 더 쉽게 증발하기 때문에 해수의 $^{18}O/^{16}O$ 비가 추운 시기에는 상승한다. 따뜻한 시기 동안에는 ^{18}O를 함유하는 물이 증발하는 것에 더하여 녹는 빙하 얼음이 ^{16}O의 일부를 바다로 되돌려 보낸다. 이것은 해양의 $^{18}O/^{16}O$ 비를 떨어뜨리게 만든다. 또한 산소 동위원소는 화석 해양 생물의 껍데기 또는 빙하 얼음을 구성하는 물 분자에서도 측정될 수 있다. 빙하 얼음 또한 공기 방울 속에 대기의 작은 샘플을 간직하고 있다.

Q. 이 해양학 연구선이 채집하고 있는 퇴적물 코어가 왜 과학자들이 기후변화를 연구하는 데 유용할 수 있는가?

14.2 기후변화의 자연적 원인

▶ 기후변화의 자연적 원인과 연관된 네 가지 가설을 논의한다.

주요 용어 판 구조론, 이심률, 기울기, 세차운동, 태양흑점

- 지구 시스템의 자연적 기능들은 기후변화를 생성시킨다. 지권의 지각판의 위치는 해양 순환뿐 아니라 대륙의 기후에 영향을 줄 수 있다. 지구 궤도의 모양, 지축의 기울기, 지축의 방향 등의 변동은 모두 태양에너지 분포의 변화를 일으킬 수 있다.
- 화산 에어로졸은 마치 태양 그늘처럼 작용하여, 입사 태양복사의 일부를 차단시킨다. 성층권까지 도달하는 화산의 이산화황 배출은 특히 중요하다. 물과 결합하여 미세한 황산 물방울이 만들어지는데, 이 에어로졸은 수년 동안 상공에 머물 수 있다.
- 지구 기후의 연료는 태양에너지이기 때문에, 태양에너지 방출의 변동은 문제가 된다. 태양에너지 방출량의 위성 측정이 불과 수십 년 동안에 대해서만 활발했었기 때문에 태양의 변동성은 여전히 잘 모르고 있다. 태양흑점은 태양에너지 방출량이 증가하는 시기와 연관되는 태양의 표면 위의 어두운 모습이다. 태양흑점의 수는 11년 주기를 통해 증감한다. 태양은 그 주기의 최고조 동안 최저 시기보다 약 0.1% 더 많은 에너지를 내보내지만, 이 작은 주기적 효과가 현재의 지구온난화 사건과는 상관되지 않는다.

14.3 지구 기후에 대한 인간의 영향

▶ 약 1750년 이후의 대기 조성 변화의 특성과 원인을 요점 정리한다. 그에 따른 기후의 반응을 기술한다.

주요 용어 미량 기체, 에어로졸, 블랙카본

- 인간은 수천 년 동안 환경을 변모시켜 왔다. 불의 사용과 육지에서의 과방목으로 지면 식피를 변화시킴으로써, 사람들은 지표 알베도, 증발률, 지표 바람 등과 같은 중요한 기후 인자들을 변모시켰다.
- 인간 활동은 이산화탄소(CO_2) 및 미량 기체들의 배출을 통해 기후변화를 일으켰다. 인간은 삼림을 벌채하거나 석탄, 석유, 천연가스 등과 같은 화석 연료를 연소시킬 때 CO_2를 배출한다. 대기 중 CO_2 농도 수준이 지속적으로 상승한다는 것은 하와이의 마우나로아와 전 세계 다른 지점들에서 증명되어 왔다.
- 인간이 배출한 탄소의 절반 이상이 새로운 식물체에 흡수되거나 해양에 용해된다. 약 45%가 대기에 남는데, 대기에서 탄소는 수십 년 동안 기후에 영향을 줄 수 있다. 빙하 얼음 속에 들어 있는 공기 방울은 과거 650,000년 동안 대기가 갖고 있었던 CO_2보다 현재 약 30% 더 많음을 보여 준다. 극에서 적도로 이동하는 공기는 양반구에서 극 편동풍을 생성시킨다.
- 증가된 CO_2로 인해 여분의 열을 갖게 된 결과로, 지구의 대기는 지난 100년 동안 약 0.8°C 온난해졌는데, 그 대부분은 1970년대 이후에 일어났다. 미래에 기온은 2~4.5°C 더 증가할 것으로 전망된다.
- 메탄, 아산화질소, CFCs와 같은 미량 기체들 또한 지구 온도 증가에 중요한 역할을 한다.
- 에어로졸이라 부르는 공기 속 미세 부유 액체 및 고체 입자들이 인간 활동으로 배출될 때 이들은 지구 기후에 영향을 미친다.
- 총체적으로, 에어로졸은 입사 태양복사를 반사시켜 우주로 되돌려 보내므로 냉각 효과를 갖지만, 블랙카본(연소 과정 및 화재로부터 발생되는 그을음)이라 부르는 일부 에어로졸은 입사 태양복사를 흡수하여 대기를 데우는 작용을 한다. 블랙카본이 눈이나 얼음 위로 침전되면, 지표면 알베도를 감소시켜 지표면에 흡수되는 빛의 양을 증가시킨다.

Q. 에어로졸의 대기 중 체류 시간은 이산화탄소와 같은 온실가스들보다 더 긴가 아니면 더 짧은가? 이 체류 시간 차이의 중요성은 무엇인가? 설명해 보시오.

14.4 기후-되먹임 메커니즘

▶ 양의 되먹임과 음의 되먹임을 비교 설명하고 각각의 예를 제시한다.

주요 용어 기후 되먹임 메커니즘, 양의 되먹임 메커니즘, 음의 되먹임 메커니즘

- 기후 시스템의 한 부분의 변화는 다른 부분의 변화를 촉발시켜 초기 효과를 증폭시키거나 감폭시킬 수 있다. 이 기후-되먹임 메커니즘이 초기 변화를 강화시키면 양의 되먹임 메커니즘이라 부르고, 초기 효과와 반대로 작용하면 음의 되먹임 메커니즘이라 부른다.
- 지구온난화로 인한 해빙의 융해(알베도를 감소시키고 초기 온난화 효과를 증가시킴)는 양의 되먹임 메커니즘의 한 예이다. 더 많은 구름의 발생(입사 태양복사를 차단함으로써 냉각을 일으킴)은 음의 되먹임 메커니즘의 한 예이다.

- 컴퓨터 기후 모델은 과학자들이 기후변화에 관한 가설을 시험할 수 있도록 해 주는 도구이다. 비록 이 모델들이 실제 기후 시스템보다는 단순하지만, 미래 기후를 예측하기 위한 유용한 도구이다.

Q. 기후변화로 인한 강수량과 기온의 변화는 산불의 위험을 증가시킬 수 있다. 이 사진에 보인 사건이 어떤 식으로 지구온난화에 기여할 수 있는지 두 가지 방식을 설명해 보시오.

14.5 지구온난화의 몇 가지 결과들

▶ 지구온난화의 몇 가지 가능성 높은 결과들에 대해 논의한다.

- 미래에 지표면 온도는 지속적으로 상승할 가능성이 높다. 온도 증가는 극 지역에서 가장 크고 적도에서 가장 작을 가능성이 높다. 일부 지역은 더 건조해질 것이며, 그 외 지역은 더 습해질 것이다.
- 해수면은 빙하 얼음의 융해와 열 팽창 등을 포함한 몇 가지 이유로 상승할 것으로 예측된다(주어진 해수 질량은 해수가 차가울 때보다는 따뜻할 때 더 큰 부피를 차지한다). 저지대의 경사가 완만하고 인구가 매우 밀집된 연안 지역은 대부분 위험에 처해 있다.
- 북극에서의 해빙 면적과 두께는 1979년에 위성 관측이 시작된 이래 감소해 오고 있다.
- 북극의 온난화 때문에 영구동토층이 녹고 있어 양의 되먹임 메커니즘으로 CO_2와 메탄이 대기로 배출되고 있다.
- 기후 시스템은 복잡하고, 역동적이며, 불완전하게 이해되기 때문에, 그것은 별다른 경고 없이 급격하고 예기치 못한 변화를 생성시킬 수 있다.

Q. 이 쇄빙선이 북극해의 해빙을 관통해 돌진하고 있다. 기후 시스템의 어떤 권역들이 이 사진에 나타나 있는가? 여름 해빙에 덮인 면적은 1979년 이후 어떻게 변해 왔는가? 이 변화가 북극의 온도에 어떻게 영향을 미치는가?

생각해 보기

1. 지구 기후 시스템의 다양한 성분들을 예시한 그림 14.1을 참조하시오. 글상자들은 기후 시스템에서 일어나는 상호작용들 또는 변화들을 나타낸다. 3개의 글상자를 선택하여 각각에 연관된 상호작용 또는 변화의 예를 제시하시오. 이 상호작용이 어떻게 온도에 영향을 줄 수 있는지 설명하시오.

2. 생물권의 변화가 어떤 식으로 기후 시스템의 변화를 일으킬 수 있는지 한 가지 방식을 기술하시오. 다음으로, 생물권이 기후 시스템의 어떤 다른 부분의 변화에 의해 영향을 받는 한 가지 방식을 제시하시오. 마지막으로, 생물권이 기후 시스템의 변화를 기록하는 한 가지 방식을 지적해 보시오.

3. 엘치촌 및 피나투보 산의 분화와 같은 최근의 화산 사건들은 전 지구 온도의 하락과 관련지었다. 백악기 동안, 화산 활동은 지구온난화와 관련지었다. 이 명백한 역설을 설명해 보시오.

4. 첨부한 사진은 캐나다 로키산맥에 있는 애서배스카 빙하의 2005년 모습이다. 앞쪽에 있는 표석 라인은 1992년에서의 빙하의 바깥쪽 한계를 표시한 것이다. 이 영상에서 보게 되는 애서배스카 빙하의 행태가 전 세계의 다른 빙하에서 보게 되는 전형적인 것인가? 이러한 행태의 중요한 영향을 설명해 보시오.

5. 어떤 유형의 공기 오염의 효과가 없었더라면, 지난 40년 동안의 지구온난화가 훨씬 더 컸을 수 있다고 제안되었다. 이것이 어떻게 사실이 될 수 있는지 설명해 보시오.

6. 첨부한 그래프는 남극 관측소(남위 90°)와 알래스카 배로우(Barrow)의 유사 시설에서의 공기의 CO_2 함량의 변화를 보여 준다. 그래프에서 어떤 선이 남극을 나타내고, 어떤 선이 알래스카 배로우를 나타내는가? 어떤 선이 어떤 것인지를 어떻게 결정할 수 있었는지를 설명해 보시오.

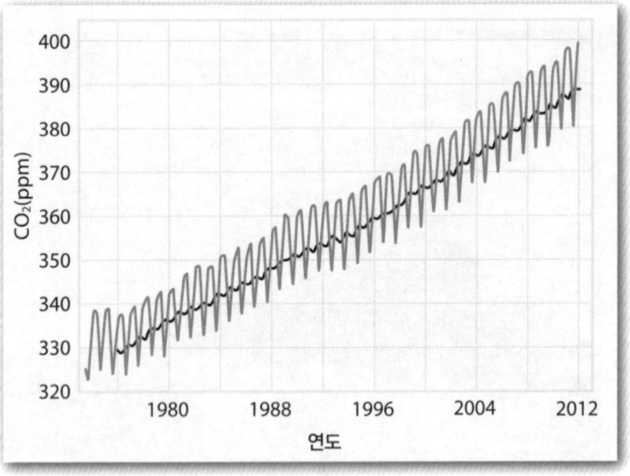

7. 한 지인과 대화를 나누는 동안, 그는 지구온난화에 대해 회의적인 생각을 가지고 있음을 밝힌다. 여러분이 그 사람에게 왜 그렇게 느끼는지를 묻자, "이 지역에서 지난 수년은 내가 기억할 수 있는 가장 서늘한 시기 중 하나였다."라고 그는 말한다. 여러분은 과학적인 연구 결과에 의문을 제기하는 것은 유용하다고 이 사람을 지지해 주는 한편, 이 경우에 대한 그의 논거는 결함을 가질 수 있음을 제안한다. 이 사람이 자신의 논거를 재평가하도록 설득시키기 위해 이 장에 있는 한두 개의 그래프와 더불어 기후의 정의에 관한 여러분의 이해를 이용하시오.

15 세계의 기후

핵심개념

다음의 각 항목은 이 장에서 다루는 주요 주제에 대한 기본 학습 목표를 나타낸다. 이 장을 학습하고 나면 여러분은 다음 항목을 이해할 수 있다.

15.1 세계의 기후를 공부하려면 왜 분류가 필요한 과정인지를 설명한다. 쾨펜의 기후 분류 시스템에서 사용되는 판별 기준을 검토한다.

15.2 기후를 조절하는 주요인자들을 열거하고 간략히 논의한다.

15.3 열대습윤기후의 두 넓은 범주를 비교한다.

15.4 저위도건조기후와 중위도건조기후를 대조한다.

15.5 C 기후의 세 범주를 특징을 들어 구별한다.

15.6 D 기후의 두 범주의 특징을 요약한다.

15.7 툰드라와 얼음모자기후를 대조한다.

15.8 고지기후의 특성을 열거한다.

변화하는 지구 표면(해양, 산맥, 평야, 얼음벌판)과 대기 사이에 일어나는 수많은 상호작용으로 인해 지구상의 모든 지역들은 서로 다른(때로는 독특한) 기후를 갖는다. 그러나 셀 수 없이 많은 장소의 기후 특성을 일일이 이 책에서 다 설명할 수는 없다. 이 장의 목적은 세계의 주요 기후 지대를 소개하는 것이다. 먼저 넓은 지역을 살펴본 후에, 주요 기후 지대의 특성을 설명하기 위해 특별한 장소들을 자세히 들여다볼 것이다. 또한 우리에게 익숙하지 않은 지역(열대, 사막, 극지방)에 대해서는 그 자연 경관을 간략히 설명한다.

캘리포니아의 데스밸리는 비그늘(rain shadow) 사막이다. 건조기후가 어떤 다른 그룹보다도 더 많은 지면을 차지한다.

15.1 기후 분류

세계의 기후를 공부하려면 왜 분류가 필요한 과정인지를 설명한다.
쾨펜의 기후 분류 시스템에서 사용되는 판별 기준을 검토한다.

1장에서 우리는 기후가 단지 '대기의 평균 상태'라는 잘못된 생각에 대해 언급한 바 있다. 기후를 나타내는 데 있어서 평균 상태가 중요한 것은 확실하나, 한 지역의 특성을 정확히 나타내려면 변화와 극한의 상태도 함께 고려되어야 한다.

기온과 강수는 인간과 인간의 활동에 가장 큰 영향을 줄 뿐만 아니라 토양의 발달과 식생의 분포에 중요한 영향을 미치기 때문에 기후를 나타내는 데 있어서 가장 중요한 요소들이다. 그럼에도 기후를 완전히 설명하려면 다른 요소들 또한 중요하다. 따라서 세계 기후를 논의하면서 가능한 한 이러한 요소들을 많이 소개하고자 한다.

온도, 강수, 압력, 바람의 세계적인 분포는 매우 복잡하다. 장소와 시간에 따라 차이가 많이 나서, 아주 가까운 거리가 아니면 두 장소가 거의 동일한 기후를 갖기 힘들다. 지구상에는 거의 무한정의 다양한 장소들이 있으므로 기후도 정말 다양하게 나타난다. 조사를 하기 위해 이렇게 다양한 정보를 갖는 것은 대기 연구에만 국한되는 것이 아니라, 모든 과학이 기본적으로 갖는 문제이다(수십억 개의 별을 다루는 천문학과 수백만 개의 복잡한 조직을 다루는 생물학을 생각해 보자). 이러한 다양성에 대처하기 위해, 방대한 양의 연구 자료를 분류할 수 있는 어떤 방법을 고안해야만 한다. 공통의 특징을 갖는 것들끼리 그룹화함으로써 방대한 양의 정보에 질서가 잡히고 관리가 가능해진다. 많은 양의 정보를 체계화하는 것은 이해를 도울 뿐 아니라 자료의 분석과 설명을 용이하게 한다.

▼ 그림 15.1 초기의 기후 분류
처음 시도된 기후 분류 중에 고대 그리스인들에 의한 것이 있다. 그들은 각 반구를 세 지역으로 나누었다. 겨울이 없는 열대지역과 여름이 없는 한대지역은 이 두 지역의 특징을 가지고 있는 온대지역에 의해 분리되었다.

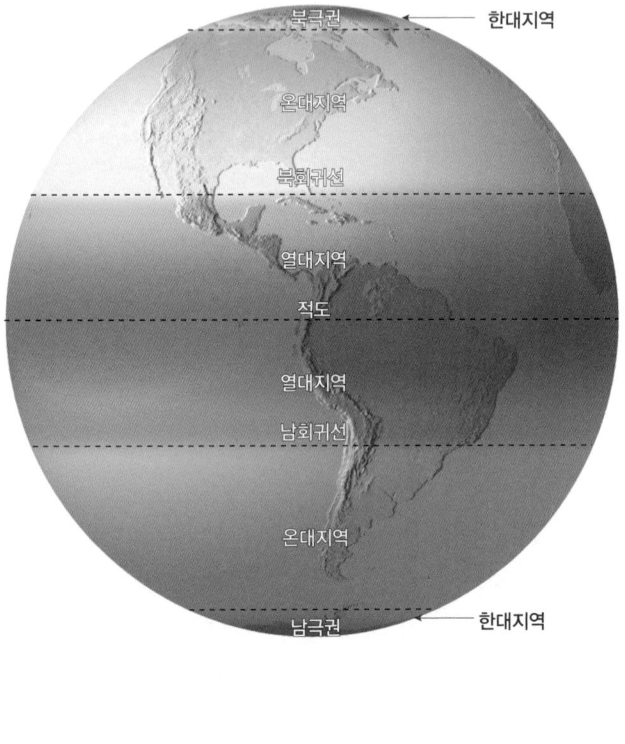

기후 분류를 처음 시도한 것은 고대 그리스인들로서, 각 반구를 열대, 온대, 한대의 세 지역으로 나누었다(그림 15.1). 이 간단한 분류의 근거는 지구-태양 간의 관계에 있다. 그 경계는 4개의 천문학적으로 중요한 위도선으로 북회귀선(북위 23.5°), 남회귀선(남위 23.5°), 북극권(북위 66.5°), 남극권(남위 66.5°)이다. 이렇게 지구는 겨울이 없는 기후, 여름이 없는 기후, 그리고 다른 두 가지의 특성을 가진 중간 형태로 나누어졌다.

20세기가 시작되기 전까지는 다른 시도가 거의 없었다. 그 후로 많은 기후 분류 방법이 고안되었다. 기후(또는 다른 어떤 것의) 분류도 자연 현상이 아니라 인간의 창의적 산물임을 기억하자. 어떤 특정한 분류 시스템의 가치는 주로 의도한 **사용 목적**에 따라 결정된다. 하나의 목적을 위해 고안된 시스템이 다른 목적에는 잘 적용되지 않을 수 있다.

쾨펜 분류

이 장에서는 독일의 기후학자인 쾨펜(Wladimir Köppen, 1846~1940)이 고안한 분류법을 사용한다. 일반적인 기후의 세계 패턴을 나타내는 도구로서 **쾨펜 분류**(Köppen classification)는 지난 수십 년간 가장 잘 알려져 있고 또 가장 많이 사용되고 있는 시스템이다. 폭넓게 사용되고 있는 이유는 여러 가지가 있는데, 그 하나는 쉽게 얻을 수 있는 자료(월평균 및 연평균 기온과 강수)를 사용한다는 것이다. 더구나 기준이 분명하고, 적용하기가 상대적으로 간편하며, 세계를 현실적인 기후 지역들로 나눈다.

쾨펜은 자연 식생의 분포가 전반적인 기후를 가장 잘 나타낸다고 믿었다. 결과적으로 그가 선택한 경계들은 대부분 특정한 식물 군집의 경계에 바탕을 두었다. 쾨펜은 5개의 주요 기후 그룹으로 나누어 각각에 대문자를 지정하였다.

문자 기호 첫째	둘째	셋째	
A			가장 추운 달의 평균기온이 18℃(64℉) 이상
	f		매월 강수가 6cm 이상
	m		짧은 건기, 가장 건조한 달의 강수가 6cm 이하, 10−R/25(여기서, R은 cm로 환산한 연강수) 이상
	w		뚜렷한 겨울 건기, 가장 건조한 달의 강수가 10−R/25 이하
	s		뚜렷한 여름 건기(드묾)
B			잠재 증발이 강수보다 많음. 건조-습윤의 경계를 다음 식에 따라 정의[여기서 R은 연평균 강수(cm), T는 연평균기온(℃)] R<2T+28(강수의 70% 이상이 따뜻한 6개월간 내림) R<2T (강수의 70% 이상이 추운 6개월간 내림) R<2T+14(두 기간 모두 강수의 70% 미만이 내림)
	S		스텝 (BS-BW의 경계는 건조-습윤 경계의 1/2)
	W		사막 (BS-BW의 경계는 건조-습윤 경계의 1/2)
		h	연평균기온이 18℃ 이상
		k	연평균기온이 18℃ 미만
C			가장 추운 달의 평균기온이 −3℃ 이상, 18℃(64℉) 이하
	w		여름 월 강수가 가장 건조한 겨울 월 강수보다 최소 10배 이상
	s		겨울 월 강수가 가장 건조한 여름 월 강수보다 최소 3배 이상, 가장 건조한 여름 월 강수가 4cm 미만
	f		w와 s의 기준을 만족할 수 없는 경우
		a	가장 따뜻한 달이 22℃ 이상, 최소 네 달이 10℃ 이상
		b	모든 달이 22℃ 이하, 최소 네 달이 10℃ 이상
		c	10℃ 이상이 한 달에서 세 달
D			가장 추운 달의 평균기온이 −3℃ 이하, 가장 따뜻한 달의 평균기온이 10℃ 이상
	w		C와 동일
	s		C와 동일
	f		C와 동일
		a	C와 동일
		b	C와 동일
		c	C와 동일
		d	가장 추운 달의 평균기온이 −38℃ 이하
E			가장 따뜻한 달의 평균기온이 10℃ 이하
	T		가장 따뜻한 달의 평균기온이 0℃ 이상 10℃ 이하
	F		가장 따뜻한 달의 평균기온이 0℃ 이하

◀ 그림 15.2 쾨펜 기후 분류 시스템

이 시스템은 쉽게 얻을 수 있는 월평균 및 연평균 자료를 사용한다. 이 그림을 사용하여 기후 자료를 분류할 때에는 먼저 자료가 E 기후의 기준을 만족하는지를 결정해야 한다. 관측소가 한대기후가 아닌 경우에는 B 기후 기준에서 시작한다. 만약 자료가 E와 B 중 어느 그룹에도 속하지 않으면, A, C, D 기후의 순으로 자료를 검사한다.

A	**열대습윤** 겨울이 없는 기후, 모든 월평균기온이 18℃(64℉) 이상.
B	**건조** 증발이 강수를 초과하는 기후, 물 부족이 계속됨.
C	**동계온난중위도습윤** 가장 추운 달의 평균기온이 −3℃(27℉) 이상이며 18℃(64℉) 이하임.
D	**동계한랭중위도습윤** 가장 추운 달의 평균기온이 −3℃(27℉) 이하이며 가장 따뜻한 달의 평균기온은 10℃(50℉) 이상임.
E	**한대** 여름이 없는 기후, 가장 따뜻한 달의 평균기온이 10℃(50℉) 이하임.

이러한 기후 분류 중의 네 가지(A, C, D, E) 그룹은 기온에 근거해서 정의되었음에 주목해야 한다. 다섯 번째인 B 그룹은 강수를 주요 기준으로 하고 있다. 각각의 다섯 그룹은 그림 15.2에 제시된 판별 기준과 기호를 사용하여 더 세분화된다.

쾨펜 시스템의 강점은 경계를 상대적으로 쉽게 결정할 수 있는 것이다. 그러나 이러한 경계는 고정된 것으로 볼 수 없다. 반대로, 한 해에서 그다음 해로 바뀌면서 모든 기후 경계들은 위치가 변화한다(그림 15.3). 기후 지도에 보인 경계들은 여러 해 동안 모은 자료에 근거한 단순한 평균 위치들이다. 따라서 기후 경계는 명확한 선이 아니라 폭넓은 전이대로 간주되어야 한다.

쾨펜 분류에 따른 기후의 세계 분포를 그림 15.4에 나타내었다. 이제 지구의 기후를 살펴보면서 이 지도를 여러 번 참조할 것이다.

세계의 기후 – 개관

15.2절에서 기후의 조절인자들을 검토하고 난 후, 이 장의 나머지 부분에서는 세계의 기후를 돌아본다. 각각의 토론은 그림 15.5의 예와 같은 기후 도표를 곁들여 진행하되, 다음과 같이 편성하였다.

- 적도에서 시작해서, 거대한 열대우림을 조성하는 **열대습윤**(A 기후) 지대를 방문하여 온도와 강수의 특성을 알아본다.
- 열대습윤의 북쪽과 남쪽은 **열대습윤건조기후**(여전히 A 기후)로서, 몬순 지역을 포함한다.
- 열대습윤건조기후의 북쪽과 남쪽은 **건조기후**(B 기후)이다. 아열대의 상당 부분을 차지하고 중위도 대륙의 내부까지 뻗어 있는 사막들과 초원지대가 지구 지표면의 거의 1/3을 덮고 있다.
- 건조아열대에서 극 쪽으로 가서 **아열대습윤기후**(C 기후의 하나) 지역을 가본다. 이 지역은 주로 위도 25~40° 사이의 대륙의 동쪽에 분포되어 있는데. 미국 남동부가 한 예이다.

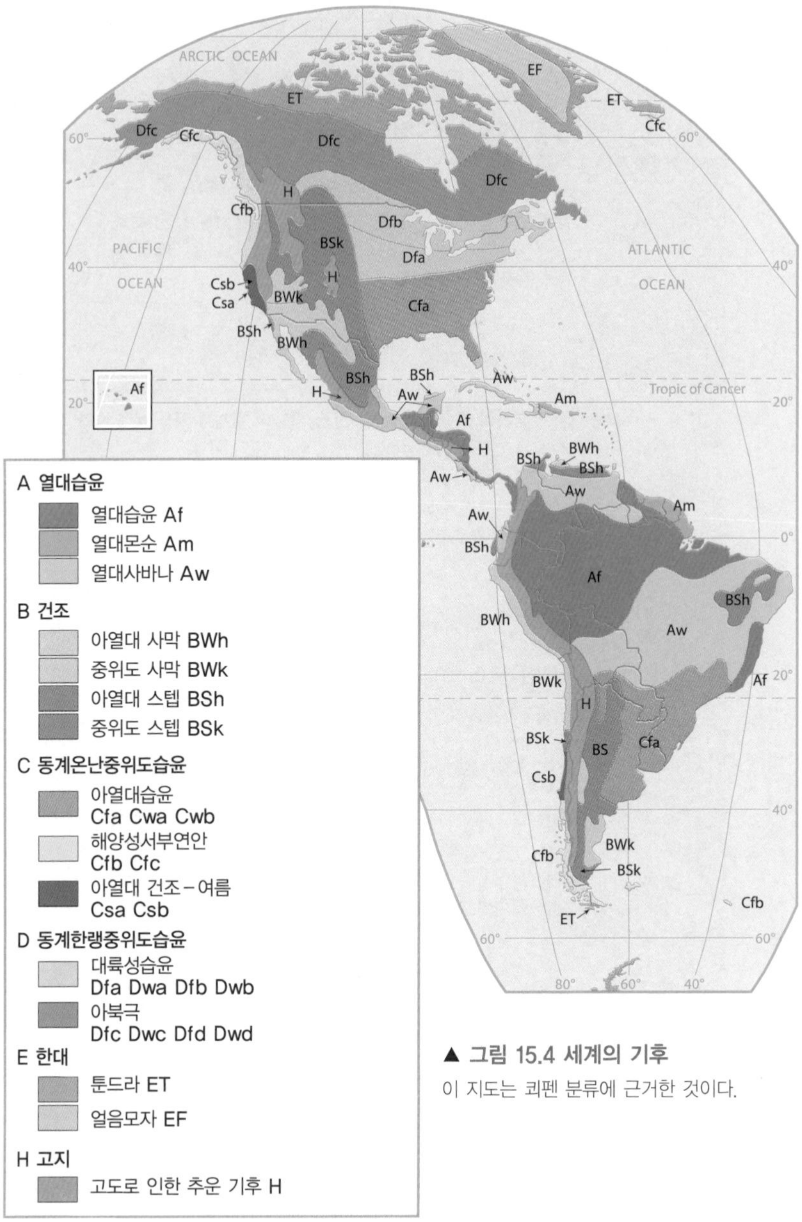

▲ **그림 15.4 세계의 기후**
이 지도는 쾨펜 분류에 근거한 것이다.

▼ **그림 15.3 해마다 상태가 변화한다**
5년 기간 동안의 건조–습윤 경계의 연 변동량. 작은 삽화는 건조–습윤 경계의 평균 위치를 나타낸다.

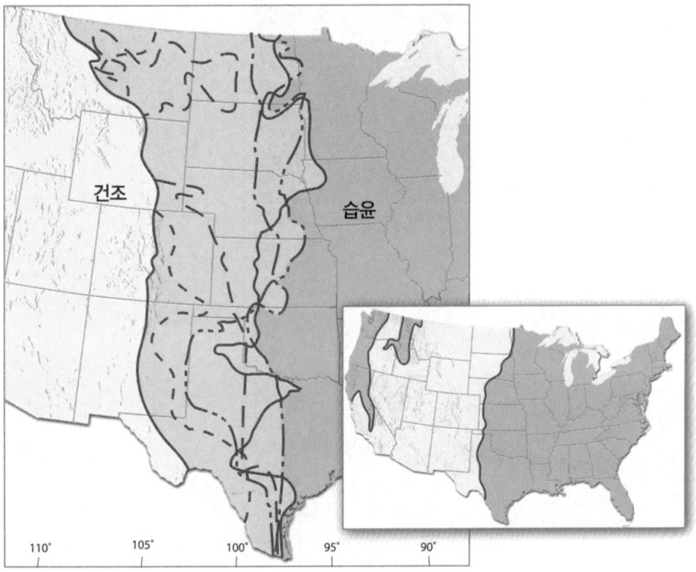

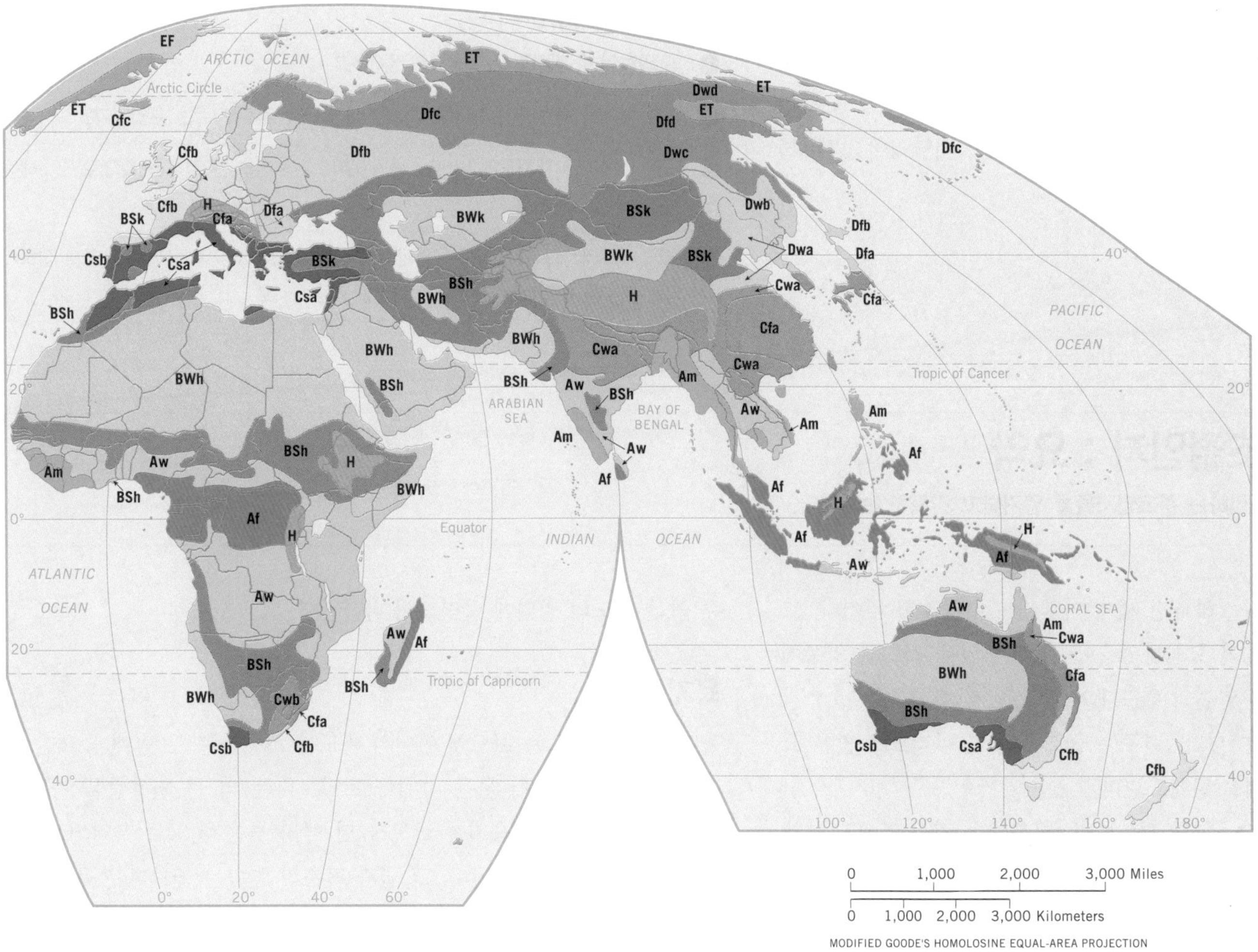

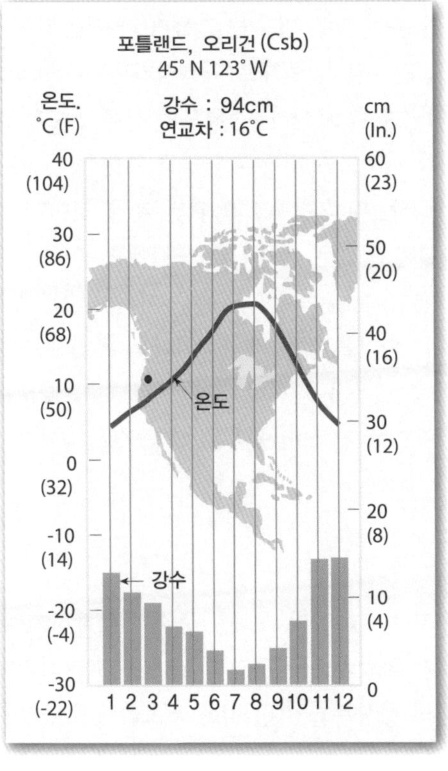

◀ **그림 15.5 기후 도표**

오리건 포틀랜드에 대한 이 도표는 주요 세부 사항을 단번에 보여 준다. 온도 도면은 관측소가 북반구 또는 남반구에 있는지, 적도에 가까운지를 바로 가르쳐준다. 선과 막대그래프의 조합은 한 해의 온도와 강수의 패턴을 쉽게 알아볼 수 있게 시각적으로 요약해 준다.

Video
전 지구 강수의 일변화
http://goo.gl/2rbyTZ

Video
해양의 녹색기구
http://goo.gl/z1MwpP

- 대륙의 풍상측(바람 불어오는 쪽) 해안지대에서는 서유럽과 같은 **해양성서부연안기후**(역시 C 기후)를 돌아본다.
- 이탈리아, 스페인, 일부 캘리포니아 기후대와 같이 **아열대건조-여름 또는 지중해기후** 지역을 들러봄으로써 C 기후를 돌아보는 것을 마친다.
- 대륙이 중위도에서 고위도 지역까지 뻗어있는 북반구에서는 C 기후가 **대륙성습윤기후**인 D 기후로 바뀐다. 이 지역들은 곡창지대로서 세계를 먹여 살리는 많은 양의 곡물과 육류를 생산하기에 아주 적합하다.
- 한대기후에 접해 있는 것이 **아북극기후**이다. 캐나다와 시베리아의 방대한 침엽수림 지역들은 길고 혹독한 겨울로 잘 알려져 있다.
- 극 주변에서는 **한대기후**(E 기후)를 돌아본다. 이 지역은 여름이 없

고 툰드라와 영구동토층 또는 영구얼음벌판으로 이루어져 있다.

- 마지막으로, 상당히 근사한 곳들을 들러보는데 극에 가깝지는 않으나 높은 고도로 인해 추운 곳들이다. 고지기후는 심지어 적도 부근의 산꼭대기에서도 일어나며, 로키, 안데스, 히말라야 및 다른 산악 지역들의 특징이다.

✓ 개념 체크 15.1

1. 왜 과학에서 분류가 종종 필요한 일인가?
2. 쾨펜 체계를 사용하여 기후를 분류할 때 필요한 기후 자료는 무엇인가?
3. 그림 15.4의 세계지도에 나타난 바와 같이, 기후 경계는 고정된 것으로 간주해야 하는가? 설명하시오.
4. 적도 아프리카로부터 중앙 유럽과 스칸디나비아를 지나 북극까지 가면서 접하게 되는 기후를 순서대로 간략하게 특징을 서술하시오.

15.2 기후조절인자 : 요약

기후를 조절하는 주요인자들을 열거하고 간략히 논의한다.

지구의 표면이 완전히 균질하다면 세계 기후지도는 단순할 것이다. 그 모양은 고대 그리스인들이 묘사했었음에 틀림이 없을 적도의 양쪽에 대칭적으로 지구를 두른 일련의 위도대와 같았을 것이다(그림 15.1 참조). 물론, 이런 모습은 아니다. 지구는 균질한 구가 아니므로 많은 요인이 위에서 말한 대칭성을 망가뜨린다.

세계 기후지도(그림 15.4 참조)를 보면, 처음에는 멀리 떨어진 세계 곳곳의 같은 기후들이 뒤섞이거나 아무렇게나 된 패턴처럼 보인다. 멀리 떨어져 있는 것처럼 보이지만 자세히 살펴보면 같은 기후들은 대개 비슷한 위도와 대륙의 위치를 갖는다. 이러한 일관성은 기후 요소들의 분포에는 질서가 있으며 기후들의 패턴도 우연이 아님을 시사한다. 실제로 기후 패턴은 주요 기후조절인자들이 규칙적이고 신뢰할 만하게 작용하고 있음을 반영한다. 그러므로 지구의 주요 기후를 살펴보기 전에 먼저 주요 조절인자들(위도, 육지와 물, 지리적 위치와 탁월풍, 산맥과 고지, 해류, 기압계 및 풍계)을 각각 재검토해 볼 가치가 있다.

위도

지구 표면에 도달하는 태양복사량의 변동은 온도 차이를 만들어 내는 가장 큰 원인이다. 운량, 대기 중의 먼지량과 같은 요인들의 변화도 국지적으로 영향을 주지만, 2장으로부터 태양각과 일광 길이의 계절 변화가 지구의 온도 분포를 조절하는 가장 중요한 인자들임을 기억하자. 같은 위도 지역에 위치한 모든 장소들은 동일한 태양각과 일광 길이를 갖기 때문에, 받는 태양에너지 양의 변화는 주로 위도의 함수이다. 더구나 태양의 연직광은 해마다 북회귀선과 남회귀선 사이를 이동하기 때문에, 온도는 규칙적으로 위도에 따른 변화를 보인다. 적도 지역의 온도는 태양의 연직광이 멀지 않기 때문에 시종일관 높다. 그러나 북극 쪽으로 멀어져 갈수록 받는 태양에너지의 계절적 변화가 더 커져서 더 큰 연간 온도의 범위에 반영되어 나타난다.

육지와 물

육지와 물의 분포는 위도에 이어서 온도를 조절하는 두 번째 중요한 인자이다. 3장으로부터 물은 바위나 토양보다는 더 큰 열용량을 가짐을 기억하자. 그러므로 육지는 물보다 더 빨리 높은 온도로 가열되고, 더 빨리 낮은 온도로 냉각된다. 그 결과 기온의 변화는 물보다는 육지에서 훨씬 크다. 이렇게 차별된 지표의 가열은 기후를 해양과 대륙이라는 두 넓은 범주로 나누게 한다.

해양성기후(marine climates)는 물의 완화 효과로 인해 따뜻하지만 덥지 않은 여름과 시원하지만 춥지 않은 겨울을 만들기 때문에 위도에 비해 상대적으로 온화하다고 간주된다. 반대로 **대륙성기후**(continental climates)는 훨씬 더 극단적인 경향을 보인다. 중위도의 같은 위도를 따라 위치한 해양 관측소와 대륙 관측소가 비슷한 연평균 기온을 가질 수 있을지는 모르나 기온의 연교차는 대륙 관측소가 훨씬 더 클 것이다.

육지와 해양의 차별된 가열과 냉각은 기압계와 풍계에도 중요한 영향을 주며 따라서 계절에 따른 강수 분포에도 영향을 미친다. 7장으로부터 대륙의 높은 여름 기온은 습기를 실은 해양성기단의 유입을 가져오는 저기압 지역을 생성할 수 있음을 기억하자. 반대로 겨울에 추운 내륙에 형성되는 고기압은 역으로 건조한 공기를 해양으로 불어가게 한다.

지리적 위치와 탁월풍

한 지역에서 기후에 미치는 육지와 해양의 효과를 충분히 이해하기 위해서는 대륙에서의 그 지역의 위치와 탁월풍과의 관계를 고려해야만 한다. 물의 완화 효과는 대륙의 풍상측을 따라 더욱 두드러지게 나타나는데, 그 이유는 이곳의 탁월풍이 해양성기단을 내륙 깊숙이 운반하기 때문이다. 반면에 탁월풍이 육지에서 해양으로 부는 대륙의 풍하측에 있는 장소들은 대륙의 온도 체계를 갖게 되기 쉽다.

산맥과 고지대

산맥과 고지대는 기후의 분포에 있어서 중요한 역할을 한다. 이러한 영향은 북미의 서부를 살펴보면 알 수 있다. 탁월풍이 서쪽으로부터 불어오기 때문에 남북 방향의 산맥이 주요 장벽이 된다. 이 산맥들은 해양성기단의 완화 효과가 내륙 깊숙이 도달하는 것을 막는다. 그 결과, 관측소들이 태평양에서 몇 백 킬로미터 내에 위치해 있음에도 불구하고 그 온도체계는 본질적으로 대륙성이 된다.

지형적 장벽들은 또한 풍상측 경사면에 산악비를 유발시키며, 종종 풍하측에 건조한 비그늘을 남긴다(글상자 4.4 참조). 높이 솟은 안데스와 육중한 히말라야가 주요 장벽인 남미와 아시아에서도 비슷한 효과들을 볼 수 있다. 이와는 대조적으로 서부 유럽은 북대서양으로부터 오는 해양성기단의 자유로운 이동을 막을 장벽이 없다. 그 결과 전 지역이 온화한 기온과 충분한 강수의 특징을 갖는다.

아주 넓은 대륙에서는 고지가 그 특유의 기후 지역을 만들어 낸다. 고도에 따라 기온이 감소하기 때문에 티베트 고원, 볼리비아의 알티플라노, 동아프리카의 고산지와 같은 지역들은 그 위도의 위치만을 고려한 것보다 더 기온이 낮고 건조하다.

해류

해류가 인접한 대륙 지역의 온도에 미치는 효과는 중요하다. 7장으로부터 북반구의 멕시코만류와 쿠로시오해류, 남반구의 브라질해류와 동호주해류와 같이 극으로 흐르는 해류들이 각 지역의 위도에 따라 예상되는 것보다 기온을 더 따뜻하게 함을 기억하자. 이러한 효과는 특히 겨울에 두드러진다. 반대로 북반구의 카나리아 및 캘리포니아해류들과 적도 남쪽의 페루 및 벵겔라해류들은 접해 있는 해안지역의 온도를 감소시킨다. 또한 이러한 냉각효과는 한류를 가로지르는 기단들을 안정화시키는 작용을 한다. 그 결과, 현저하게 건조해지거나 종종 심각한 이류안개를 발생시킨다.

기압 및 바람계

강수의 세계 분포는 지구의 주요 기압 및 바람계의 분포와 밀접한 관련을 보인다. 비록 기압 및 바람계의 남북 분포가 단순한 벨트 형태를 취하지는 않지만, 적도에서 극지까지 강수의 동서 배치를 여전히 확인할 수 있다(그림 7.28 참조).

적도저기압대에서는 온난다습하고 불안정안 공기가 수렴하면서 이 지대를 호우 지역으로 만든다. 아열대고기압이 지배적인 지역은 매우 건조해서 대부분의 사막들을 생성한다. 좀 더 극 쪽으로, 불규칙한 아한대저기압이 지배적인 중위도에서는 많은 이동성 저기압성 요란들의 영향으로 강수가 다시 증가한다. 마지막으로 극지방에서는 온도가 낮고 대기가 함유할 수 있는 수분의 양이 적어서 강수의 총량이 감소한다.

태양의 연직 광선의 움직임을 따라가는 기압 및 바람계의 계절변이는 중간 위치에 있는 지역들에 큰 영향을 미친다. 이러한 지역들은 2개의 다른 기압 및 바람계에 의해 번갈아 영향을 받게 된다. 예를 들면, 적도저압대의 극지 쪽과 아열대고기압의 적도 쪽에 위치한 관측소는 저기압이 극지 쪽으로 이동할 때는 여름 우기를 겪고, 고기압이 적도 쪽으로 이동할 때는 겨울 가뭄을 겪는다. 많은 지역의 강수의 계절변화가 대부분 이러한 기압계의 남북 변이로 인해 일어난다.

✓ 개념 체크 15.2

1. 기후를 조절하는 주요 인자들을 열거하고 그 영향을 간략하게 서술하시오.
2. 어느 인자가 전 지구 온도 차이에 가장 큰 영향을 미치는가?
3. 대륙성기후와 해양성기후를 대조하시오.
4. 기압계와 강수의 세계 분포를 연결하는 것은 무엇인가?

15.3 열대습윤기후(A)

열대습윤기후의 두 넓은 범주를 비교한다.

A 그룹 기후에서는 열대습윤기후(Af와 Am)와 열대습윤건조(Aw)의 두 가지 유형을 분류할 수 있다. 각각의 기후 유형은 관련된 식생 유형을 가지고 있다.

열대습윤기후(Af, Am)

열대습윤에서는 지속되는 높은 온도와 연중 계속되는 강수로 인해 어떤 기후 지역보다도 가장 울창한 식생인 **열대우림**(tropical rain forest)을 만들어낸다(그림 15.6). 북반구에 살고 있는 우리들에게 익숙한 산

▶ **스마트그림 15.6 열대우림**
가장 무성하고 단위 제곱 킬로미터당 수백 개의 다양한 종을 특징으로 하는 열대우림은 열대습윤을 지배하는 상록활엽수림이다. 이 사진은 처녀 열대우림을 통과하는 보르네오의 세가마 강을 보여 준다.

http://goo.gl/oAGTTr

림들과는 달리, 열대우림은 1년 내내 푸르른 상록활엽수로 이루어져 있다. 또한 열대우림은 몇몇 지배적인 소수의 종이 아닌 매우 다양한 종들로 구성되어 있는 것이 특징이다. 산림 $1km^2$ 안에 수백 개의 서로 다른 종들이 함께 서식하는 것이 보통이다. 그 결과, 한 종의 개체들이 종종 넓게 떨어져 있다.

그늘진 산림 마루에서 위를 올려다보면 덩굴로 얽힌, 높고 부드러운 껍질로 덮인 나무들, 2/3 높이까지 가지가 없는 나무줄기들이 위의 무성한 잎들과 함께 거의 연속적인 군락권을 이루고 있음을 볼 수 있다. 자세히 살펴보면, 삼층 구조를 이루고 있다. 지표 가까이 약 5~15m까지는 좁은 수관을 가진 다소 가는 나무들이 보인다. 그 위로 올라가보면 잎으로 구성된 연속적인 군락권이 20~30m까지의 높이를 차지하고 있다. 마지막으로, 이 두 번째 층의 간간이 보이는 틈 사이로 산림의 맨 꼭대기인 세 번째 층이 보인다. 이곳의 수관들은 높이 40m나 그 이상으로 우뚝 솟아오른다.

위에 설명한 열대습윤기후의 환경은 지구 육지의 거의 10%를 차지한다(글상자 15.1). 그림 15.4는 Af와 Am 기후가 적도 양쪽의 각 반구로 약 5~10°까지 미치는 불연속의 띠를 형성하고 있음을 보여 준다. 극쪽으로의 한계는 보통 강수의 감소로 경계를 구분하나, 때론 온도의 감소로 그 경계가 구분된다. 대류권에서는 일반적으로 고도에 따라 온도가 감소하기 때문에 이 기후 지역은 1000m 이하의 고도에 국한된다. 따라서 적도 주변에서는 주로 고지기후지대에 의해 가로막히게 된다.

또한 그림 15.4에서 비가 많이 오는 열대지역은 대륙(특히 남미)의 동쪽과 일부 열대 연안지역을 따라 남북으로 더 넓은 영역을 차지하는 경향이 있음을 주목해야 한다. 대륙 동쪽이 구간이 더 넓은 주요 이유는 중립 또는 불안정한 공기가 지배적인 아열대고기압의 약한 서쪽에서 풍상측에 위치하기 때문이다. 다른 경우에는, 연안지역이 중미의 동쪽을 따라서 내륙의 고지를 등에 업고 무역풍의 흐름을 가로막는다. 따라서 지형 상승이 강우총량을 크게 증가시킨다.

열대습윤의 대표적인 관측소들의 자료들을 표 1.1과 그림 15.7A, B에 나타내었다. 숫자들을 살펴보면 이 지역들의 기후를 특징짓는 아주

표 15.1 열대습윤 관측소들의 자료

	1월	2월	3월	4월	5월	6월	7월	8월	9월	10월	11월	12월	연간
싱가포르 1°21N, 10m													
온도(°C)	26.1	26.7	27.2	27.6	27.8	28.0	27.4	27.3	27.3	27.2	26.7	26.3	27.1
강수(mm)	285	164	154	160	131	177	163	200	122	184	236	306	2282
브라질 벨렘 1°18S, 10m													
온도(°C)	25.2	25.0	25.1	25.5	25.7	25.7	25.7	25.9	25.7	26.1	26.3	25.9	25.7
강수(mm)	340	406	437	343	287	175	145	127	119	91	86	175	2731
카메룬 두알라 4°N, 13m													
온도	27.1	27.4	27.4	27.3	26.9	26.1	24.8	24.7	25.4	25.9	26.5	27.0	26.4
강수(mm)	61	88	226	240	353	472	710	726	628	399	146	60	4109

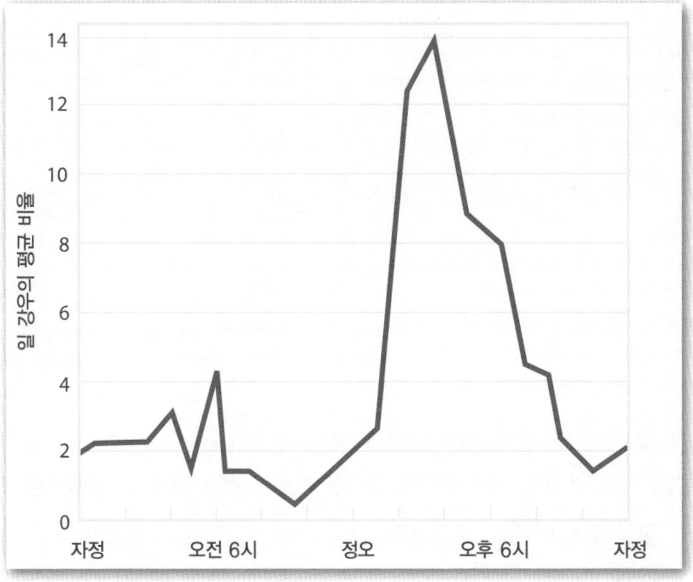

▲ **그림 15.8 말레이시아 쿠알라룸푸르의 시간별 강수의 분포**

오후 중반에 최고를 보이는 말레이시아 쿠알라룸푸르의 하루 시간별 강우 분포는 많은 열대습윤 관측소에서의 전형적인 패턴을 나타낸다.

Video
번개의 계절변화
http://goo.gl/Qq8sfA

정되어 있는 지역)이 한두 달 정도의 짧은 건기를 갖는 특징을 보인다. 이런 짧은 건기에도 불구하고, Am 지역의 연간 강수총량은 1년 내내 비가 오는 지역(Af)의 총량에 매우 가깝다. 건기가 토양 수분을 고갈시키기에는 너무 짧기 때문에 우림이 유지된다.

열대습윤기후의 강수의 계절변화는 복잡해서 아직 완전히 이해하지 못하고 있는 실정이다. 적어도 부분적으로는 월별 변화가 ITCZ의 계절 이동 때문에 일어나는데, ITCZ는 태양의 연직광선의 이동을 따라간다.

열대습윤건조기후(Aw)

다우열대와 아열대사막 사이에 **열대습윤건조**(tropical wet and dry)라 불리는 과도적인 기후지역이 놓여 있다. 적도 쪽 경계를 따라 건기는 짧고, Aw와 다우열대 사이의 경계를 구분하기가 힘들다. 그러나 극 쪽을 따라서는 건기가 길어지면서 조건이 반건조지역의 상황으로 점차 바뀐다.

이곳 열대습윤건조기후에서는 우림이 활엽수가 흩어져 있는 열대 초지인 **사바나**(savanna)로 바뀐다(그림 15.9). 실제로 Aw는 종종 사바나 기후로 불린다. 이런 이름은 기술적으로 적합하지 않을 수 있는데, 그 이유는 일부 생태학자들이 이러한 초지들이 기후학적으로 생성되었음을 의심하기 때문이다. 삼림지대가 한때 이 지역을 차지했었고 토착민들의 계절에 따른 연소(burning)로 인해 사바나 초지가 발달했다고 여겨지고 있다.

온도 표 15.2의 온도 자료는 열대습윤과 열대습윤건조 지역 간의 차이가 그리 크지 않음을 보인다. 대부분의 Aw 관측소들이 좀 더 높은 위도에 위치하기 때문에 연평균온도가 조금 낮다. 또한 온도의 연교차가 다소 큰 폭으로 3℃에서 10℃까지 변한다. 그러나 온도의 일교차가 여전히 연교차보다 크다.

Aw 지역에서는 습도와 운량의 계절변화가 더 두드러지기 때문에, 온도의 일교차가 한 해 동안 눈에 띄게 변한다. 일반적으로, 습도와 운량이 최대가 되는 우기에는 일교차가 작고, 하늘이 맑고 공기가 건조한 가뭄 기간에는 일교차가 크다. 더구나, 지속적인 여름 운량 때문에 많은 Aw 관측소들이 하지 직전인 건기 끝 무렵에 최고온도를 경험한다. 그러므로 북반구에서는 3월, 4월, 5월이 종종 6월과 7월보다 따뜻하다.

강수 A 기후 지역 간의 온도 체계는 비슷하기 때문에 Aw 기후를 Af와 Am으로부터 구분하는 주요 인자는 강수이다. Aw 관측소에는 매년 대략 100~150cm의 비가 내리는데, 이 양은 열대습윤보다 훨씬 적은 양이다. 그러나 이 기후대의 가장 두드러진 특징은 우기 여름이 건기 겨울로 이어지는 **명료한 강우의 계절변화**이다. 이것은 그림 15.7C의 기후 도표에 잘 나타나 있다.

◀ **그림 15.9 열대사바나 초지**

제대로 자라지 못한 가뭄 내성이 있는 나무들이 있는 탄자니아의 세렝게티 국립공원의 이 열대사바나는 아마도 토착민들의 계절에 따른 연소에 크게 영향을 받았을 것이다.

표 15.2 열대습윤건조 관측소들의 자료

	1월	2월	3월	4월	5월	6월	7월	8월	9월	10월	11월	12월	연간
인도 캘커타 22°32N, 6m													
온도(°C)	20.2	23.0	27.9	30.1	31.1	30.4	29.1	29.1	29.9	27.9	24.0	20.6	26.94
강수(mm)	13	24	27	43	121	259	301	306	290	160	35	3	1582
브라질 쿠이아바 15°30S, 165m													
온도(°C)	27.2	27.2	27.2	26.6	25.5	23.8	24.4	25.5	27.7	27.7	27.7	27.2	26.5
강수(mm)	216	198	232	116	52	13	9	12	37	130	165	195	1375

Aw 기후 지역의 위도의 위치 때문에 우기와 건기가 반복된다. 이 지역은 무더운 날씨와 대류뇌우를 동반하는 적도수렴대와 안정하고 공기가 하강하는 아열대고기압 사이에 놓여있다. 춘분점을 따라 ITCZ와 다른 바람 및 압력대는 태양의 연직광선을 따라 이동하면서 모두 극 쪽으로 이동한다(그림 15.10). ITCZ가 전진해 들어오면 열대습윤의 전형적인 날씨 패턴과 함께 여름 우기가 시작된다. 나중에 ITCZ가 적도로 물러가고 아열대고기압이 들어서면서 심한 가뭄을 동반한다.

건기에는 경관이 바싹 마르면서 물이 부족한 나무들의 잎들이 시들고, 풍요롭던 풀들이 갈색으로 변해 시들어 가면서 자연은 동면을 시작하는 듯 보인다. 건기의 기간은 주로 ITCZ로부터의 거리에 따라 결정된다. 일반적으로는 Aw 관측소들이 적도로부터 멀리 떨어져 있을수록 ITCZ의 영향을 받는 기간이 짧아지고, 안정한 아열대고기압의 영향을 더 오래 받게 된다. 결과적으로 위도가 높을수록 건기는 길어지고 우기는 짧아진다.

ITCZ의 이동은 열대에서 강우의 분포를 이해하는 데 가장 중요하다. 이것은 아프리카의 여섯 관측소의 강수 자료를 보여 주는 표 15.3에 잘 나타나 있다. 말두구리(가장 북쪽)와 프랜시스타운(가장 남쪽)에서는 최고 강우가 한 번 일어나는데, ITCZ가 가장 극 쪽에 위치할 때 관측된다. 이 관측소들 중에서 최고 강우가 두 번 거듭되는 이유는 ITCZ가 두 극단의 사이를 오가며 통과하기 때문이다. 이러한 통계는 장기 평균을 나타내며, ITCZ의 연간 이동이 매우 불규칙함을 기억하는 것이 중요하다. 그럼에도 의심의 여지없이 열대에서는 강우가 태양을 쫓아간다.

몬순 인도의 대부분, 동남아시아, 호주의 일부에서는 Aw 강수체계의 강우와 가뭄 특성의 대체 기간이 **몬순**(monsoon)과 연관되어 있다. 이 용어는 '계절'을 뜻하는 아라비아어 마우심(mausim)에서 유래한 것으로 방향의 뚜렷한 계절적 반전을 갖는 바람체계를 말한다(그림 7.11 참조). 여름에는 습하고 불안정한 공기가 해양에서 육지로 이동하기 때문에 비를 유발한다. 겨울에는 그 반대가 되어 대륙에서 불어온 건조한 바람이 바다로 불어간다.

이러한 몬순 순환시스템은 부분적으로는 육지와 해양 간의 연간 온도변화의 차이에 따른 반응으로 발달한다. 원칙적으로, 몬순과 관련된 과정들은, 시간과 공간 규모가 훨씬 크다는 것을 제외하면, 해륙풍(7장)과 관련된 과정들과 비슷하다.

북반구에서는 봄에 열적으로 유발된 불규칙한 저기압 영역이 남아시아 내륙에서 서서히 발달하고, ITCZ가 북상하면서 더욱 강해진다(그림 15.10). 따라서 여름에는 해양의 고기압으로부터 대륙의 저기압으로 순환한다. 겨울이 오면 ITCZ가 남쪽으로 이동하면서 차가워진 대륙에 심화된 고기압이 발달하면서 바람의 방향이 반대가 된다. 한겨울이 되면 건조한 바람이 대륙에서 남쪽으로 불어가 호주와 남아프리카로 수렴한다.

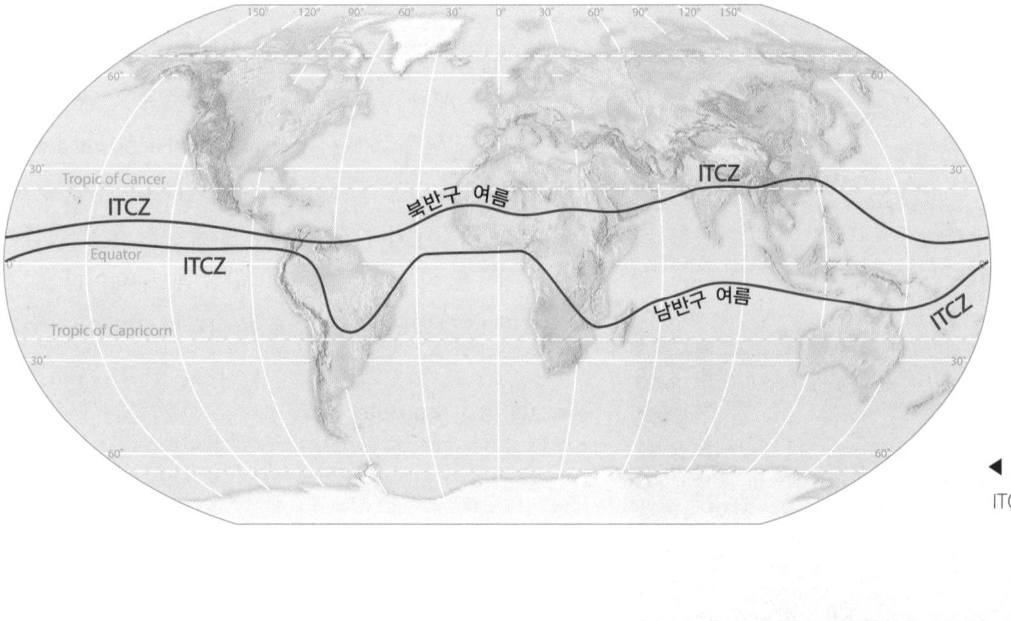

◀ 그림 15.10 이동하는 ITCZ
ITCZ의 계절 이동은 열대와 아열대의 강수 분포에 큰 영향을 준다.

표 15.3 아프리카의 강수 체계와 ITCZ의 이동

	1월	2월	3월	4월	5월	6월	7월	8월	9월	10월	11월	12월
나이지리아 말두구리 11°51N												
강수(mm)	0	0	0	7.6	40.6	68.6	180.3	220.9	106.6	17.7	0	0
카메룬 야운데 3°53N												
강수(mm)	22.8	66.0	147.3	170.1	195.6	152.4	73.7	78.7	213.4	294.6	116.8	22.9
자이르 키상가니 0°26N												
강수(mm)	53.3	83.8	177.8	157.5	137.2	114.3	132.0	165.1	182.9	218.4	198.1	83.8
자이르 룰롸부르 5°54S												
강수(mm)	137.2	142.2	195.6	193.0	83.8	20.3	12.7	58.4	116.8	165.1	231.1	226.0
말라위 좀바 15°23S												
강수(mm)	274.3	289.6	198.1	76.2	27.9	12.7	5.1	7.6	17.8	17.8	134.6	279.4
보츠와나 프랜시스타운 21°13S												
강수(mm)	106.7	78.7	71.1	17.8	5.1	2.5	0	0	0	22.9	58.4	86.4

Cw 변형 남아프리카, 남미, 동북부 인도 및 중국의 열대습윤건조기후에 인접하여 때로 Cw로 구분되는 지역들이 있다. 비록 A 대신 C를 사용하여 이러한 지역들이 열대가 아니라 아열대임을 표시하지만, 온도가 조금 낮은 것 외에는 차이가 없기 때문에, Cw 기후는 Aw의 변형일 뿐이다. 아프리카와 남미의 Cw 기후는 Aw 기후의 고지로의 확장이다. 지역들이 높은 곳에 위치해 있기 때문에 주변의 열대습윤건조기후의 따뜻한 온도보다 낮아진다. 인도와 중국의 Cw 지역은 열대몬순 영역의 중위도로의 확장이다. 때로는 특히 인도의 경우, Cw 지역이 그 겨울 온도가 A 기후보다 겨우 낮을 정도로만 극 쪽으로 위치한다.

✓ 개념 체크 15.3

1. 열대우림은 전형적인 중위도 산림과 어떻게 다른가?
2. 열대습윤의 다음의 각 특성에 대하여 설명하시오.
   a. 기후는 1000m 이하의 고도로 제한되어 있다.
   b. 월 및 연 평균온도가 높고, 온도의 연교차는 낮다.
   c. 거의 1년 내내 비가 오는 기후이다.
3. Af와 Am 기후로부터 Aw 기후를 구분 짓는 주요 인자는 무엇인가?
4. 열대습윤건조기후(Aw)의 또 다른 이름은 무엇인가?
5. Aw 기후에서 강수의 연간 분포에 미치는 ITCZ와 아열대고기압의 영향을 서술하시오.

15.4 건조기후(B)

저위도건조기후와 중위도건조기후를 대조한다.

세계의 건조지역들은 약 4천2백만 제곱킬로미터, 즉 지구 지표의 약 30%를 차지하고 있다. 어떤 기후 그룹도 이렇게 넓지 않다(그림 15.11).

빈약한 연강우 이외에 건조기후의 가장 두드러진 특성은 강수를 신뢰할 수 없다는 점이다. 일반적으로, 연평균 강우가 적을수록 그 변동이 더 크다. 그래서 연 강우평균이 종종 오해를 불러일으킨다. 페루의 트루힐로의 예를 들면, 한 번은 7년 기간 동안 연평균 강우가 6.1cm이었다. 그러나 자세히 들여다보면 첫 6년 11개월 동안 관측된 강수량은 겨우 3.5cm(0.5cm보다 조금 많은 연평균)뿐이었다. 그리고 7년째의 마지막 달에 39cm의 강수가 내렸는데, 그중 23cm가 사흘 만에 내린 것이었다.

이런 극단적인 경우가 대부분의 건조지역의 강우가 불규칙함을 잘 나타낸다. 또한 한 해의 강우 총량이 평균보다 낮은 해가 평균보다 높은 해보다 일반적으로 더 많다. 앞의 예가 보여 주듯이 아주 가끔 발생하는 우기가 전체 평균값을 올리는 경향이 있다. 이 지역의 많은 곳에서 불확실한 강수에 적응한 가뭄 내성이 있는 식물들을 볼 수 있다.

Video
다중위성센서를 사용한 화재 연구
http://goo.gl/qKVJa

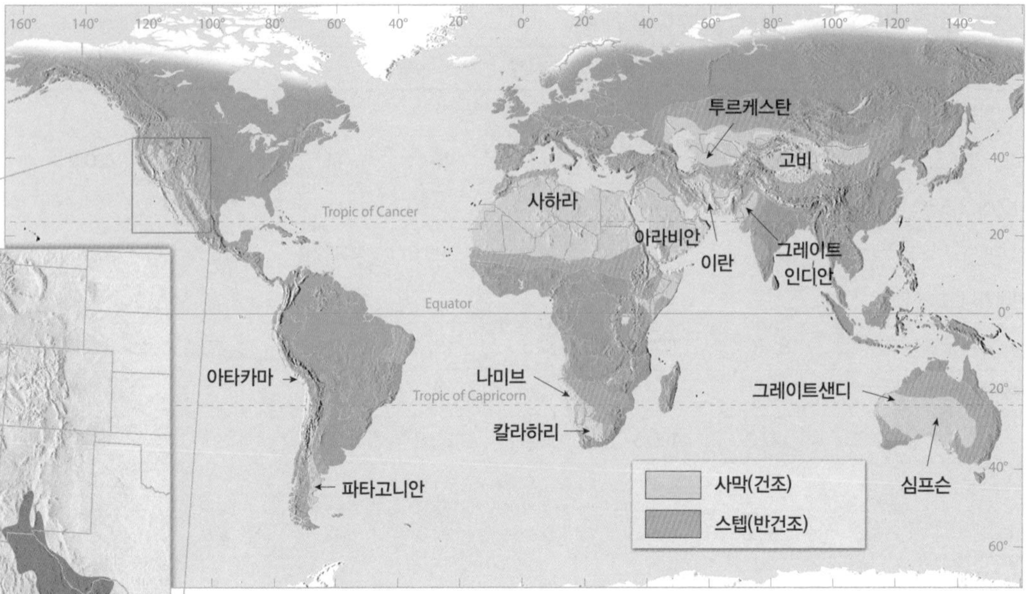

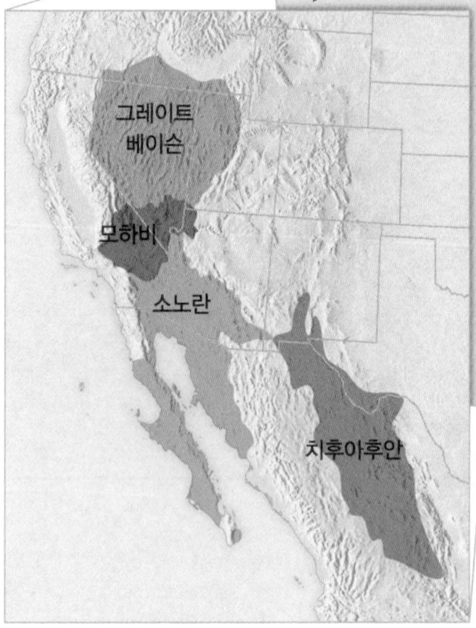

http://goo.gl/4K8rJ

◀ **스마트그림 15.11 건조기후**
건조 및 반건조 기후가 지구 지표의 약 30%를 덮고 있다. 미국 서부의 건조 지역은 보통 4개의 사막으로 나뉘는데, 이 중 2개가 멕시코까지 펼쳐진다.

'건조'가 의미하는 것은 무엇인가

건조하다는 것은 상대적이고 단순히 물 부족을 나타냄을 깨닫는 것이 중요하다. 그래서 기후학자들은 **건조기후**(dry climate)를 연 강수가 증발에 의한 가능 물 손실보다 적은 기후로 정의한다. 이 경우 건조는 연 강우만이 관련되어 있는 것이 아니다. 이것은 동시에 증발의 함수가 되기 때문에 온도와도 밀접한 관련이 있다. 온도가 올라가면 가능증발도 증가한다.

예를 들어, 차고 습한 공기로 증발이 적어 충분한 양의 물이 토양에 남게 되는 북부 스칸디나비아의 경우, 25cm의 강수는 산림을 지탱하기에 충분한 양이다. 그러나 네바다나 이란에서는 뜨겁고 건조한 공기로의 증발이 커서 같은 양의 비로는 아주 드문드문 분포된 식생만을 지원할 수 있다. 확실히 강수만으로는 건조기후를 정의할 수 없다.

건조 및 습윤 기후의 확실한 경계를 구분하기 위해 쾨펜의 기후 분류는 세 가지 변수, (1) 연평균강수, (2) 연평균온도, (3) 강수의 계절분포가 포함된 공식을 사용한다.

연평균강수의 사용은 명료하게 이해가 된다. 연평균온도는 증발의 지수가 되기 때문에 사용하는데, 습윤-건조의 경계를 정의하는 강우량이 연평균온도가 높은 곳은 많아지고, 온도가 낮은 곳은 적다. 세 번째 변수인 강수의 계절분포 또한 같은 맥락이다. 비가 따뜻한 달들에 집중되어 있는 경우에는 추운 달에 집중되어 있는 경우보다 증발에 의한 손실이 커진다. 따라서 B 기후 지역의 관측소들이 받는 강수량에는 상당한 차이가 있다.

표 15.4에는 이러한 차이들이 요약되어 있다. 예를 들어, 관측소의 연평균온도가 20℃이고 여름 우기('겨울은 건조')에 받는 연 강수가 680mm 이하이면, 건조로 분류된다. 그러나 만약 비가 주로 겨울에 내리는 경우('여름이 건조'), 관측소가 습윤으로 분류되려면 강수가 단지 400mm나 그보다 조금 많기만 하면 된다. 강수가 골고루 분포되어있는 경우에는 습윤과 건조의 경계를 정의하는 값이 이 두 경우의 중간에 놓이게 된다.

일반적으로 물 부족으로 정의된 지역 안에는 두 가지의 기후 유형이 있는데 **건조**(arid) 또는 **사막**(desert)(BW)과 **반건조**(semiarid) 또는 **스텝**(steppe)(BS)이다. 그림 15.12는 두 타입에 대한 기후도표를 나타낸다.

표 15.4 건조-습윤 경계의 연평균강수

연평균강수(mm)			
연평균 온도(℃)	여름 건조 계절	균등 분포	겨울 건조 계절
5	100	240	380
10	200	340	480
15	300	440	580
20	400	540	680
25	500	640	780
30	600	740	880

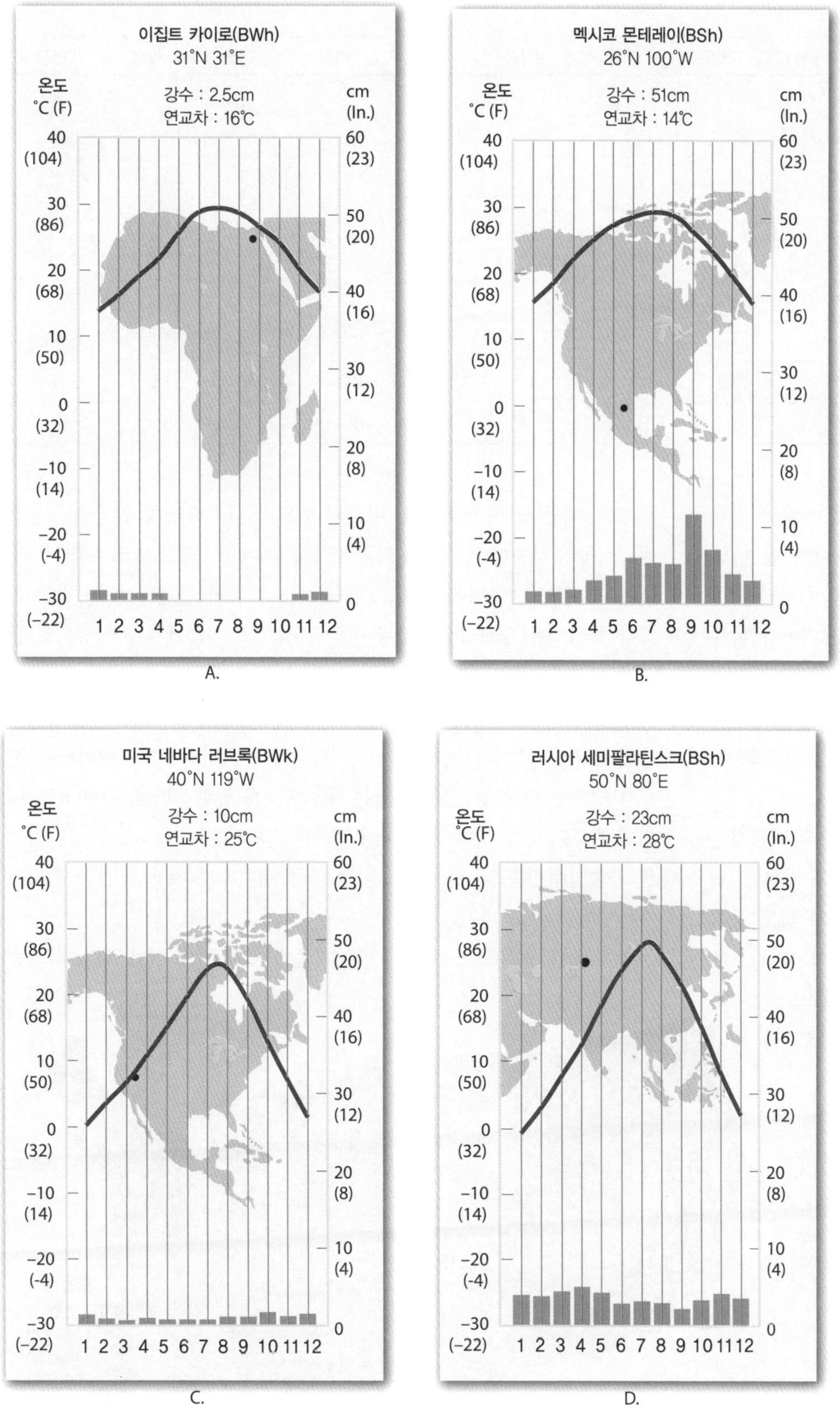

▲ **그림 15.12 대표적인 건조 및 반건조 관측소들의 기후 도표**
카이로와 러브록은 사막으로, 몬테레이와 세미팔라틴스크는 스텝으로 분류되었다. 관측소 A와 B는 아열대에, C와 D는 중위도에 위치한다.

자주 나오는 질문… 사막이 팽창하고 있다고 어디서 들었습니다. 그게 실제로 일어나고 있나요?

그렇다. 이 문제를 사막화라고 하는데, 인간의 활동으로 인해 땅이 사막과 같이 변하는 것을 말한다. 대개 사막의 가장자리에서 일어나며 주로 부적절한 토지 사용으로 인해 발생한다. 경작이나 방목에 의해 주변 지역에 알맞은 자연 식생이 제거될 때 유발된다. 이러한 지역에서 일어날 수밖에 없지만, 가뭄이 발생하고 식생의 피복이 토양 침식을 막을 수 없을 만큼 소실되면 파괴는 돌이킬 수 없게 된다. 사막화는 많은 곳에서 일어나고 있으나 특히 사헬이라고 알려진 사하라 사막의 남쪽 지역이 심각하다.

관측소 a와 b는 아열대에 있고 c와 d는 중위도에 위치한다. 사막과 스텝은 공통점이 많은 반면 다른 점은 주로 온도의 문제이다. 반건조 기후는 최저한의 더 습한 건조기후의 변형으로, 인접한 습윤기후와는 구분된 사막을 둘러싼 전이지대를 나타낸다. 건조-반건조의 경계는 일반적으로 건조지역과 습윤지역을 분리하는 연강수량의 반으로 정한다. 따라서, 만약 습윤-건조 경계가 40cm라면, 스텝-사막 경계는 20cm가 된다.

아열대 사막(BWh)과 스텝(BSh) 기후

저위도 건조기후의 중심부는 북회귀선과 남회귀선의 부근을 따라 놓여 있다. 그림 15.11을 보면 북아프리카의 대서양 연안으로부터 인도 북서부의 건조지대까지 9300km 이상을 뻗어 있는 거의 끊이지 않는 사막 환경을 보여 준다. 이 외에도 북반구에는 멕시코 북부와 미국 남서부에 또 다른 훨씬 작은 아열대 사막(BWh)과 스텝(BSh) 지역들이 있다. 남반구의 오스트레일리아는 건조기후가 지배적이다. 이 대륙의 거의 40%가 사막이고 그 나머지의 상당 부분이 스텝이다.

이외에도 건조 및 반건조 지역은 남아프리카에도 있고 칠레와 페루 연안에 제한된 모습을 보인다. 이러한 아열대건조지역의 분포는 주로 아열대고기압의 침강과 안정도로 인한 결과이다.

표 15.5 아열대 스텝과 사막 관측소들의 자료

	1월	2월	3월	4월	5월	6월	7월	8월	9월	10월	11월	12월	연간
모로코 마라케시 31° 37N; 458m													
온도(°C)	11.5	13.4	16.1	18.6	21.3	24.8	28.7	28.7	25.4	21.2	16.5	12.5	19.9
강수(mm)	28	28	33	30	18	8	3	3	10	20	28	33	242
세네갈 다카르 14° 44N; 23m													
온도(°C)	21.1	20.4	20.9	21.7	23.0	26.0	27.3	27.3	27.5	27.5	26.0	25.2	24.49
강수(mm)	0	2	0	0	1	15	88	249	163	49	5	6	578
오스트레일리아 앨리스스프링스 23° 38S, 570m													
온도(°C)	28.6	27.8	24.7	19.7	15.3	12.2	11.7	14.4	18.3	22.8	25.8	27.8	20.8
강수(mm)	43	33	28	10	15	13	8	8	8	18	30	38	252

강수 아열대사막에서는 얼마 안 되는 강수가 드물 뿐만 아니라 또한 불규칙적이다. 실제로 아열대사막에서는 강수의 계절변화가 잘 나타나지 않는다. 그 이유는 이 지역들이 ITCZ의 영향을 받기에는 너무 극 쪽으로 있고 중위도의 전선 및 저기압성 강수의 이득을 보기에는 너무 적도 쪽에 있기 때문이다. 한낮의 가열로 인해 환경감률이 높고 상당한 대류가 발생하는 여름에도 여전히 하늘이 맑다. 이러한 경우, 위에서의 침강이 수분 함량이 적당한 하층 공기가 응결고도를 통과할 정도로 높이 상승하는 것을 막는다.

사막을 둘러싸고 있는 반건조 전이대는 사정이 다르다. 이곳에서는 계절에 따른 강우 패턴이 더 잘 정의되고 더 많은 식생을 유지한다. 표 15.5의 다카르 자료에서 보이는 바와 같이 저위도 사막들의 적도 쪽에 위치한 관측소들은 ITCZ가 가장 극에 가까울 때인 여름에 잠시 호우가 내리는 기간이 있다. 이러한 강우 체계는 잘 알려진 것으로, 강우량이 적고 가뭄 기간이 길다는 것을 제외하면, 인접한 열대습윤 및 건조기후에서 보이는 것과 비슷하다.

열대사막의 극 쪽 가장자리에 있는 스텝 지역의 경우는 강수 체계가 그 반대이다. 마라케시(표 15.5)의 자료에 나타난 바와 같이, 시원한 계절은 거의 모든 비가 내리는 계절이다. 이 시기가 되면 중위도저기압들이 자주 더 적도를 향해 나아가기 때문에 종종 우기를 불러온다.

온도 사막 환경에서의 온도를 이해하는 열쇠는 습도와 운량이다. 구름 없는 하늘과 낮은 습도는 낮에는 풍부한 태양복사가 지면에 도달하게 하고, 밤에는 지구복사가 빠르게 방출할 수 있도록 한다. 예상대로 습도는 1년 내내 낮다. 내륙 지역의 경우 한낮의 상대습도는 10~30%이다.

운량과 관련해서, 사막의 하늘은 거의 항상 맑다(그림 15.13). 예를 들어, 멕시코와 미국의 소노라 사막지역에서는, 대부분의 관측소들이 가능한 일조량의 거의 85%를 받는다. 애리조나의 유마는 1월에는 최저 83%, 6월에는 최고 98%로, 1년 동안 평균 91%를 받는다. 사하라 사막은 평균 겨울 운량이 약 10%이고 여름에는 3% 정도로 감소한다.

지표와 대기의 온도가 높은 원인의 하나는 일사로부터의 에너지가 증발에 거의 쓰이지 않는다는 것이다. 따라서 거의 모든 에너지가 지표를 덥히는 데 사용된다. 이와는 대조적으로 습한 지역들은 지표와 대기의 온도가 그렇게 높을 확률이 적은데, 그 이유는 대부분의 에너지가 물을 증발시키는 데 사용되고 남은 적은 에너지가 지표를 덥히게 되기 때문이다.

밤에는 대개 온도가 빠르게 떨어지는데, 부분적인 이유로는 대기 중

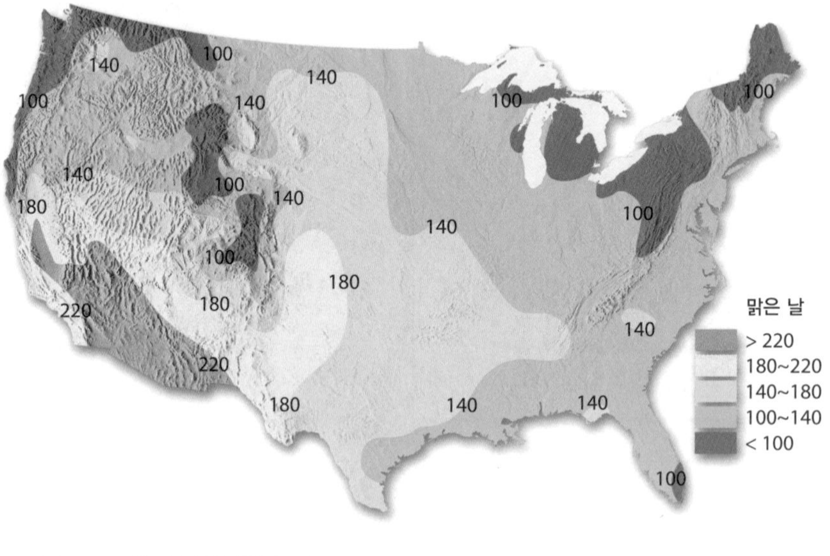

▲ **그림 15.13 평균 연간 맑은 날의 수**
거의 예외 없이 사막의 하늘은 전형적으로 구름이 없고 따라서 가능한 일사량의 매우 높은 비율을 받는다. 미국 남서부 사막에 특히 이러한 모습이 뚜렷하게 나타나 있다.

의 수증기량이 너무 낮기 때문이다. 그러나 지표 온도도 또 다른 원인이다. 2장에서 복사에 대해 논의했던 것으로, 복사하는 물체의 온도가 높을수록 열을 더 빨리 잃음을 기억하자. 따라서 사막에 이 원리를 적용하면, 이러한 환경에서는 낮에 빠르게 가열될 뿐만 아니라 밤에도 빠르게 냉각된다.

결과적으로, 대륙 내부의 저위도 사막들은 지구상에서 가장 큰 일교차를 보인다. 15~25°C의 일교차는 보통이며, 이보다 더 높은 일교차도 종종 일어난다. 기록된 일교차 중에서 가장 높은 곳은 사하라 내의 알제리의 인살라이다. 1927년 10월 13일에 이 관측소는 52.2°C에서 −3.3°C까지 변화함으로써 55.5°C의 일교차가 관측되었다.

BWh와 BSh의 대부분의 지역들이 A 기후 중에서 극 쪽에 놓여 있기 때문에, 열대기후에서는 연교차가 가장 높다. 태양이 낮은 기간 동안에는 평균이 열대의 다른 지역들의 연교차보다 낮아서 전형적인 월평균이 16~24°C이다. 여름에는 열대습윤보다 여전히 온도가 높다. 그 결과로 많은 아열대 사막 및 스텝 관측소들의 연평균은 A 기후의 관측소들의 값과 비슷하다.

서부연안 아열대사막들

7장에서 살펴 본 바와 같이, 대륙의 서부연안을 따라 아열대사막들이 발견되는 곳에서는 차가운 해류가 기후에 극적인 영향을 미친다. 중요한 서부연안의 사막들로는 페루와 칠레의 아타카마와 남부 및 남서부 아프리카의 나미브가 있다. 다른 지역으로는 캘리포니아 바자의 소노라 사막의 일부와 북서아프리카의 사하라의 연안지역이 포함된다.

다른 종류의 사막 이 지역들은 우리가 가지고 있는 아열대사막들의 일반적인 이미지와는 매우 다르다. 가장 두드러진 한류의 효과는 낮아진 온도로서, 페루의 리마와 남아프리카의 놀로스 항구를 예로 들 수 있다(표 15.6). 이 장소들을 같은 위도대에 있는 다른 관측소들과 비교해 보면, 낮은 연평균온도를 보이며, 연교차와 일교차도 낮다. 놀로스 항구의 경우를 예로 들면, 연평균은 겨우 14℃이고 연교차는 4℃이다. 남아프리카의 반대쪽에 있는 더번은 이와는 대조적으로 연평균은 20℃이고 연교차는 놀로스 항구의 연교차의 두 배에 달한다.

비록 이 관측소들이 해양에 가까움에도 불구하고, 연 강우 총량은 세계에서 가장 낮은 지역에 속한다. 이 연안들은 찬 앞바다의 물로 인해 하층 대기가 차가워지고 따라서 더욱 안정해져서 그 건조함이 도를 더하게 된다. 또한 한류들이 온도를 종종 이슬점에 도달하게 만든다. 그 결과, 이 지역들은 높은 상대습도, 많은 이류안개, 짙은 층운형 운량의 특징을 보인다.

중요한 점은 아열대사막들이 낮은 습도와 구름 없는 하늘로 인해, 다 맑고 뜨거운 곳이 아니라는 것이다. 실제로 한류가 있기 때문에 서부연안의 아열대사막들은 낮은 구름과 안개로 덮여 있는 상대적으로 선선하고, 습한 곳이다.

칠레의 아타카마 사막 : 가장 건조한 사막 칠레 북쪽으로 거의 1000 km 정도 펼쳐진 아타카마사막은 서쪽으로는 태평양과 동쪽으로는 안데스 산맥의 사이에 위치하고 있다(그림 15.11 참조). 이 가느다란 건조 지대는 내륙으로 평균 50~80km 정도 뻗어 있다. 아타카마는 가장 넓은 곳의 폭이 겨우 160km이다.

아타카마는 세계에서 가장 건조한 사막으로 알려져 있다. 많은 장소에서, 관측이 가능한 비는 몇 년에 한 번 일어날 정도이다. 아타카마의 가장 덜 건조한 곳의 연평균 강우는 3 mm를 넘지 못한다. 페루와 접한 칠레 국경 근처의 해안가 마을인 아리카의 경우, 연평균 강우는 고작 0.5mm이다. 더 내륙으로 들어가면 어떤 관측소들은 강우가 기록된 바가 없다.

이 좁은 지대는 왜 이렇게 건조한 것일까? 첫째, 이 지역은 남태평양 동쪽을 지배하는 반영구적 고기압 세포와 연관된 건조한 하강 기류의 영향을 받는다(그림 7.10 참조). 둘째, 찬 페루해류가 연안을 따라 북쪽으로 흐르면서 하층대기를 냉각시켜 안정하게 함으로써 건조에 한몫을 한다(그림 7.21 참조). 아타카마를 극단적으로 건조하게 만드는 세 번째 요인은 안데스 산맥이 태평양연안을 가로막아 동쪽으로부터의 습한 공기가 유입되지 못하기 때문이다.

다른 서부연안의 아열대사막들과 마찬가지로, 아타카마는 이류안개

표 15.6 서부연안 열대사막 관측소들의 자료

	1월	2월	3월	4월	5월	6월	7월	8월	9월	10월	11월	12월	연간
남아프리카 놀로스 항구 29° 14S, 7m													
온도(°C)	15	16	15	14	14	13	12	12	13	13	15	15	14
강수(mm)	2.5	2.5	5.1	5.1	10.2	7.6	10.2	7.6	5.1	2.5	2.5	2.5	63.4
페루 리마 12° 02S, 155m													
온도(°C)	22	23	23	21	19	17	16	16	16	17	19	21	19
강수(mm)	2.5	T	T	T	5.1	5.1	7.6	7.6	7.6	2.5	2.5	T	40.5

A. 지형성 상승이 풍상측 사면에 강수를 가져온다.

B. 공기가 산맥의 풍하측에 이를 때에는 대부분의 수분이 손실되어 비그늘 사막이 형성된다.

◀ **그림 15.14 비그늘 사막**
산맥들은 비그늘을 형성하여 중위도 사막과 스텝을 건조하게 한다. A. 지형성 상승이 풍상측 사면에 강수를 가져온다. 공기가 산맥의 풍하측에 이를 때에는 대부분의 수분이 손실된다. B. 대분지 사막은 네바다 거의 모두와 주변의 주들의 일부를 덮는 비그늘 사막이다.

가 잘 일어나는 상대적으로 선선한 곳이다. 두 현상 모두 차가운 페루 해류와 관련이 있다. 카만차카스라 불리는 안개는 습한 공기가 찬 해류 위를 지나면서 이슬점 아래로 냉각되면서 형성된다.

중위도 사막(BWk)과 스텝(BSk) 기후

저위도 사막과 스텝과는 달리, 중위도 사막과 스텝은 아열대고기압의 침강하는 기단에 의해 조절되지 않는다. 대신에, 이 건조한 땅들이 나타나는 이유는 수분의 주요 발원인 해양으로부터 멀리 떨어져, 주로 광대한 대륙의 내륙 깊숙한 위치 때문이다. 또한 주풍향의 길목을 가로지르는 높은 산지가 이 지역을 수분을 가진 해양성기단으로부터 더욱 분리시키기 때문이다(그림 15.14). 북미에서는 해안 산계, 시에라네바다 산맥, 캐스케이드 산맥이 주요 장벽이고, 아시아에서는 히말라야 산맥이 인도양으로부터 내륙으로 뻗어 들어오는 습한 공기의 여름계절풍의 흐름을 막는다.

그림 15.11을 보면 중위도 사막과 스텝 기후가 북미와 유라시아에 가장 많이 만연되어 있다. 남반구는 중위도 지역에 넓은 육지가 부족하기 때문에 BWk와 BSk 지역이 훨씬 적다.

아열대 사막과 스텝과 같이, 중위도의 건조지역들은 강수가 불충분하고 신뢰할 수 없다. 그러나 저위도의 건조 지대와는 달리, 좀 더 극 쪽의 지역들이 훨씬 낮은 겨울 온도를 보이고, 따라서 낮은 연평균 값과 높은 온도의 일교차를 보인다.

표 15.7에 있는 자료들은 이 점을 잘 보여 준다. 자료들은 또한 따뜻한 달에 강우가 가장 풍부함을 보여 준다. 비록 모든 BWk와 BSk 관측소가 여름 강수의 최고값을 보이는 것은 아니지만, 대부분이 그러한 양상을 보이는 이유는 겨울에 고기압과 찬 온도가 대륙을 지배하기 때문이다. 두 요인이 모두 강수를 억제한다. 그러나 여름에 가열된 대륙 위로 기압이 사라지

자주 나오는 질문…

사막들은 대개 모래언덕으로 덮여 있지 않나요?

사막에 대해 대부분 잘못 알고 있는 것 중의 하나는 사막이 움직이는 모래언덕으로 끊임없이 이루어져 있다고 생각하는 것이다. 어떤 부분은 실제로 모래로 쌓여 있어서 아주 인상적인 것이 사실이다. 그러나 아마도 놀랍게도 전 세계에서 모래로 덮여 있는 곳은 전체 사막의 아주 작은 부분에 지나지 않는다. 예를 들면, 세계에서 가장 큰 사하라 사막의 경우, 모래가 쌓여 있는 곳은 전체 면적의 1/10에 불과하다. 모든 사막 중에서 모래가 가장 많은 곳은 아라비안 사막으로 1/3이 모래다.

표 15.7 중위도 스텝 및 사막 관측소의 자료

	1월	2월	3월	4월	5월	6월	7월	8월	9월	10월	11월	12월	연간
몽골리아 울란바토르 47° 55N, 1311m													
온도(°C)	−26	−21	−13	−1	6	14	16	14	9	−1	−13	−22	−3
강수(mm)	1	2	3	5	10	28	76	51	23	7	4	3	213
콜로라도 덴버 39° 32N, 1588m													
온도(°C)	0	1	4	9	14	20	24	23	18	12	5	2	11
강수(mm)	12	16	27	47	61	32	31	28	23	24	16	10	327

고 높은 지표 온도와 큰 혼합비를 보이면서 좀 더 구름 형성과 강수를 유발한다.

∨ 개념 체크 15.4

❶ 건조–습윤 경계를 정의하는 강수량은 왜 변하는가?

❷ 건조아열대지역(BWh와 BSh)이 존재하는 주된 이유는 무엇인가?

❸ 아열대사막에서 지표 및 기온이 왜 그렇게 높이 올라가는가?

❹ 중위도 사막과 스텝을 야기하는 주된 요인들은 무엇인가?

❺ 남반구 중위도 지역에서는 왜 사막과 스텝 지역이 보기 드문가?

15.5 동계온난중위도습윤기후(C)

C 기후의 세 범주를 특징을 들어 구별한다.

쾨펜의 분류에 따르면 두 그룹의 중위도습윤기후가 있다. 한 그룹은 겨울이 온난하고(C 기후), 다른 그룹은 겨울이 매우 춥다(D 기후). 다음의 세 세션은 C형의 동계온난 그룹에 관한 내용이다. 그림 15.15는 C 기후의 세 가지 유형의 기후 도표들이다.

아열대습윤기후(Cfa)

아열대습윤기후(humid subtropical climates)(Cfa)는 위도 25~40° 범위의 대륙의 동쪽에서 발견된다. 이러한 기후는 주로 미국의 남동부나 다른 비슷한 지역에서 지배적으로서, 남미의 우루과이, 아르헨티나와 브라질 남부의 일부, 아시아의 중국 동부와 일본 남부, 호주의 동해안을 예로 들 수 있다.

여름에 아열대습윤지역을 방문하는 사람은 우기의 열대에서나 예상할 수 있는 뜨겁고 무더운 날씨를 경험하게 된다. 일반적으로 한낮의 온도는 30°C 초반이지만, 오후에 온도계가 흔히 30°C 후반이나 40°C를 가리킨다. 혼합비와 상대습도가 높기 때문에 밤에도 거의 경감되지 않는다. 이 지역은 1년에 40~100일 정도, 대부분 여름에 뇌우를 경험

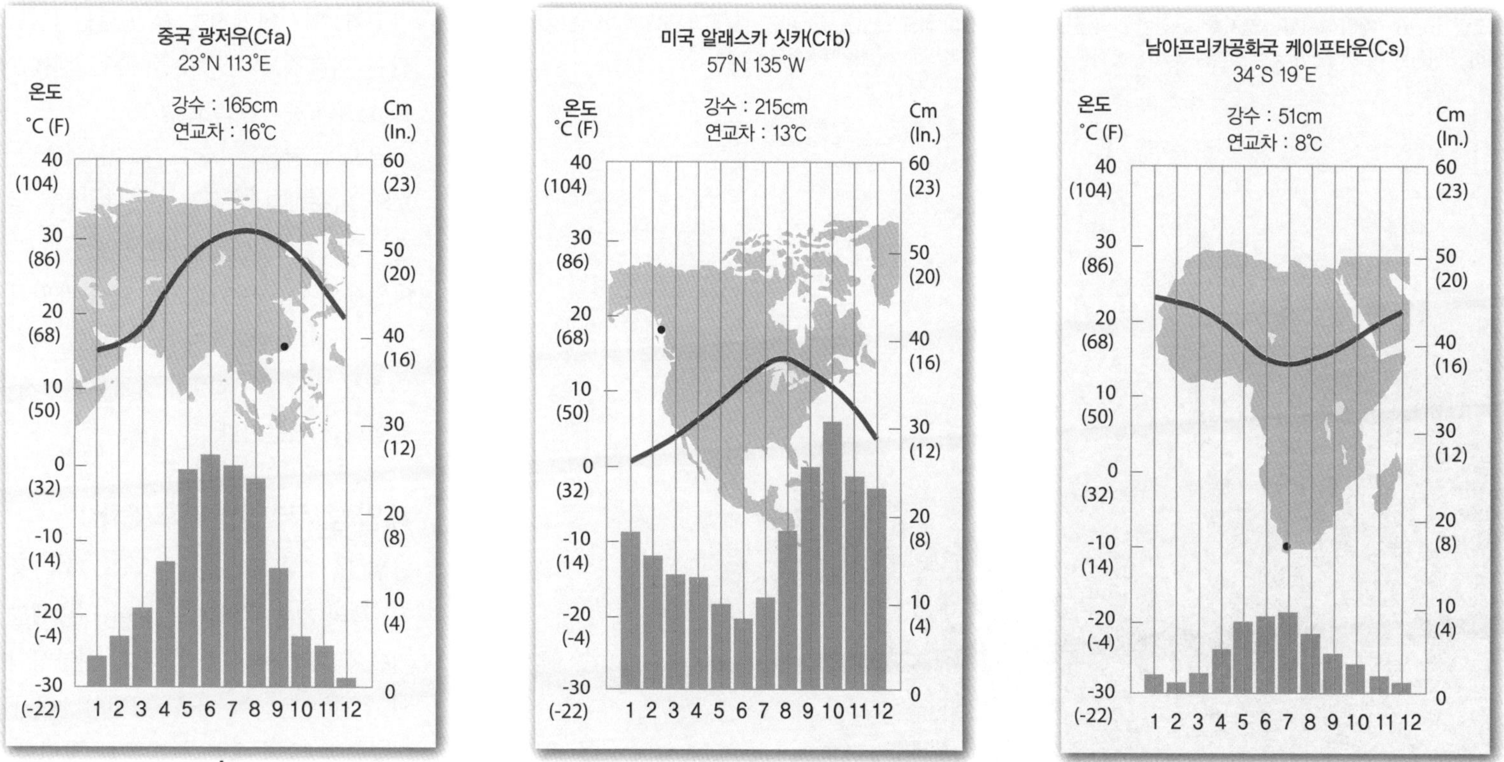

A. B. C.

▲ **그림 15.15 C 기후의 예**

A. 아열대습윤, B. 해양성서부연안, C. 아열대건조–여름.

표 15.8 아열대습윤 관측소들의 자료

	1월	2월	3월	4월	5월	6월	7월	8월	9월	10월	11월	12월	연간
루이지애나 뉴올리언스 29 °59N, 1m													
온도(°C)	12	13	16	19	23	26	27	27	25	21	15	13	20
강수(mm)	98	101	136	116	111	113	171	136	128	72	85	104	1371
아르헨티나 부에노스아이레스 34° 35S, 27m													
온도(°C)	24	23	21	17	14	11	10	12	14	16	20	22	17
강수(mm)	104	82	122	90	79	68	61	68	80	100	90	83	1027

하므로 오후 또는 저녁에 뇌우가 올 수 있다.

Cfa 지역이 열대 여름 날씨를 보이는 주요 이유는 해양성 열대기단의 지배적인 영향 때문이다. 여름 기간 동안 이 따뜻하고 습하고 불안정한 기단이 해양성 아열대저기압의 서쪽에서 내륙으로 이동한다. 해양성 열대기단(mT)이 가열된 대륙을 지나면서 점점 더 불안정해져서, 대류성 소나기와 뇌우를 일으킨다.

여름에서 가을로 바뀌면서 아열대습윤은 열대우기와의 유사성을 잃는다. 겨울은 온화하지만 고위도 Cfa 지역에는 서리가 자주 일어나고 종종 열대의 가장자리까지 침범한다. 겨울 강수도 그 특징이 다르다. 일부는 눈의 형태로 오고, 대부분은 이 지역을 휩쓸고 가는 잦은 중위도저기압의 전선을 따라 발생한다. 지표가 해양성기단보다 차갑기 때문에 공기가 극쪽으로 이동하면서 하층에서 냉각된다. 그 결과, 안정화된 mT 기단은 강제로 상승할 때에만 구름과 강수를 발생시키기 때문에 대류성 소나기는 거의 발생하지 않는다.

표 15.8에 있는 두 열대습윤 관측소들의 자료들은 Cfa 기후의 일반적인 특징을 잘 요약하고 있다. 연 강수는 대개 100cm를 넘고, 비는 1년 내내 골고루 분포되어 있다. 일반적으로 여름에 대부분의 비가 내리지만 변화가 심하다. 미국의 예를 들면, 걸프 연안을 따라서 강수가 매우 골고루 분포되어 있다. 그러나 극쪽으로 이동하거나 더 건조한 서쪽의 경계로 가면 더 많은 강수가 여름에 내린다. 일부 연안 관측소들은 늦은 여름이나 가을에 최고 강우량을 가진다. 아시아에서는 잘 발달된 몬순 순환이 여름철 최대강수를 촉진한다(그림 15.15A의 중국관측소 참조).

온도 그림들은 여름 온도가 열대의 온도와 비슷하고 겨울철 값들은 매우 낮음을 보여 준다. 이것은 예상되는 바로서, 아열대의 더 높은 위도로 인해 태양각과 하루 길이의 변화폭이 크고 또한 겨울에 대륙성 한대기단(cP)이 종종(또는 자주) 침범하기 때문이다.

▼ **그림 15.16 해양성서부연안기후** 워싱턴 주의 올림픽 국립공원의 바위가 많은 태평양 연안을 따라 안개가 자주 발생한다. 그 이름이 의미하는 대로 해양이 강한 영향을 미쳐서, 온화한 온도와 수분 제공으로 식생을 무성하게 한다.

해양성서부연안기후(Cfb)

남위 및 북위 40~65°의 대륙 서부(풍상측) 쪽의 기후는 육지로 불어오는 해양성기단에 의해 지배를 받는다. 해양성기단의 우세는 온화한 겨울, 선선한 여름, 그리고 1년 내내 풍부한 강우를 의미한다. 북미에서는 이러한 **해양성서부연안기후**(marine west coast climate)(Cfb)가 미국-

대기를 바라보는 눈 15.1

아폴로 8호 우주비행사가 1968년 12월에 찍은 우주에서 바라 본 전형적인 지구의 모습. 이 영상은 서반구를 보여 준다. 짙은 구름들이 북미의 대부분을 덮고 있다. 남미의 상당 부분도 구름으로 덮여 있다. 그러나 남미의 서쪽 가장자리는 구름이 없다.

질문

1. 남미의 서부연안을 따라 좁고 구름이 없는 사막의 이름은 무엇인가?
2. 이 사막지역의 앞바다에는 해류가 흐른다. 해류의 이름은 무엇인가? 차가운가 아니면 따뜻한가?
3. 이 사막이 태평양에 매우 가까움이 어떻게 건조함에 영향을 미치는가?
4. 이 사막이 사하라나 아라비아와 같은 아열대사막과 어떤 면에서 다른가? 이 사막과 같은 특성을 가진 사막의 이름을 들어 보자.

캐나다 국경 근처부터 북쪽으로 알래스카 남부로 좁게 뻗어 있다(그림 15.16). 칠레의 연안을 따라 남미에도 비슷한 좁고 긴 지역이 존재한다. 두 경우 모두 높은 산맥이 연안을 따라 있어 해양성기후가 내륙 깊이 침투하는 것을 막는다. 가장 큰 Cfb 기후지역은 유럽에 위치하는데, 여기에는 북대서양으로부터의 선선한 해양성기단의 이동을 막을 만한 산맥과 같은 장벽이 없다. 그 외의 다른 지역으로는 뉴질랜드의 대부분과 남아프리카 및 호주의 작은 조각 지역들이 있다

표 15.9와 그림 15.15B의 대표적인 해양성서부연안 관측소들의 자료는 여름에 월강수량이 감소함에도 불구하고 뚜렷한 건기를 보이지 않는다. 여름 강수가 감소하는 이유는 해양성 아열대고기압이 그쪽으로 이동하기 때문이다. 비록 해양성서부연안기후 지역이 이러한 건조 고기압의 영향을 받기에는 너무 극쪽으로 있지만, 그 영향은 온난계절의 강우를 감소시키기에 충분하다. 이것은 그림 4.D(글상자 4.4)의 퀴놀트 산맥 관측소와 레이니어 파라다이스 관측소의 두 강수 그래프에 잘 나타나 있다.

런던과 밴쿠버(표 15.9)의 강수 자료의 비교도 마찬가지로 연안지역의 산맥이 연강우량에 큰 영향을 미침을 보여 준다. 벤쿠버가 런던보다 약 두 배 반 정도 된다. 밴쿠버와 같은 경우, 지형성 상승뿐 아니라 산

표 15.9 해양성서부연안 관측소들의 자료

	1월	2월	3월	4월	5월	6월	7월	8월	9월	10월	11월	12월	연간
브리티시컬럼비아 밴쿠버 49° 11N, 0m													
온도(°C)	2	4	6	9	13	15	18	17	14	10	6	4	10
강수(mm)	139	121	96	60	48	51	26	36	56	117	142	156	1048
영국 런던 51° 28N, 5m													
온도(°C)	4	4	7	9	12	16	18	17	15	11	7	5	10
강수(mm)	54	40	37	38	46	46	56	59	50	57	64	48	595

맥이 저기압성 뇌우들의 통과를 늦추어 머물게 하면서 많은 양의 비를 내리게 하기 때문에 강수총량은 더 많다.

해양이 가깝기 때문에 겨울이 온화하고 여름은 상대적으로 서늘하다. 따라서 기온의 연교차가 낮은 것이 해양성서부연안기후의 특징이다. cP 기단은 대개 편서풍 지대에서 동쪽으로 표류하기 때문에 혹독한 겨울 추위 기간이 드물다. 연안 지대와 cP 해양성기단의 발원 지역 사이에 있는 높은 산맥에 의해 북미의 서쪽 가장자리는 혹한의 대륙성기단의 유입으로부터 보호된다. 유럽에는 그러한 산맥이 없기 때문에 한파가 다소 더 자주 발생한다.

해양의 온도 조절은 온도의 경도(단위 거리당 온도의 변화)를 보면 더 잘 알 수 있다. 비록 이 기후대가 넓은 위도 범위를 포함하지만 온도는 남북 방향에서 변하는 것보다 연안에서 내륙으로 이동하면서 훨씬 더 급작스럽게 변화한다. 해양으로부터의 열 수송은 태양에너지 유입의 위도에 따른 변화를 충분히 상쇄하고도 남는다. 예를 들면, 1월과 7월에 연안의 시애틀로부터 내륙인 스포케인(거리 약 375km)까지의 온도변화가 시애틀과 알래스카의 주노 사이의 온도 변화와 같다. 주노는 시애틀에서 북쪽으로 위도 11°, 또는 약 1200km 정도의 거리에 있다.

아열대건조-여름(지중해성)기후(Csa, Csb)

아열대건조-여름기후(dry-summer subtropical climate)는 대개 위도 30~45° 사이의 대륙의 서쪽을 따라 위치해 있다. 이 기후 지역은 극쪽으로는 해양성서부연안기후와 적도 쪽으로는 아열대스텝 사이에 위치하여 그 특성이 전이적이다. 뚜렷하게 겨울에 최고강우량을 보이는 유일한 습한 기후로서 이러한 특징은 그 중간적인 위치를 잘 나타낸다(그림 15.15C 참조).

여름에는 이 지역이 해양성 아열대고기압의 안정한 동쪽의 지배를 받는다. 겨울에는 바람과 압력 시스템이 적도 쪽으로 태양을 따라가면서 한대전선의 저기압성 폭풍우의 범위에 있게 된다. 따라서 1년 내내 이 지역은 열대건조의 일부분과 중위도습윤의 확장이 번갈아 일어난다. 중위도의 가변성이 겨울의 특징을 나타내지만 아열대의 불변성이 여름을 나타낸다.

해양성서부연안기후와 마찬가지로, 산맥들로 인해 아열대건조-여름은 북미와 남미의 상대적으로 좁은 해안 지역으로 제한된다. 호주와 아프리카 남부도 건조-여름기후가 있는 위도까지 간신히 뻗어 있기 때문에 이러한 기후 형태의 발달이 제한된다.

대륙과 산맥의 배치 때문에 내륙에서의 발달은 지중해 유역에서만 일어난다(그림 15.17). 여름에는 침강 지역이 동쪽 깊숙이 확장하고, 겨울에는 바다가 저기압성 요란의 주요 통로가 된다. 이 지역은 건조-여름기후가 특히 광범위하게 미쳐서 **지중해기후**(Mediterranean climate)라는 이름이 자주 동의어로 사용된다.

온도 지중해기후는 주로 여름 기간의 온도에 따라 두 가지 형태로 분류한다. 샌프란시스코와 칠레의 산티아고(표 15.10)와 같이 선선한 여름형(Csb)은 해안지역에 국한된다. 이곳 풍하측 연안에서 예상되는 더 선선한 여름 온도는 차가운 한류에 의해 더욱 서늘함의 정도를 더하게 된다.

터키의 이즈미르와 미국 새크라멘토의 자료들은 온난 여름 형태의 특징을 보인다(Csa). 두 곳 모두 겨울 온도는 Csb의 겨울 온도와 크게 다르지 않다. 그러나 캘리포니아의 센트럴 밸리에 있는 새크라멘토는 연안으로부터 떨어져 있고, 이즈미르는 지중해의 따뜻한 물과 접해 있기 때문에, 여름 온도는 현저하게 더 높다. 그 결과로, 온도의 연교차 역시 Csa 지역에서 더 높다.

강수 아열대건조-여름에서의 연 강수는 약 40~80cm의 범위를 보인다. 많은 지역에서 이 정도의 강수량이라면 관측소가 거의 반건조기후로 분류

▼ **그림 15.17 이탈리아 투스카니 지역** 지중해지역에서는 아열대건조-여름기후가 잘 발달해 있다.

표 15.10 아열대건조-여름 관측소들의 자료

	1월	2월	3월	4월	5월	6월	7월	8월	9월	10월	11월	12월	연간
캘리포니아 샌프란시스코 37° 37N, 5m													
온도(°C)	9	11	12	13	15	16	17	17	18	16	13	10	14
강수(mm)	102	88	68	33	12	3	0	1	5	19	40	104	475
캘리포니아 새크라멘토 38° 35N, 13m													
온도(°C)	8	10	12	16	19	22	25	24	23	18	12	9	17
강수(mm)	81	76	60	36	15	3	0	1	5	20	37	82	416
터키 이즈미르 38° 26N, 25m													
온도(°C)	9	9	11	15	20	25	28	27	23	19	14	10	18
강수(mm)	141	100	72	43	39	8	3	3	11	41	93	141	695
칠레 산티아고 33° 27S, 512m													
온도(°C)	19	19	17	13	11	8	8	9	11	13	16	19	14
강수(mm)	3	3	5	13	64	84	76	56	30	13	8	5	360

자주 나오는 질문…

각 기후별로 토양이 다른가요?

대답은 확실하게 "그렇다."이다. 기후는 토양을 형성하는 인자들 중에서 가장 영향을 미치는 인자의 하나이다. 온도와 강수의 변화가 어떤 풍화작용이 일어나는지를 결정하며, 토양 형성의 속도와 깊이에도 크게 영향을 준다. 예를 들어, 무덥고 습한 기후는 화학적으로 풍화된 두꺼운 토양층을 생성하게 되는 반면, 같은 시간에 차고 건조한 기후는 기계적으로 풍화된 암설의 얇은 맨틀을 생성한다. 또한 강수량은 토양으로부터 다양한 물질들이 걸러지는 정도에 영향을 주어, 토양의 비옥도에 영향을 미친다. 결국, 기후는 현재 살고 있는 식물과 동물의 형태를 결정하는 중요한 조절인자이며 또한 형성되는 토양의 성질에도 영향을 미친다.

할 만한 양이다. 그 결과 일부 기후학자들은 건조-여름기후를 습윤기후 대신 아습윤기후로 나타낸다. 강우 총량이 극쪽으로 갈수록 증가하기 때문에 적도쪽 경계를 따라서는 이렇게 나타내는 것이 더 정확하다. 예를 들면, 로스앤젤레스는 연간 38cm의 강수를 받는 반면, 400km 북쪽에 있는 샌프란시스코는 연간 51cm를 받는다. 훨씬 더 북쪽에 있는 오리건의 포틀랜드는 연평균 강우가 90cm를 넘는다.

✓ 개념 체크 15.5

❶ 아열대습윤(Cfa)에서 여름 강수와 겨울 강수의 차이점을 서술하고 설명하시오.

❷ 해양성서부연안기후(Cfb)는 서유럽에서는 광범위하지만 북미나 남미에서는 왜 길고 가느다란 조각지로 나타나는가?

❸ 북미의 서부연안을 따라 온도경도(남-북 대 동-서)가 어떻게 강한 해양의 영향을 나타내는가?

❹ 아열대건조-여름기후의 또 다른 이름은 무엇인가?

❺ 새크라멘토보다 샌프란시스코의 여름 온도가 더 선선한 이유는?

15.6 혹독한 겨울의 대륙성습윤기후(D)

D 기후의 두 범주의 특징을 요약한다.

C 기후는 겨울이 온화하다. 대조적으로, D 기후는 겨울이 혹독하다. 이 절과 다음 절에서는 D 기후의 두 가지 형태인 대륙성습윤과 아북극기후에 대해서 논하고자 한다. 대표적인 관측소들의 기후 도표를 그림 15.18에 나타내었다. 이 기후 지역은 한대전선이 지배하고 있어서 열대와 한대기단의 전쟁터이다. 어떤 기후 지역도 이렇게 급작스럽고 불규칙한 날씨의 변화를 겪지 않는다. 대륙성습윤지역에서는 한파, 열파, 가뭄, 눈보라, 강한 폭우가 모두 1년 내내 발생한다. 가뭄에 대하여 더 알려면 글상자 15.2를 보라.

기상재해

글상자 15.2

가뭄-손실이 큰 대기의 위험 요소

가뭄은 비정상적으로 건조한 날씨가 작물 손해, 물 공급 부족 등의 심각한 수문학적 불균형을 가져올 만큼 오래 지속되는 기간이다. 가뭄의 심각성은 수분 부족의 정도, 가뭄 기간 및 피해 지역의 크기에 따라 좌우된다.

홍수나 허리케인과 같은 자연재해가 대개 일반적으로 더 관심을 불러일으키지만, 가뭄이 더 곤혹스럽고 더 많은 피해를 가져올 수 있다(그림 15.B). 미국은 가뭄으로 매년 평균 60~80억 달러를 지출하는 반면, 홍수에는 24억 달러, 허리케인에는 12~48억 달러가 사용된다. 많은 사람들이 가뭄을 드물고 무작위한 사건으로 간주하나, 실제로는 정상적으로 되풀이하여 발생하는 기후의 특징이다. 가뭄은 지역에 따라 그 특징이 다르지만 모든 기후 지역에서 나타난다. 가뭄은 잠시 일어나는 것인 반면에 건조는 낮은 강우량이 기후의 영구적 특징인 지역을 나타낸다.

가뭄은 여러 가지 면에서 다른 자연적 위험 요소들과는 다르다. 첫 번째, 가뭄은 천천히 '살며시' 다가와서, 그 시작과 끝을 결정하기가 어렵다. 가뭄의 영향은 장기적인 기간에 걸쳐 축적되고 때로는 가뭄이 끝난 후에도 여러 해 동안 지속된다. 둘째, 정확하고 보편적으로 인정되는 가뭄의 정의가 없다. 이러한 점이 가뭄이 실제로 일어나고 있는지 아닌지, 그리고 일어나고 있다면 그 강도가 어떠한지에 대한 혼란을 가중시킨다. 셋째, 가뭄은 구조적인 손해를 일으키지 않기 때문에 그 사회적, 경제적 효과는 다른 자연 재해들에 비해 덜 명확하다.

가뭄은 잠시 일어나는 것인 반면에 건조는 낮은 강우량이 기후의 영구적 특징인 지역을 나타낸다.

가뭄의 어떤 한 정의도 모든 조건에 다 적용되는 것은 없다. 정의들은 가뭄을 측정하는 세 가지 다른 방법, 즉 기상학적, 농업적, 그리고 수문학적 접근 방법들을 반영한다. **기상학적 가뭄**은 건조한 기간의 지속 시간과 강

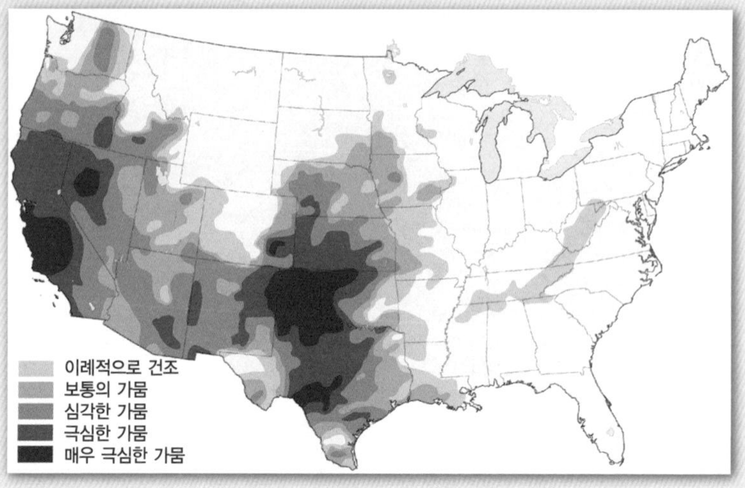

▲ **그림 15.B 2014년 5월 6일 가뭄-현황 지도** 이 날은 나라의 15% 정도가 극심한 가뭄을 겪고 있었다. 이러한 지도는 강수, 토양 수분, 저수지의 물 높이, 관측자 보고서, 위성 기반의 식생활력 지도를 포함한 다양한 범주의 자료들을 혼합하여 만든다. 현재 또는 보관된 국가, 지역, 주 단위 가뭄 지도와 상태를 살펴보려면 NOAA의 http://droughtmonitor.unl.edu를 살펴보자.

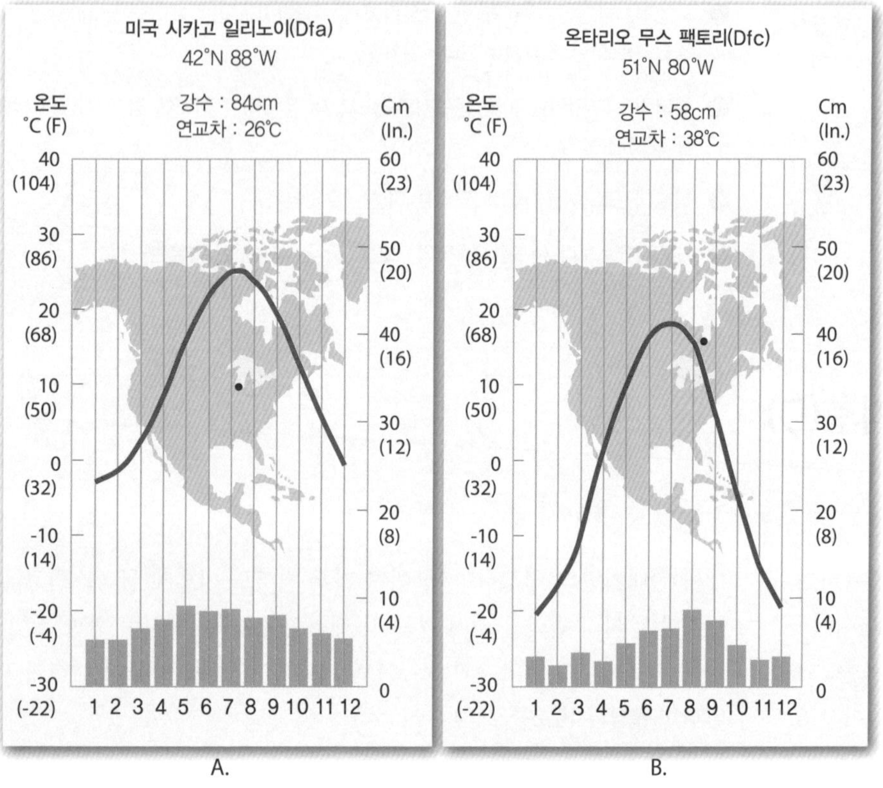

대륙성습윤기후(Dfa)

그 이름이 의미하는 바와 같이, **대륙성습윤기후**(humid continental climate)(Dfa)는 육지에 의해서 조절되는 기후로, 중위도에 위치한 넓은 대륙의 소산이다. 대륙성이 주요 특징이기 때문에, 이 기후는 중위도지역이 주로 해양으로 이루어진 남반구에서는 일어나지 않는다. 그 대신에, 이 기후지역은 북위 40~50° 사이의 북미 중부와 동부 및 유라시아에 국한된다.

대륙성기후가 동쪽으로 해양의 가장자리까지 확장해야만 하는 것이 처음에는 이상하게 보일수도 있다. 그러나 7장에서 본 바와 같이, 지배적인 대기 순환이 서쪽으로부터 오기 때문에 해양성기단의 동쪽으로부터의 깊고 지속적인 유입은 잘 일어나지 않음을 기억하자.

◀ **그림 15.18 D 기후의 예**
D 기후는 북반구의 중위도에서 고위도 지역의 대륙의 내부와 연관되어 있다. 비록 미국 시카고의 대륙습윤기후(Dfa)의 겨울이 가혹할 수도 있지만, 온타리오 무스 팩토리의 아북극환경(Dfc)은 더 극심하다.

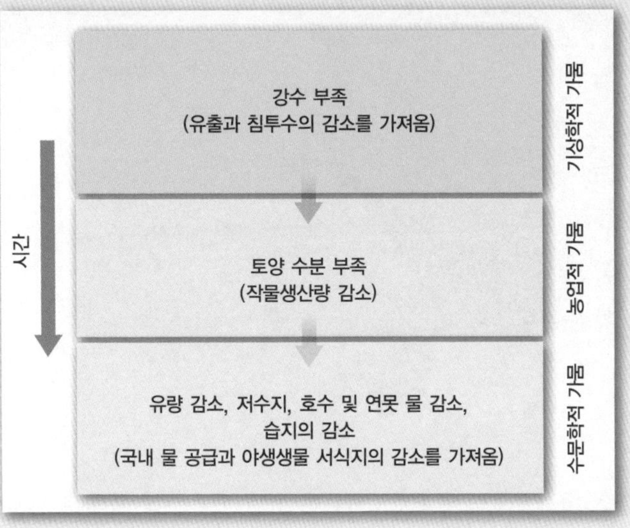

▲ **그림 15.C 가뭄 충격의 순서** 기상학적 가뭄이 시작된 후, 농업이 처음 영향을 받고, 유량과 호수, 저수지, 지하수의 높이가 감소한다. 기상학적 가뭄이 끝나면, 토양 수분이 채워지면서 농업적 가뭄이 끝난다. 수문학적 가뭄이 끝나려면 훨씬 더 긴 기간이 걸린다.

수의 평년값으로부터의 차이에 근거하여 건조한 정도를 다룬다. **농업적 가뭄**은 대개 토양 수분의 부족과 관련되어 있다. 식물이 필요로 하는 물의 양은 지배적인 날씨 상태와 개개의 식물의 생물학적 특성, 성장 단계, 다양한 토양의 성질에 의해 좌우된다. **수문학적 가뭄**은 지표와 아지표의 물 공급의 부족으로 나타내며, 유량과 호수와 저수지와 지하수의 높이로 측정된다. 건조한 상태의 시작과 유출량 또는 호수, 저수지, 지하수의 높이가 실제로 감소하는 시기에는 시간 지연이 있다. 그래서 수문학적 관측은 가뭄을 가장 빨리 나타내는 지표가 아니다.

기상학적, 농업적, 수문학적 가뭄과 관련된 영향력에는 순서가 있다(그림 15.C). 기상학적 가뭄이 시작되면, 토양 수분에 크게 의존하는 농업 분야가 대개 제일 처음 영향을 받게 된다. 건조한 기간이 길어지면 토양 수분은 빠르게 감소한다. 강수의 부족이 지속되면 지표의 수자원과 지하수에 의존하는 것들이 영향을 받을 수 있다.

강수가 정상으로 돌아오면 기상학적 가뭄은 끝이 난다. 토양 수분이 먼저 채워지고, 유량과 저수지와 호수, 그리고 마지막으로 지하수가 새로이 보충된다. 따라서 토양 수분에 의존하는 농업 분야에서는 가뭄의 영향이 빠르게 감소하지만, 지표나 아지표 물 공급에 의존하는 다른 분야는 여러 달에서 여러 해까지 영향이 머무르게 된다. 기상학적 가뭄이 시작되어 종종 마지막에 영향을 받는 지하수 사용자들은 물이 정상으로 돌아오는 것 역시 제일 나중에 경험하게 될 것이다. 회복 기간의 길이는 기상학적 가뭄의 강도, 기간, 가뭄이 끝나고 내린 강수량에 달려 있다.

질문

1. 가뭄과 건조는 어떻게 다른가?
2. 가장 심각한 수준의 가뭄을 표현하려면 어떤 용어를 사용해야 하는가(그림 15.B를 확인)? 2014년 5월 어느 두 주에서 이러한 수준의 가뭄이 가장 광범위했었는가?

온도 Dfa 기후에서는 겨울과 여름 온도가 모두 상대적으로 혹독하다. 따라서 연교차가 매우 크다. 이것은 표 15.11의 관측소들의 비교에 나타나 있다. 7월 평균온도는 대개 거의 20℃를 웃돌고, 그래서 여름 온도들은, 남쪽보다는 북쪽이 낮기는 하지만, 크게 차이를 보이지 않는

표 15.11 대륙성습윤 관측소의 자료

	1월	2월	3월	4월	5월	6월	7월	8월	9월	10월	11월	12월	연간
네브래스카 오마하 41° 18N, 330m													
온도(°C)	−6	−4	3	11	17	22	25	24	19	12	4	−3	10
강수(mm)	20	23	30	51	76	102	79	81	86	48	33	23	652
뉴욕 시 40° 47N, 40m													
온도(°C)	−1	−1	3	9	15	21	23	22	19	13	7	1	11
강수(mm)	84	84	86	84	86	86	104	109	86	86	86	84	1065
캐나다 위니펙 49° 54N, 240m													
온도(°C)	−18	−16	−8	3	11	17	20	19	13	6	−5	−13	3
강수(mm)	26	21	27	30	50	81	69	70	55	37	29	22	517
만주 하얼빈 45° 45N, 143m													
온도(°C)	−20	−16	−6	6	14	20	23	22	14	6	−7	−17	3
강수(mm)	4	6	17	23	44	92	167	119	52	36	12	5	577

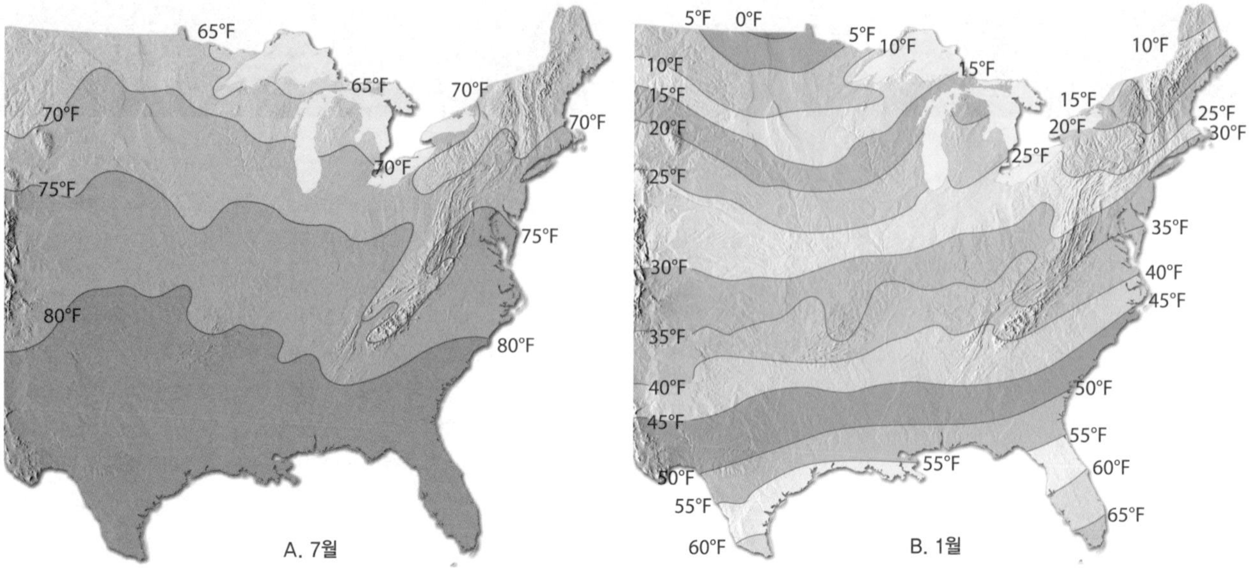

◀ **그림 15.19 미국 동부의 온도**
A. 여름에는 미국 동부의 남-북 온도변화가 작다. 즉, 온도경도가 약하다. **B.** 그러나 겨울에는 남-북 온도의 대조가 뚜렷하다.

다. 이것은 그림 15.19의 미국 동부의 온도분포도에 나타나 있다.

여름 분포에 보이는 몇 개 안 되는 널찍하게 떨어져 있는 등온선들은 여름 온도경도가 약함을 나타낸다(그림 15.19A). 그러나 겨울 분포를 보면 온도경도가 강하다(그림 15.19B). 고도가 올라감에 따라 한겨울 값들이 감소함을 볼 수 있다. 이것은 표 15.11에서 확인할 수 있는데, 오마하와 위니펙 사이의 온도변화가 여름보다 겨울이 두 배 이상 크다.

더 가파른 겨울 온도경도로 인해 추운 계절에 풍향의 변화는 종종 갑작스런 큰 온도변화를 가져온다. 여름에는 그렇지 않은데 전 지역에 걸쳐 온도가 일정하기 때문이다.

이 기후에서는 연교차 역시 크게 변하는데, 대개 남쪽에서 북쪽으로, 해안에서 내륙으로 증가한다. 전자는 오마하와 위니펙 자료의 비교에서, 후자는 뉴욕과 오마하의 비교에서 잘 나타나 있다.

강수 표 15.11의 네 관측소들의 기록은 Dfa 기후의 전형적인 강수 형태를 보여 준다. 각 관측소에서 여름 최고값이 나타난다. 그러나 뉴욕에서는 약하게 나타나는데 동부 연안이 1년 내내 해양성기단에 접하기 쉽기 때문이다. 같은 이유로, 뉴욕은 또한 네 관측소들 중에서 최고의 총량을 보인다. 반면에 하얼빈과 만주는 겨울 가뭄에 이어 가장 뚜렷한 여름 최고값을 보인다. 이것은 대부분의 중위도 동아시아 관측소들의 특징이며, 몬순의 강한 영향을 나타낸다,

자료가 보여 주는 또 다른 패턴은 강수가 일반적으로 mT 기단의 발원으로부터 멀어지는 거리 때문에, 대륙의 내부로 갈수록, 또한 남에서 북으로 가면서 감소하는 것이다. 더욱이 북쪽에 있는 관측소일수록 1년 중 더 많은 부분을 건조한 한대기단의 영향을 받는다.

겨울 강수는 주로 이동하는 중위도저기압과 연관된 전선들의 통과와 관련되어 있다. 이 강수의 일부는 눈으로서 위도에 따라 그 양이 증가한다. 추운 계절에는 종종 강수가 훨씬 적기는 하나 여름에 오는 더 많은 강수보다 더 눈에 띈다. 명백한 이유는 눈은 땅에 종종 오랫동안 남아 있지만 비는 물론 그렇지 않기 때문이다. 더구나 여름비는 종종 상대적으로 짧은 대류성 소나기인 반면, 큰 중위도저기압과 연관된 겨울눈은 더 오래 끌기 때문이다.

아북극기후(Dfc, Dfd)

대륙성습윤기후의 북쪽과 한대 툰드라의 남쪽 사이에 광범위한 **아북극기후**(subarctic climate)가 위치한다. 이 기후는 북미(알라스카 서부에서 뉴펀들랜드까지)와 유라시아(노르웨이에서 러시아의 태평양 연안까지)의 넓고 연속된 공간이다. 종종 **타이가 기후**(taiga climate)라고 불

▼ **그림 15.20 아북극기후** 북부 침엽수림는 타이가라고도 불리는데, 아북극기후와 연관되어 있다. 기후는 전형적으로 지구상에서 가장 높은 기온의 연교차를 보인다.

표 15.12 아북극 관측소들의 자료

	1월	2월	3월	4월	5월	6월	7월	8월	9월	10월	11월	12월	연간
러시아 야쿠츠크 62° 05N, 103m													
온도(°C)	−43	−37	−23	−7	7	16	20	16	6	−8	−28	−40	−10
강수(mm)	7	6	5	7	16	31	43	38	22	16	13	9	213
캐나다 유콘 준주 도슨 64° 03N, 315m													
온도(°C)	−30	−24	−16	−2	8	14	15	12	6	−4	−17	−25	−5
강수(mm)	20	20	13	18	23	33	41	41	43	33	33	28	346

리는데, 같은 지역의 북방 침엽수림지역에 매우 가깝기 때문이다(그림 15.20). 비록 앙상하지만 타이가의 가문비나무, 전나무, 낙엽송과 자작나무들은 지구상에서 가장 크게 뻗어 있는 연속된 산림이다.

온도 아북극기후는 그림 15.18B의 기후 도표와 표 15.12의 러시아의 야쿠츠크와 유콘 지역의 도슨에 잘 나타나 있다. 대륙성한대기단(cP)의 발원지인 이곳의 두드러진 특징은 겨울의 우세이다. 겨울이 길뿐만 아니라 매우 춥다. 겨울 최저기온은 그린란드와 남극의 얼음모자를 제외하고는 가장 낮은 기록에 속한다. 실제로 여러 해 동안 세계에서 가장 추운 온도는 시베리아 중동부의 베르호얀스크에서 기록되었는데 1892년 2월 5일과 7일에 −68°C까지 떨어졌다. 23년 동안이 관측소에서 1월에 관측된 평균 월 최저온도는 −62°C였다. 예외적이지만, 겨울에 타이가를 둘러싼 극심한 추위를 잘 나타낸다.

대조적으로, 아북극의 여름은 매우 짧음에도 불구하고 놀랄 만큼 따뜻하다. 그러나 훨씬 남쪽에 있는 지역과 비교하면 이 짧은 계절은 선선한 특징을 보여야 한다. 여러 시간의 일광에도 불구하고 태양이 높이 떠오르지 않기 때문에 태양복사가 강하지 않다. 타이가의 매우 추운 겨울과 상대적으로 따뜻한 여름은 지구상에서 가장 큰 온도의 연교차를 만들어 낸다. 야쿠츠크가 63℃로 세계에서 가장 큰 연교차를 보인다. 도슨 자료가 보여 주듯이 북미의 아북극은 덜 심하다.

강수 이렇게 북쪽 끝의 대륙 내부는 cP 기단의 발원지이기 때문에, 1년 내내 수분이 제한되어 있다. 따라서 강수총량이 작고, 50cm를 거의 넘지 않는다. 대부분의 강수는 산발적인 여름 대류성 소나기에서 온다. 대륙성습윤기후보다도 적은 양의 눈이 남쪽에 내리지만, 더 올 것이라고 잘못 생각한다. 이유는 간단한데, 눈이 여러 달 동안 녹지 않고 그래서 겨울 동안 쌓인(1m까지) 눈을 한꺼번에 볼 수 있다. 더구나, 눈보라가 일 때 강한 바람이 건조하고 가루 같은 눈을 높이 밀어 보내어 눈이 더 많이 오는 것 같은 잘못된 인상을 준다. 그래서 강설량이 많지 않음에도 불구하고 이 지역을 방문하는 사람들에게 잘못된 인상을 남길 수 있다.

✓ 개념 체크 15.6

❶ 대륙성습윤기후는 왜 북반구에만 국한되어 있는가?.

❷ 뉴욕 시와 같은 연안 관측소는 왜 대륙성기후 조건을 갖는가?

❸ 표 15.11에 있는 네 관측소를 사용하여 대륙성습윤기후의 일반적인 강수 패턴을 서술하시오.

❹ 타이가 지역에서 예상해야 하는 기온의 연교차를 서술하고 설명하시오.

15.7 한대기후(E)

툰드라와 얼음모자기후를 대조한다.

쾨펜 분류에 의하면 **한대기후**(polar climates)는 가장 따뜻한 달의 평균온도가 10℃ 이하인 지역이다. 툰드라기후(ET)와 얼음모자기후(EF)의 두 가지 형태가 있다. 대표적인 관측소들의 기후 도표를 그림 15.21에 나타내었다.

열대기후가 연중 온난으로 정의되듯이, 한대지역도 지구상에서 가장 낮은 연평균온도로 지속적으로 추운 곳으로 알려져 있다. 한대 겨울은 밤이 거의 계속되는 기간이기 때문에, 당연히 온도가 모질다. 여름에는 태양이 낮아서 태양광선이 따뜻하게 하지 못하기 때문에, 낮이 길어

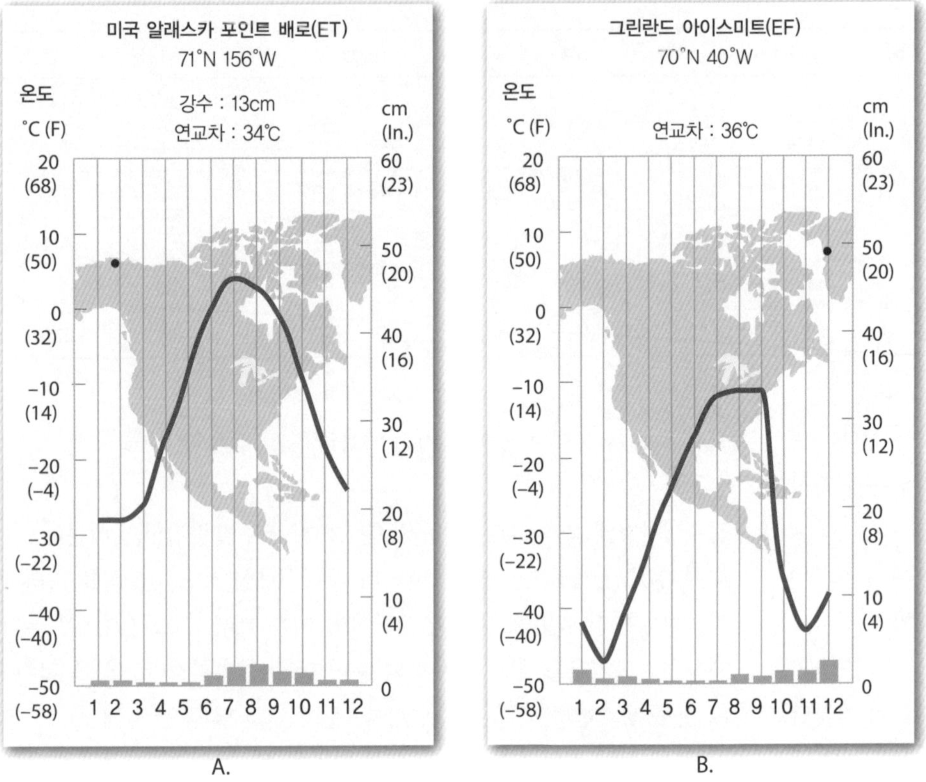

▲ **그림 15.21 E 기후의 예** 이 기후 도표들은 2개의 기본적인 한대기후를 나타낸다. A. 알래스카의 포인트 배로는 툰드라(ET)기후를 나타낸다. B. 거대한 얼음벌판 위의 그린란드의 아이스미트 관측소는 얼음모자(EF)기후로 분류된다.

짐에도 불구하고 온도가 여전히 낮다. 또한 많은 양의 태양복사가 얼음과 눈에 의해 반사되거나 덮인 눈을 녹이는 데에 사용된다. 어떤 경우이든, 지표를 덥힐 수 있는 에너지를 잃어버리는 것이다. 비록 선선하지만, 여름 온도는 여전히 극심한 겨울에 겪는 온도보다는 훨씬 높다. 결과적으로 온도의 연교차는 매우 크다.

한대기후가 습윤으로 분류되어 있지만, 강수는 일반적으로 빈약해서 많은 비해양성 관측소들은 연간 25cm보다도 적게 받는다. 물론 증발도 제한되어 있다. 얼마 안 되는 강수는 이 지역의 온도의 특성을 보면 쉽게 이해가 된다. 적은 혼합비는 낮은 온도와 함께 하기 때문에 대기 중의 수증기량이 항상 적다. 또한 빠른 기온감률도 불가능하다. 대개 강수는 공기의 수분 함량이 가장 높은 따뜻한 여름 중에 가장 많다.

툰드라기후(ET)

지표의 **툰드라기후**(tundra climate)는 거의 북반구에서만 발견된다. 북극해 연안의 가장자리와 북극 섬들과 얼음이 없는 아이슬란드 북부나 그린란드 남부의 해안들을 점유하고 있다. 남반구에서는 툰드라기후가 지배하는 위도대에 넓은 육지가 존재하지 않는다. 따라서 남쪽 해양의 몇몇 작은 섬들을 제외하고는 ET 기후는 단지 남미의 남서쪽 끝과 남극의 파머 반도의 북쪽 부분을 차지한다.

툰드라의 적도 쪽 한계를 표시하는 10℃ 여름 등온선은 또한 나무 성상의 극쪽 한계를 표시한다. 그러므로 툰드라는 나무가 없는 초원, 사초, 이끼와 지의류의 지역이다. 길고 추운 계절에는 식물의 생명은 동면에 들어가는데, 일단 짧고 선선한 여름이 시작되면, 이 식물들은 성숙해져서 매우 빠른 속도로 씨를 생산한다.

여름이 짧고 선선하기 때문에 툰드라의 동토는 대개 1m도 안 되는 깊이까지만 녹게 된다. 툰드라의 대부분은 1년 내내 얼어 있는 **영구동토**(permafrost)로 이루어진 것이 특징이다(그림 15.22)*. 놀랍게도 영구동토는 온도에 기초하여 정의되는데, 온도가 적어도 2년 이상 계속해서 0°C 이하인 토양층으로 정의된다. 토양 속에 있는 얼음의 정도는 지표 물질의

▼ **그림 15.22 북반구의 영구동토의 분포**
알래스카의 80% 이상과 캐나다의 50% 정도가 영구동토이다.

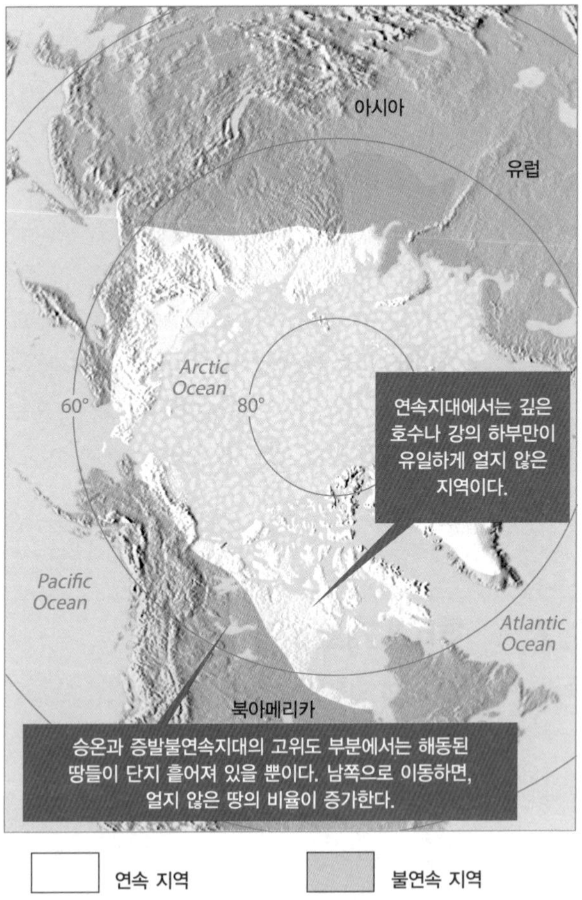

* 영구동토는 툰드라에만 국한되지 않는다. 아북극 타이가 지역에서도 흔히 볼 수 있다.

표 15.13 한대 관측소들의 자료

	1월	2월	3월	4월	5월	6월	7월	8월	9월	10월	11월	12월	연간
그린란드 아마살리크 65° 36N, 29m													
온도(°C)	−7	−7	−6	−3	2	6	7	7	4	0	−3	−5	0
강수(mm)	57	81	57	55	52	45	28	70	72	96	87	75	775
알래스카 포인트 배로 71° 18N, 9m													
온도(°C)	−28	−28	−26	−17	−8	0	4	3	−1	−9	−18	−24	−12
강수(mm)	5	5	3	3	3	10	20	23	15	13	5	5	110
에콰도르 크루즈 로마 0°08S, 3888m													
온도(°C)	6.1	6.6	6.6	6.6	6.6	6.1	6.1	6.1	6.1	6.1	6.6	6.6	6.4
강수(mm)	198	185	241	236	221	122	36	23	86	147	124	160	1779

상태에 큰 영향을 준다. 하층에 얼음이 얼마나 있고 또 어디에 있는지를 아는 것이 영구동토 위에 길이나 건물 또는 다른 사업을 건축할 때에 매우 중요하다.

단열작용을 하는 식생을 제거하거나 길이나 건물을 건축하는 등의 사람들의 활동으로 지표를 교란시키게 되면, 섬세한 열적 균형이 교란되어 영구동토가 녹을 수 있다. 해동은 지표를 불안정하게 만들어 사태가 나거나, 침강하거나 심각한 동상을 초래하게 된다. 가열된 구조물이 얼음이 풍부한 영구동토 위에 세워지면 해동으로 인해 구조물이 가라앉을 수 있다.

얼어 있는 북극해의 해안 지대의 알래스카 포인트 배로의 자료(표 15.13, 그림 15.21A)는 ET 관측소의 가장 전형적인 예를 보여준다. 높은 위도와 대륙성이 겨울은 혹독하고 여름은 선선하게 하여 온도의 연교차를 크게 만든다. 연 강수는 적고 여름에 적당한 최고값을 보인다.

비록 포인트 배로가 가장 전형적인 툰드라 환경을 나타내지만, 그린란드의 아마살리크(표 15.13 참조)의 자료는 일부 ET 관측소들이 다름을 보여 준다. 두 관측소 모두 여름 온도는 비슷하나, 아마살리크의 겨울은 더 따뜻하고 연 강수가 포인트 배로보다 여덟 배나 많다. 그 이유는 아마살리크가 해양의 영향이 큰 그린란드의 남동부 해안에 위치해 있기 때문이다. 온난한 북대서양표류는 겨울 온도를 상대적으로 온난하게 하고, 해양성 북극기단(mP)은 1년 내내 수분을 공급한다. 아마살리크와 같은 관측소에서는 겨울이 덜 춥기 때문에 온도의 연교차가 대륙성이 주요 조절인자인 포인트 배로와 같은 관측소보다 훨씬 작다.

툰드라 기후는 전적으로 고위도 지역에만 국한되는 것은 아님을 주목해야 한다. 여름이 선선한 이 기후는 적도 쪽으로 가면 높은 고도에서도 발견된다. 심지어 적도에서도 충분히 높이 올라가면 ET 기후를 발견할 수 있는데, 이들을 **고지기후**라 하고 마지막 장에서 자세히 다루게 된다. 그러나 북극 툰드라와 비교하면, 낮은 위도에서 발견되는 툰드라는 에콰도르의 크루즈 로마(표 15.13 참조)의 자료에 나타난 바와 같이 겨울 온도가 더 따뜻하고 여름 온도와도 덜 구분된다.

얼음모자기후(EF)

쾨펜에 의해 EF로 분류된 **얼음모자기후**(ice-cap climate)는 월평균온도가 0°C를 넘지 않는다. 모든

Video
그린란드의
아이스브릿지 연구미션
http://goo.gl/fybvT8

▼ **그림 15.23 얼음모자기후** 그린란드와 남극은 이러한 극한 기후의 전형적인 예이다. 이 사진에서는 과학자들이 그린란드 대빙원에서 연구를 수행하고 있다.

달의 평균온도가 영하이기 때문에 식물의 성장이 금지되어 있고, 경관은 얼음과 눈뿐이다. 이 영구적인 서리의 기후는 지구 육지의 약 9%에 해당하는 1550만 제곱킬로미터보다 넓은 놀라울 정도로 방대한 지역을 덮고 있다(그림 15.23). 고산지역에 드문드문 나타나는 지역을 제외하면, 그 대부분이 그린란드와 남극의 얼음벌판에 제한되어 있다.

평균 연간 온도는 극단적으로 낮다. 예를 들면, 그린란드의 아이스미트(그림 15.21B 참조)의 연간 평균은 −29°C, 남극의 버드 관측소는 −21°C, 러시아의 보스토크 남극기상기지는 −57°C이다. 보스토크는 또한 1960년 8월 24일 −88.3°C로 가장 낮은 온도를 기록하였다.

위도와 더불어, 온도가 낮은 주요 이유는 영구적인 얼음 때문이다. 얼음은 알베도가 높아서, 빈약한 일사의 80%를 반사해 버린다. 반사되지 않은 에너지는 대부분 얼음을 녹이는 데에 사용되어서, 공기의 온도를 올리는 데에는 사용되지 못한다.

많은 EF 관측소들의 또 다른 요인은 고도이다. 그린란드 얼음벌판의 가운데에 위치한 아이스미트는 거의 해발 3000m이고, 남극의 대부분은 이보다 높다. 그러므로 영구적인 얼음과 높은 고도가 한대지역의 이미 낮은 온도를 더욱 낮게 만든다.

얼음벌판 가까이의 공기가 강하게 냉각된다는 것은 강한 지표−온도 역전층이 자주 일어남을 의미한다. 지표온도는 수백 미터 위의 공기보다 많게는 30°C나 더 차다. 중력이 이 차갑고 무거운 공기를 아래로 끌어내리면서 종종 강한 바람과 눈보라를 생성한다. **활강바람**이라고 부르는 이러한 공기의 이동은(7장 참조) 많은 지역에서 얼음모자 날씨의 중요한 양상이다. 경사가 충분한 경우, 이러한 중력에 의한 공기의 이동은 기압경도에 반대되는 방향으로 흐를 수 있을 정도로 강해질 수 있다.

✓ 개념 체크 15.7

❶ 한대지역은 여름에 일조 시간이 길어짐에도 불구하고 온도는 여전히 춥다. 그 이유를 설명하시오.

❷ 10°C 여름 등온선은 어떤 의미에서 중요한가?

❸ 왜 툰드라 경관은 배수가 잘 안 되는 습지 토양의 특징을 보이는가?

❹ 툰드라기후는 고위도에만 국한되는 것은 아니다. 좀 더 적도 쪽 지역에서는 어떤 환경에서 EF 기후가 발견될 수 있는가?

❺ EF 기후가 가장 넓게 발달한 곳은 어디인가?

15.8 고지기후

고지기후의 특성을 열거한다.

산악기후가 주변의 저지대의 기후와 뚜렷하게 다른 것은 잘 알려져 있다. **고지기후**(highland climates)(그림 15.4의 H로 분류된) 지역은 더 서늘하고 대개 더 습하다. 이미 논의된 세계 기후 유형들은 크고 상대적으로 균질한 지역들로 되어 있다. 그러나 고지기후는 작은 지역에 매우 다양한 기후 조건들을 갖는 특징이 있다. 짧은 거리 내의 큰 차이들로 인해, 산악지역의 기후 패턴은 복잡한 모자이크로서 세계지도에 나타내기에는 너무 복잡하다.

북미의 고지기후는 로키, 시에라 네바다, 캐스케이드 산맥들과 멕시코의 산맥과 내륙 분지를 특징으로 한다. 남미에서는 안데스 산맥이 거의 8000km를 뻗어가는 연속적인 고지기후의 띠를 만든다. 가장 큰 규모의 고지기후는 중국 서부에서부터 유라시아 남부를 거쳐 스페인 북부까지, 히말라야에서 피레네 산맥까지 뻗어간다. 아프리카의 고지기후는 북쪽의 아틀라스 산맥과 동쪽의 에티오피아 고지에 존재한다.

가장 잘 알려진 고도 증가에 따른 기후 효과는 낮아지는 온도이다. 지형성 상승으로 인한 보다 많은 강수는 고지대에서는 흔한 일이다. 그림 15.24의 네바다의 강수 지도는 이것을 잘 나타낸다. 길고 가는 최대 강수지역들이 산악 지형의 지역과 일치한다. 산악 관측소들은 저지대에 관측소들보다 더 춥고 종종 더 습한데도 불구하고, 고지기후는 주변 저지대의 기후와 온도의 계절 주기와 강수 분포의 관점에서 종종 매우 비슷하다. 그림 15.25는 이러한 관계를 잘 보여 주고 있다.

338m 고도에 위치한 피닉스는 애리조나 남부의 사막 저지대에 놓여 있다. 대조적으로 플래그스태프는 애리조나 북부의 콜로라도 평원위의 2134m 고도에 위치한다. 피닉스에서 여름 평균온도가 34°C로 올라가면, 플래그스태프는 15°C나 낮은 쾌적한 19°C를 경험한다. 각 도시의 온도는 매우 다르지만, 온도의 연간 행진은 비슷하다. 양쪽 다 같은 달에 최고 및 최저 월평균을 겪는다. 강수 자료를 조사해 보면, 양쪽 모두 같은 계절변화를 보이나, 플래그스태프의 양이 매달 조금씩 높다. 추가로, 플래그스태프의 대부분의 겨울 강수는 눈인 반면에 피닉스에는 비만 온다.

산맥에서는 지형적 변화가 두드러지기 때문에 태양광선과 관련된 경사의 모든 변화는 다른 미기후(microclimate)를 생성한다. 북반구에서는 남향경사가 더 따뜻하고 건조한데, 그 이유는 남향이 북향경사와 깊은

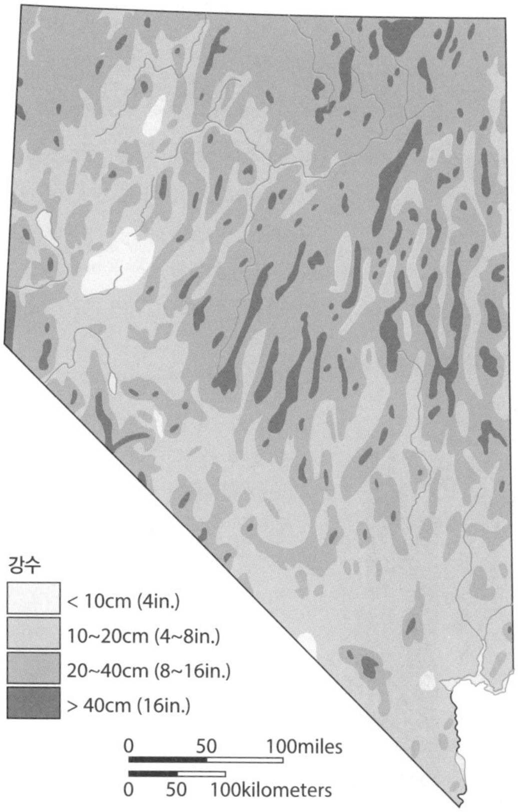

◀ 그림 15.24 네바다 주의 강수 지도
네바다는 분지 또는 산맥으로 알려진 지역의 일부로서, 그들을 분리시키는 분지 위로 900~1500m 솟아 있는 많은 작은 산맥을 특징으로 한다. 산맥이 있는 곳에는 강수가 더 많고 분지가 있는 곳이면 강수가 적다. 관계는 간단하고 확실하다.

있을 때에는 식생의 연직 분포도 예상할 수 있어야 한다. 극 쪽으로 수천 킬로미터를 여행하는 대신에 산을 올라보면 식생이 극적으로 변화하는 것을 볼 수 있다. 이것은 고도가, 어떤 점에서는, 위도가 온도 그리고 따라서 식생 형태에 미치는 영향과 같은 효과를 내기 때문이다. 그러나 경사 방향, 노출, 바람, 지형 효과 역시 고지기후를 조절하는 역할을 담당한다. 따라서 연직 생물대의 개념을 넓은 지역 규모에 적용하지만, 지역 내의 상세한 부분들은 크게 다를 수 있다. 가장 두드러진 변화의 일부는 강수나 산 반대편에서 받는 태양복사의 차이 때문에 생긴다.

요약하면, 다양성과 가변성이 고지기후를 가장 잘 나타낸다. 대기의 상태는 고도와 노출에 따라 변하기 때문에 산악 지형에서는 거의 무한

계곡보다 직달 일사를 더 많이 받기 때문이다. 산맥에서는 풍향과 풍속이 매우 크게 변화하고 상층이나 인접한 평원들 위로의 공기의 이동과는 매우 다르다. 산맥은 다양한 바람 장애물들을 생성한다. 국지적으로는, 바람이 계곡을 따라 흐르거나 산마루로 불어가거나 산 정상을 돌아볼 수도 있다. 날씨 상태가 좋을 때에는 지형 자체에 의해 산바람과 골바람이 형성된다.

우리는 기후가 식생에 중요한 영향을 미치는 것이 쾨펜 시스템의 근간임을 알고 있다. 따라서 기후가 연직으로 차이가

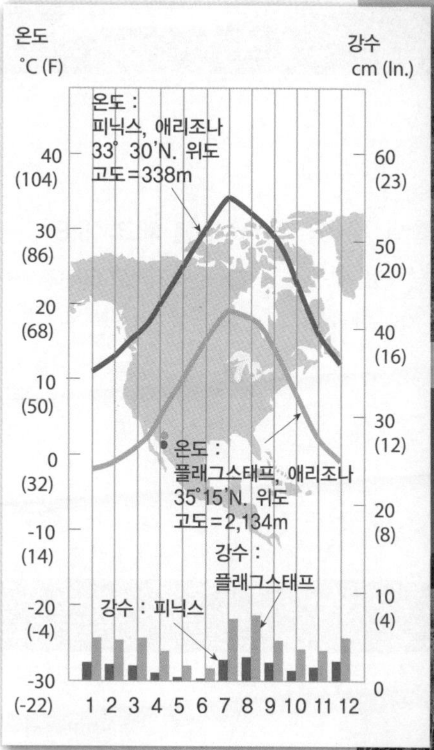

▶ 스마트그림 15.25 고지기후
두 애리조나 관측소들의 기후 도표들은 고도가 기후에 미치는 영향을 잘 나타내고 있다. 플래그스태프는 피닉스보다 거의 1800m 높은 콜로라도 분지라는 위치 때문에 더 선선하고 습한다. 피닉스 근처의 남부 애리조나의 뜨겁고 건조한 기후에서는 가뭄 내성이 있는 적은 수의 자연 식생만이 살아남을 수 있다. 애리조나 플래그스태프 근처의 선선하고 습한 고지기후와 관련된 자연식생은 저지대 사막의 것들과는 매우 다르다.

http://goo.gl/zqimSA

피닉스, 애리조나

플래그스태프, 애리조나

대기를 바라보는 눈 15.2

이 이미지는 알래스카 횡단 수송관의 항공 전망과 그 일부를 확대한 것이다. 이 1300km의 긴 구조물은 알래스카 북부 해안 지역의 프루도만에서부터 남쪽 알래스카 만의 밸디즈 부동항까지 기름을 수송하기 위해 1970년대에 세워졌다.

질문

1. 수송관은 아북극(Dfc)과 툰드라(ET) 기후 지대를 통과한다. 이 사진은 어느 기후 지대에서 촬영된 것일까? 사진으로부터 이것을 알아내는 데 도움이 되는 힌트는 무엇인가?
2. 사진을 살펴보면, 수송관이 지상 위로 떠 있는 것을 볼 수 있다. 이 지역의 기후와 경관에 대한 지식을 바탕으로 수송관이 지상 위로 높아진 이유를 설명해 보자.

한 다양성의 국지기후가 발생한다. 막힌 계곡의 기후는 노출된 꼭대기의 기후와는 매우 다르다. 풍상측 경사의 상태와 풍하측의 상태는 매우 대조적이다. 태양을 향한 경사면은 주로 그늘에 위치하는 경사면과는 다르다.

✓ 개념 체크 15.8

❶ 한대지역은 여름에 일조 시간이 길어짐에도 불구하고 온도는 여전히 춥다. 그 이유를 설명하시오.

❷ 10°C 여름 등온선은 어떤 의미에서 중요한가?

15 요약

15.1 기후 분류

▶ 세계의 기후를 공부하려면 왜 분류가 필요한 과정인지를 설명한다. 쾨펜의 기후 분류 시스템에서 사용되는 판별 기준을 검토한다.

주요 용어 쾨펜 분류

- 기후 분류는 방대한 양의 정보에 질서를 가져오고, 이해를 도울 뿐 아니라 자료의 분석과 설명을 용이하게 한다.
- 기후를 나타내는 가장 중요한 요소들은 온도와 강수로서 사람과 사람들의 활동에도 가장 큰 영향을 미칠 뿐 아니라 식생의 분포와 토양의 발달에도 중요한 영향을 미친다.

- 처음으로 기후 분류를 시도한 것은 고대 그리스로서 반구를 덥고, 온화하고, 추운 세 지역으로 나누었다. 많은 기후 분류 체계가 고안되었는데, 그 가치는 그 의도한 사용 목적에 따라 결정된다.
- 쾨펜 분류는 온도와 강수의 월 및 연 평균값을 사용하며, 가장 널리 사용되는 시스템이다. 쾨펜이 선택한 경계들은 대부분 특정한 식물 군집의 한계에 기초한 것이었다.
- 5개의 주요 기후 그룹과 각 기후 그룹의 하부 그룹을 알아내었다. 각 그룹에 대문자를 지정하였다. 네 그룹(A, C, D, E)은 온도 특성을 기준으로 정의하였고, 다섯 번째인 B 그룹은 강수를 주요 기준으로 삼았다.

15.2 기후조절인자 : 요약

▶ 기후를 조절하는 주요인자들을 열거하고 간략히 논의한다.

주요 용어 해양성기후, 대륙성기후

- 기후 요소의 분포에는 질서가 있고, 기후의 패턴은 우연이 아니다. 세계의 기후 패턴은 주요 기후 조절인자들의 규칙적이고 신뢰할 만한 작용을 반영한다.
- 위도는 태양에너지를 받는 것의 계절 변화와 연관되어 있다. 온도의 차이는 주로 위도의 함수이다.
- 지면/물의 영향은 중요한 조절인자이다. 해양성기후는 대개 온화한 반면, 대륙성기후는 일반적으로 더 극단적이다.
- 지리적 위치와 탁월풍은 지면과 물 효과의 범위에 영향을 미친다. 물의 완화 효과는 대륙의 풍상측에서 더 두드러진다.
- 산맥과 고지대는 해양성기단이 내륙 깊숙이 도달하는 것을 막고, 지형성 강우를 일으키며, 그 외에는 크기가 광범위해지면 자체적인 기후 지역을 형성한다.
- 극으로 이동하는 따뜻한 해류는 그렇지 않을 때에 예상되는 것보다 기온을 더 따뜻하게 하는 반면, 적도로 이동하는 찬 해류는 예상된 기온보다 차갑게 한다.

15.3 열대습윤기후(A)

▶ 열대습윤기후의 두 넓은 범주를 비교한다.

주요 용어 열대우림, 열대수렴대(ITCZ), 열대습윤건조, 사바나, 몬순

- 적도의 양쪽에 위치한 열대습윤(Af, Am)은 지속적으로 높은 온도와 연중 계속되는 강수로 어떤 기후 지역에서보다도 가장 울창한 식생인 열대우림을 생성한다. 이 지역의 온도는 보통 매월 평균 25°C 이상이고 온도의 일교차가 특징적으로 계절의 차이보다 크다.
- Af와 Am 기후의 강수는 정상적으로는 연간 175~250cm이고 온도보다 계절에 따라, 장소에 따라 더 많이 변한다. 열적으로 유도된 대류가 열대수렴대(ITCZ)를 따라 수렴함으로써 온난다습하고 불안정한 공기의 광범위한 상승과 구름 생성 및 강수에 적합한 조건들을 생성한다.
- 습윤 및 건조열대(Aw) 기후 지역은 비오는 열대와 아열대 스텝 사이의 전이지역이다. 여기서는 열대다우림이 활엽수가 흩어져 있는 열대초지인 사바나가 된다. 열대습윤과 습윤 및 건조열대 사이에는 단지 간소한 온도 차이가 있다. Aw 기후를 Af와 Am 기후로부터 구분 짓는 주요인자는 강수이다. Aw 지역에서는 강수가 대개 연간 100~150cm이고, 건조한 겨울이 습한 여름을 뒤따르는 계절적 특징을 보인다.
- 인도의 대부분과, 동남아시아, 호주의 일부에서는 강수와 가뭄이 번갈아 일어나는 기간들이 계절에 따라 방향이 뚜렷하게 뒤바뀌는 바람 시스템인 몬순과 관련되어 있다. 열대 대신 아열대인 Cw 기후는 Aw의 변형이다.

Q. 습윤 및 건조열대기후에서는 우기가 언제 일어나는가? 설명하시오.

15.4 건조기후(B)

▶ 저위도건조기후와 중위도건조기후를 대조한다.

주요 용어 건조기후, 건조(사막), 반건조(스텝)

- 세계에서 건조한 지역들이 지구 육지 면적의 30%를 덮고 있다. 빈약한 연강수량을 제외하면, 건조기후의 가장 뚜렷한 특징은 강수가 매우 신뢰할 수 없다는 것이다. 기후학자들은 건소기후를 연 강수량이 증발에 의한 가능 물 손실보다 적은 기후 지역으로 정의한다. 건조기후와 습윤기후의 경계를 정의하기 위해 쾨펜 분류는 연평균강수량, 연평균온도, 강수의 계절 분포의 세 변수가 관여된 식을 사용한다.
- 일반적인 물 부족에 의해 정의되는 두 기후는 건조 또는 사막(BW)과 반건조 또는 스텝(BS)이다. 사막과 스텝의 차이는 주로 정도의 차이다. 반건조기후는 사막을 둘러싸고 인접한 습윤기후로부터 분리하는 전이지대를 나타내는 건조기후의 한계에 가까운 좀 더 습한 변형이다.
- 아열대고기압의 강한 영향으로 아열대사막(BWh)과 스텝(BSh) 기후의 중심부는 북회귀선과 남회귀선 부근에 위치한다. 아열대사막 안에서는 얼마 안 되는 강수가 드물 뿐만 아니라 불규칙적이다. 사막을 둘러싼 반건조 전이대에서는 강수의 계절 패턴이 더 잘 정의된다.
- 구름 없는 하늘과 낮은 습도로 인해, 대륙 내부의 저위도 사막들은 지구상에서 가장 큰 온도의 일교차를 보인다. 대륙의 서부해안을 따라 아열대사

막들이 발견되는 곳에는 한류가 종종 낮은 구름과 안개로 덮인 선선하고 습한 상태를 만들어 낸다.

- 저위도사막과는 달리, 중위도 사막(BWk)과 스텝(BSk)은 아열대고기압의 하강하는 기단에 의해 조절되지 않는다. 대신에 이러한 기후는 주로 거대한 땅덩어리의 내륙 깊숙이 위치하기 때문에 존재한다.

Q. 이 사진은 네바다의 대분지 사막에서 서쪽을 보고 시에라 네바다 산맥을 향해 찍은 것이다. 이 지역의 건조한 상태에 기여하는 요인들은 무엇인가?

15.5 동계온난중위도습윤기후(C)

▶ C 기후의 세 범주를 특징을 들어 구별한다.

주요 용어 아열대습윤기후, 해양성서부연안기후, 아열대건조-여름(지중해)기후

- 중위도습윤기후에서는 가장 추운 달의 평균온도가 18°C 이하이고 -3°C 이상인 곳이다.
- 아열대습윤기후(Cfa)는 대륙의 동쪽에 위치하며 위도 25°~40°의 범위를 갖는다. 해양성 열대기단의 지배적인 영향으로 이 지역의 여름 날씨는 뜨겁고 무더우며 겨울은 온화하다.
- 북미에는 해양성서부연안기후(Cfb)가 미국-캐나다 경계선 근처부터 북쪽으로 좁은 띠처럼 알래스카 남부까지 뻗어 있다. 해양성기단의 지배는 온화한 겨울, 선선한 여름, 1년 내내 풍부한 강수량을 의미한다.
- 건조-여름아열대(지중해)기후(Csa, Csb)는 전형적으로 위도 30°~45° 사이의 대륙의 서쪽을 따라 발견된다. 여름에는 이 지역들이 아열대고기압의 안정한 동쪽에 의해 지배를 받는다. 겨울에는 바람과 압력 시스템이 태양을 따라 적도 쪽으로 가면서 한대전선의 저기압성 폭우의 범위에 놓이게 된다.

15.6 혹독한 겨울의 대륙성습윤기후(D)

▶ D 기후의 두 범주의 특징을 요약한다.

주요 용어 대륙성습윤기후, 아북극기후, 타이가기후

- 혹독한 겨울의 대륙성습윤기후(D 기후)는 가장 추운 달의 평균온도가 -3°C 또는 그 이하이고, 가장 따뜻한 달의 평균온도가 10°C를 넘어야 한다.
- 대륙성습윤기후(Dfa)는 육지가 조절하며 남반구에는 일어나지 않는다. 이 기후는 위도 40~50° 범위의 북미 중부와 동부 및 유라시아에 국한된다. Dfa 기후의 겨울과 여름 온도 모두 혹독한 특징을 가지며, 연교차가 크다. 강수는 일반적으로 여름에 많고, 내륙으로 그리고 남에서 북으로 갈수록 감소한다. 겨울 강수는 주로 이동성 중위도저기압과 관련된 전선의 통과와 연관되어 있다.
- 같은 이름의 북방침엽수림 지역에 해당하기 때문에 종종 타이가기후라고 불리는 아북극기후(Dfc, Dfd)는 대륙성습윤기후의 북쪽과 한대툰드라의 남쪽 사이에 위치한다. 아북극기후의 가장 두드러진 특징은 압도적인 겨울이다. 대조적으로 아북극의 여름은 짧은 기간에도 불구하고 놀라울 정도로 따뜻하다. 지구상에서 가장 큰 온도의 연교차가 이곳에서 일어난다.

15.7 한대기후(E)

▶ 툰드라와 얼음모자기후를 대조한다.

주요 용어 한대기후, 툰드라기후, 영구동토, 얼음모자기후

- 한대기후(ET, EF)는 가장 따뜻한 달의 평균온도가 10°C 이하인 지역이다. 온도의 연교차가 극심하며, 지구상에서 연평균온도가 가장 낮은 곳이다. 한대기후가 습윤으로 분류되어 있지만, 강수는 일반적으로 빈약해서 많은 비해양성 관측소들은 연간 25cm보다도 적게 받는다.
- 두 가지 형태의 한대기후가 있다. 적도쪽 한계인 10°C 여름 등온선으로 두드러진 툰드라기후(ET)는 거의 북반구에서만 발견할 수 있는데, 영구동토층이라 불리는 영구적으로 얼어 있는 하층토와 초원, 사초, 이끼 및 지의류로 이루어진 나무가 없는 지역이다. 얼음모자기후(EF)는 월평균온도가 0°C를 넘지 못한다. 따라서 식물의 성장은 금지되어 있고 경관은 영구적인 얼음과 눈으로 덮여 있다.

15.8 고지기후

▶ 고지기후의 특성을 열거한다.

주요 용어 고지기후

- 고지기후는 작은 지역에 매우 다양한 기후 조건들을 가지는 특징이 있다. 북미의 고지기후는 로키, 시에라네바다, 캐스케이드 산맥들과 멕시코의 산맥과 내륙 분지들이 특징이다. 가장 잘 알려진 고도 증가에 따른 기후 효과는 보다 낮은 온도이지만, 지형성 상승으로 인한 보다 많은 강수 또한 흔하다.
- 다양성과 가변성이 고지기후를 가장 잘 나타낸다. 대기의 상태는 고도와 태양광선에 대한 노출에 따라 변하기 때문에 산악 지형에서는 거의 무한한 다양성의 국지 기후가 발생한다.

Q. 7장에서 다룬 국지풍 중에서 어느 것이 고지기후와 연관될 수 있는가?

생각해 보기

1. 글상자 15.1에 서술된 열대 토양은 비옥도가 낮은 것으로 간주된다. 그럼에도 이런 토양이 사진에 보이는 것과 같은 무성한 우림 식생을 지탱하고 있다. 이렇게 부실한 토양에서 어떻게 비옥한 식물 성장이 일어날 수 있는지를 설명해 보자.

2. 다음의 기후 중에서 연 강우가 가장 변동이 없을 것 같은가? 즉, Bsh, Aw 또는 Af 중에서 강우의 경년변동의 백분율 변화가 가장 작은 기후는? 이 기후들 중에서 연 강우가 가장 많이 변하는 기후는? 답을 설명하시오.

3. 뉴멕시코 앨버커키는 연평균 강우가 20.7cm로, 쾨펜 분류에 따르면 사막으로 간주된다. 러시아의 도시인 베르호얀스크는 시베리아의 북극권에 가까이 위치한다. 베르호얀스크의 연 강수는 15.5cm로서 앨버커키보다 5cm 적지만, 습윤기후로 분류된다. 어떻게 이럴 수 있는지 설명하시오.

4. 이 문제는 사하라 사막에 접해 있는 북아프리카의 두 관측소를 살펴본다. 두 곳 모두 아열대스텝기후(BSc)로 분류된다. 한 곳은 사하라의 남단에 있고, 다른 곳은 지중해에 가까운 사하라의 북쪽에 있다.

a. 두 곳은 각각 여름과 겨울 중 어느 계절에 최대 강수가 발생할까?

b. 두 관측소 모두 스텝기후 조건을 겨우 만족한다면(즉, 강우가 조금만 더 발생해도 둘 다 습윤으로 간주됨), 어느 관측소가 강우의 총량이 더 낮을까? 설명하시오.

5. 세계 기후를 보여 주는 그림 15.4를 참조하시오. 대륙성습윤(Dfb와 Dwb)과 아북극(Dfc) 기후는 대개 '육지에 의해 조절된다.'고 표현한다. 즉, 해양의 영향을 받지 않는다. 그럼에도 이러한 기후는 북대서양과 북태평양의 가장자리를 따라 발견된다. 왜 그러한지 설명하시오.

6. 아열대건조-여름기후에서는 강수총량이 위도가 올라감에 따라 증가하지만, 대륙성습윤기후에서는 그 반대가 된다. 설명하시오.

7. 아북극기후에서는 강설이 상대적으로 드문데도 불구하고, 겨울 방문객은 강설이 많다는 인상을 가지고 떠날 수 있다. 설명하시오.

8. 아프리카의 세 도시에 대한 월별 강우 자료(mm)를 참조하자. 위치는 지도에 나타나 있다. 각 도시(A, B 또는 C)의 자료를 지도상의 맞는 위치(1, 2, 또는 3)와 결부시키자. 이것을 어떻게 알아낼 수 있는가? 보너스 : 왜 이런 장소들이 강우가 발생하면 강우의 최대와 최소를 갖게 되는지를 설명하거나 보여 주는 데 아주 유용한 그림을 7장에서 선택할 것.

	1월	2월	3월	4월	5월	6월	7월	8월	9월	10월	11월	12월
도시 A	81	102	155	140	133	119	99	109	206	213	196	122
도시 B	0	2	0	0	1	15	88	249	163	49	5	6
도시 C	236	168	86	46	13	8	0	3	8	38	94	201

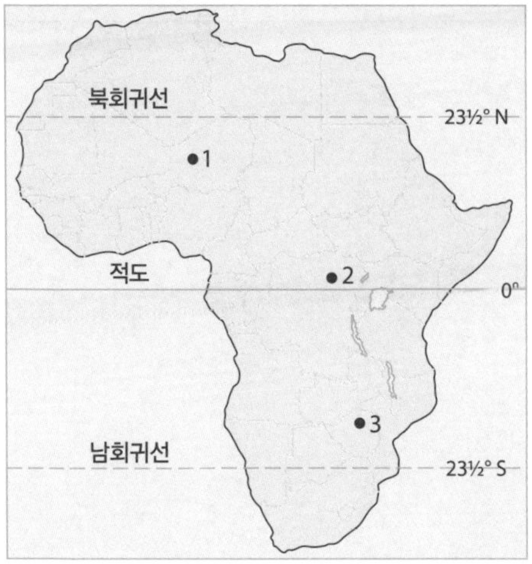

9. 우주에서 본 전형적인 지구 영상에서 볼 수 있는 세 사막을 확인하시오. 왜 이 지역들이 건조한지 간단히 설명하시오. 이 영상에서 2개의 다른 두드러진 기후를 확인하시오. 적도지역의 구름 띠의 원인을 설명할 수 있는가?

10. 다음 사진의 철도선은 1940년대에 알래스카 시골에 설치되었는데, 지형은 상대적으로 평평했다. 철도가 완성된 지 얼마 되지 않아, 지반의 침강과 이동이 크게 일어나 선로들을 여기 보이는 것처럼 롤러코스터로 만들어 놓았다. 결국 선로는 버려져야만 했다. 왜 지면이 불안정해지고 이동하게 되었는지 그 이유를 말해 보시오.

복습문제

1. 그림 15.2를 사용하여 다음 표의 관측소들 A, B, C를 적절하게 기후 분류하시오.

	1월	2월	3월	4월	5월	6월	7월	8월	9월	10월	11월	12월	연간
관측소 A													
온도(°C)	−18.7	−18.1	−16.7	−11.7	−5.0	0.6	5.3	5.8	1.4	−4.2	−12.3	−15.8	−7.5
강수(mm)	8	8	8	8	15	20	36	43	43	33	13	12	247
관측소 B													
온도(°C)	24.6	24.9	25.0	24.9	25.0	24.2	23.7	23.8	23.9	24.2	24.2	24.7	24.4
강수(mm)	81	102	155	140	133	119	99	109	206	213	196	122	1675
관측소 C													
온도(°C)	12.8	13.9	15.0	16.1	17.2	18.8	19.4	22.2	21.1	18.8	16.1	13.9	15.9
강수(mm)	53	56	41	20	5	0	0	2	5	13	23	51	269

2. 그림 15.19의 지도를 사용하여, 플로리다의 남쪽 끝과 미네소타 주와 북 다코타 주의 경계가 캐나다와 만나는 점 사이의 대략적인 1월과 7월의 온도 경도를 결정하시오(거리는 3100km로 가정하고, 답을 °C/100km로 나타낼 것).

16 대기의 광학현상

핵심개념

다음의 각 항목은 이 장에서 다루는 주요 주제에 대한 기본 학습 목표를 나타낸다. 이 장을 학습하고 나면 여러분은 다음 항목을 이해할 수 있다.

16.1 반사의 법칙을 설명하고, 굴절이 어떻게 백색광을 다양한 색으로 분산시키는지를 논의한다.

16.2 신기루가 어떻게 생성되는지를 설명한다.

16.3 빗방울을 도시하고 태양광선이 1차 무지개를 생성하기 위해 빗방울을 어떻게 통과하는지를 설명한다.

16.4 태양 빛과 육면체 빙정 간 상호작용의 결과로 만들어지는 세 가지 서로 다른 광학현상을 구분한다.

16.5 광환과 무리를 비교하고 대비한다.

자연 현상 중에서 가장 장관이면서 흥미를 유발하는 현상이 무지개이다. 무지개의 황홀한 외관과 색의 화려함은 많은 아마추어 사진작가들의 사진 대상이었을 뿐만 아니라 시인들과 예술가들의 주 관심 대상이 되어 왔다. 무지개뿐만 아니라 무리, 광환, 신기루와 같은 다른 광학현상들도 우리 대기에서 자주 발생한다. 이 장에서는 가장 잘 알려진 광학현상들이 어떻게 형성되는지 생각해 보자. '언제, 어디서' 이러한 광학현상들을 찾을 수 있는지에 대해 앎으로써, 여러분들은 각 유형들을 인식하고 나아가 더 자주 목격하고 감상할 수 있게 될 것이다.

무지개들은 가장 잘 알려지고 장관인 대기광학현상들 중 하나이다. 이 무지개는 캐나다 앨버타 핀처 크리크 근처에서 발생한 것이다.

16.1 빛과 매질의 상호작용

반사의 법칙을 설명하고, 굴절이 어떻게 백색광을 다양한 색으로 분산시키는지를 논의한다.

백색의 태양광과 대기 사이의 상호작용은 우리가 하늘에서 보는 수많은 광학현상을 만들어 낸다. 2장에서는 빛의 일부 속성과 그것들이 어떻게 파란 하늘과 일몰 시 붉은 노을과 같은 광학현상에 기여하는지에 대해 학습하였다. 이 장에서는 다양한 광학현상을 일으키는 태양 빛과 대기권 내의 기체들, 얼음 결정과 수적들과의 다른 상호작용에 대해 조사한다. 여기서는 빛이 매질과 상호작용하는 가장 기본적인 두 가지 방법인 빛의 반사(reflection)와 굴절(refraction)로 시작한다.

반사

태양에서 지구로 향하는 빛은 일정한 속도로 직진한다. 그러나 빛이 물과 같은 투명한 물체와 충돌하면, 일부의 빛은 표면 밖으로 반사되는 반면에 다른 빛은 물체를 통과하여 약간 느린 속도로 전달된다. 물체의 표면으로부터 후방으로 되돌려진 빛들을 반사되었다고 한다. 거울에서 여러분 자신을 볼 수 있게 하는 것은 반사된 빛이다. 거울에서 보는 여러분의 모습은 빛에서 기원한다. 거울에서 보이는 여러분 모습은 빛이 일차적으로 여러분에게서 거울 쪽으로 반사된 후 거울 뒷면 은도금 표면에서 빛이 여러분 눈으로 다시 반사된 결과이다. 빛은 반사될 때 항상 물체의 표면에 입사한 각도와 같은 각도로 반사된다(그림 16.1). 이 원리를 **반사의 법칙**(law of reflection)이라 한다. 이 법칙은 입사광선이 반사 표면에 수직인 선과 이루는 각(A)이 반사광선이 수직선과 이루는 각(B)과 같다는 것을 의미한다.

거울과 같이 매우 반사적이면서 매끄러운 표면에서는 입사광선의 약 90%가 정해진 평행 경로를 따라 표면을 떠난다. 그렇지만 빛이 매끄럽지 않은 표면에 입사할 때는 빛은 각기 다른 각도로 표면에 입사하게

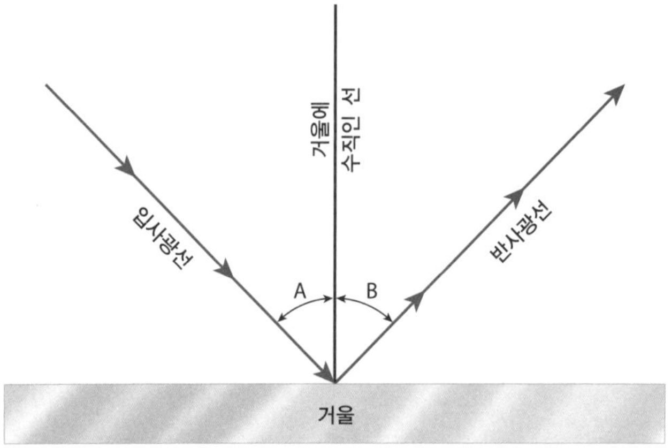

▲ 그림 16.1 거울에 의한 빛의 반사
빛들이 매끄러운 표면에서 반사될 때는 그들이 표면과 만난 각도와 동일한 각도로 튀어 나간다.

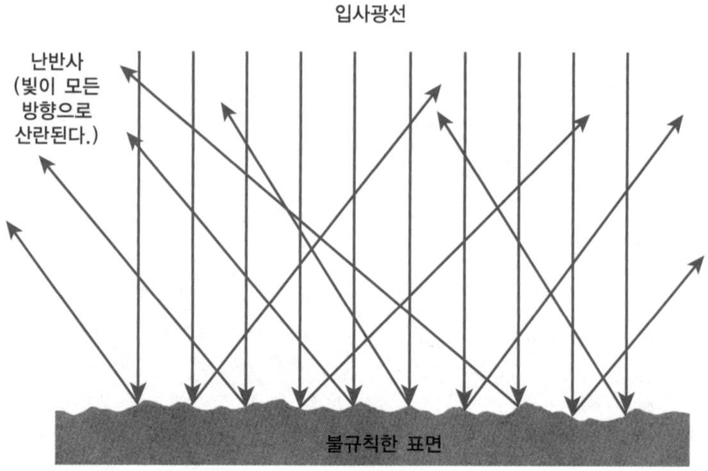

▲ 그림 16.2 거친 표면에 입사하는 빛은 분산된다

되고 그 결과 빛들은 다양한 각도로 반사되게 되며 이를 난반사(diffuse reflection)라 한다(그림 16.2). 어떤 물체가 이 책의 표면처럼 매끄럽게 보인다 할지라도 빛을 모든 방향으로 분산시키기에 충분할 정도로 거칠다. 이러한 유형의 반사가 유인물을 거의 모든 방향에서 읽을 수 있게 한다. 우리 주위에서의 대부분 물체는 난반사에 의해 보인다.

빛이 거친 표면에서 반사될 때 여러분이 보는 상(image)은 일반적으로 왜곡된 것이거나 일부의 경우에서는 여러 개의 상으로 보인다. 예를 들어, 거친 바다 표면에서 반사된 태양 상은 원형이 아니라 그림 16.3에서 보는 것과 같이 다소 길고 좁은 띠 형태이다. 우리가 실제로 보는 것은 태양의 온전한 상이 아니라 단일 근원의 빛이 여러 개로 왜곡된 상이다. 이 밝은 띠는 수면의 각 파(wave)에 부딪히는 태양 빛의 일부가 보는 사람의 눈을 향하여 반사되기 때문에 형성된다.

광학현상에 대한 우리의 토론에서 중요한 반사의 또 다른 한 종류가 **내부 반사**(internal reflection)이다. 빛이 물과 같이 투명한 물체를 통과하여 진행할 때, 빛이 물체의 맞은편 경계(표면)에서 투명한 물체 안으로 다시 반사될 때 우리는 내부 반사가 일어났다고 한다. 여러분은 물잔을 사용하여 이 현상을 쉽게 증명할 수 있다. 여러분은 물 잔을 머리 위로 똑바로 든 후 물을 통하여 위를 쳐다봄으로써 이러한 현상을 쉽게 확인할 수 있다. 빛이 물 표면에 수직으로 입사하면 매우 적은 내부반사가 일어나기 때문에 여러분은 물을 통하여 선명하게 볼 수 있을 것이다. 잔을 머리 위에 유지한 채 여러분이 다른 각도에서 잔을 쳐다볼 수 있도록 잔을 옆으로 움직여 보자. 물 표면의 아래쪽이 어떻게 은도금된 거울의 형태로 나타나는지 주목해 보자. 여러분이 보고 있는 것은 빛이

▲ **그림 16.3 파도치는 바다에서 반사된 태양 영상** 이 태양 빛의 길고 좁은 띠는 바다 표면에서 다중으로 왜곡된 태양의 상들이다. Deception Pass Bridge, Washington.

연직으로부터 48°보다 더 큰 각도로 표면에 입사할 때 나타나는 총 내부 반사이다(그림 16.4). 내부 반사는 무지개와 같은 광학현상의 형성에 중요한 요소이다.

굴절

빛이 물과 같이 투명한 물체에 닿을 때, 반사되지 않은 빛은 물을 통과하여 전달되는데 이때 잘 알려진 굴절의 영향을 받는다. **굴절**(refraction)은 빛이 한 투명한 매질에서 또 다른 매질로 비스듬하게 진행할 때 빛의 진행방향이 바뀌는 것을 의미한다. 굴절은 빛의 속도가 통과하는 매질에 따라 다르기 때문에 발생한다. 진공상태에서 복사에너지는 빛의 속도(초당 3.0×10^{10}cm)로 진행한다. 그리고 빛이 공기를 진행할 때는 빛의 속도가 조금 느려진다. 그러나 물, 얼음, 유리와 같은 물체들에서는 공기에 비해 속도가 상당히 느려진다.*

빛이 물과 같이 투명한 매질 표면에 직각으로 입사하면 그림 16.5A에 보인 것처럼 매질을 직선으로 통과한다. 그러나 빛이 90°보다 작은 각도로 투명한 매질에 입사할 때는 그림 16.5B에 보인 것과 같이 빛이 휘어진다. 굴절은 장난감 자동차가 매끄러운 표면에서 양탄자로 이동할 때 이 자동차가 어떻게 반응하는가를 관찰함으로써 쉽게 설명할 수 있다. 만약 자동차가 양탄자와 90°로 진행한다면 단지 속도만 느려지고 방향은 변하지 않을 것이다. 하지만 자동차가 양탄자와 90°가 아닌 다른 각도로 진행한다면 그림 16.5C에 보인 것과 같이 속도만 느려지는 것이 아니라 방향도 변할 것이다. 이 사례에서 양탄자에 닿은 앞바퀴의 속도는 느려지는데 비해 다른 매끄러운 표면의 앞바퀴는 속도가 느려지지 않기 때문에 자동차의 방향이 변하게 되는 것이다. 이제 만약 우리가 자동차 도로를 빛의 경로라 생각하고 매끄러운 표면과 양탄자는 각각 공기와 물이라고 생각하자. 우리는 빛이 공기에서 물로 진행할 때 어떻게 휘어질지를 알 수 있다. 빛이 물로 입사하면 느려지기 때문에 그 경로는 물의 표면에 수직인 선(법선)을 향하여 휘어질 것이다(그림 16.5B). 빛이 물에서 공기로 진행한다면 휘어짐은 반대 방향, 즉 법선으로부터 멀어지는 형태일 것이다.

굴절은 물컵에 연필을 반쯤 잠기게 한 후 비스듬하게(표면과 90°가 아닌 각도로) 바라봄으로써 확인할 수 있다(그림 16.6A). 굴절이 어떻

▼ **그림 16.4 내부 반사** 수영장에서 수영하는 두 소녀들 위에 나타나는 반사를 주목하자. 내부 반사들은 수면과 수면 위 공기 사이의 경계에서 반사되는 빛에 의해 일어난다.

* 빛의 속도는 일정하다. 하지만 빛이 다양한 매질을 통과할 때는 빛이 매질의 전자들과 상호작용을 하기 때문에 느려진다. 전자들 사이를 통과하는 빛의 속도는 진공에서의 속도와 같다.

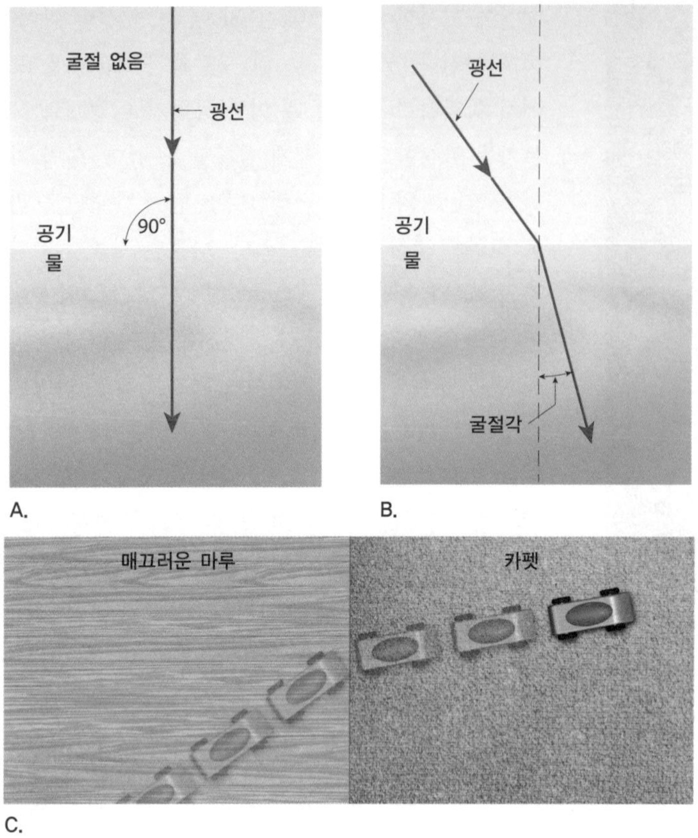

▲ 그림 16.5 굴절

A. 빛이 한 투명한 매질에서 다른 매질로 직각(90°)으로 진행할 때는 직진한다. B. 빛이 한 투명한 매질에서 다른 매질로 직각이 아닌 다른 각도로 진행할 때는 굴절(휜다)된다. 물에서의 빛의 속도가 공기에서보다 느리기 때문에 물 표면에 직각인 선 쪽으로 휘게 된다. C. 매끄러운 표면에서 양탄자로 이동하는 장난감 자동차가 굴절의 개념을 설명해 준다.

게 연필을 외관상 휘어지게 하는지에 대한 예가 그림 16.6B에 있다. 이 그림에서 실선은 빛의 실제 경로를 보여 주는 반면에, 점선은 우리가 그러한 빛을 어떻게 인지하는지를 나타낸다. 우리가 연필을 내려다보기 때문에, 연필 끝은 실제 위치보다 표면에 더 가깝게 나타난다. 이 현상은 우리 뇌가 빛이 실선의 휘어진 경로로 온 것이 아니라 점선으로 나타낸 경로를 따라서 온 것으로 인지하기 때문에 발생한다. 물속에 잠긴 연필에서 오는 모든 빛이 비슷하게 휘어지기 때문에 연필의 잠긴 부분이 표면 근처에 있는 것처럼 보인다. 그러므로 연필이 물속에 잠기기 시작한 곳에서 물의 표면을 향하여 위쪽으로 휘어져 나타난다.

빛이 한 투명한 매질에서 다른 매질로 비스듬하게 진행할 때 빛이 급격하게 휘어지는 것 외에도 밀도가 점진적으로 변하는 매질에서는 빛의 휘어짐도 점진적으로 일어날 것이다. 매질의 밀도가 변화함에 따라 빛의 속도도 변한다. 예를 들어, 지구 대기에서 공기의 밀도는 상층에서 지구 표면 쪽으로 향할수록 증가된다. 이러한 연속적인 밀도 변화의 결과로 빛이 점차적으로 느려짐과 동시에 휘어지게 되는 것이다. 공기의 밀도가 낮은 곳에서 높은 곳으로 진행하는 빛은 지구의 곡률과 같은 방향으로 휘어지게 된다.

굴절에 의한 빛의 휘어짐이 몇 개의 공통적인 광학현상을 일으킨다. 이러한 현상은 우리의 뇌가 휘어진 빛을 마치 직선으로 진행해서 우리 눈에 도달한 것으로 인지한 결과이다. 가장자리 근처에 있는 빛의 시작점(광원)을 내려다보기를 시도해 보자. 당신이 물체를 볼 수 있다면, 당신의 뇌는 그 물체를 가장자리에서 떨어진 평면에 위치한 것으로 볼 것이다. 우리는 종종 가장자리 근처에 있는 물체를 본다. 하나의 예가 지는 해를 우리가 어떻게 보느냐이다. 이러한 원리는 우리가 왜 태양이 지평선 아래로 사라진 후 몇 분 동안 태양을 볼 수 있는지를 설명하는 데 중요하다. 그림 16.7은 이 상황을 설명한다. 우리가 지평선 아래로 내려

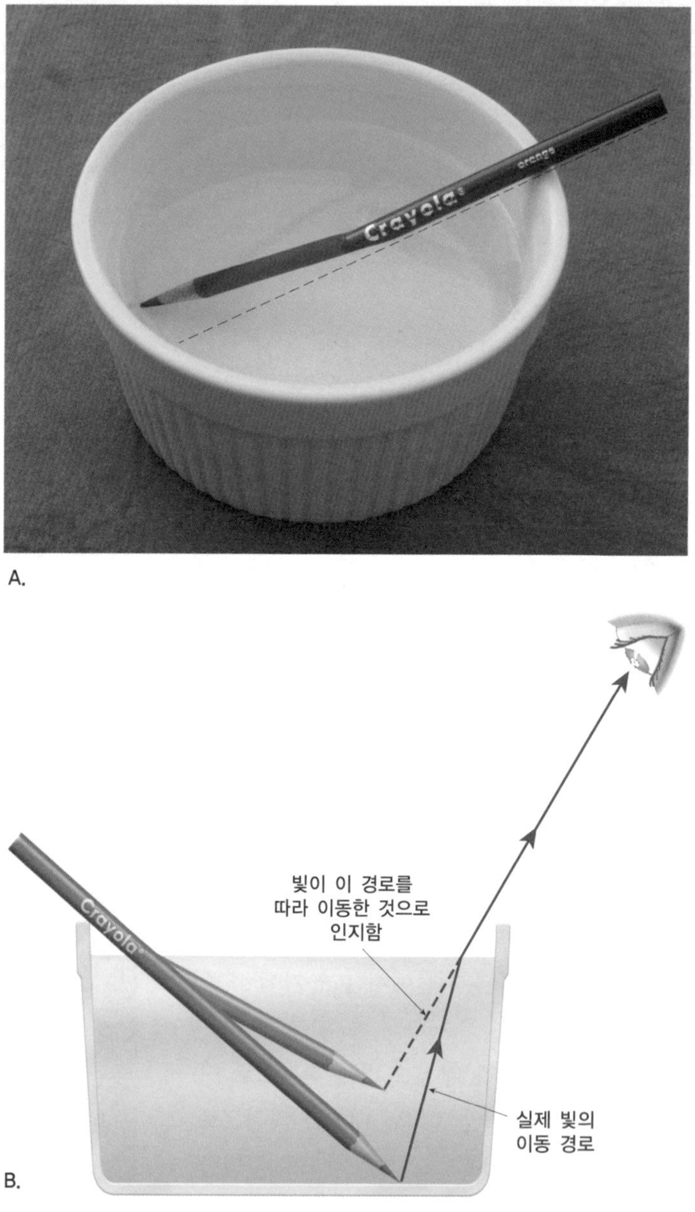

▲ 그림 16.6 연필을 이용한 굴절의 시연

A. 물에 잠긴 연필의 굴절을 설명하는 이미지 B. 빛이 굴절 경로인 실선을 따라 진행한 것이 아니라 점선을 따라 진행해서 우리 눈에 도달한 것으로 인지하기 때문에 연필이 휘어 보인다.

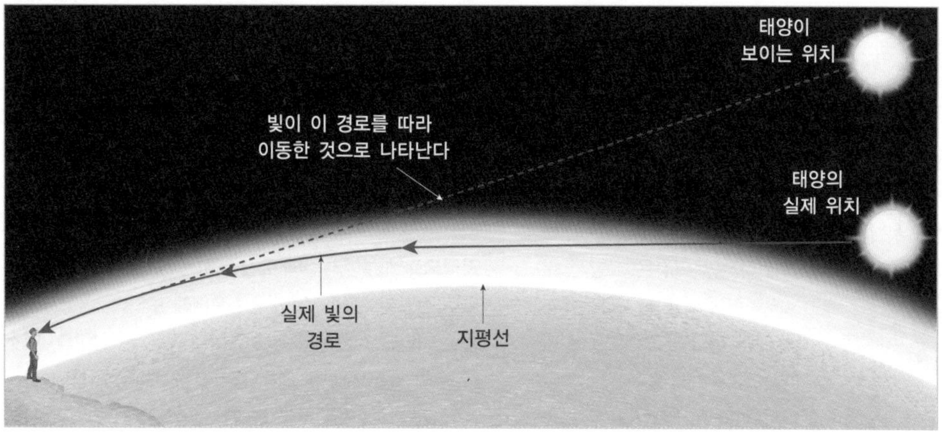

▲ **그림 16.7 굴절이 태양의 위치를 외관상 변위시킨다** 이 변위는 빛이 밀도가 다른 대기층을 통과할 때 굴절된 결과이다. 대기의 밀도는 하층에서 높고 상층에서 낮기 때문에 빛이 지구 곡률과 같은 방향으로 휘게 된다.

간 태양을 지평선 위에 떠 있는 것으로 보는 것은 빛이 휘어졌음을 인지하지 못하는 결과이다.

✓ 개념 체크 16.1

❶ 반사의 법칙을 설명하시오.

❷ 내부 반사로 알려진 광학현상을 간단히 설명하시오.

❸ 빛이 하나의 투명한 매질에서 다른 매질로 진행할 때 무슨 일이 일어나는가?

❹ 굴절이 어떻게 물체 인식 방식을 변화시키는지에 대한 예를 적어도 하나 이상 제시해 보시오.

16.2 신기루

신기루가 어떻게 생성되는지를 설명한다.

대기에서 잘 발생하는 가장 흥미로운 광학현상 중 하나가 **신기루**(mirage)이다. 비록 이 현상이 대부분 사막 지역과 관계되지만 신기루는 실제로 어디에서나(어느 곳에서나) 경험할 수 있다(글상자 16.1). 신기루의 한 유형은 지상 근처의 공기가 바로 위의 공기보다 온도가 매우 높아 밀도가 현저히 낮은 날에 발생한다. 앞에서 말한 것처럼 공기의 밀도 변화는 빛의 점진적 굴절을 동반한다. 상부에서의 빛이 지표 근처에 위치한 밀도가 낮은 공기를 통과하여 진행할 때, 빛은 지구 곡률과 반대 방향으로 휘어질 것이다. 그림 16.8에 보인 것처럼 이 방향의 휘어짐(굴절)이 멀리 있는 물체로부터 반사된 빛을 눈높이보다 아래에서 관측자에게 접근하도록 할 것이다. 그 결과, 우리의 뇌는 빛이 직선 경로로 진행한 것으로 인식하기 때문에 물체는 원래 위치보다 아래에 있는 것처럼 보이고 그림 16.8의 야자수 나무처럼 종종 상이 거꾸로 나타나게 된다. 나무 꼭대기 근처를 통과한 빛이 나무 밑 근처를 통과한 빛들보다 더 굴절되기 때문에 야자수 나무는 거꾸로 보이게 된다.

전형적인 사막의 신기루에서 길 잃고 목마른 방랑자는 야자수 나무들의 오아시스와 야자수의 반영을 볼 수 있는 아른아른 빛나는 수면으로 이루어진 영상과 마주친다. 야자수 나무는 진짜지만 물과 반사된 야자수는 신기루의 일부이다. 위쪽의 찬 공기를 통과하여 관측자에게 향하는 빛이 실제 나무의 상을 만든다. 반사된 야자수의 상은 앞에서 말한 것과 같이 나무에서 아래로 진행한 빛으로부터 만들어졌고 지상 근처의 더운(밀도가 낮은) 공기를 통과하면서 점차 위쪽으로 굴절된다. 하늘에서 아래로 진행한 빛이 위로 굴절되기 때문에 반짝이는 물의 상이 만들어진다. 그러므로 이 물 신기루는 사실상 하늘인 것이다. 이들 사막 신기루들은 물체가 실제 위치보다 아래로 보

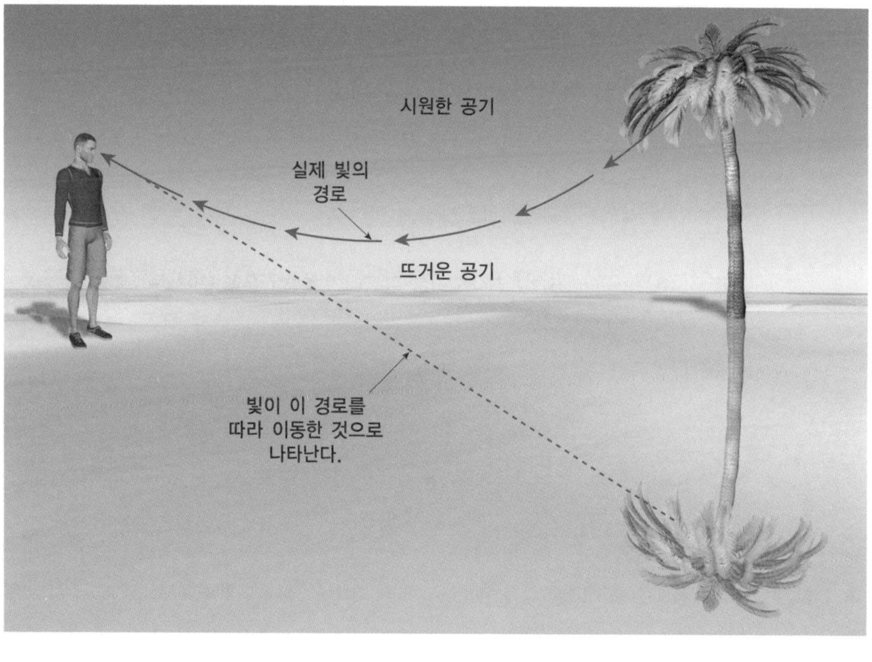

▶ **그림 16.8 전형적인 사막의 신기루는 아래 신기루의 일종이다** 전형적인 사막 신기루에서, 빛은 지표면 근처의 더운 공기에서 바로 위의 시원한 공기에서보다 더욱 빠르게 이동한다. 따라서 아래쪽을 향한 빛이 이 더운 지역(warm zone)으로 들어가면 빛은 위로 휘어져서 실제 위치보다 낮은 눈 아래로부터 관측자에게 도달한 것처럼 된다.

글상자 16.1 고속도로 신기루는 실제인가?

당신은 뜨거운 여름 오후에 고속도로를 따라 여행하는 동안 틀림없이 신기루를 보았다. 가장 흔한 고속도로 신기루는 바로 앞의 포장도로에 '물로 젖은 지역'처럼 나타나는데 당신이 다가감에 따라 사라진다(그림 16.A). 이들 '물로 젖은 지역'은 사람이 가깝게 가면 항상 사라지기 때문에 많은 사람들은 그것들을 광학적 환영이라고 믿는다. 하지만 이것은 그렇지 않다. 신기루의 다른 모든 유형들뿐만 아니라 고속도로 신기루는 거울에서 관측된 상처럼 사실이다. 그림 16.A에 보인 것처럼 고속도로 신기루는 촬영될 수 있다. 따라서 고속도로 신기루는 마음에 의해 조작된 것이 아니다.

▲ 그림 16.A 전형적인 고속도로 신기루

무엇이 건조한 도로 위에 나타나는 '물로 젖은 지역'을 발생시키는가? 더운 여름날에 지구 표면 근처 공기층은 위의 공기보다 훨씬 더 뜨겁다. 찬(밀도가 큰) 공기층에서 지표 근처의 뜨거운(밀도가 작은) 공기로 이동하는 태양 빛은 지구 곡률과 반대 방향으로 굴절된다(그림 16.8 참조). 결과적으로 하늘에서 아래로 진행하는 빛은 위로 굴절되고 도로 전방에 일어난 것이 관측자에게 보인다. 여행자에게 물로 나타난 상은 사실은 하늘이 거꾸로 된 상이다. 이것은 주의 깊은 관찰에 의해 증명될 수 있다. 다음에 여러분이 고속도로 신기루를 볼 때, '물에 젖은' 지역과 거의 같은 거리에 있는 임의의 자동차를 주목해 보자. 자동차 아래에서 여러분은 거꾸로 된 자동차 상을 볼 수 있을지 모른다. 그러한 상은 하늘의 거꾸로 된 상과 같은 방식으로 만들어진다.

질문

1. 당신이 덥고 맑은 여름날에 운전 중일 때 가끔 먼 거리에 나타나는 물에 젖은 지역의 원인을 설명하시오.

이기 때문에 **아래 신기루**(inferior mirage)라 부른다.

'사막 신기루'와 함께 또 다른 일반적인 신기루 유형은 지상 근처의 공기가 바로 위의 공기보다 더 냉각되어 상층보다 밀도가 매우 높을 때 발생한다. 따라서 이 효과는 한대 지역이나 찬 해양 표면 위에서 빈번히 관찰된다. 지상 근처의 공기가 위의 공기보다 확연히 차가울 때 빛은 지구의 곡률과 같은 방향으로 굴절된다. 그림 16.9에서 보는 것처럼, 이 효과가 정상적인 지구 곡률의 영향으로 시야에서 사라진 배를 볼 수 있게 한다. 이 현상은 종종 **떠오름**(떠 보임, looming)이라고도 한다. 이 현상은 때때로 빛의 굴절이 커서 물체가 지평선 위에 떠 있는 것처럼 보이며 사막 신기루와는 반대로 떠오름은 상이 실제 위치보다 높게 보이기 때문에 **상층 신기루**(superior mirage)라고 한다.

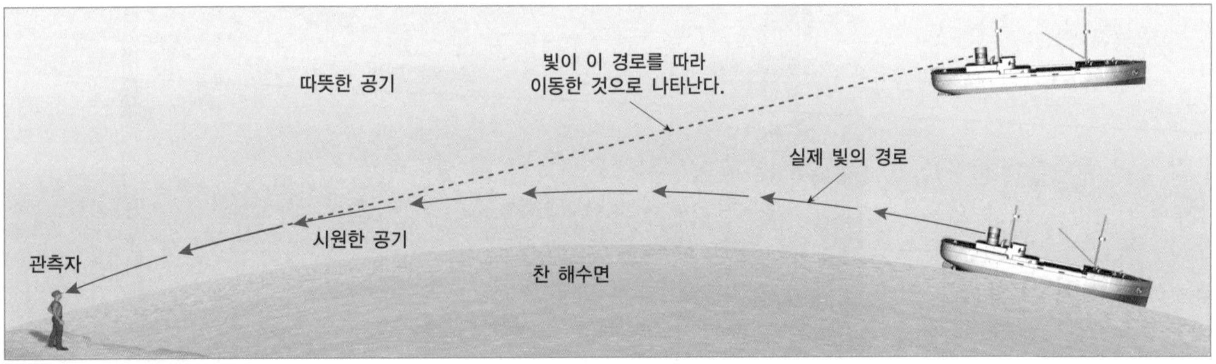

▲ **그림 16.9 떠오름 : 상층 신기루의 일종** 빛이 차가운 공기층으로 진행함에 따라 빛의 속도가 느려지고 아래로 굴절된다. 이것은 물체가 실제 위치보다 위에 떠 있는 것으로 보이게 하여 상층 신기루라 한다.

설명이 쉬운 아래와 상층 신기루 외에도 몇몇의 더 복잡한 신기루들이 관측되고 있다. 신기루는 주로 고도에 따른 온도변화가 불규칙적인 대기 구조, 즉 밀도의 고도 변화가 불연속적인 대기 구조에서 발생한다. 이러한 조건하에서 동일 온도층(thermal layer, 밀도가 동일한 대기층)들은 유리 렌즈처럼 작용한다. 각 동일 온도층이 빛을 서로 다르게 굴절시키기 때문에 이러한 동일 온도층을 통하여 관측된 물체의 크기와 모양은 매우 왜곡된다. 만약 당신이 지역 박람회에서 '거울의 집'에 들어 간 적이 있다면 비슷한 광경을 보았을지 모른다. 여기 거울 중 하나는 당신을 크게 보이게 하는 반면에 다른 거울은 당신의 신체 일부의 모습을 늘리거나 압축한다. 신기루들도 유사하게 물체들의 크기와 모양을 왜곡시킬 수 있다.

물체의 외관상 크기를 현저하게 변화시키는 신기루를 **치솟음**(towering)이라고 한다. 이름이 제시하는 것처럼 치솟음은 물체를 매우 크

대기를 바라보는 눈 16.1

다음의 영상은 일출 또는 일몰 시 태양 위에 녹색 모자 형태로 나타나는 **녹색 섬광**으로 알려진 광학현상이다. 녹색 섬광은 빛이 대기권 상부의 얇은 밀도 층에서 관측자가 위치한 지구 표면의 밀도가 높은 층으로 이동할 때 대기의 밀도 변화로 발생한다. 녹색 섬광은 태양복사 스펙트럼에서 푸른색과 녹색이 붉은색과 오렌지색의 빛보다 더 많이 휘기 때문에 발생한다. 그 결과 붉은색이 지구 곡률의 영향으로 가려진 후에 지구 저편으로 사라지는 태양 상부 가장자리로부터의 푸른색은 지구상의 관측자에게 보인다. 그래서 우리는 매 일몰 시마다 푸른/녹색의 반짝임을 볼 수 있음을 기대할 수 있다. 날씨가 맑고 장애물이 없을 때의 일몰이 가장 생생한 녹색 섬광을 연출한다. 그렇지만 녹색 섬광은 대부분의 푸른색과 녹색이 산란에 의해 제거되기 때문에 보기가 어렵다(2장 참조).

질문

1. 빛이 다양한 밀도를 가진 투명한 매질을 통과하면서 휘어지는 현상을 무엇이라 하는가?
2. 녹색 섬광들은 일몰 시 바다에서 가장 흔하게 사진이 찍힌다. 왜 그런가?

게 하여 때로는 원래 물체를 왜곡시키기도 한다. 이 광학적 현상은 큰 온도 차이가 자주 발생하는 연안 지역에서 가장 자주 관측된다. 치솟음의 한 가지 흥미 있는 형태를 파타 모르가나(Fata Morgana)라고 한다. 이것은 얇은 공기에서 치솟는 성을 만들어낼 수 있는 마술적인 힘을 가지고 있는 것으로 알려진 아서 왕의 전설의 누이(sister) 이름을 따서 명명했다(그림 16.10). 마법의 성을 만드는 것뿐 아니라 파타 모르가나는

▲ **그림 16.10 파타 모르가나**
이러한 유형의 신기루는 물체를 실제 크기보다 크게 보이게 한다. 이 특별한 이미지는 물 위에 떠 있는 2개의 빙산이다. 여기서 이 이미지의 상부는 실제 빙산의 역전된 상임을 주목하자.

아마도 초기의 북쪽 한대 지방 탐험가들이 먼 거리에서 보았던, 그러나 결코 존재하지 않았던 높게 치솟은 산들을 설명한다.

✓ 개념 체크 16.2

❶ 빛이 통과하는 대기층의 밀도가 고도에 따라 변하면 빛에는 무슨 일이 발생할까?

❷ 빛이 따뜻한(밀도가 낮은) 공기에서 차가운(밀도가 높은) 공기로 이동할 때 빛의 경로는 휘어질 것이다. 빛의 경로는 지구 곡률과 같은 방향 또는 반대 방향 중 어느 방향으로 휘어질 것인가?

❸ 아래 신기루가 의미하는 것은 무엇인가?

❹ 아래 신기루는 상층 신기루와 어떻게 다른가?

자주 나오는 질문…

달이 머리 위에 있을 때보다 수평면상에 있을 때 왜 더 크게 보이나요?

이 현상은 빛의 굴절과는 관계없는 광학적 환영이다. 달의 크기는 달이 지평선 위에 떠오를 때 실제로는 변하지 않는다. 기상학자 크레이그 보렌이 말했듯이 "달 환영은 마음의 굴절 결과이며, 신기루는 대기에 의한 굴절의 결과"이다.*

* Craig F Bohren, *What Light Through Yonder Window Breaks? : More Experiments in Atmospheric Physics*(New York : John Wiley & Sons, Inc), ©1991.

16.3 무지개

빗방울을 도시하고 태양광선이 1차 무지개를 생성하기 위해 빗방울을 어떻게 통과하는지를 설명한다.

아마도 우리 대기에서 발생하는 모든 광학 현상 중에서 가장 장관이면서 잘 알려진 현상이 **무지개**(rainbow)이다(그림 16.11). 지상의 관측자는 하늘의 넓은 영역을 가로질러 길게 뻗친 호(아치) 모양의 색 배열로서 무지개를 본다. 비록 색들의 선명함은 무지개에 따라 다르지만, 관

▲ **그림 16.11 무지개** 알래스카 지역의 침엽수림대(타이가) 북쪽에 위치한 전나무 위의 무지개

찰자는 보통 6개의 매우 명료한 색들의 띠를 식별할 수가 있다. 무지개의 가장 바깥 띠는 항상 빨간색이고 순차적으로 주황색, 노란색, 초록색, 파란색으로 배열되며 끝으로 가장 안쪽에 보라색 띠가 배치된다. 전형적으로 이들 색의 장관은 태양이 관찰자의 뒤편에 위치하고 소나기가 관찰자 전면에서 발생할 때 볼 수 있다. 폭포나 잔디 스프링클러(살수 장치)에 의해 발생하는 작은 물방울의 박무 또한 소형 무지개를 발생시킬 수 있다.

빗방울들이 1차 무지개를 발생시키는 과정에서 빛을 어떻게 분산시키는지를 이해하기 위해 굴절에 대해 학습한 것을 기억해 보자. 빛이 대기에서 물로 비스듬하게 진행함에 따라 빛의 속도가 느려지고 그 결과 빛의 방향이 휘어진다(굴절된다). 또한 빛의 각 색(파장)은 물속에서 다른 속도로 진행한다. 따라서 각 색(파장)은 조금씩 다른 각도로 굴절될 것이다. 보라색은 간섭하는 매질들과 상호작용을 가장 많이 하여 속도가 가장 느려져 굴절이 많이 되는 반면, 붉은색은 가장 빠르게 진행하여 굴절이 가장 적게 일어난다. 따라서 모든 색으로 구성된 태양빛이 물로 입사하게 되면 파장별로 서로 다른 굴절효과가 태양 빛을 속도에 따라 색을 분리한다.

17세기 과학자 아이작 뉴턴은 색 분리의 개념을 설명하기 위해 프리즘을 이용했다. 프리즘을 통하여 진행되는 빛은 공기에서 유리로 입사할 때 한 번, 그리고 빛이 프리즘에서 공기로 나아갈 때 다시 한 번, 총 두 번 굴절된다. 뉴턴은 빛이 프리즘에 의해 두 번 굴절될 때 태양 빛이 구성 색깔에 따라 확연히 분리되는 현상을 목격했다(그림 16.12). 우리는 이와 같이 굴절에 의해 색들이 분리되는 것을 **분산**(dispersion)이라 한다.

무지개들은 물방울들이 프리즘처럼 태양 빛을 우리가 보는 색의 스펙트럼으로 분산시키기 때문에 발생한다. 태양 빛이 작은 물방울에 입사하면, 보라색은 가장 많이, 빨간색은 가장 적게 굴절된다(그림 16.13A). 물방울의 맞은편에 도달한 빛은 내부적으로 후방으로 반사되고 빛이 입사한 쪽과 같은 방향으로 빠져 나온다. 빛들이 물방울을 나가면서 추가된 굴절이 이미 일어난 분산을 강화시켜서 완전한 색 분리를 만들어 낸다.

입사하는 태양 빛과 무지개를 구성하는 분산된 색 사이의 각은 빨간색이 42°이고 보라색이 40°이다.주황색, 노란색, 초록색, 파란색과 같은 다른 색들은 40°와 42° 사이의 중간 각도로 각각 분산된다. 비록 각 물방울이 색의 모든 스펙트럼을 분산시키지만, 관측자는 어떤 한 빗방울에서 오직 한 가지 색만을 볼 것이다(그림 16.13A). 따라서 각 관측자는 다른 태양빛과 다른 물방울들의 조합에 의해 발생된 관측자만의 고유한 무지개를 볼 것이다. 사실, 무지개는 태양 빛과 작은 프리즘으로 작용하는 수백만 개의 빗방울과의 상호작용에 의해 생성된다.

무지개 광선은 태양 빛의 경로에 대해 언제나 약 42°의 각도로 관측자를 향하여 진행하기 때문에 곡선형의 무지개가 생긴다(그림 16.13B). 따라서 우리는 아치 모양의 무지개로 인식하는 하늘을 가로지르는 색의 42° 반원을 경험한다. 그렇지만 만약 태양이 지평선에서 42°보다 더 높이 있다면 지상에 있는 관측자는 무지개를 보지 못할 것이다. 비행기

◀ **그림 16.12 색들의 스펙트럼은 태양 빛이 프리즘을 통과할 때 만들어진다**
빛의 각 파장(색)이 서로 다르게 굴절됨을 주목하자.

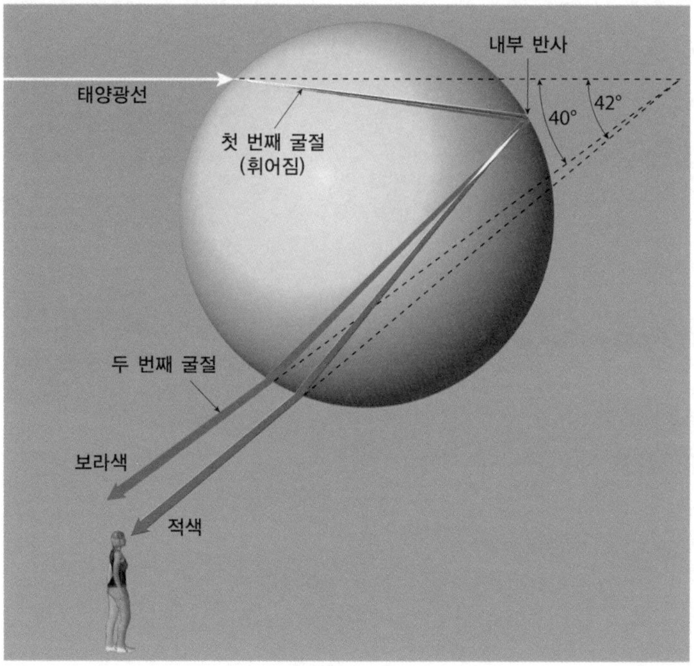

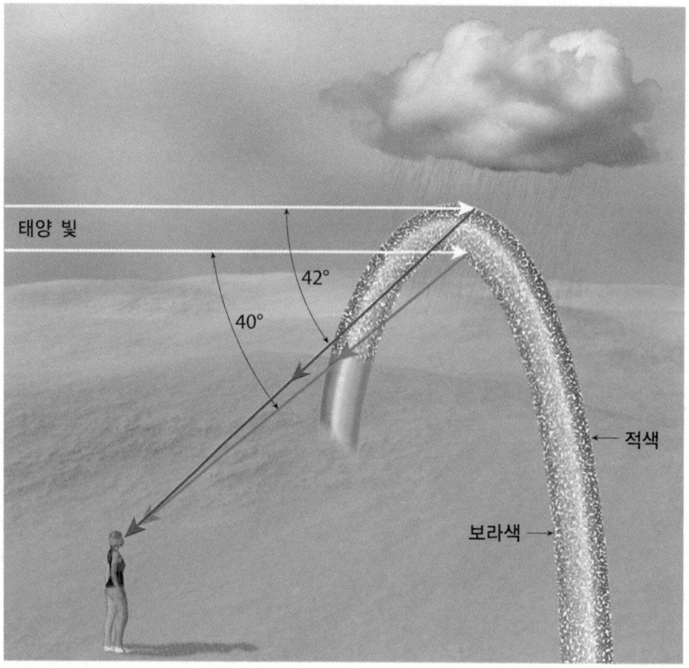

▲ **그림 16.13 1차 무지개의 형성** A. 태양 빛이 빗방울에 입사하여 굴절될 때 색 분리가 생긴다. 이 빛은 내부적으로 반사된 후 빗방울을 나갈 때 다시 굴절되어 결과적으로 무지개 색을 만들어 낸다. B. 무지개를 만들기 위해서는 수백만 개의 빗방울이 필요하다. 각 관측자는 임의의 1개 빗방울로부터는 단지 1개의 색만을 본다.

안에 있는 관측자는 이상적인 조건하에서 완전한 원 모양인 무지개를 볼 수 있을 것이다.

장관인 무지개가 눈에 보일 때 관측자는 가끔 희미한 2차 무지개를 보게 될 것이다. 이 2차 무지개는 1차 무지개의 약 8° 위에 보이고 하늘을 가로지르는 더 큰 호를 그릴 것이다.* 또한 2차 무지개는 1차 무지개보다 약간 좁은 색의 띠를 가지며 색의 배열은 1차 무지개와 반대이다. 2차 무지개에서 빨간색은 가장 안쪽에, 보라색은 가장 바깥쪽에 위치한다.

2차 무지개는 1차 무지개와 매우 유사한 방식으로 발생한다. 가장 큰 차이점은 그림 16.14에 보인 것처럼 2차 무지개를 이루는 분산된 빛이 빗방울을 빠져 나오기 전에 빗방울 내에서 2번 반사되는 점이다. 추가된 반사가 붉은색을 50°(1차 무지개보다 약 8° 더 높은) 분산시키고 색 배열이 반대로 되게 한다.

또한 추가의 반사는 2차 무지개가 1차 무지개보다 잘 관측되지 않는 사실을 설명한다(그림 16.15). 빛이 물방울 표면 안쪽에 닿을 때마다 일부의 빛은 반사되지만 나머지는 반사하는 표면을 투과한다. 물방울의 후면을 투과하여 진행하는 빛은 무지개에 기여하지 않는다. 따라서 2차 무지개들은 항상 형성되지만 그들은 드물게 관측된다.

우리는 다른 광학현상처럼 무지개도 날씨를 예보하는 수단으로 사용한다. 잘 알려진 날씨 속담은 이 점을 설명한다.

아침의 무지개는 당신에게 위험을 알려 준다.
오후의 무지개는 날씨가 바로 개일 것을 알려 준다.

* 참고하면, 물체들이 하늘에서 얼마나 멀리 떨어져 있는지를 측정할 때, 여러분의 손을 하늘로 들어 보자. 새끼손가락이 대략 1°, 중지가 5° 정도이며 새끼손가락과 엄지손가락을 펼치면 약 25° 정도 될 것이다.

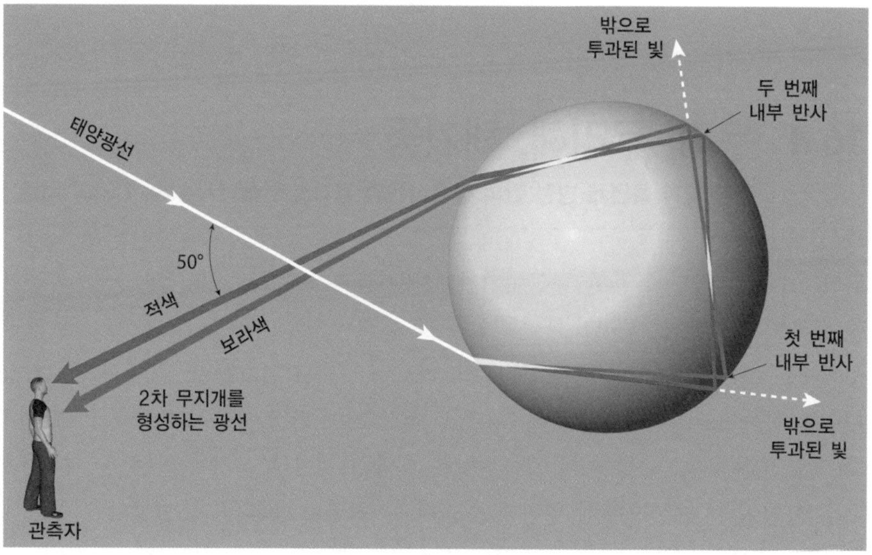

▶ **그림 16.14 2차 무지개 생성** 2차 무지개는 내부에서 1번이 아닌 2회의 내부 반사를 경험하는 빛들로 이루어진다. 중복된 내부 반사가 적색과 보라색의 위치를 역전되게 하며 그것이 색들의 순서를 설명한다.

▲ **그림 16.15 이중 무지개** 2차 무지개는 1차 무지개보다 흐리고 색들의 순서가 역전되어 있다.

날씨에 대한 이 구전 지식은 중위도에서 기압계가 보통 서에서 동으로 이동한다는 사실에 근거한다. 여러분이 무지개를 보기 위해서는 태양을 등지고 비를 보아야 한다는 것을 기억해야 한다. 아침에 무지개가 보일 때는 태양은 관측자의 동쪽에 위치하고 무지개를 생성하는 구름과 빗방울들은 관측자의 서쪽에 위치해 있다. 따라서 우리는 아침에 무지개가 보일 때 관측자의 서쪽에 위치한 비구름이 관측자를 향해 이동하기 때문에 비 오는 날씨를 예측한다. 오후에는 반대 상황이어서 비구름이 관측자의 동쪽에 위치한다. 따라서 무지개가 오후에 보이면 비는 이미 지나간 것이다. 이 유명한 속담이 과학적인 원리에 근거한 것이지만 태양 빛이 통과할 수 있는 정도의 구름 속의 작은 틈새는 늦은 오후에도 무지개를 일으킬 수 있다. 이 상황에서는 무지개가 보인 후 잠시 동안 더 많은 비가 내릴 수 있다.

✓ 개념 체크 16.3

❶ 1차 무지개에서 밖에서부터 안으로의 색 배치를 순서대로 나열하시오.

❷ 여러분이 아침에 무지개를 보았다면 어느 방향을 바라보았는지를 설명하시오.

❸ 왜 2차 무지개는 1차 무지개보다 덜 선명한가?

❹ 빛이 하나의 투명한 매질에서 다른 매질로 통과할 때 빛이 굴절되면서 발생하는 색의 분리를 설명하는 용어는?

16.4 무리, 무리해, 해기둥

태양 빛과 육면체 빙정 간의 상호작용의 결과로 만들어지는 세 가지의 서로 다른 광학현상을 구분한다.

무리(halos)는 상당히 흔한 현상이지만, 일반 관측자에게는 무리들이 잘 관측되지 않는다. 무리가 관측되었을 때 무리는 태양(때로는 달)을 중심으로 큰 직경을 가지는 좁고 하얀 고리로서 나타난다(그림 16.16). 무리는 하늘이 얇은 권운이나 권층운으로 덮인 날에 가장 자주 발생한다(그림 5.2C 참조). 또한 이 광학현상은 태양이 지평선 근처에 있는 이른 아침이나 늦은 오후에 일반적으로 더 잘 보인다. 지리적 특성상 태양의 고도각이 낮고 권운이 자주 발생하는 한대 지역의 현지인들은 무리의 광경과 관련된 현상을 자주 접한다.

가장 자주 발생하는 무리는 무리의 반경이 관측자로부터 22° 각도로 이루어지기 때문에 명명된 22° 무리이다. 관측 빈도가 낮은 것은 커다란 46° 무리이다. 무지개처럼 무리는 태양 빛의 분산에 의해 만들어진다. 그러나 무리의 경우에는 빛의 굴절이 빗방울이 아닌 빙정에 의해

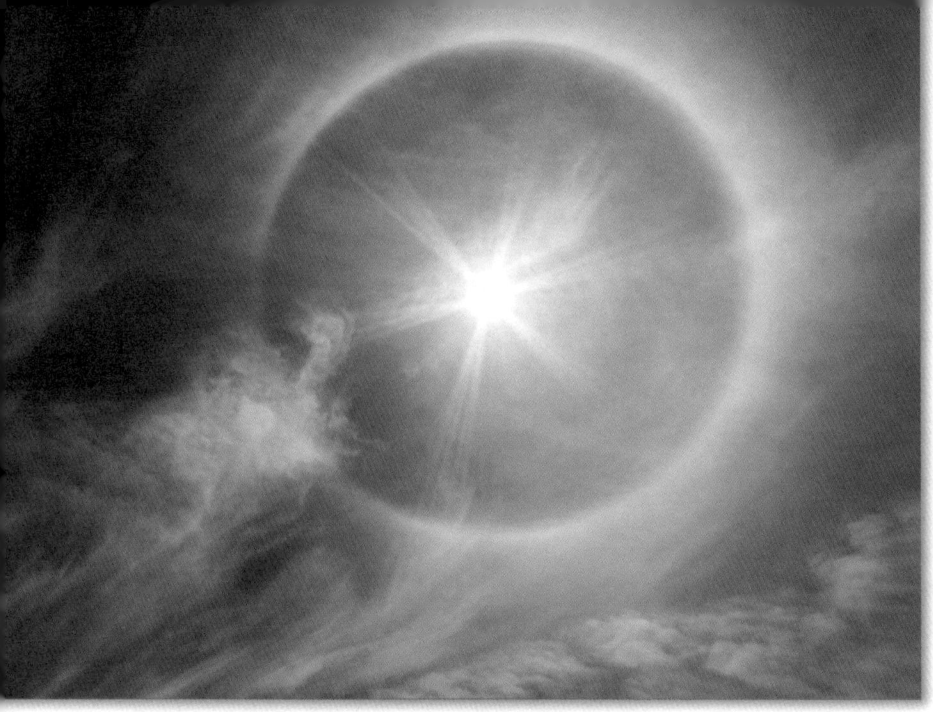

▲ **그림 16.16 권층운에 포함된 빙정에 의한 태양 빛의 분산으로 만들어진 22° 무리**

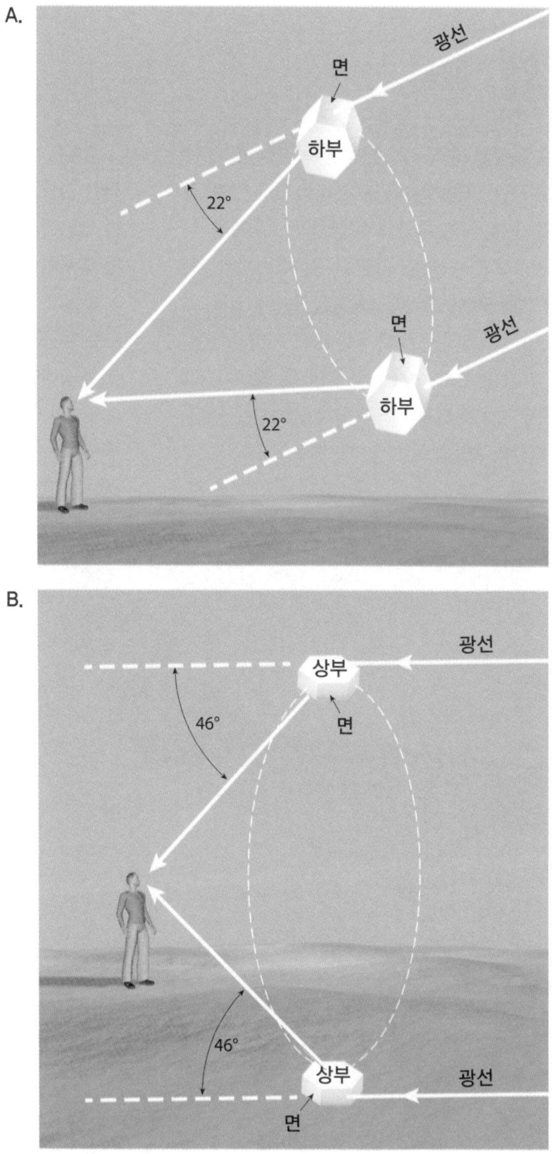

▲ **그림 16.18 무리는 빛이 빙정을 통과하면서 굴절되는 빛으로 구성된다** **A.** 22° 무리는 빙정의 옆면(하부나 상부가 아닌)으로 입사한 태양이나 달빛의 대부분이 맞은편 면으로 나올 때 생성된다. **B.** 46° 무리는 빙정의 옆면(하부나 상부가 아닌)으로 입사한 후 빙정의 상부나 하부로 나올 때 생성된다.

만들어진다. 그러므로 무리 형성에 관계되는 구름은 높은 구름이다. 권운은 종종 저기압성 폭풍우를 유발하는 전선치올림(상승)에 의해 형성되기 때문에 다음의 날씨 속담이 입증하는 것과 같이 무리는 정확히 흐리거나 비가 내리는 날씨의 조짐으로 묘사되어 왔다.

원을 가진 달은 그녀의 코에 물을 가져온다.

네 가지 기본 유형의 육면체 빙정들, 즉 판상(plates), 기둥(columns), 탄환(bullets), 모자 쓴 기둥(capped columns)이 무리의 형성에 기여한다(그림 16.17). 왜냐하면 무리 형성을 유발하는 모든 빙정들은 무작위로 분포하여 분산된 빛이 빛을 발하는 물체(태양이나 달)를 중심으로 거의 원형에 가까운 무리를 만들기 때문이다.

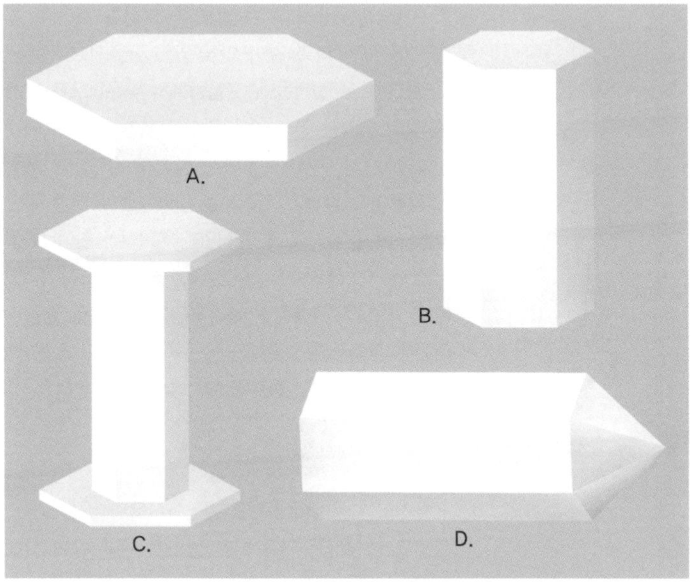

▲ **그림 16.17 고층운에서 발견되는 일반적인 빙정 모양** 이들 특별한 육면체들은 특정한 광학현상의 형성에 기여한다. **A.** 판상, **B.** 기둥, **C.** 모자 쓴 기둥, **D.** 탄환.

22°와 46° 무리 사이의 주된 차이점은 빛이 빙정을 통과하는 경로이다. 그림 16.18A에서 보는 것처럼 22° 무리를 일으키는 확산된 태양 빛은 빙정의 한 면을 통과한 후 굴절된 다음 다른 면으로 나간다. 보통의 유리 프리즘과 같이 빙정에서 서로 인접한 면 사이의 분리 각은 60°이다. 그러므로 빙정은 22° 무리를 만들기 위해 프리즘과 비슷한 방법으로 빛을 분산시킨다. 대조적으로, 46° 무리는 빛이 빙정의 한 면을 통과하여 굴절된 후 빙정의 윗면이나 밑면으로 진행할 때 형성된다(그림 16.18B). 이들 두 표면을 분리하는 각은 90°이다. 90°로 분리된 빙

글상자 16.2 광륜

광륜(glory)은 지상의 관측자가 좀처럼 목격할 수 없는 광경이다. 그렇지만 다음에 여러분이 비행기의 창가 좌석에 앉는다면 구름 위에 투영된 비행기의 그림자를 찾아보자. 비행기 그림자는 종종 광륜을 구성하는 하나 또는 그 이상의 색을 가진 고리에 의해 둘러싸여 있을 것이다(그림 16.B). 각 고리는 무지개와 같이 가장 바깥쪽에 빨간색을, 가장 안쪽의 보라색을 띠게 될 것이다. 그러나 일반적으로 1차 무지개의 색만큼 선명하지는 않다. 2개 또는 그 이상의 고리들이 보일 때, 안쪽의 고리가 가장 밝고 가장 얇을 것이다.

광륜은 수세기 동안 관측되어 왔으며 종종 종교적인 그림들에서 나타나는 우상적 무리들과 유사한 외형에서 명명되었다. 중국에서는 이 현상이 종종 **부처의 빛**으로 불린다.

비행기 조종사들이 광륜들을 가장 자주 보지만, 도보 여행자들이 태양을 뒤로하고 안개나 구름 위로 올라간다면 그들도 광륜을 볼 수 있을 것이다. 관측자의 어깨가 구름이나 안개 더미(fog bank)에 투사된다면, 광륜은 관측자의 머리를 완전히 가릴 것이다. 만약 두 사람 이상이 동시에 그러한 광경을 목격했더라도 오직 관측자 자신의 머리만 광륜 안에 나타날 것이다.

▲ **그림 16.B 광륜** 비행기 하부의 구름 위에 투영된 비행기 그림자를 둘러싼 색을 띤 고리 모양의 광륜.

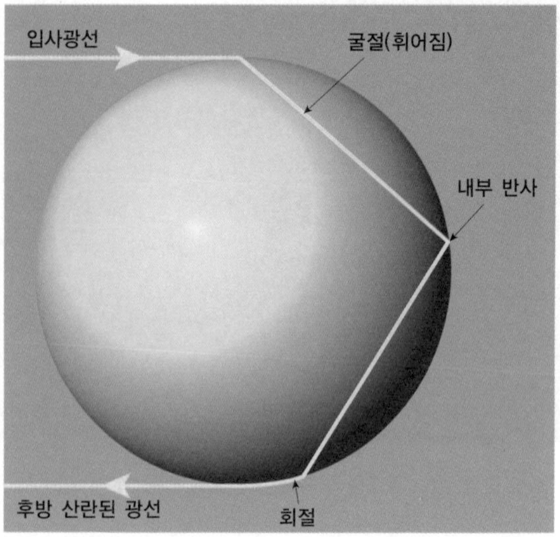

▲ **그림 16.C 광륜의 형성**
태양광선이 작고 균일한 구름방울들과 부딪칠 때 광륜이 형성된다. 아직 확실하지는 않지만, 광륜 형성 과정은 결과론적으로 직접 태양을 향하도록 후방 산란되는 광선들의 굴절, 내부 반사 그리고 회절을 포함하는 것으로 생각된다.

광륜은 무지개와 같은 방법으로 형성된다. 그러나 광륜을 발생시키는 구름 방울들은 무지개 색으로 분산시키는 빗방울보다 매우 작고 좀 더 균일한 크기이다.

광륜이 어떻게 형성되는가에 대한 과학적 설명은 아직도 논란 중에 있다. 하나의 가설은 광륜을 형성하는 광선은 구름방울들의 외부 가장자리에 부딪친 것이다. 그림 16.C에 보인 바와 같이 이들 빛은 굴절되고 구름방울의 맞은편으로 진행한다. 구름방울의 맞은편으로 반사된 후 빛이 입사한 면의 반대 면으로 빠져 나온다. 이것은 빗방울이 1차 무지개를 만드는 방법과 유사하다. 그렇지만, 광륜이 형성되기 위해서는 태양광선이 태양 쪽으로 후방 산란될 수 있도록 약 180° 휘어져야 한다. 회절(diffraction)이 필요한 추가적인 휘어짐을 일으킬 수 있는 메커니즘이다. 광륜은 언제나 태양의 반대쪽에 형성되기 때문에 관측자의 그림자(또는 관측자가 타고 있는 비행기의 그림자)는 항상 광륜 안에서 발견될 수 있다.

질문

1. 광륜이라는 용어의 출처를 설명하시오.
2. 광륜을 생성하기 위해 어떤 물체가 태양 빛과 상호작용하는가?

정 면들을 통과한 빛이 굴절되어 광원으로부터 46°에 집중되어 이름을 46° 무리라 한다. 다른 많은 유형의 무리들과 부분적 무리들이 관측되는데, 이들은 모두 특정한 형태의 빙정과 방향의 상대적 분포 특성에 의한다.

빙정이 빗방울(프리즘)과 같은 방법으로 빛을 분산시킨다 해도 빗방울과 비교하면 얼음의 불규칙한 모양과 크기 때문에 일반적으로 무리는 부분적으로 약간 흰색이며 무지개와 같은 빛을 나타내지는 않는다. 이러한 차이는 빗방울은 크기와 모양이 균일한 반면, 빙정은 크기와 모양이 매우 다양한 사실에 기인한다. 각 빙정이 빗방울이 만드는 무지개와 같은 무지개를 만들지라도 색들은 서로 겹쳐져서(overlap) 상쇄된다. 그러나 때때로 무리는 색을 띠게 될 것이다. 그 경우 푸른색 고리가 붉은색의 고리(ring)를 에워쌀 것이다.

무리와 관련된 가장 극적인 현상중 하나가 **무리해**(sun dogs)이다. 이 2개의 밝은 지역 또는 보통 가짜 태양(mock suns)이라 불리는 것들은 22° 무리 가까이에서 보이고 태양의 양옆에서도 보인다(그림 16.19). 무리해는 연직 방향으로 배열된 상당수의 빙정에 의해 형성되는 것을 제외하고는 무리와 같은 조건하에 형성된다. 이 특정한 방향의 배열은 길쭉한 빙정이 천천히 하강할 때 생긴다. 연직 방향의 빙정들이 태양의 양옆에 위치한 약 22° 무리만큼 떨어진 곳에 위치한 두 지역에 태양광선이 집중(확대경과 같이)되게 한다.

▲ **그림 16.19 무리해** 무리해는 많은 수의 연직 방향 빙정들의 존재에 의존하는 점을 제외하면, 무리들과 같은 조건하에서 형성된다. 연직 방향의 빙정들이 태양의 양옆에 위치한 약 22° 무리만큼 떨어진 곳에 위치한 두 지역에 태양광선이 집중(확대경과 같이)되게 한다.

▲ **그림 16.20 해기둥** 해기둥은 한랭운에 존재하는 판상의 빙정들 하부에서 반사된 태양광선들의 줄기들이다.

낙하하는 빙정에 의한 또 다른 광학현상이 **해기둥**(sun pillar)이다. 이들 태양광선의 연직 줄기들은 일몰 직전이나 일출 직후 광선들이 태양으로부터 위로 뻗쳐 나갈 때 자주 보인다(그림 16.20). 이들 밝은 해기둥들은 태양광선이 천천히 떨어지는 나뭇잎과 같은 방향을 띤 낙하하는 판상과 모자 쓴 기둥의 아래 면에서 관측자 방향으로 반사될 때 형성된다. 태양이 지평선 근처에 있을 때 직달 태양광선이 종종 붉은색을 띠기 때문에 해기둥도 유사한 색으로 보일 수 있다. 가끔 태양 아래로 뻗치는 해기둥이 관측될 수도 있다.

✓ 개념 체크 16.4

1. 무리와 무지개는 어떻게 유사한가?
2. 무리와 무지개가 다른 두 가지는?
3. 무리와 무리해를 만들어 내는 빙정들의 방향성은?
4. 만약에 무리가 태양 주변에 존재한다면 어디에서 무리해를 찾을 것인가?

16.5 다른 광학현상들

광환과 무리를 비교하고 대비한다.

지금까지 우리는 빛이 공기, 물, 빙정과 같은 매질을 통과할 때 반사되거나 굴절되면서 생성되는 광학현상에 대해 알아보았다. 빛은 작은 구름방울과 같이 작은 물체 주위를 통과할 때 **회절**(diffraction)에 의해서도 광학현상을 만들어 낸다. 임의의 파장(여기서 우리는 빛의 파장에 관심을 둠) 간의 간섭으로 설명되는 회절은 파장과 크기가 유사한 장애물 근처를 통과할 때 발생한다. 굴절과 같이 회절도 하얀색을 무지개와 같은 색으로 분리한다.

회절에 의해 생성되는 2개의 광학현상이 광환과 채운이다. 광륜으로

대기를 바라보는 눈 16.2

다음의 야광운 영상은 덴마크의 빌룬트에서 2010년 7월 15일에 찍은 것이다. 야광운들(noctilucent clouds)은 얇고 파동 형태인데, 지구 대기의 높은 곳(지표면에서 50~53miles 상공)에서 해가 진 후 잠깐 동안만 관측된다. 이들 구름들은 단지 고위도의 중간권에서만 관측되기 때문에 이들은 **한대 중간권운**(polar mesospheric clouds)으로 알려졌다. 이들 중간권에서의 구름들이 과거보다 최근에 많아졌기 때문에 일부 연구자들은 이들이 지구온난화의 결과일 수도 있다고 주장한다.

질문

1. 야광운들이 해가 진 후 지상의 관측자에게 보일 수 있도록 어떻게 빛이 나는지를 설명하시오.
2. 여러분은 야광운이 수적 또는 빙정 중 어느 것으로 구성되었다고 생각하는가?

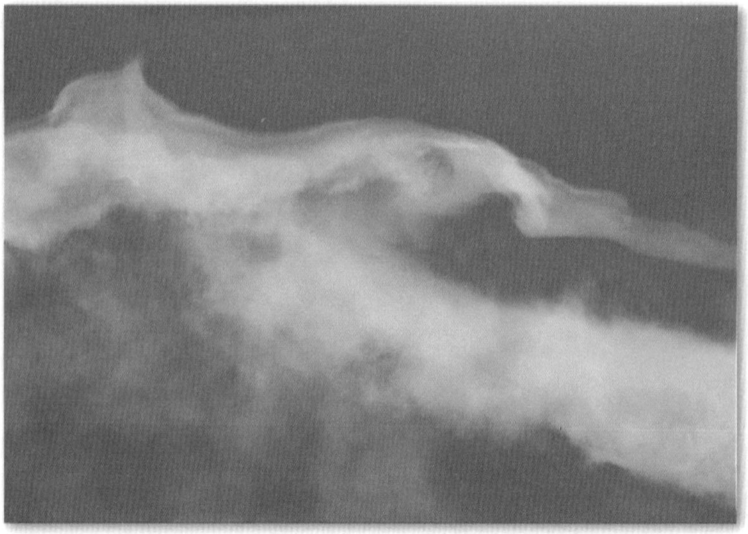

▲ 그림 16.22 채운

알려진 다른 광학현상은 반사, 굴절 그리고 회절에 의해 만들어진다(글상자 16.2).

광환

광환(corona)은 대부분 달이나 태양을 중심으로 밝고 흰 동심원으로 나타난다. 색을 구분할 수 있을 때는 언제든지 광환의 중심에 위치한 흰 원판이 무지개 색을 나타내는 1개 또는 그 이상의 여러 동심원들로 둘러싸인다(그림 16.21). 광환의 고유한 특징은 광환 색 순서가 반복된다는 점과 태양 주위보다는 달 주변에서 더 자주 관측된다는 점이다.

광환은 대개 고층운이나 권층운과 같이 얇은 구름층이 발광하는 물체(태양, 달)를 가릴(veil) 때 생성된다. 광환을 생성하는 물방울(때로는 작은 빙정)의 크기가 작고 균일하기 때문에 회절이 보다 효율적으로 흰색 빛을 무지개 색으로 분리시킨다. 그 결과 이들 구름들에 의해 생성된 광환은 쉽게 구분할 수 있는 환으로 되어 있고 가장 독특한 색들을 갖고 있다. 좀 더 큰 구름 입자들에 의해 생성된 광환은 색이 퇴색된 것처럼 희미한 색을 갖는 경향이 있어 광환을 희끄무레하게 한다.

광환은 색의 배열이 안쪽은 푸르스름한 흰색을 바깥쪽은 붉은색을 띠어 무리와는 반대이기 때문에 22° 무리와 쉽게 구분된다. 또한 광환은 무리보다 발광체에 근접해서 형성된다.

A.

B.

▲ 그림 16.21 광환 A. 전형적인 광환은 달이나 태양을 중심으로 밝고 흰 원판으로 나타난다. B. 위에 보인 것처럼 무지개 색을 나타내는 광환은 드물다.

표 16.1 대기 광학현상

과정	광학현상	매개체
굴절	신기루	공기
	무리	빙정
	무리해	빙정
반사	해기둥	빙정
반사와 굴절	무지개	빗방울
회절	광환	구름방울
	채운	구름방울
산란	푸른 하늘	공기
	붉은 저녁 놀	공기

채운

채운(iridescent clouds)은 더욱 장관이고 환상적인 광학현상이다. 이러한 구름의 광채는 고층운, 권적운 또는 렌즈운 등에 의해 발생하며 일반적으로 보라색, 분홍색, 녹색과 같은 밝은 색의 영역으로 나타나는데, 구름의 가장자리에서 보인다(그림 16.22). 채색의 일반적인 예는 비눗방울이나 젖은 표면 위에 엎질러진 기름 막에서 반사되는 색들의 스펙트럼이다. 그림 16.21B에 보인 광환과 같이 채운과 관련된 색의 발현(display)은 작고 균질한 빙정, 구름방울에 의한 달빛 또는 태양 빛의 회절에 의해 형성된다. 채운을 관측하기 위한 최적의 시간은 태양이 구름 뒤에 있거나 태양이 빌딩이나 지형학적 장애물 뒤로 가려진 직후이다.

표 16.1에 이 장에서 학습한 기본적인 광학현상들인 반사, 굴절 그리고 회절 등 어떤 과정에 의해 형성되었는가를 중심으로 요약하였다.

✓ 개념 체크 16.5

❶ 광환과 채운에서 나타나는 색들은 어떤 과정에 의해 형성되는가?

❷ 광환은 22° 무리와 어떻게 구별되는가?

16 요약

16.1 빛과 매질의 상호작용

▶ 반사의 법칙을 설명하고, 굴절이 어떻게 백색광을 다양한 색으로 분산시키는지를 논의한다.

주요 용어 반사의 법칙, 내부 반사, 굴절

- 빛과 매질 사이의 기본적인 두 가지 상호작용은 반사와 굴절이다. 반사의 법칙이란 빛이 반사될 때는 반사면에 입사한 각과 동일한 각도로 반사된다는 것이다.
- 굴절은 빛이 하나의 투명한 매질에서 다른 매질로 비스듬하게 진행할 때 속도 차이에 의해 빛의 진행 경로가 휘어지는 현상이다. 또한 빛이 밀도가 변하는 공기층을 통과할 때는 점진적으로 휘어진다.

Q. 빛이 하나의 투명한 매질에서 다른 매질로 비스듬하게 진행할 때 어떤 현상이 일어나는가?

16.2 신기루

▶ 신기루가 어떻게 생성되는지를 설명한다.

주요 용어 신기루, 아래 신기루, 떠오름, 상층 신기루, 치솟음

- 신기루란 태양광선이 밀도가 다른 공기층들을 통과할 때 발생하는 굴절에 의한 대기의 광학적 효과로, 물체가 실제 위치에서 떨어진 곳에서 보이는 현상이다.
- 지면 근처의 온도가 높아 밀도가 작은 공기와 상층의 시원한 공기에 의해 형성되는 가장 전형적인 사막 신기루는 물체가 실제 위치보다 아래에 보이기 때문에 아래 신기루로 불린다.
- 물체가 지평선 위에 떠 있는 것처럼 보일 정도로 빛의 굴절이 충분히 강할 경우에는 상층 신기루라 한다. 파타 모르가나라 불리는 또 다른 유형의 신기루는 큰 치솟음 영상을 만든다.

Q. 관측자가 신기루 근처로 접근하면 신기루가 사라지는 이유를 설명하시오.

16.3 무지개

▶ 빗방울을 도시하고 태양광선이 1차 무지개를 생성하기 위해 빗방울을 어떻게 통과하는지를 설명한다.

주요 용어 무지개, 분산

- 아마도 가장 장관이며 최고로 잘 알려진 대기 광학현상은 무지개이다. 무지개가 형성될 때 물방울들은 프리즘으로 작용하고 분산이라 불리는 과정에서 굴절이 태양광선을 색의 프리즘으로 분산시킨다.
- 1차 무지개에서 태양광선은 물방울 안에서 한 번 반사(내부 반사)된다. 그러나 희미하고 자주 관측되지 않는 2차 무지개에서는 태양광선이 빗방울 내에서 두 번 반사된다.

16.4 무리, 무리해, 해기둥

▶ 태양 빛과 육면체 빙정 간의 상호작용의 결과로 만들어지는 세 가지의 서로 다른 광학현상을 구분한다.

주요 용어 무리, 무리해, 해기둥

- 무리는 태양을 중심으로 한 좁고 약간 흰 고리이다. 무리는 하늘이 얇은 권운층으로 덮여 있을 때 자주 발생한다. 가장 흔한 무리는 22° 무리이며, 무리의 반경이 태양으로부터 22° 원에 해당되기 때문에 그렇게 불린다. 무리는 빙정에 의한 태양 빛의 굴절에 의해 발생된다.
- 무리와 관련된 가장 극적인 효과 중 하나가 무리해이다. 가짜 태양(mock sun) 또는 이들 두 밝은 지역은 22° 무리의 근처에서 보일 수 있다.

16.5 다른 광학현상들

▶ 광환과 무리를 비교하고 대비한다.

주요 용어 회절, 광환, 채운

- 광환은 달이나 태양을 중심으로 밝고 흰 원판으로 나타나는데, 태양보다 달 주변에서 주로 목격되는 유일한 광학현상이다.
- 광환과 같이 채운은 작고 균일한 구름방울 또는 종종 빙정에 의한 백색광의 회절에 의해 형성된다.

Q. 광환은 22° 무리와 어떻게 구별되는가?

생각해 보기

1. 어느 입자들(구름방울, 빗방울, 빙정)이 다음의 광학현상들(무지개, 무리, 광환, 광륜 그리고 무리해)과 관련이 되는가?
2. 다음의 그림은 어떻게 백색광이 무지개 색으로 분리되는지를 설명해 준다. 다음의 용어들과 그림 안의 번호를 연결시키시오. (용어 : 내부 반사, 적색 빛, 보라색 빛, 입사 광선, 굴절된 빛)

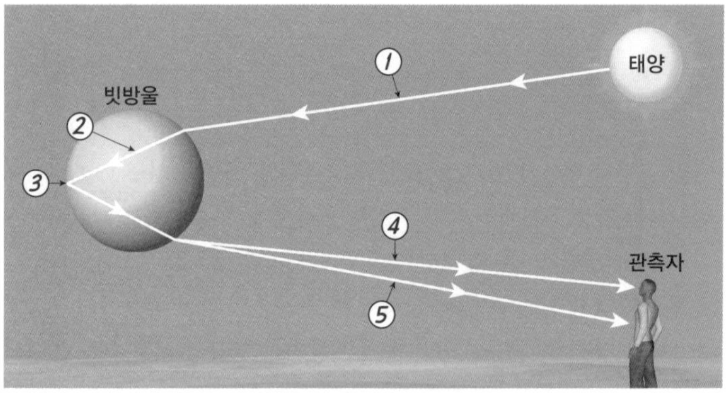

3. 만약 당신이 대형 영화관의 스크린에 가까이 갈 수 있다면 당신은 스크린이 매우 큰 하나의 매끄러운 표면이 아니라 서로 다른 각도로 배열된 작은 유리 입자들로 구성되었음을 알게 될 것이다. 빛이 다양한 표면으로부터 어떻게 반사되는가를 알고 있는 당신의 지식에 근거할 때, 왜 이런 유형의 스크린이 사용된다고 생각하는가?
4. 왜 태양 빛의 굴절이 지구에 대기가 없을 때보다 낮 시간을 길게 하는지 설명하시오.
5. 북위 41°에 위치한 미국의 네브래스카 주 링컨에 위치한 관측자는 왜 6월 21일 정오에 무지개를 결코 볼 수 없는지를 설명하시오.
6. 다음의 사진들에 나타낸 광학현상들의 명칭을 제시하시오.

A.

B.

C.

부록 A 도량형 단위

표 A-1 국제 단위계(SI)

I. 기본단위		
양	**단위**	**기호**
길이	meter	m
질량	kilogram	kg
시간	second	s
전류	ampere	A
열역학적 온도	kelvin	K
물질의 양	mole	mol
광도	candela	c
II. 접두사		
접두사	**10배수**	**기호**
tera	10^{12}	T
giga	10^{9}	G
mega	10^{6}	M
kilo	10^{3}	k
hecto	10^{2}	h
deka	10	da
deci	10^{-1}	d
centi	10^{-2}	c
milli	10^{-3}	m
micro	10^{-6}	μ
nano	10^{-9}	n
pico	10^{-12}	p
femto	10^{-15}	f
atto	10^{-18}	a
III. 유도 단위		
양	**단위**	**기호**
면적	square meter	m^2
부피	cubic meter	m^3
진동수	hertz (Hz)	s^{-1}
밀도	kilogram per cubic meter	kg/m^3
속력, 속도	meter per second	m/s
각속도	radian per second	rad/s
가속도	meter per second squared	m/s^2
각가속도	radian per second squared	rad/s^2
힘	newton(N)	$kg \cdot ms^2$
압력	newton per square meter	N/m^2
일, 에너지, 열의 양,	joule(J)	$N \cdot m$
일률	watt(W)	J/s
전기의 양	coulomb(C)	$A \cdot s$
전위차, 기전력	volt(V)	W/A
복사선 강도	candela per square meter	cd/m^2

표 A-2 도량형 환산

I. 기본단위		
고쳐질 단위	**곱하기**	**원하는 단위**
길이		
인치	2.54	센티미터
센티미터	0.39	인치
피트	0.30	미터
미터	3.28	피트
야드	0.91	미터
미터	1.09	야드
마일	1.61	킬로미터
킬로미터	0.62	마일
면적		
평방인치	6.45	평방센티미터
평방센티미터	0.15	평방인치
평방피트	0.09	평방미터
평방미터	10.76	평방피트
평방마일	2.59	평방킬로미터
평방킬로미터	0.39	평방마일
체적		
입방인치	16.38	입방센티미터
입방센티미터	0.06	입방인치
입방피트	0.028	입방미터
입방미터	35.3	입방피트
입방마일	4.17	입방킬로미터
입방킬로미터	0.24	입방마일
리터	1.06	쿼트
리터	0.26	갤론
갤론	3.78	리터
질량과 무게		
온스	28.33	그램
그램	0.035	온스
파운드	0.45	킬로그램
킬로그램	2.205	파운드
온도		
화씨도(°F)를 섭씨도(°C)로 환산할 경우, 화씨에 32도를 빼고 1.8로 나눈다(표 A-3에서 볼 수 있다).		
섭씨도(°C)를 화씨도(°F)로 환산할 경우, 섭씨에 1.8을 곱하고 32도를 더한다(표 A-3에서 볼 수 있다).		
섭씨도(°C)를 절대온도(K)로 환산할 경우 도 기호를 없애고 273을 더한다.		
절대온도(K)를 섭씨도(°C)로 환산 할 경우 도 기호를 더하고 273을 뺀다.		

표 A-3 기온 환산표(같은 화씨도나 섭씨도를 찾기 위해, 가운데 열에 있는 온도의 위치를 결정한다. 그리고 해당하는 열로부터 필요한 값을 읽는다)

˚C		˚F	˚C		˚F	˚C		˚F	˚C		˚F
−40.0	−40	−40	−17.2	1	33.8	5.0	41	105.8	27.2	81	177.8
−39.4	−39	−38.2	−16.7	2	35.6	5.6	42	107.6	27.8	82	179.6
−38.9	−38	−36.4	−16.1	3	37.4	6.1	43	109.4	28.3	83	181.4
−38.3	−37	−34.6	−15.4	4	39.2	6.7	44	111.2	28.9	84	183.2
−37.8	−36	−32.8	−15.0	5	41.0	7.2	45	113.0	29.4	85	185.0
−37.2	−35	−31.0	−14.4	6	42.8	7.8	46	114.8	30.0	86	186.8
−36.7	−34	−29.2	−13.9	7	44.6	8.3	47	116.6	30.6	87	188.6
−36.1	−33	−27.4	−13.3	8	46.4	8.9	48	118.4	31.1	88	190.4
−35.6	−32	−25.6	−12.8	9	48.2	9.4	49	120.2	31.7	89	192.2
−35.0	−31	−23.8	−12.2	10	50.0	10.0	50	122.0	32.2	90	194.0
−34.4	−30	−22.0	−11.7	11	51.8	10.6	51	123.8	32.8	91	195.8
−33.9	−29	−20.2	−11.1	12	53.6	11.1	52	125.6	33.3	92	197.6
−33.3	−28	−18.4	−10.6	13	55.4	11.7	53	127.4	33.9	93	199.4
−32.8	−27	−16.6	−10.0	14	57.2	12.2	54	129.2	34.4	94	201.2
−32.2	−26	−14.8	−9.4	15	59.0	12.8	55	131.0	35.0	95	203.0
−31.7	−25	−13.0	−8.9	16	60.8	13.3	56	132.8	35.6	96	204.8
−31.1	−24	−11.2	−8.3	17	62.6	13.9	57	134.6	36.1	97	206.6
−30.6	−23	−9.4	−7.8	18	64.4	14.4	58	136.4	36.7	98	208.4
−30.0	−22	−7.6	−7.2	19	66.2	15.0	59	138.2	37.2	99	210.2
−29.4	−21	−5.8	−6.7	20	68.0	15.6	60	140.0	37.8	100	212.0
−28.9	−20	−4.0	−6.1	21	69.8	16.1	61	141.8	38.3	101	213.8
−28.3	−19	−2.2	−5.6	22	71.6	16.7	62	143.6	38.9	102	215.6
−27.8	−18	−0.4	−5.0	23	73.4	17.2	63	145.4	39.4	103	217.4
−27.2	−17	+1.4	−4.4	24	75.2	17.8	64	147.2	40.0	104	219.2
−26.7	−16	3.2	−3.9	25	77.0	18.3	65	149.0	40.6	105	221.0
−26.1	−15	5.0	−3.3	26	78.8	18.9	66	150.8	41.1	106	222.8
−25.6	−14	6.8	−2.8	27	80.6	19.4	67	152.6	41.7	107	224.6
−25.0	−13	8.6	−2.2	28	82.4	20.0	68	154.4	42.2	108	226.4
−24.4	−12	10.4	−1.7	29	84.2	20.6	69	156.2	42.8	109	228.2
−23.9	−11	12.2	−1.1	30	86.0	21.1	70	158.0	43.3	110	230.0
−23.3	−10	14.0	−0.6	31	87.8	21.7	71	159.8	43.9	111	231.8
−22.8	−9	15.8	0.0	32	89.6	22.2	72	161.6	44.4	112	233.6
−22.2	−8	17.6	0.6	33	91.4	22.8	73	163.4	45.0	113	235.4
−21.7	−7	19.4	1.1	34	93.2	23.3	74	165.2	45.6	114	237.2
−21.1	−6	21.2	1.7	35	95.0	23.9	75	167.0	46.1	115	239.0
−20.6	−5	23.0	2.2	36	96.8	24.4	76	168.8	46.7	116	240.8
−20.0	−4	24.8	2.8	37	98.6	25.0	77	170.6	47.2	117	242.6
−19.4	−3	26.6	3.3	38	100.4	25.6	78	172.4	47.8	118	244.4
−18.9	−2	28.4	3.9	39	102.2	26.1	79	174.2	48.3	119	246.2
−18.3	−1	30.2	4.4	40	104.0	26.7	80	176.0	48.9	120	248.0
−17.8	0 32.0										

표 A-4 바람-환산표(풍속 단위 : 1mile per hour=0.868391knot=1.609344km/h=0.44704m/s)

Miles per Hour	Knots	Meters per Second	Kilometers per Hour	Miles per Hour	Knots	eters per Second	Kilometers per Hour
1	0.9	0.4	1.6	51	44.3	22.8	82.1
2	1.7	0.9	3.2	52	45.2	23.2	83.7
3	2.6	1.3	4.8	53	46.0	23.7	85.3
4	3.5	1.8	6.4	54	46.9	24.1	86.9
5	4.3	2.2	8.0	55	47.8	24.6	88.5
6	5.2	2.7	9.7	56	48.6	25.0	90.1
7	6.1	3.1	11.3	57	49.5	25.5	91.7
8	6.9	3.6	12.9	58	50.4	25.9	93.3
9	7.8	4.0	14.5	59	51.2	26.4	95.0
10	8.7	4.5	16.1	60	52.1	26.8	96.6
11	9.6	4.9	17.7	61	53.0	27.3	98.2
12	10.4	5.4	19.3	62	53.8	27.7	99.8
13	11.3	5.8	20.9	63	54.7	28.2	101.4
14	12.2	6.3	22.5	64	55.6	28.6	103.0
15	13.0	6.7	24.1	65	56.4	29.1	104.6
16	13.9	7.2	25.7	66	57.3	29.5	106.2
17	14.8	7.6	27.4	67	58.2	30.0	107.8
18	15.6	8.0	29.0	68	59.1	30.4	109.4
19	16.5	8.5	30.6	69	59.9	30.8	111.0
20	17.4	8.9	32.2	70	60.8	31.3	112.7
21	18.2	9.4	33.8	71	61.7	31.7	114.3
22	19.1	9.8	35.4	72	62.5	32.2	115.9
23	20.0	10.3	37.0	73	63.4	32.6	117.5
24	20.8	10.7	38.6	74	64.3	33.1	119.1
25	21.7	11.2	40.2	75	65.1	33.5	120.7
26	22.6	11.6	41.8	76	66.0	34.0	122.3
27	23.4	12.1	43.5	77	66.9	34.4	123.9
28	24.3	12.5	45.1	78	67.7	34.9	125.5
29	25.2	13.0	46.7	79	68.6	35.3	127.1
30	26.1	13.4	48.3	80	69.5	35.8	128.7
31	26.9	13.9	49.9	81	70.3	36.2	130.4
32	27.8	14.3	51.5	82	71.2	36.7	132.0
33	28.7	14.8	53.1	83	72.1	37.1	133.6
34	29.5	15.2	54.7	84	72.9	37.6	135.2
35	30.4	15.6	56.3	85	73.8	38.0	136.8
36	31.3	16.1	57.9	86	74.7	38.4	138.4
37	32.1	16.5	59.5	87	75.5	38.9	140.0
38	33.0	17.0	61.2	88	76.4	39.3	141.6
39	33.9	17.4	62.8	89	77.3	39.8	143.2
40	34.7	17.9	64.4	90	78.2	40.2	144.8
41	35.6	18.3	66.0	91	79.0	40.7	146.5

표 A-4 바람-환산표(풍속 단위 : 1mile per hour = 0.868391knot = 1.609344km/h = 0.44704m/s)

Miles per Hour	Knots	Meters per Second	Kilometers per Hour	Miles per Hour	Knots	eters per Second	Kilometers per Hour
42	36.5	18.8	67.6	92	79.9	41.1	148.1
43	37.3	19.2	69.2	93	80.8	41.6	149.7
44	38.2	19.7	70.8	94	81.6	42.0	151.3
45	39.1	20.1	72.4	95	82.5	42.5	152.9
46	39.9	20.6	74.0	96	83.4	42.9	154.5
47	40.8	21.0	75.6	97	84.2	43.4	156.1
48	41.7	21.5	77.2	98	85.1	43.8	157.7
49	42.6	21.9	78.9	99	86.0	44.3	159.3
50	43.4	22.4	80.5	100	86.8	44.7	160.9

부록 B 일기도의 해독과 설명

일기 시스템의 발달과 이동을 보여 주는 일기도는 예보관에 의해 사용되는 가장 중요한 도구 중 하나이다. 사용되는 여러 형태의 지도 중에 어떤 것은 지표면 근처의 상태를 나타내고, 어떤 것들은 다양한 높이의 대기 상태를 나타낸다. 또 어떤 것들은 북반구 전체를 나타내고, 어떤 것들은 특정 목적을 위해 필요한 지역만 나타낸다. NWS가 일일예보를 위해 사용하는 지도들은 대부분의 점에서 인쇄용 일일 일기도와 닮아 있다. NWS에서는 지표면의 상태를 보여 주는 지도들을 하루 네 번 생산한다. 상층의 온도, 기압, 습도의 지도들은 매일 두 번 생산한다.

지상일기도의 원칙

지상일기도를 신속히 준비하고 그림을 넣어 정보를 제공하기 위해서는 두 가지 행동을 필요로 한다. (1) 관측자들은 매일 규칙적인 시간에 그들의 담당 구역에 가서 날씨를 관측하여 중앙에 정보를 보내야 한다. (2) 정보는 일기도로 빨리 그려져야 한다. 빠른 시간 내에 경제적인 전달과 그래픽을 위해 기호가 고안되었다.

기호와 지도 그리기

다량의 정보는 간단히 암호화된 날씨 메시지에 포함된다. 만일 각 항목에 이름이 붙거나 일반 언어로 기술하게 되면, 매우 긴 메시지가 필요하게 되고 읽는 데 혼란을 겪으며, 지도로 옮기는 데 어렵다. 기호는 몇 개의 다섯 자리 숫자군들로 압축된 메시지로 가능하다. 이 각각의 자릿수는 메시지 안의 위치에 따라 의미를 가진다. 기호의 사용에 훈련된 사람들은 이 메시지를 일반 언어처럼 쉽게 읽을 수 있다(그림 B.1 참조).

관측소의 위치는 작은 원(관측소 원)으로 지도에 표시된다. **관측소 모델**이라 불리는 이 관측소 원 주변 자료에 일정한 배열이 나열된다. 보고된 관측 내용은 일기도에 관측소 원 주변의 지정된 위치에 그려지고 많은 기호 숫자들은 그 의미가 정확하게 전달된다. 메시지에 있는 기호 숫자나 실제 값으로 만들지 않는 관측 모델의 기입은 대개 고려하는 요소를 시각적으로 표현하는 기호의 형태로 나타낸다. 간혹 관측자는 지역적 날씨 상태를 나타내는 자료를 보고하지 않기도 한다. 강수와 구름의 경우에는 지도 위에 기입을 하지 않음으로써 관측이 이루어지지 않았음을 나타낸다. 자료가 통상 관찰은 됐지만 수신되지 못하는 곳은 문자 M을 기입한다.

관측 모델과 기호는 국제적인 합의에 의거한다. 이들 표준화된 숫자와 기호는 비록 사람들이 그 언어를 이해 못할지라도 어떤 한 나라의 기상학자가 다른 나라의 일기도와 일기예보를 하는 것을 가능하게 한다. 즉, 일기 기호들은 상호 교환 가능하며 현대 생활에 매우 중요한 전 구적인 일기예보를 가능하도록 하는 국제적인 언어이다.

성질이 다른 두 기단 사이의 경계를 **전선**이라고 한다. 온도, 풍향, 그리고 구름들의 중요한 날씨 변화들은 전선이 통과할 때 발생한다. 반원이나 삼각 기호 또는 이 둘은 전선의 종류를 나타내기 위해 전선을 나타내는 선에 놓인다. 이 기호들이 놓이는 쪽은 전선 이동 방향을 가르킨다. 극에서 발생한 상대적으로 찬 공기의 경계가 종종 열대에서 발생하는 따뜻한 공기에 의해 발생한 지역으로 나아가는 것을 **한랭전선**이라고 한다. 상대적으로 따뜻한 공기의 경계가 찬 공기가 발생한 지역으로 이동하는 것을 **온난전선**이라고 한다. 한랭전선이 지면에서 온난전선과 만나게 되는 선을 **폐색전선**이라고 한다. 따뜻하거나 찬 지역으로 나아가는 경향이 거의 나타나지 않는 두 기단 사이의 경계를 **정체전선**이라고 한다. 기단 경계가 지면과 상호작용할 때 **지상전선**이라 하고 그렇지 않을 때 **상층전선**이라 한다. 지상전선은 검은 실선으로 그리고, 상층 전선은 단지 윤곽만 그린다. 전선 기호는 표 B.1에 있다.

전선이 소멸하거나 약화되거나 강도가 감소할 때 **전선 소멸**(frontolysis)이라고 한다. 전선이 새로 발생할 때 **전선 발생**(frontogenesis)이라고 한다. 스콜선은 대개 심한 뇌우와 바람의 변화에 의해 발생하는 스콜들 또는 뇌우의 선이다(표 B.1).

일련의 저기압이 움직이는 경로는 **저기압 진로**(storm track)라고 하며 화살로 나타낸다(표 B.1). 기호(X를 포함하고 있는 상자)는 6시간 간격의 저기압 중심의 과거 위치를 나타낸다. HIGH(H)와 LOW(L)는 기압이 높은 곳과 낮은 곳의 중심을 의미한다. 실선은 등압선이고 같은 해면 기압의 점들을 연결한 것이다. 일기도 위에 있는 이들 선의 간격과 위치는 바람의 방향과 속도를 암시한다. 일반적으로, 바람 방향은 바람 부는 쪽으로 보고 있는 관측자의 왼쪽에 낮은 기압과 함께 이 선들과 평행하다. 속력은 선들의 근접성에 비례한다(기압경도력이라고 부름).

등온선은 같은 온도의 지점들을 연결한 선들이다. 섭씨 0° 또는 화씨 32°의 등온선은 점선으로 그려지고 화씨 0° 등온선은 선-점-선으로 그려진다(표 B.1). 관측 시간에 강수가 발생한 지역에는 색칠한다.

보조 일기도

500mb 지도

등고선, 등온선, 그리고 바람 화살은 500mb 등압 수준에서 기입 지도 위에 나타낸다. 실선은 해발 고도를 보이기 위해 그리며, 고도(feet)

그림 B.1 일기도 기입과 관측소 기호 설명

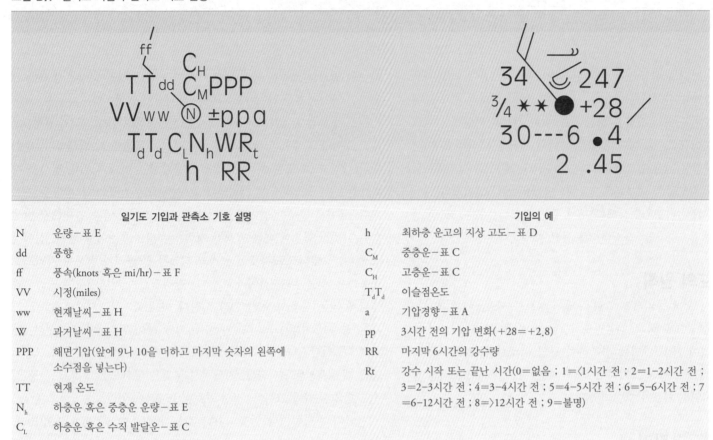

일기도 기입과 관측소 기호 설명		기입의 예	
N	운량 – 표 E	h	최하층 운고의 지상 고도 – 표 D
dd	풍향	C_M	중층운 – 표 C
ff	풍속(knots 혹은 mi/hr) – 표 F	C_H	고층운 – 표 C
VV	시정(miles)	T_dT_d	이슬점온도
ww	현재날씨 – 표 H	a	기압경향 – 표 A
W	과거날씨 – 표 H	pp	3시간 전의 기압 변화(+28=+2.8)
PPP	해면기압(앞에 9나 10을 더하고 마지막 숫자의 왼쪽에 소수점을 넣는다)	RR	마지막 6시간의 강수량
TT	현재 온도	Rt	강수 시작 또는 끝난 시간(0=없음 ; 1=〈1시간 전 ; 2=1–2시간 전 ; 3=2–3시간 전 ; 4=3–4시간 전 ; 5=4–5시간 전 ; 6=5–6시간 전 ; 7=6–12시간 전 ; 8=〉12시간 전 ; 9=불명)
N_h	하층운 혹은 중층운 운량 – 표 E		
C_L	하층운 혹은 수직 발달운 – 표 C		

표 B.1 일기도 기호

	설명
	한랭전선(지상)
	온난전선(지상)
	폐색전선(지상)
	정체전선(지상)
	온난전선(상층)
	스콜선
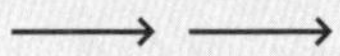	저기압 중심의 경로
	6시간 간격 동안 저기압의 위치
	32°F 등온선
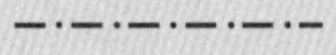	0°F 등온선

는 라벨로 붙인다. 점선은 온도의 5도 간격으로 그려지고, 섭씨온도는 라벨로 붙인다. 실제 풍향은 바람이 날아가는 것처럼 그려지는 '화살표'로 표시된다. 풍속은 깃과 깃털로 표시된다. 각각의 깃은 50노트(knots)를 의미하고, 각각의 온전한 깃털은 10노트, 그리고 각각의 반 깃털은 5노트를 나타낸다.

온도장(최고, 최저 온도장)

온도 자료는 관측소 자료를 기초로 입력된다. 관측 지점 위에 기입된 숫자는 전날의 오후 7:00 EST 이후에 12시간 동안의 최고온도를 보여준다. 관측점 아래에 기입된 숫자는 오전 7:00 EST 이전에 12시간 동안의 최저온도를 나타낸다. 문자 M은 없는 자료를 의미한다.

강수 지도

강수 자료도 관측소 자료를 기초로 입력된다. 오전 7 : 00 EST 이후 24시간 동안 이들 관측소에서 강수가 발생할 경우 인치와 100단위인 총량은 관측 지점 위에 기입된다. 총 강수의 숫자가 불완전한 자료들로부터 수집되고 지도에 기입된다면, 총량에 밑줄을 긋게 된다. T는 0.01in 미만의 미량을 나타내고 문자 M은 없는 자료를 의미한다. 강수가 오전 7:00 EST 이전 24시간 동안 내린 지역에는 색칠을 한다. 점선은 오전 7:00 EST에 인치로 표현된 지면에 쌓인 눈의 깊이를 나타낸다.

표 A 기압 경향

	상승 후 하강, 현재 기압은 3시간 전의 기압과 같거나 높음	
	상승 후 일정, 상승 후 완상승	현재 기압은 3시간 전의 기압보다 높음
	일정하게 상승, 변동 상승	
	하강 후 상승, 일정 후 상승, 상승 후 급상승	
	일정, 현재의 기압은 3시간 전의 기압과 같거나 또는 낮음	
	하강 후 상승, 현재의 기압은 3시간 전의 기압과 같거나 또는 낮음	
	하강 후 일정, 하강 후 완하강	현재 기압은 3시간 전의 기압보다 낮음
	일정 하강, 변동 하강	
	일정 후 하강, 상승 후 하강, 하강 후 급하강	

표 B 구름 약어

St	층운(stratus)
Fra	조각구름(fractus)
Sc	층적운(stratocumulus)
Ns	난층운(nimbostratus)
As	고층운(altostratus)
Ac	고적운(altocumulus)
Ci	권운(cirrus)
Cs	권층운(cirrostratus)
Cc	권적운(cirrocumulus)
Cu	적운(cumulus)
Cb	적란운(cumulonimbus)

표 C 구름 종류

하층운과 수직 발달운	
	수직으로 발달이 거의 없고 외면상 평탄한 맑은 날씨의 적운
	대개 돔 모양으로 강하게 발달한 적운으로 다른 형태의 적운이나 층적운을 동반하거나 하지 않거나 모든 구름의 운저고도는 동일함
	정상부가 최소한 부분적으로는 선명한 윤곽을 잃은 적란운으로 완전한 권운 형태나 모루 형태는 아님, 적운, 층적운 또는 층운이 공전하거나 단독적임
	적운으로부터 확산되어 형성된 층적운, 적운이 자주 공존함
	적운으로부터 확산되어 형성된 층적운, 적운이 자주 공존함
	층운 혹은 조각층운, 하지만 악천후 시의 조각층운은 아님
	악천후(scud) 시의 조각층운, 조각적운 또는 이들의 공존
	서로 다른 운저고도를 가지는 적운과 층적운(적운으로부터 확산되어 형성된 것이 아님)의 공존
	정상부가 뚜렷한 섬유 형태(권운 형태)를 가지는 적란운, 종종 모루 형태를 띰. 적운, 층적운, 층운, 또는 악천후가 동반되거나 그렇지 않은 경우 모두 해당

중층운	
	얇은 고층운(대부분 반투명한 구름층)
	태양(또는 달)이 보이지 않을 정도로 충분히 농밀한 두꺼운 고층운 또는 난층운
	대부분 반투명한 얇은 고적운, 단일층이며 구름덩이에는 느린 변화만 존재
	단편적으로 얇은 고적운, 한 층 이상에서 구름덩이가 지속적으로 변하고(거나) 발생함
	띠 모양이거나 단일층의 얇은 고적운이 서서히 하늘을 덮어 가고 전반적으로 두터워짐
	적운 또는 적란운으로부터 확산되어 형성된 고적운
	2개의 층의 고적운 또는 두꺼운 한 층의 고적운으로 확산하는 경향이 없음, 고층운과(이나) 난층운이 함께 있는 고적운
	작은 탑 모양을 가진 고적운이거나 적운형 실타래 뭉치 모양을 가진 고적운
	일반적으로 여러 층을 이룬 혼돈된 하늘의 고적운, 대개 농밀한 권운의 단편도 공존

고층운	
	섬유 형태의 권운 혹은 말꼬리구름으로 산재되어 있으며 확산되는 경향은 없음
	헝겊 조각 혹은 곡식다발 모양을 가진 농밀한 권운으로서 대개 발달하는 경향은 없으며 가끔 적란운의 윗부분이 남아 있는 것으로 보임, 또는 탑이나 실타래 뭉치 모양임
	종종 모루 형태를 가진 농밀한 권운으로 적란운과 관련되거나 적란운으로부터 파생된 것
	종종 낚싯바늘 형태를 가진 권운으로서 점차 하늘에 확산되고 대개 전체적으로 농후해짐
	종종 수렴하는 띠 모양을 가지는 권운과 권층운 또는 권층운만 가지는 경우로 대개 점점 확산되고 농후해지지만 연속된 층은 위 45° 고도까지 미치지는 않음
	종종 수렴하는 띠 모양을 가지는 권운과 권층운 또는 권층운만 가지는 경우로 대개 점점 확산되고 농후해지며 연속된 층은 위 45° 고도 이상으로 미침
	하늘 전체를 덮고 있는 권층운 장막
	하늘 전체를 덮고 있지 않으며 확산되는 경향도 없는 권층운
	권적운이 단독적으로 있는 경우나 권운 또는 권층운과 권적운이 공존하되 권적운이 지배적인 경우

표 D 최저운의 지면상 운저고도

약호	Feet	Meters
0	0~149	0~49
1	150~299	50~99
2	300~599	100~199
3	600~999	200~299
4	1000~1999	300~599
5	2000~3499	600~999
6	3500~4999	1000~1499
7	5000~6499	1500~1999
8	6500~7999	2000~2499
9	8000 또는 그 이상 또는 구름이 없음	2500 또는 그 이상 또는 구름이 없음

표 E 전운량

	구름 없음
	10분의 1 또는 그보다 작음
	10분의 2 또는 10분의 3
	10분의 4
	10분의 5
	10분의 6
	10분의 7 또는 10분의 8
	10분의 9 또는 틈을 가진 구름 덮힌 하늘
	완전히 구름으로 덮힘(10분의 10)
	불분명한 하늘

표 F 풍속

	Miles per hour	Knots	Kilometers per hour
	무풍	무풍	무풍
	1~2	1~2	1~3
	3~8	3~7	3~13
	9~14	8~12	14~19
	15~20	8~12	14~19
	21~25	18~22	14~19
	26~31	23~27	41~50
	32~37	28~32	51~60
	38~43	33~37	61~69
	44~49	38~42	70~79
	50~54	43~47	80~87
	55~60	48~52	88~96
	61~66	53~57	97~106
	67~71	58~62	107~114
	72~77	63~67	115~124
	78~83	68~72	125~134
	84~89	73~77	135~143
	119~123	103~107	192~198

표 G 일기 상태

	관측 전 시간 동안 구름 발달이 관측되지 않았거나 관측 불가능		관측 전 시간 동안 구름이 대개 소멸되거나 감소		관측 전 시간 동안 전체적인 하늘의 상태가 변화 없음		관측 전 시간 동안 구름이 대개 생성되거나 발달		연기에 의한 시정 감소
	옅은 안개(박무)		관측소에서 얕은 안개의 일부. 육지에서 6ft 이하		관측소에서 보다 많은 혹은 적은 연속 얕은 안개. 육지에서 6ft 이하		뇌성 없는 번개		시계 내의 강수, 하지만 지면 도달 안함
	관측 전 시간 동안 이슬비(결빙 아님) 또는 쌀알눈(소나기 형태로 떨어지는 것은 아님)으로 관측 시각엔 없음		관측 전 시간 동안 비(결빙이 아니며 소나기 형태도 아니다), 하지만 관측 시각엔 없음		관측 전 시간 동안 눈(소나기 형태로 떨어지는 것은 아님), 하지만 관측 시각엔 없음		관측 전 시간 동안 비와 눈 또는 얼음 싸래기(소나기 형태로 떨어지는 것은 아님), 하지만 관측 시각엔 없음		관측 전 시간 동안 어는 비 또는 어는 이슬비(소나기 형태로 떨어지는 것은 아님), 하지만 관측 시각엔 없음
	관측 전 시간 동안 약하거나 또는 보통의 풍진 또는 풍사가 감소		약하거나 또는 보통의 풍진 또는 풍사. 관측 전 시간 동안 특별한 변화가 없음		관측 전 시간 동안 약하거나 또는 보통의 풍진 또는 풍사가 시작 혹은 증가		관측 전 시간 동안 강한 풍진 또는 풍사가 감소		강한 풍진 또는 풍사. 관측 전 시간 동안 특별한 변화가 없음
	관측 시각에 어떤 거리를 둔 안개 또는 얼음안개. 하지만 관측 전 시간 동안 관측소에는 없음		안개와 얼음안개의 일부		안개나 얼음안개, 하늘 식별 가능. 관측 전 시간 동안 옅어짐		하늘 식별 불가능한 안개나 얼음안개로 관측 전 시간 동안 옅어짐		안개 또는 얼음안개, 하늘 식별 가능, 관측 전 시간 동안 특별한 변화 없음
	관측 시각에 단속적인 약한 이슬비(결빙 아님)		관측 시각에 연속적인 약한 이슬비(결빙 아님)		관측 시각에 단속적인 보통 이슬비(결빙 아님)		관측 시각에 연속적인 보통 이슬비(결빙 아님)		관측 시각에 단속적인 강한 이슬비(결빙 아님)
	관측 시각에 단속적인 약한 비(결빙 아님)		관측 시각에 연속적인 약한 비(결빙 아님)		관측 시각에 단속적인 보통 비(결빙 아님)		관측 시각에 연속적인 보통 비(결빙 아님)		관측 시각에 단속적인 강한 비(결빙 아님)
	관측 시각에 단속적인 약한 눈		관측 시각에 연속적인 약한 눈		관측 시각에 단속적인 보통 눈		관측 시각에 연속적인 보통 눈		관측 시각에 단속적인 강한 눈
	약한 소나기		보통 또는 강한 소나기		격심한 소나기		약한 소낙진눈개비		보통 또는 강한 소낙진눈깨비
	보통 또는 강한 소낙우박으로 비를 동반하거나 하지 않으며, 혹은 진눈깨비이며, 뇌성은 없음		관측 시각에 약한 비, 관측 전 시간 동안 뇌전이 있었지만 그침		관측 시각에 보통 또는 강한 비, 관측 전 시간 동안 뇌전이 있었지만 그침		관측 시각에 약한 눈, 진눈깨비 또는 우박, 관측 전 시간 동안 뇌전이 있었지만 그침		관측 시각에 보통 또는 강한 눈, 진눈깨비 또는 우박, 관측 전 시간 동안 뇌전이 있었지만 그침

표 G 일기 상태

∞	연무	S	공기 중 부유하는 광범위한 먼지. 관측 시각에 바람에 의해 발생한 것은 아님	$	관측 시각의 풍진과 풍사	∮	관측 전 시간 내 먼지회오리의 발달	(S→)	관측 전 시간 동안 관측소 또는 시계 내 먼지 보라 또는 모래 보라 관측
)•(	시계 내의 강수, 지면에 도달하나 관측소로부터 떨어진 곳	(•)	시계 내의 강수, 관측소가 아닌 관측소 근처 지면에 도달	Ꞧ	관측소에 강수를 동반하지 않는 뇌전	∇	관측 시각이나 그 이전의 시간 동안의 시계 내 스콜	)(	관측 시각에 관측소의 시계 내 깔대기 구름 관측
•▽]	관측 전 시간 동안의 소나기로 관측 시각엔 없음	*▽]	관측소가 아닌 관측소 근처에서 관측된 관측 전 시간 동안의 소낙눈 또는 소낙진눈깨비	△▽]	관측 전 시간 내 소낙우박 또는 소낙 우박비로 관측 시각엔 없음	≡]	관측 전 시간 내 안개로 관측 시각엔 없음	[Ʀ]	관측 전 시간 동안 뇌우(강수를 포함하거나 포함하지 않음)로 관측 시각엔 없음
|S→	관측 전 시간 동안 강한 풍사 풍진이 발생하거나 증가	+→ (↓)	약하거나 보통의 낮은 비설(6ft 이하)	⇉ (↓)	강한 낮은 비설	+→ (↑)	약하거나 보통의 높은 비설(6ft 이상)	⇉ (↑)	강한 높은 비설
≡	안개 또는 얼음안개로 하늘이 보이지 않으며 관측 전 시간 내 변화 없음	|≡	안개 또는 얼음안개로 하늘이 보이며 관측 전 시간 내 발생하거나 더 두꺼워짐.	|≡	안개 또는 얼음안개로 하늘이 보이지 않으며 관측 전 시간 내 발생하거나 더 두꺼워짐	▼	무빙이 침적되어 있는 안개로 하늘 식별 가능	▼	무빙이 침적되어 있는 안개로 하늘 식별 불가능
,,,,	관측 시각에 연속적인 강한 이슬비(결빙 아님)	(,∿	약한 어는 이슬비	(,∿,)	보통 또는 강한 어는 이슬비	•,	약한 비 섞인 이슬비	,•,	보통 또는 강한 비 섞인 이슬비
∴•	관측 시각에 연속적인 강한 비(결빙 아님)	(•∿	약한 어는 비	(•∿•)	보통 또는 강한 어는 비	•*	약한 진눈깨비	*•*	보통 또는 강한 진눈깨비
***	관측 시각에 연속적인 강한 눈	↔	세빙(안개가 공존하거나 하지 않음)	—△—	가루눈(안개가 공존하거나 하지 않음)	—×—	성상 단독 결정눈(안개가 공존하거나 하지 않음)	△	싸락얼음 또는 싸락눈
*▽	약한 소낙눈	*▽	보통 또는 강한 소낙눈	△▽	진눈깨비나 비를 동반하지 않는 약한 소낙싸락눈 또는 싸락얼음	△▽	진눈깨비나 비를 동반하거나 하지 않는 보통 또는 강한 소낙싸락눈 또는 소낙싸락얼음	▲▽	뇌성이 없고 비 또는 진눈깨비를 동반하거나 동반하지 않는 약한 소낙 우박
•/* Ʀ	관측 시각에 우박을 동반하지 않는 약한 또는 보통의 뇌우로 진눈깨비나 비 또는 눈을 동반함	△ Ʀ	관측 시각에 우박을 동반한 약한 또는 보통의 뇌우	•/* Ʀ	관측 시각에 우박을 동반하지 않는 강한 뇌우로 진눈깨비나 비 또는 눈을 동반함	S Ʀ	관측 시각에 풍진이나 풍사를 동반하는 뇌전	△ Ʀ	관측 시각에 우박을 동반한 강한 뇌우

부록 C 상대습도와 이슬점 표

표 C.1 상대습도(백분율)*

건구온도(° C)	습구편차(건구온도-습구온도=습구편차)																					
	1	2	3	4	5	6	7	8	9	10	11	12	13	14	15	16	17	18	19	20	21	22
−20	28																					
−18	40																					
−16	48	0																				
−14	55	11																				
−12	61	23																				
−10	66	33	0																			
−8	71	41	13																			
−6	73	48	20	0																		
−4	77	54	32	11																		
−2	79	58	37	20	1																	
0	81	63	45	28	11																	
2	83	67	51	36	20	6																
4	85	70	56	42	27	14																
6	86	72	59	46	35	22	10	0														
8	87	74	62	51	39	28	17	6														
10	88	76	65	54	43	38	24	13	4													
12	88	78	67	57	48	38	28	19	10	2												
14	89	79	69	60	50	41	33	25	16	8	1											
16	90	80	77	62	54	45	37	29	21	14	7	1										
18	91	81	72	64	56	48	40	33	26	19	12	6	0									
20	91	82	74	66	58	51	44	36	30	23	17	11	5									
22	92	83	75	68	60	53	46	40	33	27	21	15	10	4	0							
24	92	84	76	69	62	55	49	42	36	30	25	20	14	9	4	0						
26	92	85	77	70	64	57	51	45	39	34	28	23	18	13	9	5						
28	93	86	78	71	65	59	53	45	42	36	31	26	21	17	12	8	4					
30	93	86	79	72	66	61	55	49	44	39	34	29	25	20	16	12	8	4				
32	93	86	80	73	68	62	56	51	46	41	36	32	27	22	19	14	11	8	4			
34	93	86	81	74	69	63	58	52	48	43	38	34	30	26	22	18	14	11	8	5		
36	94	87	81	75	69	64	59	54	50	44	40	36	32	28	24	21	17	13	10	7	4	
38	94	87	82	76	70	66	60	55	51	46	42	38	34	30	26	23	20	16	13	10	7	5
40	94	89	82	76	71	67	61	57	52	48	44	40	36	33	29	25	22	19	16	13	10	7

상대습도 값

* 상대습도를 구하려면, 단순히 세로축(가장 왼쪽)의 기온(건구온도)과 가로축(위)의 습구편차를 찾으면 된다. 상대습도는 두 곳이 만나는 곳이다. 예를 들어, 건조온도가 습구온도가 14°C이면, 그때 습구편차는 6°C(=20°C−14°C)이다. 표 C−1에 의해 상대습도는 51%이고, 표 C−2에 의해 이슬점은 10C이다.

표 C.2 이슬점온도(°C)

건구온도(° C)	습구편차(건구온도-습구온도=습구편차)																					
	1	2	3	4	5	6	7	8	9	10	11	12	13	14	15	16	17	18	19	20	21	22
−20	−33																					
−18	−28																					
−16	−24																					
−14	−21	−36																				
−12	−18	−28																				
−10	−14	−22																				
−8	−12	−18	−29																			
−6	−10	−14	−22																			
−4	−7	−12	−17	−29																		
−2	−5	−8	−13	−20																		
0	−3	−6	−9	−15	−24																	
2	−1	−3	−6	−11	−17																	
4	1	−1	−4	−7	−11	−19																
6	4	1	−1	−4	−7	−13	−21															
8	6	3	1	2	−5	−9	−14															
10	8	6	4	1	−2	−5	−9	−14	−18													
12	10	8	6	4	1	−2	−5	−9	−16													
14	12	11	9	6	4	1	−2	−5	−10	−17												
16	14	13	11	9	7	4	1	−1	−6	−10	−17											
18	16	15	13	11	9	7	4	2	−2	5	10	−19										
20	19	17	15	14	12	10	7	4	2	−2	−5	−10	−19									
22	21	19	17	16	14	12	10	8	5	3	−1	−5	−10	−19								
24	23	21	20	18	16	14	12	10	8	6	2	−1	−5	−10	−18							
26	25	23	22	20	18	17	15	13	11	9	6	3	0	−4	−9	−18						
28	27	25	24	22	27	19	17	16	14	11	9	7	4	1	−3	−9	16					
30	29	27	26	24	23	21	19	18	16	14	12	10	8	5	1	−2	−8	−15				
32	31	29	28	27	25	24	22	21	19	17	15	13	11	8	5	2	−2	−7	−14			
34	33	31	30	29	27	26	24	23	21	20	18	16	14	12	9	6	3	−1	−5	−12	−29	
36	35	33	32	31	29	28	27	25	24	22	20	19	17	15	13	10	7	4	0	−4	−10	
38	37	35	34	33	32	30	29	28	26	25	23	21	19	17	15	13	11	8	5	1	−3	9
40	39	37	36	35	34	32	31	30	28	27	25	24	22	20	18	16	14	12	9	6	2	−2

이슬점온도 값

표 C.3 상대습도(°F)*

건구온도(° F)	습구편차(건구온도–습구온도=습구편차)																				
	1	2	3	4	5	6	7	8	9	10	11	12	13	14	15	16	17	18	19	20	25	30
0	67	33	1																			
5	73	46	20																			
10	78	56	34	13																		
15	82	64	46	29	11																	
20	85	70	55	40	26	12																
25	87	74	62	49	37	25	13	1														
30	89	78	67	56	46	36	26	16	6													
35	91	81	72	63	54	45	36	27	19	10	2											
40	92	83	75	68	60	52	45	37	29	22	15	7										
45	93	86	78	71	64	57	51	44	38	31	25	18	12	6								
50	93	87	80	74	67	61	55	49	43	38	32	27	21	16	10	5						
55	94	88	82	76	70	65	59	54	49	43	38	33	28	23	19	11	9	5				
60	94	89	83	78	73	68	63	58	53	48	43	39	34	30	26	21	17	13	9	5		
65	95	90	85	80	75	70	66	61	56	52	48	44	39	35	31	27	24	20	16	12		
70	95	90	86	81	77	72	68	64	59	55	51	48	44	40	36	33	29	25	22	19	3	
75	96	91	86	82	78	74	70	66	62	58	54	51	47	44	40	37	34	30	27	24	9	
80	96	91	87	83	79	75	72	68	64	61	57	54	50	47	44	41	38	35	32	29	15	3
85	96	92	88	84	81	77	73	70	66	63	59	57	53	50	47	44	41	38	36	33	20	8
90	96	92	89	85	81	78	74	71	68	65	61	58	55	52	49	47	44	41	39	36	24	13
95	96	93	89	86	82	79	76	73	69	66	63	61	58	55	52	50	47	44	42	39	28	17
100	96	93	89	86	83	80	77	73	70	68	65	62	59	56	54	51	49	46	44	41	30	21
105	97	93	90	87	84	81	78	75	72	69	66	64	61	58	56	53	51	49	46	44	34	24
110	97	93	90	87	84	81	78	75	73	70	67	65	62	60	57	55	52	50	48	46	36	26

*상대습도를 구하려면 세로축(가장 왼쪽)의 기온(건구온도)과 가로축(위)의 습구 편차를 찾으면 된다. 상대습도는 두 곳이 만나는 곳이다. 예를 들어, 건구온도가 70°F이고 습구온도가 57°F이면, 그때 습구편차는 13°F(70°F~57°F)이다. 표 C.3에 의해 상대습도는 44%이고, 표 C.4에 의해 이슬점온도는 47°F이다.

표 C.4 이슬점온도(°F)

건구온도(° F)	습구편차(건구온도–습구온도=습구편차)																				
	1	2	3	4	5	6	7	8	9	10	11	12	13	14	15	16	17	18	19	20	25	30
0	−7	−17	−37																			
5	−1	−8	−20																			
10	5	−1	−9	−21																		
15	11	6	0	−8	−20																	
20	16	12	8	2	−6	−17																
25	22	18	15	10	6	−2	−12															
30	27	24	21	17	13	2	−7	−20														
35	36	30	27	24	20	16	12	6	1													
40	38	35	33	30	27	24	20	16	11	5												
45	43	41	39	36	34	31	28	24	21	16	11											
50	48	46	44	42	40	37	35	32	29	25	22	17										
55	53	51	50	48	46	43	41	39	36	33	30	27	23									
60	58	57	55	53	51	49	47	45	43	40	38	35	32	29								
65	63	62	60	59	57	55	53	51	49	47	45	42	40	37	34							
70	68	67	65	64	62	61	60	57	55	53	51	49	47	45	42	39						
75	74	72	71	70	68	66	65	63	61	59	58	56	54	52	49	47	45					
80	79	77	76	75	73	72	70	68	67	65	64	62	60	58	56	54	52	50				
85	84	82	81	80	78	77	75	74	72	71	69	68	66	64	63	61	59	57	55			
90	89	87	86	85	84	82	81	79	78	76	75	73	72	70	68	67	65	63	62	60		
95	94	93	91	90	89	87	86	85	83	82	81	79	78	76	75	73	71	70	68	66	56	
100	99	98	96	95	94	93	91	90	89	87	86	85	83	82	80	79	77	76	74	73	64	53
105	104	103	102	100	99	98	97	95	94	93	91	90	89	87	86	85	83	82	80	79	70	61
110	109	108	107	105	104	103	102	100	99	98	97	95	94	93	91	90	89	87	86	85	77	68

부록 D 기체와 관련된 법칙

운동에너지

모든 움직이는 물체들은 일을 한다. 우리는 이것을 운동에너지(kinetic energy)라고 부른다. 운동하는 물체의 운동에너지는 질량(M)의 절반과 그 물체의 속도 제곱의 곱과 같다.

$$\text{운동에너지} = \frac{1}{2}\,Mv^2$$

그러므로 운동하는 물체의 속도가 두 배가 되면 그 물체의 운동에너지는 네 배 증가할 것이다.

열역학 제1법칙

열역학 제1법칙은 에너지 보존 법칙의 간단한 표현이다. 에너지는 형성되거나 파괴되지 않으며 단지 하나의 형태에서 다른 형태의 에너지로 전환한다는 내용이다. 기상학자들은 대기 현상을 분석하는 데 있어 광범위한 운동에너지의 원리와 함께 열역학 제1법칙을 사용한다. 운동론에 따르면 기체의 온도는 운동하는 분자의 운동에너지에 비례한다. 기체가 가열될 때 분자운동의 증가에 의해 운동에너지는 증가한다. 게다가 기체가 압축되면 운동에너지는 또한 증가할 것이고 기체의 온도도 증가할 것이다. 이들 관계는 아래와 같이 열역학 제1법칙에 의해서 설명된다. 열의 삭감 또는 추가에 의해 또는 기압의 변화(압축 또는 팽창)에 의해, 또는 이 둘의 결합에 의해 기체의 온도는 변한다. 어떻게 대기가 열의 증가와 감소에 의해 데워지거나 차가워지는지 이해하기는 쉽다. 하지만 상승하거나 하강하는 공기를 고려할 때, 온도와 기압 사이의 관계는 더 중요해진다. 여기에서 온도의 증가는 열의 추가에 의해서가 아니라 공기에 가해지는 일에 의해 초래하게 된다. 이 현상을 열역학 제1법칙의 단열 형태라고 한다.

보일의 법칙

1600년 경 영국인 로버트 보일(Robert Boyle)은 온도가 일정할 때 압력을 증가시키면 기체의 부피는 감소한다는 것을 보였다. 이것이 보일의 법칙이라 불리는 원리이다. 일정한 온도에서 기체의 주어진 질량의 체석은 기압과 반대로 변한다. 수학적으로 표현하면 다음과 같다.

$$P_1V_1 = P_2V_2$$

이때 P_1와 V_1기호는 원래 기압과 체적을 의미하며, P_2와 V_2는 변화가 일어나고 난 후의 새로운 기압과 체적을 각각 나타낸다. 보일의 법칙은 주어진 기체의 체적에서 압축되어 체적이 반으로 줄어들게 되면 기체에 의한 기압은 두 배로 증가한다는 것을 보인다. 이 기압의 증가는 운동에너지에 의해 설명되는데, 이는 체적이 반으로 줄어들면 용기의 벽과 분자의 충돌이 두 배 더 많아질 것이라고 예상된다. 그 이유는 밀도가 단위 체적당 질량으로 정의되기 때문에 기압의 증가는 밀도의 증가를 가져온다.

샤를의 법칙

기체의 체적(즉, 밀도)과 온도 사이의 관계는 1787년 프랑스 과학자인 자크 샤를(Jacques Charles)에 의해 약 1787년에 알려지게 되었고, 1802년에는 J. 게뤼사크(J. Gay Lussac)에 의해 확정됐다. **샤를의 법칙**은 일정한 기압에서 주어진 질량의 체적은 절대온도에 직접적으로 비례한다는 것이다. 달리 말하면, 일정한 압력에서 기체의 양이 유지될 때 온도의 증가는 체적의 증가를 가져오며 그 반대의 경우도 마찬가지다. 수학적으로 표현하면 다음과 같다.

$$\frac{V_1}{V_2} = \frac{T_1}{T_2}$$

여기서 V_1와 T_1은 원래 체적과 온도를 각각 나타내며, V_2와 T_2는 최종적인 체적과 온도를 각각 나타낸다. 이 법칙은 열이 가해지면 기체는 팽창한다는 사실을 설명한다. 운동방정식에 따르면, 열이 가해지면 입자는 더 빨리 움직이고 이로 인해 더 자주 충돌한다.

이상기체법칙 또는 상태 방정식

대기를 기술할 때는 세 변수의 양을 반드시 고려해야 한다. 기압, 온도, 그리고 밀도(단위체적당 질량). 이들 변수들 사이의 관계는 다음과 같이 보일과 샤를의 법칙을 하나의 상태로 결합하는 것에 의해 알 수 있다.

$$PV = RT \text{ 또는 } P = \rho RT$$

여기서 P는 기압, V는 체적, R은 비례상수, T는 절대온도, 그리고 ρ는 밀도이다. 이상기체법칙이라 부르는 이 법칙은 다음과 같다.

1. 체적이 일정할 때, 기체의 기압은 직접적으로 그것의 절대온도에 비례한다.
2. 온도가 일정할 때, 기체의 기압은 밀도에 비례하고 체적에 반비례한다.
3. 기압이 일정할 때, 기체의 절대온도는 체적에 비례하고 밀도에 반비례한다.

부록 E 뉴턴의 운동법칙, 기압경도력, 코리올리 힘

뉴턴의 운동법칙

공기는 공간과 분자들로 구성되어 있기 때문에 공기의 운동은 만유의 자연법칙에 의해 지배받는다. 간단히 이야기하면 어떤 힘이 공기에 작용될 때 그 힘은 공기를 원래 위치로부터 벗어나게 한다. 힘이 작용하는 방향에 따라 공기는 바람을 수평적 또는 대류적으로 일으키며 경우에 따라서는 연직적으로 움직이게 할 수도 있다. 전구적인 규모의 바람들을 일으키는 힘을 잘 이해하기 위해서는 뉴턴의 첫 번째와 두 번째 운동방정식들을 잘 이해하는 것이 도움이 된다.

뉴턴의 첫 번째 운동방정식은 어떤 힘이 가해지지 않는 한 정지해 있는 물체는 계속 정지한 상태로 있으려 하고 운동하는 물체는 계속 일정한 속력으로 동일선상을 움직이려 한다고 설명한다. 쉬운 말로 이 법칙은 정지해 있는 물체는 정지해 있으려는 경향이 있고, 움직이는 물체는 같은 방향 같은 속도로 계속적으로 움직이려는 경향이 있다는 것을 말한다. 운동의 변화(방향의 변화를 포함)에 저항하는 물체의 경향을 관성이라 한다.

우리가 평평한 땅을 따라 정지해 있는 자동차를 밀어 본 적이 있다면 우리는 뉴턴의 첫 번째 법칙을 경험한 것이다. 자동차를 움직이도록(가속되도록) 하기 위해서는 관성(변화에 대한 저항)을 이길 수 있는 충분한 힘을 필요로 한다. 일단, 자동차가 움직이고 있다고 해도 자동차가 계속 움직이기 위해서는 타이어와 도로 사이의 마찰력과 같은 크기의 힘을 극복하기에 충분한 힘이 유지되어야 한다.

움직이는 물체들은 종종 동일선상의 경로로부터 벗어나거나 멈추는 반면, 정지해 있는 물체가 움직이기도 한다. 우리가 일상생활에서 목격하는 운동의 변화는 하나 또는 그 이상의 힘들이 적용된 결과이다.

뉴턴의 두 번째 운동 법칙은 물체에 가해지는 힘들과 그 결과 관찰되는 가속도 사이의 관계에 관하여 기술한다. 뉴턴의 두 번째 법칙은 가속도는 물체에 작용하는 순 힘(net force)에 비례하고 물체의 질량에 반비례한다고 한다. 뉴턴의 두 번째 법칙은 작용하는 힘의 강도의 변화에 따라 물체의 가속도는 변한다는 것을 의미한다. 속도의 변화율을 가속도라 한다. 속도는 움직이는 물체의 속력과 방향을 모두 나타내기 때문에 물체의 가속도는 속력이나 방향 또는 둘 모두의 변화로 표현된다. 더 나아가 가속도는 속도가 증가할 경우나 감소할 경우 모두를 나타낸다.

예를 들어 우리가 자동차의 가속 페달을 밑으로 누르면, 양의 가속도(속도의 증가)를 경험한다. 반대로, 브레이크를 밟으면 음의 가속(속도의 감소)이 발생한다.

대기에서 바람의 운동은 세 가지 힘에 의해 주로 영향을 받는다. 이 힘은 기압경도력, 전향력, 마찰력이다 이 힘들의 상대적인 강도가 공기의 흐름을 이루는 데 결정적인 역할을 한다. 더 나아가, 이 힘들은 기류의 속력을 증가시키거나 기류를 감소시키며 또는 어떤 경우에는 단지 기류의 방향만 바꾸는 것과 같은 방식으로 표출될 수 있다.

기압경도력

기압경도력의 크기는 두 지점에서 기압의 차이와 밀도의 함수이다. 기압경도력은 다음과 같이 표현할 수 있다.

$$F_{PG} = \frac{1}{d} \times \frac{\Delta_p}{\Delta_n}$$

F_{PG}=단위 질량당 기압경도력

d=공기의 밀도

p=두 지점에서 기압 차이

n=두 지점 사이의 거리

예를 들어 리틀 록, 아칸소 주 5km 위에서의 기압은 540mb다 세인트루이스, 미주리 주 5km 위에서의 기압은 530mb이다. 두 도시 사이의 거리는 450km이고, 5km에서의 공기 밀도는 0.75kg/m³ 이다. 기압경도력 식을 이용하기 위해 호환이 되는 단위를 사용해야 한다. 먼저 기압의 단위를 mb에서 Pa로 변환해야 한다. 또 다른 기압 측정 단위는 (kilograms × meters^{-1} × second^{2})이다.

두 도시에서 기압의 차이는 10mb 또는 1000Pa(1000 kg/m • s^{-2})이다. 따라서 우리는 다음의 식을 얻을 수 있다.

$$F_{PG} = \frac{1}{0.75} \times \frac{1000}{450,000} = 0.0029 \frac{\text{m}}{\text{s}^2}$$

뉴턴의 제2법칙에서 힘은 질량과 가속도의 곱이다($F=m \times a$). 예시에서 우리는 단위 질량당 기압경도력을 고려했다. 그러므로 그 결과는 가속도이다($F/m=a$) 작은 단위가 나타내기 때문에, 기압경도 가속도는 가끔 제곱미터당 센티미터로 표현된다. 예시에서 우리는 0.296cm/s^{2}을 얻을 수 있다.

풍속과 위도의 함수로서의 코리올리 힘

그림 6.15는 풍속과 위도가 코리올리 힘에 어떻게 영향을 주는지 보여준다. 4개의 다른 위도에서 서풍을 살펴보자(0, 20°, 40°, 60°). 몇 시간 뒤, 적도를 제외하고 모든 위도와 경도에서 지구의 회전이 바람의 방향을 바꾼다. 바람이 이동하는 거리는 시간에 따라 증가하기 때문에 풍속과 함께 높은 위도에서는 편향된 정도가 증가한다.

코리올리 힘에서 위도와 풍속이 수학적으로 중요함을 알 수 있다.

$$F_{CO}=2v\,\Omega\,\sin\phi$$

F_{CO}=공기의 단위 질량당 코리올리 힘

v=풍속

Ω=지구의 회전률 또는 각속도(7.29×10^{-5}rad/s)

ϕ=위도

sinϕ는 삼각함수로 0°(적도)에서는 0, ϕ=90°(극)일 때는 1이다. 예를 들어, 단위 질량당 코리올리 힘은 40°에서 10m/s일 때 다음과 같이 계산된다.

표 E.1 위도별 세 가지 풍속에 대한 코리올리 힘

풍속		위도(ϕ)			
(m/s)	(kph)	0°	20°	40°	60°
		코리올리 힘(cm/s^2)			
5	18	0	0.025	0.047	0.063
10	36	0	0.050	0.094	0.126
25	90	0	0.125	0.235	0.136

$$F_{CO}=2\Omega\sin\phi\,v$$

$$F_{CO}=2\Omega\sin 40^\circ\times10\text{m/s}$$

$$F_{CO}=2(7.29\times10^{-5}\text{s}^{-1})0.64(10\text{m/s})$$

$$F_{CO}=0.00094\text{m/s}^2=0.094\ \text{cms}^{-2}$$

이 결과(0.094 cms^{-2})는 단위 질량당 힘, 힘=질량×가속도로 간주했으므로 가속도에 해당한다.

이 수식을 이용하면, 어떤 위도와 풍속에서도 코리올리 힘을 계산할 수 있다. 표 E.1은 여러 위도에서 세 가지의 풍속에 대한 단위 질량당 코리올리 힘을 나타낸다. 모든 값은 cm/s^{-2}으로 표현된다. 기압경도력과 코리올리 힘은 지균 조건 아래 균형을 이루기 때문에 표에서 0.296cm/s^{-2} 기압경도력(단위 질량당)이 앞서 언급한 기압경도력보다 상대적으로 강한 바람을 발생시키는 것을 볼 수 있다.

부록 F 사피어-심프슨 허리케인 등급

등급 숫자 (범주)	중심기압 (millibar)	풍속 (kph)	풍속 (mph)	폭풍해일 (meter)	폭풍해일 (feet)	피해
1	≥980	119~153	74~95	1.2~1.5	4~5	**최소.** 건물에 실질적 피해 없음. 비고정 이동식 가옥, 관목 숲, 나무 등에 주로 피해. 또한 일부 해안도로 및 작은 부두에 홍수 피해.
2	965~979	154~177	96~110	1.6~2.4	6~8	**보통.** 건물 지붕, 문, 창문 등에 피해를 입힘. 이동식 가옥에 심각한 피해. 허리케인 중심 도착 2~4시간 전 해안 또는 저지대의 피난로에 심각한 피해. 정박 중인 작은 선박의 계류용 밧줄의 파손.
3	945~964	178~209	111~130	2.5~3.6	9~12	**대규모.** 작은 주거지 및 다목적 건물의 구조적 피해. 이동식 가옥 파괴. 해안가의 홍수 발생 시 작은 구조물의 파괴와 홍수 부유물과의 충돌로 인한 큰 구조물의 피해. 13km 이상 내륙의 해발고도 2m 이하 지형에서 홍수 발생 가능. 해안으로부터 가까운 저지대의 주거지역에서 피난 요구.
4	920~944	210~250	131~155	3.7~5.4	13~18	**극심.** 일부 작은 건물 지붕의 완전한 파괴. 문과 창문에 큰 피해. 허리케인 중심 도착 3~5시간 전 홍수로 인한 저지대의 피난로 차단. 해안가 건물의 아래층에 큰 피해. 해안으로부터 10km 이내의 내륙지역 중 해발고도 3m 이하의 지대에서 홍수로 인한 피해가 발생 가능하므로 주거 지역에서의 대규모 피난 요구.
5	<920	>250	>155	>5.4	>18	**대재해.** 많은 주거건물 및 공장의 지붕 완전히 파괴. 일부 건물의 완전한 파괴. 창문과 문에 심각한 피해. 허리케인 중심 도착 3~5시간 전 저지대의 피난로 차단. 해안으로부터 500m 이내의 해발고도 5m 이하 지역에 위치한 건물 아래층에 큰 피해. 해안으로부터 8~16km 이내의 저지대에 위치한 주거 지역에서 대규모 피난 요구.

부록 G 기후 자료

표 G-1은 다양한 기후 형태를 대표하는 전 세계의 51개 관측소들에 대한 것이다. 온도는 섭씨로 표현되었고, 강수는 밀리리터로 나타냈다. 이름과 위치는 각 관측소의 고도(meter)와 그 관측소의 쾨펜의 기후 구분과 함께 **표 G-2**에 주어진다.

이 포맷은 기후 조절과 기후 분류에 대한 이해를 위해 사용될 수 있다. 쾨펜에 의한 기후 구분을 적절히 결정하기 위해서 그림 15.2를 사용하라. **그림 G-1**의 순서도에 의한 분류 절차는 유용하다. 우선 특정 지점을 선택했다면, 연평균 기온, 연간 기온 범위, 총 강수량, 계절적 강수의 분포 등과 같은 요소들을 기반으로 해서 비슷한 지역을 분류하라. 도시단위로 세세히 지역을 분류할 필요는 없다. '중위도 대륙', '강한 몬순의 영향을 받는 아열대' 등과 같이 관측 지점의 환경에 대한 설명으로 분류할 수 있다. 또한 이러한 선택에 대한 이유들을 나열하는 것도 좋은 방법이다. 표 G-2의 지점 목록을 시험함으로써 당신의 답을 검토해 볼 수 있다.

만약 특정 지역 또는 특정 기후 종류의 자료만을 단순히 시험해 보기 원한다면, 표 G-2의 목록을 이용하라.

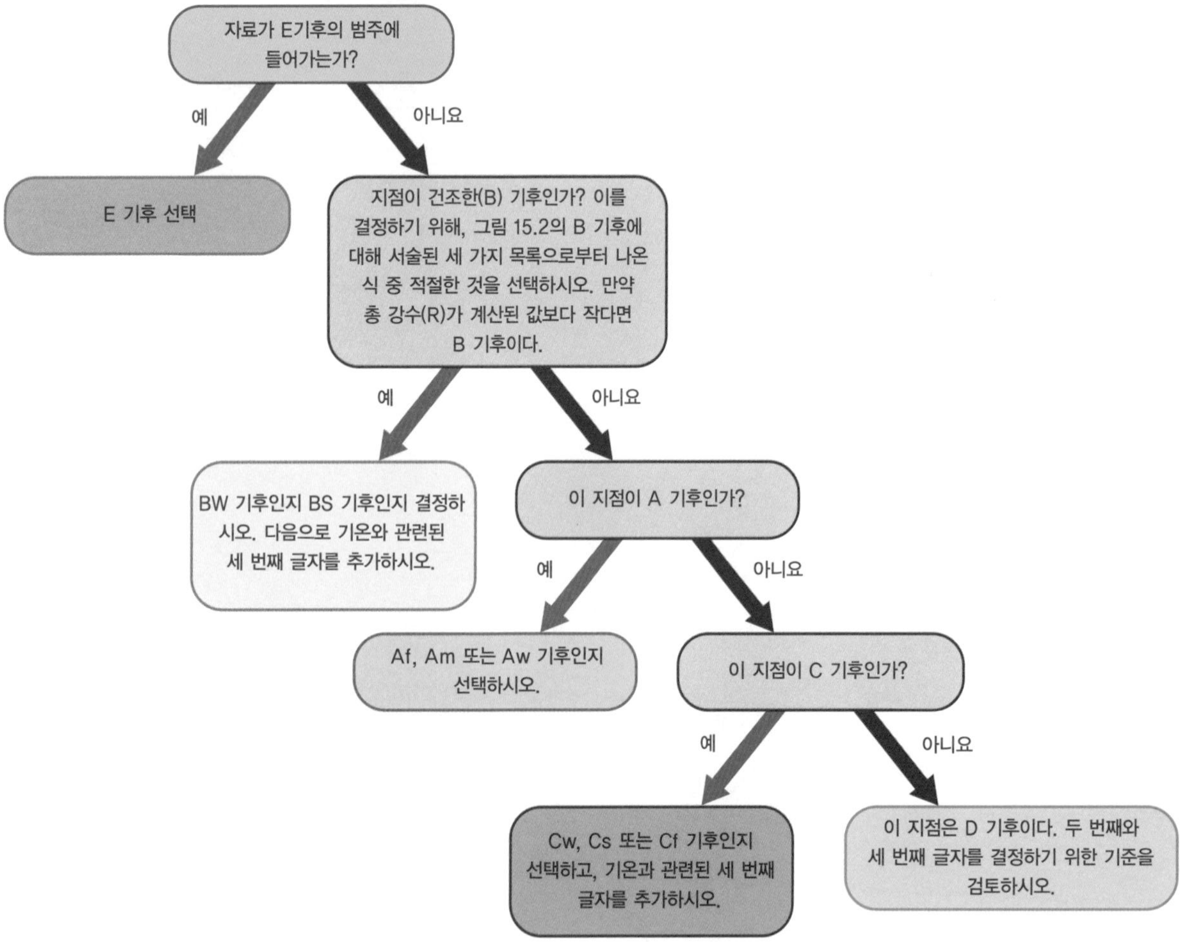

그림 G-1 그림 15.2를 사용하여 기후 구분하기

표 G-1 선택된 세계의 기후 자료

	J	F	M	A	M	J	J	A	S	O	N	D	YR.
1	1.7	4.4	7.9	13.2	18.4	23.8	25.8	24.8	21.4	14.7	6.7	2.8	13.8
	10	10	13	13	20	15	30	32	23	18	10	13	207
2	−10.4	−8.3	−4.6	3.4	9.4	12.8	16.6	14.9	10.8	5.5	−2.3	−6.4	3.5
	18	25	25	30	51	89	64	71	33	20	18	15	459
3	10.2	10.8	13.7	17.9	22.2	25.7	26.7	26.5	24.2	19.0	13.3	10.0	18.4
	66	84	99	74	91	127	196	168	147	71	53	71	1247
4	−23.9	−17.5	−12.5	−2.7	8.4	14.8	15.6	12.8	6.4	−3.1	−15.8	−21.9	−3.3
	23	13	18	8	15	33	48	53	33	20	18	15	297
5	−17.8	−15.3	−9.2	−4.4	4.7	10.9	16.4	14.4	10.3	3.3	−3.6	−12.8	−0.3
	58	58	61	48	53	61	81	71	58	61	64	64	738
6	−8.2	−7.1	−2.4	5.4	11.2	14.7	18.9	17.4	12.7	7.4	−0.4	−4.6	5.4
	21	23	29	35	52	74	39	40	35	29	26	21	424
7	12.8	13.9	15.0	15.0	17.8	20.0	21.1	22.8	22.2	18.3	17.2	15.0	17.6
	69	74	46	28	3	3	0	0	5	10	28	61	327
8	18.9	20.0	21.1	22.8	25.0	26.7	27.2	27.8	27.2	25.0	21.1	20.0	23.6
	51	48	58	99	163	188	172	178	241	208	71	43	1520
9	−4.4	−2.2	4.4	10.6	16.7	21.7	23.9	22.7	18.3	11.7	3.8	−2.2	10.4
	46	51	69	84	99	97	97	81	97	61	61	51	894
10	−5.6	−4.4	0.0	6.1	11.7	16.7	20.0	18.9	15.5	10.0	3.3	−2.2	7.5
	112	96	109	94	86	81	74	61	89	81	107	99	1089
11	−2.1	0.9	4.7	9.9	14.7	19.4	24.7	23.6	18.3	11.5	3.4	−0.2	10.7
	34	30	40	45	36	25	15	22	13	29	33	31	353
12	12.8	13.9	15.0	16.1	17.2	18.8	19.4	22.2	21.1	18.8	16.1	13.9	15.9
	53	56	41	20	5	0	0	2	5	13	23	51	269
13	−0.1	1.8	6.2	13.0	18.7	24.2	26.4	25.4	21.1	14.9	6.7	1.6	13.3
	50	52	78	94	95	109	84	77	70	73	65	50	897
14	2.7	3.2	7.1	13.2	18.8	23.4	25.7	24.7	20.9	15.0	8.7	3.4	13.9
	77	63	82	80	105	82	105	124	97	78	72	71	1036
15	12.8	15.0	18.9	21.1	26.1	31.1	32.7	33.9	31.1	22.2	17.7	13.9	23.0
	10	9	6	2	0	0	6	13	10	10	3	8	77
16	25.6	25.6	24.4	25.0	24.4	23.3	23.3	24.4	24.4	25.0	25.6	25.6	24.7
	259	249	310	165	254	188	168	117	221	183	213	292	2619
17	25.9	25.8	25.8	25.9	26.4	26.6	26.9	27.5	27.9	27.7	27.3	26.7	26.7
	365	326	383	404	185	132	68	43	96	99	189	143	2433
18	13.3	13.3	13.3	13.3	13.9	13.3	13.3	13.3	13.9	13.3	13.3	13.9	13.5
	99	112	142	175	137	43	20	30	69	112	97	79	1115
19	25.9	26.1	25.2	23.9	22.3	21.3	20.8	21.1	21.5	22.3	23.1	24.4	23.2
	137	137	143	116	73	43	43	43	53	74	97	127	1086
20	13.8	13.5	11.4	8.0	3.7	1.2	1.4	2.9	5.5	9.2	11.4	12.9	7.9
	21	16	18	13	25	15	15	17	12	7	15	18	171
21	1.5	1.3	3.1	5.8	10.2	12.6	15.0	14.7	12.0	8.3	5.5	3.3	7.8
	179	139	109	140	83	126	141	167	228	236	207	203	1958
22	−0.5	0.2	3.9	9.0	14.3	17.7	19.4	18.8	15.0	9.6	4.7	1.2	9.5
	41	37	30	39	44	60	67	65	45	45	44	39	556

표 G-1 선택된 세계의 기후 자료(계속)

	J	F	M	A	M	J	J	A	S	O	N	D	YR.
23	6.1	5.8	7.8	9.2	11.6	14.4	15.6	16.0	14.7	12.0	9.0	7.0	10.8
	133	96	83	69	68	56	62	80	87	104	138	150	1126
24	10.8	11.6	13.6	15.6	17.2	20.1	22.2	22.5	21.2	18.2	14.4	11.5	16.6
	111	76	109	54	44	16	3	4	33	62	93	103	708
25	−9.9	−9.5	−4.2	4.7	11.9	16.8	19.0	17.1	11.2	4.5	−1.9	−6.8	4.4
	31	28	33	35	52	67	74	74	58	51	36	36	575
26	8.0	9.0	10.9	13.7	17.5	21.6	24.4	24.2	21.5	17.2	12.7	9.5	15.9
	83	73	52	50	48	18	9	18	70	110	113	105	749
27	−9.0	−9.0	−6.6	−4.1	0.4	3.6	5.6	5.5	3.5	−0.6	−4.5	−7.6	−1.9
	202	180	164	166	197	249	302	278	208	183	190	169	2488
28	−2.9	−3.1	−0.7	4.4	10.1	14.9	17.8	16.6	12.2	7.1	2.8	0.1	6.6
	43	30	26	31	34	45	61	76	60	48	53	48	555
29	12.8	13.9	17.2	18.9	22.2	23.9	25.5	26.1	25.5	23.9	18.9	15.0	20.3
	66	41	20	5	3	0	0	0	3	18	46	66	268
30	24.6	24.9	25.0	24.9	25.0	24.2	23.7	23.8	23.9	24.2	24.2	24.7	24.4
	81	102	155	140	133	119	99	109	206	213	196	122	1675
31	21.1	20.4	20.9	21.7	23.0	26.0	27.3	27.3	27.5	27.5	26.0	25.2	24.3
	0	2	0	0	1	15	88	249	163	49	5	6	578
32	20.4	22.7	27.0	30.6	33.8	34.2	33.6	32.7	32.6	30.5	25.5	21.3	28.7
	0	0	0	0	0	2	1	11	2	0	0	0	16
33	17.8	18.1	18.8	18.8	17.8	16.2	14.9	15.5	16.8	18.6	18.3	17.8	17.5
	46	51	102	206	160	46	18	25	25	53	109	81	922
34	20.6	20.7	19.9	19.2	16.7	13.9	13.9	16.3	19.1	21.8	21.4	20.9	18.7
	236	168	86	46	13	8	0	3	8	38	94	201	901
35	11.7	13.3	16.7	18.6	19.2	20.0	20.3	20.5	20.5	19.1	15.9	12.9	17.4
	20	41	179	605	1705	2875	2455	1827	1231	447	47	5	11437
36	26.2	26.3	27.1	27.2	27.3	27.0	26.7	27.0	27.4	27.4	26.9	26.6	26.9
	335	241	201	141	116	97	61	50	78	91	151	193	1755
37	−0.8	2.6	5.3	8.5	13.1	17.0	17.2	17.3	15.3	11.5	5.7	0.3	9.4
	0	0	1	1	18	72	157	151	68	4	1	0	473
38	24.5	25.8	27.9	30.5	32.7	32.5	30.7	30.1	29.7	28.1	25.9	24.6	28.6
	24	7	15	25	52	53	83	124	118	267	308	157	1233
39	−18.7	−18.1	−16.7	−11.7	−5.0	0.6	5.3	5.8	1.4	−4.2	−12.3	−15.8	−7.5
	8	8	8	8	15	20	36	43	43	33	13	12	247
40	−21.9	−18.6	−12.5	−5.0	9.7	15.6	18.3	16.1	10.3	0.8	−10.6	−18.4	−1.4
	15	8	8	13	30	51	51	51	28	25	18	20	318
41	−4.7	−1.9	4.8	13.7	20.1	24.7	26.1	24.9	19.9	12.8	3.8	−2.7	11.8
	4	5	8	17	35	78	243	141	58	16	10	3	623
42	24.3	25.2	27.2	29.8	29.5	27.8	27.6	27.1	27.6	28.3	27.7	25.0	27.3
	8	5	6	17	260	524	492	574	398	208	34	3	2530
43	25.8	26.3	27.8	28.8	28.2	27.4	27.1	27.1	26.7	26.5	26.1	25.7	27.0
	6	13	12	65	196	285	242	277	292	259	122	37	1808
44	3.7	4.3	7.6	13.1	17.6	21.1	25.1	26.4	22.8	16.7	11.3	6.1	14.7
	48	73	101	135	131	182	146	147	217	220	101	60	1563

표 G-1 선택된 세계의 기후 자료(계속)

	J	F	M	A	M	J	J	A	S	O	N	D	YR.
45	−15.8	−13.6	−4.0	8.5	17.7	21.5	23.9	21.9	16.7	6.1	−6.2	−13.0	5.3
	8	15	15	33	25	33	16	35	15	47	22	11	276
46	−46.8	−43.1	−30.2	−13.5	2.7	12.9	15.7	11.4	2.7	−14.3	−35.7	−44.5	−15.2
	7	5	5	4	5	25	33	30	13	11	10	7	155
47	19.2	19.6	18.4	16.4	13.8	11.8	10.8	11.3	12.6	16.3	15.9	17.7	15.2
	84	104	71	109	122	140	140	109	97	106	81	79	1242
48	28.2	27.9	28.3	28.2	26.8	25.4	25.1	25.8	27.7	29.1	29.2	28.7	27.6
	341	338	274	121	9	1	2	5	17	66	156	233	1562
49	21.9	21.9	21.2	18.3	15.7	13.1	12.3	13.4	15.3	17.6	19.4	21.0	17.6
	104	125	129	101	115	141	94	83	72	80	77	86	1205
50	−7.2	−7.2	−4.4	−0.6	4.4	8.3	10.0	8.3	5.0	1.1	−3.3	−6.1	0.7
	84	66	86	62	89	81	79	94	150	145	117	79	1132
51	−4.4	−8.9	−15.5	−22.8	−23.9	−24.4	−26.1	−26.1	−24.4	−18.8	−10.0	−3.9	−17.4
	13	18	10	10	10	8	5	8	10	5	5	8	110

표 G-2 표 G-1의 위치와 기후 구분

관측소 번호	도시	위치	고도(m)	쾨펜의 기후 구분
		북미		
1	앨버커키, 뉴맥시코 주	북위 35°05′	1593	BWk
		서경 106°40′		
2	캘거리, 캐나다	북위 51°03′	1062	Dfb
		서경 114°05′		
3	찰스턴, 사우스캐롤라이나	북위 32°47′	18	Cfa
		서경 79°56′		
4	페어뱅크스, 알래스카	북위 64°50′	134	Dfc
		서경 147°48′		
5	구즈베이, 캐나다	북위 53°19′	45	Dfb
		서경 60°33′		
6	레스브리지, 캐나다	북위 49°40′	920	Dfb
		서경 112°39′		
7	로스앤젤레스, 캘리포니아	북위 34°00′	29	BSk
		서경 118°15′		
8	마이애미, 플로리다	북위 25°45′	2	Am
		서경 80°11′		
9	피오리아, 일리노이	북위 40°45′	180	Dfa
		서경 89°35′		
10	포틀랜드, 메릴랜드	북위 43°40′	14	Dfb
		서경 70°16′		
11	솔트레이크시티, 유타	북위 40°46′	1288	BSk
		서경 111°52′		
12	샌디에이고, 캘리포니아	북위 32°43′	26	BSk
		서경 117°10′		
13	세인트루이스, 미시건	북위 38°39′	172	Cfa
		서경 90°15′		

표 G-2 표 G-1의 위치와 기후 구분(계속)

관측소 번호	도시	위치	고도(m)	쾨펜의 기후 구분
14	워싱턴, D.C.	북위 38°50′	20	Cfa
		서경 77°00′		
15	유마, 애리조나	북위 32°40′	62	BWh
		서경 114°40′		
18	키토, 에콰도르	남위 0°17′	2766	Cfb
		서경 78°32′		
19	리우데자네이루, 브라질	남위 22°50′	26	Aw
		서경 43°20′		
20	산타크루즈, 아르헨티나	남위 50°01′	111	Bsk
		서경 60°30′		
		유럽		
21	베르겐, 노르웨이	북위 60°24′	44	Cfb
		동경 5°20′		
22	베를린, 독일	북위 52°28′	50	Cfb
		동경 13°26′		
23	브레스트, 프랑스	북위 48°24′	103	Cfb
		동경 4°30′		
24	리스본, 포르투칼	북위 38°43′	93	Csa
		동경 9°05′		
25	모스크바, 러시아	북위 55°45′	156	Dfb
		동경 37°37′		
26	로마, 이탈리아	북위 41°52′	3	Csa
		동경 12°37′		
27	산티스, 스위스	북위 47°15′	2496	ET
		동경 9°21′		
28	스톡홀름, 스웨덴	북위 59°21′	52	Dfb
		아프리카		
29	벵가지, 리비아	북위 32°06′	25	BSh
		동경 20°06′		
30	코킬하트빌, 자이르	북위 0°01′	21	Af
		동경 18°17′		
31	다카르, 세네갈	북위 14°40′	23	BSh
		서경 17°28′		
32	화야, 차드	북위 18°00′	251	BWh
		동경 21°18′		
33	나이로비, 케냐	남위 1°16′	1791	Csb
		동경 36°47′		
34	하라레, 짐바브웨	남위 17°50′	1449	Cwb
		동경 30°52′		

표 G-2 표 G-1의 위치와 기후 구분(계속)

관측소 번호	도시	위치	고도(m)	쾨펜의 기후 구분
		아시아		
35	체라푼지, 인도	북위 25°15′	1313	Cwb
		동경 91°44′		
36	자카르타, 인도네시아	북위 6°11′	8	Am
		동경 106°45′		
37	라사, 티베트	북위 29°40′	3685	Cwb
		동경 91°07′		
38	마드라스, 인도	북위 13°00′	16	Aw
		동경 80°11′		
39	노바야젬랴, 러시아	북위 72°23′	15	ET
		동경 54°46′		
40	옴스크, 러시아	북위 54°48′	85	Dfb
		동경 73°19′		
41	베이징, 중국	북위 39°57′	52	Dwa
		동경 116°23′		
42	랑군, 미얀마	북위 16°46′	23	Am
		동경 96°10′		
43	호치민, 베트남	북위 10°49′	10	Aw
		동경 106°40′		
44	도쿄, 일본	북위 35°41′	6	Cfa
		동경 139°46′		
45	우루무치, 중국	북위 43°47′	912	Dfa
		동경 87°43′		
46	베르호얀스크, 러시아	북위 67°33′	137	Dfd
		동경 133°23′		
		오스트레일리아와 뉴질랜드		
47	오클랜드, 뉴질랜드	남위 37°43′	49	Csb
		동경 174°53′		
48	다윈, 오스트레일리아	남위 12°26′	27	Aw
		동경 131°00′		
49	시드니, 오스트레일리아	남위 33°52′	42	Cfb
		동경 151°179′		
		그린란드		
50	이비투드, 그린란드	남위 61°12′	29	ET
		서경 48°109′		
		남극 대륙		
51	멕머도 기지, 남극	남위 77°53′	2	EF
		동경 167°00′		

용어해설

가설 타당한지 아닌지 결정하기 위한 잠정적인 설명

가시광선 파장이 0.4~0.7μm인 복사

각운동량보존 법칙 회전축의 중심에서 물체의 속도와 회전축으로부터 거리의 곱은 일정하다.

간섭 다른 주파수의 광선이 만날 때 발생하는 현상. 간섭은 주파수가 상쇄되어 코로나와 관련 있는 색깔에 영향을 준다.

감률 환경감률 참고, 정상감률

강수안개 전선안개 참고

강수흔적 비의 양이 0.025cm 미만일 경우

거대 세포 지속되고 매우 강력한 단일 세포로 구성된 뇌우의 형태. 종종 우박과 토네이도를 동반한 악기상을 유발한다.

건습계 상대습도와 이슬점을 산출하는 두 가지(습구와 건구) 온도계로 구성된 장비로 빠르게 돌려서 사용한다.

건조기후 연 강수량이 증발에 의한 잠재적인 수분 상실(potential loss of water)보다 작은 기후

건조단열감률 불포화 공기에서 단열 냉각 또는 가열되는 비율. 온도 변화의 비율은 1℃/100m이다.

건조선 건조한 대륙성 열대기단과 습한 해양성 열대기단이 만날 때 수증기가 갑자기 변하는 좁은 영역. 밀도가 더 높은 대륙성 열대기단이 밀도가 낮은 해양성 열대기단 위로 치올려지면 구름과 폭풍이 발생하게 된다.

건조한 **사막** 참고

겉보기 온도 개인이 감지하는 공기의 온도

경계면 성질이 다른 부분들 사이의 경계

경도풍 경도력, 코리올리 힘, 원심력의 균형에 의해 기압 중심을 따라 부는 곡선 바람

경사 적도면과 궤도 사이의 각도

경향예보 이미 일어난 날씨를 거슬러 올라가 추측하는 짧은 기간의 예보기술로 영향반경의 이동경로와 이동할 지점을 예측하는 것

계단 선도 **선도** 참조

고기압성 바람 북반구 고기압에서는 시계 방향으로 불어나가고, 남반구 고기압에서는 반시계 방향으로 불어나가는 바람

고기후학 고대 기후에 대한 연구. 프록시 자료를 이용하여 기계적 기록 이전의 기후 및 기후 변화에 대해 연구

(해발)고도 지평선 위 태양의 각도

고도계 기압 대신 고도를 측정하는 아네로이드 기압계

고정점 끓는점, 어는점과 같은 기준점 온도 눈금으로 사용된다.

고지기후 산악 지역의 기후 패턴, 고지기후는 짧은 거리 안에서 큰 차이가 있다.

고토양 과거 기후의 증거를 제공하는 오래되고 묻힌 토양(기후는 토양 생성에 중요한 요소이기 때문)

곡풍(골바람, 계곡풍) 낮 시간 동안 산골짜기에서 경사를 타고 올라가는 바람

공기 대부분 질소와 산소가 차지하는 혼합기체, 작은 고체와 액체 입자들이 다량 존재한다.

공기덩어리 탄성이 있는 얇은 막으로 에워싸인 가상 체적의 공기. 체적은 주로 수백 세제곱미터이며 주변 공기와는 독립적인 것으로 간주된다.

공전 태양에 대한 지구의 운동과 같은 다른 물체에 대한 어떤 물체의 운동

과냉각 0°C 이하에서 액체 상태로 남아 있는 물방울

광륜 색을 가진 고리로, 구름 위에 투영된 비행기의 그림자 주위에서 가장 흔하게 나타난다.

광합성 식물이 공기와 물, 태양광, 클로로필을 이용하여 당과 탄수화물을 생산하는 것. 이 과정에서, 대기 중의 이산화탄소는 유기물로 바뀌며 산소가 방출된다.

광화학 반응 대기 중에서 태양광으로부터 유발되는 화학적 반응. 주로 2차 오염 물질을 만들어 낸다.

광환 달이나 태양을 중심으로 밝은 원형으로 나타난다. 구름의 얇은 층이 물체를 가릴 때 생성된다.

구름 미소한 물방울 또는 작은 얼음결정들의 가시적인 집합체

구름씨뿌리기 대표적으로 드라이아이스 또는 요오드화은과 같은 물질을 구름에 넣어 구름의 자연적인 발달에 영향을 주는 것

구름응결핵 수증기가 응결하는 표면으로 쓰이는 작은 입자들

굴절 빛이 투명한 매질에서 다른 매질로 비스듬히 통과할 때 생기는 빛의 구부러짐

권운 세 가지 기본적인 구름 형태 중 하나로, 세 가지 중에서 고도가 가장 높은 구름 형태이다. 얇으며, 빙정으로 형성된 구름으로 면사포 조각 또는 성긴 섬유와 같은 모양을 하고 있다.

균질권 지면으로부터 80km 고도까지의 영역. 구성 기체의 조성이 거의 일정하다.

극고기압 극 내부 지역에서 지배적인 고기압으로, 최소한 부분적으로 열적인 유도에 의해 생성된 것으로 보인다.

극광 태양복사와 극지역의 상층대기의 상호작용으로 밝고 변화무쌍한 빛을 내는 현상. 북반구에서는 북극광(aurora borealis), 남반구에서는 남극광(aurora australis)이라고 부른다.

극궤도 위성 극을 공전하며 낮은 고도가 아

닌 수백 킬로미터의 고도에 위치하는 위성으로 공전 주기가 100분이다.

극편동풍 지구의 탁월풍 패턴에서, 한대고기압으로부터 아한대저기압으로 부는 바람. 그러나 이러한 바람은 무역풍과 같은 지속적인 바람으로 생각해서는 안 된다.

근일점 행성의 공전 궤도에서 태양에 가장 가까워지는 지점

기단 공기 덩어리. 대략 수평 범위가 1,600km 이상이고, 어느 위도에서나 유사한 물리적 특성이 있다.

기단 기상 기단이 지나갈 때 그 지역이 겪는 조건을 의미한다. 기단은 크고 상대적으로 유사한 특성을 가지므로 기단의 영향을 받는 지역은 기상 조건이 일정하고, 며칠 동안 지속될 것이다.

기단뇌우 온난습윤하고 불안정한 기단에서 발생하는 국지적인 뇌우이다. 봄철과 여름철 오후에 자주 발생한다.

기상조절 인간이 고의적으로 대기 과정에 간섭하고 증진시킴

기상학 대기와 대기현상에 대한 과학적인 학문. 날씨와 기후에 관한 학문

기압경도 주어진 거리에 대해서 발생하는 기압 변화의 양

기압경향(Pressure Tendency, Barometric Tendency) 과거 수시간 동안의 대기압의 변화 추세. 단기 일기예보에 효과적으로 쓰일 수 있다.

기압골 저기압의 신장 지역

기압 공기의 무게에 의해 가해진 압력

기압기록계 기록을 남기는 기압계

기압마루 고기압의 늘어난 지역

기체 방출 녹은 암석으로부터 용해되어 방출되는 기체

기화잠열 물 분자가 증발하는 동안 흡수하는 에너지. 0°C의 물에 대해서는 약 600cal/g, 100°C의 물에 대해서는 540cal/g까지 변한다.

기후 날씨 상태들이 모인 것, 어떤 장소 또는 지역을 설명할 수 있는 모든 통계적인 날씨 정보의 조합

기후변화 수십 년부터 수백 년까지 다양한 많은 시간 규모에서 기후의 변화와 그러한 변화의 원인들을 다루는 연구

기후 시스템 대기권, 수권, 지권, 생물권, 빙권 사이에서 일어나는 에너지 및 수분의 교환

기후-되먹임 메커니즘 기후 시스템의 어떤 성분이 변할 때 가능성 있는 많은 결과들

김안개 차가운 공기가 따뜻한 수면 위로 이동하면 충분한 양의 수분이 수면에서 증발하여 생기는 안개

꼬리구름 물다발, 물줄기 또는 얼음파편이 구름에서 떨어져 나와 지면에 닿기 전에 증발하는 현상

끓는점 물이 끓는 온도

난방도일 일평균기온이 65°F 아래인 각 온도의 등급을 1일 난방도일로 산출하였다. 건물에서 어떤 온도를 유지하게 위해 필요한 열의 양은 전체 난방도일에 비례한다.

날씨 주어진 대기의 상태

남방진동 동태평양과 서태평양 사이에서 일어나는 기압 변화의 시소 패턴. 남방진동과 엘니뇨의 상호작용은 전 지구의 많은 지역에서 극한 기상을 유발할 수 있다.

남회귀선 위도와 평행선, 남위 23.5°, 태양의 수직광선이 남반구에 최대로 비추는 위도

내리바람 활강바람 참고

내부 반사 물과 같은 투명한 물질을 통과하는 빛이 반대 표면에 도달할 때 일어나는 반사. 무지개와 같은 광학현상을 일으키는 데 중요한 요소이다.

냉방도일 65°F 이상의 일평균온도. 건물에서 어떤 온도를 유지시키는 데 필요한 에너지의 양은 전체 냉방도일에 비례한다.

노이스터 북대서양으로부터 북동쪽으로 침입하는 해양성 한대기단과 관련된 날씨를 뜻하는 용어. 강한 북동풍, 어는 온도 또는 그에 근접하는 낮은 온도, 강수 가능성 등은 이러한 나쁜 날씨를 만든다.

뇌격 번개의 불빛을 이루는 구성 요소 중 하나. 한 번의 번쩍임에 보통 3~4번의 뇌격이 0.05초의 간격을 두고 발생한다.

뇌우 적란운에서 생기는 폭풍우. 주로 번개와 천둥을 동반한다. 지속 시간은 상대적으로 짧고 강한 돌풍과 폭우, 때때로 우박을 동반한다.

눈벽 적란운이 강하게 발달하고 태풍의 눈 주위의 바람이 매우 강한 도넛 모양의 지역

눈보라 격렬하고 극심한 차가운 바람으로 땅에 쌓여 있던 상당한 양의 건설(dry snow)을 동반한다.

눈(eye) 상대적으로 바람이 약하고 날씨가 좋은 태풍의 중심

눈(snow) 하얗거나 반투명한 얼음결정 형태의 강수. 주로 육각형의 형태의 가지를 가지고 있으며 종종 눈송이로 합쳐진다.

뉴턴(N) 물리학에서의 힘의 단위. 1N은 1kg의 물체를 1m/s^{2}으로 가속시키는 데 필요한 힘이다.

다중소용돌이 토네이도 여러 개의 작고 강렬한 회오리(흡입 소용돌이라 불리며, 큰 토네이도 중심을 공전함)를 포함한 토네이도

단열온도변화 열의 출입이 없는 상태에서 공기가 압축 또는 팽창될 때 나타나는 온도 변화

대규모 바람 수일 또는 수 주 동안 지속되며 수백에서 수천 킬로미터의 수평 규모를 가진 고기압 및 저기압과 같은 현상. 수 주에서 수 달 10,000km의 수평 규모에서 지속되는 대기 순환

대기오염 물질 공중에 떠 있는 입자 및 가스. 생물체의 건강을 위협하거나 환경의 질서 있는 기능을 방해한다.

대기질 지수(Air Quality Index, AQI) 일별 대기질을 일반 대중에게 알리기 위한 표준화된 지표이다. 이 지수는 청정 공기법에 따라 5개의 주요 오염원들을 규제하기 위해

계산되었다.

대기창 복사에너지가 대기를 투과하는 8~11μm의 파장대

대기 행성의 기체 영역으로, 행성의 공기 봉투. 지구의 물리적 환경의 부분 중 하나이다.

대류권계면 대류권과 성층권 사이의 경계

대류권 대기의 가장 아래층. 난류가 있으며, 일반적으로 고도가 증가할수록 기온이 감소한다.

대류 물체의 운동에 의한 열의 이동. 유체들에서만 발생한다.

대류 세포 유체의 불균등 가열에 의해 발생하는 순환. 부력에 의해 유체의 따뜻한 부분은 팽창하여 상승하고, 차가운 부분은 하강한다.

대륙기단 육지에서 형성되는 기단. 상대적으로 건조하다.

대륙성 기후 해양의 영향이 작고 해양성 기후보다 더 극단적인 기온이 나타난다. 그러므로 같은 고도에서 기온의 연교차가 상대적으로 더 크다.

대륙성습윤기후 북위 약 40°~50° 중위도에 위치한 넓은 대륙에서 나타나는 기후 특성. 이러한 기후는 중위도에 거의 바다만 있는 남반구에서는 나타나지 않는다.

도시 열섬 도시 지역의 기온이 시골 지역의 기온보다 높은 현상

도플러 레이더 레이더의 종류로 움직임을 직접 포착하는 능력이 포함되어 있다.

돌풍전선 뇌우의 하강기류에서 유출되는 차가운 공기와 상대적으로 온난하고 습한 주변 공기의 경계. 이 경계를 따라 상승하면서 뇌우가 발달한다.

동적 구름씨뿌리기 구름씨뿌리기의 종류로 큰 입자를 이용한다. 그 결과 잠열 방출이 증가하여 구름이 더 크게 발달한다.

동지 **지점** 참고

되돌이 뇌격 전도 경로를 따라 연속적으로 더 강력하게 내려치는 전하의 하강(지면 방향) 움직임으로 인한 전기적 방전

뒷문한랭전선 한랭전선이 대서양 해안선을 따라 서쪽 또는 남서쪽으로 이동하는 것

등강수량선 같은 강수량을 가진 지역을 연결한 선

등압선 지도 위의 같은 기압점을 연결한 선으로, 주로 해수면으로 경정된다.

등온선 같은 기온점을 연결한 선

등풍속선 같은 풍속을 가진 지역을 연결한 선

떠보임 지평선 아래의 물체가 보이는 신기루

라니냐 중태평양과 동태평양에 강한 무역풍과 주로 낮은 해수면 온도가 나타나는 현상. 엘니뇨의 반대 현상.

라디오존데 라디오 송신기와 주파수가 맞춰진 가벼운 기상관측장비 패키지로 풍선에 의해 띄워진다.

레윈존데 상층대기의 바람 자료를 관측하기 위해 라디오 위치 추적을 이용하는 라디오존데

로스비파 중위도의 중상층 대류권에서 4,000~60,000km의 파장을 가진 상층 파동. 파동에 대한 모수 방정식을 개발한 기상학자인 로스비(C. G. Rossby)에 의해 이름 붙여졌다.

말위도 아열대 고기압부 중심 부근의 위도대. 바람이 아주 고요하거나 매우 약하며 침강하는 기류가 있는 위도대이다.

몬순 계절풍 큰 대륙(특히 아시아)과 연관된 계절적 바람 방향의 역전. 겨울에는 바람이 육지로부터 해양으로 불고, 여름에는 해양으로부터 육지로 분다.

무리 태양을 중심으로 큰 직경을 가지는 좁고 하얀 고리. 가장 자주 발생하는 무리는 22° 무리이다 무리의 반경이 관찰자로부터 22° 각도로 이루어진다.

무역풍 거의 항상 동쪽 방향으로 부는 바람대이며 아열대 고기압의 동쪽 측면에 위치한다.

무지개 물방울 안에서 빛의 굴절과 반사에 의해 형성되는 빛을 발하는 호

물 순환 해양에서부터 대기까지(증발에 의한), 대기부터 땅까지(응결과 강수에 의해), 땅에서 다시 해양으로[하천 유량(stream flow)을 통해]의 연속적인 이동

미국 표준대기 기압, 온도, 밀도의 이상적인 연직 분포, 실제 대기의 평균 상태

미규모 바람 난류와 같은 현상으로 좁은 지역에 영향을 미치고 수분의 지속 시간을 가지며 온도와 지형의 국지적 조건에 크게 영향을 받는다.

미스트랄 북쪽의 더 높은 고도로부터 중위도 서지중해 분지로 부는 차가운 북서풍

밀리바 NWS에서 사용하는 기압 측정의 표준 단위. 1밀리바(mb)는 $100N/m^2$과 같다.

밀림 열대우림이 제거되고, 거의 진입이 불가능할 정도로 성장한 뒤얽힌 덩굴과 관목, 작은 수목으로 특징되는 지역

바람냉각 바람이 잔잔한 상태에서 바람의 냉각력을 온도로 바꿔서 바람과 기온이 인체에 미치는 영향력을 이용한 겉보기 온도

바람 지표면에서 수평적인 공기의 흐름

바이메탈 판 함께 묶여 있고 팽창률 차이가 있는 두 가지 얇은 금속 조각으로 구성된 온도계. 온도가 변화할 때 두 가지 금속은 팽창 또는 수축하는데, 두 가지 금속의 수축, 팽창률이 다르기 때문에 금속이 굽어진다. 자기온도계에 주로 사용한다.

반건조 **스텝** 참고

반사의 법칙 입사각(입사광선)은 반사각(반사광선)과 같다는 법칙

반전 바람 급변 동쪽에서 북쪽으로의 이동과 같이 바람이 반시계 방향으로 이동하는 것

발산 주어진 영역에서 바람의 분포가 수평적으로 빠져나가는 경우. 하층에서의 발산은 공기의 부족을 보상하기 위해 하강기류가 생기고, 발산이 일어나는 지역은 구름이나 강수가 형성되기 어렵다.

발원지 기단이 온도와 습도가 같은 특성을 얻는 지역

배습성 응결핵 효율적인 응결핵은 아니지만,

상대습도가 100%에 도달하기만 하면 구름 방울이 형성된다.

버뮤다 고기압 여름철 아열대 고기압의 중심이 북대서양의 버뮤다 섬 근처에 위치하는 경우 버뮤다 고기압이라 부른다.

번개 적란운 사이 또는 구름과 지면 사이에서 반대로 방전된 전하의 흐름에 의해 발생되는 갑작스런 번쩍이는 빛.

베르예론 과정 강수를 생성하는 과정에 대한 이론으로 과냉각 구름, 얼음 결정, 얼음과 물의 다른 포화 수준과 관련이 있다.

보라 아드리아 해의 동쪽 지역 산에서 불어 내려오는 차고 건조한 북동풍의 바람

보이스 발로트의 법칙 북반구에서 바람을 등지고 있을 때 저기압은 왼쪽, 고기압은 오른쪽에 있는 상태. 남반구는 반대

보퍼트 계급 풍속계를 이용할 수 없을 때 풍속을 추정할 수 있는 규모

복사안개 지면과 지면 인접 공기의 복사냉각으로 인해 생성되는 안개. 주로 야간과 이른 아침에 일어나는 현상

복사 열을 가진 물질이 방출하는 파장 형태의 에너지로 우주를 300,000km/s(빛의 속도)로 이동한다.

북극기단 북극해에서 형성되는 매우 한랭한 기단

북극바다 김안개 겨울철 고위도 해양에서 발생하는 짙고 광범위한 김안개

북회귀선 위도와 평행선, 북위 23.5°, 태양의 수직광선이 북반구에 최대로 비추는 위도

분산 굴절에 의해 색이 분리되는 것

분점(춘분 또는 추분) 태양광선이 적도를 직각으로 통과하는 시점. 북반구에서는 3월 20일 또는 21일이 춘분, 9월 22일 또는 23일을 추분이라고 한다. 이때 모든 위도에서 낮과 밤의 길이가 같다.

불안정공기 공기가 연직 변화에 저항하지 않는다. 공기가 상승한다면, 주변 환경으로 인해 기온이 빠르게 하강하지 않을 것이다. 그리고 스스로 계속해서 상승할 것이다.

불연속(성) 기상학적 요소가 상대적으로 급속히 전이되는 영역

비균질권 고도 80km 이상의 영역 이질권에서의 기체들은 대략적으로 특징적인 구성 성분에 따라 4개의 구형 껍질로 나누어진다.

비그늘 사막 산맥 풍하측의 사막

비습 수증기를 포함한 공기의 질량에 대한 수증기의 질량. 주로 (수증기)g/(공기)kg으로 표현된다.

비얼음 물체의 표면이 얼음으로 코팅된 것. 과냉각비가 표면에서 얼 때 생성된다. 비얼음을 형성하는 폭풍우를 '착빙성 폭풍우'라고 한다.

비행운 맑고 추우며 습한 날 항공기가 지나간 다음 자주 나타나는 유선 모양의 구름. 다습한 공기를 방출하는 제트 항공기 엔진에 의해 만들어진다.

빙설, 빙관 기후 기온이 0°C 이하로 일부 고산지대를 제외하고 식생피복이 없는 기후. 만년설로 덮여 빙하를 이루는 기후로 그린란드와 남극이 이에 해당한다.

빙설권 지구에 존재하는 얼음과 눈을 통틀어 이르는 말. 기후 시스템의 권 중 하나이다.

빙점(어는점, 얼음점) 얼음이 녹는 온도

사막 두 가지 건조기후 중 하나로, 건조기후 중 가장 건조한 기후

사바나 주로 드문드문 나무와 관목이 분포하는 열대 초원

사피어-심프슨 등급 허리케인의 상대적인 세기에 대한 1~5단계의 등급

산바람 주로 산악의 계곡에서 부는 야간 하강 바람

산성비 오염되지 않은 비의 pH 값보다 낮은 pH 값을 가지는 비 또는 눈

산소 동위원소 분석 두 가지 산소 동위원소(^{16}O와 ^{16}O)의 정밀한 비율 측정에 근거하여 과거 온도를 해석하는 방법. 주로 해저 침전물 및 빙하코어를 분석한다.

산타아나 캘리포니아 남부의 푄에 붙여진 지역적 이름

상고대 과냉각된 안개나 구름 수적이 물체의 접촉면에서 얼어붙을 때 형성되는 연약한 얼음결정 덩어리

상대습도 대기의 수증기 수용량에 대한 현재 수증기량의 비

상승 온난기류 따뜻하고 밀도가 낮은 공기의 상승하는 움직임을 포함하는 대류의 한 예. 이러한 경우 열이 높은 고도로 수송된다.

상승응결고도 건조 단열적으로 냉각되어 상승하는 공기가 포화되고 응결이 시작되는 고도.

상층 신기루 떠오름 상이 실제 상보다 위에 생기는 신기루

상층운 구름의 밑면(운저)이 6000m 이상에 위치한 구름. 운저는 겨울, 고위도로 갈수록 낮아진다.

생물권 지구상의 모든 생물체

생육도일 농작물이 언제 수확될 수 있는지 대략의 날짜를 결정하기 위한 기온 정보의 실제적 적용

서리 온도가 0°C 이하로 떨어질 때 발생하는 빙정. 흰 서리 참고

서미스터 기류의 흐름에 저항하는 전도체로 구성된 전자온도계. 주로 라디오존데에 이용된다.

선도 뇌격 이전 단계에서 구름 하부에서 형성되는 전리 대기의 전도 경로. 초기 전도 경로는 계단형 선도라고 불리는데, 전하가 지면으로 거의 보이지 않을 정도로 짧게 뻗어져 나가기 때문이다. 화살선도는 지속적으로 발생하고 계단형 선도보다 덜 갈라지며, 동일한 경로를 따라 연속적으로 진행한다.

섬광 빛의 총 방전. 하나의 섬광으로 보이지만 실제로는 여러 섬광으로 이루어져 있다. 뇌격 참고

섭씨 눈금 1742년 안데르스 셀시우스

(Anders Celsius)에 의해 개정된(한때 백분위 단위라고 불림) 온도 단위로, 미터법이 사용되는 곳에서 사용된다. 물의 어는점은 0°C이고 끓는점은 100°C이다.

성숙단계 뇌우 3단계 중 두 번째 단계. 이 단계는 상승기류와 나란하게 하강기류가 존재함에 따라 격렬한 날씨가 나타나는 것이 특징적이다.

성층권계면 성층권과 중간권 사이의 경계

세차운동 26,000년에 걸친 주기로 일어나는 지구 자전축의 고깔 형태의 느린 이동

소멸 단계 뇌우 발달의 마지막 단계. 하강기류가 지배하고 유입(entrainment)에 의해 구름이 증발된다.

수권 행성에서 물이 차지하는 부분. 지구의 물리적 환경의 부분 중 하나이다.

수렴 주어진 영역에서 바람의 분포가 수평적으로 유입되는 경우. 하층에서의 수렴은 공기의 상승운동과 관련이 있으므로, 바람이 수렴되는 지역은 구름이 형성되고 강수가 내린다.

수은기압계 수은이 채워진 유리관으로 수은 기둥의 높이가 대기압을 나타낸다.

수증기압 전체 대기 압력에서 수증기가 기여한 압력

수치 일기예보(Numerical Weather Prediction, NWP) 유체의 운동을 지배하는 방정식의 해를 구하여 대기의 미래 상태를 예보하는 것. 이때 관측이 초기 조건으로 이용된다. 엄청난 양의 계산이 포함되기 때문에 슈퍼컴퓨터가 NWP에 쓰인다.

숙련 확률이나 기후 자료와 같은 표준치와 예보의 비교를 통한 예보 자료. 정확성의 정도를 판단하는 지수

순전바람변이 바람이 마치 동쪽에서 남쪽으로 변하는 것처럼, 시계 방향으로 변이하는 것

스모그 최근 일반적인 대기오염을 지칭하는 용어. 연기(smoke)와 안개(fog)를 합성하여 만들어진 단어

스콜 선 비전선 또는 활발한 뇌우의 좁은 밴드의 총칭

스텝 건조한 기후 중 하나. 사막보다 약간 미세하게 습윤하다. 건조한 기후와 관련되어 초원이 자라는 기후를 뜻하기도 한다.

습도계 상대습도를 측정하는 장치

습도 공기 중 수증기의 양을 나타내는 용어

습윤단열감률 포화 상태에서 단열적인 온도 감소의 비율. 기온변화의 비율은 변화하지만 항상 건조단열감률보다 작다.

승화 고체가 액체 과정을 거치지 않고 바로 기체가 되는 과정

시골풍 전원지대에서 도시로 부는 연풍에 의한 순환 패턴. 도시열섬이 뚜렷하게 나타나는 맑고 고요한 밤에 잘 발생한다.

시베리아 고기압 1월에 아시아 내륙에서 형성되는 고기압의 중심. 대륙의 전반에 건조한 겨울 몬순을 일으킨다.

시정 장비 없이, 평범한 눈으로 물체를 식별할 수 있는 최고 먼 거리

신기루 굴절에 의해서 물체의 위치를 본래의 위치로부터 바꾸는 대기의 광학 효과

실링, 조건부운고, 천장, 반자, 상승한계 구름의 가장 낮은 층에 속하는 고도나, 하늘에 구름이 껴 흐릴 때(차폐현상), 그리고 구름이 '얇거나' '부분적으로 있지 않은' 상태. 상기 조건이 존재하지 않는 경우 천장은 무제한이라고 한다.

실황예보 일반적으로 위험기상 예보에 사용되는 단기 일기예보 기술

아네로이드 기압계 기압을 측정하는 장치로, 진공으로 이루어진 금속관을 사용하여 기압의 변화에 매우 민감하다.

아래 신기루 물체가 실제 위치보다 아래에 있는 것처럼 보이는 신기루

아북극기후 습한 대륙기후의 북쪽에서 발견되고 극기후의 남쪽에서 발견되는 기후. 이 기후의 특성은 매섭게 추운 겨울과 짧고 시원한 여름이다. 지구에서 가장 큰 온도 변화를 경험할 수 있는 장소

아열대건조-여름기후 위도 30°~45° 사이의 대륙 서쪽에 위치한 기후. 겨울에 강수량이 최대인 습한 기후

아열대고기압 위도 20°~35° 사이에 위치하고 침강하고 발산하는 반영구적인 고기압

아열대 무풍대 아열대고기압 중심 근처에 위치한 바람이 없거나 약하고 하강기류가 있는 지대

아열대습윤기후 대륙의 동쪽에 위치한 곳에서 나타나는 기후로, 덥고 후덥지근한 여름과 시원한 겨울이 특징이다.

아이슬란드 저기압 겨울 동안 북대서양의 아이슬란드와 그린란드 남부에 중심을 둔 거대한 저기압

아조레스 고기압 북대서양 동쪽에 위치한 아열대 고기압을 아조레스 고기압이라 부른다.

아한대저기압 북극과 남극 반경 위도에 위치하는 저기압. 북반구에서 이 저기압은 해양성 세포의 형태를 띄고, 남반구에서는 깊고 연속적인 저기압의 골이 존재한다.

안개 구름 밑면이 지표 또는 지표와 매우 근접한 구름

안정공기 연직운동에 저항하는 공기. 강제 상승이 일어나면 단열냉각으로 인해 주변 공기보다 온도가 더 낮아지게 되며, 가능하다면 본래의 위치로 공기가 하강하게 된다.

안티사이클론(고기압) 발산하고 회전성 바람이 불며 하강기류가 나타나는 고기압 지역

알루샨 저기압 겨울철 북태평양의 알루샨 섬에 위치하는 큰 저기압 세포

알베도 물질의 반사율을 의미하며 일반적으로 반사되는 복사에너지의 비율로 나타낸다.

액체온도계 한쪽 끝이 액체로 채워진 구부를 가진 관으로 구성된 온도 측정 장치. 액체의 팽창과 수축이 온도를 나타낸다.

양의 되먹임 과정 기후변화에서 사용되는 용어로, 초기 변화를 강화하는 것으로 작용하는 모든 효과를 말한다.

언 비(freezing rain) 비얼음 참고

언 비(sleet) 빗방울이 어는점 이하의 대기층을 통과할 때 형성되는 얼거나 반쯤 얼은 비

에어로졸 대기 중에 떠다니는 작은 고체와 액체 입자들

엘니뇨 중태평양과 동태평양에서 주기적으로 해수가 온난해지는 현상. 엘니뇨는 세계 곳곳에 기상이변을 일으킬 수 있다. 반대 현상으로는 라니냐가 있다.

연교차 가장 더운 달과 가장 추운 달의 월평균온도 차이

연직발달운 밑면은 낮은 고도에 있지만 중위도 또는 고위도로 확장하여 상승하는 형태의 구름

연평균기온 열두 달의 월평균기온 값을 평균한 것

열권 중간권 넘어 존재하는 대기. 열권에서는 높이에 따라 온도가 급격하게 증가한다.

열대기단 아열대에서 형성된 더운 기단

열대성 저기압 국제적인 약속으로, 열대저기압의 최대풍속이 61km/h를 초과하지 않을 때

열대수렴대 남반구와 북반구 무역풍 사이의 큰 수렴대

열대습윤건조 습윤한 열대와 아열대 대초원 사이의 과도기적 기후

열대요란 NWS에서 사용되는 용어로, 열대 지방에서 저기압 바람 시스템 또는 발달 단계에 있는 저기압 바람 시스템

열대우림 넓은 잎이 울창한 숲, 식생과 연관된 기후 때문에 붙은 이름

열대폭풍 국제적인 약속으로, 열대저기압의 최대풍속이 61~115km/h일 때

열수지 입사하고 방출되는 복사의 균형

열저기압 지표면 부등가열에 의해서 주변보다 기압이 낮아진 지역

열전기쌍 두 금속 와이어 간의 온도 차이를 이용하여 작동되는 전자온도계

영구동토층 툰드라 지역의 영구적으로 얼어 있는 심층 토양

예보스킬 **숙련** 참고

예보 차트 특정 미래 시간에 대하여 예상되는 기압 패턴을 보여 주는 컴퓨터 계산 예보. 주로 수치예보 모델과 관련된 시각적 결과물을 제공한다.

오버러닝 후퇴하는 차가운 기단 위를 타고 오르는 따뜻한 공기

오존 3개의 산소 원자를 가진 기체 분자

온난전선 찬 공기가 있는 지역을 온난전선이 전진하며 대체할 때 앞쪽 가장자리

온난형폐색전선 한랭전선 뒤의 공기가 앞에 있는 온난전선 밑에 있는 공기보다 따뜻할 때 형성되는 전선

온도경도 단위 길이에 따른 온도의 변화 정도

온도계 온도를 측정하는 기구. 기상학에서 온도계는 주로 공기의 온도를 측정하는 데 사용된다.

온도 어떤 물체의 뜨겁거나 차가움을 측정하는 정도

온도역전(기온역전) 높이에 따라 온도가 감소하지 않고 오히려 증가하는 제한된 깊이의 대기층

온도의 제어 위도와 고도 같은 이곳저곳에서 온도를 변화시키는 요인

온실효과 대기에 의한 태양 단파복사의 투과와 장파 지구복사의 선택적 흡수. 특히, 수증기, 이산화탄소에 의해 대기가 가열된다.

(대기의)요소 규칙적으로 측정되고 기상과 기후의 특성을 표현하는 데 사용되는 대기의 수량 또는 성질

용승 깊고 차가운, 영양이 풍부한 찬 물을 해수면으로 가져오는 과정. 보통 연안류가 해안 바깥쪽으로 이동하면서 발생

우박 딱딱하고 둥근 모양 또는 불규칙적인 얼음 덩어리 형태로 내리는 강수. 물의 계속적인 결빙에 의해 동심원 모양으로 형성된다.

원일점 행성의 궤도에서 태양과의 거리가 가장 먼 지점

월평균기온 일평균기온을 평균하여 계산된 한 달의 평균 기온

위치에너지 중력에 대한 물체의 위치로 인해 존재하는 에너지

위험뇌우 빈번한 번개, 국지적 피해를 주는 바람, 또는 직경 2cm 이상의 우박 등을 일으키는 뇌우. 중위도에서는 대부분의 뇌우는 한랭전선을 따라서 또는 한랭전선 앞에서 발생한다.

유입 연직적으로 움직이는 공기기둥에 주위의 공기가 침투하는 현상. 예를 들어, 적란운의 하강기류로 차고 건조한 공기의 유입이 있다. 이는 하강기류를 강화시킨다.

육풍 야간에 해안지역에서 육지로부터 해양으로 불어나가는 국지풍

융해(녹음) 고체에서 액체로의 상변화

음의 되먹임 과정 기후변화에서 사용되며, 초기 변화와 반대로 변하거나 초기 변화를 상쇄시키는 모든 효과

응결(condensation) 기체에서 액체로 상태가 변화하는 현상

응결(freezing) 액체에서 고체로의 상태 변화를 이르는 말

응결잠열 수증기가 액체 상태로 변화할 때 방출되는 에너지. 방출되는 에너지의 양은 증발하는 동안 흡수된 에너지의 양과 동등하다.

응결핵 얼음과 같은 결정을 가진 고체 입자. 빙정 형성의 중심 역할

이론 어떤 특정한 관측된 결과를 잘 설명하거나 보편적으로 인식되는 결과

이류 대류의 수평적 이동(바람 : 이류의 통상적인 용어)

이류안개 고온 다습한 공기가 차가운 표면 위로 불어 일부분이 냉각될 때 형성되는 안개

이상기체법칙 기체에 의해 가해진 압력은 그 기체의 밀도와 절대온도에 비례

이슬비 작은 물방울로 이루어져 있는 층운에서 내리는 비

이슬점 공기가 냉각되어 포화 상태에 도달하

는 온도

이슬 지표 온도가 이슬점 미만으로 떨어질 때 유리나 다른 물체 표면에서의 수증기의 응결. 주로 맑고 고요한 밤에 복사냉각에 의해 생성된다.

이심률 원으로부터 타원의 일그러진 정도

이온권 80~400km 고도에 분포하는 이온화된 기체로 구성된 복잡한 대기로, 열권 하부와 비균질권을 포함한다.

일교차 일 최고기온과 일 최저기온의 차이

일기 분석 일기예보를 발전시키는 이전의 단계, 관측 자료 수집, 전송, 분류의 여러 단계를 포함한다.

일기예보 대기의 미래 상태를 예측

일평균온도 하루 동안 시간별로 얻어진 자료를 평균한 값 또는 최고온도와 최저온도의 평균값

자기온도계 지속적으로 온도를 기록하는 기구

자외선복사 파장이 0.2~0.4μm인 복사

자전 지구와 같이 물체가 자신의 축에 대하여 회전하는 것

잠열 상변화가 일어나는 동안 흡수되거나 방출되는 에너지

장기예보 3~5일 이상(주로 30일)의 기간에 대해 강우와 기온을 예측하는 것. 단기예측만큼 상세하거나 신뢰할 수 없다.

장파복사 지구로부터 방출되는 복사를 말함. 파장은 태양 방출에 의한 복사의 대략 20배 정도이다.

(온대성)저기압 대기의 기압이 낮은 지역으로 바람이 회전하면서 중심을 향해 안으로 불어 들어오고 기류가 상승한다.

저기압발생 새로운 저기압이 생성 또는 발달하는 단계 또한 기존의 저기압을 강화시키는 단계

저기압성 흐름 북반구 저기압에서는 반시계 방향, 남반구 저기압에서는 시계 방향으로 불어 들어가는 바람

저울 우량계 용수철 위의 원통으로 구성된 강수 기록 게이지

적도 무풍대 무역풍대 사이에 존재하는 풍속이 약하고 풍향의 변화가 심한 적도 부근의 지역

적도저기압 적도 근처와 아열대 고기압 사이에 있는 반연속적인 저기압대

적외선 0.7~200μm 파장대의 전자기파

적운 단계 뇌우 발달의 초기 단계로 발달하는 강한 상승기류에 의해 발달하는 적란운이 지배적이다.

적운 세 가지의 기본 구름 형태 중 하나로, 연직으로 발달하는 구름 중 하나이다. 적운은 솟아오르는 형태로 개개의 구름 덩어리로 이루어지며 구름의 밑면은 보통 편평하다.

전도 분자 활동으로 매개체를 통해 열이 전달되는 현상. 에너지는 분자들이 충돌하면서 전달된다.

전도형 우량계 각각 0.025cm의 물을 담을 수 있는 2개의 칸(양동이)으로 구성된 우량계. 하나의 칸이 다 차면 다른 칸이 차기 시작한다.

전선 밀도가 서로 다른 두 기단의 경계. 한 기단은 다른 기단보다 따뜻하고 함수율이 더 높다.

전선발생, 전선발달 전선이 만들어지는 것

전선소멸, 전선쇠약 전선이 소멸되는 것

전선쐐기 차가운 공기가 따뜻하고 가벼운 공기 상승을 방해하는 공기의 상승

전선안개 차가운 공기 쪽으로 비가 떨어질 때 증발이 일어나 형성되는 안개

전자기복사 복사 참고

전 지구 순환 대기 대순환으로 전 지구에서 대기의 평균류

절대불안정 환경감률이 건조단열감률(1°C/100m)보다 큰 경우

절대습도 주어진 부피의 공기에 함유된 수증기의 질량(보통 g/m^3로 표시)

절대안정 환경감률이 습윤단열감률보다 작은 경우

절대영도 0K의 온도를 의미하며, 모든 분자운동이 중지하는 온도이다.

정상감률 대류권에서의 고도 증가에 따른 평균적인 기온 감소. 약 6.5°C/km이다.

정압면 주어진 어떤 순간에 모든 곳에서 기압이 같은 면

정역학평형 중력과 수직적 기압경도력의 균형 유지. 공기가 우주로 빠져나가지 않는다.

정적 씨뿌리기 가장 많이 이용되는 구름씨뿌리기 기술. 결빙핵이 부족한 차가운 적운에 결빙핵을 더해서 강수를 자극하는 것으로 가정

정지위성 공전 주기가 지구의 자전 주기와 같기 때문에 상대적으로 고정된 위치에 머무는 위성. 고도 약 35,000km에서 궤도를 돌기 때문에, 이 위성은 극궤도 위성만큼 정확하지는 않다.

정체전선 전선의 지면 위치는 움직이지 않고, 전선의 양 측면에서의 기류들이 거의 전선에 평행하는 전선

제트(기)류 대류권 상부의 상대적으로 좁은 띠를 사행하는 빠른 지균 기류

제트 스트리크 제트류 내부의 높은 풍속을 가진 지역

조건부 불안정 습윤 공기가 습윤단열감률과 건조단열감률 사이의 환경감률을 가지는 경우

조명원 지구에서 어둠으로부터 분리된 햇빛의 선

종관일기도 주어진 기간 동안에 큰 영역의 대기 상태를 묘사하는 일기도

종관 일기예보 수 년간의 종관일기도의 연구를 바탕으로 하는 예보 시스템. 예보관이 날씨 시스템의 움직임을 예측하기 위해 경험적인 규칙이 정립되어야 한다.

중간권계면 중간권과 열권 사이의 경계

중규모 대류복합체 느리게 이동하는 원형의 뇌우세포 무리로 12시간 또는 그 이상을 지속하며 수천 제곱킬로미터의 영역을 차

지한다.

중규모 바람 뇌우, 토네이도, 해륙풍과 같이 수 분에서 수 시간 지속하는 작은 대류세포. 일반적인 수평 규모는 1~100km이다.

중규모 저기압 (3~10km의 직경을 가진) 저기압성으로 회전하는 연직적 공기기둥으로 강력한 뇌우의 상승기류에서 발달하며 우박이나 토네이도의 발달에 주로 선행한다.

중위도저기압 종종 1,000km를 초과하는 직경을 가진 큰 저기압의 중심으로, 서쪽에서 동쪽으로 이동하며 수일에서 수 주 이상 지속하고 주로 저기압의 중앙부로부터 한랭전선과 온난전선을 가지고 있다.

중위도 제트기류 30°~70° 사이를 이동하는 제트기류.

중층운 2,000~6,000m 고도의 구름

증발 액체가 기체로 변화는 과정

증산 식물이 대기 중으로 수증기를 방출하는 것

지권 육지, 지구의 네 가지 권 중 가장 큰 부분

지균풍 600m 고도 이상에서 부는 바람으로 등압선에 평행하게 분다.

지속성 예보 풍상 측의 날씨가 지속적으로 이동하며 이동 경로에 같은 날씨의 영향을 줄 것이라고 가정하고 예보하는 것. 지속성 예보는 날씨 시스템에서의 변화가 일어날 것을 고려하지 않는다.

지점(하지, 동지) 태양 직사광이 북회귀선(북반구 하지) 또는 남회귀선(북반구 동지)으로 들어올 때의 시점. 하지(동지)는 연중 낮의 일광이 가장 긴(짧은) 날이다.

지중해기후 여름이 건조한 아열대성 기후를 보편적으로 칭한다.

지형성 상승 기류의 장벽으로 작용하게 되는 산악이나 고지대에서 발생하는 과정으로 공기를 강제적으로 상승시킨다. 공기는 단열적으로 냉각되어 구름을 형성하거나 강수를 유발시킬 수 있다.

천둥 번개 방전으로 기체들이 급작스럽게 팽창하면서 내는 소리

최고온도계 주어진 시간(주로 24시간) 내의 최고온도를 측정하는 온도계. 유리관 하부의 수축으로 수은이 상승한 뒤 온도계를 흔들거나 털기 전까지 줄어들지 못하게 방지하였다.

최저온도계 주어진 시간(주로 24시간) 내의 최저온도를 측정하는 온도계. 작은 아령 모양의 지시 침을 확인함으로써 최저온도를 읽을 수 있다.

추분 주야 평분시(춘분 또는 추분)

축의 경사도 자전축과 지구 궤도의 수직으로부터 이루는 각. 현재 자전축은 지구의 공전 궤도에 대해 약 235°로 기울어져 있다.

춘분 **분점** 참고

충돌–병합 과정 0°C 이상의 따뜻한 구름에서의 빗방울 형성 이론으로, 큰 구름방울과 작은 구름방울들이 충돌, 병합하여 빗방울을 형성한다. 반대 전하들이 구름방울들을 서로 결합시킬 것이다

층운 기본적인 구름 형태 중 하나. 낮은 구름의 형태이다. 하늘 대부분 또는 전체를 덮는 층으로 묘사된다.

치누크 로키 산맥에서 부는 푄 바람을 이르는 말

치솟음 물체의 크기를 현저하게 변화시키는 신기루

침강 공기덩어리의 강하게 하강하는 움직임. 주로 고기압에서 나타난다. 침강하는 공기는 단열압축에 의해 따뜻해지고 안정해진다.

침적 수증기가 액체 과정을 거치지 않고 바로 얼음으로 변하는 과정

칼로리 1g의 물을 1°C 올리는 데 필요한 열량

컵 풍속계 풍속계 참고

켈빈 눈금 주로 과학적 목적을 가지고 사용되는 온도 눈금으로, 섭씨 눈금과 같은 간격을 가지지만 절대영도로부터 시작한다.

코리올리 효과 대기와 해양을 포함한 자유운동하는 모든 물체에서 지구 회전에 의한 편향 효과. 북반구에서는 오른쪽으로 편향되고 남반구에서는 왼쪽으로 편향된다.

쾨펜 구분 블라디미르 쾨펜에 의해 고안된 기후 분류 체계로 연평균과 월평균 기온, 강수값에 기반을 둔다.

타이가 북쪽의 침엽수림. 아북극기후에 의해 정의된다.

탁월편서풍 아열대고기압의 극 방향에서 특징적으로 일어나는 서쪽에서 동쪽으로의 지배적인 움직임

탁월풍 다른 여러 방향이 아닌 한쪽으로부터 지속적으로 불어오는 바람

토네이도 격동적으로 회전하는 공기덩어리. 긴 원통형 혹은 튜브 형태의 구름이 적란운으로부터 아래로 뻗어 있는 형태

토네이도 경보 토네이도가 실제로 나타났거나, 레이더에 의해 감지되었을 때 내리는 경보

토네이도 예보 약 65,000km^2 지역에서 토네이도 발생 조건을 알려주는 예보. 토네이도 예보는 사람들에게 토네이도 발생 가능성을 알려준다.

통계적 방법(예보) 오랜 기간 동안의 관측자료로부터 구성된 표와 그래프를 이용하여 기압, 온도, 풍향과 같은 기상현상을 보여주는 방법

툰드라기후 거의 북반구 고위도에서만 발견되는 기후. 나무가 거의 없는 초원, 사초, 이끼와 지의류의 지역이며 길고 추운 겨울과 같은 기후

파장 마루와 골을 식별하는 수평 거리

판구조론 지구 표면은 판이라고 불리는 여러 개의 개별적인 조각으로 구성되어 있으며, 이 판들은 계속해서 서로 부분적인 수렴대로 이동한다고 주장하는 이론. 판이 움직이면서 대륙도 이동하기 때문에 지질학적 과거 시대의 기후변화를 설명할 수 있다.

패턴인식법(유추법) 현재 상태와 유사한 과거 기상 현상을 연결시켜 과거 비슷한 기상현

상의 기록과 비교하여 현재 기상 상태를 예보하는 통계적 접근법

페렐 세포 세 가지 지구 순환 모델 중 가운데 순환으로 윌리엄 페렐(William Ferrel)에 의해 이름 붙여졌다.

편동풍파 큰 이동성 파로 무역풍에서 나타나는 방해 현상. 때때로 허리케인의 형성을 유발한다.

편서풍 탁월편서풍(Prevailing Westerlies) 참고

폐색전선 한랭전선이 온난전선을 따라잡았을 때 형성되는 전선

폐색 하나의 전선이 다른 전선을 따라잡는 것

포화수증기압 주어진 온도에서 수증기가 순수한 물 또는 얼음의 표면에서 평형을 이룰 때의 수증기압

포화 어떤 온도 및 기압에서 공기가 가질 수 있는 수증기의 최대 수용량

폭풍해일 강한 바람에 의해 해안을 따라 비정상적으로 상승하는 바다 물결

푄 산의 풍하 측에서 부는 따뜻하고 건조한 바람. 산 경사를 내려오는 동안 단열적으로 가열되어 상대적으로 온도가 높다.

표준 우량계 상부의 직경이 약 20cm이고, 깔때기가 빗물을 좁은 입구를 통해 원통 모양의 측정 튜브로 안내한다. 강수 깊이는 10배로 확대되어 정확하게 측정할 수 있게 한다.

풍속계 풍속을 결정하기 위한 장비

풍향계 풍향을 측정하는 장비

(프로펠러식)풍향풍속계 풍향계와 비슷하며 한쪽 끝에 프로펠러가 달려 있는 장치로, 풍속과 풍향 측정에 사용된다.

프록시 자료 나무의 나이테, 빙하코어, 해저 침전물 등의 기후 변동과 관련된 자연적 기록물들을 수집한 자료

하루의(매일의) 매일 일어나는, 나날의 24시간 이내에 완료되거나 24시간마다 반복되는 현상

하지 지점 참고

하층운 2,000m 고도 이하의 구름

한대기단 고위도 지역에서 형성되는 차가운 기단

한대기후 가장 따뜻한 달의 월평균기온이 10°C 이하인 지역의 기후. 너무 추워서 나무가 성장하기에 적합하지 않은 기후

한대전선 열대지방의 기단으로부터 한대지방의 기단을 분리하는 날씨가 궂은 전선 지역

한대전선이론 비에르크네스(J. Bjerknes)와 다른 스칸디나비아의 기상학자들에 의해 개발된 이론으로, 한대기단과 열대기단을 분리하는 한대전선이 전선을 따라 이동하며 강화되는 저기압성 요란을 일으키고 일련의 단계를 거치며 지나간다는 이론

한랭전선 따뜻한 공기의 흐름이 찬 공기와 부딪히게 되는 경계에 형성되는 불연속선

한랭형 폐색전선 한랭전선 아래의 공기가 앞지른 온난전선 아래의 공기보다 더 차가울 때 형성되는 전선

한파 기온이 급속히 떨어지는 현상. NWS는 24시간 이내의 기온 하강량이 일정 값 이상이 되고 최저기온이 정해진 한계값 이하로 내려가는 경우를 한파라고 정했다. 이런 특정한 값은 나라와 기간에 따라 다르다.

해기둥 빛이 빙정에 반사되어 일몰이나 일출 시 태양으로부터 위로 뻗쳐나가거나 흔치 않게는 아래쪽으로 뻗쳐나가는 빛줄기

해들리 세포 적도와 열대 사이의 열적 순환 시스템으로, 각 반구마다 하나씩 2개의 대류 세포로 구성. 순환 시스템의 존재는 무역풍을 설명하기 위해 1735년 조지 해들리(George Hadley)에 의해 처음 제안되었다.

해류 바람 또는 해수의 밀도를 바꾸는 온도와 염류 상태에 의해 유발되는 해수의 수송 운동

해양반구 남반구를 칭하는 용어. 지표의 81%가 바다이다(북반구는 61%).

해양성(m)기단 해양 위에서 발생된 기단. 이러한 기단은 상대적으로 습하다.

해양성기후 해양이 지배적인 기후. 물에 의한 효과로 상대적으로 온화한 기후를 보인다.

해양성서부연안기후 40°~65° 위도의 풍상측 해안에서 나타나며, 해양기단이 지배적인 기후. 이 기후에서는 겨울은 온화하고 여름은 시원하다.

해풍 해안지역에서 오후에 해양으로부터 육지로 불어 들어오는 국지풍

허리케인 경보 119km/h 이상의 바람이 24시간 이내에 특정 해안지역에 피해를 입힐 때 주는 경고

허리케인 열대저기압 폭풍우로 풍속은 최소 119km/h다. 서태평양에서는 타이푼, 인도양에서는 사이클론이라고 한다.

허리케인 주의보 일반적으로 허리케인이 36시간 이내에 위협이 되는 특정 해안 지역에 주는 주의보

현열 우리가 느낄 수 있고 온도계로 측정이 가능한 열

호수효과 눈 기단을 습하고 불안정하게 만드는 (5대호와 같은) 크고 상대적으로 따뜻한 호수를 지나며 습기와 열을 제공받은 대륙성한대기단과 관련된 소낙눈

혼합층 깊이 대류운동이 일어나는 지표면으로부터의 고도. 혼합층 깊이가 클수록 대기질이 더 좋다.

화살선도 선도 참고

화씨 눈금 1714년 가브리엘 다니엘 파렌하이트(Gabriel Daniel Fahrenheit)에 의해 개정된 온도 단위로 미국과 영국에서 사용되고 있는 도량형 시스템에서 사용된다. 어는 점은 32°F, 녹는점은 212°F이다.

확산광 태양에너지가 대기에서 산란, 반사되어 푸른 빛 형태로 하늘에서 지표에 도달하는 것

환경감률 대류권에서 높이에 따라 기온이 감소하는 비율

환일 태양의 양쪽 22° 지점에 보이는 두 곳

의 밝은 지점. 때때로 무리해라고 불린다.

활강바람 중력의 영향에 의한 차갑고 밀도 높은 공기의 하강 흐름. 바람 흐름의 방향은 지형에 의해 크게 제어된다. 내리바람이라고도 불린다.

활승안개 안개가 경사를 따라 올라가며 단열냉각되어 생기는 안개

황도면 태양 주위로 도는 지구의 공전 궤도면

후지타 척도 T. 시어도어 후치타(T. Theodore Fujita)에 의해 개발된 토네이도의 심각도를 단계별로 나타내는 척도. 바람의 세기와 상관성이 있는 피해 정도를 기준으로 분류하였다.

흑점 태양 내부로 깊게 향하는 태양 표면의 거대한 자기장으로 인해 태양에서 검게 보이는 부분

흡수율 물질에 의해 흡수된 복사에너지의 양

흡습성 응결핵 소금과 같이 물과 친밀한 응결핵

흰서리 이슬점이 어는점보다 낮을 때, 표면에 이슬 대신에 형성되는 얼음결정

1차 오염 물질 식별 가능한 오염원으로부터 직접적으로 방출되는 오염 물질

2차 오염 물질 1차 오염 물질 중 화학적 반응에 의해 대기 중에서 생성되는 오염물

ASOS(Automated Surface Observing System, 자동기상관측시스템) 널리 사용되는 표준화된 자동 기상 장비로, 지면 관측 값들을 제공한다.

ITCZ 열대수렴대 참고

NWS(National Weather Service) 기상 관련 정보를 수집하고 전파를 전담하는 정부기관

pH 척도 용액의 산성도 및 알칼리도를 0부터 14까지의 정확한 정도로 나타내는 척도. 7 미만의 값은 산성 용액을 나타내며, 7 초과의 값은 알칼리성 용액을 나타낸다.

WMO(World Meteorological Organization) UN에 의해 설립되었다. 130개 이상의 국가로 구성되어 있으며, 신뢰할 수 있는 관측 자료를 수집하고 예상도를 편집한다.

사진, 일러스트, 텍스트 크레딧

제1장 장 시작 페이지 1 NASA 그림 1.1 Win McNamee/Getty Images News/Getty Images 그림 1.2 Gurinder Osan/AP Images 그림 1.6 Brian Kersey/UPI/Newscom Text F. James Rutherford and Andrew Ahlgren, Science for All Americans (New York: Oxford University Press, 1990), 그림 1.8 Famartin Text Louis Pasteur quoted in "Science, History and Social Activism" by Everett Mendelsohn, Garland E. Allen, Roy M. MacLeod, Spring 2001 Text William Anders 그림 1.9 NASA Michael Collier 그림 1.12 (lower right) Michael Collier 그림 1.12 (lower left) Bernhard Edmaier/Science Source 그림 1.12 (top right) E.J. Tarbuck 그림 1.13 (top right) Darryl Leniuk/Age Fotostock 그림 1.13 (lower left) Age Fotostock/SuperStock 그림 1.14 Kevork Djansezian/AP Images 그림 1.16 Terry Donnelly/Alamy 그림 1.B Greg Vaughn/Alamy 그림 1.C John Cancalosi/Photolibrary/Getty Images 그림 1.19A NASA 그림 1.19B Elwynn/Shutterstock 그림 1.20 NASA 그림 EOA1.1 Michael Collier Text Richard Craig, The Edge of Space: Exploring the Upper Atmosphere (New York: Doubleday & Company, Inc., 1968) 그림 1.22 David Wall/Alamy 그림 1.24 David R. Frazier/Danita Delimont Photography/Newscom 그림 EOA1.2 David R. Frazier/Science Source 그림 1.26 Age Fotostock/Superstock 그림 CIR1.1 p. 24 Michael Coller 그림 CIR1.3 Michael Collier 그림 GIST4 National Weather Service 그림 GIST7 Rick Wilking/Reuters/Corbis.

제2장 장 시작 페이지 2 Peter Kunasz/Shutterstock 그림 2.1A Thomas Barrat/Shutterstock 그림 2.1B Sony Ho/Shutterstock 그림 2.7 Martin Woike/Premium/Age Fotostock 그림 EOA2.1 NASA Text Based on material prepared by Professor Gong-Yuh Lin, a faculty member in the Department of Geography at California State University, Northridge 그림 2.C Eddie Gerald/Rough Guides/DK Images 그림 2.19 NASA 그림 2.20 Tetra Images/Getty Images 그림 EOA2.2 NASA 그림 2.22A David Cole/Alamy 그림 2.22B NASA 그림 2.22C NASA 그림 CIR2.3 Johner Images RF/AGE Fotostock 그림 GIST7 NASA 그림 GIST11 USGS.

제3장 장 시작 페이지 3 Arterra Picture Library/Alamy 그림 3.1A Andrew A. Nelles/ZUMA Press/Newscom 그림 3.1B Chuck Eckert/Alamy 그림 3.A Steve Marcus/Reuters 그림 3.4 NASA 그림 3.7 Johns Hopkins University-The Milton S. Eisenhower Library, Special Collections 그림 3.10 Corbis/Superstock 그림 EAO3.1 Tequilab/Shutterstock 그림 3.16 Michael Collier 그림 EAO3.2 CoolR/Shutterstock Box 3.2 Gregory J. Carbone, Professor Carbone is a faulty member in the Department of Geography at the University of South Carolina 그림 3.21A Daily Telegram, Jed Carlson/AP Images 그림 3.21B Michael Collier 그림 3.23 Frank Labua/Pearson Education 그림 3.E NASA 그림 3.27 GIPhotoStock/Science Source 그림 3.28 Paul Rapson/Science Source Box 3.4 IPCC, 2013: Summary for Policymakers. In Climate Change 2013: the Physical Science Basis. Contribution of Working Group 1 to the Fifth Assessment Report of the Intergovernmental Panel on Climate Change. Cambridge and New York: Cambridge Universtiy Press 그림 GIST4 Muzhik/Shutterstock 그림 GIST7 South West Images Scotland/Alamy.

제4장 장 시작 페이지 4 Christian Beier/Age Fotostock 그림 4.4A (left) NaturePL/SuperStock 그림 4.4B (right) Elen_studio/Fotolia 그림 EAO4.1 Michael Collier 그림 4.A (top) Henryk Sadura/Fotolio 그림 4.A (bottom) E.J. Tarbuck 그림 4.12 Nitr/Fotolia 그림 4.14 (left) E.J. Tarbuck 그림 4.B Elena Elisseeva/Shutterstock 그림 4.17 (left) Dean Pennala/Shutterstock 그림 4.17 (right) Dennis Tasa 그림 4.B Age Fotostock/Superstock 그림 4.20 NASA 그림 EOA4.2 NASA 그림 4.22 Steve Vidler/Superstock 그림 4.28 Michael Collier 그림 EOA4.3 Michael Collier 그림 4.30 Euroluftbild.de/vario Images/Age Fotostock 그림 CIR4.4 (top) Clynt Garnham Housing/Alamy 그림 CIR4.7 (bottom) Bill Draker/Rolf Nussbaumer Photography/Alamy 그림 GIST2 Dmitry Kolmakov/Shutterstock 그림 GIST4 JorgusPhotos/Fotolia.

제5장 장 시작 페이지 Dennis Frates/Alamy 그림 5.2A E.J. Tarbuck 그림 5.2B Jung-Pang Wu/Flickr/Getty Images 그림 5.2C E.J. Tarbuck 그림 5.3A E.J. Tarbuck 그림 5.3B E.J. Tarbuck 그림 5.4 NOAA 그림 5.5 E.J. Tarbuck 그림 5.6 E.J. Tarbuck 그림 5.7 Doug Millar/Science Source 그림 5.8A Dennis Tasa 그림 EOA5.1 Daj/Amana Images/Alamy 그림 5.9B Tim Gainey/Alamy 그림 5.10 Ed Pritchard/Stone/Getty Images 그림 5.11 Michael Collier 그림 5.18 James Steinberg/Science Source 그림 5.19 Kichigin19/Fotolia 그림 5.21 Syracuse Newspapers/Dick Blume/The Image Works 그림 5.22B University Corporation for Atmospheric Research NCAR 그림 5.23 National Weather Service 그림 5.25 Marcus Siebert ImageBroker/Age Fotostock 그림 5.A Kiichiro Sato/AP Images 그림 EOA5.3 H. Raab 그림 5.C NASA 그림 5.28 Inga Spence/Alamy 그림 5.29 AP Images 그림 5.30A Ryan Anson/Newscom 그림 5.30B Zuma Press/Newscom 그림 5.31 Dennis Tasa 그림 5.32 NASA 그림 GIST2a-c E.J. Tarbuck 그림 GIST3a-b E.J. Tarbuck 그림 GIST3c NASA 그림 GIST11a-b E.J. Tarbuck Problem 5.5 (top) Bill Draker/Rolf Nussbaumer Photography/Alamy Problem 5.6 (bottom) NOAA.

제6장 장 시작 페이지 Martin Sundberg/UpperCut Images/Alamy 그림 6.3B Charles E. Winters/Science Source 그림 6.5 Stuart Aylmer/Alamy 그림 EOA6.1 (top) NASA 그림 EOA6.1 AP Images/Jae C. Hong 그림 6.21 NASA 그림 6.23A Lourens Smak/Alamy 그림 6.23B Vidler Steve/Prisma Bildagentur AG/Alamy 그림 EOA6.2 NASA 그림 EOA6.3 NASA 그림 6.24A Belfort Instrument Company 그림 6.24B Lourens Smak/Alamy 그림 6.C Dazzo/Radius Images/Getty Images 그림 6.26 Norbert Eisele-Hein/Imagebroker/Alamy 그림 GIST1 NASA.

제7장 장 시작 페이지 ColsTravel/Alamy 그림 7.1A (left) Edward J. Tarbuck 그림 7.1B (middle) Eric Nguyen/Science Source 그림 7.1C (right) Science Source 그림 7.A St. Meyers/Science Source 그림 7.4 Herbert Koeppel/Alamy 그림 7.B NASA 그림 7.C Dennis Poroy/AP Photo 그림 EOA7.1 Peter Wey/Shutterstock 그림 7.9 NOAA 그림 7.12 Clint Farlinger/Alamy 그림 7.19 NOAA 그림 7.22 Jacques Jangoux/Science Source 그림 EOA7.2 NASA 그림 7.26 Jonathan Wood/Getty Images 그림 7.29 Science Source 그림 EOA7.3 NASA 그림 CIR7.1 NASA 그림 CIR7.9 Torsten Blackwood/AFP/Getty Images 그림 CIR 7.10 NASA 그림 GIST7 NASA.

제8장 장 시작 페이지 NASA 그림 8.1 Samo Trebizan/Shutterstock 그림 8.4 NASA Box 8.2 Based on Thomas W. Schmidlin and James Kasarik, "A Record Ohio Snowfall During 9-14 November 1996, "Bulletin of the American Meteorological Society, Vol. 80, No. 6, June 1999, p. 1109 그림 8.B AP Photo/Tony Dejak 그림 EOA8.1 NASA 그림 8.9 Michael Dwyer/Alamy 그림 EAO8.2 NASA 그림 8.10 Rod Planck/Science Source 그림 8.12A NASA 그림 8.12B Jebb Harris/Newscom 그림 8.13A Laurent Baig/Alamy 그림 CIR8.4 Gary Wiepert/Reuters.

제9장 장 시작 페이지 Samuel D. Barricklow/Getty Images 그림 9.4 Fernando Salazar/AP Photo 그림 EOA9.1A-D E.J. Tarbuck 그림 EOA9.1E Chainfoto 24/Shutterstock 그림 EOA9.2 NASA 그림 9.12 NASA 그림 9.B Mike Hollingshead/Science Source Text Francis Bacon, English philosopher and scientist (1561-1626) Table 9.A Adapted from the National Weather Service 그림 EOA9.3 NASA 그림 9.C Jeff Roberson/AP Photo 그림 9.D James R Finley/AP Photo 그림 9.19B Andre Jenny/Alamy 그림 9.21 NOAA 그림 9.22 NOAA 그림 9.23 NOAA 그림 9.24

Mike McCleary/Bismark Tribune 그림 GIST6 John Jensenius/National Weather Service.

제10장 장 시작 페이지 AFP/Stringer/Getty Images 그림 10.1A (left) NASA 그림 10.1B (right) Iowa State University 그림 10.6 E.J. Tarbuck 그림 10.8 (bottom) University Corporation for Atmospheric Research 그림 10.9B NASA 그림 10.9C Mike Theiss/National Geographic/Getty Images 그림 10.11 Mbga9pdf/Wikimedia Box 10.1 C.C. Elvidge, et al. "U.S. Constructed Area Approaches the Size of Ohio," in EOS Transactions, American Geophysical Union, Vol 85, No. 24 (15 June 2004), 233 그림 10.A Andy Cross/Denver Post Getty Images 그림 10.14 NOAA 그림 10.C Sue Ogrocki/AP Images Table 10.1 National Weather Service 그림 10.15 Tom Ives/AGE Fotostock/SuperStock 그림 10.D Wendy Schreiber/University Corporation for Atmospheric Research 그림 10.17 Edward J. Tarbuck 그림 10.18 Cultura Science/Jason Persoff Stormdoctor/Getty Images 그림 10.19 Jewel Samad/AFP/Getty Images 그림 10.22D Gene Rhoden/Weatherpix/Getty Images 그림 10.23 Paths of Illinois Tornadoes (1916–1969), from Illinnois Tornadoes by John W. Wilson and Stanley A. Changnon, Jr., Circular 103, Illinois State Water Survey 그림 10.24 JimYoung/Reuters Table 10.2 National Weather Service, Storm Prediction Center 그림 10.26B Edeans 그림 10.27A John Sokich/NOAA 그림 10.27B Lm Otero/AP Images 그림 EOA10.2 NASA 그림 10.G (left) NOAA 그림 10.G (middle) NOAA 그림 10.G (right) NOAA 그림 10.H (bottom) NOAA Photo Library, NOAA Central Library; OAR/National Severe Storms Laboratory (NSSL). Photo taken by Harald Richter 그림 10.31B University Corporation for Atmospheric Research 그림 10.32 National Geophysical Data Center/NOAA.

제11장 장 시작 페이지 Lance/EOSDIS MODIS Rapid Response Team/NASA 그림 11.1 Mario Tama/Getty Images News/Getty Images 그림 11.5 NOAA 그림 11.8B NOAA 그림 11.9 (right) NASA 그림 EOA11.1 NASA Table 11.1 National Weather Service/National Hurricane Center 그림 11.11 Smiley N. Pool/Newscom 그림 11.12 Adam Dean/Reuters 그림 EOA11.2 NASA 그림 11.16 EOS Earth Observing System/NASA 그림 11.18A AP Images 그림 11.18B AP Images 그림 11.19A NOAA 그림 11.19B NASA 그림 11.20 NOAA 그림 CIR11.1 NASA 그림 GIST3 NASA 그림 GIST7 Barry Williams/AFP/Getty Images/Newscom.

제12장 장 시작 페이지 Michael Doolittle/Alamy Text Robert T. Ryan, "The Weather is Changing… or Meterologists and Broadcasters, the Twain Meet," Bulletin of the American Meteorological Society 63, no.3 (March 1982), 308 그림 12.2 Dana Romanoff/Getty Images 그림 12.3 Image Source/Getty Images 그림 12.4 Michael Dwyer/Alamy 그림 12.5 Famartin 그림 EOA12.1 NASA 그림 12.13 Andy Newman/AP Images 그림 12.14 Data from National Oceanic and Atmospheric Administration 그림 12.15 A.T.Willett/Alamy 그림 12.17 NASA 그림 12.18A NOAA 그림 12.18B NOAA 그림 12.19 NOAA 그림 12.20 NOAA 그림 12.21 NOAA 그림 EOA12.2a,b NOAA 그림 12.25 Ryan McGinnis/Alamy 그림 12.C National Oceanic and Atmospheric Adminstration http://www.spc.noaa.gov/exper/archive/events/ 그림 GIST4 NOAA.

제13장 장 시작 페이지 AFP/Getty Images 그림 13.1 NASA Text John Evelyn, Fumifugium, or The Inconvenience of Aer and Smoak of London Dissipated, Together with Some Remedies Humbly Proposed, G. Bedel and T. Collins (1661) 그림 13.3A Library of Congress Prints and Photographs Division [LC-USZ62-47355] 그림 13.3B Cholder/Shutterstock Text Robert Ingersoll, "The Works of Robert Ingersoll" New York, C.P. Farrell, 1900 그림 13.4 Everett Collection/Superstock 그림 13.A Doable/Amanaimages RF/Glow Images 그림 EOA13.1 NASA 그림 13.B Mirrorpix/Newscom 그림 13.9 MODIS Rapid Response Team/NASA Table 13.2 U.S. Environmental Protection Agency, Office of Air Quality Planning and Standards 그림 13.D NASA 그림 13.E NASA 그림 13.F NASA 그림 13.15 Walter Bibikow/Agency Jon Arnold Images/Age Fotostock 그림 EOA13.2 NASA 그림 13.19 Andre Jenny Stock Connection World/wide/Newscom 그림 EOA13.3 Michael Collier 그림 13.20 Ryan McGinnis/Alamy 그림 GIST4 (left) David Person/Alamy 그림 GIST6 (right) DC Premiumstock/Alamy.

제14장 장 시작 페이지 Michael Collier 그림 14.5 Stock Connection Blue/Alamy 그림 14.6 Biophoto Associates/Science Source 그림 14.7 Itsuo Inouye/AP Images 그림 14.8 British Antarctic Survey/Science Source 그림 14.9 National Ice Core Laboratory 그림 14.10A Victor Zastol'skiy/Fotolia 그림 14.10B Gregory K. Scott/Science Source 그림 14.11 Ami Images/Science Source 그림 14.13 SGM/Age Fotostock 그림 14.15 NASA 그림 14.16A NASA 그림 14.A Stuart Black/Robert Harding 그림 14.18 NASA 그림 EOA14.1 NASA 그림 14.21 Nigel Dickinson/Alamy 그림 EOA14.2 NASA Text IPCC, "Summary for Policy Makers," in Climate Change 2013: The Physical Science Basis 그림 14.27 NASA 그림 14.28 Radius Images/Alamy Table 14.1 Based on the Fifth Assessment Report Climate Change 2013: The Physical Science Basis, Summary for Policy Makers 그림 14.30 National Snow and Ice Data Center 그림 14.34 NASA 그림 CIR14.1 Gary Braasch/ZUMA Press/Newscom 그림 CIR14.4 Michael Collier 그림 CIR14.5 ImageBROKER/Alamy 그림 GIST.4 Hughrocks.

제15장 장 시작 페이지 Michael Collier 그림 15.2A Earlytwenties/Shutterstock 그림 15.2B Witold Skrypczak/Alamy 그림 15.2C Ed Reschke/Photolibrary/Getty Images 그림 15.2D Martin Sheilds/Alamy 그림 15.2E J.G. Paren/Science Source 그림 15.6 Peter Lilja/AGE Fotostock 그림 15.A Wesley Bocxe/Science Source 그림 15.9 Kondrachov Vladimir/Shutterstock 그림 15.14A Dean Pennala/Shutterstock 그림 15.14B Tasa Graphic Arts 그림 EOA15.1 NASA 그림 15.16 Richard J. Green/Science Source 그림 15.17 Stefano Caporali/Tips Images/Age Fotostock 그림 15.20 Michael P. Gadomski/Science Source 그림 15.23 Joel Harper 그림 15.25A Design Pics/Superstock 그림 15.25B Jim Cole, Photographer/Alamy 그림 EOA15.2 Michael Collier 그림 CIR15.4 Tasa Graphic Arts 그림 GIST1 IK Lee/Alamy 그림 GIST9 NASA 그림 GIST10 U.S. Geological Survey.

제16장 장 시작 페이지 John Sylvester/Glow Images 그림 16.3 Peter Skinner/Science Source 그림 16.4 JaySi/Shutterstock 그림 16.6A E.J. Tarbuck 그림 16.A Joe Orman 그림 16.10 Louise Murray/Science Source 그림 EOA16.1 Pekka Parviainen/Science Source Text Craig F. Bohren, "What Light through Yonder Window Breaks?: More Experiments in Atmospheric Physics," New York: John Wiley & Sons, Inc. ?1991 그림 16.11 Michael Giannechini/Photo Researchers 그림 16.15 Sean Davey/Aurora Open/Glow Images 그림 16.16 Chainfoto24/Shutterstock 그림 16.B Laszlo Podor/Alamy 그림 16.19 Stefan Wackerhagen/imageBroker/Age Fotostock 그림 16.20 Masaaki Tanaka/Aflo/Glow Images 그림 EOA16.2 NASA 그림 16.21A E.J. Tarbuck 그림 16.21B Mike Hollingshead/Science Source 그림 16.22 Tom Schlatter/NOAA 그림 GIST6A Blickwinkle/Alamy 그림 GIST6B Science Source 그림 GIST6C Ron Dahlquist/Exactostock/Superstock.

디자인 요소 : Graphic tab device, PointaDesign/Shutterstock; Severe & Hazardous Weather, David W. Leindecker/Shutterstock; Smart 그림 icon, Solarseven/Shutterstock; Students Sometimes Ask, Getty Images; What's Your Forecast, Mexrix/Shutterstock; What's Your Forecast icon, Best Works/Shutterstock.

대기를 보는 눈 : Chapter 1 Neo Edmund/Shutterstock; CG-01 Rudy Umans/Shutterstock; CG-02, Shutterstock; CG-3 Shutterstock; CG-4 Shutterstock; CG-5 Gianni Muratore/Alamy; CG-6 Richard Newstead/Corbis; CG-7 Denise Dethefsen/Alamy; CG-8 NOAA; CG-09 NOAA; CG-10 NOAA, CG-11 Public Domain; CG-12 Jhaz Photography/Shutterstock; CG-13 Brian Cosgrove/DK Images; CG-14 Jim Lee/NOAA; CG-15 Public Domain; CG-16 NOAA.

찾아보기

|기타|

구름 가이드

하층운과 연직적으로 발달한 구름 : 0~2km(0~6,500ft)에 나타난다.

JIM LEE/NOAA

적운 흔히 평편한 바닥과 둥근 상단, 개개의 구름으로 형성된 '세포' 구조의 구름이다. (단어 '적운'은 'heap'이라는 라틴어에서 유래되었다.) 적운 구름은 수직적으로 성장하는 경향이 있다.

JIM LEE/NOAA

편평(적)운 흔히 이것을 호천적운이라고 부른다. 이 작은 흰색의 구름 덩어리는 연직적으로 뚜렷한 발달을 보이지 않으며 드물게 강수를 야기한다.

BRIAN COSGROVE/DORLING KINDERSLEY

난층운 적당량의 강수를 내릴 수 있는 충분한 물을 함유한 두꺼운 회색층의 구름이다.

JIM LEE/NOAA

층적운 연직적으로 발달한 부분이 일부 나타나는 낮게 층을 이룬 구름이다. 두께의 차이에 따라 밑에서 바라볼 때 어둠의 정도가 다양하게 나타난다.

JIM LEE/NOAA

권운(봉우리 적운) 이 구름은 편평(적)운보다 훨씬 더 연직적으로 발달한다. 강한 강수를 발생시킬 수 있지만 적란운과 관련된 정도의 악기상을 일으키지는 않는다.

SHUTTERSTOCK

적란운 아주 강한 상승기류의 결과로 만들어지며 구름의 상단을 성층권 수 킬로미터까지 밀어 낼 수 있다. 구름의 중심 부분으로부터 외부로 뻗어져 보이는 모루 모양이 이 구름의 특징으로, 모루 부분은 얼음결정이 차지하고 있다.

PUBLIC DOMAIN

유방구름이 있는 적란운 적란운의 기저나 가장자리에 강한 하강기류나 난류가 발생하여 형성되는 구름이다.

NOAA

구름 벽이 있는 적란운 일부 적란운에 나타나는 현상이다. 구름 벽이 만들어질 때, 호우, 우박, 가끔씩 토네이도가 발생하기도 한다.

기온변화 20

대기 중 이산화탄소 및 다른 온실 가스 농도의 증가가 미치는 영향은 인간 활동에 의한 온실가스 방출을 제한하려는 노력에 크게 의존할 것이다. 이 지도는 석탄이나 다른 화석 연료를 지속적으로 배출할 경우 전망되는 미래의 예측을 보여 준다. 결과에 따르면 지구는 앞으로 한 세기도 안 되는 짧은 기간 동안 지난 6,500만 년 동안 경험했던 어느 시기보다도 50~100배 이상 빠르게 변화할 것이며, 이는 자연 생태계뿐 아니라 인간 사회에도 매우 파괴적인 영향을 미치게 될 것이다.

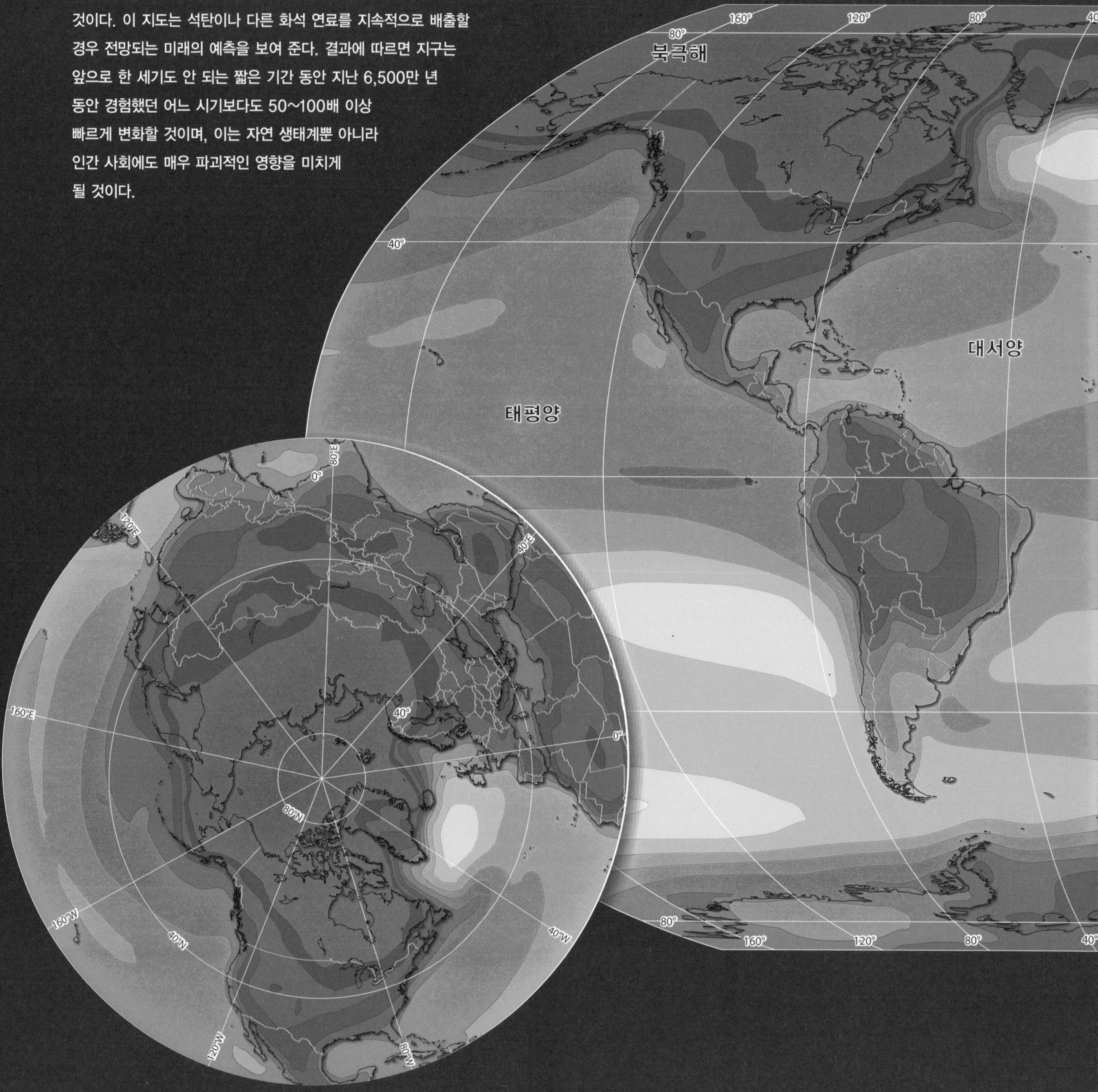